조경기능사
필기

머리말 PREFACE

  본 교재는 그동안 출제되었던 문제들을 철저히 분석하여 요약·정리함으로써 조경기능사 시험을 준비하고 있는 수험생들이 최소한의 시간 투자로 합격의 기쁨을 누릴 수 있도록 기획하였습니다.

  조경기능사 1차 시험은 60문제가 출제되며, 이 중 36문항 이상(100점 만점에 60점 이상) 정답을 맞히면 합격하는 시험입니다. 이에 본 저자는 조경 분야를 처음 접하더라도 무리 없이 학습할 수 있도록 핵심을 정리하였습니다. 특히 2017년부터는 CBT 시험으로 변경됨에 따라 이에 대한 대안으로 실제 수험생들이 제공한 기출유형을 분석하여 수록하였습니다.

본 책의 특징

❶ 2003~2025년도 기출문제를 바탕으로 정리한 핵심이론
❷ 이론 순서에 따라 구성한 단원별 적중예상문제
❸ 출제 빈도를 분석하여 중요도 표시
❹ 과년도 기출문제, CBT 복원 기출문제 수록
❺ 시험 전 마무리를 위한 요약 페이퍼 제공

  마지막으로 이 책이 완성되기까지 물심양면으로 도와주신 모든 분들께 감사드립니다. 특히 나도패스 대표님과 임직원 여러분께 진심으로 감사드리며, 더불어 도서출판 예문사 사장님 이하 임직원 여러분께도 감사를 드립니다. 그리고 항상 저에게 응원과 용기를 주시는 어머니와 사랑스러운 아내, 딸 윤서에게도 고마움을 전합니다.

저자 **정 용 민**

출제기준 INFORMATION

• 직무분야 : 건설	• 중직무분야 : 조경	• 자격종목 : 조경기능사	• 적용기간 : 2025.1.1.~2027.12.31.
• 직무내용 : 조경 실시설계도면을 이해하고 현장여건을 고려하여 시공을 통해 조경 결과물을 도출하여 이를 관리하는 직무이다.			
• 필기검정방법 : 객관식		• 문제수 : 60	• 시험시간 : 1시간

필기과목명	주요항목	세부항목	세세항목
조경설계, 조경시공, 조경관리	1. 조경양식의 이해	1. 조경일반	1. 조경의 목적 및 필요성 2. 조경과 환경요소 3. 조경의 범위 및 조경의 분류
		2. 서양조경 양식	1. 고대 국가 2. 영국 3. 프랑스 4. 이탈리아 5. 미국 6. 이슬람 국가 및 기타
		3. 동양조경 양식	1. 한국의 조경 2. 중국, 일본의 조경 3. 기타 국가 조경
	2. 조경계획	1. 자연, 인문, 사회 환경 조사분석	1. 지형 및 지질조사 2. 기후조사 3. 토양조사 4. 수문조사 5. 식생조사 6. 토지이용조사 7. 인구 및 산업조사 8. 역사 및 문화유적조사 9. 교통조사 10. 시설물조사 11. 기타 조사
		2. 조경 관련 법	1. 도시공원 관련 법 2. 자연공원 관련 법 3. 기타 관련 법
		3. 기능분석	1. 환경심리학 2. 환경지각, 인지, 태도 3. 미적 지각·반응 4. 문화적, 사회적 감각적 환경 5. 척도와 인간 6. 도시환경과 인간 7. 자연환경과 인간 8. 환경시설 연구방법

필기과목명	주요항목	세부항목	세세항목
		4. 분석의 종합, 평가	1. 기능분석 2. 규모분석 3. 구조분석 4. 형태분석
		5. 기본구상	1. 기본개념의 확정 2. 프로그램의 작성 3. 도입시설의 선정 4. 수요측정하기 5. 다양한 대안의 작성 6. 대안 평가하기
		6. 기본계획	1. 토지이용계획 2. 교통동선계획 3. 시설물배치계획 4. 식재계획 5. 공급처리시설계획 6. 기타계획
	3. 조경기초설계	1. 조경디자인요소 표현	1. 레터링기법 2. 도면기호 표기 3. 조경재료 표현 4. 조경기초도면 작성 5. 제도용구 종류와 사용법 6. 디자인 원리
		2. 전산응용도면(CAD) 작성	1. 전산응용장비 운영 2. CAD 기초지식
		3. 적산	1. 조경적산 2. 조경 표준품셈
	4. 조경설계	1. 대상지 조사	1. 대상지 현황조사 2. 기본도(basemap) 작성 3. 현황분석도 작성
		2. 관련 분야 설계 검토	1. 건축도면 이해 2. 토목도면 이해 3. 설비도면 이해
		3. 기본계획안 작성	1. 기본구상도 작성 2. 조경의 구성과 연출 3. 조경소재 재질과 특성
		4. 조경기반 설계	1. 부지 정지설계 2. 급·배수시설 배치 3. 조경구조물 배치

출제기준 INFORMATION

필기과목명	주요항목	세부항목	세세항목
		5. 조경식재 설계	1. 조경의 식재기반 설계 2. 조경식물 선정과 배치 3. 식재 평면도, 입면도 작성
		6. 조경시설 설계	1. 시설 선정과 배치 2. 수경시설 설계 3. 포장설계 4. 조명설계 5. 시설 배치도, 입면도 작성
		7. 조경설계도서 작성	1. 조경설계도면 작성 2. 조경 공사비 산출 3. 조경공사 시방서 작성
	5. 조경식물	1. 조경식물 파악	1. 조경식물의 성상별 종류 2. 조경식물의 분류 3. 조경식물의 외형적 특성 4. 조경식물의 생리·생태적 특성 5. 조경식물의 기능적 특성 6. 조경식물의 규격
	6. 기초 식재공사	1. 굴취	1. 수목뿌리의 특성 2. 뿌리분의 종류 3. 굴취공정 4. 뿌리분 감기 5. 뿌리 절단면 보호 6. 굴취 후 운반
		2. 수목 운반	1. 수목 상하차작업 2. 수목 운반작업 3. 수목 운반상 보호조치 4. 수목 운반장비와 인력 운용
		3. 교목 식재	1. 교목의 위치별, 기능별 식재방법 2. 교목식재 장비와 도구 활용방법
		4. 관목 식재	1. 관목의 위치별, 기능별 식재방법 2. 관목식재 장비와 도구 활용방법
		5. 지피·초화류 식재	1. 지피·초화류의 위치별, 기능별 식재방법 2. 지피·초화류 식재 장비와 도구 활용방법

필기과목명	주요항목	세부항목	세세항목
	7. 잔디식재공사	1. 잔디 시험시공	1. 잔디 시험시공의 목적 2. 잔디의 종류와 특성 3. 잔디 파종법과 장단점 4. 잔디 파종 후 관리
		2. 잔디 기반 조성	1. 잔디 식재기반 조성 2. 잔디 식재지의 급·배수 시설 3. 잔디 기반조성 장비의 종류
		3. 잔디 식재	1. 잔디의 규격과 품질 2. 잔디 소요량 산출 3. 잔디식재 공법 4. 잔디식재 후 관리
		4. 잔디 파종	1. 잔디 파종시기 2. 잔디 파종방법 3. 잔디 발아 유지관리 4. 잔디 파종 장비와 도구
	8. 실내조경공사	1. 실내조경기반 조성	1. 실내환경 조건 2. 실내조경시설 구조 3. 실내식물의 생태적·생리적 특성 4. 실내조명과 조도 5. 방수공법 6. 방근재료
		2. 실내녹화기반 조성	1. 실내녹화기반의 역할과 기능 2. 인공토양의 특성과 품질 3. 실내녹화기반시설 위치 선정
		3. 실내조경시설·점경물 설치	1. 실내조경 시설과 점경물의 종류 2. 실내조경 시설과 점경물의 설치
		4. 실내식물 식재	1. 실내식물의 장소와 기능별 품질 2. 실내식물 식재시공 3. 실내식물의 생육과 유지관리
	9. 조경인공재료	1. 조경인공재료 파악	1. 조경인공재료의 종류 2. 조경인공재료의 종류별 특성 3. 조경인공재료의 종류별 활용 4. 조경인공재료의 규격
	10. 조경시설 공사	1. 시설물 설치 전 작업	1. 시설물의 수량과 위치 파악 2. 현장상황과 설계도서 확인

출제기준 INFORMATION

필기과목명	주요항목	세부항목	세세항목
		2. 측량 및 토공	1. 토양의 분류 및 특성(지형묘사, 등고선, 토량변화율 등) 2. 기초측량 3. 정지 및 표토복원 4. 기계장비의 활용
		3. 안내시설 설치	1. 안내시설의 종류 2. 안내시설 설치위치 선정 3. 안내시설 시공방법
		4. 옥외시설 설치	1. 옥외시설의 종류 2. 옥외시설 설치위치 선정 3. 옥외시설 시공방법
		5. 놀이시설 설치	1. 놀이시설의 종류 2. 놀이시설 설치위치 선정 3. 놀이시설 시공방법
		6. 운동 및 체련단련시설 설치	1. 운동 및 체련단련시설의 종류 2. 운동 및 체련단련시설 설치위치 선정 3. 운동 및 체련단련시설 시공방법
		7. 경관조명시설 설치	1. 경관조명시설의 종류 2. 경관조명시설 설치위치 선정 3. 경관조명시설 시공방법
		8. 환경조형물 설치	1. 환경조형물의 종류 2. 환경조형물 설치위치 선정 3. 환경조형물 시공방법
		9. 데크시설 설치	1. 데크시설의 종류 2. 데크시설 설치위치 선정 3. 데크시설 시공방법
		10. 펜스 설치	1. 펜스의 종류 2. 펜스 설치위치 선정 3. 펜스 시공방법
		11. 수경시설 설치	1. 수경시설의 종류 2. 수경시설 설치위치 선정 3. 수경시설 시공방법
		12. 조경석(인조암) 설치	1. 조경석(인조암)의 종류 2. 조경석(인조암) 설치위치 선정 3. 조경석(인조암) 시공방법
		13. 옹벽 등 구조물 설치	1. 옹벽 등 구조물의 종류 2. 옹벽 등 구조물 설치위치 선정 3. 옹벽 등 구조물 시공방법

필기과목명	주요항목	세부항목	세세항목
		14. 생태조경(빗물처리시설, 생태 못, 인공습지, 비탈면, 훼손지, 생태숲) 설치	1. 생태조경의 종류 2. 생태조경 설치위치 선정 3. 생태조경 시공방법
	11. 조경포장공사	1. 포장기반 조성	배수시설 및 배수체계 이해 2. 포장기반공사의 종류 3. 포장기반공사 공정순서 4. 포장기반공사 장비와 도구
		2. 포장경계공사	1. 포장경계공사의 종류 2. 포장경계공사 방법 3. 포장경계공사 공정순서 4. 포장경계공사 장비와 도구
		3. 친환경흙포장공사	1. 친환경흙포장공사의 종류 2. 친환경흙포장공사 방법 3. 친환경흙포장공사 공정순서 4. 친환경흙포장공사 장비와 도구
		4. 탄성포장공사	1. 탄성포장공사의 종류 2. 탄성포장공사 방법 3. 탄성포장공사 공정순서 4. 탄성포장공사 장비와 도구
		5. 조립블록포장공사	1. 조립블록포장공사의 종류 2. 조립블록포장공사 방법 3. 조립블록포장공사 공정순서 4. 조립블록포장공사 장비와 도구
		6. 투수포장공사	1. 투수포장공사의 종류 2. 투수포장공사 방법 3. 투수포장공사 공정순서 4. 투수포장공사 장비와 도구
		7. 콘크리트포장공사	1. 콘크리트포장공사의 종류 2. 콘크리트포장공사 방법 3. 콘크리트포장공사 공정순서 4. 콘크리트포장공사 장비와 도구
	12. 조경공사 준공 전 관리	1. 병해충 방제	1. 병해충 종류 2. 병해충 방제방법 3. 농약 사용 및 취급 4. 병충해 방제 장비와 도구
		2. 관배수관리	1. 수목별 적정 관수 2. 식재지 적정 배수 3. 관배수 장비와 도구

출제기준 INFORMATION

필기과목명	주요항목	세부항목	세세항목
		3. 토양관리	1. 토양상태에 따른 수목 뿌리의 발달 2. 물리적 관리 3. 화학적 관리 4. 생물적 관리
		4. 시비관리	1. 비료의 종류 2. 비료의 성분 및 효능 3. 시비의 적정시기와 방법 4. 비료 사용 시 주의사항 5. 시비 장비와 도구
		5. 제초관리	1. 잡초의 발생시기와 방제방법 2. 제초제 방제 시 주의 사항 3. 제초 장비와 도구
		6. 전정관리	1. 수목별 정지전정 특성 2. 정지전정 도구 3. 정지전정 시기와 방법
		7. 수목보호조치	1. 수목피해의 종류 2. 수목 손상과 보호조치
		8. 시설물 보수 관리	1. 시설물 보수작업의 종류 2. 시설물 유지관리 점검리스트
	13. 일반 정지전정관리	1. 연간 정지전정관리계획 수립	1. 정지전정의 목적 2. 수종별 정지전정계획 3. 정지전정관리 소요예산
		2. 굵은 가지치기	1. 굵은 가지치기 시기 2. 굵은 가지치기 방법 3. 굵은 가지치기 장비와 도구 4. 상처부위 보호 5. 굵은 가지치기 작업 후 관리
		3. 가지 길이 줄이기	1. 가지 길이 줄이기 시기 2. 가지 길이 줄이기 방법 3. 가지 길이 줄이기 장비와 도구 4. 가지 길이 줄이기 작업 후 관리
		4. 가지 솎기	1. 가지 솎기 대상 가지 선정 2. 가지 솎기 방법 3. 가지 솎기 장비와 도구 4. 가지 솎기 작업 후 관리
		5. 생울타리 다듬기	1. 생울타리 다듬기 시기 2. 생울타리 다듬기 방법 3. 생울타리 다듬기 장비와 도구 4. 생울타리 다듬기 작업 후 관리

필기과목명	주요항목	세부항목	세세항목
		6. 가로수 가지치기	1. 가로수의 수관 형상 결정 2. 가로수 가지치기 시기 3. 가로수 가지치기 방법 4. 가로수 가지치기 장비와 도구 5. 가로수 가지치기 작업 후 관리 6. 가로수 가지치기 작업안전수칙
		7. 상록교목 수관 다듬기	1. 상록교목 수관 다듬기 시기 2. 상록교목 수관 다듬기 방법 3. 상록교목 수관 다듬기 장비와 도구 4. 상록교목 수관 다듬기 작업 후 관리
		8. 화목류 정지전정	1. 화목류 정지전정 시기 2. 화목류 정지전정 방법 3. 화목류 정지전정 장비와 도구 4. 화목류 정지전정 작업 후 관리
		9. 소나무류 순 자르기	1. 소나무류의 생리와 생태적 특성 2. 소나무류의 적아와 적심 3. 소나무류 순 자르기 시기 4. 소나무류 순 자르기 방법 5. 소나무류 순 자르기 장비와 도구 6. 소나무류 순 자르기 작업 후 관리
	14. 관수 및 기타 조경관리	1. 관수 관리	1. 관수시기 2. 관수방법 3. 관수장비
		2. 지주목 관리	1. 지주목의 역할 2. 지주목의 크기와 종류 3. 지주목 점검 4. 지주목의 보수와 해체
		3. 멀칭 관리	1. 멀칭재료의 종류와 특성 2. 멀칭의 효과 3. 멀칭 점검
		4. 월동 관리	1. 월동 관리재료의 특성 2. 월동 관리대상 식물 선정 3. 월동 관리방법 4. 월동 관리재료의 사후처리
		5. 장비 유지 관리	1. 장비 사용법과 수리법 2. 장비 유지와 보관 방법

출제기준 INFORMATION

필기과목명	주요항목	세부항목	세세항목
		6. 청결 유지 관리	1. 관리대상지역 청결 유지관리 시기 2. 관리대상지역 청결 유지관리 방법 3. 청소도구
		7. 실내 식물 관리	1. 실내식물 점검 2. 실내식물 유지관리방법 3. 입면녹화시설 점검 4. 입면녹화시설 유지관리방법
	15. 초화류 관리	1. 계절별 초화류 조성 계획	1. 초화류 조성 위치 2. 초화류 연간관리계획
		2. 시장 조사	1. 초화류 시장조사계획과 가격 조사 2. 초화류의 유통구조
		3. 초화류 시공 도면작성	1. 초화류 식재 소요량 산정 2. 초화류 식재 설계도 작성
		4. 초화류 구매	1. 초화류 구매방법 2. 초화류 반입계획
		5. 식재기반 조성	1. 식재기반 구획경계 2. 객토 등 배양토 혼합
		6. 초화류 식재	1. 시공도면에 따른 초화류 배치 2. 초화류 식재도구
		7. 초화류 관수 관리	1. 초화류 관수시기 2. 초화류 관수방법 3. 초화류 관수장비
		8. 초화류 월동 관리	1. 초화류 월동관리재료 2. 초화류 월동관리재료 설치 3. 초화류 월동관리재료의 사후 처리
		9. 초화류 병충해 관리	1. 초화류 병충해 관리 작업지시서 이해 2. 초화류 농약의 구분과 안전관리 3. 초화류 농약조제와 살포
	16. 조경시설 관리	1. 급·배수시설	1. 급·배수시설의 점검시기 2. 급·배수시설의 유지관리 방법
		2. 포장시설	1. 포장 점검시기 2. 포장 유지관리 방법
		3. 놀이시설	1. 놀이시설의 점검시기 2. 놀이시설의 유지관리 방법

필기과목명	주요항목	세부항목	세세항목
		4. 관리 및 편익시설	1. 관리 및 편익시설의 점검시기 2. 관리 및 편익시설의 유지관리 방법
		5. 운동 및 체력단련시설	1. 운동 및 체력단련시설의 점검시기 2. 운동 및 체력단련시설의 유지관리 방법
		6. 경관조명시설	1. 경관조명시설의 점검시기 2. 경관조명시설의 유지관리 방법
		7. 안내시설	1. 안내시설의 점검시기 2. 안내시설의 유지관리 방법
		8. 수경시설	1. 수경시설의 점검시기 2. 수경시설의 유지관리 방법
		9. 생태조경(빗물처리시설, 생태못, 인공습지, 비탈면, 훼손지, 생태숲) 시설	1. 생태조경시설의 점검시기 2. 생태조경시설의 유지관리 방법

이책의 차례 CONTENTS

PART 01 조경일반

01 조경의 개념과 발전 ·· 2

PART 02 조경의 양식

01 조경의 양식과 발생요인 ·· 10
02 서양의 조경양식 ··· 14
03 중국의 조경양식 ··· 37
04 한국의 조경양식 ··· 45
05 일본의 조경양식 ··· 64

PART 03 조경계획 및 설계

01 조경미 ··· 72
02 조경계획과 설계의 과정 ·· 84
03 조경제도 ··· 99
04 조경설계 ··· 112
05 공간별 조경설계 사례 ··· 124

PART 04 조경재료

01 조경재료의 분류와 특성 ·· 146
02 식물재료 ··· 149
03 인공재료-1 ··· 196
04 인공재료-2 ··· 222
05 인공재료-3 ··· 243

PART 05 조경시공

01 조경시공계획 ··· 260
02 조경시설물공사-1 ·· 268
03 조경시설물공사-2 ·· 285
04 조경시설물공사-3 ·· 317
05 식재공사 ·· 326

PART 06 조경관리

01 조경관리 일반 ··· 346
02 조경수목관리-1 ·· 350
03 조경수목관리-2 ·· 376
04 잔디·화단·실내조경 식물관리 ·· 404
05 시설물관리 ·· 420

APPENDIX 01 요약 페이퍼

01 조경일반 ·· 426
02 조경의 양식 ··· 427
03 조경계획 및 설계 ·· 432
04 조경재료 ·· 439
05 조경시공 ·· 449
06 조경관리 ·· 459

이책의 차례 CONTENTS

APPENDIX 02 과년도 기출문제 · CBT 복원 기출문제

01 2014년 01월 26일 기출문제 ········· 468
02 2014년 04월 06일 기출문제 ········· 479
03 2014년 07월 20일 기출문제 ········· 490
04 2014년 10월 11일 기출문제 ········· 501

05 2015년 01월 25일 기출문제 ········· 513
06 2015년 04월 04일 기출문제 ········· 524
07 2015년 07월 19일 기출문제 ········· 535
08 2015년 10월 10일 기출문제 ········· 546

09 2016년 01월 24일 기출문제 ········· 557
10 2016년 04월 02일 기출문제 ········· 568
11 2016년 07월 10일 기출문제 ········· 580

12 2017년 복원 기출문제(1) ········· 591
13 2017년 복원 기출문제(2) ········· 600

14 2018년 복원 기출문제(1) ········· 608
15 2018년 복원 기출문제(2) ········· 616

16 2019년 복원 기출문제(1) ········· 625
17 2019년 복원 기출문제(2) ········· 634

18 2020년 복원 기출문제(1) ········· 643
19 2020년 복원 기출문제(2) ········· 651

20 2021년 복원 기출문제(1) ········· 661
21 2021년 복원 기출문제(2) ········· 671

22 2022년 복원 기출문제(1) ········· 682
23 2022년 복원 기출문제(2) ········· 693

24 2023년 복원 기출문제 ········· 703
25 2024년 복원 기출문제 ········· 713
26 2025년 복원 기출문제 ········· 724

조경일반

CONTENTS

1장 조경의 개념과 발전

01장 조경의 개념과 발전

SECTION 01 조경의 발달

1. 조경의 기원과 발전

① 조경의 기원 : 인류가 정착생활을 하기 시작한 원시시대부터이다.
② 초기 : 초기의 조경 기술은 왕 또는 귀족 계급의 궁전과 저택 정원을 중심으로 발전하였다.
③ 산업혁명 이후
  ㉠ 도시화가 빠르게 진행되면서 도시환경의 악화가 문제시되면서 도시 안에 녹지 또는 자연경관을 조성하고자 하는 노력이 일어나기 시작하였다.
  ㉡ 그 결과 미국 뉴욕의 중심부에 **센트럴 파크(Central Park)**가 만들어졌다.
④ 현대 : 근대 이전은 주로 개인의 정원에 국한된 사적(Private)인 조경이 발전했으나, 현재에는 도시공원, 녹지와 같은 공적(Public)인 조경을 중심으로 발전해 가고 있다.

2. 조경의 개념

① 조경(造景)이란 정원을 포함한 옥외공간을 조형적으로 다루는 일로 외부공간을 아름답고 쾌적하게 조성하는 전문분야이다.
② 조경의 의미

좁은(협의) 의미	집 주변의 옥외공간이 주 대상(정원사)
넓은(광의) 의미	정원을 포함한 광범위한 옥외공간(조경가)

3. 조경의 뜻과 발전

① 조경(造景)이란 경관을 조성하는 전문분야로 조경가(Landscape Architect)라는 말은 미국의 옴스테드(Olmsted, Fredrick Law)가 처음으로 사용하였다.

② 옴스테드
   ㉠ 1856년 미국 뉴욕 맨해튼 중심에 센트럴 파크를 설계할 당시 사용되던 정원사(Landscape Gardener)라는 용어가 정원만을 대상으로 하는 좁은 뜻을 지니고 있어 다양한 전문성을 대변하는 데 한계가 있다고 생각했다. 그래서 자신의 작업이 예술성을 지닌 실용적이고 기능적인 생활환경을 만든다는 측면에서 건축가의 작업과 유사성을 지니고 있다고 하여 경관 건축가, 즉 조경가라고 이름을 지었다.
   ㉡ 1858년 조경이라는 전문 직업은 '자연과 인간에게 봉사하는 분야'라고 정의하였다.
   ㉢ 옴스테드는 현대조경의 아버지라고 불리고 있다.

   > 참고
   > ① 정원사(庭園師 : Landscape Gardener) : 정원의 꽃밭이나 수목을 관리하는 전문가
   > ② 조경가(造景家 : Landscape Architect) : 경관을 조성하는 전문가

③ 근대 조경교육 : 1900년도 미국 하버드 대학에 조경학과를 신설하였다.
④ 미국조경가협회(ASLA) : 1899년 창설 중요★☆☆

1909년	조경은 인간의 이용과 즐거움을 위하여 토지를 다루는 기술이라 정의
1975년	실용성과 즐거움을 줄 수 있는 환경조성에 목적을 두고 자원의 보전과 효율적 관리를 도모하며, 문화적 및 과학적 지식의 응용을 통하여 설계·계획하고, 토지를 관리하며 자연 및 인공요소를 구성하는 기술이라 정의
1990년	자연환경과 인공환경의 연구, 계획, 설계, 시공, 관리 등을 위하여 예술적, 과학적 원리를 적용하는 전문분야라고 기술

⑤ 우리나라 조경의 필요성에 따른 교육
   ㉠ 1970년대 경제개발에 따른 국토 훼손이 심각해지면서 경관의 보전과 관리의 필요성을 느낌
   ㉡ 1970년대 "조경" 용어 처음 사용
   ㉢ 1973년 서울대학교, 영남대학교에 조경학과 신설
   ㉣ 1973년 서울대학교 환경대학원 신설
⑥ 1975년 우리나라 건설부 조경설계기준 : 조경이란 '문자 그대로 경관을 조성하는 예술이며, 기능적이고 경제적이며 시각적인 환경을 조성하고 보존하는 생태적인 예술성을 띤 종합과학예술'이다.

3. 동양 3국 및 미국의 조경용어 중요★☆☆

한국	중국·북한	일본	미국
조경(造景)	원림(園林)	조원(造園)	Landscape Architecture

> **기출** 미국조경가협회에서 조경은 실용성과 즐거움, 자원의 보전과 효율적 관리, 문화적 지식의 응용을 통하여 설계, 계획하고 토지를 관리하며, 자연 및 인공 요소를 구성하는 기술이라고 새롭게 정의를 내린 연도는?
> ① 1909년 ② 1975년
> ③ 1945년 ④ 1858년
>
> 답 ②

SECTION 02 조경의 대상

1. 조경의 대상

① 영역별로 구분한 조경 대상지 중요★☆☆

구분	내용
정원	주택정원, 학교정원, 옥상정원, 실내정원, 아파트 등 공동주거단지정원 등
도시공원	소공원, 어린이공원, 근린공원, 묘지공원, 도시자연공원, 체육공원, 역사공원, 문화공원, 수변공원, 생태공원 등
자연공원	국립공원, 도립공원, 군립공원, 천연기념물보호구역, 지질공원 등
문화재	궁궐, 전통민가, 사찰, 성곽, 고분, 사적지, 목조와 석조 건축물, 서원 등
레크리에이션 시설 (위락관광시설)	골프장, 야영장, 경마장, 스키장, 유원지, 휴양지, 삼림욕장, 낚시터, 해수욕장, 수상스키장 등
기타	공업단지, 캠퍼스, 주택단지, 고속도로, 자전거도로, 보행자 전용도로 등

> **기출** 조경을 프로젝트의 수행단계별로 구분할 때, 기능적으로 다른 분류에 해당하는 곳은?
> ① 전통민가 ② 휴양지
> ③ 유원지   ④ 골프장
>
> 답 ①

② 조경프로젝트 수행단계 중요★★☆

계획	설계	시공	관리
• 자료의 수집 • 자료의 분석 • 자료의 종합	자료를 활용하여 기능적 · 미적인 3차원적 공간을 창조	• 공학적 지식 • 생물을 다루는 기술 • 특수한 기술을 필요로 함	• 식생 이용관리 • 시설물 이용관리

2. 조경가의 역할(M. Laurie)

조경계획 및 평가	• 생태학과 자연과학 기초 • 토지의 평가와 그에 대한 용도상의 적합도 및 능력 판단 • 토지이용 배분 계획, 특성에 맞게 배치
단지계획	• 대지분석과 종합, 이용자 분석 • 미적인 3차원적 공간을 구체적으로 창조하는 데 초점을 둠 • 자연요소와 시설물을 기능적 관계나 대지의 특성에 맞게 배치
조경설계	• 식재, 포장, 단계 등과 같은 한정된 문제를 해결 • 세부적인 설계로 발전시키는 고유작업 영역

3. 조경학 전공 졸업생의 직무 & 진로

구분	직무 내용	진로 분야
조경설계기술자	• 도면제도, 전산응용설계(CAD) • 기본계획수립, 세부 디자인, 스케치 • 물량산출 및 시방서 작성, 시공감리	• 종합 및 전문 엔지니어링 회사 • 조경설계사무소 • 건축설계사무소
조경시공기술자	• 공사업무, 식재공사시공, 시설물공사시공 • 설계변경, 적산 및 견적 • 조경시설물 및 자재의 생산	• 조경식재 전문공사업체 • 조경시설물 전문공사업체 • 건설회사
조경관리기술자	• 조경수목 생산 및 관리, 병해충 방제 • 피해수목 보호 및 처리, 전정 및 시비 • 공원녹지 관리 행정	• 수목생산농장 • 식물병원, 골프장 관리 • 공원녹지 관련 공무원

01장 적중예상문제

01 조경에 대한 설명으로 옳지 않은 것은?
① 도시에 자연을 도입하는 것이다.
② 급속한 공업화를 도모해서 인간생활이 편리하게 하는 것이다.
③ 도시를 건강하고 아름답게 하는 것이다.
④ 옥외에서의 운동, 산책, 휴양 등의 효과를 목적으로 한다.

● 해설
산업혁명 이후 도시화가 빠르게 진행되면서 도시환경의 악화가 문제시되면서 도시 안에 녹지 또는 자연경관을 조성하고자 하는 노력이 일어나기 시작하였다. 그 결과 미국 뉴욕의 중심부에 센트럴 파크(Central Park)가 만들어졌다.

02 우리나라에서 처음 조경의 필요성을 느끼게 된 가장 큰 이유는?
① 인구증가로 인한 놀이, 휴게시설의 부족 해결을 위해
② 고속도로, 댐 등 각종 경제개발에 따른 국토의 자연훼손 해결을 위해
③ 급속한 자동차의 증가로 인한 대기오염을 줄이기 위해
④ 공장폐수로 인한 수질오염을 해결하기 위해

03 조경가에 대한 설명으로 틀린 것은?
① 예술성을 지닌 실용적이고 기능적인 생활환경을 만든다.
② 정원사(Landscape Gardener)라는 개념과 동일하다.
③ 미국의 옴스테드(Olmsted, Frederick Law)가 1858년 처음 용어를 사용하였다.
④ 건축가의 작업과 많은 유사성을 지니고 있으며 경관 건축가라고도 한다.

● 해설
조경의 의미

좁은(협의) 의미	집 주변의 옥외공간이 주 대상(정원사)
넓은(광의) 의미	정원을 포함한 광범위한 옥외공간(조경가)

04 다음 중 조경가의 입장에서 가장 우선을 두어야 할 것은?
① 편리한 교통체계의 증설
② 공공을 위한 녹지의 조성
③ 미개발지의 화려한 개발촉진
④ 상업위주의 도입시설 증설

05 1858년에 조경가(Landscape Architect)라는 말을 처음으로 사용하기 시작한 사람이나 단체는?
① 세계조경가협회(IFLA)
② 옴스테드(F. L. Olmsted)
③ 르노트르(Le Notre)
④ 미국조경가협회(ASLA)

06 조경의 개념과 거리가 먼 것은?
① 건축, 토목의 일부이며, 이들과 조형미를 이루게 한다.

정답 01 ② 02 ② 03 ② 04 ② 05 ② 06 ①

② 국토를 보존하고 정비하며, 그 이용에 관한 계획을 하는 것이다.
③ 과학적이고 미적인 공간을 창조하는 종합예술이다.
④ 아름답고 편리하며 생산적인 생활환경을 조성한다.

● 해설
조경(造景)이란 정원을 포함한 옥외공간을 조형적으로 다루는 일로 외부공간을 아름답고 쾌적하게 조성하는 전문분야이다.

07 오픈스페이스에 해당되지 않는 것은?
① 건폐지   ② 공원묘지
③ 광장   ④ 학교운동장

● 해설
오픈스페이스
건축물에 의해 점유되지 않은 모든 토지, 즉 공원, 광장, 공동묘지, 유원지, 운동장, 놀이터 등 많은 시설에서 농지·산림·하천·호소(湖沼) 등에 이르기까지 건축물로 건폐되어 있지 않은 것

08 다음 중 오픈스페이스의 효용성과 가장 관련이 먼 것은?
① 도시 개발형태의 조절
② 도시 내에 자연을 도입
③ 도시 내 레크리에이션을 위한 장소를 제공
④ 도시 기능 간 완충효과의 감소

09 자연공원을 조성하려 할 때 가장 중요하게 고려해야 할 요소는?
① 자연경관 요소
② 인공경관 요소
③ 미적 요소
④ 기능적 요소

10 우리나라에서 조경이라는 용어가 사용되기 시작한 때는?
① 1960년대 초반   ② 1970년대 초반
③ 1980년대 초반   ④ 1990년대 초반

11 다음 도시공원 시설 중 유희시설에 해당되는 것은?
① 사적지   ② 잔디밭
③ 도서관   ④ 낚시터

● 해설
레크리에이션 시설(위락관광시설)
골프장, 야영장, 경마장, 스키장, 유원지, 휴양지, 삼림욕장, 낚시터, 해수욕장, 수상 스키장 등

12 전통민가 조경이 프로젝트의 대상이 되는 분야는?
① 기타시설   ② 주거지
③ 공원   ④ 문화재

● 해설
문화재
궁궐, 전통민가, 사찰, 성곽, 고분, 사적지, 목조와 석조 건축물, 서원 등

13 조경을 프로젝트의 대상지별로 구분할 때 문화재 주변 공간에 해당되지 않는 곳은?
① 궁궐   ② 사찰
③ 유원지   ④ 왕릉

14 조경을 프로젝트의 수행단계별로 구분할 때, 기능적으로 다른 분류에 해당하는 곳은?
① 전통민가   ② 휴양지
③ 유원지   ④ 골프장

정답 07 ① 08 ④ 09 ① 10 ② 11 ④ 12 ④ 13 ③ 14 ①

15 조경설계기술자의 주요 직무 내용으로 가장 적합한 것은?

① 물량 산출 및 시방서 작성
② 조경시설물 및 자재의 생산
③ 식재 공사 시공
④ 전정 및 시비

🔵 해설
조경설계기술자의 직무 내용
도면제도, 전산응용설계(CAD), 기본계획수립, 세부디자인, 스케치, 물량산출 및 시방서 작성, 시공감리 등

16 다음 중 미국조경가협회가 내린 조경에 대한 정의 중 시대가 다른 것은?

① 조경은 실용성과 즐거움을 줄 수 있는 환경의 조성에 목표를 둔다.
② 조경은 자원의 보전과 효율적 관리를 도모한다.
③ 조경은 문화 및 과학적 지식의 응용을 통하여 설계, 계획하고, 토지를 관리하며 자연 및 인공요소를 구성하는 기술이다.
④ 조경은 인간의 이용과 즐거움을 위하여 토지를 다루는 기술이다.

🔵 해설
토지를 다루는 기술은 1909년에 정의된 것이다.

17 조경가가 이상적인 도시생활 환경을 만들기 위하여 노력해야 할 방향과 거리가 먼 것은?

① 기존의 자연지형을 과감하게 변경시키는 방향으로 계획을 수립한다.
② 새로운 과학기술을 도입하여 생활환경을 개선시켜 나간다.
③ 건축, 토목, 지역계획 등 관련 분야와 협의하여 계획을 수립한다.
④ 가급적 기존의 자연환경을 살리면서 기능적이고 경제적인 이용방안을 찾아낸다.

18 다음 조경의 대상 중 자연적 환경요소가 가장 빈약한 곳은?

① 도시조경
② 명승지, 천연기념물
③ 도립공원
④ 국립공원

🔵 해설

도시공원	소공원, 어린이공원, 근린공원, 묘지공원, 도시자연공원, 체육공원, 역사공원, 문화공원, 수변공원
자연공원	국립공원, 도립공원, 군립공원, 천연기념물보호구역, 지질공원

19 일반적으로 조경업의 직업진로 중 조경설계기술자의 직무 내용이 아닌 것은?

① 도면제도   ② 기본계획수립
③ 시방서 작성   ④ 시설물공사시공

🔵 해설
시설물공사시공은 조경시공기술자의 직무 내용이다.

20 조경의 직무는 조경설계기술자, 조경시공기술자, 조경관리기술자로 크게 분류할 수 있다. 그 중 조경설계기술자의 직무내용에 해당하는 것은?

① 식재공사   ② 시공감리
③ 병해충 방제   ④ 조경묘목 생산

🔵 해설
• 식재공사 : 조경시공기술자
• 병해충 방제, 조경묘목 생산 : 조경관리기술자

21 자연공원법상 자연공원이 아닌 것은?

① 국립공원   ② 도립공원
③ 군립공원   ④ 생태공원

정답 15 ① 16 ④ 17 ① 18 ① 19 ④ 20 ② 21 ④

조경의 양식

CONTENTS

1장 조경의 양식과 발생요인
2장 서양의 조경양식
3장 중국의 조경양식
4장 한국의 조경양식
5장 일본의 조경양식

01장 조경의 양식과 발생요인

SECTION 01 조경양식

1. 정형식 정원(整形式 庭園)

① 특징
- ㉠ 서아시아와 유럽지역에서 발달한 정원
- ㉡ 건물에서 뻗어 나가는 강한 축을 중심으로 좌우 대칭형
- ㉢ 수목을 전지, 전정하여 기하학적 모양으로 정원을 장식

② 종류 중요★★★

중정식	건물로 둘러싸인 내부, 중세 수도원 정원(회랑식), 스페인 정원(중정식), 연못 중심
노단식	• 경사지에서 발달하며 계단식 처리 • 메디치장(이탈리아, 르네상스 최초의 빌라), 공중정원(서부아시아)
평면기하학식	• 평야지대에서 발달하며 평면기하학식 처리 • 보르비꽁트(프랑스, 최초의 평면기하학식) • 평면상의 대칭 또는 방사형태로 구성(프랑스, 베르사유 궁원)

2. 자연식 정원(自然式 庭園) 중요★★☆

① 특징
- ㉠ 동아시아, 18세기 영국정원에서 발달한 양식으로 정원 구성에서 자연적 형태를 이용
- ㉡ 자연을 축소하거나 모방하여 자연적 형태로 정원을 조성함
- ㉢ 주변을 돌아볼 수 있는 산책로를 만들어 다양한 경관을 즐기도록 조성함

② 종류

전원풍경식	넓은 잔디밭을 이용한 전원적이며 목가적인 자연풍경(영국, 독일)
회유임천식	숲과 깊은 굴곡의 수변을 이용하여 조화롭게 곳곳에 다리를 설치
고산수식	• 불교의 영향으로 물을 전혀 사용하지 않고 나무, 바위, 왕모래를 사용 • 대표 정원 : 대덕사 대선원, 용안사 방장선원(정원)

| 전원풍경식 | 회유임천식 | 고산수식 |

3. 절충식 정원

① 정형식 정원과 자연식 정원의 특성을 동시에 가진 정원 양식이다.
② 우리나라 조선시대 조경양식(창덕궁 후원 부용지)

SECTION 02 정원 양식의 발생요인

1. 자연환경 요인 중요★☆☆

기후	비, 바람, 사막, 기온에 따라 변화한다.
지형	• 지형은 기후와 함께 정원 형태에 가장 큰 영향을 끼친다. • 이탈리아 : 경사지를 활용한 지형(노단식 정원 양식) • 프랑스 : 평탄지를 활용한 지형(평면기하학식 정원 양식)
기타	기후나 지형 이외에 식물, 토질, 암석 등의 영향

2. 사회환경 요인

① 종교와 사상

동양	• 신선사상 : 한국, 중국, 일본정원은 불로장생한다는 신선의 거처를 현실화시키고자 섬을 조성 　예 백제의 궁남지, 신라의 안압지 • 불교사상 : 일본의 고산수식 정원은 불교의 영향으로 조성
서양	• 중세시대 수도원 정원이 발달 • 이슬람 세계의 종교의식으로 손을 씻거나 목욕을 위한 물을 도입

② 역사성

고대	담으로 둘러싸인 주택정원(폐쇄적)
중세	외부로부터 침입을 방어하기 위해 성곽 주변에 성곽과 해자(구덩이)를 조성(폐쇄적)
근세	영국에서 목가적인 전원생활을 좋아하고 전통을 고수하려는 민족성으로 인해 자연풍경식 정원이 발달
우리나라	삼국시대, 고려시대에 중국을 모방한 형태였으나 조선시대에 고유수법확립 예 방지원도, 화계

③ 민족성, 국민성

자연풍경식	목가적인 전원생활을 좋아하고 전통을 고수하려는 영국인의 민족성에 의해 발달
고산수식	축소 지향적인 일본의 민족성이 반영됨

01장 적중예상문제

01 조경양식 발생요인 가운데 사회환경 요인이 아닌 것은?
① 민족성 ② 사상
③ 종교 ④ 기후

> **해설**
> 자연환경요인 : 기후, 지형, 식물, 토질, 암석 등

02 정원 양식의 발생요인 중 자연환경 요인이 아닌 것은?
① 기후 ② 지형
③ 식물 ④ 종교

03 다음 중 정형식 정원에 해당하지 않는 양식은?
① 평면기하학식 ② 노단식
③ 중정식 ④ 회유임천식

> **해설**
> 회유임천식 : 자연식 정원

04 정원 양식의 형성에 영향을 미치는 사회적인 조건에 해당되지 않는 것은?
① 국민성 ② 자연지형
③ 역사, 문화 ④ 과학기술

05 다른 나라의 조경양식을 받아들이는 데 가장 장애가 되는 것은?
① 과학기술 ② 자연환경
③ 암석 ④ 수목

정답 01 ④ 02 ④ 03 ④ 04 ② 05 ②

02장 서양의 조경양식

｜서양 조경사 개요｜

시대	국가		특징
고대	이집트(BC 3200~525)		• 주택정원 : 무덤의 벽화로 추측, 현존하지 않음 • 신전정원 : 델엘바하리의 핫셉수트 여왕의 장제신전(최고(最高)의 정원유적) • 묘지정원 : 사자의 정원
	서부아시아(BC 3000~333)		• 수렵원 : 오늘날 공원의 시초 • 공중정원 : 옥상정원의 시초
	그리스(BC 5세기경)		• 주택정원 : 폐쇄적이고 내향적인 구성 • 아고라 : 시장과 업무 기능을 포함한 광장 • 히포데이무스 : 격자형 도로체계
	로마(BC 5~8세기)		• 주택정원 : 2개의 중정, 1개의 후정 • 포럼 : 광장(시장의 기능은 없음)
중세	서구유럽(5~14C)		• 수도원의 정원(전기) • 폐쇄적 정원, 자급자족의 성격(후기)
	이슬람	이란(7~13C)	• 물과 녹음수를 중시
		스페인(8~15C)	• 알함브라 궁원 : 4개의 중정
		무굴인도(10~16C)	• 타지마할 : 묘지와 정원의 결합
르네상스	이탈리아(15~17C)		• 지형 극복을 위한 노단식 정원 • 피렌체 : 최초의 노단건축식 정원 발달 • 축을 중심으로 분수, 연못, 캐스케이드 설치
	프랑스(17C)		• 앙드레 르노트르 • 보르비콩트 : 최초의 평면기하학식 정원
	영국(17C)		• 축을 중심으로 기하학적 구성 • 매듭화단, 미로, 축산, 보울링 그린
근대	영국(18C)		• 18세기 후반부터 낭만주의 운동 • 브리지맨 : 하하기법 도입
	프랑스(18C말~19C초)		• 프티 트리아농
	미국(18~19C)		• 옴스테드 : 현대 조경의 아버지 • 센트럴 파크 : 최초의 도시공원(미국 도시공원의 효시)
현대	독일(19C)		• 분구원(소정원, 현재에는 주말농장) • 과학적, 생태적, 향토수종 식재

SECTION 01 고대조경

나라별 조경양식 문헌 〔중요 ★☆☆〕

이집트	서아시아	중세 성곽정원
시누헤 이야기	길가메시 이야기	장미 이야기

1 이집트

1. 배경

자연환경	• 강수량이 적은 사막기후로 무덥고 건조 • 작열하는 태양과 수목 결핍으로 녹음을 갈망하고 수목을 신성시 • 기후의 영향으로 높은 울담으로 둘러싸고 담 안에 몇 겹으로 수목을 열식 정연하게 배식 • 원예가 일찍 발달하고 관개기술과 함께 농업과 목축업도 발달
종교	종교는 다신교, 태양신인 알라를 숭배하며, 영혼불멸의 사후세계를 믿음
건축	분묘건축(피라미드, 스핑크스), 신전건축(예배신전, 장제신전, 오벨리스크)
조경	수목신성시(이집트, 서부아시아)하였으며, 서양에서 최초의 조경기술을 가진 나라

2. 주택정원

① 현존하는 것은 없으며, 무덤의 벽화로 추측
② 높은 담장(울담)과 수목을 열식, 키오스크(Kiosk. 정자), T자형 침상지, 관목이나 화훼류를 분에 심어 원로에 배치
③ 입구에서 현관까지 저택 중앙에 4열 아치형의 포도넝쿨로 그늘지게 했다.
④ 조경식물 : 시커모어(Sycamore), 대추야자, 파피루스, 연꽃, 석류, 무화과, 포도 등
  ※ 파피루스는 지중해 연안 습지에 자라는 다년생 초목이며, 하이집트 지역의 상징이기도 하다.
④ 무덤·벽화를 통해 당시 정원을 연상 : 테베에 있는 아메노피스 3세의 한 신하의 분묘, 아메노피스 4세의 친구인 메리레의 정원

3. 신전정원 〔중요 ★★☆〕

① 델엘바하리의 핫셉수트(hatshepsut) 여왕의 장제신전
  ㉠ 현존하는 최고(最古)의 정원유적(센누트의 설계)
  ㉡ 핫셉수트 여왕이 태양신인 아문(Amun)을 모신 신전으로 산 중턱에 계단식 형태의 3개의 경사로(Terrace)로 계획
  ㉢ 스핑크스를 배치하고 아카시아 등 수목 열식(식재공터 남아있음)

4. 사자(死者)의 정원 [중요★☆☆]

① 이집트인의 내세관에서 기인한 것으로 "죽은 자를 위로하기 위해 무덤 앞에 소정원 설치"
② 레크미라 무덤벽화 : 중심에 직사각형(구형)의 연못이 있고, 연못 사방에 3겹으로 수목이 열식되어 있으며 연못의 한편에 작은 키오스크(Kiosk, 정자)가 있다. 죽은 이는 배 안에 앉아있고, 이 배는 연안의 나무에 묶어둔 두 개의 밧줄로 끌려지며, 노예들은 수목에 물을 주고 있다.

┃ 이집트 주택정원 ┃

┃ 신전정원 ┃

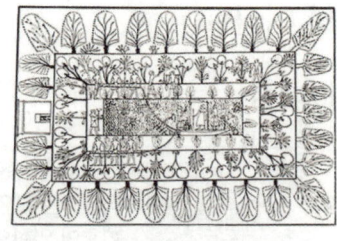
┃ 레크미라 무덤벽화 ┃

2 서부아시아

1. 배경

자연환경	• 티그리스 강과 유프라테스 강이 위치한 메소포타미아 지역 위치 • 기후차가 극심하고 강수량 적음, 관개용수로 설치
인문환경	수메르인이 메소포타미아 문명을 새롭게 시작하면서 바벨론을 중심으로 도시국가가 형성
건축	지구라트(Ziggurat) : 도시 가운데 위치하여 신전을 어디서든 볼 수 있는 랜드마크(대표 : 바벨탑)
조경	수목을 신성시하고 수목 식재는 관개수에 의존

┃ 지구라트(신들의 거처) ┃

2. 수렵원(Hunting Garden)

① 길가메시 이야기 : 사냥터 경관을 전하는 최고의 문헌
② 수렵, 야영장, 훈련장, 제사장, 향연장 등에 이용
③ 인공으로 호수와 언덕을 조성하고 정상에 신전을 세움
④ 소나무, 사이프러스 식재, 오늘날 공원(Park)의 시초

3. 공중정원(Hanging Garden)

① 서양 최초의 옥상정원으로 세계 7대 불가사의 중 하나
② 지구라트형의 피라미드가 테라스층을 이루고 노단의 외부에 회랑 조성
③ 네부카드네자르 2세가 왕비 아미티스(Amiytis)를 위해 조성
④ 성벽의 높은 노단 위에 인공관수(유프라테스), 방수층 만들어 수목과 식물 식재

▎공중정원의 추정도 ▎

3 그리스

1. 배경 [중요★☆☆]

자연환경	지중해성 기후로 여름은 고온다습, 겨울은 온난다습으로 옥외생활을 즐김
인문환경	도시생활을 즐김 → 정원중심이 아닌 건물중심 → 아고라(Agora) 생성
건축	화려한 개인주택보다 공공조경으로 발달

2. 주택정원

① 중정을 중심으로 방을 배치(정원중심이 아닌 건물중심)
② 외부에 폐쇄적인 내향적 구성이다.
③ 중정의 구성(Court, 주랑식)
　㉠ 돌로 포장, 장식적 화분에 장미, 백합 등의 향기 있는 식물 식재
　㉡ 조각물과 대리석, 분수로 장식
④ 아도니스원(Adonis Garden)
　㉠ 지붕에 아도니스 동상을 세우고 주위를 화분으로 장식
　㉡ 화분에 밀, 보리, 상추 등을 분이나 포트(Pot)에 심어 부인들이 가꾸었다.
　㉢ 후에 포트가든(Pot Garden) 또는 옥상정원으로 발달하였다.

3. 공공조경 [중요★☆☆]

성림	신들에게 제사를 지내는 장소, 시민들이 자유로이 사용(유실수보다 녹음수 식재)
짐나지움	청소년들이 체육 훈련을 하는 장소, 대중적인 정원으로 발달
아카데미	청소년들이 심신을 수련시키기 위한 장소

4. 도시계획 및 도시조경 〔중요★☆☆〕

① 히포데이무스 : 최초의 도시계획가로, 아테네에 도시를 건설하였다.

② 아고라(Agora) : 광장의 개념이 최초로 등장

　㉠ 건물로 둘러싸여 **물물교환(시장의 기능)과 집회의 장소** 등으로 이용되는 옥외공간

　㉡ 의회당, 도서관, 신전, 야외음악당으로 둘러싸인 중앙공간의 광장이다.

　㉢ 플라타너스 녹음수 식재, 조각상, 분수로 장식

> **참고**
>
> 시대별 중정 〔중요★★☆〕
>
> | 그리스 | 로마 | 스페인 | 수도원 |
> |---|---|---|---|
> | Court | 페리스릴리움 | 파티오(patio) | 클로이스트가든 |

4 고대 로마

1. 배경

자연환경	겨울에는 온난하고 여름은 몹시 더워 구릉지에 빌라(Villa)가 발달하는 계기
건축	• 건축양식은 열주(列柱)의 형태 • 원형극장, 투기장, 목욕탕, 고가도로 등이 발달
조경	사이프러스, 감탕나무 등 상록활엽수가 풍부하게 자생

2. 주택정원 〔중요★★★〕

① 주택정원은 2개의 중정과 1개의 후원으로 내향적인 구성

구성	제1중정(아트리움)	제2중정(페리스틸리움)	후정(지스터스)
	무열주(無列柱) 중정	주랑(柱廊)식 중정	후원
목적	공적 장소(손님 접대)	사적 공간(가족 공간)	
특징	• 천창(天窓, 채광) • 임플루비움(빗물받이 수반) 설치 • 바닥은 돌 포장 • 화분장식	• 바닥은 포장하지 않음(식재 가능) • 분수, 조각, 돌수반, 식재 등을 정형식으로 배치 • 개방된 중정	• 제1, 2중정과 동일한 축선상에 배치 • 5점형 식재 • 관목 군식

| 아트리움 | | 페리스틸리움 |

3. 별장(빌라 : Villa)

① 자연을 동경하고, 부호의 과시욕으로 피서를 즐기기 위해 빌라를 만들었다.

② 대표적 빌라 중요★☆☆ (16C 노단양식 종류와 비교출제됨)
  ㉠ 라우렌티장(Villa Laurentine) : 전원풍과 도시풍의 혼합형 별장
  ㉡ 토스카나장(Villa Toscana) : 도시풍의 여름용 별장, 토피어리 등장
  ㉢ 아드리아누스장(Villa Adrianus) : 아드리아누스 황제의 대별장

4. 포럼(Forum) 중요★★☆

① 그리스의 아고라와 같은 개념의 대화장소로 아고라에 비해 시장기능이 없다.
② 로마의 공공조경으로 지배계급을 위한 상징적 공간으로 광장의 성격을 가지고 있다.
③ 둘러싸인 건물에 의해 일반광장, 시장광장, 황제광장으로 구분한다.

SECTION 02 중세조경

중세시대의 조경은 문화적 암흑기이며 기독교문명을 중심으로 한 수도원 정원과 봉건영주들의 성관(성곽)에서 이루어진 성관(성곽)정원이 발달하였다.

1 수도원 정원 중요★★☆

1. 수도원 정원(전기) : 이탈리아를 중심으로 발달

① 특징
  ㉠ 실용위주 정원 : 채소원, 약초원

ⓒ 장식위주 정원 : 회랑식 중정원(크로이스트 가든)

② 회랑식 중정
  ㉠ 기둥 사이에 흉벽이 만들어져 있어서 일정한 방향 외에는 출입이 불가능한 폐쇄적인 중정
  ㉡ 2개의 원로를 4분원한 원로의 교차점을 파라디소라 하며, 수목, 돌수반, 분수, 우물 등을 배치

> **참고** 클라우스트룸
> - 중세 수도원의 전형적인 정원으로 예배실을 비롯한 교단의 공공건물에 의해 둘러싸인 네모난 공지
> - 교차점에 수목 식재 후 수로를 만들어 지상낙원을 표현하고자 하였다.

┃수도원 정원┃

2. 성관(성곽) 정원(후기) : 프랑스, 영국, 독일을 중심으로 발달

① 봉건영주들이 정원의 규모가 커지면서 주위를 성곽으로 두르면서 방어목적으로 해자를 만듦
② 매듭화단(Knot Garden) : 중세에 시작하여 영국에서 크게 발달, 프랑스에서는 자수화단으로 발달
  ㉠ Open Knot : 매듭 안쪽 공간에 다채로운 색채의 흙을 채움
  ㉡ Closed Knot : 매듭 안쪽 공간에 한 종류의 키 작은 화훼를 덩어리로 채움

┃성관정원┃

┃Closed Knot┃

③ 토피어리(Topiary) : 주목과 회양목을 이용하여 만들었으나 로마정원과는 달리 사람, 동물의 생김새가 없다.

2 이슬람 정원(스페인, 이란, 무굴인도)

1. 이슬람 정원의 특징

① 모든 건축물 앞에 수경시설 도입 : 색자갈을 활용한 투영미 강조
② 우상숭배 금지 : 생물의 조각상이 없음(예외 : 사자의 정원)

2. 스페인 조경의 배경

① 기독교와 이슬람의 양식이 절충
② 옛날 로마의 별장 및 정원유적의 영향을 받아 파티오(Patio)식 정원 발달
  ※ 파티오의 중요 구성요소 : 물(水), 색채타일, 분수, 발코니

3. 스페인 조경의 발달

① 관개기술이 발달하며 강을 따라 세비야, 코르도바, 그라나다의 도시가 번성하였다.
② 세비야의 알카사르(Alcazar) : 연못은 모두 침상지, 원로나 파티오에 타일, 석재포장
③ 그라나다의 알함브라 궁원(4개의 중정) 중요★★★
  ㉠ 알함브라는 아라비아어로 적색도시라는 뜻
  ㉡ 그라나다 시를 조망하는 배 모양으로 구릉지에 축조
  ㉢ 주요 건물은 붉은 벽돌로 지었으며, 4개의 중정이 남아있다.

알베르카(Alberca) 중정	• 입구의 중정이자 주정(主庭)으로 공적 기능 : 비례와 화려함, 장엄미 • 연못 양쪽에 도금양, 천인화을 열식(도금양, 천인화의 중정) • 종교의식에 쓰이던 욕지, 분수대 등이 연못으로 사용되었으며, 투영미가 뛰어남 • 중정 한가운데 장방형의 연못이 위치
사자(Lion)의 중정	• 주랑식 중정으로 가장 화려함 • 검은 대리석으로 만든 12마리의 사자가 받치고 있는 수반과 네 개의 수로가 연결 → "낙원의 4개의 강"을 의미 • 그라나다에 현존하는 귀중한 아랍식 중정
다라하(린다라야) 중정	• 부인실에 부속된 정원으로 여성적인 분위기를 연출 • 회양목으로 열식하고 원로는 포장하지 않음 • 중정 중심에 분수시설
창격자(레하)의 중정	• 바닥은 둥근 색자갈 무늬 • 네 귀퉁이에 사이프러스를 식재 • 중앙에 분수 : 전체적으로 환상적이고 엄숙한 분위기 연출

| 알베르카 중정 |

| 사자의 중정 |

| 다라하 중정 |

| 창격자의 중정 |

> **참고** 알베르카 중정과 사자의 중정은 이슬람적 성격이 강하고, 다라하 중정과 레하의 중정은 기독교적인 성격이 강하다.

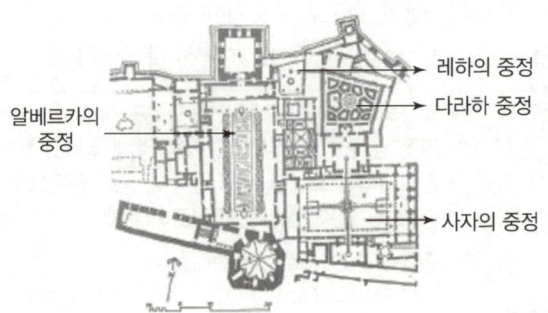
| 알함브라 궁원 |

④ 제(헤)네랄리페(Generalife) 이궁

㉠ 그라나다 왕들의 피서를 위한 은둔처로서 전체가 정원이다.

㉡ 경사지는 계단식 처리와 기하학적 구성으로 되어 있다.

㉢ 수로가 있는 중정은 연꽃 모양의 수반과 회양목으로 구성하며 3면이 건물, 한쪽은 아케이드로 둘러싸여 있다.

㉣ 건물 입구까지 길 양쪽의 분수가 아치 모양을 이루고 좌우에 꽃과 식물이 식재했다.

4. 스페인 정원의 특징 중요★★☆

① 회교문화의 영향을 입은 독특한 정원 양식
② 물과 분수의 풍부한 이용
③ 대리석과 벽돌을 이용한 기하학적 형태
④ 매듭무늬 화단, 화려한 식물을 사용하여 다채로운 색채를 도입한 섬세한 장식
⑤ 중정구성이 독특함(Patio식)
⑥ 파티오(Patio)는 웅대함보다는 화려함(다채로운 색)이 극치를 이루는 정원
⑦ 안달루시아(Andalusia) 지방에서 발달

5. 이란, 무굴인도의 이슬람 조경양식 중요★☆☆

이란	• 사막기후의 영향으로 도시 전체가 거대한 정원 • 이스파한 : 소정원을 연속적으로 이어가면서 만든 거대한 정원
무굴인도	• 타지마할 : 묘지 + 정원 • 무굴제국의 최고의 왕인 샤 자한이 자신의 왕비를 위하여 조성한 묘원으로 모든 건물과 정원이 가운데 축을 중심으로 좌우 대칭적 균형을 이룸 • 정원 요소 중 가장 큰 영향을 미친 것은 "물"

┃이스파한(이란)┃

┃타지마할(무굴인도)┃

SECTION 03 근세조경

- 르네상스 시대를 시작으로 정원이 주가 되고 건축은 일부가 됨
- 고전주의에 대한 반발로 인간의 정체성을 찾고 자연을 있는 그대로 관찰하려는 사조가 생겼으며, 이로 인해 신보다 인간이 중심이 되는 문화, 즉 인본주의가 발달하기 시작

1 이탈리아(노단건축식) 중요★★★

1. 배경
자연존중, 인간존중, 시민생활 안정, 정원이 옥외 미술관적 성격을 지님

2. 발달
① 15C 르네상스 시대이며 시민계급 자본을 바탕으로 한 정원이 유행함
② 노단식 : 이탈리아에서 경사진 지형을 활용하기 위하여 경사진 부분과 평탄한 부분으로 나누어 경사지게 만든다.
③ 피렌체 : 르네상스 문화와 더불어 최초로 노단건축식 정원이 발달한 장소이다.

> 참고
> 빌라 메디치(최초의 빌라)
> 주변의 자연풍경을 즐길 수 있도록 차경수법을 사용하였고 경사지를 테라스로 처리하였다.

3. 정원의 특징
① 특징
  ㉠ 강한 축을 중심으로 정형적 대칭을 이룸
  ㉡ 지형과 기후로 인해 구릉과 경사지에 빌라가 발달
  ㉢ 지형 극복을 위해 노단과 경사지를 이용
  ㉣ 흰 대리석과 암록색의 상록활엽수가 강한 대조를 이룸
  ㉤ 축을 따라 축을 직교하여 분수, 연못 등을 설치 예 캐스케이드(계단폭포)

② 르네상스 3대 빌라 : 에스테장, 랑테장, 파르네장
  ㉠ 에스테장(Villa D'Este) : 평탄한 노단 중앙의 중심축 선이 최상부 노단에 있으며 축 선상에 분수를 설치하여 물을 다양하게 사용했으며 자수화단, 미로, 연못 등을 설치하였다.
  ㉡ 랑테장(Villa Lante) : 담으로 둘러싸여 있으며 4개의 노단으로 구성, 정원의 축과 연못의 축이 일직선상에 위치

ⓒ 파르네장(Villa Farnese) : 비롤라가 설계하였고 2개층의 테라스가 있으며 캐스케이드로 수로 형성

2 프랑스(평면기하학식) 중요★★★

1. 배경
① 지형이 평탄하고 저습지가 많음, 이탈리아의 영향을 받음
② 앙드레 르노트르(이탈리아에서 유학하여 조경 공부)의 활약(프랑스 조경의 아버지)

2. 특징
① 산림 내 소로(Allee)를 이용한 장엄한 스케일
② 정원이 주가 된다.
③ 비스타(Vista : 통경선) 좌우로 시선을 집중, 일정 지점으로 시선이 모이도록 구성된 경관
④ 산울타리로 총림과 기타 공간을 명확하게 구분
⑤ 화려하고 장식적인 정원 : 자수화단, 대칭화단, 구획화단, 물화단
⑥ 운하(Canal) : 르노트르식을 특징하는 가장 중요한 시설 중 하나

3. 보르비콩트(Vaux-le-vicomte) 정원
① 최초의 평면기하학식 정원(남북 1,200m, 동서 600m)
② 건축은 루이 르보, 조경은 르노트르가 설계
③ 조경이 주요소이고, 건물은 2차적 요소로
④ 특징 : 산책로(allee), 총림, 비스타(Vista), 자수화단
⑤ 의의 : 루이 14세를 자극해 베르사유 궁원을 설계하는 계기가 됨

4. 베르사유(Versailles) 궁원(궁전) : 세계 최대 규모의 정형식 정원
① 수렵지로 쓰던 소택지에 궁원과 정원을 조성
② 300ha에 이르는 세계 최대 정형식 정원으로 바로크 양식이다.
③ 건축은 루이 르보, 조경은 르노트르가 설계
④ 궁원의 모든 구성이 중심축과 명확한 균형을 이루며 축선은 방사상으로 전개해 태양왕(루이 14세, "짐은 국가다.")을 상징

⑤ 특징
- 총림, 롱프윙(Rondspoints : 사냥의 중심지), 미원(Maze), 소로(Allee), 연못, 야외극장, 아폴로 분수, 물극장, 라토나 분수 등 배치
- 강한 축과 총림(Bosquet : 보스케)에 의한 비스타(Vista) 형성

| 보르비콩트 |

| 베르사유 궁원 |

3 네덜란드

1. 배경

① 정치적 요인 때문에 이탈리아의 영향은 받았지만 지형상 테라스의 사용은 불가능
② 분수와 캐스케이드가 사용되지 않음

2. 특징

① 프랑스와 이탈리아보다 정원 규모는 작다.
② 수로로 각 지역을 분리하였다.
③ 약초, 화초 재배가 발달하였다.

SECTION 04 근대 · 현대조경

르네상스 시대를 거치면서 정원에서는 수목 본래의 모습을 강하게 부정하는 복잡한 토피어리 등이 유행하고 정형적이고 인위적인 비스타, 가로수 등을 이용했다면, 근대정원에서는 자연을 손상시키는 것보다는 인간의 손이 미치지 않는 자연에 대한 동경을 반영하는 자연풍경식 정원이 발달하였다.

1 영국(자연풍경식) 중요★★★

처음에는 이탈리아, 프랑스의 정형식 양식을 받아들였으나 자연복귀사상과 목가적인 전원풍경 및 전통을 고수하고자 하는 국민성의 영향으로 **정형식 조경수법의 수용을 거부**하여 자연경관을 살리고자 자연풍경식 조경수법을 확립(**자연과의 비율은 1 : 1**)

1. 배경

① 자연환경
  ㉠ 다습하고 흐린 날이 많아 잔디밭과 보울링 그린(Bowling Green)이 성행했다.
  ㉡ 완만한 기복을 이룬 구릉이 전개되고 강과 하천도 완만한 흐름을 나타내고 있다.
② 인문환경 : 튜더왕조, 후기 영국의 르네상스가 절정을 이룸

2. 정형식 정원(11~17C) 중요★☆☆

① 대부분 부유층을 위한 정원이다.
② 축을 중심으로 한 기하학적 구성과 매듭화단(Knot : 노트), 미원 등이 유행
  ㉠ **매듭화단(Knot : 노트)** : 낮게 깎은 회양목 등으로 화단을 여러 가지 기하학적 문양으로 구획하는 것
  ㉡ **미원** : 수목을 전정하여 정형적인 모양의 미로를 만든 것
③ 정형식 정원의 특징
  ㉠ 네 사람 정도가 걸을 수 있는 주도로인 곧은길(Forthright), 축산(Mound : 가산)
  ㉡ 보울링 그린(Bowling Green) : 군사훈련 목적으로 부활
  ㉢ 약초원

> **참고** 르네상스 시대 정원의 특징적 요소
> 보울링 그린, 채소원, 포장된 산책로, 매듭무늬 화단(Knot), 토피어리, 문주

3. 자연풍경식 정원(18C) 중요★☆☆

① 배경 : 17C 정형식 정원의 특징인 기하학적 형태에 대한 거부로 영국의 자연조건에 부합하는 자연풍경식이 발생하여 유럽 대륙으로 전파
② 스토우 정원(Stowe Garden) : 브리지맨과 켄트가 만듦 → 켄트와 브라운이 수정 → 브라운이 개조하여 완성

┃ 스토우 정원(Stowe Garden) ┃

> **참고** 하하(Ha-Ha) 수법
> - 담장 대신 정원부지의 경계선에 해당하는 곳에 깊은 도랑을 파서 외부로부터 침입을 막고 가축을 보호하며, 목장, 삼림, 경지 등을 전원풍경 속에 끌어들이는 의도에서 만들어졌다.
> - 이 도랑의 존재를 모르고 원로를 따라 걷다가 갑자기 원로가 차단되었음을 발견하고 무의식 중에 감탄사로 남긴 이름이다.

③ 스투어헤드(Stourhead)
  ㉠ 헨리 호어가 설계하고, 켄트와 브리지맨이 디자인했다.
  ㉡ 18C 자연풍경식 정원의 원형이 잘 남아 있는 작품이다.
  ㉢ 호수를 따라 산책로를 설치하여 주변의 구릉과 자연스럽게 연결했다.

4. 영국 풍경식 조경가 중요★★☆

① 스테판 스위처(Stephen Switzer)
  ㉠ **최초의 풍경식 조경**
  ㉡ 울타리를 없애고 주위의 전원으로 확장시키려 했다.

② 찰스 브리지맨(Bridgeman) : **스토우 가든(스토우 정원)에 하하(Ha-Ha)개념 최초로 도입**
  ㉠ 하하Wall : 담을 설치할 때 능선을 피하고 도랑이나 계곡에 설치하여 물리적 경계 없이 경관을 감상할 수 있게 한 것

③ 켄트(Kent)
  ㉠ 근대 조경의 아버지로 "**자연은 직선을 싫어한다.**"라는 말을 남김
  ㉡ 작품 : 켄싱턴 가든, 치즈윅 하우스, 스토우 정원 수정, 롱샴 정원을 계획

④ 브라운(Brown)
  ㉠ 풍경식 정원을 완성
  ㉡ 햄프턴 코트를 설계하고 블렌하임, 스토우 가든 등 많은 영국정원을 수정

⑤ **험프리 랩턴(Hamphry Repton)**
  ㉠ 사실주의 자연풍경식 정원을 완성

ⓒ 레드북(Red Book) : 정원의 자연풍경식으로 개조 전의 모습과 개조 후의 모습을 비교할 수 있는 스케치로 설명

⑥ 챔버(Chamber)
　　㉠ 큐가든(중국식 건물과 탑을 세움)을 설계하여 중국정원 소개
　　ⓒ 브라운의 자연풍경식을 비판

5. 공공적 공원(19C) 중요★★☆

① 리젠트 파크(Regent Park) → 버컨헤드 공원 조성에 영향
② 버컨헤드(Birkenhead) 공원(1843) : **조셉 펙스턴 설계**
　　역사상 처음으로 시민자본의 힘으로 공원 조성 → 미국 센트럴 파크(Central Park) 설계에 영향을 줌
③ 19세기 전반 영국정원은 사적인 중심에서 나아가 공적인 대중공원의 성격을 띤 시대

2 독일(풍경식)

1. 무스코 정원

① 퓌클러 무스카우 공작의 정원
② 강물을 자연스럽게 흐르게 하여 수경시설에 역점을 둠
③ 전원생활의 모든 활동이 가능한 시설로 부드럽게 굽어진 도로와 산책로를 통해 시각적 아름다움 표출했다.
④ 센트럴 파크에 낭만주의적 풍경식을 옮기는 역할(센트럴 파크에 영향)

2. 분구원

① 한 단위가 200m² 정도 되는 소정원을 시민에게 대여하여 채소, 과수, 꽃 등의 재배와 위락을 위한 공간(우리나라 주말농장과 흡사)
② 현재까지 실용적인 측면에서 시행 중

3. 시뵈베르원

1750년에 축조된 독일 최초의 풍경식 정원

4. 독일정원의 특징 중요★☆☆

독일은 유럽 각국의 정원 스타일이 혼재하는 듯한 개성 없는 **구성식 정원**이었으나 19세기 말엽이 되어서

실용적 정원이 발달하였다.
① 과학적 지식을 이용하며 자연경관의 재생이 주목적
② 그 지방의 향토수종을 배식하여 자연스러운 경관을 형성
③ 실용적 정원이 발달

3 현대의 조경

1. 배경

① 19세기 뉴욕 맨해튼에 센트럴 파크가 조성(**사적인 정원에서 공적인 정원으로 전환의 계기**)
② 형태에 고집하지 않고 자유롭게 조성
③ 건물 주변에는 정형식 정원을, 자연환경 속에는 자연식 정원을 만듦
④ 우리나라 공원법은 1967년도에 만들어짐

2. 미국의 조경 〔중요★★☆〕

① 센트럴 파크(Central Park)
　㉠ 영국 최초의 공공정원인 **버컨헤드 공원의 영향을 받은 최초의 도시공원**
　㉡ **미국 도시공원의 효시**, 재정적으로 성공하였으며 **1872년 옐로우스톤 공원(Yellow Stone Park)이 최초의 국립공원으로 지정**, 1890년 요세미티 국립공원이 지정
　㉢ 옴스테드가 설계했으며, 폭넓은 원로와 넓은 잔디밭으로 구성
　㉣ **옴스테드와 보우의 그린스워드(Greenseward)안이 당선**
　㉤ 부드러운 곡선과 수변, 입체적 동선체계, 차음·차폐 식재, 넓고 쾌적한 마차길, 드라이브 코스, 넓은 잔디밭, 동적 놀이공간, 수목원, 넓은 호수 등

② 다우닝(Downing) : 허드슨 강변을 따라 옥외지역 개발, 공공 조경의 필요성 주장

③ 도시미화운동(City Beautiful Movement) : **시카고 박람회의 영향**으로 아름다운 도시를 창조함으로써 공중의 이익을 확보할 수 있다는 인식에서 일어난 시민운동

④ 래드번(Rad Burn) 계획 : 슈퍼블록(Super Block)을 설정하여 차도와 보도를 분리하고, **쿨데삭(Cul-de-Sac) 도로**를 조성하여 근린성을 높이며, 학교, 쇼핑센터 등 주거지와 공원을 보도로 연결한 소규모 전원도시를 건설

⑤ 광역조경계획(TVA)
　㉠ 미시시피와 테네시 강 주변에 후생시설 및 공공위락시설을 갖춘 노리스 댐과 더글라스 댐을 건설
　㉡ 수자원 개발의 효시, 계획과 설계과정에서 조경가 대거 참여

02장 적중예상문제

01 이집트 델엘바하리 신전에 사용한 배식기법은?

① 열식   ② 점식
③ 군식   ④ 혼식

02 서아시아의 수렵원(Hunting Garden)의 계획기법으로 올바른 것은?

① 포도나무를 심어 그늘지게 하였다.
② 노단 위에 수목과 덩굴식물을 식재하였다.
③ 인공으로 언덕을 쌓고 인공호수를 조성하였다.
④ 성림을 조성하여 떡갈나무와 올리브를 심었다.

03 메소포타미아의 대표적인 정원은?

① 마야사원   ② 베르사유 궁전
③ 바빌론의 공중정원   ④ 타지마할 사원

04 서양의 각 시대별 조경양식에 관한 설명 중 옳은 것은?

① 서아시아의 조경은 수렵원 및 공중정원이 특징적이다.
② 이집트는 상업 및 집회를 위한 공공정원이 유행하였다.
③ 고대 그리스는 포럼과 같은 옥외 공간이 형성되었다.
④ 고대 로마의 주택정원에는 지스터스(Xystus)라는 가족을 위한 사적인 공간을 조성하였다.

● 해설
②는 그리스
③은 로마
④는 후원공간

05 고대 그리스 조경에 관한 설명 중 틀린 것은?

① 구릉이 많은 지형에 영향을 받았다.
② 짐나지움(Gymnasium)과 같은 공공적인 정원이 발달하였다.
③ 히포데이무스에 의해 도시계획에서 격자형이 채택되었다.
④ 서민들의 정원은 발달하지 못했으나 왕이나 귀족의 저택은 대규모이며 사치스러운 정원을 가졌다.

● 해설
화려한 개인주택보다 공공조경으로 발달하였다.

06 고대 그리스에서 아고라(Agora)는 무엇인가?

① 광장   ② 성지
③ 유원지   ④ 농경지

07 다음 중 고대 로마의 폼페이 주택정원에서 볼 수 없는 것은?

① 아트리움   ② 페리스틸리움
③ 포럼   ④ 지스터스

● 해설
포럼은 지배계급을 위한 상징적 공간으로 광장의 성격을 가지고 있다.

정답 01 ① 02 ③ 03 ③ 04 ① 05 ④ 06 ① 07 ③

08 고대 로마의 정원 배치는 3개의 중정으로 구성되어 있었다. 그중 사적인 기능을 가진 제2중정에 속하는 곳은?

① 아트리움　　② 지스터스
③ 페리스틸리움　④ 아고라

09 중세 수도원의 전형적인 정원으로 예배실을 비롯한 교단의 공공건물에 의해 둘러싸인 네모난 공지를 가리키는 것은?

① 아트리움　　② 페리스틸리움
③ 클라우스트룸　④ 파티오

　해설
클라우스트룸
중세 수도원의 전형적인 정원으로 예배실을 비롯한 교단의 공공건물에 의해 둘러싸인 네모난 공지

10 다음 중 중정(Patio)식 정원에 가장 많이 쓰이는 것은?

① 폭포　　　　② 색채타일
③ 울창한 수목　④ 가산(마운딩)

11 다음 중 스페인 정원과 가장 관련이 적은 것은?

① 비스타　　② 색채타일
③ 분수　　　④ 발코니

　해설
프랑스 평면기하학식
비스타(Vista : 통경선) 좌우로 시선을 집중, 일정 지점으로 시선이 모이도록 구성된 경관

12 스페인에 현존하는 이슬람 정원 형태로 유명한 곳은?

① 베르사유 궁전　② 보르비콩트
③ 알함브라 궁원　④ 에스테장

13 스페인 정원의 대표적인 조경양식은?

① 중정정원　　② 원로정원
③ 공중정원　　④ 비스타 정원

　해설
파티오(Patio)는 웅대함보다는 화려함(다채로운 색)이 극치를 이루는 정원이다.

14 조경양식 중 이슬람 양식에 스페인 정원이 속하는 것은?

① 평면기하학식　② 노단식
③ 중정식　　　　④ 전원풍경식

15 회교문화의 영향을 입어 독특한 정원 양식을 보이는 곳은?

① 이탈리아 정원　② 프랑스 정원
③ 영국정원　　　④ 스페인 정원

16 스페인의 코르도바를 중심으로 한 지역에서 발달한 정원 양식은?

① patio
② court
③ atrium
④ peristylium

17 서양에서 정원이 건축의 일부로 종속되던 시대에서 벗어나 건축물을 정원 양식의 일부로 다루려는 경향이 나타난 시대는?

① 중세　　② 르네상스
③ 고대　　④ 현대

　해설
르네상스 시대를 시작으로 정원이 주가 되고 건축은 일부가 됨

정답 08 ③　09 ③　10 ②　11 ①　12 ③　13 ①　14 ③　15 ④　16 ①　17 ②

18 이탈리아의 노단건축식 정원 양식이 생긴 원인으로 가장 적합한 것은?
① 식물　② 암석
③ 지형　④ 역사

19 경사진 지형을 깎아 벽과 테라스를 쌓아 계단을 만들고 물, 기타 조경요소를 도입하여 자연경관을 부각시킨 정원 양식은?
① 한국정원　② 일본정원
③ 이탈리아 정원　④ 스페인 정원

20 이탈리아 르네상스 시대의 조경 작품이 아닌 것은?
① 빌라 토스카나(Villa Toscana)
② 빌라 란셀로티(Villa Lancelotti)
③ 빌라 메디치(Villa de Medici)
④ 빌라 란테(Villa Lante)

● 해설
①은 BC 5~8세기 로마의 별장이다.

21 르네상스 문화와 더불어 최초로 노단건축식 정원이 발달한 곳은?
① 로마　② 피렌체
③ 아테네　④ 폼페이

● 해설
피렌체의 빌라 메디치는 주변의 자연풍경을 즐길 수 있도록 차경수법을 사용하였고, 경사지를 테라스로 처리하였다.

22 다음 중 이탈리아 정원의 가장 큰 특징은?
① 평면기하학식　② 노단건축식
③ 자연풍경식　④ 중정식

23 16세기 이탈리아의 대표적인 정원인 빌라 에스테(Villa d'Este)의 특징으로 옳지 못한 것은?
① 사이프러스의 열식　② 자수화단
③ 미로　④ 연못

● 해설
창격자(레하)의 중정 네 귀퉁이에 사이프러스를 식재

24 다음 중 여러 단을 만들어 그 곳에 물을 흘러내리게 하는 이탈리아 정원에서 많이 사용되었던 조경기법은?
① 캐스케이드　② 토피어리
③ 록 가든　④ 캐널

25 이탈리아의 노단건축식(Terrace Dominant Architectural Stule) 정원 양식이 생긴 요인에 해당되는 것은?
① 과학기술이 발달했기 때문에
② 비가 적게 오기 때문에
③ 돌이 많이 나오기 때문에
④ 지형의 경사가 심하기 때문에

26 다음 중 Nicholas Fouguet가 소유하였고, 앙드레 르노트르의 출세작으로 알려진 정원은?
① 베르사유 정원　② 보르비콩트 정원
③ 버컨헤드 파크　④ 센트럴 파크

27 르노트르가 이탈리아에서 수학한 뒤 귀국하여 만든 최초의 평면기하학식 정원은?
① 보르비콩트 정원　② 베르사유 정원
③ 루브르궁　④ 몽소공원

28 다음 정원에서의 눈가림 수법에 대한 설명으로 틀린 것은?

① 좁은 정원에서는 눈가림 수법을 쓰지 않는 것이 정원을 더 넓어 보이게 한다.
② 눈가림은 변화와 거리감을 강조하는 수법이다.
③ 이 수법은 원래 동양적인 것이다.
④ 정원이 한층 더 깊이가 있어 보이게 하는 수법이다.

29 주축선 양쪽에 짙은 수림을 만들어 주축선이 두드러지게 하는 비스타(Vista) 수법을 가장 많이 이용한 정원은?

① 영국정원
② 독일정원
③ 이탈리아 정원
④ 프랑스 정원

30 조경에서 비스타(Vista)에 대한 설명으로 틀린 것은?

① 좌우로 시선을 제한하여 일정 지점으로 시선이 모이도록 구성된 경관이다.
② 정원이 실제 넓이보다 한층 더 넓어 보이는 효과가 있다.
③ 일명 통경선 강조 수법이라고 말한다.
④ 영국식 자연풍경식 정원에 많이 사용된다.

● 해설
비스타(Vista : 통경선)
좌우로 시선을 집중, 일정 지점으로 시선이 모이도록 구성된 경관

31 관상자로 하여금 실제의 면적보다 넓고 길게 보이게 하는 수법은?

① 파티오
② 통경선(通景線)
③ 차경(借景)
④ 명암(明暗)

32 다음 중 대칭(Symmetry)의 미를 사용하지 않은 것은?

① 영국의 자연풍경식
② 프랑스의 평면기하학식
③ 이탈리아의 노단건축식
④ 스페인의 중정식

● 해설
• 정형식 정원 : 평면기하학식, 노단식, 중정식
• 자연식 정원 : 영국의 자연풍경식, 고산수식, 회유임천식
• 절충식 : 자연식＋정형식

33 19세기 유럽에서 정형식 정원 의장을 탈피하고 자연 그대로의 경관을 표현하고자 한 조경 수법은?

① 노단식
② 자연풍경식
③ 실용주의식
④ 회교식

34 영국 튜더왕조에서 유행했던 화단으로 낮게 깎은 회양목 등으로 화단을 여러 가지 기하학적 문양으로 구획짓는 것은?

① 기식화단
② 매듭화단
③ 카펫화단
④ 경재화단

35 "자연은 직선을 싫어한다."라고 주장한 영국의 낭만주의 조경가는?

① 브리지맨
② 켄트
③ 챔버
④ 렙톤

● 해설
켄트는 근대조경의 아버지로 "자연은 직선을 싫어한다."라는 말을 남겼다.

정답 28 ① 29 ④ 30 ④ 31 ② 32 ① 33 ② 34 ② 35 ②

36. 버킹엄의 스토우 가든을 설계하고, 담장 대신 정원 부지의 경계선에 도랑을 파서 외부로부터의 침입을 막는 Ha-ha 수법을 실현하게 한 사람은?
   ① 애디슨
   ② 브리지맨
   ③ 켄트
   ④ 브라운

37. 정원의 개조 전후의 모습을 보여주는 레드북(Red Book)의 창안자는?
   ① 험프리 렙턴(Humphery Repton)
   ② 윌리엄 켄트(William Kent)
   ③ 란 셀로트 브라운(Lan Celot Brown)
   ④ 브리지맨(Bridgeman)

38. 사적인 정원 중심에서 나아가 공적인 대중공원의 성격을 띤 시대는?
   ① 14세기 후반 에스파냐
   ② 17세기 전반 프랑스
   ③ 19세기 전반 영국
   ④ 20세기 전반 미국

   ● 해설
   19세기 전반 영국정원은 사적인 정원 중심에서 나아가 공적인 대중공원의 성격을 띤 시대이다.

39. 영국 정형식 정원의 특징 중 매듭화단이란 무엇인가?
   ① 낮게 깎은 회양목 등으로 화단을 기하학적 문양으로 구획한 화단
   ② 수목을 전정하여 정형적 모양으로 만든 미로
   ③ 가늘고 긴 형태로 한쪽 방향에서만 관상할 수 있는 화단
   ④ 카펫을 깔아 놓은 듯 화려하고 복잡한 문양이 펼쳐진 화단

40. 19세기 유럽에서 정형식 정원의 의장을 탈피하고 자연 그대로의 경관을 표현하고자 한 조경 수법은?
   ① 노단식
   ② 자연풍경식
   ③ 실용주의식
   ④ 회교식

41. 18세기 렙턴에 의해 완성된 영국의 정원 수법으로 가장 적합한 것은?
   ① 노단건축식
   ② 평면기하학식
   ③ 사의주의 자연풍경식
   ④ 사실주의 자연풍경식

42. 자연 그대로의 짜임새가 생겨나도록 하는 사실주의 자연풍경식 조경 수법이 발달한 나라는?
   ① 스페인
   ② 프랑스
   ③ 영국
   ④ 이탈리아

43. 다음 중 서양식 정원에서 많이 쓰이는 디딤돌 놓기 수법은 어느 것인가?
   ① 직선타(直線打)
   ② 삼연타(三蓮打)
   ③ 사삼타(四三打)
   ④ 천조타(千鳥打)

44. 다음 중 서양의 정형식 정원 양식과 가장 거리가 먼 것은?
   ① 기하학적인 땅 가름
   ② 다듬어진 나무
   ③ 인공적인 무늬화단
   ④ 비대칭적이면서 균형과 조화 유지

정답 36 ② 37 ① 38 ③ 39 ① 40 ② 41 ④ 42 ③ 43 ① 44 ④

45 네덜란드 정원에 관한 설명으로 가장 거리가 먼 것은?

① 운하식이다.
② 튤립, 히야신스, 아네모네, 수선화 등의 구근류로 장식했다.
③ 프랑스와 이탈리아의 규모보다 보통 2배 이상 크다.
④ 테라스를 전개시킬 수 없었으므로 분수, 캐스케이드가 채택될 수 없었다.

>해설
네덜란드는 프랑스와 이탈리아의 규모보다 작다.

46 인도정원에 해당하는 것은?

① 알함브라(Alhambra)
② 보르비콩트(Vaux-le-viconte)
③ 베르사유(Versailles) 궁원
④ 타지마할(Taj-mahal)

47 다음 정원 요소 중 인도정원에 가장 큰 영향을 미친 것은?

① 노단건축식   ② 토피어리
③ 돌수반   ④ 물

48 19세기 정원의 실용적인 측면이 강조되어 독일에서 만들어진 정원의 형태는?

① 벨베데레원   ② 분구원
③ 지구라트   ④ 약초원

49 프레드릭 로 옴스테드가 도시 한복판에 근대 공원의 면모를 갖추어 만든 최초의 공원은?

① 런던의 하이드 파크
② 뉴욕의 센트럴 파크
③ 파리의 테일리 원
④ 런던의 세인트 제임스 파크

50 센트럴 파크(Central Park)에 대한 설명 중 틀린 것은?

① 르코르뷔지에(Le Corbusier)가 설계하였다.
② 19세기 중엽 미국 뉴욕에 조성되었다.
③ 면적은 약 334헥타르의 장방형 슈퍼블록으로 구성되었다.
④ 모든 시민을 위한 근대적이고 본격적인 공원이다.

51 옴스테드와 캘버트 보가 제시한 그린스워드 안의 내용이 아닌 것은?

① 평면적 동선체계
② 차음과 차폐를 위한 주변 식재
③ 넓고 쾌적한 마차 드라이브 코스
④ 동적 놀이를 위한 운동장

52 미국에서 재정적으로 성공하였으며 도시공원의 효시로 국립공원 운동의 계기를 마련한 공원은?

① 센트럴 파크   ② 세인트 제임스 파크
③ 뷔테쇼몽 공원 ④ 프랭클린 파크

53 국립공원의 발달에 기여한 최초의 미국 국립공원은?

① 옐로우스톤   ② 요세미티
③ 센트럴 파크   ④ 보스턴 공원

>해설
국립공원 운동의 영향으로 요세미티 국립공원(1890)이 지정되었다.

정답 45 ③ 46 ④ 47 ④ 48 ② 49 ② 50 ① 51 ① 52 ① 53 ①

03장 중국의 조경양식

SECTION 01 중국 조경사 개요

시대	대표 작품	특징
은, 주	원(園), 유(囿), 포(圃) 영대	• 정원의 기원 : 원(과수원), 포(채소밭), 유(금수) • 영대 : 낮에는 조망하고 밤에는 은성명월을 즐김
진(秦)	아방궁	• 시황제의 천하통일 궁궐조성
한	상림원 태액지원	• 상림원 : 왕의 사냥터, 중국정원 중 가장 오래된 정원, 곤명호 등 주위에 6개의 대호수, 70채의 이궁 • 태액지원 : 봉래, 방장, 영주의 섬을 축조(신선사상)
삼국시대	화림원	• 못을 중심으로 하는 간단한 정원
진(晉), 수	현인궁	• 왕희지 : 「난정고사」(정원에 곡수 돌리는 기법 기록) • 도연명 : 안빈낙도, 은둔생활(조선에 영향을 줌) • 고개지 : 회화
당	온천궁(화청궁) 이덕유의 평천산장	• 온천궁 : 태종이 건립, 현종이 화청궁으로 개명 • 활동문인 : 백락천(백거이), 이두보, 왕유 등
송	만세산(석가산) 창랑정(소주)	• 태호석을 본격적으로 사용(석가산수법)
금	북해공원	• 현재 북해공원이라는 이름으로 일반인에게 공개
원	사자림(소주)	• 주덕윤의 정원설계, 석가산수법
명	졸정원(소주) 유원(소주)	• 졸정원 : 부채꼴 모양 정자, 중국 사가정원의 대표작 • 미만종의 '작원' : 자연적인 경관조성, 버드나무 식재 • 관련문헌 : 이계성의 원야, 문진향의 장물지 등
청	건륭화원 이화원(만수산이궁) 원명원이궁 열하피서산장	• 이화원 : 청대의 대표작, 건축물과 자연의 강한 대비 • 원명원 : 동양 최초 서양식 정원의 시초(르노트르 영향)

1. 중국정원의 특징 중요★★☆

① 경관의 조화보다는 대비에 중점
② 자연경관 속에 인위적으로 암석, 동굴, 수목을 배치
③ 태호석을 사용한 석가산 수법 사용
④ 직선과 곡선을 사용
⑤ 사실주의보다는 사의주의, 회화풍경식, 자연풍경식
⑥ 하나의 정원 속에 부분적으로 여러 비율을 혼합하여 사용(한국·영국 1 : 1, 일본 100 : 1)
⑦ 차경수법 도입(앙차 : 올려보기, 부차 : 내려보기)

2. 정원의 기원

후한시대의 「설문해자」에 기록

원(園)	포(圃)	유(囿)
과수(果樹)를 심는 곳	채소(菜蔬)를 심는 곳	금수(禽獸)를 키우는 곳

SECTION 02 중국 조경사

1. 주(周)시대

① 대표적인 정원
  ㉠ 영대 : 정원에 연못을 파고 그 흙으로 언덕을 쌓아올려 구축한 대(臺)를 조성
    • 낮에는 조망, 밤에는 은성명월(銀星明月)을 즐겼다.(왕후의 위락을 위한 장소)
  ㉡ 영유 : 숲과 못을 갖추고 동물을 사육했으며, 왕후가 놀이터로 사용
    • 원(園) : 과수(果樹)를 심는 곳
    • 포(圃) : 채소(菜蔬)를 심는 곳
    • 유(囿) : 금수(禽獸)를 키우는 곳, 왕의 놀이터, 후세의 이궁

2. 진(秦)시대

① 진의 시황제가 천하를 통일하여 함양을 수도로 삼으면서 상림원에 아방궁, 만리장성 축조
② 아방궁은 소실되어 남아있지 않음

3. 한(漢)시대 중요★★☆

궁원(금원)

상림원 (上林苑)	• 중국정원 중 가장 오래된 정원으로 장안에 위치 • 곤명호를 포함 6개의 대호수, 70채의 이궁과 3,000여 종의 꽃나무 식재 • 황제의 수렵원(사냥터)으로 사용(중국정원 중 가장 오래된 수렵원) • 곤명호 동서 양쪽에 견우직녀 석상을 세워 은하수를 상징하고, 길이 7m의 돌고래 상을 세움
태액지원	• 궁궐에서 가까운 궁원 • 신선사상에 의해 연못 안의 봉래, 방장, 영주 세 섬을 축조, 지반에 청동이나 대리석으로 만든 조수(鳥獸)와 용어(龍魚)의 조각을 배치

4. 삼국(위, 촉, 오)시대

① 삼국 중 위와 오나라는 화림원이라는 금원을 조성
② 못을 중심으로 하는 간단한 정원 조성

5. 진(晉)시대 중요★☆☆

① 왕희지의 난정기 : 원정에 곡수를 돌리는 곡수거 조성의 기록(유상곡수연)
② 도연명의 안빈낙도 : 가난하지만 자연과 전원 속에서 편안한 마음으로 도를 지키는 생활을 추구(조선시대 원림생활에 영향을 미침)
③ 고개지의 회화

6. 수(隋)시대

① 현인궁을 조영하여 궁원을 꾸몄으며, 각 지방의 진목과 기암, 금수를 모아 놓음
② 궁궐 안에 진기한 수목, 기암, 금수를 길렀고 많은 궁전과 누각을 건축했으며, 남북을 연결하는 대운하를 완성했다.

7. 당(唐)시대 중요★☆☆

① 정원의 특징
  ㉠ 자연 그 자체보다 인위적인 요소가 정원에 많아지기 시작
  ㉡ 중국정원의 기본양식이 확립되는 시기
  ㉢ 불교의 영향, 건물 사이의 공간에 화훼류 식재

② 대표적인 궁

대명궁	태액지(한나라 때 금원)를 중심으로 정원을 조성

이궁	• 온천궁, 화청궁, 홍경궁, 구성궁
	• 대표적 이궁 : 온천궁(당 태종이 건립)
	  현종 때 화청궁으로 이름을 바꿔 양귀비와 환락생활
	  백거이(백낙천)의 「장한가」, 두보의 시에서 화청궁의 아름다움을 예찬
	• 구성궁 : 산이 아홉으로 겹쳐 보인다고 해서 구성궁이라 이름지음

③ 민간정원
    ㉠ 백거이(백낙천)
        • 중국정원의 기본사상이 이 시대에 완성, 백거이를 중국정원의 개조(開祖)로 칭함
        • 최초의 조원가이며 장한가, 백목단, 동파종화 같은 시에서 당 시대의 정원을 잘 묘사
        • 정원축조에 많은 관심을 가졌으며 스스로 설계하고 만듦(최초의 조원가)
    ㉡ 이덕유의 평천산장 : 무산십이봉과 동정호 상징(신선사상, 자연풍경 묘사)
    ㉢ 왕유의 망천별업

8. 송(宋)시대 중요★★★

① 정원의 특징
    ㉠ 정원에 태호석을 이용하여 정원 속이나 산악, 호수의 경관과 유사하게 조성
    ㉡ 화석강 : 태호석을 운반하기 위해 만든 배

② 궁원
    ㉠ 4원(園) : 경림원, 금명지, 의춘원, 옥진원
    ㉡ 만세산
        • 휘종이 세자를 얻기 위해서 나쁜 기운을 막기 위해 봉황산을 닮은 가산을 조성
        • 간산(艮山)이라 개칭 : 석가산의 시초

③ 관련문헌

이격비의 「낙양명원기」	사대부의 정원 30여 개 소개
구양수의 「취옹정기」	못 가운데 배를 띄워 놓은 듯한 풍경 조성
주돈이의 「애련설」	연꽃을 군자에 비유하여 예찬한 글
사마광의 「독락정기」	낙양에 600여 평 규모의 독락원을 꾸미고 유유자적함

④ 민간정원으로는 소주의 창랑정이 유명하다.

9. 금(金)시대

① 여진족이 금원을 창시하여 태액지를 만들고 경화도를 쌓아 원, 명, 청 3대의 왕조 궁원 구실을 한 정원을 축조하였다.
② 현재 북해공원이라는 이름으로 일반인에게 공개하고 있다.

10. 원(元)시대

민간정원 : 소주의 **사자림** 정원(화가·시인 주덕윤 설계, 태호석을 이용한 석가산이 유명)

11. 명(明)시대 중요★★★

① 궁원
　㉠ 어화원 : 자금성 근처에 축조, 정원과 건축물이 모두 좌우 대칭적으로 배치
　㉡ 경산 : 자금성 북쪽에 위치, 풍수설에 따라 5개의 봉우리를 만들고 쌓아 올린 인조산

② 민간정원
　㉠ 미만종의 작원
　　• 명(明)시대의 대표적 정원으로 **작약을 정원식물로 사용**
　　• 물을 이용하여 큰 못을 만들고 물가에 버드나무, 물속에는 흰 연꽃을 심어 자연적인 경관을 조성
　㉡ 왕헌신의 졸정원
　　• 소주에 조영한 중국의 대표적 정원으로 **2/3 이상이 수경**
　　• 오늘날까지도 **중국의 대표적 정원**이라 불리는 정원
　　• **여수동좌헌**이라는 **부채꼴 모양**의 정자가 있음
　　• 부채꼴 모양의 정자 3곳(창덕궁 후원의 관람정, 사자림의 선지정, 졸정원의 여수동좌헌)

③ 관련 문헌
　㉠ 원야(園冶)
　　• **저자는 이계성**
　　• 원(園)은 원림을 의미, 야(冶)는 설계조성을 의미
　　• 중국정원의 작정서(作庭書)로 일본에서 탈천공(奪天工)이라는 제목으로 발간
　　• 3권으로 구성

1권	흥조론에서 시공자보다 설계자가 중요함을 강조
2권	난간에 대한 100여 가지 방식
3권	• 차경수법에 대한 설명 • **원차(원경), 인차(근경), 앙차(올려보기), 부차(내려보기)**

ⓒ 문진향의 「장물지(長物志)」: 조경배식에 관한 유일한 책(12권), 1~3권까지 화목, 수석 등 정원에 관하여 서술

▎졸정원(여수동좌헌)▎

▎창덕궁(관람정)▎

12. 청(淸)시대

① 건륭화원(자금성 내)
　㉠ 괴석으로 이루어진 석가산과 여러 개의 건축물로 이루어진 입체공간
　ⓒ 자연미가 없는 인공미

② 이궁과 별장 〔중요★★★〕

이화원(만수산)	• 청나라의 대표적 정원이며, 건축물과 자연의 강한 대비 • 대가람인 불향각을 중심으로 한 수원(水苑) • 호수 중심에 만수산이 있으며 3/4이 수면으로 구성됨 • 신선사상을 배경으로 조성, 규모 면에서 현존하는 세계 제일의 정원 ▎이화원 곤명호▎
원명원	• 앙드레 르노트의 영향을 받아 동양 최초로 서양식 정원 기법 도입 • 전정에 대분천을 중심으로 한 프랑스식 정원을 꾸밈 • 윌리엄쳄버에 의해 영국에 최초 중국식 정원인 큐가든 도입 • 소실되어 남아 있지 않음
열하 피서산장	남방의 명승과 건축을 모방한 것으로 황제의 여름 별장(소나무 식재)
승덕 피서산장	승덕에 있는 황제의 별장

• 중국의 4대 명원: 북경 – 이화원, 피서산장　소주 – 졸정원, 유원
• 소주의 4대 명원: 창랑정(송), 사자림(원), 졸정원(명), 유원(명)

03장 적중예상문제

01 중국식 정원에 대한 설명으로 틀린 것은?
① 차경수법을 도입하였다.
② 사실주의보다는 상징적 축조가 주를 이루는 사의주의에 입각하였다.
③ 유럽의 정원과 같은 건축식 조경수법으로 발달하였다.
④ 대비에 중점을 두고 있으며, 이것이 중국정원의 특색을 이루고 있다.

● 해설
유럽의 정원과 같은 건축식 조경수법으로 발달과는 관련성이 없다.

02 중국정원의 가장 중요한 특색이라 할 수 있는 것은?
① 조화   ② 대비
③ 반복   ④ 대칭

03 중국정원은 풍경식이면서 어디에 중점을 두고 조성되었는가?
① 대비   ② 조화
③ 관련   ④ 연관

● 해설
중국정원은 경관의 조화보다는 대비에 중점을 두었다.(자연미와 인공미)

04 다음 중 중국정원의 특징에 해당하는 것은?
① 정형식   ② 태호석
③ 침전조정원   ④ 직선미

05 태호석과 같은 구멍 뚫린 괴석을 세우는 정원 수법은 어느 나라에서 유래되었는가?
① 중국   ② 일본
③ 한국   ④ 영국

06 괴석이라고도 불리는 태호석이 특징적인 정원 요소로 사용된 나라는?
① 한국   ② 일본
③ 중국   ④ 인도

07 다음 중 중국에서 가장 오래전에 큰 규모의 정원으로 만들어졌으나 소실되어 남아 있지 않은 것은?
① 중앙공원
② 북해공원
③ 아방궁
④ 만수산이궁

08 중국정원 중 가장 오래된 수렵원은?
① 상림원(上林園)
② 북해공원(北海公園)
③ 유원
④ 승덕이궁(承德離宮)

● 해설
상림원
중국정원 중 가장 오래된 수렵원

정답 01 ③ 02 ② 03 ① 04 ② 05 ① 06 ③ 07 ③ 08 ①

09 중국의 시대별 정원의 특징이 옳게 연결된 것은?

① 한나라 – 아방궁
② 당나라 – 온천궁
③ 진나라 – 이화원
④ 청나라 – 상림원

●해설
- 아방궁 – 진(秦)나라
- 이화원 – 청나라
- 상림원 – 한나라

10 중국 소주의 4대 명원에 해당하지 않는 것은?

① 졸정원(拙庭園)
② 창랑정(滄浪亭)
③ 사자림(獅子林)
④ 원명원(圓明園)

●해설
소주의 4대 명원
창랑정(송), 사자림(원), 졸정원(명), 유원(명)

11 원명원이궁과 만수산이궁은 어느 시대의 대표적 정원인가?

① 명나라   ② 청나라
③ 송나라   ④ 당나라

12 다음 중 청(靑)나라 때의 대표적인 정원은?

① 원명원 이궁   ② 온천궁
③ 상림원   ④ 사자림

13 중국 청나라 때의 유적이 아닌 것은?

① 자금성 금원
② 원명원 이궁
③ 이화원
④ 졸정원

14 청나라 건륭제가 조영하였으며, 만수산과 곤명호로 구성되어 있는 정원은?

① 서호   ② 졸정원
③ 원명원   ④ 이화원

●해설
이화원
청나라의 대표적 정원, 건축물과 자연의 강한 대비, 규모면에서 현존하는 세계 제일의 정원

15 다음 중 중국의 신선사상에서 유래된 십장생(十長生) 중의 하나가 아닌 것은?

① 구름   ② 돌
③ 학   ④ 용

●해설
십장생
소나무, 거북, 학, 사슴, 불로초, 해, 산, 물, 바위, 구름

정답 09 ② 10 ④ 11 ② 12 ① 13 ④ 14 ④ 15 ④

04장 한국의 조경양식

SECTION 01 한국 조경사 개요

시대			특징	
고조선			유(囿) : 대동사강에 기록된 우리나라 최초의 정원, 새와 짐승을 키웠다는 기록	
삼국	고구려		안학궁(427년), 장안성(586년), 동명왕릉의 진주지	
	백제		• 임류각(동성왕 22년, 500년) : 경관조망 • 궁남지(무왕 35년, 634년) : 최초의 신선사상 반영 • 석연지(의자왕) : 정원첨경물	
	신라		황룡사 정전법(격자형 가로망 계획)	
통일신라			• 임해전 지원(안압지) : 신선사상 배경, 해안풍경 묘사, 무산 12봉, 직선과 곡선 • 포석정의 곡수거 : 왕희지의 난정고사 유상곡수연에서 유래 • 사절유택 : 귀족들의 별장, 봄(동야택), 여름(곡양택), 가을(구지택), 겨울(가이택)	
고려	궁궐정원		동지(공적기능), 격구장(정적기능), 화원, 석가산정원(중국)	중국을 모방한 강한 대비, 사치스러운 양식
	민간정원		이규보의 사륜정	
	사찰정원		청평사 문수원 남지	
	객관정원		순천관 : 사신접대	
조선	궁궐정원	경복궁	• 경회루 지원 : 공적기능, 방지방도 • 아미산원 : 왕비의 사적정원, 계단식 후원(화계) • 향원정 지원 : 방지원도(향원정, 육각형) • 자경전의 화문장 : 십장생 굴뚝	• 한국의 색채가 농후한 것으로 발달 • 풍수지리설과 택지선정에 영향을 받아 후원이 발달
		창덕궁	• 후원(비원) : 부용정역, 애련정역, 반월지역, 옥류천역 등 • 낙선재 후원 : 계단식 후원 • 대조전 후원 : 계단식 후원	
		창경궁	통명정원 : 불교의 영향	
		덕수궁	• 석조전 : 우리나라 최초의 서양식 건물 • 침상원 : 우리나라 최초의 유럽식 정원	
	민간정원	주택정원	유교사상, 남녀를 엄격히 구분	
		별서정원	양산보 소쇄원, 윤선도 부용동 원림, 정약용의 다산정원	
		별업정원	윤개보 조석루원	
		누정원림	광한루 지원, 활래정 지원, 명옥헌원	
		별당정원	서석지원, 하환정 국담원, 다산초당 원림	

1. 한국 조경의 특징 [중요★★☆]

① 공간 처리에 있어서 직선을 기본으로 함　예) 경복궁
② 신선사상을 배경　예) 경회루, 향원정, 백제 궁남지, 통일신라, 안압지
③ 후원(後園)에는 계단상의 화계(花階)를 만듦(아미산화계, 낙선재화계, 대조전화계)
④ 공간구성이 단조롭게 구성됨
⑤ 원림 속의 풍류적인 멋을 느낄 수 있음
⑥ 낙엽활엽수로 식재하여 계절변화 표현
⑦ 정원의 연못형태와 구성이 단조로운 직선적인 방지를 기본으로 함
　※ 예외 : 안압지(직선＋곡선)

SECTION 02　한국 조경사

1. 고조선시대

① 대동사강(大東史綱) 제1권 단씨조선기에 기록
　㉠ 노을왕 : 유(囿)를 조성하여 짐승을 키웠다는 기록(정원에 관한 최초의 기록)
　㉡ 의양왕 : 후원에 청류각을 세워 군신과 잔치(후원에 누각 존재 추측)
　㉢ 제세왕 : 궁원에 복숭아꽃, 배꽃이 만발

2. 삼국시대

① 고구려 [중요★☆☆]

동명왕릉의 진주지(眞珠池)	• 태액지원의 영향을 받아 못 안에 봉래, 방장, 영주, 호량 등 4개의 섬을 축조(신선사상 배경) • 탄화된 연꽃과 정자의 기와 발견
안학궁 (427년)	• 장수왕 때 축조, 신선사상을 배경으로 한 자연풍경 묘사 • 남쪽에는 자연곡선형의 연못(4개의 섬), 정자터 • 북쪽에는 인공적인 축산의 형태, 연못과 섬은 없음, 정자터
대성산성	• 무기, 식량비축 등 군사기지의 역할과 유사시 왕궁 역할을 하였다. • 우리나라 성곽 중 가장 많은 170개의 연못이 있다.
장안성(평양성) (586년)	평원왕 때 외성(민가), 중성(관청), 내성(왕궁), 북성(군대)의 4성으로 축조되었다.

※ 대보협부 : 고구려시대 궁원 조성을 전담했던 관직(삼국사기)

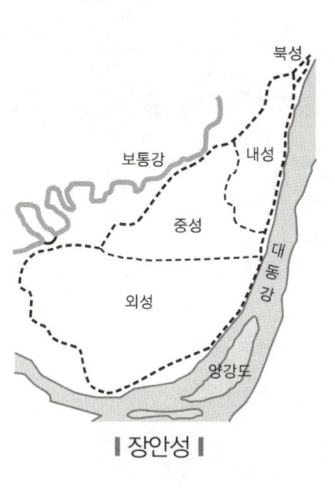

| 장안성 |

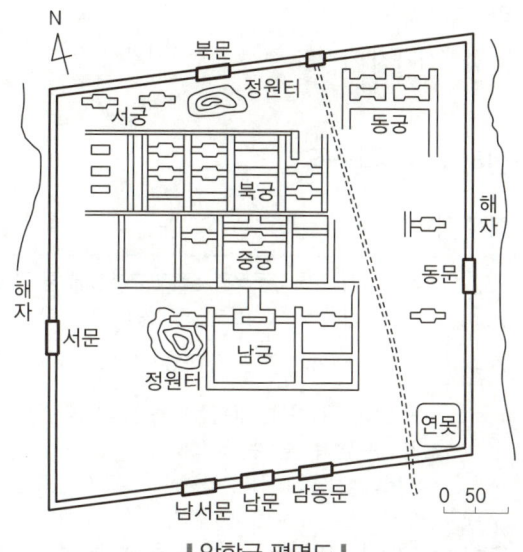

| 안학궁 평면도 |

② 백제 중요★★☆

임류각 (동성왕 22년, 500)	• 궁원의 후원 구실을 하는 곳 • 희귀한 새와 짐승을 길렀던 연못이 있었다고 함(삼국사기)
궁남지 (무왕 35년, 634)	• 우리나라 최초의 신선사상을 배경으로 한 연못 • 궁 남쪽에 못을 파고 20여 리 밖에서 물을 끌어들였으며, 못 가운데 방장선산(方丈仙山)을 상징하는 섬을 조성 • 못 주위에는 버드나무 식재(정원식재 최초의 기록)
석연지(石蓮池)	• 백제 말 의자왕 때 정원용 첨경물 • 화강암질의 돌을 둥근 어항과 같은 생김새로 만들어 그 안에 물을 담아 연꽃을 심었음 (지름 약 18cm, 높이 1m) • 궁남지를 바라볼 수 있는 곳에 위치함 • 조선시대의 세심석으로 발전함

※ 일본에 건축, 토목기술이 전해진 시대 중요★★☆

• 일본서기에 백제의 노자공이 일본으로 건너가 수미산과 오교(吳橋)을 만들었다는 기록
• 일본에 정원 축조수법을 전해준 시기(612년)

| 궁남지 호안부와 연지 |

③ 신라

정전법 : 시가지 가로망 형성 기법, 격자형 구획

3. 통일신라시대 중요★★☆

① 임해전 지원(안압지, 월지)

배경	• 삼국사기 기록 : 문무왕 14년(674년)에 궁 안에 연못을 파고 조산하여 진귀한 새와 짐승을 길렀다. • 신선사상을 배경으로 한 해안풍경 묘사
면적	전체 40,000m², 연못 17,000m²(약 5,100평), 동서 190m, 남북 220m
연못	• 못 안에 대(남쪽), 중(북쪽), 소(중앙) 삼신산을 암시하는 3개의 섬 • 입수는 남쪽, 출수는 북쪽 • 연못의 남쪽과 서쪽은 직선이고 북쪽과 동쪽은 해안선을 연상시키는 곡선 • 중국의 무산 12봉을 본떠 산을 만들고 화초를 심음 • 장대석 호안석축, 바닷가 돌을 배치하여 바닷가 경관을 조성 • 바닥 처리는 강회로 다져 놓고, 바닷가 조약돌을 전면에 깔아 둠. 연못 바닥에 정(井)자형 귀틀집을 설치하여 연꽃 식재 • 궁원과 건물 주위에는 담장으로 둘러치며 직선처리 • 섬의 모양은 거북이형
기능	왕과 신하의 정적인 연회의 장소, 동적인 선유공간(연회의 장소, 뱃놀이 장소)

│ 월지의 건물지 │

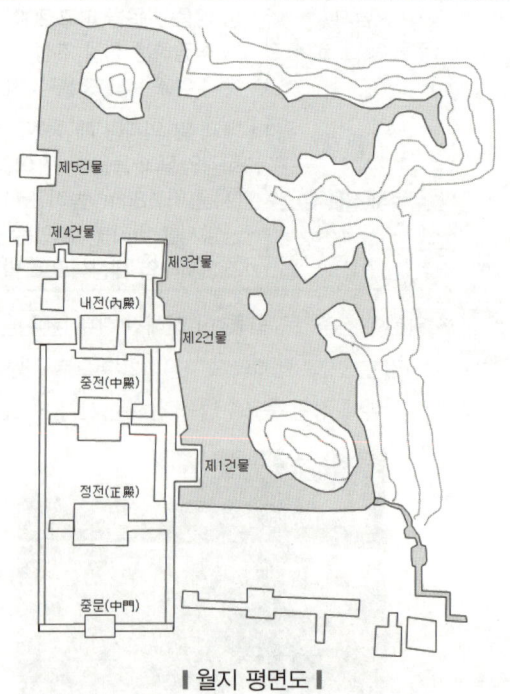

│ 월지 평면도 │

② 포석정 중요★☆☆
　㉠ 왕희지의 난정고사를 본뜬 왕의 공간, 만들어진 연대는 알 수 없음
　㉡ 유상곡수연 : 전복모양의 도랑을 따라 흐르는 물에 잔을 띄워 그 잔이 자기 앞을 지나치기 전에 시 한 수를 지어 잔을 마셨다는 풍류놀이 공간
　㉢ 사적 제1호로 지정(정자는 없으며, 느티나무 아래에 곡수거만 남아 있음)

| 포석정 |

③ 사절유택 중요★★☆
　㉠ 귀족들이 계절에 따라 자리를 바꾸어 가며 놀이 장소로 즐겼던 별장
　㉡ 봄(동야택), 여름(곡양택), 가을(구지택), 겨울(가이택)

4. 고려시대

① 궁궐정원(만월대) 중요★★☆

동지(東池)	백제의 궁남지, 통일신라의 안압지와 유사한 왕과 신하의 위락공간
화원(화오)	• 화훼 : 화목류를 송, 원으로부터 수입 • 건물로 둘러싸인 네모난 공간 속에 진기한 나무와 화초를 심음
석가산	• 예종 11년경 중국(송)에서 우리나라에 처음 도입 • 주로 괴석을 이용하여 자연의 기암절벽을 모방
격구장	의종은 말을 타고 공을 다루는 놀이를 즐김
내원서	충렬왕 때 궁궐의 정원을 관리하던 관청

② 사원정원

청평사의 문수원 남지(영지)	• 못의 형태 : 북쪽이 넓고 남쪽이 좁은 사다리꼴의 장방형지 형태 • 연못에는 오봉산의 부용봉이라는 산을 투영(영지)

③ 민간정원

이규보 사륜정기	사륜정은 그늘진 곳을 따라 옮기면서 정자 안에서 6명이 글을 읽고 술을 마시며 바둑을 둘 수 있도록 고안된 이동식 정자

④ 객관의 정원

순천관	송의 사신을 맞는 등 영빈관으로 이용된 고려시대 가장 훌륭한 객관

⑤ 정원의 특징 중요★★☆
  ㉠ **강한 대비와 사치스러운 양식**이 발달
  ㉡ 시각적 쾌감을 위한 관상 위주의 조경양식은 **송나라의 영향을 받음**
  ㉢ 격구장, 석가산, 휴식과 조망을 위한 정자가 발달

> 참고 **김홍도의 기로세련계도** 중요★★★
> 조선시대 후기 화가 김홍도가 1804년 고려의 왕궁터인 만월대 아래에서 열렸던 기로세련계회의 장면을 실사한 그림이다.
>
>

5. 조선시대 중요★★★

① 조선시대 정원의 특징 : 고유수법 확립시대
  ㉠ **중국 조경양식의 모방에서 벗어나 한국적 색채가 농후하게(짙게) 발달. 정원기법 확립**
  ㉡ 풍수지리설의 영향 : **배산임수, 후원식, 화계 발달. 식재의 방위 및 수종 선택**
    • 후원(後園)이 주가 되는 정원 수법
    • 후원 첨경물 : 괴석, 굴뚝, 세심석 등
  ㉢ 자연환경과 조화
  ㉣ 신선사상

- 삼신산(봉래, 방장, 영주), **십장생**(소나무, 거북, 학, 사슴, 불로초, 해, 산, 물, 바위, 구름)
- **연못 내의 중도 설치** : 백제의 궁남지, 통일신라의 안압지, 광한루 지원
ⓐ 음양오행사상 : 정원 연못의 형태(방지원도)
ⓑ 유교사상 : 서원의 공간 배치, 민가 주거공간 배치(채와 마당) 형태
ⓒ 은일사상 : 별서 발달

② 궁궐정원
　㉠ 왕궁의 기능(주례고공기 원칙 적용) : 삼문(광화문, 흥례문, 근정문) 삼조(외조, 치조, 연조)

외조	신하들의 집무공간, 관청배치(궐내사각)
치조	• 왕과 신하가 조회하는 정전과 정치를 논하는 편전 구역 • 식재하지 않음(근정전, 사정전, 경회루)
연조	왕족 생활공간, 침전(교태전)
상원(후원)	침전 후원 북쪽에 있는 공간(아미산 화계), 아녀자들의 놀이 장소

　㉡ 경복궁 〔중요 ★★☆〕
- 공간별 기능

경회루 지원	• 방지방도 3개의 섬. 가장 큰 섬에 경회루 건립, 나머지 두 섬엔 소나무 식재 • 외국사신의 영접, 연회 장소, 유락목적 공간(연꽃 감상, 자연 공간 조망, 뱃놀이)
교태전 후원의 아미산원	• 교태전은 왕비를 위한 사적인 공간 • 평지 위에 인공적으로 4단의 화계(꽃계단)를 축조 • 시각적 첨경물 석지(石地), 굴뚝(벽면에 십장생 조각), 괴석, 화계 등
향원정 지원	• 원형에 가까운 부정형으로 연(蓮)을 식재 • 방지 중앙에 원형의 섬이 있고 그 위에 정육각형 2층 건물인 향원정이 있음 • 취향교(醉香橋) : 못과 중도를 연결하는 다리

- 자경전은 대비가 거처하는 침전으로 가장 아름다운 화문담(꽃담)과 십장생 굴뚝(대비의 무병장수를 기원)이 있음
- **십장생 굴뚝** : 벽면에 십장생(해, 산, 구름, 바위, 소나무, 거북, 사슴, 학, 불로초, 물)과 포도, 연꽃, 대나무를 장식
- **자경전 화문장(꽃담)** : 벽면에 꽃, 나비, 국화, 대나무, 석류, 천도, 매화, 모란을 장식

┃경회루 전경┃

┃교태전 아미산 후원┃

| 자경전 후원 십장생 굴뚝 |

| 화문담(꽃담) |

ⓒ 창덕궁 중요★★☆

- 동궐이라 했으며 경복궁과 달리 후원의 자연지형을 이용(유네스코 세계문화유산)
- 낮은 곳에 못(연못)을 파고 높은 곳에 정자를 세워 관상, 휴식공간으로 사용
- 천연기념물 수종 : 다래나무, 향나무, 뽕나무, 회화나무
- 공간별 기능

대조전		• 계단식의 화계에 살구, 앵두나무 식재 • 창덕궁에서 자연스럽고 아담하며 조용한 분위기 연출
낙선재		• 창덕궁에 속한 건물로 단청을 하지 않음 • 5단의 계단식 화계와 키 작은 식물 배치
후원	부용정역	• 후원 입구에서 가장 가까운 거리에 있는 정원으로 방지원도(十자형) • 주요시설 : 부용정, 주합루, 영화당, 어수문, 사정기비각
	애련정역	• 연경당 : 민가를 모방해서 세운 99칸의 건물로서 단청을 하지 않음 • 계단식 화계 : 철쭉류, 단풍나무, 소나무 식재 • 애련지 : 주돈이의 애련설에 영향을 받음
	관람정역	• 관람지 : 한반도 모양의 자연 곡선지를 중심으로 한 원림 • 상지에 존덕정(6각 지붕정자), 하지에 관람정(부채꼴 모양)
	옥류천역	• 후원의 가장 안쪽에 위치한 곳으로 계류를 중심으로 5개의 정자 • 청의정(유일한 초가지붕 정자), 태극정, 소요정, 농산정, 취한정 • 인공폭포(소요암)와 곡수거를 만들어 위락공간 장소로 이용

| 부용정 |

| 관람정 |

| 소요암 |

| 청의정 |

ⓒ 창경궁

통명전 지당	• 네모난 방지로 되어 있고 중간에 아치형의 석교 설치 • 네 벽을 장대석으로 쌓아 올리고 홍예석 난간 설치 • 수원지는 열천, 괴석 3개와 기물을 받쳤던 앙련 받침대석 1개
낙선재	왕이 책을 읽고 쉬는 공간, 서재 겸 사랑채로 조성

| 통명전 방지 괴석 |

| 앙련대석 |

ⓓ 덕수궁 중요★★☆

- **석조전** : 우리나라 **최초의 서양식 건물**
- **침상원** : 우리나라 **최초의 유럽식 정원**, 분수와 연못을 중심으로 한 **프랑스식정원**

| 덕수궁 석조전, 침상원 |

③ 민간정원
  ㉠ 정원의 형태

별장(別莊)	경제적으로 여유 있는 사람들이 산수경관이 수려한 장소에 지은 제2의 주거지(살림채, 안채, 창고 등의 기본적인 살림의 규모를 갖춤)
별서(別墅)	은둔을 목적으로 부귀나 영화를 등지고 자연과 벗 삼아 살기 위한 주거지
별업(別業)	효도하기 위한 것으로 선영(先塋)의 관리를 목적으로 지어 놓은 제2의 주거지 예 윤개보의 조석루 정원
누정원림	수려한 자연경관 속에 간단한 누정을 세워 자연과 벗하기 위한 곳

  ㉡ 주택정원
    • 공간구성

안마당	안채 앞의 마당으로 가장 폐쇄적인 공간이며 큰 나무를 식재하지 않음
사랑마당	사랑채 앞의 마당으로 주택 외부와 가까운 곳에 위치하며, 자연 경물을 이용한 인위적 경관조성(괴석이나 경석 도입, 담장 아래에 화오 설치)
행랑마당	빈객들의 왕래, 노비들의 가사공간, 조경수법이 가해지지 않음
뒷마당(후원)	안채, 사랑채 후면의 경사가 심할 때 화계로 만들어짐

    • 공간구성 사례 : 이내번의 강릉 선교장, 유이주의 전남 구례 운조루, 경북 봉화 청암정 등
  ㉢ 별서정원 종류 중요★★★

양산보의 소쇄원	• 전남 담양 소재 • 경사면을 계단으로 처리(자연과 조화), 자연계류를 그대로 활용 • 공간구성 : 대봉대역(진입로), 매대역(계단식정원), 광풍각역
윤선도의 부용동 원림	• 전남 완도 보길도 소재 • 세연정 : 원림 중 가장 정성 들여 꾸민 곳(인공적 수경처리가 잘됨) • 낭음계역 : 수학과 수신의 장소 • 동천석실 : 여름에 더위를 피할 수 있는 정자
정영방의 서석지원	• 경북 영양군 소재 • 수경이 정원의 대부분 차지하며 중도 없는 방지가 마당을 거의 차지 • 못을 파다 나온 돌을 그대로 정원에 활용 • 사우단 : 매화나무, 소나무, 국화, 대나무 식재
정약용의 다산정원	• 전남 강진 소재 • 방지원도가 있고 섬 안에는 석가산을 만들었음 • 차를 즐기는 다조, 약천, 정석(丁石)바위, 5단의 화계
주재성의 하환정 국담원	• 경남 함안군 소재 • 거북이 모양의 돌, 방지방도
성락원	• 순조 때 황지사 → 철종 때 심상응 → 의천왕 이강의 별궁 • 특징 : 쌍류동천, 용두가산(인공조산), 고엽약수
기타	• 송시열의 암서재(충북) • 민주현의 임대정(화순) • 권문해의 초간장(예천)

② 누정(樓亭)원림 중요★★☆
- 누와 정의 비교

구분	누(樓)	정(亭)
조영자	고을의 수령	다양한 계층
이용형태	공적이용공간(정치, 행사, 연회 등)	사적이용공간(시 짓기, 시 읊기, 관람 등)
건물형태	2층으로 된 집(마루를 높임) 장방형, 무실형이 많음	평면형태가 다양
위치	객사, 서원	심신수양의 경승지
경관기법	허(虛 : 비어 있음), 원경(遠景 : 멀리 보이는 경치)	

- 광한루(1434년) : 삼신선도(봉래·영주·방장), 오작교, 신선사상을 가장 구체적으로 표현
- 활래정 지원(1816년) : 강릉 선교장의 동남쪽에 위치하며, 방지방도 조성
  ※ 방지원도와 방지방도

방지방도	강릉의 활래정지원, 보길도의 부용동 세연정지원, 경복궁 경회루지원, 경남 하환정 국담원(함안 무기연당)
방지원도	창덕궁 부용정, 경복궁 향원정지원, 다산초당, 하엽정 정원, 임대정 등

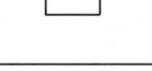

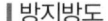

| 방지방도 | 방지원도 |

- **경관처리기법** : 경관이 수려한 연못 주위, 강, 계류 옆, 강변 절벽 위는 경관 관찰점인 누정이 세워진다.

허(虛)	비어 있어 다른 것을 담을 수 있어야 하는 개념
원경(遠景)	시원하게 탁 트인 경관을 본다는 의미
취경(聚景)	먼 곳의 경관을 한 곳에 모아 즐김
다경(多景)	아름답고 다양한 경관을 즐김
읍경(挹景)	자연경관을 누정 속으로 들어오게 하는 기법
환경(環景)	자연경관을 누정 주위에 둘러 있도록 하는 기법

⑩ 서원 : 인재를 키우기 위해 전국 곳곳에 세운 사설 교육기관
- 서원에는 유생들의 변하지 않는 기상과 곧은 절개를 상징하는 소나무 숲을 조성한다.
- 대표서원 : 도산서원(陶山書院)은 우리나라의 대표적인 유학자이자 선비인 퇴계 이황이 세상을 떠난 후 그의 제자들에 의하여 건립된 서원이다.

④ 조선시대 정자의 건축적 특징 : 방의 유무에 따라 유실형과 무실형으로 구분 중요★★☆

유실형	중심형	세연정, 명옥헌, 임대정, 광풍각
	편심형	남간정사, 옥류각, 초간정, 암서재, 제월당
	분리형	다산초당, 경정
	배면형	부암정, 거연정
무실형		단(한)칸의 모정형태

⑤ 민속마을 중요★★☆

안동 하회마을	• 산태극, 수태극 형상을 이루는 풍산 류씨 동족마을 • 연화부수형, 양진당, 충효당 등 공간구성
경주 양동마을	물자형, 월성 손씨와 여강 이씨들이 견제와 협조 속에 공존하며 살아 옴
외암리 민속마을	충청남도 아산시 송악면 외암리에 위치

┃하회마을┃

┃외암마을과 설화산┃

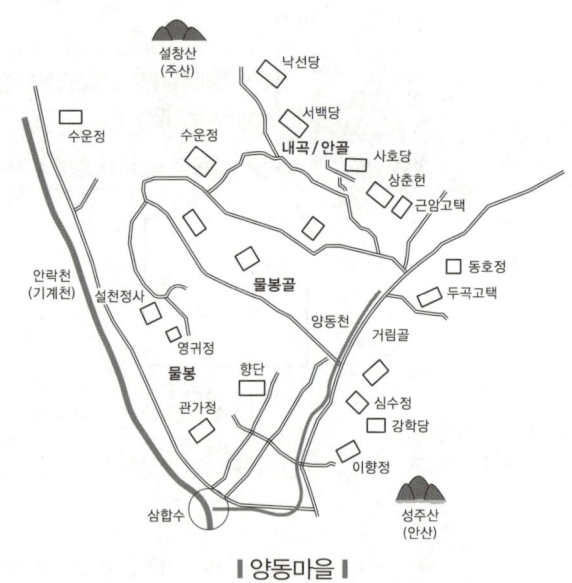
┃양동마을┃

⑥ 조경에 관한 문헌 중요★★☆

㉠ **강희안의 양화소록**
- 중국의 문헌과 자신의 경험을 바탕으로 한 조선시대 조경식물에 관한 최초의 문헌
- 정원식물의 특성과 번식법, 괴석의 배치법, 꽃을 화분에 심는 법 수록
- 꽃이 꺼리는 것, 꽃을 취하는 법과 기르는 법 수록

㉡ **유박의 화암소록** : 양화소록의 부록, 45종의 화목을 품격에 따라 9등급으로 분류
㉢ **홍만선의 산림경제** : 농가생활에 필요한 백과사전
㉣ **서유거의 임원경제지(임원십육지)** : 정원식물의 종류와 경승지 등 소개

⑦ 정원을 담당하는 관청 [중요★★☆]
  ㉠ 고려(충렬왕) : 내원서
  ㉡ 조선(태조) : 상림원
  ㉢ 조선(세조) : 장원서
      ※ 동산바치 : 동산을 다스리는 사람(조선시대 정원사)

⑧ 정원식물 [중요★☆☆]
  ㉠ 무궁화(목근화), 배롱(자미), 연(부거), 목련(목필화), 동백(산다화), 모란(목단), 은행(행목)
  ㉡ 사절우와 사군자

사절우(四節友)	• 조선시대 선비들이 즐겨 심고 가꾸었던 식물 • 매화, 소나무, 국화, 대나무
사군자(四君子)	• 군자의 덕과 학식을 갖춘 사람의 인품에 비유 • 매화, 난, 국화, 대나무

> [참고]
> • 우리나라 최초의 공원 : 1897년 파고다(탑골)공원, 브라운 설계
> • 우리나라 최초의 국립공원 : 1967년 12월 지리산 국립공원
> • 유네스코에서 국제 생물권 보존지역으로 지정 : 1982년 6월 설악산 국립공원

04장 적중예상문제

01 동양정원에서 연못을 파고 그 가운데 섬을 만드는 수법에 가장 큰 영향을 준 것은?
① 자연지형 ② 기상요인
③ 신선사상 ④ 생활양식

02 다음 중 신선사상을 바탕으로 음양오행설이 가미되어 정원 양식에 반영된 것은?
① 한국정원 ② 일본정원
③ 중국정원 ④ 인도정원

● 해설
한국정원에 미친 사상
신선사상, 음양오행사상, 도교사상, 은일사상, 풍수지리사상, 불교, 유교 등

03 백제의 유민 노자공이 정원 축조수법을 일본에 전해 준 시기는?
① 4세기 초엽 ② 4세기 말엽
③ 5세기 중엽 ④ 6세기 초엽

● 해설
일본서기(612년)에 백제의 노자공이 일본으로 건너가 수미산과 오교(吳橋)을 만들었다는 기록이 있다.

04 백제의 노자공이 일본에 건너가 전파한 축산의 형태는?
① 수미산
② 삼신산
③ 봉황산
④ 무산십이봉

05 백제시대에 정원의 점경물로 만들어졌고, 물을 담아 연꽃을 심고 부들, 개구리밥, 마름 등의 부엽식물을 곁들이며 물고기도 넣어 키웠던 것은?
① 석연지 ② 석조전
③ 안압지 ④ 포석정

● 해설
백제의 석연지는 조선시대의 세심석으로 발전하였다.

06 한국 조경사 중 백제시대의 조경에 해당하지 않는 것은?
① 임류각 ② 궁남지
③ 석연지 ④ 안학궁

● 해설
• 고구려시대 : 안학궁(427년), 동명왕릉의 진주지, 대성산성, 장안성(평양성)
• 백제시대 : 임류각(동성왕 22년), 궁남지(무왕 25년), 석연지(의자왕)

07 백제와 신라의 정원에 영향을 주었던 사상으로 가장 적당한 것은?
① 음양오행사상
② 풍수지리사상
③ 신선사상
④ 유교사상

● 해설
백제시대 궁남지, 통일신라시대 안압지 등은 신선사상의 영향을 받았다.

정답 01 ③ 02 ① 03 ④ 04 ① 05 ① 06 ④ 07 ③

08 백제 무왕 35년(634년경)에 만들어진 조경 유적은?

① 안압지   ② 포석정
③ 궁남지   ④ 안학궁

●해설
궁남지는 우리나라 최초의 신선사상을 배경으로 한 연못이며, 버드나무를 식재하였다.(정원식재의 최초의 기록)

09 물가에 세워진 임해전(臨海殿), 봉래산을 본 따서 축소한 연못, 삼신산을 암시하는 3개의 섬 등과 관련 있는 것은?

① 궁남지   ② 안압지
③ 부용지   ④ 부용동 정원

●해설
신선사상을 배경으로 한 해안풍경 묘사

10 다음 중 신선사상의 영향을 받은 정원은?

① 고산수정원   ② 안압지
③ 경복궁   ④ 경회루

11 다음 우리나라 조경 가운데 가장 오래된 것은?

① 소쇄원(瀟灑園)   ② 순천관(順天館)
③ 아미산정원   ④ 안압지(雁鴨池)

●해설
안압지(통일신라시대) → 순천관(고려시대) → 아미산(조선초기) → 소쇄원(조선중기)

12 연못의 모양(호안)이 다양하고 못 속에 대(남쪽), 중(북쪽), 소(중앙) 3개 섬이 타원형을 이루고 있는 정원은?

① 부여의 궁남지   ② 경주의 안압지
③ 비원의 옥류천   ④ 창덕궁의 부용지

13 임해전이 주로 직선으로 된 연못의 서쪽에 남북 축선상에 배치되어 있고, 연못 내 돌을 쌓아 무산 12봉을 본떠 석가산을 조성한 통일신라시대에 건립된 조경유적은?

① 안압지   ② 부용지
③ 포석정   ④ 향원지

14 통일신라시대의 안압지에 관한 설명으로 틀린 것은?

① 연못의 남쪽과 서쪽은 직선이고 동쪽은 돌출하는 반도로 되어 있으며, 북쪽은 굴곡 있는 해안형으로 되어 있다.
② 신선사상을 배경으로 한 해안풍경을 묘사하였다.
③ 연못 속에는 3개의 섬이 있는데 임해전의 동쪽에 가장 큰 섬과 가장 작은 섬이 위치한다.
④ 물이 유입되고 나가는 입구와 출구가 한 군데 모여 있다.

●해설
입수구는 남쪽, 출수구는 북쪽에 위치한다.

15 고려시대 궁궐의 정원을 맡아 관리하던 해당 부서는?

① 내원서
② 장원서
③ 상림원
④ 동산바치

●해설
정원을 담당하는 관청
• 고려(충렬왕) : 내원서
• 조선(태조) : 상림원
• 조선(세조) : 장원서

정답 08 ③ 09 ② 10 ② 11 ④ 12 ② 13 ① 14 ④ 15 ①

16 조선 태조 때 궁궐정원을 맡아보던 관서는?

① 원야
② 장원서
③ 상림원
④ 내원서

● 해설
- 고려(충렬왕) : 내원서
- 조선(태조) : 상림원
- 조선(세조) : 장원서

17 중국 송 시대의 수법을 모방한 화원과 석가산 및 누각 등이 많이 나타난 시기는?

① 백제시대
② 신라시대
③ 고려시대
④ 조선시대

● 해설
삼국시대(기법도입시대) → 통일신라시대(기법정착시대) → 고려시대(모방시대) → 조선시대(고유수법 확립시대)

18 한국적인 색채가 가장 짙은 정원 양식이 발생한 시대는?

① 조선시대
② 고려시대
③ 백제시대
④ 신라 전성기

● 해설
조선시대에는 중국 조경양식의 모방에서 벗어나 한국적 색채가 농후하게(짙게) 발달하였으며 정원기법이 확립되었다.

19 다음 정원시설 중 우리나라 전통조경시설이 아닌 것은?

① 취병(생울타리)
② 화계
③ 벽천
④ 석지

● 해설
벽천 : 유럽식

20 조선시대 정원과 관계가 없는 것은?

① 자연을 존중
② 자연을 인공적으로 처리
③ 신선사상
④ 계단식으로 처리한 후원양식

● 해설
자연을 인공적으로 처리한 것이 아니라 자연과 환경의 조화를 이루었다.

21 우리나라 전통조경에 대한 설명으로 옳지 않은 것은?

① 신선사상에 근거를 두고 음양오행설이 가미되었다.
② 연못의 모양은 조롱박형, 목숨수자형, 마음심자형 등 여러 가지가 있다.
③ 연못은 땅, 즉 음을 상징하고 있다.
④ 둥근 섬은 하늘, 즉 양을 상징하고 있다.

● 해설
연못의 모양을 조롱박형, 목숨수자형, 마음심자형 등으로 조성하는 것은 일본 조경의 특징이다.

22 옛날 처사도(處士道)를 근간으로 한 은일사상(隱逸思)이 가장 성행하였던 시대는?

① 고구려시대
② 백제시대
③ 신라시대
④ 조선시대

● 해설
처사도는 조선시대 후기의 회화로, 키가 큰 소나무가 있는 절벽 아래에 한 처사가 동자를 데리고 앉아 물소리를 들으며 먼 곳을 바라보고 있는 광경을 그린 그림이다.

정답 16 ③ 17 ③ 18 ① 19 ③ 20 ② 21 ② 22 ④

23 다음 중 별서의 개념과 가장 거리가 먼 것은?

① 은둔생활을 하기 위한 것
② 효도하기 위한 것
③ 별장의 성격을 갖기 위한 것
④ 수목을 가꾸기 위한 것

해설
별서란 은둔을 목적으로 부귀나 영화를 등지고 자연과 벗 삼아 살기 위한 주거지이며, 수목을 가꾸기 위한 것과는 관계가 없다.

24 조선시대 사대부나 양반 계급에 속했던 사람들이 시골 별서에 꾸민 정원의 유적이 아닌 것은?

① 양산보의 소쇄원
② 윤선도의 부용동 원림
③ 정약용의 다산정원
④ 퇴계 이황의 도산서원

해설
도산서원(陶山書院)은 우리나라의 대표적인 유학자이자 선비인 퇴계 이황이 세상을 떠난 후 그의 제자들에 의하여 건립된 서원이다.

25 부귀나 영화를 등지고 자연과 벗하며 농경하고 살기 위해 세운 주거를 별서(別墅)정원이라 한다. 우리나라에 현존하는 대표적인 별서정원은?

① 윤선도의 부용동 원림
② 강릉의 선교장
③ 이덕유의 평천산장
④ 구례의 운조루

해설
강릉의 선교장, 구례의 운조루는 전통주택이다.

26 조선시대의 인물과 정원의 연결이 올바른 것은?

① 양산보 : 다산초당
② 윤선도 : 부용동 정원
③ 정약용 : 운조루 정원
④ 유이주 : 소쇄원

해설
• 양산보 : 소쇄원
• 정약용 : 다산초당
• 유이주 : 운조루

27 사대부나 양반 계급에 속했던 사람이 자연 속에 묻혀 야인으로서의 생활을 즐기던 별서정원이 아닌 것은?

① 소쇄원   ② 방화수류정
③ 다산초당 ④ 부용동 정원

해설
방화수류정은 원래 화성의 동북쪽 군사지휘부인 동북각루로 만들었다. 그러나 성곽 아래에 있는 용연 등 경관이 좋은 위치에 자리하였기 때문에 단순히 군사시설로만 활용하지 않고 경치를 조망하는 정자의 역할도 겸하였다.

28 조선시대 경승지에 세운 누각들 중 경기도 수원에 위치한 것은?

① 연광정   ② 사허정
③ 방화수류정 ④ 영호정

해설
방화수류정은 1794년(정조 18년) 10월 19일 완공되었다. 주변을 감시하고 군사를 지휘하는 지휘소와 주변 자연환경과의 조화를 이루는 정자의 기능을 함께 지니고 있다.

29 경복궁의 경회루 원지(苑池)의 형태는?

① 장방형   ② 원지형
③ 반달형   ④ 노단형

> **해설**
> 경회루 원지는 장방형의 방지방도이다.

30 조선시대 후원양식에 대한 설명 중 틀린 것은?

① 중기 이후 풍수지리설의 영향을 받아 후원양식이 생겼다.
② 건물 뒤에 자리잡은 언덕배기를 계단 모양으로 다듬어 만들었다.
③ 각 계단에는 향나무를 주로 한 나무를 다듬어 장식하였다.
④ 경복궁 교태전 후원인 아미산, 창덕궁 낙선재의 후원 등이 그 예이다.

31 우리나라 후원양식의 정원수법이 형성되는데 영향을 미친 것이 아닌 것은?

① 불교   ② 음양오행설
③ 유교   ④ 풍수지리설

> **해설**
> 후원양식의 정원수법과 불교는 관계가 없다.

32 아미산 후원 교태전의 굴뚝에 장식된 문양이 아닌 것은?

① 반송   ② 매화
③ 호랑이   ④ 해태

33 조선시대 후원에 장식용으로 사용되지 않은 것은?

① 괴석   ② 세심석
③ 굴뚝   ④ 석가산

> **해설**
> 고려 예종 11년경 중국(송)에서 석가산이 우리나라에 처음 도입되었다.

34 창덕궁 후원에 나타나지 않은 것은?

① 부용지   ② 향원지
③ 주합루   ④ 옥류천

> **해설**
> 향원지는 경복궁 안에 있으며 방지 중앙에 원형의 섬이 있고 그 위에 정육각형 2층 건물의 향원정이 있다.

35 우리나라 고유의 공원을 대표할 만한 문화재적 가치를 지닌 정원은?

① 경복궁의 후원   ② 덕수궁의 후원
③ 창경궁의 후원   ④ 창덕궁의 후원

> **해설**
> 창덕궁 후원
> 경복궁과 달리 후원의 자연지형을 이용(유네스코 세계문화유산), 금원, 북원, 비원이라 부름

36 우리나라 최초의 유럽식 정원이 도입된 곳은?

① 덕수궁 석조전 앞 정원
② 파고다 공원
③ 장충단 공원
④ 구 중앙정부청사 주위 정원

> **해설**
> • 우리나라 최초의 공원(1897년) : 파고다(탑골)공원 (브라운 설계)
> • 덕수궁 석조전(1909년) : 우리나라 최초의 서양식 건물
> • 덕수궁 침상원 : 우리나라 최초의 유럽식 정원(석조전 앞에 있는 정원)

37 다음 중 사군자(四君子)에 해당되지 않는 것은?

① 매화   ② 난초
③ 국화   ④ 소나무

> **해설**
> 사군자(四君子)
> 군자의 덕과 학식을 갖춘 사람의 인품에 비유(매화, 난, 국화, 대나무)

정답 30 ③ 31 ① 32 ① 33 ④ 34 ② 35 ④ 36 ① 37 ④

38 조선시대 정자의 평면유형은 유실형(중심형, 편심형, 분리형, 배면형)과 무실형으로 구분할 수 있는데 다음 중 유형이 다른 하나는?

① 광풍각 ② 임대정
③ 거연정 ④ 세연정

해설
- 중심형 : 광풍각, 임대정, 세연정
- 배면형 : 부암정, 거연정

39 우리나라에서 세계문화유산으로 등록되어지지 않은 곳은?

① 독립문 ② 고인돌 유적
③ 경주역사유적지구 ④ 수원화성

해설
우리나라의 세계문화유산으로는 종묘(1995), 해인사 장경판전(1995), 불국사·석굴암(1995), 창덕궁(1997), 수원화성(1997), 경주 역사유적지구(2000), 고창·화순·강화 고인돌 유적(2000), 조선 왕릉 40기(2009), 하회·양동마을(2010), 남한산성(2014), 백제 역사유적지구(2015), 통도사·부석사·봉정사·법주사·마곡사·선암사·대흥사(2018) 등 12개의 유산이 있다.

40 조선시대 선비들이 즐겨 심고 가꾸었던 사절우(四節友)에 해당하는 식물이 아닌 것은?

① 소나무 ② 대나무
③ 매화나무 ④ 난초

해설
사절우(四節友)
조선시대 선비들이 즐겨 심고 가꾸었던 식물(매화, 소나무, 국화, 대나무)

41 조경식물에 대한 옛 용어와 현대에 사용되는 식물명의 연결이 잘못된 것은?

① 자미(紫微) : 장미 ② 산다(山茶) : 동백
③ 옥란(玉蘭) : 백목련 ④ 부거(芙蕖) : 연(蓮)

해설
자미(紫微) : 배롱나무

42 다음 중 차경(借景)을 가장 잘 설명한 것은?

① 멀리 보이는 자연풍경을 경관 구성 재료의 일부로 이용하는 것
② 산림이나 하천 등의 경치를 잘 나타낸 것
③ 아름다운 경치를 정원 내에 만든 것
④ 연못의 수면이나 잔디밭이 한눈에 보이지 않게 하는 것

43 사적지 조경의 식재계획 내용 중 적합하지 않는 것은?

① 민가의 안마당에는 교목류를 식재한다.
② 사찰 회랑 경내에는 나무를 심지 않는다.
③ 성곽 가까이에는 교목을 심지 않는다.
④ 궁이나 절의 건물터는 잔디를 식재한다.

해설
안마당에는 교목류를 식재하지 않는다.

44 우리나라 최초의 국립공원은?

① 설악산 ② 한라산
③ 지리산 ④ 내장산

해설
1967년 12월 지리산 국립공원이 최초로 지정되었다.

45 오방색 중 황(黃)의 오행과 방위가 바르게 짝지어진 것은?

① 금(金) – 서쪽 ② 목(木) – 동쪽
③ 토(土) – 중앙 ④ 수(水) – 북쪽

해설
동쪽(木) 청색, 서쪽(金) 흰색, 남쪽(火) 적색, 북쪽(水) 검은색, 중앙(土) 황색

정답 38 ③ 39 ① 40 ④ 41 ① 42 ① 43 ① 44 ③ 45 ③

05장 일본의 조경양식

SECTION 01 일본 조경사 개요

시대	대표 조경양식	특징
아스카시대 (비조시대)	임천식	• 일본서기 : 백제인 노자공이 612년에 수미산과 오교를 만들었다는 기록 • 연못과 섬 중심의 신선사상(정원)
평안시대 (헤이안시대)	임천식 침전식	• 전기 : 해안풍경 묘사, 신선정원 • 후기 : 침전조정원(대표유구 동삼조전), 정토정원
가마쿠라 (겸창시대)	침전식 축산임천식 회유임천식	• 정토정원 : 불교의 극락정토를 묘사한 정원 • 선종정원 : 명상에 몰두할 수 있는 공간을 제공하는 정원
무로마치 (실정시대)	축산고산수식 (1378~1490) 평정고산수식 (1490~1580)	• 정토정원 : 천룡사, 녹원사(금각사), 자조사(은각사) • 축산고산수식(대덕사 대선원) : 나무, 바위, 왕모래 • 평정고산수식(용안사 방장선원) : 바위, 왕모래
모모야마 (도산시대)	다정식	• 신선정원 : 시호사 삼보원 • 다정원 : 다도를 즐기기 위한 소정원(수수분, 석등, 마른 소나무가지 등 사용)
에도시대 (강호시대)	원주파임천식 (1600~1868)	• 계리궁, 수학원 이궁, 강산 후락원, 육의원 겸육원 • 회유임천식 + 다정양식의 혼합형 • 다정양식은 계속 발전
메이지시대 (명치시대)	축경식(1868)	• 히비야공원 : 서구식 정원 등장

1. 일본조경의 특징 중요★★☆

① 중국의 영향을 받아 사의주의 자연풍경식 조원 발달
② 자연풍경을 이상화하여 독특한 축경법으로 상징화된 모습을 표현하였다.(자연재현 → 추상화 → 축경화로 발달)
③ 기교와 관상적 가치에 치중하여 세부적 수법 발달(실용적, 기능적인 면 무시)
④ 조화에 비중을 둠(중국은 대비)
⑤ 차경수법이 가장 활발하게 발달

⑥ **추상적(고산수식), 인공적인 기교**, 관상적인 가치에 가장 치중한 정원
⑦ 지피류를 많이 사용

2. 정원의 양식 변천 중요★★☆

임천식	• 침전 건물 중심이며, 정원 중심에 연못과 섬을 만드는 수법 • 자연경관을 인공으로 축경화(縮景化)하여 산을 쌓고 못, 계류, 수림을 조성한 정원	
회유임천식	임천식 정원의 변형, 못 주변에 산책로	
고산수식	축산고산 (14C)	• 나무를 다듬음(산봉우리), 바위(폭포), 왕모래(냇물) • 대표정원 : 대덕사 대선원
	평정고산 (15C)	• 바위(폭포), 왕모래(냇물), 식물재료는 사용하지 않음 • 축석기교가 최고로 발달 • 연못 모양이 복잡해짐 • 대표정원 : 용안사 방장정원
다정양식(16C)	• 다실을 중심으로 한 소박한 양식, 음지식물, 상록활엽수 • 윤곽선 처리에 복잡한 곡선 처리	
원주파 임천식	임천식＋다정양식의 결합으로 실용에 미를 더함	
축경식 수법	• 자연경관을 그대로 옮기는 수법 • 일본정원의 변화 과정(자연재현 → 추상화 → 축경화)	

3. 일본 정원 양식의 발달 중요★★☆

임천식, 침전식 → 회유임천식 → 축산고산수식 → 평정고산수식 → 다정양식 → 회유식 → 축경식

SECTION 02 일본 조경사

1. 아스카(비조)시대(593~709)

① 백제인 노자공은 612년 일본정원의 효시라고 할 수 있는 수미산과 오교(홍교) 정원 축조
  ㉠ 일본서기 : 일본 조경에 관한 현존하는 최고의 기록
  ㉡ 불교사상배경 : 수미산(신선사상 영향)

2. 헤이안(평안)시대(794~1191) 중요★★☆

① 신선사상의 영향으로 지원 내 섬 조성(해안풍경 묘사정원)
② 침전조 정원 양식 : 주택건물 앞에 정원을 배치하는 수법이다.
③ 동삼조전 : 침전조 양식의 대표적인 정원으로 연못 안에 3개의 섬 및 홍교와 평교 설치
④ 평안시대 후기에는 정토사상의 영향으로 회유임천식 정원 양식으로 발전

┃침전조 정원┃

⑤ 작정기(作庭記)
  ㉠ 일본 최초의 조원지침서이며 일본 정원 축조에 관한 가장 오래된 비전서이다.
  ㉡ 귤준망(강)의 저서이며, 침전조 건물에 어울리는 조원법 서술
  ㉢ 내용 : 돌을 세울 때 마음가짐과 세우는 법, 연못의 형태, 섬의 형태, 폭포 만드는 법 등 지형의 취급 방법

⑥ 정토정원
  ㉠ 불교의 정토사상을 바탕으로 만들어진 정원
  ㉡ 가람배치 : 남대문 → 홍교 → 중도 → 평교 → 금당으로 이어지는 직선배치
  ㉢ 대표적 정원 : 평등원 정원(사계절 계절변화 최고의 걸작), 모월사 정원(해안풍경 연출)

3. 가마쿠라(겸창)시대(1192~1338)

① 선종의 전파로 정원 양식에 영향을 미침
② 정토정원 : 정유리사정원, 청명사정원, 영보사정원
③ 선종정원 : 자연지형(心자형)을 이용한 입체적 요소
  ㉠ 서방사정원 : 나무와 물을 쓰지 않는 고산수천 회유식 심(心)자형 연못이 있고, 해안풍의 지안선을 갖춘 황금지를 중심으로 한 정원이며, 여러 개의 소지 가장자리에 야박석이 있다.
④ 몽창국사(몽창소속)
  ㉠ 겸창, 실정시대의 대표적 조경가
  ㉡ 정토사상의 토대 위에 선종의 자연관을 접목시킴
  ㉢ 대표작 : 서방사정원, 서천사정원, 영보사정원, 천룡사정원

4. 무로마치(실정)시대(1334~1573) 중요★★★

① 선종의 영향으로 고산수정원의 형성 및 발달. 정토정원은 계속 유지됨
② 일본 조경의 황금기

┃ 은각사 ┃

┃ 금각사 ┃

③ 고산수(枯山水)정원 특징
　㉠ 자연식 조경 중 나무와 물을 전혀 사용하지 않고 산수의 풍경을 상징적으로 나타냄
　㉡ 다듬은 수목(산봉우리), 바위(폭포)와 왕모래(냇물) 등으로 상징적인 정원을 표현
　㉢ 축소 지향적인 일본의 민족성과 극도의 상징성으로 조성된 정원
　㉣ 고도의 세련미 요구　예 대덕사 대선원, 용안사 방장정원
　㉤ 상록활엽수를 사용하다가 나중에는 식물을 사용하지 않음

축산고산수 (14C)	• 나무를 다듬어 산봉우리 생김새를 만들고, 바위를 세워 폭포를 상징하며, 왕모래를 깔아 냇물이 흐르는 느낌을 만드는 수법 • 대표정원 : 대덕사 대선원(두 개의 돌을 세워 절벽과 폭포를 표현)
평정고산수 (15C 후반)	• 평지에 바위를 세우고 왕모래를 깔아 섬과 바닷물을 연상시키고, 바다의 경치를 극도의 추상적으로 표현 • 식물을 사용하지 않고, 왕모래와 몇 개의 바위만 사용 • 대표정원 : 용안사 방장정원(서양에서 가장 유명한 동양정원으로 15개의 암석을 자연스럽게 배치)

구분	사용재료	공통점
축산고산수식	수목(나무), 바위, 모래	물이 쓰이지 않음
평정고산수식	바위, 모래	

┃ 대덕사 대선원 ┃

┃ 용안사 방장정원 ┃

5. 모모야마(도산)시대(1574~1603) 중요★★★

① 정원조성 기법이 화려해지기 시작
② 다정(茶庭)양식이 발달하였고 정원 장식물로 석등과 수수분을 사용
③ 다정원
  ㉠ 실정시대부터 비롯하고, 호화로운 정원과는 대조적으로 다실과 다실에 이르는 길을 중심으로 좁은 공간에 소박한 멋을 풍기는 정원의 형태
  ㉡ 특징
  - 음지식물을 사용. 화목류를 일체 식재하지 않음
  - 좁은 공간을 이용하여 필요한 모든 식재·시설물 설치
  - 자연스러움을 주기 위해서 윤곽선 처리에 곡선을 많이 사용
  - 특정 구조물 : 징검돌, 자갈, 쓰구바이(물통), 세수통, 석등, 석탑, 이끼 낀 원로
  ㉢ 대표적 조원가
  - 소굴원주 : 건축과 정원 등 조경관계 전문가. 대담한 직선, 인공적 곡선과 곡면 도입
  - 천리휴 : 자연에 가까운 숲속 분위기 연출

6. 에도(강호)시대(1603~1867)

① 일본의 특징적 정원문화인 자연축경식 정원이 탄생
② 임천식에 다정양식을 가미한 원주파임천식(회유식)이 발달
③ 대표정원 : 수학원 이궁, 계리궁, 강호시대 3대 공원(강산 후락원, 육림원, 겸육원)

7. 메이지(명치)시대(1867~1912)

① 메이지 유신 이후 문호개방으로 서양풍의 조경문화(서양식 화단과 암석원) 도입
② 자연풍경을 그대로 축소시켜 묘사(축경식정원)
③ 규모가 작은 정원에 기암절벽, 폭포, 산, 연못, 절, 탑 등을 한눈에 감상
④ 대표적 서양식 정원 : 히비야공원(일본 최초의 서양식 공원), 적판이궁원, 신숙어원

| 히비야공원(일본) |

05장 적중예상문제

01 일본정원에서 가장 중점을 두고 있는 것은?
① 대비
② 조화
③ 반복
④ 대칭

02 정신세계의 상징화, 인공적인 기교, 관상적인 가치에 가장 치중한 정원이라 볼 수 있는 것은?
① 중국정원
② 인도정원
③ 한국정원
④ 일본정원

03 일본의 정원 양식이 아닌 것은?
① 다정식 정원
② 회화풍경식 정원
③ 고산수식 정원
④ 침전식 정원

● 해설
회화풍경식 정원은 영국식이다.

04 일본정원의 발달순서가 옳게 연결된 것은?
① 임천식 → 축산고산수식 → 평정고산수식 → 다정식
② 다정식 → 회유식 → 임천식 → 평정고산수식
③ 회유식 → 임천식 → 평정고산수식 → 축산고산수식
④ 축산고산수식 → 다정식 → 임천식 → 회유식

● 해설
일본 정원 양식의 발달
침전식 → 회유임천식 → 축산고산수식 → 평정고산수식 → 다정양식 → 회유식(원주파임천식) → 축경식

05 일본정원의 효시라고 할 수 있는 수미산과 홍교를 만든 사람은?
① 몽창국사
② 소굴원주
③ 노자공
④ 풍신수길

06 일본정원 문화의 시초와 관련된 설명으로 옳지 않은 것은?
① 오교
② 노자공
③ 아미산
④ 일본서기

07 자연 경관을 인공으로 축경화(縮景化)하여 산을 쌓고, 연못, 계류, 수림을 조성한 정원은?
① 전원풍경식
② 회유임천식
③ 고산수식
④ 중정식

08 일본에서 고산수(故山水) 수법이 가장 크게 발달했던 시기는?
① 가마쿠라(鎌倉)시대
② 무로마치(室町)시대
③ 모모야마(桃山)시대
④ 에도(江戸)시대

정답 01 ② 02 ④ 03 ② 04 ① 05 ③ 06 ③ 07 ② 08 ②

09 자연식 조경 중 물을 전혀 사용하지 않고 나무, 바위와 왕모래 등으로 상징적인 정원을 만드는 양식은?

① 전원풍경식 ② 회유임천식
③ 고산수식 ④ 중정식

● 해설

구분	사용재료	공통점
축산고산수식 (14세기)	수목(나무), 돌, 모래	물이 쓰이지 않음
평정고산수식 (15세기)	돌, 모래	

10 14세기경 일본에서 나무를 다듬어 산봉우리를 나타내고 바위를 세워 폭포를 상징하여 왕모래를 깔아 냇물처럼 보이게 한 정원 양식은?

① 침전식
② 임천식
③ 축산고산수식
④ 평정고산수식

11 축소 지향적인 일본의 민족성과 극도의 상징성으로 조성된 정원 양식은?

① 중점식 정원
② 고산수식 정원
③ 전원풍경식 정원
④ 평면기하학식 정원

12 다음 중 일본의 축산고산수 수법이 아닌 것은?

① 왕모래를 깔아 냇물을 상징하였다.
② 낮게 솟아 잔잔히 흐르는 분수를 만들었다.
③ 바위를 세워 폭포를 상징하였다.
④ 나무를 다듬어 산봉우리를 상징하였다.

13 일본의 모모야마(桃山) 시대에 새롭게 만들어져 발달한 정원 양식은?

① 회유임천식
② 축산고산수식
③ 홍교수법
④ 다정양식

정답 09 ③ 10 ③ 11 ② 12 ② 13 ④

조경계획 및 설계

CONTENTS

1장 조경미
2장 조경계획과 설계의 과정
3장 조경제도
4장 조경설계
5장 공간별 조경설계 사례

01장 조경미

SECTION 01 경관의 구성요소

조경미는 조경부지 내에 모든 조경재료를 배치함에 있어서 시·청각적으로 보이는 점, 선, 면, 형태, 질감, 비례, 균형, 중량 등을 효과적으로 잘 활용했을 때 이루어지는 조화로 **내용미**, **표현미**, **형태미**를 말한다.

경관의 기본요소	점선, 형태, 질감, 색채, 크기와 위치, 농담
경관의 우세요소	선, 형태, 질감, 색채
경관의 가변요소	광선, 기상조건(구름, 안개, 눈, 비, 노을, 서리), 계절, 시간

1. 점 중요★☆☆

① 사물을 형성하는 기본요소이며 심리적으로 주의력을 분산 또는 집중시켜 연관성을 갖도록 한다.
② 공간에 한 점이 모일 때 우리의 시각은 이 자극에 주의력이 집중된다.
③ 한 점에 또 한 점이 가해지면 시선은 양쪽으로 분산되며 점과 점은 인장력을 가지게 된다.
④ 2개의 조망점이 있을 때 주의력은 자극이 큰 쪽에서 작은 쪽으로 시선이 유도된다.
⑤ 3개의 점은 하나의 조망점을 이루고 거리와 간격에 따라 분리되어 보이거나 집단화시키려고 한다.
⑥ 점이 같은 간격으로 질서정연하게 연속되면 단조롭고 통일감과 안정감을 주는 반복미를 나타낸다.
⑦ 점의 크기와 위치에 따라 상승하는 느낌과 하강하는 느낌을 준다.

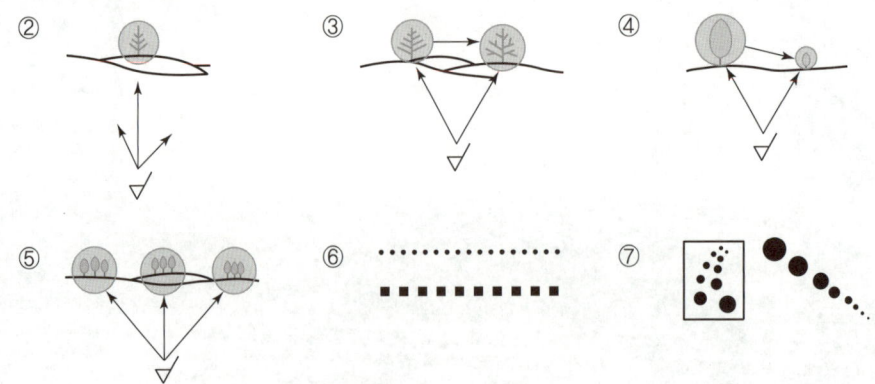

┃점에 대한 각각의 내용 설명┃

2. 선 (중요★★☆)

수직선	강한 느낌, 존엄성, 상승력, 엄숙, 위엄, 권위 　예 63빌딩, 롯데타워
수평선	평화, 친근, 안락, 평등, 정숙 등 편안한 느낌 　예 대지의 고요함
사선	속도, 운동, 불안정, 위험, 긴장, 변화, 활동적 느낌
곡선	부드러움, 우아함, 여성적, 섬세한 느낌 　예 구릉지, 하천의 곡선
직선	두 점 사이를 가장 짧게 연결한 선으로 굳건하고, 남성적, 일정한 방향을 제시 　예 산봉우리
지그재그선	유동적이고 활동적, 호기심, 흥분, 여러 방향을 제시

3. 형태 (중요★☆☆)

① 경관의 구성에 가장 중요한 역할
② 평야, 구릉지, 산악지 등의 지형은 경관의 골격을 형성

기하학적 형태	도시경관의 건물, 도로, 분수 등과 같이 규칙적이고 직선적인 형태
자연적 형태	자연경관의 곡선적이고 불규칙한 형태(바위, 산, 하천, 수목)

4. 질감 (중요★★☆)

① 물체의 표면이 빛을 받았을 때 거칠고 매끄러운 정도의 시각적으로 느껴지는 감각

② 질감의 결정사항
　㉠ 지표상태 : 잔디밭, 농경지, 숲, 호수 등 각각의 독특한 질감을 갖는다.
　㉡ 관찰거리 : 거리에 따라 질감을 고려한다.(가까울수록 부드럽다.)
　㉢ 적은 면적일수록 고운 질감을 식재한다.
　㉣ 잎이 큰 버즘나무는 잎이 작은 철쭉 등에 비해 질감이 거칠게 느껴진다.

5. 색채 (중요★★★)

① 색채는 감정을 불러일으키는 가장 직접적인 요소이며 질감과 함께 경관 분위기 조성에 지배적 역할
② **따뜻한 색(난색)** : 빨강, 주황, 노랑 – 전진, 정열적, 온화, 친근한 느낌, 흥분색
③ **차가운 색(한색)** : 초록, 파랑, 남색 – 후퇴, 지적, 냉정함, 상쾌한 느낌, 진정색
④ **가볍게 느껴지는 색** : 명도의 영향을 받아 밝은색일수록 더 가볍게 느껴진다. 　예 노란색

⑤ **색채의 3요소** : 색상(Hue), 명도(Value), 채도(Chroma)

색상(H)	• 3원색(빛 : 빨강, 파랑, 녹색 / 물감 : 빨강, 파랑, 노랑) • 5원색 : 빨강, 노랑, 녹색, 파랑, 보라(먼셀 색채계의 기본적인 5가지 주요 색상) • 10원색 : 빨강(R), 주황(YR), 노랑(Y), 연두(GY), 녹색(G), 청록(BG), 파랑(B), 남색(PB), 보라(P), 자주(RP)
명도(V)	• 색의 밝고 어두운 정도(흑색 0~백색 10, 11단계) • 색의 무겁고 가벼움의 감정은 주로 명도에 의해 결정된다. • 고명도의 경우 색이 가볍게, 저명도의 경우 색이 무겁게 느껴진다.
채도(C)	색의 순수한 정도, 색채의 강약을 나타내는 성질(1~14까지, 14단계)

※ 먼셀의 색상환 표기법 : HV/C 예 5Y8/10 : 색상 5Y, 명도 8, 채도 10

⑥ **색의 혼합**

가산혼색 (가법혼색)	• 빛의 혼합으로 빨강(Red), 녹색(Green), 파랑(Blue)이 기본색이다. • 혼합하면 더욱 밝아진다(흰색).
감산혼색 (감법혼색)	• 색료의 혼합으로 시안(Cyan), 마젠타(Magenta), 노랑(Yellow)이 기본색이다. • 혼합하면 더욱 어두워진다(검정).

| 가법혼색 | | 감법혼색 |

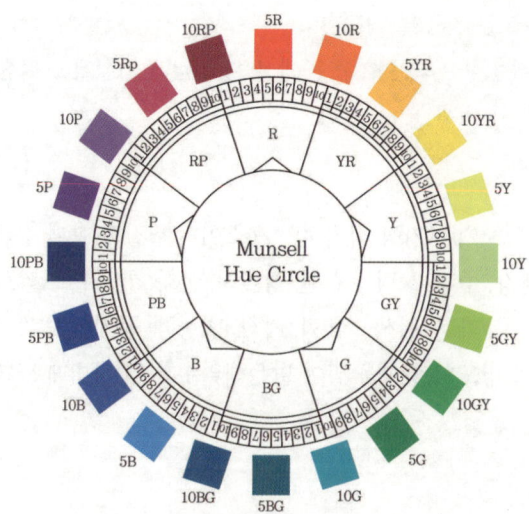

| 먼셀의 색상환 |

⑦ 색채 대비현상 `중요★★★`

색상대비	• 색상이 다른 두 색이 서로의 영향으로 인하여 색상차가 크게 보이는 현상
명도대비	• 밝은색은 밝게, 어두운색은 어둡게 보이는 현상 예 교통표지판 검정·노랑대비, 검정·흰색대비 ※ 명시성 : 먼 거리에서 잘 보이는 정도를 말하는 것으로 색상, 명도, 채도 차가 큰 색일수록 명시성이 높다.
채도대비	• 채도가 낮은 탁한 색에 채도가 높은 선명한 색을 올려 놓으면, 채도가 선명한 색은 더욱더 선명하게 보이는 현상 • 무채색끼리는 채도 대비가 일어나지 않는다. • 채도대비는 명도대비와 같은 방식으로 일어난다. 예 회색바탕에 주황색 글씨
보색대비	• 보색이 되는 색들끼리 서로 인접시키면 색상이 더욱 선명하게 보이는 현상 예 빨강(R) ↔ 청록색(BG)
면적대비	• 면적이 크면 밝아 보인다(명도, 채도 증가). • 면적이 작으면 어두워 보인다(명도, 채도 감소).
계시대비(연속대비)	• 시간 차이를 두고 두 개의 색을 순차적으로 볼 때 생기는 색의 대비 현상
연변대비	• 어떤 두 색이 맞붙어 있을 때 그 경계 언저리에 대비가 더 강하게 일어나는 현상
한난대비	• 색의 차갑고 따뜻함에 따라 색이 다르게 보이는 현상
푸르키니에 현상	• 밝은 곳에서는 같은 밝기로 보이는 적색과 청색이 어두운 곳에서는 적색은 어둡게, 청색은 밝게 보이는 현상
메타메리즘 현상	• 낮에 태양광 아래에서 본 물체의 색이 밤에 실내 형광등 아래에서 보면 달리 보이는 현상
명암순응 현상	• 눈이 빛의 밝기에 순응해서 물체를 보는 현상 • 터널에 들어갈 때와 나갈 때의 밝기가 급격히 변하지 않도록 명암순응 식재를 한다. • 밝은 장소에서 어두운 곳으로 들어가서 눈이 익숙해져서 시력을 회복하는 것을 암순응이라고 하며 반대의 경우를 명순응이라고 한다.
연색성	• 형광등 아래서 물건을 고를 때의 색이 외부로 나가면 달리 보이는 현상

⑧ 한국인의 색(오방색) : 동쪽(木)은 파란색, 서쪽(金)은 흰색, 남쪽(火)은 빨간색, 북쪽(水)은 검은색, 중앙(土)은 노란색을 나타낸다.

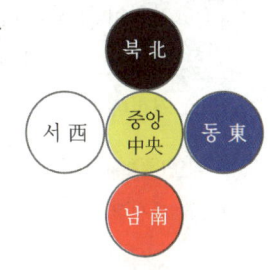

6. 경관구성의 가변요소 `중요★★☆`

광선	물체에 그림자를 조성하여 형태의 지각을 가능하게 함
기상조건	안개 낀 기상 또는 비온 뒤 갠 모습에 따라 새로운 경관의 느낌을 줌
계절	계절적 수목의 변화 : 봄(새싹), 여름(신록), 가을(낙엽), 겨울(설경)
시간	아침 해가 뜰 때, 낮의 활기, 저녁 노을의 분위기 등 시간에 따라 변화를 줌

7. 점, 선, 면의 관계 중요★★☆

점(點)	• 크기는 없고, 위치만 갖는다. • 외딴집, 정자나무, 독립수, 분수, 음수대, 조각물 등
선(線)	• 점이 하나하나 연결되어 이루어진 선의 형태이다. • 하천, 도로, 가로수, 냇물, 원로, 생울타리(산울타리) 등
면(面)	• 점이 선을 형성하고 선이 누적되어 이루어진 면의 형태이다. • 호수, 경작지, 초지, 전답(田畓), 운동장 등

8. 기타

관용색명 : 오래전부터 사용한 색명으로 일반적으로 이미지의 연상어로 만들어진 색명이다.
예 이끼색, 솔잎색, 풀색

SECTION 02 경관 구성의 원리

1. 경관의 유형 중요★★☆

① 전 경관(파노라마 경관)
  ㉠ 시야에 제한을 받지 않고 멀리까지 트인 경관으로 자연의 웅장함과 아름다움을 느낄 수 있음
  ㉡ 초원, 수평선, 지평선, 높은 곳에서 시야가 가려지지 않고 멀리 퍼져 보이는 경관

② 지형경관(천연미적 경관)
  ㉠ 지형이 특징을 나타내고 관찰자가 강한 인상을 받는 지표 경관
  ㉡ 절벽, 산봉우리 등 주변 환경의 지표(Landmark) 역할
  ㉢ 지형에 따라 신비함, 경외감, 놀라움 등 다양한 감정의 변화를 줌

③ 위요(圍繞)경관
  ㉠ 시선을 끌 수 있는 낮고 평탄한 중심공간에 숲이나 울타리처럼 자연스럽게 둘러싸여 있는 경관
  ㉡ 중심공간 주위에 둘러싸인 수직적 요소가 정적인 느낌을 자연스럽게 준다.
  ㉢ 시선의 주의를 끌 수 있어 소규모의 지형도 경관으로서 의의를 갖게 해준다. 예 숲속의 호수

④ 초점경관
  ㉠ 관찰자의 시선이 어느 한 점으로 유도되도록 구성된 공간
  ㉡ 폭포, 암석, 수목, 분수, 조각, 기념탑 등의 경관요소가 초점의 역할
  ㉢ 비스타(Vista) 경관 : 경관은 좌우로의 시선이 제한되고 중앙의 한 점으로 시선이 모이도록 구성

⑤ 세부경관
  ㉠ 세부적인 사항까지 지각될 수 있는 경관
  ㉡ 내부지향적이며 공간 구성요소들의 모양, 색채, 냄새 등 지각이 가능

⑥ 일시경관
  ㉠ 기상변화에 따른 자연경관의 모습이 달라지는 경우로 자연의 다양함을 경험할 수 있다.
  ㉡ 설경, 무지개, 노을, 동물의 일시적 출현, 연못에 반사된 투영

⑦ 관개경관(터널적 경관)
  ㉠ 교목의 수관 아래에 형성되는 경관으로 수목이 터널을 이루는 경관
  ㉡ 담양의 메타세쿼이아길, 청주의 플라타너스길, 숲속의 오솔길 등이 있다.

2. 경관 구성의 기본원칙 중요★★☆

경관 구성의 원칙은 통일성과 다양성이 주가 된다. 통일성이 높아지면 다양성이 낮아지며, 다양성이 높아지면 통일성이 결여되기 때문에 조화와 균형이 맞도록 해야 한다.

경관 구성의 미적원리	통일성(단조롭다.)	조화, 균형, 대칭, 강조
	다양성(산만하다.)	비례, 율동, 대비

① 통일성(統一性)

> • 전체를 구성하는 부분적인 요소들이 통일성 또는 유사성을 지니고 있고, 각 요소들이 유기적으로 잘 짜여 있어 전체가 시각적으로 통일된 하나로 보이는 것
> • 통일미 : 소나무, 향나무 등 한 수종을 60%까지 식재하여 선, 형태, 색채를 통일시켰을 때의 아름다움

㉠ 조화 : 색채, 형태가 유사한 시각적 요소들이 서로 잘 어울리는 것으로 전체적으로 질서를 잡아주는 역할을 하고 미적인 통일감을 준다.
  예 구릉지의 곡선과 초가지붕의 곡선

㉡ 균형과 대칭
  • 균형 : 한쪽에 치우침 없이 양쪽의 크기나 무게가 보는 사람에게 안정감을 주는 구성미
  • 대칭과 비대칭

대칭	축을 중심으로 좌우 또는 상하로 균등하게 배치하는 것(정형식)
비대칭	모양은 다르지만 시각적으로 느껴지는 무게가 비슷하며 시선을 끄는 정도가 비슷하게 분배되어 균형을 이루는 것(자연풍경식)

|균형|
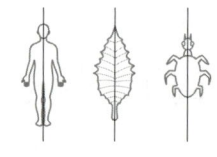
|대칭|
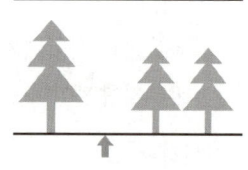
|비대칭|

ⓒ 강조 : 비슷한 형태나 색채들 사이에 상반되는 것을 넣어 시각적으로 산만함을 막고 통일감을 조성하기 위한 기법이다.

② 다양성(多樣性 : diversity)

- 다양성은 통일성과 상호 보완적으로 적절하게 유지해야 한다.
- 다양성이 강조되면 통일성이 낮아지고, 통일성이 강조되면 단조롭고 지루한 느낌을 준다.

㉠ 비례
- 형태, 색채에 있어 양적으로나 길이와 폭의 대소에 따라 일정한 크기의 비율로 증가 또는 감소된 상태로 배치되는 것
- 황금비례 : 고대 그리스인들이 창안한 1 : 1.618의 이상적인 균형잡힌 비례
- 삼재미(三才美) : 하늘(天), 땅(地), 사람(人)이 잘 조화될 때의 아름다움으로 동양에서는 미의 형태로 표현

㉡ 율동(律動) : 강약, 장단이 주기성이나 규칙성을 가지면서 전체적으로 연속적인 운동감을 가지는 것
예 피아노의 리듬에 맞추어 움직이는 분수, 시각적 율동(수목의 규칙적 배열)

㉢ 대비(對比) : 상이한 질감, 형태 또는 색채가 서로 반대인 것을 배치할 때 변화를 주는 방법
예 형태상의 대비 : 호수의 수평면에 접한 절벽 위의 정자
색채상의 대비 : 녹색의 잔디밭에 빨간색의 사루비아 군식

③ 기타 미적원리

㉠ 점증미
- 특정한 형태가 점차 커지거나 반대로 서서히 작아지는 형식이 되는 것
- 화단의 풀꽃을 엷은 빛깔에서 점점 짙은 빛깔로 맞추어 나갈 때 생기는 아름다움

01장 적중예상문제

01 정원의 구성요소 중 점적인 요소로 구별되는 것은?
① 원로 ② 생울타리
③ 냇물 ④ 음수대

해설
점 : 크기는 없고, 위치만 갖는다.
예) 외딴집, 정자나무, 독립수, 분수, 음수대, 조각물 등

02 다음 중 경관요소에 따른 지각 강도가 다른 하나는?
① 흰색 ② 대각선
③ 차가운 색채 ④ 동적인 상태

03 경관구성의 우세요소가 아닌 것은?
① 선 ② 색채
③ 형태 ④ 시간

해설
가변요소
광선, 기상조건(구름, 안개, 눈, 비, 노을, 서리), 계절, 시간

04 경관 구성은 우세요소와 가변요소로 구분할 수 있는데, 다음 중 우세요소에 해당하지 않는 것은?
① 형태 ② 색채
③ 질감 ④ 시간

해설
- 경관의 우세요소 : 선, 형태, 질감, 색채
- 경관의 기본요소에 우세요소가 포함된다.

05 선의 방향에 따른 분류 중 수평선이 주는 느낌은?
① 권위감
② 평화감
③ 남성감
④ 운동감

해설
수평선
평화, 친근, 안락, 평등, 정숙 등 편안한 느낌

06 경관의 시각적 구성 요소를 우세요소와 가변요소로 구분할 때 가변요소에 해당하지 않는 것은?
① 광선
② 기상조건
③ 질감
④ 계절

07 자유로운 선이나 재료를 써서 자연 그대로의 경관 또는 그것에 가까운 것이 생기도록 조성하는 정원 양식은?
① 건축식
② 풍경식
③ 정형식
④ 규칙식

정답 01 ④ 02 ③ 03 ④ 04 ④ 05 ② 06 ③ 07 ②

08 다음 조경미의 요소 중 축(axis)에 대한 설명으로 가장 거리가 먼 것은?

① 축을 사용한 전형적인 예는 프랑스의 베르사유 궁전이 있다.
② 축선은 1개일 때 그 효과가 커서 되도록 2개 이상은 쓰지 않는다.
③ 축선 위에는 원로, 캐널, 캐스케이드, 병목 등을 설치해서 강조하고 있다.
④ 축의 교점에는 분수, 못, 조각상 등을 설치하는 것이 효과적이다.

09 정원에서 미적요소 구성은 재료의 짝지움에서 나타나는데 도면상 선적인 요소에 해당되는 것은?

① 분수　　② 독립수
③ 원로　　④ 연못

● 해설
선 : 점이 하나하나 연결되어 이루어진 선의 형태이다.
예 하천, 도로, 가로수, 냇물, 원로, 생울타리 등

10 주변지역의 경관과 비교할 때 지배적이며, 특징을 가지고 있어 지표적인 역할을 하는 것을 무엇이라고 하는가?

① vista　　② districts
③ nodes　　④ landmarks

11 다음 중 가장 가볍게 느껴지는 색은?

① 파랑　　② 노랑
③ 초록　　④ 연두

12 다음 중 명도대비가 가장 큰 것은?

① 검정과 노랑　　② 빨강과 파랑
③ 보라와 연두　　④ 주황과 빨강

● 해설
명도대비
밝은색은 밝게, 어두운색은 어둡게 보이는 현상
예 교통표지판의 검정과 노랑, 검정과 흰색 대비

13 색광의 3원색인 R, G, B를 모두 혼합하면 어떤 색이 되는가?

① 검은색
② 회색
③ 흰색
④ 붉은색

● 해설
가법혼색
빛의 혼합으로 빨강(Red), 녹색(Green), 파랑(Blue)이 기본색이다. 혼합하면 더욱 밝아진다(흰색).

14 먼셀의 색상환에서 BG는 어떤 색인가?

① 연두　　② 남색
③ 청록　　④ 노랑

15 명암순응(明暗順應)에 대한 설명으로 틀린 것은?

① 눈이 빛의 밝기에 순응해서 물체를 보는 것을 명암순응이라 한다.
② 맑은 날 색을 본 것과 흐린 날 색을 본 것이 같이 느껴지는 것이 명순응이다.
③ 터널에 들어갈 때와 나갈 때의 밝기가 급격히 변하지 않도록 명암순응 식재를 한다.
④ 명순응에 비해 암순응은 장시간을 필요로 한다.

● 해설
명암순응
눈이 빛의 밝기에 순응해서 물체를 보는 현상으로 터널에 들어갈 때와 나갈 때의 밝기가 급격히 변하지 않도록 명암순응 식재를 한다.

정답　08 ②　09 ③　10 ④　11 ②　12 ①　13 ③　14 ③　15 ②

16 형광등 아래서 물건을 고를 때 외부로 나가면 어떤 색으로 보일까 망설이게 된다. 이처럼 조명 광에 의하여 물체의 색을 결정하는 광원의 성질은?

① 직진성　　　　② 연색성
③ 발광성　　　　④ 색순응

17 도형의 색이 바탕색의 잔상으로 나타나는 심리 보색의 방향으로 변화되어 지각되는 대비 효과를 무엇이라고 하는가?

① 색상대비　　　② 명도대비
③ 채도대비　　　④ 동시대비

● 해설
채도대비
채도가 낮은 탁한 색에 채도가 높은 선명한 색을 올려 놓으면 채도가 선명한 색은 더욱더 선명하게 보이는 현상

18 다수의 대상이 존재할 때 어느 색이 보다 쉽게 지각되는지 또는 쉽게 눈에 띄는지의 정도를 나타내는 용어는?

① 유목성　　　　② 시인성
③ 식별성　　　　④ 가독성

● 해설
유목성
색과 빛이 자극이 강해서 눈에 잘 띄는 정도

19 다음 중 위요경관에 속하는 것은?

① 넓은 초원　　　② 노출된 바위
③ 숲속의 호수　　④ 계곡 끝의 폭포

20 독도는 광활한 바다에 우뚝 솟은 바위섬이다. 독도의 전망대에서 바라보는 경관의 유형으로 가장 적합한 것은?

① 파노라마 경관　② 지형경관
③ 위요경관　　　④ 초점경관

● 해설
파노라마 경관
시야에 제한을 받지 않고 멀리까지 트인 경관으로 자연의 웅장함과 아름다움을 느낄 수 있음

21 다음 중 무리지어 나는 철새, 설경 또는 수면에 투영된 영상 등에서 느껴지는 경관은?

① 초점경관　　　② 관개경관
③ 세부경관　　　④ 일시경관

● 해설
• 초점경관 : 관찰자의 시선이 어느 한 점으로 유도되도록 구성된 공간
• 관개경관 : 교목의 수관 아래에 형성되는 수목이 터널을 이루는 경관

22 다음 보기의 (　)안에 들어갈 디자인 요소는?

> 형태, 색채와 더불어 (　)은(는) 디자인의 필수 요소로서 물체의 조성 성질을 말하며, 이는 우리의 감각을 통해 형태에 대한 지식을 제공한다.

① 질감　　　　　② 광선
③ 공간　　　　　④ 입체

● 해설
경관의 우세요소에는 선, 형태, 질감, 색채가 있다.

23 회화에 있어서의 농담법과 같은 수법으로 화단의 풀꽃을 엷은 빛깔에서 점점 짙은 빛깔로 맞추어 나갈 때 생기는 아름다움은?

① 단순미　　　　② 통일미
③ 반복미　　　　④ 점증미

● 해설
점증미
특정한 형태가 점차 커지거나 반대로 서서히 작아지는 형식이 되는 것

정답 16 ②　17 ①　18 ①　19 ③　20 ①　21 ④　22 ①　23 ④

24 다른 원리에 비해 생명감이 강하며 활기 있는 표정과 경쾌한 느낌을 주는 것은?

① 율동   ② 통일
③ 대칭   ④ 균형

> **해설**
> 율동
> 강약, 장단이 주기성이나 규칙성을 가지면서 전체적으로 연속적인 운동감을 가지는 것

25 관찰자 시선의 중심선을 기준으로 형태감이나 색채감에서 양쪽의 크기나 무게가 안정감을 줄 때 나타나는 아름다움은?

① 대비미
② 강조미
③ 균형미
④ 반복미

26 다음 그림과 같이 구릉지의 맨 위쪽에 세워진 건물은 토지의 이용방법 중 어떠한 것에 속하는가?

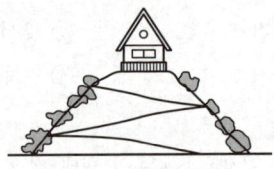

① 강조   ② 통일
③ 대비   ④ 보존

27 정원수의 60%까지를 소나무로 배치하거나 향나무를 심어 전체를 하나의 힘찬 형태나 색채 또는 선으로 통일시켰을 때 나타나는 아름다움을 무엇이라 하는가?

① 단순미   ② 통일미
③ 점증미   ④ 균형미

> **해설**
> 통일미
> 전체를 구성하는 부분적인 요소들이 통일성 또는 유사성을 지닐 때 나타나는 아름다움

28 색채나 형태 질감면에서 서로 달리하는 요소가 배열된 때의 아름다움은?

① 반복
② 조화
③ 균형
④ 대비

> **해설**
> 대비
> 상이한 질감, 형태 또는 색채를 서로 대조시킴으로써 변화를 주는 방법

29 다음 중 조화(Harmony)의 설명으로 가장 적합한 것은?

① 각 요소들이 강약, 장단의 주기성이나 규칙성을 가지면서 전체적으로 연속적인 운동감을 가지는 것
② 모양이나 색깔 등이 비슷비슷하면서도 실은 똑같지 않은 것끼리 균형을 유지하는 것
③ 서로 다른 것끼리 모여 서로를 강조시켜 주는 것
④ 축선을 중심으로 하여 양쪽의 비중을 똑같이 만드는 것

> **해설**
> 조화
> 색채, 형태가 유사한 시각적 요소들이 서로 잘 어울리는 것으로 전체적으로 질서를 잡아주는 역할을 하고 미적인 통일감을 준다.
> 예 구릉지의 곡선과 초가지붕의 곡선

정답 24 ① 25 ③ 26 ① 27 ② 28 ④ 29 ②

30 경관구성의 미적 원리를 통일성과 다양성으로 구분할 때 다양성에 해당하는 것은?

① 조화
② 균형
③ 강조
④ 대비

> **해설**
> • 다양성 : 비례, 율동, 대비
> • 통일성 : 조화, 균형과 대칭, 강조

31 정연한 가로수, 띔 돌의 배열, 벽천이나 분수에서 끊임없이 물을 내뿜는 것 등은 어떤 미를 응용한 예인가?

① 점층미
② 반복미
③ 대비미
④ 조화미

정답 30 ④ 31 ②

02장 조경계획과 설계의 과정

SECTION 01 계획과 설계의 개념

1. 계획과 설계의 구분

① 계획과 설계의 비교
  ㉠ 계획(Planning) : 목표를 설정해서 도달할 수 있는 행동 과정을 마련한 것
  ㉡ 설계(Design) : 제작 또는 시공을 목표로 창의적 생각을 표현한 것

구분	계획(Planning)	설계(Design)
정의	장래 행위에 대한 구상을 짜는 일	제작 또는 시공을 목표로 아이디어를 도출하고 구체적으로 도면 또는 스케치 등으로 표현한 것
요구	합리적인 측면, 객관적	표현적 창의성, 사고의 창의력, 주관적
과정	목표설정 → 자료분석 → 기본계획	기본설계 → 실시설계 단계
특징	• 문제의 발견과 분석에 관련 • 논리적, 객관적으로 문제에 접근 • 분석결과를 서술형으로 표현	• 문제의 해결과 종합에 중점 • 주관적, 창의성, 예술성 강조 • 도면, 그림, 스케치로 표현

② 조경계획 접근방법 중요★★☆
  ㉠ 토지이용 계획중심 : 토지를 가장 적절하고 효율적으로 이용하기 위한 계획 접근방법이다.
  ㉡ 레크리에이션 중심 : 여가와 쉼을 위해서 적합한 공간 창조를 위한 계획이다.
  ㉢ S. Gold(1980)의 레크리에이션 계획 접근방법

자원접근방법	물리적 자원 혹은 자연자원이 레크리에이션의 유형과 양을 결정하는 방법 예 스키장, 눈썰매장, 골프장 등
경제접근방법	지역사회의 경제적 기반이나 예산 규모가 레크리에이션의 종류ㆍ입지를 결정하는 방법
활동접근방법	과거 참가사례가 앞으로의 레크리에이션 기회를 결정하도록 계획하는 방법, 즉 공급이 수요를 만들어내는 방법 예 롯데월드, 에버랜드
행태접근방법	일반 대중이 여가시간에 언제, 어디에서, 무엇을 하는가를 상세히 파악하여 그들의 행동 패턴에 맞추어 계획하는 방법 예 모니터링, 설문조사
종합접근방법	위 네 가지 접근법의 긍정적인 측면만 취하는 접근방법

2. 현대도시이론 (중요★★☆)

① 전원도시론(하워드)
  ㉠ 1903년 레치워드(최초의 전원도시), 1920년 웰윈
  ㉡ 도시생활의 편리함과 농촌생활의 이로움을 함께 지닌 전원도시

② 위성도시론(테일러)
  ㉠ 인구 3만 명 규모의 위성도시를 조성하여 대도시 인구 분산
  ㉡ 도시의 부분적 기능을 교외로 옮겨 신도시 건설

③ 근린주구이론(C. A. 페리)
  ㉠ 규모는 하나의 초등학교 학생 1,000~2,000명에 해당하는 거주 인구로 5,000~6,000명
  ㉡ 단지 내부 교통체계는 쿨데삭(cul-de-sac)과 루프형 집분산도로 설치, 주구의 외곽은 간선도로로 경계가 형성되도록 계획한다.
  ㉢ 일상생활에 필요한 모든 시설물은 도보권 내에 둔다.
  ㉣ 차량동선을 구역 내에 끌어들이지 않으며, 간선도로에 의해 경계가 형성되는 도시계획 구상
  ㉤ 근린주구에서 생활의 편리성·쾌적성, 주민들 간의 사회적 교류를 도모한다.

④ 래드번(Radburn) 시스템
  ㉠ 라이트(Wright)와 스타인(Stein)이 계획
  ㉡ 영국 하워드의 전원도시 개념을 적용하여 미국에 전원도시 건설
  ㉢ 인구 25,000명 수용
  ㉣ 슈퍼블록(10~20ha)을 계획하여 보행자와 차량을 분리
  ㉤ 주구 내는 쿨데삭(cul-de-sac) 적용, 통과교통 방지와 속도 감소효과
  ㉥ 지구면적의 30% 이상 녹지를 확보

⑤ 대도시론(르코르뷔지에)
  ㉠ 근대 건축운동의 선구자
  ㉡ 인구 300만 명을 수용하는 거대도시 계획
  ㉢ 도시의 중심부에는 초고층 빌딩을 세우고 외곽지대에는 녹지대를 조성하자는 이론

⑥ 신도시(new town)이론 : 페더가 제창

⑦ 녹지계통의 형태 (중요★☆☆)

분산식	녹지대가 여러 가지 형태로 분산된 형태
환상식	도시를 중심으로 5~10km 폭으로 조성된 것으로 도시가 확대되는 것을 방지 예) 오스트리아 빈(Wien)

방사식	• 도시의 중심에서 외부로 방사상 녹지대를 조성 • 도시 내부와 외부의 관련이 매우 좋으며 재난 시 시민들의 빠른 대피에 효과를 발휘하는 녹지 형태 예 독일 하노버(Hannover)
방사환상식	• 환상식, 방사식의 녹지형태를 결합 • 일반도시에서 가장 많이 사용되고 있는 이상적인 녹지 형태 예 독일 쾰른(Cologne)
위성식	대도시의 인구 분산을 위해 환상 내부에 녹지대를 조성하고 녹지대 내에 소도시를 위성처럼 배치
평행식	도시의 형태가 띠모양으로 일정한 간격으로 평행하도록 녹지대를 조성

SECTION 02 계획과 설계의 과정

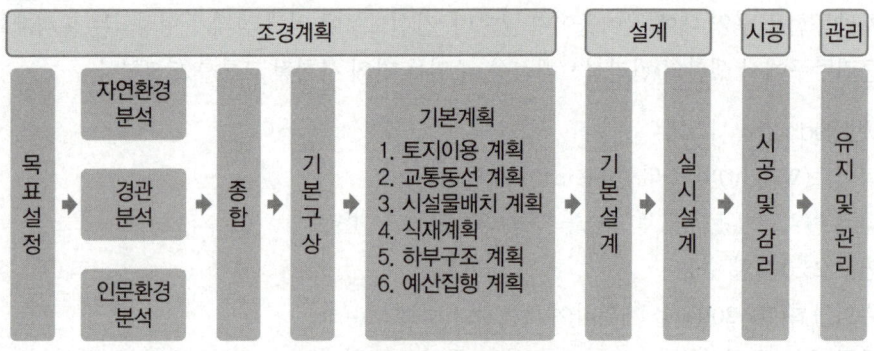

▎조경계획 수립과정▎

1. 목표설정

① 일정 프로젝트를 수행하기 위해서 목적과 목표를 설정
② 기본방향 설정 : 공간의 성격, 규모, 수용인원 등을 파악

2. 자료분석 및 종합

① 자료분석

자연환경분석	지형, 토양, 식생, 토질, 수문, 야생동물, 기후조사분석
인문환경분석	인구조사, 토지이용, 교통조사, 시설물조사분석
경관분석	전 경관, 지형경관, 위요경관, 초점경관, 관개경관, 일시경관, 세부경관

② 종합 : 자연환경분석, 인문환경분석, 경관분석 자료를 종합하는 단계

3. 자연환경분석 중요★★★

① 지형
- ㉠ 지형도 관찰 : 지형 및 지세파악, 진북방향, 축척, 등고선 등 예비조사가 필요하다.
- ㉡ 경사도 분석 중요★★☆

$$G(\%) = \frac{D}{L} \times 100$$

여기서, G : 경사도(%), L : 등고선 간의 수평거리, D : 등고선 간격(수직거리)

- ㉢ 고저도 : 계획구역 내의 높은 곳과 낮은 곳을 쉽게 알아볼 수 있도록 일정 높이마다 낮은 곳은 옅은 색, 높은 곳은 짙은 색으로 표현

② 토양
- ㉠ 토양의 분류 : 토양 입자의 입경에 따른 토양 분류를 **토성**이라 한다(**모래, 미사, 점토**)
- ㉡ 토양도의 종류

개략토양도 (1/50,000 축척)	항공기를 이용하여 전 국토에 걸쳐 제작된 지도(항공사진)
정밀토양도 (1/25,000 축척)	• 항공사진을 기초로 현지답사를 통해 전 국토의 일부분만 제작된 지도 • 건축, 조경, 휴양림 개발
간이 산림토양도 (1/25,000 축척)	• 전국의 임지를 1/25,000의 축척으로 제작된 지도 • 농경지, 방목지, 암석지

③ 수문, 식생, 야생동물

수문(水文)	수문에 대한 조사는 집수구역, 홍수범람지역, 지하수 유입지역 등을 조사
식생(植生)	• 기존자료를 이용하거나 현장조사를 통해 식생 현황 분석 • 단순림, 혼효림, 농경지, 도시화 지역으로 구분 • 천이의 진행 황무지(나지) → 1년생 초화류 → 다년생 초화류 → 양수인 관목 → 음수인 관목 → 양수인 교목 → 음수인 교목(극성상, 서어나무)
야생동물	• 계획구역 내 모든 길들여지지 않은 동물로, 먹이그물 과정을 조사한다. • 둘 이상의 식생이 만나는 곳을 ecotone, edge habit이라고 한다.

④ 기후
- ㉠ 미기후 중요★☆☆
  - 지형이나 풍향 등에 따른 부분적 장소의 독특한 기상상태
  - 도시 내부와 도시 외부의 기온차
  - 지형이 낮고 배수불량 지역의 서리, 안개
  - 야간에는 언덕보다 골짜기의 온도가 낮고 습도가 높다.
  - 그 지역 주민에 의해 지난 수년 동안의 자료를 얻을 수 있다.

- 미기후는 세부적인 토지이용에 커다란 영향을 미치게 된다.
- 조사항목 : 태양 복사열의 정도, 공기유통의 정도, 안개 및 서리 피해, 지형 여건에 따른 일조시간, 대기오염
  ※ 알베도(Albado) 조사 : 태양열이 흡수되지 않고 반사되는 양을 조사

4. 인문환경분석

① 역사성 분석

㉠ 지방사 조사 : 천연기념물, 지역의 상징성, 전설 등 깊이감·친근감 및 이미지를 줄 수 있는 것들을 문헌을 통하여 조사하거나 주민과 면담을 통하여 조사한다.

㉡ 토지이용 조사
- 자연환경 조사가 아닌 인간의 이용조사
- 토지이용계획도에 사용하는 색상(국제적 약속) 중요★★☆

주거지	농경지	상업	공원	녹지	공업	업무	학교	개발제한지역
노란색	갈색	빨간색	녹색	녹색	보라색	파란색	파란색	연녹색

② 이용자 분석 : 이용자의 가치와 선호도를 분석 조사한다.

③ 공간이용 분석

㉠ 환경심리 파악 : 홀(E. Hall)이 주장

거리	유지거리	관계
친밀한 거리	0~45cm	아기를 안아주는 가까운 거리
개인적 거리	45~120cm	친한 사람 간의 일상적 대화 유지 거리
사회적 거리	120~360cm	업무상 대화에서 유지되는 거리
공적 거리	360cm 이상	개인(연사, 배우)과 청중 사이의 거리

5. 경관분석

경관이란 눈에 보이는 자연경관뿐만 아니라 인공적인 경관까지도 포괄하는 개념으로 토지, 동식물 생태계, 인간의 사회적·문화적 활동을 포함한다.

① 경관요소 중요★★☆

점·선·면	• 점 : 외딴집, 정자나무, 독립수, 분수, 음수대, 조각물 등 점적인 요소 • 선 : 하천, 도로, 가로수, 냇물, 원로, 생울타리 등 선적인 요소 • 면 : 호수, 경작지, 초지, 전답(田畓), 운동장 등 면적인 요소
수평·수직	• 수평 : 안락, 평화, 평등 등의 느낌(저수지, 호수) • 수직 : 극적이고 강한 느낌(독립수, 전신주, 굴뚝, 남산타워)

닫힌공간 열린공간	• 닫힌공간(위요공간) : 계곡이나 수목으로 둘러싸인 공간으로 정적인 시설 배치에 적당 • 열린공간(개방공간) : 운동장, 경작지 등과 같이 넓은 공간으로 동적인 시설 배치에 적당
랜드마크 (Landmark)	• 식별성 높은 지형 등의 시설물 • 절벽, 기념탑, 63빌딩, 롯데타워 등
통경선(Vista)	좌우로의 시선이 제한되어 전방의 일정 지점으로 시선이 모이도록 구성된 경관
질감(Texture)	물체 표면의 거칠고 매끄러운 정도의 시각적 특성을 나타내는 것으로 질감은 주로 지표 상태에 영향을 받음
스카이라인	물체가 하늘을 배경으로 이루어지는 윤곽선을 가리키는 것

② 경관에 대한 반응
  ㉠ 선호도 : 일정 대상에 대하여 좋아하거나 싫어하는 정도
  ㉡ 식별성
    • 일정 공간 내에서 자신의 위치를 파악하려는 본능
    • 랜드마크(지표)는 공간에서 위치를 파악하는 데 강한 인상을 주는 지형지물

③ 도시의 이미지
  ㉠ 캐빈 린치(Kevin Lynch)가 주장
  ㉡ 도시공간을 이루는 물리적인 다섯 가지 인자 중요★☆☆

유형	개념
통로(Path)	연속성과 방향성 제시 : 길, 고속도로, 철도, 산책로
모서리(Edge)	지역과 지역을 갈라놓거나 관찰자의 통행이 단절되는 부분 : 한강 제방, 관악산, 북한산, 해안선
지역(District)	사대문 안 상업지역, 중심지역
결절점(Node)	광화문광장, 서울역
랜드마크(Landmark)	눈에 뚜렷한 지표물 : 남산타워, 롯데타워, 63빌딩

6. 기본구상

수집한 자료를 종합한 후 이를 바탕으로 개략적인 계획안을 결정하는 단계로, 버블 다이어그램으로 표현하는 방법이다.
① 문제 해결을 위한 여러 가지 개념을 도출한다.
② 그중 몇 가지 대안(代案)을 가지고 장단점을 비교한 후 최종안을 결정한다.

7. 기본계획

최종적으로 선택한 대안을 기본계획(Master Plan)으로 확정한다.
① 현황도 : 기본계획을 수립하는 데 가장 기초가 되는 도면이다.

② 기본계획은 토지이용계획, 교통동선계획, 하부구조계획, 시설물배치계획, 식재계획, 집행계획 등의 부분별 계획으로 분류한다.

㉠ **토지이용계획 과정(토지이용분류 → 적지분석 → 종합배분)**

토지이용분류	• 예상되는 토지이용의 종류를 먼저 구분 • 각 토지별 이용 행태, 기능, 소요면적, 환경영향 등을 분석 • 어린이공원, 근린공원, 묘지공원, 국립공원
적지분석	계획 구역 내 어느 장소가 가장 적합한지 분석 예 마운딩이 있으면 놀이공간으로 활용
종합배분	중복과 분산이 없도록 각 공간 수요를 고려하여 최종 토지이용계획안을 작성

㉡ 교통동선계획 과정(통행량 발생분석 → 통행량 분배 → 통행로 선정)
  • 교통동선 체계

교통수단	자동차, 자전거, 보행 등 상호 연결과 분리를 적절하게 이용
몰(Mall)	나무 그늘진 산책로
도로체계	• 격자형 : 도심지와 같은 고밀도 토지 이용 지역과 평지에 효율적이다. • 위계형 : 주거지, 공원, 어린이놀이터 등과 같이 모임과 분산의 체계적 활동이 이루어지는 곳에서는 전체의 이용행위에 질서를 부여할 수 있는 위계형이 바람직하다.

  • 쿨데삭 도로 : 막다른 길로 주거지역에 보행동선과 차량동선을 분리시켜며 연속된 녹지를 확보
  • 방사환상식 : 일반도시에서 가장 많이 사용되고 있는 이상적인 녹지계통이다.

㉢ 하부구조계획
  • 전기, 가스, 상하수도, 전화 등 공급처리 시설에 관한 계획을 세운다.
  • 가능한 한 지하매설로 경관을 살리고, 보수가 용이하도록 한다.

㉣ 시설물배치계획
  • 장방형 건물 : 등고선의 긴 장축에 맞게 배치한다.
  • 유사기능 구조물 : 집단적 배치 혹은 집단시설지구를 설정한다. 예 놀이공원에 있는 놀이시설

㉤ 식재계획
  • 수종 선택

생태적 측면	지역 기후에 맞는 자생수종을 선택한다.
기능적 측면	방풍식재, 방음식재, 녹음식재, 차폐식재, 산울타리식재 등 기능에 적합한 수종을 선택한다.
공간적 측면	공간의 성격에 적합한 수종을 선택한다.

  • 배식

정형식 배식	건물주변, 기념성이 높은 장소에 식재한다.
자연형 배식	자연에 가까이 접하는 장소에 식재한다.

㉥ 집행계획 : 주어진 예산의 범위에서 계획을 체계적으로 수립한다.

8. 기본설계

기본계획의 각 부분을 더욱 구체적으로 발전시켜 각 공간의 정확한 규모, 사용재료, 마감 방법 등 입체적 공간을 창조하는 단계이다.

> 기본설계 과정 : 설계원칙의 추출 → 공간구성 다이어그램 → 입체적 공간의 창조(설계도 작성)

① **설계원칙의 추출** : 설계의 방향, 요건, 부분별 장소의 현황, 인접시설 관계 등을 고려하여 공간 구성이 필요하다.
② **공간구성 다이어그램** : 지형조건에 맞도록 공간요소 배치, 상호 관계를 고려한다.
③ **입체적 공간의 창조(설계도 작성)** : 공간형태를 만들고 등고선상에 정확한 축척(Scale)을 사용해서 설계도면을 작성한다.

평면구성	하늘에서 내려다 본 평면적 지식이 필요하다.
입면구성	공간의 수직적 변화를 표현한다.
스케치	• 설계안이 완공되었을 때를 가정하여 스케치 한다. • 공간의 구성을 일반인이 쉽게 알아볼 수 있게 사실적으로 표현
조감도	공간 전체를 볼 수 있을 정도의 높이에서 내려다본 그림으로 공간 전체를 사실적으로 표현

9. 실시설계

기본계획에 의거하여 실제 시공이 가능하도록 평면상세도, 단면상세도, 배식설계도, 시설물상세도, 시방서, 공사비내역서 등을 작성하는 것이다.

① **평면도와 단면도**

평면도	• 투영법(投影法)에 의하여 입체를 수평면상에 투영하여 그린 도면 • 입체감이 없는 도면 • 시설물, 수목수량표, 축척, 방위, 공사명, 도면명을 표제란에 기입
단면도	• 물건의 내부 구조를 명료하게 나타내기 위함 • 해당 물건을 절단하였다고 가정한 상태에서 그 단면을 그린 그림

② **시방서 : 공사시행의 기초가 되며 내역서 작성의 기초자료로 시공방법, 재료의 선정방법 등 기술적 사항을 기재한 문서로 설계, 제도, 시공 등 도면으로 나타낼 수 없는 사항을 문서로 적어 놓은 것**

표준시방서	조경공사 시행의 적정을 기하기 위해서 표준적인 시공기준을 명시한 문서
특기시방서	• 표준시방서에 명기되지 않은 사항을 보충 • 해당 공사만의 특별한 사항 및 전문적인 사항을 기재 • 공사 수행상 이견이 있을 경우 표준시방서보다 우선함

③ 내역서 〖중요★☆☆〗
 ㉠ 설계도면과 함께 의뢰인에게 제출하는 문서
 ㉡ 내역서에 의해 공사비를 추정하고 시공업자를 선정

공사비 구성	• 순공사원가 : 재료비, 노무비, 경비(전력, 운반, 가설비, 보험료, 안전관리비) • 일반관리비 : 기업 유지관리비로 순공사원가의 7% 이내(본사경비) • 이윤 : (노무비＋경비＋일반관리비) × 10% 이내
수량산출	재료와 물량을 집계한 것(수목수, 재료의 길이, 면적, 부피, 무게)
품셈	• 품이 드는 수효와 값을 계산하는 일 • 인간이나 기계가 공사 목적물을 달성하기 위해 단위 물량당 소요로 하는 노력과 물질을 수량으로 표현한 것 • 일위대가표 : 어떤 특정 공정의 일을 하기 위해 드는 단위당 재료비, 노무비, 경비를 나타낸 표로 일위대가표 금액란의 금액 단위 표준은 0.1원으로 한다.

> **기출** 다음 공사의 순공사 원가를 구하면 얼마인가?(단, 재료비 : 4,000원, 노무비 : 5,000원, 총경비 : 1,000원, 일반관리비 : 600원이다.)
>
> ① 9,000원 ② 10,000원
> ③ 10,600원 ④ 6,000원
>
> ✚풀이 순공사원가＝재료비＋노무비＋경비
> ＝4,000＋5,000＋1,000＝10,000원
>
> 답 ②

02장 적중예상문제

01 어느 레크리에이션 활동에서의 과거 참가사례가 앞으로의 레크리에이션 기회를 결정하도록 계획하는 방법, 즉 공급이 수요를 만들어내는 방법은?

① 자원접근방법 ② 활동접근방법
③ 경제접근방법 ④ 행태접근방법

해설

자원접근방법	물리적 자원 혹은 자연자원이 레크리에이션의 유형과 양을 결정하는 방법 예 스키장, 눈썰매장, 골프장 등
경제접근방법	지역사회의 경제적 기반이나 예산 규모가 레크리에이션의 종류·입지를 결정하는 방법
활동접근방법	과거 참가사례가 앞으로의 레크리에이션 기회를 결정하도록 계획하는 방법, 즉 공급이 수요를 만들어내는 방법 예 롯데월드, 에버랜드
행태접근방법	일반 대중이 여가시간에 언제, 어디에서, 무엇을 하는가를 상세히 파악하여 그들의 행동 패턴에 맞추어 계획하는 방법 모니터링, 설문조사
종합접근방법	위 네 가지 접근법의 긍정적인 측면만 취하는 접근방법

02 S.Gold(1980)의 레크리에이션 계획에 있어 과거의 일반 대중이 여가시간에 언제, 어디에서, 무엇을 하는가를 상세하게 파악하여 그들의 행동패턴에 맞추어 계획하는 방법은?

① 자원접근방법
② 활동접근방법
③ 경제접근방법
④ 행태접근방법

03 조경의 내용 범위에 포함하기 어려운 것은?

① 공원의 조성
② 자연보호
③ 경관보존
④ 도시지역의 확대

해설
조경은 도시지역의 확대를 막아준다.

04 일상생활에 필요한 모든 시설물을 도보권 내에 두고, 차량 동선을 구역 내에 끌어들이지 않으며, 간선도로에 의해 경계가 형성되는 도시계획 구상은?

① 하워드의 전원도시론
② 테일러의 위성도시론
③ 르코르뷔지에의 찬란한 도시론
④ 페리의 근린주구론

해설
단지 내부 교통체계는 쿨데삭(cul-de-sac)과 루프형 집분산도 설치, 주구의 외곽은 간선도로로 경계가 형성되도록 계획한다.

05 미국에서 하워드의 전원도시의 영향을 받아 도시교외에 개발된 주택지로서 보행자와 자동차를 완전히 분리하고자 한 것은?

① 래드번(Radburn)
② 레치워스(Letch worth)
③ 웰린(Welwyn)
④ 요세미티

정답 01 ② 02 ④ 03 ④ 04 ④ 05 ①

06 일반도시에서 가장 많이 사용되고 있는 이상적인 녹지 계통은?

① 분산식　② 방사식
③ 환상식　④ 방사환상식

●해설
방사환상식 : 환상식과 방사식의 녹지형태를 결합

07 녹지계통의 형태가 아닌 것은?

① 분산형(산재형)　② 환상형
③ 입체분리형　④ 방사형

●해설
입체분리형과는 관련이 없다.

08 케빈 린치(K. Lynch)가 주장하는 경관의 이미지 요소 중에서 관찰자의 이동에 따라 연속적으로 경관이 변해가는 과정을 설명할 수 있는 것은?

① landmark(지표물)　② path(통로)
③ edge(모서리)　④ district(지역)

●해설

유형	개념
통로(Path)	연속성과 방향성 제시 : 길, 고속도로
모서리(Edge)	지역과 지역을 갈라놓거나 관찰자의 통행이 단절되는 부분 : 한강 제방, 관악산, 북한산
지역(District)	사대문 안 상업지역, 중심지역
결절점(Node)	광장, 역
랜드마크(Landmark)	눈에 뚜렷한 지표물 : 남산, 롯데타워

09 다음 중 서울 시내의 남산에 위치한 남산타워는 도시를 구성하는 요소 중 어디에 속하는가?

① 도로(paths)　② 랜드마크(landmark)
③ 지역(district)　④ 가장자리(edge)

10 기본 도시계획 중 교통 동선의 분류체계에 해당되지 않는 것은?

① 격자형　② 우회형
③ 대로형　④ 수평형

●해설
교통 동선의 분류 체계에 수평형은 관련성이 없다.

11 조경계획의 과정을 기술한 것 중 가장 잘 표현한 것은?

① 자료분석 및 조합-목표설정-기본계획-실시설계-기본설계
② 목표설정-기본설계-자료분석 및 종합-기본계획-실시설계
③ 기본계획-목표설정-자료분석 및 종합-기본설계-실시설계
④ 목표설정-자료분석 및 종합-기본계획-기본설계-실시설계

12 다음 중 수문(水文)계획에서 고려하여야 할 것은?

① 집수구역　② 식생분포
③ 야생동물　④ 식생구조

●해설
수문에 대한 조사 시 집수구역, 홍수범람지역, 지하수 유입지역 등을 조사한다.

13 다음 그림은 무엇을 나타낸 도면 인가?

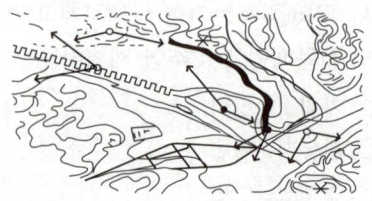

① 경사분석도　② 식생분석도
③ 경관분석도　④ 토지이용 계획도

정답　06 ④　07 ③　08 ②　09 ②　10 ④　11 ④　12 ①　13 ③

14 조경계획을 실시할 때 조사해야 할 자연환경 요소에 해당하지 않는 것은?

① 기상 ② 식생
③ 교통 ④ 경관

해설
자연환경 : 지형, 토양, 수문, 식생, 기후, 경관 등

15 다음 중 미기후에 대한 설명으로 가장 거리가 먼 것은?

① 호수에서 바람이 불어오는 곳은 겨울에는 따뜻하고 여름에는 서늘하다.
② 야간에는 언덕보다 골짜기의 온도가 낮고, 습도는 높다.
③ 야간에 바람은 산 위에서 계곡을 향해 분다.
④ 계곡의 맨 아래쪽은 비교적 주택지로서 양호한 편이다.

해설
계곡 아래쪽은 습하기 때문에 주택지로서는 양호한 편이 아니다.

16 다음 미기후(micro-climate)에 관한 설명 중 적합하지 않은 것은?

① 지형은 미기후의 주요 결정 요소가 된다.
② 그 지역 주민에 의해 지난 수년 동안의 자료를 얻을 수 있다.
③ 일반적으로 지역적인 기후 자료보다 미기후 자료를 얻기가 쉽다.
④ 미기후는 세부적인 토지이용에 커다란 영향을 미치게 된다.

17 자연환경조사 단계 중 미기후와 관련된 조사항목으로 가장 영향이 적은 것은?

① 지하수 유입 및 유동의 정도
② 태양 복사열을 받는 정도
③ 공기 유통의 정도
④ 안개 및 서리 피해 유무

해설
• 조사항목 : 태양 복사열의 정도, 공기유통의 정도, 안개 및 서리피해, 지형 여건에 따른 일조시간, 대기오염 등
• 지하수 유입 및 유동의 정도와는 관계가 없다.

18 다음 중 계획단계에서 자연환경 조사사항과 가장 관계가 없는 것은?

① 식생 ② 주변 교통량
③ 기상조건 ④ 토양조사

해설
주변 교통량은 인문환경에 해당한다.

19 조경분야의 프로젝트를 수행하는 단계별로 구분할 때 자료의 수집, 분석, 종합의 내용과 가장 밀접하게 관련이 있는 것은?

① 계획 ② 설계
③ 내역서 산출 ④ 시방서 작성

해설
계획 : 장래 행위에 대한 구상을 짜는 일

20 프로젝트의 수행단계 중 주로 자료의 수집, 분석, 종합에 초점을 맞추는 단계는?

① 조경설계 ② 조경시공
③ 조경계획 ④ 조경관리

해설
• 조경계획 : 프로젝트의 수행단계 중 주로 자료의 수집, 분석, 종합
• 조경설계 : 기능적이고 미적인 3차원적 공간을 구체적으로 발전시켜 창조하는 데 초점을 둠
• 조경관리 : 조경 프로젝트의 수행단계 중 식생의 이용 및 시설물의 효율적 이용 유지, 보수 등 전체적인 것을 다루는 단계

정답 14 ③ 15 ④ 16 ③ 17 ① 18 ② 19 ① 20 ③

21 다음은 조경계획 과정을 나열한 것이다. 가장 바른 순서로 된 것은?

① 기초조사 – 식재계획 – 동선계획 – 터가르기
② 기초조사 – 터가르기 – 동선계획 – 식재계획
③ 기초조사 – 동선계획 – 식재계획 – 터가르기
④ 기초조사 – 동선계획 – 터가르기 – 식재계획

22 토지이용계획 시 일반적인 진행 순서가 알맞게 구성된 것은?

① 적지분석 – 토지이용분류 – 종합배분
② 적지분석 – 종합배분 – 토지이용분류
③ 토지이용분류 – 종합배분 – 적지분석
④ 토지이용분류 – 적지분석 – 종합배분

23 기본계획 수립 시 도면으로 표현되는 작업이 아닌 것은?

① 동선계획
② 집행계획
③ 시설물 배치계획
④ 식재계획

◉해설
- 기본계획은 토지이용계획, 교통동선계획, 시설물배치계획, 식재계획, 하부구조계획, 집행계획 등의 부분별 계획으로 분류한다.
- 집행계획은 도면 표현과는 관계가 없다.

24 마스터 플랜(Master Plan)이란?

① 기본계획이다.
② 실시설계이다.
③ 수목 배식도이다.
④ 공사용 상세도이다.

◉해설
최종적으로 선택한 대안을 기본계획(Master Plan)으로 확정한다.

25 조경설계 과정에서 가장 먼저 이루어져야 하는 것은?

① 구상개념도 작성　② 실시설계도 작성
③ 평면도 작성　　　④ 내역서 작성

◉해설
조경설계의 기본은 개념도 작성이며, 도면에 대한 윤곽을 잡아주는 역할을 한다.

26 설계자의 의도를 개략적인 형태로 나타낸 일종의 시각언어로서 도면을 단순화시켜 상징적으로 표현한 그림을 의미하는 것은?

① 상세도　　　② 다이어그램
③ 조감도　　　④ 평면도

27 식재, 포장, 계단, 분수 등과 같은 한정된 문제를 해결하기 위해 구성요소, 재료, 수목들을 선정하여 기능적이고 미적인 3차원적 공간을 구체적으로 창조하는 데 초점을 두어 발전시키는 것은?

① 조경설계　　② 평가
③ 단지계획　　④ 조경계획

28 배식설계도 작성 시 고려할 사항으로 옳지 않은 것은?

① 배식평면도에는 수목의 위치, 수종, 규격, 수량 등을 표기한다.
② 배식평면도에서는 일반적으로 수목수량표를 표제란에 기입한다.
③ 배식평면도는 시설물평면도와 무관하게 작성할 수 있다.
④ 배식평면도 작성 시 수목의 성장을 고려하여 설계할 필요가 있다.

◉해설
배식평면도는 시설물평면도와 관련성이 있다.
예 파고라+녹음수

정답 21 ② 22 ④ 23 ② 24 ① 25 ① 26 ② 27 ① 28 ③

29 다음 중 어떤 대상 물체가 하늘을 배경으로 이루어지는 윤곽선을 가리키는 것은?

① 비스타　　　② 스카이라인
③ 영지　　　　④ 수목질감

30 다음 단계 중 시방서 및 공사비 내역서 등을 주로 포함하고 있는 것은?

① 기본구상　　② 기본계획
③ 기본설계　　④ 실시설계

●해설
실시설계 단계에서 시방서, 공사비내역서, 설계도면을 작성한다.

31 기본 설계도 중 위에서 수직 투영된 모양을 일정한 축척으로 나타내는 도면으로 2차원적이며, 입체감이 없는 도면은?

① 평면도　　　② 단면도
③ 입면도　　　④ 투시도

●해설
평면도는 입체감이 없는 도면이다.

32 시방서의 기재사항이 아닌 것은?

① 재료의 종류 및 품질
② 건물인도의 시기
③ 재료의 필요한 시험
④ 시공방법의 정도 및 완성에 관한 사항

33 설계 도면에 표시하기 어려운 재료의 종류나 품질, 시공방법, 재료 검사 방법 등에 대해 충분히 알 수 있도록 글로 작성하여 설계상의 부족한 부분을 규정·보충한 문서는?

① 일위대가표　② 설계설명서
③ 시방서　　　④ 내역서

●해설

표준시방서	조경공사 시행의 적정을 기하기 위해서 표준적인 시공기준을 명시한 문서
특기시방서	• 표준시방서에 명기되지 않은 사항을 보충 • 해당 공사만의 특별한 사항 및 전문적인 사항을 기재 • 공사 수행상 이견이 있을 경우 표준시방서보다 우선함

34 시방서에 대한 설명으로 옳은 것은?

① 설계도면에 필요한 예산계획서이다.
② 공사계약서이다.
③ 평면도, 입면도, 투시도 등을 볼 수 있도록 그려 놓은 것이다.
④ 공사개요, 시공방법, 특수재료 및 공법에 관한 사항 등을 명기한 것이다.

35 다음 중 순공사원가를 가장 바르게 표시한 것은?

① 재료비＋노무비＋경비
② 재료비＋노무비＋일반관리비
③ 재료비＋일반관리비＋이윤
④ 재료비＋노무비＋경비＋일반관리비＋이윤

●해설
공사비 구성
• 순공사원가 : 재료비, 노무비, 경비(전력, 운반, 가설비, 보험료, 안전관리비)
• 일반관리비 : 기업 유지관리비로 순공사원가의 7% 이내에서 계산(본사경비)
• 이윤 : (노무비＋경비＋일반관리비) × 10% 이내

36 공사 원가 비용 중 안전관리비는 어디에 속하는가?

① 간접재료비　② 간접노무비
③ 경비　　　　④ 일반관리비

정답　29 ②　30 ④　31 ①　32 ②　33 ③　34 ④　35 ①　36 ③

> **해설**
>
> 경비
> 전력, 운반, 가설비, 보험료, 안전관리비

37 도면과 시방서에 의하여 공사에 소요되는 자재의 수량, 시공면적, 체적 등의 공사량을 산출하는 과정을 무엇이라 하는가?
① 품셈　　② 적산
③ 견적　　④ 산정

38 사람, 동물 또는 기계가 어떠한 일을 하는 데 있어서 단위당 필요한 노력과 물질이 얼마가 되는지를 수량으로 작성해 놓은 것을 무엇이라 하는가?
① 투자　　② 적산
③ 품셈　　④ 견적

39 설계도서 중 일위대가표를 작성할 때 일위대가표의 금액란의 금액 단위 표준은?
① 0.01원　　② 0.1원
③ 1원　　④ 10원

40 생물을 직접 다루며, 전체적으로 공학적인 지식을 가장 많이 필요로 하는 수행단계는?
① 계획단계　　② 시공단계
③ 관리단계　　④ 설계단계

41 조경 프로젝트의 수행단계 중 식생의 이용 및 시설물의 효율적 이용 유지, 보수 등 전체적인 것을 다루는 단계는?
① 조경관리　　② 조경설계
③ 조경계획　　④ 조경시공

정답　37 ②　38 ③　39 ②　40 ②　41 ①

03장 조경제도

SECTION 01 조경제도

1. 제도의 개념

제도는 제도용구를 사용하여 설계자의 구상을 선, 기호, 문자 등으로 제도 용지에 표시하는 일로 도면은 시공자가 시공하는 데 필요한 내용이므로 간결하고 정확해야 하며, 누구나 쉽게 이해할 수 있도록 작성해야 한다.

2. 제도용구

① 제도판 : 고정식 제도판과 이동식 제도판이 있다.
② T자 및 삼각자 : 제도판 위에 제도 용지를 부착하여 제도를 하는데, 이때 T자나 평행자를 이용하여 평행선을 긋거나 삼각자(30°, 45°, 60°)와 조합하여 수직선과 사선을 긋는 데 사용한다.
③ 삼각축척(스케일) : 단면이 삼각형으로 각 변에 1/100에서 1/600까지의 축척 눈금이 새겨져 있으며, **실물의 크기를 도면 내에 축소한 치수로 표시하는 데 사용한다.**
④ 템플릿 : 템플릿은 크기가 다른 원, 사각, 타원 또는 각종 기호 등을 그리기 쉽게 얇은 판(셀룰로이드나 아크릴)에 새겨 놓은 것으로 원형 템플릿은 수목을 표현할 때에 편리하게 사용할 수 있다.
⑤ 운형자 및 자유곡선자 : 자유로운 곡선을 그릴 때 사용한다.
⑥ 제도용 연필
　㉠ 제도용 연필은 심의 굵기와 진한 정도에 따라 여러 종류로 나누는데, H의 수가 클수록 단단하고 흐리며, B의 수가 클수록 무르고 진하다.
　㉡ 일반적으로 HB, B, H, 2H 등이 많이 사용된다.
⑦ 제도용지 : 흰색의 얇은 연습용 트레이싱지를 주로 활용한다(기능사 A3, 기사 A2 사이즈).

제도용지 크기	A4	A3	A2	A1	A0
용지규격	210×297	297×420	420×594	594×840	840×1,188

⑧ 기타도구 : 컴퍼스, 지우개판, 지우개, 제도용 비, 각도기 등

| 스케일 | | 원형 템플릿 | | 운형자 |

참고 KS의 분류기호

기호	A	B	C	D	E	F	G	H	K	L	M	P	R	V	W	X
부문	기본	기계	전기	금속	광산	토건	일용품	식료품	섬유	요업	화학	의료	수송기계	조선	항공	정보산업

3. 조경제도 기호

조경 설계를 할 때 수목이나 시설물의 형태를 도면에 그대로 나타내는 것은 거의 불가능하다. 따라서 조경설계자는 정확한 도면을 만들기 위하여 수목과 시설물을 위에서 수직으로 내려다 본 상태로 표시하며, 실제 형태를 극히 단순화시켜 간략하게 기호로 나타낸다.

① **수목의 표시기호** : 식물 재료는 조경 설계에서 큰 비중을 차지한다. 일반적으로 교목, 관목, 덩굴식물 및 지피식물로 나누어 표시하며, 교목은 다시 침엽수와 활엽수로 나누어 표시한다.

㉠ 교목과 관목
- 간단한 원으로 표현하거나 원형의 보조선을 따라 윤곽선이 뚜렷이 나타나도록 표현한다.
- 윤곽선의 형태는 수종에 따라 차이가 있다.
- **활엽수의 경우에는 부드러운 질감으로 뭉실뭉실 표현하고, 침엽수의 경우에는 직선이나 톱날 형태로 수목의 윤곽선을 나타낸다.**
- 윤곽선의 크기는 나무가 수평적으로 퍼진 크기를 나타낸다.

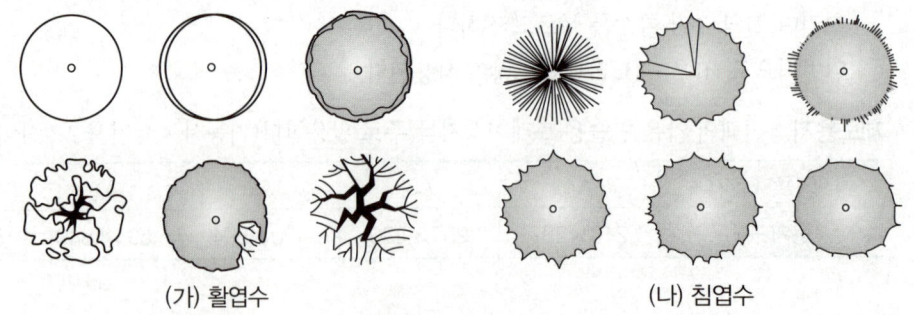

(가) 활엽수   (나) 침엽수

| 수목 표시기호 |

ⓒ 산울타리와 관목 : 원형 템플릿을 사용하여 가는 선으로 원을 그려 줄기와 잎을 자연스럽게 표현

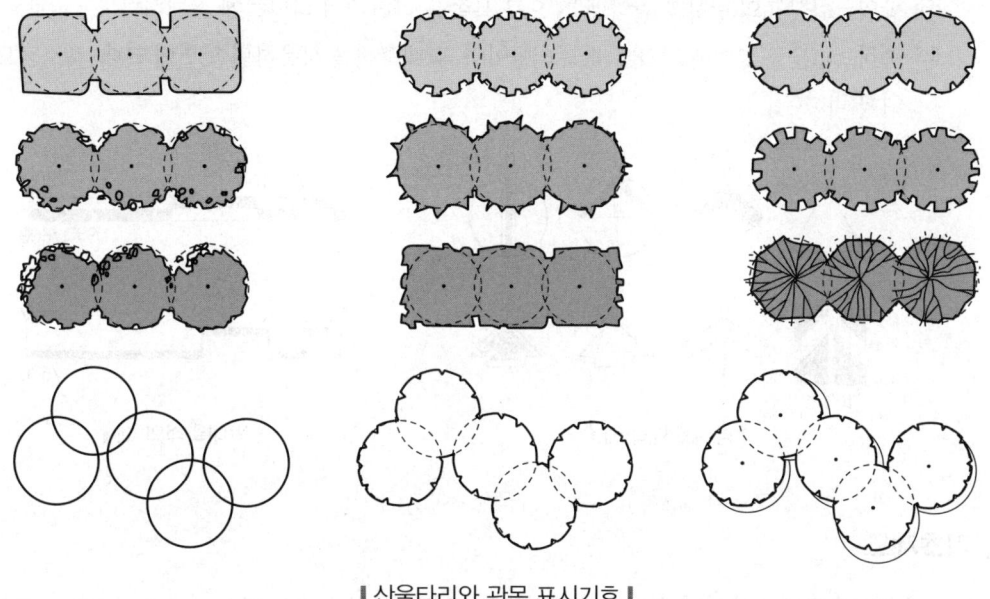

┃산울타리와 관목 표시기호┃

② **시설물(구조물) 표시기호** : 시설물이나 구조물을 하늘에서 내려다 본 형태를 간단히 기호화하여 표현한다.

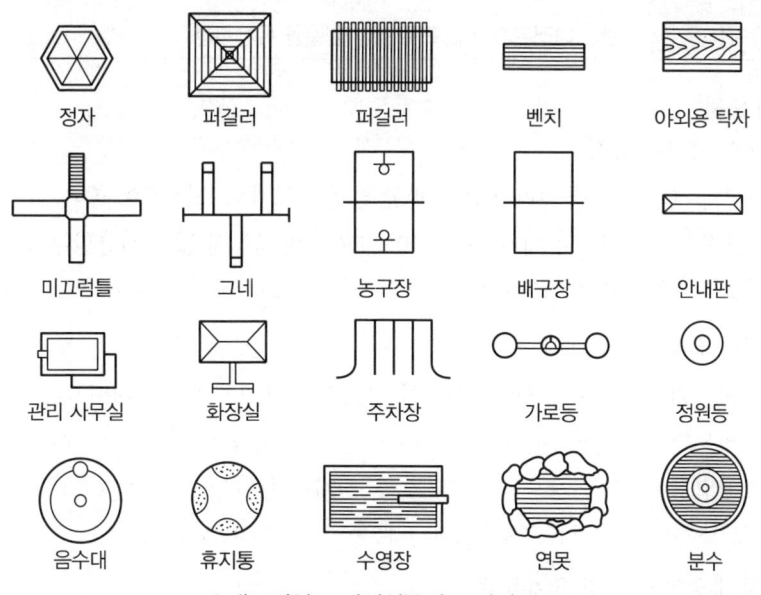

┃대표적인 조경시설물의 표시기호┃

③ 방위 및 축척의 표시
  ㉠ 방위 : 화살표의 방향과 알파벳 'N'으로 북쪽을 나타내며 다양하게 표시한다.
  ㉡ 축척 : 실물을 도면에 나타낼 때의 비율이며, 막대축척을 사용하면 도면이 확대, 축소되므로 이용이 편리하다.

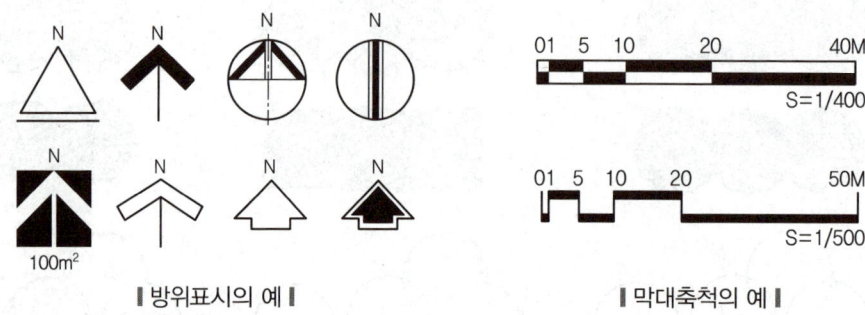

| 방위표시의 예 | | 막대축척의 예 |

4. 기초제도

제도란 제도용구를 사용하여 설계자의 구상을 선, 기호, 문자 등으로 제도용지에 표시하는 일이다.

※ 도면 작성 시 기본원칙

통일성	선, 문자, 기호를 정확하고 통일성 있게 쉽게 표현한다.
간결성	누구나 쉽게 알 수 있도록 간결하게 표현한다.
청결성	도면이 더러워지지 않도록 항상 청결을 유지한다.

① 제도의 순서
  ㉠ 도면의 크기와 축척
    • 도면의 크기는 도면 정리 또는 보관상 일정한 크기로 하는 것이 좋다.
    • 일반적으로 평면도나 배치도는 1/100~1/600의 축척을 많이 사용한다.
    • 시설물이나 부분적으로 표현하는 상세도는 1/10~1/50을 사용한다.
  ㉡ 도면의 윤곽선과 표제란
    • 도면은 원칙적으로 표제란을 설정하는데, 도면의 오른쪽이나 하단부에 위치한다.
    • 도면 왼쪽의 여백은 철할 때 4면 중 왼쪽면은 25mm, 나머지는 10mm 정도의 여백을 준다.
    • 표제란에는 공사명, 도면명, 범례, 축척, 설계자명, 도면 번호, 설계 일시 등을 기입한다.
    ※ 도면을 그릴 때 일반적으로 마지막에 그려주는 것은 테두리 선 및 방위이다.
  ㉢ 도면 내용의 배치 및 용지방향
    • 균형 있고 질서 있게 배치된 도면은 보기에도 좋고 도면의 내용 파악이 쉽기 때문에 도면을 배치할 때에는 세심한 주의가 필요하다.
    • 도면은 그 길이 방향을 좌우 방향으로 놓은 위치를 정위치로 한다.

ⓔ 제도사항
- 치수의 단위는 mm를 원칙으로 하며, 표시하지 않는다.
- 도면의 좌에서 우로, 아래에서 위로 읽을 수 있도록 기입한다.
- 제도용지 : 트레싱 페이퍼(조경기능사 시험에서는 A3 일반용지)를 사용한다.

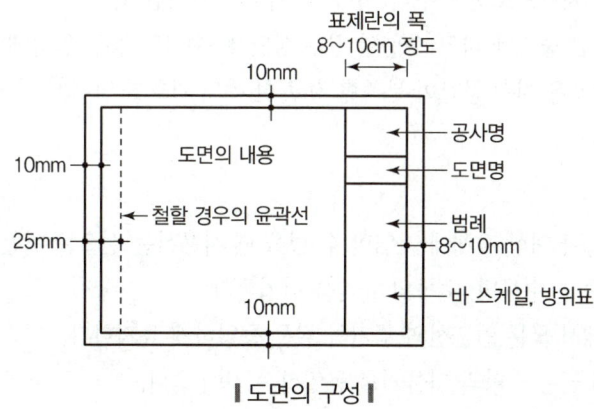

|도면의 구성|

② 선의 종류와 용도 중요★★☆
㉠ 선 : 선의 일관성과 통일성을 유지하기 위해 한 장의 도면에 같은 목적으로 사용하는 선의 굵기는 동일해야 한다.

㉡ 선의 종류와 용도

구분			굵기	선의 명칭	선의 용도
종류		표현			
실선	굵은 실선	———	0.8mm	외형선	부지외곽선, 단면의 외형선
	중간선	———	0.3~0.5mm		• 시설물 및 수목의 표현 • 보도포장의 패턴 • 계획등고선
	가는 실선	———	0.2mm	치수선	치수기입선
				치수 보조선	치수선을 이끌어내기 위한 선
				인출선	수목인출선
허선	점선	....	-	가상선	물체의 보이지 않는 부분의 모양을 나타내는 선
	파선	------------			
	1점 쇄선	—·—·—	0.2~0.8mm	경계선 중심선	• 물체 및 도형의 중심선 • 단면선, 절단선 • 부지경계선
	2점 쇄선	—··—··—		상상선	1점쇄선과 구분할 필요가 있을 때

ⓒ 치수 표시방법
- 치수의 단위는 mm를 원칙으로 하며 별도로 표시하지 않는다.
- 치수선, 치수보조선은 가는 실선으로 제도한다.
- 치수기입은 치수선에 평행하게 도면의 왼쪽에서 오른쪽으로 읽어 나간다.
- 치수선은 치수보조선에 수직(직각)이 되도록 기재한다.
- 치수기입은 중간에 하고 수평일 경우 상단에, 수직일 경우 왼쪽에 기재한다.
- 치수연장선은 치수 공간이 부족할 경우 한 쪽의 기호를 넘어서 연장하는 치수선의 위쪽에 기입할 수 있다.

ⓔ 인출선
- 공간이 좁아 대상 자체에 기입할 수 없을 때 사용하는 선으로 가는 실선을 사용한다.
- 수목의 수량, 수목명, 수목의 규격을 기입한다.
- 한 도면에서 모든 인출선의 굵기와 질은 동일하게 유지한다.
- 인출선의 긋는 방향과 기울기를 통일하는 것이 좋다.
- 인출선 간의 교차나 치수선과의 교차를 피하도록 한다.

③ 선 긋기 연습

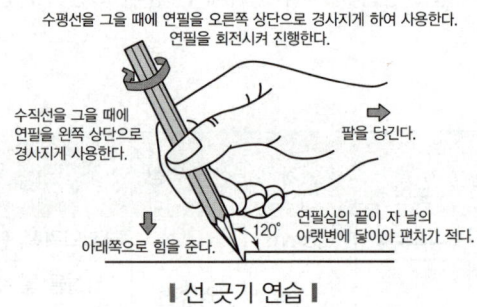

| 선 긋기 연습 |

㉠ 선의 굵기와 진하기를 고르게 유지하기 위해서는 처음 시작할 때부터 선이 끝날 때까지 그림과 같이 연필을 일정한 속도로 돌려 가면서 긋는 것이 좋다.

㉡ 연필의 기울기는 제도판과 선을 긋는 방향으로 60° 정도를 유지하는 것이 좋으며, 연필심의 끝부분과 손끝까지는 3~4cm 거리를 두고 가볍게 잡는다.

㉢ 연필을 너무 강하게 잡으면 제도할 때 오히려 종이에 가해지는 힘이 약해져서 선의 굵기가 고르게 유지되기가 어렵다.

㉣ 선 긋기 연습 시 주의사항
- 선 긋는 방향은 수평선은 왼쪽에서 오른쪽으로 수직선은 아래에서 위쪽으로 긋는다.
- 처음부터 끝나는 부분까지 일정한 힘으로 긋는다.
- 선의 연결과 교차가 정확하게 되도록 긋는다.

④ 재료의 표시방법 중요★★☆

테라코타 및 타일	벽돌 일반	석재	잡석

철재	무근 콘크리트	철근 콘크리트	목재

5. 설계도의 종류

① 평면도(平面圖)
  ㉠ 평면도는 물체를 수직으로 내려다 본 것으로 가정하고 작도한 것으로 모든 설계에 있어서 가장 기본이 되는 도면이다.
  ㉡ 평면도에는 배치도, 식재평면도, 시설물평면도 등이 있다.

② 입면도(立面圖)
  ㉠ 물체를 정면에서 본 대로 그린 그림으로, 수직적 공간 구성을 보여주기 위한 도면이다.
  ㉡ 정면도, 배면도, 좌측면도, 우측면도 등이 있다.

③ 단면도(斷面圖)
  구조물을 수직으로 자른 단면의 모습으로 지하부분 설명 시 사용된다.

④ 상세도(詳細圖 : Detail) : 평면도나 단면도에서 잘 나타나지 않는 세부사항을 시공이 가능하도록 표현한 도면으로. 상세도는 평면도나 단면도에 비해 확대된 축척을 적용(1/10~1/50의 스케일을 사용)하고 재료, 공법, 치수 등을 자세히 기입한다.

⑤ 투시도(透視圖)
  ㉠ 평면도와 입면도 등 설계안이 완공되었을 경우를 가정하여 설계 내용을 실제 눈에 보이는 대로 절단한 면에서 먼 곳에 있는 것은 작게, 가까이 있는 것은 크고 깊이가 있게 하나의 화면에 입체적인 그림으로 나타낸 것이다.
  ㉡ 투시도 용어
    • GL(Ground Line : 기선) : 화면과 지면이 만나는 선
    • HL(Horizontal Line : 수평선) : 눈의 높이와 같은 화면상의 수평선
    • VP(Vanishing Point : 소점) : 물체의 각 점이 수평선상에 모이는 점

⑥ 스케치(Sketch) : 눈높이보다 조금 높은 위치에서 보이는 공간을 표현하는 그림으로 공간 전체를 사실적으로 표현하는 그림이다.

⑦ 조감도(鳥瞰圖) : 설계 대상지 전체를 공중에서 내려다 본 그림이며, 새가 하늘 위에서 내려다 보는 것과 같은 시각으로 그린 그림이다.

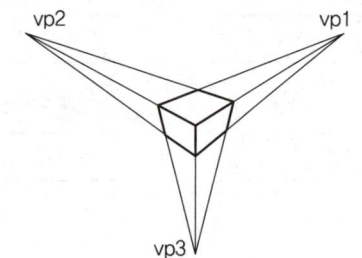

조감도는 기면이 3개이므로 3소점이라 한다.

| 조감도의 예 |

⑧ 정투상도
  ㉠ 서로 직각으로 교차되는 세 개의 화면. 즉, 평화면, 입화면, 측화면 사이에 물체를 놓고 각 화면에 수직이 되는 평행 광선으로 투상하여 얻은 도형이다.
  ㉡ 제3각법(KS규격에 규정됨) : 눈 → 투상면 → 물체

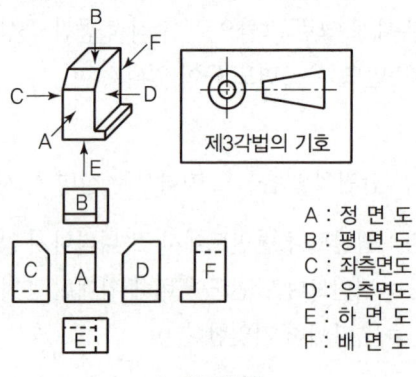

A : 정 면 도
B : 평 면 도
C : 좌측면도
D : 우측면도
E : 하 면 도
F : 배 면 도

| 제3각법 |

기출 다음 그림과 같은 정투상도(제3각법)의 입체로 맞는 것은?

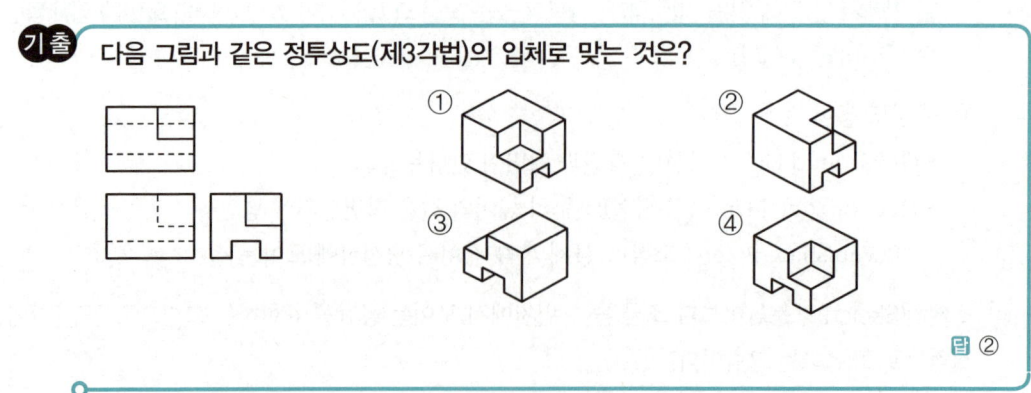

답 ②

⑨ **사투상법** : 사투방법은 기준선 위에 물체의 정면을 실물과 같은 모양으로 나타내고, **각 꼭짓점에서 기준선과 45°로 경사선을 그은 다음, 이 선 위에 물체의 안쪽 길이를 실제의 1/2로 줄여서 나타내는 방법**이다. 물체의 세 면을 동시에 볼 수 있고, 정면이 실물과 같은 모양인 것이 특징이다.

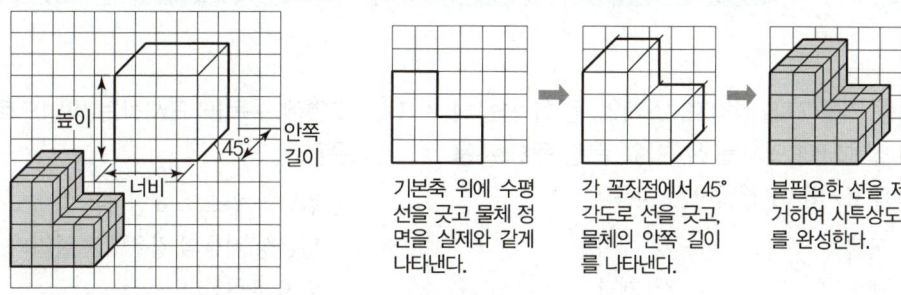

▎사투상법 ▎

03장 적중예상문제

01 각종 기구(T자, 삼각자, 스케일 등)를 사용하여 설계자의 의사를 선, 기호, 문장 등으로 용지에 표시하여 전달하는 것은?
① 모델링 ② 계획
③ 제도 ④ 제작

02 제도용구로 사용되는 삼각자 한 쌍(직각이등변삼각형과 직각삼각형)으로 작도할 수 있는 각도는?
① 65° ② 95°
③ 105° ④ 125°

● 해설
기본 각에서 15°씩 더한다. 30°, 45°, 60°, 75°, 90°, 105°, 120°, 135°

03 조경 제도용품 중 곡선자라고 하여 각종 반지름의 원호를 그릴 때 사용하기 가장 적합한 재료는?
① 원호자 ② 운형자
③ 삼각자 ④ T자

04 다음 제도용구 가운데 곡선을 긋기 위한 도구는?
① T자 ② 삼각자
③ 운형자 ④ 삼각축척자

● 해설
운형자 : 여러 가지 곡선으로 이루어진 판 모양의 자. 구름과 닮았다 하여 운형자라 한다.

05 도면에 수목을 표시하는 방법으로 잘못된 것은?
① 간단한 원으로 표현하는 방법도 있다.
② 덩굴성 식물의 경우에는 줄기와 잎을 자연스럽게 표현한다.
③ 활엽수의 경우에는 직선이나 톱날 형태를 사용하여 표현한다.
④ 윤곽선의 크기는 나무가 수평적으로 퍼진 크기를 나타낸다.

● 해설
활엽수의 경우에는 부드러운 질감으로 뭉실뭉실 표현한다.

06 식재설계 시 인출선에 포함되어야 할 내용이 아닌 것은?
① 수량 ② 수목명
③ 규격 ④ 수목 성상

● 해설
인출선은 수목 성상과는 관계가 없다.

07 인출선에 대한 설명으로 옳지 않은 것은?
① 수목명, 본수, 규격 등을 기입하기 위하여 주로 이용되는 선이다.
② 도면의 내용물 자체에 설명을 기입할 수 없을 때 사용하는 선이다.
③ 인출선의 긋는 방향과 기울기는 서로 다르게 하는 것이 효과적이다.
④ 인출선은 가는 실선을 사용하며, 한 도면 내에서는 그 굵기와 질을 동일하게 유지한다.

정답 01 ③ 02 ③ 03 ① 04 ③ 05 ③ 06 ④ 07 ③

> **해설**
한 도면에서 모든 인출선의 굵기와 질은 동일하게 유지한다.

08 다음 중 조경에서 제도를 하는 순서가 올바른 것은?

> ㉠ 축척을 정한다.
> ㉡ 도면의 윤곽을 정한다.
> ㉢ 도면의 위치를 정한다.
> ㉣ 제도를 한다.

① ㉠-㉡-㉢-㉣
② ㉡-㉢-㉠-㉣
③ ㉡-㉠-㉢-㉣
④ ㉢-㉡-㉠-㉣

09 도면을 그릴 때 일반적으로 마지막에 실시해야 할 내용인 것은?

① 도면의 축척을 정한다.
② 표제란의 내용을 기재한다.
③ 테두리 선 및 방위를 그린다.
④ 물체의 표현 위치를 정한다.

10 제도 후 도면의 표제란에 기재하지 않아도 되는 것은?

① 도면명   ② 도면번호
③ 제도장소   ④ 축척

> **해설**
표제란에는 공사명, 도면명, 범례, 축척, 설계자명, 도면번호, 설계일시 등을 기입한다.

11 치수선 및 치수에 대한 기본적인 설명으로 부적합한 것은?

① 단위는 mm로 하고, 단위표시를 반드시 기입한다.
② 치수를 표시할 때에는 치수선과 치수보조선을 사용한다.
③ 치수선은 치수보조선에 직각이 되도록 긋는다.
④ 치수의 기입은 치수선에 따라 도면에 평행하게 기입한다.

> **해설**
치수의 단위는 mm를 원칙으로 하며, 표시하지 않는다.

12 도면에서의 치수 표시방법으로 맞는 것은?

① 기본단위는 원칙적으로 cm로 한다.
② 치수선은 치수보조선에 수평이 되도록 한다.
③ 치수 기입은 치수선에 평행하게 도면의 오른쪽에서 왼쪽으로 읽어 나간다.
④ 치수 수치는 공간이 부족할 경우 한 쪽의 기호를 넘어서 연장하는 치수선의 위쪽에 기입할 수 있다.

> **해설**
④는 치수연장선에 대한 설명으로 맞는 내용이다.

13 스케일 1/100 축척에서 1cm의 실제 거리는?

① 10cm   ② 1m
③ 10m   ④ 100m

> **해설**
스케일 1/100 축척에서 도면상의 거리가 1cm일 때 실제거리는 100cm이다. 100cm는 1m가 된다.

14 설계 도면에서 표제란에 위치한 막대 축척이 1/200이다. 도면에서 1cm는 실제 몇 m인가?

① 0.5m   ② 1m
③ 2m   ④ 4m

정답 08 ① 09 ② 10 ③ 11 ① 12 ④ 13 ② 14 ③

15 다음 중 플래니미터를 바르게 설명한 것은?

① 설계도상 부정형 지역의 면적 측정 시 주로 사용되는 기구이다.
② 수목 흉고직경 측정 시 사용되는 기구이다.
③ 수목의 높이를 관측하는 기구이다.
④ 설계도상의 곡선 길이를 측정하는 기구이다.

16 다음 중 설계도면을 작성할 때 치수선, 치수보조선에 이용되는 선의 종류는?

① 1점 쇄선 ② 2점 쇄선
③ 파선 ④ 실선

> 해설
> • 실선 : 굵은 실선, 중간선, 가는 실선
> • 허선 : 점선, 파선, 1점 쇄선, 2점 쇄선

17 가는 실선의 용도로 틀린 것은?

① 치수보조선 ② 인출선
③ 기준선 ④ 중심선

> 해설
> • 가는 실선(굵기 0.2mm) : 치수보조선, 치수선, 인출선
> • 중심선 : 1점 쇄선

18 실선의 굵기에 따른 종류(굵은선, 중간선, 가는선)와 용도가 옳게 연결되어 있는 것은?

① 굵은선 – 도면의 윤곽선
② 중간선 – 치수선
③ 가는선 – 단면선
④ 가는 실선 – 파선

> 해설
> • 중간선 – 시설물 및 수목의 표현
> • 가는실선 – 치수선, 치수보조선, 인출선

19 다음 선의 종류와 선긋기의 내용이 잘못 짝지어진 것은?

① 가는 실선 – 수목 인출선
② 파선 – 보이지 않는 물체
③ 1점 쇄선 – 지역 구분선
④ 2점 쇄선 – 물체의 중심선

> 해설
> • 1점 쇄선 : 물체 및 도형의 중심선, 단면선, 절단선, 부지경계선
> • 2점 쇄선 : 1점 쇄선과 구분할 필요가 있을 때

20 조경제도에서 단면도를 그리기 위해 평면도에 절단 위치를 표시하고자 한다. 사용할 선의 종류는?(단, KS F 1501을 기준으로 한다.)

① 실선
② 파선
③ 2점 쇄선
④ 1점 쇄선

21 제도에서 사용되는 물체의 중심선, 절단선, 경계선 등을 표시하는 데 가장 적합한 선은?

① 실선
② 파선
③ 1점 쇄선
④ 2점 쇄선

22 선의 분류 중 모양에 따른 분류가 아닌 것은?

① 실선
② 파선
③ 1점 쇄선
④ 치수선

> 해설
> 치수선 – 선의 명칭

정답 15 ① 16 ④ 17 ④ 18 ① 19 ④ 20 ④ 21 ③ 22 ④

23 구조물의 외적 형태를 보여주기 위한 다음 그림은 어떤 설계도인가?

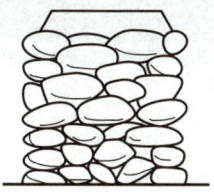

① 평면도　　② 투시도
③ 입면도　　④ 조감도

●해설
입면도
물체를 정면에서 본 대로 그린 그림이며, 수직적 공간 구성을 보여주기 위한 도면이다.

24 물체를 위에서 내려다 본 것으로 가정하고 수평면상에 투영하여 작도한 것은?

① 평면도　　② 상세도
③ 입면도　　④ 단면도

25 설계안이 완공되었을 경우를 가정하여 설계 내용을 실제 눈에 보이는 대로 절단한 면에서 먼 곳에 있는 것은 작게, 가까이 있는 것은 크고 깊이가 있게 하나의 화면에 그리는 것은?

① 평면도　　② 조감도
③ 투시도　　④ 상세도

26 조경 시 기본계획을 수립하는 데 가장 기초로 이용되는 도면은?

① 조감도　　② 입면도
③ 현황도　　④ 상세도

27 시공 후 전체적인 모습을 알아보기 쉽도록 그리는 다음 그림 같은 형태의 그림은?

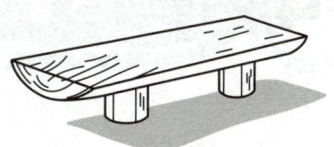

① 평면도　　② 입면도
③ 조감도　　④ 상세도

●해설
조감도
설계 대상지 전체를 공중에서 내려다 본 그림

28 조감도는 소점이 몇 개인가?

① 1개　　② 2개
③ 3개　　④ 4개

●해설
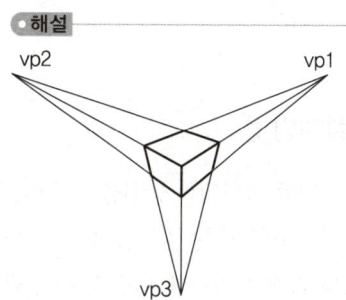

29 설계안이 완공되었을 경우를 가정하여 설계 내용을 실제 눈에 보이는 대로 절단한 면을 그린 그림은?

① 평면도　　② 조감도
③ 투시도　　④ 상세도

정답　23 ③　24 ①　25 ③　26 ③　27 ③　28 ③　29 ③

04장 조경설계

SECTION 01 동선설계

1. 동선(動線)의 성격과 기능

① 동선은 공간 내에서 사람 또는 차량의 이동경로를 연결시켜 주는 역할을 한다.
② 공간 상호 간에 기능적인 관련성이 적거나 없을 때에는 동선이 각각의 공간을 분리시키는 역할을 담당 한다.
③ 동선은 가급적 단순하고 명쾌해야 하며, 성격이 다른 동선은 반드시 분리한다.
④ 동선의 교차를 피하는 동시에 이용도가 높은 동선은 짧게 한다.

2. 동선의 설계방법

정원이나 공원에 설치되는 동선을 원로라 하며, 설계 부지 내의 원로를 설계할 때에 고려해야 할 중요한 요소들은 진입구의 위치 선정, 동선 체계의 수립, 동선의 폭, 포장의 결정 등이다.
동선 설계의 과정을 기술해 보면 다음과 같다.

① 진입구 위치 선정 : 설계 부지의 현황 조건들을 고려하여 접근이 용이한 곳을 주진입구 또는 부진입구로 선정한다.

② 동선체계 수립
  ㉠ 설계 부지 내에 배치되는 동선은 위계를 두어 주동선, 부동선, 산책동선 등으로 구분한다.
  ㉡ 차량 동선, 보행자 동선 등의 유형별로 구분하여 동선의 배치를 체계적인 형태로 구상한다.

③ 동선 폭을 고려
  ㉠ 동선의 폭은 설계 부지의 규모와 통행량을 고려하여 결정한다.
  ㉡ 공원을 설계할 때 적용하는 일반적인 원로 폭의 설계 기준은 다음 표와 같다.

설계기준	원로의 폭	비고
관리용 트럭 통행 가능	3m	공원 내 차도의 최소 폭
보행자 2인이 나란히 통행 가능	1.5~2.0m	
보행자 1인이 통행 가능	0.8~1.0m	

④ 동선 포장의 재료
　㉠ 마사토, 데크, 벽돌, 자연석, 잔디 블록 등 동선의 기능과 미적 기준에 맞추어 포장 재료를 선정하여 사용한다.
　㉡ 이용 빈도가 높은 곳은 표면 손상이 적은 딱딱한 재료를 사용한다.

SECTION 02 공간설계

설계자의 창의력을 가장 많이 필요로 하는 단계이므로, 기능적·미적 측면을 고려하여 공간 형태의 최적 안을 만들어 가는 설계과정이다.

1. 공간 기능의 설정

어린이공원에서 공간구성은 정적인 휴식공간, 동적인 놀이공간 및 문화공간으로 구분한다. 이들 공간들은 서로 기능적인 측면에서 상충되기 때문에 완충지역을 사이에 두고 서로 분리시키는 것이 바람직하다.

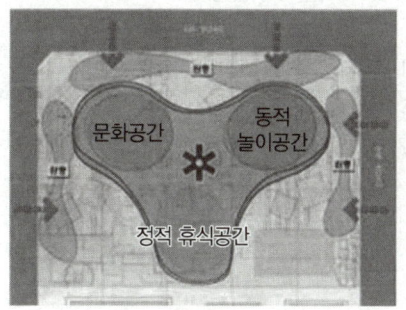
(가) 바람직하지 않은 공간 기능

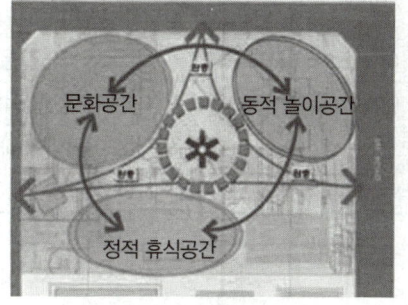
(나) 바람직한 공간 기능

▮ 상충되는 기능을 가진 공간의 배치 ▮

① 휴게 공간
　㉠ 휴게 공간은 보행동선이 합쳐지는 곳, 경관이 양호하고 전망이 좋은 지점 등에 설치한다.
　㉡ 휴게 공간에 설치하는 주요 시설물로는 벤치, 퍼걸러, 정자, 휴지통 등이 있다.
　㉢ 휴게 공간의 바닥은 먼지가 나지 않게 포장하며, 녹음수를 식재하여 그늘을 제공한다.
② 놀이 공간 및 운동 공간
　㉠ 놀이 공간에 배치하는 시설에는 그네, 미끄럼대, 시소, 정글짐, 조합 놀이대 등의 유희 시설과 철봉, 평행봉 등의 운동 시설이 포함된다.

ⓛ 운동 공간에는 어린이들이 주로 이용하는 다목적 운동장과 청소년들이 주로 이용하는 각종 구기 운동장 등을 설계 대상 부지의 규모에 맞도록 설치한다.

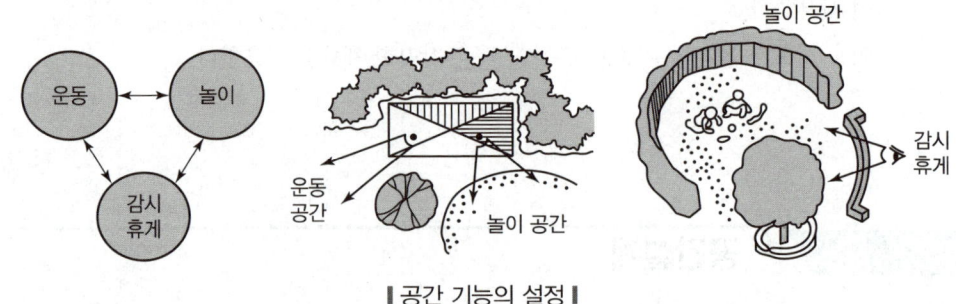

| 공간 기능의 설정 |

SECTION 03 배식설계

1. 정형식 배식 중요★☆☆

단식(점식)	수목의 전체적인 형태가 아름답고 수피, 잎, 꽃의 색깔이나 질감이 우수하고 무게감이 있는 정형수를 단독으로 식재하는 방법
대식	시선축의 좌우에 같은 형태, 같은 종류의 나무 두 그루를 대칭 식재하는 방법
열식	같은 형태와 종류의 나무를 일정한 간격으로 직선상에 식재하는 방법
교호식재	두 줄의 열식을 서로 어긋나게 배치하여 식재하는 방법
군식(정형식)	한 가지 수종을 모아 심는 방법

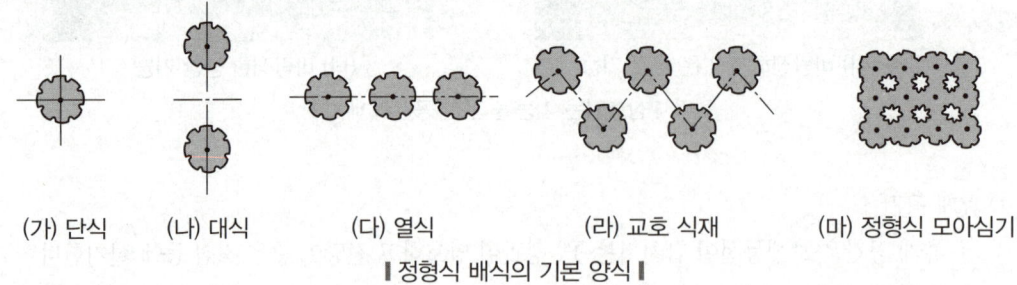

(가) 단식   (나) 대식   (다) 열식   (라) 교호 식재   (마) 정형식 모아심기

| 정형식 배식의 기본 양식 |

2. 자연식 배식 중요★☆☆

부등변 삼각형 식재	• 크고 작은 세 그루의 나무를 서로 간격을 달리 하고, 한 줄에 서지 않도록 한다. • 부등변 삼각형의 3개 꼭짓점에 해당하는 위치에 식재하는 방법
임의식재	부등변 삼각형 식재를 기본단위로 하여 삼각망을 순차적으로 확대하면서 연결시켜 나가는 식재 방법
군식 (무리심기)	자연상태의 식생 구성을 모방하여 수종, 크기, 수형이 다른 두 가지 이상의 수목을 모아 무더기로 한 자리에 식재하는 방법
배경식재	의도하는 경관을 두드러지게 보이도록 하기 위해서 경관의 후방에 식재군을 조성하여 배경식재를 구성하는 방법

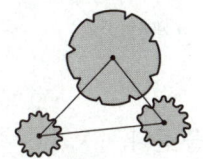
(가) 부등변 삼각형 식재

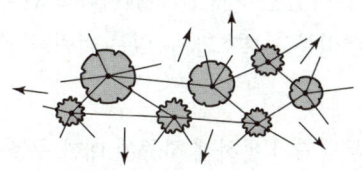
(나) 임의 식재

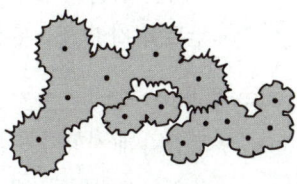
(다) 모아심기

┃자연식 배식의 기본 양식┃

3. 조경설계 기준

조경설계 기준은 건설공사 또는 이에 준하는 공사의 조경 설계를 할 때 형태, 규격, 품질, 성능 등의 설계 요소에 대하여 표준적이고 기본적인 최소한의 기준이며, 조경설계의 일관성, 객관성, 합리성을 도모하기 위해 건설기술관리법으로 정한 기준이다.

① 구조물 설계 기준 중요★★★

　㉠ 계단
- 원로의 기울기가 15°(18°) 이상일 때 계단을 설치한다.
- $2h + b = 60 - 65(70)cm$ (h : 발판높이, b : 너비)
- 발판높이는 15~20cm, 발판너비는 30~40cm가 알맞으며, 계단의 경사(기울기)는 30~35°가 가장 적합하다.
- 계단의 높이가 3~4m가 되면 중간에 계단참을 설치한다.
 (1인용일 때 90~110cm, 2인용일 때 130cm 정도)

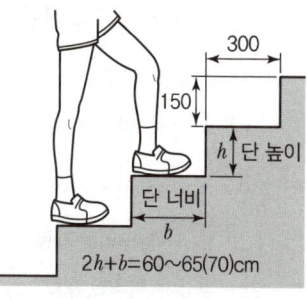

┃계단의 높이와 너비의 관계┃

　㉡ 경사로(Ramp)
- 신체 장애인 휠체어를 위한 경사로의 너비는 최소한 1.2m 이상, 적정 너비는 1.8m이다.
- 경사로의 기울기는 가능한 한 8% 이내로 제한하되, 8% 이상의 경사에서는 난간을 병행하며 설치한다.

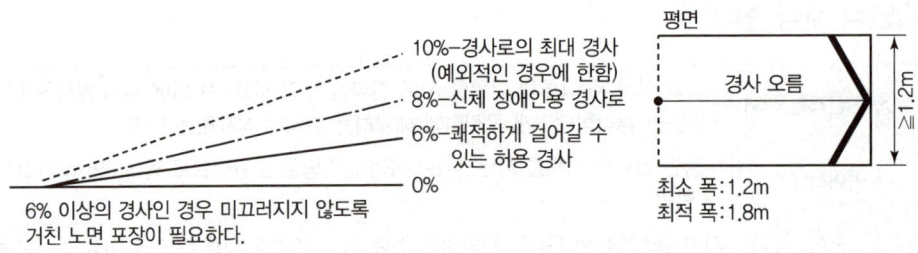

| 경사로의 설계 기준 |

ⓒ 플랜터(planter : 식수대)
- 수목을 심을 수 있도록 만들어진 큰 화분을 플랜터라고 한다.
- 수목의 최소 생육토심과 뿌리분을 보호할 수 있는 너비를 고려하여 설계한다.

ⓒ 옹벽
- 토압력에 저항하여 흙이 무너지지 못하게 하중에 대한 구조적 안정을 준다.
- **중력식(3m 이하), 캔틸레버식(L자형) 옹벽(5m까지), 부벽식 옹벽(6m 이상)**

ⓒ 연못 : 물에 비친 경관을 조망하며 자연형이나 정형으로 만든다.

ⓑ 분수(fountain)
- 시각이 한 군데 모이는 곳, 광장의 중심이 되는 곳에 설치한다.
- 일반적으로 수직높이보다 2배 이상인 수반을 만들어야 한다.(분출 높이가 1m 정도이면 지름 2m 이상의 수반이 필요함)
- 수심은 35~60cm 정도로 한다.

ⓐ 벽천 : 소규모 공간에 사용
- 물의 흐름, 떨어짐, 괴임이 연속적으로 이루어지게 하는 구조로 조성하며, 깊이는 0.5m 이상 유지
- 벽천 낙하 높이와 저수면 너비의 비는 3 : 2 정도를 기준으로 유지

② 포장 설계 기준
㉠ 포장은 공간의 경계를 구획하거나 통합하는 역할을 한다.
㉡ 포장재료에 따른 분류

부드러운 재료	잘게 쪼갠 돌, 흙, 잔디, 강자갈, 굵은 모래 등
딱딱한 재료	아스팔트, 콘크리트, 콘크리트 타일, 콘크리트 벽돌 등
중간 성격의 재료	조약돌, 판석, 벽돌, 나무 등

㉢ 보행방법에 따른 분류

보행 억제	판석, 조약돌 등 거친 표면의 재료를 사용한다.
빠른 보행	아스팔트, 콘크리트, 블록 등과 같은 고운 표면의 재료를 사용한다.

ⓔ 주차장이나 차량이 통과하는 곳에서는 차량의 하중에 충분히 견딜 수 있는 재료를 사용하고, 표면 배수를 위하여 **2% 정도의 경사도**(물매)를 확보해야 한다.

③ **시설물 설계 기준** : 조경시설물은 안내, 휴식, 편익, 조명, 경계, 관리, 운동, 주차 등의 기능을 가지고 옥외에 설치하는 시설이다.

ㄱ) 안내시설 : 재료, 형태, 색을 통일시킨다.

ㄴ) 휴게시설 [중요★☆☆]

벤치	• 앉음판 높이 : 35~40cm, 좌면너비 : 36~40cm, 너비 : 38~43cm • (가벼운 휴식은 105°, 일반 휴식은 110°)
퍼걸러(파고라)	• 조망이 좋고 한적한 휴게공간에 설치하며, 덩굴성 식물 식재 • 높이는 2.2~2.5m 정도로 하며, 기둥 사이의 거리는 1.8~2.7m

ㄷ) 편익(관리)시설 종류 : **주차장, 매점, 화장실, 휴지통, 음수전**

휴지통	• 입식은 70~100cm 높이로 하고, 좌식의 경우 50~60cm 높이가 알맞다. • 벤치 2~4개소마다 또는 도로 20~60m마다 1개씩 설치한다.
음수전	그늘진 곳, 습한 곳, 바람의 영향을 많이 받는 곳은 피해 설치한다.

ㄹ) 조명시설

가로등 : 지면에서 6~9m 높이에 설치한다.

ㅁ) 경계시설

볼라드(Bollard) : 보행인과 차량교통의 분리를 목적으로 설치하고 높이는 30~70cm, 배치간격은 2m 정도로 한다.

ㅂ) 관리시설

화장실 : 1인당 3.3m²의 면적이 필요하다.

ㅅ) 주차시설 [중요★☆☆]
- 규격 : 90°, 60°, 45°, 평행주차 형태가 있음
- 일반주차장 규격 : 2.5m × 5.0m 이상(주차장법 시행규칙)
- **장애인 주차장 규격 : 3.3m×5.0m 이상**(주차장법 시행규칙)
- 같은 면적에서 가장 **많은 주차대수**를 설계할 수 있는 주차방식 : **직각(90°)주차방식**

④ **식재 기준** : **수목은 공간을 구획하거나 분할하고 경관을 조절할 뿐만 아니라 환경을 조절하는 기능을** 한다.

㉠ 기능적 측면의 식재 적용 수종

기능	식재명칭	수종 특징	적용 수종
공간 조절	경계식재	• 지엽이 치밀하고 전정에 강한 수종 • 가지가 말라죽지 않는 상록수 • 생장이 빠르고 유지관리 용이	잣나무, 서양측백, 사철나무, 스트로브잣나무, 명자나무, 광나무 등
	유도식재	• 수관이 커서 캐노피를 이루는 것이 적당 • 정돈된 수형, 치밀한 지엽	은행나무, 회화나무, 개나리, 사철나무 등
경관 조절	지표식재	• 꽃, 열매, 단풍 등 특징적인 수종 • 수형이 단정하고 아름다운 수종	피나무, 계수나무, 구상나무, 소나무, 주목 등
	경관식재	• 아름다운 꽃, 열매, 단풍 • 수형이 단정하고 아름다운 수종	칠엽수, 구상나무, 후박나무, 소나무, 물푸레나무, 주목 등
	차폐식재	• 지하고가 낮고 지엽이 치밀한 수종 • 전정에 강하며 유지관리가 용이 • 아래 가지가 말라죽지 않는 상록수	주목, 서양측백, 식나무, 호랑가시나무, 잣나무 등
환경 조절	녹음식재	• 지하고가 높은 낙엽활엽수로 • 병해충, 기타 유해요소가 없는 수종	회화나무, 느릅나무, 피나무, 칠엽수, 이나무, 참죽나무 등
	방풍·방설식재	• 지엽이 치밀하고 가지가 견고한 수종 • 지하고가 낮은 수종 • 아래 가지가 말라죽지 않는 상록수	느릅나무, 은행나무, 소나무, 독일가문비, 잣나무 등
	방화식재	• 잎이 두껍고 함수량이 많은 수종 • 화재 발생 시 쉽게 불이 붙지 않는 수종	은행나무, 주목, 식나무, 호랑가시나무 등
	방음식재	• 지하고가 낮고 잎이 치밀한 수종 • 공해에 강한 수종	광나무, 식나무, 사철나무, 회화나무 등
	지피식재	• 키가 작아 지표를 밀생하며 피복하는 수종 • 답압(踏壓)에 잘 견디는 수종 • 다년생 식물	잔디, 눈향나무, 조릿대, 비비추, 옥잠화, 송악, 줄사철, 맥문동 등
	임해매립지식재	• 내염·내조성이 있는 수종 • 척박한 토양에 잘 자라는 수종	모감주나무, 해송, 후박나무, 박태기나무, 물푸레나무 등
	사면식재	• 맹아력이 강한 수종 • 척박지, 건조에 강한 수종 • 토양 고정력이 있는 수종	참죽나무, 붉나무, 소나무, 잣나무, 쉬나무, 보리수나무, 사철나무, 인동덩굴, 맥문동 등

ⓛ 식재 기반 조성 기준 중요★★★

(단위 : cm)

구분	지피/초화류	소관목	대관목	천근성 교목	심근성 교목
생존 최소토심	15	30	45	60	90
생육 최소토심	30	45	60	90	150
인공토심	10	20	30	60	

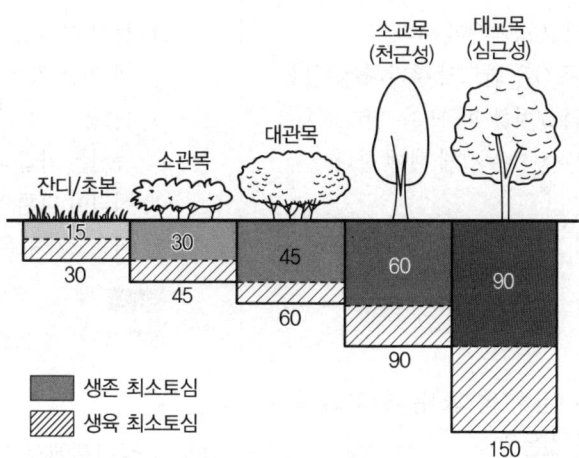

┃ 식재 기반 조성 기준 ┃

04장 적중예상문제

01 동선 설계 시 고려해야 할 사항으로 틀린 것은?
① 가급적 단순하고 명쾌해야 한다.
② 성격이 다른 동선은 반드시 분리해야 한다.
③ 가급적 동선의 교차를 피하도록 한다.
④ 이용도가 높은 동선은 길게 해야 한다.

● 해설
동선의 교차를 피하는 동시에 이용도가 높은 동선을 짧게 한다.

02 보행자 2인이 나란히 통행하는 원로의 폭으로 가장 적합한 것은?
① 0.5~1.0m
② 1.5~2.0m
③ 3.0~3.5m
④ 4.0~4.5m

03 원로의 시공계획 시 일반적인 사항을 설명한 것 중 틀린 것은?
① 원로는 단순 명쾌하게 설계, 시공이 되어야 한다.
② 보행자 한 사람이 통행 가능한 원로 폭은 0.8~1.0m이다.
③ 원칙적으로 보도와 차도를 겸할 수 없도록 하고, 최소한 분리시키도록 한다.
④ 보행자 2인이 나란히 통행 가능한 원로 폭은 1.5~2.0m이다.

● 해설
모든 동선은 보행자 우선으로 배치하고, 차도와 보도를 완전히 분리하고 녹음을 조성한다.

04 일반적인 동선의 성격과 기능을 설명한 것으로 부적합한 것은?
① 동선은 다양한 공간 내에서 사람 또는 사람의 이동 경로를 연결하게 해 주는 기능을 갖는다.
② 동선은 가급적 단순하고 명쾌해야 한다.
③ 성격이 다른 동선은 혼합하여도 무방하다.
④ 이용도가 높은 동선의 길이는 짧게 해야 한다.

● 해설
성격이 다른 동선을 분리해야 한다.

05 조경설계에서 보행인의 흐름을 고려하여 최단거리의 직선 동선(動線)으로 설계하지 않아도 되는 곳은?
① 대학 캠퍼스 내
② 축구경기장 입구
③ 주차장, 버스정류장 부근
④ 공원이나 식물원 내

06 정형식 배식 방법에 대한 설명으로 옳지 않은 것은?
① 단식 : 생김새가 우수하고, 중량감을 갖춘 정형수를 단독으로 식재
② 대식 : 시선축의 좌우에 같은 형태, 같은 종류의 나무를 대칭 식재
③ 열식 : 같은 형태와 종류의 나무를 일정한 간격으로 직선상에 식재
④ 교호식재 : 서로 마주보게 배치하는 식재

정답 01 ④ 02 ② 03 ③ 04 ③ 05 ④ 06 ④

● 해설
교호식재
두 줄의 열식을 서로 어긋나게 배치하여 식재하는 방법

07 다음 ( )안에 적합한 범위는?

> 일반적인 계단 설계 시 발판 높이를 H, 너비를 W 라고 할 때 2H+W=( )가 적당하다.

① 40~45cm ② 60~65cm
③ 75~80cm ④ 85~90cm

● 해설
2h+b=60~65(70)cm

08 원로의 기울기가 몇 도 이상일 때 일반적으로 계단을 설치하는가?

① 3° ② 5°
③ 10° ④ 15°

● 해설
원로의 기울기가 15° 이상일 때 계단을 설치한다.(최대 18°)

09 다음 중 보행에 큰 어려움을 느낄 수 있는 지형에서 약 얼마의 경사도를 넘을 때 계단을 설치해야 하는가?

① 3° ② 5°
③ 8° ④ 18°

10 지면보다 1.5m 높은 현관까지 계단을 설계하려고 한다. 답면을 30cm로 적용할 때 필요한 계단 수는?(단, 2h+b=60cm로 지정한다.)

① 10단 정도
② 20단 정도
③ 30단 정도
④ 40단 정도

● 해설
2h+b=60cm(h : 축상 높이, b : 답면 너비)
2h+30=60
h=15cm
150cm÷15cm=10단
※ 1.5m=150cm

11 일반적으로 원로에 설치되는 계단의 답면(踏面)의 너비를 b, 축상(築上)의 높이를 h라고 할 때 2h+b가 갖는 적당한 수치 범위는?

① 30~40cm
② 60~65cm
③ 90~100cm
④ 115~125cm

12 일반적으로 계단을 설계할 때 축상(蹴上) 높이가 12cm일 때 답면(踏面)의 너비(cm)로 가장 적합한 것은?

① 20~25 ② 26~31
③ 31~36 ④ 36~41

● 해설
2h+b=60~65cm(h : 축상 높이, b : 답면 너비)
h=12cm이므로 b=36~41cm

13 계단공사에서 발판 높이를 20cm로 했을 때 발판 폭으로 가장 알맞은 것은?

① 10~15cm ② 20~25cm
③ 30~35cm ④ 40~45cm

14 경사가 있는 보도교의 경우 종단 기울기가 얼마를 넘지 않도록 하며, 미끄럼을 방지하기 위해 바닥을 거칠게 표면처리 하여야 하는가?

① 3% ② 5%
③ 8% ④ 15%

정답 07 ② 08 ④ 09 ④ 10 ① 11 ② 12 ④ 13 ② 14 ③

15 신체 장애인를 위한 경사로(RAMP)를 만들 때 가장 적당한 경사는?

① 8% 이하
② 10% 이하
③ 12% 이하
④ 15% 이하

> **해설**
> 경사로의 기울기는 가능한 한 8% 이내로 제한하되 8% 이상의 경사에서는 난간을 병행하여 설치한다.

16 주차장법 시행규칙상 주차장의 주차단위구획 기준은?(단, 평행주차형식 외의 장애인전용방식이다.)

① 2.0m 이상 × 4.5m 이상
② 3.0m 이상 × 5.0m 이상
③ 2.3m 이상 × 4.5m 이상
④ 3.3m 이상 × 5.0m 이상

17 현행 주차장법 시행규칙에 의한 옥외주차장의 주차대수 1대에 해당하는 주차단위구획으로 옳은 것은?

① 2.0m × 4.5m 이상
② 3.0m × 5.0m 이상
③ 2.3m × 4.5m 이상
④ 2.3m × 5.0m 이상

18 동일 면적에서 가장 많은 주차대수를 설계할 수 있는 주차방식은?

① 직각주차방식
② 30° 주차방식
③ 45° 주차방식
④ 60° 주차방식

19 노외주차장의 구조·설비기준으로 틀린 것은?(단, 주차장법 시행규칙을 적용한다.)

① 노외주차장의 출구와 입구에서 자동차의 회전을 쉽게 하기 위하여 필요한 경우에는 차로와 도로가 접하는 부분을 곡선형으로 하여야 한다.
② 노외주차장의 출구 부근의 구조는 해당 출구로부터 2m를 후퇴한 노외주차장의 차로의 중심선상 1.0m의 높이에서 도로의 중심선에 직각으로 향한 왼쪽·오른쪽 각각 45도의 범위에서 해당 도로를 통행하는 자를 확인할 수 있도록 하여야 한다.
③ 노외주차장의 출입구 너비를 3.5m 이상으로 하여야 하며, 주차대수 규모가 50대 이상인 경우에는 출구와 입구를 분리하거나 너비 5.5m 이상의 출입구를 설치하여 소통이 원활하도록 하여야 한다.
④ 노외주차장에서 주차에 사용되는 부분의 높이는 주차바닥면으로부터 2.1m 이상으로 하여야 한다.

> **해설**
> 노외주차장의 출구 부근의 구조는 해당 출구로부터 2m를 후퇴한 노외주차장의 차로의 중심선상 1.4m의 높이에서 도로의 중심선에 직각으로 향한 왼쪽·오른쪽 각각 60도의 범위에서 해당 도로를 통행하는 자를 확인할 수 있도록 하여야 한다.

20 도시공원 및 녹지 등에 관한 법률에서 규정한 편익시설로만 구성된 공원시설들은?

① 주차장, 매점
② 박물관, 휴게소
③ 야외음악당, 식물원
④ 그네, 미끄럼틀

> **해설**
> 편익시설
> 공동으로 이용하는 시설로 주차장, 매점, 화장실, 휴지통, 음수전 등

정답 15 ① 16 ④ 17 ④ 18 ① 19 ② 20 ①

21 보행인과 차량교통의 분리를 목적으로 설치하는 시설물은?

① 트렐리스(trellis)
② 벽천
③ 볼라드(bollard)
④ 램프

> **해설**
>
> 볼라드(bollard)
> 보행인과 차량교통의 분리를 목적으로 설치하고 높이는 30~70cm, 배치 간격은 2m 정도로 한다.

정답 21 ③

05장 공간별 조경설계 사례

SECTION 01 단독주택 정원

1. 성격과 기능

① 주택에서 정원은 단순한 옥외 공간이 아니라 주택의 내부 공간과 밀접한 관계를 가지고, 주택이 제공할 수 없는 옥외 시설로서의 기능과 미를 갖추는 것이 좋다.

② 주택 내부에서 내다보이는 전망이 고려되어야 하며, 건물 내에서는 맛보지 못하는 휴식과 작업, 미적 체험 등을 통해 심리적 안정과 생활에 활력을 주는 안락하고 편안한 공간으로서의 역할을 할 수 있도록 만들어져야 한다.

2. 주택정원 공간구성

① 주택의 공간 : 전정(앞뜰), 주정(안뜰), 후정(뒤뜰), 작업정(작업뜰), 주차공간으로 구분한다.

② 공간별 구성 중요★★★

전정 (앞뜰)	• 대문~현관에 이르는 공간으로 주택의 첫인상을 좌우하는 곳 • 공적 분위기에서 사적 분위기로 들어오는 전이공간 • 계절감을 느낄 수 있는 수목이나 초화류를 식재하고 점경물을 배치
주정 (안뜰)	• 안뜰은 응접실이나 거실 전면의 햇빛이 잘 드는 양지바른 곳에 배치 • 사생활이 보호될 수 있도록 주변에는 적절한 수목이나 시설물을 배치 • 퍼걸러, 정자, 목재데크, 벤치, 야외탁자, 바비큐장 등 설치 • 전통조경 : 앞뜰에는 거목을 식재하지 않는다.
후정 (뒤뜰)	• 대지가 넓은 경우에는 건물의 뒤쪽에 위치하며, 좁을 경우 단순한 통로의 기능 • 외부와 시선차단, 차폐식재, 사생활을 최대한 보호 • 과수, 채소를 식재하거나 놀이시설이나 운동공간 조성 • 전통조경 : 부유층의 민간정원에서 유교의 영향으로 부녀자들을 위해 특별히 조성된 곳으로 풍수설에 따라 화계 조성(괴석, 굴뚝)
작업정 (작업뜰)	• 부엌과 장독대, 세탁 장소, 창고, 빨래건조대 등에 면하여 위치한 곳 • 통풍과 채광, 배수에 유의, 콘크리트나 타일로 바닥 포장
주차공간	승용차 1대 : 일반인 2.3m×5.0m 이상 확보(장애인 3.3m×5.0m 이상)

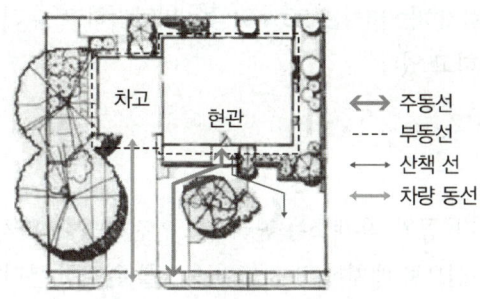

▌주택정원에서의 진입구 선정 및 동선 배치 구성 ▌

③ 시설물의 종류 중요★☆☆

휴게시설	퍼걸러, 벤치, 목재데크, 셸터, 야외탁자, 바비큐장 등
수경시설	연못, 폭포, 벽천, 실개천, 분수, 물확, 도섭지 등
점경물(點景物)	야외 조각물, 석탑, 석등, 경관석 등
놀이 및 운동시설	그네, 미끄럼틀, 모래터, 철봉, 평행봉 등
조명시설	정원등, 잔디등, 수중 조명등 등

※ 테라스 : 건물과 정원을 연결시키는 역할을 하는 시설

SECTION 02 주택단지 정원

1. 성격과 기능

① 단독주택의 정원과 달리 공동으로 이용할 수 있는 정원이다.
② 주민들이 함께 즐길 수 있는 레크리에이션의 장소를 제공한다.
③ 규모에 따라 대규모, 중규모, 소규모 단지로 나눈다.

2. 주택단지 설계기준

① 인동간격은 건물높이, 위도, 일조시간의 조건에 따라 결정된다.
② 주택단지의 대지는 이용형태에 따라 건축용, 교통용, 녹지용으로 나뉜다.

건축용	아파트, 상가 등의 건축물이 놓인 곳
교통용	단지 내의 도로와 주차장
녹지용	건물주변, 어린이놀이터, 공원, 단지주변, 도로주변 등으로 건축용지와 교통용지를 제외한 대부분의 공간

③ 주택단지에서 녹지가 차지하는 비율은 20% 이상이 바람직하고, 우리나라에서는 일반적으로 15% 이상을 확보하도록 규정하고 있다.

3. 주택단지 설계지침

① 단지 내의 어린이놀이터, 공원, 휴게소는 편리하고 안전한 곳에 위치한다.
② 모든 동선은 보행자 우선으로 배치하고, 차도와 보도를 완전히 분리하고 녹음을 조성한다.
③ 식재장소로는 건물주변, 단지입구, 단지외곽 등에 조성한다.

4. 식재설계

건물주변	· 건물 가까이에는 상록성 교목을 식재하지 않는다. · 계절적 변화를 느낄 수 있는 수종을 식재한다.
단지입구	식별성을 높이기 위해 주요(랜드마크) 수종을 식재한다.
단지외곽	단지의 외곽부에는 차폐 식재나 완충 식재를 한다.

SECTION 03 옥상정원

1. 성격과 기능

옥상정원은 좁은 의미로는 건축물의 옥상에 만들어지는 정원이지만, 넓은 의미로는 자연지반과 분리된 인공지반 위에 설치하는 모든 정원을 포함한다.

2. 옥상정원 설계기준

① 건물 구조에 영향을 미치는 하중을 고려하여, 바닥의 방수 및 배수가 절대적으로 필요하다.
② 생존, 생육 토심을 고려하여 토양층의 깊이와 구성 성분 및 식생의 유지관리를 고려한다.
③ 관목, 지피식물(맥문동) 위주로 적절한 수종을 선택해야 한다.
④ 겨울철의 경관을 고려하여 상록수의 비중을 높게 한다.
⑤ 식재지역은 전체면적의 1/3 이하로 식재한다.
⑥ 수분증발 억제 조치로 진흙이나 낙엽, 분쇄목 등으로 멀칭한다.

3. 옥상정원 설계지침

① 면적이 좁기 때문에 간결하게 꾸며야 한다.
② 옥상의 구조가 정형적이기 때문에 터가르기도 정형적으로 구분하는 것이 좋다.
③ 안전을 고려하여 옥상 가장자리에는 난간을 설치한다.
④ 옥상 조경에 필요한 흙은 하중을 고려하여 경량 재료를 혼합하여 사용한다.

4. 옥상정원의 효과

경제적 효과	임대료 수입증가, 에너지 비용절감, 건축물 보호효과, 지상 의무조경면적 대체
시각적 효과	도시경관 향상, 환경적 효과, 에너지 절약, 소음감소

5. 옥상조경의 구조적 조건 중요★★☆

① 하중 : 아주 중요한 고려사항
② 하중에 미치는 영향 요소 : 식재층의 중량, 수목 중량, 시설물 중량 등
③ 식재층의 경량화를 위해 경량토 사용
※ 경량토의 종류 : 버미큘라이트, 펄라이트, 화산재, 피트모스, 부엽토 등

6. 옥상조경수목의 생육 조건 중요★★☆

① 천근성 수종으로 건조지, 척박지에 적합한 수종
② 뿌리 발달이 좋고 가지가 튼튼한 것
③ 생장속도가 느리며, 병해충에 강해야 한다.

SECTION 04 실내 조경

1. 성격과 기능

① 실내조경은 생명력을 지닌 녹색의 식물체를 통하여 인간의 육체적·정신적인 건강을 향상시켜 주며, 심리적 안정감을 제공한다.
② 외부공간과는 전혀 다른 환경 조건을 가지고 있기 때문에 식물선정, 소재선택에 세심한 주의가 필요하다.

2. 실내조경 기능

① 실내공간이 가진 환경조건을 고려하여 적절한 식물을 선정하고 설계 기법을 적용한다.
② 실내이기 때문에 광합성을 잘할 수 있도록 광선을 끌어들이는 것이 중요하다.
③ 건조하기 쉽기 때문에 식물 생육에 필요한 공중습도를 높여 준다.
④ 실내조경에 쓰이는 식물은 불량환경 조건에서도 잘 견디는 수종(관엽식물)을 선택한다.
⑤ 최근에는 주택뿐만 아니라 호텔, 오피스 빌딩, 백화점, 병원 등 모든 건축물에 실내조경을 적극 도입하고 있다.

SECTION 05 학교 조경

1. 성격과 기능

① 교육적 가치를 바탕으로 학생들의 교육적 효과와 정서적 안정을 얻는 데 목적이 있다.
② 정서를 순환시키는 역할과 학생들의 친환경적인 감수성을 높여준다.
③ 삭막한 도시공간 내에서 생물 서식처를 제공하고 지역 주민 교류의 장소로서 중심적 기능을 담당한다.

2. 학교조경 설계 시 고려사항

① 면적은 학생 수의 변동을 고려하여 산출
② 조망과 일조를 고려하여 하루 4시간 이상 일조가 필요
③ 배수가 용이한 토양을 사용

3. 세부 공간별 식재 기준

진입공간	학교의 얼굴에 해당하는 곳이므로 상징적인 수목을 식재
휴게공간	학생과 교직원의 휴식을 위한 공간으로 녹음수를 식재
운동장	• 운동장 주변에는 교목을 식재하며 그늘을 제공 • 관목과 초본류 위주로 식재
교재원과 실습원	학생들에게 친근감이 있고 교과서에 자주 나오는 수목들과 초화류를 함께 식재
주변지역	투시형 담장과 울타리를 설치하고, 수림대를 조성하며 차폐 역할과 함께 여름철 시원한 나무 그늘을 제공

4. 학교조경수목선정 기준 중요★☆☆

생태적 특성	학교 위치의 기후, 토양 등 환경조건에 맞도록 선정
경관적 특성	사계절의 변화를 주기 위해서 개화시기와 꽃, 단풍 등을 고려하여 선정
교육적 특성	교과서에 나오는 수목을 선정하여 학습과 연계
경제적 특성	구입하기 쉽고, 병해충에 강하고 관리하기 쉬운 수종을 선택

SECTION 06 도시공원

1. 성격과 기능

① 도시경관을 아름답게 하여 시민의 건강·휴양 및 정서생활의 향상에 기여한다.
② 만남의 장소로 이용하고 도시민 상호 간의 연대를 조성한다.

2. 녹지의 분류 중요★☆☆

	건물이 위치에 있는 곳
건폐지	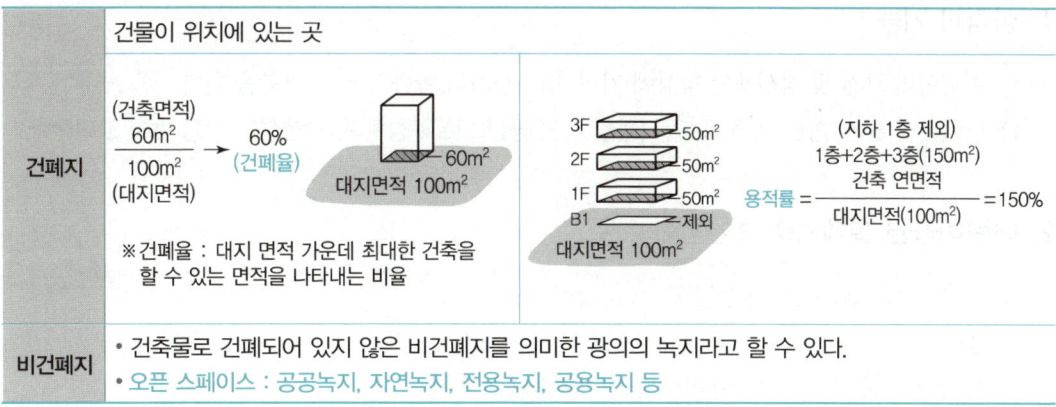
비건폐지	• 건축물로 건폐되어 있지 않은 비건폐지를 의미한 광의의 녹지라고 할 수 있다. • 오픈 스페이스 : 공공녹지, 자연녹지, 전용녹지, 공용녹지 등

3. 공원시설별 시설·녹지 기준면적 중요★★☆

공원시설명	녹지면적	시설면적
어린이공원	40% 이상	60% 이하
근린공원	60% 이상	40% 이하
도시자연공원	80% 이상	20% 이하
묘지공원	80% 이상	20% 이하
체육공원	50% 이상	50% 이하

4. 도시공원 및 녹지 등에 관한 법률 시행규칙 중요★★☆

구분		유치거리	면적
소공원		제한없음	제한없음
어린이공원		250m 이하	1,500m² 이상
근린공원	근린생활권	500m 이하	10,000m² 이상
	도보권	1,000m 이하	30,000m² 이상
	도시지역권	제한없음	100,000m² 이상
	광역권	제한없음	1,000,000m² 이상
묘지공원		제한없음	100,000m² 이상
체육공원		제한없음	10,000m² 이상

※ 공원 수목 식재할 때 가장 적합한 상록수와 낙엽수의 비율은 6 : 4

SECTION 07 어린이공원

1. 성격과 기능

① 어린이의 보건 및 정서생활 향상에 기여하고, 사회적 학습의 터전 역할을 한다.
② 어린이의 놀이, 학습, 휴식, 운동기능을 가진 공간으로 구성하며, 안전성을 가장 먼저 고려한다.

2. 어린이공원 설계기준 중요★★☆

① 유치거리 250m 이하, 공원면적 : 1,500m² 이상
② 놀이면적은 전 면적의 60% 이하(녹지면적 40% 이상)
③ 모험놀이터는 관리, 감독이 용이하게 정형적으로 설치
④ 500세대 이상 단지는 화장실과 음수전을 반드시 설치

3. 어린이공원 설계지침

① 공간구성

동적 놀이공간	경사진 곳을 만들기 위해 낮은 동산 조성
정적 놀이공간	아늑하고 햇볕이 잘 드는 곳에 잔디밭, 모래밭 등 설치
휴게 및 감독공간	잘 보이고 아늑한 곳이 좋으며, 직사광선을 막는 곳

② 식재 `중요★★☆`
  ㉠ 여름에 그늘을 만들 수 있는 낙엽성 교목을 식재
  ㉡ 병해충에 강하고 유지관리가 용이한 수종을 선택
  ㉢ 튼튼하고 수형, 열매, 꽃 등이 아름다우며 독성, 가시가 없는 수종을 선택
  ㉣ 부지의 경계에는 수목을 식재

③ 동선
  ㉠ 가능한 한 직선을 피하고 완만한 곡선을 사용
  ㉡ 경사지는 계단보다는 유모차나 자전거의 통행이 원활하도록 램프(ramp)를 설치

SECTION 08 근린공원

1. 성격과 기능
① 주민의 보건, 휴양 및 정서생활 향상에 도움을 주기 위한 공간
② 정적활동과 동적활동이 동시에 이루어지는 공간

2. 근린공원 설계기준 `중요★★☆`
① 도시공원법에서 유치거리는 500m 이하, 공원면적은 10,000m² 이상
② 주차장은 배수를 위해 4% 이하의 경사(물매)를 둔다.
③ 공원시설의 면적은 40% 이하(녹지면적 60% 이상)

3. 근린공원 설계지침
① 공간구성

운동공간(동적)	오락, 운동 등을 위한 공간, 배수가 양호, 경사 5% 이하
휴게공간(정적)	피크닉, 휴식, 자연 탐승 등을 위한 공간
완충공간	동적 공간과 정적 공간 사이에 배치
식재	기존 식생을 보호하고 향토수종을 식재

SECTION 09 자연공원

1. 성격과 기능

① 레크리에이션에 이용될 여지를 지닌 자연경관지(산악형, 호반형, 하천형, 해안형)
② 이용자 지향적이 아닌 자원 지향적인 성격을 가진다.

2. 자연공원 설계기준

① 도시 내 여러 곳에서 접근이 용이하고, 기존 자연지형을 최대한 활용
② 도시공원법에 의한 시설 지역 면적은 20% 이내

3. 자연공원 설계지침

진입구	식별이 가능하도록 수목, 석주, 문주, 장승 등을 설치
출구	주도로가 차폐되지 않도록 설계하고, 특색 있는 수종을 식재
시설계획	• 녹음수를 식재하여 녹음을 제공 • 건물, 간판 등은 주위 경관과 조화 있게 설치

4. 자연공원의 발생 중요★☆☆

세계 최초의 자연공원	• 1890년 미국 캘리포니아의 요세미티 공원 • 현재 국립공원으로 지정(국립공원 운동으로 지정)
세계 최초의 국립공원	1872년 몬테나 주의 옐로스톤 국립공원
우리나라 최초의 국립공원	1967년 12월 지리산 국립공원
생물권보존지역	설악산 국립공원(1982년), 제주도(2002년)

5. 자연공원의 지정 및 관리권자

국립공원	환경부장관
도립공원	특별시장·광역시장 또는 특별자치도지사
군립공원	시장·군수 또는 구청장

6. 용도지구별 개발 기준

구분	위치 및 조성
자연보존지구	• 자연 보존상태가 원시성을 지닌 곳 • 자연풍경이 수려하여 특별히 보호할 필요가 있는 곳 • 경관이 특히 아름답고 생물다양성이 풍부한 곳
자연환경지구	자연보존지구, 취락지구, 집단시설지구를 제외한 전 지구
취락지구	주민의 취락생활 근거지
집단시설지구	자연공원 이용자에 대한 편익 제공 및 보전을 위한 시설

SECTION 10 묘지공원

1. 성격과 기능

① 묘지이용자에게 휴식을 제공하며, 경건하고 친근감 있는 장소로 조성
② 국토를 효율적으로 이용하기 위해 조성

2. 묘지공원 설계기준

① 정숙하고 밝은 곳에 10만m² 이상 조성(녹지면적 80% 이상)
② 도시 외곽의 교통이 편리한 곳, 장래의 시가지화될 전망이 없는 곳, 토지의 취득과 관리가 쉬운 곳 등에 조성
③ 전망대 주변에는 큰 나무를 피하고 적당한 크기의 화목류를 배식

SECTION 11 골프장

1. 성격과 기능

① 신선한 공기를 마시며 쾌적한 환경에서 즐길 수 있는 운동공간으로 시민공원과 도시 녹지체계의 일부로서 역할을 감당하도록 조성

② 규모에 따른 분류

코스 종류	시설 규모
선수권 코스	골프시합이 가능한 코스로 종합연습장이 있음
정규 코스	대규모 경기에 곤란
실행 코스	6,000m 이하의 거리로 골프연습 코스

2. 골프장 설계기준

① 18홀의 경우 4개의 쇼트홀, 10개의 미들홀, 4개의 롱홀로 구성(**표준 코스**)
② 9홀의 경우 2개의 쇼트홀, 5개의 미들홀, 2개의 롱홀로 구성
③ 산악지보다는 산림, 연못, 하천 등이 있어 자연 지형을 보유하고, 전망이 좋은 곳
④ 홀의 구성 중요★★★

티(Tee)	출발지역으로 1~2% 경사가 있으며, 면적은 400~500m² 정도
그린(Green)	종점지역으로 2~5% 경사가 있으며, 면적은 600~900m² 규모
해저드(Hazard)	연못, 하천, 냇가, 계곡 등의 장애구역
벙커(Bunker)	모래웅덩이로 티에서 바라볼 수 있는 곳에 배치
러프(Rough)	페어웨이와 그린 주변의 풀을 깎지 않은 초지로 이루어진 지역
페어웨이(Fair Way)	티와 그린 사이에 짧게 깎은 잔디로 이루어진 지역으로 2~10% 경사를 유지
에이프런(Apron)	그린 주위에 일정한 폭으로 풀을 깎지 않고 그대로 둔 지역
방위	• 코스는 남북방향으로 길게 배치하는 것이 좋음 • 잔디 식재는 남사면 또는 남동사면에 위치
잔디	• 들잔디 : 티, 러프, 페어웨이에 사용 • 벤트 그래스 : 골프장의 그린에 사용

※ 벤트 그래스는 골프장 그린에 많이 사용되며 짧게 깎아도 생육에는 큰 지장이 없으며, 서양 잔디 중 가장 양질의 잔디이다.

SECTION 12 사적지

1. 성격과 기능

① 사적지는 대부분 역사적 가치와 문화적 내용을 가지고 있다.
② 문화재보호법에 의해 지정된 문화재가 많으므로 관련 법령을 준수한다.

2. 사적지 설계기준

① 시설물은 주변 및 역사적 환경과 조화되도록 형태, 질감, 색채 등을 고려하여 선택한다.
② 경내가 엄숙하고 전통적인 분위기를 내도록 조성, 기존양식, 기존재료, 기존기법을 최대한 활용한다.
③ 전통 조경수목

구분	수종
낙엽교목	느티나무, 은행나무, 모과나무, 감나무, 대추나무, 살구나무, 석류나무, 복사나무, 배롱나무, 뽕나무, 석류나무 등
낙엽관목	모란, 앵두나무, 무궁화 등
상록교목	측백나무, 소나무, 전나무, 주목, 동백나무 등
상록관목	치자나무, 회양목, 사철나무, 천리향 등
초화류	난, 작약, 원추리, 연꽃, 국화, 패랭이꽃 등
기타	대나무류, 머루, 으름덩굴 등

3. 사적지 설계지침

① 진입부에는 향토수종으로 식재하고, 장승, 문주, 탑 등 상징적 시설물을 설치한다.
② 수목식재 금지구역 : 묘담 내, 묘역 전면, 성의 외곽, 회랑이 있는 사찰 내, 건물 가까운 곳, 석탑 주위, 성곽 주변 등
③ 수목식재 가능구역 : 묘담 밖 배후(뒤쪽)지역, 성곽 하층부, 후원 등
④ 잔디 식재구역 : 궁이나 절의 건물터 등
⑤ 안내판은 문화재보호법의 규정에 따른다.
⑥ 경사지와 절개지는 화강암 장대석을 쌓는다.
⑦ 포장은 전돌이나 화강암 판석을 사용한다.
⑧ 전통공간에서는 모든 시설물에 시멘트를 노출시키지 않는다.

05장 적중예상문제

01 정원과 바람과의 관계에 대한 설명으로 옳지 않은 것은?
① 통풍이 잘 이루어지지 않으면 식물은 병해충의 피해를 받기 쉽다.
② 겨울에 북서풍이 불어오는 곳은 바람막이를 위해 상록수를 식재한다.
③ 주택 안의 통풍을 위해서 담장은 낮고 건물 가까이 위치하는 것이 좋다.
④ 생울타리는 바람을 막는 데 효과적이며, 시선을 유도할 수 있다.

02 단독주택 정원에서 일반적으로 장독대, 쓰레기통, 창고 등이 설치되는 공간은?
① 뒤뜰　　② 안뜰
③ 앞뜰　　④ 작업뜰

● 해설
작업뜰
부엌과 장독대, 세탁장소, 창고, 빨래건조대 등에 면하여 위치한 곳

03 주택정원의 대문에서 현관에 이르는 공간으로 명쾌하고 가장 밝은 공간이 되도록 조성해야 하는 곳은?
① 앞뜰
② 안뜰
③ 뒤뜰
④ 가운데 뜰

04 주택정원의 세부공간 중 가장 공공성이 강한 성격을 갖는 공간은?
① 안뜰　　② 앞뜰
③ 뒤뜰　　④ 작업뜰

● 해설
앞뜰
대문~현관에 이르는 공간으로 주택의 첫 인상을 좌우하는 곳

05 건물과 정원을 연결시키는 역할을 하는 시설은?
① 아치　　② 트렐리스
③ 퍼걸러　④ 테라스

06 주택단지 정원의 설계에 관한 사항으로 알맞은 것은?
① 녹지율은 50% 이상이 바람직하다.
② 건물 가까이에 상록성 교목을 식재한다.
③ 단지의 외곽부에는 차폐 및 완충식재를 한다.
④ 공간 효율을 높이기 위해 차도와 보도를 인접 및 교차시킨다.

● 해설
주택단지 녹지비율은 20% 이상이 바람직하며, 일반적으로 15% 이상을 확보하도록 규정하고 있다.

07 정원과 밀접한 관계를 가진 자연환경 요소가 아닌 것은?
① 토양　　② 광선
③ 기후　　④ 인동간격

정답　01 ③　02 ④　03 ①　04 ②　05 ④　06 ③　07 ④

● 해설
- 인동간격은 주택단지 설계기준이며, 자연환경 요소와는 관계가 없다.
- 일조조건, 채광, 프라이버시 등을 고려하여 결정하지만 일반적으로 동지(冬至)에 거실에 4시간 이상의 일조가 있어야 한다.

08 토양 개량제로 활용되지 못하는 것은?
① 홀맥스콘　② 피트모스
③ 부엽토　　④ 펄라이트

● 해설
홀맥스콘은 루톤과 함께 가장 많이 쓰이고 있는 뿌리발근촉진제이다.

09 옥상조경에 사용되는 토양 경량재가 아닌 것은?
① 펄라이트　② 버미큘라이트
③ 피트모스　④ 마사토

● 해설
경량토의 종류
버미큘라이트, 펄라이트, 화산재, 피트모스, 부엽토 등

10 다음 중 인공지반을 만들려고 할 때 사용되는 경량토로 부적합한 것은?
① 버미큘라이트　② 모래
③ 펄라이트　　　④ 부엽토

11 옥상정원의 환경조건에 대한 설명으로 적합하지 않은 것은?
① 토양 수분의 용량이 적다.
② 토양 온도의 변동 폭이 크다.
③ 양분의 유실속도가 늦다.
④ 바람의 피해를 받기 쉽다.

● 해설
양분의 유실속도가 빠르다.

12 다음 중 학교 조경의 수목선정 기준에 가장 부적합한 것은?
① 생태적 특성
② 경관적 특성
③ 교육적 특성
④ 조형적 특성

● 해설
학교 조경의 수목선정 기준
생태적, 경관적, 교육적, 경제적 특성을 고려한다.

13 다음 중 일반적인 학교정원의 공간별 설계방법으로 가장 거리가 먼 것은?
① 앞뜰 구역에는 잔디밭이나 화단, 분수, 조각돌, 휴게시설 등을 설치한다.
② 가운데 뜰 구역은 면적이 좁은 경우가 많으므로 상록성 교목류의 사용을 권장한다.
③ 뒤뜰 면적이 좁은 경우에는 음지식물 학습원을 만들 수 있다.
④ 운동장과 교실 건물 사이는 5~10m의 녹지대를 설치하여 소음과 먼지 등을 차단시킨다.

● 해설
가운데 뜰 구역은 면적이 좁아서 관목, 초본류 위주로 식재한다.

14 다음 식의 A에 해당하는 것은?

$$용적률 = \frac{A}{대지면적}$$

① 건축면적
② 건축 연면적
③ 1호당 면적
④ 평균 층수

정답　08 ①　09 ④　10 ②　11 ③　12 ④　13 ②　14 ②

15 도시공원 및 녹지 등에 관한 법규에 의한 어린이공원의 설계기준으로 부적합한 것은?

① 유치거리는 250m 이하
② 규모는 1,500m² 이상
③ 공원시설 부지면적은 60% 이하
④ 건물면적은 10% 이하

● 해설
어린이공원 : 녹지면적 40% 이상, 시설면적 60% 이하

16 다음 중 도시공원 및 녹지 등에 관한 법률 시행규칙에서 공원 규모가 가장 작은 것은?

① 묘지공원 ② 체육공원
③ 광역권근린공원 ④ 어린이공원

● 해설
- 어린이공원 : 1,500m² 이상
- 체육공원 : 10,000m² 이상
- 묘지공원 : 100,000m² 이상
- 광역권 근린공원 : 1,000,000m² 이상

17 다음 중 어린이놀이터 시설 설치 시 가장 먼저 고려되어야 할 것은?

① 안전성 ② 쾌적함
③ 미적인 사항 ④ 시설물 간의 조화

● 해설
어린이공원 시설 설치 시 어린이의 놀이, 학습, 휴식, 운동기능을 가진 공간으로 구성하며, 안전성을 가장 먼저 고려한다.

18 어린이 놀이 시설물 설치에 대한 설명으로 옳지 않은 것은?

① 시소는 출입구에 가까운 곳, 휴게소 근처에 배치한다.
② 미끄럼대의 미끄럼판의 각도는 일반적으로 30~40° 정도의 범위로 한다.
③ 그네는 통행이 많은 곳을 피하여 동서방향으로 설치한다.
④ 모래터는 하루 4~5시간의 햇볕이 쬐고 통풍이 잘되는 곳에 배치한다.

● 해설
눈부심 현상을 막기 위해 남북방향으로 배치한다.

19 도시공원 및 녹지 등에 관한 법규상 도시공원 설치 및 규모의 기준에서 어린이공원의 최소 규모는 얼마인가?

① 500m² ② 1,000m²
③ 1,500m² ④ 2,000m²

20 도시공원 및 녹지 등에 관한 법규상 유치거리가 500m 이하인 근린생활권근린공원 1개소의 유치규모 기준은?

① 1,500m² 이상
② 5,000m² 이상
③ 10,000m² 이상
④ 30,000m² 이상

● 해설
- 도시공원법에서 유치거리는 500m 이하, 공원면적은 10,000m² 이상
- 공원시설의 면적은 40% 이상(녹지면적 60% 이상)

21 다음 설명에 해당하는 도시공원의 종류는?

- 설치기준의 제한은 없으며, 유치거리 500m 이하, 공원면적 10,000m² 이상으로 할 수 있다.
- 주로 인근에 거주하는 자의 이용에 제공할 목적으로 설치한다.

① 어린이공원
② 근린생활권근린공원
③ 도보권근린공원
④ 묘지공원

정답 15 ④ 16 ④ 17 ① 18 ③ 19 ③ 20 ③ 21 ②

22 도시공원 및 녹지 등에 관한 법률 시행규칙상 도시공원 중 설치규모가 가장 큰 곳은?

① 광역권근린공원
② 체육공원
③ 묘지공원
④ 도시지역권근린공원

● 해설
광역권근린공원 : 1,000,000m² 이상

23 다음 조경의 대상 중 자연적 환경요소가 가장 빈약한 곳은?

① 도시조경
② 명승지, 천연기념물
④ 도립공원
④ 국립공원

24 정숙한 장소로서 장래 시가지화가 예상되지 않는 자연녹지 지역에 10만m² 규모 이상 설치할 수 있는 기준을 적용하는 도시의 주제공원은?(단, 도시공원 및 녹지 등에 관한 법률 시행규칙을 적용한다.)

① 어린이공원
② 체육공원
③ 묘지공원
④ 도보권근린공원

25 골프 코스 중 출발지점을 무엇이라 하는가?

① 티   ② 그린
③ 페어웨이   ④ 러프

● 해설
티(Tee)
출발지역으로 1~2% 경사, 면적은 400~500m² 정도

26 골프장 코스를 구성하는 요소 중 페어웨이와 그린 주변에 모래웅덩이를 조성해 놓은 곳은?

① 티   ② 벙커
③ 해저드   ④ 러프

● 해설
벙커 : 모래웅덩이로 티에서 바라볼 수 있는 곳에 위치

27 골프와 관련된 용어 설명으로 옳지 않은 것은?

① 에이프런 칼라(apron collar) : 임시로 그린의 표면을 잔디가 아닌 모래로 마감한 그린을 말한다.
② 코스(course) : 골프장 내 플레이가 허용되는 모든 구역을 말한다.
③ 해저드(hazard) : 벙커 및 워터 해저드를 말한다.
④ 티샷(tee shot) : 티그라운드에서 제1타를 치는 것을 말한다.

● 해설
에이프런 : 그린 주위에 일정한 폭으로 풀을 깎지 않고 그대로 둔 지역

28 골프장의 각 코스를 설계할 때 어느 방향으로 길게 배치하는 것이 가장 이상적인가?

① 동서방향   ② 남북방향
③ 동남방향   ④ 북서방향

29 우리나라 골프장 그린에 가장 많이 이용되는 잔디는?

① 블루그래스   ② 벤트 그래스
③ 라이그래스   ④ 버뮤다 그래스

● 해설
벤트 그래스는 한지형 잔디로 골프장 그린에 많이 사용된다.

정답 22 ① 23 ① 24 ③ 25 ① 26 ② 27 ① 28 ② 29 ②

30 골프 코스 설계 시 골프장의 표준 코스는 몇 개의 홀로 구성하는가?
① 9
② 18
③ 32
④ 36

● 해설
쇼트홀 4개, 미들홀 10개, 롱홀 4개로 구성

31 사적지 종류별 조경계획 중 올바르지 않은 것은?
① 건축물 가까이에는 교목류를 식재하지 않는다.
② 민가의 안마당에는 유실수를 주로 식재한다.
③ 성곽 가까이에는 교목을 심지 않는다.
④ 묘역 안에는 큰 나무를 심지 않는다.

● 해설
민가의 안마당에는 수목을 식재하지 않는다.

정답 30 ② 31 ②

MEMO

MEMO

MEMO

MEMO

PART 04

조경재료

CONTENTS

1장 조경재료의 분류와 특성
2장 식물재료
3장 인공재료-1
4장 인공재료-2
5장 인공재료-3

01장 조경재료의 분류와 특성

SECTION 01 조경재료의 분류

1. 공사에 따른 분류

조경식재공사	생태복원 및 녹화공사, 잔디식재공사, 수목식재공사 등
조경시설물공사	포장공사, 비탈면녹화공사, 유희시설공사, 수경시설공사, 옥외시설물공사, 체력단련시설공사 등

2. 재료에 따른 분류

구분		특징
생명성	식물재료	수목, 잔디, 지피식물, 초화류 등 생물재료
	시설재료	목재, 시멘트, 콘크리트, 점토, 금속, 역청, 플라스틱, 미장 등 무생물재료
생산방식	자연재료	자연에서 만들어진 것(수목, 지피식물, 초화류, 돌, 목재, 물 등)
	인공재료	물리적·화학적 가공을 통해 공장에서 생산하는 것

SECTION 02 조경재료의 특성

1. 식물재료의 특성 중요★☆☆

① **자연성** : 생물로서 생명활동을 하는 것
② **조화성** : 계절적으로 다양하게 변화함으로써 주변과 조화하는 것
③ **연속성** : 생장과 번식을 반복하는 것
④ **다양성(비규격성)** : 모양, 빛깔, 형태, 양식 따위가 비규격의 특성을 가지는 것

2. 인공재료의 특성

① 균일성 : 재질이 균일하다.
② 불변성 : 거의 변하지 않는다.
③ 가공성 : 언제나 가공이 가능하다.

> **기출** 조경재료는 식물재료와 인공재료로 크게 구분되는데 다음 중 인공재료의 특성으로 옳은 것은?
> ① 자연성 ② 연속성
> ③ 불변성 ④ 조화성
> 답 ③

SECTION 03 식물의 성과 번식방법

1. 식물의 성 중요★★☆

구분	내용
양성화	• 꽃 안에 암수를 모두 갖추고 있는 꽃을 말한다.(70%) • 대부분의 종자식물의 꽃들이 양성화이다.(벚꽃, 진달래 등)
단성화	• 꽃 안에 암수 중 한쪽만을 갖고 있는 꽃을 말한다.
자웅동주(암수 한 그루)	• 한 식물에 암수꽃이 같이 존재하는 것을 말한다.(소나무, 밤나무, 자작나무 등)
자웅이주(암수 딴 그루)	• 서로 다른 식물에 암수꽃이 존재하는 것을 말한다.(은행, 소철, 버드나무 등)

2. 번식방법

구분	내용
무성번식(영양번식)	• 종자가 아닌 영양체로 번식하는 것을 말한다. • 분주(포기나누기), 삽목(꺾꽂이), 취목(휘묻이), 구근, 접목번식 등
유성번식(종자번식)	• 암수 수정에 의해서 종자가 생기는 것을 말한다.

흙을 파보고서 발근이 불충분할 때에는 한 번 더 상처를 주어도 좋다.

환상박피를 해서 묻으면 발근이 촉진된다.

지면에 가까운 낮은 가지에 사용하는 방법으로 각목으로 누른 다음 복토한다.

‖ 취목(휘묻이) ‖

3. 접목방법

① 식물의 가지, 뿌리, 눈 등을 절단해서 다른 부분에 붙여 새 식물체를 만들어 내는 방법이다.
② 지하부에 해당되는 대목과 접하려는 접수로 구분된다.

구분	내용
아접	접수 대신에 눈을 대목의 껍질을 벗기고 끼워 붙이는 방법
설접	대목과 접수의 굵기가 같은 것을 골라 혀모양과 같이 접목하는 방법
근접	뿌리에 접목하는 방법
유대접	뿌리부분에 해당되는 대목에 접수하는 방법(대표. 밤나무)
할접	대목이 비교적 굵고 접수가 가늘 때 사용
박피접	나무껍질을 도려내어 접붙이는 방법

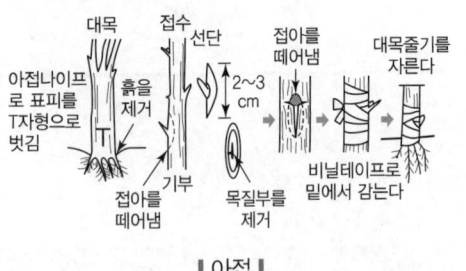

| 아접 |

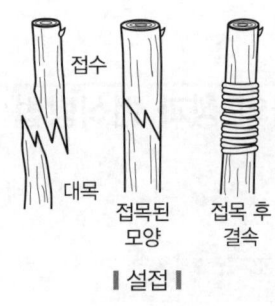

| 설접 |

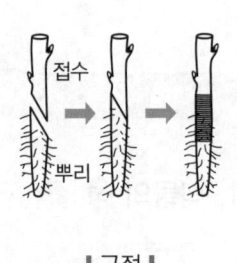

| 근접 |

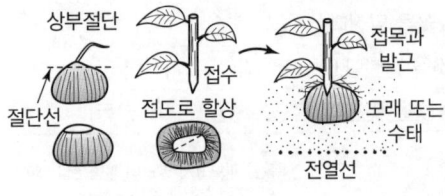

| 유대접 |

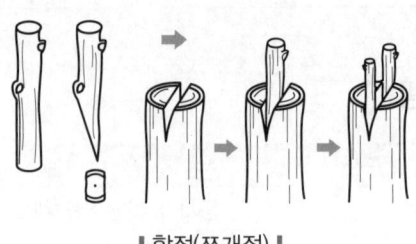

| 할접(쪼개접) |

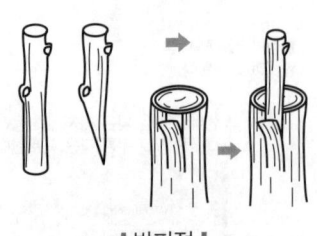

| 박피접 |

02장 식물재료

SECTION 01 조경수목

1. 조경수목의 분류

① 식물의 성상에 따른 분류

㉠ 나무 고유의 모양에 따른 분류

나무가 성숙했을 때 높이나 나무 고유의 모양에 따라 교목, 관목, 덩굴식물로 구분한다.

구분	주요 수목명
교목	소나무, 주목, 전나무, 잣나무, 향나무, 동백나무, 은행나무, 자작나무, 밤나무, 느티나무, 모과나무, 왕벚나무, 배롱나무, 산수유 등
관목	미선나무, 옥향, 회양목, 사철나무, 팔손이, 모란, 명자나무, 조팝나무, 낙상홍, 진달래, 철쭉, 쥐똥나무, 개나리, 무궁화, 탱자나무, 수수꽃다리 등
덩굴식물	능소화, 등나무, 담쟁이덩굴, 으름덩굴, 포도나무, 인동덩굴, 머루, 송악, 오미자 등

※ 미선나무의 특징 중요★★★
- 꽃은 지난해에 형성되었다가 3월에 잎보다 먼저 총상 꽃차례로 달린다.
- 물푸레나뭇과로 원산지는 한국이며, 세계적으로 1속 1종뿐이다.
- 열매의 모양이 둥근 부채를 닮았다.
- 잎은 마주나기를 한다.

- 교목 : 높이 2~3m 이상의 곧은 줄기가 있고 줄기와 가지의 구별이 명확하고 키가 큰 나무를 말한다.

┃소나무┃

┃자작나무┃

┃배롱나무┃

┃모과나무┃

┃잣나무┃

┃백목련┃

- **관목** : 높이 **2m 이하**의 지표로부터 줄기가 여러 갈래로 나와 줄기와 가지의 구별이 불명확하다.

| 수수꽃다리 | 조팝나무 | 화살나무 |
| 회양목 | 철쭉 | 피라칸타 |

- **덩굴식물** : 스스로 서지 못하고 다른 물체를 감거나 부착하여 개체를 지탱하는 수목으로 만경목(蔓莖木)이라고도 한다.

| 능소화 | 등 | 송악 |

ⓒ 잎의 모양에 따른 분류
- 침엽수 : 잎 모양이 바늘처럼 뾰족하며, 꽃이 피지만 꽃 밑에 씨방이 형성되지 않는 겉씨식물(나자식물)로 잎이 좁다.

구분	주요 수목명
2엽속생	소나무, 곰솔(해송), 흑송, 방크스소나무, 반송
3엽속생	백송, 리기다소나무, 리기테다소나무, 대왕송
5엽속생	섬잣나무, 잣나무, 스트로브잣나무

| 침엽수 잎 |

- 활엽수 : 속씨식물(피자식물)로 잎이 넓다.

구분	주요 수목명
침엽수	소나무, 곰솔(해송), 잣나무, 전나무, 구상나무, 비자나무, 편백, 화백, 측백, 낙우송, 메타세쿼이아 등
활엽수	태산목, 먼나무, 굴거리나무, 호두나무, 서어나무, 상수리나무, 느티나무, 칠엽수, 자작나무, 왕벚나무, 가중나무 등

- 은행나무는 잎이 넓으나 침엽수로 쓰이고, 위성류는 잎이 좁으나 활엽수로 쓰인다.
- 조경설계 시 은행나무는 침엽수이지만 활엽수로 표현하고, 위성류는 활엽수이지만 침엽수로 표현한다.

ⓒ 잎의 생태상에 따른 분류
- 상록수 : 사계절 내내 잎이 푸른 나무이다.
- 낙엽수 : 낙엽이 지는 계절(가을)에 일제히 잎을 떨구는 나무이다.

구분	주요 수목명
상록수	소나무, 전나무, 주목, 백송, 사철나무, 동백나무, 회양목, 독일가문비 등
낙엽수	낙엽송, 은행나무, 칠엽수, 산수유, 메타세쿼이아, 층층나무, 백목련 등

| 주목 | 회양목 |
| 칠엽수 | 산수유 |

② 관상면으로 본 분류
㉠ 꽃이 아름다운 나무
ⓐ 계절에 따른 분류 중요★☆☆

구분	주요 수목명
봄꽃	진달래, 동백나무, 명자나무, 목련, 영춘화, 박태기나무, 철쭉, 조팝나무, 산사나무, 매화나무, 개나리, 산수유, 수수꽃다리, 배나무, 등나무 등
여름꽃	배롱나무, 협죽도, 자귀나무, 석류나무, 능소화, 치자나무, 마가목, 산딸나무, 층층나무, 수국, 무궁화, 백합나무 등
가을꽃	무궁화, 부용, 협죽도, 금목서, 은목서 등
겨울꽃	팔손이나무, 비파나무 등

- 봄꽃

| 개나리 | 자주목련 | 미선나무 |

- 여름꽃

| 자귀나무 |

| 산딸나무 |

| 무궁화 |

- 가을꽃

| 은목서 |

| 금목서 |

| 협죽도 |

ⓑ 색상에 따른 분류 중요★☆☆

구분	주요 수목명
백색 꽃	매화나무, 조팝나무, 팥배나무, 산딸나무, 마가목, 노각나무, 백목련, 탱자나무, 돈나무, 태산목, 치자나무, 백당나무, 호랑가시나무, 팔손이나무, 함박꽃나무, 층층나무, 광나무, 때죽나무, 살구나무 등
붉은색 꽃	박태기나무, 배롱나무, 동백나무, 모란, 자귀나무, 능소화, 석류나무, 무궁화, 부용, 명자나무 등
노란색 꽃	고로쇠나무, 풍년화, 산수유, 매자나무, 개나리, 백합(튤립)나무, 황매화, 죽도화, 이나무, 생강나무, 골담초, 영춘화 등
자주색 꽃	박태기나무, 수국, 오동나무, 수수꽃다리, 등나무, 무궁화, 좀작살나무 등
주황색 꽃	능소화

- 백색 꽃

| 광나무 |

| 때죽나무 |

| 살구나무 |

- 붉은색 꽃

| 동백나무 |

| 부용 |

| 명자나무 |

- 노란색 꽃

| 영춘화 |

| 매자나무 |

| 죽단화 |

- 자주색 꽃

| 박태기나무 |

| 수수꽃다리 |

| 좀작살나무 |

ⓒ 계절별 개화시기에 따른 분류 중요★★★

개화기	주요 수목명
2월	매화나무(백색, 붉은색), 풍년화(노란색), 동백나무(붉은색), 영춘화(노란색)
3월	매화나무, 생강나무(노란색), 개나리(노란색), 산수유(노란색), 조팝나무(흰색), 미선나무(흰색)
4월	호랑가시나무(백색), 벚나무(흰색), 꽃아그배나무(담홍색), 백목련(백색), 박태기나무(자주색), 이팝나무(백색), 등나무(자주색)
5월	이팝나무(흰색), 귀룽나무(백색), 때죽나무(백색), 산딸나무(백색), 일본목련(백색), 고광나무(백색), 병꽃나무(붉은색), 쥐똥나무(백색), 다정큼나무(백색), 인동덩굴(노란색), 산사나무(백색)
6월	수국(자주색), 아왜나무(백색), 태산목(백색), 치자나무(백색)
7월	노각나무(백색), 배롱나무(적색, 백색), 자귀나무(담홍색), 무궁화(흰색, 보라색), 능소화(주황색)
8월	배롱나무, 싸리나무(자주색), 무궁화(자주색, 백색)
9월	배롱나무, 싸리나무
10월	금목서(노란색), 은목서(백색)
11월	팔손이(백색), 비파(노란색)

ⓒ **열매가 아름다운 나무** : 피라칸타, 낙상홍, 사철나무, 탱자나무, 주목, 석류나무, 감탕나무, 생강나무, 오미자, 대추나무, 산수유, 마가목, 살구나무, 팥배나무, 꽃사과나무, 돈나무, 꽝꽝나무, 쥐똥나무, 굴거리나무, 은행나무, 모과나무 등

- 빨간색 열매

- 검은색 열매

- 노란색 열매

ⓒ 잎이 아름다운 나무 : 주목, 식나무, 벽오동, 단풍나무류, 계수나무, 은행나무, 측백나무, 대나무, 호랑가시나무, 낙우송, 소나무류, 위성류, 칠엽수, 금목서, 팔손이나무 등

| 계수나무 |

| 팔손이나무 |

| 호랑가시나무 |

ⓔ 단풍이 아름다운 나무 중요★★★

구분	주요 수목명
홍색계	단풍나무류(고로쇠나무 제외), 화살나무, 붉나무, 감나무, 당단풍나무, 복자기나무, 산딸나무, 매자나무, 참빗살나무, 남천, 배롱나무, 흰말채나무 등
황색 및 갈색계	은행나무, 벽오동, 버드나무류, 느티나무, 계수나무, 낙우송, 메타세쿼이아, 고로쇠나무, 참느릅나무, 때죽나무, 석류나무, 칠엽수, 갈참나무, 백합, 졸참나무, 모감주나무, 버즘나무 등

• 홍색계

| 배롱나무 |

| 흰말채나무 |

| 복자기나무 |

• 황색, 갈색

| 모감주나무 |

| 계수나무 |

| 버즘나무 |

ⓜ 수피가 아름다운 나무 중요★★☆

구분	주요 수목명
백색계	백송, 분비나무, 자작나무, 동백나무, 층층나무, 버즘나무, 노각나무(회 백색) 등
갈색계	해송, 편백, 철쭉류, 모과나무(회갈색) 등
청록색	식나무, 벽오동나무, 탱자나무, 죽단화 등
적갈색	소나무, 주목, 삼나무, 섬잣나무, 흰말채나무, 모과나무 등

| 자작나무 | 해송 | 벽오동 | 소나무 |

ⓑ 향기가 좋은 나무

식물부위	주요 수목명
꽃	매화나무, 서향, 수수꽃다리, 장미, 돈나무, 마삭줄, 일본목련, 치자나무, 태산목, 함박꽃나무, 인동덩굴, 은목서, 금목서, 쥐똥나무 등
열매	녹나무, 모과나무 등
잎	녹나무, 측백나무, 생강나무, 월계수, 침엽수의 잎

| 매화나무 | 모과나무 | 월계수 |

ⓢ 겨울철 줄기의 붉은색을 감상하기 위한 수종 : **흰말채나무**

③ 이용상 분류

㉠ **녹음용 또는 가로수용 수목** 〔중요★★★〕

- 여름철에 강한 햇빛을 차단하기 위해 식재하는 나무이다.
- 녹음수는 여름에는 그늘을 제공하지만, 겨울에는 낙엽이 져서 햇볕을 가리지 않아야 한다.
- 녹음수는 수관이 크고, 큰 잎이 치밀하고 무성하다.
- 지하고가 높고 병해충이 적은 큰 교목이 좋다.
- 적용 수종 : 느티나무, 은행나무, 버즘나무, 칠엽수, 백합나무, 회화나무, 단풍나무, 벽오동, 왕벚나무 등

> ※ 가로수 식재방법
> - 차도로부터의 간격 : 0.65m 이상
> - 건물로부터의 간격 : 5~7m
> - 가로수는 6~8m 간격으로 식재하며, 키 큰 나무(교목)는 8m 이상으로 할 수 있다.

| 느티나무 | 회화나무 | 왕벚나무 |

ⓛ **산울타리 및 차폐용** 중요★★★
- 산울타리 : 살아 있는 수목을 이용해서 도로나 가장자리의 경계를 표시하거나 담장 역할을 한다.
- 차폐용 수목 : 시각적으로 아름답지 못하거나 불쾌감을 주는 곳을 가려 준다.

> ※ 산울타리 및 차폐용 수목의 조건
> - 상록수로서 가지와 잎이 치밀해야 한다.
> - 적당한 높이로서 아래 가지가 오래도록 말라 죽지 않아야 한다.
> - 맹아력이 크고 불량한 환경 조건에도 잘 견딜 수 있어야 한다.
> - 전정에 강하고 유지 관리가 용이한 수종이 좋다.
> - 외관이 아름다운 것이 좋다.

- 적용 수종 : 측백나무, 쥐똥나무, 사철나무, 개나리, 무궁화, 회양목, 호랑가시나무, 명자나무 등

▮ 측백나무 ▮

▮ 사철나무 ▮

▮ 개나리 ▮

기출 가로 2m×세로 50m의 공간에 H0.4×W0.5 규격의 영산홍으로 생울타리를 만들 때 사용되는 수목의 수량은 약 얼마인가?

① 50주 ② 100주
③ 200주 ④ 400주

풀이 수관 폭이 W0.5이기 때문에 1m²에 4주를 심을 수 있다.
면적은 2m×50m=100m² ∴ 100m²×4주=400주

답 ④

ⓒ **방음용** 중요★☆☆
- 도로변의 소음을 차단하거나 감소시키기 위해 나무를 심는다.
- 잎이 치밀한 상록교목이 적합하며, 지하고가 낮고 자동차의 배기가스에 견디는 힘이 강한 수종을 고른다.
- 적용 수종 : 회화나무, 측백나무, 구실잣밤나무, 녹나무, 식나무, 아왜나무, 후피향나무 등

ⓔ **방풍용** 중요★☆☆
- 바람을 차단하고 풍압에 견딜 수 있는 심근성 수목이며 줄기와 가지가 강한 상록수이어야 한다.
- 실생번식으로 자란 직근성 자생종을 고른다.
- 적용 수종 : 곰솔, 삼나무, 편백, 전나무, 구실잣밤나무, 후박나무, 아왜나무, 동백나무, 은행나무, 가시나무, 녹나무, 느티나무, 팽나무 등

| 팽나무 | | 녹나무 | | 느티나무 |

ⓜ 방화용
- 화재 발생 시 주위로의 확산이나 연소시간을 지연시킬 목적으로 식재한다.
- 방화용 수목은 가지가 많고 잎이 무성하며 수분이 많은 상록활엽수가 좋다.
- 적용 수종 : 가시나무, 굴거리나무, 후박나무, 돈나무, 감탕나무, 사철나무, 편백, 화백 등

| 후박나무 | | 편백 | | 감탕나무 |

ⓗ 방사 · 방진용
- 생장이 빠른 수종이며, 발근력이 왕성해야 한다.
- 뿌리 뻗음이 깊고 넓게 퍼져야 한다.
- 지상부가 무성해야 하며 가지와 잎이 바람에 상하지 않아야 한다.
- 적용 수종 : 눈향나무, 사철나무, 쥐똥나무, 동백나무, 보리장나무, 찔레나무, 해당화, 오리나무, 굴거리나무, 족제비싸리, 싸리나무류 등

> 참고
> 비옥도가 좋은 순서
> 유실수 > 활엽수 > 침엽수 > 소나무류

2. 조경수목의 특성

① 수형 : 나무 전체의 생김새는 수관(樹冠)과 수간(樹幹)에 의해 이루어진다.
  ㉠ 수관 : 가지와 잎이 뭉쳐서 이루어진 부분으로 가지의 생김새에 따라 형태가 만들어진다.
  ㉡ 수간 : 나무의 줄기를 말하며 수간의 생김새나 갈라진 수에 따라 전체 수형에 영향을 끼친다.

수형	주요 수목명
원추형	낙우송, 삼나무, 전나무, 메타세쿼이아, 독일가문비, 주목, 히말라야시더, 낙엽송(일본잎갈나무) 등

수형	주요 수목명
우산형	편백, 화백, 반송, 층층나무, 왕벚나무, 매화나무, 복숭아나무 등
구 형	졸참나무, 가시나무, 녹나무, 수수꽃다리, 화살나무, 회화나무 등
난 형	백합나무, 측백나무, 동백나무, 태산목, 계수나무, 목련, 버즘나무, 박태기나무 등
원주형	포플러류, 무궁화, 부용 등
배상형	느티나무, 가중나무, 단풍나무, 배롱나무, 산수유, 자귀나무, 석류나무 등
능수형	능수버들, 용버들, 수양벚나무, 실화백 등
만경형	능소화, 담쟁이덩굴, 등나무, 으름덩굴, 인동덩굴, 송악, 줄사철나무 등
포복형	눈향나무, 눈잣나무 등

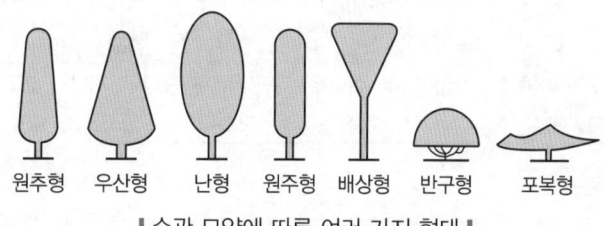

▮ 수관 모양에 따른 여러 가지 형태 ▮

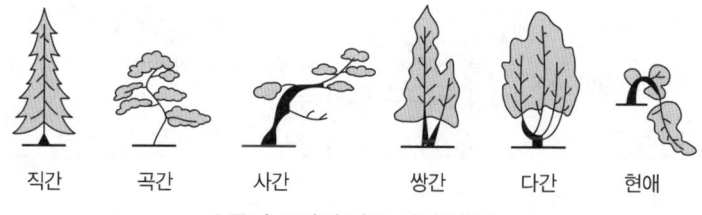

▮ 줄기 모양에 따른 자연수형 ▮

② 계절적 현상
  ㉠ 싹틈 : 수목의 눈은 일반적으로 지난해 여름에 형성되어 겨울을 나고, 봄에 싹이 튼다.
  ㉡ 개화 : 수목은 일정한 연령이 되면 꽃눈이 형성되어 꽃을 피우고 열매를 맺는다. 수종이나 지역에 따라서 개화하는 시기가 다르다.

개화기간	특성 및 주요수종
봄에 꽃이 피는 수종	• 꽃눈은 개화 전년도의 6월~8월 사이에 분화한다. • 기온이 높고 일조량이 많아야 꽃을 잘 피운다.
여름~가을에 꽃이 피는 수종	• 개화하는 그 해에 자란 가지에서 꽃눈이 분화한다. • 적용 수종 : 능소화, 무궁화, 배롱나무, 장미, 찔레나무, 등나무 등

  ㉢ 결실 : 수목은 주로 가을에 열매를 맺는데, 해걸이 방지를 위해 꽃이 진 후 적당히 솎아 주어야 일정한 열매를 수확할 수 있다.
  ㉣ 단풍 : 기온이 낮아짐에 따라 푸른 잎이 다홍색, 황색 또는 갈색으로 변하는 현상이다.

ⓜ 낙엽 : 잎이 오래되어 동화작용이 쇠약해지거나 영양상태 등이 부족하여 잎이 떨어지는 현상이다.

구분	주요 수목명
상록수	1년 이상 묵은 잎이 새로운 잎으로 인해서 떨어진다.
낙엽수	봄에 잎이 나서 가을이 되면 잎이 떨어진다.
반상록성 및 반낙엽수	쥐똥나무, 댕강나무, 백정화 등은 가을이 되어도 잎의 일부만 떨어진다.

③ 수세
  ㉠ 생장속도 [중요★☆☆]
    • 양지에서 잘 자라는 나무는 생장이 빠르나 수형이 흐트러지고 바람에 약하다.
    • 음지에서 잘 자라는 나무는 생장이 느리고 원하는 크기까지 자라는 데 오랜 시간이 걸린다.

구분	주요 수목명
생장속도가 빠른 수종	배롱나무, 쉬나무, 자귀나무, 층층나무, 개나리, 메타세쿼이아, 백합나무, 무궁화 등
생장속도가 느린 수종	삼나무, 백송, 눈주목, 모과나무, 독일가문비, 감탕나무, 때죽나무, 비자나무 등

  ㉡ 맹아력 [중요★★☆]
    • 가지나 줄기가 꺾이거나 다치면 그 부근에서 숨은 눈이 자라 싹이 나오는 것이다.
    • 맹아력이 강한 나무는 전정에 잘 견디므로 산울타리나 형상수로 많이 사용된다.

구분	주요 수목명
맹아력이 강한 나무	주목, 낙우송, 사철나무, 탱자나무, 회양목, 능수버들, 플라타너스, 무궁화, 개나리, 호랑가시나무, 쥐똥나무 등
맹아력이 약한 나무	소나무, 해송, 벚나무, 자작나무, 살구나무, 잣나무, 비자나무, 칠엽수, 감나무 등

    • 맹아력이 약한 수종

┃비자나무┃

┃잣나무┃

┃살구나무┃

④ 이식(移植) [중요★★☆]
  ㉠ 한 장소에 서 있는 나무를 다른 장소로 옮겨 심는 것을 말한다.
  ㉡ 이식을 하게 되면 뿌리의 일부가 잘려 나가므로 지상부와 지하부의 균형(T/R율)을 맞춰준다.
  ㉢ 이식이 어려운 나무의 경우 미리 뿌리돌림을 하여 잔뿌리(세근)를 발달시켜 활착이 잘되게 한다.

구분	주요 수목명
이식이 어려운 수종	독일가문비, 가시나무, 굴거리나무, 태산목, 후박나무, 때죽나무, 피라칸타, 목련, 느티나무, 전나무, 감나무, 주목, 자작나무, 칠엽수, 마가목, 낙엽송 등
이식이 쉬운 수종	편백, 화백, 측백, 가이즈카향나무, 낙우송, 메타세쿼이아, 은행나무, 버즘나무, 단풍나무류, 쥐똥나무, 사철나무, 박태기나무, 화살나무, 명자나무 등

⑤ 질감(Texture) 중요★★☆
  ㉠ 물체의 외형을 보거나 만졌을 때 느껴지는 감각을 말한다.
  ㉡ 잎, 꽃의 생김새, 착생밀도 등 수목의 질감을 좌우하는 결정 요인이 된다.
  ㉢ 거친 질감의 수종은 큰 건물이나 서양식 건물에 가장 잘 어울린다.
  ㉣ 고운 질감의 수종은 한옥이나 좁은 정원에 가장 잘 어울린다.
  ㉤ 수목의 질감

구분	주요 수목명
거친 질감	벽오동, 태산목, 팔손이, 칠엽수, 플라타너스(버즘나무) 등
고운 질감	편백, 화백, 잣나무, 회양목, 철쭉류, 소나무 등

⑥ 향기

수형	주요 수목명
꽃향기	매화나무(3월), 서향(2~4월), 수수꽃다리(4~5월), 장미(5~10월), 함박꽃나무(6월), 인동덩굴(7월), 금목서(10월), 은목서(10월) 등
열매향기	녹나무, 모과나무 등
잎향기	녹나무, 미국측백, 화백, 삼나무, 소나무, 노간주나무, 생강나무 등

⑦ 조경수목의 구비 조건 중요★★☆
  ㉠ 이식이 용이하여 이식 후에도 활착이 잘되는 것
  ㉡ 관상 가치와 실용적 가치가 높을 것
  ㉢ 불리한 환경에서도 견딜 수 있는 힘이 강할 것
  ㉣ 번식이 잘되고 손쉽게 다량으로 구입이 가능할 것
  ㉤ 이식 후 병해충에 대한 저항성이 강할 것
  ㉥ 이식 후 다듬기 작업 등 유지관리가 용이할 것
  ㉦ 주변 환경과 조화를 잘 이루며, 사용목적에 적합할 것

⑧ 조경수목의 규격 중요★★☆

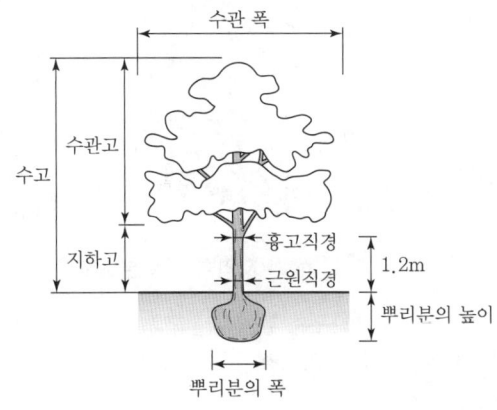

명칭	기호	내용
수고 (m)	H	지표면에서 수관의 정상까지의 수직높이를 말한다.(도장지 제외)
수관 폭 (m)	W	전정을 한 가지와 잎이 뭉쳐 어우러진 부분을 수관이라 한다.
흉고직경 (cm)	B	가슴높이(1.2m)의 높이의 지름을 측정한 값을 말한다.
근원직경 (cm)	R	뿌리 바로 윗부분, 즉 나무 밑동 제일 아랫부분의 지름을 말한다.
지하고 (m)	BH	지면에서 수관의 맨 아래가지까지의 수직높이를 말한다.
수관길이 (m)	L	수관이 수평으로 생장하는 특성을 가진 조형된 수관의 최대 길이를 말한다.

성상	기호	주요 수목명
교목	H×W	일반적인 상록수(향나무, 측백나무 등)
	H×R	소나무, 감나무, 꽃사과나무, 느티나무, 대추나무, 매화나무, 모감주나무, 산딸나무, 이팝나무, 층층나무, 회화나무, 후박나무, 참나무류, 모과나무, 배롱나무, 목련, 산수유, 자귀나무, 단풍나무 등 대부분의 교목류 (소나무, 곰솔, 무궁화는 H×W×R로 표시하기도 한다)
	H×B	가중나무, 계수나무, 낙우송, 메타세쿼이아, 벽오동, 수양버들, 벚나무, 은단풍, 칠엽수, 현사시나무, 은행나무, 자작나무, 플라타너스, 백합(튤립)나무 등
관목	H×W	일반 관목
	H×R	노박덩굴, 능소화
	H×W×L	눈향나무
	H×가지의 수	개나리, 덩굴장미
만경목	H×R	등

3. 조경수목의 환경

식물의 생육에는 여러 가지 환경조건이 필요하고 기온, 강수량, 바람 등의 기후인자와 토양의 이화학적 성질에 많은 영향을 받는다.

① 기온
  ㉠ 우리나라에서 식물의 천연분포를 결정짓는 가장 중요한 인자는 기후이며, 그중에서도 온도 조건이 식물의 천연분포를 결정하고 있다.

산림대		주요 수목명
난대 (상록활엽수)		녹나무, 동백나무, 사철나무, 가시나무류, 후피향나무, 식나무, 구실잣밤나무, 멀구슬나무 등
온대 (낙엽활엽수)	남부	곰솔, 대나무류, 서어나무, 팽나무, 굴피나무, 사철나무, 단풍나무 등
	중부	신갈나무, 졸참나무, 향나무, 전나무, 밤나무, 때죽나무, 소나무 등
	북부	박달나무, 신갈나무, 사시나무, 전나무, 잣나무, 거제수나무 등
한대(침엽수)		잣나무, 전나무, 주목, 가문비나무, 잎갈나무 등

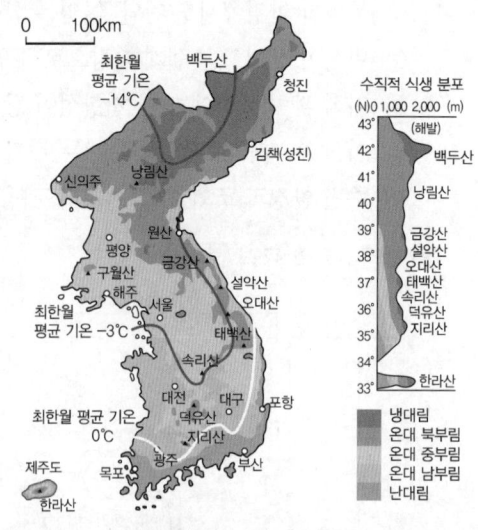

| 지역별 수목 분포도 |

② 광선과 수목 중요★★★
  - 광포화점 : 빛의 세기가 점차적으로 높아지면 동화작용량도 상승하지만 어느 한계를 넘으면 그 이상 강하게 해도 동화작용량이 상승하지 않는 한계점

- 광보상점 : 광합성을 위한 CO_2의 흡수량과 호흡작용에 의한 CO_2의 방출량이 같아지는 점
㉠ 녹색식물의 광합성 요인으로 식물이 생장해 나가는 데 매우 중요한 요소이다
㉡ 어렸을 때에는 수종의 생리적 특성에 따라 음수와 양수로 구분된다.
㉢ 음수가 생장할 수 있는 광선의 양은 전 광선량의 50% 내외이며, 양수의 경우는 70% 내외이다.
㉣ 중간수 : 지역조건의 변화에 따라 양성으로 기울어지기도 하고 음성으로 기울어지기도 한다.(땅이 건조하고 기온이 낮은 곳에서는 어느 수종이든 대체로 양성을 띤다.)

구분	주요 수목명
음수	주목, 전나무, 독일가문비나무, 호랑가시나무, 팔손이나무, 비자나무, 가시나무, 녹나무, 후박나무, 동백나무, 회양목, 광나무 등
양수	소나무, 곰솔, 일본잎갈나무, 측백나무, 포플러류, 가중나무, 무궁화, 향나무, 은행나무, 철쭉류, 느티나무, 자작나무, 백목련, 개나리 등
중간수	잣나무, 삼나무, 목서, 칠엽수, 회화나무, 벚나무류, 쪽동백, 섬잣나무, 화백, 단풍나무, 수국, 담쟁이덩굴 등

③ 바람

바람은 식물의 생장량 감소와 인간의 주거환경에 큰 영향을 준다. 그러므로 풍속을 감소시켜 식물 생장을 원활하게 하는 방풍림을 만들어준다.

㉠ 방풍림
- 방풍림은 수고를 높게 하고, 너비를 넓게 해야 효과가 크다.
- 바닷가의 염분이나 모래의 비산을 막으며, 마을의 경관을 향상시키는 역할을 한다.

㉡ 방풍림 조성에 알맞은 수종 중요★★☆
- 수종은 심근성이고 줄기나 가지가 바람에 강하며, 잎이 치밀한 상록수가 좋다.
- 가시나무류, 구실잣밤나무, 녹나무, 후박나무, 삼나무, 곰솔, 편백, 화백, 느티나무, 떡갈나무, 소나무, 버즘나무, 일본잎갈나무, 박달나무, 가문비나무 등

㉢ 수림대가 바람의 속도를 줄이는 효과 중요★★☆
- 수림대 위쪽 : 수고의 6~10배
- 수림대 아래쪽 : 수고의 25~30배
- 가장 큰 효과 : 수림대 아래쪽 수고의 3~5배에 해당하는 지역에 풍속 65% 정도가 감속된다.

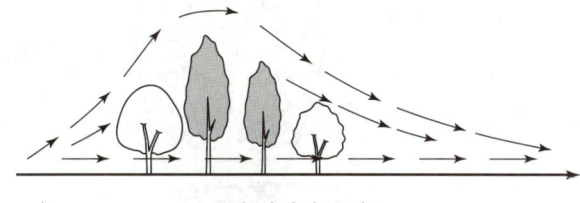

┃수림대의 효과┃

④ 토양 : 조경식물의 생육에 가장 필요한 요소이다.

㉠ 토양구성의 3요소 `중요★★★`

- **토양의 구성비 : 토양 50%, 수분 25%, 공기 25%**
- **토양의 3상 : 고상, 액상, 기상**
- 토성은 토양의 입자의 굵기와 그것이 함유되어 있는 비율에 따라 구분된다.
- 종류와 공극 순서 : 사토(모래) > 사양토 > 양토 > 식양토 > 식토(진흙)

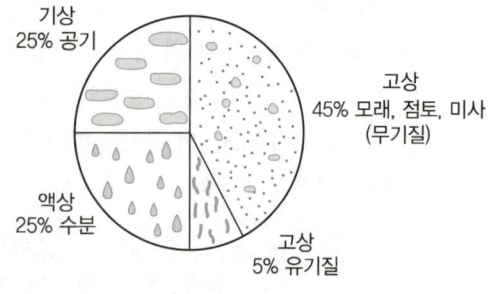

∥ 토양의 4대 성분 ∥

㉡ 토양단면

유기물층(AO층) → 표층(용탈층)(A) → 집적층(B) → 모재층(C) → 모암층(D) `중요★★★`

구분	단면 상태
AO층(유기물층)	• A층 위의 유기물로 되어 있는 토양층 • 고유의 층으로 L층(낙엽층), F층(조부식층), H층(정부식층)으로 세분
A층(표층, 용탈층)	• 토양의 표면이 되는 층 • 미세한 부식과 점토가 A층에서 내려와 미생물과 식물활동이 왕성
B층(하층, 집적층)	A층으로부터 용탈되어 쌓인 층
C층(기층, 모재층)	산화된 토양으로서 여러 가지 색을 보이며 식물뿌리는 없음
D층(기암, 모암층)	C층 밑의 암석층

㉢ 토양 중의 수분 `중요★★☆`

구분	내용
결합수(화합수)	토양입자와 화합적으로 결합되어 있는 수분으로 결합력이 강해서 식물이 직접 이용할 수 없는 수분상태(pF 7 이상)
흡습수(흡착수)	토양 표면에 물리적으로 결합되어 있는 수분 결합력이 강해서 식물이 직접 이용할 수 없는 수분상태(pF 4.5~7)
모관수(모세관수)	흡습수 외부에 표면장력과 중력으로 평행을 유지하여 식물이 유용하게 이용할 수 있는 수분상태(pF 2.7~4.5)
중력수(자유수)	중력에 의해 지하로 침투하는 물로서 지하수원이 됨(pF 2.7 이하)

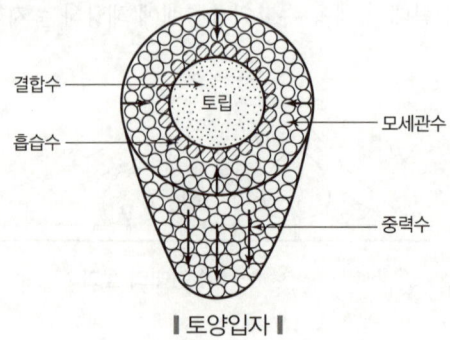

∥ 토양입자 ∥

ⓔ 토심 확보 중요★★☆
- 수목을 식재할 때 토양의 깊이가 충분하지 않으면 식물의 생육에 지장을 주게 된다.
- 수목생장에 가능한 토심
- **식물의 생육, 생존 토심** 중요★★★ (단위 : cm)

구분	지피 및 초화류	소관목	대관목	소교목(천근성)	대교목(심근성)
생존최소토심	15	30	45	60	90
생육최소토심	30	45	60	90	150

- 심근성 수목과 천근성 수목 중요★☆☆

구분	주요 수목명
심근성	소나무, 전나무, 주목, 곰솔, 동백나무, 녹나무, 태산목, 후박나무, 동백나무, 느티나무, 칠엽수, 회화나무, 백합나무, 은행나무, 섬잣나무 등
천근성	독일가문비, 일본잎갈나무, 편백, 자작나무, 미루나무, 버드나무, 매화나무 등

ⓜ 토양산도
- 우리나라 토양은 비교적 강한 산성을 나타내고 있다.
- 식물의 생육에 적합하지 않은 토양은 물리적, 화학적 성질을 개선한 다음 수목을 식재하여야 한다.
- 식토에는 모래를, 사토 또는 사력지에는 점토 등을 섞어 물리적 성질을 개선해 준다.
- pH 4.0 이하의 강산성 토양은 탄산석회나 소석회를 넣어 토양 산도를 높여 주어야 한다.

구분	주요 수목명
강산성에 견디는 수종	소나무, 잣나무, 전나무, 편백, 가문비나무, 밤나무, 리기다소나무, 버드나무, 낙엽송, 싸리나무, 진달래 등
약산성에 견디는 수종	가시나무, 갈참나무, 백합나무, 녹나무, 느티나무 등
염기성에 견디는 수종	낙우송, 단풍나무, 개나리, 생강나무, 서어나무, 회양목 등

ⓑ 토양양분 중요★★☆ : 수목 생육에 필요한 토양의 양분은 수종에 따라 다르다.

구분	주요 수목명
척박지에 견디는 수종	소나무, 곰솔(해송), 향나무, 등나무, 오리나무, 자작나무, 참나무류, 자귀나무, 싸리류, 보리수나무, 졸참나무 등
비옥지를 좋아하는 수종	삼나무, 주목, 측백, 느티나무, 오동나무, 벽오동, 칠엽수, 회화나무, 단풍나무, 왕벚나무 등

ⓢ 수분 중요★★☆ : 수목은 환경에 따라 수분에 대한 요구도가 다르다.

구분	주요 수목명
습지에 강한 수종	메타세쿼이아, 수국, 낙우송, 버드나무류, 위성류, 오리나무 등
건조지에 강한 수종	소나무, 곰솔, 리기다소나무, 삼나무, 전나무, 비자나무, 가중나무, 서어나무, 가시나무, 느티나무, 이팝나무, 자작나무, 철쭉류 등

오리나무

버드나무

낙우송

| 습지에 강한 수종 |

⑤ 대기오염 중요★★★
  ㉠ 일반적으로 상록활엽수가 낙엽활엽수보다 대기오염에 강하다.
  ㉡ **아황산가스(SO₂)의 피해**
   • 피해증상은 입의 끝부분이나 가장자리 또는 잎맥 사이에 회백색 또는 갈색반점으로 시작되며 광합성, 호흡 및 증산작용이 곤란해진다.
   • 한낮이나 생육이 왕성한 봄과 여름, 오래된 잎에 피해를 입기 쉽다.

구분	주요 수목명
아황산가스에 강한 수종	편백, 화백, 가이즈카향나무, 향나무, 가시나무, 사철나무, 플라타너스, 능수버들, 쥐똥나무, 무궁화 등
아황산가스에 약한 수종	소나무, 잣나무, 전나무, 삼나무, 자작나무, 단풍나무, 매화나무, 느티나무, 백합나무, 히말라야시더 등

  ㉢ **자동차 배기가스의 피해** 중요★★☆

구분	주요 수목명
자동차 배기가스에 강한 수종	비자나무, 편백, 화백, 측백, 가이즈카향나무, 향나무, 은행나무, 히말라야시더, 태산목, 식나무, 아왜나무, 감탕나무, 꽝꽝나무, 돈나무, 버드나무, 플라타너스, 층층나무, 무궁화, 개나리, 쥐똥나무 등
자동차 배기가스에 약한 수종	소나무, 삼나무, 전나무, 금목서, 은목서, 단풍나무, 벚나무, 목련, 백합(튤립)나무, 팽나무, 감나무, 수수꽃다리, 화살나무 등

  ※ 아황산가스, 배기가스, 염해에 약한 수종 : 소나무, 금목서, 수수꽃다리, 삼나무, 느티나무, 벚나무

⑥ 내염성(염해) 중요★☆☆
  ㉠ 잎에 붙은 염분이 기공을 막아 호흡작용을 방해한다.
  ㉡ 공중습도가 높으면 염분이 엽육에 침투하여 세포의 원형질로부터 수분을 빼앗아 생리기능을 저하시킨다.
  ㉢ **염분의 한계농도** : 수목 0.05%, 잔디 0.1%, 채소 0.04%

구분	주요 수목명
내염성에 강한 수종	비자나무, 주목, 곰솔, 측백나무, 쥐똥나무, 가이즈카향나무, 굴거리나무, 녹나무, 태산목, 후박나무, 아왜나무, 먼나무, 후피향나무, 동백나무, 호랑가시나무, 팔손이나무, 모감주나무, 사철나무, 진달래 등
내염성에 약한 수종	독일가문비, 삼나무, 소나무, 히말라야시더, 목련, 피나무, 일본목련, 단풍나무, 개나리, 버드나무 등

| 태산목 | 호랑가시나무 | 모감주나무 |

▮ 내염성에 강한 수종 ▮

⑦ 비료목(肥料木, Nitrogen-fixing tree) 중요★★☆
  ㉠ 땅의 지력(地力)을 증진시켜서 수목의 생장을 촉진하기 위해 식재하는 나무
  ㉡ 수목 중에는 그 뿌리가 어떤 종류의 균류와 공생함으로써 영양을 보급하고 있는 것이 있는데, 콩과 식물이 대표적이며 근립균(根粒菌)과 공생함으로써 토양 중의 질소를 고정시켜 영양을 보급하면서 토양의 비배(肥培) 촉진도 하고 있다.

구분	주요 수목명
비료목	콩과(다릅나무, 주엽나무, 싸리나무, 아까시나무, 꽃아카시아, 자귀나무, 박태기나무, 등나무, 골담초, 칡), 자작나뭇과(오리나무), 보리수나뭇과(보리수나무), 소철과(소철), 소귀나뭇과(소귀나무) 등

> **참고** 증산작용
> ① 잎에서는 식물체 속의 물이 수증기가 되어 기공을 통해 밖으로 나오는 현상
> ② 증산작용이 잘 일어나는 조건
>   • 햇빛이 강할 때, 온도가 높을 때
>   • 바람이 잘 불 때, 습도가 낮을 때
>   • 체내 수분량이 많을 때

SECTION 02 지피식물

1. 지피식물의 분류

① 지피식물의 특징
  ㉠ 지표면을 낮게 피복해 주는 키가 작은 식물을 말한다.
  ㉡ 잔디, 맥문동, 덩굴식물류, 초본류 등 지표면을 피복하기 위해 사용하는 식물이다.

② **지피식물의 조건** 중요★★☆
  ㉠ 지표면을 치밀하게 피복해야 한다.
  ㉡ 키가 작고 다년생이며 부드러워야 한다.
  ㉢ 번식력이 왕성하고 생장이 비교적 빨라야 한다.
  ㉣ 내답압(踏壓)성이 크고 환경조건에 대한 적응성이 넓어야 한다.
  ㉤ 병해충에 대한 저항성이 크고 관리가 용이해야 한다.

③ **지피식물의 효과** 중요★★☆
  ㉠ **미적효과** : 아름다운 지표면을 만들어 주며, 직선과 곡선 또는 그 밖의 불규칙한 선과도 조화를 잘 이룬다. 녹색의 지표면을 제공함으로써 그 위의 꽃, 나무, 암석 또는 인공구조물의 경관을 좀 더 자연스럽게 만들어 주는 역할을 한다.
  ㉡ **운동 및 휴식효과** : 표면에 탄력이 있고 감촉이 좋아 운동이나 휴식할 때 쾌적한 상태를 만들어 준다.
  ㉢ **강우로 인한 진땅 방지** : 우천 시에 축구장, 야구장, 골프장 등을 이용할 때 나지에 비해 땅이 질어지는 것을 감소시킬 수 있다.
  ㉣ **토양 유실 방지** : 나지는 비가 올 때 토양의 표면이 침식당한다. 이러한 장소를 지피식물로 피복하면 빗방울에 의해 토양 입자가 튀는 것을 방지할 뿐만 아니라, 유수로 인한 침식작용, 세굴현상도 방지할 수 있다.
  ㉤ **흙먼지 방지** : 작은 토양입자는 무게가 가볍기 때문에 건조해지면 바람에 날리기 쉽다. 그러나 지피식물을 식재하면 비산되는 흙 입자의 양을 감소시켜주므로 육상경기장, 공항, 병원, 공장 등에 식재한다.
  ㉥ **동결방지** : 기온의 저하를 완화시켜 서릿발 현상을 방지한다.
  ㉦ **기온조절** : 맨땅에 비해 온도차를 적게 한다.

SECTION 03 초화류

1. 초화류의 개념

① 풀 종류인 화초 또는 그 꽃을 말한다.
② 조경에서는 일반원예에서 취급하지 않는 야생초류와 수생초류 중에서 관상가치가 높은 것을 초화류에 포함하여 이용하고 있다.
③ 초화류는 경관조성 재료로 사용되며, 공원, 도로변, 학교, 공장, 주택단지에 이르기까지 화단을 조성하여 아름다움이나 색채로서의 효과가 크다.

2. 초화류의 분류 중요★★★

분류	구분	주요 식물명
한해살이 초화류 (1, 2년생 초화)	봄뿌림	맨드라미, 샐비어, 매리골드, 나팔꽃, 코스모스, 과꽃, 봉숭아, 채송화, 분꽃, 백일홍, 피튜니아 등
	가을뿌림	팬지, 금잔화, 금어초, 패랭이꽃, 안개초 등
여러해살이 초화류 (다년생 초화)		국화, 베고니아, 아스파라거스 카네이션, 부용, 꽃창포, 제라늄, 도라지꽃, 옥잠화 등
알뿌리 초화류 (구근 초화류)	봄심기	달리아, 칸나, 아마릴리스, 글라디올러스 등
	가을심기	히아신스, 아네모네, 튤립, 수선화, 백합(나리), 아이리스, 크로커스 등
수생초류		수련, 연꽃, 붕어마름, 창포류, 마름 등

※ 알뿌리 초화류 : 알뿌리에서 새싹이 나고 꽃이 피고 지며, 알뿌리로 번식하며, 보관 시 얼지 않도록 주의한다.

- 봄뿌림

┃맨드라미┃

┃샐비어┃

┃매리골드┃

- 가을뿌림

┃팬지┃

┃금어초┃

┃패랭이꽃┃

3. 화단의 종류

① 평면화단 중요★☆☆

구분	화단의 특징
화문화단	• 양탄자무늬와 같다고 하여 양탄자화단, 자수화단, 모전화단이라고도 한다.
리본화단	• 통로, 산울타리, 건물, 담장주변에 좁고 길게 만든 화단으로 대상화단이라고도 한다. • 사방에서 관상할 수 있다.
포석화단	• 연못, 통로 주위에 돌을 깔고 돌 사이에 키 작은 초화류를 식재하여 돌과 조화시켜 관상하는 화단이다.

| 화문화단 | 리본화단 | 포석화단 |

② 입체화단

구분	화단의 특징
기식화단 (모둠화단)	• 잔디밭 중앙에는 키 큰 초화를 심고 주변부로 갈수록 키 작은 초화를 심어 사방에서 관찰할 수 있게 만든 화단이다. • 위치 : 광장의 중앙, 잔디밭 중앙, 축의 교차점
경재화단 (경계화단)	• 건물, 산울타리, 담장을 배경으로 폭이 좁고 길게 만든 것이다. • 전면 한쪽에서만 관상이 가능하므로 앞쪽에는 키가 작은 것을, 뒤쪽에는 키가 큰 것을 배치한다.
노단화단	경사지(구릉지)를 계단 모양으로 돌을 쌓고 축대 위에 초화를 심는 것이다.

③ 특수화단

구분	화단의 특징
침상화단	지면보다 1~2m 정도 낮게 조성한 화단이다.
수재화단	• 물에서 자라는 수생식물(수련, 마름, 꽃창포) 등을 물고기와 함께 길러 관상한다. • 대표 수종 : 수련, 꽃창포, 마름 등

> **참고**
>
> **교통섬** 중요★★☆
> 차량의 안전하고 원활한 교통처리나 보행자 도로횡단의 안전을 확보하기 위하여 교차로 또는 차도의 분기점 등에 설치하는 섬모양의 시설을 말한다.
>
>

4. 화단용 주요 초화류 중요★☆☆

구분	1, 2년생 초화	다년생 초화	구근 초화
봄 화단용	팬지, 금어초, 금잔화, 안개초, 패랭이꽃 등	데이지, 베고니아	튤립, 수선화
여름, 가을 화단용	채송화, 봉숭아, 과꽃, 마리골드, 피튜니아, 샐비어, 코스모스 맨드라미, 백일홍 등	국화, 꽃창포, 부용	달리아, 칸나
겨울 화단용	꽃양배추		

5. 화단용 초화류의 조건 중요★☆☆

① 모양이 아름답고 키가 되도록 작을 것
② 꽃과 가지가 많이 달릴 것
③ 꽃의 색깔이 선명하고 개화기간이 길 것
④ 건조와 바람, 병해충에 강할 것
⑤ 환경에 대한 적응성이 강할 것

02장 적중예상문제

01 다음 중 식물재료의 특성으로 부적합한 것은?
① 생물로서, 생명 활동을 하는 자연성을 지니고 있다.
② 불변성과 가공성을 지니고 있다.
③ 생장과 번식을 계속하는 연속성이 있다.
④ 계절적으로 다양하게 변화함으로써 주변과의 조화성을 가진다.

●해설
불변성과 가공성은 인공재료의 특성이다.

02 조경재료 중 생물재료의 특성이 아닌 것은?
① 연속성　　② 불변성
③ 조화성　　④ 다양성

●해설
식물재료의 특성 : 자연성, 조화성, 연속성, 다양성

03 곧은 줄기가 있고, 줄기와 가지의 구별이 명확하며, 키가 큰 나무(보통 3~4m 정도)를 가리키는 것은?
① 교목　　② 관목
③ 만경목　④ 지피식물

04 가로수는 키 큰 나무(교목)의 경우 식재간격을 몇 m 이상으로 할 수 있는가?(단, 도로의 위치와 주위 여건, 식재수종의 수관 폭과 생장속도, 가로수로 인한 피해 등을 고려하여 식재간격을 조정할 수 있다.)
① 6m　　② 8m
③ 10m　④ 12m

●해설
가로수는 6~8m 간격으로 식재하며, 키 큰 나무(교목)는 8m 이상으로 할 수 있다.

05 조경수목의 분류 중 상록관목에 해당되지 않는 것은?
① 피라칸타스　② 꽝꽝나무
③ 호랑가시나무　④ 보리수나무

●해설
보리수나무는 낙엽관목이며, 4~6월에 꽃이 피는데 흰색에서 노란색으로 변함

06 다음 중 관목에 해당하는 수종은?
① 화살나무　② 목련
③ 백합나무　④ 산수유

07 다음 중 낙엽 활엽 관목으로만 짝지어진 것은?
① 동백나무, 섬잣나무
② 회양목, 아왜나무
③ 생강나무, 화살나무
④ 느티나무, 은행나무

08 덩굴성 식물로만 짝지어진 것은?
① 으름, 수국
② 등나무, 금목서
③ 송악, 담쟁이덩굴
④ 치자나무, 멀꿀

정답 01 ② 02 ② 03 ① 04 ② 05 ④ 06 ① 07 ③ 08 ③

● 해설
덩굴성 식물
능소화, 등나무, 으름덩굴, 포도나무, 인동덩굴, 머루, 송악, 담쟁이덩굴

09 다음 [보기]와 같은 특성을 지닌 정원수는?

- 형상수로 많이 이용되고, 가을에 열매가 붉게 된다.
- 내음성이 강하며, 비옥지에서 잘 자란다.

① 주목 ② 쥐똥나무
③ 화살나무 ④ 산수유

10 낙엽침엽수에 해당하는 나무가 아닌 것은?

① 낙우송 ② 낙엽송
③ 위성류 ④ 은행나무

● 해설
- 위성류는 낙엽활엽교목이며 높이는 5m 정도이다.
- 낙엽침엽교목 : 낙우송, 낙엽송, 은행나무, 메타세쿼이아

11 다음에서 설명하고 있는 수종으로 가장 적합한 것은?

- 꽃은 지난해에 형성되었다가 3월에 잎보다 먼저 총상 꽃차례로 달린다.
- 물푸레나뭇과로 원산지는 한국이며, 세계적으로 1속 1종뿐이다.
- 열매의 모양이 둥근 부채를 닮았다.

① 미선나무 ② 조록나무
③ 비파나무 ④ 명자나무

● 해설
열매의 모양이 부채를 닮아 미선나무로 불리는 관목이며 우리나라에서만 자라는 한국 특산식물로, 1속 1종만 존재한다.

12 산울타리용으로 사용하기 부적합한 수종은?

① 꽝꽝나무 ② 탱자나무
③ 후박나무 ④ 측백나무

● 해설
후박나무는 20m까지 자라므로 산울타리용으로 부적합하다.

13 침엽수로만 짝지어진 것이 아닌 것은?

① 향나무, 주목
② 낙우송, 잣나무
③ 가시나무, 구실잣밤나무
④ 편백, 낙엽송

● 해설
구실잣밤나무 : 상록활엽교목

14 조경수목의 크기에 따른 분류 방법이 아닌 것은?

① 교목류 ② 관목류
③ 만경목류 ④ 침엽수류

● 해설
식물의 성상에 따른 분류
교목류, 관목류, 만경목류 등
※ 침엽수류는 잎의 모양에 따른 분류

15 상록침엽수의 수종에 해당하는 것은?

① 산딸나무 ② 낙우송
③ 비자나무 ④ 동백나무

● 해설
비자나무
척박하고 건조한 곳을 매우 싫어하며 향기가 나고 탄력이 있어서 바둑판으로 사용한다.

16 다음 중 교목에 해당하는 수종은?

① 꼬리조팝나무 ② 꽝꽝나무
③ 녹나무 ④ 명자나무

정답 09 ① 10 ③ 11 ① 12 ③ 13 ③ 14 ④ 15 ③ 16 ③

> **해설**
> 녹나무 : 기름진 토양이나 그늘진 곳에서 잘 자란다.

17 다음 중 덩굴식물(vine)로만 구성되지 않은 것은?

① 등나무, 개노박덩굴, 멀꿀, 으름
② 송악, 등나무, 능소화, 돈나무
③ 담쟁이, 송악, 능소화, 인동덩굴
④ 담쟁이, 칡, 개노박덩굴, 능소화

> **해설**
> 덩굴식물
> 줄기가 하늘을 향해 곧게 서있지 않고, 지면을 기어가거나 다른 물체에 붙어서 자라는 식물이다.
> ※ 돈나무 : 상록활엽관목

18 다음 중 상록침엽수에 해당하는 수종은?

① 은행나무
② 전나무
③ 메타세쿼이아
④ 일본잎갈나무

> **해설**
> 낙엽침엽교목
> 메타세쿼이아, 은행나무, 낙우송, 낙엽송(일본잎갈나무)

19 다음 중 수종의 특징상 관상 부위가 주로 줄기인 것은?

① 자작나무　② 자귀나무
③ 수양버들　④ 위성류

> **해설**
> 자작나무
> 줄기의 껍질이 종이처럼 하얗게 벗겨지고, 얇아서 명함을 만드는 데 사용하기도 한다. 특히 우리나라의 국보인 팔만대장경의 일부가 이 자작나무로 만들어져서 오랜 세월의 풍파 속에서도 벌레가 먹거나 뒤틀리지 않고 현존하고 있다.

20 다음 [보기]에서 설명하는 수종은?

- 원산지는 중국이다.
- 줄기 색채가 녹색이고, 6월경에 개화하며 꽃색은 황색이다.
- 성상이 낙엽활엽교목으로 열매는 5개의 분과로 익기 전에 벌어져서 완두콩 같은 종자가 보이고 10월에 익는다.

① 태산목　② 황매화
③ 벽오동　④ 노각나무

21 다음 중 상록수로만 짝지어진 것은?

① 섬잣나무, 리기다소나무, 동백나무, 낙엽송
② 소나무, 배롱나무, 은행나무, 사철나무
③ 철쭉, 주목, 모과나무, 장미
④ 사철나무, 아왜나무, 회양목, 독일가문비나무

22 다음 중 수목의 분류상 교목으로 분류할 수 없는 것은?

① 일본목련　② 느티나무
③ 목련　　　④ 병꽃나무

> **해설**
> 병꽃나무
> 산지의 중턱 이하에서 자라는 낙엽활엽관목으로, 원산지는 한국이다. 내음성과 내한성이 강하고 내염성, 내공해성도 강해 어디서든 잘 자라는 편이다. ①, ②, ③ 교목이 해당한다.

23 도시 내 도로주변의 녹지에 수목을 식재하고자 할 때 적당하지 않은 수종은?

① 쥐똥나무　② 벽오동나무
③ 향나무　　④ 전나무

> **해설**
> 전나무
> 상록침엽교목으로 원산지는 한국이다. 추운 곳에서 잘 자라는 고산성 교목이며 고온 건조한 기후에서는 생육이 잘되지 않는다.

정답 17 ② 18 ② 19 ① 20 ③ 21 ④ 22 ④ 23 ④

24 다음 중 목련과(科)의 나무가 아닌 것은?
① 태산목　　　② 튤립나무
③ 후박나무　　④ 함박꽃나무

> 해설
> • 목련과 : 백목련, 태산목, 튤립나무, 함박꽃나무, 자목련
> • 후박나무 : 녹나뭇과에 속하는 상록교목

25 건조된 소나무(적송)의 단위 중량에 가장 가까운 것은?
① 250kg/m³　　② 360kg/m³
③ 590kg/m³　　④ 1,100kg/m³

> 해설
> 건조된 소나무의 단위중량은 590kg/m³

26 다음 중 상록용으로 사용할 수 없는 식물은?
① 마삭줄　　② 불로화
③ 골고사리　④ 남천

> 해설
> 불로화
> 멕시코가 원산이고 관상용으로 심으며, 꽃은 여름부터 가을까지 계속 피운다.

27 다음 [보기]에서 설명하는 수종은?

> • 낙엽활엽교목으로 부채꼴형 수형이다.
> • 야합수(夜合樹)라 불리기도 한다.
> • 여름에 피는 꽃은 분홍색으로 화려하다.
> • 천근성 수종으로 이식에 어려움이 있다.

① 자귀나무　② 치자나무
③ 은목서　　④ 서향

28 산울타리에 적합하지 않은 식물재료는?
① 무궁화　　② 측백나무
③ 느릅나무　④ 꽝꽝나무

> 해설
> 느릅나무는 낙엽활엽교목이다.

29 활엽수이지만 잎의 형태가 침엽수와 같아서 조경적으로 침엽수로 이용하는 것은?
① 은행나무　② 산딸나무
③ 위성류　　④ 이나무

30 1년 내내 푸른 잎을 달고 있으며, 잎이 바늘처럼 뾰족한 나무를 가리키는 명칭은?
① 상록활엽수　② 상록침엽수
③ 낙엽활엽수　④ 낙엽침엽수

31 다음에서 설명하는 수종은?

> • 학명은 "Betula schmidtii Regel"이다.
> • Schmidt birch 또는 단목(檀木)이라 불리기도 한다.
> • 곧추 자라나 불규칙하며, 수피는 흑색이다.
> • 5월에 개화하고 암수 한 그루이며, 수형은 원추형, 뿌리는 심근성, 잎의 질감은 섬세하여 녹음수로 사용 가능하다.

① 오리나무　② 박달나무
③ 소사나무　④ 녹나무

32 식물의 분류와 해당 식물들의 연결이 옳지 않은 것은?
① 한국잔디류 : 들잔디, 금잔디, 비로드잔디
② 소관목류 : 회양목, 이팝나무, 원추리
③ 초본류 : 맥문동, 비비추, 원추리
④ 덩굴성 식물류 : 송악, 칡, 등나무

> 해설
> 이팝나무는 낙엽교목이며, 옛날 사람들은 이팝나무 꽃이 잘 피면 풍년이 들고 그렇지 못하면 흉년이 든다고 했다.

정답　24 ③　25 ③　26 ②　27 ①　28 ③　29 ③　30 ②　31 ②　32 ②

33 산울타리용 수종으로 부적합한 것은?
① 개나리   ② 칠엽수
③ 꽝꽝나무   ④ 명자나무

● 해설
칠엽수는 낙엽활엽교목이며, 어려서는 음수이지만 자라면서 햇빛을 좋아하며 도시 공해에 약하다. 중부 이남의 토심이 깊은 비옥한 곳에서 잘 자란다.

34 창살울타리(Trellis)는 설치 목적에 따라 높이가 결정되는데, 그 목적이 적극적 침입방지의 기능일 경우 최소 얼마 이상으로 하여야 하는가?
① 2.5m   ② 1.5m
③ 1m   ④ 50cm

● 해설
- 생울타리 외부의 침입방지를 위한 울타리의 높이 : 1.8m~2.0m
- 창살울타리 외부의 침입방지를 위한 울타리의 높이 : 최소 – 1.5m, 적정 – 1.8m

35 상록수의 주요한 기능으로 부적합한 것은?
① 시각적으로 불필요한 곳을 가려준다.
② 겨울철에는 바람막이로 유용하다.
③ 신록과 단풍으로 계절감을 준다.
④ 변화되지 않는 생김새를 유지한다.

● 해설
③ 활엽수에 대한 내용이다.

36 정원수 이용 분류상 보기의 설명에 해당되는 것은?

- 가지 다듬기에 잘 견딜 것
- 아래 가지가 말라 죽지 않을 것
- 잎이 아름답고 가지가 치밀할 것

① 가로수   ② 녹음수
③ 방풍수   ④ 생울타리

37 뚜렷하고 곧은 원줄기가 있고, 줄기와 가지의 구별이 명확하며 줄기의 길이가 현저히 큰 나무를 가리키는 것은?
① 덩굴식물   ② 교목
③ 관목   ④ 지피식물

● 해설
교목 : 높이 2~3m 이상의 곧은 줄기가 있고 줄기와 가지의 구별이 명확하고 키가 큰 나무를 말한다.

38 다음 중 산울타리의 다듬기 방법으로 옳은 것은?
① 전정횟수와 시기는 생장이 완만한 수종의 경우 1년에 5~6회 실시한다.
② 생장이 빠르고 맹아력이 강한 수종은 1년에 8~10회 실시한다.
③ 일반 수종은 장마 때와 가을에 2회 정도 전정한다.
④ 화목류는 꽃이 피기 바로 전 실시하고, 덩굴식물의 경우 여름에 전정한다.

● 해설
생장이 완만한 수종은 연 2회, 맹아력이 강한 수종은 연 3회 실시하며 일반적으로 장마 때와 가을에 2번 정도 전정한다.

39 다음 [보기]에서 설명하고 있는 수종은?

- 17세기 체코 선교사를 기념하는 데서 유래되었다.
- 상록활엽소교목으로 수형은 구형이다.
- 꽃은 한 개씩 정생 또는 액생, 꽃받침과 꽃잎은 5~7개이다.
- 열매는 삭과이고, 둥글며 3개로 갈라지고, 지름은 3~4cm 정도이다.
- 짙은 녹색의 잎과 겨울철 붉은색 꽃이 아름다우며, 음수로서 반음지나 음지에 식재하고, 전정에 잘 견딘다.

① 생강나무   ② 동백나무
③ 노각나무   ④ 후박나무

정답 33 ② 34 ② 35 ③ 36 ④ 37 ② 38 ③ 39 ②

> **해설**
> 동백나무 : 남부지방 수종이며 상록교목이다.

40 다음 중 교목으로만 짝지어진 것은?
① 동백나무, 회양목, 철쭉
② 전나무, 송악, 옥향
③ 녹나무, 잣나무, 소나무
④ 백목련, 명자나무, 마삭줄

41 울타리는 종류나 쓰이는 목적에 따라 높이가 다른데, 일반적으로 사람의 침입을 방지하기 위한 울타리의 경우 높이는 어느 정도가 가장 적당한가?
① 20~30cm ② 50~60cm
③ 80~100cm ④ 180~200cm

> **해설**
> 34번 문제 해설 참고

42 다음 중 가시 산울타리용으로 사용하기 부적합한 수종은?
① 탱자나무 ② 호랑가시나무
③ 가시나무 ④ 찔레나무

> **해설**
> 가시나무
> 바닷가 계곡에서 자라며, 높이 15~20m이다. 잔가지에는 털이 있으나 점차 없어진다.

43 다음 중 분류상 덩굴성 식물은?
① 서향 ② 송악
③ 병아리꽃나무 ④ 피라칸타

> **해설**
> 08번 문제 해설 참고

44 다음 중 수목의 용도에 따른 설명이 틀린 것은?
① 가로수는 병해충 및 공해에 강해야 한다.
② 녹음수는 낙엽활엽수가 좋으며, 가지 다듬기를 할 수 있어야 한다.
③ 방풍수는 심근성이고, 가급적 낙엽수이어야 한다.
④ 방화수는 상록활엽수이고, 잎이 두꺼워야 한다.

> **해설**
> 방풍수 : 바람을 차단하고 풍압에 견딜 수 있는 심근성이며 줄기와 가지가 강인한 상록수이어야 한다.

45 다음 수종 중 낙엽활엽수는?
① 후박나무 ② 가시나무
③ 박태기나무 ④ 동백나무

> **해설**
> 박태기나무는 밥알 모양과 비슷한 꽃이 피기 때문에 박태기라 하는데, 일부 지방에서는 밥티나무라고도 한다.

46 다음 식물 중 활엽수가 아닌 것은?
① 은행나무
② 구실잣밤나무
③ 가시나무
④ 수수꽃다리

> **해설**
> 낙엽침엽교목에는 은행나무, 메타세쿼이아, 낙엽송, 낙우송 등이 있다.

47 생울타리를 만들고자 한다. 30cm 간격으로 2줄 어긋나게 식재할 때 길이 3m에 몇 본을 식재할 수 있는가?
① 18본 ② 20본
③ 22본 ④ 25본

정답 40 ③ 41 ④ 42 ③ 43 ② 44 ③ 45 ③ 46 ① 47 ①

> **해설**
> 한 줄에 3/0.3＝10본이며 어긋나게 식재하기 때문에 9본이 된다. (1본씩 빼준다) 즉 2줄×9＝총 18본이 식재된다.

48 상록활엽수이며, 교목인 수종으로 가장 적당한 것은?
① 눈주목　　　　② 녹나무
③ 히말라야시더　④ 치자나무

49 다음 중 1속에서 잎이 5개 나오는 수종은?
① 백송　　　　　② 소나무
③ 리기다소나무　④ 잣나무

> **해설**
> 침엽수의 구분
>
> | 구분 | 주요 수목명 |
> |---|---|
> | 2엽속생 | 소나무, 곰솔(해송), 흑송, 방크스소나무, 반송 |
> | 3엽속생 | 백송, 리기다소나무, 리기테다소나무, 대왕송 |
> | 5엽속생 | 섬잣나무, 잣나무, 스트로브잣나무 |

50 다음 중 덩굴성식물로 가장 바른 것은?
① 서향　　　　② 송악
③ 병아리꽃나무　④ 피라칸타

51 은행나무같이 열매의 과육을 주물러 물로 씻은 후 종자를 추출하는 방법은?
① 부숙법　　　② 타작법
③ 풍선법　　　④ 유궤

52 형상수로 이용할 수 있는 수종은?
① 주목　　　　② 명자나무
③ 단풍나무　　④ 소나무

> **해설**
> 형상수(토피어리) : 주목, 향나무

53 다음 중 일반적으로 수종의 수명이 가장 긴 것은?
① 왕벚나무　　② 수양버들
③ 능수버들　　④ 느티나무

54 다음 중 여름에서 가을까지 꽃이 피는 수종으로 틀린 것은?
① 호랑가시나무　② 박태기나무
③ 은목서　　　　④ 협죽도

> **해설**
> 박태기나무
> 밥알 모양과 비슷한 꽃이 피기 때문에 박태기라 하는데, 일부 지방에서는 밥티나무라고도 한다. 개화시기는 4월경이다.

55 봄(5월경)에 꽃이 백색으로 피는 수종은?
① 산수유　　　② 산사나무
③ 팔손이나무　④ 능소화

> **해설**
> 산사나무는 일조량이 풍부한 지역을 선호하며 음지에서는 잘 자라지 못하는 나무이다.
> ※ 산수유(3월, 노란색), 능소화(7월, 주황색), 팔손이나무(11월, 백색)

56 흰색 계열의 작은 꽃은 5～6월에 피고 가을에 붉은 계통의 단풍잎 또는 관상가치가 있으며 음지사면에 식재하면 좋은 수종은?
① 왕벚나무　　② 모과나무
③ 국수나무　　④ 족제비싸리

> **해설**
> 국수나무
> 줄기가 무더기로 올라와 높이가 1~2m 정도로 비스듬히 자라며 긴 가지가 국수가락처럼 축축 늘어진다.

정답 48 ②　49 ④　50 ②　51 ①　52 ①　53 ④　54 ②　55 ②　56 ③

57 다음 수목 중 봄철에 꽃을 가장 빨리 보려면 어떤 수종을 식재해야 하는가?

① 말발도리
② 자귀나무
③ 매실나무
④ 금목서

> **해설**
> 매화(매실)는 언 땅 위에 고운 꽃을 피워 맑은 향기를 뿜어내고 온갖 꽃이 미처 피기도 전에 맨 먼저 피어나서 봄소식을 가장 먼저 알려 준다.

58 덩굴로 자라면서 여름에 아름다운 꽃이 피는 수종은?

① 등나무
② 홍가시나무
③ 능소화
④ 남천

> **해설**
> 당년생지에 꽃눈이 생기고 그해에 자란 가지에서 꽃이 분화하는 수목에는 배롱나무, 무궁화, 능소화 등이 있다. 능소화 잎은 마주보기를 하고 기수 1회 우상복엽이며, 낙엽성 덩굴식물이다.

59 흰색 계열의 꽃이 피는 수종은?

① 배롱나무
② 산수유
③ 일본목련
④ 백합나무

> **해설**
> • 배롱나무 : 붉은색
> • 산수유 : 노란색
> • 백합(튤립) : 노란색

60 일반적으로 여름에 백색 계통의 꽃이 피는 수목은?

① 산사나무
② 왕벚나무
③ 산수유
④ 산딸나무

> **해설**
> • 산사나무 : 5월, 백색
> • 왕벚나무 : 4월, 백색
> • 산수유 : 3월, 노란색

61 다음 중 백색 계통 꽃이 피는 수종들로 짝지어진 것은?

① 박태기나무, 개나리, 생강나무
② 쥐똥나무, 이팝나무, 층층나무
③ 목련, 조팝나무, 산수유
④ 무궁화, 매화나무, 진달래

> **해설**
> **백색 꽃**
> 매화나무, 조팝나무, 팥배나무, 산딸나무, 마가목, 노각나무, 백목련, 탱자나무, 돈나무, 태산목, 치자나무, 호랑가시나무, 팔손이나무, 함박꽃나무, 층층나무, 광나무, 때죽나무, 살구나무 등

62 다음 중 일반적으로 봄에 가장 먼저 황색 계통의 꽃이 피는 수종은?

① 등나무, 5월
② 산수유, 3월
③ 박태기나무, 4월
④ 벚나무, 4월

> **해설**
> • 등나무 : 5월   • 산수유 : 3월
> • 박태기나무, 벚나무 : 4월

63 다음 중 개화 시기가 가장 빠른 것은?

① 황매화
② 배롱나무
③ 매자나무
④ 생강나무

> **해설**
> • 황매화 : 4~5월   • 배롱나무 : 8월
> • 매자나무 : 5월   • 생강나무 : 3월

64 이른 봄에 꽃이 피는 수종끼리만 짝지어진 것은?

① 매화나무, 풍년화, 박태기나무
② 은목서, 산수유, 백합나무
③ 배롱나무, 무궁화, 동백나무
④ 자귀나무, 태산목, 목련

정답 57 ③ 58 ③ 59 ③ 60 ④ 61 ② 62 ② 63 ④ 64 ①

해설

개화기	주요 수목명
2월	매화나무(백색, 붉은색), 풍년화(노란색), 동백나무(붉은색), 영춘화(노란색)
3월	매화나무, 생강나무(노란색), 개나리(노란색), 산수유(노란색), 조팝나무(흰색), 미선나무(흰색)

65 전통정원에서 흔히 볼 수 있고 줄기가 아름다우며 여름에 꽃이 개화하여 100여 일 간다고 해서 백일홍이라 불리는 수종은?

① 백합나무 ② 불두화
③ 배롱나무 ④ 이팝나무

해설
배롱나무는 부처꽃과에 속하는 낙엽관목이지만, 백일홍은 국화과의 한해살이풀이다. 배롱나무나 나무백일홍 또는 목(木)백일홍 등 여러 이름으로 불린다.

66 다음 중 개화기간이 길며, 줄기의 수피 껍질이 매끈하고, 적갈색 바탕에 백반이 있어 시각적으로 아름다우며 한여름에 꽃이 드문 때 개화하는 부처꽃과(科)의 수종은?

① 배롱나무 ② 벚나무
③ 산딸나무 ④ 회화나무

67 여름철에 꽃을 볼 수 있는 나무로 짝지어진 것은?

① 금목서, 백목련
② 배롱나무, 능소화
③ 병꽃나무, 매화
④ 미선나무, 수수꽃다리

해설
여름꽃
배롱나무, 능소화, 무궁화, 자귀나무, 노각나무

68 수목과 열매의 색채가 맞게 연결된 것은?

① 사철나무 – 적색 계통
② 산딸나무 – 황색 계통
③ 붉나무 – 검은색 계통
④ 화살나무 – 청색 계통

69 홍색(紅色) 열매를 맺지 않는 수종은?

① 산수유 ② 쥐똥나무
③ 주목   ④ 사철나무

해설
쥐똥나무 열매는 검은색이다.

70 수목을 관상적인 측면에서 본 분류 중 열매를 감상하기 위한 수종에 해당되는 것은?

① 은행나무 ② 모과나무
③ 반송   ④ 낙우송

해설
모과나무는 높이 10m에 이르는 낙엽활엽수로, 목과(木瓜)·목계라고도 한다. 늑막염, 각기, 설사, 신경통, 근육통, 빈혈증에 효과가 있다.

71 10월경에 붉은 계열의 열매가 관상 대상이 되는 수종이 아닌 것은?

① 남천   ② 산수유
③ 왕벚나무 ④ 화살나무

해설
왕벚나무 열매는 검은색이다.

72 빨간색의 열매를 볼 수 없는 수목은?

① 은행나무 ② 남천
③ 피라칸타 ④ 자금우

해설
은행나무 열매는 노란색이다.

정답 65 ③ 66 ① 67 ② 68 ① 69 ② 70 ② 71 ③ 72 ①

73 다음 중 붉은색 계통의 단풍이 드는 나무가 아닌 것은?

① 백합나무　　② 벚나무
③ 화살나무　　④ 검양옻나무

●해설
백합나무는 가을에 노란색 단풍이 든다.

74 다음 중 수목의 이용상 단풍의 아름다움을 관상하려 할 때 식재할 수 없는 수종은?

① 단풍나무　　② 화살나무
③ 칠엽수　　　④ 아왜나무

●해설
아왜나무는 상록활엽교목이다.

75 다음 중 붉은색의 단풍이 드는 수목들로만 구성된 것은?

① 낙우송, 느티나무, 백합나무
② 칠엽수, 참느릅나무, 졸참나무
③ 감나무, 화살나무, 붉나무
④ 잎갈나무, 메타세쿼이아, 은행나무

76 일반적으로 수목의 단풍은 적색과 황색계열로 구분하는데, 황색 단풍이 아름다운 수종으로만 짝지어진 것은?

① 은행나무, 붉나무
② 백합나무, 고로쇠나무
③ 담쟁이덩굴, 감나무
④ 검양옻나무, 매자나무

●해설
황색계 단풍나무 수종
은행나무, 벽오동, 버드나무류, 느티나무, 계수나무, 낙우송, 메타세쿼이아, 고로쇠나무, 참느릅나무, 때죽나무, 석류나무, 칠엽수, 갈참나무, 백합, 졸참나무 등

77 일반적으로 홍색 계통의 단풍을 감상하기 위한 수종으로 가장 적당한 것은?

① 붉나무　　② 벽오동
③ 미루나무　④ 은행나무

●해설
단풍이 홍색인 나무
단풍나무류(고로쇠나무 제외), 화살나무, 붉나무, 감나무, 당단풍나무, 복자기나무, 산딸나무, 매자나무, 참빗살나무, 남천, 배롱나무, 흰말채나무 등
※ 황색계 : 벽오동, 미루나무, 은행나무

78 단풍의 색깔이 선명하게 드는 환경을 올바르게 설명한 것은?

① 날씨가 추워서 햇빛을 보지 못할 때
② 비가 자주 올 때
③ 바람이 세게 불고 햇빛을 적게 받을 때
④ 가을의 맑은 날이 계속되고 밤, 낮의 기온 차가 클 때

●해설
단풍은 가을이 되면 녹색 식물의 잎이 빨강, 노랑, 짙은 주홍색으로 변하는 것을 말한다. 이는 가을이 되면 식물의 광합성작용이 서서히 줄어들어 다른 색소가 표면에 나타나는 것이다. 안토시아닌 색소는 산성일 때 빨간색을, 알칼리성일 때 파란색을, 카로티노이드계는 노란색 또는 주황색을, 탄닌은 갈색을, 로티노이드와 크산토필은 황금색을 나타낸다.

79 가을에 단풍이 노란색으로 물드는 수종은?

① 붉나무　　　② 붉은고로쇠나무
③ 담쟁이덩굴　④ 화살나무

●해설
단풍이 황색 및 갈색계인 나무
은행나무, 벽오동, 버드나무류, 느티나무, 계수나무, 낙우송, 메타세쿼이아, 고로쇠나무, 참느릅나무, 때죽나무, 석류나무, 칠엽수, 갈참나무, 백합, 졸참나무, 모감주나무, 버즘나무 등

정답　73 ①　74 ④　75 ③　76 ②　77 ①　78 ④　79 ②

80 다음 수종들 중 단풍이 붉은색이 아닌 것은?
① 신나무 ② 복자기
③ 화살나무 ④ 고로쇠나무

● 해설
고로쇠나무는 황색 및 갈색계이다.

81 다음 중 단풍나뭇과 수종이 아닌 것은?
① 고로쇠나무 ② 이나무
③ 신나무 ④ 복자기

● 해설
이나무는 낙엽활엽교목이다.

82 다음 중 단풍의 색깔이 붉은색인 것으로 짝지어진 것은?
① 화살나무, 담쟁이덩굴
② 단풍나무, 상수리나무
③ 은행나무, 마가목
④ 계수나무, 낙엽송

83 다음 중 옻나무와 관련된 설명 중 가장 거리가 먼 것은?
① 열매는 핵과로 편원형이고 연한 황색이며 10월에 익는다.
② 주로 수나무가 암나무보다 옻액을 많이 생산한다.
③ 독립생장한 나무가 밀집생장한 나무보다 옻액을 많이 생산한다.
④ 표피가 울퉁불퉁한 나무가 부드러운 나무보다 옻액을 많이 생산한다.

● 해설
표피가 부드러운 나무에서 옻액이 많이 생산된다.

84 겨울철 흰 눈을 배경으로 줄기를 감상하려고 한다. 다음 중 어느 나무가 가장 적당한가?
① 백송 ② 자작나무
③ 플라타너스 ④ 흰말채나무

85 흰말채나무의 설명으로 옳지 않은 것은?
① 층층나뭇과로 낙엽활엽관목이다.
② 노란색의 열매가 특징적이다.
③ 수피가 여름에는 녹색이나 가을, 겨울철의 붉은 줄기가 아름답다.
④ 잎은 대생하며 타원형 또는 난상타원형이고, 표면에 작은 털, 뒷면은 흰색의 특징을 갖는다.

● 해설
흰말채나무
겨울철 줄기의 붉은색을 감상하기 위한 수종

86 줄기의 색이 아름다워 관상가치를 가진 대표적인 수종의 연결로 옳지 않은 것은?
① 백색계의 수목 : 자작나무
② 갈색계의 수목 : 편백
③ 적갈색계의 수목 : 소나무
④ 흑갈색계의 수목 : 벽오동

● 해설
벽오동은 잎이 오동나무의 잎과 같게 생겼으나 나무껍질이 초록색으로 다르다 하여 벽오동이라는 이름이 붙여졌다.

87 다음 중 줄기의 색채가 백색 계열에 속하는 수종은?
① 모과나무 ② 자작나무
③ 노각나무 ④ 해송

● 해설
자작나무의 나무껍질은 흰색이다.

정답 80 ④ 81 ② 82 ① 83 ④ 84 ④ 85 ② 86 ④ 87 ②

88 줄기의 색이 아름다워 관상가치가 있는 수목들 중 줄기의 색 계열과 그 연결이 옳지 않은 것은?

① 백색계의 수목 : 백송(Pinus bungeana)
② 갈색계의 수목 :
   편백(Chamaecyparis obtusa)
③ 청록색계의 수목 :
   식나무(Aucuba japonica)
④ 적갈색계의 수목 :
   서어나무(Carpinus laxiflora)

● 해설
서어나무는 높이 15m 정도로 자라며 수피는 회색이고 근육모양으로 울퉁불퉁하다.

89 가을에 그윽한 향기를 가진 동황색 꽃이 피는 나무는?

① 수수꽃다리 ② 금목서
③ 배롱나무 ④ 매화나무

● 해설
금목서는 상록활엽관목으로, 겨울 내내 푸른 잎과 자주색 열매를 맺고, 섬세하고 풍성한 가지에 향기까지 나는 정원수이다.

90 경계식재로 사용하는 조경수목의 조건으로 옳은 것은?

① 지하고가 높은 낙엽활엽수
② 꽃, 열매, 단풍 등이 특징적인 수종
③ 수형이 단정하고 아름다운 수종
④ 잎과 가지가 치밀하고 전정에 강하고, 아래 가지가 말라 죽지 않는 상록수

91 산울타리용 수종의 조건이라고 할 수 없는 것은?

① 성질이 강하고 아름다울 것
② 적당한 높이의 아래 가지가 쉽게 마를 것
③ 가급적 상록수로서 잎과 가지가 치밀할 것
④ 맹아력이 커서 다듬기 작업에 잘 견딜 것

● 해설
산울타리용 수종의 조건
• 상록수로서 가지와 잎이 치밀해야 한다.
• 적당한 높이로서 아래 가지가 오래도록 말라 죽지 않아야 한다.
• 맹아력이 크고 불량한 환경 조건에도 잘 견딜 수 있어야 한다.
• 전정에 강하고 유지 관리가 용이한 수종이 좋다.
• 외관이 아름다운 것이 좋다.

92 여름철 모래터 위에 강한 햇빛을 차단하여 그늘을 만들기 위해 식재하는 녹음용수로 가장 적합한 수종은?

① 버즘나무 ② 잣나무
③ 후피향나무 ④ 수양버들

● 해설
버즘나무는 폭도 넓지만 키가 커서 도로변처럼 넓은 곳에 조경수로 적합하며 아황산가스 흡수능력도 다른 나무에 비해 뛰어나다.

93 일반적으로 수종 요구특성은 그 기능에 따라 구분되는데, 녹음식재용 수종에서 요구되는 특징으로 가장 적합한 것은?

① 생장이 빠르고 유지 관리가 용이한 관목류
② 지하고가 높고 병해충이 적은 낙엽활엽수
③ 아래 가지가 쉽게 말라 죽지 않는 상록수
④ 수형이 단정하고 아름다운 상록침엽수

● 해설
녹음용 또는 가로수용 수목 조건
• 여름철에 강한 햇빛을 차단하기 위해 식재하는 나무이다.
• 녹음수는 여름에는 그늘을 제공하지만, 겨울에는 낙엽이 져서 햇볕을 가리지 않아야 한다.
• 녹음수는 수관이 크고, 큰 잎이 치밀하고 무성하다.
• 지하고가 높고 병해충이 적은 큰 교목이 좋다.
• 적용 수종 : 느티나무, 은행나무, 버즘나무, 칠엽수, 백합나무, 회화나무, 단풍나무, 벽오동, 왕벚나무 등

정답 88 ④ 89 ② 90 ④ 91 ② 92 ① 93 ②

94 차폐용 수목의 구비조건이 아닌 것은?

① 맹아력이 커야 한다.
② 가지와 잎이 치밀해야 한다.
③ 수관이 크고, 지하고가 높아야 한다.
④ 아래 가지가 오랫동안 말라 죽지 않아야 한다.

95 다음 중 차폐식재로 사용하기 가장 부적합한 수종은?

① 계수나무 ② 서양측백
③ 호랑가시 ④ 쥐똥나무

● 해설
계수나무는 계수나뭇과에 속하는 낙엽활엽교목으로 원산지는 일본이며 높이는 25m, 지름은 1.3m에 달한다.

96 일반적인 가로수 식재 수종의 설명으로 부적합한 것은?

① 도시 중심가의 경우 직간의 높이는 2~2.3m 이상의 지하고를 가진 것을 택한다.
② 가지가 고르게 자리잡아 어느 방향으로 보아도 정형적인 수형을 가진 것이 좋다.
③ 둥근 형태로 다듬어진 작은 수종이 적합하다.
④ 대기오염에 저항력이 강하고 생장이 빠른 것이 적합하다.

97 생울타리를 전지·전정하려고 한다. 태양의 광선을 가장 골고루 받지 못하는 생울타리 단면의 모양은?

① 원주형 ② 원뿔형
③ 역삼각형 ④ 달걀형

98 다음 중 산울타리 및 은폐용 수종으로 적당하지 않은 것은?

① 꽝꽝나무 ② 호랑가시나무
③ 사철나무 ④ 눈향나무

● 해설
눈향나무는 원줄기가 비스듬히 서거나 땅바닥으로 뻗고 향나무와 비슷하나, 옆으로 자라고 가지가 꾸불꾸불하다.

99 조경수목을 이용 목적으로 분류할 때 바르게 짝지어진 것은?

① 방풍용 – 회양목
② 방음용 – 아왜나무
③ 산울타리용 – 은행나무
④ 가로수용 – 무궁화

100 다음 중 가로수 식재를 설명한 것 중에서 옳지 않는 것은?

① 일반적으로 가로수 식재는 도로변에 교목을 줄지어 심는 것을 말한다.
② 가로수 식재 형식은 일정 간격으로 같은 크기의 같은 나무를 일렬 또는 이렬로 식재한다.
③ 식재 간격은 나무의 종류나 식재목적, 식재지의 환경에 따라 다르나 일반적으로 4~10m로 하는데, 5m 간격으로 심는 경우가 많다.
④ 가로수는 보도의 너비가 2.5m 이상 되어야 식재할 수 있으며, 건물로부터는 5.0m 이상 떨어져야 그 나무의 고유한 수형을 나타낼 수 있다.

101 다음 중 가로수를 심는 목적이라고 볼 수 없는 것은?

① 녹음을 제공한다.
② 도시환경을 개선한다.
③ 방음과 방화의 효과가 있다.
④ 시선을 유도한다.

정답 94 ③ 95 ① 96 ③ 97 ③ 98 ④ 99 ② 100 ③ 101 ③

102 가로수로서 갖추어야 할 조건을 기술한 것 중 옳지 않은 것은?

① 사철 푸른 상록수
② 각종 공해에 잘 견디는 수종
③ 강한 바람에도 잘 견딜 수 있는 수종
④ 여름철 그늘을 만들고 병해충에 잘 견디는 수종

103 가로수가 갖추어야 할 조건이 아닌 것은?

① 공해에 강한 수목
② 답압에 강한 수종
③ 지하고가 낮은 수목
④ 이식에 잘 적응하는 수목

104 다음 중 가로수용으로 사용되기 가장 부적합한 수종은?

① 은행나무　　② 사스레피나무
③ 가중나무　　④ 플라타너스

● 해설
사스레피나무는 상록활엽관목으로 높이 1m 정도이며 주로 숲속이나 계곡, 들판에서 자생한다.

105 쾌적한 가로환경과 환경보전, 교통제어, 녹음과 계절성, 시선유도등으로 활용하고 있는 가로수로 적합하지 않은 수종은?

① 이팝나무　　② 은행나무
③ 메타세쿼이아　　④ 능소화

● 해설
능소화 잎은 마주보기를 하고 기수 1회 우상복엽이며, 낙엽성 덩굴식물이다.

106 다음 중 방음용 수목으로 사용하기 부적합한 것은?

① 아왜나무　　② 녹나무
③ 은행나무　　④ 구실잣밤나무

● 해설
은행나무는 침엽수이지만 잎의 형태는 활엽수이므로 방음용 수목으로 부적합하다.

107 다음 [보기]와 같은 기능을 가진 수종으로만 구성된 것은?

[보기]
차량의 왕래가 빈번하여 많은 소음이 발생되는 곳에서 소음을 차단하거나 감소시키기 위하여 나무를 심어 녹지 공간을 만든다. 방음용 수목으로는 잎이 치밀한 상록교목이 바람직하며, 지하고가 낮고 자동차의 배기가스에 견디는 힘이 강한 것이 좋다.

① 은행나무, 느티나무
② 녹나무, 아왜나무
③ 산벚나무, 수국
④ 꽃사과나무, 단풍나무

● 해설
방음용 수목
• 도로변의 소음을 차단하거나 감소시키기 위해 나무를 심는다.
• 잎이 치밀한 상록교목이 적합하며, 지하고가 낮고 자동차의 배기가스에 견디는 힘이 강한 수종을 고른다.
• 적용 수종 : 회화나무, 측백나무, 구실잣밤나무, 녹나무, 식나무, 아왜나무, 후피향나무 등

108 방풍림을 설치하려고 할 때 가장 알맞는 수종은 어느 것인가?

① 구실잣밤나무　　② 자작나무
③ 버드나무　　④ 사시나무

● 해설
방풍림의 종류
가시나무류, 구실잣밤나무, 녹나무, 후박나무, 삼나무, 곰솔, 편백, 화백, 느티나무, 떡갈나무, 소나무, 버즘나무, 일본잎갈나무, 박달나무, 가문비나무 등

정답　102 ①　103 ③　104 ②　105 ④　106 ③　107 ②　108 ①

109 다음 중 일반적으로 살아 있는 가지를 자를 경우 수종별 상처부위의 부후 위험성이 가장 적은 나무는?

① 왕벚나무　　② 소나무
③ 목련　　　　④ 느릅나무

110 다음 중 수형은 무엇에 의해 이루어지는가?

① 줄기+뿌리　　② 잎+가지
③ 수관+줄기　　④ 흉고직경

111 일반적으로 관목성 수목의 규격표시 방법으로 가장 적합한 것은?

① 수고 × 흉고직경　　② 수고 × 수관 폭
③ 간장 × 근원직격　　④ 근장 × 근원직경

● 해설

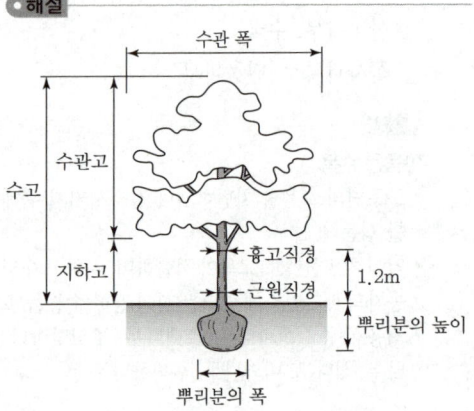

112 조경수는 수관 본위(本位)의 수형(樹型)에 따라 크게 정형과 부정형으로 구분하고, 거기서 정형은 직선형과 곡선형으로 구분된다. 다음 곡선형 중 타원형(楕圓形)인 'G'의 형태를 갖는 수종은?

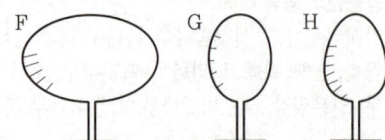

① 미루나무　　② 층층나무
③ 박태기나무　④ 히말라야시더

● 해설

박태기나무는 밥알 모양과 비슷한 꽃이 피기 때문에 박태기라 하는데, 일부 지방에서는 밥티나무라고도 한다.

113 나무줄기가 옆으로 비스듬히 기울어진 수형을 무엇이라고 하는가?

① 사간　　② 곡간
③ 직간　　④ 다간

114 다음 중 개화기가 가장 빠른 것끼리 짝지어진 것은?

① 목련, 아카시아
② 목련, 수수꽃다리
③ 배롱나무, 쥐똥나무
④ 풍년화, 생강나무

● 해설

풍년화는 2월, 생강나무는 3월에 개화한다.

115 그해에 자란 가지에 꽃눈이 분화하여 월동 후 봄에 개화하는 형태의 수종은?

① 능소화　　② 배롱나무
③ 개나리　　④ 장미

● 해설

능소화, 배롱나무, 장미는 여름에 개화하는 수종이다.

116 한여름에 뿌리분을 크게 하고 잎을 모조리 따낸 후 이식하면 쉽게 활착할 수 있는 나무는?

① 소나무　　② 목련
③ 단풍나무　④ 섬잣나무

정답　109 ②　110 ③　111 ②　112 ③　113 ①　114 ④　115 ③　116 ③

117 다음 중 이식에 대한 적응성이 강하여 이식이 가장 쉬운 수종으로만 짝지어진 것은?
① 소나무, 태산목
② 주목, 섬잣나무
③ 사철나무, 쥐똥나무
④ 백합나무, 감나무

118 질감(texture)이 가장 부드럽게 느껴지는 수목은?
① 태산목
② 칠엽수
③ 회양목
④ 팔손이나무

● 해설
회양목은 잎이 촘촘히 밀생해서 음영을 주면 그림자가 모여 있어 부드러운 느낌을 준다.

119 다음 수종 중 질감이 가장 거친 것은?
① 칠엽수
② 소나무
③ 회양목
④ 영산홍

120 질감이 거칠어 큰 건물이나 서양식 건물에 가장 잘 어울리는 수종은?
① 철쭉류
② 소나무
③ 버즘나무
④ 편백

● 해설
버즘나무는 폭도 넓지만 키가 커서 도로변처럼 넓은 곳에 조경수로 적합하며 아황산가스 흡수능력도 다른 나무에 비해 뛰어나다.

121 다음 중 성목의 수간 질감이 가장 거칠고, 줄기는 아래로 처지며, 수피가 회갈색으로 갈라져 벗겨지는 것은?
① 배롱나무
② 개잎갈나무
③ 벽오동
④ 주목

122 식물의 생육에 가장 알맞은 토양의 용적 비율(%)은?(단, 광물질 : 수분 : 공기 : 유기질의 순서로 나타낸다.)
① 50 : 20 : 20 : 10
② 45 : 30 : 20 : 5
③ 40 : 30 : 15 : 15
④ 40 : 30 : 20 : 10

● 해설
토양의 4대 성분

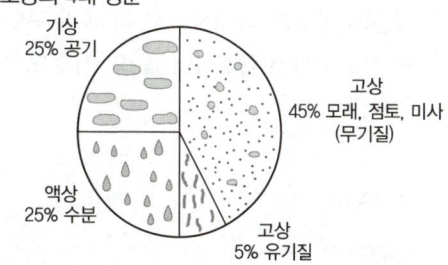

123 토양의 무기질입자의 단위조성에 의한 토양의 분류를 토성(土性)이라고 한다. 다음 중 토성을 결정하는 요소가 아닌 것은?
① 자갈
② 모래
③ 미사
④ 점토

● 해설
자갈은 관련이 없다.

124 토양 단면에 있어 낙엽과 그 분해 물질 등 대부분 유기물로 되어 있는 토양 고유의 층으로 L층, F층, H층으로 구성되어 있는 것은?
① 용탈층(A층)
② 유기물층(AO층)
③ 집적층(B층)
④ 모재층(C층)

● 해설
토양 단면

구분	단면 상태
AO층 (유기물층)	• A층 위의 유기물로 되어 있는 토양층 • 고유의 층으로 L층(낙엽층), F층(조부식층), H층(정부식층)으로 세분
A층 (표층, 용탈층)	• 토양의 표면이 되는 층 • 미세한 부식과 점토가 A층에서 내려와 미생물과 식물활동이 왕성
B층 (하층, 집적층)	A층으로부터 용탈되어 쌓인 층

정답 117 ③ 118 ③ 119 ① 120 ③ 121 ② 122 ② 123 ① 124 ②

C층 (기층, 모재층)	산화된 토양으로서 여러 가지 색을 보이며 식물뿌리는 없음
D층 (기암, 모암층)	C층 밑의 암석층

125 정원에 잔디를 식재하고자 할 때 요구되는 생육 최소토심(生育最小土深)의 기준으로 가장 적합한 것은?

① 10cm ② 20cm
③ 30cm ④ 40cm

● 해설

구분	지피/초화류	소관목	대관목	천근성 교목	심근성 교목
생존 최소토심	15	30	45	60	90
생육 최소토심	30	45	60	90	150

126 산성토양에서 가장 잘 견디는 나무는?

① 조팝나무 ② 진달래
③ 낙우송   ④ 회양목

● 해설
소나무류, 밤나무류, 진달래 등은 산성토양에 강하다.

127 다음 흙의 성질 중 점토와 사질토의 비교 설명으로 틀린 것은?

① 투수계수는 사질토가 점토보다 크다.
② 압밀속도는 사질토가 점토보다 빠르다.
③ 내부마찰각은 점토가 사질토보다 크다.
④ 동결피해는 점토가 사질토보다 크다.

● 해설
내부마찰각은 사질토가 점토보다 크다.

128 조경의 목적을 달성하기 위해 식재되는 조경 수목은 식재지의 위치나 환경 조건 등에 따라 적절히 선택되는데, 다음 중 조경수목이 갖추어야 할 조건이 아닌 것은?

① 쉽게 옮겨 심을 수 있을 것
② 착근이 잘되고 생장이 잘되는 것
③ 그 땅의 토질에 잘 적응할 수 있는 것
④ 희귀하여 가치가 있는 것

● 해설
조경수목의 구비조건
• 이식이 용이하여 이식 후에도 활착이 잘되는 것
• 관상 가치와 실용적 가치가 높을 것
• 불리한 환경에서도 견딜 수 있는 힘이 강할 것
• 번식이 잘되고 손쉽게 다량으로 구입이 가능할 것
• 이식 후 병해충에 대한 저항성이 강할 것
• 이식 후 다듬기 작업 등 유지관리가 용이할 것
• 주변 환경과 조화를 잘 이루며, 사용목적에 적합할 것

129 조경수목의 구비조건으로 적합하지 않은 것은?

① 불리한 환경에서도 견딜 수 있는 힘이 커야 한다.
② 병해충에 대한 저항성이 강해야 한다.
③ 다듬기 작업 등 관리가 용이해야 한다.
④ 번식이 어렵고, 소량으로 구입할 수 있어야 한다.

130 수목 규격의 표시는 수고, 수관 폭, 흉고직경, 근원직경, 수관 길이를 조합하여 표시할 수 있다. 표시법 중 'H×W×R'로 표시할 수 있는 가장 적합한 수종은?

① 은행나무 ② 사철나무
③ 주목   ④ 소나무

131 식재설계도면상에서 특정수목의 규격표시를 H30×R10으로 표기하고 있을 때 그중 'R'이 의미하는 것은?

① 흉고직경 ② 근원직경
③ 반지름   ④ 수관 폭

정답 125 ③ 126 ② 127 ③ 128 ④ 129 ④ 130 ④ 131 ②

• 해설
조경수목의 규격

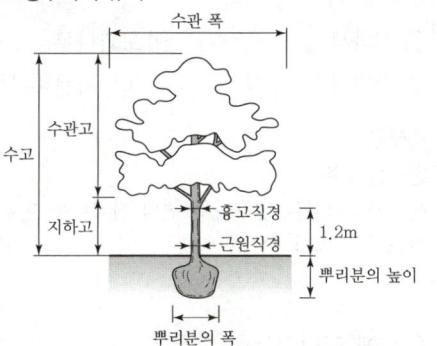

132 시공 시 설계도면에 수목의 치수를 구분하고자 한다. 다음 중 흉고직경을 표시하는 기호는?

① B ② C.L
③ F ④ W

133 수목의 식재품 적용 시 흉고직경에 의한 식재품을 적용하는 것이 가장 적합한 수종은 어느 것인가?

① 산수유 ② 은행나무
③ 꽃사과 ④ 백목련

134 아왜나무의 식재 시 품의 산정은 어느 것을 기준으로 하는가?

① 나무높이에 의한 식재
② 흉고직경에 의한 식재
③ 근원직경에 의한 식재
④ 수관 폭에 의한 식재

135 조경수목의 규격에 관한 설명으로 옳은 것은?(단, 괄호 안의 영문은 기호를 의미한다)

① 흉고직경(R) : 지표면 줄기의 굵기
② 근원직경(B) : 가슴 높이 정도의 줄기의 지름
③ 수고(W) : 지표면으로부터 수관의 하단부까지의 수직높이
④ 지하고(BH) : 지표면에서 수관의 맨 아래 가지까지의 수직높이

136 다음 중 식재 시 수목의 규격 표기 방법이 다른 것은?

① 은행나무 ② 메타세쿼이아
③ 잣나무 ④ 벚나무

• 해설
• H×B : 은행나무, 메타세쿼이아, 벚나무
• H×W : 잣나무

137 다음 중 양수(陽樹)로만 짝지어진 것은?

① 느티나무, 가중나무
② 주목, 버즘나무
③ 아왜나무, 소나무
④ 식나무, 팔손이나무

• 해설
양수(陽樹) 수종
소나무, 곰솔, 일본잎갈나무, 측백나무, 포플러류, 가중나무, 무궁화, 향나무, 은행나무, 철쭉류, 느티나무, 자작나무, 백목련, 개나리 등

138 다음 수목 가운데 양수에 해당하는 것은?

① 주목 ② 전나무
③ 곰솔 ④ 동백나무

139 다음 중 양수 수종이 아닌 것은?

① 메타세쿼이아
② 굴거리나무
③ 버즘나무
④ 자작나무

정답 132 ① 133 ② 134 ① 135 ④ 136 ③ 137 ① 138 ③ 139 ②

140 다음 수종 중 양수에 속하는 것은?
① 가중나무　　② 주목
③ 팔손이나무　　④ 녹나무

141 다음 중 양수만으로 짝지어진 것은?
① 향나무, 가중나무
② 가시나무, 아왜나무
③ 회양목, 주목
④ 사철나무, 독일가문비나무

142 다음 중 음수에 해당하는 수종은?
① 낙엽송　　② 무궁화
③ 식나무　　④ 해송

> 해설
> 음수 수종
> 주목, 전나무, 독일가문비나무, 호랑가시나무, 팔손이나무, 비자나무, 가시나무, 녹나무, 후박나무, 동백나무, 회양목, 광나무 등

143 음지에서 견디는 힘이 강한 수종으로만 짝지어진 것은?
① 소나무, 향나무
② 회양목, 눈주목
③ 태산목, 가중나무
④ 자작나무, 느티나무

144 다음 조경수목 중 음수인 것은?
① 비자나무　　② 소나무
③ 향나무　　④ 느티나무

145 다음 수종 중 음수가 아닌 것은?
① 주목　　② 독일가문비나무
③ 팔손이나무　　④ 석류나무

146 다음 중 음수이며 또한 천근성인 수종에 해당하는 것은?
① 전나무　　② 모과나무
③ 자작나무　　④ 독일가문비나무

> 해설
> 천근성 수종
> 독일가문비, 일본잎갈나무, 편백, 자작나무, 미루나무, 버드나무, 매화나무 등

147 음수에 해당하는 수종은?
① 팔손이나무　　② 소나무
③ 무궁화　　④ 일본잎갈나무

148 바람의 피해로부터 보호하기 위해 굵은 가지치기를 실시하지 않아도 되는 수종으로 가장 적합한 것은?
① 독일가문비나무　　② 수양버들
③ 자작나무　　④ 느티나무

149 일반적으로 높이 10m의 방풍림에 있어서 방풍 효과가 미치는 범위를 바람 위쪽과 바람 아래쪽으로 구분할 수 있는데, 바람 아래쪽은 약 얼마까지 방풍효과를 얻을 수 있는가?
① 100m　　② 300m
③ 500m　　④ 1,000m

> 해설
> • 수림대 아래쪽 : 수고의 25~30배
> • 수림대 위쪽 : 수고의 6~10배

150 다음 중 건조지에 가장 잘 견디는 나무는?
① 낙우송　　② 능수버들
③ 오리나무　　④ 가중나무

> 해설
> 가중나무는 상록활엽관목으로, 높이 1m 정도이며 주로 숲속이나 계곡, 들판에서 자생한다.

정답　140 ①　141 ①　142 ③　143 ②　144 ①　145 ④　146 ④　147 ①　148 ④　149 ②　150 ④

151 건조한 땅이나 습지에 모두 잘 견디는 수종은?

① 향나무 ② 계수나무
③ 소나무 ④ 꽝꽝나무

●해설
- 습지에 잘 견디는 수종 : 낙우송, 꽝꽝나무, 수양버들
- 습지를 싫어하는 수종 : 소나무

152 다음 중 연못가나 습지 등에서 가장 잘 견디는 수목은?

① 오리나무 ② 향나무
③ 신갈나무 ④ 자작나무

●해설
오리나무는 산기슭이나 논둑의 습지 근처에서 자라는 낙엽활엽교목이다.

153 연못가나 습지 등에 가장 잘 견디는 수목은?

① 낙우송 ② 향나무
③ 해송 ④ 가중나무

●해설
습지에 강한 수종
메타세쿼이아, 수국, 낙우송, 버드나무류, 위성류, 오리나무 등

154 배수가 잘되지 않는 저습지대에 식재하려 할 경우 적합하지 않은 수종은?

① 메타세쿼이아 ② 자작나무
③ 오리나무 ④ 능수버들

155 다음 중 척박지에 잘 견디는 수종으로만 짝지어진 것은?

① 왕벚나무, 가중나무
② 물푸레나무, 버드나무
③ 느티나무, 향나무
④ 소나무, 자작나무

●해설
척박지에 견디는 수종
소나무, 곰솔(해송), 향나무, 등나무, 오리나무, 자작나무, 참나무류, 자귀나무, 싸리류, 보리수나무, 졸참나무 등

156 다음 중 비옥지를 가장 좋아하는 수종은?

① 소나무 ② 아까시나무
③ 사방오리나무 ④ 주목

●해설
비옥지를 좋아하는 수종
삼나무, 주목, 측백, 느티나무, 오동나무, 벽오동, 칠엽수, 회화나무, 단풍나무, 왕벚나무 등

157 다음 중 심근성 수종으로 가장 적당한 것은?

① 버드나무 ② 사시나무
③ 자작나무 ④ 느티나무

●해설
심근성 수종
느티나무, 소나무, 전나무, 주목, 곰솔, 동백나무, 녹나무

158 낙엽활엽교목이며, 천근성으로 바람에 의해 잘 넘어지고 전정 시 수형의 미가 깨지기 쉬우므로 주의해야 하는 조경수목은?

① 향나무 ② 쥐똥나무
③ 수양버들 ④ 주목

●해설
수양버들은 물가나 습지에서 자라는 수목이다.

159 토양의 비옥도에 따라 수종이 영향을 받는데, 척박지에 잘 견디는 수종으로 가장 적합한 것은?

① 삼나무 ② 자귀나무
③ 배롱나무 ④ 이팝나무

●해설
척박한 토양에 잘 견디는 수종
155번 문제 해설 참고

정답 151 ④ 152 ① 153 ① 154 ② 155 ④ 156 ④ 157 ④ 158 ③ 159 ②

160 다음 중 척박지에서도 잘 자라는 수종은?
① 가시나무　　② 졸참나무
③ 팽나무　　　④ 피나무

161 심근성 수종에 해당하지 않은 것은?
① 섬잣나무　　② 태산목
③ 은행나무　　④ 현사시나무

● 해설
현사시나무는 은백양과 수원사시나무의 교잡종으로 생장 속도가 빠른 낙엽활엽교목이다.

162 수목은 뿌리를 뻗는 상태에 따라 천근성과 심근성으로 분류한다. 다음 중 천근성(淺根性) 수종으로만 짝지어진 것은?
① 자작나무, 미루나무
② 전나무, 백합나무
③ 느티나무, 은행나무
④ 백목련, 가시나무

163 다음 중 심근성 수종이 아닌 것은?
① 자작나무　　② 전나무
③ 후박나무　　④ 백합나무

164 수종에 따라 또는 같은 수종이라도 개체의 성질에 따라 삽수의 발근에 차이가 있는데 일반적으로 삽목 시 발근이 잘되지 않는 수종은?
① 오리나무　　② 무궁화
③ 개나리　　　④ 꽝꽝나무

● 해설
오리나무는 거리를 표시하기 위해 5리마다 심었다 하여 오리나무라 하며 산기슭이나 논둑의 습지 근처에서 자라는 낙엽활엽교목이다.

165 다음 중 일반적으로 대기오염 물질인 아황산가스에 대한 저항성이 강한 수종은?
① 전나무　　　② 산벚나무
③ 편백　　　　④ 소나무

● 해설
아황산가스에 강한 수종
편백, 화백, 가이즈카향나무, 향나무, 가시나무, 사철나무, 플라타너스, 능수버들, 쥐똥나무, 무궁화 등

166 공해에 대한 저항성은 강하나 맹아력이 약한 수종은?
① 이팝나무　　② 메타세쿼이아
③ 쥐똥나무　　④ 느티나무

167 바다를 매립한 공업단지에서 토양의 염분함량이 많을 때는 토양 염분을 몇 % 이하로 용탈시킨 다음 식재하는가?
① 0.08　　　　② 0.02
③ 0.1　　　　 ④ 0.3

● 해설
토양 염분을 0.02% 이하로 용탈시킨 후 식재하여야 한다.

168 염분 피해가 많은 임해공업지대에서 가장 생육이 양호한 수종은?
① 노간주나무　② 단풍나무
③ 목련　　　　④ 개나리

169 염분의 해에 가장 강한 수종은?
① 곰솔　　　　② 소나무
③ 목련　　　　④ 단풍나무

정답　160 ②　161 ④　162 ①　163 ①　164 ④　165 ③　166 ①　167 ②　168 ①　169 ①

● 해설
내염성이 강한 수종
비자나무, 주목, 곰솔, 측백나무, 쥐똥나무, 가이즈카향나무, 굴거리나무, 녹나무, 태산목, 후박나무, 아왜나무, 먼나무, 후피향나무, 동백나무, 호랑가시나무, 팔손이나무, 모감주나무, 사철나무, 진달래 등

170 다음 중 내염성에 대해 가장 약한 수종은?
① 아왜나무 ② 곰솔
③ 일본목련 ④ 모감주나무

● 해설
일본목련은 해가 잘 들고 표토가 깊고 배수가 잘되는 비옥한 땅을 좋아한다. 너무 습한 곳은 좋지 않으며 공해에는 강한 편이나 내염성이 약하다.

171 다음 중 일반적으로 자동차 매연에 대한 저항성이 가장 강한 수종은?
① 은행나무 ② 소나무
③ 목련   ④ 단풍나무

● 해설
은행나무는 중국이 원산지인 낙엽교목으로, 분류학상 나자식물, 침엽수로 구분한다. 볕을 좋아하고 건조해도 잘 자라며 불이나 추위에도 강한 편이라 도심지 주변의 가로수로 심는다.

172 다음 중 임해공업단지에 공장조경을 하려 할 때 가장 적합한 수종은?
① 광나무   ② 히말라야시더
③ 감나무   ④ 왕벚나무

173 다음 중 아황산가스에 강한 수종으로만 짝지어진 것은?
① 소나무, 전나무
② 히말라야시더, 느티나무
③ 삼나무, 편백나무
④ 사철나무, 은행나무

174 공해 중 아황산가스(SO_2)에 의한 수목의 피해를 설명한 것으로 가장 알맞은 것은?
① 한낮이나 생육이 왕성한 봄, 여름에 피해를 입기 쉽다.
② 밤이나 가을에 피해가 심하다.
③ 공기 중의 습도가 낮을 때 피해가 심하다.
④ 겨울에 피해가 심하다.

● 해설
공중습도가 높을 때, 여름에 피해가 심하다.

175 다음 중 목본성인 지피식물로 가장 적당한 것은?
① 송악   ② 금매화
③ 비비추   ④ 송엽국

176 지피식물에 해당하지 않는 것은?
① 인동덩굴   ② 송악
③ 금목서   ④ 맥문동

● 해설
지피식물
자라면 토양을 덮어 풍해나 수해를 방지하여 주는 식물로, 잔디, 맥문동, 덩굴식물류, 초본류 등이 해당한다.
※ 금목서는 관목이다.

177 지피식물로 지표면을 덮을 때 유의할 조건으로 부적합한 것은?
① 지표면을 치밀하게 피복해야 한다.
② 식물체의 키가 높고, 일년생이어야 한다.
③ 번식력이 왕성하고, 생장이 비교적 빨라야 한다.
④ 관리가 용이하고, 병해충에 잘 견뎌야 한다.

● 해설
② 식물체의 키가 작고, 다년생이여야 한다.

정답 170 ③ 171 ① 172 ① 173 ④ 174 ① 175 ① 176 ③ 177 ②

178 여름에는 연보라 꽃과 초록잎을, 가을에는 검은 열매를 감상하기 위한 백합과 지피식물은?

① 맥문동 ② 만병초
③ 영산홍 ④ 칡

179 봄에 가장 일찍 꽃을 볼 수 있는 초화는?

① 팬지 ② 백일홍
③ 칸나 ④ 마리골드

◉해설
봄에 심어서 여름에 피는 꽃에는 백일홍, 칸나, 마리골드 등이 있다.

180 봄에 씨뿌림하는 1년초에 해당하지 않는 것은?

① 마리골드 ② 피튜니아
③ 채송화 ④ 샐비어

◉해설

분류	구분	주요 식물명
한해살이 초화류 (1, 2년생 초화)	봄뿌림	맨드라미, 샐비어, 마리골드, 나팔꽃, 코스모스, 과꽃, 봉숭아, 채송화, 분꽃, 백일홍 등
	가을뿌림	팬지, 피튜니아, 금잔화, 금어초, 패랭이꽃, 안개초 등
여러해살이 초화류 (다년생 초화)		국화, 베고니아, 아스파라거스, 카네이션, 부용, 꽃창포, 제라늄, 도라지꽃, 옥잠화 등
알뿌리 초화류 (구근 초화류)	봄심기	달리아, 칸나, 아마릴리스, 글라디올러스 등
	가을심기	히아신스, 아네모네, 튤립, 수선화, 백합(나리), 아미리스 등
수생초류		수련, 연꽃, 붕어마름, 창포류, 마름 등

181 여러해살이 화초에 해당되는 것은?

① 베고니아 ② 금어초
③ 맨드라미 ④ 금잔화

182 다음 화훼류 중 알뿌리가 아닌 것은?

① 튤립 ② 수선화
③ 칸나 ④ 스위트 알리숨

◉해설
스위트 알리숨은 여러해살이 초화류이다.

183 다음 화초 중 재배 특성에 따른 분류 중 알뿌리화초에 해당하는 것은?

① 크로커스 ② 맨드라미
③ 과꽃 ④ 백일홍

◉해설
②, ③, ④번은 한해살이 초화류이다.

184 다음 중 화단의 꽃 심기 작업 설명으로 틀린 것은?

① 바람이 없고 흐린 날 심는다.
② 비교적 큰 면적의 화단은 중심부에서 바깥쪽으로 심어 나간다.
③ 식재한 화초에 그늘이 지도록 작업자는 태양을 등지고 심어 나간다.
④ 묘를 심은 다음 발로 꼭 밟아준다.

185 구근초화로서 봄심기를 하는 초화는?

① 맨드라미 ② 봉선화
③ 달리아 ④ 마리골드

186 다음 [보기]에서 설명하는 식물명은?

> • 홍초과에 해당된다.
> • 잎은 넓은 타원형이며 길이는 30~40cm로, 양 끝이 좁고 밑부분이 엽초로 되어 원줄기를 감싸며 측맥이 평행하다.
> • 삭과이고 둥글며 잔 돌기가 있다.
> • 뿌리에는 고구마 같은 굵은 근경이 있다.

정답 178 ① 179 ① 180 ② 181 ① 182 ④ 183 ① 184 ④ 185 ③ 186 ④

① 히아신스 ② 튤립
③ 수선화 ④ 칸나

187 화단을 조성하는 장소의 환경 조건과 구성하는 재료 등에 따라 구분 할 때 "경재화단"에 대한 설명으로 바른 것은?

① 화단의 어느 방향에서나 관상이 가능하도록 중앙 부위는 높게, 가장자리는 낮게 조성한다.
② 양쪽 방향에서 관상할 수 있으며 키가 작고 잎이나 꽃이 화려하고 아름다운 것을 심어준다.
③ 전면에서만 감상되기 때문에 화단 앞쪽은 키가 작은 것을, 뒤쪽으로 갈수록 큰 초화류를 심는다.
④ 가장 규모가 크고 아름다운 화단으로 광장이나 잔디밭 등에 조성되며 화려하고 복잡한 문양 등으로 펼쳐진다.

188 관상하기에 편리하도록 땅을 1~2m 깊이로 파내려가 평평한 바닥을 조성하고, 그 바닥에 화단을 조성한 것은?

① 기식화단 ② 모둠화단
③ 양탄자화단 ④ 침상화단

189 봄 화단용에 쓰이는 식물이 아닌 것은?

① 팬지 ② 데이지
③ 금잔화 ④ 샐비어

● 해설
샐비어 – 여름 화단용

190 봄 화단에 알맞은 알뿌리화초는?

① 리아트리스 ② 수선화
③ 샐비어 ④ 데이지

191 화단에 초화류를 식재하는 방법으로 옳지 않은 것은?

① 식재할 곳에 1m²당 퇴비 1~2kg, 복합비료 80~120g을 밑거름으로 뿌리고, 20~30cm 깊이로 갈아 준다.
② 큰 면적의 화단은 바깥쪽부터 시작하여 중앙 부위로 심어 나가는 것이 좋다.
③ 식재하는 줄이 바뀔 때마다 서로 어긋나게 심는 것이 보기에 좋고 생장에 유리하다.
④ 심기 한나절 전에 관수해 주면 캐낼 때 뿌리에 흙이 많이 붙어 활착에 좋다.

● 해설
② 큰 면적의 화단은 중앙에서 시작하여 바깥쪽으로 심어 나가는 것이 좋다.

192 화단용 초화류의 조건에 해당되지 않는 것은?

① 가급적 키가 커야 한다.
② 가지가 많이 갈라져 꽃이 많이 달려야 한다.
③ 개화기간이 길어야 한다.
④ 환경에 대한 적응성이 강해야 한다.

● 해설
화단용 초화류의 조건
• 모양이 아름답고 키가 되도록 작을 것
• 꽃과 가지가 많이 달릴 것
• 꽃의 색깔이 선명하고 개화기간이 길 것
• 건조와 바람, 병해충에 강할 것
• 환경에 대한 적응성이 강할 것

193 봄 화단용 꽃으로만 짝지어진 것은?

① 팬지, 국화
② 데이지, 금잔화
③ 샐비어, 색비름
④ 칸나, 마리골드

정답 187 ③ 188 ④ 189 ④ 190 ② 191 ② 192 ① 193 ②

03장 인공재료 – 1

SECTION 01 목질재료

1. 목질재료의 특징

① 조경공간에서 이용하는 목재의 용도에는 의자, 퍼걸러, 정자, 탁자, 조합놀이대, 게시판 등이 있다.

② 목재의 장단점 중요★★★

장점	단점
• 색깔 및 무늬 등 외관이 아름답다. • 재질이 부드럽고 촉감이 좋다. • 무게가 가볍고 운반이 용이하다. • 무게에 비하며 강도가 크다. • 단열성이 크다. • 가공하기 쉽고 열전도율이 낮다. • 인장강도가 압축강도보다 크다. • 가격이 저렴하고 크기에 대한 제한이 없다.	• 자연소재이므로 부패성이 매우 크다. • 목재의 함수율에 따라 팽창·수축하여 변형이 잘 된다. • 목재의 부위에 따라 재질이 고르지 못하다. • 구부러지고 옹이가 있다. • 내화성이 약하다.

※ 단열성 : 열이 서로 통하지 않도록 막는 성질

2. 목재의 성질 중요★★★

① 목재는 함수율이 낮을수록, 비중이 높을수록 강도가 높다.
② 목재의 강도 순서 : 인장강도 > 휨강도 > 압축강도 > 전단강도
③ 목재는 외력(외부에서 작용하는 힘)이 섬유방향으로 작용할 때 강하다.

> 목재의 역학적 성질에 대한 설명으로 틀린 것은?
> ① 옹이로 인하여 인장강도는 감소한다.
> ② 비중이 증가하면 탄성은 감소한다.
> ③ 섬유포화점 이하에서는 함수율이 감소하면 강도가 증대된다.
> ④ 일반적으로 응력의 방향이 섬유방향에 평행한 경우 강도(전단강도 제외)가 최대가 된다.
>
> **풀이** 비중이 높을수록 강도가 높다.
>
> 답 ②

3. 목재의 종류

① 원목(통나무) : 베어 낸 그대로의 아직 가공하지 아니한 나무로 거친 질감을 가지고 있다.

② 제재목 (중요★☆☆)

원목을 가공한 제품으로 두께, 폭 및 형상에 따라 각재와 판재로 구분

각재류	폭이 두께의 3배 미만인 것
판재류	두께가 7.5cm 미만에 폭이 두께의 4배 이상인 것

③ 합판 : 목재를 얇은 판으로 깎은 단판에 접착제를 바른 다음 나무의 결이 엇갈리게 여러 겹으로 붙여서 만든 판상의 가공재

㉠ 가공된 합판의 특징 (중요★★★)
- 나뭇결이 아름답다.
- 홀수의 판(3, 5, 7장)을 압축하여 만든다.
- 내구성과 내습성이 크며, 수축·팽창의 변형이 거의 없다.
- 고른 강도를 유지하며 넓은 판을 균일한 크기로 제작 가능하다.
- 제품이 규격화되어 사용이 능률적이다.
- ※ 단점 : 내화성이 약하다.

㉡ 합판의 종류 : 완전 내수합판, 보통 내수합판, 테코합판, 미송합판, 무취합판 등

④ 대나무
㉠ 왕대, 섬대, 솜대, 해장죽, 맹종죽 등 그 종류가 다양하다.
㉡ 외측 부분이 내측 부분보다 우수하다.
㉢ 대기에서 건조할 때 10~20일, 통죽재로 건조할 때 4~6개월이 소요된다.
㉣ 벌채는 늦가을에서 초겨울 사이가 적당하다.
㉤ 대나무의 기름을 빼려면 불에 쬐어 수세미로 닦아 준다.

ⓑ 신이대 : 조릿대류로 길게 자라고 생장 후에도 껍질이 떨어지지 않고 붙어 있는 특징
ⓢ 특징 : 외관이 아름답고 탄력이 좋은 반면 잘 쪼개지고 썩기 쉬우며 벌레의 피해를 쉽게 받는 단점이 있다.

⑤ 섬유재 중요★★☆
  ㉠ 볏짚, 새끼줄, 밧줄 등이 조경의 재료로 사용된다.
  ㉡ 새끼줄 10타래가 1속

> **참고** 볏짚의 특징
> - 약한 나무를 보호하기 위하여 줄기를 싸 주거나 지표면을 덮어주는 데 사용된다.
> - 천공성 해충의 침입을 방지한다.
> - 햇빛에 타는 것을 방지한다.
> - 잠복소 역할을 한다.

⑥ 녹화마대 중요★★☆
  ㉠ 수목이식 후 수간보호용으로 사용하며 미관조성에 적합한 재료이다.
  ㉡ 수목 굴취 시 뿌리분을 감는 데 사용하며, 포트(pot) 역할을 한다.
  ㉢ 세근(잔뿌리) 형성에 도움을 주는 마 소재의 친환경 재료이다.
  ㉣ **통기성, 흡수성, 보온성, 부식성이 우수하여 줄기감기용으로 사용한다.**
  ※ 녹화 테이프 : 지주목 설치 시에 필요한 완충재료로서 통기성과 내구성이 뛰어난 환경친화적인 재료이다.

⑦ 거푸집(Form)
  ㉠ 철근콘크리트 구조물을 소정의 형태 및 치수로 만들기 위하여 일시 설치하는 가설 구조물
  ㉡ 박리제는 콘크리트 타설 후 거푸집을 해체할 때 모체와 잘 떨어지라고 바르는 소모성 재료(폐유)

⑧ 코이어 메시 중요★★☆
  ㉠ 코코넛 열매를 원료로 한 천연 섬유재료이다.
  ㉡ 절토, 성토, 호안공사, 하천제방 법면보강공사에 사용한다.

4. 목재의 특성

① 침엽수와 활엽수

침엽수	• 가볍고 목질이 연하며 탄력이 있고 질겨서 건축이나 토목의 구조재용으로 사용된다. • 예외수종 : 향나무, 낙엽송은 침엽수이지만 목질이 단단하다.
활엽수	• 무늬가 아름답고 단단하며 재질이 치밀하여 가구제작과 실내건축용으로 사용된다. • 예외수종 : 포플러, 오동나무는 활엽수이지만 목질이 연하다.

② 목재의 구조 : 수심, 목질부, 수피부, 부름켜(형성층)
  ㉠ 춘재, 추재, 나이테 특징

춘재(春材)	• 봄, 여름에 생긴 세포로 생장이 왕성하며 색깔이 엷고 재질이 연하다.
추재(秋材)	• 가을, 겨울에 생긴 세포로 치밀하고 단단하며 빛깔이 진하다.
나이테	• 수심을 중심으로 춘재와 추재가 모여 하나의 동심원을 이룬 것 • 생장이 느린 수목이나 추운 지방에서 자란 수목은 나이테가 좁고 치밀하다.

  ㉡ 심재와 변재 중요 ★★☆

심재	• 목재의 수심 가까이에 위치하고 있는 적갈색 부분이다. • 세포들은 거의 죽어서 원형질이 파괴되고, 함수율도 작다. • 강도와 내구성이 크다.
변재	• 목재의 표면에 위치한 흰색 부분이다. • 함수율이 높아 건조가 느리며, 강도나 내구성이 심재보다 작다. • 심재보다 흡수성, 수축변형이 크다. • 수액의 이동과 양분의 저장 역할을 한다.

  ㉢ 목재의 단위 : 1재(才) = 1치 × 1치 × 12자(1치 = 3cm, 1자 = 30cm)

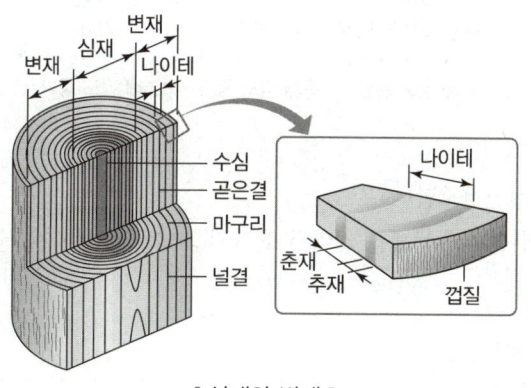

┃심재와 변재┃

③ 비중 중요 ★★☆

생목비중	수목을 벌채한 직후 건조하지 않고 측정한 비중
기건비중	공기 중의 습도와 평형이 되게 건조된 목재의 비중
절대비중	수분을 완전히 제거시킨 목재의 비중

5. 목재의 건조

① 건조의 목적은 함수율이 15% 정도가 되도록 하는 것이다. 중요★★★
② 목재의 함수율에 가장 큰 영향을 미치는 것은 압축강도이다.

$$함수율 = \frac{건조\ 전\ 중량 - 건조\ 후\ 중량}{건조\ 후\ 중량} \times 100\%$$

③ 목재 건조의 목적 중요★★★
　㉠ 목재의 갈라짐, 뒤틀림을 방지하고, 중량을 경감한다.
　㉡ 목재의 변색, 부패를 방지한다.
　㉢ 탄성 및 강도, 내구성이 커진다.
　㉣ 가공, 접착, 칠이 잘된다.
　㉤ 목재의 단열과 전기절연(전기가 통하지 못하게 하는 힘) 효과가 높아진다.
　㉥ 균류에 의한 부식 및 벌레 피해를 예방하는 데 큰 도움이 된다.
　㉦ 섬유포화점에서 절건상태에 가까워짐에 따라 강도가 커진다.

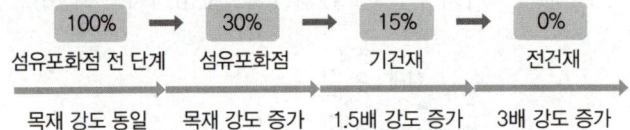

④ 건조방법
　㉠ 자연건조법(천연건조법) 중요★★☆
　　• 공기건조법(실외에 목재를 쌓아두고 기건상태가 될 때까지 건조), 침수법(침지법)
　　• 건조 시 침엽수보다 활엽수가 오래 걸린다.
　㉡ 인공건조법 중요★☆☆

찌는 법	목재 건조 시 건조시간은 단축되나 목재의 크기에 제한을 받고 강도가 약해지며, 광택이 줄어드는 건조 방법 • 증기법 : 건조실에 고온, 다습한 공기를 주입하여 서서히 건조시키는 방법 • 열기법 : 건조실 내의 공기를 가열하여 건조시키는 방법 • 훈연법 : 연소가스를 건조실에 주입하여 건조시키는 방법(톱밥 등을 태워 건조시킴)
공기가열 건조법	밀폐된 실내에 가열한 공기를 보내서 건조를 촉진시키는 방법
고주파 건조법	고주파의 유전가열에 의하여 원료를 건조하는 방법

⑤ 할렬(checks) : 목재를 건조할 때 목재의 깊은 속은 천천히 마르는데 표면은 빨리 말라서 목재가 갈라지는 현상이다.(이 과정에서 생긴 힘을 "건조응력"이라 한다.)

⑥ 목재의 공극률

$$공극률 = \left(1 - \frac{전건비중}{진비중}\right) \times 100\%$$

기출 진비중이 1.5, 전건비중이 0.54인 목재의 공극률은?
① 66% ② 64%
③ 62% ④ 60%

풀이 $\left(1 - \frac{0.54}{1.5}\right) \times 100\% = 64\%$

답 ②

6. 목재의 방부

목재의 가장 큰 단점인 썩음, 벌레 먹음, 갈라짐을 방지하고 사멸시키는 것을 방부(防腐)라 한다.

① 목재의 부식요인

부패	• 각종 효소에 의해 목재는 화학적으로 변화하며, 곰팡이에 의해서 변색
풍화	• 기온과 비바람에 의해서 자연적 변화로 목질부가 분해되고 가루상태가 됨
충해	• 흰개미, 하늘소, 왕바구미, 가루나무좀 등이 연한 춘재부를 침식 • 표면만 남기고 내부가 텅 비게 됨(흰개미에 의한 목재의 피해가 가장 크다.)

② 방부제의 종류 중요 ★★☆

㉠ 유용성 방부제
  • 유성 또는 유용성 방부제에 유화제를 첨가하여 물에 희석하여 사용하는 방부제이다.
  • 방수성이 좋고 침투성이 있으며 값싸고 화기에 약하며, 냄새 및 색깔이 좋지 않다.

콜타르	• 석탄을 고온건류할 때 부산물로 생기는 검은 유상 액체 • 도포용 포장으로 많이 사용
크레오소트 오일	• 흑갈색 용액으로 방부력이 우수하며, 냄새가 좋지 않다. • 실내에서 사용이 곤란하므로 실외에서 사용한다.(가격이 싸다.) • 철도침목 등의 방부처리에 많이 사용하며, 비휘발성 방부제이다.

㉡ 수용성 방부제 : 물에 녹여 사용하는 방부제로, 화기에 안정하고 침투성이 좋다.

CCA 방부제	• 크롬, 구리, 비소의 화합물로 목재의 방부처리에 가장 많이 사용 • 맹독성 때문에 사용을 금지하고 있음
ACC 방부제	• 크롬, 구리의 화합물(광산의 갱목에만 사용)

크레오소트 오일의 특징
- 살균력이 강하고, 물에 용해되지 않으며, 비휘발성이다.
- 페인트 조장이 어렵다.

③ 방부제 처리법 중요★★☆

도장법	• 목재 표면에 방수제, 살균제를 처리하는 방법으로 작업이 쉽고 비용이 저렴 • 페인트, 니스, 콜타르, CCA 방부제, 크레오소트 오일, 콜타르, 아스팔트 등을 사용
표면탄화법	• 목재 표면을 3~10mm 깊이로 태워 탄화시키는 방법 • 흡수성이 증가하는 단점이 있으며, 효과의 지속성이 부족
침투법	• 상온에서 CCA 방부제, 크레오소트 오일 등에 목재를 담가 침투시키는 방법
도포법	• 가장 간단한 방법으로서 방부처리 전에 목재를 충분히 건조시킨 후 균열이나 이음부 등에 주의하여 솔 등으로 바르는 것 • 크레오소트 오일을 사용할 때에는 80~90℃ 정도로 가열하면 침투가 잘된다. • 침투깊이 : 5~6mm
침지법	• 방부제 용액에 목재를 7~10일간 담가서 처리하는 방법 • 침투깊이 : 15mm
주입법	• 밀폐관 내에서 건조된 목재에 방부제를 가압하며 주입하는 방법 • 목재 방부제 처리방법 중 가장 효과적인 방법
상압주입법	• 80~120℃의 크레오소트 오일액 속에 3~6시간 담근 후 다시 찬 액 속에 5~6시간 담그면 15mm 정도까지 침투한다.
가압주입법	• 밀폐관 안에 방부제를 넣고 7~13kg/cm² 기압으로 가압하여 주입하는 것 • 70℃의 크레오소트 오일이 가장 효과적이다.(철도침목에 많이 사용) • 가압주입 방법 : 로우리법, 베델법, 루핑법 등
생리적 주입법	• 벌목 전에 뿌리에 약액을 주입하여 나무줄기로 이동하게 하는 방법으로 효과는 없다.

④ 기타 처리법
㉠ 목재 접착제의 내수성이 높은 순서
   페놀수지 > 요소수지 > 아교
㉡ 니스(바니시) : 수분 침투를 못하게 하여 부패방지 역할을 한다.
㉢ 바니시와 페인트의 차이점 : 안료 첨가 여부
㉣ 침엽수보다 활엽수가 균류침해에 약하다.
㉤ 트렐리스(trellis) : 정원 구조물로 덩굴식물을 지탱하기 위해 목재 및 금속 등을 사용하여 격자 모양으로 만든 격자 틀이다.

┃트렐리스(trellis)┃

SECTION 02 석질재료

1. 석질재료의 특징

① 석재의 성질 [중요★★☆]
  ㉠ 압축강도는 강하나 휨강도나 인장강도는 약하다.
  ㉡ 비중이 클수록 조직이 치밀하고 압축강도가 크다.
  ㉢ 석재의 비중은 2.0~2.7 정도이다.
  ㉣ 석재의 장단점

장점	단점
• 외관이 매우 아름답다. • 내구성과 강도가 크다. • 변형되지 않으며 가공성이 있다. • 불연성이며 내화성, 내수성이 크다. • 마모성이 적다.	• 무거워서 다루기 불편하다. • 가공하기 어렵고, 긴 재료를 얻기 힘들다. • 운반비와 가격이 비싸다. • 고열에 약하다.

※ 불연성 : 불에 타지 않는 성질
   내화성 : 화재 또는 연소에 대한 저항성
   내수성 : 물의 침투에 대하여 저항하는 성질

2. 암석의 분류

① 화성암 [중요★★★]

> • 지구 내부에서 생성된 규산염의 용융체인 마그마(magma)가 지표면이나 땅속 깊은 곳에서 냉각하여 굳어진 암석을 말한다.
> • 화성암은 산성암, 중성암, 염기성암으로 분류가 되는데, 이때 기준이 되는 것은 규산(SiO_2)의 함유량이다.
> • 종류에는 화강암, 안산암, 현무암, 섬록암 등이 있다.
> • 화성암은 지하 깊은 곳에서 굳어지는 심성암과 지표에서 굳어지는 화산암으로 구분한다.
> ※ 화강암은 심성암이며, 안산암 · 현무암 등은 화산암이다.

  ㉠ 화강암 [중요★★☆]
    • 마그마가 지하 10km 아래의 깊이에서 서서히 굳어진 암석이다.
    • 우리나라 돌의 70%를 차지하며 조경에서 많이 사용한다.
    • 조직이 균질하며 압축강도, 내구성이 크다.
    • 색깔은 흰색 또는 담회색이다.
    • 외관이 아름답고 바닥 포장용 석재로 우수하다.
    • 균열이 적어 큰 석재를 얻을 수 있다.
    • 자연석은 디딤돌, 경관석 등에 사용

- 가공석은 탑, 석등, 묘석, 산책로, 계단, 경계석 등에 사용
- 풍화에 대한 저항성이 크며, 내구연한이 길다.(석회암은 내구연한이 가장 짧다.)
- 화강암을 구성하는 주요 광물로는 석영, 장석, 운모 등이 있다.
※ 단점 : 내화성이 작아, 고열을 받는 곳에는 적합하지 않다.

ⓒ 안산암
- 마그마가 지표로 분출하며 급격히 굳어진 암석이다.
- 석질이 치밀하고 내화성이 크다.
- 판상, 주상의 절리가 있어 채석이 쉬우나 큰 돌을 얻기는 어렵다.
- 색깔은 담회색, 담적갈색, 암회색이 많다.
- 자연석은 경관석, 돌쌓기, 디딤돌로 사용
- 가공석은 바닥 포장용, 계단 설치용, 조각물, 구조재, 골재 등으로 사용

ⓒ 현무암
- 지구상에 가장 널리 분포하고 있는 암석이다.
- 세립질이고 치밀하고 단단하나 무거우며 다공질인 것도 많다.
- 주상절리가 있어 기둥 모양으로 갈라지는 것이 많다.
- 제주도의 돌들이 대부분 포함된다.
- 자연석은 경관석, 디딤돌, 돌쌓기 등에 사용
- 가공석은 문기둥, 석등, 바닥포장, 건축재 등에 사용

② 퇴적암(수성암)

> - 암석의 분쇄물 등이 물이나 바람에 의하여 한 곳에 퇴적되어 깊은 곳에 있는 부분이 오랜 기간 동안 지압과 지열에 의해 굳어진 암석이다.
> - 종류에는 응회암, 사암, 점판암, 석회암, 혈암 등이 있다.

㉠ 응회암 중요 ★★☆
- 화산재가 응고된 것으로 빈 공간이 많아 흡수량이 크며, 투수가 잘 된다.
- 재질이 부드러워 가공이 쉽고 열에 강하며(내화성이 큼), 가볍다.
- 내화성이 필요한 곳에 사용
- 정원의 깔돌, 포장용, 실내 장식용으로 사용

㉡ 점판암
- 찰흙이나 진흙이 물속에 침전되어 지열과 지압으로 다시 굳은 것을 말한다.
- 색깔은 회갈색, 청회색, 암회색으로 불에 강하다.
- 판 모양으로 쉽게 떨어진다.
- 용도는 디딤돌, 바닥 포장용, 계단 설치용, 디딤돌, 지붕 재료, 천연 슬레이트 등에 사용

③ 변성암

> • 화성암 또는 퇴적암이 지각의 변동이나 지열을 받아서 화학적 또는 물리적으로 성질이 변한 암석을 말한다.
> • 종류에는 대리석, 편마암, 사문암, 편암 등이 있다.

화성암 → 변성암	• 화강암 → 편마암 • 현무암 → 결정편암
퇴적암 → 변성암	• 석회암 → 대리석 • 사암 → 규암

㉠ 대리석 중요★★☆
- 석회암이 변성된 것으로 색채와 무늬가 화려하고 아름답다.
- 석질이 치밀하고 비교적 가공하기 쉬운 반면 산과 열에 약하고 풍화되기 쉬워 외장용으로 사용하기에는 부적합하다.
- 외관이 미려하며 실내 장식재 또는 조각 재료로 사용한다.

㉡ 편마암 : 화강암이 변성된 암석이며, 줄무늬가 아름다워 정원석에 쓰인다.

3. 석재의 조직 상태 중요★★☆

구분	특징
절리(節理)	• 암석의 표면에 자연적으로 외력이 가해져서 생긴 괴상, 판상, 주상 등의 무늬를 말한다. • 돌에 선이나 무늬가 생겨 방향감을 주며 예술적 가치가 있다.
주상절리(柱狀節理)	단면의 모양이 육각형, 오각형 등 다각형으로 긴 기둥 모양을 이루고 있는 절리를 말한다.
석리(石理)	• 석재의 구성 조직을 말하며 돌결이라고 한다. • 조암광물의 집합상태에 따라 생기는 눈 모양을 말한다.
조면(야면)	비, 바람 등에 의해 풍화, 침식되어 표면이 거칠어진 상태
뜰녹	• 풍화작용을 받아 석회 성분 중의 철이 산화하여 조면에 흔히 생기는 것이다. • 조면에 고색(古色)을 띠어 관상 가치가 높다.

4. 석재의 종류 및 이용

① 규격재

㉠ 각석, 판석 중요★☆☆

각석	• 폭(너비)이 두께의 3배 미만이고, 폭보다 길이가 긴 직육면체의 석재 • 용도 : 쌓기용, 기초용, 경계석
판석	• 폭(너비)이 두께의 3배 이상이고, 두께가 15cm 미만인 판 모양의 석재 • 용도 : 디딤돌, 원로 포장용, 계단 설치용

- ㉡ 마름돌
  - 채석장에서 떼어 낸 돌을 지정된 규격에 따라 직육면체가 되도록 각 면을 다듬은 석재이다.
  - 형태가 정형적인 곳에 사용하고 시공비용이 많이 들며, 석재 중에서 가장 고급품이다.
- ㉢ 견칫돌(견치석) 중요★★☆
  - 송곳니의 모양을 닮았다고 해서 견칫돌이라 부른다.
  - 돌을 뜰 때에 앞면, 길이, 뒷면, 접촉부 등의 치수를 지정해서 깨낸 돌이다.
  - 길이는 앞면 길이의 1.5배이며 돌 1개의 무게는 약 70~100kg이다.
- ㉣ 사고석 : 지름 15~25cm 정도의 정방형 돌로 궁궐의 담장이나, 고건축 담장에 사용
- ㉤ 잡석(깬돌) 중요★☆☆
  - 규격에 맞추어 만들지 않고 견칫돌과 비슷하게 막 깨낸 돌을 말한다.
  - 지름 10~30cm 정도의 크기인 형상이 고르지 못한 돌이다.
- ㉥ 자갈
  - 지름 0.5~7.5cm의 돌이다.
  - 콘크리트의 골재, 석축의 메움돌로 사용한다.
- ㉦ 산석, 하천석 : 보통 지름 50~100cm로 석가산용으로 사용한다.
- ㉧ 호박돌
  - 지름 18cm 이상의 둥근 자연석이다.
  - 육법쌓기(6개의 돌에 의해 둘러싸이는 형태)에 의해 쌓는다.
  - 용도는 수로의 사면보호, 연못 바닥, 원로 포장용으로 사용한다.
- ㉨ 조약돌
  - 가공하지 않은 천연석이다.
  - 지름 10~20cm 정도의 계란형 돌이다.

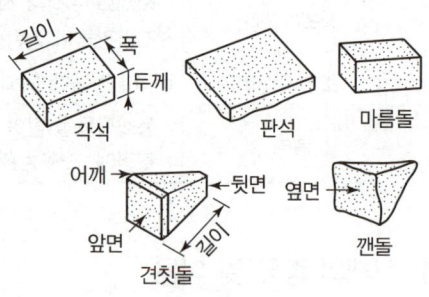

| 규격재의 여러 가지 모양 |

5. 석재의 강도

① 비중이 클수록 조직이 치밀하고 압축강도가 크다.

② 석재의 압축강도 순서

> 화강암 > 대리석 > 안산암 > 사암 > 응회암 > 부석

6. 자연석

① 자연석의 모양 중요★★☆

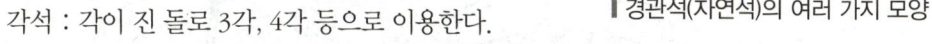

- ㉠ 입석 : 사방 어디서나 감상할 수 있고, 키가 커야 효과적인 돌이다.
- ㉡ 횡석 : 눕혀 쓰는 돌로 안정감이 있다.
- ㉢ 평석 : 윗부분이 평평한 돌로 주로 앞부분에 배석한다.
- ㉣ 환석 : 둥근 생김새의 돌이다.
- ㉤ 각석 : 각이 진 돌로 3각, 4각 등으로 이용한다.
- ㉥ 사석 : 비스듬히 세워서 이용되는 돌로 해안절벽 표현 또는 풍경을 나타낼 때 사용한다.
- ㉦ 와석 : 소가 누운 형태의 돌로 횡석보다 안정감이 있다.
- ㉧ 괴석 : 괴상하게 생긴 돌로 태호석이나 제주도의 현무암이 해당된다.

∥경관석(자연석)의 여러 가지 모양∥

② 자연석의 종류

산석	• 산이나 들, 땅속에서 채집한 돌로 산돌이라 한다.(화강암, 안산암, 현무암) • 모가 나고 이끼나 뜰녹이 있어 경관가치가 높다.
강석	• 물을 이용한 조경공간에 사용하면 매우 효과적이다.
해석	• 해안가 또는 바닷속에서 산출된 돌로 바닷돌이라 한다. • 색깔은 적색 계통이 많으며 흑색 계통도 있고, 염분을 완전히 제거한 후 사용한다.

7. 석재 가공방법 중요★★★

혹두기(메다듬)	쇠메를 사용하여 석재 표면의 돌출된 부분만 대강 떼어 내는 작업
정다듬	혹두기한 면을 정으로 비교적 고르게 다듬는 작업
도드락다듬	정다듬한 표면을 도드락망치를 이용하여 1~3회 정도 곱게 다듬는 작업
잔다듬	• 외날망치나 양날망치로 정다듬면 또는 도드락다듬면을 일정 방향이나 평행선으로 나란히 찍어 다듬어 평탄하게 마무리하는 것 • 다듬는 횟수는 용도에 따라 1~5회 정도 함
물갈기	잔다듬한 면에 연마기나 숫돌로 매끈하게 갈아 내는 방법

※ 가공순서 : 혹두기 → 정다듬 → 도드락다듬 → 잔다듬 → 물갈기
※ 버너마감 : 버너로 돌면을 구워버리는 마감방법

∥석공사용 공구∥

8. 골재

① 입자의 크기에 따라 굵은 골재와 잔골재로 나뉜다.
② 잔골재 : 10mm체를 모두 통과하며, 일반적인 모래를 말한다.
③ 굵은 골재 : 5mm(No. 4)체에 거의 다 남으며, 일반적인 자갈을 말한다.

④ 골재의 입형 중요★★☆
　㉠ 골재의 알의 모양은 둥근 것 또는 정육면체에 가까운 것이 좋다.
　㉡ 가늘고 긴 모양이나 둥글고 납작한(세장형) 모양이 섞여 있으면 워커빌리티에 좋지 않다.

⑤ 골재의 입도 중요★★☆
　㉠ 골재에 굵고 잔 알이 섞여 있는 정도를 골재의 입도라 한다.
　㉡ 입도가 좋을 경우 : 간극이 적고, 강도가 크며, 시멘트 사용량이 절약된다.
　㉢ 입도가 나쁠 경우 : 워커빌리티가 좋지 않고, 재료분리가 크며, 강도가 약하다.

9. 석재 가공 제품

① 석재를 여러 가지 모양으로 다듬어 만든 정원의 첨경물로 만들어진 것
② 종류로는 석탑, 석등, 석교, 조각물 등이 있다.

10. 석재판 붙이기 시공법

모르타르 사용 여부에 따라 습식, 반건식, 건식, GPC 공법 등으로 나눈다.

습식공법	모르타르를 벽면에 바르고 그 위에 돌을 붙이는 방법
건식공법	돌을 붙일 때 물을 사용하지 않고 긴결철물을 써서 고정하는 공법
GPC 공법	석재 뒷면에 철물을 고정시킨 후 콘크리트로 타설하여 양생하는 방법

03장 적중예상문제

01 다음 중 목재에 관한 설명으로 틀린 것은?

① 단열성이 크다.
② 가공성이 좋다.
③ 소리, 전기 등의 전도성이 크다.
④ 건조가 불충분한 것은 썩기 쉽다.

해설
전도성 물질(금, 은, 구리 등)은 전기 전도율이 비교적 높은 물질을 의미한다.

02 목재의 일반적인 성질에 대한 설명으로 틀린 것은?

① 섬유포화점 이하에서는 함수율이 낮을수록 강도가 크다.
② 비중이 높을수록 강도가 크다.
③ 열전도율은 콘크리트, 석재 등에 비하여 낮다.
④ 목재의 강도 크기는 섬유방향에 평행한 방향이 직각 방향보다 작다.

해설
목재는 외력(외부에서 작용하는 힘)이 섬유방향으로 작용할 때 강하다.

03 목질 재료의 특성으로 알맞은 것은?

① 재질이 부드럽고 촉감이 좋다.
② 무게가 무거운 편이다.
③ 가공이 어렵다.
④ 열전도율이 높다.

해설
목재의 장점
- 색깔 및 무늬 등 외관이 아름답다.
- 재질이 부드럽고 촉감이 좋다.
- 무게가 가볍고 운반이 용이하다.
- 무게에 비하여 강도가 크다.
- 단열성이 크다.
- 가공하기 쉽고 열전도율이 낮다.
- 인장강도가 압축강도보다 크다.
- 가격이 저렴하고 크기에 대한 제한이 없다.

04 일반적인 목재의 특성 중 장점으로 옳은 것은?

① 충격, 진동에 대한 저항성이 작다.
② 열전도율이 낮다.
③ 충격의 흡수성이 크고, 건조에 의한 변형이 크다.
④ 가연성이며 인화점이 낮다.

05 목재의 특성 중 단점에 해당하는 것은?

① 가볍고 운반이 용이하다.
② 무게에 비해 강도가 높다.
③ 가공성과 시공성이 용이하다.
④ 가연성이므로 불에 타기 쉽다.

해설
목재의 단점
- 자연소재이므로 부패성이 매우 크다.
- 목재의 함수율에 따라 팽창·수축하여 변형이 잘 된다.
- 목재의 부위에 따라 재질이 고르지 못하다.
- 구부러지고 옹이가 있다.
- 내화성이 약하고 내구성이 부족하다.

정답 01 ③ 02 ④ 03 ① 04 ② 05 ④

06 목재의 옹이와 관련된 설명 중 틀린 것은?

① 옹이는 목재강도를 감소시키는 가장 흔한 결점이다.
② 죽은 옹이는 산 옹이보다 일반적으로 기계적 성질에 미치는 영향이 적다.
③ 옹이가 있으면 인장강도가 증가한다.
④ 같은 크기의 옹이가 한 곳에 많이 모인 집중 옹이가 고루 분포된 경우보다 강도감소에 끼치는 영향은 더욱 크다.

● 해설
옹이로 인하여 인장강도는 감소한다.

07 목재의 강도에 대한 설명으로 옳은 것은?

① 압축강도가 인장강도보다 크다.
② 인장강도가 압축강도보다 크다.
③ 인장강도와 압축강도가 동일하다.
④ 휨강도와 전단강도가 동일하다.

● 해설
목재의 강도 순서
인장강도 > 휨강도 > 압축강도 > 전단강도

08 다음 중 압축강도(kgf/cm²)가 가장 큰 목재는?

① 삼나무   ② 낙엽송
③ 오동나무 ④ 밤나무

● 해설
낙엽송 : 638kg/cm²

09 목재의 강도에 대한 설명으로 가장 거리가 먼 것은?

① 휨강도는 전단강도보다 크다.
② 비중이 크면 목재의 강도는 증가하게 된다.
③ 목재는 외력이 섬유방향으로 작용할 때 가장 강하다.
④ 섬유포화점에서 전건상태에 가까워짐에 따라 강도는 작아진다.

● 해설
섬유포화점
유리수가 모두 증발하고 결합수만 있을 때를 말하며, 함수율은 약 30% 정도이다.

10 다음 중 건축과 관련된 재료의 강도에 영향을 주는 요인이 아닌 것은?

① 온도와 습도   ② 하중속도
③ 하중시간   ④ 재료의 색

● 해설
재료의 색은 관련성이 없다.

11 수확한 목재를 주로 가해하는 대표적 해충은?

① 흰개미   ② 매미
③ 풍뎅이   ④ 흰불나방

12 조경시설 재료로 사용되는 목재는 용도에 따라 구조용 재료와 장식용 재료로 구분된다. 다음 중 강도 및 내구성이 커서 구조용 재료에 가장 적합한 수종은?

① 단풍나무   ② 은행나무
③ 오동나무   ④ 소나무

13 목재의 두께가 7.5cm 미만에 폭이 두께의 4배 이상인 제재목은?

① 판재   ② 각재
③ 원목   ④ 합판

14 일반적인 합판의 특징이 아닌 것은?

① 함수율 변화에 의한 수축·팽창의 변형이 적다.
② 균일한 크기로 제작 가능하다.
③ 균일한 강도를 얻을 수 있다.
④ 내화성을 크게 높일 수 있다.

정답 06 ③ 07 ② 08 ② 09 ④ 10 ④ 11 ① 12 ④ 13 ① 14 ④

● 해설
합판은 일반적으로 내화성이 약하다.

15 합판의 특징에 대한 설명으로 옳은 것은?
① 팽창, 수축 등으로 생기는 변형이 크다.
② 목재의 완전 이용이 불가능하다.
③ 제품이 규격화되어 사용이 능률적이다.
④ 섬유방향에 따라 강도의 차이가 크다.

● 해설
합판의 특징
- 나뭇결이 아름답다.
- 홀수의 판(3, 5, 7장)을 압축하여 만든다.
- 내구성과 내습성이 크며, 수축·팽창의 변형이 거의 없다.
- 고른 강도를 유지하며 넓은 판을 균일한 크기로 제작 가능하다.
- 제품이 규격화되어 사용이 능률적이다.

16 다음 합판의 제조 방법 중 목재의 이용효율이 높고, 가장 널리 사용되는 것은?
① 로터리 베니어(rotary veneer)
② 슬라이스드 베니어(sliced veneer)
③ 소드 베니어(sawed veneer)
④ 플라이우드(plywood)

17 합판(合板)에 관한 설명으로 틀린 것은?
① 보통합판은 얇은 판을 2, 4, 6매 등의 짝수로 교차하도록 접착제로 접합한 것이다.
② 특수합판은 사용목적에 따라 여러 종류가 있으나 형식적으로는 보통합판과 다르지 않다.
③ 합판은 함수율 변화에 의한 신축변형이 적고, 방향성이 없다.
④ 합판의 단판 제법에는 로터리 베니어, 소드 베니어, 슬라이스드 베니어 등이 있다.

● 해설
보통합판은 홀수판(3, 5, 7장)을 압축하여 만든다.

18 다음 중 합판의 특징에 대한 설명으로 틀린 것은?
① 동일한 원재로부터 많은 정목판과 나무결 무늬판이 제조된다.
② 내구성, 내습성이 작다.
③ 폭이 넓은 판을 얻을 수 있다.
④ 팽창, 수축 등으로 생기는 변형이 거의 없다.

● 해설
합판은 내구성과 내습성이 크다.

19 기름을 뺀 대나무로 등나무를 올리기 위한 시렁을 만들면 윤기가 나고 색이 변하지 않는다. 대나무의 기름을 빼는 방법으로 옳은 것은?
① 불에 쬐어 수세미로 닦아 준다.
② 알코올 등으로 닦아 준다.
③ 물에 오래 담가 놓았다가 수세미로 닦아 준다.
④ 석유, 휘발유 등에 담근 후 닦아 준다.

20 다음 중 대나무에 대한 설명으로 틀린 것은?
① 외관이 아름답다.
② 탄력이 있다.
③ 잘 썩지 않는다.
④ 벌레 피해를 쉽게 받는다.

● 해설
대나무의 특징
외관이 아름답고 탄력이 좋은 반면 잘 쪼개지고 썩기 쉬우며 벌레의 피해를 쉽게 받는 단점이 있다.

21 생태복원을 목적으로 사용하는 재료로서 가장 거리가 먼 것은?
① 식생매트 ② 잔디블록
③ 녹화마대 ④ 식생자루

정답 15 ③ 16 ① 17 ① 18 ② 19 ① 20 ③ 21 ③

> **해설**

녹화마대
지주목 설치 시에 필요한 완충재료로서 통기성과 내구성이 뛰어난 환경친화적인 재료이다.

22 수목식재 후 지주목 설치 시에 필요한 완충재료로서 작업능률이 뛰어나고 통기성과 내구성이 뛰어난 환경친화적인 재료이며, 상열을 막기 위해 사용하는 것은?

① 새끼 ② 고무판
③ 보온덮개 ④ 녹화 테이프

23 수목 굴취 시 뿌리분을 감는 데 사용하며, 포트(pot) 역할을 하여 잔뿌리 형성에 도움을 주는 환경친화적인 재료는?

① 새끼 ② 철선
③ 녹화마대 ④ 고무밴드

> **해설**

- 수목이식 후 수간보호용으로 사용하며 미관조성에 적합한 재료이다.
- 수목 굴취 시 뿌리분을 감는 데 사용하며, 포트(pot) 역할을 한다.
- 세근(잔뿌리) 형성에 도움을 주는 마 소재의 친환경 재료이다.
- 통기성, 흡수성, 보온성, 부식성이 우수하여 줄기감기용으로 사용한다.

24 조경공사에 사용되는 섬유재에 관한 설명으로 틀린 것은?

① 볏짚은 줄기를 감싸 해충의 잠복소를 만드는 데 쓰인다.
② 새끼줄은 이식할 때 뿌리분이 깨지지 않도록 감는 데 사용한다.
③ 밧줄은 마 섬유로 만든 섬유 로프가 많이 쓰인다.
④ 새끼줄은 5타래를 1속이라 한다.

25 볏짚의 용도로 가장 부적합한 것은?

① 줄기를 싸 주거나 지표면을 덮어준다.
② 줄기를 감싸 해충의 잠복소를 만들어 준다.
③ 내한력이 약한 나무를 보호하기 위해 사용된다.
④ 이식작업이나 운반 등 무거운 물체를 목도할 때 사용된다.

> **해설**

볏짚의 특징
- 약한 나무를 보호하기 위하여 줄기를 싸 주거나 지표면을 덮어주는 데 사용된다.
- 천공성 해충의 침입을 방지한다.
- 햇빛에 타는 것을 방지한다.
- 잠복소 역할을 한다.

26 목재로 구성하기에 적합하지 않은 조경시설물은?

① 파고라 ② 의자
③ 쓰레기통 ④ 데크(deck)

27 자연식 정원에 퍼걸러의 들보와 도리 및 아치와 트렐리스 재료로 보통 조화롭게 쓰이는 것은?

① 목재 ② 콘크리트
③ 석재 ④ P.V.C

28 목재의 구조에 대한 설명으로 틀린 것은?

① 춘재는 빛깔이 없고 재질이 연하다.
② 춘재와 추재의 두 부분을 합친 것을 나이테라 한다.
③ 목재의 수심 가까이에 위치하고 있는 진한 색 부분을 인재라 한다.
④ 생장이 느린 수목이나 추운 지방에서 자란 수목은 나이테가 좁고 치밀하다.

> **해설**

목재의 수심 가까이에 위치하고 있는 진한색 부분을 심재라 한다.

정답 22 ④ 23 ③ 24 ④ 25 ④ 26 ③ 27 ① 28 ③

29 목재의 심재에 대한 설명으로 틀린 것은?

① 변재보다 비중이 크다.
② 변재보다 신축성이 크다.
③ 변재보다 내구성이 크다.
④ 변재보다 강도가 크다.

●해설
심재는 변재보다 신축성이 작다.

30 목재의 심재와 비교한 변재의 일반적인 특징으로 틀린 것은?

① 재질이 단단하다.   ② 흡수성이 크다.
③ 수축변형이 크다.   ④ 내구성이 작다.

●해설
심재와 변재

심재	• 목재의 수심 가까이에 위치하고 있는 적갈색 부분이다. • 세포들은 거의 죽어서 원형질이 파괴되고, 함수율도 작다. • 강도와 내수성이 크다.
변재	• 목재의 표면에 위치한 흰색 부분이다. • 함수율이 높아 건조가 느리며, 강도나 내구성이 심재보다 작다. • 심재보다 흡수성, 수축변형이 크다. • 수액의 이동과 양분의 저장 역할을 한다.

31 목재의 단면에서 수액이 적고 강도, 내구성 등이 우수하기 때문에 목재로서 이용가치가 큰 부위는?

① 변재   ② 수피
③ 심재   ④ 변재와 심재 사이

32 목재를 건조하는 목적에 관한 설명으로 가장 거리가 먼 것은?

① 변색, 부패를 방지하기 위하여
② 탄성과 강도를 낮추기 위하여
③ 가공하기 쉽게 하기 위하여
④ 접착이나 칠이 잘되게 하기 위하여

●해설
탄성과 강도를 높이기 위해서 목재를 건조시킨다.

33 다음 중 목재의 건조에 관한 설명으로 틀린 것은?

① 건조기간은 자연건조가 인공건조에 비해 길고, 수종에 따라 차이가 있다.
② 인공건조 방법에는 열기법, 자비법, 증기법, 전기법, 진공법, 건조제법 등이 있다.
③ 동일한 자연건조 시 두께 3cm의 침엽수는 약 2~6개월 정도가 걸리고, 활엽수는 그보다 짧게 걸린다.
④ 구조용재는 기건상태, 즉 함수율 15% 이하로 하는 것이 좋다.

●해설
자연건조 시 침엽수보다 활엽수가 오래 걸린다.

34 목재의 비중 중에서 기건비중이 제일 큰 수종은?(단, 국내산 재료만을 기준으로 한다.)

① 낙엽송   ② 갈참나무
③ 소나무   ④ 가문비나무

35 건조 전 질량이 113kg인 목재를 건조시켜서 100kg이 되었다면 함수율은?

① 0.13%   ② 0.30%
③ 3.00%   ④ 13.00%

●해설
$$함수율 = \frac{건조 \ 전 \ 중량 - 건조 \ 후 \ 중량}{건조 \ 후 \ 중량} \times 100\%$$
$$= \frac{113 - 100}{100} \times 100 = 13\%$$

정답 29 ② 30 ① 31 ③ 32 ② 33 ③ 34 ② 35 ④

36 목재의 건조 목적과 가장 관련이 없는 것은?
① 부패방지
② 사용 후의 수축, 균열 방지
③ 강도 증가
④ 무늬 강조

37 일반적으로 건설재료로 사용하는 목재의 비중이란 다음 중 어떤 상태의 것을 말하는가? (단, 함수율이 약 15% 정도일 때를 의미한다.)
① 포수비중 ② 절대비중
③ 진비중   ④ 기건비중

38 우리나라의 목재가 건조된 상태일 때 기건함수율로 가장 적당한 것은?
① 약 5%   ② 약 15%
③ 약 25%   ④ 약 35%

39 목재 방부제에 요구되는 성질로 부적합한 것은?
① 목재에 침투가 잘되고 방부성이 큰 것
② 목재에 접촉되는 금속이나 인체에 피해가 없을 것
③ 목재의 인화성, 흡수성에 증가가 없을 것
④ 목재의 강도가 커지고 중량이 증가될 것

40 목재의 건조 방법은 자연건조법과 인공건조법으로 구분할 수 있다. 다음 중 인공건조법이 아닌 것은?
① 증기법   ② 침수법
③ 훈연 건조법 ④ 고주파 건조법

● 해설
목재의 인공건조법

증기법	건조실에 고온, 다습한 공기를 주입하여 서서히 건조시키는 방법
열기법	건조실 내의 공기를 가열하여 건조시키는 방법
훈연법	연소가스를 건조실에 주입하여 건조시키는 방법(톱밥 등을 태워 건조시킴)
공기가열 건조법	밀폐된 실내에 가열한 공기를 보내서 건조를 촉진시키는 방법
고주파 건조법	고주파의 유전가열에 의하여 원료를 건조하는 방법

41 목재 건조 시 건조 시간은 단축되나 목재의 크기에 제한을 받고, 강도가 다소 약해지며 광택도 줄어드는 건조방법은?
① 증기법   ② 찌는 법
③ 공기가열 건조법 ④ 훈연 건조법

42 목재의 방부처리 방법 중 일반적으로 가장 효과가 우수한 것은?
① 침지법   ② 도포법
③ 생리적 주입법 ④ 가압주입법

● 해설
가압주입법
- 밀폐관 안에 방부제를 넣고 7~13kg/cm² 기압으로 가압하여 주입하는 것
- 70℃의 크레오소트 오일이 가장 효과적이다.(철도 침목에 많이 사용)
- 가압주입 방법 : 로우리법, 베델법, 루핑법 등

43 목재 방부를 위한 약액주입법 중 가압주입법에 속하지 않는 것은?
① 로우리법 ② 리그린법
③ 베델법   ④ 루핑법

● 해설
가압주입법에는 로우리법, 베델법, 루핑법 등이 있다.

정답 36 ④ 37 ④ 38 ② 39 ④ 40 ② 41 ② 42 ④ 43 ②

44 목재를 방부 처리하고자 할 때 주로 사용되는 방부제는?

① 알코올
② 크레오소트 오일
③ 광명단
④ 니스

> **해설**
> 크레오소트 오일의 특징
> • 살균력이 강하고, 물에 용해되지 않으며, 비휘발성이다.
> • 페인트 조장이 어렵고, 가격이 비싼 것이 단점이다.

45 크레오소트 오일을 사용하여 내용년수가 장기간 요구되는 철도 침목에 많이 이용되는 방부법은?

① 가압주입법
② 표면탄화법
③ 약제도포법
④ 상압주입법

46 목재의 방부제인 C.C.A의 성분이 바르게 짝지어진 것은?

① 크롬-구리-비소
② 크롬-구리-아연
③ 철-구리-아연
④ 탄소-구리-비소

47 다음 중 수용성 목재 방부제이지만 성분상의 맹독성 때문에 사용을 금지하고 있는 것은?

① CCA 방부제
② 크레오소트 오일
③ 콜타르
④ 오일 스테인

48 C.C.A 방부제의 성분이 아닌 것은?

① 크롬
② 구리
③ 아연
④ 비소

49 다음 [보기]가 설명하는 것은?

[보기]
• 자연 건조방법에 의해 상온(常溫)에서 경화된다.
• 도막의 건조시간이 빨라 백화를 일으키기 쉽다.
• 내마모성, 내수성, 내유성 등이 우수하다.
• 셀룰로오스 도료라고도 한다.

① 래커
② 에폭시 수지
③ 페놀 수지
④ 아미노알키드 수지

50 시설물 관리를 위한 페인트칠하기의 방법으로 옳지 않은 것은?

① 목재의 바탕칠을 할 때는 먼저 표면상태 및 건조 상태를 확인해야 한다.
② 철재의 바탕칠을 할 때에는 불순물을 제거한 후 바로 페인트칠을 하면 된다.
③ 목재의 갈라진 구멍, 홈, 틈은 퍼티로 땜질하며 24시간 후 초벌칠을 한다.
④ 콘크리트, 모르타르 면의 틈은 석고로 땜질하고 유성 또는 수성 페인트를 칠한다.

51 정원에서 간단한 눈가림 구실을 할 수 있는 시설물로 가장 적합한 것은?

① 파고라
② 트렐리스
③ 정자
④ 테라스

> **해설**
> 트렐리스(trellis)
> 정원 구조물로 덩굴식물을 지탱하기 위해 목재 및 금속 등을 사용하여 격자 모양으로 만든 격자 틀이다.

정답 44 ② 45 ① 46 ① 47 ① 48 ③ 49 ① 50 ② 51 ②

52 좁고 얄팍한 목재를 엮어 1.5m 정도의 높이가 되도록 만들어 놓은 격자형의 시설물로서 덩굴식물을 지탱하기 위한 것은?
① 파고라　② 아치
③ 트렐리스　④ 정자

53 석재의 특성 중 장점에 해당하지 않는 것은?
① 불연성이며, 압축강도가 크고 내구성 · 내화성이 좋으며 마모성이 적다.
② 종류가 다양하고 같은 종류의 석재라도 산지나 조직에 따라 여러 외관과 색조가 나타난다.
③ 외관이 장중하고 치밀하며 가공 시 아름다운 광택을 낸다.
④ 화열에 닿으면 화강암 등은 균열이 생기고, 석회암이나 대리석과 같이 분해가 일어나기도 한다.

● 해설
④는 석재의 특성 중 장점이 아니라 단점이다.

54 데발 시험기(Deval Abrasion Tester)란?
① 석재의 휨강도 시험기
② 석재의 인장강도 시험기
③ 석재의 압축강도 시험기
④ 석재의 마모에 대한 저항성 측정 시험기

55 암석 재료의 특징에 관한 설명 중 틀린 것은?
① 외관이 매우 아름답다.
② 내구성과 강도가 크다.
③ 변형되지 않으며, 가공성이 있다.
④ 가격이 싸다.

● 해설
암석 재료는 가격이 비싸다.

56 석재의 비중에 대한 설명으로 틀린 것은?
① 비중이 클수록 조직이 치밀하다.
② 비중이 클수록 흡수율이 크다.
③ 비중이 클수록 압축강도가 크다.
④ 석재의 비중은 일반적으로 2.0~2.7이다.

● 해설
비중이 클수록 흡수율은 작다.

57 다음 중 화성암이 아닌 것은?
① 대리석　② 화강암
③ 안산암　④ 섬록암

● 해설
대리석은 변성암이다.

58 화강암(granite)의 특징에 대한 설명으로 옳지 않은 것은?
① 조직이 균일하고 내구성 및 강도가 크다.
② 내화성이 우수하여 고열을 받는 곳에 적당하다.
③ 외관이 아름답기 때문에 장식재로 쓸 수 있다.
④ 자갈 · 쇄석 등과 같은 콘크리트용 골재로도 많이 사용된다.

● 해설
화강암은 내화성이 작으므로 고열을 받는 곳에는 적합하지 않다.

59 조경용으로 사용되는 다음 석재 중 압축강도가 가장 큰 것은?
① 화강암　② 응회암
③ 안산암　④ 사문암

● 해설
석재의 압축강도 순서
화강암 > 대리석 > 안산암 > 사암 > 응회암 > 부석

정답 52 ③　53 ④　54 ④　55 ④　56 ②　57 ①　58 ②　59 ①

60 화성암의 일종으로 색깔은 흰색 또는 담회색으로 단단하고 내구성이 있어, 주로 경관석, 바닥 포장용, 석탑, 석등, 묘석 등에 사용되는 것은?

① 석회암　　② 점판암
③ 응회암　　④ 화강암

61 마그마가 지하 10km 정도의 깊이에서 서서히 굳어진 화강암의 주요 구성 광물이 아닌 것은?

① 석회　　② 석영
③ 장석　　④ 운모

> **해설**
> 화강암을 구성하는 주요 광물로는 석영, 장석, 운모 등이 있다.
> ※ 석회는 시멘트 재료이다.

62 다음 중 화성암 계통의 석재인 것은?

① 화강암　　② 점판암
③ 대리석　　④ 사문암

> **해설**
> 화성암에는 화강암, 안산암, 현무암, 섬록암 등이 있다.

63 다음 중 퇴적암(수성암) 계통의 석재가 아닌 것은?

① 점판암　　② 사암
③ 석회암　　④ 안산암

> **해설**
> 안산암은 화성암이다.

64 가공은 용이하나 흡수성이 높고, 내화성이 크지만 강도가 높지 못해 건축용으로는 부적당하여 석축 등에 이용하는 석재는?

① 화강암　　② 현무암
③ 응회암　　④ 사문암

65 암석은 성인에 의해 화성암, 수성암, 변성암 등으로 분류한다. 다음 중 변성암에 해당되는 석재는?

① 화강암　　② 사암
③ 안산암　　④ 대리석

> **해설**
> 대리석은 석회암이 변성된 것이다.

66 주로 흙막이용 돌쌓기에 사용되며 정사각뿔 모양으로 전면은 정사각형에 가깝고, 뒷길이, 접촉면, 뒷면 등이 규격화된 치수를 지정하여 깨 낸 돌은?

① 각석　　② 판석
③ 호박돌　　④ 견칫돌

67 다음 중 변성암 계통의 석재인 것은?

① 대리석　　② 화강암
③ 화산암　　④ 이판암

> **해설**
> 변성암이란 화성암 또는 퇴적암이 지각의 변동이나 지열을 받아서 화학적 또는 물리적으로 성질이 변한 암석을 말한다. 대리석은 석회암이 변성된 것이다.

68 석회암이 변화되어 결정화한 것으로 석질이 치밀하고 견고할 뿐 아니라 외관이 미려하여 실내 장식재 또는 조각재로 사용되는 것은?

① 응회암　　② 사문암
③ 대리석　　④ 점판암

정답　60 ④　61 ①　62 ①　63 ④　64 ③　65 ④　66 ④　67 ①　68 ③

69 석재의 분류방법 중 가장 보편적으로 사용되는 방법은?

① 화학성분에 의한 방법
② 성인에 의한 방법
③ 산출상태에 의한 방법
④ 조직구조에 의한 방법

● 해설
성인에 의한 분류
화성암, 퇴적암(수성암), 변성암

70 석재를 형상에 따라 구분할 때 견칫돌에 대한 설명으로 옳은 것은?

① 폭이 두께의 3배 미만으로 육면체 모양을 가진 돌
② 치수가 불규칙하고 일반적으로 뒷면이 없는 돌
③ 두께가 15cm 미만이고, 폭이 두께의 3배 이상인 육면체 모양의 돌
④ 전면은 정사각형에 가깝고, 뒷길이, 접촉면, 뒷면 등의 규격화된 돌

● 해설
• 송곳니의 모양을 닮았다고 해서 견칫돌이라 부른다.
• 돌을 뜰 때에 앞면, 길이, 뒷면, 접촉부 등의 치수를 지정해서 깨낸 돌이다.
• 길이는 앞면 길이의 1.5배이며 돌 1개의 무게는 약 70~100kg이다.

71 다음 여러 가지 규격재 모양 중 마름돌에 해당하는 것은?

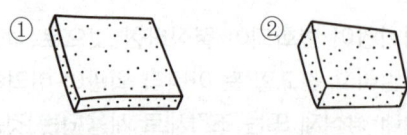

● 해설
① 판석, ② 각석, ③ 견칫돌

72 석재 중에서 가장 고급품으로 주로 미관을 요구하는 돌쌓기 등에 쓰이는 것은?

① 마름돌   ② 견칫돌
③ 깬돌   ④ 호박돌

73 형상은 절두각추체에 가깝고, 전면은 거의 평면을 이루며 대략 정사각형으로 뒷길이 접촉면의 폭, 뒷면 등이 규격화된 돌로서 4방락 또는 2방락의 것이 있다. 접촉면의 폭은 전면 1번의 길이의 1/10 이상이어야 하고, 접촉면의 길이는 1변의 평균 길이의 1/2 이상인 돌은?

① 호박돌   ② 다듬돌
③ 견칫돌   ④ 각석

74 앞면은 정사각형 또는 직사각형으로 1개의 무게는 보통 70~100kg이며, 주로 옹벽 등의 쌓기용으로 메쌓기나 찰쌓기 등에 사용되는 돌은?

① 마름돌   ② 견칫돌
③ 깬돌   ④ 호박돌

● 해설
• 송곳니의 모양을 닮았다고 해서 견칫돌이라 부른다.
• 돌을 뜰 때에 앞면, 길이, 뒷면, 접촉부 등의 치수를 지정해서 깨낸 돌이다.
• 길이는 앞면 길이의 1.5배이며 돌 1개의 무게는 약 70~100kg이다.

75 석재를 조성하고 있는 광물의 조직에 따라 생기는 눈의 모양을 가리키며, 돌결이라는 의미로 사용되기도 하고, 조암광물 중에서 가장 많이 함유된 광물의 결정벽면과 일치하므로 화강암에서는 장석의 분리면에 해당되는 것은?

① 층리   ② 편리
③ 석목   ④ 석리

정답 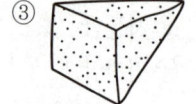 69 ② 70 ④ 71 ④ 72 ① 73 ③ 74 ① 75 ④

76 다음 중 자연석에 해당되는 것은?

① 태호석 ② 장대석
③ 견칫돌 ④ 마름돌

> 해설
> 장대석, 견칫돌, 마름돌은 규격재이지만, 태호석은 자연에서 얻은 것이다.

77 다음 중 수로의 사면보호, 연못 바닥, 벽면 장식 등에 주로 사용되는 자연석은?

① 산석 ② 호박돌
③ 잡석 ④ 하천석

78 석재의 가공방법 중 흑두기한 면을 다시 비교적 고르게 다듬는 작업으로서 흑두기 작업 바로 다음의 후속작업은?

① 물갈기 ② 잔다듬
③ 정다듬 ④ 도드락다듬

> 해설
> 석재 가공방법
>
> | | |
> |---|---|
> | 흑두기 | 쇠메를 사용하여 석재 표면의 돌출된 부분만 대강 떼어 내는 작업 |
> | 정다듬 | 흑두기한 면을 정으로 비교적 고르게 다듬는 작업 |
> | 도드락다듬 | 정다듬한 표면을 도드락망치를 이용하여 1~3회 정도 곱게 다듬는 작업 |
> | 잔다듬 | • 외날망치나 양날망치로 정다듬면 또는 도드락다듬면을 일정 방향이나 평행선으로 나란히 찍어 다듬어 평탄하게 마무리하는 것
• 다듬는 횟수는 용도에 따라 1~5회 정도 함 |
> | 물갈기 | 잔다듬한 면에 연마기나 숫돌로 매끈하게 갈아 내는 방법 |

79 석재의 가공 공정상 날망치를 사용하는 표면 마무리 작업은?

① 흑두기 ② 잔다듬
③ 정다듬 ④ 도드락다듬

80 다음 돌의 가공방법에 대한 설명으로 잘못된 것은?

① 흑두기 : 표면의 큰 돌출부분만 떼어 내는 정도의 다듬기
② 정다듬 : 정으로 비교적 고르고 곱게 다듬는 정도의 다듬기
③ 잔다듬 : 도드락다듬면을 일정 방향이나 평행선으로 나란히 찍어 다듬어 평탄하게 마무리하는 다듬기
④ 도드락다듬 : 흑두기한 면을 연마기나 숫돌로 매끈하게 갈아 내는 다듬기법

> 해설
> ④는 물갈기 내용

81 다음 조경소재 중 판석의 쓰임새로 가장 적합한 것은?

① 주춧돌 ② 콘크리트의 골재
③ 원로 포장 ④ 석축

> 해설
> 판석의 용도 : 디딤돌, 원로 포장, 계단 설치

82 자연석 중 눕혀서 사용하는 돌로, 불안감을 주는 돌을 받쳐서 안정감을 갖게 하는 돌의 모양은?

① 입석 ② 평석
③ 환석 ④ 횡석

> 해설
> • 입석 : 사방 어디서나 감상할 수 있고, 키가 커야 효과적인 돌이다.
> • 횡석 : 눕혀 쓰는 돌로 안정감이 있다.
> • 평석 : 윗부분이 평평한 돌로 주로 앞부분에 배석한다.
> • 환석 : 둥근 생김새의 돌이다.
> • 각석 : 각이 진 돌로 3각, 4각 등으로 이용한다.
> • 사석 : 비스듬히 세워서 이용되는 돌로 해안절벽 표현 또는 풍경을 나타낼 때 사용한다.

정답 76 ① 77 ② 78 ③ 79 ② 80 ④ 81 ③ 82 ④

- 와석 : 소가 누운 형태의 돌로 횡석보다 안정감이 있다.
- 괴석 : 괴상하게 생긴 돌로 태호석이나 제주도의 현무암이 해당된다.

83 자연석은 돌 모양에 따라 8가지의 형태로 분류하는데 그중 "입석"을 나타낸 것은?

① 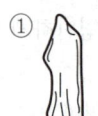　②
③ 　④

84 자연석 중 전후좌우 사방 어디에서나 볼 수 있으며, 키가 높아야 효과적인 돌의 형태는?

① 입석　② 횡석
③ 평석　④ 와석

85 다음 중 석가산을 만들고자 할 때 적합한 돌은?

① 잡석　② 괴석
③ 호박돌　④ 자갈

86 자연석의 모양이 사석인 것은?

① 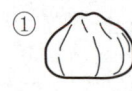　②
③ 　④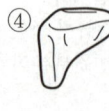

87 조경재료 중 인조재료로 분류하기 어려운 것은?

① 우드칩(wood chip)
② 태호석
③ 인조석
④ 슬레이트(slate)

◉ 해설
태호석은 자연석이다.

88 지름이 2~3cm 되는 것으로 콘크리트의 골재, 작은 면적의 포장용, 미장용 등으로 사용되는 것은?

① 왕모래　② 자갈
③ 호박돌　④ 산석

89 석재 중 경석의 겉보기 비중으로 가장 적당한 것은?

① 약 1.0~1.5　② 약 1.6~2.4
③ 약 2.5~2.7　④ 약 3.0~4.6

90 다음 중 석재의 비중을 구하는 식은?

> A : 공시체의 건조 무게(g)
> B : 공시체의 침수 후 표면건조 포화상태의 공시체의 무게(g)
> C : 공시체의 수중 무게(g)

① $\dfrac{A}{B+C}$　② $\dfrac{A}{B-C}$
③ $\dfrac{C}{A-B}$　④ $\dfrac{B}{A+C}$

91 다음 골재의 입도(粒度)에 대한 설명 중 옳지 않은 것은?

① 입도시험을 위한 골재는 4분법(四分法)이나 시료분취기에 의하여 필요한 양을 채취한다.

정답　83 ①　84 ①　85 ②　86 ④　87 ②　88 ②　89 ③　90 ②　91 ③

② 입도란 크고 작은 골재알(粒)이 혼합되어 있는 정도를 말하며 체가름 시험에 의하여 구할 수 있다.
③ 입도가 좋은 골재를 사용한 콘크리트는 공극이 커지기 때문에 강도가 저하한다.
④ 입도곡선이란 골재의 체가름 시험결과를 곡선으로 표시한 것이며 입도곡선이 표준입도곡선 내에 들어가야 한다.

● 해설
입도가 좋은 골재는 간극이 적고, 강도가 크며, 시멘트 사용량이 절약된다.

92 표면건조 내부 포수상태의 골재가 포함하고 있는 흡수량의 절대 건조상태의 골재 중량에 대한 백분율은 다음 중 무엇을 기초로 하는가?

① 골재의 함수율
② 골재의 흡수율
③ 골재의 표면수율
④ 골재의 조립률

● 해설
$$흡수율 = \frac{표면건조\ 포화상태 - 절대\ 건조상태}{절대\ 건조상태} \times 100$$

정답 92 ②

04장 인공재료 – 2

SECTION 01 시멘트와 콘크리트 재료

1. 시멘트

① 시멘트의 개요 : 시멘트는 석회석과 점토, 광석 찌꺼기 등을 혼합하여 구운 다음 가루로 만든 일종의 결합체

② 시멘트의 종류 및 성질

㉠ 포틀랜드 시멘트(Portland Cement) 중요★★★

보통 포틀랜드 시멘트	• 우리나라에서 생산하는 시멘트의 90%를 차지한다. • 제조공정이 간단하고 가격이 저렴하여 가장 많이 사용한다. • 재령 28일(양생기간)
조강 포틀랜드 시멘트	• 조기강도가 크며, 재령 7일 강도로 28일(4주) 강도를 발휘한다. • 급한 공사, 겨울철 공사, 수중 공사, 해중 공사 등에 사용한다. • 한중 콘크리트 공사에 사용한다.
중용열 포틀랜드 시멘트	• 수화열이 낮아, 장기강도가 크다. • 댐이나 큰 구조물, 방사선 차단 공사 등에 사용한다. • 서중 콘크리트 공사에 사용한다.
저열 포틀랜드 시멘트	• 중용열 시멘트보다 수화열이 5~10% 정도 적다. • 중력 콘크리트 댐, LNG 탱크 공사에 사용한다.
백색 포틀랜드 시멘트	• 건축물의 도장 및 치장용 등 건축미장용으로 사용한다.

※ 포틀랜드 시멘트를 제조할 때 시멘트의 급격한 응결을 막기 위해 지연제로 석고를 사용한다.

㉡ 혼합 시멘트(혼화재) 중요★★★

고로 시멘트 (슬래그 시멘트)	• 제철소의 용광로에서 생긴 광재(Slag)를 넣고 만든 혼합 시멘트 • 수화열이 적다. • 내식성이 크고 균열이 적어 폐수시설, 하수도, 항만에 사용
플라이애시 시멘트	• 보일러 연통에서 채집한 재(fly ash)를 넣어 만든 혼합 시멘트 • 수화열이 적어 매스콘크리트용에 적합 • 수화열이 적어 해수에 대한 저항성이 커서 댐, 방파제 공사에 사용
포졸란 시멘트 (실리카 시멘트)	• 워커빌리티가 좋고(블리딩 감소), 장기강도가 크며 수밀성이 좋다. • 방수용으로 사용

※ 수화열이 낮은 경우 : 균열이 적고, 초기강도는 약하고, 장기강도는 크다.

ⓒ 특수 시멘트(알루미나 시멘트)
- 보크사이트와 석회석을 섞어서 구워 만든 것이다.(긴급공사 등에 많이 사용)
- 조기 강도가 크며, 재령 1일에서 보통 포틀랜드 시멘트의 재령 28일 강도를 낸다.

③ **시멘트 강도의 영향인자** 중요★★☆
ⓐ 사용수량이 많을수록 강도는 저하된다.
ⓑ 분말도(시멘트 입자의 굵고 가는 정도)가 높으면 조기강도가 크다(분말도와 강도는 비례).
ⓒ 풍화
- 저장 중인 시멘트가 공기 중의 수분과 이산화탄소(CO_2)를 흡수하여 수화반응을 일으켜 탄산염을 만들어 덩어리가 발생되는 현상이다.
- 풍화한 시멘트는 1개월에 압축강도가 3~5% 감소
- 비중이 작아지고, 응결이 늦어지며, 강도가 저하하고, 강열감량이 증가한다.
ⓓ 양생온도가 30℃까지 높아질수록 강도가 커지고, 재령 28일이 경과함에 따라 시멘트의 강도가 증가한다.
ⓔ 시멘트는 제조 직후에 강도가 가장 크며, 이후 풍화에 의해 강도가 저하된다.

④ **시멘트 저장(보관)** 중요★★☆
ⓐ 지면에서 30cm 이상 띄우고 방습처리된 창고에, 통풍이 되지 않도록 저장한다.
ⓑ 창고 주변에는 배수 도랑을 만들어 우수의 침입을 방지한다.
ⓒ 출입구, 채광창 이외에는 공기의 유통을 막기 위해 개구부를 설치하지 않는다.
ⓓ 시멘트의 온도가 너무 높을 때에는 그 온도를 낮추어서 사용한다.
ⓔ 시멘트는 13포 이상 쌓아 놓지 않는다.
ⓕ 입하 순서대로 사용한다.
ⓖ 3개월 이상 저장한 시멘트는 재시험을 실시한 후에 사용한다.
ⓗ 시멘트의 보관은 1m²당 30~35포대 정도이다.

⑤ **시멘트 저장면적 산출** 중요★★☆

$$A = 0.4 \times \frac{N}{n} (\text{m}^2)$$

여기서, A : 시멘트 저장 면적
N : 저장할 수 있는 시멘트 양
n : 쌓기 단수(단기 저장 시 13포, 장기 저장 시 7포)

⑥ 시멘트의 KS : 재령 28일의 압축강도는 보통 245kg/cm²

⑦ 시멘트의 성질
  ㉠ 포틀랜드 시멘트의 비중은 3.05~3.15이고, 1포대의 무게는 40kg, 밀도는 1,500kg/m³
  ㉡ 수화열 : 시멘트가 수화작용을 할 때에 발생하는 열을 수화열이라 한다(균열의 원인).
  ㉢ 수화반응 : 시멘트에 일정한 물을 가해 섞으면 화학반응이 일어나 응결 경화되어 강도를 발현하는 것
  ㉣ 응결과 경화

응결	• 물과 접촉하여 유동성을 잃고 굳어지며 자력으로 모양이 유지되는 고체 상태 • 시멘트의 응결시간에 가장 영향을 미치는 것은 수량(水量), 온도, 분말도 등
경화	• 시간이 지남에 따라 점차 굳어져서 강도를 가지는 상태

  ㉤ 크리프 : 콘크리트에 힘을 가하면 수축되는데, 그 힘을 계속 가한 상태로 방치하면 힘은 변화하지 않고 시간과 함께 변형이 증가되어 가는 성질을 콘크리트의 크리프라고 한다.

2. 콘크리트

① 콘크리트 개요 : 시멘트, 모래, 자갈을 일정한 비율로 혼합하여 물로 개어 굳은 것을 콘크리트라고 한다.

  - 시멘트 + 물 = 시멘트 풀(시멘트 페이스트)
  - 시멘트 + 물 + 모래(잔골재) = 모르타르
  - 시멘트 + 물 + 모래(잔골재) + 자갈(굵은 골재) = 콘크리트
  - 콘크리트의 용적구성 : 골재(70%), 시멘트 페이스트(약 25%), 공기(5%)

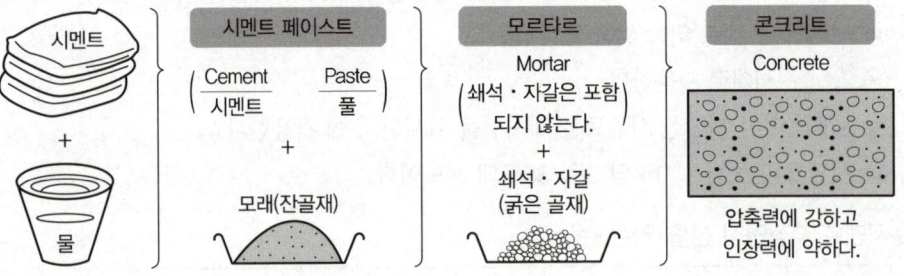

> 참고
> 골재는 크고 작은 것이 적당히 혼합된 것이 좋으며, 표면이 깨끗하고 불순물이 묻어 있지 않으며 유해물질이 없는 것이 좋다. 납작(세장형)하거나, 길지 않고 구형에 가까워야 한다.

② 콘크리트의 장단점 중요★★☆

장점	단점
• 재료를 얻기 쉽고, 운반하기 쉽다. • 압축강도, 내구성, 내화성, 내수성이 크다.(인장강도에 비해 10배 크다.) • 철근과 부착력을 높인다. • 내진성, 차단성이 좋다. • 유지비가 적게 든다. • 구조물을 경제적으로 만들 수 있다.	• 콘크리트 자체의 중량이 무겁다. • 경화에 시간이 걸려 공사기간이 길다. • 구조물을 해체, 철거하기가 어렵다. • 압축강도에 비해 인장강도 및 휨강도가 작다(철근으로 인장력 보강). • 수화열 등에 의하여 균열이 생기기 쉽다. • 시공관리가 쉽지 않다.

③ 콘크리트 제품

경계블록	길이 1m 단위로 생산
보도블록	무근콘크리트 규격은 300×300×60mm의 정방형과 장방형, 6각형 등이 있다.
측구용 블록	표면배수를 위해 길의 가장자리에 설치하는 측구로 L형과 U형이 있다.
소형 고압블록	최근 보도용으로 많이 사용(두께 : 보도용 6cm, 차도용 8cm)

④ 콘크리트의 종류 중요★★★

한중 콘크리트	• 기온이 낮을 때 콘크리트를 치는 것을 한중 콘크리트라 한다. • 하루 평균기온이 4℃ 이하일 때 시공한다.
서중 콘크리트	• 여름철, 즉 기온이 높을 때 치는 콘크리트를 서중 콘크리트라 한다. • 하루 평균기온이 25℃를 넘을 때 시공한다.
수중 콘크리트	• 물속에 콘크리트를 치는 것을 수중 콘크리트라 한다. • 방파제의 기초, 호안기초, 수문기초, 안벽 등의 구조물 축조에 쓰인다.
수밀 콘크리트	물이 새지 않도록 치밀하게 만든 수밀성이 큰 콘크리트이다.
경량 콘크리트	• 콘크리트는 강도에 비해 비중이 크기 때문에 구조물의 자중을 증대시키는 결함을 가지고 있다. • 콘크리트의 결함을 경량골재 등을 이용하여 개선함과 동시에 단열 등 우수한 성능을 부여할 목적으로 제조되는 콘크리트를 말한다.
매스 콘크리트	매스 콘크리트는 다량의 시멘트를 사용하므로 높은 수화열이 발생하기 때문에 수화열에 의한 균열을 방지하기 위해서 온도를 낮추어야 한다.
프리팩트 콘크리트	골재를 거푸집 안에 미리 다져 넣고, 그 빈틈 사이에 특수 혼화제를 섞은 모르타르를 펌프로 압력을 가하여 주입시켜 만든 콘크리트이다.

3. 콘크리트 구성 재료

콘크리트를 구성하는 재료는 시멘트, 골재, 물 그리고 혼화재료가 있다.

① 시멘트(cement)
  ㉠ 시멘트는 수경성 재료로 콘크리트 속에서 접착제 역할을 한다.
  ㉡ 콘크리트 제작은 일반적으로 보통 포틀랜드 시멘트를 사용한다.

② 골재
  ㉠ 골재는 시멘트와 물에 의하여 일체로 굳혀지는 불활성의 재료이다.
  ㉡ 잔골재 : 10mm체를 모두 통과하며, 일반적인 모래를 말한다.
  ㉢ 굵은 골재 : 5mm(No. 4)체에 거의 다 남으며, 일반적인 자갈을 말한다.
  ㉣ 골재의 일반적 성질 중 공극률(간극률) : 골재의 단위용적 중 공간의 비율을 백분율로 표시한 것으로 암석의 전체 부피에 대한 공극(空隙, 비어있는 공간)의 비율

$$실적률 = \frac{골재의\ 단위용적질량}{골재의\ 밀도} \times 100\%$$

$$공극률 = 100 - 실적률$$ 중요★★☆

기출 골재의 단위용적질량이 1.6t/m³이고 밀도가 2.60g/cm³일 때 이 골재의 실적률, 공극률을 각각 구하면?

➕풀이
• 실적률 : $\frac{1.6}{2.60} \times 100 = 61.5\%$
• 공극률 : $100 - 61.5 = 38.5\%$

답 실적률 : 61.5%, 공극률 : 38.5%

  ㉤ 골재의 함수상태 중요★☆☆

절대 건조상태	완전히 건조시킨 것으로, 골재 알 속의 빈틈에 있는 물을 모두 없앤 상태
공기 중 건조상태	골재 알 속의 일부가 물로 차 있는 상태
표면건조 포화상태	골재 알의 표면에는 물기가 없고 알 속의 빈틈만 물로 차 있는 이상적인 골재의 상태
습윤상태	골재 알 속의 빈틈이 물로 차 있고, 표면에도 물기가 있는 상태

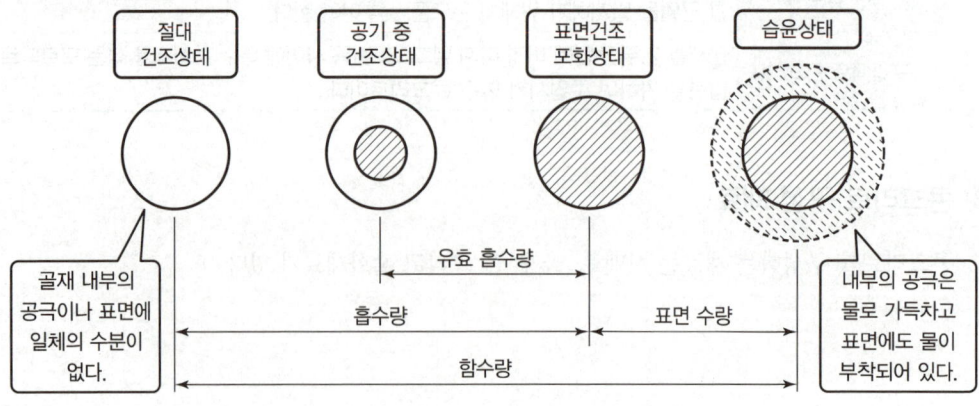

※ 함수율 : $\dfrac{\text{습윤상태} - \text{절대 건조상태}}{\text{절대 건조상태}} \times 100$

※ 표면수율 : $\dfrac{\text{습윤상태} - \text{표면건조 포화상태}}{\text{표면건조 포화상태}} \times 100$

※ 흡수율 : $\dfrac{\text{표면건조포화상태} - \text{절대 건조상태}}{\text{절대 건조상태}} \times 100$

※ 유효흡수율 : $\dfrac{\text{표면건조 포화상태} - \text{공기 중 건조상태}}{\text{공기 중 건조상태}} \times 100$

③ 물(water) 중요★☆☆

콘크리트는 물과 시멘트가 화학반응을 일으켜 경화하며, 수분이 있는 동안은 장기간에 걸쳐 강도가 증가한다.

㉠ 물은 오염되지 않은 깨끗한 수돗물이나 하천물을 사용한다.
㉡ 물에 기름, 산, 알칼리, 당분, 염분 등의 유기물이 포함되면 응결, 경화를 방해하고 강도를 저하시키며, 내구력을 감소시킨다.
㉢ 바닷물은 철근을 부식시키므로 좋지 않다.

④ 혼화재료 중요★★☆

시멘트, 물, 골재 이외에 필요에 따라 넣는 제4요소로 콘크리트 성능 개선과 공사비 절약을 목적으로 사용한다.

㉠ 혼화재 : 사용량이 시멘트 무게의 **5% 이상**이며, 천연 시멘트, 포졸란, 플라이애시, 슬래그 등이 있다.
㉡ 혼화제 : **사용량(1%)**이 적고 배합계산에서 용적을 무시하는 것으로 AE제(공기 연행제), 분산제(감수제), 응결·경화 촉진제, 지연제, 방수제, 발포제 등이 있다.

AE제 (공기 연행제)	장점	• 워커빌리티가 좋고, 단위수량이 적어지며, 수밀성이 좋아진다. • 재료 분리를 적게 하고, 블리딩이 적어진다. • 동결 융해에 대한 저항성이 커진다.
	단점	• 콘크리트 경화에 따른 발열이 커진다. • 공기량 1% 증가에 대해 압축강도는 4~6% 정도 작아진다. • 콘크리트의 무게를 이용할 경우 가벼워진다. • 철근과의 부착 강도가 조금 작아진다.
분산제(감수제)		• 시멘트 입자를 균일하게 분산시켜 수화작용을 양호하게 하기 위하여 사용 • 단위수량을 감소시키는 것을 주목적으로 한 재료 • AE제를 첨가한 AE감수제도 있다.
응결·경화 촉진제		• (겨울철 공사 시) 초기강도를 증가시키며 한중 콘크리트에 사용 • 대표적으로 염화칼슘을 사용하며, 콘크리트의 내구성이 떨어지는 단점이 있다.
지연제		• 수화반응을 지연시켜 응결시간을 늦춘다. • 뜨거운 여름철, 장시간 시공 시, 운반시간이 길 경우에 사용한다.(콜드 조인트 방지 효과)
방수제		• 수밀성을 증진시킬 목적으로 사용 ※ 수밀성이란 물의 투수성이나 흡수성이 매우 적은 것을 말한다.

급결제	• 조기강도의 발생 촉진을 위하여 넣는 것 • 시멘트의 응결을 빠르게 하기 위하여 사용
기포제	• 콘크리트 속에 많은 거품을 일으켜, 부재의 경량화, 단열성을 목적으로 사용 • 경량 구조용 부재, 단열 콘크리트, 터널이나 실드 공사에서 뒤채움재 등에 사용
발포제	• 알루미늄 분말과 아연 분말은 발포제로 많이 사용되는 혼화제이다.

4. 콘크리트의 성질

① 굳지 않은 콘크리트의 성질 중요★★★

반죽질기(Consistency)	수량의 많고 적음에 따라 반죽이 되고 진 정도를 나타내는 것
워커빌리티(Workability)	거푸집 내에 콘크리트를 칠 때의 시공 난이도, 즉 콘크리트를 칠 때 적당한 점성과 유동이 있어 시공 부분에 잘 채워지면서도 재료의 분리를 일으키지 않아 좋은 콘크리트가 만들어지는 상태 ※ 측정법 : 구관입시험, 다짐계수시험, 비비(Vee-Bee)시험 등
성형성(Plasticity)	거푸집에 쉽게 다져 넣을 수 있고 거푸집을 제거하면 천천히 형상이 변하기는 하지만 허물어지거나 재료가 분리하는 일이 없는 굳지 않은 콘크리트의 성질
마감성(Finishability)	굵은 골재의 최대 치수, 잔골재율, 잔골재의 입도, 반죽의 질기 등에 따라 콘크리트의 표면을 마무리하기 쉬운 정도를 나타내는 성질

② 워커빌리티가 좋지 않을 때 나타나는 현상 중요★★☆
  ㉠ 분리 : 시공연도가 좋지 않을 때 재료가 분리되는 현상
  ㉡ 침하 : 건물이나 자연물이 내려앉거나 꺼져 내려가는 현상
  ㉢ 블리딩 : 콘크리트를 친 후 각 재료가 가라앉고 불순물이 섞인 물이 위로 떠오르는 현상
  ㉣ 레이턴스 : 블리딩과 같이 떠오른 불순물이 콘크리트 표면에 엷은 회색으로 침전되는 현상

③ 슬럼프 시험(Slump Test)
  ㉠ 콘크리트를 10cm씩 3회로 나누어 3단으로 넣어 다진 후 시험기를 수직으로 들어 올린다.
  ㉡ 주저앉은 높이를 잰다. 슬럼프 값이 용도에 맞게 적절한 것이 좋은 품질의 콘크리트이다.
  ㉢ 콘크리트의 난이도를 측정한다. 단위는 cm를 사용한다.

④ 강도 : 콘크리트의 강도는 재령 28일 압축강도 245kg/cm² 를 표준으로 한다.

∥슬럼프 시험 기구∥

5. 배합

콘크리트의 배합은 콘크리트의 주원료인 시멘트, 굵은 골재, 잔골재, 물의 비율을 말하는 것으로 혼화재료를 포함할 때도 있으며, 표시방법에는 중량배합과 용적배합이 많이 사용된다.

① 배합법의 표시
  ㉠ 중량 배합
    - 콘크리트 1m³ 제작에 필요한 각 재료를 무게(kg)로 표시하는 방법
    - 공장 생산이나 대규모 공사에 주로 사용한다.
    - 예) 시멘트 350kg : 모래 650kg : 자갈 1,100kg
  ㉡ 용적 배합 [중요 ★★☆]
    - 콘크리트 1m³ 제작에 필요한 시멘트, 모래, 자갈을 부피로 계량하여 1 : 2 : 4(철근콘크리트) 또는 1 : 3 : 6(무근콘크리트) 등으로 나타낸다.
    - 철근콘크리트는 무근콘크리트에 비해 압축강도, 인장강도가 높아서 유지관리비가 적게 든다.
    - 중량 배합보다 정확하지 못하나 시공이 간편하여 많이 쓰인다.
  ㉢ 부배합(Rich Mix) : 콘크리트를 만들 때 시멘트를 표준량보다 많이 넣는 배합으로, 강도가 저하된다.
  ㉣ 시방배합 : 시방서에 규정한 배합
  ㉤ 현장배합 : 골재의 흡수량, 입도 상태를 고려하여 현장에서 배합

② 물 − 시멘트비(W/C ratio) [중요 ★★☆]
  ㉠ 콘크리트의 강도는 물과 시멘트의 중량비에 따라 결정된다.
  ㉡ 콘크리트의 강도와 내구성 및 수밀성을 좌우하는 가장 중요한 사항이다.
  ㉢ 일반적으로 물 − 시멘트비는 40~70% 정도이다.

$$\frac{\text{물 무게}}{\text{시멘트 무게}} \times 100 = 40 \sim 70\%$$

> **기출** 시멘트 단위량 300kg/m³, 단위수량 150kg/m³일 때 물 − 시멘트비(W/C ratio)는?
>
> 풀이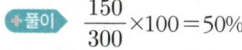
>
> 답 50%

6. 비비기와 치기

① 비비기
  ㉠ 손 비비기(삽 비비기) : 인력에 의한 비빔으로 각종 소형 시설물의 콘크리트 기초 등 소규모 공사에 많이 쓰인다.

- ⓒ 기계 비비기
  - 혼합기(Mixer)에 의한 비비기로 대규모 공사에 많이 사용한다.
  - 1회의 비빔양을 1배치(batch)라고 한다.
  - 배처플랜트 : 각 재료를 자동 계량하여 비벼서 배출하는 관련 장치 일체를 말한다.
- ② 운반 : 비벼진 콘크리트의 재료가 분리되거나 손실되지 않도록 해당 장소까지 빨리 운반해야 한다.
  - ㉠ 가까운 거리 : 일륜차(손차), 이륜차(리어커)를 이용
  - ㉡ 대규모 운반 : 슈트(Shoot), 벨트 컨베이어(Belt Conveyor), 콘크리트 펌프(Concrete Pump) 등을 이용
  - ㉢ 레미콘(Remicon ; Ready Mixed Concrete) : 혼합차를 이용하여 현장에 공급하므로 공사규모에 상관없이 이용할 수 있으나, **운반시간이 1시간을 넘으면 재료의 분리가 생기고 슬럼프가 변화하여 사용 후 균열이 생길 수 있는 단점**이 있다.

> **기출**
> 레미콘 규격이 25－210－12로 표시되어 있다면 ⓐ－ⓑ－ⓒ 순서대로 의미가 맞는 것은?
> ① ⓐ 슬럼프, ⓑ 골재최대치수, ⓒ 시멘트의 양
> ② ⓐ 물·시멘트비, ⓑ 압축강도, ⓒ 골재최대치수
> ③ ⓐ 골재최대치수, ⓑ 압축강도, ⓒ 슬럼프
> ④ ⓐ 물·시멘트비, ⓑ 시멘트의 양, ⓒ 골재최대치수
>
> 답 ③

- ③ 치기
  - ㉠ 치기 전에 거푸집 내부를 청소한 후 거푸집의 상태가 견고한지 확인해야 하며, 거푸집 내의 배근과 배관상태에 대해 검사한다.
  - ㉡ 거푸집 안쪽 면에는 물이나 **박리제인 기름(폐유)**을 발라 거푸집을 제거할 때 콘크리트가 부착되지 않고 잘 떨어지게 한다.
  - ㉢ 비비기에서 치기까지 콘크리트 작업의 **전 과정을 1시간 이내**로 하며, **저온 건조 때에는 2시간 이내**에 모든 작업을 마쳐야 한다.

- ④ 다지기 [중요★☆☆]
  - ㉠ 콘크리트를 친 후 기포, 빈 공간 등이 없도록 콘크리트가 거푸집이나 철근 등에 밀착하여 치밀하고 균질한 콘크리트가 되도록 다짐한다.

인력다짐	중요하지 않은 곳에서는 다짐대를 이용한 손다짐(봉다짐)을 이용
기계다짐	중요한 공사는 진동기를 이용해 충격을 주어 치밀하게 다져지는 방법을 이용 ※ 내부 진동기를 다지기에 사용할 때 내부 진동기를 하층의 콘크리트 속으로 10cm 정도 찔러 넣으며, 삽입간격은 50cm 이하로 한다.

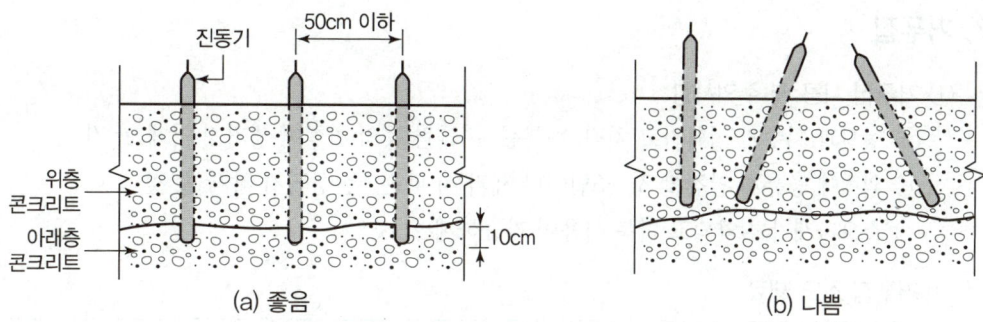

┃내부 진동기의 찔러 다지기┃

ⓒ 진동시간이 길어지면 재료의 분리가 발생할 수 있다.

⑤ **콘크리트 측압에 영향을 미치는 요인** 중요★★☆
  ㉠ 콘크리트의 타설 높이가 높으면 측압은 크다.
  ㉡ 콘크리트의 타설 속도가 빠르면 측압은 크다.
  ㉢ 콘크리트의 슬럼프가 커질수록 측압은 크다.
  ㉣ 시공연도가 좋을수록 측압은 크다.
  ㉤ 붓기 속도가 빠를수록 측압은 크다.
  ㉥ 다짐이 많을수록 측압은 크다.
  ㉦ 철근량이 많을수록 측압은 작다.
  ㉧ 수평부재가 수직부재보다 측압이 작다.
  ㉨ 콘크리트의 온도가 높을수록 측압은 작아진다.
  ㉩ 경화속도가 빠를수록 측압은 작아진다.

⑥ **양생(보양 : Curing)** : 콘크리트를 친 후 응결(Setting)과 경화(Hardening)가 완전히 이루어지도록 보호하는 것
  ㉠ 좋은 양생을 위한 요소
   • 적당한 수분 공급 : 살수 또는 침수 → 강도 증진
   • 적당한 온도 유지 : 양생온도 15~30℃, 보통은 20℃ 전후가 적당
   • 성형된 콘크리트에는 진동·충격을 피한다.
  ㉡ 콘크리트 양생방법(콘크리트 양생 시 주요 요소 : 수분, 온도)

습윤양생	• 콘크리트 노출면을 가마니, 마대 등으로 덮어 주고 수분을 공급 • 보통 포틀랜드 시멘트 : 최소 5일간 습윤 상태로 유지 • 조강 포틀랜드 시멘트 : 최소 3일간 습윤 상태로 유지
피막양생	표면에 반수막이 생기는 피막 보양제(아스팔트 유제)를 뿌려 수분증발 방지
증기양생	고압증기로 양생시키는 방법으로, 추운 곳에 시공 시 유리
전기양생	저압 교류를 통하여 생기는 열로 양생

7. 거푸집

① 거푸집 시공 시 주의사항
   ㉠ 형상과 치수가 정확하고 처짐, 배부름, 뒤틀림 등의 변형이 생기지 않게 할 것
   ㉡ 외력에 충분히 안전할 것, 조립이나 제거 시 파손·손상되지 않게 할 것
   ㉢ 소요자재가 절약되고 반복 사용이 가능하게 할 것

② 거푸집 소요 재료

격리재	거푸집 상호 간의 간격 유지를 위한 것
간격재	철근과 거푸집 간격 유지를 위한 것, 피복두께 유지
박리재	콘크리트와 거푸집을 쉽게 분리하기 위해서 미리 안쪽에 바르는 약제(석유, 중유, 파라핀, 합성수지 등)
긴장재	콘크리트를 부었을 때 거푸집이 벌어지거나 우그러들지 않게 연결하여 고정하는 것

③ **증기보양** : 거푸집을 빨리 제거하고 단시일에 소요강도를 내기 위해 고온, 증기로 보양하는 것으로 한중 콘크리트에 유리한 보양방법이다.

04장 적중예상문제

01 시멘트 중 간단한 구조물에 가장 많이 사용되는 것은?
① 보통 포틀랜드 시멘트
② 중용열 포틀랜드 시멘트
③ 조강 포틀랜드 시멘트
④ 고로 시멘트

해설
보통 포틀랜드 시멘트
- 우리나라에서 생산하는 시멘트의 90%를 차지한다.
- 제조공정이 간단하고 가격이 저렴하여 가장 많이 사용한다.
- 재령 28일(양생기간)

02 일반적인 시멘트에 대한 설명으로 옳은 것은?
① 일반적으로 시멘트라고 불리는 것은 보통 포틀랜드 시멘트를 의미한다.
② 포틀랜드 시멘트의 비중은 4.05 이상이다.
③ 28일 강도를 초기 강도라 한다.
④ 시멘트의 수화반응 또는 발열반응에서의 발생열을 응고열이라 한다.

해설
재령 28일의 강도를 100으로 봤을 때, 보통 7~10일 정도 지나면 60~70% 정도, 3개월 후에는 115~120% 정도, 1년이 지나면 120~130% 정도의 강도를 낸다. 그 이후에는 거의 일정하게 유지되면서 강도는 조금씩 떨어진다.

03 시멘트 공장에서 포틀랜드 시멘트를 제조할 때 석고를 첨가하는 주요 이유는?
① 시멘트의 강도 및 내구성 증진을 위하여
② 시멘트의 장기강도 발현성을 높이기 위하여
③ 시멘트의 급격한 응결을 조정하기 위하여
④ 시멘트의 건조수축을 작게 하기 위하여

04 용광로에서 선철을 제조할 때 나온 광석찌꺼기를 석고와 함께 시멘트에 섞은 것으로서 수화열이 낮고, 내구성이 높으며, 화학적 저항성이 큰 한편, 투수가 적은 특징을 갖는 것은?
① 실리카 시멘트
② 고로 시멘트
③ 중용열 포틀랜드 시멘트
④ 조강 포틀랜드 시멘트

해설
혼합 시멘트

고로 시멘트 (슬래그 시멘트)	• 제철소의 용광로에서 생긴 광재(Slag)를 넣고 만든 혼합시멘트 • 내식성이 크고 균열이 적어 폐수시설, 하수도 항만에 사용 • 수화열이 적다.
플라이애시 시멘트	• 보일러 연통에서 채집한 재(fly ash)를 넣어 만든 혼합시멘트 • 수화열이 적어 매스콘크리트용에 적합 • 수화열이 적어 해수에 대한 저항성이 커서 댐, 방파제 공사에 사용
포졸란 시멘트 (실리카 시멘트)	• 워커빌리티가 좋고(블리딩감소), 장기강도가 크며 수밀성이 좋다. • 방수용으로 사용

05 다음 [보기]의 설명에 적합한 시멘트는?

[보기]
- 장기강도는 보통 시멘트를 능가한다.
- 건조수축도 보통 포틀랜드 시멘트에 비해 적다.
- 수화열이 보통 포틀랜드 시멘트보다 적어 매스콘크리트용에 적합하다.
- 모르타르 및 콘크리트 등의 화학 저항성이 강하고 수밀성이 우수하다.

정답 01 ① 02 ① 03 ③ 04 ② 05 ①

① 플라이애시 시멘트
② 조강 포틀랜드 시멘트
③ 내화산염 포틀랜드 시멘트
④ 알루미나 시멘트

06 양질의 포졸란을 사용한 시멘트의 일반적인 특징에 대한 설명으로 틀린 것은?

① 수밀성이 크다.
② 해수(海水) 등에 화학 저항성이 크다.
③ 발열량이 적다.
④ 강도의 증진이 빨라 장기강도가 작다.

● 해설
포졸란 시멘트 : 장기강도가 크며, 수밀성이 좋다.

07 다음과 같은 특징을 갖는 시멘트는?

• 조기강도가 크다(재령 1일에 보통 포틀랜드 시멘트의 재령 28일 강도와 비슷함).
• 산, 염류, 해수 등의 화학적 작용에 대한 저항성이 크다.
• 내화성이 우수하다.
• 한중 콘크리트에 적합하다.

① 알루미나 시멘트   ② 실리카 시멘트
③ 포졸란 시멘트   ④ 플라이애시 시멘트

08 알루민산 석회를 주광물로 한 시멘트로 조기강도(24시간에 보통 포틀랜드 시멘트의 28일 강도)가 아주 크므로 긴급공사 등에 많이 사용되며, 해안공사, 동절기 공사에 적합한 시멘트의 종류는?

① 알루미나 시멘트
② 백색 포틀랜드 시멘트
③ 팽창 시멘트
④ 중용열 포틀랜드 시멘트

09 초기 강도가 매우 크고 해수 및 기타 화학적 저항성이 크며 열분해 온도가 높아 내화용 콘크리트에 적합한 시멘트는?

① 조강 포틀랜드 시멘트
② 알루미나 시멘트
③ 고로 시멘트
④ 플라이애시 시멘트

10 혼화재에 대한 설명 중 옳은 것은?

① 혼화재는 혼화제와 같은 것이다.
② 종류로는 포졸란, AE제 등이 있다.
③ 종류로는 슬래그, 감수제 등이 있다.
④ 혼화재료는 사용량이 비교적 많아서 그 자체의 부피가 콘크리트의 배합계산에 관계된다.

● 해설
혼화재료는 시멘트 무게의 5% 이상 사용된다.

11 시멘트가 경화하는 힘의 크기를 나타내며, 시멘트의 분말도, 화합물 조성 및 온도 등에 따라 결정되는 것은?

① 전성   ② 소성
③ 인성   ④ 강도

● 해설
분말도(시멘트 입자의 굵고 가는 정도)가 높으면 조기 강도가 크다.

12 시멘트를 만드는 과정에서 일정량의 석고를 첨가하는 목적은?

① 응결시간 조절
② 수밀성 증대
③ 경화 촉진
④ 초기강도 증진

13 시멘트의 저장방법 중 주의사항에 해당하지 않는 것은?

① 시멘트 창고 설치 시 주위에 배수 도랑을 두고 우수를 방지한다.
② 저장 중 굳은 시멘트로부터 가급적 빠른 시간 내에 공사에 사용한다.
③ 포대 시멘트는 땅바닥에서 30cm 이상 띄우고 방습 처리한다.
④ 시멘트의 온도가 너무 높을 때는 그 온도를 낮추어서 사용해야 한다.

●해설
3개월 이상 저장한 시멘트는 재시험을 실시한 후에 사용한다.

14 시멘트의 저장법으로 틀린 것은?

① 방습 창고에 통풍이 되지 않도록 보관한다.
② 땅바닥에서 10cm 이상 떨어진 마루에서 쌓는다.
③ 13포대 이상 쌓지 않는다.
④ 3개월 이상 저장하지 않는다.

●해설
시멘트 저장방법
- 지면에서 30cm 이상 띄우고 방습처리된 창고에 통풍이 되지 않도록 저장한다.
- 창고 주변에는 배수 도랑을 만들어 우수의 침입을 방지한다.
- 출입구, 채광창 이외에는 공기의 유통을 막기 위해 개구부를 설치하지 않는다.
- 시멘트의 온도가 너무 높을 때에는 그 온도를 낮추어서 사용한다.
- 시멘트는 13포 이상 쌓아 놓지 않는다.
- 입하 순서대로 사용한다.
- 3개월 이상 저장한 시멘트는 재시험을 실시한 후에 사용한다.
- 시멘트의 보관은 1m²당 30~35포대 정도이다.

15 가설공사 중 시멘트 창고 필요면적 산출 시에 최대로 쌓을 수 있는 시멘트 포대 기준은?

① 9포대　　② 11포대
③ 13포대　　④ 15포대

16 시멘트 500포대를 저장할 수 있는 가설창고의 최소 필요면적은?(단, 쌓기 단수는 최대 13단으로 한다.)

① 15.4m²　　② 16.5m²
③ 18.5m²　　④ 20.4m²

●해설
$$A = 0.4 \times \frac{N}{n}(m^2) = 0.4 \times \frac{500}{13} = 15.38m^2$$

17 다음 중 일반적인 콘크리트의 특징이 아닌 것은?

① 모양을 임의로 만들 수 있다.
② 임의대로 강도를 얻을 수 있다.
③ 내화성, 내구성이 강한 구조물을 만들 수 있다.
④ 경화 시 수축균열이 발생하지 않는다.

●해설
경화 시 수축 및 균열이 발생한다.

18 시멘트와 물만을 혼합한 것을 가리키는 용어는?

① 시멘트 페이스트　　② 모르타르
③ 콘크리트　　④ 포틀랜드 시멘트

19 일반 콘크리트는 타설 뒤 몇 주일 정도 지나야 콘크리트가 지니게 될 강도의 80% 정도에 해당되는가?

① 1주일　　② 2주일
③ 3주일　　④ 4주일

정답　13 ②　14 ②　15 ③　16 ①　17 ④　18 ①　19 ④

> **해설**

시멘트의 KS
재령 28일의 압축강도는 보통 245kg/cm²

20 콘크리트의 구성재료 중 품질이 우수한 골재에 대한 설명으로 틀린 것은?
① 단단하고 둥근 모양을 가지는 골재가 좋다.
② 소요의 내화성과 내구성을 가진 것이 좋다.
③ 골재에는 흙, 기름, 푸석돌 등이 없어야 좋다.
④ 납작하고 길죽한 모양을 가지는 골재가 강도를 높이는 데 좋다.

> **해설**

납작(세장형)하거나, 길지 않고 구형에 가까워야 한다.

21 콘크리트에 사용되는 골재에 대한 설명으로 옳지 않은 것은?
① 잔 것과 굵은 것이 적당히 혼합된 것이 좋다.
② 불순물이 묻어 있지 않아야 한다.
③ 형태는 매끈하고 편평, 세장한 것이 좋다.
④ 유해물질이 없어야 한다.

22 좋은 콘크리트를 만들려면 좋은 품질의 골재를 사용해야 하는데, 좋은 골재에 관한 설명으로 옳지 않은 것은?
① 골재의 표면이 깨끗하고 유해물질이 없을 것
② 굳은 시멘트 페이스트보다 약한 석질일 것
③ 납작하거나 길지 않고 구형에 가까울 것
④ 굵고 잔 것이 골고루 섞여 있을 것

23 콘크리트 블록 제품의 특징으로 적합하지 않은 것은?
① 모양을 임의로 만들 수 있다.
② 유지관리비가 적게 든다.
③ 인장강도 및 휨강도가 큰 편이다.
④ 만드는 방법이 비교적 간단하다.

> **해설**

압축강도가 인장강도에 비해 10배 크다.

24 콘크리트 소재의 벽돌 검사방법(KS) 중 항목에 해당되지 않는 것은?
① 치수   ② 흡수율
③ 압축강도   ④ 인장강도

> **해설**

인장강도와는 관련이 없다.

25 한중(寒中) 콘크리트는 기온이 얼마일 때 사용하는가?
① -1℃ 이하   ② 4℃ 이하
③ 25℃ 이하   ④ 30℃ 이하

26 다음 [보기]가 설명하고 있는 콘크리트의 종류는?

[보기]
- 슬럼프 저하 등 워커빌리티의 변화가 생기기 쉽다.
- 동일 슬럼프를 얻기 위한 단위수량이 많아진다.
- 콜드 조인트가 발생하기 쉽다.
- 초기 강도 발현은 빠른 반면에 장기강도가 저하될 수 있다.

① 한중 콘크리트   ② 경량 콘크리스
③ 서중 콘크리트   ④ 매스 콘크리스

27 미리 골재를 거푸집 안에 채우고 특수 혼화제를 섞은 모르타르를 펌프로 주입하여 골재의 빈틈을 메워 콘크리트를 만드는 형식은?
① 서중 콘크리트
② 프리팩트 콘크리트

정답 20 ④ 21 ③ 22 ② 23 ③ 24 ④ 25 ② 26 ③ 27 ②

③ 프리스트레스트 콘크리트
④ 한중 콘크리트

28 콘크리트 공사의 시공과정 중 휴식시간 등으로 응결하기 시작한 콘크리트에 새로운 콘크리트를 이어 칠 때 일체화가 저해되어 발생하는 줄눈의 형태는?

① 콜드 조인트(cold joint)
② 컨트롤 조인트(control joint)
③ 익스팬션 조인트(expansion joint)
④ 콘트랙션 조인트(contraction joint)

● 해설
콜드조인트를 예방하기 위해서 지연제를 사용한다.

29 일반적으로 추운 지방이나 겨울철에 콘크리트가 빨리 굳어지도록 주로 섞어 주는 것은?

① 석회
② 염화칼슘
③ 붕사
④ 마그네슘

● 해설
염화칼슘은 대표적인 응결경화촉진제이나 콘크리트의 내구성을 떨어뜨리는 단점이 있다.

30 혼화제 중 계면활성작용에 의해 콘크리트의 워커빌리티, 동결 융해에 대한 저항성 등을 개선시키는 것이 아닌 것은?

① 팽창제
② 고성능감수제
③ AE제
④ 감수제

● 해설
계면활성작용
물과 기름은 섞이지 않지만 계면활성제를 넣어주면 혼합이 잘되며, 팽창제는 부풀게 하는 물질이기 때문에 관계가 없다.

31 콘크리트의 혼화재료 중 혼화재에 해당하는 것은?

① AE제(공기 연행제)
② 분산제(감수제)
③ 응결 촉진제
④ 고로 슬래그

● 해설
혼화재 : 고로 슬래그, 플라이애시, 포졸란 시멘트

32 운반 거리가 먼 레미콘이나 무더운 여름철 콘크리트의 시공에 사용하는 혼화제는?

① 지연제
② 감수제
③ 방수제
④ 경화 촉진제

33 AE콘크리트의 성질 및 특징에 대한 설명으로 틀린 것은?

① 수밀성이 향상된다.
② 콘크리트 경화에 따른 발열이 커진다.
③ 입형이나 입도가 불량한 골재를 사용할 경우에 공기 연행의 효과가 크다.
④ 일반적으로 빈배합의 콘크리트일수록 공기 연행에 의한 워커빌리티의 개선효과가 크다.

● 해설
AE콘크리트의 장점
• 워커빌리티가 좋고, 단위수량이 적어지며, 수밀성이 좋아진다.
• 재료 분리를 적게 하고, 블리딩이 적어진다.
• 동결 융해에 대한 저항성이 커진다.

34 다음 중 콘크리트 타설시 염화칼슘의 사용 목적은?

① 콘크리트의 조기 강도 증대
② 콘크리트의 장기 강도 증대
③ 고온증기 양생
④ 황산염에 대한 저항성 증대

정답 28 ① 29 ② 30 ① 31 ④ 32 ① 33 ③ 34 ①

35 골재의 표면에는 수분이 없으나 내부의 공극은 수분으로 가득 차서 콘크리트 반죽 시에 투입되는 물의 양이 골재에 의해 증감되지 않는 이상적인 골재의 상태를 무엇이라 하는가?

① 표면건조 포화상태 ② 습윤상태
③ 공기 중 건조상태 ④ 절대 건조상태

● 해설
골재의 함수상태

절대 건조상태	완전히 건조시킨 것으로, 골재 알 속의 빈 틈에 있는 물을 모두 없앤 상태
공기 중 건조상태	골재 알 속의 일부가 물로 차 있는 상태
표면건조 포화상태	골재 알의 표면에는 물기가 없고 알 속의 빈틈만 물로 차 있는 이상적인 골재의 상태
습윤상태	골재 알 속의 빈틈이 물로 차 있고, 표면에도 물기가 있는 상태

36 단위용적중량이 1.65t/m³이고 굵은 골재 비중이 2.65일 때 이 골재의 실적률(A)과 공극률(B)은 각각 얼마인가?

① A : 62.3%, B : 37.7%
② A : 69.7%, B : 30.3%
③ A : 66.7%, B : 33.3%
④ A : 71.4%, B : 28.6%

● 해설
• 실적률 = $\dfrac{골재의\ 단위용적질량}{골재의\ 밀도} \times 100$
   = $\dfrac{1.65}{2.65} \times 100 = 62.3\%$
• 공극률 = 100 − 실적률 = 37.7%

37 콘크리트의 균열방지를 위한 일반적인 방법으로서 틀린 것은?

① 발열량이 적은 시멘트를 사용한다.
② 슬럼프(slump) 값을 작게 한다.
③ 타설 시 내·외부 온도차를 줄인다.
④ 시멘트의 사용량을 줄이고 단위수량을 증가시킨다.

● 해설
물−시멘트비는 40~70% 정도로, 콘크리트의 강도와 내구성 및 수밀성을 좌우하는 가장 중요한 사항이다.

38 콘크리트 타설 시 시공성을 측정하는 가장 일반적인 것은?

① 슬럼프 시험 ② 압축강도 시험
③ 휨강도 시험 ④ 인장강도 시험

39 콘크리트 공사 시의 슬럼프 시험은 무엇을 확정하기 위한 것인가?

① 반죽질기 ② 피니셔빌리티
③ 성형성 ④ 클리딩

● 해설
슬럼프 시험
• 콘크리트를 10cm씩 3회로 나누어 3단으로 넣어 다진 후 시험기를 수직으로 들어 올린다.
• 주저앉은 높이를 잰다. 슬럼프 값이 용도에 맞게 적절한 것이 좋은 품질의 콘크리트이다.
• 콘크리트의 난이도를 측정하며 단위는 cm를 사용한다.

40 주로 수량의 다소에 따라서 반죽이 되고 진 정도를 나타내는 굳지 않은 콘크리트의 성질은?

① Workability(워커빌리티)
② Plasticity(성형성)
③ Consistency(반죽질기)
④ Finishability(피니셔빌리티)

● 해설
굳지 않은 콘크리트의 성질

반죽질기 (Consistency)	수량의 많고 적음에 따라 반죽이 되고 진 정도를 나타내는 것
워커빌리티 (Workability)	반죽질기에 따라 비비기, 운반, 타설, 다지기, 마무리 등의 시공이 쉽고 어려운 정도와 재료분리에 저항하는 정도, 시공연도 ※ 측정법 : 구관입시험, 다짐계수시험, 비비(Vee−Bee)시험 등

정답 35 ① 36 ① 37 ④ 38 ① 39 ① 40 ③

성형성 (Plasticity)	거푸집에 쉽게 다져 넣을 수 있고 거푸집을 제거하면 천천히 형상이 변하기는 하지만 허물어지거나 재료가 분리하는 일이 없는 굳지 않은 콘크리트의 성질
마감성 (Finishability)	굵은 골재의 최대 치수, 잔골재율, 잔골재의 입도, 반죽의 질기 등에 따라 콘크리트의 표면을 마무리하기 쉬운 정도를 나타내는 성질

41 반죽질기의 정도에 따라 작업의 쉽고 어려운 정도, 재료의 분리에 저항하는 정도를 나타내는 콘크리트 성질에 관련된 용어는?

① 성형성(Plasticity)
② 마감성(Finishability)
③ 시공성(Workability)
④ 레이턴스(Laitance)

42 콘크리트를 혼합한 다음 운반해서 다져 넣을 때까지 시공성의 좋고 나쁨을 나타내는 성질, 즉 콘크리트의 시공성을 나타내는 것은?

① 슬럼프 시험
② 워커빌리티
③ 물-시멘트비
④ 양생

43 굳지 않은 콘크리트의 성질을 표시하는 용어 중 거푸집 등의 형상에 순응하여 채우기 쉽고, 분리가 일어나지 않는 성질을 가리키는 것은?

① 워커빌리티(workability)
② 컨시스턴시(consistency)
③ 플라스티서티(plasticity)
④ 펌퍼빌리티(pumpability)

44 굵은 골재의 최대 치수, 잔골재율, 잔골재의 입도, 반죽질기 등에 따르는 마무리하기 쉬운 정도를 말하는 굳지 않은 콘크리트의 성질은?

① Workability
② Plasticity
③ Consistency
④ Finishability

45 굳지 않은 모르타르나 콘크리트에서 물이 분리되어 위로 올라오는 현상은?

① 워커빌리티(workability)
② 블리딩(bleeding)
③ 피니셔빌리티(finishability)
④ 레이턴스(laitance)

46 블리딩 현상에 따라 콘크리트 표면에 떠올라 표면의 물이 증발하여 콘크리트 표면에 남는 가볍고 미세한 물질로서 시공 시 작업이음을 형성하는 것을 뜻하는 용어는?

① Workability
② Consistency
③ Laitance
④ Plasticity

47 콘크리트 공사에서 워커빌리티의 측정법으로 부적합한 것은?

① 표준관입시험
② 구관입시험
③ 다짐계수시험
④ 비비(Vee-Bee)시험

● 해설
표준관입시험은 사료를 채취하기 위한 시험이므로 워커빌리티의 측정법과는 관련성이 없다.

48 콘크리트 제작방법에 의해서 행하는 시험비빔(trial mixing)시 검토해야 할 항목이 아닌 것은?

① 인장강도
② 비빔온도
③ 공기량
④ 회반죽

정답 41 ③ 42 ② 43 ③ 44 ④ 45 ② 46 ③ 47 ① 48 ①

> **● 해설**
> 시험비빔 시 검토항목
> 슬럼프, 공기량, 비빔온도, 회반죽

49 비파괴검사에 의하여 검사할 수 없는 것은?

① 콘크리트 강도
② 콘크리트 배합비
③ 철근부식유무
④ 콘크리트 부재의 크기

> **● 해설**
> 비파괴검사
> 손상을 주지 않고 행하는 검사로서 방사선·초음파·와전류(渦電流) 등이 사용된다.

50 콘크리트의 배합 방법 중에서 1 : 2 : 4 또는 1 : 3 : 6과 같은 형태의 배합 방법으로 가장 적절한 것은?

① 용적배합
② 중량배합
③ 복식배합
④ 표준개량배합

> **● 해설**
> • 중량배합 : 재료를 무게로 표시하는 방법
> • 용적배합 : 부피로 계산하는 방법

51 콘크리트 부어 넣기의 방법이 옳은 것은?

① 비빔장소에서 먼 곳으로부터 가까운 곳으로 옮겨가며 붓는다.
② 계획된 작업구역 내에서 연속적인 붓기를 하면 안 된다.
③ 한 구역 내에서는 콘크리트 표면이 경사지게 붓는다.
④ 재료가 분리된 경우에는 물을 부어 다시 비벼 쓴다.

52 콘크리트 공사 중 콘크리트 표면에 곰보가 생기거나 콘크리트 내부에 공극이 발생되지 않도록 하는 작업은?

① 콘크리트 다지기
② 콘크리트 비비기
③ 콘크리트 붓기
④ 콘크리트 양생

53 다음 콘크리트와 관련된 설명 중 옳은 것은?

① 콘크리트의 굵은 골재 최대 치수는 20mm 이다.
② 물-시멘트비는 원칙적으로 60% 이하이어야 한다.
③ 콘크리트는 원칙적으로 공기 연행제를 사용하지 않는다.
④ 강도는 일반적으로 표준양생을 실시한 콘크리트 공시체가 재령 30일일 때 시험값을 기준으로 한다.

> **● 해설**
> 굵은 골재의 최대 치수는 5mm(No.4)체에 남는 것이며, 원칙적으로 공기 연행제를 사용하고, 재경 28일을 시험값의 기준으로 한다.

54 콘크리트용 골재의 흡수량과 비중을 측정하는 주된 목적은?

① 혼합수에 미치는 영향을 미리 알기 위하여
② 혼화재료의 사용여부를 결정하기 위하여
③ 콘크리트의 배합설계에 고려하기 위하여
④ 공사의 적합여부를 판단하기 위하여

55 폭이 50cm, 높이가 60cm, 길이가 10m인 콘크리트 기초에 소요되는 재료의 양은?(단, 배합비는 1 : 3 : 6이고, 자갈은 $0.90m^3/m^3$, 모래는 $0.45m^3/m^3$, 시멘트는 $226kg/m^3$이다.)

① 시멘트 678kg, 모래 $1.35m^3$, 자갈 $2.7m^3$
② 시멘트 678kg, 모래 $2.7m^3$, 자갈 $1.35m^3$
③ 시멘트 2.7kg, 모래 $1.35m^3$, 자갈 $6.78m^3$
④ 시멘트 1.35kg, 모래 $6.78m^3$, 자갈 $2.7m^3$

정답 49 ② 50 ① 51 ① 52 ① 53 ② 54 ③ 55 ①

◎ 해설
체적(V) : 0.5×0.6×10=3m³
각각의 재료에 3을 곱해준다.
226×3=678kg, 0.45×3=1.35m³, 0.90×3=2.7m³

56 다음 중 거푸집 설치 시 콘크리트에 접하는 면에 칠하는 박리제로 가장 부적당한 것은?

① 중유
② 듀벨
③ 식물성 기름
④ 파라핀 합성수지

◎ 해설
듀벨 : 두 목재 사이의 접합부에 끼워 볼트 접합을 보강하기 위한 철물이다.

57 콘크리트가 굳은 후 거푸집 판을 콘크리트 면에서 잘 떨어지게 하기 위해 거푸집 판에 처리하는 것은?

① 박리제
② 동바리
③ 프라이머
④ 셀락

58 콘크리트 거푸집 공사에서 격리재(Separater)를 사용하는 목적으로 적합한 것은?

① 거푸집이 벌어지지 않게 하기 위하여
② 거푸집 상호 간의 간격을 정확히 유지하기 위하여
③ 철근의 간격을 정확하게 유지하기 위하여
④ 거푸집 조립을 쉽게 하기 위하여

◎ 해설
거푸집 소요 재료

격리재	거푸집 상호 간의 간격 유지를 위한 것
간격재	철근과 거푸집 간격 유지를 위한 것
박리재	콘크리트와 거푸집을 쉽게 분리하기 위해서 미리 안쪽에 바르는 약제(석유, 중유, 파라핀, 합성수지 등)
긴장재	콘크리트를 부었을 때 거푸집이 벌어지거나 우그러들지 않게 연결하여 고정하는 것

59 콘크리트의 측압은 콘크리트 타설 전에 검토해야 할 때 매우 중요한 시공요인이다. 다음 중 콘크리트 측압에 영향을 미치는 요인에 대한 설명으로 틀린 것은?

① 콘크리트의 타설 높이가 높으면 측압은 커지게 된다.
② 콘크리트의 타설 속도가 빠르면 측압은 커지게 된다.
③ 콘크리트의 슬럼프가 커질수록 측압은 커지게 된다.
④ 콘크리트의 온도가 높을수록 측압은 커지게 된다.

◎ 해설
• 콘크리트의 타설 높이가 높으면 측압은 크다.
• 콘크리트의 타설 속도가 빠르면 측압은 크다.
• 콘크리트의 슬럼프가 커질수록 측압은 크다.
• 시공연도가 좋을수록 측압은 크다.
• 붓기 속도가 빠를수록 측압은 크다.
• 다짐이 많을수록 측압은 크다.
• 철근량이 많을수록 측압은 작다.
• 수평부재가 수직부재보다 측압이 작다.
• 콘크리트의 온도가 높을수록 측압은 작아진다.
• 경화속도가 빠를수록 측압은 작아진다.

60 다음 중 거푸집에 미치는 콘크리트의 측압에 대한 설명으로 틀린 것은?

① 경화속도가 빠를수록 측압이 크다.
② 시공연도가 좋을수록 측압이 크다.
③ 붓기속도가 빠를수록 측압이 크다.
④ 수평부재가 수직부재보다 측압이 작다.

61 다음 중 거푸집을 빨리 제거하고 단시일에 소요강도를 내기 위하여 고온, 증기로 보양하는 것으로 한중 콘크리트에도 유리한 보양법은?

① 습윤보양
② 증기보양
③ 전기보양
④ 피막보양

정답 56 ② 57 ① 58 ② 59 ④ 60 ① 61 ②

> ● 해설

콘크리트 양생방법

습윤양생	• 콘크리트 노출면을 가마니, 마대 등으로 덮어 주고 수분을 공급 • 보통 포틀랜드시멘트 : 최소 5일간 습윤 상태로 유지 • 조강 포틀랜드시멘트 : 최소 3일간 습윤 상태로 유지
피막양생	표면에 반수막이 생기는 피막 보양제(아스팔트 유제)를 뿌려 수분증발 방지
증기양생	고압증기로 양생시키는 방법, 추운 곳의 시공 시 유리
전기양생	저압 교류를 통하여 생기는 열로 양생

62 알칼리에 강한 도료를 써야 하는 경우로서 가장 적합한 것은?
① 목재의 도장　　② 철재의 도장
③ 알루미늄의 도장　④ 콘크리트의 도장

63 다음 각종 재료의 관리에 대한 설명으로 틀린 것은?
① 목재가 갈라진 경우에는 내부를 퍼티로 채우고 샌드페이퍼로 문질러 준 후 페인트로 마무리 칠한다.
② 철재에 녹이 슨 부분은 녹을 제거한 후 2회에 걸쳐 광명단 도료를 칠한다.
③ 콘크리트의 균열이 생긴 곳은 유성 페인트를 칠한다.
④ 철재 시설의 회전 부분에 마찰음이 나지 않도록 그리스를 주입한다.

64 아스팔트의 양부를 판단하는 데 적합한 것은?
① 연화도　　② 침입도
③ 시공연도　④ 마모도

> ● 해설

침입도 : 아스팔트나 시멘트 등의 경도는 나타내는 수치

65 콘크리트의 흡수성, 투수성을 감소시키기 위해 사용하는 방수용 혼화제의 종류(무기질계, 유기질계)가 아닌 것은?
① 염화칼슘　　② 탄산소다
③ 고급지방산　④ 실리카질 분말

66 아스팔트 포장에서 아스팔트 양의 과잉이나 골재의 입도불량일 때 발생하는 현상은?
① 균열　　② 국부침하
③ 파상요철　④ 표면연화

67 보도에 콘크리트 블록을 포장하려고 한다. 면적이 10m²일 때 소요되는 블록의 장수는?(단, 보도용 콘크리트 규격은 25cm×25cm×6cm, 줄눈 두께는 3mm, 모래깔기는 3cm로 하되, 줄눈 두께와 할증은 계산 시 고려하지 않는다.)
① 100장　　② 110장
③ 130장　　④ 160장

> ● 해설

콘크리트 한 장당 규격 0.25×0.25 = 0.0625m²
면적 10m² ÷ 0.0625m² = 160장

68 천연석을 잘게 분쇄하여 색소와 시멘트를 혼합 연마한 것으로 부드러운 질감을 느끼게 하지만 미끄러운 결점이 있는 보차도용 콘크리트 제품은?
① 경계블록
② 보도블록
③ 인조석보도블록
④ 강력압력보도블록

정답　62 ④　63 ③　64 ②　65 ②　66 ④　67 ④　68 ③

05장 인공재료-3

SECTION 01 금속재료

1. 금속재료의 분류

철금속	• 철이 주가 된 합금이다. • 아치, 식수대, 조합놀이대, 그네, 시소, 사다리, 미끄럼틀, 철봉 등의 시설물에 사용한다.
비철금속	• 철 이외의 순수한 금속들과 그런 금속들의 합금이다. • 수경시설, 유희시설, 환경조형 등의 시설물에 사용한다.

2. 금속재료의 특성

① 금속재료는 소재 고유의 광택이 있고, 하중에 대한 강도가 크고 재질이 균일하다.

② 금속재료의 성질 중요★★☆

취성	재료가 외력을 받았을 때 작은 충격에도 파괴되는 성질
인성	재료가 외력을 받았을 때 큰 충격에도 잘 견디는 성질
전성	부러지지 않으면서 얇게 판으로 만들 수 있는 성질
연성	• 부러지지 않으면서 가늘게 선으로 늘어나는 성질 • 연성이 높은 순서 : 금>은>알루미늄>철>니켈>구리>아연>주석>납
탄성	재료가 외력을 받아서 변형을 일으킨 뒤 외력을 제거하면 다시 돌아오는 성질
소성	외력에 의해 변한 물체가 외력이 없어져도 원래의 형태로 돌아오지 않는 성질 예 찰흙

 재료가 외력을 받았을 때 작은 변형만 나타내도 파괴되는 현상을 무엇이라 하는가?

① 취성　　　　　　　　　② 강성
③ 인성　　　　　　　　　④ 전성

답 ①

※ 강(鋼)의 열처리 방법 중요★★☆

담금질	금속을 가열한 후, 물이나 기름에 급속히 냉각시키는 방법
뜨임질	담금질한 금속을 재가열한 후 공기 중에서 서서히 냉각시키는 방법
풀림	가공한 금속을 노 안에서 서서히 냉각시키는 방법
불림	금속을 가열한 후 공기 중에서 서서히 냉각시키는 방법

3. 금속재료의 장단점 중요★★☆

장점	단점
• 인장강도가 크다. • 종류가 다양하고 강도에 비해 가볍다. • 다양한 형상의 제품을 만들 수 있다. • 대규모의 생산품을 공급할 수 있다. • 불연재이며, 공급이 쉽다. • 고유한 광택이 있고, 재질이 균일하다.	• 가열하면 역학적 성질이 저하된다. • 내산성, 내알칼리성에 약하다. • 녹이 슬고 부식이 잘 된다. • 차가운 느낌이 든다. • 내화성이 약하다(고온에서 강도 저하).

4. 금속 부식의 환경요인 중요★★☆

① 온도, 습도, 해염입자, 대기오염에 의해 부식된다.
② 습도가 높을수록 부식속도는 빨리 진행된다.
③ 온도가 높을수록 녹의 양도 증가한다.
④ 도장이나 수선 시기는 여름보다 겨울이 좋다.
⑤ 금속재료는 자외선에 노출되면 부식이 빨리 진행된다.

5. 금속제품

① 철금속
  ㉠ 형강 : 특수한 단면으로 압연한 강재이다.

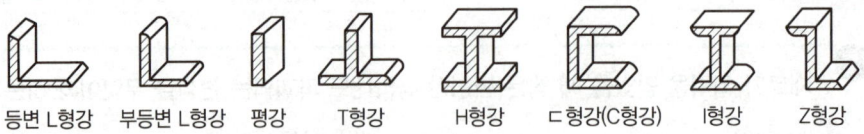

등변 L형강 부등변 L형강 평강 T형강 H형강 ㄷ형강(C형강) I형강 Z형강

  ㉡ 강봉 : 철근콘크리트 옹벽을 구축하는 데 사용한다.
  ㉢ 강판 : 강편을 롤러에 넣어 압연한 것이다.
    • 양철 : 박판에 주석 도금한 것
    • 함석 : 박판에 아연 도금한 것

- ㉣ 철선
  - 연강선을 아연 도금한 것으로 보통의 철사를 말한다.
  - 철망, 가설재, 못 등의 재료 및 거푸집이나 철근을 묶는 데 사용한다.
- ㉤ 와이어로프
  - 지름 0.26~5.0mm인 가는 철선을 몇 개 꼬아서 기본 로프를 만들고, 이것을 다시 여러 개 꼬아 만든 것이다.
  - 조경공사의 돌쌓기용 암석을 운반하기에 가장 적합한 재료이다.
  - 케이블, 공사용 와이어로프 등이 있다.
- ㉥ 긴결 철물 : 볼트, 너트, 못, 앵커볼트 등이 있다.
- ㉦ 용접철망(와이어 메시) : 콘크리트 보강용으로 이용한다.
- ㉧ 주철 중요★☆☆
  - 복잡한 형상을 제작할 때 품질이 좋고 작업이 용이하며, 내식성이 뛰어나다.
  - 1.7~6.6%의 탄소를 함유하고 1,100~1,200℃에서 녹으므로 선철에 고철을 섞어서 용광로에서 재용해하여 탄소성분을 조절하며 제조한다.
  - 연성과 전성이 적어 가공이 안 된다(맨홀뚜껑).

② 비철금속 중요★☆☆
  - ㉠ 알루미늄
    - 원광석인 보크사이트에서 순수한 알루미나를 추출하여 전기분해 과정을 통해 얻어진 은백색 금속이다.
    - 지붕재, 새시, 울타리, 난간, 피복재, 설비, 기구재, 울타리 등에 사용
    - 두랄루민(Duralumin)은 알루미늄 합금으로 내식성과 내구성이 좋다.
    - 전성과 연성이 좋고, 가벼우며 내구성이 크고, 잘 부식되지 않는다.
    - 징크로메이트 : 알루미늄, 아연 철판 등 녹 방지용 도료로 쓰인다.
  - ㉡ 구리
    - 단독으로 사용이 가능하지만 구리와 아연의 합금형태로 많이 이용한다.
    - 합금은 부식이 잘되지 않고 외관이 아름다워서 장식철구, 공예, 동상 등에 사용된다.
    - 황동(놋쇠) : 구리와 아연의 합금
    - 청동 : 구리와 주석의 합금

SECTION 02 점토재료

점토는 오랜 기간에 걸쳐 암석이 풍화되어 분해된 물질로 생성된 것으로서 벽돌, 도관, 타일, 도자기, 기와 등의 재료에 쓰인다.

1. 벽돌

① 벽돌의 규격
  ㉠ 표준형 벽돌의 규격 : 190×90×57mm
  ㉡ 기존형 벽돌의 규격 : 210×100×60mm

② 보통벽돌(붉은벽돌)
  ㉠ 적벽돌(점토+열암), 시멘트벽돌(시멘트+골재+혼화재), 블록벽돌(시멘트+골재)
  ㉡ 바닥 포장, 장식벽, 퍼걸러 기둥, 계단, 담장 등에 사용한다.

③ 특수벽돌
  ㉠ 내화벽돌 : 내화점토로 빚어 구운 벽돌로 질감이 조잡하여 마감재료를 섞어 사용해야 한다.
  ㉡ 이형벽돌 : 보통벽돌보다 형상, 치수가 규격에 정한 바와 다른 특이한 벽돌

2. 타일

양질의 점토에 장석, 규석, 석회석 등의 가루를 배합하여 성형한 후 유약을 입혀 건조시킨 다음 1,100~1,400℃ 정도로 소성한 제품이다.

① 내수성, 방화성, 내마멸성이 우수하다.
② 흡수성이 적고, 휨과 충격에 강하다.
③ 종류에는 모양과 호칭에 따라 외장타일, 바닥타일, 모자이크타일 등으로 구분한다.
④ 조경장식 및 건축의 마무리재로 많이 사용한다.

⑤ 테라코타(Terracotta)
  ㉠ 석재 조각물 대신에 사용하는 장식용 점토 소성 제품
  ㉡ 원료는 고급 점토인 도토를 사용하며 흡수성이 거의 없다.
  ㉢ 일반 석재보다 가볍고 색조가 자유로운 장점이 있다.
  ㉣ 압축강도는 화강암의 1/2 정도이고 내화력이 화강암보다 좋으며, 대리석보다 풍화에 강해 외장용으로 쓰인다.
  ㉤ 조경분야에서 화분, 플랜터 등에 사용한다.

⑥ 타일 동해방지 방법 중요 ★☆☆
  ㉠ 소성온도가 높은 타일을 사용한다.
  ㉡ 흡수성이 낮은 타일을 사용한다.
  ㉢ 줄눈에 따른 모르타르 배합비를 정확히 한다.
  ㉣ 줄눈 누름을 충분히 하여 빗물의 침투를 방지해야 한다.
⑦ 내부 바닥용 타일의 성질
  ㉠ 단단하고 내구성이 강하며, 흡수성이 작아야 한다.
  ㉡ 표면이 미끄럽지 않으며, 내마모성이 좋고, 충격에 강해야 한다.

3. 도관과 토관 중요 ★☆☆

① 도관(陶管)
  ㉠ 점토로 모양을 만든 후 유약을 관 내외의 표면에 발라 구운 것
  ㉡ 표면이 매끄럽고 단단하며, 흡수성·투수성이 없어 배수관·상하수관·전선 및 케이블관 등에 사용한다.
② 토관
  ㉠ 저급 점토를 이용하여 그대로 구운 제품이다.(유약 사용 안 함)
  ㉡ 표면이 거칠고 투수율이 크므로 연기나 공기 등의 환기관으로 사용한다.

※ 이형관 : 형상에 따라 서로 다른 관을 잇는 경우나 관의 방향을 바꾸거나 분기(分岐)할 때 사용한다.

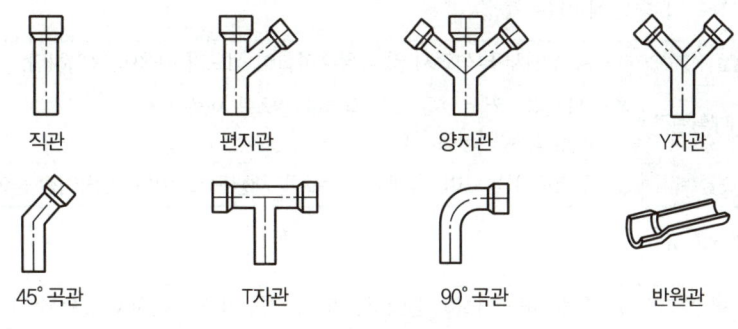

‖ 이형관의 종류 ‖

4. 도자기 제품

① 돌을 빻아 빚은 것을 1,300℃ 정도로 구워 만든 제품으로 물을 빨아들이지 않는다.
② 마찰이나 충격에 견디는 힘이 강하다.
③ 음료수대, 가로등 기구, 야외탁자, 계단 타일 등에 사용한다.

SECTION 03 기타 재료

1. 플라스틱(Plastic) 재료

합성수지에 가소제, 채움제, 안정제, 착색제 등을 넣어 성형한 고분자 물질이다.

① 플라스틱 재료의 장단점 중요★★☆

장점	단점
• 성형이 자유롭고 가볍다. • 강도와 탄력이 크다. • 착색이 자유롭고 광택이 좋다. • 내산성과 내알칼리성이 크다. • 투광성, 접착성, 절연성이 있다. • 마모가 적어 바닥 재료 등에 적합하다.	• 열전도율이 높아 불에 타기 쉽다. • 내열성, 내광성, 내화성이 부족하다. • 저온에서 잘 파괴된다. • 온도변화에 약하다.

② 플라스틱 재료의 종류 중요★★★

㉠ 열가소성수지

특징	• 열을 가하여 성형한 뒤 다시 열을 가하면 형태의 변형을 일으킬 수 있는 수지 • 냉각하면 그 형태가 붕괴되지 않고 고체로 된다. • 수장재로 이용된다.
종류	• 염화비닐관, 염화비닐수지(PVC), 폴리에틸렌관, 폴리에틸렌수지, 폴리프로필렌, 아크릴수지 등

㉡ 열가소성수지 종류에 따른 특징

염화비닐관(PVCP)	• 흙 속에서 부식되지 않고 유수마찰이 적으며 이음이 용이하다.
폴리에틸렌관	• 내한성이 커서 추운 지방의 수도관으로 사용한다. • 가볍고, 유연성이 크다.
아크릴수지	• 투명도가 높으며, 착색이 자유로워 채광판, 도어판, 칸막이판 등에 사용한다.

㉢ 열경화성수지

특징	• 한번 열을 가하여 성형하면 다시 열을 가해도 변하지 않는 수지
종류	• 페놀수지(PF), 요소수지(UF), 멜라민수지(MF), 에폭시수지(EF), 폴리우레탄(PUR), 실리콘수지 등

㉣ 열경화성수지 종류에 따른 특징

페놀수지	• 강도, 전기절연성, 내산성, 내수성 모두 우수하나, 내알칼리성이 약하다.
실리콘수지	• 내수성, 내열성, 전기절연성, 내후성이 우수하며 특히 접착제로 많이 사용된다.
에폭시수지	• 날씨 변화에 잘 견디며 빨리 굳고, 접착제로 사용되는 수지 중 접착력이 가장 우수하다. • 물탱크, 수영장 방수용, 주차장, 공장 바닥, 항공기, 기계부품 등에 사용된다.

유리섬유강화 플라스틱 (FRP)	• 가장 많이 사용하는 플라스틱 제품으로 강도가 약한 플라스틱에 유리섬유 강화제를 넣어 강화시킨 제품 • 벤치, 인공폭포, 인공암, 미끄럼대의 슬라이더, 화분대, 인공동굴, 수목보호대, 놀이기구 등에 이용된다.

2. 미장재료

구조재의 부족한 요소를 감추고 외벽을 아름답게 나타내 주며, 방음, 방습 보온을 목적으로 건축물의 내벽, 외벽, 바닥, 천장 등에 발라 마감하는 재료이다.

① 미장재료의 종류 중요★★☆

㉠ 시멘트 모르타르
- 시멘트와 모래를 적당한 비율로 배합한 것을 말한다.
- 1 : 1은 방수용 · 치장용 줄눈, 1 : 2는 중요한 곳, 1 : 3은 일반적인 곳에 사용한다.
- 벽돌 쌓기, 돌쌓기, 타일 붙이기, 시멘트 벽돌담 등의 접착재료로 사용한다.

㉡ 회반죽(Plaster)
- 소석회를 반죽한 것으로 흰색의 매끄러운 표면을 만든다.
- 소석회＋모래＋여물＋해초풀＋물 등을 섞어 반죽하여 발라 균열을 방지한다.

㉢ 벽토(壁土)
- 진흙에 고운 모래, 짚여물, 착색안료와 물을 혼합하여 만든 것이다.
- 미장재료 중 벽토는 자연적인 분위기를 살릴 수 있는 재료이다.
- 전통성을 강조하는 목조주택의 외벽, 토담집 흙벽, 울타리, 담에 사용한다.

3. 도장재료

도장(塗裝)재료는 바탕재료의 부식을 방지하고, 아름다움을 증대할 목적으로 사용하는 재료이다.
※ 철재에는 광명단을 칠한 후 도장한다.

① 도장재료의 종류

㉠ 페인트 중요★★☆

유성페인트(실외)	안료, 건성유, 희석제, 건조제 등을 혼합한 것이다.
수성페인트(실내)	광택이 없고 실내용, 내장 마감용으로 사용한다.
에나멜페인트	니스와 안료를 섞은 것으로 건조속도가 빠르고 광택이 좋다.

※ 수성공정 페인트칠 : 바탕만들기 → 초벌칠하기 → 퍼티먹임 → 연마작업 → 재벌칠하기 → 정벌칠하기

> **참고** 도료
> 도장(塗裝)에 사용되는 것으로 바니스, 페인트 등이 있다. 초벌칠, 정벌칠 도료는 외부 환경에 대한 저항성을 부여하는 것이 목적이다.

ⓛ 니스(바니시)
- 구조재의 아름다운 무늬를 살리기 위해 목질부 도장에 주로 쓰인다.
- 코팅 두께는 얇게 하고 2~3회 도포한다.

ⓒ 합성수지 도료 : 건조시간이 빠르고, 내산성·내알칼리성이 있어 콘크리트면에 바를 수 있다.

ⓔ 방청도료(녹막이 도료) 중요★★☆
- 금속제품의 부식방지용 도료이다.
- 광명단 : 보일유와 혼합하여 녹막이 도료를 만드는 주황색 안료이다.
- 징크로메이트 : 알루미늄, 아연철판 등 녹 방지용 도료로 쓰인다.

ⓜ 퍼티(Putty) : 유지 혹은 수지와 탄산칼슘 등의 충전재를 혼합하며 만든 것으로 창유리를 끼우는 곳, 갈라짐이나 틈을 채우는 곳에 주로 사용하며, 도장바탕을 고르는 데 사용한다.

ⓗ 래커(Lacquer) 중요★☆☆
- 번쩍이지 않게 표면 마감을 한다.
- 외부에 사용하며 바니시보다 고가이다.
- 도료 중 건조가 가장 빠르다.
- 스프레이건을 쓰는 것이 가장 적합한 도료이다.

② 도장의 효과
ⓛ 도료를 칠하거나 바르면 내식성, 방부성, 내마멸성, 방습성, 강도 등이 높아진다.
ⓒ 내구성 증대, 광택, 반사조절, 다양한 색채 연출 등의 효과가 있어 미관을 아름답게 해준다.

③ 분체도장 중요★★☆
ⓛ 아주 고운 가루 입자를 제품에 고르게 뿌려서 색을 입히는 방법이다.
ⓒ 스프레이로 뿜어 칠하며, 흐름 현상이 없고, 깨끗한 면을 얻을 수 있다.

4. 역청 재료

① 천연산(석유·천연가스·석탄)을 가공(건류·증류)하여 얻는 유기 화합물이다.
② 역청 재료의 종류에는 아스팔트, 타르, 피치 등이 있으며 방부, 방수, 포장 등에 사용된다.

5. 유리 재료

① 유리는 내부공간과 외부공간을 연결하는 중요한 소재이다.
② 조경시설에서는 온실, 수족관의 수조, 동물 전시함 등에 이용된다.
③ 최근에는 유리블록 제품의 발달로 입체적인 벽면, 바닥 포장용으로 사용되고 있다.
④ 유리의 주성분 : 소다, 석회, 규산

6. 생태복원재료

① 최근 환경문제를 해결하기 위해 친환경적 재료로 개발한 것이 생태복원재료이다.
② 비탈면 녹화공법, 자연형 하천 공법, 생태연못 또는 습지조성 등에 사용된다.
③ 종류에는 식생매트, 식생자루, 식생호안블록, 잔디블록 등이 있다.

7. 물

① 정적 이용 : 호수, 연못, 풀(pool)은 평온한 느낌으로 긴장을 풀어준다.
② 동적 이용 : 분수, 폭포, 벽천, 계단폭포는 활동적이며, 생동감과 신선함을 준다.
③ 물은 심리작용과 함께 마음을 정화하는 효과를 준다.

05장 적중예상문제

01 일반적인 금속재료의 장점이라고 볼 수 없는 것은?

① 여러 가지 하중에 대한 강도가 크다.
② 재질이 균일하고 불연재이다.
③ 각기 고유의 광택이 있다.
④ 가열에 강하고 질감이 따뜻하다.

● 해설
금속재료를 가열하면 역학적 성질이 저하되며, 차가운 느낌이 든다.

02 철재의 일반 성질 중 재료가 파괴되기까지 높은 응력에 잘 견딜 수 있고, 동시에 큰 변형이 되는 성질은?

① 탄성   ② 강도
③ 인성   ④ 내구성

03 재료의 기계적 성질 중 작은 변형에도 파괴되는 성질을 무엇이라 하는가?

① 취성   ② 소성
③ 강성   ④ 탄성

● 해설
금속재료의 성질

취성	재료가 외력을 받았을 때 작은 충격에도 파괴되는 성질
인성	재료가 외력을 받았을 때 작은 충격에도 잘 견디는 성질
전성	부러지지 않으면서 얇게 판으로 만들 수 있는 성질
연성	• 부러지지 않으면서 가늘게 선으로 늘어나는 성질 • 연성이 높은 순서 : 금>은>알루미늄>철>니켈>구리>아연>주석>납

탄성	재료가 외력을 받아서 변형을 일으킨 뒤 외력을 제거하면 다시 돌아오는 성질
소성	외력에 의해 변한 물체가 외력이 없어져도 원래의 형태로 돌아오지 않는 물질의 성질(찰흙)

04 재료가 외력을 받아서 변형을 일으킨 뒤 외력을 제거하면 다시 원형으로 돌아가는 성질은?

① 소성   ② 연성
③ 탄성   ④ 강성

05 담금질을 한 강에 인성을 주기 위하여 변태점 이하의 적당한 온도에서 가열한 다음 냉각시키는 조작을 의미하는 것은?

① 풀림   ② 사출
③ 불림   ④ 뜨임질

06 철근을 D13으로 표현했을 때, 'D'는 무엇을 의미하는가?

① 둥근 철근의 지름   ② 이형 철근의 지름
③ 둥근 철근의 길이   ④ 이형 철근의 길이

● 해설
강(鋼)의 열처리 방법

담금질	금속을 가열한 후 물이나 기름에 급속히 냉각시키는 방법
뜨임질	담금질한 금속을 재가열 한 후 공기 중에서 서서히 냉각시키는 방법
풀림	가공한 금속을 "노"안에서 서서히 냉각시키는 방법
불림	금속을 가열 후 공기 중에서 서서히 냉각시키는 방법

정답 01 ④ 02 ③ 03 ① 04 ③ 05 ④ 06 ②

07 조경공사의 암석 운반용으로 많이 쓰이는 것은?
① 형강　　　　　② 와이어로프
③ 철선　　　　　④ 볼트와 너트

● 해설
당김줄형 지주
경관상 가치가 요구되는 곳에 턴버클을 이용하여 세 방향으로 철선을 당겨 지표에 박은 말뚝에 고정시킨다.

08 복잡한 형상의 제작 시 품질이 좋고 작업이 용이하며, 내식성이 뛰어나다. 또한 탄소 함유량이 약 1.7~6.6%, 용융점은 1,100~1,200℃로서 선철에 고철을 섞어서 용광로에서 재용해하여 탄소 성분을 조절하여 제조하는 것은?
① 동합금　　　　② 주철
③ 중철　　　　　④ 강철

12 다음 중 내식성이 가장 높은 재료는?
① 티탄　　　　　② 동
③ 아연　　　　　④ 스테인리스강

● 해설
티탄
가벼우면서도 단단한 내부식성 금속

13 재료의 긁기, 절단, 마모 등에 대한 저항성을 나타내는 용어는?
① 경도(硬度)
② 강도(强度)
③ 전성(展性)
④ 취성(脆性)

● 해설
• 경도(硬度) : 단단한 정도
• 강도(强度) : 힘

09 다음 중 콘크리트의 보강용으로 이용되는 것은?
① 컬러 철선　　　② 와이어로프
③ 볼트와 너트　　④ 용접철망

● 해설
• 철선 : 거푸집이나 철근을 묶는 데 사용
• 와이어로프 : 조경공사의 돌쌓기용 암석을 운반하는 데 적합한 재료
• 볼트와 너트 : 긴결(연결)철물용

10 다음 중 시공현장에서 사용되는 긴결(연결)철물에 해당되는 것은?
① 못　　　　　　② 강판
③ 함석　　　　　④ 형강

14 크롬산 아연을 안료로 하고, 알키드 수지를 전색료로 한 것으로서 알루미늄 녹막이 초벌칠에 적당한 도료는?
① 광명단
② 파커라이징(Parkerizing)
③ 그라파이트(Graphite)
④ 징크로메이트(Zingcromate)

11 다음 중 경관적 가치가 요구되는 곳에 있는 대형 수목의 지주 재료로 널리 쓰이는 것은?
① 박피 통나무 지주대
② 대나무 지주대
③ 철선 지주대
④ 철재 지주대

15 원광석인 보크사이트에서 추출한 물질을 전기 분해해서 만드는 금속은?
① 니켈　　　　　② 비소
③ 구리　　　　　④ 알루미늄

정답　07 ②　08 ②　09 ④　10 ①　11 ③　12 ①　13 ①　14 ④　15 ④

16 다음 조경시설물 중 비철금속을 주로 사용해야 하는 것은?
① 철봉 ② 그네
③ 잔디보호책 ④ 수경장치물

17 다음 중 제품의 제작과정이 다른 것은?
① 시멘트벽돌 ② 붉은벽돌
③ 점토벽돌 ④ 내화벽돌

● 해설
① 시멘트 재료로 제작
②, ③, ④ 점토 재료로 제작

18 조경용으로 벽돌, 도관, 타일, 기와 등을 만드는 재료로 가장 적당한 것은?
① 금속 ② 플라스틱
③ 점토 ④ 시멘트

19 우리나라에서 사용되고 있는 점토벽돌은 기존형과 표준형으로 분류되는데 그중 기존형 벽돌의 규격은?
① 20cm×9cm×5cm
② 21cm×10cm×6cm
③ 22cm×12cm×6.5cm
④ 19cm×9cm×5.7cm

● 해설
표준형 벽돌의 규격은 19cm×9cm×5.7cm이다.

20 다음 중 점토에 대한 설명으로 옳지 않은 것은?
① 암석이 오랜 기간에 걸쳐 풍화 또는 분해되어 생긴 세립자 물질이다.
② 가소성은 점토입자가 미세할수록 좋고 또한 미세 부분은 콜로이드의 특성을 가지고 있다.
③ 화학성분에 따른 내화성, 소성 시 비틀림 정도, 색채의 변화 등의 차이로 인해 용도에 맞게 선택된다.
④ 습윤상태에서 가소성을 가지고 고온으로 구우면 경화되지만, 다시 습윤상태로 만들면 가소성을 갖는다.

● 해설
④ 점토는 가루상태의 물질로 습윤 시에는 가소성을, 건조 시에는 강성을 갖는다.
'다시 습윤상태로 만들면 가소성을 갖는다'와 관련성이 없다.

21 조경재료 중 점토 제품이 아닌 것은?
① 소형고압블록 ② 타일
③ 적벽돌 ④ 오지토관

● 해설
소형고압블록
보도용, 차도용 콘크리트 제품 중 일정한 크기의 골재와 시멘트를 배합하며 높은 압력과 열로 처리한 보도블록이다.

22 다음 토관 중 45° 곡관은?

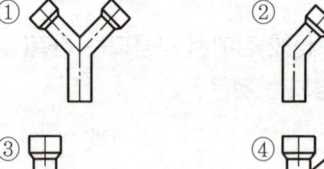

23 표면이 거칠고 투수율이 크므로 연기나 공기의 환기통으로 사용하는 관은?
① 테라코타 ② 토관
③ 강관 ④ 콘크리트관

● 해설
토관 : 저급 점토를 이용하여 그대로 구운 제품이다.

정답 16 ④ 17 ① 18 ③ 19 ② 20 ④ 21 ① 22 ② 23 ②

24 플라스틱 제품 제작 시 첨가하는 재료가 아닌 것은?

① 가소제　　② 안정제
③ 충진제　　④ AE제

●해설
플라스틱은 합성수지에 가소제, 채움제, 안정제, 착색제 등을 넣어 성형한 고분자 물질이다.

25 플라스틱 제품의 특성으로 옳은 것은?

① 콘크리트, 알루미늄보다 가볍고, 어느 정도의 강도와 탄력성이 있다.
② 내열성이 크고 내후성, 내광성이 좋다.
③ 불에 타지 않으며 부식이 된다.
④ 내산성, 내충격성 등의 특성이 있다.

●해설
플라스틱 재료의 특징
㉠ 장점
- 성형이 자유롭고 가볍다.
- 강도와 탄력이 크다.
- 착색이 자유롭고 광택이 좋다.
- 내산성과 내알카리성이 크다.
- 투광성, 접착성, 절연성이 있다.
- 마모가 적어 바닥재료 등에 적합하다.
㉡ 단점
- 열전도율이 높아 불에 타기 쉽다.
- 내열성, 내광성, 내화성이 부족하다.
- 저온에서 잘 파괴된다.
- 온도변화에 약하다.

26 다음과 같은 특징을 가진 것은?

- 성형, 가공이 용이하다.
- 가벼운데 비하여 강하다.
- 내화성이 없다.
- 온도의 변화에 약하다.

① 목질 제품　　② 플라스틱 제품
③ 금속 제품　　④ 유리질 제품

27 플라스틱 제품의 일반적 특성으로 틀린 것은?

① 내산성이 크다.
② 접착력이 작고 내염성이 크다.
③ 가벼우며 경도와 탄력성이 크다.
④ 내알칼리성이 크다.

●해설
내염성은 내화성보다 좁은 의미의 개념이다.

28 다음 중 성형가공이 자유롭지만 온도의 변화에 약한 제품은?

① 콘크리트 제품　　② 플라스틱 제품
③ 금속 제품　　　　④ 목질 제품

●해설
플라스틱 제품은 저온에서 잘 파괴된다.

29 열가소성수지에 대한 일반적인 설명으로 부적합한 것은?

① 축합반응을 하여 고분자로 된 것이다.
② 열에 의해 연화된다.
③ 수장재로 이용된다.
④ 냉각하면 그 형태가 붕괴되지 않고 고체로 된다.

●해설
- 열경화성수지는 축합반응을 통해 고분자로 된 것이며, 한번 굳으면 열을 가해도 변하지 않는다.
- 고분자는 매우 많은 작은 분자들이 모여서 만들어진 중합체이며, 단위체가 계속적으로 더해져 고분자를 만드는 반응을 첨가중합이라 한다.

30 다음 중 열경화성(축합형)수지인 것은?

① 폴리에틸렌수지　　② 폴리염화비닐수지
③ 아크릴수지　　　　④ 멜라민수지

●해설
①, ②, ③은 열가소성수지이다.

정답　24 ④　25 ①　26 ②　27 ②　28 ②　29 ①　30 ④

31 다음 중 폴리에틸렌관에 대한 설명으로 틀린 것은?

① 가볍고 충격에 견디는 힘이 크다.
② 시공이 용이하다.
③ 유연성이 작다.
④ 경제적이다.

● 해설
폴리에틸렌관은 가볍고 유연성이 크다.

32 투명도가 높으므로 유기 유리라는 명칭이 있고 착색이 자유로워 채광판, 도어판, 칸막이판 등에 이용되는 것은?

① 아크릴수지
② 멜라민수지
③ 알키드수지
④ 폴리에스테르수지

33 다음 포장재료 중 광장 등 넓은 지역에 포장하며, 바닥에 색채 및 자연스런 문양을 다양하게 표현할 수 있는 소재는?

① 벽돌 ② 우레탄
③ 자기타일 ④ 고압블록

● 해설
우레탄
충격을 줄여주는 데 효과적인 소재이며 육상트랙, 어린이 놀이터 바닥으로 많이 사용된다.

34 다음 중 인공폭포, 인공바위 등의 조경시설에 쓰이는 일반적인 재료로 가장 적당한 것은?

① PVC
② 비닐
③ 합성수지
④ FRP

35 다음 [보기]가 설명하는 합성수지의 종류는?

[보기]
• 내수성, 내열성이 특히 우수하다.
• 내연성, 전기적 절연성이 있고 유리 섬유판, 텍스, 피혁류 등 모든 접착이 가능하다.
• 500℃ 이상 견디는 수지이다.
• 방수제, 도료, 접착제로 사용된다.

① 실리콘수지 ② 멜라민수지
③ 푸란수지   ④ 에폭시수지

36 다음 접착제로 사용되는 수지 중 접착력이 제일 우수한 것은?

① 요소수지   ② 에폭시수지
③ 멜라민수지 ④ 페놀수지

37 액체상태나 용융상태의 수지에 경화제를 넣어 사용하며 내산성, 내알칼리성이 우수하여 콘크리트, 항공기, 기계 부품 등의 접착에 사용되는 것은?

① 멜라민계 접착제
② 에폭시계 접착제
③ 페놀계 접착제
④ 실리콘계 접착제

38 다음 [보기]가 설명하고 있는 것은?

[보기]
• 열경화성수지 도료이다.
• 내수성이 크고 열탕에서도 침식되지 않는다.
• 무색 투명하고 착색이 자유로우면서 아주 굳고 내수성, 내약품성, 내용제성이 뛰어나다.
• 알키드수지로 변성하여 도료, 내수베니어합판의 접착제 등에 이용된다.

① 석탄산수지 도료 ② 프탈산수지 도료
③ 염화비닐수지 도료 ④ 멜라민수지 도료

정답 31 ③ 32 ① 33 ② 34 ④ 35 ① 36 ② 37 ② 38 ④

해설
멜라민수지
멜라민과 폼알데하이드를 반응시켜 만드는 열경화성 수지로서 열·산·용제에 대하여 강하고, 전기적 성질도 뛰어나며, 식기·잡화·전기 기기 등의 성형재료로 사용한다.

39 조경시설물 중 유리섬유강화플라스틱(FRP)으로 만들기 가장 부적합한 것은?
① 인공암 ② 화분대
③ 수목 보호판 ④ 수족관의 수조

해설
유리섬유강화 플라스틱(FRP)
- 가장 많이 사용하는 플라스틱 제품으로 강도가 약한 플라스틱에 유리섬유 강화제를 넣어 강화시킨 제품
- 벤치, 인공폭포, 인공암, 미끄럼대의 슬라이더, 화분대, 인공동굴, 수목보호대, 놀이기구 등에 이용된다.

40 벤치, 인공폭포, 인공암, 수목 보호판 등으로 이용하기에 가장 적합한 것은?
① 경질염화비닐판
② 유리섬유강화플라스틱
③ 폴리스티렌수지
④ 염화비닐수지

41 다음 미장재료 중 가장 자연적인 분위기를 살릴 수 있고, 우리나라 고유의 전통성을 강조시키기에 가장 좋은 것은?
① 시멘트 모르타르 ② 테라조
③ 벽토 ④ 페인트

해설
- 테라조 : 인조석의 일종으로 대리석에 백색 시멘트르 가하여 혼합하여 경화 후 표면을 닦은 것
- 벽토 : 전통성을 강조하는 목조주택의 외벽, 토담집 흙벽, 울타리, 담에 사용

42 미장재료에 속하는 것은?
① 페인트 ② 니스
③ 회반죽 ④ 래커

해설
미장재료의 종류 : 시멘트 모르타르, 회반죽, 벽토 등

43 도료의 성분에 의한 분류로 틀린 것은?
① 수성페인트 : 합성수지＋용제＋안료
② 유성바니시 : 수지＋건성유＋희석제
③ 합성수지도료(용제형) : 합성수지＋용제＋안료
④ 생칠 : 칠나무에서 채취한 그대로의 것

해설
수성페인트 : 물로 희석해 사용하는 도료이다.

44 철재(鐵材)로 만든 놀이시설에 녹이 슬어 다시 페인트칠을 하려 한다. 그 작업 순서로 옳은 것은?
① 녹닦기(샌드페이퍼 등) → 연단(광명단) 칠하기 → 에나멜 페인트칠하기
② 에나멜 페인트칠하기 → 녹닦기(샌드페이퍼 등) → 연단(광명단) 칠하기
③ 연단(광명단) 칠하기 → 녹닦기(샌드페이퍼 등) → 바니시 칠하기
④ 수성페인트칠하기 → 바니시 칠하기 → 녹닦기(샌드페이퍼 등)

45 수성페인트칠의 공정 순서를 옳게 나열한 것은?

ㄱ. 바탕만들기	ㄴ. 퍼티먹임
ㄷ. 초벌칠하기	ㄹ. 재벌칠하기
ㅁ. 정벌칠하기	ㅂ. 연마작업

정답 39 ④ 40 ② 41 ③ 42 ③ 43 ① 44 ① 45 ②

① ㄱ-ㄷ-ㄴ-ㅁ-ㅂ-ㄹ
② ㄱ-ㄷ-ㄴ-ㅂ-ㄹ-ㅁ
③ ㄱ-ㄴ-ㄷ-ㅂ-ㄹ-ㅁ
④ ㄱ-ㄴ-ㄷ-ㅁ-ㅂ-ㄹ

46 바탕재료의 부식을 방지하고 아름다움을 증대시키기 위한 목적으로 사용하는 도막형성 도료는?

① 바니시 ② 피치
③ 벽토   ④ 회반죽

47 스프레이건(spray gun)을 쓰는 것이 가장 적합한 도료는?

① 수성페인트
② 유성페인트
③ 래커
④ 에나멜

48 미장재료 중 혼화재료가 아닌 것은?

① 방수제 ② 방동제
③ 방청제 ④ 착색제

● 해설
혼화재료에는 혼화재와 혼화제가 있으며, 방청제는 녹막이용 초벌칠에 사용하는 도료이다.

49 다음 중 분말 도료를 스프레이로 뿜어서 칠하는 도장 방법으로 도막 형성 때 주름 현상, 흐름 현상 등이 없어 점도 조절이 필요 없으며 도장작업이 간편한 무정전 스프레이법이 대표적인 도장은?

① 분체도장   ② 소부도장
③ 침적도장   ④ 합성수지 피막도장

50 물 재료의 정적 이용에 해당하는 시설은?

① 분수   ② 폭포
③ 벽천   ④ 풀(Pool)

● 해설
• 정적 이용 : 호수, 연못, 풀(Pool) 등
• 동적 이용 : 분수, 폭포, 벽천, 계단 폭포 등

51 물에 대한 설명이 틀린 것은?

① 호수. 연못, 풀 등은 정적으로 이용된다.
② 분수, 폭포, 벽천, 계단폭포 등은 동적으로 이용된다.
③ 조경에서 물은 동서양 모두 즐겨 이용했다.
④ 벽천은 다른 수경에 비해 대규모 지역에 어울리는 방법이다.

● 해설
벽천은 소규모 지역에 많이 쓰인다.

52 생태복원용으로 이용되는 재료로 거리가 먼 것은?

① 식생매트   ② 식생자루
③ 식생호안블록   ④ FRP

● 해설
FRP(유리섬유강화 플라스틱)는 생태복원용 재료와는 관련성이 없다.

53 유리의 주성분이 아닌 것은?

① 규산   ② 소다
③ 석회   ④ 수산화칼슘

● 해설
유리의 주성분은 규산, 소다, 석회이다.

정답 46 ① 47 ③ 48 ③ 49 ① 50 ④ 51 ④ 52 ④ 53 ④

조경시공

CONTENTS

1장 조경시공계획

2장 조경시설물공사-1

3장 조경시설물공사-2

4장 조경시설물공사-3

5장 식재공사

01장 조경시공계획

SECTION 01 조경시공의 뜻과 종류

1. 조경시공의 뜻

① 조경시공이란 조경설계도면의 내용을 실제로 만들어 내는 일이다.
② 조경시공은 **설계도면**과 **시방서** 그리고 **해당 법규와 계약** 조건을 바탕으로 각종 자원과 시공기술 및 시공관리기술을 활용하여 계약한 금액과 기간 안에 **조경공사를 완성시키는 것**이다.

2. 조경시공의 종류 및 순서

① 조경시공의 종류: 기반조성공사, 시설물공사, 식재공사, 유지관리공사로 나뉜다.
② 조경시공의 진행순서

> 도로정비 → 지반조성 → 지하매설물 설치 → 조경시설물공사 → 조경식재공사

3. 시공방법

① 공사 실시방법
　㉠ 직영방식: 발주자 스스로 시공자가 되어 일체의 공사를 자기 책임 아래 직접 시행하는 것이다.
　　• 직영방식의 장단점 [중요★★☆]

대상업무	• 연속해서 행할 수 없으며, 진척상황이 명확치 않은 업무 • 금액이 적고 간편한 업무
장점	• 관리 책임이나 **책임소재가 명확**하다. • 관리 실태의 **정확한 파악**이 가능하다. • 긴급한 대응이 가능하며 **임기응변적** 조치가 가능하다. • 이용자에게 **양질의 서비스**를 제공할 수 있다. • **경쟁의 폐단**을 피할 수 있다.
단점	• **필요 이상의 인건비** 소요 및 인사 정체 및 업무의 타성화가 있다. • 경험이 부족하고 사무가 복잡하여 **공사가 지연**된다. • 입찰과 계약의 수속과 **감독이 어렵다**.

ⓛ 도급방식 : 발주자가 일정 시공자에게 공사의 시행을 의뢰하는 것으로 도급계약을 체결하고, 도급자가 공사를 완성하면 발주자에게 인도하는 방식이다.

- 도급방식의 장단점 〔중요★★☆〕

대상업무	• 전문지식, 기능, 자격을 갖춘 업무 • 규모가 크고 노력, 재료 등을 포함한 업무
장점	• 규모가 큰 시설의 관리에 적합하다. • 전문가를 합리적으로 이용함으로써 장기적으로 안정될 수 있다. • 관리가 단순화되고 관리비가 저렴하다.
단점	책임의 소재나 권한의 범위가 불명확하다.

- 도급방식의 종류

일식도급	• 공사 전체를 한 도급자에게 위탁하는 방법 • 공사비가 확정되고 책임소재가 명료하며 공사관리가 용이
분할도급	공정별 또는 공구별로 전문업자에게 도급 위탁하는 방법
공동도급	대규모 공사에 기술·자본·시설·능력을 갖춘 회사들이 모여, 공동출자회사를 만들어 계약하는 방법

② 시공자의 선정

ⓘ 경쟁입찰방식 〔중요★★★〕

일반경쟁입찰	관보나 신문 등에 게시하는 방법을 통하여 다수의 희망자가 경쟁에 참가하도록 하고, 그중에서 가장 유리한 조건을 제시한 자를 선정하는 방식이다. • 장점 : 저렴한 공사비, 모든 공사수주 희망자에게 기회를 균등하게 줌 • 단점 : 과다 경쟁으로 인한 참여 업체의 난립
지명경쟁입찰	지나친 경쟁으로 인한 부실공사를 막기 위해 기술과 경험, 신용 등이 적합한 경쟁 참가자를 지명하는 방식이다.
제한경쟁입찰	일반경쟁입찰, 지명경쟁입찰의 단점을 보완하고 장점을 도입한 제도로서 계약의 목적, 성질 등에 따라 참가자의 자격을 제한한다.
설계시공일괄입찰 (Turn-key)	설계서와 시공 도서를 작성하여 입찰서와 함께 제출하는 방식이다.

ⓛ 수의계약 : 공사의 시공에 가장 적합하다고 인정되는 한 명의 업자를 선정하여 단독 입찰시키는 방법이다.

ⓒ 계약체결 : 낙찰자는 계약일 내에 계약보증금을 납입하고 계약을 체결한다. 〔중요★☆☆〕

입찰계약순서 : 입찰공고 → 현장설명 → 입찰 → 개찰 → 낙찰 → 계약

4. 관련용어 중요★☆☆

시공주(발주자)	공사의 설계, 감독, 관리, 시공을 의뢰하는 주체
감독관	• 발주자를 대신하여 공사 현장을 지휘, 감독하는 자 • 재료, 검사, 시험, 현장지휘 등 감독업무에 종사할 것을 발주자가 도급자에게 통고한 자
시공자	시공주와 계약을 하여 공사를 완성하고 그 대가를 받는 자
현장대리인	공사업자를 대리하여 현장에 상주하는 책임시공기술자(현장소장)
감리자	시공과정에서 전문기술자의 지식, 기술과 경험을 활용하여 시공주 측 자문에 응하고 설계도·시방서와 일치되는지 확인하는 자
설계자	시공주와 설계용역 계약을 체결하며, 충분한 계획과 자료를 수집하고 넓은 지식과 경험을 바탕으로 시방서와 공사내역서를 작성하는 자

SECTION 02 조경 시공계획 및 시공관리

1. 시공계획의 목적

① 공사도급 계약이 체결되면 시공자는 공사착수 전에 시공계획을 수립해야 한다.
② 시공계획의 4대 목표 : 품질(좋게), 원가(싸게), 공정(빠르게), 안전(안전하게)
③ 시공계획의 목적 : 재료, 장비 및 인원에 대한 조달 계획과 공사의 전체 공정에 대한 계획

2. 시공계획

① 설계도면 및 시방서에 의해 양질의 공사목적물을 완성하기 위하여 기간 내에 최저의 비용으로 안전하게 시공할 수 있도록 조건과 방법을 결정하는 계획이다.
② 과정 : 사전조사 → 기본계획 → 일정계획 → 가설 및 조달계획 → 관리계획

3. 시공관리

시공에 관한 계획 및 관리의 모든 것으로 양질의 품질, 적절한 공사기간, 적절한 비용에 안전하게 시공하는 것이다.

① 시공관리의 기능 중요★☆☆

품질관리	• 최저비용으로 최량품질의 공사를 완성할 수 있도록 숫자에 의해 관리 및 통제 • 품질, 재료관리 및 인원의 수요 · 공급에 대처
공정관리	• 공사 착공부터 완성까지 각 부분의 공사 진행 상황을 미리 제출하는 계획서 • 종류 : 횡선식 공정표, S자 곡선, 네트워크 공정표
원가관리	공사를 계약된 기간 안에 주어진 예산으로 완성시키기 위하여 재료비, 노무비, 경비를 기록하여 통합 및 분석하는 회계 관리

② 시방서
　㉠ 설계자가 설계도면에 표기하기 어렵거나 할 수 없는 공사내용을 기재한 것
　㉡ 종류에는 표준시방서, 특기시방서, 전문시방서 등이 있다.

4. 공정계획

① 공사의 순서를 정하여 각 단위 공정별로 일정을 계획하는 것
② 계획된 기간 내에 공사를 우수하게, 값싸게, 빨리, 안전하게 완공할 수 있도록 한다.
③ **공정표** : 공사의 진행순서와 작업방법 및 작업일정을 종합한 공사의 진도표이다.

　㉠ 막대 공정표(Bar Chart : 횡선식 공정표) 중요★★★
　　• 공정표가 단순하여 경험이 적은 사람도 이해가 쉽다.
　　• 작업이 간단하고 일목요연하게, 착수일과 완료일을 명확하게 구분
　　• 세로축에 공사명, 가로축에 날짜를 표기하고, 공사명별 공사일수를 횡선의 길이로 표현
　　• 장점 : 소규모의 간단한 공사, 시급한 공사에 많이 적용된다.
　　• 단점 : 작업의 선후관계와 세부사항을 표기하기 어렵고, 대형공사에 적용하기 어렵다.

　㉡ 네트워크 공정표(Network Chart) 중요★★★
　　• 상호 간의 작업관계가 명확, 복잡한 공사, 대형공사, 중요한 공사에 사용된다.
　　• 최적비용으로 공기단축이 가능하며, 작업의 문제점 예측이 가능하다.

ⓒ 기성고 곡선(S자 곡선, 바나나 곡선)
- 작업 간의 관련성은 알 수 없으나 전체 공정의 작업기간(공기)과 작업률(기성고) 파악이 쉽다.

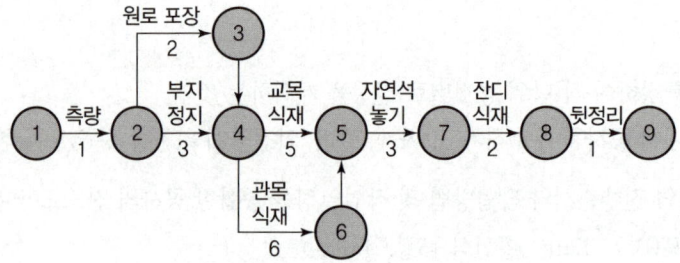

|막대 공정표 및 네트워크 공정표|

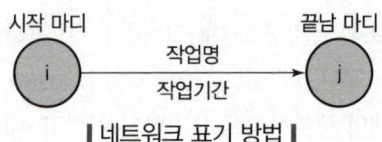

|네트워크 표기 방법|

5. 할증률 중요★★☆

3%	5%	10%	30%	기타
• 이형철근 • 합판(일반용) • 붉은벽돌 • 내화벽돌 • 경계블록 • 테라코타 • 타일(도기, 자기)	• 원형철근 • 목재(각재) • 합판(수장용) • 시멘트벽돌 • 호안블록 • 기와 • 타일(아스팔트, 비닐)	• 강판 • 목재(판재) • 조경용 수목 • 잔디, 초화류 • 석재용 붙임 용재(정형돌)	• 원석(마름돌) • 석재용 붙임용재(부정형돌)	• 4% : 블록

01장 적중예상문제

01 조경에서 이상적인 시공을 설명한 것 중 가장 알맞은 것은?
① 설계도면과는 무관하게 임의로 적합한 시공을 하는 데 있다.
② 설계에 의해서 정해진 방침에 따라 경제적, 능률적으로 목적을 달성하는 데 있다.
③ 경제적인 것은 관계없이 보기 좋게 하면 된다.
④ 재료를 최고급으로 써서라도 목적을 달성하는 데 있다.

02 직영공사의 시기로 알맞지 않은 것은?
① 공사내용이 단순하고 시공 과정이 용이할 때
② 풍부하고 저렴한 노동력, 재료의 보유 또는 구입편의가 있을 때
③ 시급한 준공을 필요로 할 때
④ 일반도급으로 단가를 정하기 곤란한 특수한 공사가 필요할 때

●해설
직영공사는 시급한 준공과는 관련이 없다.

03 관리업무의 수행 중 직영방식의 장점이 아닌 것은?
① 관리책임이나 책임소재가 명확하다.
② 긴급한 대응이 가능하다.
③ 이용자에게 양질의 서비스가 가능하다.
④ 전문가를 합리적으로 이용할 수 있다.

●해설
전문가를 합리적으로 이용한 방식은 도급방식이다.

04 도급공사는 공사 실시방식에 따른 분류와 공사비 지불방식에 따른 분류로 구분할 수 있다. 다음 중 공사 실시방식에 따른 분류에 해당하는 것은?
① 분할도급
② 정액도급
③ 단가도급
④ 실비청산보수가산도급

05 단독도급과 비교하였을 때 공동도급(Joint Venture) 방식의 특징으로 거리가 먼 것은?
① 대규모 공사를 단독으로 도급하는 것보다 적자 등의 위험 부담이 분담된다.
② 공동도급에 구성된 상호 간의 이해충돌이 없고 현장 관리가 용이하다.
③ 2 이상의 업자가 공동으로 도급함으로써 자금 부담이 경감된다.
④ 각 구성원이 공사에 대하여 연대책임을 지므로 단독도급에 비해 발주자는 더 큰 안정성을 기대할 수 있다.

●해설
공동도급은 상호 간의 이해충돌이 있으며, 현장관리가 어렵다.

06 도급업자 입장에서 지급받을 수 있는 공사비 중 통상적으로 90%까지 지불받을 수 있는 공사비의 명칭은?
① 착공금(전도금)
② 준공불(완공불)
③ 하자보증금
④ 중간불(기성불)

정답 01 ② 02 ③ 03 ④ 04 ① 05 ② 06 ④

07 다음 [보기]에서 입찰의 순서를 옳게 나열한 것은?

[보기]
㉠ 입찰공고 ㉡ 입찰
㉢ 낙찰   ㉣ 계약
㉤ 현장설명 ㉥ 개찰

① ㉠ → ㉡ → ㉢ → ㉣ → ㉤ → ㉥
② ㉠ → ㉤ → ㉡ → ㉥ → ㉢ → ㉣
③ ㉠ → ㉡ → ㉢ → ㉥ → ㉣ → ㉤
④ ㉤ → ㉥ → ㉠ → ㉡ → ㉢ → ㉣

● 해설
입찰의 순서
입찰공고 → 현장설명 → 입찰 → 개찰 → 낙찰 → 계약

08 다음 중 유자격자는 모두 입찰에 참여할 수 있으며, 균등한 기회를 제공하고 공사비 등을 절감할 수 있으나 부적격자에게 낙찰될 우려가 있는 입찰방식은?

① 특명입찰   ② 일반경쟁입찰
③ 지명경쟁입찰   ④ 수의계약

● 해설

일반 경쟁입찰	관보나 신문 등에 게시하는 방법을 통하여 다수의 희망자가 경쟁에 참가하도록 하고, 그중에서 가장 유리한 조건을 제시한 자를 선정하는 방식이다. • 장점 : 저렴한 공사비, 모든 공사수주 희망자에게 기회를 균등하게 줌 • 단점 : 과다 경쟁으로 인한 참여 업체의 난립
지명 경쟁입찰	지나친 경쟁으로 인한 부실공사를 막기 위해 기술과 경험, 신용 등이 적합한 경쟁 참가자를 지명하는 방식이다.
제한 경쟁입찰	일반경쟁입찰, 지명경쟁입찰의 단점을 보완하고 장점을 도입한 제도로서 계약의 목적, 성질 등에 따라 참가자의 자격을 제한한다.
설계시공 일괄입찰 (Turn-key)	설계서와 시공 도서를 작성하여 입찰서와 함께 제출하는 방식이다.

09 건설업자가 대상 계획의 기업·금융·토지조달·설계·시공·기계기구설치·시운전 및 조업지도까지 주문자가 필요로 하는 모든 것을 조달하여 주문자에게 인도하는 도급계약방식은?

① 지명경쟁입찰   ② 수의계약
③ 턴키(Turn-key)입찰 ④ 제한경쟁입찰

10 발주자와 설계용역 계약을 체결하고 충분한 계획과 자료를 수집하여 넓은 지식과 경험을 바탕으로 시방서와 공사내역서를 작성하는 자를 가리키는 용어는?

① 설계자   ② 감리원
③ 수급인   ④ 현장대리인

● 해설

시공주 (발주자)	공사의 설계, 감독, 관리, 시공을 의뢰하는 주체
감독관	• 발주자를 대신하여 공사 현장을 지휘, 감독하는 자 • 재료, 검사, 시험, 현장지휘 등 감독업무에 종사할 것을 발주자가 도급자에게 통고한 자
시공자	시공주와 계약을 하여 공사를 완성하고 그 대가를 받는 자
현장대리인	공사업자를 대리하여 현장에 상주하는 책임시공기술자(현장소장)
감리자	시공과정에서 전문기술자의 지식, 기술과 경험을 활용하여 시공주 측 자문에 응하고 설계도·시방서와 일치되는지 확인하는 자
설계자	시공주와 설계용역 계약을 체결하며, 충분한 계획과 자료를 수집하고 넓은 지식과 경험을 바탕으로 시방서와 공사내역서를 작성하는 자

11 다음 중 공사 현장의 공사 및 기술관리, 기타 공사업무 시행에 관한 모든 사항을 처리하여야 할 사람은?

정답 07 ② 08 ② 09 ③ 10 ① 11 ②

① 공사 발주자　② 공사 현장대리인
③ 공사 현장감독관　④ 공사 현장감리원

● 해설
현장대리인을 현장소장이라고도 한다.

12 공사일정 관리를 위한 횡선식 공정표와 비교한 네트워크(network) 공정표의 설명으로 옳지 않은 것은?

① 공사 통제 기능이 좋다.
② 문제점의 사전 예측이 용이하다.
③ 일정의 변화에 탄력적으로 대처할 수 있다.
④ 간단한 공사 및 시급한 공사, 개략적인 공정에 사용된다.

● 해설
네트워크 공정표
상호 간의 작업관계가 명확하고, 복잡한 공사, 대형공사, 중요한 공사에 사용된다.

13 네트워크 공정표의 특성에 관한 설명으로 틀린 것은?

① 개개의 작업이 도시되어 있어 프로젝트 전체 및 부분 파악이 용이하다.
② 작업순서 관계가 명확하여 공사담당자 간의 정보교환이 원활하다.
③ 네트워크 기법의 표시상의 제약으로 작업의 세분화 정도에는 한계가 있다.
④ 공정표가 단순하여 경험이 적은 사람도 이용하기 쉽다.

14 작성이 간단하며 공사 진행 결과나 전체 공정 중 현재 작업의 상황을 명확히 알 수 있어 공사규모가 작은 경우에 많이 사용되고, 시급한 공사에도 많이 적용되는 공정표의 표시방법은?

① 막대 그래프　② 곡선 그래프
③ 네트워크 방식　④ 대수도표

15 시공계획의 4대 목표에 해당하는 요소가 아닌 것은?

① 원가　② 안전
③ 관리　④ 공정

● 해설
시공계획의 4대 목표
품질(좋게), 원가(싸게), 공정(빠르게), 안전(안전하게)

16 다음 중 시공관리의 내용에 해당하지 않는 것은?

① 공정관리　② 품질관리
③ 원가관리　④ 하자관리

17 시공관리의 주요 계획목표라고 볼 수 없는 것은?

① 우수한 품질　② 공사기간의 단축
③ 우수한 시각미　④ 경제적 시공

● 해설
시공계획의 4대 목표
품질(좋게), 원가(싸게), 공정(빠르게), 안전(안전하게)

18 계약된 기간 내에 모든 공사를 가장 합리적이고 경제적으로 마칠 수 있도록 공사의 순서를 정하고 단위공사에 대한 일정을 계획하는 것은?

① 현장인원 편성　② 공정계획
③ 자재계획　④ 노무계획

● 해설
공정계획
계획된 기간 내에 공사를 우수하게, 값싸게, 빨리, 안전하게 완공할 수 있도록 한다.

정답　12 ④　13 ④　14 ①　15 ③　16 ④　17 ③　18 ②

02장 조경시설물공사 – 1

SECTION 01 토공사

1. 토공사의 정의
① 땅의 본 바닥을 깎아 내거나 쌓아 올리는 작업을 통틀어 토공사라고 한다.
② 계획의 목적에 맞도록 흙의 굴착, 싣기, 운반, 성토와 다짐 등 흙을 다루는 모든 작업을 의미한다.

2. 토공사의 관련 용어

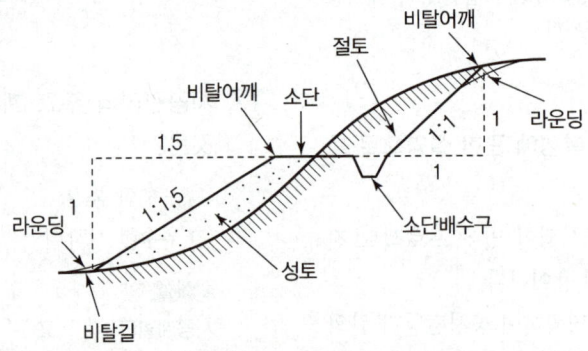

| 비탈면의 구성요소 |

① **부지 정지공사** : 공사부지 전체를 일정한 모양을 만들거나, 수목식재에 필요한 식재 기반을 조성하는 경우, 구조물이나 시설물을 설치하기 위하여 가장 먼저 시행하는 공사이다.
② **절토(切土 : 흙깎기)** : 시공기면(施工基面)을 기준으로 흙을 파거나 깎아내는 일로 굴삭, 굴착이라고 하며, 흙깎기 비탈면 경사를 1 : 1 정도로 한다.

| 흙깎기 순서 |

㉠ 절취 : 시설물의 기초를 다지기 위해 지표면의 흙을 약간(20cm) 걷어내는 절토 작업
㉡ 터파기 : 절취 이상의 땅을 파내는 작업
㉢ 준설(수중굴착) : 물밑의 토사와 암반을 굴착하는 작업
③ 성토(盛土 : 흙쌓기) : 흙을 쌓는 것을 말하며, **흙쌓기 비탈면 경사를 1 : 1.5 정도로 한다.** 중요★★☆
  ㉠ **더돋기(여성토)** : 성토 시에 압축 및 침하에 의해서 계획 높이보다 줄어드는 것을 방지하기 위하여 계획 높이를 10~15% 정도 더돋기를 한다.
  ㉡ 축제(築堤) : 철도나 도로의 흙을 쌓는 작업
  ㉢ 마운딩(築山) : 경관의 변화, 방음, 방풍을 목적으로 흙을 쌓아 작은 동산을 만드는 것
④ 정지(整地) : 계획 등고선에 따라 절토·성토를 하여 부지를 정리하는 것
⑤ 다짐 : 성토된 부분의 흙이 단단해지도록 다지는 작업
⑥ 전압 : 포장재료를 롤러로 굳게 다지는 작업
⑦ 취토(聚土) : 필요한 흙을 채취하는 일, 그 흙을 채취하는 장소를 취토장이라 한다.
⑧ 사토(사토) : 불량토사나 잔여토사를 갖다 버리는 일, 버리는 장소를 사토장이라 한다.
⑨ 비탈면 : 절토·성토 작업의 결과로 나타나는 경사면

3. 토공사의 안정

① **토량변화** : 자연상태의 흙을 파내면 공극 때문에 토량이 증가하고, 자연상태의 흙을 다지면 공극이 줄어들어 토량이 줄어든다.
  ㉠ 토량변화율 중요★★☆

자연상태	흐트러진 상태	다져진 상태
1	L	C

  • 토량의 증가율 : $\dfrac{흐트러진\ 상태}{자연\ 상태} = L$

  • 토량의 감소율 : $\dfrac{다져진\ 상태}{자연\ 상태} = C$

② 비탈면 경사 중요★★☆

  ㉠ **경사도** = $\dfrac{수직높이}{수평거리} \times 100\%$

  ㉡ 보통 토질의 성토경사는 1 : 1.5, 절토경사는 1 : 1을 기준

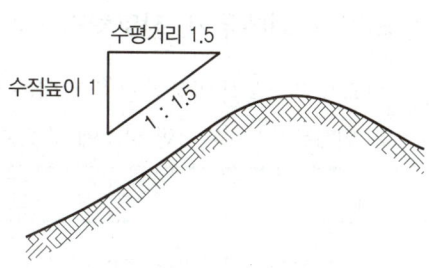

③ 안식각 중요★★☆
  ㉠ 절토·성토 후 일정 기간이 지나면, 자연경사를 유지하며 안정된 상태를 이루는 각도이다.
  ㉡ 보통 흙의 안식각(휴식각)은 30~35°

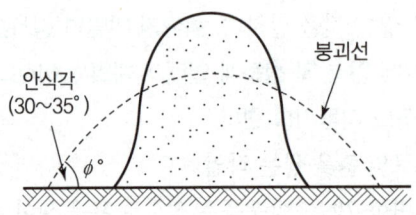

④ 토공사의 균형
  ㉠ 정지 작업 시 흙깎기 양과 흙쌓기 양의 균형을 이루는 것이 경제적이다.

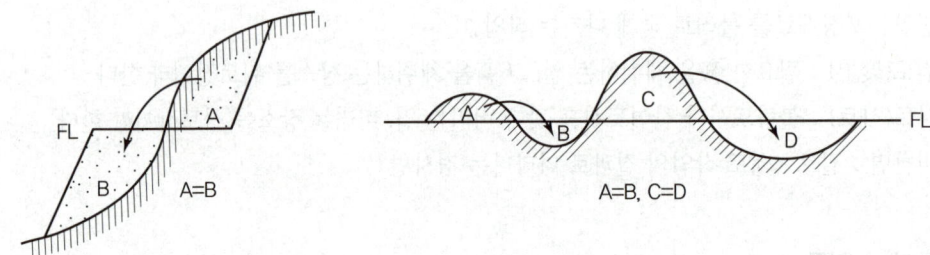

> **기출** 수직높이가 10m이고 수평거리가 20m일 때 경사도는?
> ① 50% ② 60%
> ③ 67% ④ 100%
>
> **풀이** $\frac{10m}{20m} \times 100\% = 50\%$
>
> 답 ①

4. 터파기, 되메우기, 잔토처리 중요★★☆

① 터파기 : 절취 이상의 흙을 파내는 작업
② 되메우기 : 터파기한 장소에 구조물을 설치한 후 파낸 흙을 다시 메우는 작업

> 되메우기 토량 = 터파기 체적 - 구조물 체적

③ 잔토처리 : 터파기한 흙의 일부를 되메우기하고 남은 잔여 토량을 버리는 작업

> 잔토처리량 = 터파기 체적 - 되메우기 체적

토공사에서 터파기할 양이 100m³, 되메우기 양이 70m³일 때 실질적인 잔토처리량(m³)은?(단, L=1.1, C=0.8이다.)

① 24　　　　　　　　　　② 30
③ 33　　　　　　　　　　④ 39

- 100m³ − 70m³ = 30m³
- 잔토량은 흐트러진 상태이기 때문에 토량변화율 L값을 곱해 준다.
  30m³ × 1.1 = 33m³

 ③

5. 토적계산 중요 ★★☆

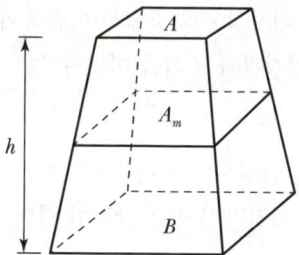

① 양단면 평균법

$$V(체적) = \frac{A+B}{2} \times h$$

여기서, A, B : 양단면 면적, h : 양단면 간 거리

② 중앙단면법

$$V(체적) = A_m \times h$$

여기서, A_m : 중앙단면 면적, h : 양단면 간 거리

③ 각주공식

$$V(체적) = \frac{1}{6}(A + 4A_m + B) \times h$$

여기서, A, B : 양단면 면적, A_m : 중앙단면 면적, h : 양단면 간 거리

※ 값의 크기 : 양단면 평균법 > 각주공식 > 중앙단면법

6. 비탈면의 조성과 보호

① 비탈면 조성방법

자연 비탈면	물이나 중력에 의한 침식 등 자연침하로 이루어진 비탈면
인공 비탈면	흙깎기와 흙쌓기에 의해 만들어진 비탈면

② 비탈면 보호

㉠ 식재에 의한 보호
- 잔디, 잡초, 초본류, 관목류로 비탈면을 피복하여 경관형성 및 붕괴를 예방하는 방법
- **종자 뿜어붙이기(Seed Spray)** : 종자, **비료**를 섞어서 분사하여 파종하는 방법으로 짧은 시간에 급경사지나 절토·성토 사면에 적용하는 공법
- **기타 종류** : 식생자루, 식생매트, 잔디블록, 식생구멍공

㉡ 콘크리트 격자틀 공법
- 정방형의 콘크리트 틀블록을 격자상으로 조립하며 말뚝이나 철침을 박아 고정시킨다.
- 틀 안의 식물이 성장하여 주변경관과 조화를 이룬다.

㉢ 콘크리트 블록공법
- 비탈면 경사가 1 : 0.5 이상인 급경사면에 사용한다.
- 안정성은 있으나 자연경관과 이질감이 있는 단점이 있다.

| 모르타르 건의 분사 |

| 콘크리트 격자틀 공법 |

| 콘크리트 블록공법 |

7. 공종별 건설기계의 종류

① 굴착 운반기계 [중요★★☆]

㉠ 트랙터 앞에 배토판을 달아 흙을 깎아서 밀어 운반하는 기계(대표 : 불도저)
㉡ 단거리 토공작업에 적합한 기계로 운반거리가 60m 이하일 때 적당

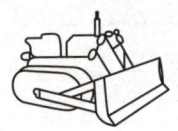
스트레이트 도저

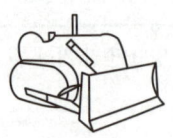
앵글 도저

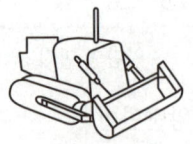
버킷 도저

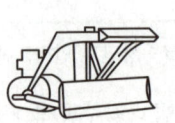
트리 도저

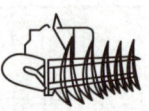
레이크 도저

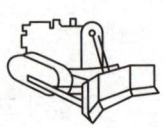
U 도저

| 불도저의 작업 장치 |

② 굴착 적재기계 중요★★☆
　㉠ 굴착과 싣기를 하는 기계(대표 : 셔블계 굴착기)
　㉡ 종류 : 파워셔블, 백호, 드래그라인, 클램셸 등

종류	특징
백호(드래그셔블)	굴착용 기계로 버킷 밑으로 내려 앞쪽으로 긁어 올려 흙을 깎음
드래그쇼벨(드래그라인)	• 토사나 암석, 연질지반 굴착, 모래 채취, 수중 흙 파 올리기에 사용 • 낮은 면의 굴착에 사용하는 기계로 깊이 6m 정도의 굴착에 적당하다.
클램셸	지면보다 낮은 위치의 부드러운 토사류 굴착에 사용
파워셔블	기계가 놓인 지면보다 높은 면의 굴착에 사용

┃ 백호 ┃

┃ 파워셔블 ┃

┃ 클램셸 ┃

┃ 체인블록 ┃

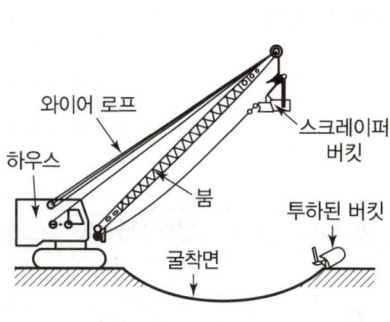
┃ 드래그라인 ┃

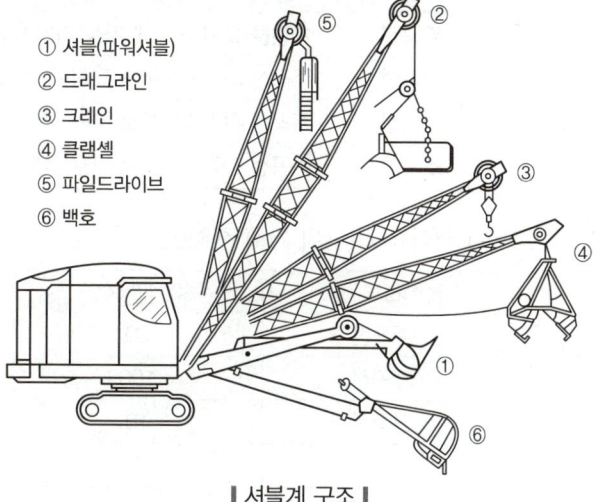
① 셔블(파워셔블)
② 드래그라인
③ 크레인
④ 클램셸
⑤ 파일드라이브
⑥ 백호

┃ 셔블계 구조 ┃

③ 운반기계
   ⊙ 종류 : 크레인, 체인블록, 덤프트럭 등
   ⊙ **체인블록 : 도르래, 쇠사슬 등을 조합시켜 큰 돌을 운반하거나 앉힐 때 주로 쓰이는 기구**

④ 고르기 기계
   ⊙ 모터 그레이더 : 배토정지용 기계, 운동장의 면을 조성할 때 적당

⑤ 상하차용(싣기용) 기계
   ⊙ 로더 : 굴삭된 토사, 골재 등을 운반기계에 싣는 데 사용
   ⊙ 종류 : 무한궤도식 로더, 차륜식 로더, 소형 로더

※ 공종별 토공기계 중요★★☆

종류	토공기계
굴착기계	파워셔블, 백호, 불도저, 리퍼, 드래그라인, 트랙터셔블
적재기계	무한궤도식 로더, 소형 로더, 차륜식 로더
굴착·적재기계	셔블계 굴착기
굴착·운반기계	불도저, 스크레이퍼 도저, 스크레이퍼, 트랙터셔블
운반기계	불도저, 덤프트럭, 벨트 컨베이어, 지게차, 체인블록
다짐기계	타이어 롤러, 진동 롤러, 탬퍼

8. 지형

① 등고선
   ⊙ 등고선의 종류 중요★☆☆

종류	간격
주곡선	지형을 표시하는 데 가장 기본이 되는 곡선으로 가는 실선으로 표시
계곡선	주곡선 5개마다 굵게 표시한 선으로 굵은 실선으로 표시
간곡선	주곡선 간격의 1/2로, 가는 파선으로 표시
조곡선	간곡선 간격의 1/2로, 가는 점선으로 표시

   ⊙ 등고선의 간격(단위 : m) 중요★★☆

종류	1 : 50,000	1 : 25,000	1 : 10,000 / 1 : 5,000
주곡선	20	10	5
계곡선	100	50	25
간곡선	10	5	2.5
조곡선	5	2.5	1.25

ⓒ 등고선의 성질 중요★★☆
- 동일 등고선상에 있는 모든 점은 같은 높이이다.
- 등고선은 도면의 안이나 밖에서 폐합되며, 도중에 없어지지 않는다.
- 산정과 오목지에서는 도면 안에서 폐합된다.
- 높이가 다른 등고선은 동굴과 절벽을 제외하고 교차하거나 합쳐지지 않는다.
- 완경사지는 등고선의 간격이 넓고, 급경사지는 등고선의 간격이 좁다.
- 등경사지는 등고선의 간격이 같다.

ⓓ 능선과 계곡 중요★☆☆

능선(U자형)	• 바닥의 높이가 점점 낮은 높이의 등고선을 향함 • 빗물이 이것을 경계로 좌우로 흐르게 되는 선
계곡(∩자형)	바닥의 높이가 점점 높은 높이의 등고선을 향함

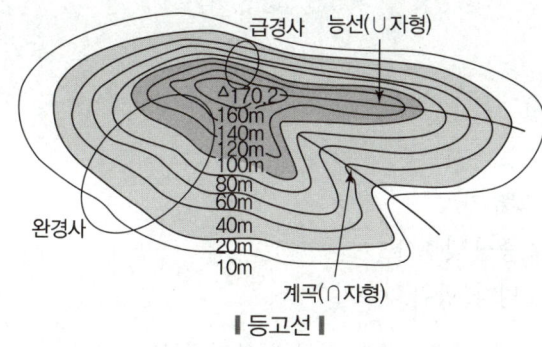

┃등고선┃

SECTION 02 측량

1. 측량의 정의

지면상의 여러 점들의 위치를 결정하고 이를 수치나 도면으로 나타내거나 현지에서 측정하는 것이다.

① 오차의 원인 중요★★☆

기계적 오차	불완전한 기계 조작, 기계의 성능 및 구조에 기인되어 일어나는 오차
개인적 오차	조작의 불량, 부주의, 과오 그 밖에 감각의 불완전 등으로 일어나는 오차
자연 오차	온도, 습도, 기압의 변화, 바람 등의 자연현상으로 인하여 일어나는 오차

② 측량의 3요소 : 거리측량, 각측량, 높이(고저)측량

2. 측량의 종류

① 평판측량 중요★★★

㉠ 평판측량의 3요소
- 정준 : 수평 맞추기
- 구심(치심) : 중심 맞추기
- 표정(정위) : 방향, 방위 맞추기

㉡ 평판측량에 필요한 도구 : 평판, 삼각대, 앨리데이드

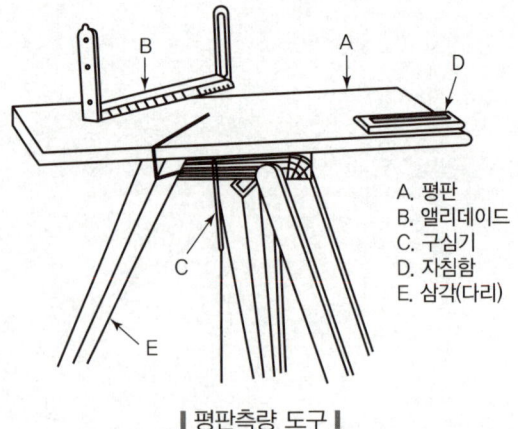

A. 평판
B. 앨리데이드
C. 구심기
D. 자침함
E. 삼각(다리)

┃평판측량 도구┃

 GIS
일반 지도와 같은 지형정보와 함께 지하시설물 등 관련 정보를 인공위성으로 수집, 컴퓨터로 작성해 검색, 분석할 수 있도록 한 복합적인 지리정보시스템이다.

ⓒ 평판측량방법 중요★☆☆

방사법	장애물이 없을 때 한번에 세워 측량
전진법	장애물이 많아 한 지점에서 여러 방향의 시준이 어렵거나 길고 좁은 장소를 측량할 때 사용
교회법	이미 알고 있는 2~3개의 측점에 평판을 세우고 이들 점에서 측정하려는 목표물을 시준하여 방향선을 그을 때 그 교점에서의 위치를 구하는 방법

② 수준측량(레벨측량)
  ㉠ 여러 점의 표고 또는 고저차를 구하거나 높이를 설정하는 측량
  ㉡ 수준측량에 필요한 도구 : 레벨기, 표척, 야장, 줄자 등
  ㉢ 수준측량 용어 중요★☆☆

지반고(G.H) (Ground Height)	표척을 세운 지점의 지표면의 높이 G.H = I.H − F.S
후시(B.S) (Back Sight)	지반고를 알고 있는 점에 표척을 세웠을 때 눈금을 읽는 값
전시(F.S) (Fore Sight)	표고를 구하려는 점(미지점)에 표척을 세웠을 때 눈금을 읽는 값
기계고(I.H) (Instrument Height)	기계를 수평으로 설치했을 때 기준면으로부터 망원경의 시준선까지의 높이 I.H = G.H + B.S
이기점(T.P) (Turning Poing)	기계를 옮기기 위한 점으로 전시와 후시를 동시에 취하는 점
중간점(I.P) (Intermediate Point)	그 점의 표고를 구하고자 전시만 취한 점

③ 축척과 거리 및 면적 중요★★☆
  ㉠ 도면상의 면적이 주어지고 실제면적을 구할 때

$$\left(\frac{도면상\ 면적}{실제면적}\right)^2 \times 단위면적$$

> **기출**
> 축척 1/1,000인 도면의 단위 면적이 16m²인 것을 이용하여 축척 1/2,000인 도면의 단위 면적으로 환산하면 얼마인가?
>
> 풀이 방법 1. $\left(\frac{2,000}{1,000}\right)^2 \times 16 = 64\text{m}^2$
>
> 　　　방법 2. 축척이 2배로 늘어나면, 길이는 2배, 면적은 4배로 증가하므로 $16\text{m}^2 \times 4 = 64\text{m}^2$
>
> 답 64m^2

02장 적중예상문제

01 다음 중 조경공사의 일반적인 순서를 바르게 나타낸 것은?

① 부지 지반조성 → 조경시설물 설치 → 지하매설물 설치 → 수목식재
② 부지 지반조성 → 지하매설물 설치 → 수목식재 → 조경시설물 설치
③ 부지 지반조성 → 수목식재 → 지하매설물 설치 → 조경시설물 설치
④ 부지 지반조성 → 지하매설물 설치 → 조경시설물 설치 → 수목식재

02 주택정원을 공사할 때 어느 공정을 가장 먼저 실시하여야 하는가?

① 돌쌓기
② 콘크리트 치기
③ 터닦기
④ 나무심기

03 흙깎기(切土) 공사에 대한 설명으로 옳은 것은?

① 보통 토질에서는 흙깎기 비탈면 경사를 1 : 0.5 정도로 한다.
② 흙깎기를 할 때는 안식각보다 약간 크게 하여 비탈면의 안정을 유지한다.
③ 작업물량이 기준보다 적은 경우 인력보다는 장비를 동원하여 시공하는 것이 경제적이다.
④ 식재공사가 포함된 경우의 흙깎기에서는 지표면 표토를 보존하여 식물생육에 유용하도록 한다.

● 해설

- 흙깎기 비탈면 경사를 1 : 1 정도로 한다.
- 흙쌓기를 할 때는 안식각보다 약간 높게 해준다.
- 적은 면적일 경우 인력을 활용한다.

04 파낸 흙을 쌓아올렸을 때 중요한 "안식각"에 관한 설명으로 부적합한 것은?

① 흙을 높게 쌓아올렸을 때 잠시 동안 모아 둔 그대로 형태가 유지되는 것은 흙의 점착력 때문이다.
② 쌓아놓은 흙이 시간이 지나면서 허물어져 내려 안정된 비탈면을 형성했을 때 수평면에 대하여 비탈면이 이루는 각을 안식각이라 한다.
③ 흙깎기 또는 흙쌓기 시 안정된 비탈을 위해서는 그 토질의 안식각보다 작은 경사를 가지게 하는 것이 중요하다.
④ 토질이 건조할 때 안식각이 큰 것부터의 순서는 점토>보통 흙>모래>자갈의 순이다.

● 해설

안식각이 큰 것부터의 순서
자갈>모래>보통 흙>점토

05 자연상태의 흙을 파내면 공극으로 인하여 그 부피가 늘어나게 되는데 다음 중 가장 크게 부피가 늘어나는 것은?

① 모래
② 진흙
③ 보통 흙
④ 암석

정답   01 ④   02 ③   03 ④   04 ④   05 ④

06 흙쌓기 시에는 일정 높이마다 다짐을 실시하며 성토해 나가야 하는데, 그렇지 않을 경우에는 나중에 압축과 침하에 의해 계획 높이보다 높이가 줄어들게 된다. 이러한 현상을 방지하고자 하는 행위를 무엇이라 하는가?

① 정지(grading)
② 취토(borrow-pit)
③ 흙쌓기(filling)
④ 더돋기(extra banking)

07 다음 중 보통 흙의 안식각은 얼마 정도인가?

① 20~25°   ② 25~30°
③ 30~35°   ④ 35~40°

● 해설

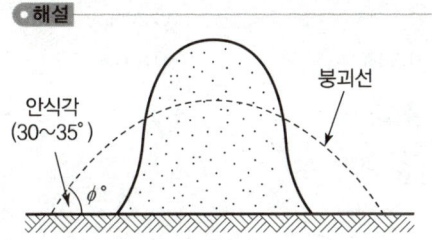

08 흙쌓기 작업 시 시간이 경과하면서 가라앉을 것을 예측하여 더돋기를 하는데, 이때 일반적으로 계획된 높이보다 어느 정도 더 높이 쌓아 올리는가?

① 1~5%
② 10~15%
③ 20~25%
④ 30~35%

09 조경공사에서 작은 언덕을 조성하는 것을 뜻하는 흙쌓기 용어는?

① 사토   ② 절토
③ 마운딩   ④ 정지

10 흙을 이용하여 2m 높이로 마운딩하려고 할 때, 더돋기를 고려해 실제 쌓아야 하는 높이로 가장 적합한 것은?

① 2m   ② 2m 20cm
③ 3m   ④ 3m 30cm

● 해설
더돋기는 10~15%이므로 2m 20cm가 된다.

11 다음 중 마운딩(mounding)의 기능으로 가장 거리가 먼 것은?

① 배수 방향을 조절
② 자연스러운 경관을 조성
③ 공간기능을 연결
④ 유효토심을 확보

● 해설
마운딩은 공간기능과는 관련이 없다.

12 1m³ 토량에 대한 운반 품셈을 1일당 0.2인으로 할 때, 2인의 인부가 100m³의 흙을 운반하려면 며칠이 필요한가?

① 5일   ② 10일
③ 40일   ④ 50일

● 해설
100m³ ÷ 2인 = 50일
1일당 0.2인이기 때문에 50일×0.2=10일 소요됨

13 성토 4,500m³를 축조하려고 한다. 토취장의 토질은 점성토로 토량변화율은 L=1.20, C=0.90이다. 자연상태의 토량을 어느 정도 굴착하여야 하는가?

① 5,000m³   ② 5,400m³
③ 6,000m³   ④ 4,860m³

정답 06 ④ 07 ③ 08 ② 09 ③ 10 ② 11 ③ 12 ② 13 ①

● 해설
자연상태 × C = 다짐상태(성토량)
자연상태 × 0.9 = 4,500
$\frac{4,500}{0.9} = 5,000 m^3$

14 자연상태의 토량 1,000m³를 굴착하면, 흐트러진 상태의 토량은 얼마가 되는가?(단, 토량변화율은 L=1.25, C=0.9라고 가정한다.)
① 900m³ ② 1,000m³
③ 1,125m³ ④ 1,250m³

● 해설
자연상태 × L = 흐트러진 상태
1,000m³ × 1.25 = 1,250m³

15 토공사에서 흐트러진 상태의 토량변화율이 1.1일 때 터파기량이 10m³, 되메우기량이 7m³이라면 잔토처리량은?
① 3m³ ② 3.3m³
③ 7m³ ④ 17m³

● 해설
10m³ - 7m³ = 3m³
흐트러진 상태이므로 3m³ × 1.1 = 3.3m³

16 비탈면 경사의 표시 1 : 2.5에서 2.5는 무엇을 뜻하는가?
① 수직고
② 수평거리
③ 경사면의 길이
④ 안식각

● 해설
• 경사도 = $\frac{수직높이}{수평거리} \times 100\%$
• 보통 토질의 성토경사는 1 : 1.5, 절토경사는 1 : 1을 기준으로 한다.

17 조경계획을 위한 경사분석을 하고자 한다. 다음과 같은 조사 항목이 주어질 때 해당지역의 경사도는 몇 %인가?

• 등고선 간격 : 5m
• 등고선에 직각인 두 등고선의 평면거리 : 20m

① 40% ② 10%
③ 4% ④ 25%

● 해설
$\frac{5}{20} \times 100 = 25\%$

18 지형도에서 두 지점 사이의 고저차는 20m이고, 동일한 지형도에서 두 지점 사이의 수평거리는 100m 일 때 경사도(%)는?
① 10% ② 20%
③ 50% ④ 80%

● 해설
$\frac{20}{100} \times 100 = 20\%$

19 흙은 같은 양이라 하더라도 자연상태(N)와 흐트러진 상태(S), 인공적으로 다져진 상태(H)에 따라 각각 그 부피가 달라진다. 자연상태의 흙의 부피(N)를 1.0으로 할 때 부피가 많은 순서로 적당한 것은?
① N > S > H ② N > H > S
③ S > N > H ④ S > H > N

20 양단면 모양과 양단면의 거리가 아래 그림과 같을 때, 양단면 평균법에 의해 토량을 산출한 값은?

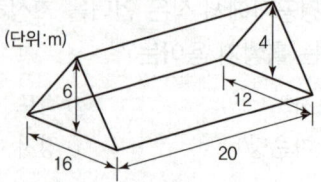

① 480m³ ② 520m³
③ 640m³ ④ 720m³

● 해설
$A_1 = (16 \times 6 \times 0.5) = 48m^3$
$A_2 = (12 \times 4 \times 0.5) = 24m^3$
$V = \dfrac{48+24}{2} \times 20 = 720m^3$

21 삼각형의 세 변의 길이가 각각 5m, 4m, 5m라고 하면 면적은 약 얼마인가?

① 약 8.2m² ② 약 9.2m²
③ 약 10.2m² ④ 약 11.2m²

● 해설
헤론의 공식 이용
$s = \dfrac{a+b+c}{2}$
$\triangle abc = \sqrt{s(s-a)(s-b)(s-c)}$
$s = \dfrac{5+4+5}{2} = 7$
$\triangle abc = \sqrt{7(7-5)(7-4)(7-5)} = 9.16$

22 다음 중 초류종자 살포(종자 뿜어붙이기)와 관계없는 것은?

① 종자 ② 피복제(파이버)
③ 비료 ④ 농약

● 해설
종자 뿜어붙이기는 농약하고는 관련이 없다.

23 비탈면에 교목과 관목을 각각 식재하기에 적합한 비탈면 경사로 모두 옳은 것은?

① 교목 1 : 2 이하, 관목 1 : 3 이하
② 교목 1 : 3 이상, 관목 1 : 2 이상
③ 교목 1 : 2 이상, 관목 1 : 3 이상
④ 교목 1 : 3 이하, 관목 1 : 2 이하

● 해설
잔디 1 : 1, 관목 1 : 2, 교목 1 : 3

24 다음 중 비탈면에 교목을 식재할 때 기울기는 어느 정도 경사보다 완만하여야 하는가?

① 1 : 1 정도 ② 1 : 1.5 정도
③ 1 : 2 정도 ④ 1 : 3 정도

25 관목 식재 시 비탈면의 기울기는 어느 정도 경사보다 완만하게 식재하여야 하는가?

① 1 : 0.3보다 완만하게
② 1 : 1보다 완만하게
③ 1 : 2보다 완만하게
④ 1 : 3보다 완만하게

26 다음 중 도로 비탈면 녹화복원공법에 사용되는 재료가 아닌 것은?

① 식생자루
② 식생매트
③ 잔디블록
④ 우드 칩(wood-chip)

● 해설
우드 칩(wood-chip)
건축용 목재로 사용하지 못하는 뿌리와 가지, 기타 임목 폐기물을 분리해낸 뒤 연소하기 쉬운 칩 형태로 잘게 만들어 열병합발전 원료로 사용하는 것이다.

27 토공사용 기계에 대한 설명으로 부적당한 것은?

① 불도저는 일반적으로 60m 이하의 배토작업에 사용한다.
② 드래그라인은 기계 위치보다 낮은 연질 지반의 굴착에 유리하다.
③ 클램셸은 좁은 곳의 수직터파기에 쓰인다.
④ 파워셔블은 기계가 위치한 면보다 낮은 곳의 흙파기에 쓰인다.

● 해설
파워셔블은 기계가 놓인 지면보다 높은 면의 굴착에 사용한다.

정답 21 ② 22 ④ 23 ④ 24 ④ 25 ③ 26 ④ 27 ④

28 조경공사에 사용되는 장비 중 운반용 기계에 해당되지 않는 것은?

① 덤프트럭(dump truck)
② 크레인(crane)
③ 백호(back hoe)
④ 지게차(forklift)

● 해설
백호는 셔블계 굴착기이다.

29 다음 중 굴착용 기계에 해당하지 않는 것은?

① 클램셸　　② 파워셔블
③ 불도저　　④ 덤프트럭

● 해설
덤프트럭은 운반용 기계이다.

30 조경공사용 기계인 백호(back hoe)에 대한 설명 중 틀린 것은?

① 이용 분류상 굴착용 기계이다.
② 굳은 지반이라도 굴착할 수 있다.
③ 기계가 놓인 지면보다 높은 곳을 굴착하는 데 유리하다.
④ 버킷(bucket)을 밑으로 내려 앞쪽으로 긁어 올려 흙을 깎는다.

● 해설
백호(back hoe)는 기계가 놓인 지면보다 낮은 곳을 굴착하는 데 유리하다.

31 다음 중 정원석 쌓기 및 수목을 들어 올리는 데 가장 적합한 기구나 기계는?

① 불도저　　② 탠덤 롤러
③ 체인블록　　④ 덤프트럭

32 대형 수목을 굴취 또는 운반할 때 사용되는 장비가 아닌 것은?

① 체인블록　　② 크레인
③ 백호　　④ 드래그라인

● 해설
드래그쇼벨(드래그라인)
• 토사나 암석, 연질지반 굴착, 모래채취, 수중 흙 파 올리기에 사용
• 낮은 면의 굴착에 사용하는 기계로 깊이 6m 정도의 굴착에 적당하다.

33 토공작업 시 지반면보다 낮은 면의 굴착에 사용하는 기계로 깊이 6m 정도의 굴착에 적당한 기계는?

① 클램셸　　② 드래그셔블
③ 파워셔블　　④ 드래그쇼벨

34 다음에서 설명하는 토공사 장비의 종류는?

• 기계가 서 있는 위치보다 낮은 곳의 굴착에 용이
• 넓은 면적을 팔 수 있으나 파는 힘은 강력하지 못함
• 연질지반 굴착, 모래채취, 수중 흙 파 올리기에 용이

① 백호
② 파워셔블
③ 불도저
④ 드래그라인

35 다음 중 무거운 돌을 놓거나, 큰 나무를 옮길 때 신속하게 운반과 적재를 동시에 할 수 있어 편리한 장비는?

① 체인블록　　② 모터그레이더
③ 트럭크레인　　④ 콤바인

정답　28 ③　29 ④　30 ③　31 ③　32 ④　33 ④　34 ④　35 ③

36 지형도에서 U자(字) 모양으로 그 바닥이 낮은 높이의 등고선을 향하면 이것은 무엇을 의미하는가?

① 계곡
② 능선
③ 현애
④ 동굴

● 해설

능선 (∪자형)	바닥의 높이가 점점 낮은 높이의 등고선을 향함(빗물이 흐르는 경계가 됨)
계곡 (∩자형)	바닥의 높이가 점점 높은 높이의 등고선을 향함

37 항공사진 측량 시 낙엽수와 침엽수, 토양의 습윤도 등의 판독에 쓰이는 요소는?

① 질감
② 음영
③ 색조
④ 모양

● 해설
판독에 쓰이는 요소에는 빛깔의 조화. 색채의 강약, 농담 등의 정도가 있다.

38 평판측량방법과 관계가 없는 것은?

① 방사법
② 전진법
③ 좌표법
④ 교회법

● 해설
평판측량방법
방사법, 전진법, 교회법

39 축척 1/1,000인 도면의 단위 면적이 16m²인 것을 이용하여 축척 1/2,000인 도면의 단위 면적으로 환산하면 얼마인가?

① 32m²
② 64m²
③ 128m²
④ 256m²

● 해설
$$\left(\frac{2,000}{1,000}\right)^2 \times 16 = 64m^2$$

40 1/1,000 축척의 도면에서 가로 20m, 세로 50m인 공간에 잔디를 전면붙이기를 할 경우 몇 장의 잔디가 필요한가?(단, 잔디는 25cm×25cm 규격을 사용한다.)

① 5,500장
② 11,000장
③ 16,000장
④ 22,000장

● 해설
도면상 면적 20 × 50 = 1,000m²
잔디 면적 0.25 × 0.25 = 0.0625(1장당 규격)
1,000/0.0625 = 16,000장

41 수준측량과 관련이 없는 것은?

① 레벨
② 표척
③ 앨리데이드
④ 야장

● 해설
평판측량에 필요한 도구 : 평판, 삼각대, 앨리데이드

42 항공사진측량의 장점 중 틀린 것은?

① 축척 변경이 용이하다.
② 분업화에 의한 작업능률성이 높다.
③ 동적인 대상물의 측량이 가능하다.
④ 좁은 지역 측량에서 50% 정도의 경비가 절약된다.

● 해설
항공사진측량은 넓은 면적을 짧은 시간 내에 측량할 수 있어 경제적이다.

정답 36 ② 37 ③ 38 ③ 39 ② 40 ③ 41 ③ 42 ④

43 평판측량에서 제도용지의 도상점과 땅 위의 측점을 동일하게 맞추는 것을 뜻하는 용어는?

① 정준
② 자침
③ 표정
④ 구심

해설
평판측량의 3요소
- 정준 : 수평 맞추기
- 구심(치심) : 중심 맞추기
- 표정(정위) : 방향, 방위 맞추기

44 비교적 좁은 지역에서 대축척으로 세부 측량을 할 경우에 효율적이며, 지역 내에 장애물이 없는 경우 유리한 평판측량방법은?

① 방사법
② 전진법
③ 전방교회법
④ 후방교회법

45 다음 중 측량 목적에 따른 분류와 거리가 먼 것은?

① GPS 측량
② 지형 측량
③ 노선 측량
④ 항만 측량

해설
GPS 측량은 ②, ③, ④번과 달리 위치를 알지 못하는 점의 정확한 좌표를 구할 때 사용한다.

46 평판측량의 3요소에 해당하지 않는 것은?

① 정준
② 구심
③ 수준
④ 표정

47 축척 1/50 도면에서 도상(圖上)에 가로 6cm, 세로 8cm 길이로 표시된 연못의 실제 면적(m^2)은?

① 12
② 24
③ 36
④ 48

해설
$$\left(\frac{1}{축척}\right)^2 = \frac{도상면적(m^2)}{실제면적(m^2)}$$

$$\frac{1}{2,500} = \frac{0.06 \times 0.08}{실제면적(m^2)}$$

실제면적(m^2) = $0.06 \times 0.08 \times 2,500 = 12m^2$

48 축척 1/100 도면에 0.6m×50m의 녹지면적을 H0.5×W0.3 규격의 수목으로 수관의 중복 없이 식재할 경우 약 몇 주가 필요한가?

① 225주
② 334주
③ 520주
④ 750주

해설
면적 $0.6m \times 50m = 30m^2$
1주의 크기 $0.3 \times 0.3 = 0.09$
$\frac{30}{0.09} = 333.33 = 334주$

49 등고선 간격이 20m인 1/25000 지도의 지도상 인접한 등고선에 직각인 평면거리가 2cm인 두 지점의 경사도는?

① 2%
② 4%
③ 5%
④ 10%

해설
지도상의 평면거리를 실제거리로 변경하면
$2cm \times 25,000 = 50,000cm = 500m$

경사도 = $\frac{수직높이}{수평거리} \times 100\%$

= $\frac{20m}{500m} \times 100\%$

= 4%

정답 43 ④ 44 ① 45 ① 46 ③ 47 ① 48 ② 49 ②

03장 조경시설물공사-2

SECTION 01 돌쌓기와 돌놓기 공사

1. 자연석 쌓기

비탈면, 연못의 호안이나 정원의 필요 장소에 자연석을 쌓아 흙의 붕괴를 방지하고 경사면을 보호할 뿐만 아니라 주변 경관과 조화를 이룰 수 있도록 하는 일

① 자연석 무너짐 쌓기 중요★★☆
  ㉠ 암석이 자연적으로 무너져 내려 안정되게 쌓여있는 것을 그대로 묘사하는 방법
  ㉡ 시공방법
   - 기초 부분은 터파기한 후 잘 다짐하거나 콘크리트로 기초를 한다.
   - 기초석은 땅속에 1/2 정도 깊이, 약간 큰 돌은 20~30cm 정도의 깊이로 묻고 주변을 잘 다져 고정한다.
   - 중간석 쌓기 시 서로 맞닿은 면은 잘 물려지는 돌을 사용한다.
   - 크고 작은 자연석을 어울리게 섞어 쌓는다.
   - 하부에 큰 돌을 사용하고 상부로 갈수록 작은 돌을 사용한다.
   - 시각적 노출 부분을 보기 좋은 부분이 되게 한다.
   - 맨 위의 상석은 비교적 작고 윗면을 평평하게 하거나 자연스런 높낮이가 있도록 처리한다.
   - 돌틈 식재 시 돌과 돌 사이의 빈 공간에 양질의 흙을 채워 철쭉이나 회양목 등의 관목류와 초화류를 식재한다.
   - 인력, 체인블록, 크레인 등을 이용해서 쌓는다.

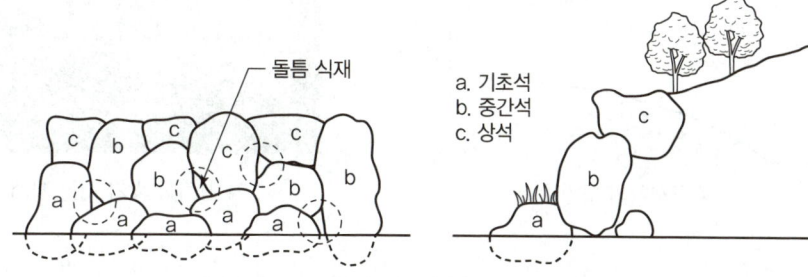

┃ 자연석 무너짐 쌓기의 입면도 및 단면도 ┃

② 호박돌 쌓기 중요★★☆
　㉠ 호박돌은 안정성이 낮으므로 뒷길이가 긴 것과 굄돌을 빠짐없이 잘 넣어 찰쌓기를 한다.
　㉡ 하루에 쌓는 높이는 1.2m 이하로 한다.
　㉢ 깨지지 않고 표면이 깨끗하며 크기가 비슷한 것을 선택하여 사용한다.
　㉣ 규칙적인 모양으로 쌓아 미관과 안정성을 가지도록 하고 통줄, 十자 줄눈이 생기지 않도록 한다.
　㉤ 모르타르가 돌의 표면에 묻지 않도록 하고 흘러나온 모르타르는 굳기 전에 깨끗이 제거한다.
　㉥ 육법쌓기(6개의 돌에 의해 둘러싸이는 생김새), 줄눈어긋나게쌓기 방법으로 쌓는다.

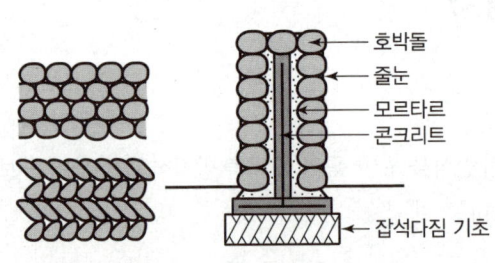

| 호박돌 쌓기의 입면도 및 단면도 |　| 호박돌 쌓기 시공 사례 |

③ 견치석(견칫돌) 쌓기 중요★★☆
　㉠ 얕은 경우에는 수평으로 쌓고, 높은 경우에는 경사지도록 쌓는 것이 효과적이다.
　㉡ 높이 1.5m까지는 충분한 뒤채움으로 하고 그 이상은 찰쌓기로 쌓는다.
　㉢ 물구멍은 2m²마다 설치한다.
　㉣ 옹벽, 흙막이용 돌쌓기 등에 많이 사용한다.
　㉤ 앞면, 뒷면, 윗길이, 전면 접촉부 사이에 치수의 제한이 있다.
　㉥ 전체 길이는 앞면 길이의 1.5배 이상이 되게 한다.
　㉦ 뒷면 너비는 앞면의 1/16 이상이 되게 한다.
　㉧ 허리치기 평균 깊이는 1/10 이상으로 한다.

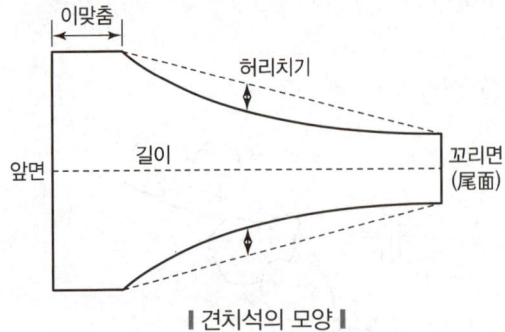 

| 견치석의 모양 |　| 견치석 쌓기 시공 사례 |

2. 자연석 놓기

① **경관석 놓기** [중요★☆☆]

㉠ 시각의 초점이 되거나 중요하게 강조하고 싶은 장소에 삼재미의 원리를 적용하여 중량감 있는 자연석을 배치하여 감상효과를 높이는 것이다.

㉡ 경관석을 단독으로 놓을 때는 위치, 높이, 길이, 기울기를 고려하여 배치한다.

㉢ 큰 주석과 보조역할을 하는 작은 부석을 잘 조화롭게 하고 삼재미(天地人의 조화미)의 원리를 적용해서 놓는다.

㉣ 일반적인 수량은 3, 5, 7 등의 홀수로 구성하며, 부등변 삼각형을 이루도록 배치한다.

㉤ 경관석을 놓은 후 주변에 적당한 관목류, 초화류 등을 심어 경관석이 돋보이게 한다.

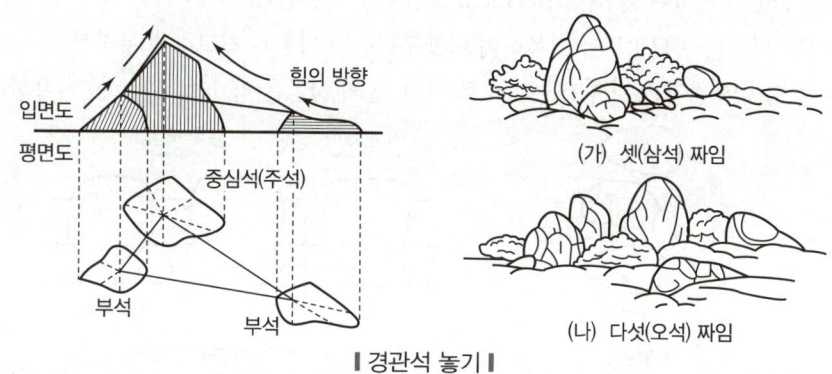

▮ 경관석 놓기 ▮

② **디딤돌 놓기** [중요★☆☆]

㉠ 정원의 잔디나 나지 위에 놓아 보행자의 편의를 돕고 지피식물을 보호하여, 시각적으로 아름답게 보이기 위해 배치한다.

㉡ 한 면이 넓적하고 평평한 자연석이나, 가공한 화강석 판석, 천연 슬레이트 판석, 점판암 판석, 통나무 등을 사용한다.

㉢ 돌의 머리는 경관의 중심을 향해서 놓는다.

㉣ 디딤돌의 두께는 10~20cm, 크기는 지름 25~30cm 정도가 적당하며, 시작되는 곳과 끝나는 곳 또는 급하게 구부러지는 곳, 길이 갈라지는 곳 등에는 50~55(60)cm 정도의 큰 돌을 사용한다.

㉤ 디딤돌은 크고 작은 것을 섞어 직선보다는 어긋나게 배치한다.

㉥ 돌 사이의 간격은 보행 폭(성인 남자 약 60~70cm, 여자 약 45~60cm)을 고려하여 빠른 동선이 필요한 곳은 보폭과 비슷하게 한다.

㉦ 정원의 원로(圓顱)와 같이 느린 동선이 필요한 곳은 35~40cm 정도의 간격으로 배치한다.

㉧ 디딤돌의 높이는 지면보다 3~6cm 높게 한다.

㉨ 윗면이 수평이 되도록 높아야 하고 돌 가운데가 약간 두툼하여 물이 고이지 않으며, 불안정한 경우 굄돌, 모르타르, 콘크리트를 깔아 안정되게 한다.

㉩ 디딤돌과 디딤돌 사이의 중심 간 거리는 40cm 정도이다.

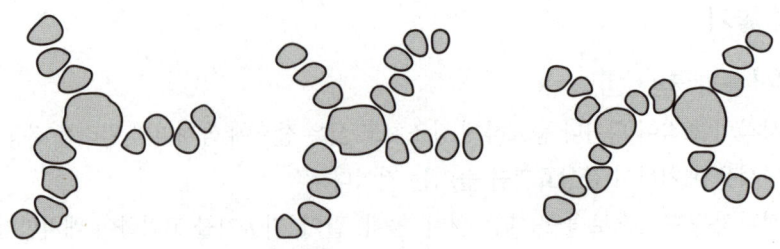

| 디딤돌의 보행 방향 조절 |

③ 징검돌 놓기 중요★☆☆
   ㉠ 연못이나 계류 등을 건너가게 하기 위한 자연석 놓기 방법이다.
   ㉡ 강돌을 사용하여 물 위로 10~15cm 노출되게 시공한다.
   ㉢ 모르타르나 콘크리트를 이용하여 아랫부분을 바닥면과 견고하게 부착한다.
   ㉣ 돌 사이의 간격은 지름 15~20cm로 하며, 돌의 지름은 약 40cm인 것을 사용한다.

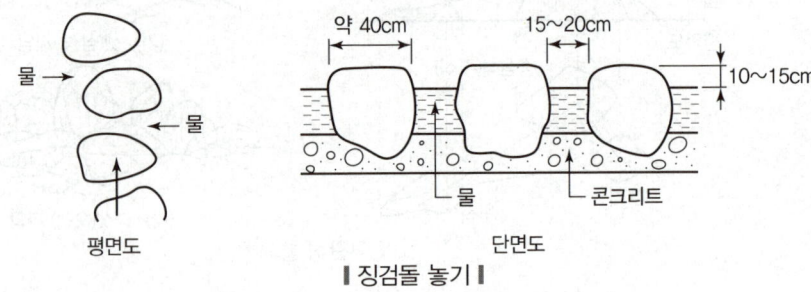

| 징검돌 놓기 |

3. 마름돌 쌓기 중요★★☆

마름돌은 일정한 치수의 크기로 잘라 놓은 돌로 형태가 정형적인 곳에 사용하며, 시공비가 많이 든다.

① 콘크리트나 모르타르의 사용 유무에 따른 분류
   ㉠ 메쌓기(Dry Masonry)
   - 모르타르나 콘크리트를 사용하지 않고 뒤틈 사이에 굄돌을 고인 후 흙으로 뒤채움하여 쌓는 방식이다.
   - 배수가 잘되어 토압을 증대시키지 않는 장점이 있으나 견고하지 못해 높이에 제한을 받는다.
   - 표준 기울기는 1 : 0.30이다.(높이 2m 이하의 석축에 사용)

   ㉡ 찰쌓기(Wet Masonry)
   - 줄눈에 모르타르를 사용하고 뒤채움에 콘크리트를 사용하여 쌓는 방식이다.
   - 견고하나 배수가 불량해지면 토압이 증대되어 붕괴 우려가 있다.
   - 뒷면의 배수를 위해 2~3m^2마다 지름 3~6cm의 배수관을 설치해 준다.
   - 표준 기울기는 1 : 0.20이다.(하루에 1.0~1.2m씩 쌓는다.)

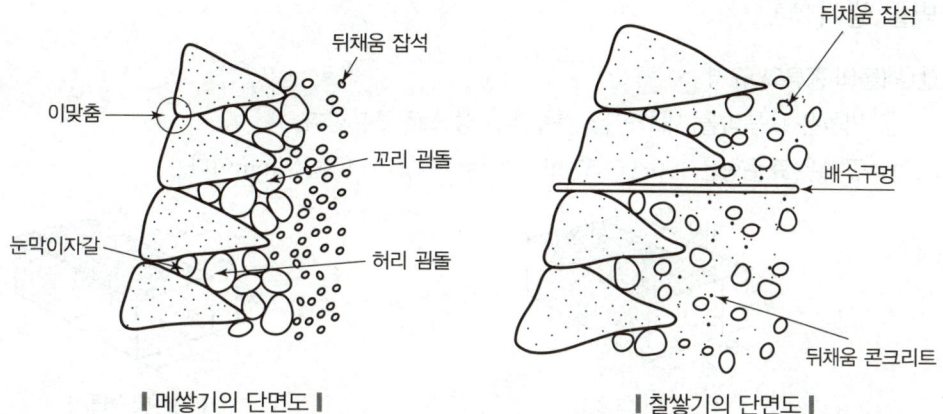

| 메쌓기의 단면도 | | 찰쌓기의 단면도 |

② 줄눈의 모양에 따른 분류
  ㉠ 켜쌓기(바른층 쌓기)
    • 돌의 쌓는 면 높이를 수평으로 놓아 가로줄눈이 수평선이 되도록 쌓는 방법이다.
    • 골쌓기보다 구조가 약하므로 높은 곳에 쌓기는 곤란하다.
    • 돌의 크기가 균일하고 시각적으로 보기 좋으므로 조경공간에 주로 쓰인다.
    • 전통공간에서 많이 사용하며, 화계가 대표적이다.
  ㉡ 허튼층쌓기 : 한 켜에서 가로줄눈이 일직선으로 연속되지 않게 각기 높이가 다른 돌을 써서 막힌 줄눈이 되게 쌓는 방법
  ㉢ 골쌓기
    • 줄눈을 파상 모양으로 골을 지어가며 쌓는 방법으로 하천공사 등에 견치석을 쌓을 때 많이 이용된다.
    • **시간이 지나면 더 견고해지고 일부분이 무너져도 전체에 파급되지 않는 장점이 있다.**

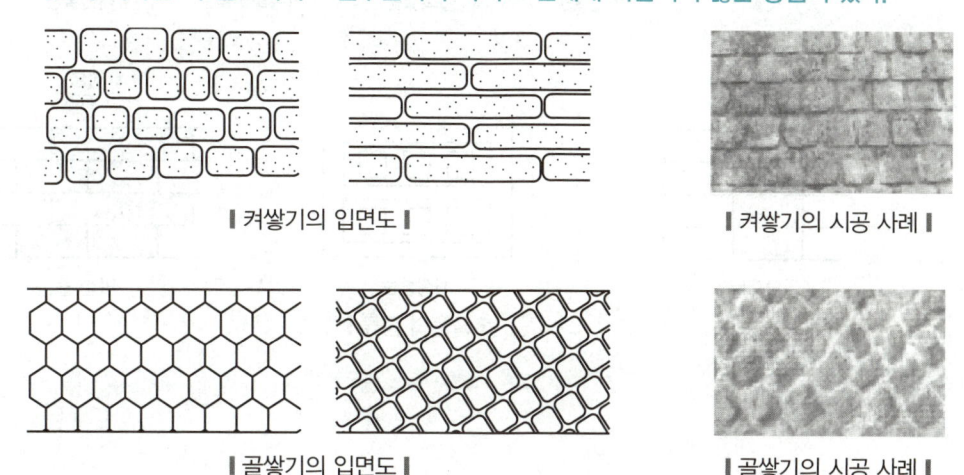

| 켜쌓기의 입면도 | | 켜쌓기의 시공 사례 |

| 골쌓기의 입면도 | | 골쌓기의 시공 사례 |

4. 벽돌 쌓기 중요★★★

① 벽돌의 종류와 규격
  ㉠ 벽돌은 보통벽돌, 내화벽돌, 특수벽돌 등으로 구분한다.
  ㉡ 규격은 표준형은 190×90×57mm, 기존형은 210×100×60mm이다.

┃표준형 벽돌┃ ┃기존형 벽돌┃

② 줄눈 : 벽돌 쌓기에 있어서 벽돌 사이에 생기는 가로, 세로의 이음부를 줄눈이라 한다.

통줄눈	• 가로, 세로의 이음줄눈이 十자, 통줄 형태로 나타나는 줄눈이다. • 하중이 분포되지 않아 쉽게 붕괴될 수 있는 단점이 있다.
막힌줄눈	일직선으로 이어지지 않고 어긋나게 되어 있는 줄눈이다.
치장줄눈	줄눈을 여러 형태로 아름답게 처리하며, 미관상 보기 좋게 만드는 줄눈이다.
내민줄눈	우리나라 전통담장의 사괴석(사고석) 시공에서 흔히 볼 수 있는 줄눈이다.

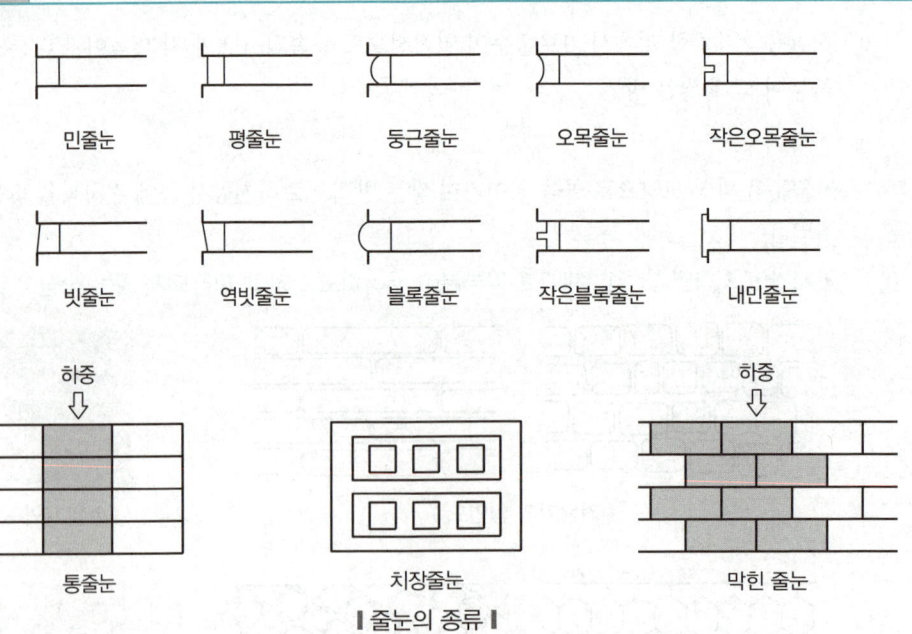

┃줄눈의 종류┃

③ 벽돌 쌓기 두께 및 매수
㉠ 벽돌의 쌓는 두께는 길이를 기준으로 하여 반 장(0.5B), 한 장(1.0B), 한 장 반(1.5B), 두 장(2.0B) 쌓기 등으로 나타낸다.
㉡ 표준형(190×90×57mm)을 사용하고 줄눈이 10mm인 경우 한 장 반(1.5B) 쌓기의 두께는 190 + 90 + 10 = 290mm가 되므로 그 두께는 29cm이다.
㉢ 벽돌두께(단위 : mm) 중요★★☆

벽돌 종류	0.5B	1.0B	1.5B	2.0B
표준형(190×90×57mm)	90	190	290	390

㉣ 벽돌종류별 매수(m²당) 중요★★☆

벽돌 종류	0.5B	1.0B	1.5B	2.0B
기존형(210×100×60mm)	65	130	195	260
표준형(190×90×57mm)	75	149	224	298

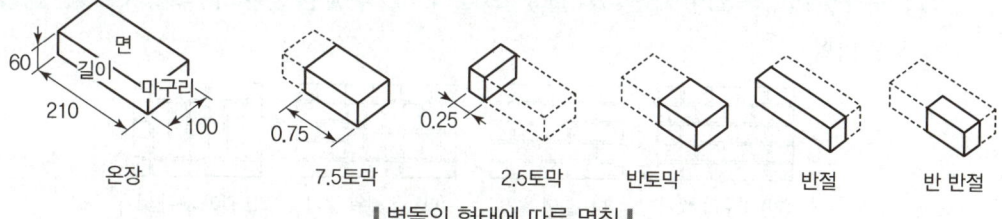
❙ 벽돌의 형태에 따른 명칭 ❙

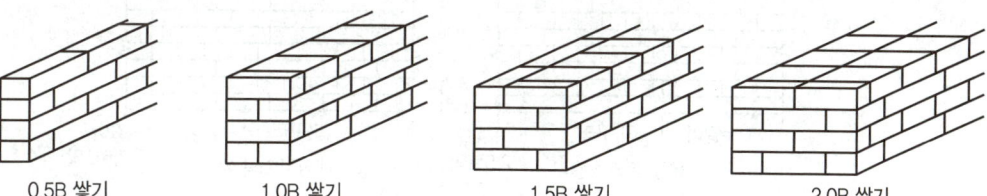
❙ 벽돌 쌓기 두께 ❙

기출 벽돌(190×90×57)을 이용하여 경계부의 담장을 쌓으려고 한다. 시공면적 10m²에 1.5B 두께로 시공할 때 약 몇 장의 벽돌이 필요한가?(단, 줄눈은 10mm이고, 할증률은 무시한다.)

① 약 750장 ② 약 1,490장
③ 약 2,240장 ④ 약 2,980장

풀이 224장 × 10m² = 2,240장

답 ③

④ 벽돌 쌓기의 종류 〔중요★★☆〕

　㉠ 마구리쌓기 : 벽돌의 마구리만 나타나도록 쌓는 방법으로 벽의 두께는 한장쌓기(1.0B)가 되므로 쌓기에 쓰임
　㉡ 길이쌓기 : 벽면에 벽돌의 길이만 나타나게 쌓는 방법으로 벽의 두께는 반장쌓기(0.5B)가 되므로 쌓기에 쓰임
　㉢ 옆세워쌓기 : 벽면에 마구리를 세워 쌓는 방법
　㉣ 길이세워쌓기 : 길이를 세워 쌓는 방법
　㉤ 영국식 쌓기 : 한 단은 마구리쌓기, 한 단은 길이쌓기를 반복하여 쌓는 방법으로 가장 튼튼하며 모서리의 벽 끝에는 이오토막을 사용
　㉥ 네덜란드식 쌓기(화란식 쌓기) : 우리나라에서 가장 많이 사용하는 방법으로 영국식 쌓기와 거의 같으나 모서리의 벽 끝에는 칠오토막을 사용
　㉦ 프랑스식 쌓기(불식 쌓기) : 한 켜에 길이쌓기와 마구리쌓기가 번갈아 나오는 방법으로 외관이 아름다워 치장벽으로 많이 사용
　㉧ 미국식 쌓기(미식 쌓기) : 5단까지 길이쌓기로 하고 그 위에 한 단은 마구리쌓기로 하는 방법으로 강도는 약함

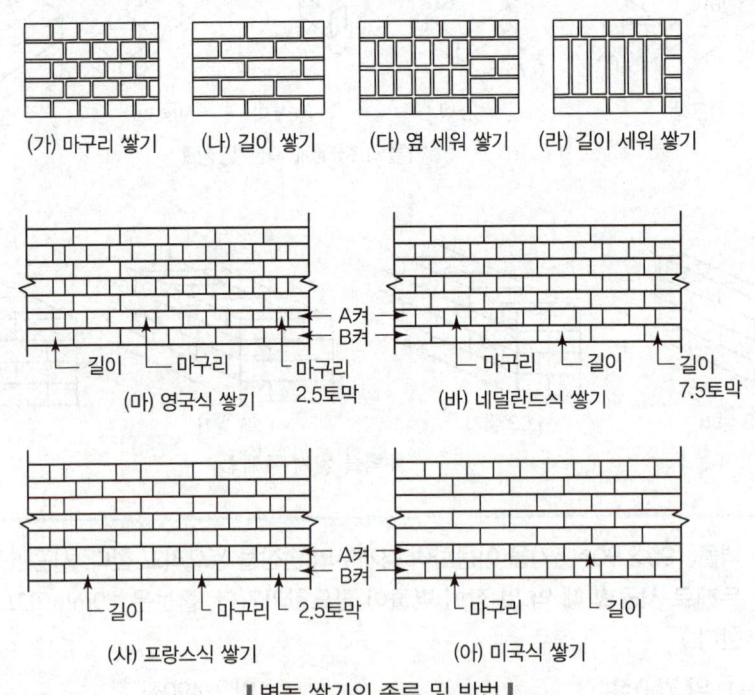

| 벽돌 쌓기의 종류 및 방법 |

⑤ 벽돌 쌓는 방법 중요★★☆
  ㉠ 쌓기 전에 돌에 붙은 먼지와 오물 등을 털거나 씻어낸다.
  ㉡ 돌에 물을 충분히 흡수(10분 이상)시켜 모르타르의 부착력을 한층 더 높여준다.
  ㉢ 모르타르는 정확히 배합하며, 비벼 놓은 지 1시간이 지난 모르타르는 사용하지 않는다.
  ㉣ 줄눈은 통줄눈, 十자 줄눈이 생기지 않도록 한다.
  ㉤ 벽돌의 줄눈 모르타르 배합비(시멘트 : 모래)는 보통 1 : 3이며, 방수용 또는 치장줄눈용은 1 : 1로 한다.
    ※ 모르타르 배합비는 보통 1 : 2~1 : 3으로 한다.
  ㉥ 하루에 1.2~1.5m 이상 쌓지 않는다.(12시간 경과 후 다시 쌓음)
    ※ 표준 1.2m, 최대높이 1.5m
  ㉦ 수평실과 수준기에 의해 정확히 맞추어 시공한다.
  ㉧ 줄눈의 폭은 10mm가 표준이다.
  ㉨ 안전을 위해 큰 돌을 아래에 놓으며 뒤채움을 잘 한다.
  ㉩ 벽돌 면을 잘 청소하고, 가마니 등으로 덮고 물을 뿌려 양생하며 직사광선은 피한다.

SECTION 02 원로 포장공사

1. 기초공사

① 개요
  ㉠ 지정(地正) : 기초를 보강하거나 지반의 지지력을 증가시키는 부분을 지정이라 한다.
  ㉡ 기초(基礎) : 상부 구조물의 무게를 받아 지반에 안정시키기 위해 건물의 하부에 구축한 구조물로, 독립기초·복합기초·연속기초(줄기초)·온통기초 등이 있으며, 철근콘크리트 제품을 주로 사용한다.
  ㉢ 일반적으로 기초와 지정을 합쳐서 기초 또는 기초구조라 한다.
  ㉣ 기초는 구조물의 가장 아랫부분에 위치하고 구조물의 안전상 가장 중요한 부분이며, 땅속에 묻히게 되므로 보수공사를 하기가 어렵다.

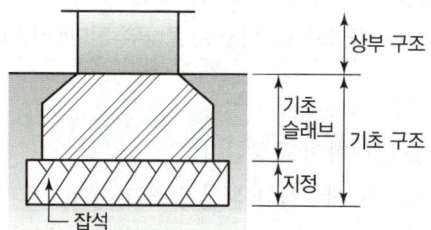

∥ 잡석지정과 기초의 구조 ∥

② 지정(地正)
　　㉠ 잡석지정, 자갈지정, 말뚝지정 등이 있다.
　　㉡ 가장 많이 사용하는 방법은 잡석지정이며, 구조물의 기초 밑에 지름 10~30cm 정도의 크고 작은 돌을 깔고 다진 것을 말한다.

③ 기초(基礎)

독립기초	각 기둥을 한 개씩 받치는 기초로 지반의 지지력이 비교적 강한 경우에 사용
복합기초	2개 이상의 기둥을 합쳐서 한 개의 기초로 받치는 것으로 기둥 간격이 좁을 경우 사용
연속기초 (줄기초)	담장의 기초와 같이 길게 띠 모양으로 받치는 기초
온통기초	구조물 바닥을 전면적으로 한 개의 기초로 받치는 것으로 고층 아파트 및 고층 빌딩에 사용하고, 지반의 지지력이 비교적 약할 때 사용

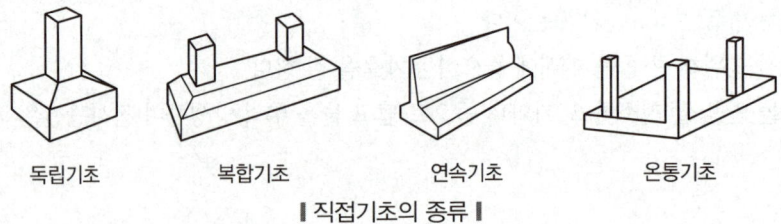

| 직접기초의 종류 |

2. 포장공사

① **포장 재료 선정 기준** 중요★★☆
　　㉠ 보행자가 안전하고 쾌적하게 보행할 수 있는 재료가 선정되어야 한다.
　　㉡ 내구성이 있고 시공비·관리비가 저렴한 재료를 사용할 것
　　㉢ 재료의 질감·재료가 아름다울 것
　　㉣ 재료의 표면이 태양 광선의 반사가 적고 우천시·겨울철 보행 시 미끄럼이 적을 것
　　㉤ 재료가 풍부하며, 시공이 용이할 것

② 사용 재료별 분류

인공재료	• 아스팔트 콘크리트 포장, 시멘트 콘크리트 포장, 투수 콘크리트 포장 • 벽돌 포장, 콘크리트블록 포장, 타일 포장
자연재료	자연석판석, 호박돌, 조약돌, 마사토, 통나무, 잔디식재블록

③ 포장 시 주의사항
　　㉠ 배수 때문에 기울기를 고려하여 포장한다.
　　㉡ 유수량이 늘어나게 하므로 배수시설에 신경 써야 한다.

3. 콘크리트블록 포장

① 보도블록 포장
  ㉠ 시멘트나 콘크리트 포장보다 질감이 우수하고 시공과 보수가 용이하다.
  ㉡ 블록 표면의 패턴 문양에 색채를 넣어 시각적 효과를 증진시키며, 공사비가 저렴하다.
  ㉢ 줄눈이 모래로 채워져서 결합력이 약하고, 콘크리트를 쳐서 기층을 강화하고 그 위에 설치해야 한다.
  ㉣ 포장방법
    • 기존 지반을 다지고 모래를 3~5cm 깔고 포장하며, 가장자리에는 경계석을 설치하고 포장면은 물매를 주어 배수를 고려한다.
    • 줄눈을 좁게 하고 가는 모래를 살포한 후 쓸어 줄눈을 채운 후 진동기로 다져서 요철이 없도록 마무리한다.

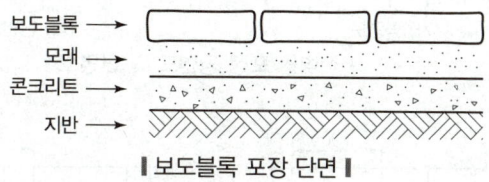

┃보도블록 포장 단면┃

② 소형고압블록 포장(I.L.P ; Interlocking Pavement) 중요★★☆
  ㉠ 고압으로 성형된 소형 콘크리트 블록으로 블록 상호의 맞물림으로 하중을 분산시키는 우수한 포장방법이다.
  ㉡ 보도용, 차도용 콘크리트 제품 중 일정한 크기의 골재와 시멘트를 배합하며 높은 압력과 열로 처리한 보도블록이다.
  ㉢ 종류가 다양하고, 연약한 지반에 시공이 용이하고 유지관리비가 저렴하다.
  ㉣ 포장방법 중요★★★
    • 보도용은 두께 6cm, 차도용은 두께 8cm의 블록을 사용한다.
    • 보도의 가장자리는 보통 경계석을 설치한다.
    • 기존 지반을 잘 다진 후 모래를 3~5cm 정도 깔고 고압블록을 포장한다.
    • 원로의 종단 기울기가 5% 이상인 구간의 포장은 미끄럼방지를 위하여 거친면으로 마감한다.
    • 블록깔기가 끝나면 반드시 진동기를 사용하여 바닥을 고르게 마감한다.
    • 고압블록의 최종높이는 경계석의 높이와 같게 시공한다.

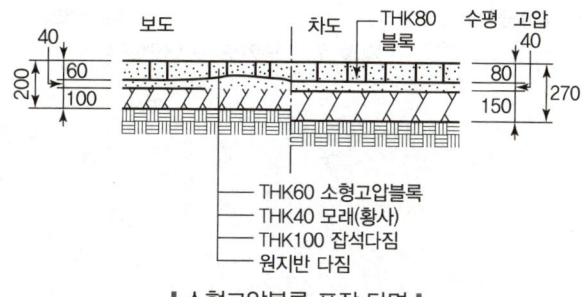

┃소형고압블록 포장 단면┃

4. 벽돌 포장

① **특징** : 벽돌 포장은 시멘트 벽돌이나 붉은 벽돌을 주로 사용하며 시공방법은 보도블록 포장과 같다.
② **장점** : 질감과 색상에 친근감을 주고 보행감이 좋으며, 광선 반사가 적다.
③ **단점** : 마모와 탈색이 쉬우며, 압축강도가 약하고 벽돌 사이의 결합력이 작다.

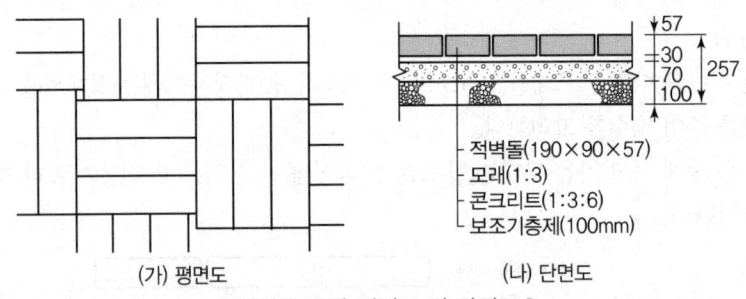

▌적벽돌 포장 평면도 및 단면도 ▌

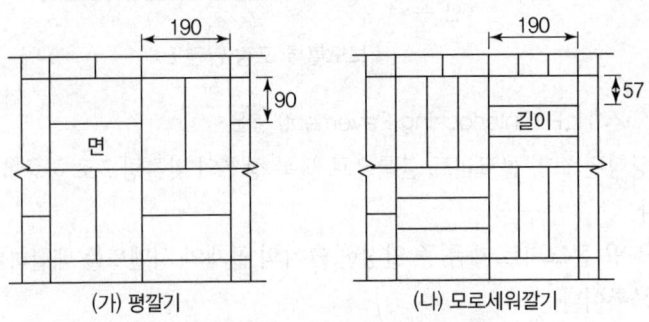

▌평깔기와 모로세워깔기 평면도 ▌

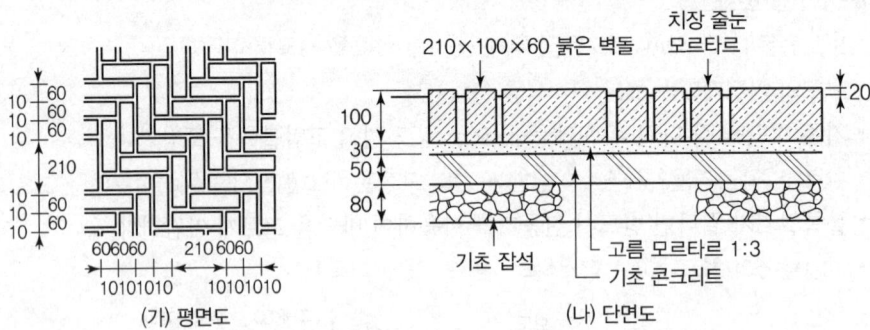

▌벽돌 포장 평면도 및 단면도 ▌

5. 판석 포장

① 특징 : 판석은 주로 화강암이나 점판암을 얇은 판 형태의 규칙적인 모양 또는 자연스런 모양으로 가공한 것으로, 판석은 보도블록과는 달리 두께가 얇고 작기 때문에 횡력에 약해서 모르타르로 고정시키는 것이 원칙이다. 중요★☆☆

② 장점 : 시각적 효과가 우수하며, 주로 보행 동선에 사용된다.

③ 단점 : 불투수성 재료를 사용하여 포장면의 유출량이 많아지므로 배수에 유의하여야 한다.

④ 포장방법 중요★★☆
  ㉠ 기층은 잡석다짐 후 콘크리트를 치고 모르타르로 판석을 고정시킨다(횡력이 약하므로).
  ㉡ 판석은 미리 물을 흡수시켜 부착력을 높여주며, 배합비는 1 : 1 ~ 1 : 2 정도가 적당하다.
  ㉢ 판석의 배치는 十자형, 통줄눈보다는 Y자형이 시각적으로 좋다.
  ㉣ 줄눈의 폭은 보통 10~20mm, 깊이는 5~10mm 정도로 한다.
  ㉤ 가장자리에 위치하는 판석은 도로의 모양에 따라 깨끗이 절단하여 보기 좋게 시공한다.

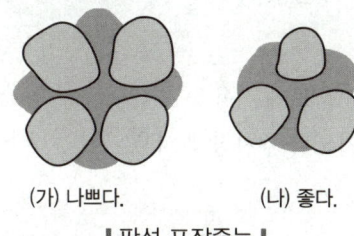

(가) 나쁘다.　　(나) 좋다.

‖ 판석 포장줄눈 ‖

6. 콘크리트 포장

① 장점 : 내구성과 내마모성이 좋다.

② 단점 : 파손된 곳의 보수가 어렵고 보행감이 좋지 않다.

③ 포장 시 주의사항 중요★★☆
  ㉠ 하중을 받는 곳 중 철근을 덜 받는 곳은 와이어메시를 사용한다.
  ㉡ 신축줄눈(이음)을 설치하여 포장 슬래브의 균열과 파괴를 예방한다. 채움재로는 나무판재, 합성수지, 역청 등을 사용한다.
  ㉢ 수축줄눈(포장 슬래브 표면을 일정 간격으로 잘라 놓은 것)을 만들어 온도변화에 따라 표면에 불규칙하게 생기는 균열을 방지한다.
  ㉣ 포장 마감 시 흙손이나 빗자루로 표면을 긁어 미끄러운 표면에 요철을 주거나 광선의 반사를 방지한다.

7. 투수콘크리트 포장

① 특징 : 아스팔트 유제에 다공질 재료를 혼합하여 표면수의 통과를 가능하게 한 포장

② 장점
　㉠ 보행 감각이 좋고 미끄러짐과 눈부심을 방지한다.
　㉡ 강우 때에도 물이 땅으로 스며들며 보행에 불편이 없다.
　㉢ 하수도 부담 경감과 식물생육, 토양 미생물 보호를 한다.

③ 단점 : 지하매설물의 보수 및 교체 시 시공이 어렵다.

④ 포장방법
　㉠ 지반을 다지고 모래로 필터층을 만든다.
　㉡ 지름 40mm 이하의 부순돌 골재로 기층을 조성한다. 이때 공극률을 높이기 위해 잔골재를 거의 혼합하지 않는다.
　㉢ 투수성 혼화재료를 깔고 다진다.

⑤ 용도
　㉠ 보도나 광장 또는 자전거 도로에 사용
　㉡ 하중을 많이 받지 않는 차도나 주차장에 사용

8. 아스팔트 포장

① 특징 : 돌가루와 아스팔트를 섞어 가열한 것을 식기 전에 다져놓은 자갈층 위에 고르게 깔아 롤러로 다져 끝맺음한 포장 방법이다.

② 아스팔트의 성질

침입도	아스팔트의 굳기 정도를 표준침의 관입되는 깊이로 나타낸 것이며, 침입도의 값이 클수록 아스팔트는 연하다.
신도	아스팔트의 늘어나는 성질을 나타내는 수치
연화점	아스팔트는 명확한 융점이 존재하지 않으며, 온도가 상승함에 따라 액화하여 액체가 된다.
감온성	온도에 따른 컨시스턴시의 변화 정도를 감온성이라 하며, 아스팔트의 종류에 따라 감온성이 달라진다.

③ 아스팔트 보수방법

패칭 공법	균열, 국부적 침하, 부분적 박리에 적용
표면처리 공법	차량통행이 적고 균열 정도와 범위가 심각하지 않은 훼손 포장에 적용
덧씌우기 공법	균열·파손 장소를 패칭과 같은 방법으로 부분보수 한 뒤 새롭게 포장
치환 공법	연약점토 지반의 일부 또는 전부를 제거한 후 양질의 토사로 치환하여 비교적 단기간에 지반을 개량하는 공법

9. 마사토(굵은 모래) 포장 중요★☆☆

공원의 산책로 등 자연의 질감을 그대로 유지하면서 표토층을 보존할 필요가 있는 지역의 포장 시 사용

SECTION 03 배수 · 관수 및 수경공사

1. 배수공사

배수(Drainage)는 지표수 또는 지하수를 수로를 통해 유출시키는 방법이다. 불필요하게 남는 물을 제거함으로써 인간과 식물의 생활환경을 개선하고, 토양의 유실을 방지하며 지표면을 보호한다.

① 표면배수 중요★☆☆
  ㉠ 표면배수는 지표수를 배수하는 것으로, 물이 흐를 수 있는 경사면을 부지 외곽에 조성해 주어야 한다.
  ㉡ 빗물이 잘 흐르기 위해서는 3~5% 정도의 경사면이 되도록 물매를 주어야 한다.
  ㉢ 배수는 겉도랑을 설치하며 도랑에는 잔디, 자갈, 호박돌, U형 측구, L형 측구를 사용해 토양 침식을 방지한다.
  ㉣ 빗물받이가 집수거를 통해 지하의 배수관으로 흘러 들어간다.
    • U형, L형 측구의 끝부분에 설치하며, 20~30m마다 설치(표준간격 20m, 최대 30m 이내)한다.
    • 집수거는 배수관이 교차하는 곳, 배수관의 크기, 방향, 경사가 바뀌는 곳에 길이 20m마다 설치한다.
  ㉤ 배수관의 직경이 작으면 경사를 급하게 한다.

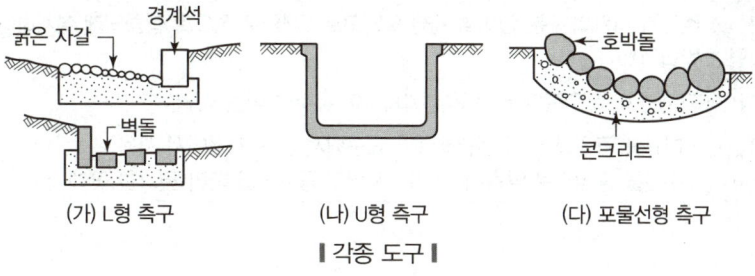

(가) L형 측구   (나) U형 측구   (다) 포물선형 측구

| 각종 도구 |

② **지하층 배수** 중요★★☆

ⓐ 지하층 배수는 지표면의 과잉수를 제거하는 것으로 심토층 배수라고도 한다.

ⓑ 속도랑(암거)은 벙어리 암거와 유공관 암거로 분류한다.

※ 속도랑 : 지하에 매설한 인공 수로를 말한다.

벙어리 암거 (맹암거)	지하에 도랑을 파고 모래, 자갈, 호박돌 등으로 큰 공극을 가지도록 하여 주변의 물이 스며들도록 하는 일종의 땅속 수로이다.
유공관 암거	• 자갈층에 구멍이 있는 관을 설치한 것이다. • 유공관의 깊이는 지면으로부터 평균 1m로 한다.

ⓒ 토목섬유 : 인공지반 조성 시 토양유실 방지를 목적으로 여과와 분리를 위해 설치하는 인공적으로 만든 토양 구조물의 구성요소이다.

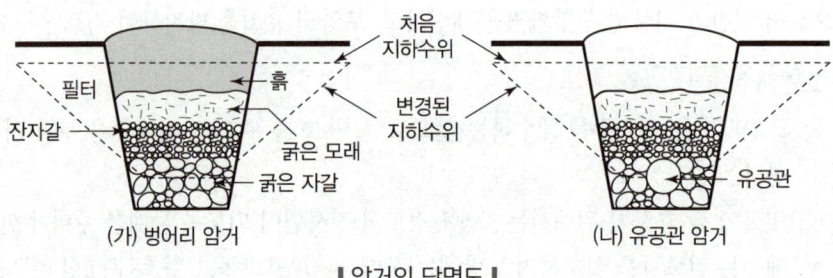

┃암거의 단면도┃

③ **심토층 배수 설계방법** 중요★★★

어골형	• 중앙의 큰 맹암거를 중심으로 좌우에 어긋나게 작은 맹암거를 설치 • 소규모의 평탄한 지형에 적합하며, 전 지역을 균일하게 배수할 때 사용 • 어린이 놀이터, 경기장과 같은 소규모 지형
즐치형 (빗살형)	한쪽 측면에 지관을 설치하여 연결하는 것으로 비교적 좁은 면적의 전 지역을 균일하게 배수할 때 이용
선형 (부채살형)	주관과 지관의 구분 없이 부채살 모양으로 1개의 지점으로 집중되게 설치하여 집수 후 배수시키는 방법
차단형	경사면 바로 위쪽에 배수구를 설치하여 유수를 막는 방법
자연형 (자유형)	• 대규모 공원과 같이 전면배수가 요구되지 않는 지역에서 사용 • 주관을 중심으로 양측에 지관을 지형의 등고선을 따라 필요한 곳에 설치

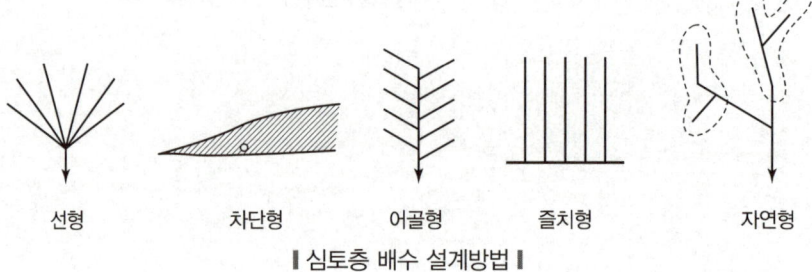

┃심토층 배수 설계방법┃

2. 관수공사

식물 생장에 중요한 습기가 유지될 수 있도록 토양 속에 알맞은 양의 수분을 인위적으로 공급하는 시설공사이다.

관수방법		관수효율
수동식 관수법	지표 관수법	20~40%
자동식 관수법	살수식 관수법	80%
	점적식 관수법	90%

① 지표 관수법(Surface Irrigation)
  ㉠ 식물의 주변 지형과 경사를 고려하여 물도랑 등의 수로나 웅덩이를 이용하여 표면에 흘려보내 관수하는 방법이다.
  ㉡ 손쉽고 간단한 방법이나 균일한 관수가 어려워 물의 낭비가 심하다.
  ㉢ 시공현장에서 가장 많이 사용하는 관수방법이다.

② 살수식 관수법(Sprinkler Irrigation)
  ㉠ 자동식 방법으로 고정된 스프링클러를 통해 압력수를 대기 중에 살수하여 자연강우와 같은 효과를 내는 방법이다.
  ㉡ 살수식 관수법의 이점
    • 균일한 관수로 용수의 효율이 높아 물이 절약된다.
    • 살수할 때 농약과 거름을 섞어 동시에 살포할 수 있다.
    • 식물에 부착된 각종 먼지나 공해물질을 씻어주는 효과가 있다.
    • 경사지에서 균일한 살수가 가능하며 표토의 유실을 방지할 수 있다.
    • 살수하는 모양 자체도 아름다워 경관미 향상에 도움이 된다.
    • 골프장 잔디, 지피식물 지역에서는 지표관수법보다 노동력을 절감할 수 있다.
    ※ 단점으로는 설치비가 많이 든다.

  ㉢ 살수기의 종류 중요★★☆

고정식	회전장치가 없으며 낮은 수압으로 작동하나 반지름이 6m 미만 정도의 소규모 지역에 사용 가능하고 살수할 때 각도가 정해져 있다.
회전식	수압에 의해서 회전장치가 돌면서 살수하는 것으로, 회전각도를 360°까지 임의로 조절이 가능하다.
팝업살수기	지하부에 있는 회전장치가 수압에 의해 지상부로 10cm 정도 올라와 작동하고 물 공급이 중단되면 다시 원위치로 돌아가는 살수기이다.
분무살수기	고정된 동체와 분사공만으로 된 가장 간단한 살수기이며, 비용이 저렴하다.

ⓔ 배치간격
- 정사각형, 정삼각형 배치가 기본이며, 삼각형 배치가 가장 효율이 좋다.
- 바람이 없을 때를 기준으로 살수 작동 최대간격은 살수직경의 60~65%로 제한한다.

③ 점적식 관수법(Drip Irrigation)
ⓐ 자동식 방법의 하나로 수목의 뿌리 부분이나 지정된 지역의 지표 또는 지하에 특수한 구조의 구멍을 통해 일정 수량의 물을 관수하는 방법이다.
ⓑ 용수 효율이 90% 정도로 가장 높다.

3. 수경공사

물을 이용한 시설은 이용자에게 신선함과 청량감을 주고 온도감소 효과가 있으며 시각적으로 아름다워 중요한 경관 요소이다. 물을 이용한 시설에는 연못, 분수, 벽천, 폭포 등이 있다.

① 연못
ⓐ 연못의 주요 공사로는 방수공사, 호안공사, 급·배수공사 등이 있다.
ⓑ 방수공사
- 수밀콘크리트로 방수 처리한다.
- 진흙다짐 방법으로 바닥에 점토를 두껍게 다진다.
- 보통 바닥에 비닐을 깔고 점토 : 석회 : 시멘트를 7 : 2 : 1로 혼합하여 시공한다.

ⓒ 호안공사

자연형 연못	진흙다짐, 자연석 쌓기, 자갈깔기, 말뚝박기 등으로 처리한다.
정형식 연못	마름돌, 판석, 벽돌, 타일 등으로 마감한다.

ⓓ 연못 설계 시 적합한 수치
일반적으로 연못 설계 시 연못의 면적은 정원 전체 면적의 1/9 이하가 힘의 균형을 이룰 수 있는 적정한 규모이며, 최소 (1.5)m² 이상의 넓이가 바람직하다.

ⓔ 공사 지침 중요★★☆
- 누수 방지를 위해서는 방수 모르타르 배합을 정밀하게 한다.
- 급수구의 위치는 표면 수면보다 높게 설치한다.
- 월류구(Overflow)는 급수구보다 낮게 하여 수면과 같은 위치에 설치해 잉여수가 빠지도록 한다.
- 퇴수구는 연못 바닥의 경사를 따라 가장 낮은 곳에 배치한다.
- 순환펌프, 정수 시설을 설치하는 기계실 등은 지하에 설치하여 노출되지 않게 하며, 만약 노출되는 경우에는 주변의 관목을 이용하여 차폐시킨다.
- 배수공은 연못 바닥의 가장 낮은 곳에 설치한다.
- 일류공은 월류구와 같은 위치에 있으며 철망을 설치할 필요가 있다.

ⓗ 유지관리 중요★★☆
- 녹이 잘 스는 부분은 녹막이칠을 수시로 해 준다.
- 수경식물 및 어류의 생태를 수시로 점검한다.
- 물이 새는 곳이 있는지의 여부를 수시로 점검하여 조치한다.
- 수경시설은 겨울철에 물을 비워놓아 동파를 예방한다.

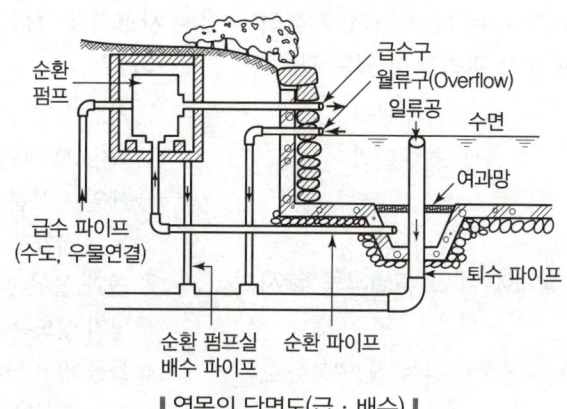

▎연못의 단면도(급 · 배수)▎

② 분수(Fountain) : 노즐에 따라 매우 다양한 물 모양을 연출하여 극적인 느낌과 청량감을 주고, 조명과 어우러져 아름다운 경관을 제공한다.
  ㉠ 단일관 분수
    - 한 개의 노즐로 물을 뿜어내는 단순한 형태의 분수이다.
    - 명확하고 힘찬 물줄기를 만드나 단위 시간에 많은 수량을 요구한다.
  ㉡ 분사식 분수
    - 여러 개의 작은 구멍을 가진 노즐을 통해 가늘게 뿜어내는 살수식 분수이다.
    - 안개식처럼 뿜는 형태가 있다.
  ㉢ 폭기식 분수
    - 노즐에 한 개의 구멍이 있으나 지름이 커서 물이 교란되는 형태의 분수이다.
    - 공기와 물이 섞여 시각적으로 효과가 크다.
  ㉣ 모양 분수
    - 직선형의 가는 노즐을 통해 얇은 수막을 형성하여 분출하는 분수이다.
    - 나팔꽃형, 부채형, 버섯형, 민들레형 등이 있다.

③ 벽천
  ㉠ 폭포 형태로 중력에 의해 물을 떨어뜨려 모양과 소리를 즐길 수 있도록 한다.
  ㉡ 좁은 공간의 경사지나 벽면 또는 소규모 공간에 적합하다.
  ㉢ 벽천의 3요소 : 토수구, 벽면(벽체), 수반(물받이)

03장 적중예상문제

01 다음 중 정원관리를 하는 데 시간적, 계절적 제약을 가장 적게 받고 관리할 수 있는 것은?
① 정원석 관리
② 잔디 관리
③ 정원수 관리
④ 초화 관리

02 자연석(조경석) 쌓기에 대한 설명으로 옳지 않은 것은?
① 크고 작은 자연석을 이용하여 잘 배치하고, 견고하게 쌓는다.
② 사용되는 돌은 인공적으로 다듬은 것으로 가급적 벌어짐이 없이 연결되도록 배치한다.
③ 자연석으로 서로 어울리게 배치하고 자연석 틈 사이에 관목류를 이용하여 채운다.
④ 맨 밑에는 큰 돌을 기초석으로 배치하고, 보기 좋은 면이 앞면으로 오게 한다.

● 해설
자연석 쌓기는 암석이 자연적으로 무너져 내려 안정되게 쌓여 있는 것을 그대로 묘사하는 방식이다.

03 자연석 무너짐 쌓기에 대한 설명으로 부적합한 것은?
① 크고 작은 돌이 서로 삼재미가 있도록 좌우로 놓아 나간다.
② 맨 위의 상석은 비교적 작고 윗면을 평평하게 하거나 자연스런 높낮이가 있도록 처리한다.
③ 돌을 쌓은 단면의 중간이 볼록하게 나오는 것이 좋다.
④ 돌과 돌이 맞물리는 곳에는 작은 돌을 끼워 넣지 않도록 한다.

04 자연석 무너짐 쌓기 방법으로 가장 거리가 먼 것은?
① 기초가 될 밑돌은 약간 큰 돌을 사용해서 땅 속에 20~30cm 정도 깊이로 묻는다.
② 제일 윗부분에 놓는 돌은 돌의 윗부분이 모두 고저차가 크게 나오도록 놓는다.
③ 돌과 돌이 맞물리는 곳에는 작은 돌을 끼워 넣지 않도록 한다.
④ 돌을 쌓고 난 후 돌과 돌 사이의 틈에는 키가 작은 관목을 식재한다.

05 다음 중 호박돌 쌓기의 방법으로 부적합한 것은?
① 표면이 깨끗한 돌을 사용한다.
② 크기가 비슷한 것이 좋다.
③ 불규칙하게 쌓는 것이 좋다.
④ 기초공사 후 찰쌓기로 시공한다.

● 해설
규칙적인 모양으로 쌓아 미관과 안정성을 가지도록 하고 통줄, +자 줄눈이 생기지 않도록 한다.

06 다음 그림과 같은 돌쌓기에 가장 적합한 재료는?

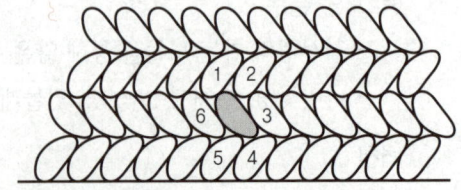

① 견치석
② 마름돌
③ 잡석
④ 호박돌

● 해설
호박돌 쌓기방법 중 육법쌓기이다.

정답 01 ① 02 ② 03 ③ 04 ② 05 ③ 06 ④

07 견치석 쌓기를 설명한 것 중 틀린 것은?

① 지반이 약한 곳에 석축을 쌓아 올려야 할 때는 잡석이나 콘크리트로 튼튼한 기초를 만들어 놓은 후 하나씩 주의 깊게 쌓아 올린다.
② 경사도가 1 : 1보다 완만한 경우를 돌붙임이라 하고 경사도가 1 : 1보다 급한 경우를 돌쌓기라 한다.
③ 쌓아 올리고자 하는 높이가 높을 때는 이음매가 수평선을 그리도록 쌓아 올린다.
④ 쌓아 올리고자 하는 높이가 높을 때는 군데군데 물빠짐 구멍을 뚫어 놓는다.

● 해설
골쌓기
줄눈을 파상 모양으로 골을 지어가며 쌓는 방법으로 하천공사 등에 견치석을 쌓을 때 많이 이용된다.

08 흙막이용 돌쌓기에 일반적으로 가장 많이 사용되는 것으로 앞면의 길이를 기준으로 하여 길이는 1.5배 이상, 접촉부 너비는 1/10 이상으로 하는 시공 재료는?

① 호박돌 ② 경관석
③ 판석   ④ 견칫돌

09 일반적으로 돌쌓기 시공 상 유의할 점으로 틀린 것은?

① 밑돌은 가장 큰 돌을 놓고, 아래 부위에 쌓을수록 비교적 큰 돌을 쌓아 안전도를 높인다.
② 돌끼리 접촉이 좋도록 하고, 굄돌을 사용하여 안정되게 놓는다.
③ 줄눈 두께는 9~12mm로 통줄눈이 되도록 한다.
④ 모르타르 배합비는 보통 1 : 2 ~ 1 : 3으로 한다.

● 해설
통줄은 하중이 분산되지 않아 쉽게 붕괴될 수 있다.

10 돌쌓기 시공상 유의해야 할 사항으로 옳지 않은 것은?

① 서로 이웃하는 상하층의 세로 줄눈을 연속하게 둔다.
② 돌쌓기 시 뒤채움을 잘 하여야 한다.
③ 석재는 충분하게 수분을 흡수시켜서 사용해야 한다.
④ 하루에 1~1.2m 이하로 찰쌓기를 하는 것이 좋다.

● 해설
규칙적인 모양으로 쌓아 미관과 안정성을 가지도록 하고 통줄, 십자 줄눈이 생기지 않도록 한다.

11 다음 중 기준점 및 규준틀에 관한 설명으로 틀린 것은?

① 규준틀은 공사가 완료된 후에 설치한다.
② 규준틀은 토공의 높이, 너비 등의 기준을 표시한 것이다.
③ 기준점은 이동의 염려가 없는 곳에 설치한다.
④ 기준점은 최소 2개소 이상 여러 곳에 설치한다.

● 해설
규준틀은 공사 전에 기준면에 말뚝과 줄 등을 설치한다.

12 자연석 쌓기 할 면적이 100m^2, 자연석의 평균 뒷길이가 20cm, 단위중량이 2.5t/m^3, 자연석을 쌓을 때의 공극률이 30%라고 할 때 조경공의 노무비는?(단, 정원석 쌓기에 필요한 조경공은 1t 당 2.5명, 조경공의 노임단가는 43,800원이다.)

① 3,550,000원 ② 2,190,000원
③ 2,380,000원 ④ 3,832,500원

정답 07 ③ 08 ④ 09 ③ 10 ① 11 ① 12 ④

> **해설**
> - 체적(V) : 100m² × 0.2m = 20m³
> - 단위중량에 의한 톤으로 환산 : 20m³ × 2.5t/m³ = 50t
> - 실적률 : 50 × 0.7 = 35t
> - 필요 조경공 : 35 × 2.5 = 87.5명
> - 노무비 : 43,800 × 87.5 = 3,832,500원

13 석축공사에 대한 설명으로 부적합한 것은?

① 견치석 쌓기에서는 터파기를 하고 잡석과 콘크리트를 사용하여 연속기초를 만든다.
② 호박돌 쌓기는 규칙적인 모양으로 쌓는 것이 보기에 자연스럽다.
③ 자연석 쌓기의 이음매는 돌과 돌 사이를 모르타르로 굳혀 가면서 쌓는다.
④ 석축의 높이가 높을 때에는 군데군데 물 뺌 구멍을 뚫어 놓는다.

> **해설**
> 돌과 돌 사이의 빈 공간에는 양질의 흙을 채워 철쭉이나 회양목 등의 관목류와 초화류를 식재한다.

14 다음 중 경관석 놓기에 대한 설명으로 틀린 것은?

① 경관석 놓기는 시각적으로 중요한 곳이나 추상적인 경관을 연출하기 위하여 이용된다.
② 경관석 놓기는 2, 4, 6, 8과 같이 짝수로 무리지어 놓는 것이 자연스럽다.
③ 가장 중심이 되는 자리에 가장 크고 기품이 있는 경관석을 중심석으로 배치한다.
④ 전체적으로 볼 때 힘의 방향이 분산되지 않아야 한다.

> **해설**
> 경관석 놓기는 3, 5, 7 등의 홀수로 구성하며, 부등변 삼각형을 이루도록 배치한다.

15 경관석을 여러 개 무리지어 놓는 것에 대한 설명 중 틀린 것은?

① 홀수로 조합한다.
② 일직선상으로 놓는다.
③ 크기가 서로 다른 것을 조합한다.
④ 경관석 여러 개를 무리지어 놓는 것을 경관석 짜임이라 한다.

> **해설**
> 돌의 머리는 경관의 중심을 향해서 놓는다.

16 성인이 이용할 정원의 디딤돌 놓기 방법으로 틀린 것은?

① 납작하면서도 가운데가 약간 두둑하여 빗물이 고이지 않는 것이 좋다.
② 디딤돌의 간격은 느린 보행폭을 기준으로 하여 35~50cm 정도가 좋다.
③ 디딤돌은 가급적 사각형에 가까운 것이 자연미가 있어 좋다.
④ 디딤돌 및 징검돌의 장축은 진행방향에 직각이 되도록 배치한다.

> **해설**
> 한 면이 넓적하고 평평한 자연석이나, 가공한 화강석 판석, 천연 슬레이트 판석, 점판암 판석, 통나무 등이 사용된다.

17 디딤돌로 이용할 돌의 두께로 가장 적당한 것은?

① 1~5cm   ② 10~20cm
③ 25~35cm ④ 35~45cm

> **해설**
> 디딤돌 놓기
> - 정원의 잔디나 나지 위에 놓아 보행자의 편의를 돕고 지피식물을 보호하며, 시각적으로 아름답게 보이기 위해 배치한다.
> - 한 면이 넓적하고 평평한 자연석이나, 가공한 화강석 판석, 천연 슬레이트 판석, 점판암 판석, 통나무 등을

정답 13 ③ 14 ② 15 ② 16 ③ 17 ②

사용한다.
- 돌의 머리는 경관의 중심을 향해서 놓는다.
- 디딤돌의 두께는 10~20cm, 크기는 지름 25~30cm 정도가 적당하며, 시작되는 곳과 끝나는 곳 또는 급하게 구부러지는 곳, 길이 갈라지는 곳 등에는 50~55(60)cm 정도의 큰 돌을 사용한다.
- 디딤돌은 크고 작은 것을 섞어 직선보다는 어긋나게 배치한다.
- 돌 사이의 간격은 보행 폭(성인 남자 약 60~70cm, 여자 약 45~60cm)을 고려하여 빠른 동선이 필요한 곳은 보폭과 비슷하게 한다.
- 정원의 원로(圓顱)와 같이 느린 동선이 필요한 곳은 35~40cm 정도의 간격으로 배치한다.
- 디딤돌의 높이는 지면보다 3~6cm 높게 한다.
- 윗면이 수평이 되도록 높아야 하고 돌 가운데가 약간 두툼하여 물이 고이지 않으며, 불안정한 경우 굄돌, 모르타르, 콘크리트를 깔아 안정되게 한다.
- 디딤돌과 디딤돌 사이의 중심 간 거리는 40cm 정도이다.

18 디딤돌을 놓을 때 답면(踏面)은 지표(地表)보다 어느 정도 높게 앉혀야 하는가?
① 3~6cm   ② 7~10cm
③ 15~20cm ④ 25~30cm

19 일반적인 성인의 보폭으로 디딤돌을 놓을 때 좋은 보행감을 느낄 수 있는 디딤돌과 디딤돌 사이의 중심 간 길이로 가장 적당한 것은?
① 20cm 정도   ② 40cm 정도
③ 50cm 정도   ④ 80cm 정도

20 디딤돌로 사용하는 돌 중에서 보행 중 군데군데 잠시 멈추어 설 수 있도록 설치하는 돌의 크기(지름)로 가장 적당한 것은?(단, 성인을 기준으로 한다.)
① 10~15cm   ② 20~25cm
③ 30~35cm   ④ 50~55cm

21 디딤돌(징검돌) 놓기에 대한 설명으로 옳지 못한 것은?
① 디딤돌로 사용되는 자연석은 윗면이 편평한 것으로 석질이 단단하여 쉽게 마멸되지 않아야 한다.
② 정원에서 디딤돌의 크기가 30~40cm인 경우에는 디딤돌의 상면이 지표면보다 3cm 정도 높게 배치한다.
③ 디딤돌을 놓는 방향은 걸어가는 방향이 디딤돌의 넓은 방향이 되도록 하고 지면보다 낮게 한다.
④ 공원에서 징검돌의 상단은 수면보다 15cm 정도 높게 배치하고, 한 면의 길이가 30~60cm 정도로 되게 한다.

● 해설
돌의 머리는 경관의 중심을 향해서 놓으며, 높이는 지면보다 3~6cm 높게 한다.

22 원로의 디딤돌 놓기에 관한 설명으로 틀린 것은?
① 디딤돌은 주로 화강암을 넓적하고 둥글게 기계로 깎아 다듬어 놓은 돌만을 이용한다.
② 디딤돌은 보행을 위하여 공원이나 정원에서 잔디밭, 자갈 위에 설치하는 것이다.
③ 징검돌은 상·하면이 평평하고 지름 또한 한 면의 길이가 30~60cm, 높이가 30cm 이상인 크기의 강석을 주로 사용한다.
④ 디딤돌의 배치간격 및 형식 등은 설계도면에 따르되 윗면은 수평으로 놓고 지면과의 높이는 5cm 내외로 한다.

23 돌쌓기의 종류 가운데 돌만을 맞대어 쌓고 뒤채움은 잡석, 자갈 등으로 하는 방식은?
① 찰쌓기   ② 메쌓기
③ 골쌓기   ④ 켜쌓기

정답 18 ① 19 ② 20 ④ 21 ③ 22 ① 23 ②

> **해설**

메쌓기
- 모르타르나 콘크리트를 사용하지 않고 뒤틈 사이에 굄돌을 고인 후 흙으로 뒤채움하여 쌓는 방식이다.
- 배수가 잘되어 토압을 증대시키지 않는 장점이 있으나 견고하지 못해 높이에 제한을 받는다.
- 표준 기울기는 1 : 0.3이다.(높이 2m 이하의 석축에 사용)

24 돌쌓기의 종류 중 찰쌓기에 대한 설명으로 옳은 것은?

① 뒤채움에 콘크리트를 사용하고, 줄눈에 모르타르를 사용하여 쌓는다.
② 돌만을 맞대어 쌓고 잡석, 자갈 등으로 뒤채움을 하는 방법이다.
③ 마름돌을 사용하여 돌 한 켜의 가로 줄눈이 수평적 직선이 되도록 쌓는다.
④ 막돌, 깬 돌, 깬 잡석을 사용하여 줄눈을 파상 또는 골을 지어 가며 쌓는 방법이다.

> **해설**

찰쌓기
- 줄눈에 모르타르를 사용하고 뒤채움에 콘크리트를 사용하여 쌓는 방식이다.
- 견고하나 배수가 불량해지면 토압이 증대되어 붕괴 우려가 있다.
- 뒷면의 배수를 위해 2~3m²마다 지름 3~6cm의 배수관을 설치해 준다.
- 표준 기울기는 1 : 0.2이다.(하루에 1.0~1.2m씩 쌓는다.)

25 설계도면에서 특별히 정한 바가 없는 경우에는 옹벽 찰쌓기를 할 때 배수구는 PVC관(경질염화비닐관) 3m²당 몇 개가 적당한가?

① 1개 ② 2개
③ 3개 ④ 4개

> **해설**

뒷면의 배수를 위해 2~3m²마다 지름 3~6cm의 배수관 설치해 준다.

26 다음 중 호박돌 쌓기에 이용되는 쌓기의 방법으로 가장 적당한 것은?

① 견치석 쌓기
② 줄눈 어긋나게 쌓기
③ 이음매 경사지게 쌓기
④ 평석 쌓기

27 우리나라의 조선시대 전통정원을 꾸미고자 할 때 다음 중 연못시공으로 적합한 호안공은?

① 자연석 호안공
② 사괴석 호안공
③ 편책 호안공
④ 마름돌 호안공

28 벽돌 쌓기 시공에서 하루에 쌓을 수 있는 벽돌 벽의 최대 높이는 몇 m 이하인가?

① 1.0m ② 1.2m
③ 1.5m ④ 2.0m

> **해설**

표준 1.2m, 최대 높이 1.5m

29 벽돌 쌓기 시공에 대한 주의사항으로 틀린 것은?

① 굳기 시작한 모르타르는 사용하지 않는다.
② 붉은 벽돌은 쌓기 전에 충분한 물 축임을 실시한다.
③ 1일 쌓기 높이는 1.2m를 표준으로 하고, 최대 1.5m 이하로 한다.
④ 벽돌 벽은 가급적 담장의 중앙부분을 높게 하고 끝부분을 낮게 한다.

정답 24 ① 25 ① 26 ② 27 ② 28 ③ 29 ④

30 조경 소재 중 벽돌의 사용에 있어 가장 부적합한 것은?

① 원로의 포장
② 담장의 기초
③ 테라스의 바닥
④ 경계벽

> **해설**
> 담장의 기초는 부재가 큰 장대석을 사용한다.

31 다음 중 벽돌의 마름질에 따른 분류 명칭이 아닌 것은?

① 반절벽돌
② 칠오토막벽돌
③ 온장벽돌
④ 인방벽돌

> **해설**
> 인방은 기둥과 기둥 사이에 건너지르는 가로재를 말한다. 인방벽돌은 마름질에 따른 분류 명칭과 관련이 없다.

32 다음 벽돌의 줄눈 종류 중 우리나라의 전통담장의 사괴석 시공에서 흔히 볼 수 있는 줄눈의 형태는?

① 오목줄눈
② 둥근줄눈
③ 빗줄눈
④ 내민줄눈

33 일반 벽돌 쌓기 시 사용되는 우리나라의 표준형 벽돌의 규격은?(단, 단위는 mm이다.)

① 190×90×57
② 200×90×57
③ 200×90×60
④ 210×100×60

34 조적공사 중 중간에 공간을 두고 앞뒤에 면이 보이게 옆 세워 놓고 다음은 마구리 1장을 옆세워 가로 걸쳐대어 쌓는 방법은?

① 공간벽쌓기
② 세워쌓기
③ 옆세워쌓기
④ 장식쌓기

35 벽돌의 크기가 190mm×90mm×57mm이다. 벽돌 줄눈의 두께를 10mm로 할 때, 표준형 시멘트 벽돌 벽 1.5B의 두께로 가장 적합한 것은?

① 170mm
② 270mm
③ 290mm
④ 330mm

> **해설**
> 벽돌두께(단위 : mm)
>
> | 벽돌종류 | 0.5B | 1.0B | 1.5B | 2.0B |
> |---|---|---|---|---|
> | 표준형 | 90 | 190 | 290 | 390 |

36 표준형 벽돌을 사용하여 줄눈 10mm로 시공할 때 2.0B 벽돌 벽의 두께는?(단, 공간쌓기는 아니다.)

① 210mm
② 390mm
③ 320mm
④ 430mm

37 2.0B 벽두께로 표준형 벽돌 쌓기를 실시할 때 기준량(m²당)은?

① 약 195장
② 약 224장
③ 약 244장
④ 약 298장

> **해설**
> 벽돌종류별 매수(m2당)
>
> | 벽돌 종류 | 0.5B | 1.0B | 1.5B | 2.0B |
> |---|---|---|---|---|
> | 기존형 (210×100×60mm) | 65 | 130 | 195 | 260 |
> | 표준형 (190×90×57mm) | 75 | 149 | 224 | 298 |

38 길이 100m, 높이 4m의 벽을 1.0B 두께로 쌓기 할 때 소요되는 벽돌의 양은?(단, 벽돌은 표준형(190×90×57)이고, 할증은 무시하며 줄눈너비는 10mm를 기준으로 한다.)

① 약 30,000장
② 약 52,000장
③ 약 59,600장
④ 약 48,800장

정답 30 ② 31 ④ 32 ④ 33 ① 34 ③ 35 ③ 36 ② 37 ④ 38 ③

> 해설
- 면적 100 × 4 = 400m²
- 표준형 1.0B m²당 149장
- 400m² × 149 = 59,600장

39 다음 중 규준틀에 관한 설명으로 틀린 것은?
① 공사가 완료된 후에 설치한다.
② 토공의 높이, 너비 등의 기준을 표시한 것이다.
③ 건물의 모서리에 설치한 규준틀을 귀규준틀이라고 한다.
④ 건물 벽에서 1~2m 정도 떨어져 설치한다.

40 다음 중 벽돌 쌓기 작업에 관한 설명으로 틀린 것은?
① 시공 시 가능하면 통줄눈으로 쌓는다.
② 벽돌은 쌓기 전에 충분히 물을 축여 쌓는다.
③ 벽돌은 어느 부분이든 균일한 높이로 쌓아 올라간다.
④ 치장줄눈은 되도록 짧은 시일에 하는 것이 좋다.

> 해설
통줄눈은 하중이 분산되지 않아 쉽게 붕괴될 수 있는 단점이 있다.

41 벽돌 쌓기 방법 중 가장 견고하고 튼튼한 것은?
① 영국식 쌓기   ② 미국식 쌓기
③ 네덜란드식 쌓기   ④ 프랑스식 쌓기

42 보행에 지장을 주어 보행 속도를 억제하고자 하는 포장 재료는?
① 아스팔트   ② 콘크리트
③ 블록   ④ 조약돌

> 해설
보행 속도 억제 : 판석, 조약돌, 콩자갈 등

43 길이쌓기 켜와 마구리쌓기 켜가 번갈아 반복되게 쌓는 방법으로 모서리나 벽이 끝나는 곳에는 반절이나 이오토막이 쓰이는 벽돌 쌓기 방법은?
① 영국식 쌓기   ② 프랑스식 쌓기
③ 영롱 쌓기   ④ 미국식 쌓기

> 해설
벽돌 쌓기의 종류
마구리쌓기, 길이쌓기, 옆세워쌓기, 길이세워쌓기, 영국식 쌓기, 네덜란드식 쌓기(화란식 쌓기), 프랑스식 쌓기(불식 쌓기), 미국식 쌓기(미식 쌓기)

44 다음 그림과 같이 쌓는 벽돌 쌓기의 방법은?

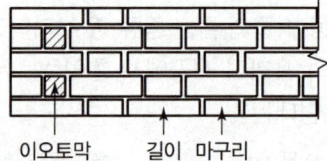

① 영국식 쌓기   ② 프랑스식 쌓기
③ 영롱쌓기   ④ 미국식 쌓기

45 한 켜는 마구리쌓기, 다음 켜는 길이쌓기로 하고 길이켜의 모서리와 벽 끝에 칠오토막을 사용하는 벽돌 쌓기 방법은?
① 네덜란드식 쌓기   ② 영국식 쌓기
③ 프랑스식 쌓기   ④ 미국식 쌓기

46 치장벽돌을 사용하여 벽체의 앞면 5~6켜까지는 길이쌓기로 하고 그 위 한 켜는 마구리쌓기로 하여 본 벽돌 벽에 물려 쌓는 벽돌 쌓기 방식은?

정답 39 ① 40 ① 41 ① 42 ④ 43 ① 44 ② 45 ① 46 ②

① 불식 쌓기　② 미식 쌓기
③ 영식 쌓기　④ 화란식 쌓기

47 다음 중 치장용 줄눈의 모르타르의 배합비는?

① 1 : 1　② 1 : 2
③ 1 : 3　④ 1 : 5

●해설
- 방수용 또는 치장용 줄눈은 1 : 1
- 중요한 곳은 1 : 2
- 일반적인 곳은 1 : 3

48 벽돌 쌓기에서 사용되는 모르타르의 배합비 중 가장 부적합한 것은?

① 1 : 1　② 1 : 2
③ 1 : 3　④ 1 : 4

●해설
배합비 중에서 1 : 4는 관련이 없다.

49 다음 중 시설물의 관리를 위한 방법으로 적합하지 못한 것은?

① 콘크리트 포장의 갈라진 부분은 파손된 재료 및 이물질을 완전히 제거한 후 조치한다.
② 배수시설은 정기적인 점검을 실시하고, 배수구의 잡물을 제거한다.
③ 벽돌 및 자연석 등의 원로 포장의 파손 시는 모래를 당초 기본 높이만큼만 깔고 보수한다.
④ 유희시설물의 점검은 용접부분 및 움직임이 많은 부분을 철저히 조사한다.

●해설
당초 기본 높이보다 약간 높게 보수한다.

50 줄기초라고 부르며, 담장의 기초와 같이 길게 띠 모양으로 받치는 기초를 가리키는 것은?

① 독립기초　② 복합기초
③ 연속기초　④ 온통기초

●해설

독립기초	각 기둥을 한 개씩 받치는 기초로 지반의 지지력이 비교적 강한 경우에 사용
복합기초	2개 이상의 기둥을 합쳐서 한 개의 기초로 받치는 것으로 기둥 간격이 좁을 경우 사용
연속기초 (줄기초)	담장의 기초와 같이 길게 띠 모양으로 받치는 기초
온통기초	구조물 바닥을 전면적으로 한 개의 기초로 받치는 것으로 고층 아파트 및 고층 빌딩에 사용하고, 지반의 지지력이 비교적 약할 때 사용

51 다음 중 공원의 산책로 등 자연의 질감을 그대로 유지하면서도 표토층을 보전할 필요가 있는 지역의 포장으로 알맞은 것은?

① 인터로킹블록 포장
② 판석 포장
③ 타일 포장
④ 마사토 포장

52 다음 설계 기호는 무엇을 표시한 것인가?

① 인조석다짐　② 잡석다짐
③ 보도블록 포장　④ 콘크리트 포장

53 다음 중 보도 포장재료의 조건으로 적당하지 않은 것은?

① 내구성이 있을 것
② 자연 배수가 용이할 것
③ 보행 시 마찰력이 전혀 없을 것
④ 외관 및 질감이 좋을 것

정답　47 ①　48 ④　49 ③　50 ③　51 ④　52 ②　53 ③

● 해설
보행 시 마찰력이 있어야 한다.

54 보도 · 차도용 콘크리트 제품 중 일정한 크기의 골재와 시멘트를 배합하여 높은 압력과 열로 처리한 보도블록은?

① 축구용 블록　　② 보도블록
③ 소형고압블록　　④ 경계블록

55 소형고압블록 시공 시 하중, 강도 등을 고려하여 보도용으로 설치되는 블록의 두께로 가장 적합한 것은?

① 2cm　　② 4cm
③ 6cm　　④ 8cm

● 해설
보도용은 두께 6cm, 차도용은 두께 8cm의 블록을 사용한다.

56 다음 보도블록 포장공사의 단면 그림에서 블록 아랫부분은 무엇으로 채우는 것이 좋은가?

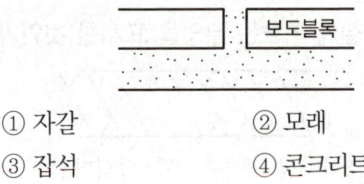

① 자갈　　② 모래
③ 잡석　　④ 콘크리트

57 다음 중 소형고압블록 포장의 시공방법이 아닌 것은?

① 보도의 가장자리는 보통 경계석을 설치하여 형태를 규정짓는다.
② 기존 지반을 잘 다진 후 모래를 3~5cm 정도 깔고 보도블록을 포장한다.
③ 일반적으로 원로의 종단 기울기가 5% 이상인 구간의 포장은 미끄럼방지를 위하여 거친 면으로 마감한다.
④ 보도블록의 최종 높이는 경계석의 높이보다 약간 높게 설치한다.

● 해설
보도블록의 최종 높이는 경계석의 높이와 같게 시공한다.

58 조경공사에서 바닥 포장인 판석시공에 관한 설명으로 틀린 것은?

① 판석은 점판암이나 화강석을 잘라서 사용한다.
② Y형의 줄눈은 불규칙하므로 통일성 있게 +자형의 줄눈이 되도록 한다.
③ 기층은 잡석다짐 후 콘크리트로 조성한다.
④ 가장자리에 놓을 판석은 선에 맞춰 절단하여 사용한다.

● 해설
판석의 배치는 +자형, 통줄눈보다는 Y자형이 시각적으로 좋다.

59 내구성과 내마멸성이 좋으나, 일단 파손된 곳은 보수가 어려우므로 시공 때 각별한 주의가 필요하며, 다음 그림과 같은 원로 포장 방법은?

① 마사토 포장　　② 콘크리트 포장
③ 판석 포장　　　④ 벽돌 포장

● 해설
콘크리트 포장 시 신축줄눈(이음)을 설치하여 포장 슬래브의 균열과 파괴를 예방한다. 채움재로는 나무판재, 합성수지, 역청 등을 사용한다.

정답　54 ③　55 ③　56 ②　57 ④　58 ②　59 ②

60 돌가루와 아스팔트를 섞어 가열한 것을 식기 전에 다져놓은 자갈층 위에 고르게 깔아 롤러로 다져 끝맺음한 포장 방법은?

① 소형고압블록 포장
② 콘크리트 포장
③ 아스팔트 포장
④ 마사토 포장

61 일반적으로 표면 배수 시 빗물받이는 몇 m마다 1개씩 설치하는 것이 효과적인가?

① 1~10m ② 20~30m
③ 40~50m ④ 60~70m

● 해설
표준은 20m, 최대 30m 간격으로 설치하는 것이 효과적이다.

62 다음 측구들 중 산책로나 보도에서 자연경관과 가장 잘 어울리는 것은?

① 콘크리트 측구
② U형 측구
③ 호박돌 측구
④ L형 측구

63 암거 배수에 대한 설명으로 가장 적합한 것은?

① 강우 시 표면에 떨어지는 물을 처리하기 위한 배수시설
② 땅속으로 돌이나 관을 묻어 배수시키는 시설
③ 지하수를 이용하기 위한 시설
④ 돌이나 관을 땅에 수직으로 뚫어 기둥을 설치하는 시설

● 해설
지하층 배수(암거 배수)에는 벙어리 암거와 유공관 암거가 있다.

64 아래 그림은 지하층 배수를 위한 유공관 설치에 관한 그림이다. 각 부분에 들어가는 재료로 틀린 것은?

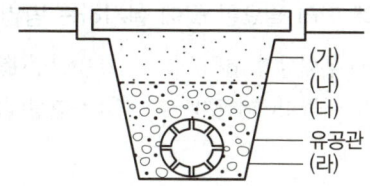

① (가) → 흙
② (나) → 필터
③ (다) → 잔자갈
④ (라) → 호박돌

● 해설
(라)는 굵은 자갈이다.

65 중앙의 큰 맹암거를 중심으로 하여 작은 맹암거를 좌우에 어긋나게 설치하는 방법으로 평탄한 지역에 가장 적합한 형태로 설치되고 있는 맹암거 배치 형태는?

① 어골형 ② 빗살형
③ 부채살형 ④ 자연형

● 해설

심토층 배수 설계방법

어골형	• 중앙의 큰 맹암거를 중심으로 좌우에 어긋나게 작은 맹암거를 설치 • 소규모의 평탄한 지형에 적합하며, 전 지역을 균일하게 배수할 때 사용 • 어린이 놀이터, 경기장과 같은 소규모 지형
즐치형 (빗살형)	한쪽 측면에 지관을 설치하여 연결하는 것으로 비교적 좁은 면적의 전 지역을 균일하게 배수할 때 이용
선형 (부채살형)	주관과 지관의 구분 없이 부채살 모양으로 1개의 지점으로 집중되게 설치하여 집수 후 배수시키는 방법
차단형	경사면 바로 위쪽에 배수구를 설치하여 유수를 막는 방법
자연형 (자유형)	• 대규모 공원과 같이 전면배수가 요구되지 않는 지역에서 사용 • 주관을 중심으로 양측에 지관을 지형의 등고선을 따라 필요한 곳에 설치

정답 60 ③ 61 ② 62 ③ 63 ② 64 ④ 65 ①

66 대규모 공원과 같이 완전한 배수가 요구되지 않는 지역에서 등고선을 고려하여 주관을 설치하고, 주관을 중심으로 양측에 지관을 지형에 따라 필요한 곳에 설치하는 방법은?
① 부채살형(扇型)   ② 빗살형(櫛齒型)
③ 어골형(漁骨型)   ④ 자연형(自然型)

67 다음 중 정구장과 같이 좁고 긴 형태의 전 지역을 균일하게 배수하려는 암거 방법은?

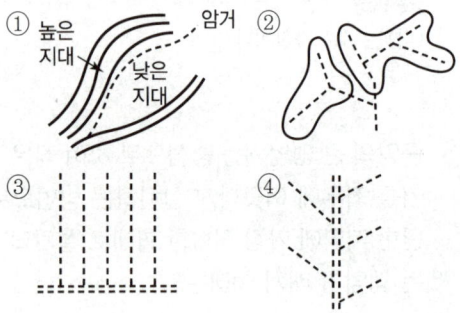

68 지하층 배수에 이용되는 암거의 배치 방법 중 어골형의 형태는?

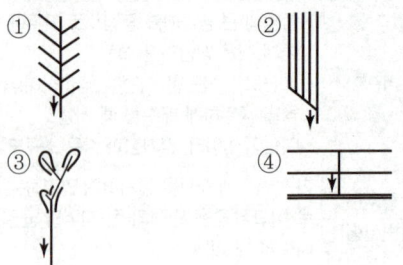

69 지역이 광대해서 하수를 한 개소로 모으기가 곤란할 때 배수지역을 수개 또는 그 이상으로 구분해서 배관하는 배수 방식은?
① 직각식   ② 차집식
③ 방사식   ④ 선형식

70 인공지반 조성 시 토양유실 및 배수기능이 저하되지 않도록 배수층과 토양층 사이에 여과와 분리를 위해 설치하는 것은?
① 자갈   ② 모래
③ 토목섬유   ④ 합성수지 배수판

71 다음 배수관 중 가장 경사를 급하게 설치해야 하는 것은?
① ϕ100mm   ② ϕ200mm
③ ϕ300mm   ④ ϕ400mm

◉해설
배수관의 직경이 작으면 경사를 급하게 한다.

72 배수공사 중 지하층 배수와 관련된 설명으로 옳지 않은 것은?
① 지하층 배수는 속도랑을 설치해 줌으로써 가능하다.
② 암거 배수의 배치형태는 어골형, 평행형, 빗살형, 부채살형, 자유형 등이 있다.
③ 속도랑의 깊이는 심근성보다 천근성 수종을 식재할 때 더 깊게 한다.
④ 큰 공원에서는 자연 지형에 따라 배치하는 자연형 배수방법이 많이 이용된다.

◉해설
속도랑의 깊이는 천근성보다 심근성 수종을 식재할 때 더 깊게 한다.

73 하수도 시설기준에 따라 오수관거의 최소관경은 몇 mm를 표준으로 하는가?
① 100mm   ② 150mm
③ 200mm   ④ 250mm

◉해설
오수관거의 최소관경은 200mm, 우수관거는 250mm 이상으로 한다.

정답 66 ④ 67 ③ 68 ① 69 ③ 70 ③ 71 ① 72 ③ 73 ③

74 잔디밭에 물을 공급하는 관수에 대한 설명으로 틀린 것은?

① 식물에 물을 공급하는 방법은 지표 관수법과 살수식 관수법으로 나눌 수 있다.
② 살수식 관수법은 설치비가 많이 들지만, 관수 효과가 높다.
③ 수압에 의해 작동하는 회전식은 360°까지 임의 조절이 가능하다.
④ 회전장치가 수압에 의해 지면보다 10cm 상승 또는 하강하는 팝업(pop-up)살수기는 평소 시각적으로 불량하다.

🔹해설
팝업 살수기 : 살수하는 모양 자체도 아름다워 경관미 향상에 도움이 된다.

75 옥외조경공사 지역의 배수관 설치에 관한 설명으로 잘못된 것은?

① 경사는 관의 지름이 작은 것일수록 급하게 한다.
② 배수관의 깊이는 동결심도 바로 위쪽에 설치한다.
③ 관에 소켓이 있을 때는 소켓이 관의 상류쪽으로 향하도록 한다.
④ 관의 이음부는 관 종류에 따른 적합한 방법으로 시공하며, 이음부의 관 내부는 매끄럽게 마감한다.

🔹해설
배수관의 깊이는 동결심도(땅이 어는 깊이) 아래쪽에 설치한다.

76 살수기 설계 시 배치 간격은 바람이 없을 때를 기준으로 살수 작동 지름의 어느 정도가 가장 적합한가?

① 55~60% ② 60~65%
③ 70~75% ④ 80~85%

77 주택정원에 설치하는 시설물 중 수경시설에 해당하는 것은?

① 퍼걸러 ② 미끄럼틀
③ 정원등 ④ 벽천

🔹해설
수경시설물 종류
연못, 벽천, 인공폭포, 분수, 도섭지, 인공개울 등

78 진흙 굳히기 공법은 주로 어느 조경공사에서 사용되는가?

① 원로공사 ② 암거공사
③ 연못공사 ④ 옹벽공사

79 벽천을 구성하고 있는 요소의 명칭이라고 할 수 없는 것은?

① 벽체 ② 토수구
③ 수반 ④ 낙수받이

🔹해설
벽천의 3요소 : 토수구, 벽면(벽체), 수반(물받이)

80 근대 독일의 구성식 조경에서 발달한 조경시설물의 하나로 실용과 미관을 겸비한 시설은?

① 연못 ② 벽천
③ 분수 ④ 캐스케이드

81 자연식 연못설계와 관련된 다음 설명의 ( )에 적합한 수치는?

> 일반적으로 연못 설계 시 연못의 면적은 정원 전체 면적의 1/9 이하가 힘의 균형을 이룰 수 있는 적정한 규모이며, 최소 ( )m² 이상의 넓이가 바람직하다.

① 1.5 ② 5
③ 10 ④ 15

정답 74 ④ 75 ② 76 ② 77 ④ 78 ③ 79 ④ 80 ② 81 ①

82 연못의 급배수에 대한 설명으로 부적합한 것은?

① 배수공은 연못 바닥의 가장 깊은 곳에 설치한다.
② 항상 일정한 수위를 유지하기 위한 시설을 토수구라 한다.
③ 순환 펌프 시설이나 정수 시설을 설치 시 차폐식재를 하여 가려준다.
④ 급배수에 필요한 파이프의 굵기는 강우량과 급수량을 고려해야 한다.

●해설
월류구(overflow)는 급수구보다 낮게 하여 수면과 같은 높이에 설치하여 잉여수가 빠지도록 한다.

04장 조경시설물공사-3

SECTION 01 시설물공사

1. 놀이시설

놀이시설에는 그네, 미끄럼틀, 시소, 정글짐, 철봉 등이 있으며, 어린이의 신체적, 정신적 발달과 창의력 고양, 협동 정신 배양에 있어 매우 중요한 부분을 차지한다.

① **미끄럼틀** 중요★☆☆

㉠ 배치 및 설치
- 남북방향이 되도록 설치한다.
- 미끄럼틀 이용의 동선에 방해되지 않도록, 다른 시설이 장애물이 되지 않도록 적당한 거리를 띄어 배치한다.
- 재료를 스테인리스로 할 경우 접착 부위는 아르곤 가스로 용접한다.
- 미끄럼면이 목재일 경우 결을 내리막 방향으로 맞춘다.
- 미끄럼틀 재료에는 철재와 플라스틱이 많이 사용된다.

㉡ 규격 및 구조 중요★★☆
- **미끄럼틀에 오르는 사다리(계단)의 경사도는 70° 내외로 설치한다.**
- **미끄럼판과 지면과의 각도는 30~35°, 폭은 40cm가 적당하다.**
- **계단의 발판 폭은 50cm 이상, 높이는 15~20cm 정도로 설치한다.**
- 활주로 양쪽의 높이는 15cm, 손잡이는 100mm 이상 반드시 붙여 준다.

② **그네** 중요★☆☆

㉠ 배치 및 설치
- 놀이터의 중앙이나 출입구를 피해 모서리나 부지의 외곽 부분에 **남북방향으로 설치**한다.
- 어린이들의 통행량이 많은 곳은 배치하지 않는다.
- 지주는 땅속에 콘크리트 기초를 두껍게 하여 단단히 고정시킨다.
- 바닥이 움푹 파인 곳이 없도록 배수처리를 잘 해야 한다.

ⓒ 규격 및 구조
　　　• 그네의 구조는 2인용을 기준으로 높이 2.3~2.6m, 길이 3.0~3.5m, 폭 4.5~5.0m가 적당하다.
　　　• 콘크리트 기초는 지표가 노출되지 않도록 하고, 지주의 각도는 90~110° 정도로 한다.
　　　• 안장과 모래밭과의 높이차는 35~45cm가 적당하다.

③ 모래판
　　㉠ 배치 및 관리 : 밝고 깨끗한 자리에 설치하며, 하루에 5~6시간 정도 햇볕이 닿는 곳에 배치한다.
　　ⓒ 규격
　　　• 둘레는 지표보다 15~20cm 가량 높게 하고, 모래 깊이는 놀이의 안전을 고려하여 30~40cm 정도로 유지한다.
　　　• 밑바닥은 배수공을 설치하거나 잡석다짐으로 빗물이 잘 빠지게 한다.
　　ⓒ 모래막이 : 마감면은 모래면보다 5cm 이상 높게 설치하고, 폭은 10~20cm를 표준으로 하며, 모래밭 쪽 모서리는 둥글게 마감 처리한다.

④ 운동시설
　　㉠ 일정 공간에 체계적으로 배치하여 모든 연령층이 남녀노소 구별 없이 이용하게 한다.
　　ⓒ 턱걸이, 팔굽혀펴기, 다리올리기, 가슴펴기, 허리돌리기 등 다양한 기구를 설치한다.
　　ⓒ 야구장의 포수 방향은 포수가 서남쪽을 향하도록 배치한다.

⑤ 복합시설
　　㉠ 어린이에게 창조성과 즐거움을 주며 연속적인 놀이가 될 수 있도록 한다.
　　ⓒ 조합놀이시설
　　　• 여러 명의 어린이가 함께 놀며 경쟁심, 상상력, 호기심, 협동심을 키울 수 있도록 한다.
　　　• 놀이기구의 형태는 조형적 아름다움이 있어야 한다.
　　　• 보통 규격이 다른 2~3개의 미끄럼대와 흔들다리, 고정다리, 기어오름대, 사다리, 놀이집 등을 조합한다.
　　　• 목재는 미송, 삼나무 등을 사용한다.

2. 휴게시설

① 벤치
　　㉠ 배치 및 설치
　　　• 적절한 휴식 제공과 관찰, 담화, 기다림, 독서, 식사 등의 목적으로 설치한다.
　　　• 정원 첨경물로서 아름다운 경관을 이루는 중요한 요소이다.
　　　• 주변 경관과의 조화성 및 내구성과 안전성을 고려해야 한다.

ⓒ 재료
- 이용객이 장시간 이용하므로 더러움을 타지 않는 재료를 쓰는 것이 좋다.
- 목재, 철재, 콘크리트, 석재, 인조목, 플라스틱 등이 주로 사용된다.

ⓒ 규격 및 구조 중요★☆☆
- 앉음판의 높이는 35~40cm, 너비는 40cm, 폭은 38~43cm 정도가 적당하다.
- 앉음판과 등받이의 각도는 가벼운 휴식은 105°, 일반 휴식은 110° 정도로 한다.
- 벤치 다리는 콘크리트나 철재를 사용하는 것이 좋으며, 땅과 접촉하는 부분은 썩기 쉬우므로 방부 처리를 하거나 스테인리스강 등으로 처리를 하는 것이 좋다.
- 기초는 벤치 다리에서 최저 20cm 정도는 묻혀야 한다.

ⓒ 설치장소
- 습한 곳이나 경사지, 지반이 약한 곳은 피해서 설치한다.
- 이용객의 통행에 지장이 없는 곳에 배치한다.
- 녹음수와 퍼걸러 아래에 많이 설치하는데, 휴지통 등의 편익시설과 함께 설치한다.

ⓒ 벤치의 종류

목재 벤치	• 장점 : 가장 많이 사용하며, 부드러운 느낌과 촉감이 좋다. 겨울철 온도변화에 민감하지 않아 보수하기 쉽다. • 단점 : 쉽게 썩는 등 파손될 우려가 있다.
콘크리트 벤치	• 장점 : 견고하며 유지 및 관리가 쉬우며 자유로운 모양이 가능하다. • 단점 : 비 온 뒤 건조가 느리고 물이 고이기 쉬우며, 냉각이 심해 겨울철에는 부적합하다.
철재 벤치	• 장점 : 견고하고 안정감이 있다. • 단점 : 부식될 염려가 있으므로 좌면은 나무나 플라스틱으로 만들어 부식을 방지한다.
플라스틱 벤치	• 장점 : 퇴색되지 않고 윤기가 있으며 자유롭게 디자인이 가능하다. • 단점 : 여름철에 뜨거워지고, 깨지기 쉽고 보수가 어렵다.

※ 야외용 의자 제작 시 2인용을 기준으로 할 때 120cm 정도의 길이가 필요하다.

② 야외탁자
ⓒ 의자와 탁자의 기능을 효율적으로 수행할 수 있도록 하며, 이용자의 몸이 들어가기 쉽도록 설계한다.
ⓒ 차분한 느낌이 드는 자리가 적합하나 동선과의 관계를 고려하여 설치한다.

③ 퍼걸러(파고라)
ⓒ 설치목적 중요★☆☆
- 퍼걸러는 휴식할 수 있도록 하기 위한 시설이다.
- 천장면에는 등나무, 대나무발, 갈대발 등을 덮어 태양 광선을 차단한다.

  ⓒ 재료
- 콘크리트, 목재, 철재, 인조목 등을 사용한다.
- 기둥은 벽돌 쌓기나 마름돌쌓기로 하거나 콘크리트 위에 판석, 타일 등으로 마감한다.

  ⓒ 규격 및 구조 중요★☆☆
- 일반적인 높이는 2.2~2.5m 정도이다.
- 기둥 사이의 거리는 1.8~2.7m 정도이다.

  ⓔ 설치장소 중요★☆☆
- 조경공간의 시설물 중에서 중심적 역할을 할 수 있는 곳과 경관이나 조망이 좋은 곳에 설치한다.
- 통경선이 끝나는 부분이나 공원의 휴게공간 및 산책로의 만나는 위치에 설치한다.
- 주택정원의 한가운데는 설치하지 않는다.

3. 편익 및 관리시설

① 화장실

배치	• 이용하기 쉬운 곳에 배치하고, 청결하고 위생적이어야 한다. • 유지관리가 쉽고 구조와 경관이 공원과 서로 어울리는 외관으로 배치한다.
설치	• 소요면적은 1인당 3.3m² 정도로 한다. • 세면대는 겨울철 동파에 대한 대비가 필요하다. • 단위 공간마다 1개소의 화장실을 설치한다.

② 음수전

배치	• 양지바른 곳에 설치하며, 습한 곳, 그늘진 곳, 불결한 곳 등은 피한다. • 급배수가 편리하고 깨끗한 곳에 배치한다. • 동선을 방해하는 곳은 피한다. • 수직배수보다는 자연배수 방법으로 설치한다.
설치	• 약 2%의 경사를 유지하여 단시간 내에 완전배수가 가능하도록 한다. • 음수대와 사람과의 적정거리는 50cm이다. • 겨울철 동파방지를 위해 보온시설 및 퇴수시설을 설치해야 한다.

③ 휴지통

배치	• 사람이 많이 모이는 곳, 입구 부근, 휴식장소에 배치한다. • 작은 휴지통을 많이 배치하는 것이 큰 휴지통을 적게 배치하는 것보다 좋다.
설치	• 벤치 2~4개소마다, 도로 20~60m마다 1개씩 설치한다. • 높이 60~80cm, 직경 50~60cm로 설치한다.

④ 볼라드(Bollard)

배치	• 식별성을 높이기 위해 바닥 포장 재료와 대비되는 밝은 색을 사용한다. • 간단한 휴식을 위한 벤치로서의 역할을 한다.
설치	• 보행인과 차량 교통의 분리를 위해 도로변에 설치한다. • 배치 간격은 차도 경계부에서 2m 정도의 간격으로 설치한다.

⑤ 화분대(플랜터)

배치	플랜터의 토양은 플랜터의 최상부보다 낮게 설치하여 관수나 강우 시에 플랜터 내의 토양이 외부로 흘러나오지 않도록 한다.
설치	• 수목식재의 최소 생육토심을 확보하고 배수구를 설치한다. • 객토 시 이물질을 제거하고 수목생육에 양호한 토양으로 객토한다.

4. 조명시설

① 조명
  ㉠ 설치목적 : 조명은 동선을 유도하고, 물체를 식별하며, 안전, 보안 및 아름다운 분위기를 연출하고 강조하며 경관미를 높이기 위하여 설치한다.
  ㉡ 설치장소
    • 원로의 주변 및 교차점, 광장 주위, 출입구, 편익시설이나 휴게시설 주변에 설치한다.
    • 분수, 연못, 벽천, 조각물, 잔디밭 등 경관미가 높은 곳에 설치한다.
  ㉢ 조명의 조도(밝기)
    • 단위 : 럭스(lux, lx)
    • 정원, 공원은 0.5럭스 이상, 주요 원로나 시설물 주변은 2.0럭스 이상의 조도를 유지한다.
  ㉣ 빛의 방향은 위에서 아래로 향하도록 배치한다.
  ㉤ 광원의 종류 중요★★☆
    • 열효율은 백열등이 가장 낮고, 나트륨등이 가장 높다.
    • 수명은 백열등이 가장 짧고, 수은등이 가장 길다.

백열등	열효율이 가장 낮고, 수명이 제일 짧다.
형광등	소정원에서 사용하며, 설치비가 저렴하다.
할로겐등	• 수명이 길고, 소형이어서 배광에 효과적이다. • 분수를 외곽에서 조명할 때 사용한다.
수은등	• 차가운 느낌을 주며, 수목과 잔디의 황록색을 살리는 데 효과적이다. • 수명이 제일 길다.
나트륨등	• 점등 후 20~30분이 경과하지 않으면 충분한 빛을 낼 수 없으며, 황색광 때문에 일반 조명으로는 사용하지 않는다. • 안개 지역의 조명, 도로 조명, 터널 조명 등에 사용하며 열효율이 가장 좋다.
메탈할라이드	식물재배용 전구로 화단 조명에 가장 좋다.

SECTION 02 옹벽

1. 정의
토사가 무너지는 것을 방지하기 위해 설치하는 구조물

2. 종류와 특성

중력식 옹벽	• 상단이 좁고 하단이 넓은 형태로 자중으로 토압에 저항하도록 설계 • 4m 내외의 낮은 옹벽, 무근콘크리트 사용
캔틸레버 옹벽	5m 내외의 높지 않은 경우에 사용하며, 철근콘크리트 사용(대표 : L자형)
부축벽식 옹벽	6m 이상의 상당히 높은 흙막이 벽에 사용하며, 안정성을 중시

04장 적중예상문제

01 퍼걸러 설치와 관련한 설명으로 부적합한 것은?

① 보행동선과의 마찰을 피한다.
② 높이에 비해 넓이가 약간 넓게 축조한다.
③ 퍼걸러는 그늘을 만들기 위한 목적이다.
④ 불결하고 외진 곳을 피하여 배치한다.

● 해설
퍼걸러의 규격 및 구조
일반적인 높이는 2.2~2.5m 정도이며 기둥 사이의 거리는 1.8~2.7m 정도이다.

02 퍼걸러(pergola)의 설치장소로 적합하지 않은 곳은?

① 건물에 붙여 만들어진 테라스 위
② 주택 정원의 가운데
③ 통경선의 끝 부분
④ 주택 정원의 구석진 곳

● 해설
퍼걸러의 설치장소
- 조경공간의 시설물 중에서 중심적 역할을 할 수 있는 곳과 경관이나 조망이 좋은 곳에 설치한다.
- 통경선이 끝나는 부분이나 공원의 휴게공간 및 산책로의 만나는 위치에 설치한다.
- 주택정원의 한가운데는 설치하지 않는다.

03 야외용 의자 제작시 2인용을 기준으로 할 때 얼마 정도의 길이가 필요한가?(단, 여유공간을 포함한다.)

① 60cm 정도   ② 120cm 정도
③ 180cm 정도   ④ 200cm 정도

04 다음 중 음수대에 관한 설명으로 옳지 않은 것은?

① 표면재료는 청결성, 내구성, 보수성을 고려한다.
② 양지바른 곳에 설치하고, 가급적 습한 곳은 피한다.
③ 유지관리상 배수는 수직 배수관을 많이 사용하는 것이 좋다.
④ 음수전의 높이는 성인, 어린이, 장애인 등 이용자의 신체특성을 고려하여 적정 높이로 한다.

● 해설
수직 배수보다는 자연배수 방법이 좋다.

05 조경설계기준상 휴게시설의 의자에 관한 설명으로 틀린 것은?

① 체류시간을 고려하여 설계하며, 긴 휴식에 이용되는 의자는 앉음판의 높이가 낮고 등받이를 길게 설계한다.
② 등받이 각도는 수평면을 기준으로 85~95°를 기준으로 한다.
③ 앉음판의 높이는 34~46cm를 기준으로 하되 어린이를 위한 의자는 낮게 할 수 있다.
④ 의자의 길이는 1인당 최소 45cm를 기준으로 하되, 팔걸이 부분의 폭은 제외한다.

● 해설
벤치 설계 시 앉음판과 등받이의 각도는 가벼운 휴식은 105°, 일반 휴식은 110° 정도로 한다.

정답 01 ① 02 ② 03 ② 04 ③ 05 ②

06 모래밭 조성에 관한 설명으로 옳지 않은 것은?
① 하루에 4~5시간의 햇볕이 쬐고 통풍이 잘되는 곳에 설치한다.
② 모래밭은 가능한 휴게시설에서 멀리 배치한다.
③ 모래밭의 깊이는 놀이의 안전을 고려하여 30cm 이상으로 한다.
④ 가장자리는 방부처리한 목재를 사용하여 지표보다 높게 모래막이 시설을 해준다.

> **해설**
> 모래밭은 어린이들의 안전을 위해서 휴게시설과 가까이 배치한다.

07 다음 중 콘크리트 소재의 미끄럼대를 시공할 경우 일반적으로 지표면과 미끄럼판의 활강 부분이 수평면과 이루는 각도로 가장 적합한 것은?
① 70° ② 55°
③ 35° ④ 15°

> **해설**
> 미끄럼틀의 규격 및 구조
> • 미끄럼틀에 오르는 사다리(계단)의 경사도는 70° 내외로 설치한다.
> • 미끄럼판과 지면과의 각도는 30~35°, 폭은 40cm가 적당하다.
> • 계단의 발판 폭은 50cm 이상, 높이는 15~20cm 정도로 설치한다.
> • 활주로 양쪽의 높이는 15cm, 손잡이는 100mm 이상 반드시 붙여 준다.

08 어린이들을 위한 운동시설로서 모래터에 사용되는 모래의 깊이는 어느 정도가 가장 효과적인가?(단, 놀이의 형태에 규제를 받지 않고 자유로이 놀 수 있는 공간이다.)
① 약 3cm 정도 ② 약 12cm 정도
③ 약 15cm 정도 ④ 약 25cm 정도

> **해설**
> 모래 깊이는 놀이의 안전을 고려하여 30~40cm 정도로 유지한다.

09 어린이 놀이시설물 설치에 대한 설명으로 옳지 않은 것은?
① 시소는 출입구에 가까운 곳, 휴게소 근처에 배치하도록 한다.
② 미끄럼대의 미끄럼판의 각도는 일반적으로 30~40° 정도의 범위로 한다.
③ 그네는 통행이 많은 곳을 피하여 동서방향으로 설치한다.
④ 모래터는 하루 4~5시간의 햇볕이 쬐고 통풍이 잘되는 곳에 배치한다.

> **해설**
> 그네는 놀이터의 중앙이나 출입구를 피해 모서리나 부지의 외곽 부분에 남북방향으로 설치한다.

10 설치비용은 비싸지만 열효율이 높고 투시성이 좋으며 관리비도 싸서 안개 지역, 터널 등의 장소에 설치하기 적합한 조명등은?
① 할로겐등 ② 고압수은등
③ 저압나트륨등 ④ 형광등

> **해설**
> 광원의 종류
>
> | | |
> |---|---|
> | 백열등 | 열효율이 가장 낮고, 수명이 제일 짧다. |
> | 형광등 | 소정원에서 사용하며, 설비가 저렴하다. |
> | 할로겐등 | • 수명이 길고, 소형이어서 배광에 효과적이다.
• 분수를 외곽에서 조명할 때 사용한다. |
> | 수은등 | • 차가운 느낌을 주며, 수목과 잔디의 황록색을 살리는 데 효과적이다.
• 수명이 제일 길다. |
> | 나트륨등 | • 점등 후 20~30분이 경과하지 않으면 충분한 빛을 낼 수 없으며, 황색광 때문에 일반 조명으로는 사용하지 않는다.
• 안개 지역의 조명, 도로 조명, 터널 조명 등에 사용하며 열효율이 가장 좋다. |
> | 메탈할라이드 | 식물재배용 전구로 화단 조명에 가장 좋다. |

정답 06 ② 07 ③ 08 ④ 09 ③ 10 ③

11 외부공간 중 통행자가 많은 원로나 광장의 경우 몇 이상의 최저 조도(Lux)를 유지해야 하는가?

① 0.5 ② 1.5
③ 3.0 ④ 6.0

● 해설
오해의 소지가 있으나, 최저 조도를 물었기 때문에 정답은 0.5럭스이다.

12 가로 조명등의 종류별 특징에 관한 설명으로 틀린 것은?

① 강철 조명등은 내구성이 강하지만 부식이 잘 된다.
② 알루미늄 조명등은 부식에 약하지만 비용이 저렴한 편이다.
③ 콘크리트 조명등은 유지가 용이하고, 내구성이 강하지만 설치 시 무게로 인해 장비가 요구된다.
④ 나무로 만든 조명등은 미관적으로 좋고 초기의 유지가 용이하다.

13 조경시설물 중 관리시설물로 분류되는 것은?

① 분수, 인공폭포
② 그네, 미끄럼틀
③ 축구장, 철봉
④ 조명시설, 표지판

● 해설
관리시설물
볼라드, 조명시설, 표지판, 수목보호대 등

14 일반적으로 상단이 좁고 하단이 넓은 형태의 옹벽으로 자중(自重)으로 토압에 저항하며, 높이 4m 내외의 낮은 옹벽에 많이 쓰이는 종류는?

① 중력식 옹벽
② 캔틸레버 옹벽
③ 부축벽 옹벽
④ 조립식 옹벽

● 해설
옹벽의 종류와 특성

중력식 옹벽	• 상단이 좁고 하단이 넓은 형태로 자중으로 토압에 저항하도록 설계 • 4m 내외의 낮은 옹벽, 무근콘크리트 사용
캔틸레버 옹벽	5m 내외의 높지 않은 경우에 사용하며, 철근콘크리트 사용
부축벽식 옹벽	6m 이상의 상당히 높은 흙막이 벽에 사용하며, 안정성을 중시

정답 11 ① 12 ② 13 ④ 14 ①

05장 식재공사

SECTION 01 수목 식재

1. 이식 시기

수목의 이식 적기는 눈이 뜨기 직전의 이른 봄과 휴면으로 접어드는 가을철이 좋으며, 특히 봄눈이 트기 직전이 이식의 최적기이다. 대나무류는 죽순이 자라기 전(3~4월), 산죽이나 조릿대는 가을이 적기이며, 식재 시기는 식재지의 표토, 토질, 수목의 성상 등에 의해 결정된다.

① 낙엽활엽수류 중요 ★★☆

가을 이식	10~11월 낙엽이 떨어진 후 휴면기에 이식한다.
봄 이식	해토 직후~4월 상순 통상적으로 이른 봄 눈이 트기 전에 이식한다.

참고 **기타 이식 시기**
㉠ 내한성이 약해서 늦게 눈이 트는 수종은 4월 중순이 안정적인 이식 시기이다.
  • 대표 수종 : 배롱나무, 백목련, 석류나무, 능소화 등
㉡ 봄에 일찍 눈이 트는 수종은 전해 11~12월이나 3월 중순이 이식 시기이다.
  • 대표 수종 : 단풍나무, 버드나무, 명자나무, 매화나무 등
※ 해토 : 얼었던 땅이 풀리는 것

② 상록활엽수류 중요 ★☆☆
㉠ 상록활엽수는 추위에 대한 저항력이 약하므로 3월 하순~4월 중순(싹 트기 전)에 이식한다.
㉡ 6~7월 장마철 공중습도가 높을 때(기온이 오르고 공중습도가 높을 때)
㉢ 증산억제제 : O.E.D 그린, 그린나(Greena)
㉣ 뿌리발근촉진제 : 루톤

③ 침엽수류
㉠ 해토 직후~4월 상순까지, 9월 하순~10월 하순이 안정적인 이식 시기이다.
㉡ 소나무류, 전나무 : 3~4월
㉢ 추운 지방이 원산지인 종비나무, 구상나무 : 이른 봄
※ 침엽수류와 상록활엽수류의 가장 일반적인 이식 적기 : 이른 봄과 초여름

2. 이식 시 고려사항 중요★★★

① 뿌리분의 크기는 수목의 근원직경 크기에 비례한다.
② 가능하면 많은 흙을 뿌리에 붙인 채 파 올리는 것이 수목 생장에 도움이 된다.
③ T/R율을 맞추기 위해 지상부의 지엽을 전정해준다.
④ 뿌리분의 손상이 없도록 한다.
　※ 잔뿌리는 수분과 양분 흡수, 굵은 뿌리는 수목 지탱 역할을 한다.
⑤ 엽면에 증산방지제나 뿌리에 발근촉진제를 사용한다.
⑥ 뿌리의 자른 부위는 방부처리 하여 부패를 방지한다.
⑦ 꺾이고 훼손된 부분은 예리한 칼로 자른다.

> **참고** 수목뿌리 중요★☆☆
> - 저장근 : 양분을 저장하여 비대해진 뿌리
> - 부착근 : 줄기에서 세근이 나와 나무와 바위에 부착하는 뿌리
> - 기생근 : 다른 물체에 기생하는 뿌리
> - 호흡근 : 지상에 뿌리의 일부를 내고 통기를 관장하는 뿌리

3. 뿌리돌림

① 목적 중요★★★
　㉠ 이식을 위한 예비조치로 수목의 뿌리를 잘라 내거나 환상박피(15~20cm)를 함으로써 나무 뿌리의 세근을 많이 발달시켜 이식력을 높이고자 한다.
　㉡ 생리적으로 이식을 싫어하는 수목 또는 세근이 잘 발달하지 않아 극히 활착하기 어려운 야생 상태의 수목 및 노목(老木), 병목(病木)의 세력 갱신을 위해서 실시한다.
　㉢ 새로운 잔뿌리 발생을 목적으로 뿌리돌림을 한다.

② 시기 중요★★★
　㉠ 뿌리돌림은 이식 1~2년 전에 실시하며, 최소 6개월 전 초봄이나 늦가을에 실시한다.
　㉡ 뿌리의 생장이 가장 활발한 시기인 이른 봄(해토 직후~4월 상순)에 실시한다.
　㉢ 낙엽활엽수는 이른 봄 수액 이동 전, 장마 후 신초 굳을 무렵에 이식한다.
　㉣ 침엽수, 상록활엽수는 봄의 수액 이동 전, 눈이 움직이는 시기보다 약 2주 전에 이식한다.
　㉤ 이른 봄이 가장 좋으나 혹서기와 혹한기만 피하면 가능하다.
　㉥ 노목, 대형목, 병목 등 이식이 어려운 나무는 이식 2~3년 전에 뿌리 둘레의 1/2~1/3 정도를 나누어 뿌리돌림을 한 후에 이식한다.

③ 뿌리돌림의 방법 및 요령 중요★★★
  ㉠ 근원 직경의 4~6배(보통 4배) 정도 지점을 천근성은 넓게 뜨고, 심근성은 깊게 파 내려가면서 뿌리를 절단한다.
  ㉡ 수목을 지탱하기 위해 3~4방향으로 굵은 뿌리를 한 개씩, 곧은 뿌리는 자르지 않고 15cm 정도의 폭으로 환상박피한 다음 흙을 되묻는다.(잘 부숙된 퇴비를 섞어주면 효과적이다.)
  ㉢ 뿌리돌림을 하면 많은 뿌리가 절단되므로 지상부와 지하부의 균형을 맞추기 위해서 지상부의 가지와 잎을 적당히 솎아 줘야 한다.

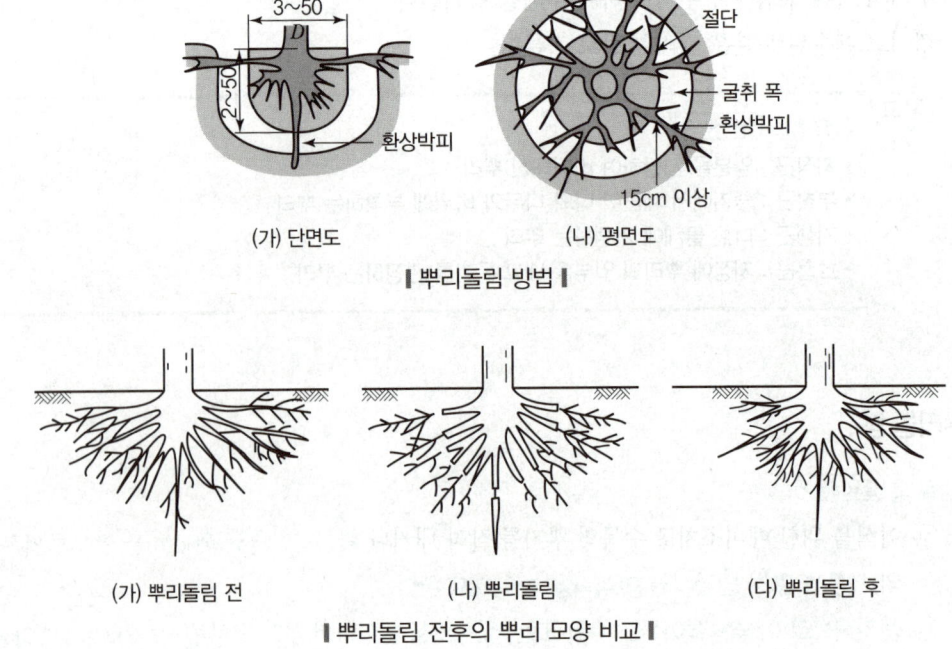

| 뿌리돌림 방법 |

| 뿌리돌림 전후의 뿌리 모양 비교 |

4. 굴취

수목을 옮겨심기 위해 땅으로부터 캐내는 작업

① 일반적인 굴취 방법
  ㉠ 나근 굴취법(맨뿌리 캐기)
    • 이식이 잘되는 낙엽수, 작은 나무, 묘목 등의 굴취에 사용된다.
    • 이식할 때 뿌리분을 만들지 않고 맨뿌리의 흙을 털어낸 다음 이식하는 방법이다.
    • 캐낸 직후 젖은 거적, 짚, 수태, 비닐 등으로 뿌리의 건조를 막는다.
  ㉡ 뿌리감기 굴취법
    • 뿌리를 절단한 후 뿌리 주위에 기존의 흙을 붙이고 짚과 새끼 등으로 뿌리감기를 하여 뿌리분을 만드는 방법이다.

- 교목류, 상록수, 이식력이 약한 나무, 희귀한 나무, 부적기 이식 때 사용하며, 근원직경의 4배 정도를 기준으로 한다.

② **특수굴취방법**

　㉠ 추적굴취법(더듬어 파기)
　　• 흙을 파헤쳐 뿌리의 끝 부분을 추적해 가며 캐는 방법이다.
　　• 등나무, 담쟁이덩굴, 밀감나무, 모란 등의 수목에 사용된다.

　㉡ 동토법(凍土法)
　　• 나무 주위에 도랑을 파고 밑부분을 파서 분 모양으로 만들어 2주 정도 방치하여 동결시킨 후 이식하는 방법이다.
　　• 12월경 영하 12℃ 정도일 때 낙엽수에 실시한다.
　　• 사질토에서 토립을 보유할 수 없는 경우와 쓰레기 매립장의 나무를 이식할 때 사용한다.

　㉢ 상취법
　　• 독일에서 많이 사용하는 방법이다.
　　• 수목의 뿌리분을 새끼감기 대신에 4각형 모양의 상자를 이용하여 운반, 이식하는 방법이다.

③ **뿌리분의 크기** 중요★★★

　㉠ 수간 근원지름의 4~6배(보통 4배 기준)로 분의 크기를 정한다.
　㉡ 이식력, 발근력이 약한 것은 분의 크기를 1m 이상 분을 뜬다.(상록활엽수 > 침엽수 > 낙엽활엽수 순서)
　㉢ 뿌리분의 지름 = $24+(N-3)\times d$ (N : 근원 직경, d : 상수(상록수 : 4, 낙엽수 : 5))
　㉣ 뿌리분의 종류 및 크기

종류	크기	주요 수종
접시분(천근성)	분의 크기 = $4d$, 분의 깊이 = $2d$	자작나무, 미루나무, 편백, 독일가문비
보통분	분의 크기 = $4d$, 분의 깊이 = $3d$	일반적인 수종
조개분(심근성)	분의 크기 = $4d$, 분의 깊이 = $4d$	느티나무, 소나무, 회화나무, 주목, 섬잣나무, 태산목, 은행나무

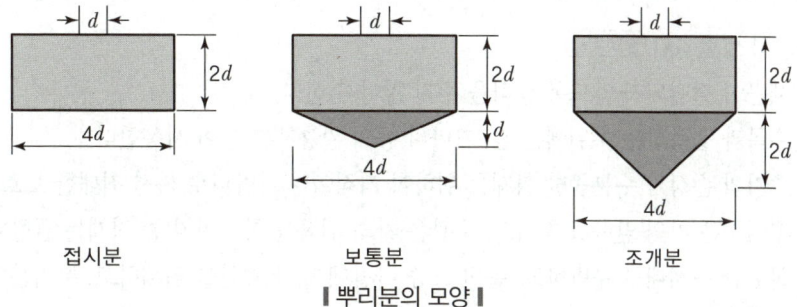

∥ 뿌리분의 모양 ∥

④ 분감기
- ⊙ 허리감기 중요★☆☆
  - 뿌리분의 1/2정도 파 내려갔을 때부터 뿌리분의 측면을 감는다.
  - 최근에는 끈으로 허리감기 대신 녹화마대, 녹화테이프를 측면에 대고 끈으로 위아래를 감는다.
- ⓒ 위아래감기 중요★☆☆
  - 준비한 끈으로 뿌리분의 측면을 위에서 아래로 감아 내려간다.
  - 허리감기를 한 후, 땅속 곧은 뿌리만 남긴 채 뿌리분 밑부분 흙을 조금씩 파내며, 밑면과 윗면을 석줄, 넉줄 그리고 다섯줄 감기를 한다.
  - 마지막으로 남은 곧은 뿌리를 잘라낼 때, 수목이 쓰러지지 않도록 주의한다.

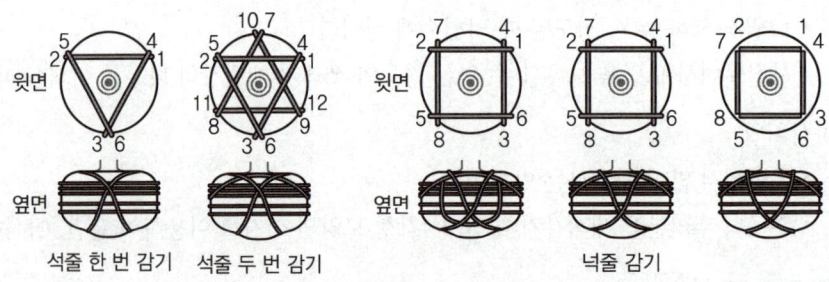

| 뿌리분의 새끼감기 방법 |

⑤ 뿌리분 들어내기
- ⊙ 분을 뜬 후 뿌리분을 들어낼 때에는 우선적으로 안전을 고려해 조심성 있게 작업하며 수목 자체와 뿌리분의 손상이 없도록 한다.
- ⓒ 대형목인 경우 잘못하면 나무가 쓰러지기 때문에 크레인을 이용해서 작업해야 한다.

5. 운반

① 규격에 따른 운반방법

소운반	작은 나무를 단거리로 운반하는 방법으로 목도, 이륜차, 리어카 등을 이용
대운반	큰 나무를 장거리로 운반하는 방법으로 트럭, 트레일러 등을 이용

② 운반 시 보호조치 중요★★☆
- ⊙ 세근이 절단되지 않도록 충격을 주지 않아야 한다.
- ⓒ 수목과 접촉하는 부위에는 짚, 가마니 등의 완충재를 깔아 사용한다.
- ⓒ 줄기의 손상과 수분증발 억제를 위하여 거적이나 가마니로 싸서 최대한 보호한다.
- ⓔ 뿌리분은 차의 앞쪽을 향하고, 수관은 차의 뒤쪽을 향하며 이중 적재는 금한다.
- ⓜ 굴취한 순서대로 운반하고, 운반 도중 바람에 의한 증산을 억제하고, 뿌리분의 수분증발 방지를 위해 물에 적신 거적이나 가마니로 뿌리분을 감싸준다.

6. 가식(假植)

식재 예정지에 도착한 수목은 최대한 빨리 당일에 식재하는 것이 좋으나, 당일 식재가 불가능할 경우 적합한 장소에 가식해 두었다가 다시 정식해야 한다.

① 가식 수목의 관리 `중요★★☆`
　㉠ 수목 간에는 통풍을 위하여 충분한 식재 간격을 유지한다.
　㉡ 연결형 지주를 설치하여 수목이 바람에 흔들리지 않도록 한다.
　㉢ 뿌리분은 충분히 복토하여 분이 공기 중에서 건조되지 않도록 해야 한다.
　㉣ 지엽의 손상을 방지하기 위해 바람이 없는 곳에 식재한다.
　㉤ 배수가 잘되며 약간 습한 곳에 좋다.

7. 식재 `중요★★★`

> ※ 수목의 식재작업순서
> 운반수목 받기 → 배식계획 → 식혈 → 시비 → 수목 앉히기 → 흙 채우기 → 물집 만들기 → 보호조치(멀칭) → 지주목 세우기

① 식재준비
　㉠ 공정표 및 시공도면, 시방서를 검토한다.
　㉡ 식재지역을 사전에 조사하여 시공가능 여부를 재확인한다.
　㉢ 수목의 배식, 규격, 구조물, 지하매설물을 고려하여 식재 위치를 결정한다.

② 구덩이 파기(식혈) `중요★☆☆`
　㉠ 뿌리분의 크기보다 1.5~3배 정도인 구덩이를 판다.
　㉡ 유기질이 많은 표토는 따로 모아 두었다가 거름으로 사용한다.
　㉢ 이물질을 제거하고, 배수가 불량한 지역은 자갈 등을 넣어 배수층을 만들어준다.

③ 운반 : 수목을 손상하지 않도록 주의하며 식재 구덩이까지 운반한다.

④ 심기(식재) `중요★☆☆`
　㉠ 식물의 성상에 따라 적당한 생육 토심을 확보한다.
　㉡ 완숙된 유기질 거름을 부드러운 흙과 섞어 구덩이 바닥에 놓고, 그 위에 다시 흙을 얇게 덮어 중앙 부분이 약간 볼록하게 한다.
　㉢ 구덩이에 수목의 뿌리분을 놓고, 수목의 원래의 깊이와 방향대로 식재 깊이와 방향을 맞추어준다.
　㉣ 수목 방향이 틀렸을 때는 살며시 들어 움직여 바닥의 비료와 닿지 않도록 주의한다.
　㉤ 뿌리분 주위에 표토나 부식질이 풍부하고 불순물이 섞이지 않은 토양을 2/3~3/4 정도 채운 다음 나무 막대기로 쑤시고(죽쑤기), 뿌리분과 흙이 기포 없이 충분히 밀착되도록 물을 충분히 준다.

ⓑ 물이 스며든 다음 흙을 채워 덮고, 물집(10cm 높이)을 만든 후, 다시 관수하고 멀칭한다.

⑤ 물조임, 흙조임 : 뿌리분 주위에 공극이 있으면 새 뿌리가 자라지 못하고, 세균이 침투하여 기존 뿌리가 말라죽거나 부패된다. 이것을 방지하기 위하여 식재 시에 공극을 없애는 물조임과 흙조임을 실시한다.

물조임 (수식)	• 수목이 앉은 후 뿌리분의 1/2~2/3 정도로 흙을 덮고, 충분히 관수하여 진흙처럼 반죽한 후 나머지 흙으로 채워서 공극을 없앤다. • 대부분의 수목에 사용한다.
흙조임 (토식)	• 물을 사용하면 뿌리분이 깨질 우려가 있으므로 물을 사용하기 어려운 경우 구덩이 속으로 조금씩 흙을 넣어 가면서 말뚝으로 잘 다지면서 공극을 없앤다. • 작업비용이 많이 드는 단점이 있다. • 대표 수종 : 소나무, 해송, 전나무, 서향, 소철 등

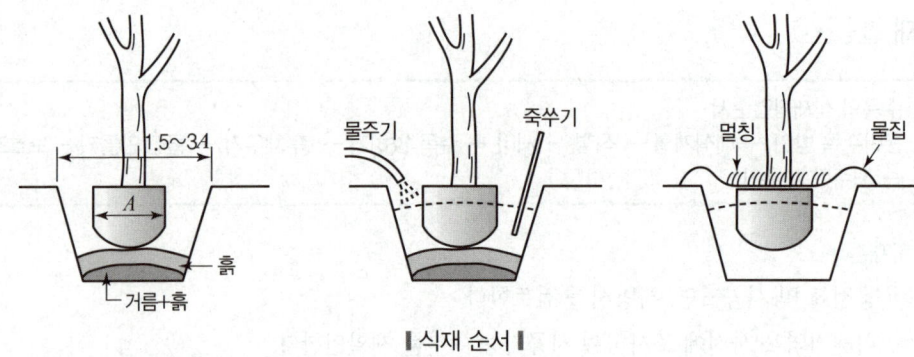

|식재 순서|

8. 지주 세우기

지주란, 수목을 식재한 후 바람으로 인한 뿌리의 흔들림이나 강풍에 의한 쓰러짐을 방지하고 활착을 촉진시키기 위해 목재, 철재 파이프, 철선, 와이어로프, 플라스틱 등을 수목에 견고하게 부착시켜 수목을 고정시키는 것을 말한다.

① 지주목의 재료
  ㉠ 박피 통나무, 각목 또는 고안된 재료를 사용한다.
  ㉡ 내구성이 강하며 방부 처리된 목재를 사용한다.
  ㉢ 지주목과 수목을 결박하는 부위에는 수간 손상을 방지하기 위해서 새끼, 로프, 녹화마대 등의 완충재를 사용한다.

② **지주의 종류 및 방법** 중요★★☆

단각 지주	• 수고 1.2m 이하의 소교목에 사용한다. • 나무줄기 옆에 말뚝을 깊이 박고 결속한다.
이각 지주	• 수고 1.2~2.5m 이하의 교목에 사용한다.
삼발이 지주	• 수고 2m 이상의 나무에 적용한다. • 사람의 통행이 적고 경관상 주요 지점이 아닌 곳에 설치한다. • 지주와 땅 표면의 각도는 45~75°로 한다.(평균 60°)
삼각 지주	• 수고 1.2~4.5m의 수목에 사용하며, 가장 많이 사용하는 방법이다. • 적당한 높이에 3개의 가로목과 중간목을 댄다.
사각 지주	• 미관상 아름답고, 가장 튼튼하며 견고하다.
울타리식 지주 (연결형 지주)	• 수고 1.2~4.5m 정도의 같은 종류의 수목을 군식할 때 사용한다. • 지주목을 군데군데 박고, 대나무나 철선을 가로로 연결하여 사용한다.
윤대 지주	• 멋있게 하기 위해 철사로 둥글게 테를 만들어 대작용 국화 등을 재배하는 것이다. • 수양벚나무, 덩굴장미, 등나무, 포도덩굴 등
당김줄형 지주	• 수고가 5m 이상 되는 나무는 와이어로프나 아연철선으로 된 당김줄형 지주목을 사용한다. • 경관상 가치가 요구되는 곳에 턴버클을 이용하여 세 방향으로 철선을 당겨 지표에 박은 말뚝에 고정시킨다.
쇠조임	• 쇠조임은 수간과 줄기 사이, 줄기와 줄기 사이, 가지와 가지 사이를 서로 연결하여 힘의 균형을 유지하여 피해를 극소화하기 때문에 지주를 설치하여 예방이나 치료를 할 수 없는 위치에서도 설치가 가능하다.
매몰형 지주	• 경관상 매우 중요한 위치 또는 지상에 설치가 불가능한 경우에 설치한다. • 지주목이 통행에 지장을 초래한다고 판단되는 경우에 사용한다. • 노력과 경비가 많이 든다.

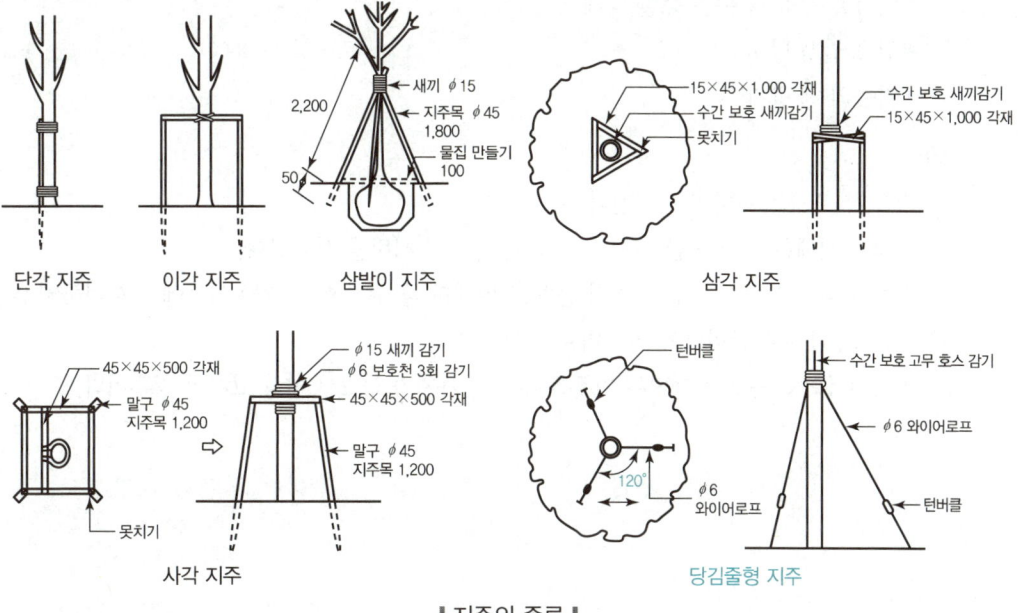

❘ 지주의 종류 ❘

9. 식재 후 유지관리

① 수피 감기 중요★★☆
　㉠ 수목의 수분 증발 억제, 병해충의 침입 방지, 태양으로부터의 보호, 동해, 피소 등의 피해 방지를 위해 수피 감기를 한다.
　㉡ 새끼줄, 거적, 가마니, 종이테이프 등으로 감싸주어 수분증발을 억제한다.
　㉢ 소나무 등의 침엽수인 경우 새끼를 감고 그 위에 진흙을 발라주는 이유는 수분증발억제뿐만 아니라 수피 속에 살고 있는 해충(소나무좀)의 산란과 번식을 예방 및 구제하고자 하는 데 목적이 있다.
　㉣ 진흙이 건조하고 갈라지면 그 틈을 다시 메워 준다.
　㉤ 쇠약한 수목, 추위에 약한 수목, 수피가 매끄럽지 못한 수목에 실시한다.

② 가지 솎기
　㉠ 식재 과정에서 손상된 가지나 잎, 밀생한 가지 등을 적당히 솎아 내어 통풍효과를 얻고 수분증산 면적을 감소시킨다.
　㉡ 발근촉진제(루톤제)와 수분증발억제제(O.E.D 그린, 그린나)를 사용한다.

③ 멀칭(Mulching) 중요★★☆
　㉠ 뿌리분 부위에 자갈, 분쇄목, 짚, 풀, 낙엽, 왕겨 등을 5~10cm 두께로 덮어주는 작업이다.
　㉡ 뿌리분 지름의 3배 정도 되는 면적을 원형으로 덮는다.
　㉢ 멀칭의 효과
　　• 겨울철 지온 보호로 동해 방지
　　• 여름철 건조 시 수분 증발 억제
　　• 잡초 발생 방지
　　• 가뭄의 해 방지

④ 시비
　㉠ 과습, 건조기는 피하여 시비한다.
　㉡ 이식 당시에는 시비를 금하고, 새 뿌리가 내리면 시비를 시작한다.
　㉢ 질소질 비료를 늦게 주면 웃자라 동해로 피해를 줄 수 있어서, 7월 이후에는 시비하지 않는다.
　㉣ 7월 이후에는 칼륨비료와 인산비료만 시비한다.
　㉤ 조경수목의 하자로 판단되는 기준은 수관부 가지가 약 2/3 이상 고사할 경우이다.

⑤ 중경
  ㉠ 수목 주위의 표토를 갈아엎거나 삽, 괭이로 파 엎어 토양층의 공극을 생기게 하여 수분의 모세관 현상을 차단시켜 수분증발을 억제하는 효과가 있다.
  ㉡ 가뭄의 방지책으로 사용한다.
⑥ 약제 살포
  ㉠ 이식한 수목은 뿌리 및 가지, 잎이 손상되어 쇠약한 상태로서 수분증산억제제와 영양제를 뿌려주는 것이 좋다.
  ㉡ 식재가 끝나면 쓰레기나 잔여물 등을 깨끗이 제거한다.

SECTION 02 잔디 식재

1. 떼심기

① 떼심기의 종류
  ㉠ 평떼 붙이기(전면 떼 붙이기)
   • 단기간에 잔디밭을 조성할 때 이용하며 뗏장이 많이 소요된다.
   • 잔디 사이를 1~3cm 정도 어긋나게 배열하여 전면에 심는 방법이다.
   • 식재면을 평탄하게 정리한 다음 롤러로 다짐 후 관수한다.
  ㉡ 어긋나게 붙이기 : 뗏장을 20~30cm 간격으로 어긋나게 놓거나 서로 맞물려 어긋나게 배열하는 방법이다.
  ㉢ 줄떼 붙이기 : 뗏장을 5, 10, 15, 20cm 정도로 잘라서 그 간격을 15, 20, 30cm로 하여 심는 방법이다.
② 떼심기 시 주의사항
  ㉠ 뗏장의 이음새와 뗏장의 가장자리 부분에 흙이 충분히 채워져야 하며, 뗏장 위에 뗏밥을 뿌려 주어야 한다.
  ㉡ 뗏장을 붙인 다음에는 110~130kg 무게의 롤러로 전압하고 충분히 관수한다.
  ㉢ 경사면 시공 시에는 뗏장 1매당 2개의 떼꽂이를 박아 고정시키며 경사면의 아래에서 위쪽으로 심어나간다.

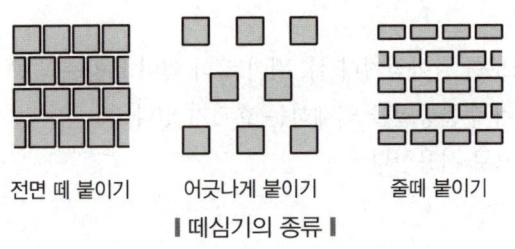

|떼심기의 종류|

2. 종자 파종

종자 파종은 잔디의 녹화 속도가 느리지만 대규모의 잔디밭을 조성하는 데 효과적인 방법이다.

① 난지형 · 한지형 잔디의 특징

종류	난지형 잔디	한지형 잔디
발아 온도	30~35℃	20~25℃
파종 시기	늦은 봄이나 초여름(5~6월)	늦여름과 초가을(8월말~9월)
토양 조건	• 배수가 양호하고 비옥한 사질양토가 적합하다.(pH 5.5 이상) • 대부분의 잔디는 pH 6.0~7.0에서 가장 잘 생육하고, 미생물 활동도 왕성하다.	

② 배토작업(Top Dressing : 뗏밥주기)
  ㉠ 모래, 토양 등에 유기물과 비료, 토양개량제 등을 혼합하여 잔디 전면에 뿌려주는 작업이다.
  ㉡ 잔디의 생육을 왕성하게 하며, 지하경(뿌리줄기)이 토양과 분리되는 것을 막고 잔디를 튼튼하게 한다.
  ㉢ 잔디 뗏밥주는 시기
    • 난지형 잔디 : 6~8월(생육 활동이 왕성할 때 각 1회씩 총 3회를 준다.)
    • 한지형 잔디 : 9월

③ 잔디 파종 시공순서
  경운 → 시비 → 정지 → 파종 → 전압 → 멀칭 → 관수

3. 잔디 수량산출

평떼 붙이기	잔디 1장의 규격은 30cm×30cm로 1m²당 11매가 소요
어긋나게, 줄떼 붙이기	잔디 1장의 규격은 30cm×30cm로 1m²당 5.5매가 소요

SECTION 03 수생식물 식재

구분	수심	특징	수종
습지식물 (습생식물)	0cm 이하	물가에 접한 습지에 서식	오리나무, 버드나무, 갯버들, 물억새 등
정수식물 (추수식물)	0~30cm	뿌리는 토양에 내리고 줄기를 물위로 잎을 펼치는 식물	물옥잠, 미나리, 갈대, 부들, 창포 등
부엽식물	30~60cm	뿌리는 토양에 내리고 잎을 수면 위에 띄우는 식물	수련, 어리연꽃, 마름, 가래 등
부유식물 (부생식물)	수면	물위를 자유롭게 떠서 사는 식물	생이가래, 부레옥잠, 개구리밥 등
침수식물	45~190cm	뿌리는 토양에 내리고 물속에서 생육하는 식물	검정말, 물수세미, 붕어마름, 말즘 등

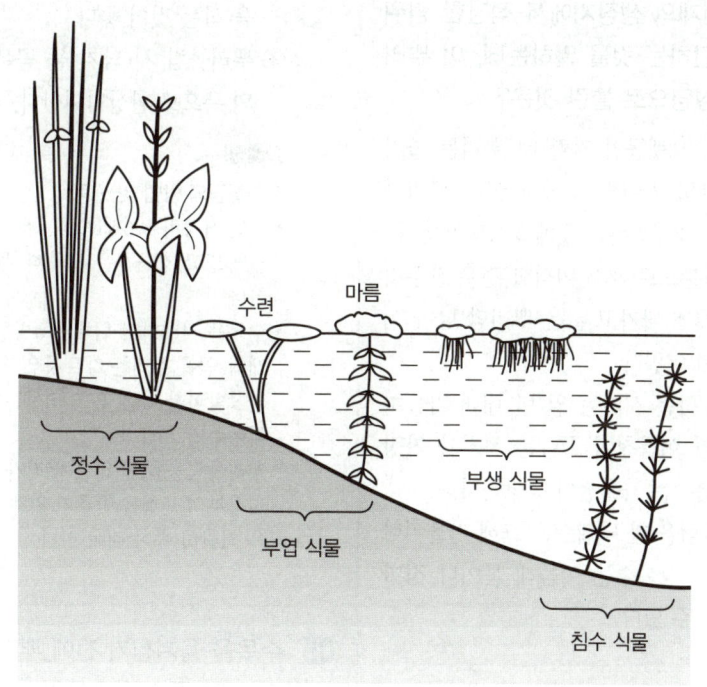

05장 적중예상문제

01 침엽수류와 상록활엽수류의 가장 일반적인 이식 적기는?
① 이른 봄과 장마철 ② 초여름
③ 늦은 여름 ④ 겨울철 엄동기

02 뿌리돌림은 현재의 생장지에서 적당한 범위로 뿌리를 절단하는 것을 말하는데, 이 뿌리돌림에 관한 설명으로 틀린 것은?
① 한 장소에서 오랫동안 자랄 때 뿌리는 줄기로부터 상당히 떨어진 곳까지 굵은 뿌리가 뻗어 나가며, 잔 뿌리는 그 곳에 분포되어 있다.
② 제한된 뿌리분으로 캐서 이식할 경우 잔뿌리는 대부분 끊겨 나가고 굵은 뿌리만 남아 이식 시 활착이 어렵다.
③ 뿌리돌림을 하는 시기는 일 년 내내 가능하고, 봄철보다 여름철이 끝나는 시기가 가장 좋으며, 낙엽수는 가을철이 적당하다.
④ 봄에 뿌리돌림을 한 낙엽수는 그해 가을이나 이듬해 봄에, 상록수는 이듬해 봄이나 장마기에 이식할 수 있다.

● 해설
뿌리돌림은 이식 1~2년 전에 실시하며, 최소 6개월 전 초봄이나 늦가을에 실시한다.

03 상록수를 옮겨심기 위하여 나무를 캐 올릴 때 뿌리분의 지름으로 가장 적합한 것은?
① 근원 직경의 1/2배 ② 근원 직경의 1배
③ 근원 직경의 3배 ④ 근원 직경의 4배

04 뿌리돌림의 방법으로 옳은 것은?
① 노목은 피해를 줄이기 위해 한번에 뿌리돌림 작업을 끝내는 것이 좋다.
② 뿌리돌림을 하는 분은 이식할 당시의 뿌리분보다 약간 크게 한다.
③ 낙엽수의 경우 생장이 끝난 가을에 뿌리돌림을 하는 것이 좋다.
④ 뿌리돌림 시 남겨 둘 곧은 뿌리는 15~20cm의 폭으로 환상박피한다.

● 해설
뿌리돌림의 방법 및 요령
• 근원 직경의 4~6배(보통 4배) 정도 지점을 천근성은 넓게 뜨고, 심근성은 깊게 파 내려가면서 뿌리를 절단한다.
• 수목을 지탱하기 위해 3~4방향으로 굵은 뿌리를 한 개씩, 곧은 뿌리는 자르지 않고 15cm 정도의 폭으로 환상박피한 다음 흙을 되묻는다.(잘 부숙된 퇴비를 섞어주면 효과적이다.)
• 뿌리돌림을 하면 많은 뿌리가 절단되므로 지상부와 지하부의 균형을 맞추기 위해서 지상부의 가지와 잎을 적당히 솎아 줘야 한다.

05 수목을 옮겨심기 전에 뿌리돌림을 하는 이유로 가장 중요한 것은?
① 관리가 편리하도록 하기 위하여
② 수목 내의 수분 양을 줄이기 위하여
③ 무게를 줄여 운반이 쉽게 하기 위하여
④ 잔뿌리를 발생시켜 수목의 활착을 돕기 위하여

정답 01 ① 02 ③ 03 ④ 04 ④ 05 ④

06 조경수목 중 낙엽수류의 일반적인 뿌리돌림 시기로 가장 알맞은 것은?

① 3월 중순~4월 상순
② 5월 상순~7월 상순
③ 7월 하순~8월 하순
④ 8월 상순~9월 상순

• 해설
뿌리돌림은 이식 1~2년 전에 실시하며, 최소 6개월 전 초봄이나 늦가을에 실시한다.

07 다음 중 큰 나무의 뿌리돌림에 대한 설명으로 가장 거리가 먼 것은?

① 굵은 뿌리를 3~4개 정도 남겨둔다.
② 굵은 뿌리 절단 시 톱으로 깨끗이 절단한다.
③ 뿌리돌림을 한 후에 새끼로 뿌리분을 감아두면 뿌리의 부패를 촉진하여 좋지 않다.
④ 뿌리돌림을 하기 전 수목이 흔들리지 않도록 지주목을 설치하여 작업하는 방법도 좋다.

• 해설
뿌리돌림 후 새끼로 감아주면 분이 깨지는 것을 방지할 수 있다.

08 조경공사에서 이식 적기가 아닐 때 식재공사를 하는 방법으로 틀린 것은?

① 가지의 일부를 쳐내서 증산량을 줄인다.
② 뿌리분을 작게 만들어 수분조절을 해준다.
③ 증산억제제를 나무에 살포한다.
④ 봄철의 이식 적기보다 늦어질 경우 이른 봄에 미리 굴취하여 가식한다.

• 해설
• 수목 간에는 통풍을 위하여 충분한 식재 간격을 유지한다.
• 배수가 잘되며 약간 습한 곳이 좋다.

09 뿌리분의 직경을 정할 때 그 계산식이 옳은 것은?[단, A : 뿌리분의 직경, N : 근원 직경, d : 상수(상록수 4, 낙엽수 3)]

① $A = 24 + (N-3) \times d$
② $A = 22 + (N+3) \times d$
③ $A = 25 + (N-3) \times d$
④ $A = 20 + (N+3) \times d$

10 느티나무의 수고가 4m, 흉고 지름이 6cm, 근원 지름이 10cm인 뿌리분의 지름 크기(cm)는?(단, 상수는 상록수가 4, 낙엽수가 5이다.)

① 29
② 39
③ 59
④ 99

• 해설
$A = 24 + (N-3) \times d$
(A : 뿌리분의 직경, d : 상수(상록수 4, 낙엽수 5))
$A = 24 + (10-3) \times 5 = 59$

11 그림과 같은 뿌리분에 새끼감기 요령은 어떤 방법에 의한 것인가?

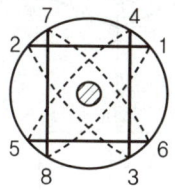

① 4줄 감기
② 4줄 세 번 감기
③ 3줄 두 번 감기
④ 돌려감기

12 다음 중 수목의 굴취 시에 근원 직경을 측정하는 수종으로만 짝지어진 것은?

① 산수유, 산딸나무
② 잣나무, 측백나무
③ 버즘나무, 은단풍
④ 은행나무, 소나무

13 다음 중 뿌리분의 형태별 종류에 해당하지 않는 것은?
① 보통분　　② 사각분
③ 접시분　　④ 조개분

14 다음 뿌리분의 형태 중 보통분인 것은?(단, d는 뿌리의 근원 지름이다.)

①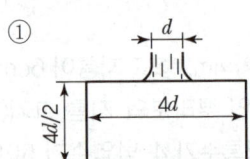

②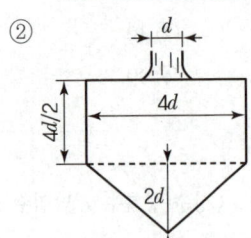

③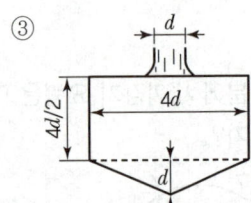

④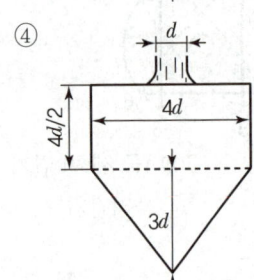

● 해설

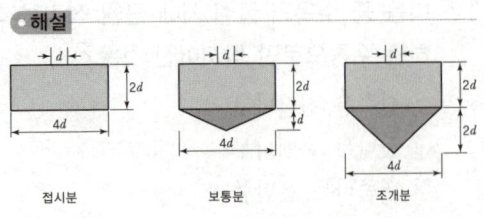

접시분　　보통분　　조개분

15 수목의 총중량은 지상부와 지하부의 합으로 계산할 수 있는데, 그중 지하부(뿌리분)의 무게를 계산하는 식은 $W = V \times K$이다. 이 중 V가 지하부(뿌리분)의 체적일 때 K는 무엇을 의미하는가?
① 뿌리분의 단위체적 중량
② 뿌리분의 형상계수
③ 뿌리분의 지름
④ 뿌리분의 높이

● 해설

뿌리분 체적
$W = V \times K$
　V : 뿌리분의 형태에 따른 체적(m³)
　　접시분 : $V = \pi r^3$ [r : 뿌리분 반경(m)]
　　보통분 : $V = \pi r^3 + \frac{1}{6}\pi r^3$
　　조개분 : $V = \pi r^3 + \frac{1}{3}\pi r^3$
　K : 뿌리분의 단위체적 중량(kg/m³)

16 수목의 이식 시 조개분으로 분뜨기 했을 때 분의 깊이는 근원 직경의 몇 배 정도로 하는 것이 적당한가?
① 2배
② 3배
③ 4배
④ 6배

17 수목의 굴취 시 흉고 직경에 의한 품셈을 적용하는 것이 가장 적합한 수종은?
① 산수유　　② 은행나무
③ 리기다소나무　　④ 느티나무

● 해설

굴취 시 흉고 직경에 의한 품셈을 적용하는 수종
가중나무, 계수나무, 낙우송, 메타세쿼이아, 벽오동, 수양버들, 벚나무, 은단풍, 칠엽수, 현사시나무, 은행나무, 자작나무, 층층나무, 플라타너스, 백합(튤립)나무 등

18 다음 중 뿌리분의 형태를 조개분으로 굴취하는 수종으로만 나열된 것은?

① 소나무, 느티나무
② 버드나무, 가문비나무
③ 눈주목, 편백
④ 사철나무, 사시나무

19 나무를 옮겨 심었을 때 잘려진 뿌리로부터 새 뿌리가 나오게 하여 활착이 잘되게 하는 데 가장 중요한 것은?

① 호르몬과 온도
② C/N율과 토양의 온도
③ 온도와 지주목의 종류
④ 잎으로부터의 증산과 뿌리의 흡수

● 해설
T/R율을 고려한다.

20 이식할 수목의 가식 장소와 그 방법에 대한 설명으로 틀린 것은?

① 공사의 지장이 없는 곳에 감독관의 지시에 따라 가식 장소를 정한다.
② 그늘지고 점토질 성분이 풍부한 토양을 선택한다.
③ 나무가 쓰러지지 않도록 세우고 뿌리분에 흙을 덮는다.
④ 필요한 경우 관수시설 및 수목 보양시설을 갖춘다.

21 굴취해온 나무를 가식할 장소로 적합하지 않은 곳은?

① 식재지에서 가까운 곳
② 배수가 잘되는 곳
③ 햇빛이 드는 양지바른 곳
④ 그늘이 많이 지는 곳

● 해설
가식 수목의 관리
• 수목 간에는 통풍을 위하여 충분한 식재 간격을 유지한다.
• 연결형 지수를 설치하여 수목이 바람에 흔들리지 않도록 한다.
• 뿌리분은 충분히 복토하여 분이 공기 중에서 건조되지 않도록 해야 한다.
• 지엽의 손상을 방지하기 위해 바람이 없는 곳에 식재한다.
• 배수가 잘되며 약간 습한 곳이 좋다.

22 큰 나무이거나 장거리로 운반할 나무를 수송 시 고려할 사항으로 가장 거리가 먼 것은?

① 운반할 나무는 줄기에 새끼줄이나 거적으로 감싸주어 운반 도중 물리적인 상처로부터 보호한다.
② 밖으로 넓게 퍼진 가지는 가지런히 여미어 새끼줄로 묶어 줌으로써 운반 도중의 손상을 막는다.
③ 장거리 운반이나 큰 나무인 경우에는 뿌리분을 거적으로 다시 감싸주고 새끼줄 또는 고무줄로 묶는다.
④ 나무를 싣는 방향은 반드시 뿌리분이 트럭의 뒤쪽으로 오게 하여 실어야 내릴 때 편하다.

● 해설
수목 운반 시 보호조치
• 세근이 절단되지 않도록 충격을 주지 않아야 한다.
• 수목과 접촉하는 부위에는 짚, 가마니 등의 완충재를 깔아 사용한다.
• 줄기의 손상과 수분증발 억제를 위하여 거적이나 가마니로 싸서 최대한 보호한다.
• 뿌리분은 차의 앞쪽을 향하고, 수관은 차의 뒤쪽을 향하며 이중 적재는 금한다.
• 굴취한 순서대로 운반하고, 운반 도중 바람에 의한 증산을 억제하고, 뿌리분의 수분증발 방지를 위해 물에 적신 거적이나 가마니로 뿌리분을 감싸준다.

정답 18 ① 19 ④ 20 ② 21 ③ 22 ④

23 다음 중 뿌리분에 밧줄을 걸어 이동하는 방법인 북걸기로 가장 적합한 것은?

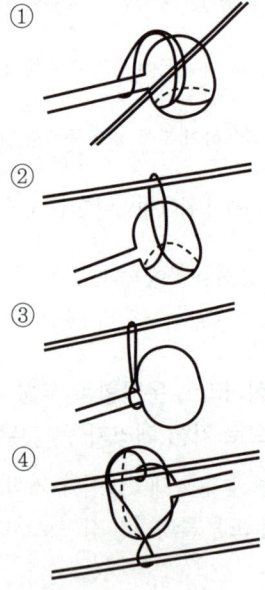

24 다음 공사의 작업 중 마지막으로 행하는 것은?
① 식재공사   ② 급배수 및 호안공사
③ 터닦기   ④ 콘크리트 공사

25 수목을 굴취한 이후 옮겨심기 순서로 가장 적합한 것은?(단, 진행 과정 중 일부 작업은 생략될 수 있음)
① 구덩이 파기 → 수목 넣기 → 2/3 정도 흙 채우기 → 물 부어 막대기로 다지기 → 나머지 흙 채우기
② 구덩이 파기 → 2/3 정도 흙 채우기 → 수목 넣기 → 물 부어 막대기로 다지기 → 나머지 흙 채우기
③ 구덩이 파기 → 물 붓기 → 수목 넣기 → 나머지 흙 채우기
④ 구덩이 파기 → 수목 넣기 → 물 붓기 → 2/3 정도 흙 채우기 → 다지기 → 나머지 흙 채우기

26 다음 수목 중 식재 시 근원 직경에 의한 품셈을 적용할 수 있는 것은?
① 은행나무   ② 왕벚나무
③ 아왜나무   ④ 꽃사과나무

● 해설
식재 시 근원 직경에 의한 품셈을 적용하는 수종
소나무, 감나무, 꽃사과나무, 느티나무, 대추나무, 매화나무, 모감주나무, 산딸나무, 이팝나무, 층층나무, 회화나무, 후박나무, 능소화, 참나무류, 모과나무, 배롱나무, 목련, 산수유, 자귀나무, 단풍나무 등 대부분의 교목류

27 일반적으로 식재할 구덩이 파기를 할 때 뿌리분 크기의 몇 배 이상으로 구덩이를 파고 해로운 물질을 제거해야 하는가?
① 1.5   ② 2.5
③ 3.5   ④ 4.5

28 이식한 나무가 활착이 잘되도록 조치하는 방법 중 옳지 않은 것은?
① 현장 조사를 충분히 하여 이식 계획을 철저히 세운다.
② 나무의 식재방향과 깊이는 최대한 이식 전의 상태로 한다.
③ 유기질, 무기질 거름을 충분히 넣고 식재한다.
④ 주풍향, 지형 등을 고려하여 안정되게 지주목을 설치한다.

29 다음 중 정원수 식재작업의 순서상 가장 먼저 식재를 진행해야 할 수종은?
① 회양목   ② 큰 소나무
③ 철쭉류 및 잔디 ④ 명자나무

● 해설
정원수 식재작업 시 큰 수목에서 작은 수목으로 진행한다.

정답 23 ④ 24 ① 25 ① 26 ④ 27 ① 28 ③ 29 ②

30 줄기감기를 하는 목적이 아닌 것은?

① 수분 증발을 활성화시킨다.
② 병해충의 침입을 막는다.
③ 강한 태양 광선으로부터 피해를 방지한다.
④ 물리적 힘으로부터 수피의 손상을 방지한다.

●해설
수목의 수분 증발 억제

31 다음 중 줄기의 수피가 얇아 옮겨 심은 직후 줄기 감기를 반드시 하여야 되는 수종은?

① 배롱나무   ② 소나무
③ 향나무   ④ 은행나무

32 다음 중 흉고 직경을 측정할 때 지상으로부터 얼마 높이의 부분을 측정하는 것이 가장 이상적인가?

① 60cm   ② 90cm
③ 120cm   ④ 200cm

33 지주 세우기에서 일반적으로 대형 나무에 적용하며, 경관적 가치가 요구되는 곳에 설치하는 지주 형태는?

① 이각형   ② 삼발이형
③ 삼각형 및 사각형 ④ 당김줄형

34 다음 [보기]에서 조경수목의 식재작업을 할 때 제일 먼저 실시해야 할 작업은?

[보기]
㉠ 객토(客土)   ㉡ 약제 살포
㉢ 지주 세우기   ㉣ 식혈(植穴)

① ㉠   ② ㉡
③ ㉢   ④ ㉣

●해설
식혈 → 객토 → 지주 세우기 → 약제 살포

35 일반적으로 대형 나무 및 경관적으로 중요한 곳에 설치하며, 나무줄기의 적당한 높이에서 고정한 와이어로프를 세 방향으로 벌려서 지하에 고정하는 지주설치방법은?

① 삼발이형   ② 당김줄형
③ 매몰형   ④ 연결형

●해설
수고가 5m 이상 또는 경관적 가치가 있는 나무는 와이어로프나 아연철선으로 된 당김줄형 지주를 사용한다.

36 지주목 설치 요령 중 적합하지 않은 것은?

① 지주목을 묶어야 할 나무줄기 부위는 타이어 튜브나 마대 혹은 새끼 등의 완충재를 감는다.
② 지주목의 아래는 뾰족하게 깎아서 땅속으로 30~50cm 정도의 깊이로 박는다.
③ 지상부의 지주는 페인트칠을 하는 것이 좋다.
④ 통행인이 많은 곳은 삼발이형 지주, 적은 곳은 사각 지주와 삼각 지주가 많이 설치된다.

●해설
통행인이 적은 곳은 삼발이형 지주, 많은 곳은 사각 지주와 삼각 지주가 많이 설치된다.

37 다음 중 수목의 식재 후 관리사항으로 필요 없는 것은?

① 전정
② 뿌리돌림
③ 가지치기
④ 지주 세우기

●해설
뿌리돌림은 이식에 관한 사항이다.

정답 30 ① 31 ① 32 ③ 33 ④ 34 ④ 35 ② 36 ④ 37 ②

38 다음 뗏장을 입히는 방법 중 줄붙이기 방법에 해당하는 것은?

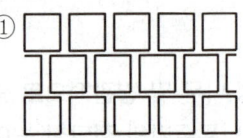

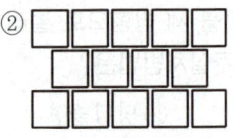

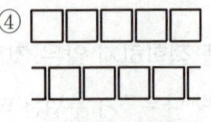

④
```
□ □ □ □
□ □ □ □ □
```

39 잔디밭 조성 시 뗏장심기와 비교한 종자 파종 방법의 이점이 아닌 것은?

① 비용이 적게 든다.
② 작업이 비교적 쉽다.
③ 균일하고 치밀한 잔디를 얻을 수 있다.
④ 잔디밭 조성에 짧은 시일이 걸린다.

● 해설
종자 파종은 잔디의 녹화 속도가 느리지만 대규모의 잔디밭을 조성하는 데 효과적인 방법이다.

40 잔디 1매(30×30cm)에 1본의 꼬치가 필요하다. 경사면적이 45m²인 곳에 잔디를 전면붙이기로 식재하려면 이 경사지에 필요한 꼬치는 약 몇 개인가?(단, 가장 근사값을 정한다.)

① 46본 ② 333본
③ 450본 ④ 495본

● 해설
1m²에 잔디는 11매가 소모되고, 잔디 1매에 1본의 꼬치가 필요하므로
면적 45m²×11본/m² = 495본

41 다음 [보기]의 잔디종자 파종작업들을 순서대로 바르게 나열한 것은?

[보기]
㉠ 기비 살포   ㉡ 정지작업
㉢ 파종   ㉣ 멀칭
㉤ 전압   ㉥ 복토
㉦ 경운

① ㉦-㉠-㉡-㉢-㉥-㉤-㉣
② ㉠-㉢-㉡-㉥-㉣-㉤-㉦
③ ㉡-㉢-㉤-㉥-㉠-㉣-㉦
④ ㉢-㉠-㉡-㉥-㉤-㉦-㉣

42 다음 중 40m²의 면적에 팬지를 20cm×20cm 규격으로 심고자 한다. 팬지 묘의 필요 본수로 가장 적당한 것은?

① 100   ② 250
③ 500   ④ 1,000

● 해설
팬지 규격이 0.2m×0.2m = 0.04m²이므로
40m²/0.04m² = 1,000

43 잔디밭 1평(3.3m²)에 규격 30cm×30cm의 잔디를 전면 붙이기로 심고자 한다. 약 몇 장의 잔디가 필요한가?

① 약 11장   ② 약 24장
③ 약 30장   ④ 약 37장

● 해설
잔디 1장의 규격은 0.3m×0.3m = 0.09m²이므로
3.3m²/0.09m² ≒ 37장

조경관리

CONTENTS

1장 조경관리 일반

2장 조경수목관리 – 1

3장 조경수목관리 – 2

4장 잔디·화단·실내조경 식물관리

5장 시설물관리

01장 조경관리 일반

SECTION 01 조경관리의 의의

1. 조경관리의 뜻과 목적

① 조경관리의 뜻 : 조경이 이루어진 공간의 모든 시설과 식물이 설계자의 의도에 따라 운영되고, 이용하는 사람들이 요구하는 기능을 항상 유지하면서 충분히 발휘할 수 있도록 관리하는 것이다.

② 조경관리의 목적
  ㉠ 조경공간의 질적인 수준을 향상하고 유지 및 관리를 위한 것
  ㉡ 이용자의 안전하고 쾌적한 이용과 최소의 경비와 인원으로 효율적인 운영을 위한 것

③ 조경관리의 대상 중요★★☆

주거지	공원	위락·관광시설	문화재	기타
• 공동주택단지 • 개인주택	• 도시공원 • 자연공원	• 유원지 • 휴양지 • 골프장	• 전통민가 • 사찰 • 궁궐 • 왕릉	• 사무실 • 도로 • 광장 • 학교 • 공장

  ㉠ 일반주택부터 국립공원까지 조경공간에 형성되는 모든 조경시설물과 자연물을 포함한다.
  ㉡ 학교정원, 자연공원, 도시공원, 공공건물 등이 대상공간이다.
  ㉢ 도로, 철도, 공업단지의 조경공간도 대상이 된다.
  ㉣ 화훼단지는 조경관리 대상이 될 수 없다(화훼관리는 조경관리에 포함되지 않는다).

2. 조경관리의 구분 중요★★☆

① 운영관리 : 이용 가능한 구성요소를 더 효과적이고 안전하며, 더 많이 이용하기 위한 관리방법으로 예산, 재무제도, 조직, 재산 등의 관리가 있다.

※ 공간 유형별 관리의 내용

구분	내용
주택정원	• 개인 사생활의 보호와 최상의 주거 조건을 유지할 수 있도록 하여야 한다. • 건물과 정원이 일체가 되도록 수목이나 시설물을 관리한다. • 이웃 주민에게 통풍, 채광, 녹음, 방재 등의 기능과 휴식 공간의 역할을 제공한다.
공동주택	• 공동의 휴식처로서 크게 두어야 하는 장소이다. • 시설물, 식물들이 훼손되지 않도록 주민들에게 여러 방법을 통해 계도한다. • 모든 시설물에 이용 수칙을 정하여 이용자가 지키도록 한다. • 모든 시설물을 주민 전체가 고루 이용할 수 있도록 계획을 세운다.
도시공원	• 국가 또는 지방 공공단체가 국민에게 제공하는 공원이다. • 종류에는 어린이공원, 근린공원, 도시자연공원, 체육공원, 묘지공원 등이 있다. • 이용자의 불편을 감소하기 위해 공원 내 안내방송 및 각종 표지판을 만든다. • 각종 사고 예방을 위해 경비업무 강화 및 공원 내 청결을 유지한다. • 시설의 안전점검을 통해 파손된 부분을 신속하게 복원한다.
자연공원	• 아름다운 자연경관과 많은 야생 동식물이 서식하고 있는 공원이다. • 종류에는 국립공원, 도립공원, 군립공원 등이 있다. • 국립공원관리공단과 지방자치단체가 운영한다.

② 유지관리
  ㉠ 조경식물과 시설물을 이용하기에 적합한 상태로 유지할 수 있도록 점검·보수하여 공공을 위한 서비스를 제공하는 것이다.
  ㉡ 조경 유지관리의 내용

구분	관리 종류
조경수목	• 잔디, 초화류, 식재수목, 화단, 기반시설물 등
조경시설물	• 진입시설, 휴양시설, 놀이시설, 운동시설, 편익시설, 조명시설 등

③ 이용관리
  ㉠ 조성된 조경공간에 이용자의 형태와 선호를 조사·분석하여 그 시대와 사회에 맞는 적절한 이용 프로그램을 개발하고 홍보 및 이용하도록 하는 것이다.
  ㉡ 안전관리내용 중요★★☆

설치하자	• 시설구조 자체의 결함, 시설배치 또는 시설설치의 미비로 인한 사고
관리하자	• 시설의 노후·파손, 위험 장소 안전대책 미비, 시설물의 전도·추락 및 위험물 방치로 인한 사고

  • 보호자, 이용자, 주최자 등의 부주의에 의한 사고 : 부주의, 부적절한 이용, 보호자의 감독 불충분, 자연 재해 등

  ㉢ 주민참가의 단계 중요★★☆

  비참가의 단계 → 형식참가의 단계 → 시민권력의 단계 순으로 설명하고 있다.

비참가의 단계	형식참가의 단계	시민권력의 단계
조작, 치료	정보제공, 상담, 회유	파트너십, 권한위양, 자치단체

SECTION 02 연간 작업관리계획

1. 작업의 종류 중요★☆☆

작업의 종류와 작업시기에 따라 적합한 연간 작업관리계획을 수립한다.

구분	작업 내용
정기작업	청소, 점검, 수목의 전정, 병해충 방제, 거름주기, 페인트칠 등의 작업
부정기작업	죽은 나무 제거 및 보식, 시설물의 보수, 뗏밥주기 등의 작업
임시작업	태풍, 홍수 등 기상재해로 인한 피해 등의 작업

2. 작업계획의 수립

① 작업의 중요도에 따라 우선순위를 정한다.
② 우선순위에 따른 예산계획을 세운다.
③ 관리의 시간적 계획

계획종류	관리기간	작업내용
단기계획	2~3년 간격	페인트칠, 보수계획 등
장기계획	15~30년 간격	시설구조물 등
연간계획	1년	식물관리(전정, 시비), 병해충 방제 등

※ 벤치 및 야외탁자 : 6개월에 1회 작업계획을 수립

3. 조경관리 계획의 예시

조경수목의 연간관리 작업계획표(예)

구분	작업종류	4월	5월	6월	7월	8월	9월	10월	11월	12월	1월	2월	3월	연간작업 횟수	비고
식재지	전정(상록)	─	─				─	─						1~2	
	전정(낙엽)			─	─									1~2	
	깎기(생울타리)		─	─	─	─	─	─						3	
	관목다듬기		─	─	─	─	─	─						1~3	
	시비		─							─	─			1~2	
	병해충방지		─	─	─	─	─	─						3~4	살충제살포
	거적감기								─	─				1	동기 병해충 방제
	제초·풀베기		─	─	─	─	─	─						3~4	
	관수		─	─	─	─	─							적기	식재장소, 토양조건 등에 따라 횟수 결정
	방한	─							─	─	─	─	─	1	난지에는 3월부터 철거
	줄기감기		─	─										1	햇볕에 타는 것으로부터 보호
	지주결속 고치기				─	─	─							1	태풍에 대비해서 8월 전후에 작업
잔디밭	뗏밥주기	─	─							─	─			1~2	운동공원에는 2회 정도 실시
	잔디깎기		─	─	─	─	─	─						7~8	
	시비		─	─			─	─						1~3	
	병해충방지		─	─	─	─	─	─						3	살균제 1회, 살충제 2회
	관수		─	─	─	─	─							적기	
	제초		─	─	─	─	─	─						3~4	
원로	풀베기		─	─	─	─	─	─						5~6	
	제초		─	─	─	─	─	─						3~4	
광장	제초·풀베기		─	─	─	─	─	─						4~5	
자연림	잡초베기			─	─	─	─							1~2	
	고사목처리	─	─	─	─	─	─	─	─	─	─	─	─	1	연간 작업
	병해충방지		─	─	─	─	─	─						2~3	
	가지치기	─			─	─	─							-	

02장 조경수목관리 – 1

SECTION 01 조경수목의 전정

1. 전정의 뜻 중요★★☆

조경수목의 꽃, 단풍, 열매, 줄기 등의 아름다움을 감상하기 위해 생장을 조절하고, 모양을 유지하는 등 목적에 맞는 수형으로 만들기 위하여 나무의 일부분을 잘라 주는 것이다.

2. 전정의 유형 중요★★☆

전정	수목의 관상, 개화결실, 생육상태 조절 등의 목적에 따라 불필요한 가지나, 생육을 방해하는 가지, 줄기 일부를 잘라내는 정리 작업이다.
정지	수목의 수형을 영구히 유지 또는 보존하기 위해 줄기나 가지의 성장조절, 수형을 인위적으로 만드는 작업이다. 예 분재

3. 전정의 목적 중요★☆☆

① 미관상 목적
  ㉠ 자연수형 : 불필요한 가지를 제거하여 수목의 자연미를 살린다.
  ㉡ 인공수형 : 토피어리, 산울타리 등은 직선과 곡선을 살린다.
  ㉢ 수목의 식재장소, 식재목적에 조화를 이루도록 모양, 높이, 폭 등을 조절하여 전정한다.

② 실용상 목적
  ㉠ 차폐, 방음, 방풍, 산울타리 등의 용도로 식재한 수목은 불필요한 가지를 잘라 가지와 잎이 밀생하도록 한다.
  ㉡ 가로수, 독립수, 태풍의 피해가 없도록 불필요한 가지나 잎을 제거한다.
  ㉢ 교통 표지판, 간판, 송전선, 인접건물 등에 방해가 될 때에는 적당하게 줄기나 가지를 잘라 준다.

③ 생리상 목적

지엽이 밀생한 수목	• 불필요한 가지를 정리하여 통풍, 채광이 잘되게 한다. • 병해충방지, 풍해와 설해에 대한 저항력을 강화시켜준다.
쇠약해진 수목	부분적으로 지엽을 잘라 새로운 가지를 재생시켜 수목에 활력을 촉진한다.
개화결실 수목	불필요한 가지를 전정해 생장을 억제하여 개화결실을 촉진한다.
이식한 수목	지엽을 자르거나 잎을 훑어주어 수분의 균형을 이뤄 활착을 좋게 한다.

4. 전정의 종류 중요★★★

① **생장을 돕기 위한 전정** : 묘목을 빨리 생장시키기 위해 곁가지를 적당히 자르고, 병해충을 입은 가지, 고사지, 손상지를 제거하여 생장을 조절하는 전정

② **생장 억제를 위한 전정**
  ㉠ 조경수목을 일정한 형태로 유지시키고자 할 때
      예 소나무 순자르기, 상록활엽수의 잎따기, 산울타리 다듬기, 향나무 깎아 다듬기 등
  ㉡ 일정한 공간에 식재된 수목이 더 이상 자라지 않도록 할 때
      예 도로변 가로수, 작은 정원 내 수목 등

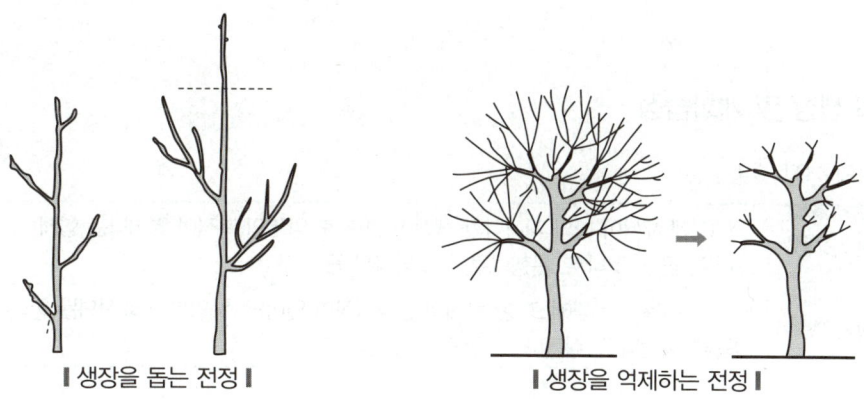

∥생장을 돕는 전정∥   ∥생장을 억제하는 전정∥

③ **세력 갱신을 위한 전정**
  ㉠ 맹아력이 강한 나무, 노쇠한 나무, 개화가 불량한 나무의 묵은 가지를 잘라주어, 새 줄기나 새 가지로 갱신하는 전정이다.
  ㉡ 전정 수종 : 장미, 배롱나무, 팔손이나무, 늙은 과일나무 등

④ **생리 조절을 위한 전정** : 수목을 이식할 때 가지와 잎을 다듬어주어 손상된 뿌리에 적당한 수분을 공급하고 균형을 맞추기 위해 다듬어주는 것(T/R율＝1 균형을 이룸)

⑤ 개화 결실을 촉진하기 위한 전정
　㉠ 과일나무와 꽃나무류의 개화와 결실을 촉진하기 위한 전정으로 수목의 꽃눈분화는 C/N율과 관련이 있다.
　㉡ 장미의 여름전정, 감나무 등 각종 과수의 해거리 방지기능이 있는 전정방법이다.
　㉢ 전정방법
　　• 약지는 짧게, 강지는 길게 전정
　　• 묵은 가지나 병해충을 입은 가지는 수액 유동 전에 전정

> **참고** 해거리 현상
> 한 해를 걸러서 열매가 많이 열리는 현상이다. 즉 한 해에 열매가 많이 열리면 다음 해에는 나무가 약해져서 열매가 거의 열리지 않는다.

> **참고** C/N율(탄질률) 중요 ★★☆
> 식물체 내의 탄수화물과 질소의 비율을 말한다. C/N율에 따라 생육과 개화 결실이 지배된다고 보는데, C/N율이 높으면 개화를 유도하고, C/N율이 낮으면 영양생장이 계속된다.
> ※ 곁눈 밑에 상처를 내어 놓으면 잎에서 만들어진 동화물질이 축적되어 잎눈이 꽃눈으로 변화한다.

5. 수목의 생장 및 개화습성

① 수목의 생장 중요 ★☆☆

1회 신장형	• 4~6월에 새싹이 나와 자라다가 생장이 멈춘 후 양분의 축적이 일어나는 형태 • 소나무, 곰솔, 잣나무, 은행나무, 너도밤나무 등
2회 신장형	• 6~7월 또는 8~9월에 또 한 차례의 신장생장이 일어난 후 양분이 축적되는 형태 • 철쭉류, 사철나무, 쥐똥나무, 편백, 화백, 삼나무 등

② 수목의 개화습성

구분	주요 수종
당년생 가지에 개화	장미, 무궁화, 배롱나무, 대추나무, 포도, 감나무, 목서 등
2년생 가지에 개화	매화나무, 개나리, 박태기나무, 벚나무, 수양버들, 목련, 진달래, 철쭉류, 복사나무, 생강나무, 산수유, 앵두나무, 살구나무, 모란 등
3년생 가지에 개화	사과나무, 배나무, 명자나무(산당화) 등
가지 끝에 꽃눈 부착	자목련, 치자나무, 철쭉류, 백당화 등
곁눈에 꽃 부착	명자나무, 목서류, 벚나무, 매화나무, 복숭아, 조팝나무 등

※ 꽃피는 나무는 나무 고유의 개화습성을 갖는다.
※ 수목생장 촉진 조절제 : 아토닉액제(상공아토닉)

6. 수목의 생장원리 중요★★☆

정아우세의 원칙	곁눈보다 가지의 끝눈이 우세하게 신장하는 것으로 교목성 나무가 관목보다 정아우세 현상이 강하다.
밑가지 우세 원칙	줄기의 밑부분 가지가 윗부분보다 굵게 자라며, 윗부분의 가지는 약하게 자라는 성질이 있다.
수액상승의 원칙	나무의 수분과 양분은 수평이동보다 수직이동이 강하다.
수액압력의 원칙	굵은 줄기가 가는 줄기로 굵기가 줄어들 때 도장지나 새 가지가 쉽게 나온다.
지상부와 지하부 균형의 원칙	뿌리에서 흡수하는 물의 양과 잎에서 증산하는 물의 양을 같게 해 주어야 정상적인 생육을 하므로 뿌리를 많이 자르면 가지도 잘라 주어야 한다.

7. 전정의 시기 중요★★★

구분	시기	전정 특징
봄 전정	3~5월	• 생장기이므로 강한 전정을 하면 수세가 약해진다. • 상록수의 모양을 정리하고 싶은 경우에는 이때가 알맞은 때이다. • 봄 꽃나무(진달래, 철쭉류)는 꽃이 진 후에 전정한다. • 소나무의 순자르기(4~6월경)도 이 시기에 한다. • 여름꽃나무(무궁화, 배롱나무, 장미)는 눈이 움직이기 전 이른 봄에 전정한다.
여름 전정	6~8월	• 웃자란 가지, 혼잡한 가지를 잘라 주어 채광 및 통풍을 좋게 한다. • 꽃눈분화 이전(6월경)에 전정을 끝내야 한다. • 등나무는 필요에 따라 두세 마디 정도 남기고 자르거나 끝을 자른다.(꽃눈 분화, 광합성도 잘 이루어지지 않을 때) • 바람의 피해가 우려되는 교목은 가지를 솎거나 잘라 주어야 한다.
가을 전정	9~11월	• 여름철에 웃자란 가지나 혼잡한 가지를 가볍게 전정한다. • 상록활엽수는 이 시기에 전정한다. • 낙엽수 가운데 휴면시기가 빠른 수종은 겨울전정과 같은 전정을 한다. • 너무 강하게 전정을 하면 수세가 약해지는 나무가 많다.

겨울 전정	12~2월	• 대부분의 조경수목은 겨울에 전정한다.
		• 겨울 전정의 장점
		  – 낙엽수는 가지의 배치나 수형이 잘 드러나 전정하기 쉽다.
		  – 굵은 가지를 잘라 내어도 전정의 영향을 거의 받지 않는다.
		  – 병해충 피해를 입은 가지를 발견하기 쉽다.
		  – 새 가지가 나오기 전까지 수형을 오래 감상할 수 있다.
		• 상록활엽수는 추위에 약하므로 강전정을 피한다.

❙ 수종별 전정시기 ❙

낙엽활엽수	3월, 7~8월, 10~12월	화목류	낙화(洛花) 무렵
상록활엽수	3월, 9~10월	유실수	싹 트기 전, 수액 이동 전
침엽수	3월(이른 봄), 한겨울을 피한 11~12월	가로수	하기 전정

8. 전정 순서와 제거할 가지

① 전정 순서
  ㉠ 나무 전체를 관찰하고 목적에 맞게 아름다운 수형을 스케치한다.
  ㉡ 수형에 맞게 전정을 잘 하려면, 그 나무의 습성과 모양을 익혀 두고 다음과 같은 순서에 따라 전정해야 한다.
    • 나무 전체를 충분히 관찰하고 목적에 맞지 않는 큰 가지부터 전정한다.
    • 굵은 가지에서 가는 가지 순으로 전정한다.
    • 수관 위에서 아래로, 수관 밖에서 안으로 향해 자른다.

② 잘라 주어야 할 가지 중요★★☆
  ㉠ 도장지(웃자란 가지)
  ㉡ 고사지(말라 죽은 가지)
  ㉢ 병지(병해충을 입은 가지)
  ㉣ 밑에서 움돋은 가지
  ㉤ 내향지(안으로 향한 가지)
  ㉥ 교차한 가지
  ㉦ 대상지(평행한 가지)
  ㉧ 무성지(무성하게 자란 가지)

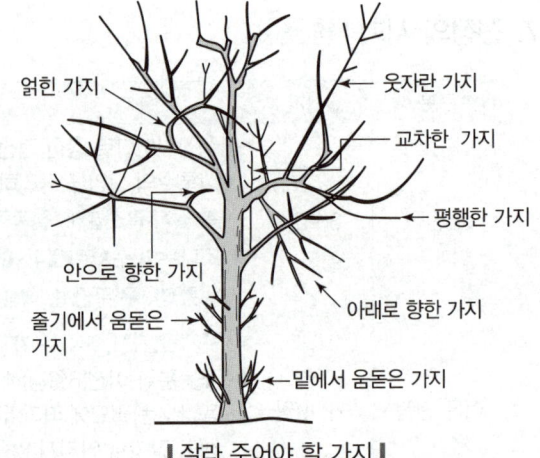

∥ 잘라 주어야 할 가지 ∥

③ 전정 요령 중요★★☆
  ㉠ 주지(원가지)선정을 한다.
  ㉡ 정부(頂部) 우세성을 고려하여 상부는 강하게, 하부는 약하게 전정한다.
  ㉢ 위에서 아래로, 오른쪽에서 왼쪽으로 돌아가면서 전정한다.
  ㉣ 굵은 가지는 가능하면 수간에 가깝게, 수간과 나란히 자른다.
  ㉤ 수관내부는 환하게 솎아(통풍효과)내고, 외부는 수관선에 지장이 없게 한다.

④ 산울타리(생울타리) 전정 중요★☆☆

전정횟수	• 생장이 완만한 수종은 연 2회, 맹아력이 강한 수종은 연 3회 한다. • 일반적으로 장마 때와 가을에 2번 정도 전정한다.
전정방법	• 식재 후 2년에는 가지를 치지 않는 것이 좋고, 식재 후 3년부터 제대로 전정을 실시한다. • 높은 울타리는 옆에서 위로, 낮은 울타리는 위에서 옆으로 실시한다. • 상부는 깊게, 하부는 얕게 하며, 단근작업은 9~10월(가을)에 실시한다.

※ 생울타리 외부의 침입방지를 위한 울타리의 높이 : 180~200cm
※ 창살울타리 외부의 침입방지를 위한 울타리의 높이 : 최소 1.5m, 적정 1.8m

9. 전정 방법 중요★★★

① 굵은 가지 자르기
- ㉠ 굵은 가지는 굵고 무거워서 정상적으로 자르지 않으면 줄기가 잘려 상처를 입게 된다.
- ㉡ 그림 (가)와 같이 줄기에서 10~15cm 떨어진 곳에서 밑에서 위쪽으로 1/3 정도 깊이까지 톱질을 한다.
- ㉢ 그림 (나)와 같이 톱질한 곳에서 가지의 끝 쪽으로 약간 떨어진 곳 위에서 아래 방향으로 자른다.
- ㉣ 그림 (다)와 같이 남은 가지의 밑동을 톱으로 깨끗하게 자른다.
- ㉤ 굵은 가지 절단 시 지륭을 제거하면 안 된다.
- ㉥ 벚나무, 자귀나무, 목련류, 단풍나무류는 자른 부위에 방부제를 발라 병원균의 침입을 예방하도록 한다.
- ※ 벚나무의 굵은 가지를 전정하였을 때 반드시 도포제를 발라주어야 한다.

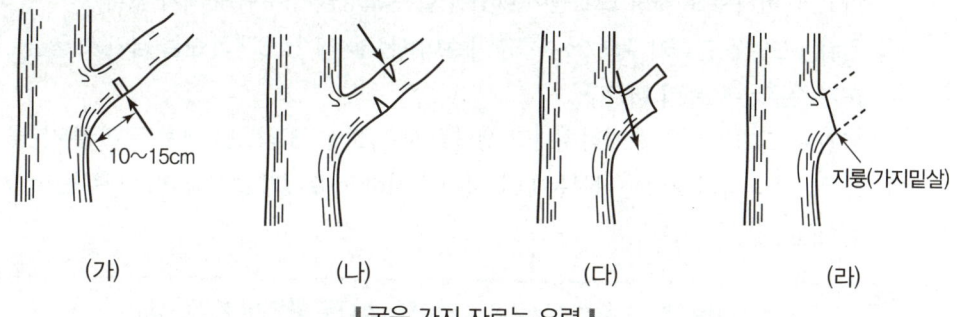

┃굵은 가지 자르는 요령┃

② 마디 위 자르기
- ㉠ 나무의 생장속도를 억제하거나 수형의 균형을 위하여 필요 이상으로 길게 자란 가지를 자른다.
- ㉡ 자르는 시기 : 낙엽수는 휴면기에, 상록수는 4월경~장마 전까지 알맞게 자른다.
- ㉢ 가지가 밖으로 잘 퍼지도록 반드시 바깥눈 바로 위에서 자른다.
- ㉣ 마디 위 자르기는 다음 그림과 같이 바깥눈 7~10mm에서 눈과 평행한 방향으로 비스듬히 자르는 것이 가장 좋다.
- ※ 눈과 너무 가까이 자르면 눈이 말라 죽고, 너무 비스듬히 자르면 증산량이 많아지며, 너무 많이 남겨 두면 양분의 손실이 크다.

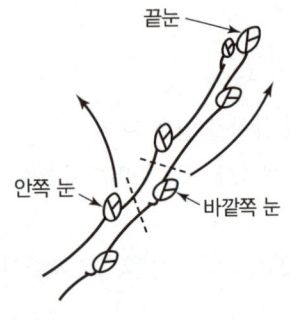

| 눈의 위치와 자라는 방향 |

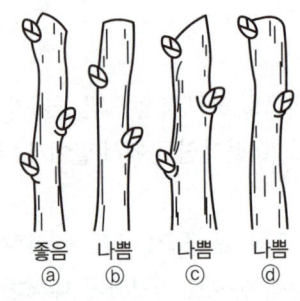

| 마디 위 자르기 방법 |

③ 소나무 순자르기(순따기) 중요★★★
  ㉠ 소나무류, 화백, 주목 등은 가지 끝에 여러 개의 눈이 있어 봄에 그대로 두면 중심의 눈이 길게 자라고, 나머지 눈도 사방으로 뻗어 바퀴살 같은 모양을 이루어 운치가 없다.
  ㉡ 원하는 모양을 만들기 위해 5~6월경 새순이 자랐을 때 2~3개의 순을 남기고, 중심순을 포함한 나머지 순은 손으로 따 버린다.
  ㉢ 남긴 순도 자라는 힘이 지나치다고 생각될 때 1/2~1/3 정도만 남겨 두고 끝부분을 따 버린다.
  ㉣ 노목이나 쇠약해 보이는 나무는 다소 빨리 실시하고, 수세가 좋거나 어린 나무는 5~7일 정도 늦게 실시한다.

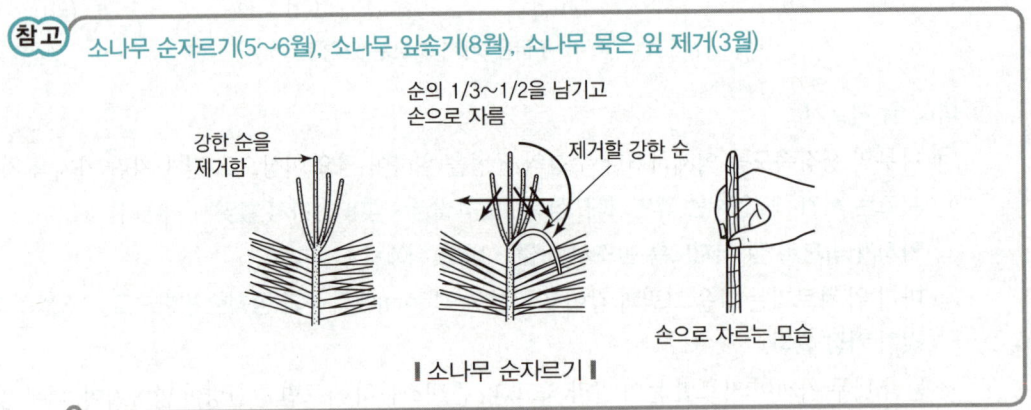

| 소나무 순자르기 |

④ 가지솎기
  ㉠ 굵은 가지 자르기와 마디 위 자르기가 끝난 후 채광이나 통풍이 잘되게 밀생가지를 잘라 버린다.
  ㉡ 나뭇가지는 좌우 대칭이 되도록 솎는다.

⑤ 수관 다듬기
  ㉠ 주목, 둥근 향나무, 명자나무, 산울타리용 수종과 같이 잔가지와 좁은 잎이 밀생한 나무의 수관을 전정가위로 일률적으로 잘라 버리는 작업이다.
  ㉡ 상록수는 싹이 자라고 1차 생장이 끝난 5~6월경과 생장이 끝난 9~10월경에, 꽃나무는 꽃이 진 후에 수관을 다듬어 주는 것이 좋다.
  ㉢ 산울타리는 위는 강하게, 아래는 약하게 다듬어 사다리꼴 모양으로 전정한다.
  ㉣ 전정하는 깊이는 지난해에 작업한 전정 면보다 약간 높여서 전정한다.

⑥ 부정아를 자라게 하는 방법 중요 ★☆☆

적아 (눈따기)	눈이 움직이기 전에 가지의 여러 곳에 자리 잡은 불필요한 눈을 제거하기 위한 작업으로 전정이 불가능한 수목에 적용된다.(모란, 벚나무, 자작나무 등)
적심 (순자르기)	지나치게 자라는 가지신장을 억제하기 위해 신초의 끝부분을 따버리는 작업이다.(소나무)
적엽 (잎따기)	지나치게 우거진 잎이나 묵은 잎을 따주는 것으로 부적기에 이식 시 수분증발을 막아준다.(단풍나무, 벚나무류)
유인	• 줄기를 마음대로 유인하여 원하는 수형을 만든다. • 소나무류를 유인할 때에는 철사를 이용해 1년 정도 감아준다.

⑦ 기타방법

소나무류	오래된 묵은 잎을 뽑아 투광을 좋게 하면서 생장을 억제한다.
꽃나무류	해거리를 막기 위해 꽃따기, 과일따기를 한다.
등나무류	지상부 생장이 왕성하여 꽃이 피지 않을 때 가벼운 단근(뿌리돌림)작업을 하여 화아분화를 촉진한다.
가로수	전정 시 지하고 2.5m 이상이며, 수관높이와 지하고의 비율은 6 : 4 또는 5 : 5가 좋다.

⑧ 전정의 도구 및 사용법
  ㉠ 종류 : 사다리, 톱, 전정가위, 적심가위, 순치기가위 등
  ㉡ 고지가위(갈고리 가위) : 높은 부분의 가지를 자르거나 열매를 채취할 때 사용
  ㉢ 전정가위 사용방법
    • 지름 1cm 이하의 가지를 전정가위 날 사이에 끼워서 자른다.
    • 지름 1cm 이상의 두꺼운 가지는 직각이 되게 하여 자를 부분을 잡고 위쪽에서 몸 앞쪽으로 돌리듯 자른다.

▮ 전정가위의 종류 ▮

 ① 지름 1cm 이하의 가지는 전정가위 날 사이에 가지를 끼워서 단번에 자른다.

날을 비튼다든지 비집어 흔들면 절단된 부위가 매끄럽지 않게 된다.

 ② 지름 1cm 이상 되는 두꺼운 가지일 경우에는 날을 크게 벌려서 받쳐 주는 날 쪽으로 수직으로 돌리면서 자르면 쉽게 잘린다.

앞으로 끌어당기면서 자른다.

지름이 1cm 이상 되는 굵은 가지(太枝)를 자를 때 그대로 자르면 자른 단면(切口)에 금이 생기거나 가지를 손상할 염려가 있으므로 날 끝을 조금 돌리듯 자른다.

받는 날 ③ 자르는 날 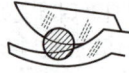 ④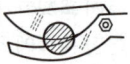
가지

∥ 전정가위의 사용법 ∥

∥ 적심가위의 종류 ∥   ∥ 적과가위 ∥

⑨ **형상수(topiary) 만들기**
  ㉠ 여러 가지 형태를 모방하거나 기하학적인 모양으로 수관을 다듬어 만든 수형이다.
  ㉡ 동물모양, 글자 등 일정한 형태를 갖도록 인위적으로 전정한 수형이다.
  ㉢ 상처에 유합 조직이 생기기 쉬운 따뜻한 계절을 택하여 실시 한다.
  ㉣ 주목, 회양목 등

⑩ **정형(定型)의 수형 만들기** 중요★★☆

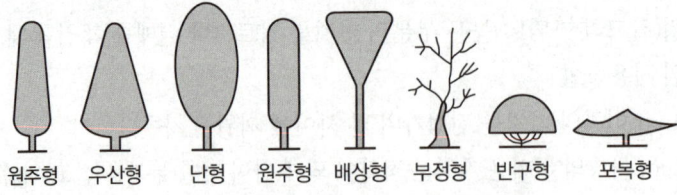

원추형 우산형 난형 원주형 배상형 부정형 반구형 포복형

∥ 수관 모양에 따른 여러 가지 자연수형 ∥

직간(直幹)	줄기가 곧게 자란 형태
곡간(曲幹)	줄기가 자연적인 곡선 형태
사간	줄기가 옆으로 비스듬히 자란 형태
쌍간	줄기가 2개로 자란 형태
다간	줄기가 여러 개로 자란 형태
현애	줄기가 아래로 늘어지는 형태

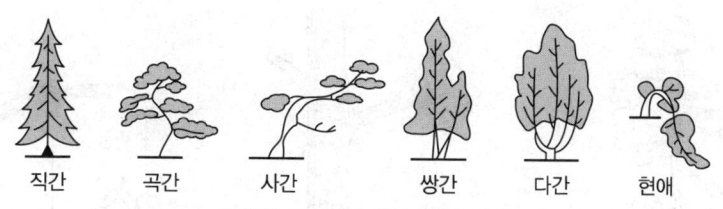

┃줄기 모양에 따른 자연수형┃

⑪ 약전정과 강전정

　㉠ 조경수목은 관상이 주목적이기 때문에 장소와 목적에 따라 알맞게 수형을 조절해야 한다.
　㉡ 어린나무나 생육이 왕성한 가지는 강전정하고, 노쇠목이나 새 가지의 발생이 나쁜 나무는 약전정을 한다.
　㉢ 활엽수는 일반적으로 강전정을 해도 눈이 잘 나오지만, 침엽수는 막눈이 나오기 어렵기 때문에 잎을 꼭 남기고 전정하는 약전정 방법을 실시한다.

10. 교목의 전정

① 공원에 식재한 교목과 가로수는 범위를 크게 잡아 전정한다.
② 차량이나 사람이 통행하는 데 방해가 되지 않도록, 성목이 되었을 때 지하고가 2.5m 이상 되도록 한다.
③ 수관 높이와 지하고의 비율은 6 : 4 또는 5 : 5 정도로 유지하는 게 보기에 좋다.

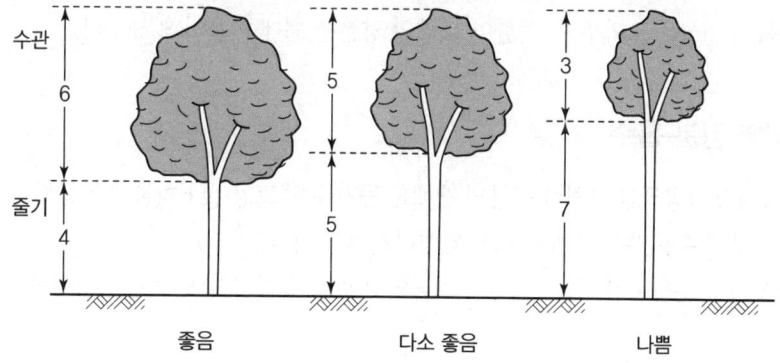

11. 가지의 유인

① 가지의 방향과 각도를 교정하고자 할 때에는 굵은 철사나 끈으로 유인하거나, 대나무를 가지에 묶어 방향을 틀어 주도록 한다.
② 이때 묶어 주었던 가지에서 대나무를 풀어도 원위치로 돌아가지 않을 때까지 그대로 둔다.

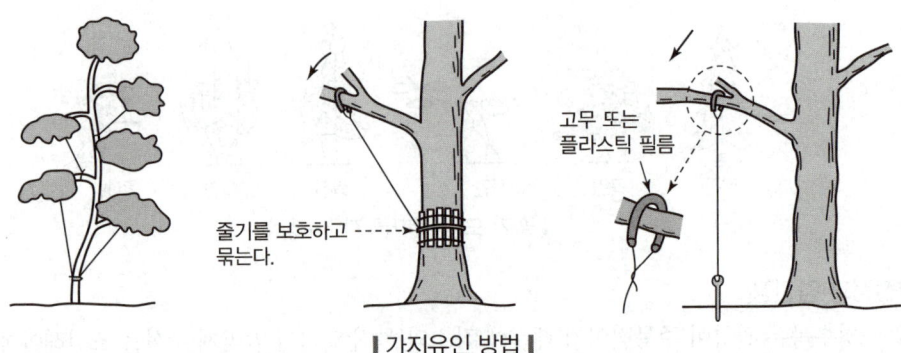

▌가지유인 방법 ▌

SECTION 02 조경수목의 거름주기 및 비료의 역할

1. 거름주기의 목적 중요★☆☆

① 조경수목을 건전하게 생육하여 본래의 아름다움을 유지시킨다.
② 병해충, 추위, 건조, 바람, 공해 등에 대한 저항력을 증진시킨다.
③ 건강한 꽃을 피우게 하고 과일의 결실을 좋게 한다.
④ 토양 미생물의 번식을 도와주며, 식물이 토양의 양분을 쉽게 이용하게 해준다.

2. 비료의 의의와 양분 흡수

① 비료 : 식물에 영양공급을 하거나 식물의 재배를 돕기 위해 토양이나 식물에 공급되는 물질을 말한다.
② 식물체의 양분 흡수는 뿌리털에서 가장 왕성하게 이루어진다.
③ 뿌리는 양분과 수분을 흡수하고, 잎에서 만들어진 양분을 저장하며 수목을 지탱한다.

3. 양분 흡수에 미치는 환경조건

온도	• 뿌리의 양분 흡수 속도는 5℃~35℃까지 지온이 상승함에 따라 빨라진다. • 광합성작용은 20~30℃ 정도에서 가장 왕성하다.
광선	• 직접적 영향 : 잎에서 이루어지는 광합성작용과 증산작용에 관여한다. • 간접적 영향 : 뿌리의 호흡과 대사작용에 관여한다.

토양공기	• 토양 속의 공기는 산소 공급과 이산화탄소 제거작용을 한다. • 토양통기를 좋게 하기 위해서는 경운을 하거나 유기물, 토양개량제, 뿌리보호판, 분쇄목 등으로 토양의 통기성을 개선한다.
토양수분	• 토양이 습하거나 건조하면 뿌리의 기능이 저하되어 물과 영양흡수에 지장을 준다. • 토양수분이 적어 토양이 건조해지면 잎의 팽압(膨壓)이 낮아져 기공이 좁아진다. • 이산화탄소의 흡수량이 적어져 광합성작용이 어려워진다.

4. 식물에 필요한 원소 중요★★★

① 다량원소 : 식물의 생육에 필요한 16가지 필수원소 중 요구량이 많은 원소를 말한다.
② 미량원소 : 소량 흡수되어 식물체의 생리기능을 돕는 원소를 말한다.
③ 산소와 탄소는 공기 중에서, 수소는 수분에서 흡수하며, 그 밖의 원소는 토양에서 흡수한다.

다량원소	C(탄소), H(수소), O(산소), N(질소), P(인), K(칼륨), Ca(칼슘), Mg(마그네슘), S(황)
미량원소	Fe(철), Cl(염소), Mn(망간), Zn(아연), B(붕소), Cu(구리), Mo(몰리브덴)
비료의 3요소	질소(N), 인(P), 칼륨(K)이며 칼슘(Ca)을 추가하면 비료의 4요소가 된다.

5. 주요 비료의 역할

① 질소(N) 중요★★☆

역할	영양생장과 광합성작용의 촉진으로 잎이나 줄기 등 수목의 생장에 도움을 준다.
결핍	• 결핍 시 신장생장이 불량하여 줄기나 가지가 가늘고 작아지며, 묵은 잎이 황변하며 떨어진다. • 활엽수 : 잎이 황변하고 잎의 수가 적고 두꺼워지며, 조기낙엽이 된다. • 침엽수 : 침엽이 짧고 황색을 띤다.
과잉	• 과잉하면 도장하고 약해지며 성숙이 늦어진다. • 뿌리, 가지, 잎 등의 생장점에 많이 분포되어 있다.

② 인(P) 중요★★☆

역할	세포분열을 촉진하여 꽃과 열매의 발육에 관여하며 새 눈과 잔가지를 형성한다.
결핍	• 뿌리, 줄기, 가지의 수가 적어지고 꽃과 열매가 불량해지며, 잎이 암록색으로 변한다. • 활엽수 : 정상 잎보다 크기가 작고 조기낙엽이 되며 꽃과 열매가 불량해진다. • 침엽수 : 침엽이 구부러지며, 나무의 하부에서 상부로 점차 고사한다.
과잉	과잉하면 영양생장이 단축되고 성숙이 촉진되어 수확량이 감소한다.

③ 칼륨(K) 중요★★☆

역할	꽃·열매의 향기, 색깔을 조절하고 뿌리와 가지의 생육을 촉진시키며, 병해, 서리발, 한발에 대한 저항성이 향상된다.
결핍	• 활엽수 : 잎이 시들고, 황화현상이 일어나며, 잎 끝이 말린다. • 침엽수 : 침엽이 황색 또는 적갈색으로 변한다.

④ 칼슘(Ca) 중요★☆☆

역할	단백질 합성 및 내병성 촉진을 하고 뿌리혹박테리아의 질소를 고정하는 역할을 하며 식물체 유기산을 중화시킨다.
결핍	• 활엽수 : 잎의 백화 또는 괴사현상이 발생하며 어린잎은 위축된다. • 침엽수 : 잎의 끝부분이 고사한다.

> **참고** 내병성
> 병원체에 감염되어도 병징이 나타나지 않고, 생육에도 영향이 없다.

⑤ 철(Fe) 중요★☆☆

역할	산소운반, 엽록소 생성 시 촉매작용을 하며, 양분결핍 현상이 생육초기에 일어나기 쉽다.
결핍	부족하면 잎 조직에 황화현상이 일어난다.

⑥ 황(S)

역할	• 호흡작용, 콩과 식물의 근류형성에 관여한다.
결핍	• 단백질 합성 및 질소고정작용이 저하된다. • 활엽수 : 잎은 짙은 황록색이 되고 작아진다. • 침엽수 : 잎의 끝부분이 황색으로 변한다.

⑦ 붕소(B)

  ㉠ 꽃의 형성, 개화 및 과실 형성에 관여한다.
  ㉡ 부족하면 잎이 밀생하고 비틀어지며, 뿌리생장이 저하된다.

6. 비료의 성분에 의한 분류

구분		성분	비료의 종류
무기질 비료	단질비료 (단비)	질소질 비료	황산암모늄(유안), 요소, 질산암모늄, 석회질소
		인산질 비료	용성인비, 과인산석회, 중과인산석회, 용과인
		칼륨질 비료	염화칼륨, 황산칼륨
		석회질 비료	재생석회, 소석회
		고토질 비료	황산마그네슘, 수산화마그네슘, 고토석회
		망간질 비료	황산망간
		붕소질 비료	붕사
	복합비료 (복비)	제1종 복합비료	화성비료, 배합비료
		제2종 복합비료	고형비료
		제3종 복합비료	흡착비료
		제4종 복합비료	액체비료
유기질 비료		동물질 비료	쇠똥, 돼지똥, 닭똥, 뼛가루
		식물질 비료	콩깻묵, 퇴비

※ 황산암모늄 : 속효성 비료로, 계속 주면 흙이 산성으로 변한다.

7. 시비시기 중요★★☆

구분	방법	효능	퇴비	시기
기비(기초 비료)	밑거름	지효성	유기질	낙엽 직후~이른 봄
추비(추가 비료)	덧거름	속효성	무기질	봄 이후

① **수목시비** 중요★★☆

기비 (숙비)	• 지효성 유기질 비료이다.(퇴비, 골분, 어분, 계분) • 수목의 성장이 미약한 시기 : 땅이 얼기 전(10월 하순~11월 하순), 잎이 피기 전(2월 하순~3월 하순) • 4~6월에 효과가 나타난다.
추비 (화비)	• 무기질 속효성 비료이다.(N, P, K 등 복합비료) • 수목 생장기인 꽃이 진 후 또는 열매를 딴 후 준다. • 4~6월 하순 수세회복을 목적으로 소량 시비한다.

② 지효성의 유기질 비료는 밑거름으로 주고, 속효성의 무기질 비료는 덧거름으로 준다.

지효성 비료	효력이 늦으며, 늦가을에서 이른 봄 사이에 준다.
속효성 비료	• 효력이 빠르며, 3월경 싹이 틀 때와 꽃이 졌을 때 준다. • 열매를 딸 때 소량으로 주며, 7월 이후에는 시비하지 않는다.(동해방지)

③ 화목류의 인산비료는 7~8월에 시비한다.
④ 조경수목의 밑거름 시비 시기는 일반적으로 낙엽진 후가 좋다.
⑤ 잔디는 지상부와 지하부의 생육이 활발할 때 시비한다.
⑥ 시비구멍은 깊이 20cm, 폭 20~30cm로 근원직경의 3~7배 정도 띄어서 파는 것이 좋다.

8. 거름 주는 방법

① 표면 시비법
　㉠ 작업은 신속하나, 비료의 유실이 많다.
　㉡ 토양에서 이동속도가 빠른 질소질 비료의 시비에 적당하다.

② 토양 내 시비법 중요★★★
　㉠ 땅을 갈거나 구덩이를 파서 시비하는 방법
　㉡ 토양수분이 적당히 유지될 때 시비한다.

전면 거름주기	• 수목을 식재하기 전 토양 표면에 밑거름을 깔고 경운하는 경우 • 수목이 밀식된 곳에 전면적으로 살포하는 경우 • 잔디밭 전면에 비료를 살포하는 경우, 관목에 주는 경우	
윤상 거름주기	• 수관 폭을 형성하는 가지 끝 아래의 수관선을 기준으로 환상시비 • 깊이 20~25cm, 너비 20~30cm 바퀴모양으로 파서 시비	
격윤상 거름주기	윤상 거름주기의 형태와 같으나, 일정간격을 띄어서 시비	금년도 거름주기 내년도 거름주기
방사상 거름주기	• 수목의 밑동으로부터 밖으로 방사상 모양으로 땅을 파고 시비 • 뿌리가 상하기 쉬운 노목에 실시	금년도 거름주기 내년도 거름주기
천공 거름주기	수관선상에 깊이 20cm 정도의 구멍을 군데군데 뚫고 시비	
선상 거름주기	산울타리처럼 군식된 수목을 도랑처럼 길게 구덩이를 파서 시비	

③ 엽면시비법
　㉠ 비료를 물에 희석하여 잎에 직접 살포하는 방법이다.
　㉡ 미량원소가 부족할 때 효과가 빠르며, 맑은 날 아침이나 저녁에 살포하는 것이 좋다.
　㉢ 뿌리 발육이 불량한 지역에 효과가 좋다.

02장 적중예상문제

01 일반적인 조경관리에 해당되지 않는 것은?
① 운영관리　　② 유지관리
③ 이용관리　　④ 생산관리

◉해설
조경관리에는 운영관리, 유지관리, 이용관리 등이 있다.

02 다음 중 관리하자에 의한 사고에 해당되지 않는 것은?
① 시설구조 자체의 결함에 의한 것
② 시설의 노후·파손에 의한 것
③ 위험장소에 대한 안전대책 미비에 의한 것
④ 위험물 방치에 의한 것

◉해설
① 설치하자에 대한 내용이다.

03 체계적인 품질관리를 추진하기 위한 데밍(Deming's Cycle)의 관리로 가장 적합한 것은?
① 계획(Plan) – 추진(Do) – 조치(Action) – 검토(Check)
② 계획(Plan) – 검토(Check) – 추진(Do) – 조치(Action)
③ 계획(Plan) – 조치(Action) – 검토(Check) – 추진(Do)
④ 계획(Plan) – 추진(Do) – 검토(Check) – 조치(Action)

04 조경수목의 관리를 위한 작업 가운데 정기적으로 해 주지 않아도 되는 것은?
① 전정(剪定) 및 거름주기
② 병해충 방제
③ 잡초제거 및 관수(灌水)
④ 토양개량 및 고사목 제거

◉해설
부정기 작업 : 죽은 나무 제거 및 보식, 시설물의 보수 등의 작업

05 조경수목의 관리계획을 정기 관리작업, 부정기 관리작업, 임시 관리작업으로 분류할 수 있다. 그중 정기 관리작업에 속하는 것은?
① 고사목 제거　　② 토양 개량
③ 세척　　　　　④ 거름주기

◉해설
정기 작업
청소, 수목의 전정, 병해충 방제, 거름주기, 페인트칠 등의 작업

06 수목을 목적에 알맞은 수형으로 만들기 위해 나무의 일부분을 잘라주는 것을 무엇이라 하는가?
① 근접　　　　　② 전정
③ 갱신을 위한 전정　④ 순자르기

◉해설
전정
수목의 관상, 개화결실, 생육상태 조절 등의 목적에 따라 불필요한 가지나 생육을 방해하는 가지, 줄기 일부를 잘라내는 정리 작업이다.

정답　01 ④　02 ①　03 ④　04 ④　05 ④　06 ②

07 정원수 전정의 목적으로 부적합한 것은?
① 지나치게 자라는 현상을 억제하여 나무의 자라는 힘을 고르게 한다.
② 움이 트는 것을 억제하여 속성으로 나무의 생김새를 만든다.
③ 강한 바람에 의해 나무가 쓰러지거나 가지가 손상되는 것을 막는다.
④ 채광, 통풍을 도움으로써 병해충의 피해를 미연에 방지한다.

● 해설
② 전정의 목적과 전혀 관계없다.

08 전정(剪定)을 통해 얻는 결과라 볼 수 없는 것은?
① 수세의 조절   ② 개화 결실의 조정
③ 일광, 통풍의 양호   ④ 지상부의 쇠약

● 해설
전정
조경수목의 꽃, 단풍, 열매, 줄기 등의 아름다움을 감상하기 위해 생장을 조절하고, 모양을 유지하는 등 목적에 맞는 수형으로 만들기 위하여 나무의 일부분을 잘라주는 것이다.

09 다음 중 전정의 목적으로 옳지 않은 것은?
① 희귀한 수종의 번식에 중점을 두고 한다.
② 미관에 중점을 두고 한다.
③ 실용적인 면에 중점을 두고 한다.
④ 생리적인 면에 중점을 두고 한다.

10 나무가 쇠약해지거나 말라 죽는 원인이라고 할 수 없는 것은?
① 생리적 노쇠현상
② 양분의 결핍
③ 기상의 영향
④ 토양 미생물의 왕성한 활동

● 해설
토양 미생물은 식물생장에 많은 도움을 준다.

11 다음 중 한 가지에 많은 봉우리가 생긴 경우 솎아 내거나 열매를 따버리는 등의 작업을 하는 목적으로 가장 적당한 것은?
① 생장을 돕는 가지 다듬기
② 세력을 갱신하는 가지 다듬기
③ 착화 및 착과 촉진을 위한 가지 다듬기
④ 생장을 억제하는 가지 다듬기

12 정원수를 이식할 때 가지와 잎을 적당히 잘라 주는 이유는 다음 중 어떤 목적에 해당하는가?
① 생장을 돕는 가지 다듬기
② 생장을 억제하는 가지 다듬기
③ 세력을 갱신하는 가지 다듬기
④ 생리 조절을 위한 가지 다듬기

● 해설
T/R율=1 균형을 이룸

13 향나무, 주목 등을 일정한 모양으로 유지하기 위하여 전정을 하여 형태를 다듬었다. 이러한 작업은 어떤 목적을 위한 가지 다듬기인가?
① 생장을 돕는 가지 다듬기
② 생장을 억제하는 가지 다듬기
③ 세력을 갱신하는 가지 다듬기
④ 생리 조절을 위한 가지 다듬기

14 소나무류의 순자르기는 어떤 목적을 위한 가지 다듬기인가?
① 생장을 돕는 가지 다듬기
② 생장을 억제하는 가지 다듬기
③ 세력을 갱신하는 가지 다듬기
④ 생리 조절을 위한 가지 다듬기

정답 07 ② 08 ④ 09 ① 10 ④ 11 ③ 12 ④ 13 ② 14 ②

15 다음 중 수목의 생장을 촉진하기 위하여 살포하는 생장 조절제는?

① 부타클로르 · 에톡시설퓨론입제(풀제로)
② 리뉴론수화제(아파론)
③ 아토닉액제(상공아토닉)
④ 글리포세이트액제(근사미)

16 제1신장기를 마치고 가지와 잎이 무성하게 자라면 통풍이나 채광이 나쁘게 되기 때문에 도장지나 너무 혼잡하게 된 가지를 잘라 주어 수광, 통풍을 좋게 하기 위한 전정은?

① 봄 전정
② 여름 전정
③ 가을 전정
④ 겨울 전정

● 해설
여름 전정
- 웃자란 가지, 혼잡한 가지를 잘라 주어 수광 및 통풍을 좋게 한다.
- 꽃눈분화 이전(6월경)에 전정을 끝내야 한다.
- 등나무는 필요에 따라 두세 마디 정도 남기고 자르거나 끝을 자른다.(꽃눈 분화, 광합성도 잘 이루어지지 않을 때)
- 바람의 피해가 우려되는 교목은 가지를 솎거나 잘라 주어야 한다.

17 다음 중 봄에 꽃이 피는 진달래 등의 꽃나무류 전정시기로 가장 적당한 것은?

① 꽃이 진 직후
② 여름에 도장지가 무성할 때
③ 늦가을
④ 장마 이후

● 해설
종별 전정시기

낙엽활엽수	3월, 7~8월, 10~12월	화목류	낙화(洛花) 무렵
상록활엽수	3월, 9~10월	유실수	싹 트기 전, 수액 이동 전
침엽수	3월(이른 봄), 한겨울을 피한 11~12월	가로수	하기 전정

18 다음 수목의 전정에 관한 설명 중 틀린 것은?

① 가로수의 밑가지는 2m 이상 되는 곳에서 나오도록 한다.
② 이식 후 활착을 위한 전정은 본래의 수형이 파괴되지 않도록 한다.
③ 춘계 전정(4~5월) 시 진달래, 목련 등의 화목류는 개화가 끝난 후에 하는 것이 좋다.
④ 하계 전정(6~8월)은 수목의 생장이 왕성한 때이므로 강전정을 해도 나무가 상하지 않아서 좋다.

● 해설
하계(여름) 전정은 솎아 주는 정도만 한다.(약전정)

19 전정시기와 횟수에 관한 설명 중 올바르지 않은 것은?

① 침엽수는 10~11월경이나 2~3월에 한 번 실시한다.
② 상록활엽수는 5~6월과 9~10월경 두 번 실시한다.
③ 낙엽수는 일반적으로 11~3월 및 7~8월경에 각각 한 번 또는 두 번 전정한다.
④ 관목류는 일반적으로 계절이 변할 때마다 전정하는 것이 좋다.

● 해설
관목류는 낙화(洛花) 무렵에 전정하는 것이 좋다.

20 낙엽수를 휴면기에 겨울 전정(12~3월)하는 장점으로 틀린 것은?

① 병해충의 피해를 입은 가지를 발견하기 쉽다.
② 가지의 배치나 수형이 잘 드러나므로 전정하기가 쉽다.
③ 굵은 가지를 잘라 내어도 전정의 영향을 거의 받지 않는다.
④ 막눈 발생을 유도하며 새 가지가 나오기 전까지 수종 고유의 아름다운 수형을 감상할 수 있다.

정답 15 ③ 16 ② 17 ① 18 ④ 19 ④ 20 ④

• 해설
겨울 전정은 막눈 발생 유도와 관계가 없다.

21 정원수의 전지 및 전정방법으로 틀린 것은?
① 보통 바깥 눈의 바로 윗부분을 자른다.
② 도장지, 병지, 고사지, 쇠약지, 서로 휘감긴 가지 등을 제거한다.
③ 침엽수의 전정은 생장이 왕성한 7~8월경에 실시하는 것이 좋다.
④ 도구로는 고지가위, 양손가위, 꽃가위, 한손가위 등이 있다.

• 해설
침엽수는 3월(이른 봄), 한겨울을 피한 11~12월에 전정하는 것이 좋다.

22 겨울 전정의 설명으로 틀린 것은?
① 12~3월에 실시한다.
② 상록수는 동계에 강전정하는 것이 가장 좋다.
③ 제거대상 가지를 발견하기 쉽고 작업도 용이하다.
④ 휴면 중이기 때문에 굵은 가지를 잘라 내어도 전정의 영향을 거의 받지 않는다.

• 해설
상록활엽수는 추위에 약하므로 강전정을 피한다.

23 다음 중 산울타리의 다듬기 방법으로 옳은 것은?
① 전정횟수와 시기는 생장이 완만한 수종의 경우 1년에 5~6회 실시한다.
② 생장이 빠르고 맹아력이 강한 수종은 1년에 8~10회 실시한다.
③ 일반 수종은 장마 때와 가을에 2회 정도 전정한다.
④ 화목류는 꽃이 피기 바로 전 실시하고, 덩굴식물의 경우 여름에 전정한다.

• 해설

전정 횟수	• 생장이 완만한 수종은 연 2회, 맹아력이 강한 수종은 연 3회 한다. • 일반적으로 장마 때와 가을에 2번 정도 전정한다.
전정 방법	• 식재 후 2년에는 가지를 치지 않는 것이 좋고, 식재 후 3년부터 제대로 전정을 실시한다. • 높은 울타리는 옆에서 위로, 낮은 울타리는 위에서 옆으로 실시한다. • 상부는 깊게, 하부는 얕게 하며, 단근작업은 9~10월(가을)에 실시한다.

24 울타리는 종류나 쓰이는 목적에 따라 높이가 다른데, 일반적으로 사람의 침입을 방지하기 위한 울타리의 경우 높이는 어느 정도가 가장 적당한가?
① 20~30cm   ② 50~60cm
③ 80~100cm   ④ 180~200cm

25 생울타리를 만들고자 한다. 30cm 간격으로 2줄 어긋나게 식재할 때 길이 3m에 몇 본을 식재할 수 있는가?
① 18본   ② 20본
③ 22본   ④ 25본

• 해설
길이(3m)÷간격(0.3m)=10본을 식재할 수 있으나, 어긋나게 식재해야 하기 때문에 9본이 필요하며, 2줄이므로 18본이 필요하다.

26 창살울타리(Trellis)는 설치 목적에 따라 높이가 차이가 결정되는데, 그 목적이 적극적 침입방지의 기능일 경우 최소 얼마 이상으로 하여야 하는가?
① 2.5m   ② 1.5m
③ 1m   ④ 50cm

• 해설
외부의 침입방지를 위한 창살울타리의 높이 최소 1.5m, 적정 1.8m

정답 21 ③ 22 ② 23 ③ 24 ④ 25 ① 26 ②

27 정원수 이용 분류상 보기의 설명에 해당되는 것은?

> • 가지 다듬기에 잘 견딜 것
> • 아래 가지가 말라 죽지 않을 것
> • 잎이 아름답고 가지가 치밀할 것

① 가로수　　② 녹음수
③ 방풍수　　④ 생울타리

28 제거대상 가지로 적당하지 않은 것은?

① 얽힌 가지
② 죽은 가지
③ 세력이 좋은 가지
④ 병해충 피해를 입은 가지

◉해설

잘라 주어야 할 가지
• 도장지(웃자란 가지)
• 고사지(말라 죽은 가지)
• 병지(병해충을 입은 가지)
• 밑에서 움돋은 가지
• 내향지(안으로 향한 가지)
• 교차한 가지
• 대상지(평행한 가지)
• 무성지(무성하게 자란 가지)

29 인공적인 수형을 만드는 데 적합한 수목의 특징으로 틀린 것은?

① 자주 다듬어도 자라는 힘이 쇠약해지지 않는 나무
② 병이나 벌레 등에 견디는 힘이 강한 나무
③ 되도록 잎이 작고 잎의 양이 많은 나무
④ 다듬어 줄 때마다 잔가지와 잎보다는 굵은 가지가 잘 자라는 나무

30 자연상태에서 굵은 가지를 전정하지 않는 것이 가장 좋은 수종은?

① 매화나무　　② 배롱나무
③ 벚나무　　　④ 능소화

31 다음 중 굵은 가지를 전정하였을 때 다른 수종들보다 전정부위에 반드시 도포제를 발라 주어야 하는 것은?

① 잣나무
② 메타세쿼이아
③ 느티나무
④ 자목련

32 수목을 전정한 뒤 수분 증발 및 병균 침입을 막기 위하여 상처 부위에 칠하는 도포제로 사용할 수 있는 것은?

① 유황
② 석회
③ 톱신페스트
④ 다이센 M

33 다음 중 소나무의 순자르기 방법으로 가장 거리가 먼 것은?

① 수세가 좋거나 어린나무는 다소 빨리 실시하고, 노목이나 약해 보이는 나무는 5~7일 늦게 한다.
② 손으로 순을 따 주는 것이 좋다.
③ 5~6월경에 새순이 5~10cm 길이로 자랐을 때 실시한다.
④ 자라는 힘이 지나치다고 생각될 때에는 1/3 ~1/2 정도 남겨 두고 끝부분을 따 버린다.

◉해설

노목이나 쇠약해 보이는 나무는 다소 빨리 실시하고, 수세가 좋거나 어린나무는 5~7일 정도 늦게 실시한다.

정답　27 ④　28 ③　29 ④　30 ③　31 ④　32 ③　33 ①

34 소나무의 순따기에 관한 설명 중 틀린 것은?

① 해마다 4~6월경 새순이 6~9cm 자라날 무렵에 실시한다.
② 손 끝으로 따 주어야 하고, 가을까지 끝내면 된다.
③ 노목이나 약해 보이는 나무는 다소 빨리 실시한다.
④ 상장생장(上長生長)을 정지시키고, 겉눈의 발육을 촉진시킴으로써 새로 자라나는 가지의 배치를 고르게 한다.

● 해설
소나무 순따기
5~6월에 2~3개의 순을 남기고 중심을 포함한 나머지 순을 따 버린다.

35 소나무류를 옮겨 심을 경우 줄기를 진흙으로 이겨 발라 놓는 주요한 이유가 아닌 것은?

① 해충 구제
② 수분의 증산 억제
③ 겨울을 나기 위한 월동 대책
④ 일시적인 나무의 외상 방지

● 해설
소나무 좀의 피해를 예방하기 위해서이다.

36 소나무 이식 후 줄기에 새끼를 감고 진흙을 바르는 과정의 주된 목적은?

① 건조로 말라 죽는 것을 막기 위하여
② 줄기가 햇빛에 타는 것을 막기 위하여
③ 추위에 얼어 죽는 것을 막기 위하여
④ 소나무 좀의 피해를 예방하기 위하여

37 다음 중 수목의 굵은 가지치기 방법으로 옳지 않은 것은?

① 잘라낼 부위는 먼저 가지의 밑동으로부터 10~15cm 부위를 위에서부터 아래까지 내리자른다.
② 잘라낼 부위는 아래쪽에 가지굵기의 1/3 정도 깊이까지 톱자국을 먼저 만들어 놓는다.
③ 톱을 돌려 아래쪽에 만들어 놓은 상처보다 약간 높은 곳을 위에서부터 내리자른다.
④ 톱으로 자른 자리의 거친 면을 손칼로 깨끗이 다듬는다.

38 다음 전정 방법 중 굵은 가지를 처리하는 방법으로 가장 잘 표현된 것은?

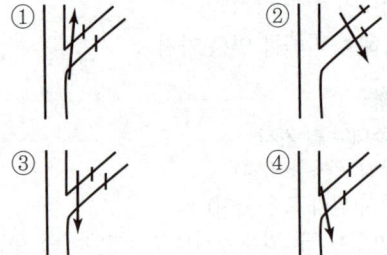

39 다음 그림 중 수목의 가지에서 마디 위 다듬기의 요령으로 가장 옳은 것은?

40 수목의 일반적인 전정방법으로 옳지 않은 것은?

① 수형이나 목적에 맞지 않는 가지부터 자른다.
② 가지를 자를 때는 위쪽에서 아래쪽으로 자른다.
③ 가지를 자를 때 수관 밖에서부터 안쪽으로 자른다.
④ 가는 가지를 먼저 자르고, 그다음 굵은 가지를 자른다.

정답 34 ② 35 ③ 36 ④ 37 ① 38 ④ 39 ④ 40 ④

● 해설
굵은 가지에서 가는 가지 순으로 전정한다.

41 조경수 전정의 방법이 옳지 않은 것은?

① 전체적인 수형의 구성을 미리 정한다.
② 충분한 햇빛을 받을 수 있도록 가지를 배치한다.
③ 병해충 피해를 받은 가지는 제거한다.
④ 아래에서 위로 올라가면서 전정한다.

● 해설
위에서 아래로, 오른쪽에서 왼쪽으로 돌아가면서 전정한다.

42 가는 가지 자르기 방법에 대한 설명으로 옳은 것은?

① 자를 가지의 바깥쪽 눈 바로 위를 비스듬히 자른다.
② 자를 가지의 바깥쪽 눈과 평행하게 멀리서 자른다.
③ 자를 가지의 안쪽 눈 바로 위를 비스듬히 자른다.
④ 자를 가지의 안쪽 눈과 평행하게 자른다.

43 다음 중 좋은 상태의 수목을 고르는 요령으로 가장 거리가 먼 것은?

① 가지의 수가 지나치게 많지 않고, 여러 방향으로 고르게 배치된 것
② 뿌리의 발육이 좋고 곧은 뿌리보다 곁뿌리가 훨씬 많은 것
③ 병해충의 피해를 입은 흔적이 없고, 잔가지가 충실한 것
④ 뿌리에 비해 가지가 훨씬 많은 것

44 수형(樹形)구성에 가장 예민한 영향을 미치는 환경인자는?

① 공기   ② 수분
③ 토양   ④ 광선

45 다음 중 줄기가 아래로 늘어지는 생김새의 수간을 가진 나무의 모양을 무엇이라 하는가?

① 쌍간   ② 다간
③ 직간   ④ 현애

46 토피어리(형상수)를 만드는 방법 및 순서에 관한 설명으로 틀린 것은?

① 상처에 유합 조직이 생기기 쉬운 따뜻한 계절을 택하여 실시한다.
② 불필요하다고 판단되는 가지를 쳐버린 다음, 남은 가지를 적당한 방향으로 유인한다.
③ 강전정으로 형태를 단번에 만들지 말고, 연차적으로 원하는 수형을 만들어 간다.
④ 토피어리를 만드는 방법은 어떤 수종이든 규준틀을 만들어 가지를 유인하는 것이 가장 효과적이다.

● 해설
토피어리
동물모양, 글자 등 일정한 형태를 갖도록 인위적으로 전정한 수형이며 규준틀과 상관없다.

47 거름을 주는 목적이 아닌 것은?

① 조경수목을 아름답게 유지하도록 한다.
② 병해충에 대한 저항력을 증진시킨다.
③ 토양 미생물의 번식을 억제시킨다.
④ 열매 성숙을 돕고, 꽃을 아름답게 한다.

● 해설
거름은 토양 미생물의 번식을 도와주며, 식물이 토양의 양분을 쉽게 이용하게 해준다.

정답 41 ④ 42 ① 43 ④ 44 ④ 45 ④ 46 ④ 47 ③

48 식물생육에 특히 많이 흡수·이용되는 거름의 3요소가 아닌 것은?

① N ② P
③ Ca ④ K

49 식물의 생육에 필요한 필수원소 중 다량원소가 아닌 것은?

① Mg ② H
③ Ca ④ Fe

● 해설

다량원소	C(탄소), H(수소), O(산소), N(질소), P(인), K(칼륨), Ca(칼슘), Mg(마그네슘), S(황)
미량원소	Fe(철), Cl(염소), Mn(망간), Zn(아연), B(붕소), Cu(구리), Mo(몰리브덴)
비료의 3요소	질소(N), 인(P), 칼륨(K)이며 칼슘(Ca)을 추가하면 비료의 4요소가 된다.

50 다음 중 식물체의 생리기능을 돕는 미량원소가 아닌 것은?

① Mn ② Zn
③ Fe ④ Mg

51 비료는 화학적 반응을 통해 산성비료, 중성비료, 염기성 비료로 분류되는데, 다음 중 산성비료에 해당하는 것은?

① 황산암모늄 ② 과인산석회
③ 요소 ④ 용성인비

● 해설

질소질 비료 : 황산암모늄(유안), 요소, 질산암모늄, 석회질소

52 잔디의 생육상태가 쇠약하고, 잎이 누렇게 변할 때에는 어떤 비료를 주는 것이 가장 효과적인가?

① 요소 ② 과인산석회
③ 용성인비 ④ 염화칼륨

● 해설

요소 : 질소질 비료

53 식물 생장에 꼭 필요한 원소 중 질소가 결핍되었을 때 생기는 현상은?

① 신장 생장이 불량하여 줄기나 가지가 가늘어지고 묵은 잎부터 황변하여 떨어진다.
② 잎이 비틀어지며 변색하고 결실이 좋지 못하며 뿌리의 생장이 저하된다.
③ 옥신의 부족으로 절간생장이 억제되고 잎이 작아진다.
④ 뿌리나 눈의 생장점이 붉게 변하여 죽고 건조나 추위의 해를 받기 쉽다.

● 해설

질소(N)

역할	• 영양생장과 광합성작용의 촉진으로 잎이나 줄기 등 수목의 생장에 도움을 준다.
결핍	• 결핍 시 신장생장이 불량하여 줄기나 가지가 가늘고 작아지며, 묵은 잎이 황변하며 떨어진다. • 활엽수 : 잎이 황황색하고 잎의 수가 적고 두꺼워지며, 조기낙엽이 된다. • 침엽수 : 침엽이 짧고 황색을 띤다.
과잉	• 과잉하면 도장하고 약해지며 성숙이 늦어진다. • 뿌리, 가지, 잎 등의 생장점에 많이 분포되어 있다.

54 이 비료성분은 탄소동화작용, 질소동화작용, 호흡작용 등 생리기능에 중요하며, 뿌리, 가지, 잎 등의 생장점에 많이 분포되어 있다. 결핍 시 신장생장이 불량하여 줄기나 가지가 가늘고 작아지며, 묵은 잎부터 황변하여 떨어지게 하는 것은?

① Fe ② P
③ Ca ④ N

정답 48 ③ 49 ④ 50 ④ 51 ① 52 ① 53 ① 54 ④

55 질소와 칼륨 비료의 효과로 부적합한 것은?

① N : 수목 생장 촉진
② K : 뿌리, 가지 생육촉진
③ N : 개화 촉진
④ K : 각종 저항성 촉진

● 해설
- N : 영양생장과 광합성작용의 촉진으로 잎이나 줄기 등 수목의 생장에 도움을 준다.
- P : 세포분열을 촉진하여 꽃과 열매의 발육에 관여하며 새 눈과 잔가지를 형성한다.

56 곁눈 밑에 상처를 내어 놓으면 잎에서 만들어진 동화물질이 축적되어 잎눈이 꽃눈으로 변하는 일이 많다. 어떤 이유 때문인가?

① C/N율이 낮아지므로
② C/N율이 높아지므로
③ T/R율이 낮아지므로
④ T/R율이 높아지므로

● 해설
식물체 내의 탄수화물과 질소의 비율, 즉 C/N율에 따라 생육과 개화 결실이 지배된다고도 보는데, C/N율이 높으면 개화를 유도하고, C/N율이 낮으면 영양생장이 계속된다.

57 조경수목 중 탄수화물의 생성이 풍부할 때 꽃이 잘 필 수 있는 조건에 맞는 탄소와 질소의 관계로 가장 적당한 것은?

① N > C
② N = C
③ N < C
④ N ≦ C

58 세포분열을 촉진하여 식물체의 각 기관들의 수를 증가시키며, 특히 꽃과 열매를 많이 달리게 하고, 뿌리의 발육, 녹말생산, 엽록소의 기능을 높이는 데 관여하는 영양소는?

① N
② P
③ K
④ Ca

59 일반적으로 수목에 거름을 주는 요령으로 맞는 것은?

① 밑거름은 늦가을부터 이른 봄 사이에 준다.
② 효력이 빠른 거름은 3월경 싹이 틀 때, 꽃이 졌을 때, 그리고 열매 따기 전 여름에 준다.
③ 산울타리는 수관선 바깥쪽으로 방사상으로 땅을 파고 거름을 준다.
④ 유기질 비료는 속효성이므로 덧거름을 준다.

● 해설
밑거름은 낙엽 직후에서 이른 봄 사이에 준다.

60 거름을 줄 때 지켜야 할 점으로 잘못된 것은?

① 흙이 몹시 건조하면 맑은 물로 땅을 축이고 거름주기를 한다.
② 두엄, 퇴비 등으로 거름을 줄 때는 다소 덜 썩은 것을 선택하여 실시한다.
③ 속효성 거름주기는 7월 말 이내에 끝낸다.
④ 거름을 주고난 다음에는 흙으로 덮어 정리 작업을 실시한다.

● 해설
② 두엄, 퇴비 등에는 완숙된 거름을 사용한다.

61 다음 중 질소질 속효성 비료로서 주로 덧거름으로 쓰이는 비료는?

① 황산암모늄
② 두엄
③ 생석회
④ 깻묵

● 해설

구분	방법	효능	퇴비	시기
기비 (기초 비료)	밑거름	지효성	유기질	낙엽 직후~이른 봄
추비 (추가 비료)	덧거름	속효성	무기질	봄 이후

정답 55 ③ 56 ② 57 ③ 58 ② 59 ① 60 ② 61 ①

62 수종에 따라 차이가 있지만 다음 중 일반적으로 수목에 덧거름을 주는 시기로서 가장 적합한 시기는?

① 10월 하순~11월 하순
② 12월 하순~1월 하순
③ 2월 하순~3월 하순
④ 4월 하순~6월 하순

●해설
덧거름 : 4~6월 하순, 수세회복을 목적으로 소향시비한다.

63 정원수의 거름주기 설명으로 옳지 않은 것은?

① 속효성 거름은 7월 이후에 준다.
② 지효성의 유기질 비료는 밑거름으로 준다.
③ 질소질 비료와 같은 속효성 비료는 덧거름으로 준다.
④ 지효성 비료는 늦가을에서 이른 봄 사이에 준다.

●해설
열매를 땄을 때 소량으로 주며, 7월 이후에는 시비하지 않는다.(동해방지)

64 다음 중 정원수의 덧거름으로 가장 적합한 것은?

① 요소   ② 생석회
③ 두엄   ④ 쌀겨

65 생울타리처럼 수목이 대상으로 군식되었을 때 거름주는 방법으로 가장 적당한 것은?

① 전면 거름주기
② 방사상 거름주기
③ 천공 거름주기
④ 선상 거름주기

●해설

전면 거름주기	• 수목을 식재하기 전 토양 표면에 밑거름을 깔고 경운하는 경우 • 수목이 밀식된 곳에 전면적으로 살포하는 경우 • 잔디밭 전면에 비료를 살포하는 경우
윤상 거름주기	• 수관 폭을 형성하는 가지 끝 아래의 수관선을 기준으로 환상시비 • 깊이 20~25cm, 너비 20~30cm 바퀴모양으로 파서 시비
격윤상 거름주기	• 윤상 거름주기의 형태와 같으나, 일정간격을 띄어서 시비
방사상 거름주기	• 수목의 밑동으로부터 밖으로 방사상 모양으로 땅을 파고 시비 • 뿌리가 상하기 쉬운 노목에 실시
천공 거름주기	• 수관선상에 깊이 20cm 정도의 구멍을 군데군데 뚫고 시비
선상 거름주기	• 산울타리처럼 군식된 수목을 도랑처럼 길게 구덩이를 파서 시비

66 다음 중 수관 폭을 형성하는 가지 끝 아래의 수관선을 기준으로 하여 환상으로 깊이 20~25cm, 너비 20~30cm 정도로 둥글게 파서 거름을 주는 방법은?

① 윤상 거름주기   ② 방사상 거름주기
③ 천공 거름주기   ④ 전면 거름주기

67 조경수목에 거름 주는 방법 중 윤상 거름주기 방법으로 옳은 것은?

① 수목의 밑동으로부터 밖으로 방사상 모양으로 땅을 파고 거름을 주는 방식이다.
② 수관 폭을 형성하는 가지 끝 아래의 수관선을 기준으로 환상으로 둥글게 하고 거름 주는 방식이다.
③ 수목의 밑동부터 일정한 간격을 두고 도랑처럼 길게 구덩이를 파서 거름을 주는 방식이다.
④ 수관선상에 구멍을 군데군데 뚫고 거름을 주는 방식으로, 주로 액비를 비탈면에 줄 때 적용한다.

정답 62 ④ 63 ① 64 ① 65 ④ 66 ① 67 ②

68 윤상 거름주기를 할 때, 다음 그림에서 시비의 위치로 가장 적합한 곳은?

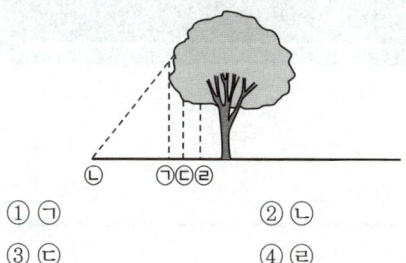

① ㉠   ② ㉡
③ ㉢   ④ ㉣

69 수목의 밑동으로부터 밖으로 방사상 모양으로 땅을 파고 거름을 주는 방법은?

① 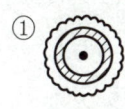   ②

③    ④

70 다음 그림은 정원수의 거름주는 방법이다. 이 중 방사상 시비법에 해당하는 것은?

① 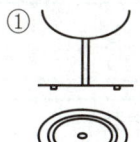   ②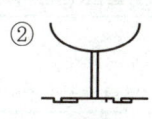

③ 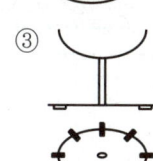   ④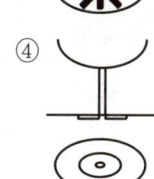

정답 68 ① 69 ② 70 ②

03장 조경수목관리 – 2

SECTION 01 조경수목의 병해 방제

1. 병해 관련 용어 중요★★☆

병원	수목에 병을 일으키는 원인을 병원이라 한다.
병원체	병원이 생물이거나 바이러스일 때
병원균	병원이 세균 및 진균일 때
주인	병을 일으키는 주된 원인
기주식물	병원체가 이미 침입하여 정착한 병든 식물
감염	병원체가 그 내부에 정착하여 기생관계가 성립되는 과정
잠복기	감염에서 병징이 나타나서 발병하기까지의 기간
병환	병원체가 새로운 기주식물에 감염하여 병을 일으키고 병원체를 형성하는 일련의 과정
병징	병든 식물 자체의 조직변화(색깔의 변화, 천공, 위조, 괴사, 비대 등)
표징	병원체가 병든 식물체상의 환부에 나타나 병의 발생을 알림(진균의 경우)

※ 병의 발생에 필요한 3가지 요인 : 환경, 기주, 병원체

참고

기주교대	병균이 생활사를 완성하기 위해 전혀 다른 2종의 식물을 기주로 사는 것
중간기주	두 기주 중에서 경제적 가치가 적은 것

2. 병원의 분류

① 전염성과 비전염성의 분류 중요★★☆

전염성	비전염성
• 바이러스(Virus) : 모자이크병 • 마이코(파이토)플라스마 : 대추나무 빗자루병, 오동나무 빗자루병, 뽕나무 오갈병, 붉나무 빗자루병 등 • 세균(bacteria) : 뿌리혹병 • 진균 : 모잘록병, 벚나무 빗자루병, 흰가루병 • 선충 : 소나무 시듦병	• 부적당한 토양조건 • 부적당한 기상조건 • 유기물질에 의한 것 • 농기구, 기계적 상해

② 발병 부위에 따른 분류

잎, 꽃, 과일	흰가루병, 붉은별무늬병, 녹병, 균핵병, 갈색무늬병, 탄저병, 회색곰팡이병
줄기	줄기마름병, 가지마름병, 암종병
수목전체	시듦병(시들음병), 세균성 연부병, 바이러스 모자이크병, 흰비단병
뿌리	흰빛날개무늬병, 자줏빛날개무늬병, 뿌리썩음병, 근두암종병, 선충

3. 식물병 방제법 중요★★★

비배관리	질소질 비료를 과용하면 식물체가 웃자라서 동해(凍害)와 상해(霜害)를 받기 쉽다.
환경개선	토양이 과습할 때 피해가 크므로 배수, 통풍을 조절한다.
전염원 제거	감염된 가지나 줄기, 잎을 소각하거나 땅속에 묻는다.
중간기주 제거	• 잣나무 털녹병의 중간기주 : 송이풀과 까치밥나무 • 포플러 잎녹병의 중간기주 : 낙엽송 • 배나무 적성병의 중간기주 : 향나무 • 소나무 혹병의 중간기주 : 참나무류
윤작실시(돌려짓기)	연작의 피해가 증가하는 경우(침엽수 입고병, 오동나무 탄저병) 윤작이 효과적이다.

4. 병해충 방제법 중요★☆☆

생물학적 방제	천적의 이용
물리학적 방제	잠복소, 낙엽태우기, 전정가지의 소각, 유살, 경운 등 이용
화학적 방제	농약을 이용

5. 약제 종류

① 살포시기에 따른 분류

보호살균제	침입 전에 살포하여 병으로부터 보호하는 약제(동제)
직접 살균제	병환 부위에 뿌려 살균하여 병균을 죽이는 것(유기수은제)
치료제	병원체가 이미 기주식물의 내부조직에 침입하였을 경우 치료의 목적으로 사용하는 약제

② 주요 성분에 따른 분류 중요★★☆

동제 (보르도액, 보호 살균제)	• 석회유액과 황산동액을 혼합한 것으로, 조제 a-b식으로 표시(a : 황산동, b : 생석회) • 사용할 때마다 조제하여야 효과적이다. • 바람이 없는 약간 흐린 날 식물체 표면에 골고루 살포하며, 전착제를 사용하여 효과를 높인다. • 흰가루병, 토양전염성병에는 효과가 없다.
황제	• 무기황제(석회황합제) : 적갈색물약, 흰가루병과 녹병의 방제에 사용한다. • 유기황제 : 지네브제(다이젠 M-45), 마네브제(다이젠 M-22), 지람제 등
항생물질계	• 마이코(파이토)플라스마에 의한 수병 치료에 효과적이다. • 옥시테트라사이클린계 : 오동나무·대추나무 빗자루병, 뽕나무 오갈병 등의 방제에 사용한다. • 사이클로헥시마이드 : 잣나무털녹병
유기합성제	• PCNB제, CPC제

6. 주요 병해의 증상 및 방제법

① 침엽수의 병해와 방제

㉠ 잎마름병

피해	• 주목, 소나무, 곰솔, 잣나무 등에 발생하며, 병원균이 잎을 침해한다. • 병든 잎이 갈색으로 변하여 일찍 떨어지며 생장이 저하된다.
병징	• 봄철 침엽 윗부분에 띠 모양의 황색 반점들이 형성된다. • 나중에 갈색으로 변하면서 반점들이 합쳐진다.
방제	• 병든 묘목은 발생 초기에 소각한다. • 구리제를 5월~8월까지 2주 간격으로 살포하면 방제 효과가 크다.

㉡ 잣나무털녹병 중요★☆☆

피해	잣나무류의 가장 중요한 병으로 15년생 이하의 잣나무에서 많이 발생한다.
병징	• 병원균이 잎의 기공으로 침입하여 줄기로 퍼지며, 잎에는 미세한 황색 반점을 형성한다. • 균사가 침입한 줄기는 수피가 황색으로 변하고 2년 후에는 적갈색으로 부풀며, 8월 이후에는 점질상 물방울이 나타나며, 이듬해 봄에 수피가 파괴된다.
방제	• 중간기주인 송이풀과 까치밥나무를 제거한다. • 잣나무 묘포에 8월부터 10일 간격으로 구리제를 2~3회 살포한다.

② 활엽수의 병해와 방제

㉠ 흰가루병(백분병) 중요★★★

피해	• 밤나무, 참나무류, 느티나무, 물푸레나무, 감나무, 벚나무, 배롱나무, 단풍나무, 개암나무, 붉나무, 오리나무, 장미 등에 많이 발생한다. • 주로 늦가을에 심하게 발생하여 조경수목의 미관을 해치며, 진균에 속하는 자낭균류의 대표적인 병해이다.
병징	• 장마철 이후부터 잎 앞뒷면에 흰색의 반점이 생기며 점차 확대되어 가을이 되면 잎을 하얗게 덮고 그 후 갈색을 띤 작은 알갱이가 흰 분말 사이에 형성된다. • 온도차가 크고, 일조부족, 질소과다, 기온이 높고 습기가 많으면서 통풍이 불량한 경우 발생한다.
방제	• 일광 통풍을 좋게 하고, 병든 낙엽을 모아 소각하여 전염원을 차단해야 한다. • 봄에 새순이 나오기 전에는 석회황합제, 여름에는 만코지 수화제, 지오판 수화제, 베노밀 수화제 등을 2주 간격으로 살포한다.

㉡ 녹병(수병) 중요★★★

피해	• 장미과 중에서, 특히 배나무, 사과나무에 피해를 주며, 이 병은 적성병을 일으키는 포자를 형성한다. • 향나무 줄기 및 가지의 수피를 뚫고 동포자를 형성하는 균은 향나무의 가지와 줄기를 말라 죽게 한다.
병징	• 봄에 향나무의 잎과 줄기에 갈색의 돌기가 형성되며, 비가 와서 수분이 많아지면 황색의 한천 모양으로 부풀어 오른다. • 이때 동포자가 발아하여 장미과 식물로 옮겨 간다. • 6~7월에 장미과 식물의 잎과 열매 등에 작은 노란색 반점이 나타나고, 그 중앙에 흑색점이 생긴다.
방제	• 향나무 부근에 장미과 나무를 식재하지 않도록 한다. • 향나무에 만코지 수화제, 폴리옥신 수화제, 4-4식 보르도액 등을 살포한다.

㉢ 그을음병(매병) 중요★★☆

피해	• 소나무류, 주목, 대나무, 배롱나무, 감나무, 감귤 등에 피해를 입힌다. • 나무가 말라 죽는 일은 없으나 동화작용 부족으로 수세가 약해진다.
병징	• 깍지벌레, 진딧물 등 흡즙성 해충의 배설물에 의한 2차 피해를 준다. • 가지, 줄기, 과일 등에 그을음이 덮인 것처럼 보인다.
방제	• 휴면기에 기계유 유제를 살포하고, 발생기에는 마라톤, 메티온 유제를 살포하여 흡즙성 해충을 구제한다. • 질소질 거름의 과다 사용도 발생원인이므로 과용하지 않는다. • 그을음병의 직접 방제 시 만코지, 티오판 수화제를 살포한다.

㉣ 빗자루병 중요★★☆

피해	대추나무, 오동나무, 벚나무 등에서 발생한다.
병징	• 마이코플라스마라는 병원균이 원인이며, 잔가지가 빗자루 모양처럼 발생한다. • 영양번식체(접수, 분주묘)를 통해 전염되는 전신병이다.
방제	옥시테트라사이클린을 수간 주입하고 파라티온수화제, 메타유제를 1,000배액으로 살포한다.

※ 분주묘 : 줄기에 뿌리가 붙은 채로 자라다가 양성한 묘목을 말한다.

③ 기타 병해와 방제
　㉠ 갈색무늬병

피해	개나리, 라일락, 굴거리나무, 무궁화, 식나무, 황매화, 오리나무 등
방제	싹트기 전 보르도액, 만코지수화제 등을 살포한다.

　㉡ 배나무 붉은 별무늬병(붉은 적성병) 중요★★☆

병징	향나무가 중간기주 역할을 한다.
방제	향나무와 배나무를 격리한다.

　㉢ 참나무 시들병(Oak wilt) : 건강한 참나무류가 급속히 말라 죽는 병 중요★★☆

병징	• 우리나라에서는 2004년 경기도 성남시에서 처음 발견되었다. • 매개충인 광릉긴나무좀과 병원균 간의 공생작용에 의해 발병한다. • 피해수종 : 갈참나무, 신갈나무, 졸참나무 등 • 광릉긴나무좀 성충이 5월 상순부터 나타나서 참나무류로 침입한다. • 피해목은 7월부터 빨갛게 시들면서 말라 죽기 시작하고 겨울에도 잎이 떨어지지 않고 붙어 있다. • 고사목의 줄기와 굵은 가지에 매개충의 침입공이 다수 발견되며, 목재 주변에는 배설물이 많이 분비된다.
방제	• 매개충의 생활사에 따른 복합방제를 실시한다. • 매개충의 잠복시기(11월~4월)에는 소구역 모두베기, 벌채훈증을 한다. • 매개충의 우화시기(5월~10월)에는 지역여건에 따라 끈끈이트랩, 벌채훈증, 지상약제 살포 등으로 복합방제를 추진한다.

> 참고
> • 한국의 3대 해충 : 솔잎혹파리, 솔나방, 흰불나방
> • 소나무 3대 해충 : 솔잎혹파리, 솔나방, 소나무좀

SECTION 02 조경수목의 충해 방제

1. 곤충의 형태 중요★★☆

① 외부형태 : 모든 곤충류의 형태는 머리, 가슴, 배의 3부분으로 나뉜다.

가슴	보통 앞가슴, 가운데 가슴, 뒷가슴의 3부분으로 되어 있다.
날개	대개 2쌍이며, 앞날개는 가운데 가슴에, 뒷날개는 뒷가슴에 달려 있다.
다리	앞가슴, 가운데 가슴, 뒷가슴에 1쌍씩 총 3쌍이 있으며, 각각 앞다리, 가운데 다리, 뒷다리라고 부른다.

> **참고** 거미
> 절지동물이며 거미강에 속한다. 다리가 4쌍으로 곤충과 따로 분류하며 머리가슴과 배로 구분한다.

② **내부형태** : 내부기관에는 소화계, 순환계, 신경계, 생식계 등이 있다.

┃소화계 분류┃

전장	먹은 것을 임시 저장하며 기계적 소화가 일어난다.
중장	소화·흡수작용이 일어나며 위의 기능을 한다.
후장	소화관의 맨 끝부분이다.

2. 주요 해충별 가해 증상 및 방제법

※ 조경수의 해충에 따른 분류 중요★★☆

종류	주요해충
식엽성	솔나방, 흰불나방, 노랑쐐기나방, 버들재주나방, 오리나무잎벌 등
흡즙성	진딧물, 응애류, 깍지벌레, 방패벌레, 솔잎혹파리 등
천공성	향나무하늘소, 소나무좀, 박쥐나방, 미끈이하늘소
충영형성	솔잎혹파리, 밤나무혹벌

① **식엽성 해충(잎을 갉아 먹는 해충)**

㉠ **솔나방** : 1년에 1회 발생 중요★★☆

피해	• 송충이(애벌레)가 솔잎을 갉아 먹는 소나무의 대표적 충해이다. • 잠복소를 10월 중에 설치·유인하여 태워 죽인다. • 소나무, 곰솔, 리기다소나무, 잣나무, 낙엽송 등에 피해를 준다.
화학적 방제법	디프제(디프액제, 디프로스, 디프유제), 파라티온을 살포한다.
생물학적 방제법	맵시벌, 고치벌, 뻐꾸기 등

㉡ **(미국)흰불나방** : 1년에 2회 발생(5~6월, 7~8월) 중요★★☆

피해	• 겨울철에 번데기 상태로 월동하며 성충의 수명은 3~4일 정도이다. • 가로수와 정원수에 피해가 심하다. • 포플러류, 버즘나무 등 160여 종의 활엽수 잎을 먹으며, 부족하면 초본류도 먹는다.
화학적 방제법	수관에 디프제(디프유제, 디프테렉스 1,000배액), 스미치온, 그로프수화제를 살포한다.
생물학적 방제법	긴등기생파리, 송충알벌

※ 플라타너스의 흰불나방 약제 : 그로프수화제(더스반), 주론수화제(디밀린), 디플루벤주론수화제

ⓒ 독나방

피해	각종 활엽수의 잎을 가해
화학적 방제법	디프제, 파라티온, 포스트수화제
생물학적 방제법	긴등기생파리

ⓔ 버들재주나방 : 1년에 2회 발생

피해	주로 가로수를 가해
화학적 방제법	메프수화제, 디프유제, DDVP 등
생물학적 방제법	밀화부리, 찌르레기

ⓜ 오리나무잎벌레 : 1년에 1회 발생

피해	성충과 유충이 동시에 잎을 갉아 먹으며 잎이 붉게 변색된다.
화학적 방제법	디프제
생물학적 방제법	무당벌레

ⓗ 텐트나방 : 1년에 1회 발생

피해	• 4월 하순경 가지의 분기점에 거미줄로 텐트를 치고, 그 속에서 집단 서식하며 밤에 잎을 가해한다. • 포플러류, 사과나무류, 배나무, 참나무류, 장미류 등을 가해한다.
화학적 방제법	메프유제, 디프제
생물학적 방제법	포식성벌, 맵시벌

② 흡즙성 해충(즙액을 빨아 먹는 해충)

ⓐ 진딧물류 : 1년에 10회 내외 발생 중요★★☆

피해	• 침엽수 및 활엽수의 대부분 수종에 기생하는 해충이다. • 월동한 알에서 부화한 애벌레가 수목의 줄기와 가지에 기생하며 즙액을 빨아 먹으므로 잎이 마르고 수세가 약해진다. • 2차 피해로 각종 바이러스병을 유발시키며, 무궁화나 꽃사과에 많이 발생한다.
화학적 방제법	발생 초기에 메타시스톡스 유제, 마라톤 유제를 살포한다.
생물학적 방제법	무당벌레류, 풀잠자리, 꽃등애류, 기생벌

ⓑ 응애류 : 1년에 5~10회 발생 중요★★☆

피해	• 대부분의 수목에 피해를 입히고, 바늘과 같이 끝이 뾰족한 입틀로 잎의 즙액을 빨아 먹는다. • 잎에 황색 반점을 만들고 이 반점이 많아지면 잎 전체가 황갈색으로 변한다.
화학적 방제법	• 4월 중하순에 살비제(응애를 죽이는 약)를 수관에 7~10일 간격으로 2~3회 살포한다. • 연용하여 사용 시 약에 내성을 가진 저항성 응애가 발생할 수 있다.
생물학적 방제법	무당벌레류, 거미, 풀잠자리

ⓒ 깍지벌레류 : 1년에 1~3회 발생

피해	• 감나무, 벚나무, 사철나무 등에 많이 발생한다. • 콩 꼬투리 모양의 보호깍지로 싸여 있고 왁스물질을 분비한다.
화학적 방제법	• 수프라사이드 유제를 5월 중·하순에 1주일 간격으로 2~3회 살포한다. • 메티온(메치온)유제, 기계유, 메카밤 유제 등을 살포한다.
생물학적 방제법	무당벌레류, 풀잠자리

ⓔ 솔잎혹파리 : 1년에 1회 발생(**충영형성에도 속한다**)

피해	• 1929년 서울의 비원과 전남 목포지방에서 처음 발견되었다. • 소나무, 곰솔 등에 발생하며, 유충이 솔잎기부에 벌레혹을 만들고 그 속에 수액 및 즙액을 빨아 먹는다.
화학적 방제법	• 6~7월 중순경 포스팜 및 다이메크론을 나무줄기에 수간 주사한다.
생물학적 방제법	솔잎혹파리먹좀벌, 파리살이먹좀벌

③ 천공성 해충(구멍을 뚫는 해충)

ⓐ 측백나무 하늘소(향나무 하늘소) : 1년에 1회 발생

피해	• 애벌레가 향나무나 측백나무의 형성층 부위에 구멍을 뚫어 나무를 급속히 말라 죽인다. • 10~2월 사이에 피해를 받은 가지나 줄기를 소각한다. • 피해수종 : 측백나무, 향나무류, 편백, 화백, 삼나무
화학적 방제법	봄철(3월~4월)에 메프제를 2~3회 살포하여 부화 애벌레를 죽인다.
생물학적 방제법	좀벌류, 맵시벌류, 기생파리류

ⓑ **솔수염하늘소(북방수염하늘소)** : 1년에 1회 발생 중요★★☆

피해	• 소나무류의 수피 밑에서 **형성층과 목질부**를 갉아 먹으며 생활한다. • 소나무 에이즈로 부른다. • **소나무재선충의 숙주 노릇을 한다.**
방제법	벌채 작업을 통한 서식지 제거 및 확산을 방지하고, 유충을 제거한다.
화학적 방제법	• 고사목을 철저히 벌채해 훈증 또는 소각하거나 파쇄한다. • 5~8월에 아세타미프리드 액제 1,000배액을 3회 이상 살포한다.

ⓒ **소나무좀** : 1년에 1회 발생 중요★★☆

피해	• 유충이 쇠약목에 구멍을 뚫어 수분과 양분의 이동을 막아 말려 죽인다. • 성충은 새 가지에 구멍을 뚫어 말려 죽인다.(성충에 의한 피해가 크다) • 인근지역에 소나무 벌채지나 원목 집재한 장소가 있으면 피해가 증가한다.
방제법	수세가 약한 나무를 미리 제거하고 벌채목의 껍질을 벗겨 번식처를 제거한다.
생활사	유충은 2회 탈피하며 유충기간은 약 20일이다.

② 박쥐나방 : 2년에 1회 발생

피해	어린 유충은 초본류의 줄기를 가해하지만 성장한 후에는 줄기의 중심부로 파고 들어가 위아래로 갱도를 만들어 가해한다.
화학적 방제법	마라톤 500배액을 살포한다.

◎ 미끈이하늘소

피해	10~30년생 정도 되는 나무 및 참나무류, 밤나무 등에 많은 피해를 준다.
화학적 방제법	메프유제, 파라티온을 살포한다.

④ 충영형성 해충

㉠ 밤나무혹벌 : 1년에 1회 발생

피해	유충은 밤나무 눈에 기생하여 벌레혹을 만들어 새순이 자라지 못하게 되어 개화 결실 피해를 준다.
생물학적 방제법	긴꼬리좀벌, 상수리좀벌

㉡ 솔잎혹파리(흡즙성 해충에도 속한다) : 1년에 1회 발생

피해	• 1929년 서울의 비원과 전남 목포지방에서 처음 발견되었다. • 소나무, 곰솔 등에 발생하며, 유충이 솔잎기부에 벌레혹을 만들고 그 속에 수액 및 즙액을 빨아 먹는다.
화학적 방제법	6~7월 중순경 다이메크론을 나무줄기에 수간 주사한다.
생물학적 방제법	솔잎혹파리먹좀벌, 파리살이먹좀벌

SECTION 03 농약의 사용

1. 농약의 정의

① 농약 : 농작물에 피해를 주는 균, 곤충, 응애, 선충, 바이러스, 잡초, 기타 동식물의 방제에 사용되는 살균제, 살충제, 제초제 등의 약제와, 기피제, 유인제, 전착제와 같이 농작물의 생리 기능을 증진하거나 억제하는 데 사용하는 약제이다.

② 사용목적에 따른 분류 중요★★☆

구분		포장지색	특징
살충제		초록색	• 해충을 방제할 목적으로 쓰이는 약제 • 페니트로티온 유제, 다이아지논, 엘드린, 디프테렉스, 스미티온, 파라티온, DDVP 등
살균제		분홍색	• 병원균을 죽일 목적으로 쓰이는 약제 • 다이젠 M-45, 보르도액, 석회유황합제, 베노빌수화제 등
살비제		초록색	응애만을 죽이는 농약
생장조절제		청색	생장을 촉진하고 낙과를 방지하기 위한 약제
보조제		흰색	농약이 해충의 몸이나 농작물의 표면에 잘 묻도록 효과를 높여주는 약제
제초제	선택성	노란색	잔디를 제외한 모든 잡초를 살초하는 약제(시마진, 알라크로르유제)
	비선택성	적색	수목과 잡초를 모두 살초하는 약제(그라목손)
살선충제			토양 또는 식물체 내에 기생하는 선충을 죽이는 약제

③ 방제에 따른 분류 중요★★☆

소화중독제	• 해충의 입을 통해서 소화기관 내에 들어가 중독 작용을 일으킨다. • 식엽성 방제
침투성 살충제	• 약제를 토양에 살포하여 식물에 흡수시키며, 오랫동안 방제 효과가 있다. • 흡즙성 방제
접촉성 살충제	표면에 직접 살포하거나 살포된 물체에 해충이 접촉되어 약제가 채내에 침입하여 독 작용을 한다.
지속성 접촉제	천적 등 방제대상이 아닌 곤충류에 가장 큰 피해를 준다.
기피제	해충에 자극(냄새)을 주어 가까이 오지 못하게 한다.
유인제	유인해서 죽인다.

④ 농약사용법 중요★☆☆

도포법	수간과 줄기 표면의 상처에 침투성 약액을 발라 조직 내로 약효성분이 흡수되게 하는 방법
관주법	약액을 땅속에 주입하는 방법
도말법	종자를 소독하는 방법(분말약제를 도포하는 것)
분무법	분사 노즐을 이용하여 뿌리는 방법

2. 농약의 취급관리 중요★★☆

① 사용법, 주의사항, 취급요령 등을 확실히 숙지한다.
② 농약은 어린이의 손이 닿지 않는 곳에 보관한다.
③ 온도 변화에 따라 성질이 변화하기 때문에 서늘하고 어두운 곳에 보관한다.
④ 일부 농약은 인화성이므로 열을 피한다.
⑤ 쓰고 남은 농약은 표시를 해 두어 혼동하지 않도록 보관장소에 넣어 둔다.
⑥ 농약 살포 시 주의 사항 중요★★★

- 농약은 바람을 등지고 살포하며, 피부가 노출되지 않도록 보호장구를 착용한다.
- 제초제를 사용할 때 약이 날려 다른 농작물에 피해가 없도록 노즐을 낮추어 살포한다.
- 피로하거나 몸의 상태가 나쁠 때에는 작업을 하지 않는다.
- 작업 중에 음식 섭취를 삼간다.
- 맑은 날 살포하며, 정오부터 오후 2시까지 살포하지 않는다.
- 농약 중독 증상이 느껴지면 즉시 의사에게 진찰을 받도록 한다.
- 작업 후에는 노출 부위를 비누로 깨끗이 씻고 옷을 갈아입는다.
- 농약을 고농도로 사용하면 농약에 의한 중독 등 2차 피해가 발생한다.
- 될 수 있으면 다른 농약과 섞어서 사용하지 않는다.

3. 농약의 살포액 희석 중요★★☆

① 희석할 물의 양 산출

- 원액의 용량 $\times \left(\dfrac{\text{원액의 농도}}{\text{희석할 농도}} \right) \times$ 비중
- 원액의 용량 $\times \left(\dfrac{\text{원액의 농도}}{\text{희석할 농도}} - 1 \right) \times$ 비중

기출 다수진 25% 유제 100cc를 0.05%로 희석할 때 필요한 물의 양은?

① 5L
② 25L
③ 50L
④ 100L

풀이
- 풀이 1 : $100cc \times \left(\dfrac{25}{0.05}\right) = 50{,}000cc$(L로 환산하면 50L)
- 풀이 2 : $100cc \times \left(\dfrac{0.25}{0.0005}\right) - 1 = 49{,}900cc$(L로 환산하면 49.9L)

답 ③

기출 비중이 1.15인 이소푸로치오란 유제(50%) 100mL로 0.05% 살포액을 제조할 때 필요한 물의 양은?

① 104.9L
② 110.5L
③ 114.9L
④ 124.9L

풀이
- 풀이 1 : $100mL \times \left(\dfrac{50}{0.05}\right) \times 1.15 = 115{,}000mL$(L로 환산하면 115L)
- 풀이 2 : $100mL \times \left(\dfrac{0.5}{0.0005} - 1\right) \times 1.15 = 114{,}885mL$(L로 환산하면 114.9L)

답 ③

② 소요농약량 산출

㉠ 소요농약량 = $\dfrac{단위면적당\ 사용량}{사용\ 희석배수}$

기출 Methidathion(메치온) 40% 유제를 1,000배액으로 희석해서 10a당 6말(20L/말)을 살포하여 해충을 방제하고자 할 때 유제의 소요량은 몇 mL인가?

① 100mL
② 120mL
③ 150mL
④ 240mL

풀이 $\dfrac{120L}{1{,}000} = 0.12L$(mL로 환산하면 120mL)

답 ②

③ 농약 20mL로 1,000배액을 만들 경우 물의 양 산출
- 물의 양 = 약량(mL) × 희석배수
- 20mL × 1,000배 = 20,000mL(20L)

4. 식물병에 대한 '코흐의 원칙'(Koch's postulates) 중요★★☆

① 의심 받는 병원체는 반드시 조사된 모든 병든 기주에 존재해야 한다.
② 의심 받는 병원체는 반드시 병든 기주로부터 분리되어야 하고 순수배지에서 자라야 한다.
③ 순수 배양한 미생물을 동일 기주에 접종하였을 때 동일한 병이 발생되어야 한다.
④ 발병한 피해부에서 접종할 때 사용하였던 미생물과 동일한 특성의 미생물이 반드시 재분리되어야 한다.

SECTION 04 조경수목의 보호와 관리

1. 건조 피해 및 보호

① 멀칭 중요★★☆
   ㉠ 수피, 낙엽, 볏짚, 풀, 분쇄목 등을 사용하여 토양을 피복해서 식물의 생육을 돕는다.
   ㉡ 멀칭의 기대효과
      • 토양수분 유지 및 손실방지
      • 토양침식방지, 토양비옥도 증진
      • 잡초 발생 억제 및 토양구조 개선
      • 태양열의 복사와 반사 감소
      • 토양의 온도조절 및 병해충 발생 억제

② 관수

> • 수목은 수분의 흡수량보다 증발량이 많으면 잎이 위축되거나 말라 죽게 된다.
> • 관수는 건조를 막기 위한 가장 적극적인 방법 중 하나이다.

   ㉠ 관수의 효과 중요★★☆
      • 수분은 원형질의 주성분이며 탄소동화작용의 직접적인 재료이다.
      • 토양 중의 양분을 용해·흡수하여 신진대사를 원활하게 해준다.
      • 세포액의 팽압(膨壓)에 의해 체형을 유지하도록 해준다.
      • 수분증산으로 인한 잎의 온도 상승을 막아준다.
      • 지표와 공중의 습도가 높아져 증발량을 감소시킨다.
      • 식물체 표면의 오염물질을 씻어내고 토양 중의 염류를 제거한다.
   ㉡ 관수의 시기와 요령 중요★☆☆
      • 건조가 계속되면 나무가 시들기 전에 관수한다.
      • 토양 수분이 더욱 감소하여 어느 한계점(위조점)을 지나면 관수를 하더라도 정상으로 회복하지 못한다.

- 관수할 때에는 물이 땅속 깊이 스며들도록 충분히 물을 주어야 한다.
- 수목을 이식할 때에는 물집을 만들어 관수를 한다.
- 관수는 한낮은 피하고 아침 또는 저녁(늦은 오후)에 주는 것이 좋다.
- 잎과 봉우리에 관수를 하는 것이 좋고, 꽃이 핀 곳에 물을 뿌리지 않는다.

ⓒ 관수방법

물집관수	수관선 안쪽에 얕고 둥굴게 물집(10cm)을 파서 관수한다.
스프링클러관수	나무의 종류와 높이에 따라 노즐 높이를 조절해서 관수한다.
점적관수	물의 유실이 없어 가장 경제적인 관수방법이다.

┃스프링클러관수┃

┃점적관수┃

┃줄기감싸기┃

③ 줄기감싸기 중요★☆☆
  ㉠ 이식한 수목의 줄기로부터 **수분 증발을 억제한다.**
  ㉡ 수피가 얇은 나무에서 햇볕에 의해 **수피가 타는 것을 방지한다.**(피소현상)
  ㉢ 물리적 힘으로부터 **수피의 손상을 방지한다.**
  ㉣ 병해충의 침입을 방지하기 위하여 새끼나 마대로 줄기를 감고, 그 위에 **진흙을 발라준다.**(소나무좀 침입방지)
  ㉤ 동해 방지를 위한 줄기감기의 적기는 9~10월이다.

④ 영구위조(永久萎凋) 중요★☆☆
  ㉠ 식물체가 시든 정도가 심해서 수분을 공급해도 회복이 안 되고 고사하게 되는 현상이다.
  ㉡ 토양의 수분함량 : **사토는 2~3%, 식토는 20% 정도이다.**

⑤ 그 밖의 방법
  ㉠ 나무 주위에 얕게 김을 매주며, 두엄을 흙 속 깊이 충분히 넣어준다.
  ㉡ 키가 작은 나무는 햇빛을 가려준다.

2. 더위 피해 및 보호 중요★★☆

① 일소(日燒, 피소, 껍질데기, 볕데기)
  ㉠ 나무가 여름철에 뜨거운 직사광선을 받았을 때 수피의 일부에서 급속한 수분 증발이 일어나고, 형성층 조직이 파괴되어 잎이 갈색으로 변하거나 수피가 열을 받아 갈라지거나 껍질이 말라 죽는 현상을 말한다.

- ⓒ 껍질이 얇고 코르크층이 발달하지 않는 오동나무, 일본목련, 느티나무, 버즘나무, 배롱나무, 단풍나무에 피해가 발생하며, 짚싸기를 해줘야 안전하다.
- ⓒ 어린 수목에서는 거의 피해가 없으며 흉고직경 15~20cm 이상인 나무에서 피해가 많다.
- ⓔ 남쪽과 남서쪽에 위치한 줄기부위에 피해가 크며, 특히 남서방향의 1/2 부위가 가장 피해가 심하고 북측은 피해가 없다.
- ⓜ 하목(下木)식재, 새끼감기, 석회수(백토제)칠하기 등으로 예방한다.

② 한해(旱害, 가뭄의 해)
- ⓖ 여름철에 높은 기온과 가뭄으로 토양습도가 부족해 식물 내에 수분이 결핍되는 현상을 말한다.
- ⓒ 습기를 좋아하는 수종, 천근성 수종, 남서쪽의 경사면, 표토가 얕은 토양에 식재된 수목(낙우송, 오리나무, 버드나무 등)은 주의해야 한다.
- ⓒ 예방법에는 유기질 비료를 심층 시비하고, 지표면을 피복하여 수분 증발을 방지하며, 나무 주변에 김매기, 차광, 줄기감기, 물주기 등이 있다.
- ⓔ 토양의 수분부족으로 나무의 끝이 말라죽거나 생장이 감소하는 현상

3. 추위 피해 및 보호 중요★★☆

일반적으로 저온의 의해 피해를 한해(寒害)라 하며 한상(寒傷)과 동해(凍害)로 나뉜다.

① 한상(寒傷)
- ⓖ 열대식물이 추위에 의해 생활기능에 장해를 받아 죽는 현상을 말한다.
- ⓒ 여름철의 이상 저온이나 일조량 부족으로 농작물이 자라는 도중에 입은 피해

② 동해(凍害) : 식물체가 추위에 의해 세포막벽 표면에 결빙현상이 일어나 원형질이 분리되어 고사하는 현상을 말한다.

- ⓖ 동해 발생지역 중요★★★
  - 오목한 지형, 온도차가 심한 북쪽 경사면, 배수가 불량한 지역에서 발생
  - 성목보다 유목에서, 겨울철에 질소질 비료 과다 시비 지역에서 발생
- ⓒ 예방

짚싸기	• 내한성이 약하거나 이식 후 병해충으로부터 줄기를 보호하기 위한 예방법이다. • 모과나무, 장미, 벽오동, 배롱나무 등
짚덮어주기	• 추위에 약한 관목류와 지피식물을 보호하는 방법 • 지표면에 짚이나 낙엽을 덮어 주면 지표면이 어는 것을 완화해준다.
흙묻이	• 추위에 약한 수목을 지상으로부터 40~50cm 정도 높이로 흙으로 묻는다. • 추위에 약한 나무가 얼어 죽는 이유는 동해현상이 되풀이되기 때문이다.
흙덮기	• 관목류 수종이 추위에 피해를 입는 것을 막는 데 가장 효과적이다.

③ 상해(霜害) : 서리의 해 중요★★☆

조상(早霜)	나무가 휴면기에 접어들기 전 서리로 인한 피해
만상(晩霜)	이른 봄 서리로 인한 수목의 피해
상륜(霜輪)	수목이 만상으로 생장이 일시 정지되었다가 다시 자라나 1년에 2개의 나이테가 생기는 현상
동상(凍傷)	겨울 동안 휴면상태에서 생긴 피해

※ 이른 서리는 특히 연약한 가지에 많은 피해를 주며, 침엽수가 낙엽수보다 서리에 의한 피해를 많이 입는다.

> **기출** 상해(霜害)의 피해와 관련된 설명으로 틀린 것은?
> ① 분지를 이루고 있는 오목한 지형에 상해가 심하다.
> ② 성목보다 유령목에 피해를 받기 쉽다.
> ③ 일차(日差)가 심한 남쪽 경사면보다 북쪽 경사면이 피해가 심하다.
> ④ 건조한 토양보다 과습한 토양에서 피해가 많다.
>
> **풀이** ③은 동해(凍害)에 의한 피해이다.
>
> 답 ③

④ 상렬(霜裂)
  ㉠ 추위로 인해 나무의 줄기 또는 수피가 세로방향으로 갈라져 말라 죽는 현상을 말한다.
  ㉡ 수피가 얇은 단풍나무, 배롱나무, 일본목련, 벚나무, 밤나무 등이 피해가 크다.
  ㉢ 예방법
   • 통풍과 배수가 잘되는 곳에 식재한다.
   • 추위에 약한 관목류나 지피식물은 멀칭재료로 덮어준다.
   • 내한성이 약한 수목의 가지가 얼어 터지는 것을 방지하기 위해서 짚싸기한다.
   • 흙묻기, 흙덮기 방법의 방한효과가 짚싸기보다 월등하다.

4. 바람 피해 및 보호 중요★★★

① 폭풍의 해
  ㉠ 7~8월 태풍계절에 발생하며 가지가 부러지고 나무가 넘어지며 조경시설물을 파괴하는 등 짧은 시간에 여러 가지 피해를 복합적으로 준다.
  ㉡ 폭풍은 활엽수, 천근성 수종, 노거수, 밀식된 나무에 피해를 준다.

② 조풍의 해
  ㉠ 조풍은 소금기를 품고 바다에서 불어오는 바람으로 염풍이라고도 한다.
  ㉡ 식물의 염분농도가 0.05% 이상일 때 생육 및 유기물 분해를 방해하며, 토양 내 미생물의 발육에도 영향을 끼친다.

③ 풍해의 예방
   ㉠ 방풍림 조성
      • 주풍이 불어오는 곳에 방풍림을 조성한다.
      • 특히 바닷가는 바람에 의하여 염분이나 모래가 날아오기 때문에 방풍림을 조성해야 한다.
      • 방풍림은 바람이 불어오는 방향에 대해 직각으로 길게 조성한다.
      • 방풍림을 만들기 위한 나무는 심근성으로, 줄기와 가지가 강인하고 잎이 치밀한 수종이 좋다.
   ㉡ 방풍림 조성의 효과 및 식재방법 중요★★☆

방풍효과	• 위쪽 효과 : 수고의 6~10배의 감속 효과 • 아래쪽 효과 : 수고의 25~30배의 감속 효과 • 수고의 3~5배 되는 곳에서 가장 효과가 크다.(약 65% 감소)
식재방법	• 수목 식재 간격은 1.5~2.0m로 하여 7~8열로 식재한다. • 수림대의 전체 너비는 10~20m가 되도록 식재한다. • 겨울의 방풍 효과를 위해서는 상록수를 식재해야 한다.

   ㉢ 가지치기 및 지주설치 : 조풍, 주풍, 폭풍의 피해가 예상되는 굵은 가지는 가지치기를 하고, 바람에 쓰러지는 것을 방지하기 위해서 크기에 따라 지주목을 설치한다.

5. 강수 피해 및 보호 중요★☆☆

① 비 피해 및 보호 : 배수가 안 되거나 붕괴 위험이 있는 곳에서는 미리 배수구나 속도랑(암거)을 땅속에 설치한다.

② 눈 피해 및 보호
   ㉠ 눈송이가 크고 습하면 부착력이 커서 가지나 잎 위에 쌓이게 되면 눈의 무게 때문에 나뭇가지가 휘거나 부러지며, 심할 때에는 나무가 도복되기도 한다.
   ㉡ 침엽수가 활엽수보다 피해를 많이 입는다.

   > 참고 도복(倒伏)
   > 뿌리가 뽑히거나 줄기가 꺾여 식물체가 넘어지는 현상을 말한다.

6. 공해 피해 및 보호 중요★☆☆

① 대기오염물질
   ㉠ 식물은 이산화탄소를 제외한 모든 배기가스에 의한 피해를 입는다.
   ㉡ 식물 생육에 피해를 주는 배기가스에는 아황산가스(SO_2), 일산화탄소, 질소산화물, 탄화수소, 황화수소 등이 있는데, 이 중에서 가장 많은 피해를 주는 것이 아황산가스($SO2$)이다.

② 피해 증상
  ㉠ 급성 피해

발생	대기 중 배기가스의 농도가 높을 때 발생한다.
침엽수	잎 끝이 노란색이나 적갈색으로 변색되고 심하면 잎이 떨어져 수관이 엉성해지며, 쇠약해져 죽는다.
활엽수	잎 가장자리 또는 잎맥 사이에 황백색, 회백색 또는 갈색 반점이 생기며, 기공 부근과 해면 조직이 파괴된다.

  ㉡ 만성 피해

발생	배기가스의 농도가 낮을 때에는 오랜 기간에 걸쳐 잎의 엽록소를 파괴하여 황화현상이 나타난다.
침엽수	잎이 갈색으로 변하며, 나무가 죽지 않으나 세력이 떨어지고 생장이 더디게 된다.

7. 노목이나 쇠약해진 나무의 피해 및 보호

나무가 쇠약해지거나 말라 죽는 원인에는 생리적인 노쇠현상을 비롯하여 양분의 결핍, 기상, 이식, 병해충의 영향 등이 있다.

① 수간주사 [중요★★★]

목적	쇠약한 나무, 이식한 나무, 외과수술을 받은 나무, 병해충의 피해를 입은 나무 등의 수세를 회복시키거나 발근을 촉진하기 위해서 인위적으로 나무줄기에 약제를 주입한다.
시기	수액이 왕성하게 이동하는 4~9월 사이 증산작용이 왕성한 맑은 날에 실시한다.
방법	• 수간 밑에서 5~10cm에 구멍을 뚫은 다음 반대쪽에도 지상에서 10~15(20)cm 높이에 구멍을 뚫는다. • 구멍각도는 20~30°가 유지되도록 하고 깊이는 3~4cm로 한다. • 구멍의 지름은 5~6mm로 한다. • 수간주입기를 높이 180cm 정도에 고정한다.

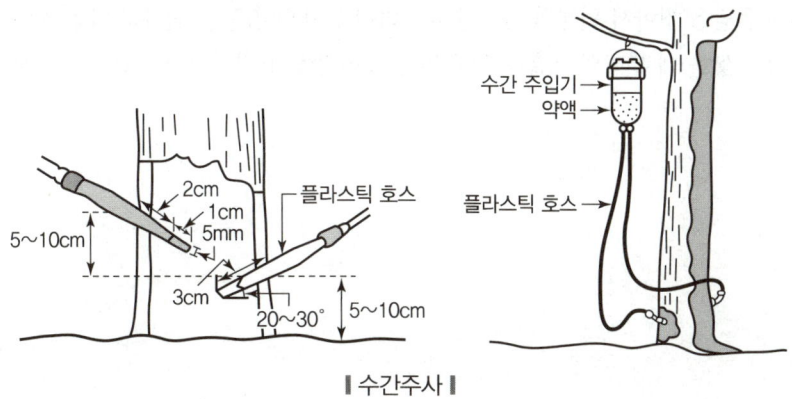

▎수간주사▎

② 뿌리 보호판
  ㉠ 가로수나 녹음수는 토양이 밟히면 공기 유통이 불량해져 뿌리 호흡이 곤란해지게 된다.
  ㉡ 늙은 나무나 쇠약해진 나무는 뿌리의 기능이 약하므로 뿌리 보호판을 설치한다.

③ 엽면시비 중요★★☆
  ㉠ 약해, 동해, 공해 등으로 나무의 세력이 약해졌을 때 잎에 양분을 공급하여 회복시키기 위해 실시한다.
  ㉡ 비료나 농약을 물에 타서 식물의 잎에 뿌려 양분이나 약액을 흡수시킨다.
  ㉢ 나무의 지상부 전체가 충분히 젖도록 분무기로 살포한다.
  ㉣ 맑은 날 오전에 실시한다.

④ 수목의 외과수술 중요★★☆

목적	천연기념물, 보호수, 노거수 및 희귀목 등 고목들이 줄기, 뿌리, 가지 등에 발생한 상처로 쇠약해지고 말라 죽는 것을 막기 위하여 수목의 외과수술을 실시한다.
시기	4~9월경 유합(상처가 잘 아물어 붙는 것)이 잘될 때 실시한다.
순서	부패부 제거 → 살균·살충처리 → 방부·방수 처리 → 동공 충진 → 매트 처리 → 인공 나무껍질 처리 → 수지 처리

※ 공동 충전제 : 특수 충전제, 콘크리트, 아스팔트 혼합제, 코르크제품, 고무블록, 에폭시수지, 우레탄 고무 등을 사용한다.

⑤ 상처치료
  ㉠ 상처 난 가지의 줄기를 바짝 잘라낸다.(굵은 줄기는 3단계로 나눠 자른다).
  ㉡ 절단면에 방수제를 발라준다.
  ㉢ 치료제로 오렌지 셀락, 아스팔렘 페인트, 크레오소트 페인트 등을 사용한다.

⑥ 나무우물(Tree Well) 만들기 중요★☆☆
  ㉠ 흙쌓기로 인해 묻히게 된 나무 둘레의 흙을 파 올리고, 나무줄기를 중심으로 일정한 넓이로 지면까지 돌담을 쌓아서 원래의 지표를 유지하여 근계의 활동을 원활히 하는 것이다.
  ㉡ 돌담을 쌓을 때 뿌리의 호흡을 위해 반드시 메담쌓기(건정, Dry well, 마른 우물)를 실시한다.

03장 적중예상문제

01 가해방법에 따른 해충의 분류 중 잎을 갉아 먹는 해충은?
① 진딧물 ② 솔나방
③ 응애 ④ 밤나방

● 해설
잎을 갉아 먹는 해충
솔나방, 흰불나방, 노랑쐐기나방, 버들재주나방 등

02 소나무에 많이 발생하는 솔나방의 구제에 가장 효과적인 농약은?[단, 월동 유충 활동기(4~5월) 및 부화유충 발생기(8월 하순~9월 중순)가 사용 적기이다.]
① 만코제브수화제(다이센엠-45)
② 캡탄수화제(경농캡틴)
③ 폴리옥신디·티오파네이트메틸수화제(보람)
④ 트리클로르폰수화제(디프록스)

● 해설
솔나방 구제

화학적 방제법	디프제(디프액제, 디프록스, 디프유제), 파라티온을 살포한다.
생물학적 방제법	맵시벌, 고치벌, 뻐꾸기 등

03 8월 중순경에 양버즘나무의 피해 나무줄기에 잠복소를 설치하여 가장 효과적인 방제가 가능한 해충은?
① 진딧물류 ② 미국흰불나방
③ 하늘소류 ④ 버들재주나방

● 해설
미국 흰불나방은 가로수와 정원수에 피해를 준다.

04 플라타너스에 발생된 흰불나방을 구제하고자 할 때 가장 효과가 좋은 약제는?
① 주론수화제(디밀린)
② 디코폴유제(켈센)
③ 포스팜액제(다무르)
④ 지오판도포제(톱신페스트)

● 해설
미국 흰불나방 약제
그로프수화제, 주론수화제, 디플루벤주론수화제, 디프록스

05 다음 중 미국흰불나방 구제에 가장 효과가 좋은 것은?
① 메탈락실수화제(리도밀)
② 디코폴수화제(켈센)
③ 패러쾃디클로라이드액제(그라목손)
④ 트리클로르폰수화제(디프록스)

06 솔나방의 생태적 특성으로 옳지 않은 것은?
① 식엽성 해충으로 분류된다.
② 줄기에 약 400개의 알을 낳는다.
③ 1년에 1회로 성충은 7~8월에 발생한다.
④ 유충이 잎을 가해하며, 심하게 피해를 받으면 소나무가 고사하기도 한다.

● 해설
솔나방은 잎에 약 400~600개의 알을 낳는다.

정답 01 ② 02 ④ 03 ② 04 ① 05 ④ 06 ②

07 수목 해충의 잠복소를 설치하는 가장 적당한 시기는?

① 3월 하순경 ② 5월 하순경
③ 7월 하순경 ④ 9월 하순경

●해설
잠복소
나무가 무사히 겨울을 날 수 있도록 9월 하순경에 설치한다.

08 다음 중 오리나무 갈색무늬병균의 전반에 대한 설명으로 옳은 것은?

① 곤충 및 소동물에 의해서 전반된다.
② 물에 의해서 전반된다.
③ 종자의 표면에 부착해서 전반된다.
④ 바람에 의해서 전반된다.

09 약제를 식물체의 뿌리, 줄기, 잎 등에 흡수시켜 깍지벌레와 같은 흡즙성 해충을 죽게 하는 살충제의 형태는?

① 기피제 ② 유인제
③ 소화중독제 ④ 침투성 살충제

●해설
침투성 살충제는 약제를 토양에 살포하여 식물에 흡수시키며 오랫동안 방제 효과가 있다.

10 정원수 전반에 가해하며, 메타유제(메타시스톡스)의 살포로 방제되는 병해충은?

① 빗자루병 ② 흰가루병
③ 조명나방 ④ 진딧물

●해설
잔딧물류 구제

화학적 방제법	발생 초기에 메타시스톡스 유제, 마라톤 유제를 살포한다.
생물학적 방제법	무당벌레류, 풀잠자리, 꽃등애류, 기생벌

11 다음에서 설명하는 해충으로 가장 적합한 것은?

- 유충은 적색, 분홍색, 검은색이다.
- 끈끈한 분비물을 분비한다.
- 식물의 어린잎이나 새 가지, 꽃봉오리에 붙어 수액을 빨아 먹어 생육을 억제한다.
- 점착성 분비물을 배설하여 그을음병을 발생시킨다.

① 응애 ② 솜벌레
③ 진딧물 ④ 깍지벌레

12 무궁화나 꽃사과에 많이 발생되는 진딧물의 구제 농약으로 가장 효과가 좋은 것은?

① 테트라디폰유제(테티몬)
② 트리아조포스유제(호스타치온)
③ 데메톤 에스 메틸유제(메타시스톡스)
④ 페노티오카브유제(우수수)

13 응애(mite)의 피해 및 구제법으로 틀린 것은?

① 살비제를 살포하여 구제한다.
② 같은 농약의 연용을 피하는 것이 좋다.
③ 발생지역에 4월 중순부터 1주일 간격으로 3회 정도 살포한다.
④ 침엽수에는 피해를 주지 않으므로 약제를 살포하지 않는다.

●해설
응애는 대부분의 수목에 피해를 입히고, 바늘과 같이 끝이 뾰족한 입틀로 잎의 즙액을 빨아 먹는다.

14 응애만을 죽이는 농약의 종류에 해당하는 것은?

① 살충제 ② 살균제
③ 살비제 ④ 살서제

●해설
살비제를 연용하여 사용하면 약에 내성을 가진 저항성 응애가 발생할 수 있다.

정답 07 ④ 08 ③ 09 ④ 10 ④ 11 ③ 12 ③ 13 ④ 14 ③

15 해충 중에서 잎에 주삿바늘과 같은 침으로 식물 체내에 있는 즙액을 빨아 먹는 종류가 아닌 것은?

① 응애
② 깍지벌레
③ 측백하늘소
④ 매미

● 해설
측백하늘소는 천공성 해충이다.

16 다음과 같은 특징을 지닌 해충은?

- 감나무, 벚나무, 사철나무 등에 잘 발생한다.
- 콩 꼬투리 모양의 보호깍지로 싸여 있고, 왁스 물질을 분비하기도 한다.
- 기계유 유제, 메티다티온 유제를 살포한다.

① 바구미
② 진딧물
③ 깍지벌레
④ 응애

17 수목 생육기 중 깍지벌레의 구제 농약으로 가장 적당한 것은?

① 메치온유제(수프라사이드)
② 지오람수화제(호마이)
③ 메타유제(메타시스톡스)
④ 디프수화제(디프록스)

● 해설
깍지벌레류 구제

화학적 방제법	• 수프라사이드 유제를 5월 중·하순에 1주일 간격으로 2~3회 살포한다. • 메티온(메치온)유제, 기계유, 메카밤 유제 등을 살포한다.
생물학적 방제법	무당벌레류, 풀잠자리

18 다음에서 설명하는 해충은?

- 가해 수종으로는 향나무, 편백, 삼나무 등이 있다.
- 똥을 줄기 밖으로 배출하지 않기 때문에 발견하기 어렵다.
- 기생성 천적인 좀벌류, 맵시벌류, 기생파리류로 생물학적 방제를 한다.

① 박쥐나방
② 측백나무하늘소
③ 미끈이하늘소
④ 장수하늘소

● 해설
측백나무하늘소
애벌레가 향나무, 측백나무의 형성층 부위에 구멍을 뚫어 나무를 급속히 말려 죽인다.

19 다음 중 소나무재선충의 전반에 중요한 역할을 하는 곤충은?

① 북방수염하늘소
② 노린재
③ 혹파리류
④ 진딧물

● 해설
소나무재선충
북방수염하늘소, 솔수염하늘소 등

20 솔수염하늘소의 성충이 최대로 출연하는 최성기로 가장 적합한 것은?

① 3~4월
② 4~5월
③ 6~7월
④ 9~10월

21 다음 해충 중 성충의 피해가 문제되는 것은?

① 솔나방
② 소나무좀
③ 뽕나무하늘소
④ 밤나무순혹벌

● 해설
소나무좀 성충의 몸길이는 4~4.5mm이고 광택이 있는 암갈색 내지 흑색이며 회색 털이 나 있다.

22 소나무 혹병의 환부가 4~5월경에 터져서 흩어져 나오는 포자는?

① 녹포자
② 녹병포자
③ 여름포자
④ 겨울포자

정답 15 ③ 16 ③ 17 ① 18 ② 19 ① 20 ③ 21 ② 22 ①

23 소량의 소수성 용매에 원제를 용해하고 유화제를 사용하여 물에 유화시킨 액을 의미하는 것은?

① 용액
② 유탁액
③ 수용액
④ 현탁액

●해설
유탁액
기름과 물을 기계적으로 교반하였을 때 흰색의 뿌연 상태가 되는 것을 말한다.

24 다음 중 농약의 혼용사용 시 장점이 아닌 것은?

① 약해 증가
② 독성 경감
③ 약효 상승
④ 약효지속기간 연장

●해설
약해 증가는 농약의 혼용사용 시 단점이다.

25 농약 사용 시 확인할 농약 방제 대상별 포장지의 색깔과 구분이 올바른 것은?

① 살균제 – 청색
② 제초제 – 분홍색
③ 살충제 – 초록색
④ 생장조절제 – 노란색

●해설
사용목적에 따른 농약분류

구분		포장지색
살충제		초록색
살균제		분홍색
살비제		초록색
생장조절제		청색
보조제		흰색
제초제	선택성	노란색
	비선택성	적색

26 다음 중 농약의 보조제가 아닌 것은?

① 증량제
② 협력제
③ 유인제
④ 유화제

●해설
유인제는 농약의 보조제와 상관없이 유인해서 죽이는 방법을 말한다.

27 다음 제초작업에 관한 설명 중 틀린 것은?

① 농약 제초제는 사용범위가 좁고, 제초 효과가 오랫동안 지속되지 않는다.
② 제초 작업 시 잡초의 뿌리 및 지하경을 완전히 제거해야 한다.
③ 심한 모래땅이나 척박한 토양에서는 약해가 우려되므로 제초제를 사용하지 않는다.
④ 인력 제초는 비효율적이나 약해의 우려가 없어 안전한 방법이다.

●해설
농약 제초제는 사용범위가 넓고, 제초 효과가 오랫동안 지속된다.

28 주로 종자에 의하여 번식되는 잡초는?

① 올미
② 가래
③ 피
④ 너도방동사니

●해설
피는 볏과에 속하는 일년생 초본식물이다.

29 작물–잡초 간의 경합에 있어서 임계 경합기간(critical period of competition)이란?

① 경합이 끝나는 시기
② 경합이 시작되는 시기
③ 작물이 경합에 가장 민감한 시기
④ 잡초가 경합에 가장 민감한 시기

30 농약보관 시 주의하여야 할 사항으로 옳은 것은?

① 농약은 고온보다 저온에서 분해가 촉진된다.
② 분말제제는 흡습되어도 물리성에는 영향이 없다.
③ 유제는 유기용제의 혼합으로 화재의 위험성이 있다.
④ 고독성 농약은 일반 저독성 약제와 혼적하여도 무방하다.

● 해설
유기용제 : 시너·솔벤트 등 어떤 물질을 녹일 수 있는 액체상태의 유기화학물질이다.

31 조경수목에 사용되는 농약과 관련된 내용으로 부적합한 것은?

① 농약은 다른 용기에 옮겨 보관하지 않는다.
② 살포작업은 아침, 저녁 서늘한 때를 피하여 한낮 뜨거운 때에 작업한다.
③ 살포작업 중에는 음식을 먹거나 담배를 피우면 안 된다.
④ 농약 살포작업은 한 사람이 2시간 이상 계속하지 않는다.

● 해설
농약 살포 시 주의 사항
• 농약은 바람을 등지고 살포하며, 피부가 노출되지 않도록 보호장구를 착용한다.
• 제초제를 사용할 때 약이 날려 다른 농작물에 피해가 없도록 노즐을 낮추어 살포한다.
• 피로하거나 몸의 상태가 나쁠 때에는 작업을 하지 않는다.
• 작업 중에 음식 섭취를 삼간다.
• 맑은 날 살포하며, 정오부터 오후 2시까지 살포하지 않는다.
• 농약 중독 증상이 느껴지면 즉시 의사에게 진찰을 받도록 한다.
• 작업 후에는 노출 부위를 비누로 깨끗이 씻고 옷을 갈아입는다.
• 농약을 고농도로 사용하면 농약에 의한 중독 등 2차 피해가 발생한다.
• 될 수 있으면 다른 농약과 섞어서 사용하지 않는다.

32 농약취급 시 주의 사항으로 부적합한 것은?

① 농약을 살포할 때는 방독면과 방호용 옷을 착용하여야 한다.
② 쓰고 남은 농약은 변질될 수 있으므로 즉시 주변에 버리거나 다른 용기에 담아 둔다.
③ 피로하거나 건강이 나쁠 때는 작업하지 않는다.
④ 작업 중에 식사 또는 흡연을 금한다.

33 다수진 25% 유제 100cc를 0.05%로 희석할 때 필요한 물의 양은?

① 5L
② 25L
③ 50L
④ 100L

● 해설
물의 양 산출

원액의 용량 $\times \left(\dfrac{원액의\ 농도}{희석할\ 농도} \right) \times$ 비중

$100 \times \left(\dfrac{25}{0.05} \right) = 50,000 cc$ (L로 환산하면 50L)

34 분쇄목인 우드칩(wood chip)을 멀칭재료로 사용할 때의 효과가 아닌 것은?

① 미관효과 우수
② 잡초억제기능
③ 배수억제효과
④ 토양개량효과

● 해설
멀칭의 기대효과
• 토양수분 유지 및 손실방지
• 토양침식방지, 토양비옥도 증진
• 잡초 발생 억제 및 토양구조 개선
• 태양열의 복사와 반사 감소
• 토양의 온도조절 및 병해충 발생 억제

35 관수의 효과가 아닌 것은?

① 토양 중의 양분을 용해하고 흡수하여 신진대사를 원활하게 한다.
② 증산작용으로 인한 잎의 온도 상승을 막고 식물체 온도를 유지한다.
③ 지표와 공중의 습도가 높아져 증산량이 증대된다.
④ 토양의 건조를 막고 생육 환경을 형성하여 나무의 생장을 촉진한다.

> **해설**
> • 지표와 공중의 습도가 높아져 증발량이 감소한다.
> • 수분증산으로 인한 잎의 온도 상승을 막아준다.

36 수피가 얇아서 겨울에 얼어 터지는 것을 방지하기 위해 새끼감기를 해 주는 것이 다른 수종들보다 좋은 수종들로만 짝지어진 것은?

① 단풍나무, 배롱나무
② 은행나무, 매화나무
③ 라일락, 층층나무
④ 꽃아그배나무, 산딸나무

37 옮겨 심은 후 줄기에 새끼줄을 감고 진흙을 반드시 이겨 발라야 하는 수종은?

① 배롱나무 ② 은행나무
③ 향나무   ④ 소나무

> **해설**
> 소나무에 나무좀 침입을 방지하기 위해서 새끼나 마대로 줄기를 감고, 그 위에 진흙을 발라준다.

38 모과나무, 벽오동, 배롱나무 등의 수목에 사용하는 월동방법으로 가장 적당한 것은?

① 흙묻기   ② 짚싸기
③ 연기 씌우기 ④ 시비 조절하기

39 수피가 얇은 나무에서 수피가 타는 것을 방지하기 위하여 실시해야 할 작업은?

① 수관주사주입
② 낙엽깔기
③ 줄기싸기
④ 받침대 세우기

40 영구위조(永久萎凋) 시의 토양의 수분함량은 사토(砂土)의 경우 몇 %인가?

① 2~4%   ② 10~15%
③ 20~25% ④ 30~40%

> **해설**
> 토양의 수분함량
> 사토는 2~3%, 식토는 20% 정도이다.

41 조경수목의 하자로 판단되는 기준은?

① 수관부의 가지가 약 1/2 이상 고사 시
② 수관부의 가지가 약 2/3 이상 고사 시
③ 수관부의 가지가 약 3/4 이상 고사 시
④ 수관부의 가지가 약 3/5 이상 고사 시

42 수목의 동해(凍害) 발생에 관한 설명 중 틀린 것은?

① 큰 나무보다는 어린나무에서 많이 발생한다.
② 건조한 토양에서보다 과습한 토양에서 많이 발생한다.
③ 늦은 가을과 이른 봄에 많이 발생한다.
④ 일교차가 심한 북쪽 경사면보다 일교차가 심한 남쪽 경사면에서 피해가 많이 발생한다.

> **해설**
> 동해(凍害)
> 식물체가 추위에 의해 세포막벽 표면에 결빙현상이 일어나 원형질이 분리되어 고사하는 현상이다.
> ※ ④는 상해(霜害)에 대한 설명이다.

정답 35 ③ 36 ① 37 ④ 38 ② 39 ③ 40 ① 41 ② 42 ④

43 상해(霜害)의 피해와 관련된 설명으로 틀린 것은?

① 분지를 이루고 있는 우묵한 지형에 상해가 심하다.
② 성목보다 유령목이 피해를 받기 쉽다.
③ 일차(日差)가 심한 남쪽 경사면보다 북쪽 경사면에 피해가 심하다.
④ 건조한 토양보다 과습한 토양에서 피해가 많다.

● 해설
상해(霜害)
서리에 의한 피해로, 일교차에 의한 영향이 크며 일교차가 심한 북쪽 경사면보다 일교차가 심한 남쪽 경사면에서 피해가 많이 발생한다.

44 다음 중 상렬(霜裂)의 피해가 가장 적게 나타나는 수종은?

① 소나무　　② 단풍나무
③ 일본목련　　④ 배롱나무

● 해설
상렬 피해 수목
단풍나무, 일본목련, 배롱나무, 벚나무, 밤나무 등

45 동해(凍害) 발생에 관한 설명 중 틀린 것은?

① 난지산(暖地産) 수종, 생육지에서 멀리 떨어져 이식된 수종일수록 동해에 약하다.
② 건조한 토양보다 과습한 토양에서 더 많이 발생한다.
③ 바람이 없고 맑게 갠 새벽에는 서리가 적어 피해가 드물다.
④ 침엽수류와 낙엽활엽수류는 상록활엽수류보다 내동성이 크다.

● 해설
동해 발생지역
• 오목한 지형, 온도차가 심한 북쪽 경사면, 배수가 불량한 지역

• 상목보다 유목에서, 겨울철 질소질 비료 과다 시비 지역

46 추위에 의하여 나무의 줄기 또는 수피가 수선 방향으로 갈라지는 현상을 무엇이라 하는가?

① 고사　　② 피소
③ 상렬　　④ 괴사

47 수목의 한해(寒害)에 관한 설명 중 옳지 않은 것은?

① 동면(冬眠)에 들어가는 수종들은 특히 한해(寒害)에 약하다.
② 이른 서리는 특히 연약한 가지에 많은 피해를 준다.
③ 추위에 의해 나무의 줄기 또는 껍질이 수선 방향으로 갈라지는 현상을 상렬이라 한다.
④ 서리에 의한 피해는 일반적으로 침엽수가 낙엽수보다 강하다.

● 해설
• 한해(寒害) : 추위 때문에 입는 피해를 말한다.
• 동면에 들어가는 수종들은 한해에 강하다.

48 바람과 관련된 사항 중 거리가 가장 먼 것은?

① 병해충 전파　　② 수형 조절
③ 착색 촉진　　④ 온도 조절

● 해설
바람과 착색 촉진과는 관련성이 없다.

49 수피가 얇은 나무에서 햇볕에 의해 수피가 타는 것을 방지하기 위하여 실시해야 할 작업은?

① 수관주사주입　　② 낙엽깔기
③ 줄기싸기　　④ 받침대 세우기

정답　43 ③　44 ①　45 ③　46 ③　47 ①　48 ③　49 ③

> ● 해설

줄기감싸기
- 이식한 수목의 줄기로부터 수분 증발을 억제한다.
- 수피가 얇은 나무에서 햇볕에 의해 수피가 타는 것을 방지한다.(피소현상)
- 물리적 힘으로부터 수피의 손상을 방지한다.
- 병해충의 침입을 방지하기 위하여 새끼나 마대로 줄기를 감고, 그 위에 진흙을 발라준다.(소나무좀 침입 방지)
- 동해 방지를 위한 줄기감기의 적기는 9~10월이다.

50 다음 [보기]에서 설명하는 기상 피해는?

> 어린나무에서는 피해가 거의 생기지 않고 흉고직경 15~20cm 이상인 나무에서 피해가 많다. 피해 방향은 남쪽과 남서쪽에 위치하는 줄기부위이다. 특히 남서방향의 1/2 부위가 가장 심하며, 북측은 피해가 없다. 피해 범위는 지제부에서 지상 2m 높이 내외이다.

① 볕데기(皮燒) ② 한해(寒害)
③ 풍해(風害) ④ 설해(雪害)

51 다음 중 한발의 해에 가장 강한 수종은?

① 오리나무 ② 버드나무
③ 소나무 ④ 미루나무

> ● 해설
- 한발(旱魃) : 장기간에 걸친 물부족으로 나타나는 기상재해를 말하며 가뭄이라고도 한다.
- 소나무는 척박지에서도 잘 자란다.

52 다음 중 수간주입 방법으로 옳지 않은 것은?

① 구멍 속의 이물질과 공기를 뺀 후 주입관을 넣는다.
② 중력식 수간주사는 가능한 한 지제부 가까이에 구멍을 뚫는다.
③ 구멍의 각도는 50~60도가량 경사지게 세우고 구멍지름은 20mm 정도로 한다.
④ 뿌리가 제구실을 못하고 다른 시비방법이 없을 때, 빠른 수세회복을 원할 때 사용한다.

> ● 해설

수간주사 방법
- 수간 밑에서 5~10cm에 구멍을 뚫은 다음 반대쪽에도 지상에서 10~15(20)cm 높이에 구멍을 뚫는다.
- 구멍각도는 20~30°가 유지되도록 하고 깊이는 3~4cm로 한다.
- 구멍의 지름은 5~6mm로 한다.
- 수간주입기를 높이 180cm 정도에 고정한다.

53 수목에 약액을 수간 주입하는 방법에 대한 설명으로 틀린 것은?

① 약액의 수간 주입은 수액 이동이 활발한 5월 초~9월 말에 실시한다.
② 흐린 날에 실시해야 약액의 주입이 빠르다.
③ 영양액이 들어 있는 수간주입기를 사람 키 높이 되는 곳에 끈으로 매단다.
④ 약품 속에 약액이 다 없어지면, 수간주입기를 걷어내고 도포제를 바른 다음, 코르크마개로 주입구멍을 막아준다.

> ● 해설

약액의 수간 주입은 수액이 왕성하게 이동하는 4~9월 사이 증산작용이 왕성한 맑은 날에 실시한다.

54 수목 줄기의 썩은 부분을 도려내고 구멍에 충진수술을 하고자 할 때 가장 효과적인 시기는?

① 1월~3월
② 4월~6월
③ 10월~12월
④ 아무 시기나 상관없다.

> ● 해설

충진수술은 4월~9월경 유합(상처가 잘 아물어 붙는 것)이 잘 될 때 실시한다.

정답 50 ① 51 ③ 52 ③ 53 ② 54 ②

55 다음 [보기]는 수목 외과수술 방법의 순서이다. 작업순서를 바르게 나열한 것은?

[보기]
㉠ 동공 충전
㉡ 부패부 제거
㉢ 살균 · 방충 처리
㉣ 매트 처리
㉤ 방부 · 방수 처리
㉥ 인공 나무껍질 처리
㉦ 수지 처리

① ㉠→㉡→㉢→㉣→㉤→㉦→㉥
② ㉢→㉥→㉦→㉣→㉠→㉤→㉡
③ ㉡→㉢→㉤→㉠→㉣→㉥→㉦
④ ㉥→㉡→㉣→㉢→㉤→㉦→㉠

● 해설
외과수술 시기
4~9월경 유합(상처가 잘 아물어 붙는 것)이 잘될 때 실시한다.

정답 55 ③

04장 잔디 · 화단 · 실내조경 식물관리

SECTION 01 잔디밭관리 중요 ★☆☆

1. 잔디의 뜻과 효율성

① 잔디의 뜻 : 여러해살이풀로서, 지표면 피복능력과 답압에 견디는 힘이 강하고, 회복능력이 빠른 식물이다.

② 효율성 중요 ★★☆
  ㉠ 지표면을 피복하여 지표를 보호하는 역할을 한다.
  ㉡ 공간을 푸르고 아름답게 꾸며주고 먼지를 제거하며 공기를 맑게 해준다.
  ㉢ 비탈면 토양의 침식을 막아주고, 레크리에이션을 즐길 수 있도록 해준다.
  ㉣ 표면탄력이 있고 부드러워 운동 중에 넘어져도 상처가 적다.
  ㉤ 잡초의 발생을 억제하고 빗물에 의한 토양의 유실을 방지하는 역할을 한다.
  ㉥ 기온을 조절하는 능력이 있다.
  ㉦ 콘크리트포장과는 달리 잔디블록은 블록 안에 잔디를 식재할 수 있는 친환경 포장재이다.

2. 잔디의 종류

난지(여름)형 잔디(한국잔디)	버뮤다그래스, 위빙러브그래스, 들잔디, 고려잔디, 금잔디, 비로드잔디, 갯잔디
한지(겨울)형 잔디(서양잔디)	켄터키블루그래스, 벤트그래스, 라이그래스, 페스큐그래스

① 난지형 잔디(한국잔디)
  ㉠ 한국형 잔디의 특징 중요 ★★☆

특징	• 건조하고 고온이며 척박한 환경에서 생육하며, 산성토양에서 잘 자란다. • 종자번식이 어렵고(전혀 안 되는 것은 아니다), 답압에 매우 강하다. • 기는 줄기와 땅속줄기에 의해 옆으로 퍼지고 그늘에서 생육이 불가능하다. • 잔디밭 조성에 많은 시간이 소요되고 손상을 받은 후 회복속도가 느리다.(단점) • 포복성으로 밟힘에 강하고 병해충과 공해에도 강한 장점이 있다.

ⓛ 한국형 잔디의 종류 (중요★★☆)

들잔디	• 한국에서 가장 많이 식재되는 잔디로 공원, 경기장, 묘지 등에 사용한다. • 골프장 페어웨이 및 러프 등에 가장 많이 사용한다.
고려잔디 금잔디	대전 이남지역에서 자생하며, 내한성이 약하다.
비로드잔디	남해안에서 자생하며 정원, 공원, 골프장의 티, 그린, 페어웨이 등에 사용한다.
갯잔디	임해공업단지 등의 해안가 주변에 사용한다.

ⓒ 버뮤다그래스의 특징 (중요★★☆)

- 손상에 의한 회복속도가 빨라 경기장용으로 사용한다.
- 종자번식이 어렵고, 완전 포복경과 지하경에 의해 옆으로 퍼진다.
- 내답압성이 크고, 관리하기가 가장 쉽다.
- 여름형 잔디로 5~9월 동안 푸르고, 포기나누기를 하며 번식한다.

② 한지형 잔디(서양잔디) (중요★☆☆)

켄터키블루그래스	• 한지형 잔디로 미국이나 유럽의 정원 등에 많이 쓰인다. • 서늘하고 그늘진 곳에서 잘 자라며, 건조에 약해 자주 관수해야 한다. • 손상 받았을 때 회복력이 좋다. • 골프장의 페어웨이, 경기장, 일반 잔디밭 피복에 적합하다.
벤트그래스	• 잎 폭이 1~2mm로 매우 가늘어 골프장의 그린에 많이 사용한다. • 병해충에 약해 철저한 관리가 필요하다. • 그늘에서 잘 자라지 못하며 건조에 약해 자주 관수해야 한다. • 한지형 잔디로 3월~12월까지 푸른 상태를 유지한다. • 추위와 예취에 견디는 힘이 강하다.
톨페스큐	• 비탈면 녹화에 적합하며, 고온과 건조에 가장 강하다. • 분얼로만 퍼져 자주 깎아주지 않으면 잔디밭의 기능을 상실할 수 있다.
라이그래스	분얼형이며 건조에 강하다.
페스큐그래스	분얼형이며 건조에 약하다.

기출 다음 중 한지형(寒地形) 잔디에 속하지 않는 것은?

① 벤트그래스 ② 버뮤다그래스
③ 라이그래스 ④ 켄터키블루그래스

 ②

3초 잔디깎기

① 효과 : 이용편리, 잡초방제, 잔디분얼 촉진, 통풍양호, 병해충 예방 등

② 장단점 중요★★★

장점	단점
• 균일한 잔디면을 제공한다. • 분얼을 촉진하여 밀도를 높인다. • 잡초의 발생과 병해충을 줄일 수 있다. • 잔디면을 고르게 하여 경관을 아름답게 한다.	• 잔디를 깎으면 잎이 절단되므로 탄수화물의 보유가 감소된다. • 물의 흡수 능력이 감소된다. • 병원균이 침입하기 쉽다.

③ 깎는 높이 : 한번에 초장의 1/3 이상을 깎지 않도록 한다.
  ㉠ 가정, 공원, 공장의 잔디 높이 : 2~3cm 또는 3~4cm
  ㉡ 골프장 잔디

그린	티	에이프런	페어웨이	러프
0.5~0.7cm	1.0~2.0cm	1.5~1.8cm	2.0~2.5cm	4.5~5.0cm

  ㉢ 축구경기장 : 1~2cm

④ 잔디 깎는 횟수 : 서양잔디를 한국잔디보다 자주 깎아 주어야 한다.

난지(여름)형 잔디	고온기에 잘 자라므로 여름철에 깎는다.
한지(겨울)형 잔디	서늘할 때 잘 자라므로 봄, 가을에 깎는다.
가정용 정원	5, 6, 7, 9월은 1회, 8월은 월 2회 총 6회 깎는다.
공원용 정원	연 11~13회
벤트그래스	연 35~36회
경기장 잔디	연 18~24회

⑤ 잔디의 환경
  ㉠ 온도 중요★☆☆

종류	생육적온	생육정지온도	일조량
난지(여름)형 잔디	25~35℃	10℃ 이하	일조량이 부족하면 생육에 지장을 받는다.
한지(겨울)형 잔디	13~20℃	1~7℃	그늘에서도 비교적 잘 견딘다.

  ㉡ 토양 중요★☆☆

토양	참흙을 많이 사용하며, 토양산도는 pH 5.5~7.0이 알맞다.
토양수분	• 적정 함수량은 25%이다. • 관수시간은 새벽이 가장 좋고, 편의상 저녁 관수도 무방하다.

⑥ 잔디깎기 예취기의 종류 중요★★☆

핸드모어	150m² 미만의 잔디밭 관리용이다.
로터리모어	150m² 이상 면적의 학교, 공원용에 사용하며, 다소 거칠게 깎는다.
갱모어	15,000m² 이상의 대규모 골프장, 운동장, 경기장에 사용한다.
그린모어	골프장의 그린, 테니스 코트장 등에 사용되며, 0.5mm 단위로 깎는 높이의 조절이 가능하다.
모터 그레이더	운동장이나 광장과 같은 넓은 대지나 노면을 평평하게 고르거나 흙쌓기 높이를 조절하는 데 사용한다.

┃핸드모어┃　　　　　┃로터리모어┃　　　　　┃갱모어┃

4. 잔디밭 잡초 방제

① 잡초의 피해 중요★☆☆
  ㉠ 양분과 수분을 빼앗아 잔디의 생육에 지장을 준다.
  ㉡ 햇빛 차단으로 광합성작용이 방해를 받는다.
  ㉢ 병해충의 발생을 조장한다.
  ㉣ 잔디밭의 미관을 해친다.
  ㉤ 바람을 막아 증산작용에 지장을 준다.

② 잡초의 방제

물리적 방제법	잔디를 상하게 하지 않고 확실하게 방제할 수 있으나, 인건비가 많이 든다.
재배적 방제법	잔디밭을 조성하기 전에 잡초를 완전히 제거하거나, 예취기 등으로 잡초 발생을 억제한다.
화학적 방제법	제초제 이용 방법에는 토양처리제, 경엽처리제, 선택성과 비선택성, 접촉성과 이행성 등이 있다.

※ 이행성 : 약제가 작물 체내에 들어가서 다른 부위로 이행하는 성질을 말한다.
※ 비선택성 제초제 : 그라목손, 글리포세이트, 글루포시네이트암모늄 등

③ 잔디밭 잡초 방제
  ㉠ 잔디밭에 많이 발생하는 잡초에는 바랭이, 매듭풀, 강아지풀, 클로버 등이 있다.
  ㉡ 그중 가장 문제되는 잡초는 클로버(토끼풀)이다.
  ㉢ 클로버 방제법 중요★★★
    • 인력 제초로 포복경이 끊어지면 오히려 번식이 조장되므로 가능하면 제초제로 방제하는 것이 가장 효과적이다.
    • 사용약제 : 2~4D, 반벨, 트리박, 디캄바 액제

5. 관수 시 주의사항 중요★☆☆

① 여름 저녁이나 야간 또는 아침 일찍 실시하고 겨울에는 오전 중에 관수를 실시한다.
② 잔디의 잎에서는 증산량이 많이 발생하기 때문에 밀도가 높을수록, 깎는 높이가 높을수록 관수량이 많다.
③ 새롭게 조성된 잔디밭에서는 수압을 낮게 하여 관수한다.

6. 뗏밥주기(배토작업) 중요★☆☆

① 목적
   ㉠ 땅속줄기가 땅 위로 노출되는 것을 막는다.
   ㉡ 부정근, 부정아를 발달시켜 잔디 생육을 원활하게 해준다.

② 효과
   ㉠ 표면층을 고르게 하여 건조 및 동해를 방지한다.
   ㉡ 노출된 줄기를 보호하고 뿌리의 신장을 촉진한다.
   ㉢ 뗏밥에 토양개량제를 섞어주면 토양 개량에 효과를 줄 수 있다.

③ 방법
   ㉠ 모래는 함유량이 20~25% 정도, 직경이 0.2~2mm인 것을 사용한다.
   ㉡ 세사(고운 모래) : 밭흙 : 유기물＝2 : 1 : 1로 섞은 다음 5mm 체를 통과한 모래를 뿌려준다.
   ㉢ 한지형 잔디는 봄과 가을에, 난지형 잔디는 생육이 왕성한 6~8월에 실시한다.
   ㉣ 골프장의 경우 연간 3~5회 정도 실시한다.
   ㉤ 일반적으로 2~4mm 두께로 사용하며 15일 경과 후 다시 준다.
   ㉥ 뗏밥으로 사용하는 흙은 일반적으로 열처리 하거나 증기소독 등을 하는 경우도 있다.

④ 뗏밥 넣는 시기 중요★☆☆

| 난지형 잔디 | 생육이 왕성한 6~8월에 각 1회씩 총 3회 또는 6~7월에 각 1회 실시 |
| 한지형 잔디 | 생육이 왕성한 9월 / 봄에 실시 |

※ 잔디를 깎은 후, 갱신작업 후 뗏밥을 넣고 관수한다.(단, 비료를 섞으며 물을 주지 않는다).

⑤ 뗏밥의 두께

가정용	골프장용	일반용
0.5~1.0cm	0.3~0.7cm	0.5~0.6cm

※ 들잔디 종자처리 방법 : 수산화칼륨(KOH) 20~25% 용액에 30~45분간 담근 후 파종한다.

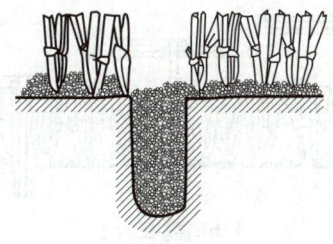

▌배토작업▐

7. 통기작업

① 목적과 방법

목적	뿌리의 호흡 촉진 및 비료·수분의 침투를 촉진하기 위해 실시한다.
방법	2~3개월마다 2.5~10cm 간격으로 지표면을 5~10cm 깊이로 구멍을 뚫어 준다.

② 종류 중요★★☆

종류	특징
코링	단단해진 토양에 지름 5~25mm 정도 원통형으로 토양을 3~20cm 깊이로 제거한 후 구멍을 내서 물과 양분을 침투시켜 뿌리의 생육을 원활하게 한다.
슬라이싱	• 칼로 토양을 베어주는 작업으로, 잔디의 포복경, 지하경을 잘라줌으로써 잔디의 밀도를 높여주는 효과가 있다. • 대표장비 : 레노베이어, 론에어 등
스파이킹	• 끝이 뾰족한 못과 같은 장비로 토양에 구멍을 내는 작업이다. • 다져진 잔디밭에 공기 유통이 잘되도록 해준다. • 대표장비 : 론 스파이크(Lawn Spike)
버티컬모잉	토양의 표면까지 주로 잔디만 잘라내는 작업이며, 태치를 제거하고 밀도를 높여주는 효과가 있다.

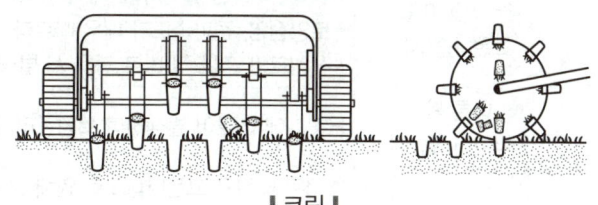

▌코링▐

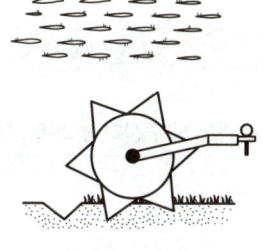

▌슬라이싱▐

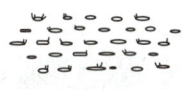

▌스파이킹▐

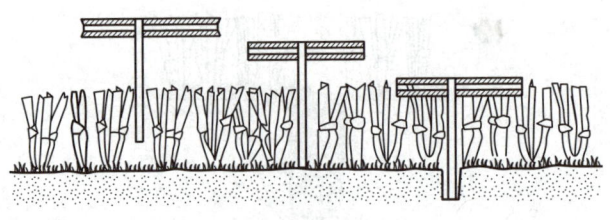

┃ 버티컬 모잉 ┃

8. 잔디 생육의 불량요인 중요★★☆

① 태치(Thatch)
   ㉠ 잘린 잎이나 말라 죽은 잎이 땅 위에 쌓여 있는 상태로 스폰지 같은 구조를 가지게 되어 물과 거름이 땅에 스며들기 힘들어진다.
   ㉡ 탄력성이 있어서 그 위에서 운동할 때 안전성이 있다.
② 매트(mat) : 태치 밑에 썩은 잔디의 땅속줄기와 같은 질긴 섬유 물질이 쌓여 있는 상태이다.

9. 병해충 방지

① 병해 중요★★☆

병명	발병시기	특징 및 병징
녹병 (붉은녹병)	5~6월, 9~10월 고온다습 시 (17~22℃)	• 한국잔디가 걸리는 대표적인 병으로 기온이 떨어지면 소멸된다. • 엽초에 황갈색 반점이 나타난다. • 질소결핍 및 과용 시, 배수불량, 답압이 많을 때 발생한다. • 테부코나졸(유), 헥사코나졸수화제(5%) 등을 살포하여 방제한다.
브라운패치	6~7월, 9월 고온다습 시	• 서양잔디에만 발생하며, 태치 축적이 문제가 된다. • 토양전염, 전파속도가 매우 빠르다. • 산성토양, 질소질 비료 과용 시 발생한다.
황화현상	이른 봄 새싹이 나올 때	금잔디에서 많이 발생하며 토양관리가 나쁠 때 발생한다.
라지패치		축적된 태치와 고온다습으로 인해 발생한다.

② 충해 중요★★☆

병명	발병시기	특성 및 병정
황금충류	4~9월	• 한국잔디에 많은 피해를 준다. • 풍뎅이와 비슷하며, 애벌레가 잔디 뿌리를 가해한다.

SECTION 02 화단 관리

1. 초화류 식재

① 화단 조성에 가장 많이 사용되는 초화류는 1년생 초화류이며, 1년 중 연속적으로 꽃을 감상하기 위해서는 연 3~5회 정도 갈아 심으며, 최소 3회 정도는 꽃을 심어야 한다.

② 화단의 설치 조건
  ㉠ 햇볕이 잘 들고 통풍이 잘되는 곳에 식재한다.
  ㉡ 토양은 배수가 잘되는 곳, 비옥한 사질양토에서 건강히 자랄 수 있다.
  ㉢ 토양이 불량할 경우에는 개량하거나 알맞은 토양으로 객토한다.

③ 화단 조성방법
  ㉠ 초화류 식재방법에는 종자파종법과 꽃모종을 심는 방법이 있다.
  ㉡ 꽃모종 중 밭에서 재배한 꽃모종은 심기 1~2시간 전에 충분히 관수를 해야 하지만 캐낼 때 흙이 많이 붙어 분뜨기에 좋다.
  ㉢ 식재할 때는 줄이 바뀔 때마다 어긋나게 심는 것이 좋다.
  ㉣ 중앙에서 바깥쪽으로 심어 나간다.
  ㉤ 식재 후 관수 시에 꽃과 잎에 흙이 튀지 않게 각별히 조심한다.
  ㉥ 흐리고 바람이 없는 날이 좋으며, 맑은 날은 이른 아침에 모종을 심는다.

2. 물주기

① 모종을 심은 직후에 뿌리와 흙이 잘 결합되도록 물을 충분히 주고, 뿌리가 활착할 때까지 2주간은 매일 물을 주어야 한다.
② 관수하는 방법에는 손을 이용한 물뿌리개 방법과, 스프링클러, 점적관수법이 있다.
③ 대기와 같은 온도의 물을 잎과 꽃에 물이 닿지 않게 뿌리턱에 주어야 한다.

3. 거름주기

① 개화기간이 긴 초화류는 덧거름을 주어 꽃의 색깔이 변하지 않도록 해야 한다.
② 썩은 깻묵 등을 진하지 않게 물에 타서 잎이나 꽃에 닿지 않도록 주고 흙을 덮는다.

4. 병해충 방제

① 종류가 다양한 만큼 병이나 해충도 여러 종류이다.
② 꽃이 병해충에 의해서 피해를 입으면 관상 가치가 떨어지게 되므로 철저한 관리로 이를 방제해야 한다.

SECTION 03 실내조경 식물의 관리

1. 실내환경의 특수성

① 실내환경과 실외환경의 차이점
  ㉠ 실내공간은 실외공간과는 다른 미(微)기후를 가지고 있다.
  ㉡ 실외공간은 이용측면에서 계절적인 영향을 받지만, 실내공간은 연중 이용이 가능한 곳이기 때문에 식물 선택면에서 제약이 있다.
  ㉢ 실내공간은 장소에 따라 다르지만 햇빛이 들어오는 양과 빛의 세기가 실외에 비하여 차이가 많다.

② 광도와 일장
  ㉠ 광도 : 광선의 밝기를 나타내는 정도를 말하며, 특히 실내의 광도는 창문의 위치, 크기, 차광재료, 하루 중 시간대에 따라 다르며 주위 환경의 조건에 따라 영향을 받는다.
  ㉡ 일장 : 일 24시간 중의 명기(明期)의 길이를 일장이라고 하며, 14시간 이상이 장일이며, 12시간 이하가 단일이다.

2. 실내조경 식물의 선정 기준 [중요★★☆]

① 낮은 광도에 잘 견디며, 온도변화에 둔감한 식물
② 내건성, 내습성이 강하며, 가시나 독성이 없는 안전한 식물
③ 가스와 병해충에도 잘 견디는 식물

3. 실내조경의 종류

① 실내 소정원(Indoor garden) : 호텔이나 병원, 사무실 건물 등의 대형 건물 내에 채광 조건을 갖추고 식물과 자연석, 조명장치, 수경장치 등의 조경식물과 시설물을 배치하여 꾸민 곳이다.
② 테라리움(Terrarium)
  ㉠ 투명한 유리그릇에 식물 생장에 필요한 토양을 넣고, 관상식물을 심어 실내 소온실을 꾸며 관상하는 방법이다.
  ㉡ 크기가 작고, 생장속도가 느린 식물이 알맞다.
③ 벽걸이 화분 : 좁은 공간을 수직적으로 장식하는 방법으로 줄기가 늘어지는(현애성) 식물을 창가, 천장, 벽에 매달아 놓는 방법이다.
④ 기타 : 베란다 정원, 분재 등을 이용하여 장식한다.

4. 실내조경 식물의 관리 내용

① 빛
  ㉠ 실내에서 재배하고 있는 식물은 대부분이 그늘에서 잘 견디는 종류이다.
  ㉡ 실내에 자리 잡고 있는 위치에 따라 식물에 필요한 밝기에 모자라면 밝은 곳으로 옮기거나 인공조명을 이용하여 보광해 주어야 한다.
  ㉢ 실내조경 식물에 적합한 광도는 540~5,400럭스 정도이나 1,600럭스 이상이 좋다.

② 온도
  ㉠ 실내식물은 10℃ 이하의 낮은 온도 조건에서는 생리활동이 위축되어 황화현상이 나타나거나 푸른 잎 상태에서 낙엽이 지는 경우가 있다.
  ㉡ 5℃ 이하의 지나친 저온 조건이 되면 잎의 조직이 괴사하여 갈색 반점이 나타나고 어린 줄기에 생장 정지 현상이 나타난다.
  ㉢ 밤과 낮의 온도차가 15℃ 이상이 되면 대부분의 실내 식물들이 생육에 지장을 받게 된다.
  ㉣ 일반적으로 식물이 살아가는 데 낮에는 23~25℃, 밤에는 16~18℃를 유지하는 것이 바람직하며, 겨울철에도 10℃ 이상 유지되어야 하고, 여름철에는 30℃ 이하가 되도록 하여야 한다.

③ 습도
  ㉠ 여름철 실내 습도는 사람이 생활하기에 불편할 정도로 높지만, 겨울철에는 습도가 낮아 건조하므로 식물 관리에 특별히 주의해야 한다.
  ㉡ 작은 용기에 식재한 식물의 물 관리에는 더 많은 노력이 필요하다.
  ㉢ 생육에 알맞은 습도는 선인장류는 30~40%, 동양란은 70%, 열대 관엽 식물류는 80% 정도로 유지해야 한다.
  ㉣ 환기를 자주 하여 깨끗한 공기를 실내에 유입시키는 것이 중요하다.

④ 거름관리
  ㉠ 실내와 같은 음지에서는 실외와 같은 양의 거름을 주면 잎에 황화현상이 나타나며, 잎 끝이 말라 죽는 현상이 생긴다.
  ㉡ 거름은 1년에 3~4회 정도 주는데, 겨울철에는 식물이 휴면상태이므로 주지 않는 것이 좋다.
  ㉢ 거름 주는 방법에는 배양토를 만들 때 토양에 섞는 방법과 관수할 때 알맞은 양을 물에 타서 주는 방법, 뿌리의 기능이 저하되어 양분의 흡수가 잘되지 않거나 특수 거름 성분의 부족으로 결핍 증상이 나타났을 때 빠른 회복을 위하여 주는 엽면 시비 등이 있다.

⑤ 관·배수 관리
  ㉠ 실내는 실외에 비해 잎에서 받는 증산량이 매우 낮지만 빗물 등 자연공급이 없으므로 관수가 필요하다.
  ㉡ 실내식물은 화분에 수분이 부족한 경우보다는 지나친 관수로 인해 토양 공극이 물로 차서 뿌리의

산소부족 현상으로 죽는 경우가 더 많다.
ⓒ 관수 횟수는 계절에 따라, 식물의 종류에 따라, 토양 조건에 따라 다르지만 보통 1주일에 1~2회 정도 화분 밑으로 물이 흘러나올 때까지 흠뻑 준다.
ⓒ 물은 지하수를 이용하여 오전 10시경에 주는 것이 좋다.

⑥ 그 밖의 관리
㉠ 분갈이 : 생장이 느린 식물 외에는 1년에 한 번씩 분갈이를 해주는데, 일반적으로 이른 봄철에 한다.
㉡ 가지치기와 지주세우기
- 죽은 가지, 병든 가지, 상처 입은 가지 등을 제거하여 식물생육을 돕거나, 아름다운 모양으로 수형을 만들기 위하여 가지치기를 한다.
- 덩굴성 식물이나 지주가 필요한 식물은 지주를 세워 쓰러지는 것을 방지하고 모양을 바로잡아 새로운 형태로 가꿀 때에 지주세우기를 한다.

㉢ 병해충 방제
- 식물을 실내에 들여 놓기 전에 병이나 해충에 감염되었는지 검사해야 한다. 실내식물에 주로 발생되는 병에는 곰팡이나 박테리아 및 바이러스에 의한 병이 있으며, 해충에는 고자리파리, 개미, 깍지벌레류, 응애류, 진딧물, 지렁이 등이 있다.
    ※ 응애 : 생물분류학적으로 거미강에 속하며, 덥고 건조한 환경을 좋아하고 뾰족한 입으로 즙을 빨아먹는 충이다.
- 실내식물에 발생한 병이나 해충이 약한 경우 약을 묻힌 걸레로 발병 부위나 해충을 제거하고, 정도가 심한 경우에는 실외에서 약제를 살포하거나 태워버린다.

04장 적중예상문제

01 잔디에 관한 설명으로 틀린 것은?
① 잔디는 생육온도에 따라 난지형 잔디와 한지형 잔디로 구분된다.
② 잔디의 번식방법에는 종자파종과 영양번식 등이 있다.
③ 한국잔디는 일반적으로 종자번식이 잘되기 때문에 건설현장에서 종자파종으로 잔디밭을 조성한다.
④ 종자파종은 뗏장심기에 비하여 균일하고 치밀한 잔디면을 만들 수 있다.

◉ 해설
한국잔디는 종자번식이 어렵고(전혀 안 되는 것은 아니다), 답압에 매우 강하다.

02 대표적인 난지형 잔디로 내답압성이 크며, 관리하기가 가장 용이한 것은?
① 버뮤다그래스
② 금잔디
③ 톨페스큐
④ 라이그래스

◉ 해설
버뮤다그래스
• 손상에 의한 회복속도가 빨라 경기장용으로 사용한다.
• 종자번식이 어렵고, 완전 포복경과 지하경에 의해 옆으로 퍼진다.
• 내답압성이 크고, 관리하기가 가장 쉽다.
• 여름형 잔디로 5~9월 동안 푸르고, 포기나누기를 하며 번식한다.

03 우리나라 들잔디(zoysia japonica)의 특징으로 옳지 않은 것은?
① 여름에는 무성하지만 겨울에는 잎이 말라 죽어 푸른빛을 잃는다.
② 번식은 지하경(地下莖)에 의한 영양번식을 위주로 한다.
③ 척박한 토양에서 잘 자란다.
④ 더위 및 건조에 약한 편이다.

◉ 해설
• 들잔디 : 한국에서 가장 많이 식재되는 잔디로, 더위 및 건조에 강하며 공원, 경기장, 묘지 등에 사용한다.
• 영양번식 : 감자나 고구마처럼 모체에서 자연적으로 생성 · 분리된 영양기관을 번식에 이용하는 것이다.

04 다음 중 골프 코스 중 티와 그린 사이에 짧게 깎은 페어웨이 및 러프 등에서 가장 많이 이용하는 잔디로 적합한 것은?
① 들잔디   ② 벤트그래스
③ 버뮤다그래스   ④ 라이그래스

05 다음의 설명에 가장 적합한 잔디는?

• 한지형 잔디로 잎 표면에 도드라진 줄이 있다.
• 질감이 거칠기는 하나 고온과 건조에 가장 강하다.
• 척박한 토양에서도 잘 견디기 때문에 비탈면의 녹화에 적합하다.
• 주형(株型)으로 분열로만 퍼져 자주 깎아 주지 않으면 잔디밭의 기능을 상실한다.

① 톨페스큐   ② 켄터키블루그래스
③ 버뮤다그래스   ④ 들잔디

정답 01 ③ 02 ① 03 ④ 04 ① 05 ①

◉ 해설

한지형 잔디(서양잔디)

켄터키블루 그래스	• 한지형 잔디로 미국이나 유럽의 정원 등에 많이 쓰인다. • 서늘하고 그늘진 곳에서 잘 자라며, 건조에 약해 자주 관수해야 한다. • 손상 받았을 때 회복력이 좋다. • 골프장의 페어웨이, 경기장, 일반 잔디밭 피복에 적합하다.
벤트 그래스	• 잎 폭이 1~2mm로 매우 가늘어 골프장의 그린에 많이 사용한다. • 병해충에 약해 철저한 관리가 필요하다. • 그늘에서 잘 자라지 못하며 건조에 약해 자주 관수해야 한다. • 한지형 잔디로 3월~12월까지 푸른 상태를 유지한다. • 추위와 예취에 견디는 힘이 강하다.
톨페스큐	• 비탈면 녹화에 적합하며, 고온과 건조에 가장 강하다. • 분얼로만 퍼져 자주 깎아주지 않으면 잔디밭의 기능을 상실할 수 있다.
라이그래스	분얼형이며 건조에 강하다.
페스큐 그래스	분얼형이며 건조에 약하다.

06 한지형 잔디에 속하지 않는 것은?

① 버뮤다그래스
② 이탈리안라이그래스
③ 크리핑벤트그래스
④ 켄터키블루그래스

07 다음 해충 중 한국잔디에 가장 큰 피해를 주는 것은?

① 풍뎅이 유충
② 거세미나방
③ 땅강아지
④ 선충

◉ 해설

황금충류는 한국잔디에 많은 피해를 준다.

08 잔디깎기의 목적으로 옳지 않은 것은?

① 잡초방제
② 이용 편리 도모
③ 병해충 방지
④ 잔디의 분얼억제

◉ 해설

목적 : 이용편리, 잡초방제, 잔디분얼 촉진, 통풍양호, 병해충 예방 등

09 서양잔디 중 가장 양질의 잔디면을 만들 수 있어 그린용으로 폭넓게 이용되고, 초장을 4~7mm로 짧게 깎아 관리하는 잔디로 가장 적당한 것은?

① 한국잔디류
② 버뮤다그래스류
③ 라이그래스류
④ 벤트그래스류

10 다음 중 일반적인 잔디깎기의 요령으로 틀린 것은?

① 깎는 빈도와 높이는 규칙적이어야 한다.
② 깎는 기계의 방향은 계획적이고 규칙적이어야 미관상 좋다.
③ 깎아낸 잔디는 잔디밭에 두면 비료가 되므로 그대로 두는 것이 좋다.
④ 키가 큰 잔디는 한번에 깎지 말고 처음에는 높게 깎아주고, 상태를 봐가면서 서서히 낮게 깎아 준다.

◉ 해설

태치(thatch)
잘린 잎이나 말라 죽은 잎이 땅 위에 쌓여 있는 상태로 스폰지 같은 구조를 가지게 되어 물과 거름이 땅에 스며들기 힘들어진다.

정답 06 ① 07 ① 08 ④ 09 ④ 10 ③

11 잔디깎기의 설명이 잘못된 것은?

① 잘린 잎은 한곳에 모아서 버린다.
② 가뭄이 계속될 때는 짧게 깎아준다.
③ 일정한 주기로 깎아준다.
④ 일반적으로 난지형 잔디는 고온기에 잘자라므로 여름에 자주 깎아 주어야 한다.

●해설
가뭄 때에는 건조 피해를 줄이기 위해서 길게 깎아준다.

12 재래종 잔디의 특성이 아닌 것은?

① 양지를 좋아한다.
② 병해에 강하다.
③ 뗏장으로 번식한다.
④ 자주 깎아 주어야 한다.

●해설
서양잔디를 한국잔디보다 자주 깎아주어야 한다.

13 잡초제거를 위한 제초제 중 잔디밭에 사용할 때 각별하게 주의해야 하는 것은?

① 선택성 제초제   ② 비선택성 제초제
③ 접촉형 제초제   ④ 호르몬형 제초제

●해설
비선택성 제초제 : 그라목손

14 잔디의 잡초 방제를 위한 방법으로 부적합한 것은?

① 파종 전 갈아엎기
② 잔디깎기
③ 손으로 뽑기
④ 비선택성 제초제의 사용

●해설
선택성 제초제를 사용한다.

15 잔디밭을 만들 때 잔디 종자가 사용되는데, 다음 중 우량 종자의 구비 조건으로 부적합한 것은?

① 여러 번 교잡한 잡종종자일 것
② 본질적으로 우량한 인자를 가진 것
③ 완숙종자일 것
④ 신선한 햇 종자일 것

●해설
교잡을 하지 않은 종자가 우량한 종자이다.

16 잔디의 뗏밥주기에 대한 설명으로 틀린 것은?

① 토양은 기존 잔디밭의 토양과 같은 것을 5mm 체로 쳐서 사용한다.
② 난지형 잔디의 경우 생육이 왕성한 6~8월에 준다.
③ 잔디포장 전면에 골고루 뿌리고, 레이크로 긁어준다.
④ 일시에 많이 주는 것이 효과적이다.

●해설
뗏밥은 일반적으로 2~4mm 두께로 사용하며 15일 경과 후 다시 준다.

17 잔디밭의 관수시간으로 가장 적당한 것은?

① 오후 2시경에 실시하는 것이 좋다.
② 정오경에 실시하는 것이 좋다.
③ 오후 6시 이후 저녁이나 일출 전에 한다.
④ 아무 때나 잔디가 타면 관수한다.

●해설
관수 시 주의 사항
• 여름 저녁이나 야간 또는 아침 일찍 실시하고 겨울에는 오전 중에 관수를 실시한다.
• 잔디의 잎에서는 증산량이 많이 발생하기 때문에 밀도가 높을수록, 깎는 높이가 높을수록 관수량이 많다.
• 새롭게 조성된 잔디밭에서는 수압을 낮게 하여 관수한다.

정답   11 ②   12 ④   13 ②   14 ④   15 ①   16 ④   17 ③

18 잔디의 거름주기 방법으로 적당하지 않은 것은?

① 질소질 거름은 1회에 1m²당 10g 정도를 주어야 한다.
② 난지형 잔디는 하절기에, 한지형 잔디는 봄과 가을에 집중해서 거름을 준다.
③ 한지형 잔디의 경우 고온에서의 시비는 피해를 촉발시킬 수 있으므로 가능하면 시비를 하지 않는 것이 원칙이다.
④ 가능하면 제초작업 후 비 오기 직전에 실시하며 불가능하면 시비 후 관수한다.

19 골프장 잔디의 거름주기 요령으로 옳지 않은 것은?

① 한국잔디의 경우에는 보통 5~8월에 집중적인 시비를 실시한다.
② 시비 시기는 잔디에 따라 다르지만 대체적으로 생육량이 늘어가기 시작할 때, 즉 생육이 예상될 때 비료를 주는 것이 원칙이다.
③ 일반적으로 관리가 잘된 기존 골프장의 경우 질소, 인산, 칼륨의 비율을 5 : 2 : 1 정도로 하여 시비할 것을 권장하고 있다.
④ 비배관리 시 다른 모든 요소가 충분히 있어도 한 요소가 부족하면 식물생육은 부족한 원소에 지배를 받는다.

● 해설
골프장에는 질소, 인산, 칼륨의 비율을 4 : 3 : 3 정도로 하여 시비할 것을 권장하고 있다.

20 골프장의 잔디밭에 주는 뗏밥의 두께로 가장 적당한 것은?

① 0.1~0.2cm
② 0.3~0.7cm
③ 1.0~1.5cm
④ 1.6~2.5cm

● 해설
뗏밥의 두께

가정용	골프장용	일반용
0.5~1.0cm	0.3~0.7cm	0.5~0.6cm

21 난지형 잔디에 뗏밥을 주는 가장 적당한 시기는?

① 3~4월
② 6~8월
③ 9~10월
④ 11~1월

● 해설
뗏밥 넣는 시기

난지형 잔디	생육이 왕성한 6~8월에 각 1회씩 총 3회 / 6~7월에 각 1회 실시
한지형 잔디	생육이 왕성한 9월 / 봄에 실시

22 우리나라 들잔디의 종자처리 방법으로 가장 적합한 것은?

① KOH 20~25% 용액에 10~25분간 처리 후 파종한다.
② KOH 20~25% 용액에 20~30분간 처리 후 파종한다.
③ KOH 20~25% 용액에 30~45분간 처리 후 파종한다.
④ KOH 20~25% 용액에 1시간 처리 후 파종한다.

23 우리나라 들잔디에 가장 많이 발생하는 병으로 입맥에 불규칙한 적갈색 반점이 보이기 시작할 때, 즉 5~6월, 9월 중순~10월 하순에 발견할 수 있는 것은?

① 붉은 녹병
② 푸사륨패치
③ 브라운 패치
④ 스노 몰드

정답 18 ① 19 ③ 20 ② 21 ② 22 ③ 23 ①

● 해설
녹병(붉은녹병)
㉠ 발병시기 : 5~6월, 9~10월 고온다습 시(17~22℃)
㉡ 특징 및 병징
- 한국잔디가 걸리는 대표적인 병으로 기온이 떨어지면 소멸된다.
- 엽초에 황갈색 반점이 나타난다.
- 질소부족, 배수불량, 답압이 많을 때 발생한다.
- 테부코나졸(유), 헥시코나졸수화제(50%) 등을 살포하여 방제한다.

24 잔디밭 관리에 대한 설명으로 옳은 것은?

① 1년에 1~3회만 깎아준다.
② 겨울철에 뗏밥을 준다.
③ 여름철 물주기는 한낮에 한다.
④ 질소질 비료의 과용은 붉은녹병을 유발한다.

25 다음 중 잔디에 가장 많이 발생하는 병과 그에 따른 방제법이 맞는 것은?

① 녹병(銹病) : 헥사코나졸수화제(5%) 살포
② 엽진병 : 다이아지논유제 살포
③ 흰가루병 : 디코폴수화제(5%) 살포
④ 근부병 : 다이아지논분제 살포

● 해설
병해충 방지법
- 엽진병 : 보르도액을 이용한 방제
- 흰가루병 : 베노밀, 지오판, 석회황합제 등 방제
- 근부병 : 캡탄(오소사이드)을 이용한 방제

26 계절적 휴면형 잡초 종자의 감응 조건으로 가장 적합한 것은?

① 온도   ② 일장
③ 습도   ④ 광도

● 해설
일 24시간 중의 명기(明期)의 길이를 일장이라고 하며, 14시간 이상이 장일, 12시간 이하가 단일이다.

27 실내조경 식물의 선정 기준이 아닌 것은?

① 낮은 광도에 견디는 식물
② 온도 변화에 예민한 식물
③ 가스에 잘 견디는 식물
④ 내건성과 내습성이 강한 식물

● 해설
실내조경 식물의 선정 기준
- 낮은 광도에 잘 견디며, 온도변화에 둔감한 식물
- 내건성, 내습성이 강하며, 가시나 독성이 없는 안전한 식물
- 가스와 병해충에도 잘 견디는 식물

정답 24 ④ 25 ① 26 ② 27 ②

05장 시설물관리

SECTION 01 시설물의 종류

구 분	주요시설물
유희시설	미끄럼틀, 그네, 시소, 모래터, 회전목마, 낚시터, 정글짐 등
운동시설	축구장, 야구장, 배구장, 궁도장, 농구장, 철봉, 평균대, 평행봉, 족구장, 수영장, 사격장, 자전거 경기장, 탈의실, 샤워실 등
휴양시설	식재대, 잔디밭, 산울타리, 화단, 조각물, 자연석 등
경관시설	분수, 연못, 개울, 인공폭포, 벽천 등
휴게시설	벤치, 휴게소, 야외탁자, 퍼걸러, 정자 등
교양시설	식물원, 동물원, 온실, 박물관, 도서관, 기념비, 수족관, 고분, 야외음악당, 성터 등
편의시설	음식점, 매점, 간이숙박시설, 주차장, 음수대, 집회장소, 전망대, 자전거 주차장, 화장실, 휴지통, 시계탑 등
관리시설	문, 창고, 차고, 게시판, 표지판, 쓰레기처리장, 조명시설, 우물, 볼라드, 수도 등
기반시설	도로, 보도, 광장, 옹벽, 비탈면, 석축, 배수시설, 관수시설 등

SECTION 02 시설물의 관리 원칙 중요★☆☆

① 시설물의 이용자 수가 설계할 때의 추정치보다 많은 경우에는 시설물을 증설하여 이용자의 편의를 도모한다.
② 여름철 그늘이 충분하지 않은 곳에는 차광시설이나 녹음수를 식재하여 그늘을 제공한다.
③ 노인, 주부 등이 오랜 시간 머무르는 곳의 시설은 가능한 한 목재로 교체한다.
④ 그늘이나 습기가 많은 곳의 목재 시설물은 석재나 콘크리트로 교체한다.
⑤ 바닥에 물이 고이는 곳은 배수시설을 한 후 지면층을 높이고 다시 포장을 한다.
⑥ 이용자의 사용빈도가 높은 시설물의 접합 부분은 충분히 죄어 놓거나 풀리지 않도록 용접을 한다.

SECTION 03 시설물의 관리 내용

1. 유희시설물

① 목재시설
　㉠ 목재시설은 외관이 아름다워 사용률이 높지만, 철재보다 부패하기 쉽고 잘 갈라지며, 거스러미가 일어나 정기적인 보수와 도료를 칠해 주어야 한다.
　㉡ 쬠 부분이나 땅에 묻힌 부분은 부식되기 쉬우므로 방부제 및 모르타르를 칠해준다.

② 철재시설
　㉠ 녹이 슬면 도장이 벗겨진 곳은 녹막이칠(광명단)을 두 번 한 다음 유성페인트를 칠한다.
　㉡ 볼트나 너트가 풀어졌을 때에는 충분히 조이고, 심하게 훼손되었을 때에는 용접 또는 교환해 준다.
　㉢ 접합부는 용접, 리벳, 볼트, 너트 등을 수시로 점검한다.
　㉣ 회전축에는 정기적으로 그리스를 주입하며, 베어링의 마멸 여부를 점검한 후 조치한다.
　㉤ 오래된 부품은 심한 충격이나 압력에 의해 갈라지기 쉬우므로 교체해 준다.

③ 합성수지 놀이시설
　㉠ 합성수지 중 FRP는 시설물의 몸체, 미끄럼판, 계단, 벽막이, 벤치, 안내판 등에 이용된다.
　㉡ 특히, 겨울철 저온 때 충격에 의한 파손을 주의해야 한다.

④ 콘크리트 놀이시설
　㉠ 콘크리트는 반영구적이고 강도가 있으나, 자체 중량이 무겁기 때문에 가라앉거나 기울어지고 균열이 발생할 경우 보수해야 한다.
　㉡ 도장은 3주 이상 충분히 건조한 후 칠한다.
　㉢ 도장은 일정 시간이 지나면 벗겨지므로 3년에 1회 정도 도장을 해 준다.

2. 운동시설물

① **운동장의 조건**
　㉠ 배수가 잘되고 먼지가 나지 않게 적당한 보습력이 있어야 한다.
　㉡ 충격 흡수 때문에 포장이 너무 딱딱하지 않아야 한다.
　㉢ 방풍이 좋고 햇빛이 잘 들어오는 곳이 적합하다.
　㉣ 구기종목 운동시설은 눈부심 현상을 막기 위해 장축(긴변)을 남북방향으로 배치한다.

② **운동장 포장재료** 중요★☆☆
　㉠ 점토, 앙투카, 잔디, 전천후 포장재(인공잔디, 아스팔트 등)를 사용한다.
　㉡ **앙투카** : 붉은 벽돌 가루이며, 육상경기장의 주로(走路)나 테니스장 등에 표토의 사용한다.

SECTION 04 포장관리

1. 콘크리트 포장관리 중요★★☆

① 충전법 : 줄눈이나 균열이 생긴 부분에 충전제를 주입한다.

② 모르타르 주입공법
  ㉠ 기층 재료를 보강할 때 : 포장면에 구멍을 뚫고 시멘트나 아스팔트를 주입한다.
  ㉡ 포장 슬래브가 불균일할 때 : 모르타르를 주입하여 포장면을 들어 올린다.

③ 덧씌우기 : 콘크리트 포장에 균열이 많아져서 전면적으로 파손될 염려가 있는 경우에 실시한다.

④ 침하된 곳 메우기 : 균열부를 청소하고 아스팔트유제를 도포하며, 아스팔트 모르타르(균열 폭 2cm 이하) 또는 아스팔트 혼합물(균열 폭 3~5cm)로 메우기를 한다.

2. 아스팔트 포장관리

① 아스팔트 포장 : 골재를 역청 재료로 결합하여 만든 포장을 말한다.

② 균열의 원인 : 아스팔트 노화, 아스콘 화합물의 배합 불량, 기층의 지지력 부족, 포장 두께 부족, 이음새 불량, 부등침하 등이 있다.

③ 균열 파손 시 공법 : 패칭공법(patching), 표면처리공법, 덧씌우기공법 등이 있다.

3. 토사 포장관리

① 파손의 원인 : 배수불량, 지반의 연약화, 자동차 통행량 등이 있다.

② 보수공법 : 배수처리공법, 노면치환공법 등의 개량방법을 사용한다.

③ 흙먼지 방지 : 살수, 약제살포, 역청재료 등을 써서 방지할 수 있다.

SECTION 05 배수시설 및 수경시설 관리

1. 배수시설 관리

① 표면 배수시설 관리
  ㉠ 배수시설은 지표면을 따라 흐르는 물이나 공원 내로 유입해 들어오는 물의 처리에 관련된 시설이다.
  ㉡ 토사나 낙엽 등이 쌓이지 않도록 청소해 주고, 노면의 집수구나 맨홀이 있는 곳은 포장 덧씌우기나 패칭으로 조치한다.

② 비탈면 배수시설 관리
  ㉠ 정기적인 점검과 배수구의 무너져 내린 흙이나 낙석, 잡초 등을 수시로 제거한다.
  ㉡ 파손부위는 즉시 보수한다.

③ 지하 배수시설 관리
  ㉠ 설치일자와 배치장소, 구조 등을 기록해 놓거나 도표로 작성해 둔다.
  ㉡ 정기적으로 물을 흘려 보냄으로써 토사의 퇴적상황과 불량지점을 조사한다.
  ㉢ 비 온 후, 장마 뒤에는 유출구를 통해 조사하고, 항상 정기적인 검사를 실시한다.

④ 흙으로 된 배수로
  ㉠ 토사 측구는 잘 메워지므로 배수가 잘되는지 확인해야 한다.
  ㉡ 유속이 빨라 세굴(洗掘)되거나 단면이 작을 때는 석축이나 콘크리트 측구를 보강한다.
  ㉢ 단면적이 작을 때에는 단면적을 크게 해준다.

2. 수경시설 관리 중요★☆☆

① 연못 관리 : 급수구와 배수구가 막히는 일이 없도록 수시로 점검하고, **겨울철에 동파방지를 위해 물을 빼며 연못에 가라앉은 이물질을 제거**한다.
② 분수 관리 : 고정식 분수는 겨울철에 **동파되는 것을 방지하기 위하여 물을 완전히 빼고, 이동식 분수는 이물질 제거 후 보관한다.**

MEMO

요약 페이퍼

C/O/N/T/E/N/T/S

1편 조경일반

2편 조경의 양식

3편 조경계획 및 설계

4편 조경재료

5편 조경시공

6편 조경관리

01편 조경일반

SECTION 01 조경의 개념과 발전

1. 조경의 개념

좁은(협의) 의미	집 주변의 옥외공간이 주 대상(정원사)
넓은(광의) 의미	정원을 포함한 광범위한 옥외공간(조경가)

2. 미국조경가협회(ASLA) : 1909년 창설

1909년	조경은 인간의 이용과 즐거움을 위하여 "토지를 다루는 기술"이라고 정의
1975년	조경은 문화적 및 과학적 지식의 응용을 통하여 설계·계획하고, 토지를 관리하며 자연 및 인공요소를 구성하는 기술
1990년	조경은 자연환경과 인공환경의 연구, 계획, 설계, 시공, 관리 등을 위하여 예술적, 과학적 원리를 적용하는 전문 분야라고 기술

3. 동양 3국 및 미국의 조경용어

한국	중국	일본	미국
조경	원림	조원	Landscape Architecture

4. 조경 프로젝트 수행단계

계획 → 설계 → 시공 → 관리

02편 조경의 양식

SECTION 01 조경의 양식과 발생요인

1. 조경양식

정형식 정원	건물에서 뻗어 나가는 강한 축을 중심으로 좌우대칭(중정식, 노단식, 평면기하학식)
자연식 정원	자연을 모방하거나 축소하여 자연적 형태로 정원을 구성(전원풍경식, 회유임천식, 고산수식)
절충식 정원	실용성을 중시한 정형적인 구성 내에 자연적인 요소를 도입(창덕궁 부용지)

2. 서양의 정원 양식 발달순서

노단건축식(이탈리아) → 평면기하학식(프랑스) → 자연풍경식(영국) → 근대건축식(독일)

3. 정원 양식의 발생요인

자연환경 요인	기후(비, 바람, 사막, 기온), 지형(노단식, 평면기하학식), 기타(식물, 토질, 암석)
사회환경 요인	종교와 사상, 역사성, 민족성

SECTION 02 서양의 조경양식

1. 이집트

특징 : 강수량이 적고, 관개기술 발달, 수목 신성시, 기후 영향으로 울담 및 수목열식

신전정원	핫셉수트(hatshepsut) 여왕의 장제신전, 현존하는 최고(最古)의 정원 유적, 3개의 경사로
사자의 정원	죽은 자를 위로하기 위해 무덤 앞에 소정원 설치

2. 서부아시아

① 수렵원 : 왕의 사냥터, 오늘날 공원(Park)의 시초
② 공중정원 : 서양 최초의 옥상정원, 지구라트(대표 : 바벨탑)

3. 그리스

① 주택정원 : 중정을 중심으로 방 배치, 아도니스원(옥상정원으로 발달)
② 공공정원 : 성림(제사 지내는 장소), 짐나지움(체육 훈련장), 아카데미(청소년 수련장)
③ 아고라 : 광장의 개념, 물물교환(시장의 기능)과 집회의 장소
④ 히포데이무스 : 최초의 도시계획가(밀레토스에 격자 모양의 도시 계획)

4. 로마

① 제1중정 아트리움(공적 장소), 제2중정 페리스틸리움(사적, 가족공간), 지스터스(후정)
② 포럼 : 아고라와 같은 개념의 대화 장소로 아고라에 비해 시장기능이 없다.

5. 수도원 정원

① 전기 수도원 정원(이탈리아에 영향) : 실용적, 장식 위주의 정원, 회랑식 중정(클라우스트룸)
② 후기 성관·성곽정원(프랑스, 영국에 영향) : 방어목적으로 해자를 만듦, 매듭화단(영국에서 크게 발달)

6. 스페인 정원

① 특징 : 회교문화의 영향, 파티오(Patio)는 웅대함보다는 화려함(다채로운 색)이 극치
② 알함브라 궁원(4개의 중정)

알베르카의 중정	사자의 중정	다하라의 중정	창격자의 중정
도금양, 천인화	12마리의 사자	여성적인 분위기	사이프러스 바닥은 색자갈 연출

7. 이탈리아(15C, 노단식)

① 특징 : 지형 극복을 위해 노단과 경사지를 이용, 빌라 메디치(최초의 노단건축식)
② 르네상스 3대 빌라 : 에스테장, 랑테장, 파르네장

8. 프랑스(평면기하학식)

① 특징 : 소로, 비스타(Vista), 운하, 화려한 장식, 총림 등
② 보르비콩트 정원(최초의 평면기하학식), 베르사유 궁원(세계최대규모의 정형식)

9. 영국(18C, 자연풍경식)

① 스토우 정원 : 브리지맨과 켄트가 만듦 → 켄트와 브라운이 수정 → 브라운이 개조하여 완성
② 브리지맨(하하수법), 켄트(자연은 직선을 싫어한다.), 험프리 렙턴(레드북), 챔버(큐가든)
③ 공공정원(19C) : 버컨헤드 공원은 미국 센트럴 파크(Central Park) 설계에 영향을 줌

10. 독일

실용적 정원이 발달, 분구원(소정원을 시민에게 대여)

11. 현대조경

센트럴 파크(최초의 도시공원), 옐로우스톤(최초의 국립공원)

SECTION 03 동양 3국의 조경양식

1. 중국

특징 : 자연경관 속에 인위적, 태호석, 대비, 사의주의, 차경수법 도입

시대	대표 작품	특징
은, 주	원(園), 유(囿), 포(圃) 영대	• 정원의 기원 : 원(과수원), 포(채소밭), 유(금수) • 영대 : 낮에는 조망하고 밤에는 은성명월을 즐김
진(秦)	아방궁	• 시황제의 천하통일 궁궐조성
한	상림원 태액지원	• 상림원 : 왕의 사냥터, 중국정원 중 가장 오래된 정원, 곤명호 등 주위에 6개의 대호수, 70채의 이궁 • 태액지원 : 봉래, 방장, 영주의 섬을 축조(신선사상)
삼국시대	화림원	• 못을 중심으로 하는 간단한 정원
진(晉), 수	현인궁	• 왕희지 : 「난정고사」(정원에 곡수 돌리는 기법 기록) • 도연명 : 안빈낙도, 은둔생활(조선에 영향을 줌) • 고개지 : 회화
당	온천궁(화청궁) 이덕유의 평천산장	• 온천궁 : 태종이 건립, 현종이 화청궁으로 개명 • 활동문인 : 백락천(백거이), 이두보, 왕유 등
송	만세산(석가산) 창랑정(소주)	• 태호석을 본격적으로 사용(석가산수법)
금	북해공원	• 현재 북해공원이라는 이름으로 일반인에게 공개
원	사자림(소주)	• 주덕윤의 정원설계, 석가산수법
명	졸정원(소주) 유원(소주)	• 졸정원 : 부채꼴 모양 정자, 중국 사가정원의 대표작 • 미만종의 '작원' : 자연적인 경관조성, 버드나무 식재 • 관련문헌 : 이계성의 원야, 문진항의 장물지 등
청	건륭화원 이화원(만수산이궁) 원명원이궁 열하피서산장	• 이화원 : 청대의 대표작, 건축물과 자연의 강한 대비 • 원명원 : 동양 최초 서양식 정원의 시초(르노트르 영향)

2. 한국

시대			특징	
고조선			유(囿) : 대동사강에 기록된 우리나라 최초의 정원. 새와 짐승을 키웠다는 기록	
삼국	고구려		안학궁(427년), 장안성(586년), 동명왕릉의 진주지	
	백제		• 임류각(동성왕 22년, 500년) : 경관조망 • 궁남지(무왕 35년, 634년) : 최초의 신선사상 • 석연지(의자왕) : 정원첨경물	
	신라		황룡사 정전법(격자형 가로망 계획)	
통일신라			• 임해전 지원(안압지) : 신선사상 배경, 해안풍경 묘사, 무산 12봉, 직선과 곡선 • 포석정의 곡수거 : 왕희지의 난정고사 유상곡수연에서 유래 • 사절유택 : 귀족들의 별장, 봄(동야택), 여름(곡양택), 가을(구지택), 겨울(가이택)	
고려	궁궐정원		동지(공적기능), 격구장(정적기능), 화원, 석가산정원(중국)	중국을 모방한 강한 대비, 사치스러운 양식
	민간정원		이규보의 사륜정	
	사찰정원		청평사 문수원 남지	
	객관정원		순천관 : 사신접대	
조선	궁궐정원	경복궁	• 경회루 지원 : 공적기능, 방지방도 • 아미산원 : 왕비의 사적정원, 계단식 후원(화계) • 향원정 지원 : 방지원도(향원정, 육각형) • 자경전의 화문장 : 화문장과 십장생 굴뚝	• 한국의 색채가 농후한 것으로 발달 • 풍수지리설과 택지선정에 영향을 받아 후원이 발달
		창덕궁	• 후원(비원) : 부용정역, 애련정역, 반월지역, 옥류천역 등 • 낙선재 후원 : 계단식 후원 • 대조전 후원 : 계단식 후원	
		창경궁	통명정원 : 불교의 영향	
		덕수궁	• 석조전 : 우리나라 최초의 서양식 건물 • 침상원 : 우리나라 최초의 유럽식 정원	
	민간정원	주택정원	유교사상, 남녀를 엄격히 구분	
		별서정원	양산보의 소쇄원, 윤선도의 부용동 원림, 정약용의 다산정원	
		별업정원	윤개보의 조석루원	
		누정원림	광한루 지원, 활래정 지원, 명옥헌원	
		별당정원	서석지원, 하환정 국담원, 다산초당 원림	

3. 일본

특징 : 사의주의, 자연풍경식, 축경법, 기교와 관상, 조화에 비중, 추상적(고산수식)

시대	대표 조경양식	특징
아스카 (비조)	임천식	• 일본서기 : 백제인 노자공이 612년에 수미산과 오교를 만들었다는 기록 • 연못과 섬 중심의 신선사상(정원)
헤이안 (평안)	임천식 침전식	• 전기 : 해안풍경 묘사, 신선정원 • 후기 : 침전조정원(대표유구 : 동삼조전), 정토정원
가마쿠라 (겸창)	침전식 축산임천식 회유임천식	• 정토정원 : 불교의 극락정토를 묘사한 정원 • 선종정원 : 명상에 몰두할 수 있는 공간을 제공하는 정원
무로마치 (실정)	축산고산수식 (1378~1490) 평정고산수식 (1490~1580)	• 정토정원 : 천룡사, 녹원사(금각사), 자조사(은각사) • 축산고산수식(대덕사 대선원) : 나무, 바위, 왕모래 • 평정고산수식(용안사 방장선원) : 바위, 왕모래
모모야마 (도산)	다정식	• 신선정원 : 시호사 삼보원 • 다정원 : 다도를 즐기기 위한 소정원(수수분, 석등, 마른 소나무가지 등 사용)
에도 (강호)	원주파임천식 (1600~1868)	• 계리궁, 수학원 이궁, 강산 후락원, 육의원 겸육원 • 회유임천식 + 다정양식의 혼합형 • 다정양식은 계속 발전
메이지 (명치)	축경식(1868)	• 히비야공원 : 서구식 정원 등장

03편 조경계획 및 설계

SECTION 01 조경미

1. 조경미의 3요소
재료미(색채미), 형식미(형태미), 내용미

2. 경관의 우세요소
선, 형태, 질감, 색채

3. 경관의 가변요소
광선, 기상조건(구름, 안개, 눈, 비, 노을, 서리), 계절, 시간

4. 색채의 3요소
색상(Hue), 명도(Value) 채도(Chroma)

색상(H)	• 3원색 : (빛 : 빨강, 파랑, 녹색 / 물감 : 빨강, 파랑, 노랑) • 5원색 : 빨강, 노랑, 녹색, 파랑, 보라(먼셀 색체계의 기본적인 5가지 주요 색상) • 10원색 : 빨강(R), 주황(YR), 노랑(Y), 연두(GY), 녹색(G), 청록(BG), 파랑(B), 남색(PB), 보라(P), 자주(RP)
명도(V)	• 색의 밝고 어두운 정도(흑색 0~백색 10, 11단계) • 색의 무겁고 가벼움의 감정은 주로 명도에 의해 결정된다. • 고명도의 경우 색이 가볍게, 저명도의 경우 색이 무겁게 느껴진다.
채도(C)	색의 순수한 정도, 색채의 강약을 나타내는 성질(1~14까지, 14단계)

※ 먼셀의 색상환 표기법 : HV/C 예 5Y8/10 : 색상 5Y, 명도 8, 채도 10

SECTION 02 경관 구성의 원리

1. 산림경관의 유형
전 경관, 지형경관, 위요경관, 초점경관, 세부경관, 관계경관, 일시적 경관

전 경관	지형경관	위요경관	초점경관	관계경관	일시적 경관
조감도 성격	산봉우리, 절벽	숲속의 호수	비스타	숲속의 오솔길	기상변화, 계절, 시간

2. 경관 구성의 기본원칙

① 통일성 : 조화, 균형, 대칭, 강조
② 다양성 : 비례, 율동, 대비

3. 미기후

지형이나 풍향 등에 따른 부분적 장소의 독특한 기상 상태

SECTION 03 계획과 설계의 개념

1. S. Gold의 레크리에이션 계획 접근방법

자원, 활동, 경제, 행태, 종합접근방법 등

자원접근방법	물리적 자원 혹은 자연자원이 레크리에이션의 유형과 양을 결정하는 방법
활동접근방법	과거 참가사례가 앞으로의 레크리에이션 기회를 결정하도록 계획하는 방법
형태접근방법	일반 대중이 여가시간에 언제, 어디에서, 무엇을 하는가를 상세히 파악하여 계획하는 방법
경제접근방법	경제적 기반이나 예산 규모가 레크리에이션의 종류, 입지를 결정하는 방법

2. 현대의 도시설계

전원도시론	하워드	도시생활의 편리함과 농촌생활의 이로움을 함께 지닌 전원도시
근린주구이론	C.A. 페리	• 초등학교 학생 1,000~2,000명에 해당하는 거주 인구가 5,000~6,000명 • 쿨데삭(cul-de-sac)과 루프형 집분산도 설치, 주구의 외곽은 간선도로로 경계 형성
래드번 시스템	라이트와 스타인	• 영국 하워드의 전원도시 개념을 적용하여 미국에 전원도시 건설 • 슈퍼블록(10~20ha)을 계획하여 보행자와 차량을 분리

3. 녹지계통의 형식

① 방사환상식 : 이상적인 도시녹지 형태
② 방사식 : 시민들의 빠른 대피에 효과를 발휘하는 녹지 형태

SECTION 04 조경 프로젝트 수행단계

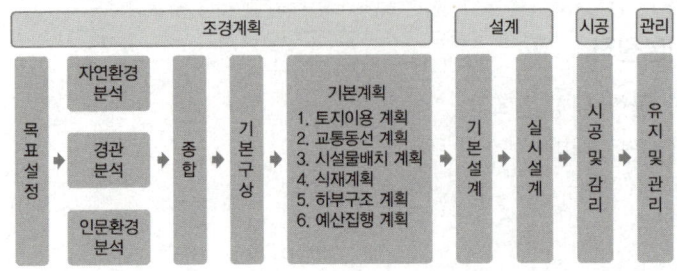

1. 자료분석 및 종합

① 자연환경분석 : 지형, 토양, 식생, 토질, 수문, 야생동물, 기후
② 인문환경분석 : 인구조사, 토지이용, 교통조사, 시설물조사

2. 기본구상

수집한 자료를 종합한 후 이를 바탕으로 개략적인 계획안을 결정하는 단계, 버블 다이어그램으로 표현

3. 기본계획

최종적으로 선택한 대안을 기본계획(Master plan)으로 확정

토지이용계획	토지이용분류 → 적지분석 → 종합배분 순서로 계획
교통, 동선계획	통행량 발생, 통행량 배분, 통행로 선정, 교통·동선체계 계획
시설물 배치계획	시설물 평면계획, 형태 및 색채계획, 재료계획
하부구조계획	전기, 전화, 상수도, 가스, 쓰레기 등 공급처리시설 계획
식재계획	수종선택, 배식, 녹지체계의 계획
집행계획	투자계획, 법규검토, 유지관리계획

4. 기본설계

기본계획의 각 부분을 더욱 구체적으로 발전시켜 각 공간의 정확한 규모, 사용재료, 마감방법 등 입체적 공간을 창조하는 단계이다.

5. 실시설계

기본계획에 의거하여 실제 시공이 가능하도록 하는 단계
① 시방서 : 시공방법, 재료의 선정방법 등 도면에 나타낼 수 없는 사항을 문서로 적어 놓은 것
② 순공사원가 : 재료비, 노무비, 경비(전력, 운반, 가설비, 보험료, 안전관리비)
③ 일반관리비 : 순공사원가 × 7% 이내(본사경비)

SECTION 05 조경제도

1. 조경제도 기호

① 수목표시 : 활엽수의 경우 질감이 뭉실뭉실하며 침엽수의 경우 톱날 형태
② 제도용지 사이즈 : $1 : \sqrt{2}$

2. 기초제도

① 도면 왼쪽의 여백은 철할 때 4면 중 왼쪽만은 25mm, 나머지는 10mm 정도의 여백을 준다.
② 표제란에는 공사명, 도면명, 범례, 축척, 설계자명, 도면 번호, 설계 일시 등을 기입한다.
③ 치수표시
  ㉠ 치수의 단위는 mm를 원칙으로 하며 단위는 표시하지 않는다.
  ㉡ 치수선, 치수보조선은 가는 실선으로 제도한다.
  ㉢ 치수는 치수선에 평행하게 도면의 왼쪽에서 오른쪽으로 읽어 나간다.
  ㉣ 치수선은 치수보조선에 수직(직각)이 되도록 기재한다.
  ㉤ 치수기입은 중간에 하고 수평일 경우 상단에, 수직일 경우 왼쪽에 기재한다.
  ㉥ 치수보조선은 치수 공간이 부족할 경우 한 쪽의 기호를 넘어서 연장하는 치수선의 위쪽에 기입할 수 있다.

3. 설계도의 종류

평면도	물체를 수직으로 내려다본 것으로 가정하고 작도한 것
입면도	물체를 정면에서 본대로 그린 그림으로, 수직적 공간 구성을 보여주기 위한 도면
단면도	구조물을 수직으로 자른 단면의 모습으로 지하부분 설명 시 사용된다.
조감도	새가 하늘 위에서 내려다보는 것과 같은 시각으로 그린 그림(3소점)
투시도	평면도, 단면도 등 설계안대로 실제 완성된 모습을 가상하여 그린 것

SECTION 06 배식설계

1. 정형식 배식

단식, 대식, 열식, 교호식재, 군식(정형식)

2. 자연식 배식

부등변 삼각형 식재, 임의식재, 군식(자연식), 배경식재

3. 조경설계기준

① 계단 : $2h + b = 60$~$65(70)$cm(h : 발판높이, b : 너비)
  ㉠ 원로의 기울기가 15°(18°) 이상일 때 계단을 설치
  ㉡ 경사(기울기)는 30~35°가 가장 적합
② 경사로 : 경사로의 기울기는 가능한 한 8% 이내로 제한
③ 옹벽 : 중력식(3m 이하), 캔틸레버식(L자형) 옹벽(5m까지), 부벽식 옹벽(6m 이상)

4. 시설물 설계기준

① 벤치 : 앉음판 높이는 35~40cm, 좌면너비는 36~40cm, 너비는 38~43cm
② 파고라 : 높이는 2.2~2.5m 정도, 기둥 사이의 거리는 1.8~2.7m
③ 주차시설 : 장애인규격(3.3m×5.0m) 이상, 같은 면적에서 가장 많이 주차할 수 있는 방식은 직각(90°)주차방식

5. 식재기준

(단위 : cm)

구분	지피/초화류	소관목	대관목	천근성 교목	심근성 교목
생존최소토심	15	30	45	60	90
생육최소토심	30	45	60	90	150

SECTION 07 단독주택 정원

1. 주택정원 공간구성

전정(앞뜰)	대문에서 현관에 이르는 공간으로 주택의 첫인상을 좌우하는 곳(공적 공간 → 사적 공간)
주정(안뜰)	• 안뜰은 응접실이나 거실 전면에 햇빛이 잘 드는 양지바른 곳에 배치(사적 공간) • 퍼걸러, 정자, 목재데크, 벤치, 야외탁자, 바비큐장 등 설치
후정(뒤뜰)	외부와 시선차단, 차폐식재, 사생활을 최대한 보호

※ 주택정원의 공사순서 : 터닦기 → 콘크리트 치기 → 돌쌓기 → 나무심기
※ 건폐율과 용적률

• 건폐율 $= \dfrac{\text{건축면적}}{\text{대지면적}}$ • 용적률 $= \dfrac{\text{연면적(바닥면적의 합)}}{\text{대지면적}}$

2. 옥상정원

① 설계기준
　㉠ 건물 구조에 영향을 미치는 하중을 고려하여, 바닥의 방수 및 배수가 절대적으로 필요하다.
　㉡ 생존, 생육 토심을 고려하여 토양층의 깊이와 구성 성분 및 식생의 유지관리를 고려한다.
　㉢ 관목, 지피식물(맥문동) 위주로 적절한 수종을 선택해야 한다.
　㉣ 겨울철의 경관을 고려하여 상록수의 비중을 높게 한다.
　㉤ 식재지역은 전체 면적의 1/3 이하로 식재한다.
　㉥ 수분증발 억제 조치로 진흙이나 낙엽, 분쇄목 등으로 멀칭한다.
② 경량토의 종류 : 버미큘라이트, 펄라이트, 화산재, 피트모스, 부엽토 등

3. 학교조경

① 교육적 가치를 바탕으로 학생들에게 교육적 효과와 정서적 안정을 주는 데 목적이 있음
② 수목선정 기준 : 생태적 특성, 경관적 특성, 교육적 특성, 경제적 특성 등

SECTION 08 도시공원

1. 공원시설별 시설·녹지 기준면적

공원시설명	녹지면적	시설면적
어린이공원	40% 이상	60% 이하
근린공원	60% 이상	40% 이하
도시자연공원	80% 이상	20% 이하
묘지공원	80% 이상	20% 이하
체육공원	50% 이상	50% 이하

2. 공원시설의 종류

조경시설	화단, 분수, 조각, 관상용 식수대, 잔디밭, 산울타리 등
휴양시설	휴게소, 긴 의자, 야유회장 및 야영장, 경로당, 노인복지회관 등
유희시설	그네, 미끄럼틀, 순환회전차, 모험놀이장, 발물놀이터 등
운동시설	테니스장, 수영장, 궁도장, 실내사격장, 골프장, 자연체험장 등
교양시설	식물원, 동물원, 수족관, 박물관, 야외음악당, 도서관, 야외극장 등
편익시설	주차장, 매점, 화장실, 우체통, 공중전화실, 음식점, 음수장 등

3. 자연공원의 발생

세계 최초의 자연공원	• 1865년 미국 캘리포니아의 요세미티 공원 • 현재 국립공원으로 지정
세계 최초의 국립공원	1872년 몬테나 주의 옐로스톤 국립공원
우리나라 최초의 국립공원	1967년 12월 지리산 국립공원
우리나라 최초의 대중공원	탑골(파고다) 공원

4. 골프장

티(Tee)	출발지역으로 1~2% 경사가 있으며, 면적은 400~500m^2 정도
그린(Green)	종점지역으로 2~5% 경사가 있으며, 면적은 600~900m^2 정도
해저드(Hazard)	연못, 하천, 냇가, 계곡 등의 장애구역
벙커(Bunker)	모래웅덩이를 조성해 놓은 곳
러프(Rough)	페어웨이와 그린 주변의 풀을 깎지 않은 초지로 이루어진 지역
페어웨이(Fair Way)	티와 그린 사이에 짧게 깎은 잔디로 이루어진 지역으로 2~10% 경사를 유지
에이프런(Apron)	그린 주위에 일정한 폭으로 풀을 깎지 않고 그대로 둔 지역
방위	• 코스는 남북방향으로 길게 배치하는 것이 좋음 • 잔디 식재는 남사면 또는 남동사면에 위치
잔디	• 들잔디 : 티, 러프, 페어웨이에 사용 • 벤트 그래스 : 골프장의 그린에 사용

04편 조경재료

SECTION 01 조경재료의 특성

1. 식물재료의 특성
자연성, 조화성, 연속성, 다양성(비규격성)

2. 인공재료의 특성
균일성, 불변성, 가공성

SECTION 02 조경수목

1. 잎의 생태상에 따른 분류
① 상록수 : 항상 푸른 잎을 가지고 있는 나무로 사계절을 푸른 잎을 띤다.
② 낙엽수 : 낙엽이 지는 계절(가을)에 일제히 잎을 떨구는 나무

상록수	소나무, 전나무, 주목, 백송, 사철나무, 동백나무, 회양목, 독일가문비 등
낙엽수	낙엽송, 은행나무, 칠엽수, 산수유, 메타세쿼이아, 층층나무, 백목련 등

2. 꽃이 아름다운 나무

봄꽃	진달래, 동백나무, 명자나무, 목련, 영춘화, 박태기나무, 철쭉, 조팝나무, 산사나무, 매화나무, 개나리, 산수유, 수수꽃다리, 배나무, 등나무 등
여름꽃	배롱나무, 협죽도, 자귀나무, 석류나무, 능소화, 치자나무, 마가목, 산딸나무, 층층나무, 수국, 무궁화, 백합나무 등
가을꽃	무궁화, 부용, 협죽도, 금목서, 은목서, 호랑가시나무 등
겨울꽃	팔손이나무, 비파나무 등

3. 단풍이 아름다운 나무

구분	주요 수목명
홍색계	단풍나무류(고로쇠나무 제외), 화살나무, 붉나무, 감나무, 당단풍나무, 복자기, 산딸나무, 매자나무, 참빗살나무, 남천 등
황색 및 갈색계	은행나무, 벽오동, 버드나무류, 느티나무, 계수나무, 낙우송, 메타세쿼이아, 고로쇠나무, 참느릅나무, 때죽나무, 석류나무, 칠엽수, 갈참나무, 백합, 졸참나무 등

4. 녹음수 또는 가로수용 수목

① 여름철에 강한 햇빛을 차단하기 위해 식재하는 나무이다.
② 녹음수는 여름에는 그늘을 제공하고, 겨울에는 낙엽이 져서 햇볕을 가리지 않아야 한다.
③ 녹음수는 수관이 크고, 큰 잎이 치밀하고 무성하다.
④ 지하고가 높고 병해충이 적은 큰 교목이 좋다.
⑤ 적용 수종 : 느티나무, 은행나무, 버즘나무, 칠엽수, 백합나무, 회화나무, 단풍나무, 벽오동, 왕벚나무 등

5. 산울타리 및 차폐용 수목

① 상록수로서 가지와 잎이 치밀해야 한다.
② 적당한 높이로서 아래가지가 오래도록 말라 죽지 않아야 한다.
③ 맹아력이 크고 불량한 환경 조건에도 잘 견딜 수 있어야 한다.
④ 전정에 강하고 유지관리가 용이한 수종, 외관이 아름다운 것이 좋다.

6. 수관 모양에 따른 형태

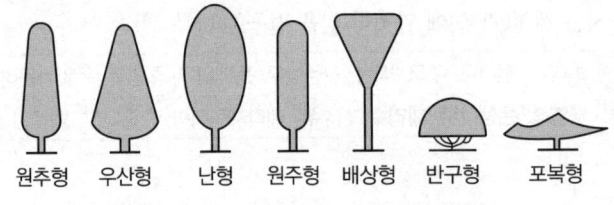

원추형　우산형　난형　원주형　배상형　반구형　포복형

▮수관의 모양에 따른 여러 가지 자연 수형▮

7. 맹아력에 따른 분류

맹아력이 강한 나무	주목, 낙우송, 사철나무, 탱자나무, 회양목, 능수버들, 플라타너스, 무궁화, 개나리, 호랑가시나무, 쥐똥나무 등
맹아력이 약한 나무	소나무, 해송, 벚나무, 자작나무, 살구나무, 잣나무, 비자나무, 칠엽수, 감나무 등

8. 조경수목의 구비 조건

이식 후 활착이 잘될 것, 실용적 가치가 높을 것, 불량한 환경에 견디는 힘이 강할 것, 병해충에 대한 저항성이 강할 것, 유지관리가 용이할 것

9. 방풍림의 효과

① 수림대 위쪽 : 수고의 6~10배
② 수림대 아래쪽 : 수고의 25~30배
③ 효과가 가장 큰 곳 : 수림대 아래쪽 수고의 3~5배에 해당하는 지역은 풍속의 65% 정도가 감속된다.

10. 토양구성의 3요소

토양 50% : 수분 25% : 공기 25%

11. 토양단면

유기물층(O층, AO층) → 표층(용탈층)(A) → 집적층(B) → 모재층(C) → 모암층(D)

12. 식물의 생존과 생육에 필요한 최소토심

(단위 : cm)

구분	지피 및 초화류	소관목	대관목	소교목(천근성)	대교목(심근성)
생존 최소토심	15	30	45	60	90
생육 최소토심	30	45	60	90	150

13. 아황산가스, 배기가스, 염해에 약한 수종

소나무, 금목서, 수수꽃다리, 삼나무, 느티나무, 벚나무

14. 염분의 한계농도(내염성)

수목 : 0.05%, 잔디 : 0.1%, 채소 : 0.04%

SECTION 03 지피식물

1. 지피식물의 조건

① 지표면을 치밀하게 피복해야 한다.
② 키가 작고 다년생이며 부드러워야 한다.
③ 번식력이 왕성하고 생장이 비교적 빨라야 한다.
④ 내답압(踏壓)성이 크고 환경조건에 대한 적응성이 넓어야 한다.
⑤ 병해충에 대한 저항성이 크고 관리가 용이해야 한다.

2. 지피식물의 효과

미적효과, 운동 및 휴식효과, 강우로 인한 진 땅 방지, 토양유실방지, 동결방지, 기온조절 등

SECTION 04 초화류

1. 화단의 종류

① 평면화단 : 화문화단, 리본화단, 포석화단
② 입체화단 : 기식화단, 경재화단, 노단화단

SECTION 05 목질재료

1. 목재의 장단점

장점	단점
• 색깔 및 무늬 등 외관이 아름답다. • 재질이 부드럽고 촉감이 좋다. • 무게가 가볍고 운반이 용이 하다. • 무게에 비하여 강도가 크다. • 단열성이 크다. • 가공하기 쉽고 열전도율이 낮다. • 인장강도가 압축강도보다 크다. • 가격이 저렴하고 크기에 대한 제한이 없다.	• 자연소재이므로 부패성이 매우 크다. • 목재의 함수율에 따라 팽창·수축하여 변형이 잘 된다. • 목재의 부위에 따라 재질이 고르지 못하다. • 구부러지고 옹이가 있다. • 내화성이 약하다.

2. 목재의 강도 순서

인장강도 > 휨강도 > 압축강도 > 전단강도

3. 목재의 종류

① 합판 : 홀수의 판(3, 5, 7장)을 압축하여 제작, 고른 강도 유지, 내화성이 약함(단점)
② 볏짚 : 약한 나무 보호, 병해충 방지, 피소방지, 잠복소 역할
③ 녹화마대 : 수목 이식 후 수간보호용

4. 목재의 건조

① 건조목적(함수율 15%)
  ㉠ 목재의 갈라짐, 뒤틀림 방지, 중량 경감, 목재의 변색, 부패 방지
  ㉡ 탄성 및 강도, 내구성이 커짐, 가공, 접착, 칠이 잘됨
  ㉢ 목재의 단열과 전기절연(전기가 통하지 못하게 하는 힘) 효과가 높아짐
  ㉣ 균류에 의한 부식 및 벌레 피해를 예방하는 데 큰 도움
  ㉤ 섬유포화점에서 절건상태에 가까워짐에 따라 강도가 커짐

② 건조방법
  ㉠ 자연건조법 : 공기건조법, 침수법
  ㉡ 인조건조법 : 찌는법, 증기법, 열기법, 훈연법, 공기가열건조법, 고주파건조법
③ 목재의 공극률

$$공극률 = \left(1 - \frac{전건비중}{진비중}\right) \times 100\%$$

5. 방부제의 종류

크레오소트 오일	철도침목 등의 방부처리에 많이 사용하며, 비휘발성, 가격이 비쌈
콜타르	석탄을 고온건류할 때 부산물로 생기는 검은 유상 액체
가압주입법	밀폐관 안에 방부제를 넣고 가압하여 주입하는 것(철도침목에 효과적)
도장법	목재 표면에 방수제, 살균제를 처리하는 방법, 작업이 쉽고 비용이 저렴

SECTION 06 석질재료

1. 석재의 장단점

장점	단점
• 외관이 매우 아름답고, 내구성과 강도가 크다. • 변형되지 않으며 가공성이 있다. • 마모성이 적다.	• 무거워서 다루기 불편하다. • 가공하기 어렵고, 긴 재료를 얻기 힘들다. • 운반비와 가격이 비싸다.

2. 화성암 : 화강암, 안산암, 현무암, 섬록암 등

화강암 : 압축강도, 내구성이 크다. 외관이 아름답다. 내화성이 약하다(단점).

3. 퇴적암 : 응회암, 사암, 점판암, 석회암 등

응회암 : 강도가 약하다. 빈 공간이 많아 흡수량이 많다. 재질이 부드럽고, 열에 강하다.

4. 변성암 : 대리석, 편마암, 사문암, 편암 등

대리석 : 석질이 치밀하고 가공하기 쉽다. 산과 열에 약하고, 외장용으로 사용하기에 부적합하다.

5. 석재의 특징

① 석리 : 조암광물의 집합상태에 따라 생기는 눈의 모양

② 조면(아면) : 표면이 거칠어진 상태
③ 뜰녹 : 조면에 고색을 띠어 관상가치가 높다.

6. 석재의 형상 및 치수

① 견칫돌 : 개의 송곳니 모양, 길이는 앞면 길이의 1.5배
② 사고석 : 장방형 돌로 궁궐의 담장이나 고건축 담장에 사용
③ 호박돌 : 사면보호, 연못 바닥, 원로 포장으로 사용

7. 석재의 강도 순서

화강암 > 대리석 > 안산암 > 사암 > 응회암 > 부석

8. 석재 가공방법

① 가공순서 : 혹두기 → 정다듬 → 도드락다듬 → 잔다듬 → 물갈기
② 버너마감 : 버너로 돌면을 구워버리는 마감방법

9. 골재

골재의 입형 : 정육면체가 좋으며, 가늘고 긴 모양이나 둥글고 납작한 모양은 좋지 않다.

SECTION 07 시멘트

1. 시멘트의 종류

보통 포틀랜드 시멘트	시멘트의 90%를 차지, 재령 28일
조강 포틀랜드 시멘트	재령 7일, 급한 공사, 겨울철 공사, 수중공사, 해중공사에 사용
중용열 포틀랜드 시멘트	수화열이 낮고, 댐이나 큰 구조물에 사용
백색 포틀랜드 시멘트	치장용, 컬러 시멘트 가능

2. 혼합 시멘트(혼화재)

고로 시멘트	광재(slag : 용광로 재), 균열이 적어 폐수시설, 하수도, 항만용으로 사용
플라이애시 시멘트	보일러 연통에서 채집한 재(fly ash), 수화열이 적어 매스콘크리트용으로 적합
포졸란 시멘트	워커빌리티가 좋고(블리딩 감소), 장기강도가 크며 수밀성이 좋다. 방수용으로 사용

3. 시멘트 저장방법

① 지면에서 30cm 이상 띄우고, 창고 주변에는 배수도랑을 만들어 우수의 침입을 방지
② 13포 이상 쌓아 놓지 않으며, 개구부를 설치하지 않는다.
③ 3개월 이상 저장한 시멘트는 재시험하며 입하 순서대로 사용한다.

4. 시멘트 저장면적 산출

$$A = 0.4 \times \left(\frac{N}{n}\right)(\text{m}^2)$$ (여기서, A : 시멘트 저장면적, N : 저장할 수 있는 시멘트량, n : 쌓기단수)

SECTION 08 콘크리트

1. 콘크리트의 장단점

장점	단점
• 재료를 얻기 쉽고, 운반하기 쉽다. • 압축강도, 내구성, 내화성, 내수성이 크다. (인장강도에 비해 10배 크다.) • 철근과의 부착력을 높인다. • 내진성, 차단성이 좋다. • 유지비가 적게 든다. • 구조물을 경제적으로 만들 수 있다.	• 콘크리트 자체의 중량이 무겁다. • 경화에 시간이 걸려 공사기간이 길다. • 구조물을 해체, 철거하기가 어렵다. • 압축강도에 비해 인장강도 및 휨강도가 작다(철근으로 인장력 보강). • 수화열 등에 의하여 균열이 생기기 쉽다. • 품질유지 및 시공관리가 쉽지 않다.

2. 혼화제

AE제	워커빌리티가 좋고, 단위수량이 적어지며, 수밀성이 좋아진다.
분산제	시멘트 입자를 균일하게 분산시켜 수화작용을 양호하게 한다.
지연제	수화반응을 지연시켜 응결시간을 늦추며, 뜨거운 여름철, 장시간 시공 시, 운반시간이 길 경우에 사용한다(콜드 조인트 방지효과).
응결경화 촉진제	겨울철 공사 시, 염화칼슘을 사용하며, 내구성이 떨어지는 단점이 있다.

3. 굳지 않은 콘크리트의 성질

반죽질기	수량의 많고 적음에 따라 반죽이 되고 진 정도를 나타내는 것
시공성(워커빌리티)	반죽질기에 따라 비비기, 운반, 타설, 다지기, 마무리 등의 시공이 쉽고 어려운 정도와 재료분리에 저항하는 정도, 시공연도
성형성(Plasticity)	거푸집을 제거하면 천천히 형상이 변하기는 하지만 허물어지거나 재료가 분리하는 일이 없는 굳지 않은 콘크리트의 성질
마무리성(Finishability)	콘크리트의 표면을 마무리하기 쉬운 정도를 나타내는 성질

① 블리딩 : 콘크리트를 친 후 각 재료가 가라앉고 불순물이 섞인 물이 위로 떠오르는 현상
② 레이턴스 : 블리딩과 같이 떠오른 불순물이 콘크리트 표면에 엷은 회색으로 침선하는 현상

4. 용적 배합

① 철근콘크리트는 1 : 2 : 4
② 무근콘크리트는 1 : 3 : 6

5. 물 – 시멘트비(W/C비)

콘크리트의 강도와 내구성 및 수밀성을 좌우하는 가장 중요한 사항

SECTION 09 인공재료

1. 금속재료의 장단점

장점	단점
• 인장강도가 크다. • 종류가 다양하고 강도에 비해 가볍다. • 다양한 형상의 제품을 만들 수 있다. • 대규모의 생산품을 공급할 수 있다. • 불연재이며, 공급이 쉽다. • 고유한 광택이 있고, 재질이 균일하다.	• 가열하면 역학적 성질이 저하된다. • 내산성, 내알칼리성이 약하다. • 녹이 슬고 부식이 잘 된다. • 차가운 느낌이 든다.

2. 주철

1.7~6.6%의 탄소를 함유하고 1,100~1,200℃에서 녹아 선철에 고철을 섞어서 용광로에서 재용해하여 탄소성분을 조절하며 제조한다.

3. 광명단

철에 사용하며, 보일유와 혼합하여 녹막이 도료를 만드는 주황색 안료이다.

4. 알루미나

원광석인 보크사이트에서 추출하며, 징크로메이트(녹 방지용 도료)

SECTION 10 점토재료

1. 도관
양질의 점토에 유약을 발라 구운 제품으로 흡수성·투수성이 없어 배수관·상하수관·전선 등에 사용한다.

2. 토관
저급 점토를 이용하여 그대로 구운 제품으로 연기나 공기 등의 환기관으로 사용한다.

3. 타일
① 내수성, 방화성, 내마멸성이 우수하며, 흡수성이 적고, 휨과 충격에 강하다.
② 타일 동해방지법 : 소성온도가 높은 타일, 흡수성이 낮은 타일을 사용한다.

SECTION 11 그 밖의 재료

1. 플라스틱 재료의 장단점

장점	단점
• 성형이 자유롭고 가볍다. • 강도와 탄력이 크다. • 착색이 자유롭고 광택이 좋다. • 내산성과 내알칼리성이 크다. • 투광성, 접착성, 절연성이 있다. • 마모가 적어 바닥재료 등에 적합하다.	• 열전도율이 높아 불에 타기 쉽다. • 내열성, 내광성, 내화성이 부족하다. • 저온에서 잘 파괴된다. • 온도변화에 약하다.

2. 열가소성 수지
① 성형한 뒤 다시 열을 가하면 형태의 변형을 일으킬 수 있는 수지
② 종류 : 염화비닐관, 염화비닐수지(PVC), 폴리에틸렌관, 폴리에틸렌수지, 폴리프로필렌수지, 아크릴수지 등

3. 열경화성 수지
① 한번 열을 가하여 성형하면 다시 열을 가해도 변하지 않는 수지
② 종류 : 페놀수지(PF), 요소수지(UF), 멜라민수지(MF), 에폭시수지(EF), 폴리우레탄수지(PUR), 실리콘수지 등
③ 에폭시수지 : 접착제로 사용되는 수지 중 접착력이 가장 우수하다.
④ 유리섬유강화플라스틱(FRP) : 벤치, 인공폭포, 인공암, 인공동굴, 수목보호대, 놀이기구 등에 사용

4. 미장재료

① 종류 : 시멘트 모르타르, 회반죽, 벽토
② 시멘트 모르타르 : 방수용·치장용 줄눈은 1 : 1, 중요한 곳은 1 : 2, 일반적인 곳은 1 : 3

5. 도장재료

① 수성공정 페인트칠 : 바탕만들기 → 초벌칠하기 → 퍼티먹임 → 연마작업 → 재벌칠하기 → 정벌칠하기
② 퍼티 : 창유리를 끼우는 곳, 갈라짐이나 틈을 채우는 곳에 주로 사용한다.
③ 래커 : 건조가 가장 빠르고 바니시보다 고가이며, 스프레이건을 쓰는 것이 가장 적합하다.
④ 도장효과 : 내식성, 방부성, 내마멸성, 방습성, 강도 등이 높아진다.

6. 생태복원 재료

식생매트, 식생자루, 식생호안블록, 잔디블록 등

05편 조경시공

SECTION 01 조경시공의 뜻과 종류

1. 조경시공 순서

도로정비 → 지반조성 → 지하매설물 설치 → 조경시설물공사 → 조경식재공사

2. 직영공사

발주자 스스로 시공자가 되어 일체의 공사를 자기 책임 아래 시행하는 것이다.

장점	책임소재 명확, 관리실태의 정확한 파악, 임기응변적 조치 가능, 양질의 서비스 등
단점	필요 이상의 인건비 소요, 공사의 지연 등

3. 도급공사

발주자가 일정 시공자에게 공사의 시행을 의뢰하는 것으로 큰 공사에 적합하고 관리비가 저렴하다.

4. 경쟁입찰방식

① 일반경쟁입찰 : 관보나 신문 등에 게시하는 방법을 통하여 다수의 희망자가 경쟁에 참여
② 제한경쟁입찰 : 참가자의 자격을 제한
③ 지명경쟁입찰 : 지나친 경쟁으로 인한 부실공사를 막기 위하여 기술과 경험, 신용 등이 적합한 경쟁참가자를 지명하는 것

5. 입찰계약순서

입찰공고 → 현장설명 → 입찰 → 개찰 → 낙찰 → 계약

SECTION 02 시공계획 및 목적

1. 시공계획의 4대 목표
품질(좋게), 원가(싸게), 공정(빠르게), 안전(안전하게)

2. 막대 공정표(Bar Chart : 횡선식 공정표)
① 공정표가 단순하여 경험이 적은 사람도 이해가 쉽다.
② 세로축에 공사명, 가로축에 날짜를 표기하고, 공사명별 공사일수를 횡선의 길이로 표현한다.
③ 장점 : 소규모의 간단한 공사, 시급한 공사에 많이 적용된다.
④ 단점 : 작업의 선후관계와 세부사항을 표기하기 어렵고, 대형공사에 적용하기 어렵다.

SECTION 03 토공사

1. 기반조성공사
절토경사 1 : 1, 성토경사 1 : 1.5

2. 더돋기(여성토)
계획높이보다 줄어드는 것을 방지하기 위해서 계획높이에서 10~15% 정도 더돋기 해준다.

3. 안식각
보통 흙의 안식각은 30~35°

4. 경사도 = $\dfrac{수직높이}{수평거리} \times 100$

5. 토적계산

① 양단면 평균법
$V(체적) = \dfrac{A+B}{2} \times h$ (A, B : 양단면 면적, h : 양단면 간 거리)

② 중앙단면법
$V(체적) = A_m \times h$ (A_m : 중앙단면 면적, h : 양단면 간 거리)

③ 각주공식
$V(체적) = \dfrac{1}{6}(A + 4A_m + B) \times h$ (A, B : 양단면 면적, A_m : 중앙단면 면적, h : 양단면 간 거리)

※ 값의 크기 : 양단면 평균법 > 각주공식 > 중앙단면법

6. 비탈면의 조성과 보호

① 비탈면 보호 : 식재에 의한 보호, 콘크리트 격자틀 공법, 콘크리트 블록 공법
② 식재에 의한 보호 : 식생자루, 식생매트, 잔디블록, 식생구멍공

7. 건설기계의 종류

① 굴착 운반기계 : 불도저(운반거리가 60m 이하일 때 적당)
② 굴착 적재기계 : 굴착과 싣기를 하는 기계(대표 : 셔블계 굴착기)

백호(드래그셔블)	굴착용 기계로 버킷 밑으로 내려 앞쪽으로 긁어 올려 흙을 깎음
드래그쇼벨 (드래그라인)	• 토사나 암석, 연질지반 굴착, 모래채취, 수중 흙 파 올리기에 사용 • 낮은 면의 굴착에 사용하는 기계로 깊이 6m 정도의 굴착에 적당
클램셀	지면보다 낮은 위치의 부드러운 토사류 굴착에 사용
파워셔블	기계가 놓인 지면보다 높은 면의 굴착에 사용

③ 운반기계 : 크레인, 체인블록, 덤프트럭

체인블록	도르래, 쇠사슬 등을 조합시켜 큰 돌을 운반하거나 앉힐 때 주로 쓰이는 기구

8. 지형도

① 등고선의 종류와 간격

종류	간격
주곡선	지형을 표시하는 데 가장 기본이 되는 곡선으로 가는 실선으로 표시
계곡선	주곡선 5개마다 굵게 표시한 선으로 굵은 실선으로 표시
간곡선	주곡선 간격의 1/2 가는 파선으로 표시
조곡선	간곡선 간격의 1/2 가는 점선으로 표시

② 등고선의 성질

㉠ 등고선 위의 모든 점은 높이가 같다.
㉡ 등고선은 도면의 안이나 밖에서 폐합되며, 도중에 없어지지 않는다.
㉢ 산정과 오목지에서는 도면 안에서 폐합된다.
㉣ 높이가 다른 등고선은 동굴과 절벽을 제외하고 교차하거나 합쳐지지 않는다.
㉤ 완경사지는 등고선의 간격이 넓고, 급경사지는 등고선의 간격이 좁다.
㉥ 등경사지는 등고선의 간격이 같다.

9. 옹벽

중력식	• 상단이 좁고 하단이 넓은 형태로 자중으로 토압에 저항하도록 설계 • 3m 내외의 낮은 옹벽, 무근콘크리트 사용
캔틸레버식	5m 내외의 높지 않은 경우에 사용하며, 철근콘크리트 사용
부축벽식	6m 이상의 상당히 높은 흙막이벽에 사용하며, 안정성을 중시

SECTION 04 측량

1. 오차의 원인

기계적 오차	기계의 불완전 조작, 기계의 성능 및 구조에 기인되어 일어나는 오차
개인적 오차	조작의 불량, 부주의, 과오 그 밖에 감각의 불완전 등으로 일어나는 오차
자연 오차	온도, 습도, 기압의 변화, 바람 등의 자연현상으로 인하여 일어나는 오차

2. 평판측량의 3요소

정준	구심(치심)	표정(정위)
수평 맞추기	중심 맞추기	방향, 방위 맞추기

3. 축척과 거리 및 면적

도면상의 면적이 주어지고 실제면적을 구할 때

$$\left(\frac{1}{축척}\right)^2 = \frac{도면상의\ 면적}{실제면적}$$

SECTION 05 돌쌓기와 돌놓기

1. 자연석 쌓기

① 자연석 무너짐 쌓기 시공방법
  ㉠ 기초 부분은 터파기한 후 잘 다짐하거나 콘크리트로 기초를 한다.
  ㉡ 기초석은 땅속에 1/2 깊이(20~30cm) 정도로 묻고 주변을 잘 다져 고정한다.
  ㉢ 크고 작은 자연석을 어울리게 섞어 쌓는다.
  ㉣ 하부에 큰 돌을 사용하고 상부로 갈수록 작은 돌을 사용한다.

ⓜ 시각적 노출 부분을 보기 좋은 부분이 되게 한다.
　　ⓗ 맨 위의 상석은 비교적 작고 윗면을 평평하게 하거나 자연스런 높낮이가 있도록 처리한다.
　　ⓢ 돌틈식재 : 돌과 돌 사이의 빈 공간에 양질의 흙을 채워 철쭉이나 회양목 등의 관목류와 초화류를 식재한다.

② 호박돌 쌓기
　　㉠ 쌓기 방식은 찰쌓기를 이용하며, 하루에 쌓는 높이는 1.2m 이하로 한다.
　　㉡ 통줄, 十자 줄눈이 생기지 않도록 한다.

③ 견치석 쌓기
　　㉠ 높이 1.5m까지는 충분한 뒤채움으로 하고 그 이상은 찰쌓기로 채운다.
　　㉡ 옹벽, 흙막이용 돌쌓기 등에 많이 사용한다.
　　㉢ 전체 길이는 앞면 길이의 1.5배 이상이 되게 한다.
　　㉣ 뒷면 너비는 앞면의 1/16 이상이 되게 한다.

2. 자연석 놓기

① 경관석 놓기
　　㉠ 삼재미의 원리를 적용하여 중량감 있는 자연석을 배치한다.
　　㉡ 일반적인 수량은 3, 5, 7 등의 홀수로 구성하며, 부등변 삼각형을 이루도록 배치한다.

② 디딤돌 놓기
　　㉠ 디딤돌의 두께는 10~20cm, 크기는 지름 25~30cm 정도가 적당하다.
　　㉡ 길이 갈라지는 곳 등에는 50~60cm 정도의 큰 돌을 배치한다.
　　㉢ 디딤돌은 크고 작은 것을 섞어 직선보다는 어긋나게 배치한다.
　　㉣ 디딤돌의 높이는 지면보다 3~6cm 높게 한다.
　　㉤ 디딤돌과 디딤돌 사이의 중심 간 거리는 40cm 정도가 적당하다.

3. 마름돌 쌓기

① 메쌓기 : 뒤틈 사이에 굄돌을 고인 후 흙으로 뒤채움하여 쌓는 방식
② 찰쌓기 : 줄눈에 모르타르를 사용하고 뒤채움에 콘크리트를 사용하여 쌓는 방식

4. 벽돌 쌓기

① 벽돌종류별 매수(m²당)

벽돌종류	0.5B	1.0B	1.5B	2.0B
기존형(210×100×60mm)	65	130	195	260
표준형(190×90×57mm)	75	149	224	298

② 벽돌두께(단위 : mm)

벽돌종류	0.5B	1.0B	1.5B	2.0B
표준형	90	190	290	390

③ 벽돌 쌓기의 종류

영국식	길이쌓기 켜와 마구리쌓기 켜를 반복, 가장 튼튼하며, 모서리는 이오토막을 사용
네덜란드식	영국식 쌓기와 거의 같으나 모서리의 벽 끝에는 칠오토막을 사용
프랑스식	한 켜에 길이쌓기와 마구리쌓기가 번갈아 나오는 방법
미국식	5단까지 길이쌓기로 하고 그 위에 한 단은 마구리쌓기로 하는 방법

④ 돌 쌓는 방법
  ㉠ 쌓기 전에 돌에 붙은 먼지와 오물 등을 털거나 씻어낸다.
  ㉡ 돌에 물을 충분히 흡수(10분 이상)시켜 모르타르의 부착력을 한층 더 높여준다.
  ㉢ 모르타르는 정확히 배합하며, 비벼놓은 지 1시간이 지난 모르타르는 사용하지 않는다.
  ㉣ 통줄눈, 十자 줄눈이 생기지 않도록 한다.
  ㉤ 모르타르의 배합비는 1 : 2 ~ 1 : 3이며, 중요한 곳은 1 : 1로 배합한다.
  ㉥ 하루에 1.2 ~ 1.5m 이상 쌓지 않는다.(12시간 경과 후 다시 쌓음)
  ㉦ 수평실과 수준기로 정확히 맞추어 시공한다.
  ㉧ 줄눈의 폭은 10mm가 표준이다.
  ㉨ 안전을 위해 큰 돌을 아래에 놓으며 뒤채움을 잘 한다.
  ㉩ 벽돌 면을 잘 청소하고, 가마니 등으로 덮고 물을 뿌려 양생하며 직사광선은 피한다.

SECTION 06 포장공사

1. 포장재료 선정기준

① 보행자가 안전하고 쾌적하게 보행할 수 있는 재료가 선정되어야 한다.
② 내구성이 있고 시공비·관리비가 저렴하며 재료의 질감·재료가 아름다울 것
③ 재료의 표면이 태양 광선의 반사가 적고 우천시·겨울철 보행시 미끄럼이 적을 것
④ 재료가 풍부하며, 시공이 용이할 것

2. 소형고압블록(ILP) 포장

보도용은 두께 6cm, 차도용은 두께 8cm의 블록을 사용한다.

3. 판석 포장

① 기층은 잡석다짐 후 콘크리트를 치고 모르타르로 판석을 고정시킨다.(횡력이 약하므로)
② 판석은 미리 물을 흡수시켜 부착력을 높여주며, 배합비는 1 : 1 ~ 1 : 2 정도가 적당하다.
③ 판석의 배치는 十자형, 통줄눈보다는 Y자형이 시각적으로 좋다.
④ 줄눈의 폭은 10~20mm, 깊이는 5~10mm 정도로 한다.
⑤ 가장자리에 위치하는 판석은 도로의 모양에 따라 깨끗이 절단하여 보기 좋게 시공한다.

SECTION 07 배수·관수 및 수경공사

1. 배수공사

① 표면배수
   ㉠ 빗물받이가 집수거를 통해 지하의 배수관으로 흘러 들어간다.
   ㉡ U형, L형 측구의 끝부분에 설치하며, 20~30m마다 설치(표준간격 20m, 최대 30m 이내)

② 지하층 배수

벙어리 암거 (맹암거)	지하에 도랑을 파고 모래, 자갈, 호박돌 등으로 큰 공극을 가지도록 하여 주변의 물이 스며들도록 하는 일종의 땅속 수로이다.
유공관 암거	• 자갈층에 구멍이 있는 관을 설치한 것이다. • 유공관의 깊이는 지면으로부터 평균 1m로 한다.

③ 심토층 배수 설계

어골형	• 중앙의 큰 맹암거를 중심으로 좌우에 어긋나게 작은 맹암거를 설치 • 소규모의 평탄한 지형에 적합하며, 전 지역을 균일하게 배수할 때 사용 • 어린이 놀이터, 경기장과 같은 소규모 지형에 사용
즐치형(빗살형)	한쪽 측면에 지관을 설치하여 연결하는 것으로 비교적 좁은 면적의 전 지역을 균일하게 배수할 때 이용
선형(부채살형)	주관과 지관의 구분 없이 부채살 모양으로 1개의 지점으로 집중되게 설치하여 집수 후 배수시키는 방법
자연형(자유형)	• 대규모 공원과 같이 전면배수가 요구되지 않는 지역에서 사용 • 주관을 중심으로 양측에 지관을 지형의 등고선을 따라 필요한 곳에 설치

2. 관수공사

① 관수방법

관수방법		관수효율
수동식 관수법	지표 관수법	20~40%
자동식 관수법	살수식 관수법	80%
	점적식 관수법	90%

② 배치간격 : 바람이 없을 때를 기준으로 살수 작동 최대간격은 살수직경의 60~65%로 제한한다.

3. 수경공사

벽천의 3요소 : 토수구, 벽면(벽체), 수반(물받이)

SECTION 08 시설물공사

1. 놀이시설

미끄럼틀	• 미끄럼틀에 오르는 사다리(계단)의 경사도는 70° 내외로 설치한다. • 미끄럼판과 지면과의 각도는 30~35°, 폭은 40cm가 적당하다. • 계단의 발판 폭은 50cm 이상, 높이는 15~20cm 정도로 설치한다.
그네	2인용을 기준으로 높이 2.3~2.6m, 길이 3.0~3.5m, 폭 4.5~5.0m가 적당

2. 휴게시설

벤치	• 앉음판의 높이는 35~40cm, 너비는 40cm, 폭은 38~43cm 정도가 적당하다. • 앉음판과 등받이의 각도는 가벼운 휴식은 105°, 일반 휴식은 110° 정도로 한다.
퍼걸러	• 일반적인 높이는 2.2~2.5m 정도이다. • 기둥 사이의 거리는 1.8~2.7m 정도이다.

3. 조명시설

백열등	열효율이 가장 낮고, 수명이 제일 짧다.
형광등	소정원에서 사용하며, 설치비가 저렴하다.
할로겐등	• 수명이 길고, 소형이어서 배광에 효과적이다. • 분수를 외곽에서 조명할 때 사용한다.
수은등	• 차가운 느낌을 주며 수목과 잔디의 황록색을 살리는 데 효과적이다. • 수명이 제일 길다.
나트륨등	• 점등 후 20~30분이 경과하지 않으면 충분한 빛을 낼 수 없으며, 황색광 때문에 일반조명으로 사용하지 않는다. • 안개 지역의 조명, 도로조명, 터널조명 등에 사용하며 열효율이 가장 좋다.

SECTION 09 수목 식재

1. 뿌리돌림의 목적
① 이식력을 높이고자 하는 예비조치이며, 환상박피를 함으로써 세근을 많이 발달시킨다.
② 이식을 싫어하는 수목 또는 노목, 병목의 세력 갱신을 위해서 실시한다.

2. 이식 시기
① 뿌리돌림은 이식 1~2년 전에 실시하며, 최소 6개월 전 초봄이나 늦가을에 실시한다.
② 노목, 대형목, 병목 등 이식이 어려운 나무는 이식 2~3년 전에 뿌리 둘레의 1/2 ~ 1/3 정도를 나누어 뿌리돌림을 한 후에 이식한다.

3. 뿌리돌림의 방법 및 요령
① 근원 직경의 4~6배(보통 4배) 정도 지점을 천근성은 넓게 뜨고, 심근성은 깊게 파내려 가면서 뿌리를 절단한다.
② 수목을 지탱하기 위해 3~4방향으로 굵은 뿌리 한 개씩을 곧은 뿌리는 자르지 않고 15cm 정도의 폭으로 환상박피한 다음 흙을 되묻는다.(잘 부숙된 퇴비를 섞어주면 효과적이다.)

4. 뿌리분의 지름(A)
$A = 24 + (N-3) \times d$ (N : 근원 직경, d : 상수(상록수 4, 낙엽수 5))

SECTION 10 잔디 식재

1. 떼심기의 종류

평떼 붙이기	단기간에 잔디밭을 조성할 때 이용하며 뗏장이 많이 소요된다.
어긋나게 붙이기	뗏장을 20~30cm 간격으로 어긋나게 놓거나 서로 맞물려 어긋나게 배열하는 방법
줄떼 붙이기	뗏장을 5, 10, 15, 20cm 정도로 잘라서 그 간격을 15, 20, 30cm로 하여 심는 방법

2. 잔디 파종 시공순서
경운 → 시비 → 정지 → 파종 → 전압 → 멀칭 → 관수

SECTION 11 수생식물 식재

구분	식물명
습지식물(습생식물)	오리나무, 버드나무, 갯버들, 물억새 등
정수식물(추후식물)	물옥잠, 미나리, 갈대, 부들, 창포, 속새 등
부엽식물	수련, 어리연꽃, 마름, 가래 등
침수식물	검정말, 물수세미, 붕어마름, 말즘 등
부유식물(부수식물)	생이가래, 부레옥잠, 개구리밥 등

06편 조경관리

SECTION 01 조경관리의 의의

1. 조경관리의 종류

운영관리	예산, 재무제도, 조직, 재산 등의 관리가 있다.
유지관리	공공을 위한 서비스를 제공하는 것이다.
이용관리	적절한 프로그램을 개발하고 홍보 및 이용하도록 하는 것이다.

2. 주민참가의 단계 순서

비참가의 단계 → 형식참가의 단계 → 시민권력의 단계

SECTION 02 조경수목관리

1. 전정의 유형

전정	수목 관상, 개화 결실, 생육상태 조절 등의 목적에 따라 불필요한 가지, 생육을 방해하는 가지, 줄기 일부를 잘라내는 정리 작업
정지	수목의 수형을 영구히 유지 또는 보존하기 위해 줄기나 가지의 성장조절, 수형을 인위적으로 만드는 작업 예 분재

2. 전정의 종류

목적	종류
생장 조절	병해충을 입은 가지, 고사지 등을 제거하여 생장을 조절하는 전정
생장 억제	조경수목을 일정한 형태로 유지시키고자 할 때 실시하는 전정(형태고정, 산울타리 전정, 소나무 순자르기, 상록활엽수의 잎따기)
세력 갱신	노쇠한 나무, 개화가 불량한 나무의 묵은 가지를 잘라주어, 새 줄기나 새 가지로 갱신하는 전정
생리 조절	수목을 이식할 때 가지와 잎을 다듬어 주어 손상된 뿌리의 적당한 수분 공급 균형을 취하기 위해 다듬어 주는 전정
개화 결실	장미의 여름 전정, 감나무 등 각종 과수의 해거리 방지기능이 있는 전정

3. 산울타리(생울타리) 전정

전정횟수	생장이 완만한 수종은 연 2회, 맹아력이 강한 수종은 연 3회 실시한다.
전정방법	식재 후 2년 동안 가지를 치지 않는 것이 좋고, 식재 후 3년부터 제대로 전정을 실시한다.

※ 생울타리 외부의 침입방지를 위한 울타리의 높이 : 180~200cm
※ 창살울타리 외부의 침입방지를 위한 울타리의 높이 : 최소 1.5m, 적정 1.8m

4. 소나무 순자르기(순따기)

① 소나무 순자르기(5~6월), 소나무 잎솎기(8월), 소나무 묵은 잎 제거(3월)
② 5~6월경 새순이 자랐을 때 2~3개의 순을 남기고, 나머지 순은 손으로 따 버린다.
③ 남긴 순도 자라는 힘이 지나치다고 생각될 때 1/2~1/3 정도만 남겨 두고 끝 부분을 따 버린다.
④ 노목이나 쇠약해 보이는 나무는 다소 빨리 실시하고, 수세가 좋거나 어린 나무는 5~7일 정도 늦게 실시한다.

SECTION 03 조경수목의 거름주기 및 비료의 역할

1. 주요 비료의 역할

질소(N)	영양 생장과 광합성작용의 촉진으로 잎이나 줄기 등 수목의 생장에 도움을 준다.
인(P)	세포분열을 촉진하여 꽃과 열매의 발육에 관여하여 새 눈과 잔가지를 형성한다.
칼륨(K)	꽃·열매의 향기, 색깔을 조절하고 뿌리와 가지의 생육을 촉진시키며, 병해, 서리, 한발에 대한 저항성이 향상된다.
칼슘(Ca)	단백질 합성 및 내병성 촉진을 하고 뿌리혹박테리아의 질소를 고정하는 역할을 하며, 식물체 유기산을 중화시킨다.
철(Fe)	산소운반, 엽록소 생성 시 촉매작용을 하며, 양분결핍 현상이 생육 초기에 일어나기 쉽다.

※ C/N율이 높으면 개화를 유도하고, C/N율이 낮으면 영양생장이 계속된다.

2. 시비 시기

구분	방법	효능	퇴비	시기
기비(기초비료)	밑거름	지효성	유기질	낙엽 직후~이른 봄
추비(추가비료)	덧거름	속효성	무기질	봄 이후

3. 토양 내 시비 방법

전면, 윤상, 격윤상, 방사상, 천공, 선상 등

4. 엽면시비법(미량원소 부족 시), 수간주사(노거수에 사용)

SECTION 04 조경수목의 병해 방제

1. 전염성과 비전염성의 분류

전염성	비전염성
• 바이러스(Virus) : 모자이크병 • 마이코(파이토)플라스마 : 대추나무 빗자루병, 오동나무 빗자루병, 뽕나무 오갈병, 붉나무 빗자루병 • 세균(Bacteria) : 뿌리혹병 • 진균 : 모잘록병, 벚나무 빗자루병, 흰가루병 • 선충 : 소나무 시들음병	• 부적당한 토양조건 • 부적당한 기상조건 • 유기물질에 의한 것 • 농기구, 기계적 상해

2. 중간기주식물

병해	잣나무 털녹병	포플러 잎녹병	배나무 적성병	소나무 혹병
중간기주	송이풀과 까치밥나무	낙엽송	향나무	참나무류

3. 주요 성분에 따른 분류(항생물질계)

① 마이코(파이토)플라스마에 의한 수병 치료에 효과적이다.
② 옥시테트라사이클린계 : 오동나무 빗자루병, 대추나무 빗자루병, 뽕나무 오갈병, 벚나무 빗자루병 등의 방제에 사용한다.
③ 사이클론핵시마이드 : 잣나무 털녹병의 방제에 사용한다.

4. 주요 병해

병해	원인 및 증상	방제
흰가루병	진균에 속하는 자낭균류의 대표적인 병해	• 통풍을 좋게 하고, 전염원 제거 • 만코지, 지오판, 베노밀 수화제
그을음병	깍지벌레, 진딧물 등 흡즙성 해충의 배설물에 의한 2차 피해	• 통풍을 좋게 하고, 전염원 제거 • 만코지, 티오판 수화제
빗자루병	잔가지가 빗자루 모양처럼 발생	옥시테트라사이클린
참나무시들음병	매개충인 광릉긴나무좀과 병원균 간의 공생작용에 의해 발병	• 고사목 벌채 훈증 • 유인목 설치, 끈끈이트랩 설치
녹병	배나무, 사과나무에 피해를 주며, 적성병을 일으키는 포자를 형성	장미과 나무를 식재하지 않음

5. 농약 포장지 색

살균제	살충제	살비제	제초제		생장 조절제
			선택성	비선택성	
분홍색	초록색	초록색	노란색(황색)	적색	청색

SECTION 05 조경수목의 충해 방제

1. 곤충의 소화계 분류

전장	먹은 것을 임시 저장하며 기계적 소화가 일어난다.
중장	소화·흡수작용이 일어나며 위의 기능을 한다.
후장	소화관의 맨 끝 부분이다.

2. 조경수의 해충에 따른 분류

종류	주요 해충
식엽성	솔나방, 흰불나방, 노랑쐐기나방, 버들재주나방, 오리나무잎벌 등
흡즙성	진딧물, 응애류, 깍지벌레, 방패벌레, 솔잎혹파리 등
천공성	향나무하늘소, 소나무좀, 박쥐나방, 미끈이하늘소 등
충영형성	솔잎혹파리, 밤나무혹벌 등

3. 식엽성 해충(잎을 갉아먹는 해충)

① 솔나방 : 1년에 1회 발생

피해	송충이와 애벌레가 솔잎을 갉아 먹는 소나무의 대표적 충해이다.
방제방법	디프제 / 맵시벌, 고치벌, 뻐꾸기

② (미국)흰불나방 : 1년에 2회 발생(5~6월, 7~8월)

피해	가로수와 정원수의 피해가 심하다.
방제방법	디프제, 스미치온, 긴등기생파리, 송충알벌

4. 흡즙성 해충(즙액을 빨아먹는 해충)

① 진딧물류 : 1년에 10회 내외 발생

피해	침엽수 및 활엽수의 대부분 수종에 기생하는 해충이다.
방제방법	메타시스톡스 유제, 마라톤 유제 살포 / 무당벌레류, 풀잠자리, 꽃등애류, 기생벌

② 응애류 : 1년에 5~10회 발생

피해	바늘과 같이 끝이 뾰족한 입틀로 잎의 즙액을 빨아먹는다.
방제방법	살비제 / 무당벌레, 거미, 풀잠자리

5. 천공성 해충(구멍을 뚫는 해충)

① 솔수염하늘소(북방수염하늘소) : 1년에 1회 발생

피해	소나무류의 수피 밑에서 형성층과 목질부를 갉아 먹으며 생활한다.
방제방법	서식지 제거 및 확산 방지, 유충 제거 / 아세타미프리드 액제

② 소나무좀 : 1년에 1회 발생

피해	성충은 새 가지에 구멍을 뚫어 말려 죽인다.(성충에 의한 피해가 크다.)
방제방법	수세가 약한 나무를 미리 제거하고 벌채목의 껍질을 벗겨 번식처를 제거한다.

SECTION 06 조경수목의 농약 관리

1. 농약의 사용목적에 따른 분류

구분		포장지 색	특징
살충제		초록색	• 해충을 방제할 목적으로 쓰이는 약제 • 페니트로티온 유제, 다이아지논, 엘드린, 디프테렉스, 스미티온, 파라티온, DDVP 등
살균제		분홍색	• 병원균을 죽이는 목적으로 쓰이는 약제 • 다이젠 M-45, 보르도액, 석회유황합제 등
살비제		초록색	응애만을 죽이는 농약
생장조절제		청색	생장을 촉진하고 낙과 방지를 위한 약제
보조제		흰색	농약이 해충의 몸이나 농작물의 표면에 잘 묻도록 효과를 높여주는 약제
제초제	선택성	노란색	잔디를 제외한 모든 잡초를 살초하는 약제
	비선택성	적색	수목과 잡초를 모두 살초하는 약제
살선충제			토양 또는 식물체 내에 기생하는 선충을 죽이는 약제

2. 농약의 살포 시 주의 사항

① 농약은 바람을 등지고 살포하며, 피부가 노출되지 않도록 보호장구을 착용한다.
② 제초제를 사용할 때 약이 날려 다른 농작물에 피해가 없도록 노즐을 낮추어 살포한다.
③ 피로하거나 몸의 상태가 나쁠 때에는 작업을 하지 않는다.
④ 작업 중에 음식을 먹는 일은 삼간다.
⑤ 맑은 날 살포하며, 정오부터 오후 2시까지 살포하지 않는다.
⑥ 농약 중독 증상이 느껴지면 즉시 의사에게 진찰을 받도록 한다.
⑦ 작업 후에는 노출 부위를 비누로 깨끗이 씻고 옷을 갈아입는다.
⑧ 농약을 고농도로 사용하면 농약에 의한 중독 등 2차 피해가 발생한다.
⑨ 될 수 있으면 다른 농약과 섞어서 사용하지 않는다.

3. 농약의 살포액 희석

① 희석할 물의 양을 구할 때

㉠ 원액의 용량 $\times \left(\dfrac{\text{원액의 농도}}{\text{희석할 농도}} \right) \times \text{비중}$

㉡ 원액의 용량 $\times \left(\dfrac{\text{원액의 농도}}{\text{희석할 농도}} - 1 \right) \times \text{비중}$

② 소요농약량을 구할 때

소요농약량 $= \dfrac{\text{단위면적당 사용량}}{\text{사용 희석배수}}$

SECTION 07 조경수목의 보호와 관리

1. 멀칭의 기대효과

① 토양수분 유지 및 손실방지
② 토양침식방지, 토양비옥도 증진
③ 잡초 발생 억제 및 토양구조 개선
④ 태양열의 복사와 반사를 감소
⑤ 토양의 온도조절 및 병해충 발생 억제

2. 추위로부터의 피해 및 보호

일반적으로 저온의 의해 피해를 한해(寒害)라 하며, 한상(寒傷)과 동해(凍害)로 나눈다.
① 한상(寒傷) : 열대식물이 추위에 의해 생활기능에 장해를 받아 죽는 현상
② 동해(凍害) : 식물체가 추위에 의해 세포막벽 표면에 결빙이 일어나 원형질이 분리되어 죽는 현상

3. 상해(霜害) 서리의 해

조상(早霜)	나무가 휴면기에 접어들기 전 서리로 인한 피해
만상(晚霜)	이른 봄 서리로 인한 수목의 피해
상륜(霜輪)	수목이 만상으로 생장이 일시정지 되었다가 다시 자라나 1년에 2개의 나이테가 생기는 현상
동상(凍傷)	겨울 동안 휴면상태에서 생긴 피해

4. 수간주사

① 수간 밑에서 5~10cm 높이에 구멍을 뚫은 다음 반대쪽에도 지상에서 10~15(20)cm 높이에 구멍을 뚫는다.
② 구멍 각도는 20~30°가 유지되도록 하고 깊이는 3~4cm로 한다.

③ 구멍의 지름은 5~6mm로 하고, 수간주입기를 높이 180cm 정도에 고정시킨다.

5. 수목의 외과수술

부패부 제거 → 살균·살충처리 → 방부·방수처리 → 동공 충진 → 매트처리 → 인공 나무껍질 처리 → 수지처리

SECTION 08 잔디와 화단의 관리

1. 잔디밭 관리

난지(여름)형 잔디	한국형 잔디, 버뮤다 그래스, 위빙러브 그래스
한지(겨울)형 잔디	켄터키블루 그래스, 벤트 그래스, 라이 그래스, 페스큐 그래스

2. 잔디깎기의 장단점

장점	단점
• 균일한 잔디면을 제공한다. • 분얼을 촉진하여 밀도를 높인다. • 잡초의 발생과 병해충을 줄일 수 있다. • 잔디면을 고르게 하여 경관을 아름답게 한다.	• 잔디를 깎으면 잎이 절단되므로 탄수화물의 보유가 감소된다. • 물의 흡수 능력이 감소된다. • 병원균이 침입하기 쉽다.

3. 잔디깎기 예취기의 종류

핸드모어	150m² 미만의 잔디밭 관리에 사용한다.
로터리모어	150m² 이상 면적의 학교, 공원에 사용하며, 다소 거칠게 깎는다.
갱모어	15,000m² 이상의 대규모 골프장, 운동장, 경기장에 사용한다.
그린모어	골프장의 그린, 테니스 코트장 등에 사용되며, 0.5mm 단위로 깎는 높이의 조절이 가능하다.

4. 병해충 방지

병명	발병 시기	특성 및 병징
녹병 (붉은녹병)	5~6월, 9~10월	• 한국 잔디의 대표적인 병으로 기온이 떨어지면 소멸된다. • 질소부족, 배수불량, 답압이 많을 때 발생
브라운패치	6~7월, 9월, 고온다습 시	• 서양 잔디에만 발생하며, 태치 축적이 문제가 된다. • 산성 토양, 질소질 비료 과용 시 발생
황화현상	이른 봄 새싹이 나올 때	금잔디에서 많이 발생, 토양관리가 나쁠 때 발생

MEMO

과년도 기출문제 & CBT 복원 기출문제

01장 2014년 01월 26일 기출문제

01 토양의 단면 중 낙엽이 대부분 분해되지 않고 원형 그대로 쌓여 있는 층은?

① L층 ② F층
③ H층 ④ C층

해설
AO층(유기물층)
- A층 위의 유기물로 되어 있는 토양층
- 고유의 층으로 L층(낙엽층), F층(조부식층), H층(정부식층)으로 세분

02 다음 중 색의 대비에 관한 설명이 틀린 것은?

① 보색인 색을 인접시키면 본래의 색보다 채도가 낮아져 탁해 보인다.
② 명도단계를 연속시켜 나열하면 각각 인접한 색끼리 두드러져 보인다.
③ 명도가 다른 두 색을 인접시키면 명도가 낮은 색은 더욱 어두워 보인다.
④ 채도가 다른 두 색을 인접시키면 채도가 높은 색은 더욱 선명해 보인다.

해설
보색대비
보색이 되는 색들끼리 서로 인접시키면 색상이 더욱 선명하게 보이는 현상이다.

03 조경 프로젝트의 수행단계 중 주로 공학적인 지식을 바탕으로 다른 분야와는 달리 생물을 다룬다는 특수한 기술이 필요한 단계로 가장 적합한 것은?

① 조경계획 ② 조경설계
③ 조경관리 ④ 조경시공

해설
- 조경계획 : 프로젝트의 수행단계 중 주로 자료의 수집, 분석, 종합
- 조경설계 : 기능적이고 미적인 3차원적 공간을 구체적으로 창조하는 데 초점을 두어 발전
- 조경관리 : 조경 프로젝트의 수행단계 중 식생의 이용 및 시설물의 효율적 이용 유지, 보수 등 전체적인 것을 다루는 단계

04 다음 중 일반적으로 옥상정원 설계 시 일반 조경 설계보다 중요하게 고려할 항목으로 관련이 가장 적은 것은?

① 토양층 깊이 ② 방수 문제
③ 지주목의 종류 ④ 하중 문제

해설
옥상조경의 구조적 조건
- 하중 : 아주 중요한 고려사항
- 하중에 영향을 미치는 요소 : 식재층의 중량, 수목 중량, 시설물 중량 등
- 식재층의 경량화를 위해 경량토 사용
- 경량토 종류 : 버미큘라이트, 펄라이트, 화산재, 피트모스 등

05 로마의 조경에 대한 설명으로 알맞은 것은?

① 집의 첫 번째 중정(Atrium)은 5점형 식재를 하였다.
② 주택정원은 그리스와 달리 외향적인 구성이었다.
③ 집의 두 번째 중정(Peristylium)은 가족을 위한 사적 공간이다.
④ 겨울 기후가 온화하고 여름이 해안기후로 시원하여 노단형의 별장(Villa)이 발달하였다.

정답 01 ① 02 ① 03 ④ 04 ③ 05 ③

구성	제1중정 (아트리움)	제2중정 (페리스틸리움)	후정 (지스터스)
	무열주 (無列柱) 중정	주랑(柱廊)식 중정	후원
목적	공적 장소 (손님접대)	사적 공간 (가족공간)	

06 앙드레 르노트르(Andre Le notre)가 유명하게 된 것은 어떤 정원을 만든 후부터인가?

① 베르사유(Versailles)
② 센트럴 파크(Central Park)
③ 토스카나장(Villa Toscana)
④ 알함브라(Alhambra)

◎해설
앙드레 르노트르는 이탈리아에서 휴학 후 프랑스로 돌아와 최초의 평면기하학식 정원인 보르비콩트 정원을 조성했으며, 이후 베르사유 정원을 설계하는 계기가 되었다.

07 경관 구성의 기법 중 한 그루의 나무를 다른 나무와 연결시키지 않고 독립하여 심는 경우를 말하며, 멀리서도 눈에 잘 띄기 때문에 랜드마크의 역할도 하는 수목 배치 기법은?

① 점식
② 열식
③ 군식
④ 부등변 삼각형 식재

◎해설
단식 (점식)	수목의 전체적인 형태가 아름답고 수피, 잎, 꽃의 색깔이나 질감이 우수하고 무게감이 있는 정형수를 단독으로 식재하는 방법
대식	시선축의 좌우에 같은 형태, 같은 종류의 나무 두 그루를 대칭식재하는 방법
열식	같은 형태와 종류의 나무를 일정 간격으로 직선상에 식재하는 방법
교호식재	두 줄의 열식을 서로 엇갈나게, 서로 마주보게 배치하여 식재하는 방법
군식 (정형식)	한 가지 수종을 모아심는 방법

08 계획구역 내에 거주하고 있는 사람과 이용자를 이해하는 데 목적이 있는 분석방법은?

① 자연환경 분석
② 인문환경 분석
③ 시각환경 분석
④ 청각환경 분석

◎해설
인문환경 분석은 인구조사, 토지이용, 교통조사, 시설물조사 등을 분석한다.

09 다음 중 일본정원과 관련이 가장 적은 것은?

① 축소 지향적
② 인공적 기교
③ 통경선의 강조
④ 추상적 구성

◎해설
일본 정원의 특징
• 자연의 사실적인 취급보다는 자연풍경을 이상화하여 독특한 축경법으로 상징화된 모습을 표현(자연재현 → 추상화 → 축경화로 발달)
• 기교와 관상적 가치에만 치중하여 세부적 수법 발달(실용적 기능 면을 무시)
• 상징화, 추상적(고산수식) 인공적인 기교, 관상적인 가치에 가장 치중한 정원

프랑스 정원의 특징
비스타(Vista : 통경선) 좌우로 시선을 집중시켜, 일정 지점으로 시선이 모이도록 구성된 경관

10 도시공원 및 녹지 등에 관한 법률에서 어린이공원의 설계기준으로 틀린 것은?

① 유지거리는 250m 이하, 1개소의 면적은 1,500m² 이상의 규모로 한다.
② 휴양시설 중 경로당을 설치하여 어린이와의 유대감을 형성할 수 있다.
③ 유희시설에 설치되는 시설물에는 정글짐, 미끄럼틀, 시소 등이 있다.
④ 공원시설 부지면적은 전체 면적의 60% 이하로 하여야 한다.

정답 06 ① 07 ① 08 ② 09 ③ 10 ②

> 해설

도시공원 및 녹지 등에 관한 법률에서 어린이공원의 설계 기준
- 유치거리 250m 이하, 공원면적 1,500m² 이상
- 놀이면적은 전 면적의 60% 이하(녹지면적 40% 이상)
- 모험놀이터는 관리, 감독이 용이하게 정형적으로 설치
- 500세대 이상 단지는 화장실과 음수전을 반드시 설치

11 수목을 표시할 때 주로 사용되는 제도 용구는?

① 삼각자 ② 템플릿
③ 삼각축척 ④ 곡선자

> 해설

템플릿은 수목을 표현할 때 활엽수의 경우에는 부드러운 질감으로 뭉실뭉실 표현하고, 침엽수의 경우에는 직선이나 톱날 형태로 수목의 윤곽선을 표현한다.

12 귤준망의 「작정기」에 수록된 내용이 아닌 것은?

① 서원조 정원 건축과의 관계
② 원지를 만드는 법
③ 지형의 취급방법
④ 입석의 의장법

> 해설

귤준망의 「작정기」
- 일본 최초의 조원지침서이며 일본 정원 축조에 관한 가장 오래된 비전서이다.
- 귤준망(강)의 저서이며, 건물에 어울리는 조원법을 서술하였다.
- 내용 : 돌을 세울 때 마음가짐과 세우는 법, 연못의 형태, 섬의 형태, 폭포 만드는 법 등 지형의 취급방법

13 식재설계에서의 인출선과 선의 종류가 동일한 것은?

① 단면선 ② 숨은선
③ 경계선 ④ 치수선

> 해설

가는 실선	—— 0.2mm	치수선	치수기입선
		치수보조선	치수선을 이끌어내기 위한 선
		인출선	수목 인출선

14 다음 중 이탈리아 정원의 장식과 관련된 설명으로 가장 거리가 먼 것은?

① 기둥 복도, 열주, 퍼걸러, 조각상, 장식분이 된다.
② 계단 폭포, 물무대, 정원극장, 동굴 등이 장식된다.
③ 바닥은 포장되며 곳곳에 광장이 마련되어 화단으로 장식된다.
④ 원예적으로 개량된 관목성의 꽃나무나 알뿌리 식물 등이 다량으로 식재된다.

> 해설

④는 이탈리아 정원의 영향을 받은 네덜란드 조경의 특징이다. 대표적인 알뿌리 식물은 튤립이다.

15 시공 후 전체적인 모습을 알아보기 쉽도록 그린 아래 그림과 같은 형태의 도면은?

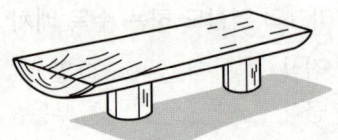

① 평면도 ② 입면도
③ 조감도 ④ 상세도

> 해설

조감도는 새가 하늘 위에서 내려다 보는 것과 같은 시각으로 그린 그림이다.

정답 11 ② 12 ① 13 ④ 14 ④ 15 ③

16 주철강의 특성 중 틀린 것은?

① 선철이 주재료이다.
② 내식성이 뛰어나다.
③ 탄소 함유량은 1.7~6.6%이다.
④ 단단하여 복잡한 형태의 주조가 어렵다.

●해설
주철의 특성
- 복잡한 형상을 제작할 때 품질이 좋고, 작업이 용이하며 내식성이 뛰어나다.
- 1.7~6.6%의 탄소를 함유하고 1,100~1,200℃에서 녹아 선철에 고철을 섞어서 용광로에서 재용해하여 탄소성분을 조절하며 제조한다.

17 섬유포화점은 목재 중에 있는 수분이 어떤 상태로 존재하고 있는 것을 말하는가?

① 결합수만이 포함되어 있을 때
② 자유수만이 포함되어 있을 때
③ 유리수만이 포함되어 있을 때
④ 자유수와 결합수가 포함되어 있을 때

●해설
섬유포화점
세포내강에는 자유수가 존재하지 않고 세포막은 결합수로 포화되어 있는 상태의 함수율이다.

18 다음 중 옥상정원을 만들 때 배합하는 경량재로 사용하기 가장 어려운 것은?

① 사질 양토   ② 버미큘라이트
③ 펄라이트   ④ 피트

●해설
- 옥상 조경에 필요한 흙은 하중을 고려하여 경량 재료를 혼합하여 사용한다.
- 경량토 종류 : 버미큘라이트, 펄라이트, 화산재, 피트모스 등

19 골재의 함수상태에 대한 설명 중 옳지 않은 것은?

① 절대건조상태는 105±5℃ 정도의 온도에서 24시간 이상 골재를 건조시켜 표면 및 골재 알 내부의 빈틈에 포함되어 있는 물이 제거된 상태이다.
② 공기 중 건조상태는 실내에 방치한 경우 골재입자의 표면과 내부의 일부가 건조된 상태이다.
③ 표면건조 포화상태는 골재 입자의 표면에 물이 부착되어 있으나 골재 입자 내부에는 물이 없는 상태이다.
④ 습윤상태는 골재 입자의 표면에 물이 부착되어 있으나 골재 입자 내부에는 물이 없는 상태이다.

●해설
골재의 함수상태
- 절대건조상태 : 완전히 건조시킨 것으로, 골재 알 속의 빈틈에 있는 물을 모두 없앤 상태
- 공기 중 건조상태 : 골재 알 속의 일부가 물로 차 있는 상태
- 표면건조 포화상태 : 골재 알의 표면에는 물기가 없고 알 속의 빈틈만 물로 차 있는 이상적인 골재의 상태
- 습윤상태 : 골재 알 속의 빈틈이 물로 차 있고, 표면에도 물기가 있는 상태

20 다음 중 자작나뭇과(科)의 물오리나무 잎으로 가장 적합한 것은?

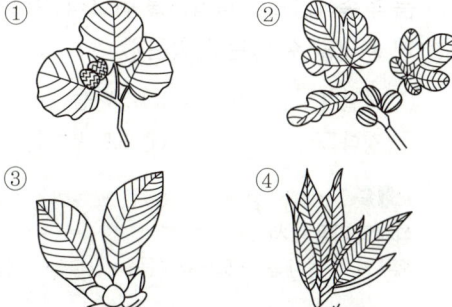

정답 16 ④ 17 ① 18 ① 19 ③, ④ 20 ①

● 해설
물오리나무 잎은 넓은 달걀모양이고, 잎 가장자리에 톱니가 있는 것이 특징이다.

21. 실리카질 물질(SiO_2)을 주성분으로 하여 그 자체는 수경성(hydraulicity)이 없으나 시멘트의 수화에 의해 생기는 수산화칼슘[$Ca(OH)_2$]과 상온에서 서서히 반응하여 불용성의 화합물을 만드는 광물질 미분말의 재료는?
   ① 실리카흄
   ② 고로 슬래그
   ③ 플라이애시
   ④ 포졸란

● 해설
포졸란
- 워커빌리티가 좋고(블리딩 감소), 장기강도가 크며 수밀성이 좋다.
- 방수용으로 사용

22. 다음 중 물푸레나뭇과 해당되지 않는 것은?
   ① 미선나무
   ② 광나무
   ③ 이팝나무
   ④ 식나무

● 해설
- 식나무는 층층나뭇과의 상록관목으로 남부지방 수종
- 층층나뭇과 : 산수유, 산딸나무, 흰말채나무 등

23. 석재의 가공방법 중 혹두기 작업의 바로 다음 후속작업으로 작업면을 비교적 고르고 곱게 처리할 수 있는 작업은?
   ① 물갈기
   ② 잔다듬
   ③ 정다듬
   ④ 도드락다듬

● 해설
석재의 가공 순서
혹두기 → 정다듬 → 도드락다듬 → 잔다듬 → 물갈기

24. 조경수목 중 아황산가스에 대해 강한 수종은?
   ① 양버즘나무
   ② 삼나무
   ③ 전나무
   ④ 단풍나무

● 해설

아황산가스에 강한 수종	편백, 화백, 가이즈카향나무, 향나무, 가시나무, 사철나무, 플라타너스, 능수버들, 쥐똥나무, 무궁화 등
아황산가스에 약한 수종	소나무, 잣나무, 전나무, 삼나무, 자작나무, 단풍나무, 매화나무, 느티나무, 백합나무, 히말라야시더 등

25. 수목은 생육조건에 따라 양수와 음수로 구분하는데, 다음 중 성격이 다른 하나는?
   ① 무궁화
   ② 박태기나무
   ③ 독일가문비나무
   ④ 산수유

● 해설
독일가문비나무는 음수이며 그 아래에는 고사리류가 수북히 자란다.

26. 다음 중 고광나무(Philadelphus Schrenkii)의 꽃 색깔은?
   ① 적색
   ② 황색
   ③ 백색
   ④ 자주색

● 해설
고광나무는 4~5월에 백색 꽃을 피운다.

27. 화성암의 심성암에 속하며 흰색 또는 담회색인 석재는?
   ① 화강암
   ② 안산암
   ③ 점판암
   ④ 대리석

● 해설
- 화성암은 지하 깊은 곳에서 굳어지는 심성암과 지표에서 굳어지는 화산암으로 구분한다.
- 화강암은 심성암이며, 안산암, 현무암 등은 화산암이다.

정답 21 ④ 22 ④ 23 ③ 24 ① 25 ③ 26 ③ 27 ①

28 대취란 지표면과 잔디(녹색식물체) 사이에 형성되는 것으로 이미 죽었거나 살아있는 뿌리, 줄기 그리고 가지 등이 서로 섞여 있는 유층을 말한다. 다음 중 대취의 특징으로 옳지 않은 것은?

① 한겨울에 스캘핑이 생기게 한다.
② 대취층에 병원균이나 해충이 기거하면서 피해를 준다.
③ 탄력성이 있어서 그 위에서 운동할 때 안전성을 제공한다.
④ 소수성인 대취의 성질로 인하여 토양으로 수분이 전달되지 않아서 국부적으로 마른 지역을 형성하며 그 위의 잔디가 말라 죽게 한다.

● 해설
스캘핑이란 너무 낮게 깎아서 잔디의 줄기나 포복경이 지표면에 노출되어 누렇게 보이는 현상으로, 대취와는 관계성이 없다.

29 다음 중 가을에 꽃향기를 풍기는 수종은?

① 매화나무   ② 수수꽃다리
③ 모과나무   ④ 목서류

● 해설
가을에 향기가 짙은 수종 : 목서류(은목서, 금목서)

30 다음 중 정원 수목으로 적합하지 않은 것은?

① 잎이 아름다운 것
② 값이 비싸고 희귀한 것
③ 이식과 재배가 쉬운 것
④ 꽃과 열매가 아름다운 것

● 해설
정원 수목 중 조경수목은 대량으로 쉽게 구입을 하며 값이 싸야 한다.

31 다음 중 난지형 잔디에 해당되는 것은?

① 레드톱   ② 버뮤다그래스
③ 켄터키블루그래스   ④ 톨페스큐

● 해설

난지(여름)형 잔디	한국형 잔디, 버뮤다그래스, 위빙러브그래스
한지(겨울)형 잔디	켄터키블루그래스, 벤트그래스, 라이그래스, 톨페스큐, 레드톱

32 겨울 화단에 식재하여 활용하기 가장 적합한 식물은?

① 팬지   ② 마리골드
③ 달리아   ④ 꽃양배추

● 해설

종류	1, 2년생 초화	다년생 초화	구근 초화
봄 화단용	팬지, 금어초, 금잔화, 안개초, 패랭이꽃 등	데이지, 베고니아	튤립, 수선화
여름, 가을 화단용	채송화, 봉숭아, 과꽃, 마리골드, 피튜니아, 샐비어, 코스모스, 맨드라미, 백일홍 등	국화, 꽃창포, 부용	달리아, 칸나
겨울 화단용	꽃양배추		

33 다음 노박덩굴(Celastraneae)과 식물 중 상록계열에 해당하는 것은?

① 노박덩굴   ② 화살나무
③ 참빗살나무   ④ 사철나무

● 해설
사철나무
겨울철 내내 푸르다는 뜻의 동청목(冬靑木)이라는 이름을 갖고 있는 상록활엽교목이다.

정답 28 ① 29 ④ 30 ② 31 ② 32 ④ 33 ④

34 다음 도료 중 건조가 가장 빠른 것은?

① 오일페인트 ② 바니시
③ 래커 ④ 레이크

● 해설
래커
- 번쩍이지 않게 표면 마감을 하며, 외부에 사용하고 바니시보다 고가이다.
- 도료 중 건조가 가장 빠르며, 스프레이건을 쓰는 것이 가장 적합한 도료이다.

35 지력이 낮은 척박지에서 지력을 높이기 위한 수단으로 식재 가능한 콩과(科) 수종은?

① 소나무 ② 녹나무
③ 갈참나무 ④ 자귀나무

● 해설
- 자귀나무는 척박지에서 지력을 높이는 비료목 중 하나이다.
- 비료목 : 땅의 지력(知力)을 증진시켜서 수목의 생장을 촉진하기 위해 식재하는 나무
- 비료목의 종류 : 콩과(다릅나무, 주엽나무, 싸리나무, 아까시나무, 꽃아카시아, 자귀나무, 박태기나무, 등나무, 골담초, 칡), 자작나무과(오리나무), 보리수나무과(보리수나무), 소철과(소철), 소귀나뭇과(소귀나무) 등

36 지형을 표시하는 데 가장 기본이 되는 등고선의 종류는?

① 조곡선 ② 주곡선
③ 간곡선 ④ 계곡선

● 해설
등고선의 종류와 간격

종류	간격
주곡선	지형을 표시하는 데 가장 기본이 되는 곡선으로 가는 실선으로 표시
계곡선	주곡선 5개마다 굵게 표시한 선으로 굵은 실선으로 표시
간곡선	주곡선 간격의 1/2 가는 파선으로 표시
조곡선	간곡선 간격의 1/2 가는 점선으로 표시

37 다음 중 소나무의 순자르기 방법으로 가장 거리가 먼 것은?

① 수세가 좋거나 어린나무는 다소 빨리 실시하고, 노목이나 약해 보이는 나무는 5~7일 늦게 한다.
② 손으로 순을 따 주는 것이 좋다.
③ 5~6월경에 새순이 5~10cm 자랐을 때 실시한다.
④ 자라는 힘이 지나치다고 생각될 때에는 1/3~1/2 정도 남겨두고 끝 부분을 따 버린다.

● 해설
소나무 순자르기 방법
- 원하는 모양을 만들기 위해 5~6월경 새순이 자랐을 때 2~3개의 순을 남기고, 중심순을 포함한 나머지 순은 손으로 따 버린다.
- 남긴 순도 자라는 힘이 지나치다고 생각될 때 1/2~1/3 정도만 남겨 두고 끝부분을 따 버린다.
- 노목이나 쇠약해 보이는 나무는 다소 빨리 실시하고, 수세가 좋거나 어린나무는 5~7일 정도 늦게 실시한다.

38 시멘트의 응결을 빠르게 하기 위하여 사용하는 혼화제는?

① 지연제 ② 발포제
③ 급결제 ④ 기포제

● 해설
급결제는 시멘트의 응결을 빠르게 하고, 조기강도의 발생 촉진을 위하여 넣는 혼화제이다.

39 난지형 한국 잔디의 발아적온으로 맞는 것은?

① 15~20℃ ② 20~23℃
③ 25~30℃ ④ 30~33℃

● 해설

잔디 종류	난지형 잔디	한지형 잔디
발아 온도	30~35℃	20~25℃

정답 34 ③ 35 ④ 36 ② 37 ① 38 ③ 39 ④

40 용적 배합비 1 : 2 : 4 콘크리트 1m³ 제작에 모래가 0.45m³ 필요하다. 자갈은 몇 m³ 필요한가?

① 0.45m³   ② 0.5m³
③ 0.90m³   ④ 0.15m³

● 해설
- 용적배합비 1 : 2 : 4는 시멘트 : 모래 : 자갈의 비를 의미한다.
- 모래 0.45m³×2 = 0.90m³(자갈은 모래의 2배 비율)

41 축척이 1/5,000인 지도상에서 구한 수평 면적이 5cm²라면 지상에서의 실제 면적은 얼마인가?

① 1,250m²   ② 12,500m²
③ 2,500m²   ④ 25,000m²

● 해설
$$\left(\frac{1}{축척}\right)^2 = \frac{도상면적(m^2)}{실제면적(m^2)}$$

$$\frac{1}{25,000,000} = \frac{0.0005}{x}$$

$x = 12,500m^2$

42 다음 중 잡초의 특성으로 옳지 않은 것은?

① 재생 능력이 강하고 번식 능력이 크다.
② 종자의 휴면성이 강하고 수명이 길다.
③ 생육 환경에 대하여 적응성이 작다.
④ 땅을 가리지 않고 흡비력이 강하다.

● 해설
잡초는 환경에 대한 적응력이 매우 강하다.

43 겨울철에 제설을 위하여 사용되는 해빙염(deicing salt)에 관한 설명으로 옳지 않은 것은?

① 염화칼슘이나 염화나트륨이 주로 사용된다.
② 장기적으로는 수목의 쇠락(decline)으로 이어진다.
③ 흔히 수목의 잎에는 괴사성 반점(점무늬)이 나타난다.
④ 일반적으로 상록수가 낙엽수보다 더 큰 피해를 입는다.

● 해설
괴사성 반점은 바이러스, 온도, 양분결핍 등에 의한 피해이다.

44 소나무류의 잎솎기는 어느 때 하는 것이 가장 좋은가?

① 12월경   ② 2월경
③ 5월경   ④ 8월경

● 해설
소나무 순자르기(5~6월), 소나무 잎솎기(8월), 소나무 묵은 잎 제거(3월)

45 다음 중 천적 등 방제대상이 아닌 곤충류에 가장 피해를 주기 쉬운 농약은?

① 훈증제   ② 전착제
③ 침투성 살충제 ④ 지속성 접촉제

● 해설
지속성 접촉제는 장기간 약효가 지속되므로 천적 등이 농약에 노출되어 피해가 발생할 수 있다.

46 토양수분 중 식물이 이용하는 형태로 가장 알맞은 것은?

① 결합수   ② 자유수
③ 중력수   ④ 모세관수

정답 40 ③ 41 ② 42 ③ 43 ③ 44 ④ 45 ④ 46 ④

●해설

결합수 (화합수)	토양입자와 화합적으로 결합되어 있는 수분으로 결합력이 강해서 식물이 직접 이용할 수 없는 수분상태(pF 7 이상)
흡습수 (흡착수)	토양 표면에 물리적으로 결합되어 있는 수분으로 결합력이 강해서 식물이 직접 이용할 수 없는 수분상태(pF 4.5~7)
모관수 (모세관수)	흡습수 외부의 표면장력과 중력으로 평행을 유지하여 식물이 유용하게 이용할 수 있는 수분상태(pF 2.7~4.5)
중력수 (자유수)	중력에 의해 지하로 침투하는 물로서 지하수원이 된다(pF 2.7 이하).

47 다음 (　)에 알맞은 것은?

> 공사 목적물을 완성하기까지 필요로 하는 여러 가지 작업의 순서와 단계를 (　)(이)라고 한다. 가장 효과적으로 공사 목적물을 만들 수 있으며 시간을 단축시키고 비용을 절감할 수 있는 방법을 정할 수 있다.

① 공종　　　　② 검토
③ 시공　　　　④ 공정

●해설
- 공사의 순서를 정하여 각 단위 공정별로 일정을 계획하는 것
- 계획된 기간 내에 공사를 우수하게, 값싸게, 빨리, 안전하게 완공할 수 있도록 한다.

48 다음 선의 종류와 선긋기의 내용이 잘못 짝지어진 것은?

① 가는 실선 : 수목 인출선
② 파선 : 단면선
③ 1점 쇄선 : 경계선
④ 2점 쇄선 : 가상선

●해설
파선(가상선) : 물체의 보이지 않는 부분의 모양을 나타내는 선

49 전정도구 중 주로 연하고 부드러운 가지나 수관 내부의 가늘고 약한 가지를 자를 때와 꽃꽂이를 할 때 흔히 사용하는 것은?

① 대형전정가위
② 적심가위 또는 순치기가위
③ 적화, 적과가위
④ 조형 전정가위

50 콘크리트용 골재로서 요구되는 성질로 틀린 것은?

① 단단하고 치밀할 것
② 필요한 무게를 가질 것
③ 알의 모양은 둥글거나 입방체에 가까울 것
④ 골재의 낱알 크기가 균등하게 분포할 것

●해설
골재는 크고 작은 것이 적당히 혼합된 것이 좋으며, 표면이 깨끗하고 불순물이 묻어있지 않으며, 유해물질이 없는 것이 좋다. 납작(세장형)하거나, 길지 않고 구형에 가까워야 한다.

51 임목(林木) 생장에 가장 좋은 토양구조는?

① 판상구조(platy)
② 괴상구조(blocky)
③ 입상구조(granular)
④ 견파상구조(nutty)

●해설
입상구조(떼알구조)
토양구조의 하나. 구형이나 다면체형의 공극이 적은 토양구조로 식물 생육에 가장 적당하다.

52 다음 중 방위각 150°를 방위로 표시하면 어느 것인가?

① N 30°E　　　② S 30°E
③ S 30°W　　　④ N 30°W

정답　47 ④　48 ②　49 ②　50 ④　51 ③　52 ②

> **해설**
> 방위는 남위와 북위로 읽는데, 150°는 남위 동경 30°이다.

53 이식한 수목의 줄기와 가지에 새끼로 수피감기 하는 이유로 가장 거리가 먼 것은?

① 경관을 향상시킨다.
② 수피로부터 수분 증산을 억제한다.
③ 병해충의 침입을 막아준다.
④ 강한 태양광선으로부터 피해를 막아준다.

> **해설**
> 수피감기
> - 수목의 수분 증발 억제, 병해충의 침입 방지, 태양으로부터의 보호, 동해·피소 등의 피해 방지를 위해 수피감기를 한다.
> - 새끼줄, 거적, 가마니, 종이테이프 등으로 감싸주어 수분증발을 억제한다.
> - 소나무 등의 침엽수인 경우 새끼를 감고 그 위에 진흙을 발라주는 이유는 수분증발 억제뿐만 아니라 수피 속에 살고 있는 해충(소나무좀)의 산란과 번식을 예방 및 구제하고자 하는 데 목적이 있다.
> - 진흙이 건조하고 갈라지면 그 틈을 다시 메워 준다.
> - 쇠약한 수목, 추위에 약한 수목, 수피가 매끄럽지 못한 수목에 실시한다.

54 다음 중 비탈면을 보호하는 방법으로 짧은 시간과 급경사 지역에 사용하는 시공방법은?

① 자연석 쌓기법
② 콘크리트 격자틀공법
③ 떼심기법
④ 종자뿜어 붙이기법

> **해설**
> 종자뿜어 붙이기(Seed Spray)
> 종자와 비료를 섞어 기계로 종자를 분사하는 방법으로 짧은 시간에 사용가능하며, 절·성토 장소, 비탈면 보호 방법 모두 사용가능

55 농약을 유효 주성분의 조성에 따라 분류한 것은?

① 입제
② 훈증제
③ 유기인계
④ 식물생장조정제

> **해설**
> 유기인계 농약은 이네진이라고도 부르며, 유기인계 농약으로 도열 방제제이다. 수은계 농약 대신에 개발된 것으로 인축에 대한 독성은 약하지만, 어류에 대한 독성은 강하다.

56 소나무류 가해 해충이 아닌 것은?

① 알락하늘소
② 솔잎혹파리
③ 솔수염하늘소
④ 솔나방

> **해설**
> - 한국의 3대 해충 : 솔잎혹파리, 솔나방, 흰불나방
> - 소나무 3대 해충 : 솔잎혹파리, 솔나방, 소나무좀

57 고속도로의 시선유도 식재는 주로 어떤 목적을 갖고 있는가?

① 위치를 알려준다.
② 침식을 방지한다.
③ 속력을 줄이게 한다.
④ 전방의 도로 형태를 알려준다.

58 다음 중 여성토의 정의로 가장 알맞은 것은?

① 가라앉을 것을 예측하여 흙을 계획높이보다 더 쌓는 것
② 중앙분리대에서 흙을 볼록하게 쌓아 올리는 것
③ 옹벽 앞에 계단처럼 콘크리트를 쳐서 옹벽을 보강하는 것
④ 잔디밭에서 잔디에 주기적으로 뿌려 뿌리가 노출되지 않도록 준비하는 토양

정답 53 ① 54 ④ 55 ③ 56 ① 57 ④ 58 ①

해설

여성토
성토 시에 압축 및 침하에 의해서 계획높이보다 줄어드는 것을 방지하기 위하여 계획높이를 10~15% 정도 더돋기를 해주는 작업

해설

- 토양 침식은 유입되는 유거수량이 많을수록 빠르게 일어난다.
- 유거수량은 지표면을 따라 흐르는 물의 양을 말한다.
- 경사면이 길수록 수량이 많아진다.

59 다음 중 등고선의 성질에 관한 설명으로 옳지 않은 것은?

① 등고선상에 있는 모든 점은 높이가 다르다.
② 등경사지는 등고선 간격이 같다.
③ 급경사지는 등고선 간격이 좁고, 완경사지는 등고선 간격이 넓다.
④ 등고선은 도면의 안이나 밖에서 폐합되며 도중에 없어지지 않는다.

해설

등고선의 성질
- 등고선 위의 모든 점은 높이가 같다.
- 등고선은 도면의 안이나 밖에서 폐합되며, 도중에 없어지지 않는다.
- 산정과 오목지에서는 도면 안에서 폐합된다.
- 높이가 다른 등고선은 동굴과 절벽을 제외하고 교차하거나 합쳐지지 않는다.
- 완경사지는 등고선의 간격이 넓고, 급경사지는 등고선의 간격이 좁다.
- 등경사지는 등고선의 간격이 같다.

60 토양침식에 대한 설명으로 옳지 않은 것은?

① 토양의 침식량은 유거수량이 많을수록 적어진다.
② 토양유실량은 강우량보다 최대강우강도와 관계가 있다.
③ 경사도가 크면 유속이 빨라져 무거운 입자도 침식된다.
④ 식물의 생장은 투수성을 좋게 하여 토양 유실량을 감소시킨다.

정답 59 ① 60 ①

2014년 04월 06일 기출문제

01 그림과 같이 AOB 직각을 3등분할 때 다음 중 선의 길이가 같지 않은 것은?

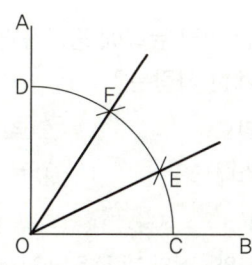

① CF ② EF
③ OD ④ OC

해설

EF의 길이는 원을 $\frac{1}{12}$로 나눈 길이이다.

02 다음 중 묘원의 정원에 해당하는 것은?

① 타지마할   ② 알함브라
③ 공중정원   ④ 보르비콩트

해설

타지마할은 무굴 제국의 황제 샤자한이 왕비인 뭄타지 마할이 편히 눈감을 수 있도록 만든 묘지와 정원이 결합된 무덤이다.

03 다음 중 위요경관(enclosed landscape)의 특징 설명으로 옳은 것은?

① 시선의 주의력을 끌 수 있어 소규모의 지형도 경관으로서 의의를 갖게 해준다.
② 보는 사람으로 하여금 위압감을 느끼게 하며 경관의 지표가 된다.
③ 확 트인 느낌을 주어 안정감을 준다.
④ 주의력이 없으면 등한시하기 쉬운 것이다.

해설

위요경관의 특징
- 시선을 끌 수 있는 낮고 평탄한 중심공간에 숲이나 울타리처럼 자연스럽게 둘러싸여 있는 경관
  예 오솔길
- 중심공간 주위에 둘러싸인 수직적 요소는 정적인 느낌을 자연스럽게 준다.

04 실물을 도면에 나타낼 때의 비율을 무엇이라 하는가?

① 범례   ② 표제란
③ 평면도 ④ 축척

해설

축척
실물을 도면에 나타낼 때의 비율이며, 막대축척을 사용하면 도면이 확대, 축소되므로 이용하기 편리하다.

05 고려시대 조경수법은 대비를 중요시하는 양상을 보인다. 어느 시대의 수법을 받아들였는가?

① 신라시대 수법
② 일본 임천식 수법
③ 중국 당나라 수법
④ 중국 송나라 수법

해설

- 시각적 쾌감을 위한 관상 위주의 조경양식은 송나라의 영향을 받은 것이다.
- 고려 예종 11년경 중국(송)에서 석가산이 우리나라에 처음 도입되었다.

정답 01 ② 02 ① 03 ① 04 ④ 05 ④

06 다음 설명의 A, B에 적합한 용어는?

> 인간의 눈은 원추세포를 통해 (A)을(를) 지각하고, 간상세포를 통해 (B)을(를) 지각한다.

① A : 색채, B : 명암
② A : 밝기, B : 채도
③ A : 명암, B : 색채
④ A : 밝기, B : 색조

● 해설
- 원추세포 : 색상을 감지하는 기능
- 간상세포 : 빛의 양에 따라 반응하여 명암(明暗)을 구별하는 기능

07 다음 설명의 ( )에 들어갈 각각의 용어는?

> - 면적이 커지면 명도와 채도가 (㉠).
> - 큰 면적의 색을 고를 때의 견본색은 원하는 색보다 (㉡) 색을 골라야 한다.

① ㉠ 높아진다 ㉡ 밝고 선명한
② ㉠ 높아진다 ㉡ 어둡고 탁한
③ ㉠ 낮아진다 ㉡ 밝고 선명한
④ ㉠ 낮아진다 ㉡ 어둡고 탁한

● 해설
- 면적이 크면 밝아 보인다(명도, 채도 증가).
- 면적이 작으면 어두워 보인다(명도, 채도 감소).

08 주로 장독대, 쓰레기통, 빨래건조대 등을 설치하는데 적합한 주택정원의 공간은?

① 안뜰   ② 앞뜰
③ 작업뜰 ④ 뒤뜰

● 해설
작업뜰
부엌과 장독대, 세탁 장소, 창고, 빨래건조대 등에 면하여 위치한 곳

09 그림과 같은 축도기호가 나타내고 있는 것으로 옳은 것은?

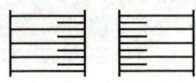

① 등고선   ② 성토
③ 절토   ④ 과수원

10 1857년 미국 뉴욕에 중앙공원(Central Park)을 설계한 사람은?

① 하워드   ② 르코르뷔지에
③ 옴스테드   ④ 브라운

● 해설
옴스테드와 보우의 그린스워드(Greenseward)
- 입체적 동선체계
- 차음, 차폐를 위한 외주부 식재
- 아름다운 자연의 View 및 Vista 조성
- 건강, 위락, 운동을 위한 드라이브 코스 설정
- 산책, 대담, 만남 등을 위한 정형적인 몰(Mall)과 대로(大路)
- 넓고 쾌적한 마차 드라이브 코스
- 산책로, 동적 놀이를 위한 경기장
- 퍼레이드를 위한 장소로서 평소에는 잔디밭으로 사용
- 교육적 효과를 위한 화단과 수목원
- 보드 타기와 스케이팅을 할 수 있는 넓은 호수

11 어떤 두 색이 맞붙어 있을 때 그 경계 언저리에 대비가 더 강하게 일어나는 현상은?

① 연변대비   ② 면적대비
③ 보색대비   ④ 한난대비

● 해설

명도대비	밝은색은 밝게, 어두운색은 어둡게 보이는 현상 예 교통표지판 검정 · 노랑 대비 · 검정, 흰색 대비
보색대비	보색이 되는 색들끼리 서로 인접시키면 색상이 더욱 선명하게 보이는 현상 예 빨강, 녹색
한난대비	색의 차고 따뜻한 느낌의 지각 차이에 의해서 변화가 오는 대비 현상

정답 06 ① 07 ② 08 ③ 09 ② 10 ③ 11 ①

12 넓은 의미로의 조경을 가장 잘 설명한 것은?

① 기술자를 정원사라 부른다.
② 궁전 또는 대규모 저택을 중심으로 한다.
③ 식재를 중심으로 한 정원을 만드는 일에 중점을 둔다.
④ 정원을 포함한 광범위한 옥외공간 건설에 적극 참여한다.

● 해설

좁은(협의) 의미	집 주변의 옥외공간이 주 대상 (정원사)
넓은(광의) 의미	정원을 포함한 광범위한 옥외공간 (조경가)

13 먼셀 표색계의 10색상환에서 서로 마주보고 있는 색상의 짝이 잘못 연결된 것은?

① 빨강(R) – 청록(BG)
② 노랑(Y) – 남색(PB)
③ 초록(G) – 자주(RP)
④ 주황(YR) – 보라(P)

● 해설
연두(GR) – 보라(P)

14 다음의 입체도에서 화살표 방향을 정면으로 할 때 평면도를 바르게 표현한 것은?

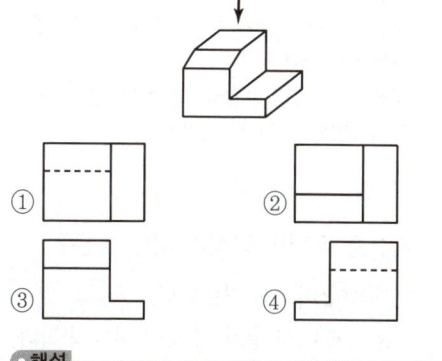

● 해설
위에서 아래로 내려다 본 평면도에 대한 문제이다.

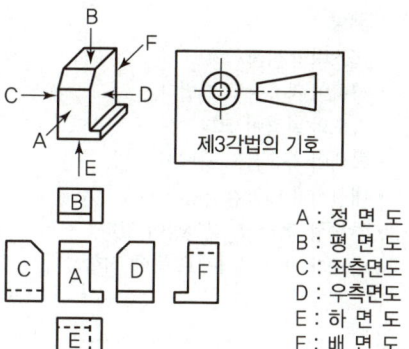

A : 정면도
B : 평면도
C : 좌측면도
D : 우측면도
E : 하면도
F : 배면도

15 조경미의 원리 중 대비가 불러오는 심리적 자극으로 가장 거리가 먼 것은?

① 반대   ② 대립
③ 변화   ④ 안정

● 해설
대비 : 상이한 질감, 형태 또는 색채를 서로 반대인 것을 배치할 때 변화를 주는 방법

16 가로수가 갖추어야 할 조건이 아닌 것은?

① 공해에 강한 수목
② 답압에 강한 수목
③ 지하고가 낮은 수목
④ 이식에 잘 적응하는 수목

● 해설
가로수
• 여름철에 강한 햇빛을 차단하기 위해 식재하는 나무
• 녹음수는 여름에는 그늘을 제공하고, 겨울에는 낙엽이 져서 햇볕을 가리지 않아야 한다.
• 녹음수는 수관이 크고, 큰 잎이 치밀하고 무성하다.
• 지하고가 높고 병해충이 적은 큰 교목이 좋다.

17 플라스틱의 장점에 해당하지 않는 것은?

① 가공이 우수하다.
② 경량 및 착색이 용이하다.
③ 내수 및 내식성이 강하다.
④ 전기 절연성이 없다.

정답 12 ④ 13 ④ 14 ② 15 ④ 16 ③ 17 ④

● 해설
플라스틱의 장점
- 성형이 자유롭고 가볍다.
- 강도와 탄력이 크다.
- 착색이 자유롭고 광택이 좋다.
- 내산성과 내알칼리성이 크다.
- 투광성, 접착성, 절연성이 있다.
- 마모가 적어 바닥재료 등에 적합하다.

18 열경화성 수지의 설명으로 틀린 것은?
① 축합반응을 하여 고분자로 된 것이다.
② 다시 가열하는 것이 불가능하다.
③ 성형품은 용제에 녹지 않는다.
④ 불소수지와 폴리에틸렌수지 등으로 수장재로 이용된다.

● 해설
열경화성 수지

특징	한번 열을 가하여 성형하면 다시 열을 가해도 변하지 않는 수지
종류	페놀수지(PF), 요소수지(UF), 멜라민수지(MF), 에폭시수지(EF), 폴리우레탄수지(PUR), 실리콘수지 등

19 시멘트의 종류 중 혼합 시멘트에 속하는 것은?
① 팽창 시멘트
② 알루미나 시멘트
③ 고로 슬래그 시멘트
④ 조강 포틀랜드 시멘트

● 해설
혼합 시멘트의 종류에는 고로 시멘트, 플라이애시 시멘트, 포졸란 시멘트 등이 있다.

20 이팝나무와 조팝나무에 대한 설명으로 옳지 않은 것은?
① 이팝나무의 열매는 타원형의 핵과이다.
② 환경이 같다면 이팝나무가 조팝나무보다 꽃이 먼저 핀다.
③ 과명은 이팝나무는 물푸레나뭇과(科)이고, 조팝나무는 장미과(科)이다.
④ 성상은 이팝나무는 낙엽활엽교목이고, 조팝나무는 낙엽활엽관목이다.

● 해설
이팝나무(교목)는 5월에, 조팝나무(관목)는 4월에 흰색으로 개화한다.

21 목재의 방부재(Preservate)는 유성, 수용성, 유용성으로 크게 나눌 수 있다. 유용성으로 방부력이 대단히 우수하고 열이나 약제에도 안정적이며 거의 무색제품으로 사용되는 약제는?
① PCP
② 염화아연
③ 황산구리
④ 크레오소트

● 해설
펜타클로로페놀(PCP)은 유기염소계의 살충력이 강한 살충제 성분이다.

22 다음 중 콘크리트의 워커빌리티 증진에 도움이 되지 않는 것은?
① AE제
② 감수제
③ 포졸란
④ 응결경화 촉진제

● 해설
응결경화 촉진제
- 겨울철 공사 시 초기강도를 증가시키며 한중 콘크리트를 사용한다.
- 대표적으로 염화칼슘을 사용하며, 콘크리트의 내구성이 떨어지는 단점이 있다.

23 다음 중 목재의 장점이 아닌 것은?
① 가격이 비교적 저렴하다.
② 온도에 대한 팽창, 수축이 비교적 작다.
③ 생산량이 많으며 입수가 용이하다.
④ 크기에 제한을 받는다.

정답 18 ④ 19 ③ 20 ② 21 ① 22 ④ 23 ④

● 해설
목재의 장점
- 색깔 및 무늬 등 외관이 아름답다.
- 재질이 부드럽고 촉감이 좋다.
- 무게가 가볍고 운반이 용이하다.
- 무게에 비하며 강도가 크다.
- 단열성(열이 서로 통하지 않도록 막는 성질)이 크다.
- 가공하기 쉽고 열전도율이 낮다.
- 인장강도가 압축강도보다 크다.
- 가격이 저렴하고 크기에 대한 제한이 없다.

24 다음 중 산성 토양에서 잘 견디는 수종은?
① 해송
② 단풍나무
③ 물푸레나무
④ 조팝나무

● 해설
소나무류, 밤나무류, 진달래 등은 산성 토양에 강하다.

25 잔디밭을 조성함으로써 발생되는 기능과 효과가 아닌 것은?
① 아름다운 지표면 구성
② 쾌적한 휴식 공간 제공
③ 흙이 바람에 날리는 것 방지
④ 빗방울에 의한 토양 유실 촉진

● 해설
잔디밭은 잡초의 발생을 억제시키고 빗물에 의한 토양의 유실을 방지하는 역할을 한다.

26 목재의 열기 건조에 대한 설명으로 틀린 것은?
① 낮은 함수율까지 건조할 수 있다.
② 자본의 회전기간을 단축시킬 수 있다.
③ 기후와 장소 등의 제약 없이 건조할 수 있다.
④ 작업이 비교적 간단하며, 특수한 기술을 요구하지 않는다.

27 단위용적중량이 1,700kgf/m³, 비중이 2.6인 골재의 공극률은 약 얼마인가?
① 34.6%
② 52.94%
③ 3.42%
④ 5.53%

● 해설
- 실적률 = $\dfrac{골재의\ 단위용적질량}{골재의\ 밀도} \times 100$
  = $\dfrac{1.7}{2.6} \times 100 = 65.4\%$
- 공극률 = 100 − 실적률
  = 100 − 65.4 = 34.6%

28 산수유(Cornus Officinalis)에 대한 설명으로 옳지 않은 것은?
① 우리나라 자생수종이다.
② 열매는 핵과로 타원형이며 길이는 1.5~2.0cm이다.
③ 잎은 대생, 장타원형, 길이는 4~10cm, 뒷면에 갈색털이 있다.
④ 잎보다 먼저 피는 황색의 꽃이 아름답고 가을에 붉게 익는 열매는 식용과 관상용으로 이용 가능하다.

● 해설
산수유나무는 한국·중국 등이 원산지로, 한국의 중부 이남에서 심는다.

29 재료가 외력을 받았을 때 작은 변형만 나타내도 파괴되는 현상을 무엇이라 하는가?
① 강성(剛性)
② 인성(靭性)
③ 전성(展性)
④ 취성(脆性)

● 해설

취성	재료가 외력을 받았을 때 작은 충격에도 파괴되는 성질
인성	재료가 외력을 받았을 때 작은 충격에도 잘 견디는 성질

정답 24 ① 25 ④ 26 ④ 27 ① 28 전항 정답 29 ④

전성	부러지지 않으면서 얇게 판으로 만들 수 있는 성질
연성	부러지지 않으면서 가늘게 선으로 늘어나는 성질
탄성	재료가 외력을 받아서 변형을 일으킨 뒤 외력을 제거하면 다시 돌아오는 성질
소성	외력에 의해 변한 물체가 외력이 없어져도 원래의 형태로 돌아오지 않는 성질 예 찰흙

30 다음 중 백목련에 대한 설명으로 옳지 않은 것은?

① 낙엽활엽교목으로 수형은 평정형이다.
② 열매는 황색으로 여름에 익는다.
③ 향기가 있고 꽃은 백색이다.
④ 잎이 나기 전에 꽃이 핀다.

●해설●
백목련은 3~4월에 잎이 나오기 전에 흰색 꽃이 피고 향기가 강하며, 열매는 자색으로 익는다.

31 석재의 형성 원인에 따른 분류 중 퇴적암에 속하지 않는 것은?

① 사암 ② 점판암
③ 응회암 ④ 안산암

●해설●
화성암의 종류에는 화강암, 안산암, 현무암, 섬록암 등이 있다.

32 세라믹 포장의 특성이 아닌 것은?

① 융점이 높다.
② 상온에서의 변화가 적다.
③ 압축에 강하다.
④ 경도가 낮다.

●해설●
• 세라믹 포장은 배수효과가 좋고 미끄럼 방지에 효과적이며, 경도가 높아서 포장재로 많이 사용한다.
• 경도(硬度) : 단단한 정도

33 다음 설명에 해당되는 잔디는?

• 한지형 잔디이다.
• 불완전 포복형이지만, 포복력이 강한 포복경을 지표면으로 강하게 뻗는다.
• 잎의 폭이 2~3mm로 질감이 매우 곱고 품질이 좋아서 골프장 그린에 많이 이용한다.
• 짧은 예취에 견디는 힘이 가장 강하나, 병해충에 가장 약하며 방제에 힘써야 한다.

① 버뮤다그래스
② 켄터키블루그래스
③ 벤트그래스
④ 라이그래스

●해설●
벤트그래스의 특징
• 잎의 폭이 1~2mm로 매우 가늘어 골프장의 그린에 많이 사용된다.
• 병해충에 약해 철저한 관리가 필요하다.
• 그늘에서 잘 자라지 못하며 건조에 약해 자주 관수해야 한다.
• 한지형 잔디로 3~12월까지 푸른 상태를 유지한다.
• 추위에 견디는 힘과 예취에 견디는 힘이 강하다.

34 다음 중 벌개미취의 꽃색으로 가장 적합한 것은?

① 황색 ② 연자주색
③ 검정색 ④ 황녹색

●해설●
벌개미취
국화과의 여러해살이풀로 별개미취라고도 한다. 습지에서 자란다.

35 수목 뿌리의 역할이 아닌 것은?

① 저장근 : 양분을 저장하여 비대해진 뿌리
② 부착근 : 줄기에서 새 근이 나와 다른 물체에 부착하는 뿌리
③ 기생근 : 다른 물체에 기생하기 위한 뿌리
④ 호흡근 : 식물체를 지지하는 기근

정답 30 ② 31 ④ 32 ④ 33 ③ 34 ② 35 ④

● 해설
호흡근
지상에 뿌리의 일부를 내고 통기를 관장하는 뿌리

36 생물분류학적으로 거미강에 속하며, 덥고 건조한 환경을 좋아하고 뽀족한 입으로 즙을 빨아먹는 해충은?
① 진딧물　　② 나무좀
③ 응애　　　④ 가루이

37 다음 노목의 세력회복을 위한 뿌리자르기의 시기와 방법 설명 중 ( )에 들어갈 가장 적합한 것은?

> • 뿌리자르기의 가장 좋은 시기는 (㉠)이다.
> • 뿌리자르기 방법은 나무의 근원 지름의 (㉡)배 되는 길이로 원을 그려, 그 위치에서 (㉢)의 깊이로 파 내려간다.
> • 뿌리 자르는 각도는 (㉣)가 적합하다.

① ㉠ 월동 전, ㉡ 5~6, ㉢ 45~50cm, ㉣ 위에서 30°
② ㉠ 땅이 풀린 직후부터 4월 상순, ㉡ 1~2, ㉢ 10~20cm ㉣ 위에서 45°
③ ㉠ 월동 전, ㉡ 1~2, ㉢ 직각 또는 아래쪽으로 30° ㉣ 직각 또는 아래쪽으로 30°
④ ㉠ 땅이 풀린 직후부터 4월 상순, ㉡ 5~6, ㉢ 45~50cm ㉣ 직각 또는 아래쪽으로 45°

38 수량에 의해 변화하는 콘크리트 유동성의 정도, 혼화물의 묽기 정도를 나타내며 콘크리트의 변형능력을 총칭하는 것은?
① 반죽질기　　② 워커빌리티
③ 압송성　　　④ 다짐성

● 해설
굳지 않은 콘크리트의 성질

반죽질기	수량의 많고 적음에 따라 반죽이 되고 진 정도를 나타내는 것
워커빌리티	반죽질기에 따라 비비기, 운반, 타설, 다지기, 마무리 등의 시공이 쉽고 어려운 정도와 재료분리에 저항하는 정도, 시공연도
성형성	거푸집에 쉽게 다져 넣을 수 있고 거푸집을 제거하면 천천히 형상이 변하기는 하지만 허물어지거나 재료가 분리하는 일이 없는 굳지 않은 콘크리트의 성질
피니셔빌리티 (마무리성)	굵은 골재의 최대 치수, 잔골재율, 잔골재의 입도, 반죽의 질기 등에 따라 콘크리트의 표면을 마무리하기 쉬운 정도를 나타내는 성질

39 우리나라에서 발생하는 주요 소나무류에 잎녹병을 발생시키는 병원균의 기주로 맞지 않는 것은?
① 소나무　　　② 해송
③ 스트로브잣나무　④ 송이풀

● 해설
중간기주 제거
• 잣나무 털녹병의 중간기주 : 송이풀과 까치밥나무
• 포플러 잎녹병의 중간기주 : 낙엽송
• 배나무 적성병의 중간기주 : 향나무
• 소나무 혹병의 중간기주 : 참나무류

40 다음 중 한 가지에 많은 봉우리가 생긴 경우 솎아낸다든지, 열매를 따버리는 등의 작업을 하는 목적으로 가장 적당한 것은?
① 생장을 돕는 가지 다듬기
② 세력을 갱신하는 가지 다듬기
③ 착화 및 착과 촉진을 위한 가지 다듬기
④ 생장을 억제하는 가지 다듬기

정답　36 ③　37 ④　38 ①　39 ④　40 ③

> **해설**
>
> 개화 결실을 촉진하기 위한 전정
> ㉠ 장미의 여름 전정, 감나무 등 각종 과수의 해거리 방지 기능이 있는 전정방법이다.
> ㉡ 전정방법
>   • 약지는 짧게, 강지는 길게 전정
>   • 묵은 가지나 병해충을 입은 가지는 수액 유동 전에 전정한다.

41 조경수목의 단근작업에 대한 설명으로 틀린 것은?

① 뿌리 기능이 쇠약해진 나무의 세력을 회복하기 위한 작업이다.
② 잔뿌리의 발달을 촉진시키고, 뿌리의 노화를 방지한다.
③ 굵은 뿌리는 모두 잘라야 아래 가지의 발육이 좋아진다.
④ 땅이 풀린 직후부터 4월 상순까지가 가장 좋은 작업시기다.

> **해설**
>
> 수목을 지탱하기 위해 3~4방향으로 굵은 뿌리 한 개씩을 곧은 뿌리는 자르지 않고 15cm 정도의 폭으로 환상박피한 다음 흙을 되묻는다. 이때 잘 부숙된 퇴비를 섞어주면 효과적이다.

42 실내조경 식물의 잎이나 줄기에 백색 점무늬가 생기고 점차 퍼져서 흰 곰팡이 모양이 되는 원인으로 옳은 것은?

① 탄저병
② 무름병
③ 흰가루병
④ 모자이크병

> **해설**
>
> 흰가루병은 주로 늦가을에 심하게 발생하여 조경수목의 미관을 해치며, 진균에 속하는 자낭균류의 대표적인 병해이다.

43 표준품셈에서 조경용 초화류 및 잔디의 할증률은 몇 %인가?

① 1%
② 3%
③ 5%
④ 10%

> **해설**
>
> 식물재료의 할증률은 10%이다.

44 다음 중 이식하기 어려운 수종이 아닌 것은?

① 소나무
② 자작나무
③ 섬잣나무
④ 은행나무

> **해설**
>
> | 이식이 어려운 수종 | 독일가문비, 가시나무, 굴거리나무, 태산목, 후박나무, 때죽나무, 피라칸타, 목련, 느티나무, 전나무, 감나무, 주목, 자작나무, 칠엽수, 마가목 등 |
> |---|---|
> | 이식이 쉬운 수종 | 편백, 화백, 측백, 가이즈카향나무, 낙우송, 메타세쿼이아, 은행나무, 버즘나무, 단풍나무류, 쥐똥나무, 사철나무, 박태기나무, 화살나무, 명자나무 등 |

45 잔디의 뗏밥 넣기에 관한 설명으로 가장 부적합한 것은?

① 뗏밥은 가는 모래 2, 밭흙 1, 유기물 약간을 섞어 사용한다.
② 뗏밥으로 이용하는 흙은 일반적으로 열처리하거나 증기소독 등 소독을 하기도 한다.
③ 뗏밥은 한지형 잔디의 경우 봄, 가을에 주고 난지형 잔디의 경우 생육이 왕성한 6~8월에 주는 것이 좋다.
④ 뗏밥의 두께는 30mm 정도로 주고, 다시 줄 때에는 일주일이 지난 후 잎이 덮일 때까지 주어야 좋다.

> **해설**
>
> 뗏밥은 일반적으로 2~4mm 두께로 주며, 15일 경과 후 다시 준다.

46 조경관리에서 주민참가의 단계는 시민 권력의 단계, 형식참가의 단계, 비참가의 단계 등으로 구분되는데 그중 시민권력의 단계에 해당되지 않는 것은?

① 가치관리(citizen control)
② 유화(placation)
③ 권한 위양(delegated power)
④ 파트너십(partnership)

● 해설

비참가의 단계	형식참가의 단계	시민권력의 단계
조작, 치료	정보제공, 상담, 유화	파트너십, 권한위양, 자치단체

47 다음 중 조경수목의 꽃눈분화, 결실 등과 가장 관련이 깊은 것은?

① 질소와 탄소비율
② 탄소와 칼륨비율
③ 질소와 인산비율
④ 인산과 칼륨비율

● 해설
C/N율
식물체 내의 탄수화물과 질소의 비율. C/N율에 따라 생육과 개화 결실이 지배된다고도 보는데, C/N율이 높으면 개화를 유도하고 C/N율이 낮으면 영양생장이 계속된다.

48 다음 설계도면의 종류에 대한 설명으로 옳지 않은 것은?

① 입면도는 구조물의 외형을 보여주는 것이다.
② 평면도는 물체를 위에서 수직방향으로 내려다 본 것을 그린 것이다.
③ 단면도는 구조물의 내부나 내부공간의 구성을 보여주기 위한 것이다.
④ 조감도는 관찰자의 눈높이에서 본 것을 가정하여 그린 것이다.

● 해설
조감도
공간 전체를 볼 수 있을 정도의 높이에서 내려다 본 그림으로 공간 전체를 사실적으로 표현한 그림

49 평판을 정치(세우기)할 때 오차에 가장 큰 영향을 주는 항목은?

① 수평맞추기(정준)
② 중심맞추기(구심)
③ 방향맞추기(표정)
④ 모두 같다.

● 해설
평판측량의 3요소

정준	구심(치심)	표정(정위)
수평 맞추기	중심 맞추기	방향, 방위 맞추기

50 다음 중 잔디의 종류 중 한국 잔디(Korean Lawngrass or Zoysiagrass)의 특징 설명으로 옳지 않은 것은?

① 우리나라의 자생종이다.
② 난지형 잔디에 속한다.
③ 뗏장에 의해서만 번식 가능하다.
④ 손상 시 회복속도가 느리고 겨울 동안 황색 상태로 남아 있는 단점이 있다.

● 해설
한국 잔디의 특징
- 건조, 고온, 척박지에서 생육하며, 산성 토양에 잘 자란다.
- 종자번식이 어렵고(안 되는 것은 아니다.), 답압에 매우 강하다.
- 가는 줄기와 땅속줄기에 의해 옆으로 퍼지고 그늘에서 생육이 불가능하다.
- 잔디밭 조성에 많은 시간이 소요되고 손상을 받은 후 회복속도가 느리다.
- 포복성으로 밟힘에 강하고 병해충과 공해에도 강한 장점이 있다.

정답 46 ② 47 ① 48 ④ 49 ③ 50 ③

51 다음 중 차폐식재에 적용 가능한 수종의 특징으로 옳지 않은 것은?

① 지하고가 낮고 지엽이 치밀한 수종
② 전정에 강하고 유지 관리가 용이한 수종
③ 아래 가지가 말라죽지 않는 상록수
④ 높은 식별성 및 상징적 의미가 있는 수종

●해설
높은 식별성 및 상징적인 의미가 있는 수종은 지표식재가 적합하다.

52 농약살포가 어려운 지역과 솔잎혹파리 방제에 사용되는 농약 사용법은?

① 도포법　　② 수간주사법
③ 입제살포법　　④ 관주법

●해설
- 수간주사법 : 쇠약한 나무, 이식한 나무, 외과수술을 받은 나무, 병해충의 피해를 입은 나무 등의 수세를 회복시키거나 발근을 촉진하기 위해서 인위적으로 약제를 나무줄기에 주입한다.
- 관주법 : 토양 내에 약액을 주입하는 방법이다.

53 900m²의 잔디광장을 평떼로 조성하려고 할 때 필요한 잔디량은 약 얼마인가?

① 약 1,000매　　② 약 5,000매
③ 약 10,000매　　④ 약 20,000매

●해설
잔디 1m²는 11매이므로 떳장 1장의 면적은 $\frac{1}{11}$ =0.09m²

잔디량= $\frac{전체면적}{떳장 1장 면적}$

= $\frac{900}{0.09}$ =10,000매

54 다음 [보기]와 같은 특징을 갖는 암거배치 방법은?

[보기]
- 중앙에 큰 맹암거를 중심으로 하여 작은 맹암거를 좌우에 어긋나게 설치하는 방법
- 경기장 같은 평탄한 지형에 적합하며, 전 지역의 배수가 균일하게 요구되는 지역에 설치
- 주관을 경사지에 배치하고 양측에 설치

① 빗살형　　② 부채살형
③ 어골형　　④ 자연형

●해설
어골형 암거
- 중앙에 큰 맹암거를 중심으로 좌우에 어긋나게 작은 맹암거를 설치
- 소규모 평탄한 지형에 적합하며, 전 지역을 균일하게 배수할 때 사용
- 어린이 놀이터, 경기장과 같은 소규모 지형에 적합

55 한 가지 약제를 연용하여 살포 시 방제효과가 떨어지는 대표적인 해충은?

① 깍지벌레　　② 진딧물
③ 잎벌　　④ 응애

56 다음 중 메쌓기에 대한 설명으로 가장 부적합한 것은?

① 모르타르를 사용하지 않고 쌓는다.
② 뒤채움에는 자갈을 사용한다.
③ 쌓는 높이의 제한을 받는다.
④ 2제곱미터마다 지름 9cm 정도의 배수공을 설치한다.

●해설
메쌓기는 배수가 잘되기 때문에 배수관이 필요 없으나, 찰쌓기는 뒷면의 배수를 위해 2~3m²마다 지름 3~6cm의 배수관을 설치해 준다.

정답　51 ④　52 ②　53 ③　54 ③　55 ④　56 ④

57 시설물 관리를 위한 페인트칠하기의 방법으로 가장 거리가 먼 것은?
① 목재의 바탕칠을 할 때에는 별도의 작업 없이 불순물을 제거한 후 바로 수성페인트를 칠한다.
② 철재의 바탕칠을 할 때에는 별도의 작업 없이 불순물을 제거한 후 바로 수성페인트를 칠한다.
③ 목재의 갈라진 구멍, 홈, 틈은 퍼티로 땜질하여 24시간 후 초벌칠을 한다.
④ 콘크리트, 모르타르면의 틈은 석고로 땜질하고 유성 또는 수성페인트를 칠한다.

● 해설
철재는 불순물을 제거한 후 방청도료(광명단)를 칠해서 녹을 방지한다.

58 옹벽 중 캔틸레버(Cantilever)를 이용하여 재료를 절약한 것으로 자체 무게와 뒤채움한 토사의 무게를 지지하여 안전도를 높인 옹벽으로 주로 5m 내외의 높지 않은 곳에 설치하는 것은?
① 중력식 옹벽　② 반중력식 옹벽
③ 부벽식 옹벽　④ L자형 옹벽

● 해설
중력식(3m 이하), 캔틸레버식(L자형) 옹벽(5m까지), 부벽식 옹벽(6m 이상)

59 형상수(topiary)를 만들 때 유의 사항이 아닌 것은?
① 망설임 없이 강전정을 통해 한 번에 수형을 만든다.
② 형상수를 만들 수 있는 대상수종은 맹아력이 좋은 것을 선택한다.
③ 전정 시기는 상처를 아물게 하는 유합조직이 잘 생기는 3월 중에 실시한다.
④ 수형을 잡는 방법은 통대나무에 가지를 고정시켜 유인하는 방법, 규준틀을 만들어 가지를 유인하는 방법, 가지에 전정만을 하는 방법 등이 있다.

● 해설
형상수를 만들 때 한 번에 수형을 만들지 말고 순차적으로 작업해야 한다.

60 다음 중 루비깍지벌레의 구제에 가장 효과적인 농약은?
① 페니트로티온 수화제
② 다이아지논 분제
③ 포스파미돈 액제
④ 옥시테트라사이클린 수화제

정답　57 ②　58 ④　59 ①　60 ③

03장 2014년 07월 20일 기출문제

01 창경궁에 있는 통명전 지당의 설명으로 틀린 것은?

① 장방형으로 장대석으로 쌓은 석지이다.
② 무지개형 곡선 형태의 석교가 있다.
③ 괴석 2개와 앙련(仰蓮) 받침대석이 있다.
④ 물은 직선의 석구를 통해 지당에 유입된다.

●해설
통명전 지당의 수원지는 열천이며, 괴석 3개와 기물을 받쳤던 앙련 받침대석 1개가 있다.

02 도면 작업에서 원의 반지름을 표시할 때 숫자 앞에 사용하는 기호는?

① ϕ
② D
③ R
④ Δ

●해설
R=Radius(반지름), D=Diameter(지름)의 약어이다.

03 짐을 운반하여야 한다. 다음 중 같은 크기의 짐을 어느 색으로 포장했을 때 가장 덜 무겁게 느껴지는가?

① 다갈색
② 크림색
③ 군청색
④ 쥐색

●해설
- 색의 무겁고 가벼움의 감정은 주로 명도에 의해 결정된다.
- 고명도(흰색)의 경우 색이 가볍게, 저명도(검은색)의 경우 색이 무겁게 느껴진다.

04 이탈리아 조경양식에 대한 설명으로 틀린 것은?

① 별장이 구릉지에 위치하는 경우가 많아 정원의 주류는 노단식
② 노단과 노단은 계단과 경사로에 의해 연결
③ 축선을 강조하기 위해 원로의 교점이나 원점에 분수 등을 설치
④ 대표적인 정원으로는 베르사유 궁원

●해설
베르사유 궁원은 평야지대에서 발달한 프랑스 정원이다.

05 다음 중 9세기 무렵에 일본 정원에 나타난 조경양식은?

① 평정고산수양식
② 침전조양식
③ 다정양식
④ 회유임천양식

●해설
9세기는 헤이안(평안)시대로서 정원 양식은 침전조양식이며 대표정원은 동삼조전이다.

06 조선시대 궁궐의 침전 후정에서 볼 수 있는 대표적인 것은?

① 자수화단(花壇)
② 비폭(飛瀑)
③ 경사지를 이용해서 만든 계단식의 노단
④ 정자수

●해설
조선시대 궁궐 후원은 평지 위에 인위적으로 축산한 노단식 정원이며 아미산화계, 낙선재화계, 대조전화계 등이 있다.

정답 01 ③ 02 ③ 03 ② 04 ④ 05 ② 06 ③

07 조선시대 선비들이 즐겨 심고 가꾸었던 사절우(四節友)에 해당하는 식물이 아닌 것은?
① 난초　② 대나무
③ 국화　④ 매화나무

●해설
- 사절우(四節友) : 조선시대 선비들이 즐겨 심고 가꾸었던 식물(매화, 소나무, 국화, 대나무)
- 사군자(四君子) : 군자의 덕과 학식을 갖춘 사람의 인품에 비유(매화, 난, 국화, 대나무)

08 수도원 정원에서 원로의 교차점인 중정 중앙에 큰 나무 한 그루를 심는 것을 뜻하는 것은?
① 파라다이소(Paradiso)
② 바(Bagh)
③ 트렐리스(Trellis)
④ 페리스틸리움(Peristylium)

●해설
정원 중앙에 큰 나무를 식재하고 수로를 만들어 지상낙원을 전개하고자 하였다.

09 위험을 알리는 표시에 가장 적합한 배색은?
① 흰색 – 노랑　② 노랑 – 검정
③ 빨강 – 파랑　④ 파랑 – 검정

●해설
검정과 노랑을 조합하였을 때 가시성이 높아지므로 눈에 잘 띈다. 그래서 교통표지판은 검정과 노랑, 검정과 흰색을 사용한다.

10 다음 조경의 효과로 가장 부적합한 것은?
① 공기의 정화　② 대기오염의 감소
③ 소음 차단　　④ 수질오염의 증가

●해설
수질오염의 증가는 조경의 효과와는 전혀 관련이 없다.

11 물체의 앞이나 뒤에 화면을 놓은 것으로 생각하고, 시점에서 물체를 본 시선과 그 화면이 만나는 각점을 연결하여 물체를 그리는 투상법은?
① 사투상법　② 투시도법
③ 정투상법　④ 표고투상법

●해설
투시도법은 평면도와 입면도 등 설계안이 완공되었을 경우를 가정하여 설계 내용을 실제 눈에 보이는 대로 절단한 면에서 먼 곳에 있는 것은 작게, 가까이 있는 것은 크고 깊이가 있게 하나의 화면에 입체적인 그림으로 나타낸 것이다.

12 "물체의 실제 치수"에 대한 "도면에 표시한 대상물"의 비를 의하는 용어는?
① 척도　② 도면
③ 표제란　④ 연각선

●해설
실물과 같은 치수로 나타낸 도형을 현척(現尺)이라 하고, 실물보다 작게 그린 것을 축척(縮尺)이라 한다.

13 이격비의 "낙양원명기"에서 원(園)을 가리키는 일반적인 호칭으로 사용되지 않은 것은?
① 원지　② 원정
③ 별서　④ 택원

●해설
별서는 은둔을 목적으로 부귀나 영화를 등지고 자연과 벗 삼아 살기 위한 주거지로 원(園)과는 연관성이 없다.

14 수집된 자료를 종합한 후에 이를 바탕으로 개략적인 계획안을 결정하는 단계는?
① 목표설정　② 기본구상
③ 기본설계　④ 실시설계

정답 07 ① 08 ① 09 ② 10 ④ 11 ② 12 ① 13 ③ 14 ②

> **해설**
> 기본구상 단계는 수집한 자료를 종합한 후 이를 바탕으로 개략적인 계획안을 결정하는 단계로, 버블 다이어그램으로 표현한다.

15 스페인 정원의 특징과 관계가 먼 것은?

① 건물로서 완전히 둘러싸인 가운데 뜰 형태의 정원
② 정원의 중심부는 분수가 설치된 작은 연못 설치
③ 웅대한 스케일의 파티오 구조의 정원
④ 난대, 열대 수목이나 꽃나무를 화분에 심어 중요한 자리에 배치

> **해설**
> 스페인 정원의 파티오(Patio)는 웅대함보다는 화려함(다채로운 색)이 극치를 이루는 정원이다.

16 다음 중 녹나뭇과(科)로 봄에 가장 먼저 개화하는 수종은?

① 치자나무　　② 호랑가시나무
③ 생강나무　　④ 무궁화

> **해설**
> 생강나무는 2월, 치자나무는 6월, 호랑가시나무는 4월, 무궁화는 여름~가을에 개화한다.

17 다음 중 조경수목의 계절적 현상 설명으로 옳지 않은 것은?

① 싹틈 : 눈은 일반적으로 지난 해 여름에 형성되어 겨울을 나고 봄에 기온이 올라감에 따라 싹이 튼다.
② 개화 : 능소화, 무궁화, 배롱나무 등의 개화는 그 전년에 자란 가지에서 꽃눈이 분화하여 그 해에 개화한다.
③ 결실 : 결실량이 지나치게 많을 때에는 다음 해의 개화 결실이 부실해지므로 꽃이 진 후 열매을 적당히 솎아 준다.
④ 단풍 : 기온이 낮아짐에 따라 잎 속에서 생리적인 현상이 일어나 푸른 잎이 다홍색, 황색 또는 갈색으로 변하는 현상이다.

> **해설**
> 여름~가을에 꽃이 피는 수종
> • 개화하는 그 해에 자란 가지에서 꽃눈이 분화한다.
> • 적용 수종 : 능소화, 무궁화, 배롱나무, 장미, 찔레나무, 등나무 등

18 콘크리트용 혼화재료로 사용되는 고로 슬래그 미분말에 대한 설명 중 틀린 것은?

① 고로 슬래그 미분말을 사용한 콘크리트는 보통 콘크리트보다 콘크리트 내부의 세공경이 작아져 수밀성이 향상된다.
② 고로 슬래그 미분말은 플라이애시나 실리카흄에 비해 포틀랜드 시멘트와의 비중차가 작아 혼화재로 사용할 경우 혼합 및 분산성이 우수하다.
③ 고로 슬래그 미분말을 혼화재로 사용한 콘크리트는 염화물이온 침투를 억제하여 철근 부식 억제효과가 있다.
④ 고로 슬래그 미분말의 혼합률을 시멘트 중량에 대하여 70% 혼합한 경우 중성화 속도가 보통 콘크리트의 2배 정도로 감소된다.

> **해설**
> 고로 슬래그 미분말을 사용한 콘크리트는 중성화 속도가 빠르게 진행된다.

19 다음 재료 중 연성(延性 : Ductility)이 가장 큰 것은?

① 금　　② 철
③ 납　　④ 구리

정답　15 ③　16 ③　17 ②　18 ④　19 ①

● 해설
연성
- 부러지지 않으면서 가늘게 선으로 늘어나는 성질로 금은 1g으로 3.6km까지 늘릴 수 있다.
- 연성이 높은 순서 : 금>은>알루미늄>철>니켈>구리>아연>주석>납

20 콘크리트의 응결, 경화 조절의 목적으로 사용되는 혼화제에 대한 설명 중 틀린 것은?

① 콘크리트용 응결, 경화 조정제는 시멘트의 응결, 경화 속도를 촉진시키거나 지연시킬 목적으로 사용되는 혼화제이다.
② 촉진제는 그라우트에 의한 지수공법 및 뿜어붙이기 콘크리트에 사용된다.
③ 지연제는 조기 경화현상을 보이는 서중 콘크리트나 수송거리가 먼 레디믹스트 콘크리트에 사용된다.
④ 급결제를 사용한 콘크리트의 조기 강도증진은 매우 크나 장기강도는 일반적으로 떨어진다.

● 해설
- 그라우트 : 시멘트, 물, 혼화재 등을 섞은 일종의 시멘트 풀이다.
- 지수공법 : 지반굴착 시 물이 들어오지 않도록 물을 차단하는 공법이다.

21 크기가 지름 20~30cm 정도의 것이 크고 작은 알로 고루고루 섞여져 있으며 형상이 고르지 못한 깬돌이라 설명하기도 하며, 큰 돌을 깨서 만드는 경우도 있어 주로 기초용으로 사용하는 석재의 분류명은?

① 산석
② 이면석
③ 잡석
④ 판석

● 해설
잡석이란 규격에 맞추어 만들지 않고 견칫돌과 비슷하게 막 깨낸 돌을 말한다.

22 다음 괄호 안에 들어갈 용어로 맞게 연결된 것은?

> 외력을 받아 변형을 일으킬 때 이에 저항하는 성질로서 외력에 대한 변형을 적게 일으키는 재료는 (㉠)가(이) 큰 재료이다. 이것은 탄성계수와 관계가 있으나 (㉡)와(과)는 직접적인 관계가 없다.

① ㉠ 강도(strength), ㉡ 강성(stillness)
② ㉠ 강성(stillness), ㉡ 강도(strength)
③ ㉠ 인성(toughness), ㉡ 강성(stillness)
④ ㉠ 인성(toughness), ㉡ 강도(strength)

● 해설
강성
토양이 건조하여 딱딱하게 되는 성질. 어떤 물체가 외부로부터 압력을 받아도 모양이나 부피가 변하지 아니하는 단단한 성질

23 조경용 포장재료는 보행자가 안전하고, 쾌적하게 보행할 수 있는 재료가 선정되어야 한다. 다음 선정기준 중 옳지 않은 것은?

① 내구성이 있고, 시공, 관리비가 저렴한 재료
② 재료의 질감, 색채가 아름다운 것
③ 재료의 표면 청소가 간단하고, 건조가 빠른 재료
④ 재료의 표면이 태양 광선의 반사가 많고, 보행 시 자연스런 매끄러운 소재

● 해설
조경용 포장재료의 선정기준
- 내구성이 있고 시공비·관리비가 저렴한 재료
- 재료의 질감·재료가 아름다울 것
- 재료의 표면이 태양 광선의 반사가 적고 우천 시·겨울철 보행 시 미끄럼이 적을 것
- 재료가 풍부하며, 시공이 용이할 것

정답 20 ② 21 ③ 22 ② 23 ④

24 다음 설명에 가장 적합한 수종은?

- 교목으로 꽃이 화려하다.
- 전정을 싫어하고 대기오염에 약하며, 토질을 가리는 결점이 있다.
- 매우 다방면으로 이용되며, 열식 또는 군식으로 많이 식재된다.

① 왕벚나무 ② 수양버들
③ 전나무   ④ 벽오동

● 해설
왕벚나무는 공해, 맹아력에 약하고 굵은 가지 전정 시 부후의 위험성이 크다.

25 다음에서 설명하는 열경화수지는?

- 강도가 우수하며, 베이클라이트를 만든다.
- 내산성, 전기 절연성, 내약품성, 내수성이 좋다.
- 내알칼리성이 약한 결점이 있다.
- 내수합판, 접착제 용도로 사용된다.

① 요소계수지   ② 메타아크릴수지
③ 염화비닐계수지 ④ 페놀계수지

● 해설
열경화성 수지

특징	한번 열을 가하여 성형하면 다시 열을 가해도 변하지 않는 수지
종류	페놀수지(PF), 요소수지(UF), 멜라민수지(MF), 에폭시수지(EF), 폴리우레탄수지(PUR), 실리콘수지 등

26 다음 중 곰솔(해송)에 대한 설명으로 옳지 않은 것은?

① 동아(冬芽)는 붉은색이다.
② 수피는 흑갈색이다.
③ 해안지역의 평지에 많이 분포한다.
④ 줄기는 한 해에 가지를 내는 층이 하나여서 나무의 나이를 짐작할 수 있다.

● 해설
- 동아 : 생장하지 않고 쉬고 있는 눈
- 곰솔의 동아(冬芽)는 흰색이며, 소나무의 동아(冬芽)는 붉은색이다.

27 목재를 연결하여 움직임이나 변형 등을 방지하고, 거푸집의 변형을 방지하는 철물로 사용하기 가장 부적합한 것은?

① 볼트, 너트   ② 못
③ 꺾쇠   ④ 리벳

● 해설
리벳 강철판을 포개어 뚫려 있는 구멍에 가열한 리벳을 꽂아 넣고, 머리부분을 받친 후 기계·해머 등으로 두들겨 변형시켜서 체결한다.

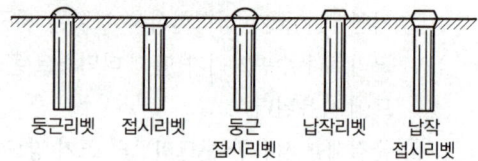

둥근리벳 접시리벳 둥근접시리벳 납작리벳 납작접시리벳

28 다음 중 합판에 관한 설명으로 틀린 것은?

① 합판을 베니어판이라 하고 베니어란 원래 목재를 얇게 한 것을 말하며, 이것을 단판이라고도 한다.
② 슬라이스트 베니어(Sliced Veneer)는 끌로서 각목을 얇게 절단한 것으로 아름다운 결을 장식용으로 이용하기에 좋은 특징이 있다.
③ 합판의 종류에는 섬유판, 조각판, 적층판 및 강화적층재 등이 있다.
④ 합판의 특징은 동일한 원재로부터 많은 장목판과 나뭇결 무늬판이 제조되며, 팽창, 수축 등에 의한 결점이 없고 방향에 따른 강도 차이가 없다.

● 해설
합판의 종류
완전 내수합판, 보통 내수합판, 테고합판, 미송합판, 무취합판 등

정답 24 ① 25 ④ 26 ① 27 ④ 28 ③

29 한국의 전통조경 소재 중 하나로 자연의 모습이나 형상석으로 궁궐 후원 첨경물로 석분에 꽃을 심듯이 꽂거나 화계 등에 많이 도입되었던 경관석은?

① 각석 ② 괴석
③ 비석 ④ 수수분

해설
괴석은 괴기한 모양을 한 돌로서 예로부터 궁궐 후원 첨경물로 사용하였다.

30 자동차 배기가스에 강한 수목으로만 짝지어진 것은?

① 화백, 향나무
② 삼나무, 금목서
③ 자귀나무, 수수꽃다리
④ 산수국, 자목련

해설
자동차 배기가스에 강한 수종
비자나무, 편백, 화백, 측백, 가이즈카향나무, 향나무, 은행나무, 히말라야시더, 태산목, 식나무, 아왜나무, 감탕나무, 꽝꽝나무, 돈나무, 버드나무, 플라타너스, 층층나무, 무궁화, 개나리, 쥐똥나무 등

31 질량 113kg의 목재를 절대건조시켜서 100kg으로 되었다면 전건량기준 함수율은?

① 0.13% ② 0.30%
③ 3.0%   ④ 13.00%

해설
$$함수율 = \frac{건조\ 전\ 중량 - 건조\ 후\ 중량}{건조\ 후\ 중량} \times 100\%$$
$$= \frac{113-100}{100} \times 100 = 13.00\%$$

32 다음 중 은행나무의 설명으로 틀린 것은?

① 분류상 낙엽활엽수이다.
② 나무껍질은 회백색, 아래로 깊이 갈라진다.
③ 양수로 적윤지 토양에 생육이 적당하다.
④ 암수한그루이고 5월 초에 잎과 꽃이 함께 개화한다.

해설
낙엽침엽교목(4종)
메타세쿼이아, 낙우송, 낙엽송, 은행나무

33 다음 중 플라스틱 제품의 특징으로 옳은 것은?

① 불에 강하다.
② 비교적 저온에서 가공성이 나쁘다.
③ 흡수성이 크고 투수성이 불량하다.
④ 내후성 및 내광성이 부족하다.

해설
플라스틱의 장단점

장점	단점
• 성형이 자유롭고 가볍다.	• 열전도율이 높아 불에 타기 쉽다.
• 강도와 탄력이 크다.	• 내열성, 내광성, 내화성이 부족하다.
• 착색이 자유롭고 광택이 좋다.	• 저온에서 잘 파괴된다.
• 내산성과 내알칼리성이 크다.	• 온도변화에 약하다.
• 투광성, 접착성, 절연성이 있다.	※ 내후성 및 내광성이 부족하여 안정제를 첨가한다.
• 마모가 적어 바닥재료 등에 적합하다.	

34 장미과(科) 식물이 아닌 것은?

① 피라칸타 ② 해당화
③ 아카시나무 ④ 왕벚나무

해설
아카시나무는 콩과에 속한다.

정답 29 ② 30 ① 31 ④ 32 ①,④ 33 ④ 34 ③

35 골재의 표면수는 없고, 골재 내부에 빈틈이 없도록 물로 차 있는 상태는?

① 절대건조상태
② 기건상태
③ 습윤상태
④ 표면건조 포화상태

◎해설

골재의 함수상태
- 절대건조상태 : 완전히 건조시킨 것으로, 골재 알 속의 빈틈에 있는 물을 모두 없앤 상태
- 공기 중 건조상태 : 골재 알 속의 일부가 물로 차 있는 상태
- 표면건조 포화상태 : 골재 알의 표면에는 물기가 없고 알 속의 빈틈만 물로 차 있는 이상적인 골재의 상태
- 습윤상태 : 골재 알 속의 빈틈이 물로 차 있고, 표면에도 물기가 있는 상태

36 수목식재시 수목을 구덩이에 앉히고 난 후 흙을 넣는 데 수식(물죔)과 토식(흙죔)이 있다. 다음 중 토식을 실시하기에 적합하지 않은 수종은?

① 목련
② 전나무
③ 서향
④ 해송

◎해설
- 토식(흙죔) : 물을 사용하지 않고 흙을 부드럽게 하여 바닥부분부터 알맞은 막대기로 흙을 잘 다져 뿌리분에 흙이 밀착되도록 하는 방법이다.
- 대표 수종 : 소나무, 해송, 전나무, 서향, 소철 등

37 식물의 아래 잎에서 황화현상이 일어나고 심하면 잎 전면에 나타나며, 잎이 작지만 잎수가 감소하며 초본류의 초장이 작아지고 조기낙엽이 비료결핍의 원인이라면 어느 비료 요소와 관련된 설명인가?

① P
② N
③ Mg
④ K

◎해설

질소(N)
㉠ 영양 생장과 광합성작용의 촉진으로 잎이나 줄기 등 수목의 생장에 도움을 준다.
㉡ 결핍현상
- 결핍 시 신장 생장이 불량하여 줄기나 가지가 가늘고 작아지며, 묵은 잎이 황변하며 떨어진다.
- 활엽수 : 잎이 황변, 잎의 수가 적어지고 두꺼워지며 조기낙엽 된다.
- 침엽수 : 침엽이 짧고 황색을 띤다.
㉢ 과잉하면 도장하고 약해지며 성숙이 늦어진다.
㉣ 뿌리, 가지, 잎 등의 생장점에 많이 분포한다.

38 뿌리분의 크기를 구하는 식으로 가장 적합한 것은?

① $24+(N-3) \times d$
② $24+(N+3) \div d$
③ $24-(n-3)+d$
④ $24-(n-3)-d$

◎해설

N은 근원 지름, d는 상수(상록수 : 4, 낙엽수 : 5)이다.

39 제초제 1,000ppm은 몇 %인가?

① 0.01%
② 0.1%
③ 1%
④ 10%

◎해설
- 10,000ppm → 1%
- 1,000ppm → 0.1%

40 수목 외과 수술의 시공 순서로 옳은 것은?

㉠ 동공 가장자리의 형성층 노출
㉡ 부패부 제거
㉢ 표면 경화처리
㉣ 동공 충진
㉤ 방수처리
㉥ 인공수피 처리
㉦ 소독 및 방부처리

정답 35 ④ 36 ① 37 ② 38 ① 39 ② 40 ④

① ㉠-㉤-㉡-㉢-㉣-㉥-㉦
② ㉡-㉦-㉠-㉤-㉥-㉢-㉣
③ ㉠-㉡-㉢-㉣-㉥-㉤-㉦
④ ㉡-㉠-㉦-㉣-㉥-㉢-㉤

41 저온의 해를 받은 수목의 관리방법으로 적당하지 않은 것은?

① 멀칭
② 바람막이 설치
③ 강전정과 과다한 시비
④ wilt-pruf(시들음방지제) 살포

◉해설
저온의 해를 입은 수목은 강전정과 과다한 시비를 하면 생육이 불량해진다.

42 더운 여름 오후에 햇빛이 강하면 수간의 남서쪽 수피가 열에 의해서 피해(터지거나 갈라짐)를 받을 수 있는 현상을 무엇이라 하는가?

① 피소   ② 상렬
③ 조상   ④ 한상

◉해설
상해(霜害 : 서리의 해)

조상(早霜)	나무가 휴면기에 접어들기 전 서리로 인한 피해
만상(晩霜)	이른 봄 서리로 인한 수목의 피해
상륜(霜輪)	수목이 만상으로 생장이 일시정지 되었다가 다시 자라나 1년에 2개의 나이테가 생기는 현상
동상(凍傷)	겨울 동안 휴면상태에서 생긴 피해

43 다음 중 재료의 할증률이 다른 것은?

① 목재(각재)   ② 시멘트벽돌
③ 원형철근   ④ 합판(일반용)

◉해설
할증률
• 5% : 원형철근, 목재(각재), 합판(수장용), 시멘트벽돌, 호안블록, 기와, 타일(아스팔트, 비닐)
• 3% : 이형철근, 합판(일반용), 붉은벽돌, 내화벽돌, 경계블록, 테라코타

44 소형고압블록 포장의 시공방법에 대한 설명으로 옳은 것은?

① 차도용은 보도용에 비해 얇은 두께 6cm의 블록을 사용한다.
② 지반이 약하거나 이용도가 높은 곳은 지반 위에 잡석으로만 보강한다.
③ 블록 깔기가 끝나면 반드시 진동기를 사용해 바닥을 고르게 마감한다.
④ 블록의 최종 높이는 경계석보다 조금 높아야 한다.

◉해설
소형고압블록 포장의 시공방법
• 보도용은 두께 6cm, 차도용은 두께 8cm의 블록을 사용한다.
• 보도의 가장자리는 보통 경계석을 설치한다.
• 기존 지반을 잘 다진 후 모래를 3~5cm 정도 깔고 고압블록을 포장한다.
• 원로의 종단 기울기가 5% 이상인 구간의 포장은 미끄럼방지를 위하여 거친면으로 마감한다.
• 블록 깔기가 끝나면 반드시 진동기를 사용하여 바닥을 고르게 마감한다.
• 고압블록의 최종높이는 경계석의 높이와 같게 시공한다.

45 식물이 필요로 하는 양분요소 중 미량원소로 옳은 것은?

① O   ② K
③ Fe   ④ S

정답 41 ③ 42 ① 43 ④ 44 ③ 45 ③

해설

다량원소	C(탄소), H(수소), O(산소), N(질소), P(인), K(칼륨), Ca(칼슘), Mg(마그네슘), S(황)
미량원소	Fe(철), Cl(염소), Mn(망간), Zn(아연), B(붕소), Cu(구리), Mo(몰리브덴)
비료의 3요소	질소(N), 인(P), 칼륨(K)
비료의 4요소	질소(N), 인(P), 칼륨(K), 칼슘(Ca)

46 2개 이상의 기둥을 합쳐서 1개의 기초로 받치는 것은?

① 줄기초　　② 독립기초
③ 복합기초　　④ 연속기초

● 해설
복합기초란 2개 이상의 기둥을 합쳐서 한 개의 기초로 받치는 것이다. 기둥 간격이 좁을 경우에 사용한다.

47 다음 중 평판측량에 사용되는 기구가 아닌 것은?

① 평판　　② 삼각대
③ 레벨　　④ 앨리데이드

● 해설
평판측량에 필요한 도구 : 평판, 삼각대, 앨리데이드

48 진딧물이나 깍지벌레의 분비물에 곰팡이가 감염되어 발생하는 병은?

① 흰가루병　　② 녹병
③ 잿빛곰팡이병　　④ 그을음병

● 해설
그을음병
- 깍지벌레, 진딧물 등 흡즙성 해충의 배설물에 의한 2차 피해를 준다.
- 가지, 줄기, 과일 등에 그을음을 발라 놓은 것처럼 보인다.

49 콘크리트 혼화제 중 내구성 및 워커빌리티(workability)를 향상시키는 것은?

① 감수제　　② 경화촉진제
③ 지연제　　④ 방수제

● 해설
감수제
- 시멘트 입자를 균일하게 분산시켜 수화작용을 양호하게 하기 위하여 사용한다.
- 골재 분리가 적으며 강도, 수밀성, 내구성이 증가해 워커빌리티가 좋아진다.

50 해충의 방제방법 중 기계적 방제에 해당되지 않는 것은?

① 포살법　　② 진동법
③ 경운법　　④ 온도처리법

● 해설
온도처리법은 병해충의 방제와 전혀 관계가 없으며 종자의 휴면을 타파하기 위해서 사용하는 저온처리법이다.

51 철재시설물의 손상부분을 점검하는 항목으로 가장 부적합한 것은?

① 용접 등의 접합부분　　② 충격에 비틀린 곳
③ 부식된 곳　　④ 침하된 것

● 해설
철재시설물의 손상부분 점검 사항
- 녹이 슬면 도장이 벗겨진 곳은 녹막이칠(광명단)을 두 번 칠한 다음 유성페인트를 칠한다.
- 볼트나 너트가 풀어졌을 때에는 충분히 조이고, 심하게 훼손되었을 때에는 용접 또는 교환해 준다.
- 접합부는 용접, 리벳, 볼트, 너트 등을 수시로 점검한다.
- 회전축에는 정기적으로 그리스를 주입하며, 베어링의 마멸 여부를 점검한 후 조치한다.
- 사용이 오래된 부품은 심한 충격이나 압력에 의해 갈라지기 쉬우므로 교체해 준다.
※ 침하(沈下)란 건물이나 자연지물이 가라앉은 것이다.

정답　46 ③　47 ③　48 ④　49 ①　50 ④　51 ④

52 기초 토공사비 산출을 위한 공정이 아닌 것은?

① 터파기   ② 되메우기
③ 정원석 놓기   ④ 잔토처리

● 해설
- 터파기 : 절취 이상의 흙을 파내는 작업
- 되메우기 : 터파기 한 장소에 구조물을 설치한 후 파낸 흙을 다시 메우는 작업
  되메우기토량＝터파기체적－구조물체적
- 잔토처리 : 터파기한 양의 일부 흙을 되메우기 하고 남은 잔여 토량을 버리는 작업
  잔토처리량＝터파기체적－되메우기체적

53 공정 관리기법 중 횡선식 공정표(bar – chart)의 장점에 해당하는 것은?

① 신뢰도가 높으며 전자계산기의 이용이 가능하다.
② 각 공종별의 착수 및 종료일이 명시되어 있어 판단이 용이하다.
③ 바나나 모양의 곡선으로 작성하기 쉽다.
④ 상호관계가 명확하며, 주 공정선의 밑에는 현장인원의 중점배치가 가능하다.

● 해설
횡선식 공정표(bar – chart)
- 공정표가 단순하여 경험이 적은 사람도 이해가 쉽다.
- 작업이 간단하고 일목요연하게, 착수일과 완료일이 명확하게 구분된다.
- 세로축에 공사명, 가로축에 날짜를 표기하고, 공사명별 공사일수를 횡선의 길이로 표현한다.
- 장점 : 소규모의 간단한 공사, 시급한 공사에 많이 적용된다.
- 단점 : 작업 선후관계와 세부사항을 표기하기 어렵고, 대형공사에 적용하기 어렵다.

54 다음 중 시방서에 포함되어야 할 내용으로 가장 부적합한 것은?

① 재료의 종류 및 품질
② 시공방법의 정도
③ 재료 및 시공에 대한 검사
④ 계약서를 포함한 계약 내역서

● 해설
시방서
공사시행의 기초가 되며 내역서 작성의 기초자료로 시공방법, 재료의 선정방법 등 기술적 사항을 기재한 문서로 설계, 제도, 시공 등 도면으로 나타낼 수 없는 사항을 문서로 적어 놓은 것이다. 계약서와는 무관하다.

55 토양의 변화에서 체적비(변화율)는 L과 C로 나타낸다. 다음 설명 중 옳지 않은 것은?

① L값은 경암보다 모래가 더 크다.
② C는 다져진 상태의 토량과 자연상태의 토량의 비율이다.
③ 성토, 절토 및 사토량의 산정은 자연상태의 양을 기준으로 한다.
④ L은 흐트러진 상태의 토량과 자연상태의 토량의 비율이다.

● 해설

자연상태	흐트러진 상태	다져진 상태
1	L	C

- 토량의 증가율 ＝ $\dfrac{흐트러진\ 상태}{자연상태}$ ＝ L
- 토량의 감소율 ＝ $\dfrac{다져진\ 상태}{자연상태}$ ＝ C
- 입자 클수록 L값은 증가한다.

56 콘크리트 1m³에 소요되는 재료의 양을 계량하여 1 : 2 : 4 또는 1 : 3 : 6 등의 배합 비율로 표시하는 배합을 무엇이라 하는가?

① 표준계량배합   ② 용적배합
③ 중량배합   ④ 시험중량배합

● 해설
용적배합
- 콘크리트 1m³ 제작에 필요한 시멘트, 모래, 자갈을 부피로 계량하여 1 : 2 : 4(철근콘크리트) 또는 1 : 3 : 6(무근콘크리트) 등으로 나타낸다.
- 중량배합보다 정확하지 못하나 시공이 간편하여 많이 쓰인다.

정답 52 ③ 53 ② 54 ④ 55 ① 56 ②

57 조경식재 공사에서 뿌리돌림의 목적으로 가장 부적합한 것은?

① 뿌리분을 크게 만들려고
② 이식 후 활착을 돕기 위해
③ 잔뿌리의 신생과 신장도모
④ 뿌리 일부를 절단 또는 각피하여 잔뿌리 발생 촉진

● 해설
뿌리돌림의 목적
- 이식을 위한 예비조치로 수목의 뿌리를 잘라 내거나 환상박피를 함으로써 나무 뿌리의 세근을 많이 발달시켜 이식력을 높이고자 한다.
- 생리적으로 이식을 싫어하는 수목 또는 세근이 잘 발달하지 않아 극히 활착하기 어려운 야생 상태의 수목 및 노목(老木), 병목(病木)의 세력 갱신을 위해서도 실시한다.
- 새로운 잔뿌리 발생을 목적으로 뿌리돌림을 한다.

58 조경공사의 시공자 전정방법 중 일반 공개경쟁입찰방식에 관한 설명으로 옳은 것은?

① 예정가격을 비공개로 하고 견적서를 제출하여 경쟁입찰에 단독으로 참가하는 방식
② 계약의 목적, 성질 등에 따라 참가자의 자격을 제한하는 방식
③ 신문, 게시 등의 방법을 통하여 다수의 희망자가 경쟁에 참가하여 가장 유리한 조건을 제시한 자를 선정하는 방식
④ 공사 설계서와 시공도서를 작성하여 입찰서와 함께 제출하여 입찰하는 방식

● 해설
일반 공개경쟁입찰방식
관보나 신문 등에 게시하는 방법을 통하여 다수의 희망자가 경쟁에 참가하도록 하고, 그중에서 가장 유리한 조건을 제시한 자를 선정하는 방식이다.
- 장점 : 저렴한 공사비, 모든 공사수주 희망자에게 기회를 균등하게 줌
- 단점 : 과다 경쟁으로 인한 참여 업체의 난립

59 농약의 사용목적에 따른 분류 중 응애류에만 효과가 있는 것은?

① 살충제   ② 살균제
③ 살비제   ④ 살초제

60 "느티나무 10주에 600,000원, 조경공 1인과 보통공 2인이 하루에 식재한다."라고 가정할 때 느티나무 1주를 식재할 때 소요되는 비용은?(단, 노임은 조경공 60,000원/일, 보통공 40,000원/일이다.)

① 68,000원   ② 70,000원
③ 72,000원   ④ 74,000원

● 해설
- 노무비 : 60,000원 + (2인×40,000원) = 140,000원
- 재료비 : 600,000원
- 총공사비 : 600,000 + 140,000 = 740,000원
- 느티나무 1주 식재비 : 740,000÷10 = 74,000원

정답 57 ① 58 ③ 59 ③ 60 ④

04장 2014년 10월 11일 기출문제

01 다음 중 직선과 관련된 설명으로 옳은 것은?

① 절도가 없어 보인다.
② 표현 의도가 분산되어 보인다.
③ 베르사유 궁원은 직선이 지나치게 강해서 압박감이 발생한다.
④ 직선 가운데에 중개물(仲介物)이 있으면 없는 때보다도 짧게 보인다.

해설
- 직선은 두 점 사이를 가장 짧게 연결한 선으로 굳건하고, 남성적이며, 일정한 방향을 제시한다.
- 프랑스 평면기하학식 정원의 비스타(Vista) 수법에서는 축을 강조한다.

02 다음 중 경주 월지(안압지 : 雁鴨池)에 있는 섬의 모양으로 가장 적당한 것은?

① 육각형
② 사각형
③ 한반도형
④ 거북이형

해설
안압지의 특징
- 못안의 대(남쪽), 중(북쪽), 소(중앙) 삼신산을 암시하는 3개의 섬
- 입수는 남쪽, 출수는 북쪽
- 연못의 남쪽과 서쪽은 직선이고 북쪽과 동쪽은 해안선을 연상시키는 곡선
- 중국의 무산 12봉을 본뜬 산을 만들고 화초를 심음
- 장대석 호안석축, 바닷가 돌을 배치하여 바닷가 경관을 조성
- 바닥처리는 강회로 다져 놓고 바닷가 조약돌을 전면에 깔아 둠. 연못 바닥에 정(井)자형 귀틀집을 설치하여 연꽃 식재
- 궁원과 건물 주위에는 담장으로 둘러치며 직선처리
- 섬의 모양은 거북이형

03 영국의 풍경식 정원은 자연과의 비율이 어떤 비율로 조성되었는가?

① 1 : 1
② 1 : 5
③ 2 : 1
④ 1 : 100

해설
자연경관을 살리고자 자연풍경식 조경수법이 확립되었으며, 자연과의 비율은 1 : 1이다.

04 낮에 태양광 아래에서 본 물체의 색이 밤에 실내 형광등 아래에서 보니 달라 보였다. 이러한 현상을 무엇이라 하는가?

① 메타메리즘
② 메타블리즘
③ 프리즘
④ 착시

05 다음 중 색의 잔상(殘像 : afterimage)과 관련한 설명으로 틀린 것은?

① 잔상은 원래 자극의 세기, 관찰시간과 크게 비례한다.
② 주위색의 영향을 받아 주위색에 근접하게 변화하는 것이다.
③ 주어진 자극이 제거된 후에도 원래의 자극과 색, 밝기가 같은 상이 보인다.
④ 주어진 자극이 제거된 후에도 원래의 자극과 색, 밝기가 반대인 상이 보인다.

해설
- 잔상이란 어떤 색을 일정한 시간 동안 보고 있으면 그 색의 자극이 망막에 흔적을 남겨 자극을 제거한 후에도 그 흥분이 남아서 첫 자극과 동질 또는 이질의 감각 경험을 일으키는 것을 말한다.
- ②는 동화효과에 관한 설명이다.

정답 01 ③ 02 ④ 03 ① 04 ① 05 ②

06 다음 중국식 정원의 설명으로 가장 거리가 먼 것은?

① 차경수법을 도입하였다.
② 사실주의보다는 상징적 축조가 주를 이루는 사의주의에 입각하였다.
③ 다정(茶庭)이 정원구성 요소에서 중요하게 작용하였다.
④ 대비에 중점을 두고 있으며, 이것이 중국정원의 특색을 이루고 있다.

● 해설
③은 일본정원에 대한 특징이다.

중국정원의 특징
• 자연경관이 수려한 곳에 누각을 짓고 인위적으로 암석과 수목을 배치(심산유곡의 느낌)
• 태호석을 이용한 석가산 수법 사용
• 경관의 조화보다는 대비에 중점을 두었다(자연미와 인공미).
• 직선＋곡선의 사용
• 사의주의, 회화풍경식, 자연풍경식
• 하나의 정원 속에 부분적으로 여러 비율을 혼합하여 사용
• 차경수법 도입

07 구조용 재료의 단면 도시기호 중 강(鋼)을 나타낸 것으로 가장 적합한 것은?

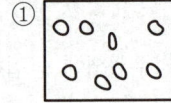 
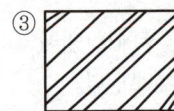 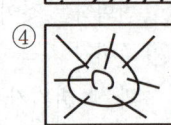

● 해설
②는 석재기호, ③은 강(鋼 : 철재강)철에 대한 기호이다.

08 다음 중 '사자의 중정'(Court of Lion)은 어느 곳에 속해 있는가?

① 헤네랄리페　② 알카사르
③ 알함브라　　④ 타지마할

● 해설
그라나다의 알함브라 궁원(4개의 중정)
알베르카(Alberca) 중정, 사자(Lion)의 중정, 다라하(린다라야) 중정, 창격자(레하)의 중정

09 실제 길이 3m는 축척 1/30 도면에서 얼마로 나타내는가?

① 1cm　　② 10cm
③ 3cm　　④ 30cm

● 해설
도면상의 길이를 구하는 문제
지도상의 길이＝축척×실제거리
$= \dfrac{1}{30} \times 300 = 10\text{cm}$ (3m → 300cm 환산)

10 고려시대 궁궐의 정원을 맡아 관리하던 해당 부서는?

① 내원서　② 정원서
③ 상림원　④ 동산바치

● 해설
정원을 담당하는 관청
• 고려(충렬왕) : 내원서
• 조선(태조) : 상림원
• 조선(세조) : 장원서

11 컴퓨터를 사용하여 조경제도 작업을 할 때의 작업 특징과 가장 거리가 먼 것은?

① 도덕성　② 응용성
③ 정확성　④ 신속성

● 해설
컴퓨터와 도덕성은 전혀 관련성이 없다.

12 도시공원의 설치 및 규모의 기준상 어린이공원의 최대 유치 거리는?

① 100m ② 250m
③ 500m ④ 1,000m

● 해설
- 유치거리 : 250m 이하, 공원면적 : 1,500m² 이상
- 놀이면적 : 전 면적의 60% 이하(녹지면적 40% 이상)

13 채도대비에 의해 주황색 글씨를 보다 선명하게 보이도록 하려면 바탕색으로 어떤 색이 가장 적합한가?

① 빨간색 ② 노란색
③ 파란색 ④ 회색

● 해설
채도대비 : 채도가 낮은 탁한 색에 채도가 높은 선명한 색을 올려 놓으면, 채도가 선명한 색은 더욱더 선명하게 보이는 현상 예 회색 바탕에 주황색 글씨

14 다음 중 단순미(單純美)와 가장 관련이 없는 것은?

① 잔디밭 ② 독립수
③ 형상수(topiary) ④ 자연석 무너짐 쌓기

● 해설
- 잔디밭, 독립수, 형상수는 정형식이며, 자연석 무너짐 쌓기는 자연식이다.
- 자연석 무너짐 쌓기는 단일 개체가 아니기 때문에 단순미와는 전혀 관계가 없다.

15 다음 관용색명 중 색상의 속성이 다른 것은?

① 이끼색 ② 라벤더색
③ 솔잎색 ④ 풀색

● 해설
- 관용색명은 오래 전부터 사용한 색명으로 일반적으로 이미지의 연상어로 만들어진 색명이다.
- 라벤더색은 연분홍색이다.

16 건설재료용으로 사용되는 목재를 건조시키는 목적 및 건조방법에 관한 설명 중 틀린 것은?

① 중량경감 및 강도, 내구성을 증진시킨다.
② 균류에 의한 부식 및 벌레의 피해를 예방한다.
③ 자연건조법에 해당하는 공기건조법은 실외에 목재를 쌓아두고 기건상태가 될 때까지 건조시키는 방법이다.
④ 밀폐된 실내에서 가열한 공기를 보내서 건조를 촉진시키는 방법은 인공건조법 중에서 증기건조법이다.

● 해설
인공건조법

증기법	건조실에 고온, 다습한 공기를 주입하여 서서히 건조시키는 방법
열기법	건조실 내의 공기를 가열하여 건조시키는 방법
훈연법	연소 가스를 건조실에 주입하여 건조시키는 방법(톱밥 등을 태워 건조시킴)
공기가열 건조법	밀폐된 실내에 가열한 공기를 보내서 건조를 촉진시키는 방법
고주파 건조법	고주파의 유전가열에 의하여 원료를 건조하는 방법

※ 진공건조법 : 밀폐된 공간에서 가열한 공기로 건조시키는 방법

17 다음 중 멜루스(Malus)속에 해당되는 식물은?

① 아그배나무 ② 복사나무
③ 팥배나무 ④ 쉬땅나무

● 해설
멜루스(Malus)는 꽃사과를 의미하며, 아그배나무는 산지와 냇가에서 자란다. 가지가 많이 갈라지고 어린 가지에 털이 난다. 잎은 어긋나고 타원형, 달걀모양이며 가장자리에 날카로운 톱니가 있다. 복사나무, 팥배나무, 쉬땅나무 등은 장미과 수종이다.

18 다음 중 중 양수에 해당하는 낙엽관목 수종은?

① 독일가문비 ② 무궁화
③ 녹나무 ④ 주목

정답 12 ② 13 ④ 14 ④ 15 ② 16 ④ 17 ① 18 ②

해설	
음수	주목, 전나무, 독일가문비나무, 호랑가시나무, 팔손이나무, 비자나무, 가시나무, 녹나무, 후박나무, 동백나무, 회양목, 광나무 등
양수	소나무, 곰솔, 일본잎갈나무, 측백나무, 포플러류, 가중나무, 무궁화, 향나무, 은행나무, 철쭉류, 느티나무, 자작나무, 백목련, 개나리 등

19 다음 중 목재의 방화제(防火劑)로 사용될 수 없는 것은?

① 염화암모늄　　② 황산암모늄
③ 제2인산암모늄　④ 질산암모늄

해설

목재의 방화제(防火劑)
• 목재를 타기 어렵게 만드는 약재
• 목재 속에 주입하는 것과 표면에 바르는 도료의 2가지로 나눌 수 있다.

주입제	• 염화암모늄, 황산암모늄, 제2인산암모늄 등 • 질산암모늄은 가연성 물질과 함께 있을 때에는 폭발의 위험이 있다.
도료	• 페인트, 수용성 도료, 요소, 멜라민, 티오요소 등

20 소가 누워 있는 것과 같은 돌로, 횡석보다 안정감을 주는 자연석의 형태는?

① 와석　　② 평석
③ 입석　　④ 환석

해설

자연석의 모양
• 입석 : 사방 어디서나 감상할 수 있고, 키가 커야 효과적인 돌이다.
• 횡석 : 눕혀 쓰는 돌로 안정감이 있다.
• 평석 : 윗부분이 평평한 돌로 주로 앞부분에 배석한다.
• 환석 : 둥근 생김새의 돌이다.
• 각석 : 각이 진 돌로 3각, 4각 등으로 이용한다.
• 사석 : 비스듬히 세워서 이용되는 돌로 해안절벽 표현 또는 풍경을 나타낼 때 사용한다.

• 와석 : 소가 누운 형태의 돌로 횡석보다 안정감이 있다.
• 괴석 : 괴상하게 생긴 돌로 태호석이나 제주도의 현무암이 해당된다.

21 다음 인동과(科) 수종에 대한 설명으로 맞는 것은?

① 백당나무는 열매가 적색이다.
② 아왜나무는 상록활엽관목이다.
③ 분꽃나무는 꽃향기가 없다.
④ 인동덩굴의 열매는 둥글고 6~8월에 붉게 성숙한다.

해설

• 인동과(科) 수종은 관목이고 덩굴식물, 관상용 식물 등으로 이루어진다.
• 아왜나무는 상록활엽소교목이다.
• 분꽃나무는 4월에 향기가 진하다.
• 인동덩굴의 열매는 9월에 검은색으로 성숙한다.

22 조경에 이용될 수 있는 상록활엽관목류의 수목으로만 짝지어진 것은?

① 아왜나무, 가시나무
② 광나무, 꽝꽝나무
③ 백당나무, 병꽃나무
④ 황매화, 후피향나무

해설

• 아왜나무, 가시나무, 후피향나무 : 상록활엽교목
• 백당나무, 병꽃나무, 황매화 : 낙엽활엽관목

23 콘크리트의 표준배합비가 1 : 3 : 6일 때 이 배합비의 순서에 맞는 각각의 재료를 바르게 나열한 것은?

① 모래 : 자갈 : 시멘트
② 자갈 : 시멘트 : 모래

정답　19 ④　20 ①　21 ①　22 ②　23 ④

③ 자갈 : 모래 : 시멘트
④ 시멘트 : 모래 : 자갈

● 해설
용적 배합
콘크리트 1m³ 제작에 필요한 시멘트, 모래, 자갈을 부피로 계량하여 1 : 2 : 4(철근콘크리트) 또는 1 : 3 : 6(무근콘크리트) 등으로 나타낸다.

24 다음 중 가시가 없는 수종은?
① 산초나무   ② 음나무
③ 금목서   ④ 찔레꽃

● 해설
금목서는 가을에 등황색(붉은빛을 띤 누른빛) 꽃이 피며, 향이 짙은 수종이다.

25 종류로는 수용형, 용제형, 분말형 등이 있으며 목재, 금속, 플라스틱 및 이들 이종재(異種材) 간의 접착에 사용되는 합성수지 접착제는?
① 페놀수지접착제
② 카세인접착제
③ 요소수지접착제
④ 폴리에스테르수지접착제

● 해설
페놀수지접착제
페놀류와 폼알데하이드류를 축합 반응시킨 것을 주성분으로 한 접착제. 일반적으로 접착력이 크고, 내수성, 내열성, 내구성이 뛰어나지만, 사용 가능 시간의 온도에 의한 영향이 크다.

26 다음 중 콘크리트 내구성에 영향을 주는 아래 화학반응식의 현상은?

$$Ca(OH)_2 + CO_2 \rightarrow CaCO_3 + H_2O \uparrow$$

① 콘크리트 염해   ② 동결융해현상
③ 콘크리트 중성화   ④ 알칼리 골재반응

● 해설
콘크리트가 알칼리성을 잃게 되는 작용으로 중성화 또는 탄산화라고 한다.

27 구상나무(Abies Koreana Wilson)와 관련된 설명으로 틀린 것은?
① 한국이 원산지이다.
② 측백나뭇과(科)에 해당한다.
③ 원추형의 상록침엽교목이다.
④ 열매는 구과로 원통형이며 길이 4~7cm, 지름 2~3cm의 자갈색이다.

● 해설
소나뭇과에 속하는 상록침엽교목. 우리나라의 특산종으로 한라산, 지리산, 무등산, 덕유산의 높이 500~2,000m 사이에서 자란다.

28 마로니에와 칠엽수에 대한 설명으로 옳지 않은 것은?
① 마로니에와 칠엽수는 원산지가 같다.
② 마로니에와 칠엽수의 잎은 장상복엽이다.
③ 마로니에는 칠엽수와는 달리 열매 표면에 가시가 있다.
④ 마로니에와 칠엽수 모두 열매 속에는 밤톨 같은 씨가 들어 있다.

● 해설
마로니에는 유럽이 원산지이므로 '유럽 마로니에'라고 부르며, 칠엽수는 일본이 원산지이므로 '일본 칠엽수'라고 부른다. 두 나무는 생김새가 너무 비슷해서 구별하기 어렵다. 구별을 한다면, 마로니에 열매의 껍질에는 가시가 있고, 칠엽수 열매의 껍질에는 가시가 없다.

정답 24 ③ 25 ① 26 ③ 27 ② 28 ①

29 자연토양을 사용한 인공지반에 식재된 대관목의 생육에 필요한 최소 식재토심은?(단, 배수구배는 1.5~2.0%이다.)

① 15cm ② 30cm
③ 45cm ④ 70cm

● 해설
수목생장이 가능한 토심

(단위 : cm)

구분	지피 및 초화류	소관목	대관목	소교목 (천근성)	대교목 (심근성)
생존 최소 토심	15	30	45	60	90
생육 최소 토심	30	45	60	90	150

30 다음 중 조경공간의 포장용으로 주로 쓰이는 가공석은?

① 견칫돌(간지석) ② 각석
③ 판석 ④ 강석(하천석)

● 해설
판석
- 폭(너비)이 두께의 3배 이상이고, 두께가 15cm 미만인 판 모양의 석재
- 용도 : 디딤돌, 원로포장용, 계단설치용

31 주로 감람석, 섬록암 등의 심성암이 변질된 것으로 암녹색 바탕에 흑백색의 아름다운 무늬가 있으며, 경질이나 풍화성이 있어 외장재보다는 내장 마감용 석재로 이용되는 것은?

① 사문암 ② 안산암
③ 점판암 ④ 화강암

● 해설
사문암은 감람암 또는 두나이트 등 마그네슘이 풍부한 초염기성암이 열수에 의해 교체작용을 받거나 변성작용 등을 받아 생성된 암석이다.

32 다음 중 시멘트의 응결시간에 가장 영향이 적은 것은?

① 수량(水量) ② 온도
③ 분말도 ④ 골재의 입도

● 해설
- 시멘트는 물과 접촉하여 유동성을 잃고 굳어지며 자력으로 모양이 유지되는 고체 상태가 된다.
- 시멘트의 응결시간에 영향을 미치는 것은 수량(水量), 온도, 분말도 등이 있다.

33 콘크리트 다지기에 대한 설명으로 틀린 것은?

① 진동다지기를 할 때에는 내부 진동기를 하층의 콘크리트 속으로 작업이 용이하도록 사선으로 0.5m 정도 찔러 넣는다.
② 내부 진동기의 1개소당 진동시간은 다짐할 때 시멘트 페이스트가 표면 상부로 약간 부상하기까지 한다.
③ 거푸집 판에 접하는 콘크리트는 되도록 평탄한 표면이 얻어지도록 타설하고 다져야 한다.
④ 콘크리트 다지기에는 내부 진동기의 사용을 원칙으로 하나, 얇은 벽 등 내부 진동기의 사용이 곤란한 장소에서는 거푸집 진동기를 사용해도 좋다.

● 해설
기계다짐
- 중요한 공사는 진동기를 이용해 충격을 주어 치밀하게 다지는 방법이 이용된다.
- 내부 진동기를 다지기에 사용할 때 내부 진동기를 하층의 콘크리트속으로 10cm 정도 찔러 넣으며, 삽입간격은 50cm 이하로 한다.

34 다음 중 목재에 유성페인트칠을 할 때 가장 관련이 없는 재료는?

① 건성유 ② 건조제
③ 방청제 ④ 희석제

정답 29 ③ 30 ③ 31 ① 32 ④ 33 ① 34 ③

● 해설
- 유성페인트(실외) : 안료, 건성유, 희석제, 건조제 등을 혼합한 것이다.
- 방청제 : 금속이 부식하기 쉬운 상태일 때 첨가함으로써 녹을 방지하기 위해 사용하는 물질이다.

35 다음 조경식물 중 생장 속도가 가장 느린 것은?
① 배롱나무 ② 쉬나무
③ 눈주목 ④ 층층나무

● 해설

생장속도가 빠른 수종	배롱나무, 쉬나무, 자귀나무, 층층나무, 개나리, 메타세쿼이아, 백합나무, 무궁화 등
생장속도가 느린 수종	심나무, 백송, 눈주목, 모과나무, 독일가문비, 감탕나무, 때죽나무, 비자나무 등

36 가지가 굵어 이미 찢어진 경우에도 도복 등의 위험을 방지하고자 하는 방법으로 가장 알맞은 것은?
① 지주설치 ② 쇠조임(당김줄설치)
③ 외과수술 ④ 가지치기

● 해설
쇠조임은 수관 내에서 수간과 줄기 사이, 줄기와 줄기 사이, 가지와 가지 사이를 서로 연결하여 힘의 균형을 유지하여 피해를 극소화하기 때문에 지주를 설치하여 예방이나 치료를 할 수 없는 위치에서도 설치 가능하다.

37 다음 중 흙깎기의 순서 중 가장 먼저 실시하는 곳은?

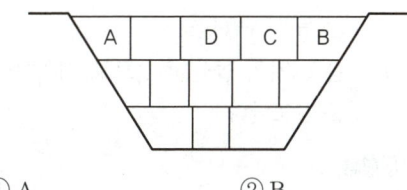

① A ② B
③ C ④ D

● 해설
흙깎기 순서 : D → C → A, B

38 수목의 뿌리분 굴취와 관련된 설명으로 틀린 것은?
① 분의 크기는 뿌리목 줄기 지름의 3~4배를 기준으로 한다.
② 수목 주위를 파 내려가는 방향은 지면과 직각이 되도록 한다.
③ 분의 주위를 1/2 정도 파 내려갔을 무렵부터 뿌리감기를 시작한다.
④ 분 감기 전 직근을 잘라야 용이하게 작업할 수 있다.

● 해설
분을 뜰 때는 직근을 남겨 두고 허리감기를 먼저 하고 난 후에 위아래 감기를 하고 직근을 제거한다.

㉠ 허리감기
- 뿌리분을 1/2 정도 파 내려갔을 때부터 뿌리분의 측면을 감는다.
- 최근에는 끈으로 허리감기 대신 녹마대, 녹화테이프를 측면에 대고 끈으로 위아래를 감는다.

㉡ 위아래감기
- 준비한 끈으로 뿌리분의 측면을 위에서 아래로 감아 내려간다.
- 허리감기를 한 후, 땅속 곧은 뿌리만 남긴 채 뿌리분 밑 부분 흙을 조금씩 파 내며, 밑면과 윗면을 석줄, 넉줄 그리고 다섯줄 감기를 한다.
- 마지막으로 남은 곧은 뿌리를 잘라낼 때, 수목이 쓰러지지 않도록 주의한다.

39 우리나라에서 1929년 서울의 비원(秘苑)과 전남 목포지방에서 처음 발견된 해충으로 솔잎 기부에 충영을 형성하고 그 안에서 흡즙해 소나무에 피해를 주는 해충은?
① 솔껍질깍지벌레 ② 솔잎혹파리
③ 솔나방 ④ 솔잎벌

정답 35 ③ 36 ② 37 ④ 38 ④ 39 ②

해설
솔잎혹파리

피해	• 1929년 서울의 비원과 전남 목포 지방에서 처음 발견된 해충 • 소나무, 곰솔 등에 발생하며, 유충이 솔잎 기부에 벌레혹을 만들고 그 속의 수액 및 즙액을 빨아 먹는다.
화학적 방제법	6~7월 중순경 포스팜 및 다이메크론을 나무줄기에 수간주사한다.
생물학적 방제법	솔잎혹파리먹좀벌, 파리살이먹좀벌

40 다음 중 비료의 3요소에 해당하지 않는 것은?
① N ② K
③ P ④ Mg

해설
비료의 3요소
[질소(N), 인(P), 칼륨(K)]에 칼슘(Ca)을 추가하면 비료의 4요소가 된다.

41 합성수지 놀이시설물의 관리 요령으로 가장 적합한 것은?
① 자체가 무거워 균열 발생 전에 보수한다.
② 정기적인 보수와 도료 등을 칠해 주어야 한다.
③ 회전하는 축에는 정기적으로 그리스를 주입한다.
④ 겨울철 저온기 때 충격에 의한 파손을 주의한다.

해설
플라스틱의 단점
• 열전도율이 높아 불에 타기 쉽다.
• 내열성, 내광성, 내화성이 부족하다.
• 저온에서 잘 파괴된다.
• 온도변화에 약하다.

42 다음 중 지피식물 선택 조건으로 부적합한 것은?
① 치밀하게 피복되는 것이 좋다.
② 키가 낮고 다년생이며 부드러워야 한다.
③ 병해충에 강하며 관리가 용이하여야 한다.
④ 특수 환경에 잘 적응하며 희소성이 있어야 한다.

해설
지피식물의 조건
• 지표면을 치밀하게 피복해야 한다.
• 키가 작고 다년생이며 부드러워야 한다.
• 번식력이 왕성하고 생장이 비교적 빨라야 한다.
• 내답압(踏壓)성이 크고 환경조건에 대한 적응성이 넓어야 한다.
• 병해충에 대한 저항성이 크고 관리가 용이해야 한다.

43 다음 그림과 같은 삼각형의 면적은?

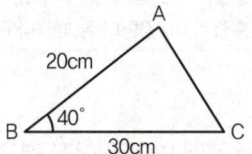

① 115m² ② 193m²
③ 230m² ④ 386m²

해설
$S = \dfrac{1}{2} \times 20 \times 30 \times \sin 40° = 192.836$

44 디딤돌 놓기 공사에 대한 설명으로 틀린 것은?
① 정원의 잔디, 나지 위에 놓아 보행자의 편의를 돕는다.
② 넓적하고 평평한 자연석, 판석, 통나무 등이 활용된다.
③ 시작과 끝 부분, 갈라지는 부분은 50cm 정도의 돌을 사용한다.
④ 같은 크기의 돌을 직선으로 배치하여 기능성을 강조한다.

해설
디딤돌 놓기
• 한 면이 넓적하고 평평한 자연석이나, 가공한 화강석 판석, 천연 슬레이트 판석, 점판암 판석, 통나무 등이 사용된다.

정답 40 ④ 41 ④ 42 ④ 43 ② 44 ④

- 디딤돌의 크기는 지름 25~30cm 정도가 적당하며, 시작되는 곳과 끝나는 곳 또는 급하게 구부러지는 곳, 길이 갈라지는 곳 등에 50~60cm 정도의 큰 돌을 사용한다.
- 디딤돌은 크고 작은 것을 섞어 직선보다는 어긋나게 배치한다. 돌 사이의 간격은 보행 폭(성인 남자 약 60~70cm, 여자 약 45~60cm)을 고려하여 빠른 동선이 필요한 곳은 보폭과 비슷하게, 정원의 원로(圓顱)와 같이 느린 동선이 필요한 곳은 35~40cm 정도로 배치한다.
- 디딤돌의 높이는 지면보다 3~6cm 높게 한다.
- 윗면이 수평이 되도록 놓아야 하고 돌 가운데가 약간 두툼하여 물이 고이지 않으며, 불안정한 경우 굄돌, 모르타르, 콘크리트를 깔아 안정되게 한다.
- 크기가 다양한 돌을 지그재그로 배치한다.

45 다음 중 토양 통기성에 대한 설명으로 틀린 것은?

① 기체는 농도가 낮은 곳에서 높은 곳으로 확산작용에 의해 이동한다.
② 토양 속에는 대기와 마찬가지로 질소, 산소, 이산화탄소 등의 기체가 존재한다.
③ 토양생물의 호흡과 분해로 인해 토양 공기 중에는 대기에 비하여 산소가 적고 이산화탄소가 많다.
④ 건조한 토양에서는 이산화탄소와 산소의 이동이나 교환이 쉽다.

● 해설
기체는 농도가 높은 곳에서 낮은 곳으로 이동한다.

46 다음 중 조경시공에 활용되는 석재의 특징으로 부적합한 것은?

① 내화성이 뛰어나고 압축강도가 크다.
② 내수성·내구성·내화학성이 풍부하다.
③ 색조와 광택이 있어 외관이 미려·장중하다.
④ 천연물이기 때문에 재료가 균일하고 갈라지는 방향성이 없다.

● 해설
석재의 특징
- 외관이 매우 아름답다.
- 내구성과 강도가 크다.
- 변형되지 않으며 가공성이 있다.
- 불연성이며 내화성, 내수성이 크다.
- 마모성은 적다.
- 절리(節理) : 암석의 표면에 자연적으로 외력이 가해져서 생긴 괴상, 판상, 주상 등의 무늬로, 돌에 선이나 무늬가 생겨 방향감을 주며 예술적 가치가 있다.

47 목재를 방부제 속에 일정기간 담가두는 방법으로 크레오소트(creosote)를 많이 사용하는 방부법은?

① 표면탄화법 ② 직접유살법
③ 상압주입법 ④ 약제도포법

● 해설
상압주입법
80~120℃의 크레오소트 오일액 속에 3~6시간 담근 후, 다시 찬 액 속에 5~6시간 담그면 15mm 정도까지 침투한다.

48 과다 사용 시 병에 대한 저항력을 감소시키므로 특히 토양의 비배관리에 주의해야 하는 무기성분은?

① 질소 ② 규산
③ 칼륨 ④ 인산

● 해설
질소 결핍 현상
- 결핍 시 신장 생장이 불량하여 줄기나 가지가 가늘고 작아지며, 묵은 잎이 황변하며 떨어진다.
- 활엽수 : 잎이 황변되며, 잎의 수가 적어지고 두꺼워지며 조기낙엽 된다.
- 침엽수 : 침엽이 짧고 황색을 띤다.
- 과잉하면 도장하고 약해지며 성숙이 늦어진다.

정답 45 ① 46 ④ 47 ③ 48 ①

49 토양수분 중 식물이 생육에 주로 이용하는 유효수분은?
① 결합수 ② 흡습수
③ 모세관수 ④ 중력수

● 해설
모세관수
흡습수 외부에 표면장력과 중력으로 평행을 유지하여 식물이 유용하게 이용하는 수분상태(pF 2.7~4.5)

50 다음 그림은 수목의 번식방법 중 어떠한 접목법에 해당하는가?

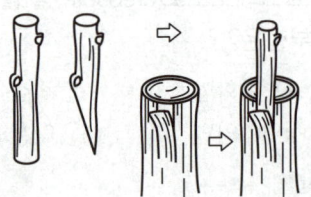

① 깍기접 ② 안장접
③ 쪼개접 ④ 박피접

51 인공식재 기반 조성에 대한 설명으로 틀린 것은?
① 토양, 방수 및 배수시설 등에 유의한다.
② 식재층과 배수층 사이는 부직포를 깐다.
③ 심근성 교목의 생존 최소 깊이는 40cm로 한다.
④ 건축물 위의 인공식재 기반은 방수처리 한다.

● 해설
수목생장이 가능한 토심

(단위 : cm)

구분	지피 및 초화류	소관목	대관목	소교목 (천근성)	대교목 (심근성)
생존 최소 토심	15	30	45	60	90
생육 최소 토심	30	45	60	90	150

52 개화 결실을 목적으로 실시하는 정지, 전정의 방법으로 틀린 것은?
① 약지는 짧게 강지는 길게 전정하여야 한다.
② 묵은 가지나 병해충 가지는 수액 유동 후에 전정한다.
③ 작은 가지나 내측으로 뻗은 가지는 제거한다.
④ 개화 결실을 촉진하기 위하여 가지를 유인하거나 단근 작업을 실시한다.

● 해설
개화 결실을 촉진하기 위한 전정
㉠ 장미의 여름 전정, 감나무 등 각종 과수의 해거리 방지기능이 있는 전정방법이다.
㉡ 전정방법
• 약지는 짧게, 강지는 길게 전정한다.
• 묵은 가지나 병해충을 입은 가지는 수액 유동 전에 전정한다.

53 도시공원의 식물관리비 계산 시 산출근거와 관련이 없는 것은?
① 식물의 수량 ② 식물의 품종
③ 작업률 ④ 작업회수

● 해설
도시공원의 식물관리비
= 식물의 수량 × 작업률 × 작업횟수 × 작업단가

54 안전관리 사고의 유형은 설치, 관리, 이용자 · 보호자 · 주최자 등의 부주의, 자연재해 등에 의한 사고로 분류된다. 다음 중 관리하자에 의한 사고의 종류에 해당하지 않는 것은?
① 위험물 방치에 의한 것
② 시설의 노후 및 파손에 의한 것
③ 시설의 구조 자체의 결함에 의한 것
④ 위험장소에 대한 안전대책 미비에 의한 것

정답 49 ③ 50 ④ 51 ③ 52 ② 53 ② 54 ③

해설

안전관리 사고의 유형

설치하자	시설구조 자체의 결함, 시설배치 또는 시설설치의 미비로 인한 사고
관리하자	시설의 노후, 파손, 위험 장소 안전대책 미비, 시설물의전도 · 추락 및 위험물 방치로 인한 사고

보호자 · 이용자 · 주최자 등의 부주의, 부적정 이용, 보호자의 감독 불충분, 자연 재해 등으로 인한 사고

---

55 다음 중 방제 대상별 농약 포장지 색깔이 옳은 것은?

① 살충제 – 노란색
② 살균제 – 초록색
③ 제초제 – 분홍색
④ 생장 조절제 – 청색

해설
- 살충제 – 녹색
- 살균제 – 분홍색
- 제초제 – 노란색

56 다음 중 콘크리트의 파손 유형이 아닌 것은?

① 균열(crack)
② 융기(blow–up)
③ 단차(faulting)
④ 양생(curing)

해설
양생이란 콘크리트를 친 후 응결(Setting)과 경화(Hardening)가 완전히 이루어지도록 보호하는 것

57 수간과 줄기 표면의 상처에 침투성 약액을 발라 조직 내로 약효성분이 흡수되게 하는 농약 사용법은?

① 도포법　　② 관주법
③ 도말법　　④ 분무법

해설

도포법	수간과 줄기 표면의 상처에 침투성 약액을 발라 조직 내로 약효성분이 흡수되게 하는 방법
관주법	약액을 땅속에 주입하는 방법
도말법	종자를 소독하는 방법
분무법	분사 노즐을 이용하여 뿌리는 방법

58 참나무 시들병에 관한 설명으로 틀린 것은?

① 피해목은 벌채 및 훈증처리 한다.
② 솔수염하늘소가 매개충이다.
③ 곰팡이가 도관을 막아 수분과 양분을 차단한다.
④ 우리나라에서는 2004년 경기도 성남시에서 처음 발견되었다.

해설

참나무 시들병

병징	• 우리나라에서는 2004년 경기도 성남시에서 처음 발견되었다. • 매개충인 광릉긴나무좀과 병원균 간의 공생작용에 의해 발병한다. • 피해 수종 : 갈참나무, 신갈나무, 졸참나무 등 • 광릉긴나무좀 성충이 5월 상순부터 나타나서 참나무류로 침입한다. • 피해목은 7월부터 빨갛게 시들면서 말라죽기 시작하고 겨울에도 잎이 떨어지지 않고 붙어 있다. • 고사목의 줄기와 굵은 가지에 매개충의 침입공이 다수 발견되며, 목재 주변에는 배설물이 많이 분비된다.
방제	• 매개충의 생활사에 따른 복합방제를 실시한다. • 매개충의 잠복시기(11~4월)에는 소구역 모두베기, 벌채훈증을 한다. • 매개충의 우화시기(5~10월)에는 지역여건에 따라 끈끈이트랩, 벌채훈증, 지상약제 살포 등으로 복합방제를 한다.

정답　55 ④　56 ④　57 ①　58 ②

59 적심(摘心 : candle pinching)에 대한 설명으로 틀린 것은?

① 고정생장하는 수목에 실시한다.
② 참나뭇과(科) 수종에서 주로 실시한다.
③ 수관이 치밀하게 되도록 교정하는 작업이다.
④ 촛대처럼 자란 새순을 가위로 잘라주거나 손끝으로 끊어준다.

◉ 해설
- 적심(순자르기) : 지나치게 자라는 가지의 신장을 억제하기 위해 신초의 끝부분을 따 버리는 작업 (대표 : 소나무)
- 참나뭇과 수종은 뿌리가 심근성이고 녹음수로 사용하기 때문에 적심 작업은 하지 않는다.

60 이종기생균이 그 생활사를 완성하기 위하여 기주를 바꾸는 것을 무엇이라고 하는가?

① 기주교대   ② 중간기주
③ 이종기생   ④ 공생교환

◉ 해설

기주교대	생활사를 완성하기 위해 전혀 다른 2종의 식물을 기주로 사는 것
중간기주	두 기주 중에서 경제적 가치가 적은 것
이종기생	생활사의 시기에 따라 다른 종에 기생하여 지내는 현상

정답 59 ② 60 ①

2015년 01월 25일 기출문제

01 조경설계기준상의 조경시설로서 음수대의 배치, 구조 및 규격에 대한 설명이 틀린 것은?

① 설치위치는 가능하면 포장지역보다는 녹지에 배치하여 자연스럽게 지반면보다 낮게 설치한다.
② 관광지·공원 등에는 설계대상 공간의 성격과 이용특성 등을 고려하여 필요한 곳에 음수대를 배치한다.
③ 지수전과 제수밸브 등 필요시설을 적정 위치에 제 기능을 충족시키도록 설계한다.
④ 겨울철의 동파를 막기 위한 보온용 설비와 퇴수용 설비를 반영한다.

해설
음수대는 설치 위치는 지반면보다 높게 설치해야 사용에 불편함이 없다.

02 정토사상과 신선사상을 바탕으로 불교 선사상의 직접적 영향을 받아 극도의 상징성(자연석이나 모래 등으로 산수 자연을 상징)으로 조성된 14~15세기 일본의 정원 양식은?

① 중정식 정원　② 고산수식 정원
③ 전원풍경식 정원　④ 다정식 정원

해설
- 중정식 정원 : 스페인
- 전원풍경식 정원 : 영국(18c)
- 다정식 정원 : 일본(16c)

03 다음 중 정신 집중을 요구하는 사무공간에 어울리는 색은?

① 빨강　② 노랑
③ 난색　④ 한색

해설
사무공간에는 차가운 색이 어울린다.
- 따뜻한 색(난색) : 빨강, 주황, 노랑-전진, 정열적, 온화, 친근한 느낌
- 차가운 색(한색) : 초록, 파랑, 남색-후퇴, 지적, 냉정함, 상쾌한 느낌

04 브라운파의 정원을 비판하였으며 큐가든에 중국식 건물, 탑을 도입한 사람은?

① Richard Steele　② Joseph Addison
③ Alexander Pope　④ William Chambers

해설
윌리엄 챔버스(William Chambers)
- 큐가든(중국식 건물과 탑을 세움)을 설계하여 중국 정원 소개
- 브라운의 자연풍경식을 비판

05 고대 그리스에서 청년들이 체육 훈련을 하는 자리로 만들어졌던 것은?

① 페리스틸리움　② 지스터스
③ 짐나지움　④ 보스코

해설
- 페리스틸리움 : 고대 로마 제2중정
- 지스터스 : 고대 로마 제3중정
- 보스코 : 보스케라고도 하며, 프랑스정원에서 "작은 숲, 총림"으로 사용한다.

정답　01 ①　02 ②　03 ④　04 ④　05 ③

06 다음 중 추위에 견디는 힘과 짧은 예취에 견디는 힘이 강하며, 골프장의 그린을 조성하기에 가장 적합한 잔디의 종류는?

① 들잔디　　　② 벤트그래스
③ 버뮤다그래스　④ 라이그래스

● 해설
벤트그래스는 골프장 그린에 사용되며 짧게 깎아도 생육에는 큰 지장이 없으며, 서양 잔디 중 가장 양질의 잔디이다.

07 다음 중 스페인의 파티오(patio)에서 가장 중요한 구성 요소는?

① 물　　　　　② 원색의 꽃
③ 색채 타일　　④ 짙은 녹음

● 해설
파티오의 구성 요소에는 물(水), 색채 타일, 분수, 발코니 등이 있으며 이 중 물이 가장 중요한 구성 요소이다.

08 다음 이슬람 정원 중 "알함브라 궁전"에 없는 것은?

① 알베르카 중정
② 사자의 중정
③ 사이프레스의 중정
④ 헤네랄리페 중정

● 해설
그라나다의 알함브라 궁전(4개의 중정)
알베르카(Alberca) 중정, 사자(Lion)의 중정, 다라하(린다라야) 중정, 창격자(레하)의 중정

09 제도에서 사용되는 물체의 중심선, 절단선, 경계선 등을 표시하는 데 가장 적합한 선은?

① 실선　　　　② 파선
③ 1점 쇄선　　④ 2점 쇄선

● 해설

	점선	....	가상선	물체의 보이지 않는 부분의 모양을 나타내는 선
	파선	------		
허선	1점 쇄선	—·—·— 0.2~0.8mm	경계선 중심선	• 물체 및 도형의 중심선 • 단면선, 절단선 • 부지경계선
	2점 쇄선	—··—··—		1점쇄선과 구분할 필요가 있을 때

10 보르비콩트(Vaux-le-Vicomte) 정원과 가장 관련 있는 양식은?

① 노단식　　　② 평면 기하학식
③ 절충식　　　④ 자연풍경식

● 해설
보르비콩트(Vaux-le-Vicomte) 정원
• 최초의 평면기하학식 정원(남북 : 1,200m, 동서 : 600m)
• 건축은 루이르보, 조경은 르노트르가 설계
• 조경이 주요소, 건물이 2차적 요소임
• 특징 : 산책로(allee), 총림, 비스타(Vista), 자수화단
• 의의 : 루이 14세를 자극해 베르사유 궁원을 설계하는 데 계기가 됨

11 조경계획 및 설계에 있어서 몇 가지의 대안을 만들어 각 대안의 장단점을 비교한 후에 최종안으로 결정하는 단계는?

① 기본구상　　② 기본계획
③ 기본설계　　④ 실시설계

● 해설
기본구상
수집한 자료를 종합한 후 이를 바탕으로 개략적인 계획안을 결정하는 단계, 버블 다이어그램으로 표현 방법
• 문제 해결을 위한 여러 가지 개념 도출
• 그중 몇 가지 대안(代案)을 가지고 장단점을 비교한 후 최종안을 결정

정답　06 ②　07 ①　08 ④　09 ③　10 ②　11 ①

12 다음 중 "면적대비"의 설명으로 틀린 것은?

① 면적의 크기에 따라 명도와 채도가 다르게 보인다.
② 면적의 크고 작음에 따라 색이 다르게 보이는 현상이다.
③ 면적이 작은 색은 실제보다 명도와 채도가 낮아 보인다.
④ 동일한 색이라도 면적이 커지면 어둡고 칙칙해 보인다.

● 해설
- 면적이 크면 밝아 보인다.(명도, 채도 증가)
- 면적이 작으면 어두워 보인다.(명도, 채도 감소)

13 조선시대 중엽 이후 풍수설에 따라 주택조경에서 새로이 중요한 부분으로 강조된 곳은?

① 앞뜰(前庭)　② 가운데 뜰(中庭)
③ 뒤뜰(後庭)　④ 안뜰

● 해설
뒤뜰
- 부유층의 민가정원에서 유교의 영향으로 부녀자들을 위해 특별히 조성된 곳
- 풍수설에 따라 화계조성(괴석, 굴뚝)

14 조경계획 과정에서 자연환경 분석의 요인이 아닌 것은?

① 기후　② 지형
③ 식물　④ 역사성

● 해설

기후	비, 바람, 사막, 기온에 따라 변화한다.
지형	• 지형은 기후와 함께 정원 형태에 가장 큰 영향을 끼친다. • 이탈리아 : 경사지를 활용한 지형(노단식 정원 양식) • 프랑스 : 평탄지를 활용한 지형(평면 기하학식 정원 양식)
기타	기후나 지형 이외에 식물, 토질, 암석

15 다음 중 19세기 서양의 조경에 대한 설명으로 틀린 것은?

① 1899년 미국 조경가협회(ASLA)가 창립되었다.
② 19세기 말 조경은 토목공학기술에 영향을 받았다.
③ 19세기 말 조경은 전위적인 예술에 영향을 받았다.
④ 19세기 초에 도시문제와 환경문제에 관한 법률이 제정되었다.

● 해설
20세기에 들면서 도시 과밀에 따른 도시환경 문제와 생태계 파손에 대한 심각성이 대두되기 시작함

16 화성암은 산성암, 중성암, 염기성암으로 분류되는데, 이때 분류 기준이 되는 것은?

① 규산의 함유량　② 석영의 함유량
③ 장석의 함유량　④ 각섬석의 함유량

● 해설
화성암은 규산(SiO_2)의 함유량에 따라 산성암, 중성암, 염기성암으로 분류된다.

17 가연성 도료의 보관 및 장소에 대한 설명 중 틀린 것은?

① 직사광선을 피하고 환기를 억제한다.
② 소방 및 위험물취급 관련 규정에 따른다.
③ 건물 내 일부에 수용할 때에는 방화구조적인 방을 선택한다.
④ 주위 건물에서 격리된 독립된 건물에 보관하는 것이 좋다.

● 해설
① 직사광선을 피하고 환기를 자주 한다.

정답　12 ④　13 ③　14 ④　15 ④　16 ①　17 ①

18 가죽나무(가중나무)와 물푸레나무에 대한 설명으로 옳은 것은?

① 가중나무와 물푸레나무 모두 물푸레나뭇과(科)이다.
② 잎 특성은 가중나무는 복엽이고 물푸레나무는 단엽이다.
③ 열매 특성은 가중나무와 물푸레나무 모두 날개 모양의 시과이다.
④ 꽃 특성은 가중나무와 물푸레나무 모두 한 꽃에 암술과 수술이 함께 있는 양성화이다.

19 조경 재료는 식물재료와 인공재료로 구분된다. 다음 중 식물재료의 특징으로 옳지 않은 것은?

① 생장과 번식을 계속하는 연속성이 있다.
② 생물로서 생명 활동을 하는 자연성을 지니고 있다.
③ 계절적으로 다양하게 변화함으로써 주변과의 조화성을 가진다.
④ 기후변화와 더불어 생태계에 영향을 주지 못한다.

● 해설
식물재료의 특성
• 자연성 : 생물로서 생명활동을 하는 것
• 조화성 : 계절적으로 다양하게 변화함으로써 주변과 조화하는 것
• 연속성 : 생장과 번식을 반복하는 것
• 다양성(비규격성) : 모양, 빛깔, 형태, 양식 등이 비규격인 것

20 회양목의 설명으로 틀린 것은?

① 낙엽활엽관목이다.
② 잎은 두껍고 타원형이다.
③ 3~4월경에 꽃이 연한 황색으로 핀다.
④ 열매는 삭과로 달걀형이고, 털이 없으며, 갈색으로 9~10월에 성숙한다.

● 해설
회양목은 상록활엽관목 수종이며 예부터 도장의 재료로 쓰였다고 해서 도장목이라고도 부른다.

21 다음 중 아황산가스에 견디는 힘이 가장 약한 수종은?

① 삼나무   ② 편백
③ 플라타너스   ④ 사철나무

● 해설

아황산가스에 강한 수종	편백, 화백, 가이즈카향나무, 향나무, 가시나무, 사철나무, 플라타너스, 능수버들, 쥐똥나무, 무궁화 등
아황산가스에 약한 수종	소나무, 잣나무, 전나무, 삼나무, 자작나무, 단풍나무, 매화나무, 느티나무, 백합나무, 히말라야시더 등

22 백색계통의 꽃을 감상할 수 있는 수종은?

① 개나리   ② 이팝나무
③ 산수유   ④ 맥문동

● 해설
이팝나무는 4월에 백색 꽃을 피운다.

23 목재 방부제로서의 크레오소트 유(creosote 油)에 관한 설명으로 틀린 것은?

① 휘발성이다.
② 살균력이 강하다.
③ 페인트 도장이 곤란하다.
④ 물에 용해되지 않는다.

● 해설
크레오소트 유
• 흑갈색 용액으로 방부력이 우수하며, 냄새가 좋지 않다.
• 실내에서 사용이 곤란하므로 실외에서 사용한다.
• 가격이 비싸다.
• 철도침목 등의 방부처리에 많이 사용하며, 비휘발성 방부제이다.

정답 18 ③ 19 ④ 20 ① 21 ① 22 ② 23 ①

24 암석은 그 성인(成因)에 따라 대별되는데, 편마암, 대리석 등은 어느 암으로 분류되는가?

① 수성암　　　② 화성암
③ 변성암　　　④ 석회질암

● 해설

변성암
- 화성암 또는 퇴적암이 지각 변동이나 지열의 영향을 받아 화학적 또는 물리적으로 성질이 변한 암석을 말한다.
- 종류 : 대리석, 편마암, 사문암, 편암

화성암 → 변성암	화강암 → 편마암, 현무암 → 결정편암
퇴적암 → 변성암	석회암 → 대리석, 사암 → 규암, 혈암 → 점판암

25 목재가공 작업 과정 중 소지조정, 눈막이(눈메꿈), 샌딩실러 등은 무엇을 하기 위한 것인가?

① 도장　　　② 연마
③ 접착　　　④ 오버레이

● 해설

도장(塗裝)재료는 바탕재료의 부식을 방지하고, 아름다움을 증대할 목적으로 사용하는 재료이다.

도장의 효과
- 도료를 칠하거나 바르는 도장을 하면 내식성, 방부성, 내마멸성, 방습성, 강도 등이 높아진다.
- 내구성 증대, 광택효과, 반사조절, 다양한 색채 등으로 미관을 연출한다.

26 타일의 동해를 방지하기 위한 방법으로 옳지 않은 것은?

① 붙임용 모르타르의 배합비를 좋게 한다.
② 타일은 소성온도가 높은 것을 사용한다.
③ 줄눈 누름을 충분히 하여 빗물의 침투를 방지한다.
④ 타일은 흡수성이 높은 것일수록 잘 밀착되므로 동해 방지 효과가 있다.

● 해설

타일의 특징
- 내수성, 방화성, 내마멸성이 우수하다.
- 흡수성이 적고, 휨과 충격에 강하다.
- 모양과 호칭에 따라 외장타일, 바닥타일, 모자이크 타일 등으로 구분한다.
- 조경장식 및 건축의 마무리재로 많이 사용한다.
- 테라코타(Terracotta) : 건물 외장용으로 사용하는 대형 타일

27 시멘트의 성질 및 특성에 대한 설명으로 틀린 것은?

① 분말도는 일반적으로 비표면적으로 표시한다.
② 강도시험은 시멘트 페이스트 강도시험으로 측정한다.
③ 응결이란 시멘트 풀이 유동성과 점성을 상실하고 고화하는 현상을 말한다.
④ 풍화란 시멘트 공기 중의 수분 및 이산화탄소와 반응하여 가벼운 수화반응을 일으키는 것을 말한다.

● 해설

시멘트 페이스트는 시멘트 풀, 즉 접착제 역할을 하며, 모르타르를 이용하여 강축강도 시험을 한다.

28 토피어리(topiary)란?

① 분수의 일종　　② 형상수(形狀樹)
③ 조각된 정원석　　④ 휴게용 그늘막

● 해설

토피어리 : 어떤 물체의 형태로 다듬어진 나무를 뜻한다.

29 다음 수목들은 어떤 산림대에 해당하는가?

잣나무, 전나무, 주목, 가문비나무, 분비나무, 잎갈나무, 종비나무

① 난대림　　　② 온대 중부림
③ 온대 북부림　　④ 한대림

정답　24 ③　25 ①　26 ④　27 ②　28 ②　29 ④

● 해설

산림대		주요 수목명
난대 (상록활엽수)		녹나무, 동백나무, 사철나무, 가시나무류, 후피향나무, 식나무, 구실잣밤나무, 멀구슬나무 등
온대 (낙엽 활엽수)	남부	곰솔, 대나무류, 서어나무, 팽나무, 굴피나무, 사철나무, 단풍나무 등
	중부	신갈나무, 졸참나무, 향나무, 전나무, 밤나무, 때죽나무, 소나무 등
	북부	박달나무, 신갈나무, 사시나무, 전나무, 잣나무, 거제수나무 등
한대(침엽수)		잣나무, 전나무, 주목, 가문비나무, 분비나무, 잎갈나무 등

30 100cm×100cm×5cm 크기의 화강석 판석의 중량은?(단, 화강석의 비중 기준은 2.56 ton/m³이다.)

① 128kg ② 12.8kg
③ 195kg ④ 19.5kg

● 해설
- 중량=부피×비중
- 부피=1×1×0.05=0.05m³(100cm → 환산하면 1m)
- 중량=0.05m³×2.56ton/m³=0.128ton(kg으로 환산하면 128kg)

31 친환경적 생태하천에 호안을 복구하고자 할 때 생물의 종다양성과 자연성 향상을 위해 이용되는 소재로 가장 부적합한 것은?

① 섶단 ② 소형 고압블록
③ 돌망태 ④ 야자롤

● 해설
소형 고압블록
- 특징 고압으로 성형된 소형 콘크리트 블록으로, 블록 상호가 맞물림으로 하중을 분산하는 우수한 포장 방법이다.
- 보도용, 차도용 콘크리트 제품 중 일정한 크기의 골재와 시멘트를 배합하며 높은 압력과 열로 처리한 보도블록이다.

- 장점 : 종류가 다양하고, 연약한 지반에 시공이 용이하고 유지 관리비가 저렴하다.
- 단점 : 인공요소가 강해 친환경적 생태하천에 호안용으로 사용하기에는 부적합하다.

32 소철과 은행나무의 공통점으로 옳은 것은?

① 속씨식물 ② 자웅이주
③ 낙엽침엽교목 ④ 우리나라 자생식물

● 해설

자웅동주 (암수 한 그루)	한 식물에 암수꽃이 같이 존재한다.(소나무, 밤나무, 자작나무 등)
자웅이주 (암수 딴 그루)	서로 다른 식물에 암수꽃이 존재한다. (은행, 소철, 버드나무 등)

33 다음 중 미선나무에 대한 설명으로 옳은 것은?

① 열매는 부채 모양이다.
② 꽃은 노란색이며 향기가 있다.
③ 상록활엽교목으로 산야에서 흔히 볼 수 있다.
④ 원산지는 중국이며 세계적으로 여러 종이 존재한다.

● 해설
미선나무
열매의 모양이 부채를 닮아 미선나무로 불리는 관목이며 우리나라에서만 자라는 한국 특산식물로 1속 1종만 존재한다.

34 다음 중 아스팔트에 대한 설명으로 옳지 않은 것은?

① 비교적 경제적이다.
② 점성과 감온성을 가지고 있다.
③ 물에 용해되고 투수성이 좋아 포장재로 적합하지 않다.
④ 점착성이 크고 부착성이 좋기 때문에 결합재료, 접착재료로 사용한다.

정답 30 ① 31 ② 32 ② 33 ① 34 ③

● 해설
아스팔트는 검은 기름성분으로서 물에 용해되지 않아 포장재료로 적합하다.

35 다음 중 조경수목의 생장 속도가 느린 것은?
① 모과나무 ② 메타세쿼이아
③ 백합나무 ④ 개나리

● 해설

생장속도가 빠른 수종	배롱나무, 쉬나무, 자귀나무, 층층나무, 개나리, 메타세쿼이아, 백합나무, 무궁화 등
생장속도가 느린 수종	심나무, 백송, 눈주목, 모과나무, 독일가문비, 감탕나무, 때죽나무, 비자나무 등

36 석재판(板石) 붙이기 시공법이 아닌 것은?
① 습식 공법 ② 건식 공법
③ FRP 공법 ④ GPC 공법

● 해설
석재판 붙이기 시공법
모르타르 사용여부에 따라 습식, 반건식, 건식, GPC 공법 등으로 나눈다.

습식 공법	모르타르를 이용해 벽면에 바르고 그 위에 돌을 붙이는 방법
건식 공법	돌을 붙일 때 물을 사용하지 않고 긴결철물을 써서 고정하는 방법
GPC 공법	석재 뒷면에 철물을 고정한 후 콘크리트로 타설하여 양생하는 방법

37 소나무류의 순자르기에 대한 설명으로 옳은 것은?
① 10~12월에 실시한다.
② 남길 순도 1/3~1/2 정도로 자른다.
③ 새순이 15cm 이상 자랐을 때에 실시한다.
④ 나무의 세력이 약하거나 크게 기르고자 할 때 순자르기를 강하게 실시한다.

● 해설
소나무 순자르기(순따기)
• 소나무류, 화백, 주목 등은 가지 끝에 여러 개의 눈이 있어 봄에 그대로 두면 중심의 눈이 길게 자라고, 나머지 눈도 사방으로 뻗어 바큇살 같은 모양을 이루어 운치가 없다.
• 원하는 모양을 만들기 위해 5~6월경 새순이 자랐을 때 2~3개의 순을 남기고, 중심순을 포함한 나머지 순은 손으로 따 버린다.
• 남긴 순도 자라는 힘이 지나치다고 생각될 때 1/2~1/3 정도만 남겨 두고 끝부분을 따 버린다.
• 노목이나 쇠약해 보이는 나무는 다소 빨리 실시하고, 수세가 좋거나 어린 나무는 5~7일 정도 늦게 실시한다.

38 일반적인 식물 간 양료 요구도(비옥도)가 높은 것부터 차례로 나열된 것은?
① 활엽수＞유실수＞소나무류＞침엽수
② 유실수＞침엽수＞활엽수＞소나무류
③ 유실수＞활엽수＞침엽수＞소나무류
④ 소나무류＞침엽수＞유실수＞활엽수

39 우리나라에서 발생하는 수목의 녹병 중 기주교대를 하지 않는 것은?
① 소나무 잎녹병 ② 후박나무 녹병
③ 버드나무 잎녹병 ④ 오리나무 잎녹병

● 해설

기주교대	병균이 생활사를 완성하기 위해 전혀 다른 2종의 식물을 기주로 하는 것
중간기주	두 기주 중에서 경제적 가치가 적은 것

40 식물의 주요한 표징 중 병원체의 영양기관에 의한 것이 아닌 것은?
① 균사 ② 균핵
③ 포자 ④ 자좌

정답 35 ① 36 ③ 37 ② 38 ③ 39 ② 40 ③

- 해설
  - 영양기관에 의한 것 : 균체, 균사, 균핵, 자좌 등
  - 번식기관에 의한 것 : 포자(곰팡이나 버섯 등의 균류가 만들어 내는 생식 세포), 자실체

41 다음 중 굵은 가지 절단 시 제거하지 말아야 하는 부위는?

① 목질부 ② 지피융기선
③ 지륭 ④ 피목

- 해설

지륭은 가지를 지탱하기 위해 줄기조직으로부터 자라 나온 가지의 밑에 볼록한 부분이며, 부후균의 침입을 억제하는 화학적 방어층이다.

42 그림과 같이 수준측량을 하여 각 측점의 높이를 측정하였다. 절토량 및 성토량이 균형을 이루는 계획고는?

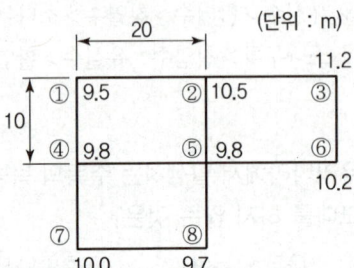

① 9.59m ② 9.95m
③ 10.05m ④ 10.50m

- 해설

토량(체적) 산출을 위한 점고법

$V = \dfrac{A}{4}(\Sigma h_1 + 2\Sigma h_2 \cdots\cdots 4\Sigma h_4)$

$\Sigma h_1 = 9.5 + 11.2 + 10.2 + 10.0 + 9.7 = 50.6m$
$\Sigma h_2 = 10.5 + 9.8 = 20.3m$
$\Sigma h_3 = 9.8m$

- 전체토량 $V = \dfrac{10 \times 20}{4} 50.6 + (2 \times 20.3) + (3 \times 9.8)$
  $= 6,030m^3$
- 전체면적 $A = (10 \times 20) \times 3EA = 600m^2$
- 높이 $h = \dfrac{토량(m^3)}{면적(m^2)} \cdot \dfrac{6,030(m^3)}{600(m^2)} = 10.05m$

43 다음 중 L형 측구의 팽창줄눈 설치 시 지수판의 간격은?

① 20m 이내 ② 25m 이내
③ 30m 이내 ④ 35m 이내

- 해설
  - 빗물받이가 집수거를 통해 지하의 배수관으로 흘러 들어간다.
  - U형, L형 측구의 끝부분에 설치하며, 20~30m마다 설치한다.(표준간격 20m, 최대 30m 이내)

44 다음 중 생울타리 수종으로 가장 적합한 것은?

① 쥐똥나무 ② 이팝나무
③ 은행나무 ④ 굴거리나무

- 해설

생울타리 수종으로 적합한 수종
측백나무, 쥐똥나무, 사철나무, 개나리, 무궁화, 회양목, 호랑가시나무, 명자나무 등

45 조경관리 방식 중 직영방식의 장점에 해당하지 않는 것은?

① 긴급한 대응이 가능하다.
② 관리실태를 정확하게 파악할 수 있다.
③ 애착심을 가지므로 관리효율의 향상을 꾀한다.
④ 규모가 큰 시설 등의 관리를 효율적으로 할 수 있다.

- 해설

직영방식

대상 업무	• 연속해서 행할 수 없으며, 진척상황이 명확치 않은 업무 • 금액이 적고 간편한 업무
장점	• 관리 책임이나 책임소재 명확 • 관리 실태의 정확한 파악 가능 • 긴급한 대응과 임기응변적 조치 가능 • 이용자에게 양질의 서비스 제공 • 경쟁의 폐단 방지

정답 41 ③ 42 ③ 43 ① 44 ① 45 ④

단점	· 필요 이상의 인건비 소요 및 인사 정체 및 업무의 타성화 · 경험부족과 사무가 복잡하여 공사 지연 · 입찰과 계약의 수속과 감독이 어려움

46 다음 중 시비시기와 관련된 설명 중 틀린 것은?

① 온대지방에서는 수종에 관계없이 가장 왕성한 생장을 하는 시기가 봄이며, 이 시기에 맞게 비료를 주는 것이 가장 바람직하다.
② 시비효과가 봄에 나타나게 하려면 겨울눈이 트기 4~6주 전인 늦은 겨울이나 이른 봄에 토양에 시비한다.
③ 질소비료를 제외한 다른 대량원소는 연중 필요할 때 시비하면 되고, 미량원소를 토양에 시비할 때에는 가을에 실시한다.
④ 우리나라의 경우 고정생장을 하는 소나무, 전나무, 가문비나무 등은 9~10월보다는 2월에 시비하는 것이 적절하다.

● 해설
소나무, 전나무 등은 2월보다는 9~10월에 시비하는 것이 좋다.

47 다음 중 한국잔디류에 가장 많이 발생하는 병은?

① 녹병
② 탄저병
③ 설부병
④ 브라운 패치

● 해설

병명	발병시기	특성 및 병징
녹병 (붉은 녹병)	5~6월, 9~10월 고온다습 시 (17~22℃)	· 한국잔디에 발생하는 대표적인 병으로 기온이 떨어지면 소멸된다. · 엽초에 황갈색 반점이 나타난다. · 질소부족, 배수불량, 답압이 많을 때 발생한다.
브라운 패치	6~7월, 9월 고온다습 시	· 서양잔디에만 발생하며, 태치 축적이 원인이 된다. · 토양전염, 전파속도가 매우 빠르다. · 산성토양, 질소질 비료 과용 시 발생한다.

48 시공관리의 3대 목적이 아닌 것은?

① 원가관리
② 노무관리
③ 공정관리
④ 품질관리

● 해설
시공관리의 3대 목적

품질관리	· 최저비용으로 최량품질의 공사를 완성할 수 있도록 숫자에 의해 관리 및 통제 · 품질, 재료관리 및 인원수요 공급에 대처
공정관리	· 공사 착공부터 완성까지 각 부문의 공사 진행 상황을 미리 제출하는 계획서 · 종류 : 횡선식 공정표, S자곡선, 네트워크 공정표
원가관리	· 계약된 기간 안에 주어진 예산으로 공사를 완성하기 위하여 재료비, 노무비, 경비를 기록하여 통합 및 분석하는 회계에 관한 관리

49 다음 중 토사붕괴의 예방대책으로 틀린 것은?

① 지하수위를 높인다.
② 적절한 경사면의 기울기를 계획한다.
③ 활동할 가능성이 있는 토석은 제거하여야 한다.
④ 말뚝(강관, H형강, 철근 콘크리트)을 타입하여 지반을 강화시킨다.

● 해설
지하수위를 높이면 토사가 많은 수분을 흡수하므로 붕괴 위험이 높아진다.

정답 46 ④ 47 ① 48 ② 49 ①

50 병의 발생에 필요한 3가지 요인을 정량화하여 삼각형의 각 변으로 표시하고, 이들 상호관계에 의한 삼각형의 면적을 발병량으로 나타내는 것을 병삼각형이라 한다. 여기에 포함되지 않는 것은?

① 병원체 ② 환경
③ 기주 ④ 저항성

해설
병의 발생에 필요한 3가지 요인 : 환경, 기주, 병원체

51 목재시설물에 대한 특징 및 관리 등의 설명으로 틀린 것은?

① 감촉이 좋고 외관이 아름답다.
② 철재보다 부패하기 쉽고 잘 갈라진다.
③ 정기적인 보수와 칠을 해 주어야 한다.
④ 저온 때 충격에 의한 파손이 우려된다.

해설
㉠ 목재시설물
 • 목재시설은 외관이 아름다워 사용률이 높지만, 철재보다 부패하기 쉽고 잘 갈라지며, 거스러미가 일어나 정기적인 보수와 도료를 칠해 주어야 한다.
 • 조인 부분이나 땅에 묻힌 부분은 부식되기 쉬우므로 방부제 및 모르타르를 칠해준다.
㉡ 플라스틱 재료는 저온 시 충격에 의한 파손이 우려된다.

52 소나무좀의 생활사를 기술한 것 중 옳은 것은?

① 유충은 2회 탈피하며 유충기간은 약 20일이다.
② 1년에 1~3회 발생하며 암컷은 불완전변태를 한다.
③ 부화유충은 잎, 줄기에 붙어 즙액을 빨아 먹는다.
④ 부화한 애벌레가 쇠약목에 침입하여 갱도를 만든다.

해설
소나무좀

피해	• 유충이 쇠약목에 구멍을 뚫어 수분과 양분의 이동을 막아 말려 죽인다. • 성충은 새 가지에 구멍을 뚫어 말려 죽인다. • 인근지역에 소나무 벌채지나 원목 집재한 장소가 있으면 피해가 증가한다.
방제법	수세가 약한 나무를 미리 제거하고 벌채목의 껍질을 벗겨 번식처를 제거한다.
생활사	유충은 2회 탈피하며 유충기간은 약 20일이다.

53 축척 1/1,200인 도면을 1/600로 변경하고자 할 때 도면의 증가 면적은?

① 2배 ② 3배
③ 4배 ④ 6배

해설
축척이 2배로 늘어나면, 길이는 2배, 면적은 4배 증가한다.

54 살비제(acaricide)란 어떠한 약제를 말하는가?

① 선충을 방제하기 위하여 사용하는 약제
② 나방류를 방제하기 위하여 사용하는 약제
③ 응애류를 방제하기 위하여 사용하는 약제
④ 병균이 식물체에 침투하는 것을 방지하는 약제

해설
살비제 : 응애를 죽이는 약

55 일반적인 공사 수량 산출 방법으로 가장 적합한 것은?

① 중복이 되지 않게 세분화한다.
② 수직방향에서 수평방향으로 한다.
③ 외부에서 내부로 한다.
④ 작은 곳에서 큰 곳으로 한다.

해설
수량산출 시 정확하며, 중복되지 않게 산출해야 한다.

정답 50 ④ 51 ④ 52 ① 53 ③ 54 ③ 55 ①

56 수목의 필수원소 중 다량원소에 해당하지 않는 것은?

① H   ② K
③ Cl   ④ C

▶해설
- 다량원소 : C(탄소), H(수소), O(산소), N(질소), P(인), K(칼륨), Ca(칼슘), Mg(마그네슘), S(황)
- 미량원소 : Cl(염소)

57 근원직경이 18cm인 나무의 뿌리분을 만들려고 한다. 다음 식을 이용하여 소나무 뿌리분의 지름을 계산하면 얼마인가?[단, 공식 $24+(N-3)\times d$, d는 상록수 : 4, 활엽수 : 5이다.]

① 80cm   ② 82cm
③ 84cm   ④ 86cm

▶해설
$24+(18-3)\times 4=84$cm

58 농약은 라벨과 뚜껑의 색으로 구분하여 표기하고 있는데, 다음 중 연결이 바른 것은?

① 제초제 – 노란색   ② 살균제 – 녹색
③ 살충제 – 파란색   ④ 생장조절제 – 흰색

▶해설
농약의 구분
- 살균제 – 분홍색
- 살비제 – 초록색
- 살충제 – 초록색
- 제초제 – 선택성(노란색), 비선택성(빨간색)
- 생장조절제 – 파란색
- 보조제 – 흰색

59 다음 중 순공사원가에 속하지 않는 것은?

① 재료비   ② 경비
③ 노무비   ④ 일반관리비

▶해설
순공사원가＝재료비＋노무비＋경비

60 20L 들이 분무기 한 통에 1,000배액의 농약 용액을 만들고자 할 때 필요한 농약의 약량은?

① 10mL   ② 20mL
③ 30mL   ④ 50mL

▶해설
농약의 약량 $=\dfrac{\text{물의 양}}{\text{희석배수}}=\dfrac{20L}{1,000}$
$=0.02L$, mL로 환산하면 20mL이다.

정답 56 ③ 57 ③ 58 ① 59 ④ 60 ②

06장 2015년 04월 04일 기출문제

01 다음 중 주택정원의 작업뜰에 위치할 수 있는 시설물로 가장 부적합한 것은?
① 장독대   ② 빨래 건조장
③ 파고라   ④ 채소밭

● 해설
주정(안뜰)
- 안뜰은 응접실이나 거실 전면에 햇볕이 잘 드는 양지바른 곳에 배치
- 사생활이 보호될 수 있도록 주변에는 적절한 수목이나 시설물 배치
- 퍼걸러, 정자, 목재데크, 벤치, 야외탁자, 바비큐장 등 설치

02 상점의 간판에 세 가지의 조명을 동시에 비추어 백색광을 만들려고 한다. 이때 필요한 3가지 기본 색광은?
① 노랑(Y), 초록(G), 파랑(B)
② 빨강(R), 노랑(Y), 파랑(B)
③ 빨강(R), 노랑(Y), 초록(G)
④ 빨강(R), 초록(G), 파랑(B)

● 해설
색의 혼합

가법혼색	• 빛의 혼합으로 빨강(Red), 녹색(Green), 파랑(Blue)이 기본색이다 • 혼합하면 더욱 밝아진다(흰색)
감법혼색	• 색료의 혼합으로 시안(Cyan), 마젠타(Magenta), 노랑(Yellow)이 기본색이다 • 혼합하면 어두워진다(검정)

03 물체를 투상면에 대하여 한쪽으로 경사지게 투상하여 입체적으로 나타낸 것으로 다음 그림과 같은 것은?

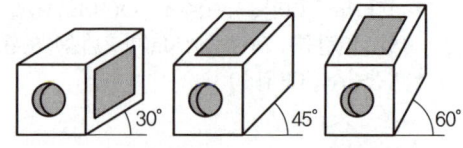

① 사투상도   ② 투시투상도
③ 등각투상도   ④ 부등각투상도

04 사적지 유형 중 "제사, 신앙에 관한 유적"에 해당하는 것은?
① 도요지   ② 성곽
③ 고궁   ④ 사당

● 해설
도요지 : 토기나 도자기를 구워내던 유적으로 가마터라고도 한다.

05 우리나라 조경의 특징으로 가장 적합한 설명은?
① 경관의 조화를 중요시하면서도 경관의 대비에 중점을 둔다.
② 급격한 지형변화를 이용하여 돌, 나무 등의 섬세한 사용을 통한 정신세계를 상징화한다.
③ 풍수지리설에 영향을 받으며, 계절의 변화를 느낄 수 있다.
④ 바닥포장과 괴석을 주로 사용하여 계속적인 변화와 시각적 흥미를 제공한다.

● 해설
한국 조경의 특징
- 공간 처리 시 직선을 기본으로 함(예 경복궁)
- 신선사상을 배경으로 함(예 경회루, 향원정, 백제 궁남지, 안압지)

정답 01 ③ 02 ④ 03 ① 04 ④ 05 ③

- 후원(後園)에는 계단상의 화계(花階)를 만듦(아미산화계, 낙선재화계, 대조전화계)
- 공간구성이 단조로움
- 원림 속의 풍류적인 멋을 느낄 수 있음
- 낙엽활엽수로 식재하여 계절 변화를 표현
- 정원의 연못형태와 구성이 단조로우며 직선적인 방지를 기본으로 함
  ※ 예외 : 안압지(직선+곡선)

06 다음 중 통경선(Vistas)의 설명으로 가장 적합한 것은?

① 주로 자연식 정원에서 많이 쓰인다.
② 정원에 변화를 많이 주기 위한 수법이다.
③ 정원에서 바라볼 수 있는 정원 밖의 풍경이 중요한 구실을 한다.
④ 시점(視點)으로부터 부지의 끝부분까지 시선을 집중하도록 한 것이다.

●해설
통경선(Vista) : 좌우로 시선을 집중하고, 일정 지점으로 시선이 모이도록 구성된 경관

07 도시공원 및 녹지 등에 관한 법률 시행규칙에 의한 도시공원의 구분에 해당되지 않는 것은?

① 역사공원 ② 체육공원
③ 도시농업공원 ④ 국립공원

●해설
- 도시공원 : 소공원, 어린이공원, 근린공원, 묘지공원, 체육공원
- 자연공원 : 국립공원, 도립공원, 군립공원

08 중세 클로이스터 가든에 나타나는 사분원(四分園)의 기원이 된 회교 정원 양식은?

① 차하르 바그 ② 페리스타일 가든
③ 아라베스크 ④ 행잉 가든

●해설
아라베스크 : 이슬람 사원 벽면에 장식한 무늬

09 다음은 어떤 색에 대한 설명인가?

신비로움, 환상, 성스러움 등을 상징하며 여성스러움을 강조하는 역할을 하기도 하지만, 비애감과 고독감을 느끼게도 한다.

① 빨강 ② 주황
③ 파랑 ④ 보라

●해설
보라색은 파랑과 빨강이 겹친 색으로 우아함, 화려함, 풍부함 등의 다양한 느낌이 있어 왕실의 색으로 사용되었다.

10 다음 그림의 가로장치물 중 볼라드로 가장 적합한 것은?

① 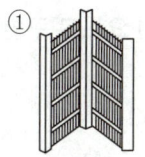 ②

③  ④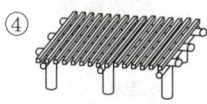

11 다음 중 (　) 안에 들어갈 각각의 내용으로 옳은 것은?

인간이 볼 수 있는 (　)의 파장은 약 (　)nm이다.

① 적외선, 560~960
② 가시광선, 560~960
③ 가시광선, 380~780
④ 적외선, 380~780

> **해설**
>
> 가시광선의 파장은 380~780nm이며 적외선의 파장은 780~3,000nm이다.

12 회색 시멘트 블록들 가운데에 놓인 붉은 벽돌은 실제 색보다 더 선명해 보인다. 이러한 현상을 무엇이라고 하는가?

① 색상대비
② 명도대비
③ 채도대비
④ 보색대비

> **해설**
>
> 채도대비
> 채도가 낮은 탁한 색에 채도가 높은 선명한 색을 올려놓으면, 채도가 선명한 색은 더욱더 선명하게 보이는 현상 예 회색 바탕에 주황색 글씨

13 정원의 구성요소 중 점적인 요소로 구별되는 것은?

① 원로
② 생울타리
③ 냇물
④ 휴지통

> **해설**
>
> 점(點)
> • 크기는 없고, 위치만 갖는다.
> • 외딴집, 정자나무, 독립수, 분수, 음수대, 조각물 등

14 다음 중 ( ) 안에 해당하지 않는 것은?

> 우리나라 전통조경 공간인 연못에는 ( ), ( ), ( )의 삼신산을 상징하는 세 섬을 꾸며 신선사상을 표현했다.

① 영주
② 방지
③ 봉래
④ 방장

15 다음 중 교통 표지판의 색상을 결정할 때 가장 중요하게 고려하여야 할 것은?

① 심미성
② 명시성
③ 경제성
④ 양질성

> **해설**
>
> 명시성
> 먼 거리에서 잘 보이는 정도를 말하는 것으로, 명도, 채도, 색상차가 큰 색일수록 명시성이 높다.

16 다음 지피식물의 조건과 효과에 관한 설명 중 옳지 않은 것은?

① 토양유실의 방지
② 녹음 및 그늘 제공
③ 운동 및 휴식공간 제공
④ 경관의 분위기를 자연스럽게 유도

> **해설**
>
> ㉠ 지피식물의 조건
> • 지표면을 치밀하게 피복해야 한다.
> • 키가 작고 다년생이며 부드러워야 한다.
> • 번식력이 왕성하고 생장이 비교적 빨라야 한다.
> • 내답압(踏壓)성이 크고 환경조건에 대한 적응성이 넓어야 한다.
> • 병해충에 대한 저항성이 크고 관리가 용이해야 한다.
>
> ㉡ 지피식물의 효과
> • 미적효과
> • 운동 및 휴식효과
> • 강우로 인한 진땅 방지
> • 토양 유실 방지
> • 흙먼지 방지
> • 동결방지
> • 기온조절

17 어떤 목재의 함수율이 50%일 때 목재중량이 3,000g이라면 전건중량은 얼마인가?

① 1,000g
② 2,000g
③ 4,000g
④ 5,000g

정답 12 ③ 13 ④ 14 ② 15 ② 16 ② 17 ②

●해설

$$\text{함수율} = \frac{\text{건조 전 중량} - \text{건조 후 중량}}{\text{건조 후 중량}} \times 100\%$$

$$= \frac{3,000-x}{x} \times 100 = 50\%$$

$$\therefore\ 3,000 - x = \frac{50}{100}x \rightarrow 2,000$$

18 다음 시멘트의 성분 중 화합물상에서 발열량이 가장 높은 성분은?

① C_3A ② C_3S
③ C_4AF ④ C_2S

●해설

알루미나 시멘트
- 보크사이트와 석회석을 섞어서 구워 만든 것이다. (긴급공사 등에 많이 사용)
- 조기 강도가 크며, 재령 1일에서 보통포틀랜드 시멘트의 재령 28일 강도를 낸다.

19 다음 중 환경적 문제를 해결하기 위하여 친환경적 재료로 개발한 것은?

① 시멘트 ② 절연재
③ 잔디블록 ④ 유리블록

●해설

콘크리트포장과는 달리 잔디블록은 블록 안에 잔디를 식재할 수 있는 친환경적 포장재이다.

20 소나무 꽃의 특성에 대한 설명으로 옳은 것은?

① 단성화, 자웅동주 ② 단성화, 자웅이주
③ 양성화, 자웅동주 ④ 양성화, 자웅이주

●해설

| 양성화 | ・꽃 안에 암수를 모두 갖추고 있는 꽃을 말한다.(70%)
・대부분 종자식물의 꽃이 양성화이다. (벚꽃, 진달래 등) |

단성화	꽃 안에 암수가 한쪽만 있는 꽃을 말한다.
자웅동주 (암수 한 그루)	한 식물에 암수꽃이 같이 존재한다.(소나무, 밤나무, 자작나무 등)
자웅이주 (암수 딴 그루)	서로 다른 식물에 암수꽃이 존재(은행, 소철, 버드나무 등)

21 다음 중 비료목(肥料)에 해당되는 식물이 아닌 것은?

① 다릅나무 ② 곰솔
③ 싸리나무 ④ 보리수나무

●해설

비료목(肥料木)
- 땅의 지력(知力)을 증진시켜서 수목의 생장을 촉진하기 위해 식재하는 나무
- 수목 중에는 그 뿌리가 어떤 종류의 균류와 공생함으로써 영양을 보급하고 있는 것이 있는데 콩과 식물이 그 대표이며, 근립균(根粒菌)과 공생함으로써 토양 중의 질소를 고정시켜 영양을 보급하면서 토양의 비배(肥培) 촉진도 하고 있다.

| 비료목 | 콩과(다릅나무, 주엽나무, 싸리나무, 아까시나무, 꽃아카시아, 자귀나무, 박태기나무, 등나무, 골담초, 칡), 자작나뭇과(오리나무), 보리수나뭇과(보리수나무), 소철과(소철), 소귀나뭇과(소귀나무) 등 |

22 암석에서 떼어 낸 석재를 가공할 때 잔다듬 기용으로 사용하는 도드락망치는?

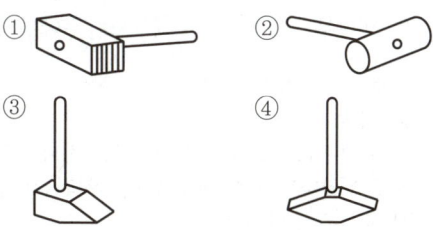

해설

석재 가공방법

혹두기	쇠메를 사용하여 석재 표면의 돌출된 부분만 대강 떼어 내는 작업
정다듬	혹두기한 면을 정으로 비교적 고르게 다듬는 작업
도드락다듬	정다듬 한 표면을 도드락망치를 이용하여 1~3회 정도 곱게 다듬는 작업
잔다듬	• 외날망치나 양날망치로 정다듬면 또는 도드락다듬면을 일정 방향이나 평행선으로 나란히 찍어 다듬어 평탄하게 마무리 하는 것 • 다듬는 횟수는 용도에 따라 1~5회 정도
물갈기	잔다듬한 면에 연마기나 숫돌로 매끈하게 갈아 내는 방법

23 다음 중 가로수로 식재하며, 주로 봄에 꽃을 감상할 목적으로 식재하는 수종은?

① 팽나무 ② 마가목
③ 협죽도 ④ 벚나무

해설
- 팽나무 : 4월에 개화(녹음수 – 정자목으로 사용)
- 마가목 : 5월에 개화(경관수 – 경관수로 사용)
- 협죽도 : 7월에 개화(상록관목 – 남부수종)

24 다음 중 강음수에 해당되는 식물종은?

① 팔손이 ② 두릅나무
③ 회나무 ④ 노간주나무

해설
음수수종
주목, 전나무, 독일가문비나무, 호랑가시나무, 팔손이나무, 비자나무, 가시나무, 녹나무, 후박나무, 동백나무, 회양목, 광나무 등

25 석재는 화성암, 퇴적암, 변성암으로 분류할 수 있는데, 다음 중 퇴적암에 해당되지 않는 것은?

① 사암 ② 혈암
③ 석회암 ④ 안산암

해설
퇴적암
- 암석의 분쇄물 등이 물이나 바람에 의하여 한곳에 퇴적되어 깊은 곳에 있는 부분이 오랜 기간 동안 지압과 지열에 의해 굳어진 암석이다.
- 종류에는 응회암, 사암, 점판암, 석회암 등이 있다.
※ 화성암 : 화강암, 안산암, 현무암, 섬록암

26 콘크리트의 연행공기량과 관련된 설명으로 틀린 것은?

① 사용 시멘트의 비표면적이 작으면 연행공기량은 증가한다.
② 콘크리트의 온도가 높으면 공기량은 감소한다.
③ 단위잔골재량이 많으면 연행공기량은 감소한다.
④ 플라이애시를 혼화재로 사용할 경우 미연소 탄소 함유량이 많으면 연행공기량이 감소한다.

해설
콘크리트의 공기연행
- 미세한 기포를 콘크리트 내에 균일하게 분포시켜 유동성을 양호하게 하고, 재료의 분리를 막는다.
- 방수성과 화학작용에 대한 저항성이 커진다.
- 강도가 저하되고 철근과의 부착이 떨어지는 단점이 있다.

27 금속을 활용한 제품으로서 철 금속 제품에 해당하지 않는 것은?

① 철근, 강판 ② 형강, 강관
③ 볼트, 너트 ④ 도관, 가도관

> **해설**
> 도관과 가도관은 물관이며, 가도관은 구멍이 작고, 물관(도관)은 구멍이 크다.

28 피라칸타와 해당화의 공통점으로 옳지 않은 것은?
① 과명은 장미과이다.
② 열매가 붉은 색으로 성숙한다.
③ 성상은 상록활엽관목이다.
④ 줄기나 가지에 가시가 있다.

> **해설**
> 피라칸타는 상록활엽관목이며, 해당화는 낙엽활엽관목이다.

29 낙엽활엽교목으로 양수이며 잎이 나오기 전 3월경 노란색으로 개화하고, 빨간 열매를 맺어 아름다운 수종은?
① 개나리
② 생강나무
③ 산수유
④ 풍년화

> **해설**
> 개나리, 생각나무, 산수유, 풍년화 모두 3월경에 노란색으로 개화하며, 산수유는 8~10월에 붉게 익는다.

30 다음 중 목재의 함수율이 크고 작음에 가장 영향이 큰 강도는?
① 인장강도
② 휨강도
③ 전단강도
④ 압축강도

> **해설**
> 목재의 건조의 목적
> • 목재의 갈라짐 · 뒤틀림 방지, 중량 경감
> • 목재의 변색, 부패 방지
> • 탄성 및 강도, 내구성 강화
> • 가공, 접착, 칠 용이
> • 목재의 단열과 전기절연(전기가 통하지 못하게 하는 힘) 효과 증대

• 균류에 의한 부식 및 벌레 피해 예방
• 섬유포화점에서 절건상태에 가까워짐에 따라 강도 강화

31 다음 중 수목의 형태상 분류가 다른 것은?
① 떡갈나무
② 박태기나무
③ 회화나무
④ 느티나무

> **해설**
> ①③④는 낙엽활엽교목이며, ②는 낙엽활엽관목이다.

32 목련과(Magnoliaceae) 중 상록성 수종에 해당하는 것은?
① 태산목
② 함박꽃나무
③ 자목련
④ 일본목련

> **해설**
> 목련과에는 백목련 · 태산목 · 튤립나무 · 함박꽃나무 · 자목련 등이 있으며 태산목은 상록교목이다.

33 압력 탱크 속에서 고압으로 방부제를 주입시키는 방법으로 목재의 방부처리 방법 중 가장 효과적인 것은?
① 표면탄화법
② 침지법
③ 가압주입법
④ 도포법

> **해설**
> 가압주입법
> • 밀폐관 안에 방부제를 넣고 7~13kg/cm² 기압으로 가압하여 주입하는 방법이다.
> • 70℃의 크레오소트가 가장 효과적이다.(철도침목에 많이 사용)

정답 28 ③ 29 ② 30 ④ 31 ② 32 ① 33 ③

34 다음 석재의 역학적 성질에 대한 설명 중 옳지 않은 것은?

① 공극률이 가장 큰 것은 대리석이다.
② 현무암의 탄성계수는 훅(Hooke)의 법칙을 따른다.
③ 석재의 강도는 압축강도가 특히 크며, 인장강도는 매우 작다.
④ 석재 중 풍화에 가장 큰 저항성을 가지는 것은 화강암이다.

● 해설
㉠ 석재의 성질
- 압축강도는 강하나 휨강도나 인장강도는 약하다.
- 비중이 클수록 조직이 치밀하고 압축강도가 크다.
- 석재의 비중은 2.0~2.7 정도이다.

㉡ Hooke의 법칙(힘과 운동 탄성력) : 물체를 잡아 당겼다가 놓으면 제자리로 돌아가는 법칙

35 통기성, 흡수성, 보온성, 부식성이 우수하여 줄기감기용, 수목 굴취 시 뿌리감기용, 겨울철 수목보호를 위해 사용되는 마(麻) 소재의 친환경적 조경자재는?

① 녹화마대   ② 볏짚
③ 새끼줄   ④ 우드칩

● 해설
녹화마대
- 수목이식 후 수간보호용으로 사용하며 미관조성에 적합한 재료이다.
- 수목 굴취시 뿌리분을 감는 데 사용하며, 포트(pot) 역할을 한다.
- 세근(잔뿌리) 형성에 도움을 주는 마 소재의 친환경 재료이다.
- 통기성, 흡수성, 보온성, 부식성이 우수하여 줄기감기용으로 사용한다.
※ 녹화테이프 : 지주목 설치 시에 필요한 완충재료로서 통기성과 내구성이 뛰어난 환경친화적 재료이다.

36 다음 중 설계도면 및 공사시방서에 조경석 가로쌓기 작업에 대한 명시가 없을 경우 메쌓기 높이는 몇 m 이하로 하여야 하는가?

① 1.5   ② 1.8
③ 2.0   ④ 2.5

● 해설
하루에 쌓는 높이는 1.2m(표준), 최대 1.5m 이하이다.

37 조경공사용 기계의 종류와 용도(굴삭, 배토정지, 상차, 운반, 다짐)의 연결이 옳지 않은 것은?

① 굴삭용 – 무한궤도식 로더
② 운반용 – 덤프트럭
③ 다짐용 – 탬퍼
④ 배토정지용 – 모터그레이더

● 해설
상차용 – 무한궤도식 로더

38 물 200L를 가지고 제초제 1,000배액을 만들 경우 필요한 약량은 몇 mL인가?

① 10   ② 100
③ 200   ④ 500

● 해설
약량 = $\dfrac{물의 양}{희석배수}$ · $\dfrac{200L}{1,000}$
= 0.2L, mL로 환산하면 200mL이다.

39 다음 보기의 뿌리돌림 설명 중 ( )에 가장 적합한 숫자는?

- 뿌리돌림은 이식하기 (㉠)년 전에 실시하되 최소 (㉡)개월 전 초봄이나 늦가을에 실시한다.
- 노목이나 보호수와 같이 중요한 나무는 (㉢)회 나누어 연차적으로 실시한다.

① ㉠ 1~2, ㉡ 12, ㉢ 2~4
② ㉠ 1~2, ㉡ 6, ㉢ 2~4
③ ㉠ 3~4, ㉡ 12, ㉢ 1~2
④ ㉠ 3~4, ㉡ 24, ㉢ 1~2

40 건설공사의 감리 구분에 해당하지 않는 것은?

① 설계감리   ② 시공감리
③ 입찰감리   ④ 책임감리

●해설
건설공사의 감리에는 설계감리, 시공감리, 책임감리 등이 있다.

41 규격이 동일한 수목을 연속적으로 모아 심었거나 줄지어 심을 때 적합한 지주 설치법은?

① 단각지주   ② 이각지주
③ 삼각지주   ④ 연결형 지주

●해설
연결형 지주
지주목을 군데군데 박고, 대나무나 철선을 가로로 연결하여 사용한다.

42 측량 시에 사용하는 측정기구와 그 설명이 틀린 것은?

① 야장 : 측량한 결과를 기입하는 수첩
② 측량 핀 : 테이프의 길이마다 그 측점을 땅 위에 표시하기 위하여 사용하는 핀
③ 폴(pole) : 일정한 지점이 멀리서도 잘 보이도록 곧은 장대에 빨간색과 흰색을 교대로 칠하여 만든 기구
④ 보수계(pedometer) : 어느 지점이나 범위를 표시하기 위하여 땅에 꽂아 두는 나무 표지

●해설
보수계
보측(步測)에 의한 거리를 측정하는 기구이며 만보계라고도 한다.

43 관리업무 수행 중 도급방식의 대상으로 옳은 것은?

① 긴급한 대응이 필요한 업무
② 금액이 적고 간편한 업무
③ 연속해서 행할 수 없는 업무
④ 규모가 크고, 노력, 재료 등을 포함하는 업무

●해설
도급방식

대상업무	• 장기간에 걸쳐 단순작업을 행하는 업무 • 전문지식, 기능, 자격을 갖추며, 규모가 크고 노력, 재료 등을 포함한 업무
장점	• 규모가 큰 시설의 관리에 적합하다. • 전문가를 합리적으로 이용하며 장기적으로 안정될 수 있다. • 관리의 단순화 및 관리비가 저렴하다.
단점	책임의 소재나 권한의 범위가 불명확하다.

44 다음 중 유충과 성충이 동시에 나뭇잎에 피해를 주는 해충이 아닌 것은?

① 느티나무벼룩바구미
② 버들꼬마잎벌레
③ 주둥무늬차색풍뎅이
④ 큰이십팔점박이무당벌레

●해설
주둥무늬차색풍뎅이 : 유충은 썩은 나무나 부엽토, 식물의 뿌리를 먹고 산다.

45 다음 보기의 식물들이 모두 사용되는 정원 식재 작업에서 가장 먼저 식재를 진행해야 할 수종은?

소나무, 수수꽃다리, 영산홍, 잔디

① 잔디   ② 영산홍
③ 수수꽃다리   ④ 소나무

●해설
식재 순서(큰나무 → 작은 나무)
교목 → 관목 → 초본류 및 잔디

정답 40 ③ 41 ④ 42 ④ 43 ④ 44 ③ 45 ④

46 다음 중 생리적 산성비료는?

① 요소 ② 용성인비
③ 석회질소 ④ 황산암모늄

● 해설

황산암모늄
황산(유안)에 암모니아를 흡수시켜 얻는 화합물로서, 무색 투명한 결정이다. 물에 잘 녹으며 용해도는 물 100g에 대하여 75.4g(20℃)이고, 수용액은 상온에서 중성이지만 끓이면 암모니아성을 잃어버리고 산성이 된다.
※ 산성비료 : 황산암모늄, 질산암모늄, 염화암모늄

47 40%(비중=1)의 어떤 유제가 있다. 이 유제를 1,000배로 희석하여 10a당 9L를 살포하고자 할 때, 유제의 소요량은 몇 mL인가?

① 7 ② 8
③ 9 ④ 10

● 해설

$$\text{소요량(원액량)} = \frac{\text{살포량}}{\text{사용 희석 배수}} \cdot \frac{9L}{1,000}$$
$$= 0.009L, \text{mL로 환산하면 9mL이다.}$$

48 서중 콘크리트는 1일 평균기온이 얼마를 초과할 것으로 예상되는 경우 시공하여야 하는가?

① 25℃ ② 20℃
③ 15℃ ④ 10℃

● 해설

한중 콘크리트	• 기온이 낮을 때 콘크리트를 치는 것을 한중 콘크리트라 한다. • 하루 평균기온이 4℃ 이하일 때 시공한다.
서중 콘크리트	• 여름철, 즉 기온이 높을 때 치는 콘크리트를 서중 콘크리트라 한다. • 하루 평균기온이 25℃를 넘을 때 시공한다.

49 흡즙성 해충으로 버즘나무, 철쭉류, 배나무 등에 많은 피해를 주는 해충은?

① 오리나무잎벌레 ② 솔노랑잎벌
③ 방패벌레 ④ 도토리거위벌레

● 해설

• 오리나무잎벌레 : 유충과 성충이 잎을 가해한다.
• 솔노랑잎벌 : 묵은 잎을 가해한다.
• 도토리거위벌레 : 참나무를 천공하며, 가지를 가해한다.

50 골프코스에서 홀(hole)의 출발지점을 무엇이라 하는가?

① 그린 ② 티
③ 러프 ④ 페어웨이

51 농약 혼용 시 주의 사항으로 틀린 것은?

① 혼용 시 침전물이 생기면 사용하지 않아야 한다.
② 가능한 한 고농도로 살포하여 인건비를 절약한다.
③ 농약 혼용 시 반드시 농약 혼용가부표를 참고한다.
④ 농약을 혼용하여 조제한 약제는 될 수 있으면 즉시 살포하여야 한다.

● 해설

농약 살포 시 주의 사항
• 농약은 바람을 등지고 살포하며, 피부가 노출되지 않도록 보호장구를 착용한다.
• 제초제를 사용할 때 약이 날려 다른 농작물에 피해가 없도록 노즐을 낮추어 살포한다.
• 피로하거나 몸의 상태가 나쁠 때에는 작업을 하지 않는다.
• 작업 중에 음식 섭취를 삼간다.
• 맑은 날 살포하며, 정오부터 오후 2시까지 살포하지 않는다.

정답 46 ④ 47 ③ 48 ① 49 ③ 50 ② 51 ②

- 농약 중독 증상이 느껴지면 즉시 의사에게 진찰을 받도록 한다.
- 작업 후에는 노출 부위를 비누로 깨끗이 씻고 옷을 갈아입는다.
- 농약을 고농도로 사용하면 농약에 의한 중독 등 2차 피해가 발생한다.

52 목적에 알맞은 수형으로 만들기 위해 나무의 일부분을 잘라주는 관리방법을 무엇이라 하는가?

① 관수 ② 멀칭
③ 시비 ④ 전정

● 해설
전정
조경수목의 꽃, 단풍, 열매, 줄기 등의 아름다움을 감상하기 위해 생장을 조절하고, 모양을 유지하는 등 목적에 맞는 수형으로 만들기 위하여 나무의 일부분을 잘라 주는 것이다.

53 다음 중 지형을 표시하는 데 가장 기본이 되는 등고선은?

① 간곡선 ② 주곡선
③ 조곡선 ④ 계곡선

● 해설
등고선의 종류

종류	간격
주곡선	지형을 표시하는 데 가장 기본이 되는 곡선으로 가는 실선으로 표시
계곡선	주곡선 5개마다 굵게 표시한 선으로 굵은 실선으로 표시
간곡선	주곡선 간격의 1/2 거리로, 가는 파선으로 표시
조곡선	간곡선 간격의 1/2 거리로, 가는 점선으로 표시

54 경관에 변화를 주거나 방음, 방풍 등을 위한 목적으로 작은 동산을 만드는 공사의 종류는?

① 부지정지 공사 ② 흙깎기 공사
③ 멀칭 공사 ④ 마운딩 공사

● 해설
마운딩(築山)
경관의 변화, 방음, 방풍을 목적으로 흙을 쌓아 작은 동산을 만드는 것

55 잣나무 털녹병의 중간기주에 해당하는 것은?

① 등골나무 ② 향나무
③ 오리나무 ④ 까치밥나무

● 해설
병해충의 중간기주
- 잣나무 털녹병 : 송이풀과 까치밥나무
- 포플러 잎녹병 : 낙엽송
- 배나무 적성병 : 향나무
- 소나무 혹병 : 참나무류

56 수준측량의 용어 설명 중 높이를 알고 있는 기지점에 세운 표척눈금의 읽은 값을 무엇이라 하는가?

① 후시 ② 전시
③ 전환점 ④ 중간점

● 해설
후시
지반고를 알고 있는 점에 표척을 세웠을 때 눈금을 읽는 값

57 석재가공 방법 중 화강암 표면의 기계로 켠 자국을 없애 주고 자연스러운 느낌을 주므로 가장 널리 쓰이는 마감방법은?

① 버너마감 ② 잔다듬
③ 정다듬 ④ 도드락다듬

● 해설
버너마감
버너로 돌면을 구워 마감하는 방법

정답 52 ④ 53 ② 54 ④ 55 ④ 56 ① 57 ①

58 공원의 주민참가 3단계의 발전과정이 옳은 것은?

① 비참가 → 시민권력의 단계 → 형식적 참가
② 형식적 참가 → 비참가 → 시민권력의 단계
③ 비참가 → 형식적 참가 → 시민권력의 단계
④ 시민권력의 단계 → 비참가 → 형식적 참가

59 자연석(경관석) 놓기에 대한 설명으로 틀린 것은?

① 경관석의 크기와 외형을 고려한다.
② 경관석 배치의 기본형은 부등변삼각형이다.
③ 경관석의 구성은 2, 4, 8 등 짝수로 조합한다.
④ 돌 사이의 거리나 크기를 조정하여 배치한다.

● 해설
일반적인 수량은 3, 5, 7 등의 홀수로 구성하며, 부등변삼각형을 이루도록 배치한다.

60 농약의 물리적 성질 중 살포하여 부착한 약제가 이슬이나 빗물에 씻겨 내리지 않고 식물체 표면에 묻어 있는 성질을 무엇이라 하는가?

① 고착성(tenacity)
② 부착성(adhesiveness)
③ 침투성(penetrating)
④ 현수성(suspensibility)

● 해설
현수성
약제의 작은 알갱이가 약액 중에 골고루 퍼져 있게 하는 성질

정답 58 ③ 59 ③ 60 ①

07장 2015년 07월 19일 기출문제

01 다음 중 색의 삼속성이 아닌 것은?
① 색상　② 명도
③ 채도　④ 대비

- 해설
색채의 3요소
색상(Hue), 명도(Value), 채도(Chroma)

02 다음 중 기본계획에 해당되지 않는 것은?
① 땅가름　② 주요시설배치
③ 식재계획　④ 실시설계

- 해설

토지이용 분류	• 예상되는 토지 이용의 종류를 먼저 구분 • 각 토지별 이용 행태, 기능, 소요면적, 환경적 영향 등을 분석 • 어린이공원, 근린공원, 묘지공원, 국립공원
적지분석	계획 구역 내 어느 장소가 가장 적합한지 분석하는 것
종합배분	중복과 분산이 없도록 각 공간 수요를 고려하여 최종 토지 이용 계획안을 작성

03 다음 중 서원 조경에 대한 설명으로 틀린 것은?
① 도산서당의 정우당, 남계성원의 지당에 연꽃이 식재된 것은 주렴계의 애련설의 영향이다.
② 서원의 진입공간에는 홍살문이 세워지고, 하마비와 하마석이 놓인다.
③ 서원에 식재되는 수목들은 관상을 목적으로 식재되었다.
④ 서원에 식재되는 대표적인 수목은 은행나무로 행단과 관련이 있다.

- 해설
서원에는 유생들의 변하지 않는 기상과 곧은 절개를 나타내는 소나무 숲을 조성한다.

04 일본의 정원 양식 중 다음 설명에 해당하는 것은?

- 15세기 후반에 바다의 경치를 나타내기 위해 사용하였다.
- 정원소재로 왕모래와 몇 개의 바위만으로 정원을 꾸미고, 식물은 일절 쓰지 않았다.

① 다정양식　② 축산고산수양식
③ 평정고산수양식　④ 침전조정원 양식

- 해설

무로마치 (실정시대)	축산고산수식 (1378~1490) 평정고산수식 (1490~1580)	• 정토정원 : 천룡사, 녹원사(금각사), 자조사(은각사) • 축산고산수식(대덕사 대선원) : 나무, 바위, 왕모래 • 평정고산수식(용안사 방장선원) : 바위, 왕모래

05 다음 중 쌍탑형 가람배치를 가지고 있는 사찰은?
① 경주 분황사　② 부여 정림사
③ 경주 감은사　④ 익산 미륵사

- 해설
감은사지는 문무왕의 원찰이며 통일신라시대 정형적 석탑
- 익사 미륵사지 : 1탑 1금당
- 경주 분황사지 : 1탑 3금당
- 부여 정림사지 : 1탑 1금당

정답　01 ④　02 ④　03 ③　04 ③　05 ③

06 다음 중 프랑스 베르사유 궁원의 수경시설과 관련이 없는 것은?
① 아폴로 분수
② 물극장
③ 라토나 분수
④ 양어장

> **해설**
> 베르사유 궁원의 특징
> - 총림, 롱프윙(round points, 사냥의 중심지), 미원(Maze), 소로(allee), 연못, 야외극장, 아폴로분수, 물극장, 라토나분수 등 배치
> - 강한 축과 총림(보스케, Bosquet)에 의한 비스타(Vista) 형성

07 다음 설계 도면의 종류 중 2차원의 평면을 나타내지 않는 것은?
① 평면도
② 단면도
③ 상세도
④ 투시도

> **해설**
> 투시도
> 평면도와 입면도 등 설계안이 완공되었을 경우를 가정하여 설계 내용을 실제 눈에 보이는 대로 절단한 면에서 먼 곳에 있는 것은 작게, 가까이 있는 것은 크고 깊이가 있게 하나의 화면에 입체적인 그림으로 나타낸 것이다.

08 중국 옹정제가 제위 전 하사받은 별장으로 영국에 중국식 정원을 조성하게 된 계기가 된 곳은?
① 원명원
② 기창원
③ 이화원
④ 외팔묘

> **해설**
> 원명원
> - 앙드레 르노르트의 영향을 받아 동양 최초 서양식 정원 기법 도입
> - 전정에 대분천을 중심으로 한 프랑스식 정원을 꾸밈
> - 윌리엄 챔버에 의해 영국에 최초 중국식 정원인 큐가든 도입
> - 소실되어 남아 있지 않음

09 자유, 우아, 섬세, 간접적, 여성적인 느낌을 갖는 선은?
① 직선
② 절선
③ 곡선
④ 점선

> **해설**
> - 곡선 : 부드러움, 우아함, 여성적, 섬세한 느낌
>   예 구릉지, 하천의 곡선
> - 직선 : 두 점을 사이 가장 짧게 연결한 선으로 굳건하고, 남성적, 일정한 방향 제시
> - 지그재그선 : 유동적이고 활동적, 호기심, 흥분, 여러 방향 제시

10 다음 중 휴게시설물로 분류할 수 없는 것은?
① 퍼걸러(그늘시렁)
② 평상
③ 도섭지(발물놀이터)
④ 야외탁자

> **해설**
> - 휴게시설 : 퍼걸러, 벤치, 목재덱, 셸터, 야외탁자, 바비큐장 등
> - 수경시설 : 연못, 폭포, 벽천, 실개천, 분수, 물확, 도섭지 등

11 파란색 조명에 빨간색 조명과 초록색 조명을 동시에 켰더니 하얀색으로 보였다. 이처럼 빛에 의한 색채의 혼합 원리는?
① 가법혼색
② 병치혼색
③ 회전혼색
④ 감법혼색

> **해설**
> 가법혼색
> - 빛의 혼합으로 빨강(Red), 녹색(Green), 파랑(Blue)이 기본색이다.
> - 혼합하면 더욱 밝아진다(흰색).

정답 06 ④ 07 ④ 08 ① 09 ③ 10 ③ 11 ①

12 이집트 하(下)대의 상징 식물로 여겨졌으며, 연못에 식재되었고, 식물의 꽃은 즐거움과 승리를 의미하여 신과 사자에게 바쳐졌다. 이집트 건축의 주두(柱頭) 장식에도 사용되었던 이 식물은?

① 자스민　　　② 무화과
③ 파피루스　　④ 아네모네

● 해설
파피루스는 지중해 연안 습지에서 자라는 다년생 초목이며, 하이집트 지역의 상징이기도 하다.

13 조경분야의 기능별 대상 구분 중 위락관광시설로 가장 적합한 것은?

① 오피스빌딩정원　② 어린이공원
③ 골프장　　　　　④ 군립공원

● 해설
위락관광시설
골프장, 야영장, 경마장, 스키장, 유원지, 휴양지, 삼림욕장, 낚시터, 해수욕장, 수상스키장 등

14 벽돌로 만들어진 건축물에 태양광선이 비치는 부분과 그늘진 부분에서 나타나는 배색은?

① 톤 인 톤(tone in tone) 배색
② 톤 온 톤(tone on tone) 배색
③ 카마이외(camaïeu) 배색
④ 트리콜로르(tricolore) 배색

● 해설
• 톤 온 톤 : '톤을 겹친다'라는 의미로, 동일 색상 내에서 톤의 차이(채도의 차이)를 두어 배색하는 방법
• 톤 인 톤 : 같은 톤에서 명도와 채도를 달리하는 배색 방법

15 골프장에서 티와 그린 사이의 공간으로 잔디를 짧게 깎는 지역은?

① 해저드　　　② 페어웨이
③ 홀 커터　　④ 벙커

● 해설
페어웨이(fairway) : 티와 그린 사이에 짧게 깎은 잔디로 이루어진 지역으로 2~10% 경사 유지

16 골재의 함수상태에 관한 설명 중 틀린 것은?

① 골재를 110℃ 정도의 온도에서 24시간 이상 건조시킨 상태를 절대건조 상태 또는 노 건조 상태(oven dry condition)라 한다.
② 골재를 실내에 방치할 경우, 골재입자의 표면과 내부의 일부가 건조된 상태를 공기 중 건조상태라 한다.
③ 골재입자의 표면에 물은 없으나 내부의 공극에는 물이 꽉 차 있는 상태를 표면건조포화상태라 한다.
④ 절대건조 상태에서 표면건조 상태가 될 때까지 흡수되는 수량을 표면수량(surface moisture)이라 한다.

● 해설
골재의 함수상태

절대건조상태	완전히 건조시킨 것으로, 골재 알 속의 빈틈에 있는 물을 모두 없앤 상태
공기 중 건조상태	골재 알 속의 일부가 물로 차 있는 상태
표면건조포화상태	골재 알의 표면에는 물기가 없고 알 속의 빈틈만 물로 차 있는 이상적인 골재의 상태
습윤상태	골재 알 속의 빈틈이 물로 차 있고, 표면에도 물기가 있는 상태

17 다음 중 가로수용으로 가장 적합한 수종은?

① 회화나무　　② 돈나무
③ 호랑가시나무　④ 풀명자

● 해설
녹음용 또는 가로수용 수목
• 여름철에 강한 햇빛을 차단하기 위해 식재하는 나무이다.

정답 12 ③　13 ③　14 ②　15 ②　16 ④　17 ①

- 녹음수는 여름에는 그늘을 제공하고, 겨울에는 낙엽이 져서 햇볕을 가리지 않아야 한다.
- 녹음수는 수관이 크고, 큰 잎이 치밀하고 무성하다.
- 지하고가 높고 병해충이 적은 큰 교목이 좋다.
- 적용 수종 : 느티나무, 은행나무 버즘나무, 칠엽수, 백합나무, 회화나무, 단풍나무, 벽오동, 왕벚나무 등

18 진비중이 1.5, 전건비중이 0.54인 목재의 공극률은?

① 66% ② 64%
③ 62% ④ 60%

● 해설

$$공극률 = \left(1 - \frac{전건비중}{진비중}\right) \times 100\%$$
$$= \left(1 - \frac{0.54}{1.5}\right) \times 100\% = 64\%$$

19 나무의 높이나 나무고유의 모양에 따른 분류가 아닌 것은?

① 교목
② 활엽수
③ 상록수
④ 덩굴성 수목(만경목)

● 해설

상록수와 낙엽수는 잎의 생태적 특성에 따라 분류한다.

20 다음 중 산울타리 수종으로 적합하지 않은 것은?

① 편백 ② 무궁화
③ 단풍나무 ④ 쥐똥나무

● 해설

산울타리로 적합한 수종
측백나무, 쥐똥나무, 사철나무, 개나리, 무궁화, 회양목, 호랑가시나무, 명자나무 등

21 다음 중 모감주나무(Koelreuteria paniculata Laxmann)에 대한 설명으로 맞는 것은?

① 뿌리는 천근성으로 내공해성이 약하다.
② 열매는 삭과로 3개의 황색종자가 들어 있다.
③ 잎은 호생하고 기수 1회 우상복엽이다.
④ 남부지역에서만 식재 가능하고 성상은 상록 활엽교목이다.

● 해설

모감주나무
종자를 염주로 만들었기 때문에 염주나무라고도 하며, 심근성 수종으로 공해에 강하다.

22 복수초(Adonis amurensis Regel & Radde)에 대한 설명으로 틀린 것은?

① 여러해살이풀이다.
② 꽃색은 황색이다.
③ 실생개체의 경우 1년 후 개화한다.
④ 우리나라에는 1속 1종이 난다.

● 해설

복수초
씨앗이 싹을 틔우고 6년 정도 지나야 꽃이 피며, 4월에 황색으로 개화한다.

23 다음 중 지피(地被)용으로 사용하기 가장 적합한 식물은?

① 맥문동 ② 등나무
③ 으름덩굴 ④ 멀꿀

● 해설

지피식물
맥문동, 잔디, 원추리, 비비추 등

24 다음 중 열가소성 수지에 해당되는 것은?

① 페놀수지 ② 멜라민수지
③ 폴리에틸렌수지 ④ 요소수지

정답 18 ② 19 ③ 20 ③ 21 ③ 22 ③ 23 ① 24 ③

● 해설
열가소성 수지

특징	열을 가하여 성형한 뒤 다시 열을 가하면 형태의 변형을 일으킬 수 있는 수지
종류	염화비닐관, 염화비닐수지(PVC), 폴리에틸렌관, 폴리에틸렌수지, 폴리프로필렌 등

25 다음 중 약한 나무를 보호하기 위하여 줄기를 싸주거나 지표면을 덮어주는 데 사용되기에 가장 적합한 것은?

① 볏짚
② 새끼줄
③ 밧줄
④ 바크(bark)

● 해설
볏짚의 특징
• 약한 나무를 보호하기 위하여 줄기를 싸주거나 지표면을 덮어주는 데 사용된다.
• 천공성 해충의 침입을 방지한다.
• 햇빛에 타는 것을 방지한다.
• 잠복소 역할을 한다.

26 목질 재료의 단점에 해당되는 것은?

① 함수율에 따라 변형이 잘 된다.
② 무게가 가벼워서 다루기 쉽다.
③ 재질이 부드럽고 촉감이 좋다.
④ 비중이 적은데 비해 압축, 인장강도가 높다.

● 해설
목질 재료의 단점
• 자연소재이므로 부패성이 매우 크다.
• 목재의 함수율에 따라 팽창·수축하여 변형이 잘 된다.
• 목재의 부위에 따라 재질이 고르지 못하다.
• 구부러지고 옹이가 있으며, 내화성이 약하고 내구성이 부족하다.

27 다음 중 열매가 붉은색으로만 짝지어진 것은?

① 쥐똥나무, 팥배나무
② 주목, 칠엽수
③ 피라칸타, 낙상홍
④ 매실나무, 무화과나무

● 해설
쥐똥나무 – 검정색, 칠엽수 – 황색, 매실나무 – 황색

28 다음 중 지피식물의 특성에 해당되지 않는 것은?

① 지표면을 치밀하게 피복해야 함
② 키가 높고, 일년생이며 거칠어야 함
③ 환경조건에 대한 적응성이 넓어야 함
④ 번식력이 왕성하고 생장이 비교적 빨라야 함

● 해설
지피식물의 조건
• 지표면을 치밀하게 피복해야 한다.
• 키가 작고 다년생이며 부드러워야 한다.
• 번식력이 왕성하고 생장이 비교적 빨라야 한다.
• 내답압(踏壓)성이 크고 환경조건에 대한 적응성이 넓어야 한다.
• 병해충에 대한 저항성이 크고 관리가 용이해야 한다.

29 다음 [보기]의 설명에 해당하는 수종은?

• "설송(雪松)"이라 불리기도 한다.
• 천근성 수종으로 바람에 약하며, 수관 폭이 넓고 속성수로 크게 자라기 때문에 적지 선정이 중요하다.
• 줄기는 아래로 처지며, 수피는 회갈색으로 얇게 갈라져 벗겨진다.
• 잎은 짧은 가지에 30개가 총생하고, 3~4cm로 끝이 뾰족하며, 바늘처럼 찌른다.

① 잣나무
② 솔송나무
③ 개잎갈나무
④ 구상나무

● 해설
개잎갈나무는 히말라야시더의 다른 이름이다.

정답 25 ① 26 ① 27 ③ 28 ② 29 ③

30 다음 중 목재 접착 시 압착의 방법이 아닌 것은?

① 도포법 ② 냉압법
③ 열압법 ④ 냉압 후 열압법

● 해설
도포법
가장 간단한 방법으로서 방부처리 전에 목재를 충분히 건조시킨 후 균열이나 이음부 등에 주의하여 솔 등으로 바르는 것으로 크레오소트 오일을 사용할 때에는 80~90℃ 정도로 가열하면 침투가 잘된다. 침투깊이는 5~6mm이며 목재의 접착 시 압착방법과는 관련성이 없다.

31 목재가 함유하는 수분을 존재 상태에 따라 구분한 것 중 맞는 것은?

① 모관수 및 흡착수 ② 결합수 및 화학수
③ 결합수 및 응집수 ④ 결합수 및 자유수

● 해설
토양 중의 수분

결합수 (화합수)	토양입자와 화합적으로 결합되어 있는 수분으로 결합력이 강해서 식물이 직접 이용할 수 없는 수분상태(pF 7 이상)
흡습수 (흡착수)	토양 표면에 물리적으로 결합되어 있는 수분결합력이 강해서 식물이 직접 이용할 수 없는 수분상태(pF 4.5~7)
모관수 (모세관수)	흡습수 외부에 표면장력과 중력으로 평형을 유지하여 식물이 유용하게 이용하는 수분상태(pF 2.7~4.5)
중력수 (자유수)	중력에 의해 지하로 침투하는 물로서 지하수원이 됨(pF 2.7 이하)

32 다음 설명의 (　) 안에 가장 적합한 것은?

조경공사표준시방서의 기준상 수목은 수관부 가지의 약 (　) 이상이 고사하는 경우에 고사목으로 판정하고 지피·초본류는 해당 공사의 목적에 부합되는가를 기준으로 감독자의 육안검사 결과에 따라 고사여부를 판정한다.

① 1/2 ② 1/3
③ 2/3 ④ 3/4

● 해설
조경공사 표준시방서 제4장에서는 수목이 수관부 가지의 약 $\frac{2}{3}$ 이상 고사한 경우에 고사목으로 판정한다.

33 벤치 좌면 재료 가운데 이용자가 4계절 가장 편하게 사용할 수 있는 재료는?

① 플라스틱 ② 목재
③ 석재 ④ 철재

● 해설
벤치재료 중 4계절 가장 편하게 사용할 수 있는 재료는 목재이다.

34 다음 중 한지형(寒地形) 잔디에 속하지 않는 것은?

① 벤트그래스 ② 버뮤다그래스
③ 라이그래스 ④ 켄터키블루그래스

● 해설

난지(여름)형 잔디	한국형 잔디, 버뮤다그래스, 위빙러브그래스
한지(겨울)형 잔디	켄터키블루그래스, 벤트그래스, 라이그래스, 페스큐그래스

35 다음 중 화성암에 해당하는 것은?

① 화강암 ② 응회암
③ 편마암 ④ 대리석

● 해설
화성암에는 화강암, 안산암, 현무암, 설록암 등이 있다.

36 다음 중 시설물의 사용연수로 가장 부적합한 것은?

① 철재 시소 : 10년
② 목재 벤치 : 7년
③ 철재 파고라 : 40년
④ 원로의 모래자갈 포장 : 10년

정답 30 ① 31 ④ 32 ③ 33 ② 34 ② 35 ① 36 ③

해설
철재 파고라의 사용연수 : 20년

37 다음 중 금속재의 부식환경에 대한 설명이 아닌 것은?
① 온도가 높을수록 녹의 양은 증가한다.
② 습도가 높을수록 부식속도가 빨리 진행된다.
③ 도장이나 수선 시기는 여름보다 겨울이 좋다.
④ 내륙이나 전원지역보다 자외선이 많은 일반 도심지에서 부식속도가 느리게 진행된다.

해설
금속재의 부식환경
• 온도, 습도, 해염입자, 대기오염에 의해 부식된다.
• 습도가 높을수록 부식속도는 빨리 진행된다.
• 온도가 높을수록 녹의 양도 증가한다.
• 도장이나 수선 시기는 여름보다는 겨울이 좋다.
• 금속재료는 자외선에 노출되면 부식속도가 빨리 진행된다.

38 다음 중 같은 밀도(密度)에서 토양공극의 크기(size)가 가장 큰 것은?
① 식토   ② 사토
③ 점토   ④ 식양토

해설
토양공극의 크기
사토(모래) > 사양토 > 양토 > 식양토 > 식토(진흙)

39 다음 중 경사도에 관한 설명으로 틀린 것은?
① 45° 경사는 1 : 1이다.
② 25% 경사는 1 : 4이다.
③ 1 : 2는 수평거리 1, 수직거리 2를 나타낸다.
④ 경사면은 토양의 안식각을 고려하여 안전한 경사면을 조성한다.

해설
③ 1 : 2는 수직거리(높이) 1, 수평거리 2를 나타낸다.

40 표준시방서의 기재 사항으로 맞는 것은?
① 공사량   ② 입찰방법
③ 계약절차 ④ 사용재료 종류

해설
표준시방서
조경공사 시행의 적정을 기하기 위한 표준을 명시한 문서이다.

41 다음과 같은 피해 특징을 보이는 대기오염 물질은?

• 침엽수는 물에 젖은 듯한 모양, 적갈색으로 변색
• 활엽수 잎의 끝부분과 엽맥 사이 조직의 괴사, 물에 젖은 듯한 모양(엽육조직 피해)

① 오존   ② 아황산가스
③ PAN   ④ 중금속

해설
아황산가스(SO_2)에 의한 피해
• 입의 끝부분이나 가장자리 또는 입맥 사이에 회백색 또는 갈색반점으로 시작되며 광합성, 호흡 및 증산작용이 곤란해진다.
• 한낮이나 생육이 왕성한 봄과 여름, 오래된 잎에 피해를 입기 쉽다.

42 표준품셈에서 수목을 인력시공으로 식재 후 지주목을 세우지 않을 경우 인력품의 몇 %를 감하는가?
① 5%   ② 10%
③ 15%   ④ 20%

해설
식재 후 지주목을 세우지 않을 경우 인력품에서 10%를 감한다.

정답 37 ④ 38 ② 39 ③ 40 ④ 41 ② 42 ②

43 다음 중 멀칭의 기대효과가 아닌 것은?

① 표토의 유실 방지
② 토양의 입단화 촉진
③ 잡초의 발생 최소화
④ 유익한 토양미생물의 생장 억제

◉해설
멀칭의 기대효과
- 토양수분 유지 및 손실방지
- 토양침식방지, 토양비옥도 증진
- 잡초 발생 억제 및 토양구조 개선
- 태양열의 복사와 반사 감소
- 토양의 온도조절 및 병해충 발생 억제

44 다음 중 등고선의 성질에 대한 설명으로 맞는 것은?

① 지표의 경사가 급할수록 등고선 간격이 넓어진다.
② 같은 등고선 위의 모든 점은 높이가 서로 다르다.
③ 등고선은 지표의 최대 경사선의 방향과 직교하지 않는다.
④ 높이가 다른 두 등고선은 동굴이나 절벽의 지형이 아닌 곳에서는 교차하지 않는다.

◉해설
등고선의 성질
- 등고선 위의 모든 점은 높이가 같다.
- 등고선은 도면의 안이나 밖에서 폐합되며, 도중에 없어지지 않는다.
- 산정과 오목지에서는 도면 안에서 폐합된다.
- 높이가 다른 등고선은 동굴과 절벽을 제외하고 교차하거나 합쳐지지 않는다.
- 완경사지는 등고선의 간격이 넓고, 급경사지는 등고선의 간격이 좁다.

45 습기가 많은 물가나 습원에서 생육하는 식물을 수생식물이라 한다. 다음 중 이에 해당하지 않는 것은?

① 부처손, 구절초
② 갈대, 물억새
③ 부들, 생이가래
④ 고랭이, 미나리

◉해설
습생식물
갈대, 물억새, 부들, 생이가래, 고랭이, 미나리, 오리나무, 버드나무 등

46 인공지반에 식재된 식물과 생육에 필요한 식재 최소토심으로 가장 적합한 것은?(단, 배수구배는 1.5~2.0%, 인공토양 사용 시로 한다.)

① 잔디, 초본류 : 15cm
② 소관목 : 20cm
③ 대관목 : 45cm
④ 심근성 교목 : 90cm

47 가로 2m×세로 50m의 공간에 H0.4×W0.5 규격의 영산홍으로 생울타리를 만들 때 사용되는 수목의 수량은 약 얼마인가?

① 50주
② 100주
③ 200주
④ 400주

◉해설
- 수관 폭 : W0.5이므로 1m²에 4주
- 면적 : 2m×50m=100m²
∴ 100m²×4주=400주

48 식물병에 대한 '코흐의 원칙'에 대한 설명으로 틀린 것은?

① 병든 생물체에 병원체로 의심되는 특정 미생물이 존재해야 한다.
② 그 미생물은 기주생물로부터 분리되고 배지에서 순수 배양되어야 한다.
③ 순수 배양한 미생물을 동일 기주에 접종하였을 때 동일한 병이 발생되어야 한다.
④ 병든 생물체로부터 접종할 때 사용하였던 미생물과 동일한 특성의 미생물이 재분리되지만 배양은 되지 않아야 한다.

정답 43 ④ 44 ④ 45 ① 46 ② 47 ④ 48 ④

> **해설**
>
> 발병한 피해부에서 접종할 때 사용하였던 미생물과 동일한 특성의 미생물이 반드시 재분리되어야 한다.

49 다음 중 철쭉류와 같은 화관목의 전정시기로 가장 적합한 것은?

① 개화 1주 전
② 개화 2주 전
③ 개화가 끝난 직후
④ 휴면기

> **해설**
>
> 봄에 일찍 개화하는 수종은 개화가 끝난 직후에 전정해준다.

50 미국흰불나방에 대한 설명으로 틀린 것은?

① 성충으로 월동한다.
② 1화기보다 2화기에 피해가 심하다.
③ 성충의 활동시기에 피해지역 또는 그 주변에 유아등이나 흡입포충기를 설치하여 유인포살한다.
④ 알 기간에 알덩어리가 붙어 있는 잎을 채취하여 소각하며, 잎을 가해하고 있는 군서 유충을 소살한다.

> **해설**
>
> 미국흰불나방은 번데기로 월동하며 1년에 2회(5~6월, 7~8월) 발생한다.

51 다음 중 제초제 사용의 주의사항으로 틀린 것은?

① 비나 눈이 올 때는 사용하지 않는다.
② 될 수 있는 대로 다른 농약과 섞어서 사용한다.
③ 적용 대상에 표시되지 않은 식물에는 사용하지 않는다.
④ 살포할 때는 보안경과 마스크를 착용하며, 피부가 노출되지 않도록 한다.

> **해설**
>
> 제초제는 가능한 한 다른 농약과 섞어서 사용하지 않는다.

52 다음 중 시멘트와 그 특성이 바르게 연결된 것은?

① 조강포틀랜드시멘트 : 조기강도를 요하는 긴급공사에 적합하다.
② 백색포틀랜드시멘트 : 시멘트 생산량의 90% 이상을 점하고 있다.
③ 고로슬래그시멘트 : 건조수축이 크며, 보통 시멘트보다 수밀성이 우수하다.
④ 실리카시멘트 : 화학적 저항성이 크고 발열량이 적다.

> **해설**

보통 포틀랜드 시멘트	• 우리나라에서 생산하는 시멘트의 90%를 차지한다. • 제조공정이 간단하고 가격이 저렴하여 가장 많이 사용한다. • 재령 28일
조강 포틀랜드 시멘트	• 조기강도가 크며, 재령 7일 강도로 28일 강도를 발휘한다. • 급한 공사, 겨울철 공사, 수중 공사, 해중 공사 등에 사용한다. • 한중콘크리트 공사에 사용한다.
중용열 포틀랜드 시멘트	• 수화열이 낮아 장기강도가 크다. • 댐이나 큰 구조물, 방사선 차단 공사 등에 사용한다. • 서중콘크리트 공사에 사용한다.
저열 포틀랜드 시멘트	• 중용열 시멘트보다 수화열이 5~10% 정도 적다. • 중력 콘크리트 댐, LNG 탱크 공사에 사용한다.
백색 포틀랜드 시멘트	• 건축물의 도장 및 치장용 등 건축미장용으로 사용한다.

정답 49 ③ 50 ① 51 ② 52 ①

53 일반적인 토양의 표토에 대한 설명으로 가장 부적합한 것은?

① 우수(雨水)의 배수능력이 없다.
② 토양오염의 정화가 진행된다.
③ 토양미생물이나 식물의 뿌리 등이 활발히 활동하고 있다.
④ 오랜 기간의 자연작용에 따라 만들어진 중요한 자산이다.

● 해설
일반적으로 토양에는 공극이 있기 때문에 자연배수 능력을 가지고 있다.

54 잔디재배 관리방법 중 칼로 토양을 베어주는 작업으로, 잔디의 포복경 및 지하경도 잘라주는 효과가 있으며 레노베이어, 론에어 등의 장비가 사용되는 작업은?

① 스파이킹
② 롤링
③ 버티컬 모잉
④ 슬라이싱

● 해설
슬라이싱(Slicing)
• 칼로 토양을 베어주는 작업으로 잔디의 포복경, 지하경을 잘라줌으로써 잔디의 밀도를 높여 주는 효과가 있다.
• 대표장비 : 레노베이어, 론에어 등

55 벽돌(190×90×57)을 이용하여 경계부의 담장을 쌓으려고 한다. 시공면적 10m²에 1.5B 두께로 시공할 때 약 몇 장의 벽돌이 필요한가?(단, 줄눈은 10mm이고, 할증률은 무시한다.)

① 약 750장
② 약 1,490장
③ 약 2,240장
④ 약 2,980장

● 해설
벽돌종류별 벽돌매수(m²당)

벽돌종류	0.5B	1.0B	1.5B	2.0B
기존형 (210×100×60mm)	65	130	195	260
표준형 (190×90×57mm)	75	149	224	298

224매×10m² = 2,240매

56 평판측량의 3요소가 아닌 것은?

① 수평 맞추기[정준]
② 중심 맞추기[구심]
③ 방향 맞추기[표정]
④ 수직 맞추기[수준]

● 해설
평판측량의 3요소

정준	구심(치심)	표정(정위)
수평 맞추기	중심 맞추기	방향, 방위 맞추기

57 페니트로티온 45% 유제 원액 100cc를 0.05%로 희석하여 살포액을 만들려고 할 때 필요한 물의 양은 얼마인가?(단, 유제의 비중은 1.0이다.)

① 69,900cc
② 79,900cc
③ 89,900cc
④ 99,900cc

● 해설
물의 양 = 원액량 × $\dfrac{사용할 농도}{원액농도}$

$= 100 × \dfrac{45}{0.05} = 90,000cc ≒ 89,900cc$

58 대추나무에 발생하는 전신병으로 마름무늬매미충에 의해 전염되는 병은?

① 갈반병
② 잎마름병
③ 혹병
④ 빗자루병

정답 53 ① 54 ④ 55 ③ 56 ④ 57 ③ 58 ④

● 해설

빗자루병

피해	대추나무, 오동나무, 벚나무 등에서 발생한다.
병징	마이코플라스마라는 병원균이 원인이며, 잔가지가 빗자루 모양처럼 발생한다.
방제	옥시테트라사이클린을 수간 주입하고, 파라티온수화제, 메타유제 1,000배액을 살포한다.

59 다음 복합비료 중 주성분 함량이 가장 많은 비료는?

① 21 – 21 – 17
② 11 – 21 – 11
③ 18 – 18 – 18
④ 0 – 40 – 10

60 해충의 방제방법 중 기계적 방제방법에 해당하지 않는 것은?

① 경운법
② 유살법
③ 소살법
④ 방사선이용법

● 해설

해충의 방제방법
- 물리적(기계적) 방제법 : 경운, 전정가지 소각, 낙엽 태우기, 유살, 소살 등
- 화학적 방제법 : 방사선, 농약 등

정답 59 ① 60 ④

08장 2015년 10월 10일 기출문제

01 다음 [보기]에서 설명하는 것은?

> - 유사한 것들이 반복되면서 자연적인 순서와 질서를 갖게 되는 것
> - 특정한 형이 점차 커지거나 반대로 서서히 작아지는 형식이 되는 것

① 점이(漸移) ② 운율(韻律)
③ 추이(推移) ④ 비례(比例)

해설

점이(漸移)
특정한 형태가 점차 커지거나 반대로 서서히 작아지는 형식이 되는 것
※ 추이 : 일이나 형편 등이 시간이 지남에 따라 변하는 것

02 다음 중 전라남도 담양지역의 정자원림이 아닌 것은?

① 소쇄원 원림 ② 명옥헌 원림
③ 식영정 원림 ④ 임대정 원림

해설

임대정 원림은 전라남도 화순에 있다.

03 길이가 50m인 화단에 1열로 생울타리(H1.2×W0.4)를 만들려면 해당 규격의 수목이 최소한 얼마나 필요한가?

① 42주 ② 125주
③ 200주 ④ 600주

해설

- 전체길이 ÷ 수관 폭 = 주
∴ 화단의 전체길이 50m ÷ 생울타리의 수관 폭 0.4m = 125주

04 다음 제시된 색 중 같은 면적에 적용했을 경우 가장 좁아 보이는 색은?

① 옅은 하늘색 ② 선명한 분홍색
③ 밝은 노란 회색 ④ 진한 파랑

해설

면적대비
- 면적이 크면 밝아 보인다.(명도, 채도 증가)
- 면적이 작으면 어두워 보인다.(명도, 채도 감소)

05 도면의 작도 방법으로 옳지 않은 것은?

① 도면은 될 수 있는 한 간단히 하고, 중복을 피한다.
② 도면은 그 길이 방향을 위아래 방향으로 놓은 위치를 정위치로 한다.
③ 사용 척도는 대상물의 크기, 도형의 복잡성 등을 고려, 그림이 명료성을 갖도록 선정한다.
④ 표제란을 보는 방향은 통상적으로 도면의 방향과 일치하도록 하는 것이 좋다.

해설

② 도면은 그 길이 방향을 좌우 방향으로 놓은 위치를 정위치로 한다.

06 중국 조경의 시대별 연결이 옳은 것은?

① 명-이화원(頤和園) ② 진-화림원(華林園)
③ 송-만세산(萬歲山) ④ 명-태액지(太液池)

해설

- 이화원 - 청나라
- 화림원 - 남북조
- 태액지 - 한나라
- 만세산 : 휘종이 세자를 얻기 위해 쌓아 만든 가산

정답 01 ① 02 ④ 03 ② 04 ④ 05 ② 06 ③

07 다음 중 배치도에 표시하지 않아도 되는 사항은?

① 축척
② 건물의 위치
③ 대지 경계선
④ 수목 줄기의 형태

●해설
배치도
건물과 부지의 위치 관계를 나타낸 도면으로 대지 안 건축물의 위치 및 점유부분과 그 밖의 부속건물의 상호위치·방위·형상·통로·건축선 등을 평면으로 나타낸 도면을 말한다.

08 다음 중 식별성이 높은 지형이나 시설을 지칭하는 것은?

① 비스타(vista)
② 캐스케이드(cascade)
③ 랜드마크(landmark)
④ 슈퍼그래픽(super graphic)

●해설
랜드마크
식별성 높은 지형 등의 지설물
예) 절벽, 기념탑, 63빌딩, 롯데타워 등

09 다음 [보기]의 설명은 어느 시대의 정원에 관한 것인가?

- 석가산과 원정, 화원 등이 특징이다.
- 대표적 유적으로 동지(東池), 만월대, 수창궁원, 청평사 문수원 정원 등이 있다.
- 휴식·조망을 위한 정자를 설치하기 시작하였다.
- 송나라의 영향으로 화려한 관상위주의 이국적 정원을 만들었다.

① 조선
② 백제
③ 고려
④ 통일신라

●해설
고려시대 정원의 특징
• 송나라의 영향을 받은 시각적 쾌감을 위한 관상위주의 조경양식
• 격구장, 석가산, 휴식과 조망을 위한 정자 발달

10 이탈리아 바로크 정원 양식의 특징으로 볼 수 없는 것은?

① 미원(maze)
② 토피어리
③ 다양한 물의 기교
④ 타일포장

●해설
스페인 정원(파티오)의 구성요소
물(水), 색채타일, 분수, 발코니

11 해가 지면서 주위가 어둑해질 무렵 낮에 화사하게 보이던 빨간 꽃이 거무스름해져 보이고, 청록색 물체가 밝게 보인다. 이러한 원리를 무엇이라고 하는가?

① 명순응
② 면적 효과
③ 색의 항상성
④ 푸르키니에 현상

●해설

푸르키니에 현상	밝은 곳에서는 같은 밝기로 보이는 적색과 청색이 어두운 곳에서는 적색은 어둡게, 청색은 밝게 보이는 현상
메타메리즘 현상	낮에 태양광 아래에서 본 물체의 색이 밤에 실내 형광등 아래에서는 달리 보이는 현상
명암순응 현상	• 눈이 빛의 밝기에 순응해서 물체를 보는 현상 • 터널에 들어갈 때와 나갈 때의 밝기가 급격히 변하지 않도록 명암순응식재를 함

12 다음 중 어린이들의 물놀이를 위해서 만든 얕은 물 놀이터는?

① 도섭지
② 포석지
③ 폭포지
④ 천수지

13 먼셀 표색계의 색채 표기법으로 옳은 것은?

① 2040 − Y70R
② 5R 4/14
③ 2 : R − 4.5 − 9s
④ 221c

정답 07 ④ 08 ③ 09 ③ 10 ④ 11 ④ 12 ① 13 ②

> **해설**

먼셀의 색상환 표기법 : HV/C
예) 5R 4/14 : 색상-5R, 명도-4, 채도-14

14 조선시대 창덕궁의 후원(비원, 秘苑)을 가리키던 용어로 가장 거리가 먼 것은?

① 북원(北園) ② 후원(後苑)
③ 금원(禁園) ④ 유원(留園)

> **해설**

유원은 명시대 대표 정원으로 청량정, 사자림, 졸정원과 함께 중국 소주의 4대 명원 중 하나이다.

15 서양의 대표적인 조경양식이 바르게 연결된 것은?

① 이탈리아-평면기하학식
② 영국-자연풍경식
③ 프랑스-노단건축식
④ 독일-중정식

> **해설**

- 이탈리아 : 노단건축식
- 프랑스 : 평면기하학식
- 독일 : 구성식

16 방사(防砂)·방진(防塵)용 수목의 특징에 대한 설명으로 가장 적합한 것은?

① 잎이 두껍고 함수량이 많으며 넓은 잎을 가진 치밀한 상록수여야 한다.
② 지엽이 밀생한 상록수이며 맹아력이 강하고 관리가 용이한 수목이어야 한다.
③ 사람의 머리가 닿지 않을 정도의 지하고를 유지하고 겨울에는 낙엽되는 수목이어야 한다.
④ 빠른 생장력과 뿌리 뻗음이 깊고, 지상부가 무성하면서 지엽이 바람에 상하지 않는 수목이어야 한다.

> **해설**

방사·방진용 수목의 특징
- 수목의 생장이 빠르며 발근력이 왕성해야 한다.
- 뿌리 뻗음이 깊고 넓게 퍼져야 한다.
- 지상부가 무성해야 하며 가지와 잎이 바람에 상하지 않아야 한다.
- 적용 수종 : 눈향나무, 사철나무, 쥐똥나무, 동백나무, 보리장나무, 찔레나무, 해당화, 오리나무, 굴거리나무, 족제비싸리, 싸리나무류 등

17 다음 그림과 같은 형태를 보이는 수목은?

① 일본목련 ② 복자기
③ 팔손이   ④ 물푸레나무

> **해설**

복자기나무
잎이 3출복엽(세 갈래로 갈라짐)이며 단풍나뭇과 수종이다.

18 목재의 역학적 성질에 대한 설명으로 틀린 것은?

① 옹이로 인하여 인장강도는 감소한다.
② 비중이 증가하면 탄성은 감소한다.
③ 섬유포화점 이하에서는 함수율이 감소하면 강도가 증대된다.
④ 일반적으로 응력의 방향이 섬유방향에 평행한 경우 강도(전단강도 제외)가 최대가 된다.

> **해설**

목재의 성질
- 목재는 함수율이 낮을수록, 비중이 높을(클)수록 강도가 높다.

정답 14 ④ 15 ② 16 ④ 17 ② 18 ②

- 목재의 강도순서 : 인장강도 > 휨강도 > 압축강도 > 전단강도
- 목재는 외력(외부에서 작용하는 힘)이 섬유방향으로 작용할 때 강하다.

19 다음 그림은 어떤 돌쌓기 방법인가?

① 층지어쌓기 ② 허튼층쌓기
③ 귀갑무늬쌓기 ④ 마름돌 바른층쌓기

●해설
허튼층쌓기
한 켜에서 가로줄눈이 일직선으로 연속되지 않게 각기 높이가 다른 돌을 써서 막힌 줄눈이 되게 쌓는 방법

20 그림은 벽돌을 토막 또는 잘라서 시공에 사용할 때 벽돌의 형상이다. 다음 중 반토막 벽돌에 해당하는 것은?

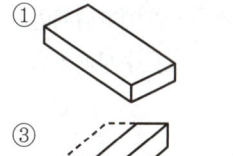 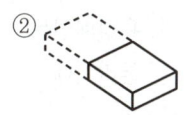
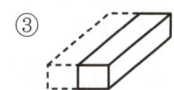 

21 목재의 치수 표시방법으로 맞지 않는 것은?

① 제재 치수 ② 제재 정치수
③ 중간 치수 ④ 마무리 치수

●해설
- 제재 치수 : 제재소에서 제재한 치수(구조재)
- 재재 정치수 : 재재목을 지정 치수대로 한 것
- 마무리 치수 : 대패질까지 끝난 치수(창호재)

22 다음 중 주택 정원에 식재하여 여름에 꽃을 감상할 수 있는 수종은?

① 식나무 ② 능소화
③ 진달래 ④ 수수꽃다리

●해설
여름에 꽃을 감상할 수 있는 수종
배롱나무, 자귀나무, 무궁화, 부용, 협죽도, 능소화, 싸리나무 등

23 다음 중 9월 중순~10월 중순에 성숙된 열매색이 흑색인 것은?

① 마가목 ② 살구나무
③ 남천 ④ 생강나무

●해설
- 붉은색 열매 : 마가목, 남천
- 검정색 열매 : 생강나무

24 시멘트의 저장과 관련된 설명 중 ( ) 안에 해당하지 않는 것은?

- 시멘트는 ( )적인 구조로 된 사일로 또는 창고에 품종별로 구분하며 저장하여야 한다.
- 저장 중에 약간이라도 굳은 시멘트는 공사에 사용하지 않아야 한다. ( )개월 이상 장기간 실시하여 그 품질을 확인한다.
- 포대시멘트를 쌓아서 저장하면 그 질량으로 인해 하부의 시멘트가 고결할 염려가 있으므로 시멘트를 쌓아 올리는 높이는 ( )포대 이하로 하는 것이 바람직하다.
- 시멘트의 온도는 일반적으로 ( ) 정도 이하를 사용하는 것이 좋다.

① 13 ② 6
③ 방습 ④ 50℃

●해설
시멘트 저장(보관) 시 주의사항
- 지면에서 30cm 이상 띄우고 방습 처리된 창고에 통풍이 되지 않도록 저장한다.

정답 19 ② 20 ② 21 ③ 22 ② 23 ④ 24 ②

- 창고 주변에는 배수도랑을 만들어 우수의 침입을 방지한다.
- 출입구, 채광창 이외에는 공기의 유통을 막기 위해 개구부를 설치하지 않는다.
- 시멘트의 온도가 너무 높을 때에는 그 온도를 낮추어서 사용한다.
- 시멘트는 13포 이상 쌓아 놓지 않는다.
- 입하순서대로 사용한다.
- 3개월 이상 저장한 시멘트는 재시험을 실시한 후에 사용한다.
- 시멘트의 보관은 1m²당 30~35포대 정도이다.
- 시멘트 온도는 50° 이하로 사용하는 것이 좋다.

25 구조용 경량콘크리트에 사용되는 경량골재는 크게 인공, 천연 및 부산경량골재로 구분할 수 있다. 다음 중 인공경량골재에 해당되지 않는 것은?

① 화산재 ② 팽창혈암
③ 팽창점토 ④ 소성플라이애시

● 해설
인공경량 골재
- 팽창혈암, 팽창점토, 플라이애시 등을 1,000~1,200° 온도에서 소성해서 만든 골재
- 표면 껍질부는 유리질로 이루어지고 내부는 무수한 다공질성 기포가 존재

26 다음 중 시멘트가 풍화작용과 탄산화작용을 받은 정도를 나타내는 척도로, 고온으로 가열하여 시멘트 중량의 감소율을 나타내는 것은?

① 경화 ② 위응결
③ 강열감량 ④ 수화반응

● 해설
- 경화 : 시간이 지남에 따라 점차 굳어져서 강도를 가지는 상태
- 위응결 : 수화작용 초기에 가볍게 굳어졌다가 계속 반죽해 가면 굳어진 것이 풀리고 정상 응결이 일어남
- 수화열 : 시멘트가 수화작용을 할 때에 발생하는 열 (균열의 원인)

27 재료가 외력을 받았을 때 작은 변형만 나타내도 파괴되는 현상을 무엇이라 하는가?

① 취성 ② 강성
③ 인성 ④ 전성

● 해설
재료의 성질

취성	재료가 외력을 받았을 때 작은 충격에도 파괴되는 성질
인성	재료가 외력을 받았을 때 작은 충격에도 잘 견디는 성질
전성	부러지지 않으면서 얇게 판으로 만들 수 있는 성질
연성	• 부러지지 않으면서 가늘게 선으로 늘어나는 성질 • 연성이 높은 순서 : 금>은>알루미늄>철>니켈>구리>아연>주석>납
탄성	재료가 외력을 받아서 변형을 일으킨 뒤 외력을 제거하면 다시 돌아오는 성질
소성	외력에 의해 변한 물체가 외력이 없어져도 원래의 형태로 돌아오지 않는 성질(찰흙)

28 안료를 가하지 않아 목재의 무늬를 아름답게 낼 수 있는 것은?

① 유성페인트 ② 에나멜페인트
③ 클리어래커 ④ 수성페인트

● 해설
페인트의 종류

유성페인트(실외)	안료, 건성유, 희석제, 건조제 등을 혼합한 것이다.
수성페인트(실내)	실내용이며, 광택이 없고 내장마감용으로 사용한다.
에나멜페인트	니스와 안료를 섞은 것으로 건조속도가 빠르고 광택이 좋다.

※ 클리어래커 : 안료를 섞지 않은 래커로 투명 래커를 말한다.

정답 25 ① 26 ③ 27 ① 28 ③

29 다음 설명에 해당하는 장비는?

- 2개의 눈금자가 있는데 왼쪽 눈금은 수평거리가 20m, 오른쪽 눈금은 15m일 때 사용한다.
- 측정방법은 우선 나뭇가지의 거리를 측정하고 시공을 통하여 수목의 선단부와 측고기의 눈금이 일치하는 값을 읽는다. 이때 왼쪽 눈금은 수평거리에 대한 % 값으로 계산하고, 오른쪽 눈금은 각도 값으로 계산하여 수고를 측정한다.
- 수고측정뿐만 아니라 지형경사도 측정에도 사용된다.

① 윤척 ② 측고봉
③ 하가측고기 ④ 순토측고기

●해설
- 윤척 : 수목의 흉고직경이나 근원직경을 측정하는 기구
- 측고봉 : 수고를 측정하는 기구
- 하가측고기 : 삼각법에 의해 수고를 측정하는 기구

30 조경에 활용되는 석질재료의 특성으로 옳은 것은?

① 열전도율이 높다. ② 가격이 싸다.
③ 가공하기 쉽다. ④ 내구성이 크다.

●해설
석재의 장단점

장점	단점
• 외관이 매우 아름답다. • 내구성과 강도가 크다. • 변형되지 않으며 가공성이 있다. • 불연성이며 내화성, 내수성이 크다. • 마모성이 작다.	• 무거워서 다루기 불편하다. • 가공하기 어렵고, 긴 재료를 얻기 힘들다. • 운반비와 가격이 비싸다.

31 용기에 채운 골재절대용적의 그 용기 용적에 대한 백분율로 단위질량을 밀도로 나눈 값의 백분율이 의미하는 것은?

① 골재의 실적률 ② 골재의 입도
③ 골재의 조립률 ④ 골재의 유효흡수율

●해설
$$실적률 = \frac{골재의\ 단위용적질량}{골재의\ 밀도} \times 100$$

32 다음 [보기]의 조건을 활용한 골재의 공극률 계산식은?

D : 진비중
W : 겉보기 단위용적중량
W_1 : 110℃로 건조하여 냉각한 중량
W_2 : 수중에서 충분히 흡수된 대로 수중에서 측정한 것
W_3 : 흡수된 시험편의 외부를 잘 닦아내고 측정한 것

① $\dfrac{W_1}{W_3 - W_2}$

② $\dfrac{W_3 - W_1}{W_1} \times 100$

③ $\left(1 - \dfrac{D}{W_2 - W_1}\right) \times 100$

④ $\left(1 - \dfrac{W}{D}\right) \times 100$

●해설
$$공극률 = \left(1 - \frac{가비중(단위용적중량)}{진비중}\right) \times 100$$

33 유동화제에 의한 유동화 콘크리트의 슬럼프 증가량의 표준 값으로 적당한 것은?

① 2~5cm ② 5~8cm
③ 8~11cm ④ 11~14cm

●해설
- 콘크리트의 슬럼프 증가량의 표준 값 : 무근 Con't -5~8cm, 철근 Con't-8~15cm
- 유동화제 : 워커빌리티 향상을 목적으로 미리 비빈 콘크리트에 첨가하는 혼화제로, 슬럼프 증가량을 10cm 이하를 원칙으로, 5~8cm를 표준값으로 한다.

정답 29 ④ 30 ④ 31 ① 32 ④ 33 ②

34 겨울철에도 노지에서 월동할 수 있는 상록다년생 식물은?

① 옥잠화　　② 샐비어
③ 꽃잔디　　④ 맥문동

> **해설**
> - 옥잠화 : 여러해살이풀
> - 샐비어 : 가을 화단용 한해살이풀
> - 꽃잔디 : 포복형 여러해살이풀
> - 맥문동 : 상록다년생 초본으로 뿌리는 한방에서 약재로 쓰임

35 다른 지방에서 자생하는 식물을 도입한 것을 무엇이라고 하는가?

① 재배식물　　② 귀화식물
③ 외국식물　　④ 외래식물

> **해설**
> - 재배식물 : 인위적으로 재배해서 기른 식물
> - 귀화식물 : 재배목적으로 외국에서 들여온 식물
> - 외국식물 : 외국에서 자생하는 식물

36 수목을 이식할 때 고려사항으로 가장 부적합한 것은?

① 지상부의 지엽을 전정해 준다.
② 뿌리분의 손상이 없도록 주의하여 이식한다.
③ 굵은 뿌리의 자른 부위는 방부 처리하여 부패를 방지한다.
④ 운반이 용이하도록 뿌리분은 기준보다 가능한 한 작게 하여 무게를 줄인다.

> **해설**
> 이식 시 고려사항
> - 뿌리분의 크기는 수목의 근원직경 크기에 따라 비례한다.
> - 가능하면 많은 흙을 뿌리에 붙인 채 파 올리는 것이 수목생장에 도움이 된다.
> - T/R율 맞추기 위해 지상부의 지엽을 전정해 준다.
> - 뿌리분의 손상이 없도록 한다.
> - ※ 잔뿌리는 수분과 양분 흡수, 굵은 뿌리는 수목 지탱 역할을 한다.
> - 엽면에 증산방지제나 뿌리에 발근촉진제를 사용한다.
> - 뿌리의 자른 부위는 방부 처리하여 부패를 방지한다.
> - 꺾이고 훼손된 부분을 예리한 칼로 자른다.

37 콘크리트 시공연도와 직접 관계가 없는 것은?

① 물－시멘트비　　② 재료의 분리
③ 골재의 조립도　　④ 물의 정도 함유량

> **해설**
> 시공연도에 영향을 미치는 요인
> 물－시멘트비, 단위수량, 골재의 조립도, 공기량, 잔골재율, 굵은 골재 최대치수

38 다음 중 과일나무가 늙어서 꽃 맺음이 나빠지는 경우에 실시하는 전정은 어느 것인가?

① 생리를 조정하는 전정
② 생장을 돕기 위한 전정
③ 생장을 억제하는 전정
④ 세력을 갱신하는 전정

> **해설**
> 세력 갱신을 위한 전정
> - 맹아력이 강한 나무, 노쇠한 나무, 개화가 불량한 나무의 묵은 가지를 잘라주어, 새 줄기나 새 가지로 갱신하는 전정이다.
> - 갱신 전정 수종 : 장미, 배롱나무, 팔손이나무, 늙은 과일나무 등

39 콘크리트 배합의 종류로 틀린 것은?

① 시방배합　　② 현장배합
③ 시공배합　　④ 질량배합

> **해설**
> 배합의 종류
> 중량배합, 용적배합, 부배합, 시방배합, 현장배합

정답 34 ④　35 ④　36 ④　37 ②　38 ④　39 ③

40 소나무 순자르기에 대한 설명으로 틀린 것은?

① 매년 5~6월경에 실시한다.
② 중심 순만 남기고 모두 자른다.
③ 새순이 5~10cm의 길이로 자랐을 때 실시한다.
④ 남기는 순도 힘이 지나칠 경우 1/2~1/3 정도로 자른다.

● 해설
소나무 순자르기(순따기)
• 소나무류, 화백, 주목 등은 가지 끝에 여러 개의 눈이 있어 봄에 그대로 두면 중심의 눈이 길게 자라고, 나머지 눈도 사방으로 뻗어 바퀴살 같은 모양을 이루어 운치가 없다.
• 원하는 모양을 만들기 위해 5~6월경 새순이 자랐을 때 2~3개의 순을 남기고, 중심 순을 포함한 나머지 순은 손으로 따 버린다.
• 남긴 순도 자라는 힘이 지나치다고 생각될 때 1/2~1/3 정도만 남겨 두고 끝부분을 따 버린다.
• 노목이나 쇠약해 보이는 나무는 다소 빨리 실시하고, 수세가 좋거나 어린 나무는 5~7일 정도 늦게 실시한다.

41 코흐의 4원칙에 대한 설명 중 잘못된 것은?

① 미생물은 반드시 환부에 존재해야 한다.
② 미생물은 분리되어 배지상에서 순수 배양되어야 한다.
③ 순수 배양한 미생물은 접종하여 동일한 병이 발생되어야 한다.
④ 발병한 피해부에서 접종에 사용한 미생물과 동일한 성질을 가진 미생물이 반드시 재분리될 필요는 없다.

● 해설
코흐의 4원칙
• 의심받는 병원체는 반드시 조사된 모든 병든 기주에 존재해야 한다.
• 의심받는 병원체는 반드시 병든 기주로부터 분리되어야 하고 순수배지에서 자라야 한다.
• 순수 배양한 미생물을 동일 기주에 접종하였을 때 동일한 병이 발생되어야 한다.
• 발병한 피해부에서 접종할 때 사용하였던 미생물과 동일한 특성의 미생물이 반드시 재분리되어야 한다.

42 토양에 따른 경도와 식물생육의 관계를 나타낼 때 나지화가 시작되는 값(kgf/cm²)은? (단, 지표면의 경도는 Yamanaka 경도계로 측정한 것으로 한다.)

① 9.4 이상　　② 5.8 이상
③ 13.0 이상　　④ 3.6 이상

● 해설
토양경도
바깥 힘에 대한 토양의 저항력을 말한다.

43 파이토플라스마에 의한 수목병이 아닌 것은?

① 벚나무 빗자루병
② 붉나무 빗자루병
③ 오동나무 빗자루병
④ 대추나무 빗자루병

● 해설
• 마이코(파이토)플라스마 : 대추나무 빗자루병, 오동나무 빗자루병, 뽕나무 오갈병, 붉나무 빗자루병 등
• 진균 : 모잘록병, 벚나무 빗자루병, 흰가루병

44 대목을 대립종자의 유경이나 유근을 사용하여 접목하는 방법으로, 접목한 뒤에는 관계습도를 높게 유지하며 정식 후 근두암종병의 발병률이 높은 단점을 갖는 접목법은?

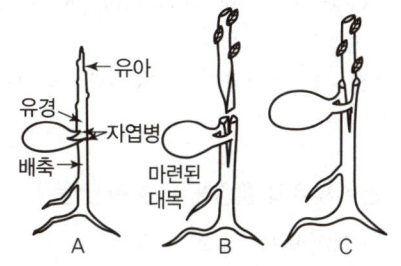

① 아접법　　② 유대접
③ 호접법　　④ 교접법

> **해설**
>
> 접목방법
>
> | | | |
> |---|---|---|
> | 설접 | 대목과 접수의 굵기가 같을 때 쓰는 방법 | |
> | 할접 | 대목이 비교적 굵고 접수가 가늘 때 사용 | |
> | 아접 | 접수 대신에 눈을 대목의 껍질을 벗기고 끼워 붙이는 방법 | |
> | 유대접 | 뿌리부분에 해당되는 대목에 접수하는 방법 예 밤나무 | |

45 공사의 설계 및 시공을 의뢰하는 사람을 뜻하는 용어는?

① 설계자　　② 시공자
③ 발주자　　④ 감독자

> **해설**
>
> 발주자 : 공사의 설계, 감독, 관리, 시공을 의뢰하는 주체

46 어른과 어린이 겸용 벤치 설치 시 앉음면(좌면, 坐面)의 적당한 높이는?

① 25~30cm
② 35~40cm
③ 45~50cm
④ 55~60cm

> **해설**
>
> 벤치의 규격
> - 앉음판 높이 – 35~40cm, 좌면너비 – 36~40cm, 좌편면폭 – 38~43cm
> - 각도 : 가벼운 휴식 – 105°, 일반휴식 – 110°

47 건설재료의 할증률이 틀린 것은?

① 붉은 벽돌 : 3%
② 이형철근 : 5%
③ 조경용 수목 : 10%
④ 석재판붙임용재(정형돌) : 10%

> **해설**
>
> 건설재료의 할증률
>
> | | | |
> |---|---|---|
> | 3% | • 이형철근
• 붉은 벽돌
• 경계블록
• 타일(도기,자기) | • 합판(일반용)
• 내화벽돌
• 테라코타 |
> | 5% | • 원형철근
• 합판(수장용)
• 호안블록
• 타일(아스팔트, 비닐) | • 목재(각재)
• 시멘트벽돌
• 기와 |
> | 10% | • 강판
• 조경용 수목
• 석재용 붙임용재(정형용) | • 목재(판재)
• 잔디, 초화류 |
> | 30% | • 원석(마름돌)
• 석재판붙임용재(부정형돌) | |
> | 기타 | 4% : 블록 | |

48 식재작업의 준비단계에 포함되지 않는 것은?

① 수목 및 양생제 반입 여부를 재확인한다.
② 공정표 및 시공도면, 시방서 등을 검토한다.
③ 빠른 식재를 위한 식재지역의 사전조사는 생략한다.
④ 수목의 배식, 규격, 지하 매설물 등을 고려하여 식재 위치를 결정한다.

> **해설**
>
> 빠른 식재를 위해서 식재지역을 사전 조사해야 한다.

49 콘크리트 포장에 관한 설명 중 옳지 않은 것은?

① 보조 기층을 튼튼히 해서 부동침하를 막아야 한다.
② 두께는 10cm 이상으로 하고, 철근이나 용접철망을 넣어 보강한다.
③ 물·시멘트의 비율은 60% 이내, 슬럼프의 최댓값은 5cm 이상으로 한다.
④ 온도변화에 따른 수축·팽창에 의한 파손 방지를 위해 신축줄눈과 수축줄눈을 설치한다.

정답 45 ③　46 ②　47 ②　48 ③　49 ③

> **해설**

일반적으로 물-시멘트비(W/C)는 40~70% 정도이다.

$$\frac{물무게}{시멘트무게} \times 100 = 40\text{~}70\%$$

50 현대적 공사관리에 관한 설명 중 가장 적합한 것은?

① 품질과 공기는 정비례한다.
② 공기를 서두르면 원가가 싸게 된다.
③ 경제속도에 맞는 품질이 확보되어야 한다.
④ 원가가 싸게 되도록 하는 것이 공사관리의 목적이다.

> **해설**

현대적 공사관리
- 품질과 공기는 반비례한다.
- 공기를 서두르면 원가는 올라간다.
- 공사관리의 목적은 경제성 향상, 품질 향상, 기간 내 공사 완성이다.

51 다음 중 관리해야 할 수경 시설물에 해당되지 않는 것은?

① 폭포　　② 분수
③ 연못　　④ 덱(deck)

> **해설**

덱(deck)은 휴게시설에 해당한다.

52 아황산가스에 민감하지 않은 수종은?

① 소나무
② 겹벚나무
③ 단풍나무
④ 화백

> **해설**

아황산가스(SO_2)에 의한 피해
- 입의 끝부분이나 가장자리 또는 입맥 사이에 회백색 또는 갈색반점으로 시작되며 광합성, 호흡 및 증산 작용이 곤란해진다.
- 한낮이나 생육이 왕성한 봄과 여름, 오래된 잎에 피해를 입기 쉽다.

아황산가스에 강한 수종	편백, 화백, 가이즈카향나무, 향나무, 가시나무, 사철나무, 플라타너스, 능수버들, 쥐똥나무, 무궁화 등
아황산가스에 약한 수종	소나무, 잣나무, 전나무, 삼나무, 자작나무, 단풍나무, 매화나무, 느티나무, 백합나무, 히말라야시더 등

53 다음 입찰계약 순서 중 옳은 것은?

① 입찰공고 → 낙찰 → 계약 → 개찰 → 입찰 → 현장설명
② 입찰공고 → 현장설명 → 입찰 → 계약 → 낙찰 → 개찰
③ 입찰공고 → 현장설명 → 입찰 → 개찰 → 낙찰 → 계약
④ 입찰공고 → 계약 → 낙찰 → 개찰 → 입찰 → 현장설명

54 조경 목재시설물의 유지관리를 위한 대책 중 적절하지 않은 것은?

① 통풍을 좋게 한다.
② 빗물 등의 고임을 방지한다.
③ 건조되기 쉬운 간단한 구조로 한다.
④ 20~40℃의 적당한 온도와 80% 이상의 습도를 유지시킨다.

> **해설**

부패방지를 위한 최적의 조건
온도가 20~30℃이고 함수율이 80% 이상이면 균이 발육하기 시작하여 40~50%에서 가장 왕성하며, 함수율 15% 이하로 건조하면 번식이 중단된다.

정답 50 ③　51 ④　52 ④　53 ③　54 ④

55 토양 및 수목에 양분을 처리하는 방법에 대한 설명이 틀린 것은?

① 액비관주는 양분흡수가 빠르다.
② 수간주입은 나무에 손상을 입힌다.
③ 엽면시비는 뿌리 발육 불량 지역에 효과적이다.
④ 천공시비는 비료 과다투입에 따른 염류장해 발생 가능성이 없다.

● 해설
천공시비
수관선상에 깊이 20cm 정도의 구멍을 군데군데 뚫고 시비하는 방법으로 비료 과다투입에 따른 염류장해발생 가능성이 있다.

56 비탈면의 녹화와 조경에 사용되는 식물의 요건으로 가장 부적합한 것은?

① 적응력이 큰 식물
② 생장이 빠른 식물
③ 시비 요구도가 큰 식물
④ 파종과 식재시기의 폭이 넓은 식물

● 해설
척박지에서도 잘 견딜 수 있는 수종을 식재하며, 번식과 생장이 빨라야 한다.

57 다음 중 원가계산에 의한 공사비의 구성에서 '경비'에 해당하지 않는 항목은?

① 안전관리비
② 운반비
③ 가설비
④ 노무비

● 해설
경비 : 전력, 운반, 가설비, 보험료, 안전관리비

58 잔디깎기의 목적으로 옳지 않은 것은?

① 잡초 방제
② 이용 편리 도모
③ 병해충 방지
④ 잔디의 분얼 억제

● 해설
잔디깎기의 목적
이용 편리 도모, 잡초 방제, 잔디분얼 촉진, 통풍 양호, 병해충 예방 등

59 다음 중 측량의 3대 요소가 아닌 것은?

① 각측량
② 거리측량
③ 세부측량
④ 고저측량

● 해설
측량의 3요소 : 거리측량, 각측량, 높이(고저)측량

60 경사도(勾配, slope)가 15%인 도로면상의 경사거리 135m에 대한 수평거리는?

① 130.0m
② 132.0m
③ 133.5m
④ 136.5m

● 해설
$$경사도 = \frac{수직거리}{수평거리} \times 100$$
수평거리=a, 수직거리=b, 경사거리=c라고 할 때
$\frac{b}{a} \times 100 = 15\%$, b=0.15a
피타고라스 정리 : $a^2 + b^2 = c^2$
$a^2 + (0.15a \times 0.15a) = c^2$
$a^2 + 0.0225a = c^2$ (c^2에서 경사거리 c는 135m이므로)
$1.0225a^2 = 135 \times 135$
$1.0225a^2 = 18,225$
$a^2 = \frac{18,225}{1.0225} = 17,823.96$ ($\sqrt{\ }$로 해결)
∴ a=133.5m

정답 55 ④ 56 ③ 57 ④ 58 ④ 59 ③ 60 ③

2016년 01월 24일 기출문제

01 중세 유럽의 조경 형태로 볼 수 없는 것은?
① 과수원 ② 약초원
③ 공중정원 ④ 회랑식 정원

● 해설
중세유럽의 조경형태
• 수도원 정원(전기) : 이탈리아 중심으로 발달
• 실용위주 정원 : 채소원, 약초원
• 장식위주 정원 : 회랑식 중정원(크로이스트 가든)
※ 서부아시아 : 공중정원(서양 최초의 옥상정원으로 세계 7대 불가사의의 하나이다.)

02 일본 고산수식 정원의 요소와 상징적인 의미가 바르게 연결된 것은?
① 나무 – 폭포 ② 연못 – 바다
③ 왕모래 – 물 ④ 바위 – 산봉우리

● 해설
일본 고산수식 정원
다듬은 수목(산봉우리), 바위(폭포)와 왕모래(냇물) 등으로 상징적인 정원을 표현

03 다음 중 중국정원의 양식에 가장 많은 영향을 끼친 사상은?
① 선사상 ② 신선사상
③ 풍수지리사상 ④ 음양오행사상

● 해설
불로장생한다는 신선의 거처를 현실화하고자 섬을 조성(예 백제의 궁남지, 신라의 안압지)

04 다음 중 서양식 전각과 서양식 정원이 조성되어 있는 우리나라 궁궐은?
① 경복궁 ② 창덕궁
③ 덕수궁 ④ 경희궁

● 해설
• 석조전 : 우리나라 최초의 서양건물
• 침상원 : 우리나라 최초의 유럽식 정원, 분수와 연못을 중심으로 한 프랑스식 정원

05 고대 로마의 대표적인 별장이 아닌 것은?
① 빌라 투스카니 ② 빌라 감베라이아
③ 빌라 라우렌티 ④ 빌라 아드리아누스

● 해설
고대 로마 시대 별장
• 라우렌티장(Villa Laurentine) : 전원풍과 도시풍의 혼합형 별장
• 터스카나장, 투스카니장(Villa Tuscana) : 도시풍의 여름용 별장, 토피어리 등장
• 아드리아누스장(Villa Adrianus) : 아드리아누스 황제의 대별장

06 미국 식민지 개척을 통한 유럽 각국의 다양한 사유지 중심의 정원 양식이 공공적인 성격으로 전환되는 계기에 영향을 끼친 것은?
① 스토우 정원 ② 보르비콩트 정원
③ 스투어헤드 정원 ④ 버큰헤드 공원

● 해설
공공적 공원(19C)
• 리젠트 파크(Regent Park) → 버큰헤드 공원 조성에 영향을 줌
• 버큰헤드(Birkenhead) 공원(1843) : 조셉 팩스턴이 설계하고 역사상 처음으로 시민자본의 힘으로 조성한 공원이며 미국 센트럴 파크(Central Park) 설계에 영향을 줌

정답 01 ③ 02 ③ 03 ② 04 ③ 05 ② 06 ④

07 프랑스 평면기하학식 정원을 확립하는 데 가장 큰 기여를 한 사람은?
① 르노트르   ② 메이너
③ 브리지맨   ④ 비니올라

●해설
앙드레 르노트르
'프랑스 조경의 아버지'라 불리며, 이탈리아에서 조경을 공부하였고, 프랑스 평면기하학식 정원을 확립하는 데 크게 기여하였다.

08 형태와 선이 자유로우며, 자연재료를 사용하여 자연을 모방하거나 축소하여 자연에 가까운 형태로 표현한 정원 양식은?
① 건축식   ② 풍경식
③ 정형식   ④ 규칙식

●해설
처음에는 이탈리아, 프랑스의 정형식 양식을 받아들였으나 자연복귀사상과 목가적인 전원풍경 및 전통을 고수하려는 국민성의 영향으로 정형식 조경수법의 수용을 거부하여 자연경관을 살리는 자연풍경식 조경수법이 확립되었다. 자연과의 비율은 1 : 1이다.

09 다음 후원 양식에 대한 설명 중 틀린 것은?
① 한국의 독특한 정원 양식 중 하나이다.
② 괴석이나 세심석 또는 장식을 겸한 굴뚝을 세워 장식하였다.
③ 건물 뒤 경사지를 계단모양으로 만들어 장대석을 앉혀 평지를 만들었다.
④ 경주 동궁과 월지, 교태전 후원의 아미산원, 남원시 광한루 등에서 찾아볼 수 있다.

●해설
경주 동궁과 월지는 안압지 서쪽에 위치한 신라 왕국의 별궁터이며, 광한루는 전라북도 남원시에 위치한 조선중기의 누각이다.

10 현대 도시환경에서 조경 분야의 역할과 관계가 먼 것은?
① 자연환경의 보호유지
② 자연 훼손지역의 복구
③ 기존 대도시의 광역화 유도
④ 토지의 경제적이고 기능적인 이용 계획

●해설
기존 대도시의 광역화 유도는 현대 도시환경에서 조경 분야의 역할과 관련이 없다.

11 다음 설명의 ( ) 안에 들어갈 시설물은?

> 시설지역 내부의 포장지역에도 ( )을/를 이용하여 낙엽성 교목을 식재하면 여름에도 그늘을 만들 수 있다.

① 볼라드(bollard)
② 펜스(fence)
③ 벤치(bench)
④ 수목보호대(grating)

●해설
수목을 식재한 후 뿌리가 완전히 정착할 때까지 보호하기 위해 수목보호대를 설치한다.

12 기존의 레크리에이션 기회에 참여 또는 소비하고 있는 수요(需要)를 무엇이라 하는가?
① 표출수요   ② 잠재수요
③ 유효수요   ④ 유도수요

●해설
• 잠재수요 : 실제로 물건을 살 수 있는 돈을 갖고 물건을 구매하려는 욕구
• 유효수요 : 재화(財貨)와 용역(用役)을 구입하기 위한 금전적 지출을 수반한 수요
• 유도수요 : 광고, 선전 등을 통한 수요

정답 07 ① 08 ② 09 ④ 10 ③ 11 ④ 12 ①

13 주택정원의 시설구분 중 휴게시설에 해당되는 것은?
① 벽천, 폭포
② 미끄럼틀, 조각물
③ 정원등, 잔디등
④ 퍼걸러, 야외탁자

●해설
휴게시설 : 퍼걸러, 벤치, 목재덱, 셸터, 야외탁자, 바비큐장 등

14 조경계획·설계에서 기초적인 자료의 수집과 정리 및 여러 가지 조건의 분석과 통합을 실시하는 단계를 무엇이라 하는가?
① 목표 설정
② 현황분석 및 종합
③ 기본 계획
④ 실시 설계

●해설
자료분석 및 종합

자연환경분석	지형, 토양, 식생, 토질, 수문, 야생동물, 기후
인문환경분석	인구조사, 토지이용, 교통조사, 시설물 조사
경관분석	• 거시경관(전경관, 지형경관, 위요경관, 초점경관) • 세부경관(관개경관, 일시경관)
종합	자연환경분석, 인문환경분석, 경관분석 자료를 종합하는 단계

15 다음 '채도대비'에 관한 설명 중 틀린 것은?
① 무채색끼리는 채도 대비가 일어나지 않는다.
② 채도대비는 명도대비와 같은 방식으로 일어난다.
③ 고채도의 색은 무채색과 함께 배색하면 더 선명해 보인다.
④ 중간색을 그 색과 색상은 동일하고 명도가 밝은 색과 함께 사용하면 훨씬 선명해 보인다.

●해설
채도대비 : 채도가 낮은 탁한 색에 채도가 높은 선명한 색을 올려 놓으면, 채도가 선명한 색은 더욱더 선명하게 보이는 현상 **예** 회색 바탕에 주황색 글씨

16 좌우로 시선이 제한되어 일정한 지점으로 시선이 모이도록 구성하는 경관 요소는?
① 전망
② 통경선(Vista)
③ 랜드마크
④ 질감

●해설
비스타(Vista, 통경선)
좌우로 시선을 집중시키며, 일정 지점으로 시선이 모이도록 구성된 경관

17 조경 시공 재료의 기호 중 벽돌에 해당하는 것은?
① 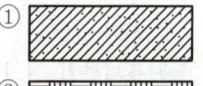 ②
③  ④

●해설
① 타일 및 테라코타
③ 지반
④ 금속

18 다음 중 곡선의 느낌으로 가장 부적합한 것은?
① 온건하다.
② 부드럽다.
③ 모호하다.
④ 단호하다.

●해설
선의 특징

수직선	강한 느낌, 존엄성, 상승력, 엄숙, 위엄, 권위
수평선	평화, 친근, 안락, 평등, 정숙 등 편안한 느낌(**예** 대지의 고요함)
사선	속도, 운동, 불안정, 위험, 긴장, 변화, 활동적 느낌
곡선	부드러움, 우아함, 여성적, 섬세한 느낌 (**예** 구릉지, 하천의 곡선)
직선	두 점 사이를 가장 짧게 연결한 선으로 굳건함, 남성적, 일정한 방향 제시
지그재그선	유동적, 활동적, 호기심, 흥분, 여러 방향 제시

19 모든 설계에서 가장 기본적인 도면은?

① 입면도 ② 단면도
③ 평면도 ④ 상세도

🔵 해설

평면도(平面圖)
- 평면도는 물체를 수직으로 내려다본 것으로 가정하고 작도한 것으로, 모든 설계에서 가장 기본이 되는 도면이다.
- 평면도에는 배치도, 식재평면도, 시설물평면도 등이 있다.

20 조경 실시설계 단계 중 용어의 설명이 틀린 것은?

① 시공에 관하여 도면에 표시하기 어려운 사항을 글로 작성한 것을 시방서라고 한다.
② 공사비를 체계적으로 정확한 근거에 의하여 산출한 서류를 내역서라고 한다.
③ 일반관리비는 단위 작업당 소요인원을 구하여 일당 또는 월급여로 곱하여 얻는다.
④ 공사에 소요되는 자재의 수량, 품 또는 기계 사용량 등을 산출하여 공사에 소요되는 비용을 계산한 것을 적산이라고 한다.

🔵 해설

- 일반관리비 : 기업 유지관리비이며, 순공사원가의 7% 이내에서 계산(본사경비)
- 순공사원가=재료비+노무비+경비
- 이윤 : (노무비+경비+일반관리비)×10% 이내

21 석재의 성인(成因)에 의한 분류 중 변성암에 해당되는 것은?

① 대리석 ② 섬록암
③ 현무암 ④ 화강암

🔵 해설

변성암
화성암 또는 퇴적암이 지각의 변동이나 지열을 받아서 화학적 또는 물리적으로 성질이 변한 암석을 말한다.
- 종류 : 대리석, 편마암, 사문암, 편암

22 레미콘 규격이 '25-210-12'로 표시되어 있을 때 ⓐ-ⓑ-ⓒ 순서대로 의미가 맞는 것은?

① ⓐ 슬럼프, ⓑ 골재최대치수, ⓒ 시멘트의 양
② ⓐ 물·시멘트비, ⓑ 압축강도, ⓒ 골재최대치수
③ ⓐ 골재최대치수, ⓑ 압축강도, ⓒ 슬럼프
④ ⓐ 물·시멘트비, ⓑ 시멘트의 양, ⓒ 골재최대치수

23 다음 설명에 적합한 열가소성수지는?

- 강도, 전기전열성, 내약품성이 양호하고 가소재에 의하여 유연고무와 같은 품질이 되며, 고온, 저온에 약하다.
- 바닥용타일, 시트, 조인트재료, 파이프, 접착제, 도료 등이 주용도이다.

① 페놀수지 ② 염화비닐수지
③ 멜라민수지 ④ 에폭시수지

🔵 해설

염화비닐수지

특징	열을 가하여 성형한 뒤 다시 열을 가하면 형태의 변형을 일으킬 수 있는 수지
종류	염화비닐관, 염화비닐수지(PVC), 폴리에틸렌관, 폴리에틸렌수지, 폴리프로필렌 등

24 인공 폭포, 수목 보호판을 만드는 데 가장 많이 이용되는 제품은?

① 유리블록제품
② 식생호안블록
③ 콘크리트격자블록
④ 유리섬유강화플라스틱

🔵 해설

유리섬유강화플라스틱(Fiber-glass Reinforced Plastic, FRP)
가장 많이 사용하는 플라스틱 제품으로 강도가 약한 플라스틱에 유리섬유 강화제를 넣어 강화시킨 제품으로 벤치, 인공폭포, 인공암, 미끄럼대의 슬라이더, 화분대, 인공동굴, 수목보호대, 놀이기구 등으로 이용된다.

정답 19 ③ 20 ③ 21 ① 22 ③ 23 ② 24 ④

25 알루미나 시멘트의 특징으로 옳은 것은?

① 값이 싸다.
② 조기강도가 크다.
③ 원료가 풍부하다.
④ 타 시멘트와 혼합이 용이하다.

●해설
특수시멘트(알루미나 시멘트)의 특징
• 보크사이트와 석회석을 섞어서 구워 만든 것이다. (긴급공사 등에 많이 사용)
• 조기 강도가 크며, 재령 1일에서 보통포틀랜드 시멘트의 재령 28일 강도를 낸다.

26 다음 중 목재의 장점에 해당하지 않는 것은?

① 가볍다.
② 무늬가 아름답다.
③ 열전도율이 낮다.
④ 습기를 흡수하면 변형이 잘된다.

●해설
목재의 장점
• 색깔 및 무늬 등 외관이 아름답다.
• 재질이 부드럽고 촉감이 좋다.
• 무게가 가볍고 운반이 용이하다.
• 무게에 비하여 강도가 크다.
• 단열성(열이 서로 통하지 않도록 막는 성질)이 크다.
• 가공하기 쉽고 열전도율이 낮다.
• 인장강도가 압축강도보다 크다.
• 가격이 저렴하고 크기에 대한 제한이 없다.
목재의 단점
• 함수율에 따라 변형이 잘된다.
• 부패성이 크다.

27 다음 중 금속 재료에 대한 설명으로 틀린 것은?

① 저탄소강은 탄소함유량이 0.3% 이하이다.
② 강판, 형강, 봉강 등은 압연식 제조법에 의해 제조된다.
③ 구리에 아연 40%를 첨가하여 제조한 합금을 청동이라고 한다.
④ 강의 제조방법에는 평로법, 전로법, 전기로법, 도가니법 등이 있다.

●해설
구리의 특징
• 구리와 아연의 합금형태로 많이 이용한다.
• 합금은 부식이 잘되지 않고 외관이 아름다워서 장식 철구, 공예, 동상 등에 사용된다.
• 황동(놋쇠) : 구리와 아연의 합금이다.
• 청동 : 구리와 주석의 합금이다.

28 다음 조경시설 소재 중 도로 절·성토면의 녹화공사, 해안매립 및 호안공사, 하천제방 및 급류 부위의 법면보호공사 등에 사용되는 코코넛 열매를 원료로 한 천연섬유 재료는?

① 코이어 메시   ② 우드칩
③ 테라소브   ④ 그린블록

29 견치석에 관한 설명 중 옳지 않은 것은?

① 형상은 재두각추체(裁頭角錐體)에 가깝다.
② 접촉면의 길이는 앞면 네 변의 제일 짧은 길이의 3배 이상이어야 한다.
③ 접촉면의 폭은 전면 한 변의 길이의 1/10 이상이어야 한다.
④ 견치석은 흙막이용 석축이나 비탈면의 돌붙임에 쓰인다.

●해설
견치석 쌓기
• 얕은 경우에는 수평으로 쌓고, 높을 경우에는 경사지도록 쌓는 것이 좋다.
• 높이 1.5m까지는 충분한 뒤채움으로 하고 그 이상은 찰쌓기로 채운다.
• 물구멍은 2m마다 설치한다.
• 옹벽, 흙막이용 돌쌓기에 많이 사용한다.
• 앞면, 뒷면, 윗길이, 전면 접촉부 사이에 치수의 제한이 있다.
• 전체 길이는 앞면 길이의 1.5배 이상이다.
• 뒷면 너비는 앞면의 1/16 이상이 되게 한다.
• 허리치기 평균 깊이는 1/10 이상으로 한다.

정답 25 ② 26 ④ 27 ③ 28 ① 29 ②

30 무근콘크리트와 비교한 철근콘크리트의 특성으로 옳은 것은?

① 공사기간이 짧다.
② 유지관리비가 적게 소요된다.
③ 철근 사용의 주목적은 압축강도 보완이다.
④ 가설공사인 거푸집 공사가 필요 없고 시공이 간단하다.

▶해설
철근콘크리트는 무근콘크리트에 비해 압축강도, 인장강도가 높아서 유지관리비가 적게 든다.

31 'Syringa oblata var.dilatata'는 어떤 식물인가?

① 라일락   ② 목서
③ 수수꽃다리   ④ 쥐똥나무

▶해설
- 라일락 : Syringa vulgaris
- 목서 : Osmanthus fragrans
- 쥐똥나무 : Ligustrum obtusifolium

32 다음 중 수관의 형태가 '원추형'인 수종은?

① 전나무   ② 실편백
③ 녹나무   ④ 산수유

▶해설
원추형 수종
낙우송, 삼나무, 전나무, 메타세쿼이아, 독일가문비, 주목, 히말라야시더, 낙엽송(일본 잎갈나무) 등

33 다음 중 인동덩굴(Lonicera japonica Thunb.)에 대한 설명으로 옳지 않은 것은?

① 반상록 활엽 덩굴성
② 원산지는 한국, 중국, 일본
③ 꽃은 1~2개씩 옆액에 달리며 포는 난형으로 길이는 1~2cm
④ 줄기가 외쪽으로 감아 올라가며, 소지는 회색으로 가시가 있고 속이 빔

▶해설
인공덩굴 : 산과 들의 양지바른 곳에서 자라며 길이는 약 5m이다. 줄기는 오른쪽으로 길게 뻗어 다른 물체를 감으면서 올라가며 가지는 붉은 갈색(황갈색)이고 속이 비어 있다. 잎은 마주달리고 긴 타원형이다.

34 서향(Daphne odora Thunb.)에 대한 설명으로 맞지 않는 것은?

① 꽃은 청색계열이다.
② 성상은 상록활엽관목이다.
③ 뿌리는 천근성이고 내염성이 강하다.
④ 잎은 어긋나기하며 타원형이고, 가장자리가 밋밋하다.

▶해설
서향 : 중국이 원산지이고 꽃이 피면 그 향이 천리까지 간다하여 천리향이라고도 부르며, 꽃은 연분홍색이다.

35 팥배나무(Sorbus alnifolia K.Koch)의 설명으로 틀린 것은?

① 꽃은 노란색이다.
② 생장속도는 비교적 빠르다.
③ 열매는 조류 유인식물로 좋다.
④ 잎의 가장자리에 이중거치가 있다.

▶해설
팥배나무 : 꽃이 5월에 흰색으로 피며, 열매는 타원형이고 반점이 뚜렷하다. 9~10월에 붉은색으로 익는다.

36 골담초(Caragana sinica Render)에 대한 설명으로 틀린 것은?

① 콩과(科) 식물이다.
② 꽃은 5월에 피고 단생한다.
③ 생장이 느리고 덩이뿌리로 위로 자란다.
④ 비옥한 사질양토에서 잘 자라고 토박지에서도 잘 자란다.

정답 30 ② 31 ③ 32 ① 33 ④ 34 ① 35 ① 36 ③

◉해설
골담초(선비화)는 생장속도가 빠르며, 뿌리를 골담근이라 한다.

37 다음 중 조경수의 이식에 대한 적응이 가장 어려운 수종은?

① 편백
② 미루나무
③ 수양버들
④ 일본잎갈나무

◉해설
이식이 어려운 수종
독일가문비, 가시나무, 굴거리나무, 태산목, 후박나무, 때죽나무, 피라칸타, 목련, 느티나무, 전나무, 감나무, 주목, 자작나무, 칠엽수, 마가목, 낙엽송 등

38 방풍림(wind shelter) 조성에 알맞은 수종은?

① 팽나무, 녹나무, 느티나무
② 곰솔, 대나무류, 자작나무
③ 신갈나무, 졸참나무, 향나무
④ 박달나무, 가문비나무, 아까시나무

◉해설
방풍림 조성에 알맞은 수종
가시나무류, 구실잣밤나무, 녹나무, 후박나무, 삼나무, 곰솔, 편백, 화백, 느티나무, 떡갈나무, 소나무, 버즘나무, 일본잎갈나무, 박달나무, 가문비나무 등

39 조경수목은 식재지의 위치나 환경조건 등에 따라 적절히 선정하여야 한다. 다음 중 수목의 구비조건으로 가장 거리가 먼 것은?

① 병해충에 대한 저항성이 강해야 한다.
② 다듬기 작업 등 유지관리가 용이해야 한다.
③ 이식이 용이하며, 이식 후에도 잘 자라야 한다.
④ 번식이 힘들고 다량으로 구입이 어려워야 희소성 때문에 가치가 있다.

◉해설
조경수목의 구비 조건
• 이식이 용이하여 이식 후에도 활착이 잘되는 것
• 관상 가치와 실용적 가치가 높을 것
• 불리한 환경에서도 견딜 수 있는 힘이 강할 것
• 번식이 잘되고 손쉽게 다량으로 구입이 가능한 것
• 이식 후 병해충에 대한 저항성이 강할 것
• 이식 후 다듬기 작업 등 유지관리가 용이할 것
• 주변 환경과 조화를 잘 이루며, 사용목적에 적합할 것

40 미선나무(Abeliophyllum distichum Nakai)에 대한 설명으로 틀린 것은?

① 1속 1종
② 낙엽활엽관목
③ 잎은 어긋나기
④ 물푸레나뭇과(科)

◉해설
미선나무의 특징
• 꽃은 지난해에 형성되었다가 3월에 잎보다 먼저 총상 꽃차례로 달린다.
• 물푸레나뭇과로 원산지는 한국이며, 세계적으로 1속 1종뿐이다.
• 열매의 모양이 둥근 부채를 닮았다.
• 잎은 마주나기를 한다.

41 농약제제의 분류 중 분제(粉劑, dusts)에 대한 설명으로 틀린 것은?

① 잔효성이 유제에 비해 짧다.
② 작물에 대한 고착성이 우수하다.
③ 유효성분 농도가 1~5% 정도인 것이 많다.
④ 유효성분을 고체증량제와 소량의 보조제를 혼합 분쇄한 미분말을 말한다.

◉해설
분제
• 농업에서 가루로 된 농약제제의 총칭이다.
• 분제는 유제, 수화제에 비해 고착성이 떨어져 잔효성이 필요한 곳에는 적합하지 않다.

정답 37 ④ 38 ① 39 ④ 40 ③ 41 ②

42 다음 중 철쭉, 개나리 등 화목류의 전정시기로 가장 알맞은 것은?

① 가을 낙엽 후 실시한다.
② 꽃이 진 후에 실시한다.
③ 이른 봄 해동 후 바로 실시한다.
④ 시기와 상관없이 실시할 수 있다.

● 해설
봄 꽃나무(진달래, 철쭉류)는 꽃이 진 후에 전정한다.

43 양버즘나무(플라타너스)에 발생된 흰불나방을 구제하고자 할 때 가장 효과가 좋은 약제는?

① 디플루벤주론수화제
② 결정석회황합제
③ 포스파미돈액제
④ 티오파네이트메틸수화제

● 해설
플라타너스의 흰불나방 약제
그로프수화제(더스반), 주론수화제(디밀린), 디플루벤주론수화제

44 조경수목에 공급하는 속효성 비료에 대한 설명으로 틀린 것은?

① 대부분의 화학비료가 해당된다.
② 늦가을에서 이른 봄 사이에 준다.
③ 시비 후 5~7일 정도면 바로 비효가 나타난다.
④ 강우가 많은 지역과 잦은 시기에는 유실정도가 빠르다.

● 해설
속효성 비료
효력이 빠르며, 3월경 싹이 틀 때와 꽃이 졌을 때, 열매를 땄을 때 소량으로 주며, 7월 이후에는 시비하지 않는다.(동해방지)

45 잔디공사 중 떼심기 작업의 주의사항이 아닌 것은?

① 뗏장의 이음새에는 흙을 충분히 채워준다.
② 관수를 충분히 하여 흙과 밀착되도록 한다.
③ 경사면의 시공은 위쪽에서 아래쪽으로 작업한다.
④ 뗏장을 붙인 다음에 롤러 등의 장비로 전압을 실시한다.

● 해설
경사면 시공 시에는 뗏장 1매당 2개의 떼꽂이를 박아 고정시키며 경사면의 아래에서 위쪽으로 심어나간다.

46 다음 설명에 해당하는 것은?

- 나무의 가지에 기생하며 그 부위가 국소적으로 이상 비대한다.
- 기생당한 부위의 윗부분은 위축되면서 말라 죽는다.
- 참나무류에 가장 큰 피해를 주며, 팽나무, 물오리나무, 자작나무, 밤나무 등의 활엽수에도 많이 기생한다.

① 새삼　　　　　② 선충
③ 겨우살이　　　④ 바이러스

● 해설
겨우살이
참나무, 밤나무, 팽나무 등에 기생하며, 둥지같이 둥글게 자라고 기생목이라 불린다.

47 천적을 이용해 해충을 방제하는 방법은?

① 생물적 방제　　② 화학적 방제
③ 물리적 방제　　④ 임업적 방제

● 해설
병해충 방제법

생물학적 방제	천적 이용
물리학적 방제	잠복소, 낙엽 태우기, 전정가지의 소각, 유살, 경운 등의 이용
화학적 방제	농약 이용

정답 42 ②　43 ①　44 ②　45 ③　46 ③　47 ①

48 곰팡이가 식물에 침입하는 방법은 직접 침입, 자연개구부로 침입, 상처침입으로 구분할 수 있다. 다음 중 직접 침입이 아닌 것은?

① 피목침입
② 흡기로 침입
③ 세포 간 균사로 침입
④ 흡기를 가진 세포 간 균사로 침입

● 해설
곰팡이 침입방법
- 직접 침입 : 기주의 각피 사이로 직접 침입, 흡기로 침입, 세포 간 균사로 침입 등
- 자연개구부로 침입 : 기공으로 침입, 피목침입
- 상처침입 : 상처 난 곳으로 침입, 뿌리 사이의 균열로 침입

49 비탈면의 잔디를 기계로 깎으려면 비탈면의 경사가 어느 정도보다 완만하여야 하는가?

① 1 : 1보다 완만해야 한다.
② 1 : 2보다 완만해야 한다.
③ 1 : 3보다 완만해야 한다.
④ 경사에 상관없다.

50 수목 식재 후 물집을 만드는 데 물집의 크기로 가장 적당한 것은?

① 근원지름(직경)의 1배
② 근원지름(직경)의 2배
③ 근원지름(직경)의 3~4배
④ 근원지름(직경)의 5~6배

● 해설
물이 스며든 다음 흙을 채워 덮고, 물집(10cm 높이)을 만든 후 다시 관수하고 멀칭한다.

51 토공사에서 터파기할 양이 100m³, 되메우기 양이 70m³일 때 실질적인 잔토처리량(m³)은?(단, L = 1.1, C = 0.80이다.)

① 24
② 30
③ 33
④ 39

● 해설
잔토처리
- 터파기한 양의 일부 흙을 되메우기 하고 남은 잔여 토량을 버리는 작업
- 잔토처리량 = 터파기체적 − 되메우기 체적
  = 100m³ − 70m³ = 30m³
- 잔토량은 흐트러진 상태이기 때문에 토량변화율 'L' 값을 곱해준다.
∴ 30m³ × 1.1 = 33m³

52 다음 설명의 ( ) 안에 적합한 것은?

( )란 지질 지표면을 이루는 흙으로, 유기물과 토양 미생물이 풍부한 유기물층과 용탈층 등을 포함한 표층 토양을 말한다.

① 표토
② 조류(algae)
③ 풍적토
④ 충적토

● 해설

구분	단면 상태
A0층 (유기물층)	• A층 위의 유기물로 되어 있는 토양층 • 고유의 층으로 L층(낙엽층), F층(조부식층), H층(정부식층)으로 세분
A층 (표층, 용탈층)	• 토양의 표면이 되는 층 • 미세한 부식과 점토가 A층에서 내려와 미생물과 식물활동이 왕성
B층(하층, 집적층)	• A층으로부터 용탈되어 쌓인 층
C층(기층, 모재층)	• 산화된 토양으로서 여러 가지 색이 보이며, 식물뿌리는 없음
D층(기암, 모암층)	• C층 밑의 암석층

53 조경시설물 유지관리 연관 작업계획에 포함되지 않는 작업 내용은?

① 수선, 교체
② 개량, 신설
③ 복구, 방제
④ 제초, 전정

정답 48 ① 49 ③ 50 ④ 51 ③ 52 ① 53 ④

● 해설

연간관리계획(작업의 종류)

구분	작업내용
정기작업	청소, 점검, 수목의 전정, 병해충 방제, 거름주기, 페인트칠 등의 작업
부정기작업	죽은 나무 제거 및 보식, 시설물의 보수 등의 작업
임시작업	태풍, 홍수 등 기상재해로 인한 피해 등의 작업

※ 제초와 전정은 수목에 대한 유지관리 계획에 해당된다.

54 건설공사 표준품셈에서 사용되는 기본(표준형) 벽돌의 표준 치수(mm)로 옳은 것은?

① 180×80×57
② 190×90×57
③ 210×90×60
④ 210×100×60

● 해설

벽돌종류	0.5B	1.0B	1.5B	2.0B
기존형 (210×100×60mm)	65	130	195	260
표준형 (190×90×57mm)	75	149	224	298

55 다음 설명에 해당하는 공법은?

- 면상의 매트에 종자를 붙여 비탈면에 포설·부착하여 일시적인 조기녹화를 도모하도록 시공한다.
- 비탈면을 평평하게 끝 손질한 후 매꽂이 등을 꽂아주어 떠오르거나 바람에 날리지 않도록 밀착한다.
- 비탈면 상부 0.2m 이상을 흙으로 덮고 단부(端部)를 흙 속에 묻어 넣어 비탈면 어깨로부터 물의 침투를 방지한다.
- 긴 매트류로 시공할 때에는 비탈면의 위에서 아래로 길게 세로로 깔고, 흙 쌓기 비탈면을 다지고 붙일 때에는 수평으로 깔며 양단을 0.05m 이상 중첩한다.

① 식생대공
② 식생자루공
③ 식생매트공
④ 종자분사파종공

● 해설

식생매트공
종자와 비료 등을 풀로 부착한 매트류(짚, 섬유망 등)로, 비탈면을 전면적으로 피복하는 공법

56 수준측량에서 표고(標高 : elevation)라 함은 일반적으로 어느 면(面)으로부터 연직거리를 말하는가?

① 해면(海面)
② 기준면(基準面)
③ 수평면(水平面)
④ 지평면(地平面)

● 해설

수준측량(레벨측량)
- 여러 점의 표고 또는 고저차를 구하거나 높이를 설정하는 측량
- 수준측량에 필요한 도구 : 레벨기, 표척, 야장, 줄자 등

57 다음 중 콘크리트의 공사에 있어서 거푸집에 작용하는 콘크리트 측압의 증가 요인이 아닌 것은?

① 타설 속도가 빠를수록
② 슬럼프가 클수록
③ 다짐이 많을수록
④ 빈배합일 경우

● 해설

콘크리트측압에 영향을 미치는 요인
- 콘크리트의 타설 높이가 높으면 측압이 크다.
- 콘크리트의 타설 속도가 빠르면 측압이 크다.
- 콘크리트의 슬럼프가 커질수록 측압이 크다.
- 슬럼프 값이 클수록 측압이 크다.
- 시공연도가 좋을수록 측압이 크다.
- 붓기속도가 빠를수록 측압이 크다.
- 다짐이 많을수록 측압이 크다.
- 철근량이 많을수록 측압이 작다.
- 수평부재가 수직부재보다 측압이 작다.
※ 빈배합 : 시멘트 함량이 적은 콘크리트 배합

정답 54 ② 55 ③ 56 ② 57 ④

58 다음 중 현장 답사 등과 같은 높은 정확도를 요하지 않는 경우에 간단히 거리를 측정하는 약측정 방법에 해당하지 않는 것은?

① 목측 ② 보측
③ 시각법 ④ 줄자측정

● 해설
목측(눈대중), 보측(걸음짐작) 등은 대략적인 측정이고, 줄자는 거리와 길이 등 정확한 수치가 필요할 때 사용된다.

59 다음 [보기]가 설명하는 특징의 건설장비는?

- 기동성이 뛰어나고, 대형목의 이식과 자연석의 운반, 놓기, 쌓기 등에 가장 많이 사용된다.
- 기계가 서 있는 지반보다 낮은 곳의 굴착에 좋다.
- 파는 힘이 강력하고 비교적 경질지반도 적용한다.
- Drag Shovel이라고도 한다.

① 로더(Loader)
② 백 호(Back Hoe)
③ 불도저(Bulldozer)
④ 덤프트럭(Dump Truck)

● 해설
백 호(Back Hoe)
굴착용 기계로 버킷 밑으로 내려 앞쪽으로 긁어 올려 흙을 깎는 기계

60 토양환경을 개선하기 위해 유공관을 지면과 수직으로 뿌리 주변에 세워 토양 내 공기를 공급하여 뿌리호흡을 유도하는데, 유공관의 깊이는 수종, 규격, 식재지역의 토양 상태에 따라 다르게 할 수 있으나, 평균 깊이는 몇 미터 이내로 하는 것이 바람직한가?

① 1m ② 1.5m
③ 2m ④ 3m

● 해설
유공관 암거
- 자갈층에 구멍이 있는 관을 설치한 것이다.
- 유공관의 깊이는 지면으로부터 평균 1m로 한다.

정답 58 ④ 59 ② 60 ①

2016년 04월 02일 기출문제

01 형태는 직선 또는 규칙적인 곡선에 의해 구성되고 축을 형성하며 연못이나 화단 등의 각 부분에도 대칭형이 되는 조경 양식은?

① 자연식 ② 풍경식
③ 정형식 ④ 절충식

해설

정형식의 특징
- 서아시아와 유럽지역에서 발달한 형식을 포함한 기하학식 정원
- 건물에서 뻗어 나가는 강한 축을 중심으로 좌우 대칭형
- 수목을 전지·전정하여 기하학적 모양으로 장식

02 다음 중 정원에 사용되었던 하하(Ha-ha) 기법을 가장 잘 설명한 것은?

① 정원과 외부 사이 수로를 파서 경계하는 기법
② 정원과 외부 사이 언덕으로 경계하는 기법
③ 정원과 외부 사이 교목으로 경계하는 기법
④ 정원과 외부 사이 산울타리를 설치하여 경계하는 기법

해설

하하(Ha-Ha) 기법
담장 대신 정원부지의 경계선에 해당하는 곳에 깊은 도랑을 파서 외부로부터 침입을 막고 가축을 보호하며, 목장, 삼림, 경지 등을 전원풍경 속에 끌어들일 의도로 만들어졌다.
'하하'란 이 도랑의 존재를 모르고 원로를 따라 걷다가 갑자기 원로가 차단되었음을 발견하고 무의식중에 감탄사로 생긴 이름이다.

03 다음 고서에서 조경식물에 대한 기록이 다루어지지 않은 것은?

① 고려사 ② 악학궤범
③ 양화소록 ④ 동국이상국집

해설

악학궤범 : 성종 24년(1493년) 예조판서 겸 장악원 제조인 성현, 유자광 등이 편찬한 조선 전기의 음악을 집대성한 책이다. 앞서 세종 시대에 이뤄진 대대적인 음악 정비의 성과를 바탕으로 당시 음악의 모든 것을 기술하고 있다.

04 스페인 정원에 관한 설명으로 틀린 것은?

① 규모가 웅장하다.
② 기하학적인 터 가르기를 한다.
③ 바닥에는 색채타일을 이용하였다.
④ 안달루시아(Andalusia) 지방에서 발달했다.

해설

파티오(Patio)는 웅대함보다는 화려함(다채로운 색)이 극치를 이루는 정원

05 다음 중 고산수수법의 설명으로 알맞은 것은?

① 가난함이나 부족함 속에서도 아름다움을 찾아내어 검소하고 한적한 삶을 표현
② 이끼 낀 정원석에서 고담하고 한아를 느낄 수 있도록 표현
③ 정원의 못을 복잡하게 표현하기 위해 호안을 곡절시켜 심(心)자와 같은 형태의 못을 조성
④ 물이 있어야 할 곳에 물을 사용하지 않고 돌과 모래를 사용해 물을 상징적으로 표현

정답 01 ③ 02 ① 03 ② 04 ① 05 ④

◉ 해설
고산수수법
• 불교의 영향으로 물을 전혀 사용하지 않고 나무, 바위, 왕모래 사용
• 대표정원 : 대덕사 대선원, 용안사 방장선원

06 경복궁 내 자경전의 꽃담 벽화문양에 표현되지 않은 식물은?
① 매화 ② 석류
③ 산수유 ④ 국화

◉ 해설
• 십장생 굴뚝(보물) : 벽면에 십장생(해, 산, 구름, 바위, 소나무, 거북, 사슴, 학, 불로초, 물)과 포도, 연꽃, 대나무가 장식
• 자경전 꽃담 벽화 : 꽃, 나비, 국화, 대나무, 석류, 천도, 매화 등 표현

07 우리나라 부유층의 민가정원에서 유교의 영향으로 부녀자들을 위해 특별히 조성된 부분은?
① 전정 ② 중정
③ 후정 ④ 주정

◉ 해설
후정의 특징
풍수지리설과 택지선정에 영향을 받아 후원이 발달하였고 사랑채의 후면에 경사가 심할 때 화계로 만들어졌다.

08 다음 중 고대 이집트의 대표적인 정원수는?

• 강한 직사광선으로 인하여 녹음수로 많이 사용
• 신성시하여 사자(死者)를 이 나무 그늘 아래 쉬게 하는 풍습이 있었음

① 파피루스 ② 버드나무
③ 장미 ④ 시카모어

◉ 해설
시카모어 나무
현재 이집트 델타 지역과 상이집트 지역 전체적으로 분포되어 있고 오아시스 지역에도 존재한다. 사람들은 과거에서부터 현재까지 이 나무를 좋아했다. 또한 수차나 우물, 농기구를 만들 때도 재료로 많이 사용되었다. 시카모어는 고대 이집트에서 외관상 아름답고 그늘을 주기 때문에 주로 넓은 대로의 양 옆에 심었다.

09 다음 중 독일의 풍경식 정원과 가장 관계가 깊은 것은?
① 한정된 공간에서 다양한 변화를 추구
② 동양의 사의주의 자연풍경식을 수용
③ 외국에서 도입한 원예식물의 수용
④ 식물생태학, 식물지리학 등의 과학이론의 적용

◉ 해설
독일정원의 특징
• 독일은 유럽 각국의 정원 스타일이 혼재하는 듯한 개성 없는 구성식 정원이었으나 19세기 말엽이 되어서야 실용적 정원이 발달하였다.
• 과학적 지식을 이용하며 자연경관의 재생이 주목적이다.
• 그 지방의 향토수종을 배식하여 자연스러운 경관을 형성하였다.

10 다음 중 사적인 정원이 공적인 공원으로 역할전환의 계기가 된 사례는?
① 에스테장 ② 베르사이유궁
③ 켄싱턴 가든 ④ 센트럴 파크

◉ 해설
19세기 뉴욕 맨해튼에 센트럴 파크 조성(사적인 정원에서 공적인 정원으로 전환의 계기)

정답 06 ③ 07 ③ 08 ④ 09 ④ 10 ④

11 주택정원거실 앞쪽에 위치한 뜰로, 옥외생활을 즐길 수 있는 공간은?

① 안뜰   ② 앞뜰
③ 뒤뜰   ④ 작업뜰

● 해설
안뜰
- 응접실이나 거실 전면에 햇볕이 잘 드는 양지바른 곳에 배치
- 사생활이 보호될 수 있도록 주변에는 적절한 수목이나 시설물 배치
- 퍼걸러, 정자, 목재데크, 벤치, 야외탁자, 바비큐장 등 설치

12 조경계획 및 설계과정에 있어서 각 공간의 규모, 사용재료, 마감방법을 제시해 주는 단계는?

① 기본구상   ② 기본계획
③ 기본설계   ④ 실시설계

● 해설
- 기본구상 : 수집한 자료를 종합한 후 이를 바탕으로 개략적인 계획안을 결정하는 단계로 버블 다이어그램으로 표현한다.
- 기본계획 : 최종적으로 선택한 대안을 기본계획(Master plan)으로 확정한다.
- 기본설계 : 각 부분을 더욱 구체적으로 발전시켜 각 공간의 정확한 규모, 사용재료, 마감 방법 등 입체적 공간을 창조하는 단계이다.
- 실시설계 : 기본계획에 따라 실제 시공이 가능하도록 평면상세도, 단면상세도, 배식설계, 시설물상세 및 시방서 및 공사비내역서 등 시공도면을 작성하는 단계이다.

13 도시 내부와 외부의 관련이 매우 좋으며 재난 시 시민들의 빠른 대피에 효과를 발휘하는 녹지 형태는?

① 분산식   ② 방사식
③ 환상식   ④ 평행식

● 해설
방사식
도시의 중심에서 외부로 방사상 녹지대 조성

14 다음 [보기]의 행위 시 도시공원 및 녹지 등에 관한 법률상의 벌칙 기준은?

- 입장료 등의 징수에 관한 사항을 위반하여 도시공원에 입장하는 사람으로부터 입장료를 징수한 자
- 허가를 받지 아니하거나 허가받은 내용을 위반하여 도시공원 또는 녹지에서 시설주·건축물 또는 공작물을 설치한 자

① 2년 이하의 징역 또는 3천만 원 이하의 벌금
② 1년 이하의 징역 또는 1천만 원 이하의 벌금
③ 1년 이하의 징역 또는 500만 원 이하의 벌금
④ 1년 이하의 징역 또는 3천만 원 이하의 벌금

15 표제란에 대한 설명으로 옳은 것은?

① 도면명은 표제란에 기입하지 않는다.
② 도면 제작에 필요한 지침을 기록한다.
③ 도면번호, 도명, 작성자명, 작성일자 등에 관한 사항을 기입한다.
④ 용지의 긴 쪽 길이를 가로 방향으로 설정할 때 표제란을 왼쪽 아래 구석에 위치시킨다.

● 해설
표제란에는 공사명, 도면명, 범례, 축척, 설계자명, 도면 번호, 설계 일시 등을 기입한다.

16 먼셀 색채계의 기본색인 5가지 주요 색상으로 바르게 짝지어진 것은?

① 빨강, 노랑, 초록, 파랑, 주황
② 빨강, 노랑, 초록, 파랑, 보라
③ 빨강, 노랑, 초록, 파랑, 청록
④ 빨강, 노랑, 초록, 남색, 주황

● 해설
먼셀 색채계
- 3색(빛 : 빨강, 파랑, 녹색/물감 : 빨강, 파랑, 노랑)
- 5원색 : 빨강, 노랑, 녹색, 파랑, 보라
- 10원색 : 빨강(R), 주황(YR), 노랑(Y), 연두(GY), 녹색(G), 청록(BG), 파랑(B), 남색(PB), 보라(P), 자주(RP)

정답 11 ① 12 ③ 13 ② 14 ② 15 ③ 16 ②

17 건설재료인 골재의 단면표시 중 잡석을 나타낸 것은?

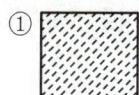 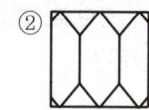

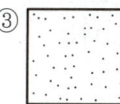 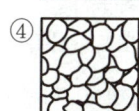

18 대형건물의 외벽도색을 위한 색채계획을 할 때 사용하는 컬러샘플(color sample)은 실제의 색보다 명도나 채도를 낮추어서 사용하는 것이 좋다. 이는 색채의 어떤 현상 때문인가?
① 착시효과　② 동화현상
③ 대비효과　④ 면적효과

● 해설
면적대비
- 면적이 크면 밝아 보인다.(명도, 채도 증가)
- 면적이 작으면 어두워 보인다.(명도, 채도 감소)

19 색채와 자연환경에 대한 설명으로 옳지 않은 것은?
① 풍토색은 기후와 토지의 색, 즉 지역의 태양빛, 흙의 색 등을 의미한다.
② 지역색은 그 지역의 특성을 전달하는 색채와 그 지역의 역사, 풍속, 지형, 기후 등의 지방색과 합쳐 표현된다.
③ 지역색은 환경색채계획 등 새로운 분야에서 사용되기 시작한 용어이다.
④ 풍토색은 지역의 건축물, 도로환경, 옥외광고물 등의 특징을 갖고 있다.

● 해설
풍토색
서로 다른 환경적 특색을 지닌 지역적 특징의 색을 말한다. 그 지역의 토지, 자연, 인간과 어울려 형성된 특유의 풍토로 생활, 문화, 산업에 영향을 준다.

20 오른손잡이의 선긋기 연습에서 고려해야 할 사항이 아닌 것은?
① 수평선 긋기 방향은 왼쪽에서 오른쪽으로 긋는다.
② 수직선 긋기 방향은 위쪽에서 아래쪽으로 내려 긋는다.
③ 선은 처음부터 끝나는 부분까지 일정한 힘으로 한 번에 긋는다.
④ 선의 연결과 교차부분이 정확하게 되도록 한다.

● 해설
선긋기 연습 시 주의사항
- 선 긋는 방향은 수평선은 왼쪽에서 오른쪽으로, 수직선은 아래에서 위쪽으로 긋는다.
- 처음부터 끝나는 부분까지 일정한 힘으로 긋는다.
- 선의 연결과 교차가 정확하게 되도록 긋는다.

21 다음 중 방부 또는 방충을 목적으로 하는 방법으로 가장 부적합한 것은?
① 표면탄화법　② 약제도포법
③ 상압주입법　④ 마모저항법

● 해설
방부제 처리법

도장법	• 목재 표면에 방수제, 살균제를 처리하는 방법으로 작업이 쉽고, 비용 저렴 • 페인트, 니스, 콜타르, CCA방부제, 크레오소트 오일, 콜타르, 아스팔트 등
표면탄화법	• 목재 표면을 3~10mm 깊이로 태워 탄화시키는 방법 • 흡수성이 증가하는 단점이 있으며, 효과의 지속성 부족
침투법	상온에서 CCA, 크레오소트 오일 등에 목재를 담가 침투시키는 방법
도포법	가장 간단한 방법으로서 방부처리 전에 목재를 충분히 건조한 후 균열이나 이음부 등에 주의하여 솔 등으로 바르는 것으로 크레오소트 오일을 사용할 때에는 80~90℃ 정도로 가열하면 침투가 잘된다. 침투깊이는 5~6mm이다.

정답　17 ②　18 ④　19 ④　20 ②　21 ④

상압주입법	80~120℃의 크레오소트 오일액에 3~6시간 담근 후 다시 찬 액 속에 5~6시간 담그면 15mm 정도까지 침투
가압주입법	• 밀폐관 안에 방부제를 넣고 7~13kg/cm² 기압으로 가압하여 주입하는 방법 • 70℃의 크레오소트가 가장 효과적(철도 침목에 많이 사용)

22 조경공사의 돌쌓기용 암석을 운반하기에 가장 적합한 재료는?

① 철근 ② 쇠파이프
③ 철망 ④ 와이어로프

● 해설
와이어 로프
- 지름이 0.26mm~5.0mm인 가는 철선을 몇 개 꼬아서 기본 로프를 만들고, 이것을 다시 여러 개 꼬아 만든 것이다.
- 케이블, 공사용 와이어로프 등이 있다.

23 다음 [보기]가 설명하는 건설용 재료는?

- 갈라진 목재 틈을 메우는 정형 실링재이다.
- 탄성복원력이 적거나 거의 없다.
- 일정 압력을 받는 새시의 접합부 쿠션 겸 실링재로 사용되었다.

① 프라이머
② 코킹
③ 퍼티
④ 석고

● 해설
퍼티(Putty)
유지 혹은 수지와 탄산칼슘 등의 충전재를 혼합하여 만든 것으로, 창유리를 끼우는 곳, 갈라짐이나 틈을 채우는 곳이나 도장바탕을 고르는 데 사용한다.

24 쇠망치 및 날메로 요철을 대강 따 내고, 거친 면을 그대로 두어 부풀린 느낌으로 마무리하는 것으로, 중량감, 자연미를 주는 석재가공법은?

① 혹두기 ② 정다듬
③ 도드락다듬 ④ 잔다듬

● 해설
석재가공방법

혹두기	쇠메를 사용하여 석재 표면의 돌출된 부분만 대강 떼어 내는 작업
정다듬	혹두기한 면을 정으로 비교적 고르게 다듬는 작업
도드락다듬	정다듬한 표면을 도드락망치를 이용하여 1~3회 정도 곱게 다듬는 작업
잔다듬	• 외날망치나 양날망치로 정다듬면 또는 도드락다듬면을 일정 방향이나 평행선으로 나란히 찍어 다듬어 평탄하게 마무리 하는 것 • 다듬는 횟수는 용도에 따라 1~5회 정도
물갈기	잔다듬한 면을 연마기나 숫돌로 매끈하게 갈아 내는 방법

25 건설용 재료에 대한 설명으로 틀린 것은?

① 미장재료 – 구조재의 부족한 요소를 감추고 외벽을 아름답게 나타내 주는 것
② 플라스틱 – 합성수지에 가소제, 채움제, 안정제, 착색제 등을 넣어서 성형한 고분자 물질
③ 역청재료 – 최근에 환경 조형물이나 안내판 등에 널리 이용되고, 입체적인 벽면구성이나 특수지역의 바닥 포장재로 사용
④ 도장재료 – 구조재의 내식성, 방부성, 내마멸성, 방수성, 방습성 및 강도 등이 높아지고 광택 등 미관을 높여 주는 효과를 얻음

● 해설
역청
천연산(석유·천연가스·석탄)을 가공(건류·증류)하여 얻는 유기 화합물로 주요한 것은 아스팔트, 타르, 피치 등이며, 방수, 방부, 포장 등에 사용된다.

정답 22 ④ 23 ③ 24 ① 25 ③

26 내부 진동기를 사용하여 콘크리트 다지기를 실시할 때 내부 진동기를 찔러 넣는 간격은 얼마 이하를 표준으로 하는 것이 좋은가?

① 30cm
② 50cm
③ 80cm
④ 100cm

● 해설
중요한 공사는 진동기를 이용해 충격을 주어 치밀하게 다지는 방법을 사용한다.
※ 내부 진동기로 다지기를 할 때 내부 진동기를 하층의 콘크리트 속으로 10cm 정도 찔러 넣으며, 삽입 간격은 50cm 이하로 한다.

27 굵은 골재의 절대 건조 상태의 질량이 1,000g, 표면건조포화 상태의 질량이 1,100g, 수중질량이 650g일 때 흡수율은 몇 %인가?

① 10.0%
② 28.6%
③ 31.4%
④ 35.0%

● 해설
흡수율

$$\frac{표면건조포화상태 - 절대건조상태}{절대건조상태} \times 100$$

$$\frac{1,100 - 1,000}{1,000} \times 100 = 10\%$$

28 시멘트의 강열감량(ignition loss)에 대한 설명으로 틀린 것은?

① 시멘트 중에 함유된 H_2O와 CO_2의 양이다.
② 클링커와 혼합하는 석고의 결정수량과 거의 같은 양이다.
③ 시멘트에 약 1,000℃의 강한 열을 가했을 때의 시멘트 감량이다.
④ 시멘트가 풍화하면 강열감량이 적어지므로 풍화의 정도를 파악하는 데 사용된다.

● 해설
시멘트 풍화현상
비중이 작아지고, 응결이 늦어지며, 강도가 저하되고, 강열감량이 증가한다.

29 아스팔트의 물리적 성질과 관련된 설명으로 옳지 않은 것은?

① 아스팔트의 연성을 나타내는 수치를 신도라 한다.
② 침입도는 아스팔트의 컨시스턴시를 임의 관 입저항으로 평가하는 방법이다.
③ 아스팔트에는 명확한 융점이 있으며, 온도가 상승하는 데 따라 연화하여 액상이 된다.
④ 아스팔트는 온도에 따른 컨시스턴시의 변화가 매우 크며, 이 변화의 정도를 감온성이라 한다.

● 해설
아스팔트에는 명확한 융점(녹는점)이 존재하지 않으며 온도가 높아지면 액체 상태가 되고 저온에서는 매우 딱딱해진다.

30 새끼(볏짚제품)의 용도 설명으로 가장 부적합한 것은?

① 더위에 약한 수목을 보호하기 위해서 줄기에 감는다.
② 옮겨 심는 수목의 뿌리분이 상하지 않도록 감아준다.
③ 강한 햇볕에 줄기가 타는 것을 방지하기 위하여 감아준다.
④ 천공성 해충의 침입을 방지하기 위하여 감아준다.

● 해설
새끼는 굴취 시 뿌리분을 보호하기 위해서, 추위와 햇볕으로부터 수피를 보호하기 위해 감아주는 용도로 사용한다.

31 무너짐 쌓기를 한 후 돌과 돌 사이에 식재하는 식물재료로 가장 적합한 것은?

① 장미
② 회양목
③ 화살나무
④ 꽝꽝나무

정답   26 ②   27 ①   28 ④   29 ③   30 ①   31 ②

● 해설
돌틈식재
돌과 돌 사이의 빈 공간에 양질의 흙을 채워 철쭉이나 회양목 등의 관목류와 초화류를 식재한다.

32 다음 중 아황산가스에 강한 수종이 아닌 것은?
① 고로쇠나무 ② 가시나무
③ 편백 ④ 칠엽수

● 해설

아황산가스에 강한 수종	편백, 화백, 가이즈카향나무, 향나무, 가시나무, 사철나무, 플라타너스, 능수버들, 취똥나무, 무궁화 등
아황산가스에 약한 수종	소나무, 잣나무, 전나무, 삼나무, 자작나무, 단풍나무, 매화나무, 느티나무, 백합나무, 히말라야시더, 고로쇠나무 등

33 단풍나뭇과(科)에 해당하지 않는 수종은?
① 고로쇠나무 ② 복자기
③ 소사나무 ④ 신나무

● 해설
단풍이 아름다운 나무

구분	주요 수목명
홍색계	단풍나무류(고로쇠나무 제외), 화살나무, 붉나무, 감나무, 당단풍나무, 복자기, 산딸나무, 매자나무, 참빗살나무, 남천 등
황색 및 갈색계	은행나무, 벽오동, 버드나무류, 느티나무, 계수나무, 낙우송, 메타세쿼이아, 고로쇠나무, 참느릅나무, 때죽나무, 석류나무, 칠엽수, 갈참나무, 졸참나무 등

※ 소사나무는 자작나뭇과이다.

34 다음 중 양수에 해당하는 수종은?
① 일본잎갈나무 ② 조록싸리
③ 식나무 ④ 사철나무

● 해설

분류	주요 수목명
음수	주목, 전나무, 독일가문비나무, 호랑가시나무, 팔손이나무, 비자나무, 가시나무, 녹나무, 후박나무, 동백나무, 회양목, 광나무 등
양수	소나무, 곰솔, 일본잎갈나무, 측백나무, 포플러류, 가중나무, 무궁화, 향나무, 은행나무, 철쭉류, 느티나무, 자작나무, 백목련, 개나리 등

35 다음 중 내염성이 가장 큰 수종은?
① 사철나무 ② 목련
③ 낙엽송 ④ 일본목련

● 해설
내염성에 강한 수종
비자나무, 주목, 곰솔, 측백나무, 쥐똥나무, 가이즈카향나무, 굴거리나무, 녹나무, 태산목, 후박나무, 아왜나무, 먼나무, 후피향나무, 동백나무, 호랑가시나무, 팔손이나무, 모감주나무, 사철나무, 진달래 등

36 형상수(topiary)를 만드는 데 가장 적합한 수종은?
① 주목 ② 단풍나무
③ 개벚나무 ④ 전나무

● 해설
형상수(topiary)
- 여러 가지 형태를 모방하거나 기하학적인 모양으로 수관을 다듬어 만든 수형이다.
- 동물모양, 글자 등 일정한 형태를 갖도록 인위적으로 전정한 수형이다.

예 주목, 회양목 등

정답 32 ① 33 ③ 34 ① 35 ① 36 ①

37 화단에 심는 초화류가 갖추어야 할 조건으로 가장 부적합한 것은?

① 가지수는 적고 큰 꽃이 피어야 한다.
② 바람, 건조 및 병해충에 강해야 한다.
③ 꽃의 색채가 선명하고, 개화기간이 길어야 한다.
④ 성질이 강건하고 재배와 이식이 비교적 용이해야 한다.

● 해설
화단용 초화류의 조건
• 모양이 아름답고 키가 되도록 작을 것
• 꽃과 가지가 많이 달릴 것
• 꽃의 색깔이 선명하고 개화기간이 길 것
• 건조와 바람, 병해충에 강할 것
• 환경에 대한 적응성이 강할 것

38 수종과 그 줄기색(樹皮)의 연결이 틀린 것은?

① 벽오동은 녹색 계통이다.
② 곰솔은 흑갈색 계통이다.
③ 소나무는 적갈색 계통이다.
④ 흰말채나무는 흰색 계통이다.

● 해설
흰말채나무
겨울철 줄기의 붉은색을 감상하기 위한 수종

39 귀룽나무(Prunus padus L.)에 대한 특성으로 맞지 않는 것은?

① 원산지는 한국, 일본이다.
② 꽃과 열매는 백색계열이다.
③ Rosaceae과(科) 식물로 분류된다.
④ 생장속도가 빠르고 내공해성이 강하다.

● 해설
귀룽나무의 열매는 적색이며, 8월 이후 검정색으로 변한다.

40 능소화(Campsis grandifolia K.Schum.)에 대한 설명으로 틀린 것은?

① 낙엽활엽덩굴성이다.
② 잎은 어긋나며 뒷면에 털이 있다.
③ 나팔모양의 꽃은 주황색으로 화려하다.
④ 동양적인 정원이나 사찰 등의 관상용으로 좋다.

● 해설
능소화 : 잎은 마주보기를 하며 기수 1회 우상복엽이며, 7~8월경에 아름다운 주황색 꽃이 피는 낙엽성 덩굴식물이다.

41 봄에 향나무의 잎과 줄기에 갈색의 돌기가 형성되고 비가 오면 한천모양이나 젤리모양으로 부풀어 오르는 병은?

① 향나무 가지마름병
② 향나무 그을음병
③ 향나무 붉은별무늬병
④ 향나무 녹병

● 해설
향나무 녹병의 병징
• 봄에 향나무의 잎과 줄기에 갈색의 돌기가 형성되며, 비가 와서 수분이 많아지면 황색의 한천모양으로 부풀어 오른다.
• 이때 동포자는 발아하여 장미과 식물로 옮겨간다.
• 6~7월에 장미과 식물의 잎과 열매 등에 작은 노란색 반점이 나타나고, 그 중앙에 흑색점이 생긴다.

42 잔디의 병해 중 녹병의 방제약으로 옳은 것은?

① 만코제브(수)
② 테부코나졸(유)
③ 에마멕틴벤조에이트(유)
④ 글루포시네이트암모늄(액)

● 해설
잔디 녹병의 병징
• 한국잔디에 발생하는 대표적인 병으로 기온이 떨어지면 소멸된다.

정답 37 ① 38 ④ 39 ② 40 ② 41 ④ 42 ②

- 엽초에 황갈색 반점이 나타난다.
- 질소부족, 배수불량, 답압이 많을 때 발생한다.
- 방제약 : 테부코나졸(유)

43 25% A유제 100mL를 0.05%의 살포액으로 만드는 데 소요되는 물의 양(L)으로 가장 가까운 것은?(단, 비중은 1.0이다.)

① 5
② 25
③ 50
④ 100

● 해설

- 원액의 용량 × $\left(\dfrac{원액의 농도}{희석할 농도}\right)$ × 비중
- $100 \times \left(\dfrac{25}{0.05}\right) \times 1 = 50,000$, L로 환산하면 50L

44 해충의 체(體) 표면에 직접 살포하거나 살포된 물체에 해충이 접촉되어 약제가 체내에 침입하여 독(毒) 작용을 일으키는 약제는?

① 유인제
② 접촉살충제
③ 소화중독제
④ 화학불임제

● 해설

방제에 따른 농약의 분류

소화중독제	• 해충의 입을 통해서 소화기관 내에 들어가 중독 작용을 일으킨다. • 식엽성 방제
침투성 살충제	• 약제를 토양에 살포하여 식물에 흡수시키며, 오랜 기간 동안 방제 효과가 있다. • 흡즙성 방제
접촉성 살충제	표면에 직접 살포하거나 살포된 물체에 해충이 접촉되어 약제가 체내에 침입하여 독 작용을 일으킨다.
지속성 접촉제	천적 등 방제대상이 아닌 곤충류에 가장 큰 피해를 준다.
기피제	해충에 자극(냄새)를 주어 가까이 오지 못하게 한다.
유인제	유인해서 죽인다.

45 도시공원 녹지 중 수림지 관리에서 그 필요성이 가장 떨어지는 것은?

① 시비(施肥)
② 하예(下刈)
③ 제벌(除伐)
④ 병해충 방제

● 해설

수림지는 혼유림(활엽수 + 침엽수)으로 시비 요구도가 낮다.
※ 하예(下刈, 밑풀깎기) : 식재한 묘목의 생육을 방해하는 잡초목을 자르는 작업을 말한다.

46 다음 설명에 해당하는 파종 공법은?

- 종자, 비료, 파이버(fiber), 침식방지제 등 물과 교반하여 펌프로 살포 · 녹화한다.
- 비탈 기울기가 급하고 토양조건이 열악한 급경사지에 기계와 기구를 사용해서 종자를 파종한다.
- 한랭도가 적고 토양 조건이 어느 정도 양호한 비탈면에 한하여 적용한다.

① 식생매트공
② 볏짚거적덮기공
③ 종자분사파종공
④ 지하경뿜어붙이기공

47 장미 검은무늬병은 주로 식물체의 어느 부위에 발생하는가?

① 꽃
② 잎
③ 뿌리
④ 식물 전체

● 해설

검은무늬병
잎에 검은 병반이 생기면서 일찍 떨어져 수세가 약화되며, 여름철에 비가 많고 기온이 낮으면 피해가 심하다.

48 진딧물의 방제를 위하여 보호하여야 하는 천적으로 볼 수 없는 것은?

① 무당벌레류
② 꽃등애류
③ 솔잎벌류
④ 풀잠자리류

정답 43 ③ 44 ② 45 ① 46 ③ 47 ② 48 ③

●해설
생물학적 방제법
무당벌레류, 풀잠자리, 꽃등애류, 기생벌

49 수목의 이식 전 세근을 발달시키기 위해 실시하는 작업을 무엇이라 하는가?
① 가식
② 뿌리돌림
③ 뿌리분 포장
④ 뿌리외과수술

●해설
뿌리돌림의 목적
• 이식을 위한 예비조치로 수목의 뿌리를 잘라 내거나 환상박피를 함으로써 나무 뿌리의 세근을 많이 발달시켜 이식력을 높이려는 것이다.
• 생리적으로 이식을 싫어하는 수목 또는 세근이 잘 발달하지 않아 극히 활착하기 어려운 야생 상태의 수목 및 노목(老木), 병목(病木)의 세력 갱신을 위해서도 실시한다.
• 새로운 잔뿌리 발생을 목적으로 뿌리돌림을 한다.

50 수목을 장거리 운반할 때 주의해야 할 사항이 아닌 것은?
① 병해충 방제
② 수피 손상 방지
③ 분 깨짐 방지
④ 바람 피해 방지

●해설
수목 운반 시 보호조치
• 세근이 절단되지 않도록 충격을 주지 않아야 한다.
• 수목과 접촉하는 부위에는 짚, 가마니 등의 완충재를 깔아 사용한다.
• 손상과 수분증발억제를 위하여 줄기를 거적이나 가마니로 싼다.
• 뿌리분은 차의 앞쪽을 향하고, 수관은 차의 뒤쪽을 향하며 이중 적재는 금한다.
• 굴취한 순서대로 운반하고, 운반 도중 바람에 의한 증산을 억제하고, 뿌리분의 수분증발방지를 위해 물에 적신 거적이나 가마니로 뿌리분을 감싸준다.

51 인간이나 기계가 공사 목적물을 만들기 위하여 단위물량당 소요되는 노력과 품질을 수량으로 표현한 것을 무엇이라 하는가?
① 할증
② 품셈
③ 견적
④ 내역

●해설
품셈
• 품이 드는 수효와 값을 계산하는 일
• 인간이나 기계가 공사 목적물을 달성하기 위해 단위물량당 소요되는 노력과 물질을 수량으로 표현한 것
• 일위대가표 : 어떤 특정 공정의 일을 하기 위해 드는 단위당 재료비, 노무비, 경비를 나타낸 표로 일위대가표 금액란의 금액 단위 표준은 0.1원으로 한다.

52 내구성과 내마멸성이 좋아 일단 파손된 곳은 보수가 어려우므로 시공 때 각별한 주의가 필요하다. 다음과 같은 원로 포장 방법은?

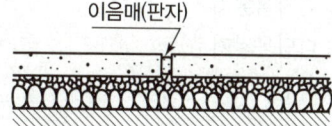

① 마사토 포장
② 콘크리트 포장
③ 판석 포장
④ 벽돌 포장

53 철근의 피복두께를 유지하는 목적으로 틀린 것은?
① 철근량 절감
② 내구성능 유지
③ 내화성능 유지
④ 소요의 구조내력확보

54 다음 중 건설공사에서 마지막으로 행하는 작업은?

① 터닦기
② 식재 공사
③ 콘크리트 공사
④ 급·배수 및 호안공

> **해설**
> 조경시공의 진행순서
> 도로정비 → 지반조성 → 지하매설물 설치 → 조경시설물공사 → 조경식재 공사

55 경사진 지형에서 흙이 무너지는 것을 방지하기 위하여 토양의 안식각을 유지하며 크고 작은 돌을 자연스러운 상태가 되도록 쌓아 올리는 방법은?

① 평석쌓기
② 견치석쌓기
③ 디딤돌쌓기
④ 자연석 무너짐쌓기

> **해설**
> 자연석 무너짐쌓기 시공방법
> • 기초 부분을 터파기한 후 잘 다짐하거나 콘크리트로 기초를 한다.
> • 기초석을 땅속에 1/2 정도 깊이(20~30cm)로 묻고 주변을 잘 다져 고정한다.
> • 중간석 쌓기 : 서로 맞닿은 면에 잘 물려지는 돌을 사용한다.
> • 크고 작은 자연석을 어울리게 섞어 쌓는다.
> • 하부에 큰 돌을 사용하고 상부로 갈수록 작은 돌을 사용한다.
> • 시각적 노출 부분을 보기 좋은 부분이 되게 한다.
> • 맨 위의 상석은 비교적 작고 윗면을 평평하게 하거나 자연스런 높낮이가 있도록 처리한다.
> • 돌틈식재 : 돌과 돌 사이의 빈 공간에 양질의 흙을 채워 철쭉이나 회양목 등의 관목류와 초화류를 식재한다.
> • 인력, 체인블록, 크레인 등을 이용해서 쌓는다.

56 작업현장에서 작업물의 운반작업 시 주의사항으로 옳지 않은 것은?

① 어깨높이보다 높은 위치에서 하물을 들고 운반하여서는 안 된다.
② 운반 시의 시선은 진행방향을 향하고 뒷걸음 운반을 하여서는 안 된다.
③ 무거운 물건을 운반할 때 무게 중심이 높은 하물은 인력으로 운반하지 않는다.
④ 단독으로 긴 물건을 어깨에 메고 운반할 때에는 뒤쪽을 위로 올린 상태로 운반한다.

> **해설**
> ④ 단독으로 긴 물건을 어깨에 메고 운반할 때에는 앞쪽을 위로 올린 상태로 운반한다.

57 예불기(예취기) 작업 시 작업자 상호 간의 최소 안전거리는 몇 m 이상이 적합한가?

① 4m ② 6m
③ 8m ④ 10m

> **해설**
> • 작업 시 안전공간(10m 이상)을 확보하면서 작업한다.
> • 예초기 날의 각도는 5~10°로 하며, 높이는 10cm 내외로 유지해야 한다.

58 옹벽자체의 자중으로 토압에 저항하는 옹벽의 종류는?

① L형 옹벽   ② 역T형 옹벽
③ 중력식 옹벽 ④ 반중력식 옹벽

> **해설**
> 옹벽의 종류
>
> | | |
> |---|---|
> | 중력식 옹벽 | • 상단이 좁고 하단이 넓은 형태로 자중으로 토압에 저항하도록 설계
• 3m 내외의 낮은 옹벽, 무근콘크리트 사용 |
> | 캔틸레버 옹벽 | • 5m 내외의 높지 않은 경우에 사용하며, 철근 콘크리트 사용 |
> | 부축벽식 옹벽 | • 6m 이상의 상당히 높은 흙막이 벽에 사용하며, 안정성 중시 |

정답 54 ② 55 ④ 56 ④ 57 ④ 58 ③

59 지형도상에서 2점 간의 수평거리가 200m이고, 높이차가 5m라 하면 경사도는 얼마인가?

① 2.5% ② 5.0%
③ 10.0% ④ 50.0%

● 해설

$$경사도 = \frac{수직높이}{수평거리} \times 100$$
$$= \frac{5}{200} \times 100 = 2.5\%$$

60 옥상녹화 방수 소재에 요구되는 성능 중 가장 거리가 먼 것은?

① 식물의 뿌리에 견디는 내근성
② 시비, 방제 등에 견디는 내약품성
③ 박테리아에 의한 부식에 견디는 성능
④ 색상이 미려하고 미관상 보기 좋은 것

● 해설

옥상조경의 구조적 조건
- 하중 : 아주 중요한 고려사항
- 하중에 미치는 영향 요소 : 식재층의 중량, 수목 중량, 시설물 중량 등
- 식재층의 경량화를 위해 경량토 사용
- 경량토의 종류 : 버미큘라이트, 펄라이트, 화산재, 피트모스 등
※ 미관보다는 방수, 방호, 하중을 고려해야 한다.

정답 59 ① 60 ④

11장 2016년 07월 10일 기출문제

01 조선시대 궁궐이나 상류주택 정원에서 가장 독특하게 발달한 공간은?
① 전정 ② 후정
③ 주정 ④ 중정

해설
풍수지리설과 택지선정에 영향을 받아 후원 발달

02 영국 튜더왕조에서 유행했던 화단으로 낮게 깎은 회양목 등으로 화단을 여러 가지 기하학적 문양으로 구획 짓는 것은?
① 기식화단 ② 매듭화단
③ 카펫화단 ④ 경재화단

해설
영국 정형식 정원(11~17C)
㉠ 대부분 부유층을 위한 정원
㉡ 축을 중심으로 한 기하학적 구성과 매듭화단(Knot, 노트), 미원 등이 유행
- 매듭화단 : 낮게 깎은 회양목 등으로 화단을 여러 가지 기하학적 문양으로 구획하는 것
- 미원 : 수목을 전정하여 정형적인 모양의 미로를 만든 것

03 중정(patio)식 정원의 가장 대표적인 특징은?
① 토피어리 ② 색채타일
③ 동물 조각품 ④ 수렵장

해설
스페인의 이슬람 정원
- 옛날 로마의 별장 및 정원유적의 영향을 받아 파티오(Patio)식 정원 발달
- 파티오의 중요 구성요소 : 물(水), 색채타일, 분수, 발코니

04 16세기 무굴제국의 인도정원과 가장 관련이 깊은 것은?
① 타지마할 ② 퐁텐블로
③ 클로이스터 ④ 알함브라 궁원

해설
- 타지마할 : 묘지 + 정원
- 무굴제국의 최고의 왕인 샤 자한이 자신의 왕비를 위하여 조성한 묘원으로, 모든 건물과 정원이 가운데 축을 중심으로 좌우 대칭적 균형을 이룸

05 이탈리아의 노단 건축식 정원, 프랑스의 평면기하학식 정원 등은 자연 환경 요인 중 어떤 요인의 영향을 가장 크게 받아 발생한 것인가?
① 기후 ② 지형
③ 식물 ④ 토지

해설
자연환경 요인

기후	비, 바람, 사막, 기온에 따라 변화한다.
지형	• 지형은 기후와 함께 정원 형태에 가장 큰 영향을 끼친다. • 이탈리아 : 경사지를 활용한 지형(노단식 정원 양식) • 프랑스 : 평탄지를 활용한 지형(평면기하학식 정원 양식)
기타	기후나 지형 이외에 식물, 토질, 암석

06 중국 청나라 시대 대표적인 정원이 아닌 것은?
① 원명원 이궁 ② 이화원 이궁
③ 졸정원 ④ 승덕피서산장

정답 01 ② 02 ② 03 ② 04 ① 05 ② 06 ③

◉해설

졸정원
- 소주에 조영한 중국의 대표적 정원으로서 2/3 이상이 수경임
- 오늘날까지도 중국의 대표적 정원이라 불리는 정원
- '여수동좌헌'이라는 부채꼴모양의 정자가 있음 부채꼴모양의 정자 3곳(창덕궁 후원의 관람정, 사자림의 선지정, 졸정원 여수동좌헌)
- ※ 졸정원은 명시대의 대표정원이다.

◉해설

공중정원(Hanging Garden)
- 서양 최초의 옥상정원으로 세계 7대 불가사의
- 지구라트형의 피라미드가 계단층을 이루고 노단의 외부를 회랑으로 조성
- 네부카드네자르 2세가 왕비 아미티스(Amiytis)를 위해 조성
- 성벽의 높은 노단 위에 인공관수, 방수층을 만들어 수목과 식물 식재

07 정원 요소로 징검돌, 물통, 세수통, 석등 등의 배치를 중시하던 일본의 정원 양식은?

① 다정원 ② 침전조 정원
③ 축산고산수 정원 ④ 평정고산수 정원

◉해설

다정원의 특징
- 음지식물을 사용하며 화목류를 일절 식재하지 않음
- 좁은 공간을 이용하여 필요한 모든 식재·시설물 설치
- 자연스러움을 주기 위해서 윤곽선 처리에 곡선을 많이 사용
- 특정 구조물 : 징검돌, 자갈, 쓰구바이(물통), 세수통, 석등, 이끼 낀 원로

10 경관요소 중 높은 지각 강도(A)와 낮은 지각 강도(B)의 연결이 옳지 않은 것은?

① A : 수평선, B : 사선
② A : 따뜻한 색채, B : 차가운 색채
③ A : 동적인 상태, B : 고정된 상태
④ A : 거친 질감, B : 섬세하고 부드러운 질감

◉해설

크기가 크고 높은 곳에 위치할수록 지각 강도가 높아진다.

08 다음 중 창경궁(昌慶宮)과 관련이 있는 건물은?

① 만춘전 ② 낙선재
③ 함화당 ④ 사정전

◉해설

낙선재
창경궁에 있으며 왕이 책을 읽고 쉬는 공간, 즉 서재 겸 사랑채로 조성되었다.

11 국토교통부장관이 규정에 의하여 공원녹지기본계획을 수립 시 종합적으로 고려해야 하는 사항으로 가장 거리가 먼 것은?

① 장래 이용자의 특성 등 여건의 변화에 탄력적으로 대응할 수 있도록 할 것
② 공원녹지의 보전·확충·관리·이용을 위한 장기발전방향을 제시하여 도시민들의 쾌적한 삶의 기반이 형성되도록 할 것
③ 광역도시계획, 도시·군기본계획 등 상위계획의 내용과 부합되어야 하고 도시·군기본계획의 부문별 계획과 조화되도록 할 것
④ 체계적·독립적으로 자연환경의 유지·관리와 여가활동의 장을 분리·형성하여 인간으로부터 자연의 피해를 최소화 할 수 있도록 최소한의 제한적 연결망을 구축할 수 있도록 할 것

09 메소포타미아의 대표적인 정원은?

① 베다사원 ② 베르사유 궁전
③ 바빌론의 공중정원 ④ 타지마할 사원

정답 07 ① 08 ② 09 ③ 10 ① 11 ④

12 다음 중 좁은 의미의 조경 또는 조원으로 가장 적합한 설명은?

① 복잡하고 다양한 근대에 이르러 적용되었다.
② 기술자를 조경가라 부르기 시작하였다.
③ 정원을 포함한 광범위한 옥외공간 전반이 주 대상이다.
④ 식재를 중심으로 한 전통적인 조경기술로 정원을 만드는 일만을 말한다.

● 해설
조경의 의미

좁은(협의) 의미	집 주변의 옥외공간이 주 대상 (정원사)
넓은(광의) 의미	정원을 포함한 광범위한 옥외공간 (조경가)

13 수목 또는 경사면 등의 주위 경관 요소들에 의하여 자연스럽게 둘러싸여 있는 경관을 무엇이라 하는가?

① 파노라마경관 ② 지형경관
③ 위요경관   ④ 관개경관

● 해설
위요(圍繞)경관
- 시선을 끌 수 있는 낮고 평탄한 중심공간에 숲이나 울타리처럼 자연스럽게 둘러싸여 있는 경관
- 중심공간 주위에 둘러싸인 수직적 요소와 정적인 느낌을 자연스럽게 준다.
- 시선의 주의력을 끌 수 있어 소규모의 지형도 경관으로서 의의를 갖게 해준다.

14 조경양식에 대한 설명으로 틀린 것은?

① 조경양식에는 정형식, 자연식, 절충식 등이 있다.
② 정형식 조경은 영국에서 처음 시작된 양식으로 비스타 축을 이용한 중앙 광로가 있다.
③ 자연식 조경은 동아시아에서 발달한 양식이며 자연 상태 그대로를 정원으로 조성한다.
④ 절충식 조경은 한 장소에 정형식과 자연식을 동시에 지니고 있는 조경양식이다.

● 해설
정형식 정원(整形式 庭園)의 특징
- 서아시아와 유럽지역에서 발달한 형식을 포함한 기하학식 정원
- 건물에서 뻗어 나가는 강한 축을 중심으로 좌우대칭형
- 수목을 전지·전정하여 기하학적 모양으로 장식

15 도시기본구상도의 표시기준 중 노란색은 어느 용지를 나타내는 것인가?

① 주거용지   ② 관리용지
③ 보존용지   ④ 상업용지

● 해설
도시기본구상도의 표시기준

주거지	노랑색	공업	보라색
농경지	갈색	업무	파랑색
상업	빨강색	학교	파랑색
공원	녹색	개발제한 지역	연녹색
녹지	녹색		

16 다음 그림과 같은 정투상도(제3각법)의 입체로 맞는 것은?

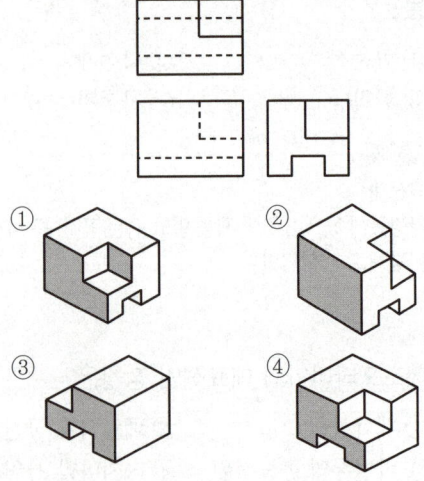

정답 12 ④ 13 ③ 14 ② 15 ① 16 ②

17 가법혼색에 관한 설명으로 틀린 것은?

① 2차색은 1차색에 비하여 명도가 높아진다.
② 빨강 광원에 녹색 광원을 흰 스크린에 비추면 노란색이 된다.
③ 가법혼색의 삼원색을 동시에 비추면 검정이 된다.
④ 파랑에 녹색 광원을 비추면 시안(cyan)이 된다.

● 해설
색의 혼합

가법혼색	• 빛의 혼합으로 빨강(Red), 녹색(Green), 파랑(Blue)이 기본색이다. • 혼합하면 더욱 밝아진다.(흰색)
감법혼색	• 색료의 혼합으로 시안(Cyan), 마젠타(Magenta), 노랑(Yellow)이 기본색이다. • 혼합하면 어두워진다.(검정)

18 다음 중 직선의 느낌으로 가장 부적합한 것은?

① 여성적이다.   ② 굳건하다.
③ 딱딱하다.   ④ 긴장감이 있다.

● 해설
직선
두 점 사이를 가장 짧게 연결한 선으로, 굳건하고, 남성적, 일정한 방향 제시

19 건설재료 단면의 경계표시 기호 중 지반면(흙)을 나타낸 것은?

①
②
③
④

● 해설
① 모래 또는 마사토
② 벽돌일반
③ 잡석

20 [보기]의 ( ) 안에 적합한 쥐똥나무 등을 이용한 생울타리용 관목의 식재간격은?

조경설계기준상의 생울타리용 관목의 식재 간격은 ( )m, 2~3줄을 표준으로 하되, 수목 종류와 식재장소에 따라 식재간격이나 줄숫자를 적정하게 조정해서 시행해야 한다.

① 0.14~0.20   ② 0.25~0.75
③ 0.8~1.2   ④ 1.2~1.5

21 일반적인 합성수지(plastics)의 장점으로 틀린 것은?

① 열전도율이 높다.
② 성형가공이 쉽다.
③ 마모가 적고 탄력성이 크다.
④ 우수한 가공성으로 성형이 쉽다.

● 해설

플라스틱의 장점	플라스틱의 단점
• 성형이 자유롭고 가볍다. • 강도와 탄력이 크다. • 착색이 자유롭고 광택이 좋다. • 내산성과 내알칼리성이 크다. • 투광성, 접착성, 절연성이 있다. • 마모가 적어 바닥재료 등에 적합하다.	• 열전도율이 높아 불에 타기 쉽다. • 내열성, 내광성, 내화성이 부족하다. • 저온에서 잘 파괴된다. • 온도변화에 약하다.

22 [보기]에 해당하는 도장공사의 재료는?

• 초화면(硝化綿)과 같은 용제에 용해시킨 섬유계 유도체를 주성분으로 하고 여기에 합성수지, 가소제와 안료를 첨가한 도료이다.
• 건조가 빠르고 도막이 견고하며 광택이 좋고 연마가 용이하며, 불점착성·내마멸성·내수성·내유성·내후성 등이 강한 고급 도료이다.
• 결점으로는 도막이 얇고 부착력이 약하다.

① 유성페인트   ② 수성페인트
③ 래커   ④ 니스

정답 17 ③ 18 ① 19 ④ 20 ② 21 ① 22 ③

23 변성암의 종류에 해당하는 것은?

① 사문암　　② 섬록암
③ 안산암　　④ 화강암

■ 해설
변성암
- 화성암 또는 퇴적암이 지각의 변동이나 지열을 받아서 화학적 또는 물리적으로 성질이 변한 암석을 말한다.
- 종류 : 대리석, 편마암, 사문암, 편암

24 일반적으로 목재의 비중과 가장 관련이 있으며, 목재성분 중 수분을 공기 중에서 제거한 상태의 비중을 말하는 것은?

① 생목비중　　② 기건비중
③ 함수비중　　④ 절대 건조비중

■ 해설
목재의 비중

생목비중	수목을 벌채한 직후 건조하지 않고 측정한 비중
기건비중	공기 중의 습도와 평형이 되게 건조된 목재의 비중
절대비중	수분을 완전히 제거한 목재의 비중

25 조경에서 사용되는 건설재료 중 콘크리트의 특징으로 옳은 것은?

① 압축강도가 크다.
② 인장강도와 휨강도가 크다.
③ 자체 무게가 적어 모양변경이 쉽다.
④ 시공과정에서 품질의 양부를 조사하기 쉽다.

■ 해설
콘크리트의 특징
- 재료를 얻고, 운반하기 쉽다.
- 압축강도, 내구성, 내화성, 내수성이 크다. (인장강도에 비해 10배 크다)
- 철근과 부착력을 높인다.
- 내진성, 차단성이 좋다.
- 유지비가 적게 든다.
- 구조물을 경제적으로 만들 수 있다.

26 시멘트 제조 시 응결시간을 조절하기 위해 첨가하는 것은?

① 광재　　② 점토
③ 석고　　④ 철분

■ 해설
포틀랜드 시멘트를 제조할 때 시멘트의 급격한 응결을 막기 위해 지연제로 석고를 사용한다.

27 타일붙임재료의 설명으로 틀린 것은?

① 접착력과 내구성이 강하고 경제적이며 작업성이 있어야 한다.
② 종류는 무기질 시멘트 모르타르와 유기질 고무계 또는 에폭시계 등이 있다.
③ 경량으로 투수율과 흡수율이 크고, 형상·색조의 자유로움 등이 우수하나 내화성이 약하다.
④ 접착력이 일정기준 이상 확보되어야만 타일의 탈락현상과 동해에 의한 내구성 저하를 방지할 수 있다.

■ 해설
타일의 특징
양질의 점토에 장석, 규석, 석회석 등의 가루를 배합하여 성형한 후 유약을 입혀 건조하여 1,100~1,400℃ 정도로 소성한 제품이다.
- 내수성, 방화성, 내마멸성이 우수하다.
- 흡수성이 작고, 휨과 충격에 강하다.
- 모양과 호칭에 따라 외장타일, 바닥타일, 모자이크 타일 등으로 구분한다.
- 조경장식 및 건축의 마무리재로 많이 사용한다.

28 미장 공사 시 미장재료로 활용될 수 없는 것은?

① 견치석　　② 석회
③ 점토　　④ 시멘트

■ 해설
견치석은 옹벽 쌓기에 사용된다.

정답　23 ①　24 ②　25 ①　26 ③　27 ③　28 ①

29 알루미늄의 일반적인 성질로 틀린 것은?
① 열의 전도율이 높다.
② 비중은 약 2.7 정도이다.
③ 전성과 연성이 풍부하다.
④ 산과 알칼리에 특히 강하다.

●해설
알루미늄은 내산성, 내알칼리성에 약하다.

30 콘크리트 혼화제의 역할 및 연결이 옳지 않은 것은?
① 단위수량, 단위시멘트양 감소 : AE감수제
② 작업성능이나 동결융해의 저항성능 향상 : AE제
③ 강력한 감수효과와 강도의 대폭 증가 : 고성능감수제
④ 염화물에 의한 강재의 부식 억제 : 기포제

●해설
기포제
• 콘크리트 속에 많은 거품을 일으키며 부재의 경량화, 단열성을 목적으로 사용
• 경량 구조용 부재, 단열 콘크리트, 터널이나 실드 공사에서 뒤채움재 등에 사용된다.

방청제
염화물에 의한 강재의 부식 억제

31 공원식재 시공 시 식재할 지피식물의 조건으로 가장 거리가 먼 것은?
① 관리가 용이하고 병해충에 잘 견뎌야 한다.
② 번식력이 왕성하고 생장이 비교적 빨라야 한다.
③ 성질이 강하고 환경조건에 대한 적응성이 넓어야 한다.
④ 토양까지의 강수 전단을 위해 지표면을 듬성듬성 피복하여야 한다.

●해설
지피식물의 조건
• 지표면을 치밀하게 피복해야 한다.
• 키가 작고 다년생이며 부드러워야 한다.
• 번식력이 왕성하고 생장이 비교적 빨라야 한다.
• 내답압(踏壓)성이 크고 환경조건에 대한 적응성이 넓어야 한다.
• 병해충에 대한 저항성이 크고 관리가 용이해야 한다.

32 줄기가 아래로 늘어지는 생김새의 수간을 가진 나무의 모양을 무엇이라 하는가?
① 쌍간 ② 다간
③ 직간 ④ 현애

33 다음 중 광선(光線)과의 관계상 음수(陰樹)로 분류하기 가장 적합한 것은?
① 박달나무 ② 눈주목
③ 감나무   ④ 배롱나무

●해설
분류	주요 수목명
음수	주목, 전나무, 독일가문비나무, 호랑가시나무, 팔손이나무, 비자나무, 가시나무, 녹나무, 후박나무, 동백나무, 회양목, 광나무 등

34 가죽나무가 해당되는 과(科)는?
① 운향과   ② 멀구슬나뭇과
③ 소태나뭇과 ④ 콩과

●해설
가죽나무
• 소태나뭇과 낙엽교목으로 성장이 빠르다.
• 건조와 공해에 강하다.

정답 29 ④ 30 ④ 31 ④ 32 ④ 33 ② 34 ③

35 고로쇠나무와 복자기에 대한 설명으로 옳지 않은 것은?

① 복자기의 잎은 복엽이다.
② 두 수종은 모두 열매가 시과이다.
③ 두 수종은 모두 단풍색이 붉은색이다.
④ 두 수종은 모두 과명이 단풍나뭇과이다.

● 해설
고로쇠나무의 단풍은 노란색(황색)으로 든다.

36 수피에 아름다운 얼룩무늬가 관상 요소인 수종이 아닌 것은?

① 노각나무 ② 모과나무
③ 배롱나무 ④ 자귀나무

● 해설
자귀나무
수피에는 얼룩무늬가 없다.

37 열매를 관상목적으로 하는 조경수목 중 열매 색이 적색(홍색) 계열이 아닌 것은?(단, 열매 색의 분류 : 황색, 적색, 흑색)

① 주목   ② 화살나무
③ 산딸나무 ④ 굴거리나무

● 해설
굴거리나무는 상록활엽교목으로 열매는 검정색이다.

38 흰말채나무에 대한 설명으로 틀린 것은?

① 노란색의 열매가 특징적이다.
② 층층나뭇과로 낙엽활엽관목이다.
③ 수피가 여름에는 녹색이나 가을, 겨울철의 붉은 줄기가 아름답다.
④ 잎은 대생하며 타원형 또는 난상타원형이고, 표면에 작은 털이 있으며 뒷면은 흰색의 특징을 갖는다.

● 해설
① 흰말채나무의 열매는 흰색이다.

39 수목식재에 가장 적합한 토양의 구성비는? (단, 구성은 토양 : 수분 : 공기의 순서임)

① 50% : 25% : 25%
② 50% : 10% : 40%
③ 40% : 40% : 20%
④ 30% : 40% : 30%

● 해설

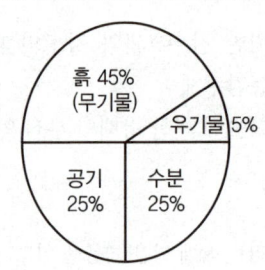

40 차량 통행이 많은 지역의 가로수로 가장 부적합한 것은?

① 은행나무 ② 층층나무
③ 양버즘나무 ④ 단풍나무

● 해설

아황산가스에 강한 수종	편백, 화백, 가이즈카향나무, 향나무, 가시나무, 사철나무, 플라타너스, 능수버들, 취똥나무, 무궁화 등
아황산가스에 약한 수종	소나무, 잣나무, 전나무, 삼나무, 자작나무, 단풍나무, 매화나무, 느티나무, 백합나무, 히말라야시더 등

정답 35 ③ 36 ④ 37 ④ 38 ① 39 ① 40 ④

41 지주목 설치에 대한 설명으로 틀린 것은?

① 수피와 지주가 닿은 부분은 보호조치를 취한다.
② 지주목을 설치할 때에는 풍향과 지형 등을 고려한다.
③ 대형목이나 경관상 중요한 곳에는 당김줄형을 설치한다.
④ 지주는 뿌리 속에 박아 넣어 견고히 고정되도록 한다.

해설
지주목 설치 시 지주를 뿌리분 바깥쪽으로 땅속 깊이 (30cm 이상) 고정해야 하며, 뿌리가 상하지 않도록 한다.

42 조경공사의 유형 중 환경생태복원 녹화공사에 속하지 않는 것은?

① 분수공사
② 비탈면녹화공사
③ 옥상 및 벽체녹화공사
④ 자연하천 및 저수지공사

해설
분수공사는 수경공사의 일부분이다.

43 수목의 가식 장소로 적합한 곳은?

① 배수가 잘되는 곳
② 차량출입이 어려운 한적한 곳
③ 햇빛이 잘 들지 않고 점질 토양인 곳
④ 거센 바람이 불거나 흙 입자가 날려 잎을 덮어 보온이 가능한 곳

해설
가식 수목의 관리
• 수목 간에는 통풍을 위하여 충분한 식재 간격을 유지한다.
• 연결형 지수를 설치하여 수목이 바람에 흔들리지 않도록 한다.
• 뿌리분은 충분히 복토하여 분이 공기 중에 건조되지 않도록 해야 한다.
• 지엽의 손상을 방지하기 위해 바람이 없는 곳에 식재한다.
• 배수가 잘되며 약간 습한 곳이 좋다.

44 수목의 잎 조직 중 가스교환을 주로 하는 곳은?

① 책상조직
② 엽록체
③ 표피
④ 기공

해설
기공 : 잎의 뒷면에 있는 공기구멍으로 두 개의 공변세포에 의해 열리고 닫힌다.

45 곤충이 빛에 반응하여 일정한 방향으로 이동하려는 행동습성은?

① 주광성(phototaxis)
② 주촉성(thigmotaxis)
③ 주화성(chemotaxis)
④ 주지성(geotaxis)

46 대추나무 빗자루병에 대한 설명으로 틀린 것은?

① 마름무늬매미충에 의하여 매개 전염된다.
② 각종 상처, 기공 등의 자연개구를 통하여 침입한다.
③ 잔가지와 황록색의 아주 작은 잎이 밀생하고, 꽃봉오리가 잎으로 변화된다.
④ 전염된 나무는 옥시테트라사이클린 항생제를 수간 주입한다.

해설
빗자루병

피해	대추나무, 오동나무, 벚나무 등에서 발생한다.
병징	• 마이코플라스마라는 병원균이 원인이며, 잔가지가 빗자루 모양처럼 발생한다. • 영양번식체(접수, 분주묘)를 통해 전염되는 전신병이다.
방제	매개충인 담배장님노린재, 마름무늬매미충을 제거하고 옥시테트라사이클린을 수간 주입하며, 파라티온수화제, 메타유제 1,000배액을 살포한다.

※ 분주묘 : 줄기에 뿌리가 붙은 채로 갈라 양성한 묘목

정답 41 ④ 42 ① 43 ① 44 ④ 45 ① 46 ②

47 멀칭재료는 유기질, 광물질 및 합성재료로 분류할 수 있다. 유기질 멀칭재료에 해당하지 않는 것은?

① 볏짚 ② 마사
③ 우드 칩 ④ 톱밥

●해설
유기질과 무기질은 탄소의 존재로 여부로 분류되며, 마사는 무기질 재료이다.

48 1차 전염원이 아닌 것은?

① 균핵 ② 분생포자
③ 난포자 ④ 균사속

●해설
- 1차 전염원 : 균사, 자낭포자, 균핵
- 2차 전염원 : 유주자, 분생포자
※ 분생포자 : 진균류가 만든 무성포자이다.

49 살충제에 해당되는 것은?

① 베노밀 수화제
② 페니트로티온 유제
③ 글리포세이트암모늄 액제
④ 아시벤졸라-에스-메틸·만코제브 수화제

●해설
살충제
- 해충을 방제할 목적으로 쓰는 약제
- 종류 : 페니트로티온 유제, 다이아지논, 엘드린, 디프테렉스, 스미티온, 파라티온, DDVP 등

50 여름용(남방계) 잔디라고 불리며, 따뜻하고 건조하거나 습윤한 지대에서 주로 재배되는데, 하루 평균기온이 10℃ 이상이 되는 4월 초순부터 생육이 시작되어 6~8월의 25~35℃ 사이에서 가장 생육이 왕성한 것은?

① 켄터키블루그래스 ② 버뮤다그래스
③ 라이그래스 ④ 벤트그래스

●해설

난지(여름)형 잔디	한국형 잔디, 버뮤다그래스, 위빙러브그래스
한지(겨울)형 잔디	켄터키블루그래스, 벤트그래스, 라이그래스, 페스큐그래스

51 다음 설명에 적합한 조경 공사용 기계는?

- 운동장이나 광장과 같이 넓은 대지나 노면을 판판하게 고르거나 필요한 흙쌓기 높이를 조절하는데 사용
- 길이 2~3m, 나비 30~50cm의 배토판으로 지면을 긁어 가면서 작업
- 배토판은 상하좌우로 조절할 수 있으며 각도를 자유롭게 조절할 수 있기 때문에 지면을 고르는 작업 이외에 언덕 깎기, 눈치기, 도랑파기 작업 등도 가능

① 모터 그레이더 ② 차륜식 로더
③ 트럭 크레인 ④ 진동 컴팩터

●해설
모터 그레이더(motor grader)
배토정지용 기계로 운동장의 면을 조성할 때 적당하다.

52 콘크리트용 혼화재료에 관한 설명으로 옳지 않은 것은?

① 포졸란은 시공연도를 좋게 하고 블리딩과 재료분리 현상을 저감시킨다.
② 플라이애시와 실리카흄은 고강도 콘크리트 제조용으로 많이 사용된다.
③ 알루미늄 분말과 아연 분말은 방동제로 많이 사용되는 혼화제이다.
④ 염화칼슘과 규산소다 등은 응결과 경화를 촉진하는 혼화제로 사용된다.

●해설
알루미늄 분말과 아연 분말은 발포경량제(발포제)로 많이 사용되는 혼화제이다.

정답 47 ② 48 ② 49 ② 50 ② 51 ① 52 ③

53 콘크리트의 시공단계 순서가 바르게 연결된 것은?

① 운반 → 제조 → 부어넣기 → 다짐 → 표면마무리 → 양생
② 운반 → 제조 → 부어넣기 → 양생 → 표면마무리 → 다짐
③ 제조 → 운반 → 부어넣기 → 다짐 → 양생 → 표면마무리
④ 제조 → 운반 → 부어넣기 → 다짐 → 표면마무리 → 양생

54 다음 중 경관석 놓기에 관한 설명으로 가장 부적합한 것은?

① 돌과 돌 사이는 움직이지 않도록 시멘트로 굳힌다.
② 돌 주위에는 회양목, 철쭉 등을 돌에 가까이 붙여 식재한다.
③ 시선이 집중되기 쉬운 곳, 시선을 유도해야 할 곳에 앉혀 놓는다.
④ 3, 5, 7 등의 홀수로 만들며, 돌 사이의 거리나 크기 등을 조정 배치한다.

● 해설
돌과 돌 사이에 시멘트를 사용할 경우 경관에 이질감을 줄 수 있다.

55 축척 1/500 도면의 단위면적이 10m²인 것을 이용하여, 축척 1/1,000 도면의 단위면적으로 환산하면 얼마인가?

① 20m²   ② 40m²
③ 80m²   ④ 120m²

● 해설
• 풀이 1 : $\left(\dfrac{1000}{500}\right)^2 \times 10 = 40\text{m}^2$
• 풀이 2 : 축척이 2배로 늘어나면, 길이는 2배, 면적은 4배 증가하므로 10m²×4 = 40m²

56 토공사(정지) 작업 시 일정한 장소에 흙을 쌓아 일정한 높이를 만드는 일을 무엇이라 하는가?

① 객토   ② 절토
③ 성토   ④ 경토

● 해설
성토는 흙을 쌓는 것을 말하며, 흙쌓기 비탈면 경사를 1 : 1.5 정도로 한다.

57 옥상녹화용 방수층 및 방근층 시공 시 '바탕체의 거동에 의한 방수층의 파손' 요인에 대한 해결방법으로 부적합한 것은?

① 거동 흡수 절연층의 구성
② 방수층 위에 플라스틱계 배수판 설치
③ 합성고분자계, 금속계 또는 복합계 재료 사용
④ 콘크리트 등 바탕체가 온도 및 진동에 의한 거동 시 방수층 파손이 없을 것

● 해설
② 방수층 위에 플라스틱계 배수판을 설치할 경우 움직이면서 방수층의 파손을 일으킨다.

58 지표면 높은 곳의 꼭대기 점을 연결한 선으로, 빗물이 이것을 경계로 좌우로 흐르게 되는 선을 무엇이라 하는가?

① 능선   ② 계곡선
③ 경사 변환점   ④ 방향 변환점

● 해설

능선(∪자형)	• 바닥의 높이가 점점 낮은 높이의 등고선을 향함 • 빗물이 이것을 경계로 좌우로 흐르게 되는 선
계곡(∩자형)	바닥의 높이가 높은 등고선을 향함

정답 53 ④ 54 ① 55 ② 56 ③ 57 ② 58 ①

59 수변의 디딤돌(징검돌) 놓기에 대한 설명으로 틀린 것은?

① 보행에 적합하도록 지면과 수평으로 배치한다.
② 징검돌의 상단은 수면보다 15cm 정도 높게 배치한다.
③ 디딤돌 및 징검돌의 장축은 진행방향에 직각이 되도록 배치한다.
④ 물 순환 및 생태적 환경을 조성하기 위하여 투수지역에서는 가벼운 디딤돌을 주로 활용한다.

●해설
디딤돌의 무게가 무거워야 안정감을 준다.

60 수경시설(연못)의 유지관리에 관한 내용으로 옳지 않은 것은?

① 겨울철에는 물을 2/3 정도만 채워 둔다.
② 녹이 잘 스는 부분에는 녹막이 칠을 수시로 해준다.
③ 수중식물 및 어류의 상태를 수시로 점검한다.
④ 물이 새는 곳이 있는지 여부를 수시로 점검하여 조치한다.

●해설
수경시설 관리
- 연못 관리 : 급수구와 배수구가 막히는 일이 없도록 수시로 점검하고, 겨울철에 동파방지를 위해 물을 뺀다. 연못에 가라앉은 이물질을 제거한다.
- 분수 관리 : 고정식 분수는 겨울철에 동파되는 것을 방지하기 위하여 물을 완전히 빼고, 이동식 분수는 이물질 제거 후 보관한다.

정답 59 ④ 60 ①

12장 2017년 복원 기출문제 (1)

01 다음 중 서양식 전각과 서양식 정원이 조성되어 있는 우리나라 궁궐은?

① 경복궁   ② 창덕궁
③ 덕수궁   ④ 경희궁

해설
- 석조전 : 우리나라 최초의 서양식 건물
- 침상원 : 우리나라 최초의 유럽식 정원, 분수와 연못을 중심으로 한 프랑스식 정원

02 조경계획·설계에서 기초적인 자료의 수집과 정리 및 여러 가지 조건의 분석과 통합을 실시하는 단계를 무엇이라 하는가?

① 목표 설정   ② 현황분석 및 종합
③ 기본 계획   ④ 실시 설계

해설
종합분석단계
자연환경, 인문환경, 경관 분석

03 스페인 정원에 관한 설명으로 틀린 것은?

① 규모가 웅장하다.
② 기하학적인 터 가르기를 한다.
③ 바닥에는 색채 타일을 이용하였다.
④ 안달루시아(Andalusia) 지방에서 발달했다.

해설
파티오(Patio)는 웅장함보다는 화려함(다채로운 색)이 극치를 이루는 정원이다.

04 공사원가계산 체계에서 이윤 산정 시 고려하는 내용이 아닌 것은?

① 재료비   ② 노무비
③ 경비   ④ 일반관리비

해설
이윤 = (노무비 + 경비 + 일반관리비) × 10% 이내

05 "느티나무 10주에 500,000원, 조경공 1인과 보통공 2인이 하루에 식재한다."라고 가정할 때 느티나무 1주를 식재할 때 소요되는 비용은?(단, 노임은 조경공 60,000원/일, 보통공 40,000원/일이다.)

① 68,000원   ② 70,000원
③ 72,000원   ④ 64,000원

해설
- 노무비 : 60,000원 + (2인×40,000원) = 140,000원
- 재료비 : 500,000원
- 총공사비 : 500,000 + 140,000 = 640,000원
- 느티나무 1주 식재비 : 640,000÷10 = 64,000원

06 수종과 그 줄기색(樹皮)의 연결이 틀린 것은?

① 벽오동은 녹색 계통이다.
② 곰솔은 흑갈색 계통이다.
③ 소나무는 적갈색 계통이다.
④ 흰말채나무는 흰색 계통이다.

해설
흰말채나무
겨울철 줄기의 붉은색을 감상하기 위한 수종

정답 01 ③ 02 ② 03 ① 04 ① 05 ④ 06 ④

07 조경용으로 사용되는 다음 석재 중 압축강도가 가장 큰 것은?
① 화강암　② 응회암
③ 안산암　④ 사문암

08 이탈리아 조경 양식에 대한 설명으로 틀린 것은?
① 별장이 구릉지에 위치하는 경우가 많아 정원의 주류는 노단식
② 노단과 노단은 계단과 경사로에 의해 연결
③ 축선을 강조하기 위해 원로의 교점이나 원점에 분수 등을 설치
④ 대표적인 정원으로는 베르사유 궁원

　●해설
베르사유 궁원은 평야지대에서 발달한 프랑스 정원이다.

09 그해에 자란 가지에서 꽃눈이 분화하여 그해에 개화하기 때문에 2~3년 된 가지 등을 깊이 전정해도 좋은 수종은?
① 배롱나무　② 매화나무
③ 명자나무　④ 개나리

10 다음 중 인공적인 수형을 만드는 데 적합한 수종이 아닌 것은?
① 꽝꽝나무　② 아왜나무
③ 주목　④ 벚나무

　●해설
벚나무는 자연상태에서 굵은 가지를 전정하지 않은 것이 가장 좋은 수종이다.

11 다음 중 정수식물(추수식물)이 아닌 것은?
① 줄　② 부들
③ 창포　④ 자라풀

　●해설
• 정수식물 : 물옥잠, 미나리, 갈대, 부들, 창포, 줄 등
• 부엽식물 : 수련, 어리연꽃, 마름, 가래, 자라풀 등

12 수목 또는 경사면 등의 주위 경관 요소들에 의하여 자연스럽게 둘러싸여 있는 경관을 무엇이라 하는가?
① 파노라마 경관　② 지형경관
③ 위요경관　④ 관개경관

13 콘크리트 다지기에 대한 설명으로 틀린 것은?
① 진동다지기를 할 때에는 내부 진동기를 하층의 콘크리트 속으로 작업이 용이하도록 사선으로 0.5m 정도 찔러 넣는다.
② 내부 진동기의 1개소당 진동시간은 다짐할 때 시멘트 페이스트가 표면 상부로 약간 부상하기까지 한다.
③ 거푸집 판에 접하는 콘크리트는 되도록 평탄한 표면이 얻어지도록 타설하고 다져야 한다.
④ 콘크리트 다지기에는 내부 진동기의 사용을 원칙으로 하나, 얇은 벽 등 내부 진동기의 사용이 곤란한 장소에서는 거푸집 진동기를 사용해도 좋다.

　●해설
기계다짐
• 중요한 공사는 진동기를 이용해 충격을 주어 치밀하게 다지는 방법을 이용한다.
• 내부 진동기를 다지기에 사용할 때 내부 진동기를 하층의 콘크리트 속으로 10cm 정도 찔러 넣으며, 삽입 간격은 50cm 이하로 한다.

정답　07 ①　08 ④　09 ①　10 ④　11 ④　12 ③　13 ①

14 다음 중 중국정원의 양식에 가장 많은 영향을 끼친 사상은?

① 선사상
② 신선사상
③ 풍수지리사상
④ 음양오행사상

●해설
불로장생한다는 신선의 거처를 현실화시키고자 섬을 조성하였다. 예 백제의 궁남지, 통일신라의 안압지

15 일본 고산수식 정원의 요소와 상징적인 의미가 바르게 연결된 것은?

① 나무-폭포
② 연못-바다
③ 왕모래-물
④ 바위-산봉우리

●해설
다듬은 수목(산봉우리), 바위(폭포), 왕모래(냇물) 등으로 상징적인 정원을 표현하였다.

16 다음 중 여성토의 정의로 가장 알맞은 것은?

① 가라앉을 것을 예측하여 흙을 계획높이보다 더 쌓는 것
② 중앙분리대에서 흙을 볼록하게 쌓아 올리는 것
③ 옹벽 앞에 계단처럼 콘크리트를 쳐서 옹벽을 보강하는 것
④ 잔디밭에서 잔디에 주기적으로 뿌려 뿌리가 노출되지 않도록 준비하는 토양

●해설
성토 시에 압축 및 침하에 의해서 계획높이보다 줄어드는 것을 방지하기 위하여 계획높이를 10~15% 정도 더돋기를 해준다.

17 시멘트 500포대를 저장할 수 있는 가설창고의 최소 필요 면적은?(단, 쌓기단수는 최대 13단으로 한다.)

① 15.4m²
② 16.5m²
③ 18.5m²
④ 20.4m²

●해설
$$A = 0.4 \times \frac{N}{n} = 0.4 \times \frac{500}{13} = 15.38(\text{m}^2)$$

18 다음 [보기]의 잔디종자 파종작업들을 순서대로 바르게 나열한 것은?

[보기]
㉠ 기비 살포 ㉡ 정지작업 ㉢ 파종 ㉣ 멀칭
㉤ 전압 ㉥ 복토 ㉦ 경운

① ㉦-㉠-㉡-㉢-㉥-㉤-㉣
② ㉠-㉢-㉡-㉥-㉣-㉤-㉦
③ ㉡-㉢-㉤-㉥-㉠-㉣-㉦
④ ㉢-㉠-㉡-㉥-㉤-㉦-㉣

19 조선시대 후원양식에 대한 설명 중 틀린 것은?

① 중엽 이후 풍수지리설의 영향을 받아 후원양식이 생겼다.
② 건물 뒤에 자리잡은 언덕배기를 계단 모양으로 다듬어 만들었다.
③ 각 계단에는 향나무를 주로 한 나무를 다듬어 장식하였다.
④ 경복궁 교태전 후원인 아미산, 창덕궁 낙선재의 후원 등이 그 예이다.

●해설
화계공간에는 키 작은 화목과 목란, 들국화 등의 식물이 식재되어 있다.

20 단위용적중량이 1.65 t/m³이고 굵은 골재 비중이 2.65일 때 이 골재의 실적률(A)과 공극률(B)은 각각 얼마인가?

① A : 62.3%, B : 37.7%
② A : 69.7%, B : 30.3%
③ A : 66.7%, B : 33.3%
④ A : 71.4%, B : 28.6%

정답 14 ② 15 ③ 16 ① 17 ① 18 ① 19 ③ 20 ①

> 해설
- 실적률 = $\dfrac{\text{골재의 단위용적질량}}{\text{골재의 밀도}} \times 100$
    $= \dfrac{1.65}{2.65} \times 100 = 62.3\%$
- 공극률 = $100 - $ 실적률 $= 37.7\%$

21 다음 중 상록수로만 짝지어진 것은?
① 섬잣나무, 리기다소나무, 동백나무, 낙엽송
② 소나무, 배롱나무, 은행나무, 사철나무
③ 철쭉, 주목, 모과나무, 장미
④ 사철나무, 아왜나무, 회양목, 주목, 소나무

22 다음 [보기]가 설명하고 있는 수종은?

[보기]
- 17세기 체코 선교사를 기념하는 데서 유래되었다.
- 상록활엽소교목으로 수형은 구형이다.
- 꽃은 한 개씩 정생 또는 액생, 꽃받침과 꽃잎은 5~7개이다.
- 열매는 삭과로 둥글며 3개로 갈라지고, 지름 3~4m 정도이다.
- 짙은 녹색의 잎과 겨울철 붉은색 꽃이 아름다우며, 음수로서 반음지나 음지에 식재하고 전정에 잘 견딘다.

① 생강나무 ② 동백나무
③ 노각나무 ④ 후박나무

23 어린이 놀이시설물 설치에 대한 설명으로 옳지 않은 것은?
① 시소는 출입구에 가까운 곳, 휴게소 근처에 배치하도록 한다.
② 미끄럼대의 미끄럼판의 각도는 일반적으로 30~40도 정도의 범위로 한다.
③ 그네는 통행이 많은 곳을 피하여 동서방향으로 설치한다.
④ 모래터는 하루 4~5시간의 햇볕이 쬐고 통풍이 잘되는 곳에 배치한다.

> 해설
그네는 모서리나 부지의 외곽부분에 남북방향으로 설치하며, 통행량이 많은 곳에는 배치하지 않는다.

24 정원수 전반에 가해하며, 메타유제(메타시스톡스)의 살포로 방제되는 병해충은?
① 빗자루병 ② 흰가루병
③ 조명나방 ④ 진딧물

> 해설
진딧물은 1년에 10회 정도 발생하며 침엽수 및 활엽수의 대부분 수종에 기생한다. 화학적 방제 방법으로는 발생 초기에 메타시스톡스 유제를 사용한다.

25 가로수가 갖추어야 할 조건이 아닌 것은?
① 공해에 강한 수목
② 답압에 강한 수목
③ 지하고가 낮은 수목
④ 이식에 잘 적응하는 수목

> 해설
가로수
- 여름철에 강한 햇빛을 차단하기 위해 식재하는 나무이다.
- 녹음수는 여름에는 그늘을 제공하고, 겨울에는 낙엽이 져서 햇볕을 가리지 않아야 한다.
- 녹음수는 수관이 크고, 큰 잎이 치밀하고 무성하다.
- 지하고가 높고 병해충이 적은 큰 교목이 좋다.

26 다음 중 아스팔트의 일반적인 특성 설명으로 옳지 않은 것은?
① 비교적 경제적이다.
② 점성과 감온성을 가지고 있다.
③ 물에 용해되고 투수성이 좋아 포장재로 적합하지 않다.
④ 점착성이 크고 부착성이 좋기 때문에 결합 재료, 접착 재료로 사용한다.

정답 21 ④ 22 ② 23 ③ 24 ④ 25 ③ 26 ③

● 해설
아스팔트는 물에 용해되지 않아 포장재료로 적합하다.

27 일반 벽돌 쌓기 시 사용되는 우리나라의 표준형 벽돌의 규격은?(단, 단위는 mm이다.)
① 190×90×57
② 200×90×57
③ 200×90×60
④ 210×100×60

● 해설
- 표준형 : 190×90×57mm
- 기존형 : 210×100×60mm

28 정원수 전정의 목적으로 부적합한 것은?
① 지나치게 자라는 현상을 억제하여 나무의 자라는 힘을 고르게 한다.
② 움이 트는 것을 억제하여 나무를 속성으로 생김새를 만든다.
③ 강한 바람에 의해 나무가 쓰러지거나 가지가 손상되는 것을 막는다.
④ 채광, 통풍을 도움으로써 병해충의 피해를 미연에 방지한다.

29 검정 바탕 위의 회색이 흰 바탕 위의 같은 회색보다 밝게 보이는 현상은 어떤 대비인가?
① 명도대비
② 색상대비
③ 채도대비
④ 보색대비

● 해설
명도대비는 밝은색은 밝게, 어두운색은 어둡게 보이는 현상으로 명도차가 클수록 강하게 일어난다.

30 고대 로마의 정원 배치는 3개의 중정으로 구성되어 있었다. 그중 사적인 기능을 가진 제2중정에 속하는 곳은?
① 아트리움
② 지스터스
③ 페리스틸리움
④ 아고라

31 조감도는 소점이 몇 개인가?
① 1개
② 2개
③ 3개
④ 4개

32 정원에 잔디를 식재하고자 할 때 요구되는 생육 최소토심(生育最小土深)의 기준으로 가장 적합한 것은?
① 10cm
② 20cm
③ 30cm
④ 40cm

33 전통정원에서 흔히 볼 수 있고 줄기가 아름다우며 여름에 꽃이 개화하여 100여 일 간다고 해서 백일홍이라 불리는 수종은?
① 백합나무
② 불두화
③ 배롱나무
④ 이팝나무

● 해설
배롱나무는 부처꽃과에 속하는 낙엽관목으로 나무백일홍 또는 목(木)백일홍 등 여러 이름으로 불린다. 한편, 국화과의 한해살이풀인 백일홍의 다른 이름은 초(草)백일홍 또는 백일초이다.

34 일반적인 목재의 특성 중 장점으로 옳은 것은?
① 충격, 진동에 대한 저항성이 작다.
② 열전도율이 낮다.
③ 충격의 흡수성이 크고, 건조에 의한 변형이 크다.
④ 가연성이며 인화점이 낮다.

● 해설
목재의 장점
- 가공하기 쉽고 열전도율이 낮다.
- 인장강도가 압축강도보다 크다.

정답 27 ① 28 ② 29 ① 30 ③ 31 ① 32 ③ 33 ③ 34 ②

35 자연석은 돌 모양에 따라 8가지의 형태로 분류하는데 그중 "입석"을 나타낸 것은?

① 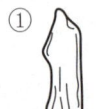   ②

③    ④

36 토공작업 시 지반면보다 낮은 면의 굴착에 사용하는 기계로 깊이 6m 정도의 굴착에 적당한 기계는?

① 클램셸   ② 드래그라인
③ 파워쇼벨   ④ 드래그쇼벨

37 여름에는 연보라 꽃과 초록의 잎을, 가을에는 검은 열매를 감상하기 위한 백합과 지피식물은?

① 맥문동   ② 만병초
③ 영산홍   ④ 칡

● 해설
맥문동은 상록 다년생 초본으로 뿌리는 한방에서 약재로 쓰인다.

38 실내조경 식물의 잎이나 줄기에 백색 점무늬가 생기고 점차 퍼져서 흰 곰팡이 모양이 되는 원인으로 옳은 것은?

① 탄저병   ② 무름병
③ 흰가루병   ④ 모자이크병

● 해설
흰가루병은 주로 늦가을에 심하게 발생하여 조경수목의 미관을 해치며, 진균에 속하는 자낭균류의 대표적인 병해이다.

39 곤충의 소화계 분류 중 소화 및 흡수작용이 일어나는 위의 기능은?

① 전장   ② 후장
③ 중장   ④ 인장

● 해설
소화계 분류

전장	먹은 것을 임시 저장하며 기계적 소화가 일어난다.
중장	소화·흡수작용이 일어나며 위의 기능을 한다.
후장	소화관의 맨 끝 부분이다.

40 맥하그(Ian Mcharg)가 주장한 '생태적 결정론(Ecological Determinism)'을 가장 올바르게 설명한 것은?

① 자연계는 생태계의 원리에 의해 구성되어 있으며, 따라서 생태적 질서가 인간환경의 물리적 형태를 지배한다는 이론이다.
② 생태계의 원리는 조경설계의 대안결정을 지배해야 한다는 이론이다.
③ 인간환경은 생태계의 원리로 구성되어 있으며, 따라서 인간사회는 생태적 진화를 이루어 왔다는 이론이다.
④ 인간형태는 생태적 질서의 지배를 받는다는 이론이다.

● 해설
생태적 결정론
경제성에만 치우치기 쉬운 환경계획을 넘어 자연과학적 근거에서 인간의 환경문제를 파악하여 새로운 환경의 창조에 기여하고자 하였다.

41 도면을 그릴 때 일반적으로 마지막에 실시해야 할 내용인 것은?

① 도면의 축척을 정한다.
② 표제란의 내용을 기재한다.
③ 테두리 선 및 방위를 그린다.
④ 물체의 표현 위치를 정한다.

정답 35 ① 36 ②, ④ 37 ① 38 ③ 39 ③ 40 ① 41 ③

42 평판측량의 3요소가 아닌 것은?

① 수평 맞추기(정준)
② 중심 맞추기(구심)
③ 방향 맞추기(표정)
④ 수직 맞추기(수준)

◎ 해설
평판측량의 3요소

정준	구심(치심)	표정(정위)
수평 맞추기	중심 맞추기	방향, 방위 맞추기

43 다음 [보기]에서 설명하는 수종은?

[보기]
- 낙엽활엽교목으로 부채꼴형 수형이다.
- 야합수(夜合樹)라 불리기도 한다.
- 여름에 피는 꽃은 분홍색으로 화려하다.
- 천근성 수종으로 이식에 어려움이 있다.

① 자귀나무
② 치자나무
③ 은목서
④ 서향

44 울타리는 종류나 쓰이는 목적에 따라 높이가 다른데 일반적으로 사람의 침입을 방지하기 위한 울타리의 경우 높이는 어느 정도가 가장 적당한가?

① 20~30cm
② 50~60cm
③ 80~100cm
④ 180~200cm

45 중앙의 큰 맹암거를 중심으로 하여 작은 맹암거를 좌우에 어긋나게 설치하는 방법으로 평탄한 지역에 가장 적합한 형태로 설치되고 있는 맹암거 배치 형태는?

① 어골형
② 빗살형
③ 부채살형
④ 자유형

46 다음 우리나라 조경 가운데 가장 오래된 것은?

① 소쇄원(瀟灑園)
② 순천관(順天館)
③ 아미산정원
④ 안압지(雁鴨池)

◎ 해설
안압지(통일신라시대) → 순천관(고려시대) → 아미산정원(조선 초기) → 소쇄원(조선 중기)

47 다음 중 개화 시기가 가장 빠른 것은?

① 황매화
② 배롱나무
③ 매자나무
④ 생강나무

◎ 해설
생강나무
- 새로 잘라 낸 가지에서 생강 냄새가 나므로 생강나무라고 한다.
- 3월에 노란색으로 개화한다.

48 주로 수량의 다소에 따라서 반죽이 되고 진 정도를 나타내는 굳지 않은 콘크리트의 성질은?

① workability(워커빌리티)
② plasticity(성형성)
③ consistency(반죽질기)
④ finishability(피니셔빌리티)

49 조선시대 경승지에 세운 누각들 중 경기도 수원에 위치한 것은?

① 연광정
② 사허정
③ 방화수류정
④ 영호정

◎ 해설
방화수류정은 1794년(정조 18) 10월 19일 완공되었다. 주변을 감시하고 군사를 지휘하는 지휘소와 주변 자연환경과 조화를 이루는 정자의 기능을 함께 지니고 있다.

정답 42 ④ 43 ① 44 ④ 45 ① 46 ④ 47 ④ 48 ③ 49 ③

50 다음 중 열경화성(축합형)수지인 것은?

① 폴리에틸렌수지 ② 폴리염화비닐수지
③ 아크릴수지   ④ 멜라민수지

● 해설

열경화성 수지
- 한번 열을 가하여 성형하면 다시 열을 가해도 변하지 않는 수지
- 페놀수지(PF), 요소수지(UF), 멜라민수지(MF), 에폭시수지(EF), 폴리우레탄수지(PUR), 실리콘수지 등

51 봄 화단에 알맞은 알뿌리 화초는?

① 리아트리스   ② 수선화
③ 샐비어   ④ 데이지

● 해설

알뿌리 초화류
히아신스, 아네모네, 튤립, 백합, 수선화, 아이리스 등

52 다음 중 일반적으로 대기오염물질인 아황산가스에 대한 저항성이 강한 수종은?

① 전나무   ② 산벚나무
③ 편백   ④ 소나무

53 다음 중 척박지에 잘 견디는 수종으로만 짝지어진 것은?

① 왕벚나무, 가중나무
② 물푸레나무, 버드나무
③ 느티나무, 향나무
④ 소나무, 자작나무

54 오방색 중 황(黃)의 오행과 방위가 바르게 짝지어진 것은?

① 금(金) – 서쪽   ② 목(木) – 동쪽
③ 토(土) – 중앙   ④ 수(水) – 북쪽

● 해설

동쪽(木) 청색, 서쪽(金) 흰색, 남쪽(火) 적색, 북쪽(水) 검은색, 중앙(土) 황색

55 축척이 1/5,000인 지도상에서 구한 수평 면적이 5cm²라면 지상에서의 실제면적은 얼마인가?

① 1,250m²   ② 12,500m²
③ 2,500m²   ④ 25,000m²

● 해설

도상면적 × 축척² = 실제면적
$0.0005 \times 5{,}000^2 = 12{,}500 m^2$

56 대추나무 빗자루병에 대한 설명으로 틀린 것은?

① 마름무늬매미충에 의하여 매개 전염된다.
② 각종 상처, 기공 등의 자연개구를 통하여 침입한다.
③ 잔가지와 황록색의 아주 작은 잎이 밀생하고, 꽃봉오리가 잎으로 변화된다.
④ 전염된 나무는 옥시테트라사이클린 항생제를 수간주입 한다.

● 해설

대추나무 빗자루병의 매개충인 마름무늬매미충은 병든 나뭇잎에서 즙액을 빨아먹는다.

57 일반적으로 높이 10m의 방풍림에 있어서 방풍 효과가 미치는 범위를 바람 위쪽과 바람 아래쪽으로 구분할 수 있는데, 바람 아래쪽은 약 얼마까지 방풍효과를 얻을 수 있는가?

① 100m   ② 300m
③ 500m   ④ 1,000m

● 해설

수림대 아래쪽 : 수고의 25~30배

정답 50 ④ 51 ② 52 ③ 53 ④ 54 ③ 55 ② 56 ② 57 ②

58 다음 중 보행에 큰 어려움을 느낄 수 있는 지형에서 약 얼마의 경사도를 넘을 때 계단을 설치해야 하는가?

① 3° ② 5°
③ 8° ④ 18°

● 해설
원로의 기울기가 15°(18°) 이상일 때 계단을 설치한다.

59 다음 [보기]의 행위 시 도시공원 및 녹지 등에 관한 법률상의 벌칙 기준은?

[보기]
- 위반하여 도시공원에 입장하는 사람으로부터 입장료를 징수한 자
- 허가를 받지 아니하거나 허가받은 내용을 위반하여 도시공원 또는 녹지에서 시설·건축물 또는 공작물을 설치한 자

① 2년 이하의 징역 또는 3천만 원 이하의 벌금
② 1년 이하의 징역 또는 1천만 원 이하의 벌금
③ 1년 이하의 징역 또는 500만 원 이하의 벌금
④ 1년 이하의 징역 또는 3천만 원 이하의 벌금

60 색광의 3원색인 R, G, B를 모두 혼합하면 어떤 색이 되는가?

① 검은색 ② 회색
③ 흰색   ④ 붉은색

● 해설
- 가법혼색 : 빛의 혼합으로 빨강(Red)+녹색(Green)+파랑(Blue)=흰색
- 감법혼색 : 색료의 혼합으로 시안(Cyan)+마젠타(Magenta)+노랑(Yellow)=검정

13장 2017년 복원 기출문제 (2)

01 다음 중 벌개미취의 꽃색으로 가장 적합한 것은?
① 황색 ② 연자주색
③ 검정색 ④ 황녹색

● 해설
벌개미취는 국화과의 여러해살이풀로 별개미취라고도 하며, 습지에서 자란다.

02 골프장의 각 코스를 설계할 때 어느 방향으로 길게 배치하는 것이 가장 이상적인가?
① 동서방향 ② 남북방향
③ 동남방향 ④ 북서방향

● 해설
골프장 코스는 남북방향으로 길게 배치하는 것이 좋다.

03 수목을 목적에 알맞은 수형으로 만들기 위해 나무의 일부분을 잘라주는 것을 무엇이라 하는가?
① 근접 ② 전정
③ 갱신을 위한 전정 ④ 순자르기

04 땅속줄기가 옆으로 뻗으면서 죽순이 나와서 높이 2~20m, 지름 2~5cm까지 자라며 속이 비어 있다. 줄기가 첫 해에는 녹색이고, 2년째부터 검은 자색이 짙어져 간다. 잎은 바소 모양이고 잔톱니가 있으며 어깨털은 5개 내외로 곧 떨어지는 "반죽"이라고 불리는 수종은?
① 왕대 ② 조릿대
③ 오죽 ④ 맹종죽

05 어린이공원에 심을 경우 어린이에게 해를 가할 수 있기 때문에 식재하지 말아야 할 수종은?
① 느티나무 ② 음나무
③ 일본목련 ④ 모란

● 해설
가시가 있는 수종
음나무, 옷나무, 명자나무, 매자나무 등

06 차경에 대한 설명 중 적당하지 않은 것은?
① 멀리 바라보이는 자연풍경을 경관 구성재료 일부분으로 이용하는 수법이다.
② 전망이 좋은 곳에서 쉽게 적용시킬 수 있는 수법이다.
③ 축을 강조하는 정원 양식에서 특히 많이 사용된다.
④ 차경을 이용할 때 정원은 깊이가 있게 된다.

07 나무의 특성에 따라 조화미, 균형미, 주위 환경과의 미적 적응 등을 고려하여 나무 모양을 위주로 한 전정을 실시하는데, 그 설명으로 옳은 것은?
① 조경수목의 대부분에 적용되는 것은 아니다.
② 전정 시기는 3월 중순~6월 중순, 10월 말~12월 중순이 이상적이다.
③ 일반적으로 전정작업 순서는 위에서 아래로 수형의 균형을 잃을 정도로 강한 가지, 얽힌 가지, 난잡한 가지를 제거한다.
④ 상록수의 전정은 6~9월이 좋다.

정답 01 ② 02 ② 03 ② 04 ③ 05 ② 06 ③ 07 ③

● 해설
대부분의 조경수목은 겨울 전정을 하며, 상록활엽수는 3월, 9~10월에 한다.

08 토피어리(Topiary)의 용어 설명으로 가장 적합한 것은?
① 정지, 전정이 잘된 나무를 뜻한다.
② 어떤 물체의 형태로 다듬어진 나무를 뜻한다.
③ 정지, 전정을 잘하면 모양이 좋아질 나무를 뜻한다.
④ 노쇠지, 고사지 등을 완전 제거한 나무를 뜻한다.

09 사적지 조경 시 민가 뒤뜰에 식재하는 수종으로 잘 어울리지 않는 것은?
① 버즘나무 ② 감나무
③ 앵두나무 ④ 대추나무

● 해설
버즘나무는 가로수용으로 많이 쓰인다.

10 조경이 타 건설 분야와 차별화될 수 있는 가장 독특한 구성 요소는?
① 지형 ② 암석
③ 식물 ④ 물

● 해설
조경이 차별화되는 이유는 식물재료를 사용하기 때문이다.

11 수목의 이식 전 세근을 발달시키기 위해 실시하는 작업을 무엇이라 하는가?
① 가식 ② 뿌리돌림
③ 뿌리분 포장 ④ 뿌리외과수술

● 해설
뿌리돌림의 목적
이식을 위한 예비조치로 수목의 뿌리를 잘라 내거나 환상박피를 함으로써 나무뿌리의 세근을 많이 발달시켜 이식력을 높이고자 한다.

12 길이 100m, 높이 4m의 벽을 1.0B두께로 쌓기할 때 소요되는 벽돌의 양은?(단, 벽돌은 표준형(190×90×57)이고, 할증은 무시하며 줄눈너비는 10mm를 기준으로 한다.)
① 약 30,000장 ② 약 52,000장
③ 약 59,600장 ④ 약 48,800장

● 해설
면적×1.0B = 벽돌의 양
(100×4)×149 = 59,600장

13 조경관리에서 주민참가의 단계는 시민 권력의 단계, 형식참가의 단계, 비참가의 단계 등으로 구분되는데 그중 시민권력의 단계에 해당되지 않는 것은?
① 가치관리(citizen control)
② 유화(placation)
③ 권한 위양(delegated power)
④ 파트너십(partnership)

● 해설
주민참가의 단계

비참가의 단계	형식참가의 단계	시민권력의 단계
조작, 치료	정보제공, 상담, 유화	파트너십, 권한위양, 자치단체

14 강을 적당한 온도(800~1,000℃)로 가열하여 소정의 시간까지 유지한 후에 노(爐) 내부에서 천천히 냉각시키는 열처리법은?
① 풀림(annealing)
② 불림(normalizing)

정답 08 ② 09 ① 10 ③ 11 ② 12 ③ 13 ② 14 ①

③ 뜨임질(tempering)
④ 담금질(quenching)

● 해설

담금질	금속을 가열한 후 물이나 기름에 급속히 냉각시키는 방법
뜨임	담금질한 금속을 재가열한 후 공기 중에서 서서히 냉각시키는 방법
풀림	가공한 금속을 노 안에서 서서히 냉각시키는 방법
불림	금속을 가열한 후 공기 중에서 서서히 냉각시키는 방법

15 식물의 병을 일으키는 데 필요한 요인은?
① 병원
② 병원, 기주
③ 병원, 기주, 환경
④ 병원, 환경

● 해설
병을 일으킬 수 있는 병원과 적당한 환경, 기주식물이 있어야 병이 발생한다.

16 다음 중 파이토플라스마에 의한 병은?
① 대추나무 빗자루병
② 벚나무 빗자루병
③ 낙엽송 떨림병
④ 흰비단병

● 해설
파이토플라스마에 의한 병으로는 대추나무 빗자루병, 오동나무 빗자루병, 뽕나무 오갈병 등이 있다.

17 아래 내용은 어떤 마을에 대한 설명인가?

> 처음에는 허씨(許氏)와 안씨(安氏) 중심의 씨족마을이었는데 세월이 흐르면서 점차 이들 두 집안은 떠나고 풍산류씨(豊山柳氏)가 중심이 되어 터를 닦아 그후 600년 동안 명맥을 이어오고 있는 우리나라의 대표적인 씨족마을이다.

① 경주 양동마을
② 외암리 민속마을
③ 안동 하회마을
④ 민속촌

18 중앙의 큰 맹암거를 중심으로 하여 작은 맹암거를 좌우에 어긋나게 설치하는 방법으로 평탄한 지역에 가장 적합한 형태로 설치되고 있는 맹암거 배치 형태는?
① 어골형
② 빗살형
③ 부채살형
④ 자유형

19 다음 중 백목련에 대한 설명으로 옳지 않은 것은?
① 낙엽활엽교목으로 수형은 평정형이다.
② 열매는 황색으로 여름에 익는다.
③ 향기가 있고 꽃은 백색이다.
④ 잎이 나기 전에 꽃이 핀다.

● 해설
백목련은 3~4월경 잎이 나오기 전에 흰색 꽃이 피고 향기가 강하며, 열매는 자색으로 익는다.

20 다음 중 경사도에 관한 설명으로 틀린 것은?
① 45° 경사는 1 : 1이다.
② 25% 경사는 1 : 4이다.
③ 1 : 2는 수평거리 1, 수직거리 2를 나타낸다.
④ 경사면은 토양의 안식각을 고려하여 안전한 경사면을 조성한다.

● 해설
1 : 2는 수직거리(높이) 1, 수평거리 2를 뜻한다.

21 $1m^3$ 토량에 대한 운반 품셈을 1일당 0.2인으로 할 때 2인의 인부가 $100m^3$의 흙을 운반하려면 얼마가 필요한가?
① 5일
② 10일
③ 40일
④ 50일

● 해설
전체무게 $100m^3$×1일당 0.2인=전체일정 20일 소요
전체일정 20일÷2인의 인부 작업=10일 소요

정답 15 ③ 16 ① 17 ③ 18 ① 19 ② 20 ③ 21 ②

22 발주자와 설계용역 계약을 체결하고 충분한 계획과 자료를 수집하여 넓은 지식과 경험을 바탕으로 시방서와 공사내역서를 작성하는 자를 가리키는 용어는?

① 설계자
② 감리원
③ 수급인
④ 현장대리인

23 한여름에 뿌리분을 크게 하고 잎을 모조리 따낸 후 이식하면 쉽게 활착할 수 있는 나무는?

① 소나무
② 목련
③ 단풍나무
④ 섬잣나무

24 질소와 칼륨 비료의 효과로 부적합한 것은?

① N : 수목 생장 촉진
② K : 뿌리, 가지 생육 촉진
③ N : 개화 촉진
④ K : 각종 저항성 촉진

● 해설
P : 개화 촉진

25 향나무, 주목 등을 일정한 모양으로 유지하기 위하여 전정을 하여 형태를 다듬었다. 가지 다듬기는 어떤 목적을 위한 작업인가?

① 생장 조절을 돕는 가지 다듬기
② 생장을 억제하는 가지 다듬기
③ 세력을 갱신하는 가지 다듬기
④ 생리 조절을 위한 가지 다듬기

● 해설
향나무, 주목은 형상수로 많이 쓰인다.

26 경사진 지형을 깎아 벽과 테라스를 쌓아 계단을 만들고 물, 기타 조경요소를 도입하여 자연경관을 부각시킨 정원 양식은?

① 한국정원
② 일본정원
③ 이탈리아 정원
④ 에스파냐 정원

27 고려시대 궁궐정원으로 맞는 것은?

① 안압지
② 만월대
③ 궁남지
④ 장안성

28 아래 내용은 어떤 별서정원에 대한 설명인가?

> 고종의 아들 의왕이 살던 별궁 정원으로, 자연과 인공이 독특하게 지어진 곳이다. 전원은 쌍류동천과 용두가산으로 이루어져 있다.
> 쌍류동천은 두 갈래의 개울물 물줄기가 하나로 합쳐지는 곳으로 "쌍류동천"이라는 글씨가 새겨진 암벽이 놓여 있다. 용두가산은 인공적으로 만든 작은 동산이다.

① 옥류천
② 성락원
③ 석파정
④ 옥호정

29 합판의 특징에 대한 설명으로 옳은 것은?

① 팽창, 수축 등으로 생기는 변형이 크다.
② 목재의 완전한 이용이 불가능하다.
③ 제품이 규격화되어 사용이 능률적이다.
④ 섬유방향에 따라 강도의 차이가 크다.

30 자연석 무너짐 쌓기 방법의 설명으로 가장 거리가 먼 것은?

① 기초가 될 밑돌은 약간 큰 돌을 사용해서 땅속에 20~30cm 정도 깊이로 묻는다.
② 제일 윗부분에 놓는 돌은 돌의 윗부분이 모두 고저차가 크게 나도록 놓는다.
③ 돌과 돌이 맞물리는 곳에는 작은 돌을 윗부분이 모두 고저차가 크게 나도록 놓는다.
④ 돌을 쌓고 난 후 돌과 돌 사이의 틈에는 키가 작은 관목을 식재한다.

정답 22 ① 23 ③ 24 ③ 25 ② 26 ③ 27 ② 28 ② 29 ③ 30 ②

> **해설**
> 맨 위의 상석은 비교적 작고 윗면을 평평하게 하거나 자연스런 높낮이가 있도록 처리한다.

31 다음 중 충형성 해충인 것은?
① 진딧물 ② 향나무하늘소
③ 밤나무혹벌 ④ 흰불나방

> **해설**
> 충형성 : 솔잎혹파리, 밤나무혹벌 등

32 다음 중 중국식 정원의 설명으로 가장 거리가 먼 것은?
① 차경수법을 도입하였다.
② 사실주의보다는 상징적 축조가 주를 이루는 사의주의에 입각하였다.
③ 다정(茶庭)이 정원구성 요소에서 중요하게 작용하였다.
④ 대비에 중점을 두고 있으며, 이것이 중국정원의 특색을 이루고 있다.

> **해설**
> ③은 일본정원의 특징이다.

33 직선이 주는 느낌을 올바르게 설명한 것은?
① 부드럽고 여성스러운 느낌을 준다.
② 여러 가지 방향을 제시한다.
③ 활동적, 호기심, 흥분, 여러 방향을 제시한다.
④ 남성적, 굳건함, 일정한 방향을 제시한다.

34 양질의 포졸란을 사용한 시멘트의 일반적인 특징 설명으로 틀린 것은?
① 장기강도가 크며 수밀성이 좋다.
② 방수용으로 사용한다.
③ 발열량이 적다.
④ 강도의 증진이 빨라 장기강도가 작다.

> **해설**
> 포졸란 시멘트의 특징
> • 워커빌리티가 좋고(블리딩 감소), 장기강도가 크며 수밀성이 좋다.
> • 방수용으로 사용한다.

35 콘크리트가 굳은 후 거푸집 판을 콘크리트 면에서 잘 떨어지게 하기 위해 거푸집 판에 처리하는 것은?
① 박리제 ② 동바리
③ 프라이머 ④ 쉘락

36 먼셀 표색계의 10색상환에서 서로 마주보고 있는 색상의 짝이 잘못 연결된 것은?
① 빨강(R) – 청록(BG)
② 노랑(Y) – 남색(PB)
③ 초록(G) – 자주(RP)
④ 주황(YR) – 보라(P)

> **해설**
> 연두(GY) – 보라(P)

37 다음 중 가시가 없는 수종은?
① 매자나무 ② 음나무
③ 은목서 ④ 찔레꽃

> **해설**
> 은목서
> 가을에 그윽한 향기를 가진 백색 꽃이 피는 나무이다.

38 미끄럼틀 배치에 있어서 미끄럼판과 지면과의 각도는 몇 도인가?
① 30~35° ② 35~40°
③ 25~30° ④ 40~45°

정답 31 ③ 32 ③ 33 ④ 34 ④ 35 ① 36 ④ 37 ③ 38 ①

● 해설
- 미끄럼틀에 오르는 사다리(계단)의 경사도는 70° 내외로 설치한다.
- 미끄럼판과 지면과의 각도는 30~35°, 폭은 40cm가 적당하다.

39 한국 잔디의 해충으로 가장 큰 피해를 주는 것은?
① 황금충류   ② 거세미나방
③ 땅강아지   ④ 선충

40 백제와 신라의 정원에 영향을 주었던 사상으로 가장 적당한 것은?
① 은일사상   ② 풍수지리사상
③ 신선사상   ④ 유교사상

● 해설
백제시대 궁남지, 통일신라시대 안압지 등은 신선사상의 영향을 받았다.

41 열가소성 수지에 대한 설명으로 틀린 것은?
① 열을 가하여 성형한 뒤 다시 열을 가하면 형태의 변형을 일으킬 수 있다.
② 냉각하면 그 형태가 붕괴되지 않고 고체로 된다.
③ 수장재로 이용된다.
④ 한번 열을 가하여 성형하면 다시 열을 가해도 변하지 않는다.

● 해설
④는 열경화성 수지에 대한 내용이다.

42 다음 중 수관의 형태가 "우산형"인 수종은?
① 왕벚나무   ② 주목
③ 낙우송   ④ 동백나무

● 해설
- 주목 – 원추형
- 동백나무 – 난형

43 바람의 피해로부터 보호하기 위해 굵은 가지치기를 실시하지 않아도 되는 수종으로 가장 적합한 것은?
① 독일가문비나무   ② 수양버들
③ 자작나무   ④ 느티나무

● 해설
느티나무
규목(槻木)이라고도 하며, 산기슭이나 골짜기에서 잘 자란다.

44 다음 [보기]와 같은 특성을 지닌 정원수는?

[보기]
- 형상수로 많이 이용되고, 가을에 열매가 붉게 된다.
- 내음성이 강하며, 비옥지에서 잘 자란다.

① 주목   ② 쥐똥나무
③ 화살나무   ④ 산수유

45 벽돌 표준형의 크기는 190mm×90mm×57mm이다. 벽돌 줄눈의 두께를 10mm로 할 때, 표준형 벽돌 벽 1.5B의 두께는 얼마인가?
① 170mm   ② 270mm
③ 290mm   ④ 330mm

46 봄 화단용에 쓰이는 식물이 아닌 것은?
① 팬지   ② 데이지
③ 금잔화   ④ 샐비어

● 해설
샐비어는 여름 화단용으로 쓰인다.

정답 39 ① 40 ③ 41 ④ 42 ① 43 ④ 44 ① 45 ③ 46 ④

47 삼각형의 세 변의 길이가 각각 5m, 4m, 5m라고 하면 면적은 약 얼마인가?

① 약 8.2m²   ② 약 9.2m²
③ 약 10.2m² ④ 약 11.2m²

● 해설
헤론의 공식
$s = \dfrac{a+b+c}{2}$
$\triangle abc = \sqrt{s(s-a)(s-b)(s-c)}$
$s = \dfrac{5+4+5}{2} = 7$
$\triangle abc = \sqrt{7(7-5)(7-4)(7-5)} = 9.16$

48 다음 중 일반적으로 대기오염물질인 아황산가스에 대한 저항성이 강한 수종은?

① 전나무   ② 산벚나무
③ 편백   ④ 소나무

● 해설
저항성이 강한 수종
편백, 화백, 가이즈카향나무, 향나무, 가시나무, 사철나무, 플라타너스, 능수버들, 쥐똥나무, 무궁화 등

49 공해에 대한 저항성은 강하나 맹아력이 약한 수종은?

① 이팝나무
② 메타세쿼이아
③ 쥐똥나무
④ 느티나무

50 산성 토양에서 가장 잘 견디는 나무는?

① 조팝나무   ② 진달래
③ 낙우송   ④ 회양목

● 해설
소나무류, 밤나무류, 진달래 등은 산성 토양에 강하다.

51 돌쌓기의 종류 중 찰쌓기에 대한 설명으로 옳은 것은?

① 뒤채움에 콘크리트를 사용하고, 줄눈에 모르타르를 사용하여 쌓는다.
② 돌만을 맞대어 쌓고 잡석, 자갈 등으로 뒤채움을 하는 방법이다.
③ 마름돌을 사용하여 돌 한 켜의 가로줄눈이 수평적 직선이 되도록 쌓는다.
④ 막돌, 깬 돌, 깬 잡석을 사용하여 줄눈을 파상 또는 골을 지어 가며 쌓는 방법이다.

52 잔디깎기의 목적으로 옳지 않은 것은?

① 잡초 방제   ② 이용의 편리 도모
③ 병해충 방지   ④ 잔디의 분얼 억제

● 해설
잔디깎기의 목적
이용의 편리 도모, 잡초 방제, 잔디 분얼 촉진, 통풍 양호, 병해충 예방 등에 효과적이다.

53 차량의 안전하고 원활한 교통처리나 보행자 도로횡단의 안전을 확보하기 위하여 교차로 또는 차도의 분기점 등에 설치하는 녹지시설을 무엇이라고 하는가?

① 방지원도   ② 교통섬
③ 파고라   ④ 녹음수

54 공사의 설계 및 시공을 의뢰하는 사람을 뜻하는 용어는?

① 설계자   ② 시공자
③ 발주자   ④ 감독자

● 해설
발주자(시공주)
공사의 설계, 감독, 관리, 시공을 의뢰하는 주체

정답   47 ②   48 ③   49 ①   50 ②   51 ①   52 ④   53 ②   54 ③

55 GPS에서 위도, 경도, 고도, 시간에 대한 차분해(Differential Solution)를 얻기 위해서는 최소 몇 개의 위성이 필요한가?

① 1
② 2
③ 3
④ 4

> **해설**
> 차량용 내비게이션은 단일측위이므로 1개의 위성, 측량용으로 사용하려면 최소 4개 이상의 위성이 필요하다.

56 다음 중 질감(texture)이 가장 거친 수종은?

① 칠엽수, 플라타너스
② 편백, 화백
③ 산철쭉, 삼나무
④ 회양목, 아벨리아

> **해설**
> 수관의 질감이 거친 느낌을 주는 수목으로는 플라타너스, 칠엽수, 백합나무, 소철, 벽오동, 태산목, 팔손이 등이 있다.

57 조경공사용 기계인 백호(back hoe)에 대한 설명 중 틀린 것은?

① 이용 분류상 굴착용 기계이다.
② 굳은 지반이라도 굴착할 수 있다.
③ 기계가 놓인 지면보다 높은 곳을 굴착하는 데 유리하다.
④ 버킷(bucket)을 밑으로 내려 앞쪽으로 긁어 올려 흙을 깎는다.

> **해설**
> 백호
> 굴착용 기계로 버킷 밑으로 내려 앞쪽으로 긁어 올려 흙을 깎음

58 꽃이 피고 난 뒤 낙화할 무렵 바로 가지 다듬기를 해야 하는 좋은 수종은?

① 철쭉
② 목련
③ 명자나무
④ 사과나무

> **해설**
> 화목류는 낙화(洛花) 무렵에 전정한다.

59 화강암(granite)의 특징 설명으로 옳지 않은 것은?

① 조직이 균일하고 내구성 및 강도가 크다.
② 내화성이 우수하여 고열을 받는 곳에 적당하다.
③ 외관이 아름답기 때문에 장식재로 쓸 수 있다.
④ 자갈·쇄석 등과 같은 콘크리트용 골재로도 많이 사용된다.

> **해설**
> 화강암은 내화성이 작아서 고열을 받는 곳에는 적합하지 않다.

60 정원수 이용 분류상 아래의 설명에 해당되는 것은?

- 가지 다듬기에 잘 견딜 것
- 아래 가지가 말라 죽지 않을 것
- 잎이 아름답고 가지가 치밀할 것

① 가로수
② 녹음수
③ 방풍수
④ 생울타리

정답 55 ④ 56 ① 57 ③ 58 ① 59 ② 60 ④

14장 2018년 복원 기출문제 (1)

01 다음 중 비료의 3요소에 해당하지 않는 것은?
① N ② K
③ P ④ Mg

해설
비료의 3요소 : 질소(N), 인(P), 칼륨(K)
※ 칼슘(Ca)을 추가하면 비료의 4요소가 된다.

02 서양 잔디 중 가장 양질의 잔디면을 만들 수 있어 그린용으로 폭넓게 이용되고, 초장을 4~7mm로 짧게 깎아 관리하는 잔디로 가장 적당한 것은?
① 한국잔디류 ② 버뮤다 그래스류
③ 라이그래스류 ④ 벤트 그래스류

해설
벤트 그래스는 골프장 그린에 많이 사용되며 짧게 깎아도 생육에는 큰 지장이 없으며, 서양 잔디 중 가장 양질의 잔디이다.

03 다음 중 L형 측구의 팽창줄눈 설치 시 지수판의 간격은?
① 20m 이내 ② 25m 이내
③ 30m 이내 ④ 35m 이내

해설
• 빗물받이가 집수거를 통해 지하의 배수관으로 흘러 들어간다.
• 팽창줄눈은 U형, L형 측구의 끝부분에 설치하며, 20~30m마다 설치(표준간격 20m, 최대 30m 이내)한다.

04 한국의 전통적인 오방색과 방위 표시가 잘못 대응된 것은?
① 청-동쪽 ② 흑-북쪽
③ 황-남쪽 ④ 백-서쪽

해설
동쪽은 파랑, 서쪽은 흰색, 남쪽은 빨강, 북쪽은 검정, 중앙은 노랑

05 먼셀의 색상환에서 BG는 어떤 색인가?
① 연두 ② 남색
③ 청록 ④ 노랑

06 굵은 골재의 절대건조상태의 질량이 1,000g, 표면건조 포화상태의 질량이 1,200g, 수중 질량이 650g일 때 흡수율은 몇 %인가?
① 20.0% ② 28.6%
③ 31.4% ④ 35.0%

해설
흡수율
$= \dfrac{\text{표면건조 포화상태} - \text{절대건조상태}}{\text{절대건조상태}} \times 100$
$= \dfrac{1,200 - 1,000}{1,000} \times 100 = 20\%$

07 다음 중 고대 로마의 폼페이 주택정원에서 볼 수 없는 것은?
① 아트리움 ② 페리스틸리움
③ 아고라 ④ 지스터스

정답 01 ④ 02 ④ 03 ① 04 ③ 05 ③ 06 ① 07 ③

08 통일신라시대 귀족들이 계절에 따라 자리를 바꾸어 가며 놀이장소로 즐겼던 별장은?

① 석파정　② 사절유택
③ 옥호정　④ 소쇄원

●해설
사절유택
- 통일신라시대 귀족들의 별장
- 봄(동야택), 여름(곡양택), 가을(구지택), 겨울(가이택)

09 다음 중 주택정원의 작업뜰에 위치할 수 있는 시설물로 가장 부적합한 것은?

① 장독대　② 빨래 건조장
③ 파고라　④ 채소밭

●해설
작업뜰
부엌과 장독대, 세탁 장소, 창고, 빨래건조대 등에 면하여 위치한 곳으로 통풍과 채광, 배수에 유의한다.

10 시대별 정원유적으로 틀린 것은?

① 고구려 – 장안성　② 백제 – 궁남지
③ 통일신라 – 안압지　④ 고려 – 임류각

●해설
임류각(동성왕 22년, 500년)
희귀한 새와 짐승을 길렀던 연못이 있었다고 함(삼국사기)

11 일반적으로 계단을 설계할 때 축상(蹴上)높이가 12cm일 때 답면(踏面)의 너비(cm)로 가장 적합한 것은?

① 20~25　② 26~31
③ 30~35　④ 36~41

●해설
$2h + b = 60~65cm$ (h : 축상높이, b : 답면너비)

12 흐트러진 상태의 토량이 240m³, 자연 상태의 토량이 200m³, 다져진 상태의 토량이 160m³일 경우, 자연 상태의 흙이 흐트러진 상태로 변할 때 토량의 변화율(L)값은?

① 0.7　② 0.8
③ 1.1　④ 1.2

●해설
$$L = \frac{\text{흐트러진 상태}}{\text{자연 상태}} = \frac{240}{200} = 1.2$$

13 운반 거리가 먼 레미콘이나 무더운 여름철 콘크리트의 시공에 사용하는 혼화제는?

① 지연제　② 감수제
③ 방수제　④ 경화촉진제

●해설
지연제
수화반응을 지연시켜 응결시간을 늦추며, 뜨거운 여름철, 장시간 시공 시, 운반 시간이 길 경우에 사용한다.(콜드 조인트 방지효과)

14 오늘날 세계 3대 수목병에 속하지 않는 것은?

① 잣나무 털녹병
② 느릅나무 시들음병
③ 밤나무 줄기마름병
④ 소나무류 리지나뿌리썩음병

●해설
리지나뿌리썩음병
소나무, 해송, 전나무, 일본잎갈나무 등에 발생하며, 40℃ 이상에서 24시간 이상 지속되면 포자가 발아해 뿌리를 감염시킨다. 산림보다는 해안가 모래의 소나무 숲에서 많이 발생한다.

15 응애류에 대해서만 선택적으로 효과가 있는 약제는?

① 살균제　② 살충제
③ 살비제　④ 살서제

정답　08 ②　09 ③　10 ④　11 ④　12 ④　13 ①　14 ④　15 ③

● 해설
- 살비제 : 응애류를 죽이는 약
- 연용하여 사용 시 약에 내성을 가진 저항성 응애가 발생할 수 있다.

16 두 종류 이상의 제초제를 혼합하여 얻은 효과가 단독으로 처리한 반응을 각각 합한 것보다 높을 때의 효과는?

① 부가효과(Additive Effect)
② 상승효과(Synergistic Effect)
③ 길항효과(Antagonistic Effect)
④ 독립효과(Independent Effect)

17 수목과 관련된 설명 중 틀린 것은?

① 나무의 줄기가 2개이면 쌍간, 여러 갈래이면 다간이라고 한다.
② 나무를 다듬어 짐승의 모양이나 어떤 사물의 모양을 만들어 내는 것을 '토피어리'라 한다.
③ 염해는 주로 잎의 표면에 붙은 염분이 원형질 분리 현상을 일으킨다.
④ 풍경식 정원에서는 주로 정형수를 많이 쓴다.

● 해설
정형식 정원에서는 정형수를 많이 사용한다.

18 다음 중 혼화제가 아닌 것은?

① 급결제   ② 지연제
③ 팽창재   ④ AE제(공기 연행제)

● 해설
- 팽창재는 혼화재로 콘크리트가 굳어 가는 도중에 부피를 늘어나게 하여 건조수축에 의한 균열을 막아주는 역할을 한다.
- 혼화재 : 플라이애시 시멘트, 고로 시멘트, 팽창제, 포졸란 시멘트

19 다음 중 같은 밀도(密度)에서 토양공극의 크기(size)가 가장 큰 것은?

① 식토   ② 사토
③ 점토   ④ 식양토

● 해설
사토(모래) > 사양토 > 양토 > 식양토 > 식토(진흙)

20 조경양식 중 이슬람 양식의 스페인 정원이 속하는 것은?

① 평면기하학식   ② 노단식
③ 중정식   ④ 전원풍경식

21 경사진 지형을 깎아 벽과 테라스를 쌓아 계단을 만들고 물, 기타 조경요소를 도입하여 자연경관을 부각시킨 정원 양식은?

① 한국정원   ② 일본정원
③ 이탈리아 정원   ④ 에스파냐 정원

22 관상하기에 편리하도록 땅을 1~2m 깊이로 파 내려가 평평한 바닥을 조성하고, 그 바닥에 화단을 조성한 것은?

① 기식화단   ② 모둠화단
③ 양탄자화단   ④ 침상화단

● 해설
침상화단
지면보다 1~2m 정도 낮게 조성한 화단

23 수목은 뿌리를 뻗는 상태에 따라 천근성과 심근성으로 분류한다. 천근성(淺根性) 수종으로만 짝지어진 것은?

① 자작나무, 매화나무   ② 전나무, 소나무
③ 느티나무, 회화나무   ④ 백목련, 가시나무

정답   16 ②   17 ④   18 ③   19 ②   20 ③   21 ③   22 ④   23 ①

24 다음 중 일반적으로 대기오염물질인 아황산 가스에 대한 저항성이 강한 수종은?
① 전나무   ② 산벚나무
③ 편백   ④ 소나무

● 해설

아황산가스에 강한 수종	편백, 화백, 가이즈카향나무, 향나무, 가시나무, 사철나무, 플라타너스, 능수버들, 쥐똥나무, 무궁화 등
아황산가스에 약한 수종	소나무, 잣나무, 전나무, 삼나무, 자작나무, 단풍나무, 매화나무, 느티나무, 백합나무, 히말라야시더 등

25 다음 중 열가소성 수지에 해당되는 것은?
① 페놀수지   ② 멜라민수지
③ 폴리에틸렌수지   ④ 요소수지

● 해설

열가소성 수지

특징	열을 가하여 성형한 뒤 다시 열을 가하면 형태의 변형을 일으킬 수 있는 수지
종류	염화비닐관, 염화비닐수지(PVC), 폴리에틸렌관, 폴리에틸렌수지, 폴리프로필렌 등

26 AE콘크리트의 성질 및 특징 설명으로 틀린 것은?
① 수밀성이 향상된다.
② 콘크리트 경화에 따른 발열이 커진다.
③ 입형이나 입도가 불량한 골재를 사용할 경우에 공기 연행의 효과가 크다.
④ 일반적으로 빈배합의 콘크리트일수록 공기 연행에 의한 워커빌리티의 개선효과가 크다.

● 해설

AE콘크리트의 장점
• 워커빌리티가 좋고, 단위수량이 적어지며 수밀성이 좋아진다.
• 재료 분리를 적게 하고, 블리딩이 적어진다.
• 동결 융해에 대한 저항성이 커진다.

27 르네상스 시대 3대 빌라가 아닌 것은?
① 에스테장   ② 랑테장
③ 라우렌티장   ④ 파르네장

● 해설
라우렌티장은 고대 로마시대 빌라이다.

28 다음 중 붉은색의 단풍이 드는 수목들로만 구성된 것은?
① 낙우송, 느티나무, 백합나무
② 칠엽수, 참느릅나무, 졸참나무
③ 감나무, 화살나무, 매자나무
④ 잎갈나무, 메타세쿼이아, 은행나무

29 다음 중국식 정원의 설명으로 틀린 것은?
① 차경수법을 도입하였다.
② 사실주의보다는 상징적 축조가 주를 이루는 사의주의에 입각하였다.
③ 유럽의 정원과 같은 건축식 조경수법으로 발달하였다.
④ 대비에 중점을 두고 있으며, 이것이 중국정원의 특색을 이루고 있다.

● 해설
중국정원은 유럽의 정원과 같은 건축식 조경수법으로 발달한 것과는 관련성이 없다.

30 에도시대 3대 공원이 아닌 것은?
① 강산 후락원   ② 육림원
③ 겸육원   ④ 방장정원

31 곤충의 소화계 분류 중 소화 및 흡수작용이 일어나는 위의 기능은?
① 전장   ② 후장
③ 중장   ④ 인장

> **해설**
>
> 소화계 분류
>
> | 전장 | 먹은 것을 임시 저장하며 기계적 소화가 일어난다. |
> |---|---|
> | 중장 | 소화·흡수작용이 일어나며 위의 기능을 한다. |
> | 후장 | 소화관의 맨 끝 부분이다. |

32 다음 중 봄철에 꽃을 가장 빨리 보려면 어떤 수종을 식재해야 하는가?

① 말발도리 ② 자귀나무
③ 매화나무 ④ 배롱나무

33 다음의 설명에 해당하는 장비는?

> • 2개의 눈금자가 있는데 왼쪽 눈금은 수평거리가 20m, 오른쪽 눈금은 15m일 때 사용한다.
> • 측정방법은 우선 나뭇가지의 거리를 측정하고 시공을 통하여 수목의 선단부와 측고기의 눈금이 일치하는 값을 읽는다. 이때 왼쪽 눈금은 수평거리에 대한 %값으로 계산하고, 오른쪽 눈금은 각도 값으로 계산하여 수고를 측정한다.
> • 수고측정뿐만 아니라 지형경사도 측정에도 사용된다.

① 윤척 ② 측고봉
③ 하고측고기 ④ 순토측고기

> **해설**
>
> • 윤척 : 수목의 흉고 직경이나 근원 직경을 측정하는 기구
> • 측고봉 : 수고를 측정하는 기구
> • 하고측고기 : 삼각법에 의하여 수고를 측정하는 기구

34 다음 고서 중 조경식물에 대한 기록이 다루어지지 않은 것은?

① 고려사 ② 악학궤범
③ 양화소록 ④ 동국이상국집

> **해설**
>
> 성종 24년(1493년) 예조판서 겸 장악원 제조 성현 등이 편찬한 '악학궤범'은 조선 전기의 음악을 집대성한 책이다. 앞서 세종 시대에 이뤄진 대대적인 음악 정비의 성과를 바탕으로 당시 음악의 모든 것을 기술하고 있다.

35 빨강 위의 노랑보다 회색 위의 노랑이 더욱 선명하게 보이는 현상은?

① 계속대비 ② 색상대비
③ 보색대비 ④ 채도대비

> **해설**
>
> 채도대비
> 채도가 낮은 탁한 색에 채도가 높은 선명한 색을 올려놓으면, 채도가 선명한 색은 더욱더 선명하게 보이는 현상

36 다음 중 방음용 수목으로 사용하기 부적합한 수종은?

① 아왜나무 ② 녹나무
③ 은행나무 ④ 구실잣밤나무

> **해설**
>
> 방음용 적용 수종
> 회화나무, 측백나무, 구실잣밤나무, 녹나무, 식나무, 아왜나무, 후피향나무 등

37 다음 중 난대림 수종으로 사용하기 부적합 수종은?

① 동백나무 ② 사철나무
③ 식나무 ④ 잣나무

> **해설**
>
> 한대림 수종
> 잣나무, 전나무, 주목, 가문비나무, 잎갈나무, 분비나무 등

38 천적을 이용해 해충을 방제하는 방법은?

① 화학적 방제 ② 생물적 방제
③ 임업적 방제 ④ 물리적 방제

정답 32 ③ 33 ④ 34 ② 35 ④ 36 ③ 37 ④ 38 ②

> **해설**
>
> 병해충 방제법
>
> | | |
> |---|---|
> | 생물학적 방제 | 천적을 이용 |
> | 물리학적 방제 | 잠복소, 낙엽 태우기, 전정 가지의 소각, 유살, 경운 등의 이용 |
> | 화학적 방제 | 농약을 이용 |

39 다음 중 포플러잎녹병의 중간숙주는?
 ① 송이풀 ② 까치밥나무
 ③ 향나무 ④ 낙엽송

40 다음 설계 도면의 종류 중 2차원의 평면을 나타내지 않는 것은?
 ① 평면도 ② 단면도
 ③ 상세도 ④ 투시도

> **해설**
>
> 투시도
> 평면도와 입면도 등 설계안이 완공되었을 경우를 가정하여 설계 내용을 실제 눈에 보이는 대로 절단한 면에서 먼 곳에 있는 것은 작게, 가까이 있는 것은 크고 깊이가 있게 하나의 화면에 입체적인 그림으로 나타낸 것이다.

41 설치비용은 비싸지만 열효율이 높고 투시성이 좋으며 관리비도 싸서 안개 지역, 터널 등의 장소에 설치하기 적합한 조명등은?
 ① 할로겐등 ② 고압수은등
 ③ 저압나트륨등 ④ 형광등

> **해설**
>
> | | |
> |---|---|
> | 백열등 | 열효율이 가장 낮고 수명이 제일 짧다. |
> | 할로겐등 | • 수명이 길고, 소형이어서 배광에 효과적이다.
• 분수를 외곽에서 조명할 때 사용한다. |
> | 형광등 | 소정원에서 사용하며, 설치비가 저렴하다. |
> | 수은등 | • 차가운 느낌을 주며 수목과 잔디의 황록색을 살리는 데 효과적이다.
• 수명이 제일 길다. |
> | 나트륨등 | • 점등 후 20~30분이 경과하지 않으면 충분한 빛을 낼 수 없으며 황색광 때문에 일반 조명으로 사용하지 않는다.
• 안개 지역의 조명, 도로조명, 터널조명 등에 사용하며 열효율이 가장 좋다. |

42 도시공원 및 녹지 등에 관한 법률에서 생활권공원의 분류에 해당되지 않는 것은?
 ① 소공원 ② 묘지공원
 ③ 근린공원 ④ 어린이공원

> **해설**
>
> 주제공원 : 체육공원, 수변공원, 묘지공원 등

43 다음 중 등고선의 성질에 대한 설명으로 맞는 것은?
 ① 지표의 경사가 급할수록 등고선 간격이 넓어진다.
 ② 같은 등고선 위의 모든 점은 높이가 서로 다르다.
 ③ 등고선은 지표의 최대 경사선의 방향과 직교하지 않는다.
 ④ 높이가 다른 두 등고선은 동굴이나 절벽의 지형이 아닌 곳에서는 교차하지 않는다.

> **해설**
>
> 등고선의 성질
> • 등고선 위의 모든 점은 높이가 같다.
> • 등고선은 도면의 안이나 밖에서 폐합되며, 도중에 없어지지 않는다.
> • 산정과 오목지에서는 도면 안에서 폐합된다.
> • 높이가 다른 등고선은 동굴과 절벽을 제외하고 교차하거나 합쳐지지 않는다.
> • 완경사지는 등고선의 간격이 넓고, 급경사지는 등고선의 간격이 좁다.

44 옥상정원에서 식물을 식재할 자리는 전체면적의 얼마를 넘지 않도록 하는 것이 좋은가?
 ① 1/2 ② 1/3
 ③ 1/4 ④ 1/5

정답 39 ④ 40 ④ 41 ③ 42 ② 43 ④ 44 ②

● 해설
옥상정원에서 식재지역은 전체면적의 1/3 이하로 한다.

45 시멘트의 제조 시 응결시간을 조절하기 위해 첨가하는 것은?
① 광재　　② 점토
③ 석고　　④ 철분

● 해설
포틀랜드 시멘트를 제조할 때 시멘트의 급격한 응결을 막기 위해 지연제로 석고를 사용한다.

46 수목의 광보상점(光輔償點)을 가장 잘 설명한 것은?
① 호흡에 의한 CO_2 방출이 최대이다.
② 광합성에 의한 CO_2 흡수가 최대이다.
③ 수목은 20,000~80,000Lux에서 이루어진다.
④ 호흡에 의한 CO_2 방출량과 광합성에 의한 CO_2 흡수량이 동일하다.

47 다음 중 멀칭의 기대 효과가 아닌 것은?
① 표토의 유실을 방지
② 토양의 입단화를 촉진
③ 잡초의 발생을 최소화
④ 유익한 토양미생물의 생장을 억제

● 해설
멀칭은 토양미생물의 생장을 촉진한다.

48 아스팔트 포장에서 아스팔트 양의 과잉이나 골재의 입도불량일 때 발생하는 현상은?
① 균열　　② 국부침하
③ 파상요철　　④ 표면연화

49 콘크리트 공사 중 콘크리트 표면에 곰보가 생기거나 콘크리트 내부에 공극이 발생되지 않도록 하는 작업은?
① 콘크리트 다지기　　② 콘크리트 비비기
③ 콘크리트 붓기　　④ 콘크리트 양생

50 시공관리의 주요 목표라고 볼 수 없는 것은?
① 우량한 품질　　② 공사기간의 단축
③ 우수한 시각미　　④ 경제적 시공

● 해설
시공관리의 기능 : 품질관리, 공정관리, 원가관리

51 축척 1/100 도면에 0.6m×50m의 녹지면적을 H0.5×W0.3 규격의 수목으로 수관의 중복 없이 식재할 경우 약 몇 주가 필요한가?
① 255주　　② 334주
③ 520주　　④ 750주

● 해설
면적 0.6m×50m=30m², 수목규격 0.3×0.3=0.09
면적÷수목규격=30÷0.09≒334

52 경기장과 같이 전 지역의 배수가 균일하게 요구되는 곳에 주로 이용되는 암거 형태는?
① 어골형　　② 즐치형
③ 자연형　　④ 차단법

53 그림과 같은 뿌리분 감기 요령은 어떤 방법에 의한 것인가?

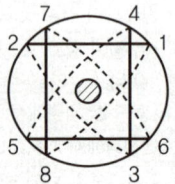

① 4줄 한 번 감기　　② 4줄 세 번 감기
③ 3줄 두 번 감기　　④ 돌려감기

정답　45 ③　46 ④　47 ④　48 ④　49 ①　50 ③　51 ②　52 ①　53 ①

54 토공사에서 터파기의 양이 10m³, 되메우기의 양이 7m³일 때 잔토처리량은 얼마인가?

① 2.3m³ ② 3m³
③ 4m³   ④ 17m³

🔵 해설
잔토처리량 = 터파기 체적 − 되메우기 체적
= 10m³ − 7m³
= 3m³

55 공사원가계산 체계에서 이윤 산정 시 고려하는 내용이 아닌 것은?

① 재료비 ② 노무비
③ 경비   ④ 일반관리비

🔵 해설
이윤 = (노무비 + 경비 + 일반관리비) × 10% 이내

56 다음 수목의 전정작업 요령에 관한 설명 중 틀린 것은?

① 전정작업을 하기 전 나무의 수형을 살펴 이루어질 가지의 배치를 염두에 둔다.
② 우선 나무의 정상부로부터 주지의 전정을 실시한다.
③ 주지의 전정은 주간에 대해서 사방으로 고르게 굵은 가지를 배치하는 동시에 상하(上下)로도 적당한 간격으로 자리잡도록 한다.
④ 상부는 가볍게, 하부는 강하게 한다.

57 다음 그림에서 (A)점과 (B)점의 차는 얼마인가?(단, 등고선 간격은 5m이다.)

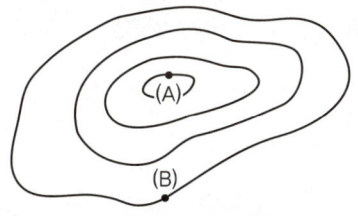

① 10m   ② 15m
③ 20m   ④ 25m

58 서양의 각 시대별 조경양식에 관한 설명 중 옳은 것은?

① 서아시아의 조경은 수렵원 및 공중정원이 특징적이다.
② 이집트는 상업 및 집회를 위한 공공정원이 유행하였다.
③ 고대 그리스는 포럼과 같은 옥외 공간이 형성되었다.
④ 고대 로마의 주택정원에는 지스터스(xystus)라는 가족을 위한 사적인 공간을 조성하였다.

🔵 해설
②는 그리스, ③은 로마, ④는 후원공간에 해당한다.

59 눈이 트기 전 가지의 여러 곳에 자리잡은 눈 가운데 필요로 하지 않은 눈을 따버리는 작업을 무엇이라 하는가?

① 순자르기 ② 열매따기
③ 눈따기   ④ 가지치기

60 목재의 성질을 설명한 것으로 틀린 것은?

① 함수율이 낮을수록 강도가 높아진다.
② 비중이 높을수록 강도가 높다.
③ 열전도율은 콘크리트, 석재 등에 비하여 높다.
④ 연소가 쉽고, 해충의 피해가 크다.

🔵 해설
목재는 가공하기 쉽고 열전도율이 낮다.

정답 54 ② 55 ① 56 ④ 57 ② 58 ① 59 ③ 60 ③

15장 2018년 복원 기출문제 (2)

01 다음 중 폴리에틸렌관의 설명으로 틀린 것은?

① 가볍고 충격에 견디는 힘이 크다.
② 시공이 용이하다.
③ 유연성이 적다.
④ 경제적이다.

해설
폴리에틸렌관
- 내한성이 커서 추운 지방의 수도관으로 사용한다.
- 유연성이 크다.

02 르네상스 시대 이탈리아 정원의 설명으로 옳지 않은 것은?

① 높이가 다른 여러 개의 노단을 잘 조화시켜 좋은 전망을 살린다.
② 강한 축을 중심으로 정형적 대칭을 이루도록 꾸며진다.
③ 주축선 양쪽에 수림을 만들어 주축선을 강조하는 비스타 수법을 이용하였다.
④ 원로의 교차점이나 종점에는 조각, 분천, 연못, 캐스케이드 벽천, 장식화분 등이 배치된다.

03 다음 설명에 가장 적합한 수종은?

- 교목으로 꽃이 화려하다.
- 전정을 싫어하고 대기오염에 약하며, 토질을 가리는 결점이 있다.
- 매우 다방면으로 이용되며, 열식 또는 군식으로 많이 식재된다.

① 왕벚나무
② 수양버들
③ 전나무
④ 벽오동

해설
왕벚나무는 공해, 맹아력에 약하고 굵은 가지 전정 시 부후의 위험성이 크다.

04 다음 중 녹음수로 적당하지 않은 나무는?

① 플라타너스
② 느티나무
③ 은행나무
④ 사철나무

05 다음 [보기]의 설명에 해당하는 수종은?

[보기]
- "설송(雪松)"이라 불리기도 한다.
- 천근성 수종으로 바람에 약하며, 수관 폭이 넓고 속성수로 크게 자라기 때문에 적지 선정이 중요하다.
- 줄기는 아래로 처지며, 수피는 회갈색으로 얇게 갈라져 벗겨진다.
- 잎은 짧은 가지에 30개가 총생하고, 3~4cm로 끝이 뾰족하며, 바늘처럼 찌른다.

① 잣나무
② 솔송나무
③ 개잎갈나무
④ 구상나무

해설
개잎갈나무는 설송, 히말라야시더 등으로 불리기도 한다.

정답 01 ③ 02 ③ 03 ① 04 ④ 05 ③

06 자연석 무너짐 쌓기의 설명으로 틀리는 것은?

① 기초가 될 밑돌은 약간 큰 돌을 땅속에 20~30 cm 정도 깊이로 묻히게 한다.
② 제일 윗부분에 놓이는 돌은 돌의 윗부분이 모두 고저차가 크게 나도록 놓는다.
③ 돌과 돌이 맞물리는 곳에는 작은 돌을 끼워 넣지 않는다.
④ 돌을 쌓고 난 후 돌과 돌 사이에 키가 작은 관목을 심는다.

07 다음 중 별서의 개념과 가장 거리가 먼 것은?

① 은둔생활을 하기 위한 것
② 효도하기 위한 것
③ 별장의 성격을 갖기 위한 것
④ 수목을 가꾸기 위한 것

● 해설
별서란 은둔을 목적으로 부귀나 영화를 등지고 자연과 벗 삼아 살기 위한 주거지이며, 수목을 가꾸기 위한 것 과는 관계가 없다.

08 다음 도시공원 시설 중 유희시설에 해당되는 것은?

① 사적지   ② 잔디밭
③ 도서관   ④ 낚시터

● 해설
레크리에이션 시설(위락관광시설)
골프장, 야영장, 경마장, 스키장, 유원지, 휴양지, 삼림욕장, 낚시터, 해수욕장, 수상스키장 등

09 다음 이슬람 정원 중 알함브라 궁전에 없는 것은?

① 알베르카 중정   ② 사자의 중정
③ 사이프러스의 중정   ④ 헤네랄리페 중정

● 해설
그라나다의 알함브라 궁원(4개의 중정)
알베르카(Alberca) 중정, 사자(Lion)의 중정, 다라하(린다라야) 중정, 창격자(레하)의 중정

10 종자, 비료 그리고 흙을 혼합하여 네트(Net)에 넣고 비탈면의 수평으로 판 굴 속에 넣어 붙이는 공법은?

① 식생구멍공
② 식생판공
③ 식생자루공
④ 식생매트(mat)공

11 자연석 100ton을 절개지에 쌓으려 한다. 다음 표를 참고할 때 노임은 얼마인가?

자연석 석축공(ton당)

구분	조경공	보통 인부
쌓기	2.5인	2.3인
놓기	2.0인	2.0인
1일노임	30,000원	10,000원

① 2,500,000원   ② 5,600,000원
③ 8,260,000원   ④ 9,800,000원

● 해설
쌓기 시 조경공 2.5×30,000=75,000원
보통 인부 2.3×10,000=23,000원
98,000×100=9,800,000원

12 주거지역에 인접한 공장부지 주변에 공장경관을 아름답게 하고, 가스, 분진 등의 대기오염과 소음 등을 차단하기 위해 조성되는 녹지의 형태는?

① 차폐녹지   ② 차단녹지
③ 완충녹지   ④ 자연녹지

정답 06 ② 07 ④ 08 ④ 09 ④ 10 ③ 11 ④ 12 ③

13 우리나라의 겨울철 좋은 생활 환경과 수목의 생육을 위해 최소 얼마 정도의 광선이 필요한가?

① 2시간 정도 ② 4시간 정도
③ 6시간 정도 ④ 10시간 정도

14 다음 중 제초제가 아닌 것은?

① 페니트로티온수화제
② 시마진수화제
③ 알라클로르유제
④ 패러콧디클로라이드액제

● 해설
페니트로티온수화제
살충제로서 메프제가 여기에 속한다.

15 배수불량 및 과다한 밟기가 원인으로 잎에 황색의 반점과 황색 가루가 발생하며 잔디에 가장 많이 발생하는 병은?

① 녹병   ② 탄저병
③ 근부병 ④ 잎마름병

● 해설
탄저병
식물에서 발견되며 비교적 온난하고 다습한 지방에서 많이 발생(배, 사과, 고추 등)

16 우리나라 후원양식의 정원에 설치되는 정원 시설물이 아닌 것은?

① 장대석   ② 괴석이나 세심석
③ 장식을 겸한 굴뚝 ④ 둥근 연못

17 중국정원의 기원이라 할 수 있는 것은?

① 상림원   ② 북해공원
③ 중앙공원 ④ 이화원

● 해설
상림원
왕의 사냥터, 중국정원 중 가장 오래된 정원, 곤명호 등 주위에 6개의 대호수

18 정토사상과 신선사상을 바탕으로 불교 선사상의 직접적 영향을 받아 극도의 상징성(자연석이나 모래 등으올 산수 자연을 상징)으로 조성된 14~15세기 일본의 정원 양식은?

① 중정식 정원   ② 고산수식 정원
③ 전원풍경식 정원 ④ 다정식 정원

● 해설
• 중정식 정원 : 스페인 정원 양식
• 전원풍경식 정원 : 영국(18C)
• 다정식 정원 : 일본(16C)

19 다음 중 서양식 전각과 서양식 정원이 조성되어 있는 우리나라 궁궐은?

① 경복궁 ② 창덕궁
③ 덕수궁 ④ 경희궁

● 해설
• 석조전 : 우리나라 최초의 서양식 건물
• 침상원 : 우리나라 최초의 유럽식 정원, 분수와 연못을 중심으로 한 프랑스식 정원

20 물체의 앞이나 뒤에 화면을 놓은 것으로 생각하고, 시점에서 물체를 본 시선과 그 화면이 만나는 각점을 연결하여 물체를 그리는 투상법은?

① 사투상법   ② 투시도법
③ 정투상법   ④ 표고투상법

● 해설
투시도법은 평면도와 입면도 등 설계안이 완공되었을 경우를 가정하여 설계 내용을 실제 눈에 보이는 대로 절단한 면에서 먼 곳에 있는 것은 작게, 가까이 있는 것은 크고 깊이가 있게 하나의 화면에 입체적인 그림으로 나타낸 것이다.

정답 13 ③ 14 ① 15 ① 16 ④ 17 ① 18 ② 19 ③ 20 ②

21 지형도상에서 2점 간의 수평거리가 200m이고, 높이차가 5m라 하면 경사도는 얼마인가?

① 2.5%   ② 5.0%
③ 10.0% ④ 50.0%

• 해설
$$경사도 = \frac{수직높이}{수평거리} \times 100$$
$$= \frac{5}{200} \times 100 = 2.5\%$$

22 어린이 놀이시설물 설치에 대한 설명으로 옳지 않은 것은?

① 시소는 출입구에 가까운 곳, 휴게소 근처에 배치하도록 한다.
② 미끄럼대의 미끄럼판의 각도는 일반적으로 30~40도 정도의 범위로 한다.
③ 그네는 통행이 많은 곳을 피하여 동서방향으로 설치한다.
④ 모래터는 하루 4~5시간의 햇볕이 쬐고 통풍이 잘되는 곳에 배치한다.

23 수목 또는 경사면 등의 주위 경관 요소들에 의하여 자연스럽게 둘러싸여 있는 경관을 무엇이라 하는가?

① 파노라마 경관   ② 지형경관
③ 위요경관   ④ 관개경관

• 해설
위요(圍繞)경관
• 시선을 끌 수 있는 낮고 평탄한 중심공간에 숲이나 울타리처럼 자연스럽게 둘러싸여 있는 경관
• 중심공간 주위에 둘러싸인 수직적 요소는 정적인 느낌을 자연스럽게 준다.
• 시선의 주의력을 끌 수 있어 소규모의 지형도 경관으로서 의의를 갖게 해준다.

24 주차장법 시행규칙상 주차장의 주차단위구획 기준은?(단, 평행주차형식 외의 장애인전용 방식이다.)

① 2.0m 이상 × 4.5m 이상
② 3.0m 이상 × 5.0m 이상
③ 2.3m 이상 × 4.5m 이상
④ 3.3m 이상 × 5.0m 이상

• 해설
승용차 1대당 주차단위구획 기준
• 일반인 2.3m×5.0m 이상 확보
• 장애인전용 3.3m×5.0m 이상 확보

25 도시공원 및 녹지 등에 관한 법규상 유치거리가 500m 이하인 근린생활권근린공원 1개소의 유치규모 기준은?

① 1,500m² 이상
② 5,000m² 이상
③ 10,000m² 이상
④ 30,000m² 이상

• 해설
근린공원 설계기준
• 유치거리는 500m 이하, 공원면적은 10,000m² 이상
• 공원시설의 면적은 40% 이하 (녹지면적 60% 이상)

26 개화 결실을 목적으로 실시하는 정지, 전정 방법 중 옳지 못한 것은?

① 약지(弱枝)는 길게, 강지(强枝)는 짧게 전정하여야 한다.
② 묶은가지나 병해충가지는 수액유동 전에 전정한다.
③ 작은 가지나 내측(內側)으로 뻗은 가지는 제거한다.
④ 개화 결실을 촉진하기 위하여 가지를 유인하거나 단근 작업을 실시한다.

정답 21 ① 22 ③ 23 ③ 24 ④ 25 ③ 26 ①

27 다음 포장재료 중 내구성이 강하고 마모 우려가 없어 건물 진입부나 산책로 등에 주로 쓰이는 재료는?

① 벽돌 ② 자갈
③ 화강암 ④ 석재타일

● 해설
화강암
- 조직이 균질하며 압축강도, 내구성이 크다.
- 색깔은 흰색 또는 담회색이다.
- 외관이 아름답고 바닥포장용 석재로 우수하다.
- 균열이 적어 큰 석재를 얻을 수 있다.

28 수목 이식 후에 수간보호용 자재로 부피가 가장 적고 운반이 용이하며 도시 미관 조성에 가장 적합한 재료는?

① 짚 ② 새끼
③ 거적 ④ 녹화마대

29 관리업무 수행방식 중 도급방식의 대상으로 옳은 것은?

① 긴급한 대응이 필요한 업무
② 금액이 적고 간편한 업무
③ 연속해서 행할 수 없는 업무
④ 규모가 크고, 노력, 재료 등을 포함하는 업무

● 해설
도급방식

대상업무	• 장기간에 걸쳐 단순작업을 행하는 업무 • 전문지식, 기능, 자격을 갖추며, 규모가 크고 노력, 재료 등을 포함한 업무
장점	• 규모가 큰 시설의 관리에 적합하다. • 전문가를 합리적으로 이용하고 장기적으로 안정될 수 있다. • 관리가 단순화되고 관리비가 저렴하다.
단점	책임의 소재나 권한의 범위가 불명확하다.

30 큰 나무의 뿌리돌림에 대한 설명으로 옳지 못한 것은?

① 굵은 뿌리를 3~4개 정도 남겨둔다.
② 굵은 뿌리 절단 시는 톱으로 깨끗이 절단한다.
③ 뿌리돌림을 한 후에 새끼로 뿌리분을 감아두면 뿌리의 부패를 촉진하여 좋지 않다.
④ 뿌리돌림을 하기 전 지주목을 설치하여 작업하는 것이 좋다.

● 해설
뿌리돌림은 생리적으로 이식을 싫어하는 수목 또는 세근이 잘 발달하지 않아 극히 활착하기 어려운 야생 상태의 수목 및 노목(老木), 병목(病木)의 세력 갱신을 위해서도 실시한다.

31 경기장과 같이 전 지역의 배수가 균일하게 요구되는 곳에 주로 이용되는 암거 형태는?

① 어골형 ② 즐치형
③ 자연형 ④ 차단법

32 다음 중 상렬(霜裂)의 피해가 가장 적게 나타나는 수종은?

① 소나무 ② 단풍나무
③ 일본목련 ④ 배롱나무

● 해설
상렬(霜裂)
- 추위로 인해 나무의 줄기 또는 수피가 세로방향으로 갈라져 말라죽는 현상
- 단풍나무, 배롱나무, 일본목련, 벚나무, 밤나무 등이 피해가 크다.

33 산울타리용 수종으로 부적합한 것은?

① 개나리 ② 칠엽수
③ 꽝꽝나무 ④ 명자나무

● 해설
칠엽수는 낙엽활엽교목이며, 어려서는 음수이지만 자라면서 햇빛을 좋아하며 도시 공해에 약하다. 중부 이남의 토심이 깊은 비옥한 곳에서 잘 자란다.

정답 27 ③ 28 ④ 29 ④ 30 ③ 31 ① 32 ① 33 ②

34 옥시테트라사이클린 수화제를 수간에 주입하여 치료하는 수병은?
① 포플러 모자이크병 ② 대추나무 빗자루병
③ 근두암종병 ④ 잣나무 털녹병

●해설
대추나무 빗자루병은 파이토플라스마에 의해서 전신에 걸리는 병으로 옥시테트라사이클린 수화제를 수간주사하여 치료한다.

35 미국 흰불나방은 1년에 몇 회 우화하는가?
① 1회 ② 2회
③ 3회 ④ 4회

●해설
미국 흰불나방의 우화는 1년에 2회 발생하고 1화기보다 2화기의 피해가 심하다.

36 다음 중 산성 토양에서 잘 견디는 수종은?
① 해송 ② 단풍나무
③ 물푸레나무 ④ 조팝나무

●해설
소나무류, 밤나무류, 진달래 등은 산성 토양에 강하다.

37 조경공사용 기계의 종류와 용도(굴삭, 배토정지, 상차, 운반, 다짐)의 연결이 옳지 않은 것은?
① 굴삭용 – 무한궤도식 로더
② 운반용 – 덤프트럭
③ 다짐용 – 탬퍼
④ 배토정지용 – 모터그레이더

●해설
식기용 – 무한궤도식 로더

38 목재의 옹이에 관련된 설명 중 틀린 것은?
① 옹이는 목재강도를 감소시키는 가장 흔한 결점이다.
② 죽은 옹이는 산 옹이보다 일반적으로 기계적 성질에 미치는 영향이 적다.
③ 옹이가 있으면 인장강도가 증가한다.
④ 같은 크기의 옹이가 한 곳에 많이 모인 집중 옹이가 고루 분포된 경우보다 강도감소에 끼치는 영향은 더욱 크다.

●해설
옹이로 인하여 인장강도는 감소한다.

39 건물과 조경을 연결시키는 역할을 하는 것은?
① 파고라 ② 트렐리스
③ 정자 ④ 테라스

40 콘크리트 타설 시 시공성을 측정하는 가장 일반적인 것은?
① 슬럼프 시험 ② 압축강도 시험
③ 휨강도 시험 ④ 인장강도 시험

41 축척 1/1,000인 도면의 단위 면적이 16m²인 것을 이용하여 축척 1/2,000인 도면의 단위 면적으로 환산하면 얼마인가?
① 32m² ② 64m²
③ 128m² ④ 256m²

●해설
축척이 2배로 늘어나면, 길이는 2배, 면적은 4배로 증가하므로 16m²×4=64m²

42 석재 중에서 가장 고급품으로 주로 미관을 요구하는 돌쌓기 등에 쓰이는 것은?
① 마름돌 ② 견칫돌
③ 깬돌 ④ 호박돌

정답 34 ② 35 ② 36 ① 37 ① 38 ③ 39 ④ 40 ① 41 ② 42 ①

43 나무줄기가 옆으로 비스듬히 기울어진 수형을 무엇이라고 하는가?
① 사간   ② 곡간
③ 직간   ④ 다간

44 그해에 자란 가지에 꽃눈이 분화하여 월동 후 봄에 개화하는 형태의 수종은?
① 능소화   ② 배롱나무
③ 개나리   ④ 장미

45 토양단면 중 낙엽과 그 분해물질 등 대부분 유기물로 되어 있는 토양 고유의 층으로 L층, F층, H층으로 구성되어 있는 것은?
① 용탈층(A층)
② 유기물층(AO층)
③ 집적층(B층)
④ 모암층

● 해설
토양단면
유기물층(O층, AO층) → 표층(용탈층)(A) → 집적층(B) → 모재층(C) → 모암층

46 다음 중 음수에 해당하는 수종은?
① 낙엽송   ② 무궁화
③ 전나무   ④ 해송

47 다음에서 설명하는 식물명은?
- 홍초과에 해당된다.
- 잎은 넓은 타원형이며 길이 30~40cm로서 양 끝이 좁고 밑부분이 엽초로 되어 원줄기를 감싸며 측맥이 평행하다.
- 삭과는 둥글고 잔돌기가 있다.
- 뿌리는 고구마같은 굵은 근경이 있다.

① 히아신스   ② 튤립
③ 수선화   ④ 칸나

48 열경화성 수지의 설명으로 틀린 것은?
① 축합반응을 하여 고분자로 된 것이다.
② 다시 가열하는 것이 불가능하다.
③ 성형품은 용제에 녹지 않는다.
④ 불소수지와 폴리에틸렌수지 등으로 수장재로 이용된다.

● 해설
열경화성 수지

특징	한번 열을 가하여 성형하면 다시 열을 가해도 변하지 않는 수지
종류	페놀수지(PF), 요소수지(UF), 멜라민수지(MF), 에폭시수지(EF), 폴리우레탄수지(PUR), 실리콘수지 등

49 GPS로 측정할 때 몇 개의 채널을 사용하는가?
① 1회선   ② 2회선
③ 3회선   ④ 4회선

● 해설
GPS로 측정할 때는 L_1파, L_2파로 사용하다가 지금은 L_5파로 3개 회선을 사용하므로 3회선이다.

50 방부제의 종류 중 방부력이 우수한 흑갈색 용액으로 외부의 기둥, 토대 등에 사용되지만 가격이 비싼 것이 단점인 방부제는?
① 크레오소트유
② 카세인
③ 콜타르
④ PCP(Penta Chloro Phenol)

● 해설
크레오소트유
철도침목 등의 방부처리에 많이 사용하며, 비휘발성 방부제이다.

정답 43 ① 44 ③ 45 ② 46 ③ 47 ④ 48 ④ 49 ③ 50 ①

51 다음 고서에서 조경식물에 대한 기록이 다루어지지 않은 것은?

① 고려사　　② 악학궤범
③ 양화소록　　④ 동국이상국집

> **해설**
> 성종 24년(1493년) 예조판서 겸 장악원 제조 성현 등이 편찬한 악학궤범은 조선 전기의 음악을 집대성한 책이다. 앞서 세종 시대에 이뤄진 대대적인 음악 정비의 성과를 바탕으로 당시 음악의 모든 것을 기술하고 있다.

52 무너짐 쌓기를 한 후 돌과 돌 사이에 식재하는 식물재료로 가장 적합한 것은?

① 장미　　② 회양목
③ 화살나무　　④ 꽝꽝나무

> **해설**
> 돌틈식재
> 돌과 돌 사이의 빈 공간에 양질의 흙을 채워 철쭉이나 회양목 등의 관목류와 초화류를 식재한다.

53 다음 중 참나무 시들음병의 매개충은?

① 마름무늬매미충
② 담배장님노린재
③ 솔수염하늘소
④ 광릉긴나무좀

54 구상나무(Abies Koreana Wilson)와 관련된 설명으로 틀린 것은?

① 한국이 원산지이다.
② 측백나뭇과(科)에 해당한다.
③ 원추형의 상록침엽교목이다.
④ 열매는 구과로 원통형이며 길이 4~7cm, 지름 2~3cm의 자갈색이다.

> **해설**
> 구상나무(Abies Koreana Wilson)
> 소나뭇과에 속하는 상록침엽교목. 우리나라의 특산종으로 한라산, 지리산, 무등산, 덕유산의 높이 500~2,000m 사이에서 자란다.

55 45m²에 전면 붙이기로 잔디 조경을 하려고 한다. 필요한 줄떼량은 얼마인가?(단, 잔디 1매의 규격은 30cm×30cm×3cm이다.)

① 약 200매　　② 약 500매
③ 약 250매　　④ 약 700매

> **해설**
> 45÷0.09＝500매
> 줄떼량이기 때문에 250매가 필요하다.

56 다음 [보기]의 행위 시 도시공원 및 녹지 등에 관한 법률상의 벌칙 기준은?

> [보기]
> • 위반하여 도시공원에 입장하는 사람으로부터 입장료를 징수한 자
> • 허가를 받지 아니하거나 허가받은 내용을 위반하여 도시공원 또는 녹지에서 시설·건축물 또는 공작물을 설치한 자

① 2년 이하의 징역 또는 3천만 원 이하의 벌금
② 1년 이하의 징역 또는 1천만 원 이하의 벌금
③ 1년 이하의 징역 또는 500만 원 이하의 벌금
④ 1년 이하의 징역 또는 3천만 원 이하의 벌금

57 조선후기 유학자 송시열이 제자들을 가르쳤던 건물은?

① 소쇄원　　② 임대정
③ 남간정사　　④ 명옥헌

> **해설**
> 남간정사는 계곡에 있는 샘에서 흘러내려 오는 물을 건물의 대청 밑을 지나서 연못으로 흘러가게 하였는데, 이는 한국정원 조경사에 새로운 조경방법이다.

정답 51 ②　52 ②　53 ④　54 ②　55 ③　56 ②　57 ③

58 소나무류의 순자르기는 어떤 목적을 위한 가지 다듬기인가?

① 생장 조절을 돕는 가지 다듬기
② 생장을 억제하는 가지 다듬기
③ 세력을 갱신하는 가지 다듬기
④ 생리 조절을 위한 가지 다듬기

59 설계도면에 표시하기 어려운 재료의 종류나 품질, 시공방법, 재료 검사 방법 등에 대해 충분히 알 수 있도록 글로 작성하여 설계상의 부족한 부분을 보충한 문서는?

① 일위대가표　② 설계 설명서
③ 시방서　　　④ 내역서

● 해설

시방서
공사시행의 기초가 되며 내역서 작성의 기초자료로 시공방법, 재료의 선정방법 등 기술적 사항을 기재한 문서로 설계, 제도, 시공 등 도면으로 나타낼 수 없는 사항을 문서로 적어 놓은 것

60 담금질을 한 강에 인성을 주기 위하여 변태점 이하의 적당한 온도에서 가열한 다음 냉각시키는 조작을 의미하는 것은?

① 풀림　　　② 사출
③ 불림　　　④ 뜨임질

● 해설

담금질	금속을 가열한 후 물이나 기름에 급속히 냉각시키는 방법
뜨임	담금질한 금속을 재가열한 후 공기 중에서 서서히 냉각시키는 방법
풀림	가공한 금속을 노 안에서 서서히 냉각시키는 방법
불림	금속을 가열한 후 공기 중에서 서서히 냉각시키는 방법

정답　58 ②　59 ③　60 ④

16장 2019년 복원 기출문제 (1)

01 다음 중 일본 무로마치 시대의 축산고산수 수법으로 축조된 대표적 정원은?
① 대덕사 대선원 ② 삼보원
③ 용안사 ④ 천룡사

02 르네상스시대의 프랑스 특유의 조경양식은?
① 운하식 ② 고산수식
③ 노단건축식 ④ 평면기하학식

◉해설
- 네델란드 : 운하식
- 일본 : 고산수식
- 이탈리아 : 노단건축식

03 로마시대 주택의 축선상에 놓인 공간의 배열이 맞는 것은?
① 도로 → 출입구 → 아트리움 → 페리스틸리움 → 지스터스
② 도로 → 출입구 → 페리스틸리움 → 아트리움 → 지스터스
③ 도로 → 출입구 → 지스터스 → 페리스틸리움 → 아트리움
④ 도로 → 지스터스 → 페리스틸리움 → 아트리움 → 출입구

◉해설
고대 로마의 주택정원은 2개의 중정(아트리움, 페리스틸리움)과 1개의 후정(지스터스)으로 구성되었다.

04 조선시대 별서의 형성 배경이라 볼 수 없는 것은?
① 사화와 당쟁의 심화로 초세적 은일과 도피적 은둔의 풍조
② 유교와 불교의 발달로 인한 학문적 발전과 선비들의 풍류적인 자연관
③ 양반 위주의 정치체제, 토지소유로 인한 양반 계층의 튼튼한 경제구조
④ 지형이 다양하고 공간의 위계가 중차적으로 형성되는 지리적 환경으로 경승지가 많음

◉해설
불교의 발달과는 관계가 없다.

05 종묘에 관한 설명 중 옳지 않은 것은?
① 정전과 영녕전에 조선 역대 왕과 왕비, 추존 왕과 왕비들의 신주를 봉안하였다.
② 정전 남쪽에 공신당과 칠사당이 있다.
③ 향대청 주변에는 향나무를 식재하였다.
④ 종묘의 조영은 주례고공기의 좌묘우사의 배치계획사상을 따라 조영되었다.

◉해설
향대청과 지당 주변에는 눈주목, 수수꽃다리, 자작나무 등 수종을 배치하였다.

06 통일신라시대의 대표적인 면모를 가진 독특한 조경은?
① 반월성지(半月城址) ② 안압지와 포석정
③ 안학궁 ④ 아미산 후원

정답 01 ① 02 ④ 03 ① 04 ② 05 ③ 06 ②

해설
- 고구려시대 : 반월성지, 안학궁
- 통일신라시대 : 안압지와 포석정
- 조선시대 : 아미산 후원

07 점(點)적인 경관 요소라고 볼 수 없는 것은?
① 외딴집 ② 전답(田畓)
③ 정자목(亭子木) ④ 잔디밭의 조각

해설
점적 요소 : 정자목, 외딴집, 조각

08 조경계획에 있어 토지이용계획 수립의 내용과 과정이 옳은 것은?
① 적지 분석 – 토지이용 분류 – 종합 배분
② 진입공간 선정 – 적지 선정 – 종합 배분
③ 적지 분석 – 종합 배분 – 진입공간 선정
④ 토지이용 분류 – 적지 분석 – 종합 배분

09 도시공원 및 녹지 등에 관한 법률에서 도시공원을 그 기능 및 주제에 따라 구분할 때 생활권 공원에 속하는 것은?
① 소공원 ② 묘지공원
③ 체육공원 ④ 문화공원

해설
도시공원의 종류

생활권형 공원	소공원, 어린이공원, 근린공원 등
주제형 공원	묘지공원, 체육공원, 문화공원, 역사공원, 수변공원 등

10 생동감 넘치는 에너지와 운동감, 속도감, 긴장감을 주는 선의 종류는?
① 곡선 ② 사선
③ 수직선 ④ 수평선

해설
선의 종류

수직선	강한 느낌, 존엄성, 상승력, 엄숙, 위엄, 권위
수평선	평화, 친근, 안락, 평등, 정숙 등 편안한 느낌 예 대지의 고요함
사선	속도, 운동, 불안정, 위험, 긴장, 변화, 활동적 느낌
곡선	부드러움, 우아함, 여성적, 섬세한 느낌 예 구릉지, 하천의 곡선
직선	두 점 사이를 가장 짧게 연결한 선으로 굳건하고, 남성적, 일정한 방향을 제시 예 산봉우리
지그재그선	유동적이고 활동적, 호기심, 흥분, 여러 방향을 제시

11 서울특별시의 도시이미지(Image)를 분석한다고 할 때 광화문 네거리는 린치의 도시이미지 형성에 이바지하는 물리적 요소 중 어느 것에 해당하는가?
① 모서리(Edge) ② 통로(Path)
③ 결절점(Node) ④ 표지물(Landmark)

해설
결절점(Node) : 관찰자의 진입이 가능한 집합과 집중의 성격을 갖는 초점적 요소이다.

12 교목의 수관 아래에 형성되는 경관을 말하며, 수림의 가지와 잎들이 천장을 이루고 수간이 기둥처럼 보이는 경관유형은?
① 관개경관 ② 초점경관
③ 세부경관 ④ 위요경관

13 형광등 아래서 물건을 고를 때 외부로 나가면 어떤 색으로 보일까 망설이게 된다. 이처럼 조명광에 의하여 물체의 색을 결정하는 광원의 성질은?

정답 07 ② 08 ④ 09 ① 10 ② 11 ③ 12 ① 13 ③

① 색온도 ② 발광성
③ 연색성 ④ 색순응

14 먼셀의 표색계에서 5Y 4/6에서 4의 의미는?

① 색상 ② 명도
③ 채도 ④ 색명

◉ 해설

5Y – 색상, 4 – 명도, 6 – 채도

15 미끄럼틀의 설계에 있어서 면(面)의 경사도로 가장 많이 이용되는 각도는 다음 중 어느 것인가?

① 24~28° ② 30~35°
③ 40~44° ④ 46~50°

16 제도용지의 세로(단변)와 가로(장변)의 길이 비율은?

① $1 : \sqrt{2}$ ② $2 : \sqrt{3}$
③ $1 : \sqrt{3}$ ④ $2 : \sqrt{2}$

◉ 해설

제도용지의 단변과 장변의 길이비는 $1 : \sqrt{2}$ 이다.

17 다음 중 선의 표시가 잘못된 것은?

① 숨은선 – 실선
② 중심선 – 일점 쇄선
③ 치수선 – 가는 실선
④ 상상선 – 이점 쇄선

◉ 해설

숨은선(대상물이 보이지 않는 부분)은 파선을 이용한다.

18 맹아력이 강해 생울타리용으로 가장 적합한 것은?

① 개나리, 쥐똥나무
② 전나무, 풀명자나무
③ 메타세쿼이아, 아카시나무
④ 가문비나무, 동백나무

◉ 해설

생울타리용 수종 : 사철나무, 꽝꽝나무, 개나리, 쥐똥나무, 피라칸타, 회양목, 조팝나무 등

19 방풍용 수종으로 적합한 것은 다음 중 어느 것인가?

① 소나무, 잣나무
② 버드나무, 미루나무
③ 플라타너스, 양버들
④ 버드나무, 녹나무

◉ 해설

방풍식재용 수종 : 심근성이고 줄기나 가지가 바람에 잘 꺾이지 않는 동시에 지엽이 치밀한 상록수가 적당하며, 리기다소나무, 소나무, 삼나무, 잣나무, 편백, 화백, 가시나무 등이 있다.

20 고속도로 중앙분리대에 식재할 수종 중 차광 효과가 가장 높은 수종은?

① 금목서 ② 동백나무
③ 사철나무 ④ 향나무

◉ 해설

차광률 90% 이상 수종 : 가이즈까향나무, 돈나무, 향나무 등

21 임해공업단지의 방조림(防潮林) 조성에 적당한 수목은?

① 곰솔 ② 삼나무
③ 잎갈나무 ④ 히말라야시더

정답 14 ② 15 ② 16 ① 17 ① 18 ① 19 ① 20 ④ 21 ①

> **해설**
> 곰솔은 염분에 강해서 임해공업단지의 방조림으로 식재한다.

22 다음 중 낙우송 및 낙엽송 등의 수형으로 가장 적합한 것은?
① 원추형 ② 원정형
③ 원주형 ④ 배상형

23 추이대(Ecotone)에 대한 설명으로 틀린 것은?
① 생태적 중요성이 높다.
② 둘 이상의 유사한 군집이 모여 있는 곳이다.
③ 갯벌은 대표적인 추이대이다.
④ 생물종 다양성이 높은 경향이 있다.

> **해설**
> 추이대는 둘 이상의 상이한 군집이 접하고 있는 지역이다.

24 수목의 수간(樹幹) 굵기는 흉고직경을 재서 표시하는데, 보통 지면으로부터 어느 정도의 높이를 재는가?
① 0.5m ② 1.2m
③ 1.0m ④ 2.0m

> **해설**
> 흉고직경 : 가슴높이(지상에서 120cm) 부분의 줄기 직경을 말하는 것으로, 보통 큰 나무들의 크기를 나타낼 때 사용한다.

25 30cm×30cm×3cm 뗏장을 100m^2에 전면붙이기 하였을 때 뗏장 몇 매가 필요한가?
① 약 900매 ② 약 1,100매
③ 약 1,500매 ④ 약 2,000매

> **해설**
> 1m^2당 전면붙이기 뗏장 수 : 11매
> ∴ 11매 × 100 = 1,100(매)

26 도시 공해에 대한 저항성이 강한 수종으로만 짝지어진 것은?
① 향나무, 은행나무, 광나무
② 소나무, 향나무, 전나무
③ 은행나무, 단풍나무, 목련
④ 삼나무, 개나리, 자작나무

27 비료목으로 쓰이지 않는 나무는?
① 다릅나무 ② 자귀나무
③ 벽오동 ④ 싸리나무

> **해설**
> 비료목 : 다릅나무, 아카시나무, 자귀나무, 산오리나무, 칡, 싸리나무, 족제비싸리 등

28 재료의 역학적 성질 중 물체에 외력이 작용하면 변형이 생기나 외력을 제거하면 순간적으로 원래의 형태로 회복되는 성질은?
① 전성 ② 소성
③ 탄성 ④ 연성

> **해설**
> 탄성력 : 탄성의 크기를 나타내는 것으로, 탄성력이 클수록 큰 힘을 가하여도 복원되는 능력이 커지게 된다.

29 목재의 건조방법 중 인공건조법에 속하지 않는 것은?
① 증기건조법 ② 열기건조법
③ 진공건조법 ④ 대기건조법

정답 22 ① 23 ② 24 ② 25 ② 26 ① 27 ③ 28 ③ 29 ④

● 해설
대기건조법은 자연건조법의 일종이다.

30 흡수성과 투수성이 거의 없으므로 배수관, 상·하수도관, 전선 및 케이블관 등에 쓰이는 점토 제품은?
① 벽돌 ② 플라스틱
③ 도관 ④ 타일

● 해설
도관 : 점토로 모양을 만든 후 유약을 관 내외의 표면에 발라 구운 것

31 다음 중 혼화재에 속하는 것은?
① AE제 ② 기포제
③ 방청제 ④ 플라이애시

● 해설
혼화재 : 고로 슬래그, 플라이애시, 실리카, 착색재, 팽창재 등

32 입찰계약 순서로 가장 적합한 것은?
① 입찰공고 – 현장설명 – 입찰 – 계약 – 낙찰 – 개찰
② 입찰공고 – 낙찰 – 계약 – 개찰 – 입찰 – 현장설명
③ 입찰공고 – 계약 – 낙찰 – 개찰 – 입찰 – 현장설명
④ 입찰공고 – 현장설명 – 입찰 – 개찰 – 낙찰 – 계약

33 공사시공방법에 있어서 전문 공사별, 공정별, 공구별로 도급을 주는 방법은?
① 분할도급 ② 공동도급
③ 일식도급 ④ 직영도급

34 다음 그림과 같이 장애물이 있는 지역에서 BC의 거리는 얼마인가?(단, A, B, C는 삼각형이다.)

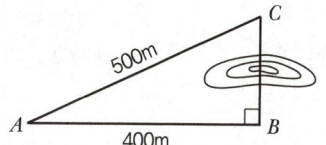

① 300m ② 400m
③ 500m ④ 600m

● 해설
직각삼각형 원리로 계산하면
$h = \sqrt{500^2 - 400^2} = 300\text{m}$

35 다음 중 평판측량에 사용되지 않는 것은?
① 함자 ② 앨리데이드
③ 삼각대 ④ 평판

● 해설
평판의 구성요소 : 평판, 시준기(앨리데이드), 삼각대, 구심기, 측침, 지침, 줄자, 다림추 등

36 단위 시멘트양이 300kg, 단위수량이 180kg일 때 물시멘트비 W/C는 몇 %인가?
① 30% ② 40%
③ 60% ④ 80%

● 해설
물시멘트비 W/C $= \dfrac{180}{300} \times 100 = 60(\%)$

37 다음 암석의 분류 중 수성암계가 아닌 것은?
① 응회암 ② 사암
③ 안산암 ④ 석회암

● 해설
수성암계 : 사암, 점판암, 응회암, 석회암

38 조경수목과 시설물 관리를 위한 예산, 재무, 조직 등의 업무기능을 수행하는 조경관리에 해당하는 것은?

① 유지관리　　② 운영관리
③ 이용관리　　④ 사후관리

39 다음 중 관리하자에 의한 사고를 볼 수 없는 항목은?

① 시설의 구조 자체의 결함에 의한 것
② 시설의 노후, 파손에 의한 것
③ 위험 장소에 대한 안전대책 미비에 의한 것
④ 위험물 방치에 의한 것

● 해설
시설의 구조 자체의 결함에 의한 것은 설치하자에 의한 사고에 해당된다.

40 다음 식물병 중에서 마이코플라스마(파이토플라스마)에 의한 병이 아닌 것은?

① 대추나무 빗자루병
② 오동나무 빗자루병
③ 벚나무 빗자루병
④ 뽕나무 오갈병

● 해설

마이코플라스마	대추나무 빗자루병, 오동나무 빗자루병, 뽕나무 오갈병, 붉나무 빗자루병 등
진균	벚나무 빗자루병, 흰가루병

41 소나무 혹병의 중간기주 식물은?

① 졸참나무, 신갈나무
② 송이풀, 까치밥나무
③ 황벽나무
④ 향나무

● 해설
• 잣나무 털녹병의 중간기주 : 송이풀과 까치밥나무
• 포플러 잎녹병의 중간기주 : 낙엽송
• 배나무 적성병의 중간기주 : 향나무
• 소나무 혹병의 중간기주 : 참나무류

42 콘크리트 포장을 할 때 와이어 메시(Wire Mesh)를 까는 위치는 다음 그림 중 어느 곳인가?

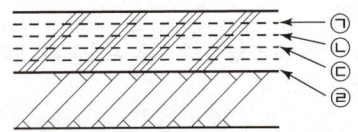

① ㉠ : 콘크리트 두께의 1/4 위치
② ㉡ : 콘크리트 두께의 1/3 위치
③ ㉢ : 콘크리트 두께의 1/2 위치
④ ㉣ : 콘크리트의 밑바닥

43 다음 한국 잔디 중 가장 작고 섬세하여 남해안에 자생하는 잔디는?

① 들잔디　　② 고려잔디
③ 비로드잔디　　④ 벤트그래스

● 해설
한국형 잔디의 종류

들잔디	• 한국에서 가장 많이 식재되는 잔디로 공원, 경기장, 묘지 등에 사용한다. • 골프장 페어웨이 및 러프 등에 가장 많이 사용한다.
고려잔디, 금잔디	대전 이남지역에서 자생하며, 내한성이 약하다.
비로드잔디	남해안에서 자생하며 정원, 공원, 골프장의 티, 그린, 페어웨이 등에 사용한다.
갯잔디	임해공업단지 등의 해안가 주변에 사용한다.

정답　38 ②　39 ①　40 ③　41 ①　42 ②　43 ③

44 중국정원의 기원이라 할 수 있는 것은?
① 상림원 ② 북해공원
③ 중앙공원 ④ 이화원

● 해설
상림원 : 중국정원 중 가장 오래된 정원으로 장안에 위치하였다.

45 남부지방에서 새가 좋아하는 열매를 맺어 들새들의 유치에 효과적인 나무는?
① 백합나무 ② 층층나무
③ 감탕나무 ④ 벽오동

● 해설
감탕나무 : 제주도 및 울릉도와 남부지방의 해안가에서 자란다.

46 지형도에서 U자(字) 모양으로 그 바닥이 낮은 높이의 등고선을 향하면 이것을 무엇을 의미하는가?
① 계곡 ② 능선
③ 평사면 ④ 사면

● 해설
능선과 계곡

| 능선(∪자형) | • 바닥의 높이가 점점 낮은 높이의 등고선을 향함
• 빗물이 이것을 경계로 좌우로 흐르게 되는 선 |
| 계곡(∩자형) | 바닥의 높이가 점점 높은 높이의 등고선을 향함 |

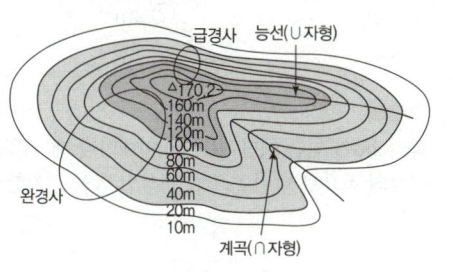

| 등고선 |

47 일반적으로 사용하는 석가산용의 정원석의 크기는?
① 20~30cm ② 30~50cm
③ 50~100cm ④ 150~200cm

● 해설
정원석 : 산이나 냇가에 산재하여 있는 돌로서, 일반적으로 50~100cm 정도의 것이 석가산용(石假山用)으로 쓰인다.
• 잡석(雜石) : 지름 20~30cm 정도
• 호박돌 : 지름 9~15cm 정도
• 자갈 : 지름 2~3cm 정도

48 예불기(예초기) 작업 시 작업자 상호 간의 최소 안전거리는 몇 m 이상이 적합한가?
① 4m ② 6m
③ 8m ④ 10m

● 해설
예불기(예초기) 작업 시에는 다른 작업자와 최소 10m 이상의 안전거리를 두어야 한다.

49 토양의 단면도를 보았을 때 위쪽에서 아래쪽으로의 순서가 맞게 배열된 것은?
① 표토층 → 모재층 → 심토층 → 유기물층
② 표토층 → 유기물층 → 심토층 → 모재층
③ 유기물층 → 표토층 → 심토층 → 모재층
④ 유기물층 → 표토층 → 모재층 → 심토층

● 해설
유기물층 → 표토층(용탈층) → 심토층(집적층) → 모재층 → 암석층의 순이다.

50 축척 1 : 25,000의 지형도에서 계곡선의 간격은?
① 5m ② 10m
③ 50m ④ 100m

정답 44 ① 45 ③ 46 ② 47 ③ 48 ④ 49 ③ 50 ③

해설

등고선의 간격
(단위 : m)

종류	1 : 50,000	1 : 25,000	1 : 10,000
주곡선	20	10	5
계곡선	100	50	25
간곡선	10	5	2.5
조곡선	5	2.5	1.25

51 정확한 위치를 알고 있는 인공위성에서 발사된 전파를 수신하여 지상의 미지점에 대한 3차원 위치를 구하는 측량을 무엇이라 하는가?
① VLBI 측량　② EDM 측량
③ GIS 측량　④ GPS 측량

해설
GPS 측량
인공위성을 이용한 범세계적 위치 결정의 체계로 정확히 위치를 알고 있는 위성에서 발사한 전파를 수신하여 관측점까지의 소요시간을 측정함으로써 관측점의 3차원 위치를 구하는 측량이다.

52 알뿌리가 아닌 화초는?
① 튤립　② 수선화
③ 금잔화　④ 칸나

해설
금잔화 : 한해살이 초화류이다.

53 다음 수종 중 노란색 계통의 단풍이 드는 나무가 아닌 것은?
① 붉나무　② 은행나무
③ 층층나무　④ 튤립나무

해설
붉나무 : 가을에 노랗다가 선명한 붉은색으로 물든다.

54 다음 중 대기오염에 강한 수목은?
① 은행나무　② 독일가문비
③ 소나무　④ 자작나무

55 다음 중 열경화성 수지에 속하지 않는 것은?
① 페놀수지　② 요소수지
③ 멜라민수지　④ 염화비닐수지

해설
염화비닐수지는 열가소성 수지이다.

56 다음 중 경관구성의 기본요소로서 우세요소가 아닌 것은?
① 형태　② 색채
③ 선　④ 면

57 골프(Golf)장 홀(Hhole)의 구성이 아닌 것은?
① 티(Tee)　② 파(Par)
③ 페어웨이(Fair Way)　④ 러프(Rough)

해설
파(Par)는 골프에서 각 홀에 정해진 기준 타수를 말한다.

58 조경설계기준에서는 계단이 높이 2m를 넘는 계단에서는 몇 m 이내마다 당해 계단의 유효 폭 이상의 폭으로 계단참을 두는가?
① 1m　② 2m
③ 3m　④ 4m

해설
높이 2m가 넘는 계단에는 2m 이내마다 계단 유효폭 이상의 폭으로 너비 120cm 이상인 참을 설치한다.

정답 51 ④　52 ③　53 ①　54 ①　55 ④　56 ③　57 ②　58 ②

59 다음 중 고대문헌의 표현과 현재의 수목명이 가장 바르게 연결된 것은?

① 산당화 – 모란
② 목단 – 살구
③ 행목 – 목련
④ 목근화 – 무궁화

◉ 해설
① 산당화 – 명자나무
② 목단 – 모란
③ 행목 – 은행나무

60 한국잔디에 가장 심한 피해를 주는 충해(蟲害)는?

① 도둑벌레
② 황금충
③ 깍지벌레
④ 진딧물

◉ 해설
황금충은 한국잔디에 가장 많은 피해를 주는 해충이며, 햇볕이 잘 쪼이는 양지의 경사지에서 많이 발생한다.

정답 59 ④ 60 ②

17장 2019년 복원 기출문제 (2)

01 깍지벌레나 진딧물 등이 수목에 기생한 후 그 분비물 위에 번식하여 나무의 잎, 가지, 줄기가 검게 보이는 병은?
① 그을음병
② 흰가루병
③ 줄기마름병
④ 잎떨림병

● 해설
그을음병은 깍지벌레, 진딧물 등 흡즙성 해충이 기생하였던 나무에서 흔히 볼 수 있으며, 가지, 잎, 과실, 줄기 등이 그을음을 발라 놓은 것처럼 검게 보인다.

02 음수 수종으로 바르게 짝지어진 것은?
① 주목, 서어나무
② 주목, 해송
③ 소나무, 전나무
④ 편백, 낙엽송

● 해설
주목은 극음수, 서어나무는 음수에 속한다.

03 내화력이 강한 수종으로 짝지어진 것은?
① 단풍나무와 삼나무
② 소나무와 녹나무
③ 대왕송과 은행나무
④ 해송과 벽오동나무

● 해설
내화력이 강한 수종
은행나무, 낙엽송, 분비나무, 개비자나무, 가문비나무, 대왕송 등

04 골드(S. Gold)가 주장한 레크리에이션 계획의 접근방법이 아닌 것은?

① 자원접근방법
② 활동접근방법
③ 경제접근방법
④ 생태접근방법

05 기본계획에 포함되지 않는 것은?
① 토지 이용계획
② 단면 상세도
③ 집행 및 관리계획
④ 교통 동선계획

● 해설
기본계획에는 토지이용계획, 교통동선계획, 시설물배치계획, 식재계획, 하부구조계획, 집행계획 등이 있으며, 단면 상세도는 실시설계이다.

06 일반적으로 주택정원의 기능분할(Zoning)에 있어서 거실 및 테라스에 면한 공간은 다음 중 어느 것으로 설정하는 것이 바람직한가?
① 전정
② 주정
③ 후정
④ 작업정

● 해설
공간별 구성

주정 (안뜰)	• 안뜰은 응접실이나 거실 전면의 햇빛이 잘 드는 양지바른 곳에 배치 • 사생활이 보호될 수 있도록 주변에는 적절한 수목이나 시설물을 배치 • 퍼걸러, 정자, 목재데크, 벤치, 야외탁자, 바비큐장 등 설치 • 전통조경 : 앞뜰에는 거목을 식재하지 않음

07 오픈 스페이스의 종류 중 공공 오픈 스페이스에 해당하는 것은 어느 것인가?
① 농지나 산림
② 공원
③ 유원지
④ 주택정원

정답 01 ① 02 ① 03 ③ 04 ④ 05 ② 06 ② 07 ②

08 황금 분할(Golden Section)에 가장 비슷한 비례는?

① 1 : 1.1　　② 1 : 1.6
③ 1 : 2.5　　④ 1 : 3.0

● 해설
황금비례는 1 : 1.618의 비율로서, 고대 그리스인들이 발명해 낸 기하학적 분할법이며, 파르테논 신전에 적용되었다.

09 등의자의 등받이 각도로 가장 적당한 것은?

① 85~ 95°　　② 100~110°
③ 115~120°　　④ 125~130°

10 여름에 꽃이 피는 수종은 어떤 것인가?

① 미선나무　　② 배롱나무
③ 등나무　　④ 산수유

● 해설
- 미선나무, 등나무 : 4월
- 산수유 : 3월

11 열매가 검은색인 나무 수종으로 가장 적당한 것은?

① 모과나무　　② 좀작살나무
③ 쥐똥나무　　④ 산수유

● 해설
- 모과나무 : 노란색
- 좀작살나무 : 보라색
- 산수유 : 붉은색

12 소나뭇과 소나무속의 수종 중에서 2개의 잎이 속생(束生)하지 않는 수종은?

① 백송　　② 소나무
③ 반송　　④ 해송

● 해설
침엽수
잎 모양이 바늘처럼 뾰족하며, 꽃이 피지만 꽃 밑에 씨방이 형성되지 않는 겉씨식물(나자식물)로 잎이 좁다.

구분	주요 수목명
2엽속생	소나무, 곰솔(해송), 흑송, 방크스소나무, 반송
3엽속생	백송, 리기다소나무, 리기테다소나무, 대왕송
5엽속생	섬잣나무, 잣나무, 스트로브잣나무

13 일반적으로 식물의 생육에 유효한 수분인 모관수(毛管水)의 pF 범위는?

① pF 1.2~2.0　　② pF 2.0~2.5
③ pF 2.7~4.5　　④ pF 4.7~7.5

● 해설
토양 중의 수분

구분	내용
결합수(화합수)	토양입자와 화합적으로 결합되어 있는 수분으로 결합력이 강해서 식물이 직접 이용할 수 없는 수분상태(pF 7 이상)
흡습수(흡착수)	토양 표면에 물리적으로 결합되어 있고 수분 결합력이 강해서 식물이 직접 이용할 수 없는 수분상태(pF 4.5~7)
모관수(모세관수)	흡습수 외부에 표면장력과 중력으로 평행을 유지하여 식물이 유용하게 이용할 수 있는 수분상태(pF 2.7~4.5)
중력수(자유수)	중력에 의해 지하로 침투하는 물로서 지하수원이 됨(pF 2.7 이하)

14 다음 중 척박한 토양에 잘 견디는 수종으로 짝지어진 것은?

① 소나무, 해송
② 삼나무, 낙우송
③ 느티나무, 느릅나무
④ 오동나무, 가시나무

정답　08 ②　09 ②　10 ②　11 ③　12 ①　13 ③　14 ①

15 기본 점성이 크며 내수성, 내약품성, 전기절연성이 우수한 만능형 접착제로 금속, 플라스틱, 도자기, 유리, 콘크리트 등의 접합에 사용되는 것은?

① 요소 수지 접착제
② 페놀 수지 접착제
③ 멜라민 접착제
④ 에폭시 수지 접착제

● 해설
에폭시 수지
접착성이 매우 우수하고 휘발물의 발생이 없으며, 금속유리, 플라스틱, 도자기, 목재, 고무 등의 접착성이 좋고, 알루미늄과 같은 경금속 접착에도 좋다.

16 석재의 강도라 하면 보통 어떤 강도를 의미하는가?

① 휨강도
② 전단강도
③ 압축강도
④ 인장강도

● 해설
석재의 대표강도는 압축강도이다.

17 구리(Cu)와 아연(Zn)의 합금으로 놋쇠라고도 불리는 것은?

① 청동
② 황동
③ 주석
④ 경석

● 해설
황동
구리와 아연의 합금으로 내식성이 크고 외관이 아름답다.

18 견칫돌 사이에 모르타르를 다져 넣고, 뒤채움돌에도 콘크리트를 채워 넣는 석축 시공법을 무엇이라 하는가?

① 건쌓기
② 메쌓기
③ 찰쌓기
④ 층지어쌓기

● 해설
찰쌓기(Wet Masonry)
• 줄눈에 모르타르를 사용하고 뒤채움에 콘크리트를 사용하여 쌓는 방식이다.
• 견고하나 배수가 불량해지면 토압이 증대되어 붕괴 우려가 있다.
• 뒷면의 배수를 위해 2~3m²마다 지름 3~6cm의 배수관을 설치해 준다.
• 표준 기울기는 1 : 0.2이다. (하루에 1.0~1.2m씩 쌓는다.)

19 돌쌓기나 벽돌쌓기의 하루 작업 높이의 한계를 어느 정도로 하는 것이 가장 좋은가?

① 1.2m
② 2.0m
③ 2.5m
④ 3.0m

20 다음 중 표면장력에 의해 수분이 이동하여 식물에 가장 잘 이용되는 수분은?

① 중력수
② 모관수
③ 수화수
④ 흡수수

● 해설
문제 13번 해설 참고

21 소나무류 새순 자르기는 주로 어떤 전정의 방법에 해당하는가?

① 노쇠한 것을 갱신하기 위한 전정
② 생장을 조장하기 위한 전정
③ 생장을 억제하기 위한 전정
④ 생리를 조절하기 위한 전정

정답 15 ④ 16 ③ 17 ② 18 ③ 19 ① 20 ② 21 ③

22. 다음 전정 및 정지에 대한 설명 중 부적합한 것은?
   ① 산울타리의 경우 1년에 2~4회의 전정이 필요하다.
   ② 꽃이 피는 수목의 전정은 꽃이 진 직후가 좋다.
   ③ 낙엽활엽수의 전정은 낙엽 후인 10월부터 12월까지가 적당하다.
   ④ 나무의 생장 습성을 고려하여 위쪽은 약하게, 아래쪽은 강하게 전정한다.

   ● 해설
   나무의 생장 습성을 고려하여 위쪽은 강하게, 아래쪽은 약하게 전정한다.

23. 지나치게 자라는 가지의 신장을 억제하기 위해서 신초의 끝부분을 따버리는 작업은?
   ① 적아   ② 적심
   ③ 전정   ④ 적엽

   ● 해설
   적심
   불필요한 곁가지를 없애고 지나치게 자라는 가지의 신장을 억제하기 위하여 신초의 끝부분을 제거하는 작업이다.

24. 정원 가구(Garden Furniture)에 해당되지 않는 것은?
   ① 트렐리스(Trellis)   ② 벤치
   ③ 탁자   ④ 장식화분

   ● 해설
   트렐리스(Trellis) : (덩굴나무가 타고 올라가도록 만든) 격자 구조물

25. 다음과 같은 비탈경사가 1 : 0.3인 절토(切土)면에 맞추어서 거푸집을 만들고자 할 때 말뚝의 높이를 1.5m로 한다면 지표 AB 간의 거리는 어느 정도로 하면 좋은가?

   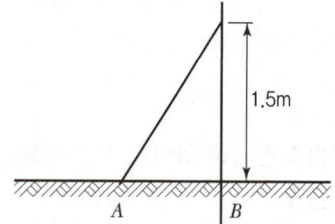

   ① 0.37m   ② 0.45m
   ③ 0.5m   ④ 0.6m

   ● 해설
   수직높이 : 수평거리를 이용하면
   $1 : 0.3 = 1.5 : x$ $x = 0.45$

26. 도료(塗料) 중 바니시와 페인트의 근본적인 차이점은?
   ① 안료(顔料)   ② 건조과정
   ③ 용도   ④ 도장방법

27. 다음 가로수의 식재 위치에 따른 식재구덩이의 크기(a) 및 보차경계선으로부터의 거리(b)를 바르게 제시한 것은?

   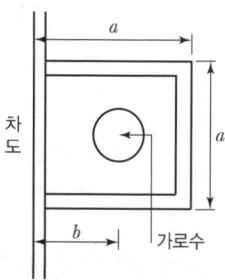

   ① $a=0.8$m 이상, $b=0.65$m
   ② $a=1$m 이상, $b=0.65$m
   ③ $a=0.8$m 이상, $b=0.35$m
   ④ $a=1$m 이상, $b=0.35$m

정답 22 ④ 23 ② 24 ① 25 ② 26 ① 27 ②

28 식물의 병을 일으키는 데 필요한 요인은?

① 병원, 환경 ② 병원, 기주
③ 병원, 기주, 환경 ④ 병원

해설
병을 일으킬 수 있는 병원과 적당한 환경, 감수성인 기주식물이 있어야 병이 발생한다.

29 식물병의 진단에 있어서 가장 중요하고 확실한 것은?

① 병징 ② 표징
③ 환경 ④ 품종

해설
표징
병원체의 구조나 식물체의 병환부에 나타나 육안으로 식별 가능한 반응을 말한다.

30 겨우살이가 잘 기생하는 나무는?

① 벚나무 ② 대추나무
③ 향나무 ④ 참나무

해설
겨우살이의 기주는 참나무 등의 활엽수류이다.

31 평판측량의 방법과 관계가 없는 것은?

① 전진법 ② 방사법
③ 교회법 ④ 종거법

해설
평판측량 방법에는 방사법, 전진법, 교회법이 있다.

32 등고선 중 굵은 실선으로 표시되는 것은?

① 주곡선 ② 계곡선
③ 간곡선 ④ 조곡선

해설
등고선의 종류

종류	간격
주곡선	지형을 표시하는 데 가장 기본이 되는 곡선으로 가는 실선으로 표시
계곡선	주곡선 5개마다 굵게 표시한 선으로 굵은 실선으로 표시
간곡선	주곡선 간격의 1/2로, 가는 파선으로 표시
조곡선	간곡선 간격의 1/2로, 가는 점선으로 표시

33 평판을 세우는 3가지 조건이 아닌 것은?

① 중심 맞추기 ② 방향 맞추기
③ 수평 맞추기 ④ 축척 맞추기

34 GPS 측량 중 1점 측위의 방법으로 시간오차가 제거된 3차원 위치를 결정할 때, 동시 관측이 요구되는 최소 위성수는?

① 2대 ② 4대
③ 6대 ④ 8대

해설
GPS 측량 중 1점 측위의 방법으로 시간오차가 제거된 3차원 위치를 결정할 때, 동시 관측이 요구되는 최소 위성수는 4대이다.

35 밤나무줄기마름병의 전파에 가장 중요한 역할을 하는 것은?

① 바람 ② 밤나무 순혹벌
③ 종자 ④ 토양

해설
밤나무줄기마름병균은 바람이나 곤충에 의해 전파되어 다른 나무의 상처부위로 침입한다.

정답 28 ③ 29 ② 30 ④ 31 ④ 32 ② 33 ④ 34 ② 35 ①

36 사대부나 양반계급들이 꾸민 별서 정원은?

① 전주의 한벽루 ② 수원의 방화수류정
③ 담양의 소쇄원 ④ 의주의 통군정

●해설
양산보의 소쇄원
• 전남 담양 소재
• 경사면을 계단으로 처리(자연과 조화), 자연계류를 그대로 활용
• 공간구성 : 대봉대역(진입로), 매대역(계단식정원), 광풍각역

37 봄에 강한 향기를 지닌 꽃이 피는 나무는?

① 치자나무 ② 서향
③ 불두화 ④ 백합나무

38 줄기의 썩은 부분을 도려내고 구멍에 충진 수술을 하고자 한다. 가장 효과적인 시기는?

① 2월 이전 ② 4월 이후
③ 11월 이후 ④ 12월 이후

●해설
4월 이후가 증산작용이 왕성하며, 수목이 생장하는 시기이다.

39 도시공원법상 도시공원 안에 설치할 수 있는 공원시설의 부지면적은 당해 도시공원의 면적에 대한 비율로 규정하고 있다. 틀린 것은?

① 어린이공원 : 60퍼센트 이하
② 근린공원 : 30퍼센트 이하
③ 묘지공원 : 20퍼센트 이하
④ 체육공원 : 50퍼센트 이하

●해설
근린공원 : 40퍼센트 이하

40 물체가 있는 것으로 가상되는 부분을 표현할 때 사용되는 선은?

① 가는 실선
② 파선
③ 일점 쇄선
④ 이점 쇄선

●해설
허선의 종류와 용도

구분		굵기	선의 명칭	선의 용도
종류	표현			
점선	....	–	가상선	물체의 보이지 않는 부분의 모양을 나타내는 선
파선	- - - - -			
허선 1점 쇄선	—·—·—	0.2~0.8mm	경계선 중심선	• 물체 및 도형의 중심선 • 단면선, 절단선 • 부지경계선
2점 쇄선	—··—··—		상상선	1점쇄선과 구분할 필요가 있을 때

41 다음 중 보르도액의 조제절차가 틀린 것은?

① 원료로 사용되는 생석회는 순도 90% 이상, 황산구리는 순도 98.5% 이상을 사용하여야 좋은 보르도액을 만들 수 있다.
② 보르도액의 조제 시 황산구리는 양철통을 사용한다.
③ 클라신액제와 물을 1 : 1로 혼합한 액을 주입기로 주입한다.
④ 만경류의 경우 되도록 어릴 때 제거하는 것이 효과적이다.

●해설
금속용기는 화학반응이 일어나 약효가 떨어지고 붙는 성질이 있어서 사용하지 않는다.

정답 36 ③ 37 ② 38 ② 39 ② 40 ② 41 ②

42 다음 중 밤나무혹벌을 방제하는 방법 중 가장 효과적인 것은?

① 내병성 품종을 식재한다.
② 천적을 보호한다.
③ 살충제를 수시 살포한다.
④ 실생묘를 식재한다.

• 해설
내병성, 내충성 품종 식재가 밤나무혹벌 방제에 가장 효과적이다.

43 소나무 혹병의 중간기주는?

① 낙엽송
② 송이풀
③ 졸참나무
④ 까치밥나무

• 해설
소나무 혹병
소나무의 가지나 줄기에 작은 혹이 생기며 해마다 비대해져 30cm 이상으로 자란다. 중간기주는 졸참나무이다.

44 우리나라 정원양식의 사상적 배경은?

① 유교사상 + 도교사상
② 불교사상 + 풍수지리설
③ 신선사상 + 음양사상
④ 유교사상 + 삼재사상

45 조선시대에 사회의 부귀와 영화를 등지고 농경하면서 자연과 벗하며 살기 위하여 벽지에 터를 잡아 세워 놓은 소박한 주거를 무엇이라고 하는가?

① 은서지
② 별장
③ 별서
④ 별업

• 해설
별서 : 은둔을 목적으로 부귀나 영화를 등지고 자연과 벗하며 살기 위한 주거

46 다음 중 고려시대(a)와 조선시대(b) 정원을 관장하던 곳의 명칭으로 옳은 것은?

① a : 내원서, b : 장원서
② a : 식대부, b : 장원서
③ a : 내원서, b : 식대부
④ a : 장원서, b : 상림원

• 해설
• 내원서 : 고려시대 충렬왕 때 궁궐의 정원을 관리하던 관청
• 장원서 : 조선시대 세조 때 궁궐의 정원을 관리하던 관청

47 조선 숙종 때 문신인 우암 송시열이 지은 별서로 곡지원도형의 연못이 있는 곳은?

① 동춘당
② 암서재
③ 풍암정사
④ 남간정사

• 해설
남간정사 : 1683년(숙종 9년)에 송시열이 지은 서당 건물로, 대전광역시 동구 가양동에 있다. 송시열은 이곳에서 제자들을 가르치고 그의 학문을 완성하였다.

48 다음 중 1개의 금당 앞에 1개의 탑을 놓은 1탑-1금당식 백제시대 절터는?

① 황룡사지
② 정림사지
③ 미륵사지
④ 분황사지

• 해설
정림사지
중문, 탑, 금당, 강당을 남북일직선 축선상에 배치하는 1탑 1금당의 형식을 갖춘 사찰이다.

정답 42 ① 43 ③ 44 ③ 45 ③ 46 ① 47 ④ 48 ②

49 고대 이집트 조경양식에 가장 큰 영향을 미친 것은?

① 나일강의 불규칙한 범람
② 무더운 기온과 사막의 바람
③ 태양신과 신전
④ 피라미드

50 고대 이집트의 조경과 관련된 내용 중 옳지 않은 것은?

① 녹음을 신성시하였다.
② 수렵원이 발달하였다.
③ 원예가 발달하였다.
④ 관개기술이 발달하였다.

●해설
수렵원은 고대 서부아시아 메소포타미아에서 발달하였다.

51 중국 명나라시대에 조성된 대표적인 정원으로 소주의 4대 명원에 속하는 정원은?

① 졸정원   ② 원명원
③ 이화원   ④ 작원

●해설
소주의 4대명원 : 창랑정, 사자림, 졸정원, 유원

52 일본 정원양식의 발달과정을 옳게 나열한 것은?

① 임천식 → 축산고산수 수법 → 평정고산수 수법 → 다정식 → 원주파 임천식
② 회유식 → 임천식 → 평정고산수 수법 → 축산고산수 수법 → 다정식
③ 축산고산수 수법 → 평정고산수 수법 → 다정식 → 회유식 → 임천식
④ 평정고산수 수법 → 다정식 → 축산고산수 수법 → 임천식 → 회유식

53 일본의 유명한 정원 중 영보사, 천룡사, 서방사를 조성한 사람은?

① 귤준망   ② 풍신수길
③ 몽창국사   ④ 추고천황

●해설
몽창국사
가마쿠라, 무로마치시대의 대표적 조경가로 서방사, 서천사, 천룡사, 임천사, 영보사 등 업적을 남겼다.

54 모든 종류의 설계도, 상세도 그리고 수량 산출서, 일위대가표, 공사비, 시방서, 공정표 등의 서류가 작성되는 계획설계의 단계는?

① 실시설계   ② 기본계획
③ 종합 및 평가 ④ 조사분석

●해설
실시설계 : 기본계획에 의거하여 실제 시공이 가능하도록 평면상세도, 단면상세도, 배식설계도, 시설물상세도, 시방서, 공사비내역서 등을 작성하는 것이다.

55 다음 식재양식 중 정형식 식재방법인 것은?

① 임의식재   ② 모아심기
③ 부등변 삼각형 식재   ④ 교호식재

●해설
식재양식의 종류

정형식 배식	단식, 대식, 열식, 교호식재, 군식(정형식) 등
자연식 배식	부등변 삼각형 식재, 임의식재, 군식(무리심기), 배경식재 등

56 배식의 기본 형태 중 자연식에 해당되는 것은?

① 표본식재
② 집단식재
③ 교호식재
④ 부등변 삼각형 식재

정답 49 ② 50 ② 51 ① 52 ② 53 ③ 54 ① 55 ④ 56 ④

57 수목의 굴취 시 뿌리분의 크기는 대체로 무엇을 기준으로 정하는가?

① 흉고직경　　② 수고
③ 근원직경　　④ 수관폭

58 수고 4.5m 정도의 수목을 식재한 후 설치하는 지주로 가장 적합한 것은?

① 당김줄형　　② 삼각형
③ 이각형　　　④ 삼발이 대형

> **해설**
> 삼각형(삼각지주)
> - 수고 1.2~4.5m의 수목에 사용하며, 가장 많이 사용하는 지주이다.
> - 적당한 높이에 3개의 가로목과 중간목을 댄다.

59 한지형(寒地型) 서양잔디의 생육적온으로 가장 알맞은 것은?

① −2~5℃　　② 5~8℃
③ 10~12℃　　④ 13~20℃

> **해설**
> 잔디의 생육적온
>
> | 종류 | 생육적온 |
> | --- | --- |
> | 난지(여름)형 잔디 | 25~35℃ |
> | 한지(겨울)형 잔디 | 13~20℃ |

60 일반적으로 생물 서식공간으로 생물이 서식할 수 있는 최소한의 면적을 의미하는 용어는?

① 생태통로　　② 생태적 지위
③ 서식지의 경계　④ 비오톱(Biotope)

> **해설**
> 비오톱 : 식물과 동물이 특정 지역 안에서 어우러져 살아가는 공간을 말한다.

정답 57 ③ 58 ② 59 ④ 60 ④

18장 2020년 복원 기출문제 (1)

01 르네상스 시대의 이탈리아 정원(庭園)양식은?
① 축경식
② 노단건축식
③ 평면기하학식
④ 사실주의 풍경식

해설
르네상스 시대 이탈리아는 노단건축식이 유행하였다.

02 김홍도의 기로세련계도는 어디에서 그린 것인가?
① 만월대
② 경복궁
③ 창덕궁
④ 순천관

해설
김홍도의 기로세련계도
조선시대 후기 화가 김홍도가 1804년 고려의 왕궁터인 만월대 아래에서 열렸던 기로세련계회의 장면을 실사한 그림을 말한다.

03 다음 토관 중 편지관은?

 ① 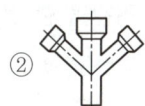 ②

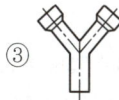 ③ 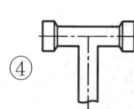 ④

해설
② 양지관
③ Y자관
④ T자관

04 우리나라 정원에서 홍예문의 성격을 띤 구조물이라 할 수 있는 것은?
① 정자
② 테라스
③ 트렐리스
④ 아치

해설
아치
활과 같은 곡선으로 된 형태나 형식

05 덩굴 식물을 올리기 위한 시설이 아닌 것은?
① 퍼걸러
② 테라스
③ 아치
④ 트렐리스

06 수목의 외과수술 순서로 맞는 것은?
① 부패부 제거 → 방부·방수처리 → 살균·살충처리 → 동공 충진 → 매트처리 → 수지처리
② 부패부 제거 → 살균·살충처리 → 방부·방수처리 → 동공 충진 → 매트처리 → 수지처리
③ 부패부 제거 → 살균·살충처리 → 방부·방수처리 → 매트처리 → 동공 충진 → 수지처리
④ 부패부 제거 → 방부·방수처리 → 살균·살충처리 → 동공 충진 → 매트처리 → 수지처리

해설
부패부 제거 → 살균·살충처리 → 방부·방수처리 → 동공 충진 → 매트처리 → 인공 나무껍질 처리 → 수지처리

정답 01 ② 02 ① 03 ① 04 ④ 05 ② 06 ②

07 우리나라 고대의 석연지의 특징으로 맞는 것은?

① 가장자리를 돌로 보기 좋게 단장한 연못이다.
② 돌로 연꽃모양을 정교하게 조각하여 연못 가운데에 놓은 것이다.
③ 연못 가장자리에 연꽃모양을 조각한 디딤돌을 잘 배치해 놓은 것이다.
④ 화강암을 이용하여 어항과 같이 만든 것으로 그 속에 연꽃을 심어 정원의 점경물로 사용하던 것이다.

08 다음 중 매미목에 속하지 않는 것은?

① 진딧물과　　② 노린재과
③ 깍지벌레과　④ 매미충과

● 해설
- 매미목 : 진딧물과, 깍지벌레과, 멸구, 매미과, 뿔매미과, 매미충과, 거품벌레과 등
- 노린재목 : 노린재과

09 조선시대의 주택정원 공간에서 가장 중요시 되었던 공간이라고 볼 수 있는 것은?

① 전정과 후정　② 전정과 중정
③ 후정과 중정　④ 후정과 사랑마당

10 르네상스 정원에 대한 설명으로 틀린 것은?

① 기독교와 봉건사상에 대한 반발로 인본주의가 발달하였다.
② 상록수가 많이 심어졌다.
③ 구릉지의 지형적 여건을 이용하여 노단건축식 정원이 발달하였다.
④ 귀족들의 별장을 중심으로 정원이 발달하였다.

● 해설
신보다 인간이 중심이 되는 문화, 즉 인본주의가 발달하기 시작했다.

11 지형정보와 함께 지하시설물 등 관련 정보를 인공위성으로 수집, 컴퓨터로 작성해 검색, 분석할 수 있도록 한 복합적인 지리정보시스템은 무엇인가?

① GPS　　② CAD
③ GIS　　④ CAM

● 해설
GIS
일반 지도와 같은 지형정보와 함께 지하시설물 등의 관련 정보를 인공위성으로 수집, 컴퓨터로 작성해 검색, 분석할 수 있도록 한 복합적인 지리정보시스템

12 도로 식재 중 사고방지 기능 식재에 속하지 않는 것은?

① 명암순응식재
② 차광식재
③ 녹음식재
④ 침입방지식재

● 해설
녹음식재
여름철에 강한 햇빛을 차단하기 위해 식재하며, 겨울에는 낙엽이 져서 햇볕을 가리지 않아야 한다.

13 누(樓)·정(亭)의 경관처리기법 중에서 먼 곳의 경관을 한 곳에 모아 즐기는 경관법은?

① 원경(遠景)　② 취경(聚景)
③ 차경(借耕)　④ 환경(還景)

● 해설

허(虛)	비어 있어 다른 것을 담을 수 있어야 하는 개념
원경(遠景)	시원하게 탁 트인 경관을 본다는 의미
취경(聚景)	먼 곳의 경관을 한 곳에 모아 즐김
다경(多景)	아름답고 다양한 경관을 즐김
읍경(挹景)	자연경관을 누정 속으로 들어오게 하는 기법
환경(還景)	자연경관을 누정 주위에 둘러 있도록 하는 기법

정답　07 ④　08 ②　09 ①　10 ④　11 ③　12 ③　13 ②

14 비철금속 제품으로 경량구조재나 피복재로 쓰이는 은백색의 금속은?

① 놋쇠　　　② 청동
③ 구리　　　④ 알루미늄

●해설
알루미늄
원광석인 보크사이트에서 순수한 알루미나를 추출하여 전기분해 과정을 통해 얻어진 은백색 금속이다.

15 수목의 수피가 백색인 것은?

① 자작나무　　　② 떡갈나무
③ 히말라야시더　④ 배롱나무

16 다음 식의 A에 해당하는 것은?

$$용적률 = \frac{A}{대지면적}$$

① 건축면적　　　② 건축 연면적
③ 1호당 면적　　④ 평균 층수

17 다음 [보기]가 설명하고 있는 민속마을은?

> 산태극, 수태극 형상을 이루는 풍산 류씨의 동족마을이며 연화부수형, 양진당, 충효당 등의 공간 구성을 하고 있다.

① 경주 양동마을　　② 안동 하회마을
③ 외암리 마을　　　④ 한국민속촌

●해설

안동 하회마을	• 산태극, 수태극 형상을 이루는 풍산 류씨 동족마을 • 연화부수형, 양진당, 충효당 등 공간구성
경주 양동마을	물자형, 월성 손씨와 여강 이씨들이 견제와 협조 속에 공존하며 살아 옴
외암리 민속마을	충청남도 아산시 송악면 외암리에 위치

18 콘크리트 측압에 영향을 미치는 요인으로 틀린 것은?

① 콘크리트의 타설 높이가 높으면 측압이 크다.
② 콘크리트의 타설 속도가 빠르면 측압이 크다.
③ 다짐이 많을수록 측압은 작다.
④ 경화속도가 빠를수록 측압은 작아진다.

●해설
다짐이 많을수록 측압은 크다.

19 재료가 외력을 받아서 변형을 일으킨 뒤 외력을 제거하면 다시 돌아오는 현상을 무엇이라 하는가?

① 취성　　② 인성
③ 연성　　④ 탄성

●해설
재료의 성질

취성	재료가 외력을 받았을 때 작은 충격에도 파괴되는 성질
인성	재료가 외력을 받았을 때 작은 충격에도 잘 견디는 성질
연성	부러지지 않으면서 가늘게 선으로 늘어나는 성질
탄성	재료가 외력을 받아서 변형을 일으킨 뒤 외력을 제거하면 다시 돌아오는 성질

20 원광석인 보크사이트에서 추출한 물질을 전기 분해해서 만드는 금속은?

① 니켈　　② 비소
③ 구리　　④ 알루미늄

21 주차공간의 폭이 넓어 충분한 여유가 있을 경우 설치가 가능하며, 동일 면적에 가장 많은 주차를 할 수 있는 주차배치 방법은?

① 30° 주차　　② 45° 주차
③ 60° 주차　　④ 90° 주차

정답　14 ④　15 ①　16 ②　17 ②　18 ③　19 ④　20 ④　21 ④

해설
같은 면적에서 가장 많은 주차대수를 설계할 수 있는 주차방식은 직각(90°) 주차방식이다.

22 다음 중 일반적으로 대기오염 물질인 아황산가스에 대한 저항성이 약한 수종은?
① 편백 ② 화백
③ 잣나무 ④ 향나무

해설
아황산가스에 약한 수종
소나무, 잣나무, 전나무, 삼나무, 자작나무, 단풍나무, 매화나무, 느티나무, 백합나무 등

23 다음 정원 중 별서가 아닌 것은?
① 강릉 방해정 ② 구례의 운조루
③ 담양의 식영정 ④ 화순의 임대정

해설
구례의 운조루는 주택정원에 속한다.

24 일본의 침전식 정원 기법에서 주요 구성요소는?
① 연못과 섬 ② 수목과 정원석
③ 잔디와 화단 ④ 모래와 바위

해설
침전식 기법은 건물 앞에 연못과 섬을 두고 다리를 연결하는 정원기법이다.

25 저자와 저서가 잘못 연결된 것은?
① 이격비 – 낙양명원기
② 왕희지 – 난정기
③ 백낙천 – 장한가
④ 문진향 – 원야

해설
• 계성 – 원야
• 문진향 – 장물지

26 경관구성의 미적 원리를 통일성과 다양성으로 구분할 때 통일성에 해당하는 것은?
① 조화 ② 비례
③ 율동 ④ 대비

해설
• 다양성 : 비례, 율동, 대비
• 통일성 : 조화, 균형, 대칭, 강조

27 제도에서 사용되는 물체의 중심선, 절단선, 경계선 등을 표시하는 데 가장 적합한 선은?
① 실선 ② 파선
③ 1점 쇄선 ④ 2점 쇄선

28 다음 설계 기호는 무엇을 표시한 것인가?

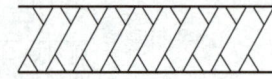

① 인조석다짐 ② 잡석다짐
③ 보도블록 포장 ④ 콘크리트 포장

29 단독주택 정원에서 일반적으로 장독대, 쓰레기통, 창고 등이 설치되는 공간은?
① 뒤뜰 ② 안뜰
③ 앞뜰 ④ 작업뜰

해설
작업뜰
부엌과 장독대, 세탁장소, 창고, 빨래건조대 등에 면하여 위치한 곳

30 지하수위가 높은 곳에 심을 수 있는 나무는?
① 메타세쿼이아
② 소나무
③ 배롱나무
④ 향나무

정답 22 ③ 23 ② 24 ① 25 ④ 26 ① 27 ③ 28 ② 29 ④ 30 ①

31 비탈면 보호공법 중에서 식생공이 아닌 것은?
① 종자뿜어붙이기공 ② 편책공
③ 식생구멍공 ④ 줄떼심기공

● 해설
편책공
산복비탈면에 나무말뚝을 박고 초두목이나 가지로 바자를 얽어매는 울타리공작물이다.

32 돌틈 사이에 식재할 수 있는 수목은?
① 회양목 ② 소나무
③ 은행나무 ④ 서어나무

33 옥상정원의 환경조건에 대한 설명으로 적합하지 않은 것은?
① 토양 수분의 용량이 적다.
② 토양 온도의 변동 폭이 크다.
③ 양분의 유실속도가 느리다.
④ 바람의 피해를 받기 쉽다.

● 해설
양분의 유실속도가 빠르다.

34 소형 고압블록 포장 중에서 차도용 두께는 몇 cm인가?
① 5cm ② 6cm
③ 7cm ④ 8cm

● 해설
보도용 두께는 6cm, 차도용 두께는 8cm이다.

35 표제란에 대한 설명으로 옳은 것은?
① 도면명은 표제란에 기입하지 않는다.
② 도면 제작에 필요한 지침을 기록한다.
③ 도면번호, 작성자명, 작성일자 등에 관한 사항을 기입한다.
④ 범례는 표제란 안에 반드시 기입해야 한다.

● 해설
표제란에는 공사명, 도면명, 범례, 축척, 설계자명, 도면번호, 설계일시 등을 기입한다.

36 그림은 어느 재료 단면의 경계를 표시한 것인가?
① 흙 ② 물
③ 암반 ④ 잡석

37 배나무 적성병의 겨울포자가 기생하기 때문에 배나무 과수원 가까이에 심지 말아야 할 수목은?
① 히말라야시더 ② 오동나무
③ 향나무 ④ 화백

38 가을에 꽃향기를 풍기는 나무는?
① 매화나무 ② 서향
③ 치자나무 ④ 은목서

● 해설
매화나무 2~3월, 서향 3~4월, 치자나무 6월

39 다음 중 붉은 단풍이 드는 나무는?
① 백합나무 ② 화살나무
③ 느릅나무 ④ 칠엽수

● 해설
①③④ 황색 단풍

40 음수가 필요로 하는 전 수광량은 몇 %인가?
① 50% ② 2.5%
③ 1.5% ④ 10%

정답 31 ② 32 ① 33 ③ 34 ④ 35 ③ 36 ② 37 ③ 38 ④ 39 ② 40 ①

> **해설**
>
> 음수가 생장할 수 있는 광선의 양은 전 광선량의 50% 내외이며, 양수의 경우는 70% 내외이다.

41 낙엽이 지는 침엽수는?
① 소나무 ② 메타세쿼이아
③ 전나무 ④ 구상나무

> **해설**
>
> 낙엽침엽교목
> 은행나무, 낙우송, 메타세쿼이아 등

42 24%의 B유제 100mL를 0.03%로 희석하여 진딧물에 살포하려 한다. 물의 양은 얼마로 하여야 하는가?(단, B유제의 비중은 1로 한다.)
① 18,000mL ② 24,000mL
③ 27,120mL ④ 79,900mL

> **해설**
>
> 원액의 용량 × (원액의 농도/희석할 농도 − 1) × 비중
> = $100 \times \left(\frac{24}{0.03} - 1\right) \times 1 = 79,900$

43 목재의 벌목 시 무게가 20kg이고, 절대건조 시의 무게가 15kg일 때 이 목재의 함수율(%)은?
① 약 12% ② 약 25%
③ 약 33% ④ 약 75%

> **해설**
>
> 함수율 = (건조 전 중량 − 건조 후 중량)/건조 후 중량 × 100
> = $\frac{20-15}{15} \times 100 =$ 약 33%

44 색료혼합에서 다음 A부분에 해당되는 혼합 결과 색명은?

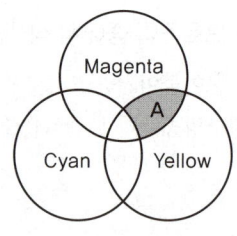

① Blue ② Green
③ Red   ④ Black

> **해설**
>
> - Magenta + Yellow = Red
> - Magenta + Cyan = Blue
> - Cyan + Yellow = Green

45 고속도로에서 명암순응식재를 잘못 설명한 것은?
① 터널 주위의 명암을 서서히 바꿀 수 있도록 식재한다.
② 터널 입구로부터 50~150m 구간에 식재한다.
③ 노견과 중앙분리대에 식재한다.
④ 주로 상록교목을 식재한다.

> **해설**
>
> ㉠ 터널 입구로부터 200~300m 구간에 상록교목을 식재한다.
> ㉡ 식재방법
> - 터널 입구 부분 : 명 → 암, 점차적으로 수고가 높아지도록 어둡게 함
> - 터널 출구 부분 : 암 → 명, 밝게 식재

46 다음 중 평면화단이 아닌 것은?
① 노단화단
② 리본화단
③ 화문화단
④ 포석화단

> **해설**
>
> - 평면화단 : 화문화단, 리본화단, 포석화단
> - 입체화단 : 기식화단, 경재화단, 노단화단

정답 41 ② 42 ④ 43 ③ 44 ③ 45 ② 46 ①

47 용적배합비 1 : 2 : 4 콘크리트 1m³를 제작하기 위해서는 시멘트는 320kg이 소요된다. 이 콘크리트 10m³가 필요할 경우 시멘트는 몇 포대가 필요한가?(단, 시멘트 1포대는 40kg이다.)

① 160포대 ② 80포대
③ 16포대   ④ 8포대

●해설
320 × 10m³ = 3,200kg
3,200kg ÷ 40kg = 80포대

48 철의 부식을 막기 위해 제일 먼저 칠하는 도료는?

① 에나멜 페인트
② 징크로메이트
③ 광명단
④ 바니시

49 경사도에 관한 설명 중 틀린 것은?

① 1 : 2는 수평거리 1, 수직거리 2를 나타낸다.
② 100%는 45° 경사이다.
③ 25% 경사는 1 : 4이다.
④ 보통 토질의 절토의 경사는 1 : 1이다.

●해설
1 : 2는 수직거리 1, 수평거리 2를 의미한다.

50 토량변화율 L=1.2, 자연상태의 흙 3m³일 때 흙의 체적은?

① 3.1   ② 3.4
③ 3.6   ④ 3.8

●해설
자연상태의 토량 × L(흐트러진 상태의 토량변화율)
= 3 × 1.2 = 3.6m³

51 다음 중 소나무 혹병의 중간기주로 적합한 것은?

① 송이풀   ② 졸참나무
③ 향나무   ④ 까치밥나무

●해설
소나무 혹병의 중간기주는 참나무류이다.

52 잔디관리 중 통기갱신용 작업에 해당되지 않는 것은?

① 코링(Coring)
② 롤링(Rolling)
③ 슬라이싱(Slicing)
④ 스파이킹(Spiking)

●해설
롤링(Rolling) : 회전하는 압연기의 롤에 금속 재료를 넣어 판자 모양으로 만드는 일

53 다음 중 표면배수시설에 해당하지 않는 것은?

① 측구
② 빗물받이홈
③ 유공관
④ 트렌치

●해설
유공관 : 지하배수시설

54 옥상정원의 인공지반을 녹화할 때 가장 우선적이고, 중요하게 고려해야 할 하중은?

① 고정하중
② 적재하중
③ 적설하중
④ 풍하중

●해설
적재하중 : 건축 구조물의 바닥에 가하여지는 하중

정답 47 ② 48 ③ 49 ① 50 ③ 51 ② 52 ② 53 ③ 54 ②

55 다음 중 사절유택(四節幽宅)의 설명으로 옳지 않은 것은?

① 계절의 풍경과 정서를 즐겼다.
② 신라시대에 즐기던 풍습이다.
③ 일반 백성들이 즐겨 찾는 놀이장소이다.
④ 계절에 따라 거처하는 별장형의 주택을 말한다.

● 해설
사절유택
- 귀족들이 계절에 따라 자리를 바꾸어 가며 놀이 장소로 즐겼던 별장
- 봄(동야택), 여름(곡양택), 가을(구지택), 겨울(가이택)

56 조경제도에서 불규칙한 곡선을 그릴 때 사용하기 가장 적합한 제도 용구는?

① 삼각자 ② 스케일
③ 자유곡선자 ④ 컴퍼스

57 운영관리 고유의 업무 영역으로 분류하기 어려운 것은?

① 예산·재무제도 ② 조직관리
③ 월동관리 ④ 재산관리

● 해설
월동관리는 유지관리에 해당한다.

58 인공위성을 이용한 범세계적 위치 결정의 체계로 정확한 위치를 알고 있는 위성에서 발사한 전파를 수신하여 관측점까지의 소요시간을 측정함으로써 관측점의 3차원 위치를 구하는 측량은?

① 원격탐측
② GPS 측량
③ 스타디아 측량
④ 전자파 거리 측량

59 중용열 포틀랜드 시멘트의 일반적인 특징 중 옳지 않은 것은?

① 초기강도가 크다.
② 건조수축이 적다.
③ 수화발열량이 적다.
④ 내구성이 우수하다.

● 해설
중용열 포틀랜드 시멘트
수화열이 낮아, 장기강도가 크다.

60 상류주택에 모란(牡丹)이 대규모로 심어졌던 국가는?

① 발해 ② 신라
③ 고구려 ④ 백제

정답 55 ③ 56 ③ 57 ③ 58 ② 59 ① 60 ①

19장 2020년 복원 기출문제 (2)

01 국립공원의 발달에 기여한 최초의 미국 국립공원은?

① 옐로우스톤 ② 요세미티
③ 센트럴 파크 ④ 보스턴 공원

해설
국립공원 운동의 영향으로 요세미티 국립공원(1890)이 지정되었다.

02 명승 제35호 성락원의 설명 중 틀린 것은?

① 고종의 아들 의친왕이 살던 별궁의 정원이다.
② 두 골짜기에서 흘러내린 계류가 하나로 합류되는 쌍류동천지역이다.
③ 영벽지의 내원 앞을 막아 유연하게 만든 용두가산이 있다.
④ 물이 흐르는 암반층단에 수로를 파서 물길을 모아 자연폭포로 만들었다.

해설
성락원
물이 흐르는 암반층단에 수로를 파서 물길을 모아 인공폭포로 만들었다.

03 당시대의 정원으로 인위적 요소가 증가되고 연못을 만들어 괴석을 배치시킨 호화스럽고 거대한 이궁은?

① 영대 ② 상림원
③ 온천궁 ④ 원명원

해설
• 현종 때 화청궁으로 이름을 바꿔 양귀비와 환락생활
• 백거이(백낙천)의 「장한가」, 두보의 시에서 화청궁의 아름다움을 예찬

04 고구려 장안성의 구조 중 사원이나 군대가 주둔하고 있던 성은?

① 외성 ② 중성
③ 내성 ④ 북성

해설
장안성(평양성, 586년)
평원왕 때 외성(민가), 중성(관청), 내성(왕궁), 북성(군대)의 4성으로 축조되었다.

05 다음 중에서 건정(Dry Well)의 뜻에 해당하는 것은?

① 수목의 배수를 위한 고랑이다.
② 수목의 관수를 위한 고랑이다.
③ 나무 주변의 성토로 인해 물빠짐이 나쁜 것을 막기 위해 수목 둘레에 만든 고랑이다.
④ 나무 주변의 절로로 인한 뿌리 흔들림을 막기 위해 수목 둘레에 만든 고랑이다.

해설
돌담을 쌓을 때 뿌리의 호흡을 위해 반드시 메담쌓기(건정, Dry Well, 마른 우물)를 실시한다.

06 다음 중 고대 로마의 주택정원 구성에 속하지 않는 것은?

① 아트리움
② 지스터스
③ 코트
④ 페리스틸리움

해설
고대 로마의 주택정원은 2개의 중정(아트리움, 페리스틸리움)과 1개의 후원(지스터스)으로 구성되었다.

정답 01 ① 02 ④ 03 ③ 04 ④ 05 ③ 06 ③

07 조경에서 이용하고 있으며, 1/25,000의 축척으로 제작된 토양도는?

① 개략토양도 ② 정밀토양도
③ 간이 산림토양도 ④ 고저토양도

● 해설

개략토양도 (1/50,000 축척)	항공기를 이용하여 전 국토에 걸쳐 제작된 지도(항공사진)
정밀토양도 (1/25,000 축척)	• 항공사진을 기초로 현지답사를 통해 전 국토의 일부분만 제작된 지도 • 건축, 조경, 휴양림 개발
간이 산림토양도 (1/25,000 축척)	• 전국의 임지를 1/25,000의 축척으로 제작된 지도 • 농경지, 방목지, 암석지

08 교통동선체계의 계획에서 몰(Mall)이란 무엇을 말하는가?

① 간선도로
② 집산도로
③ 서비스도로
④ 나무 그늘이 진 산책로

09 옥상정원의 설계 지침으로 맞는 것은?

① 산 흙을 사용할 것
② 바람에 약하고 곧은 뿌리가 많은 식물을 선택할 것
③ 토양 표면에 낙엽, 분쇄목 등을 덮어 수분증발을 억제할 것
④ 옥상 바닥은 방수처리를 하지 않을 것

● 해설

옥성조경 설계지침
• 면적이 좁기 때문에 간결하게 꾸며야 한다.
• 옥상의 구조가 정형적이기 때문에 터가르기도 정형적으로 구분하는 것이 좋다.
• 안전을 고려하여 옥상 가장자리에는 난간을 설치한다.
• 옥상 조경에 필요한 흙은 하중을 고려하여 경량 재료를 혼합하여 사용한다.

10 다음 중 줄기의 색채가 청록색 계열에 속하는 것은?

① 백송 ② 분비나무
③ 벽오동 ④ 주목

● 해설

구분	주요 수목명
백색계	백송, 분비나무, 자작나무, 동백나무, 층층나무, 버즘나무, 노각나무(회백색) 등
갈색계	해송, 편백, 철쭉류, 모과나무(회갈색) 등
청록색	식나무, 벽오동나무, 탱자나무, 죽단화 등
적갈색	소나무, 주목, 삼나무, 섬잣나무, 흰말채나무, 배롱나무, 모과나무 등

11 아래 내용은 어떤 마을에 대한 설명인가?

> 처음에는 허씨(許氏)와 안씨(安氏) 중심의 씨족마을이었는데 세월이 흐르면서 점차 이들 두 집안은 떠나고 풍산 류씨(豊山 柳氏)가 중심이 되어 터를 닦아 그후 600년 동안 명맥을 이어오고 있는 우리나라의 대표적인 씨족마을이다.

① 경주 양동마을 ② 외암리 민속마을
③ 안동 하회마을 ④ 민속촌

● 해설

안동 하회마을	• 산태극, 수태극 형상을 이루는 풍산 류씨 동족마을 • 연화부수형, 양진당, 충효당 등 공간 구성
경주 양동마을	물자형, 월성 손씨와 여강 이씨들이 견제와 협조 속에 공존하며 살아 옴
외암리 민속마을	충청남도 아산시 송악면 외암리에 위치

12 콘크리트 $1m^3$에 소요되는 재료의 양을 계량하여 1 : 2 : 4 또는 1 : 3 : 6 등의 배합 비율로 표시하는 배합을 무엇이라 하는가?

① 표준계량배합 ② 용적배합
③ 중량배합 ④ 시험중량배합

정답 07 ② 08 ④ 09 ③ 10 ③ 11 ③ 12 ②

> **해설**
>
> 용적배합
> - 콘크리트 1m³ 제작에 필요한 시멘트, 모래, 자갈을 부피로 계량하여 1 : 2 : 4(철근콘크리트) 또는 1 : 3 : 6(무근콘크리트) 등으로 나타낸다.
> - 중량배합보다 정확하지 못하나 시공이 간편하여 많이 쓰인다.

13 팥배나무(*Sorbus alnifolia* K.Koch)의 설명으로 틀린 것은?

① 꽃은 노란색이다.
② 생장속도는 비교적 빠르다.
③ 열매는 조류 유인식물로 좋다.
④ 잎의 가장자리에 이중거치가 있다.

> **해설**
>
> 팥배나무
> 꽃이 5월에 흰색으로 피며, 열매는 타원형이고 반점이 뚜렷하다. 9~10월에 붉은색으로 익는다.

14 다음 중 소나무의 순자르기 방법으로 가장 거리가 먼 것은?

① 수세가 좋거나 어린나무는 다소 빨리 실시하고, 노목이나 약해 보이는 나무는 5~7일 늦게 한다.
② 손으로 순을 따 주는 것이 좋다.
③ 5~6월경에 새순이 5~10cm 자랐을 때 실시한다.
④ 자라는 힘이 지나치다고 생각될 때에는 1/3 ~1/2 정도 남겨두고 끝 부분을 따 버린다.

> **해설**
>
> 소나무 순자르기 방법
> - 원하는 모양을 만들기 위해 5~6월경 새순이 자랐을 때 2~3개의 순을 남기고, 중심순을 포함한 나머지 순은 손으로 따 버린다.
> - 남긴 순도 자라는 힘이 지나치다고 생각될 때에는 1/2~1/3 정도만 남겨 두고 끝부분을 따 버린다.
> - 노목이나 쇠약해 보이는 나무는 다소 빨리 실시하고, 수세가 좋거나 어린나무는 5~7일 정도 늦게 실시한다.

15 과다 사용 시 병에 대한 저항력을 감소시키므로 특히 토양의 비배관리에 주의해야 하는 무기성분은?

① 질소   ② 규산
③ 칼륨   ④ 인산

> **해설**
>
> 질소 결핍 현상
> - 결핍 시 신장 생장이 불량하여 줄기나 가지가 가늘고 작아지며, 묵은 잎이 황변하며 떨어진다.
> - 활엽수 : 잎이 황변되며, 잎의 수가 적어지고 두꺼워지며 조기낙엽 된다.
> - 침엽수 : 침엽이 짧고 황색을 띤다.
> - 과잉하면 도장하고 약해지며 성숙이 늦어진다.

16 다음 중 아트리움에 대한 설명으로 맞는 것은?

① 현관에 들어서면서 만들어진 손님을 위한 공간이다.
② 가족을 위한 사적인 공간이다.
③ 넓고 포장되지 않은 공간에 꽃들을 정형적으로 심은 공간이다.
④ 수로가 있는 공간이다.

> **해설**
>
> | 구성 | 제1중정(아트리움) |
> |---|---|
> | | 무열주(無列柱) 중정 |
> | 목적 | 공적 장소(손님 접대) |
> | 특징 | • 천창(天窓, 채광)
• 임플루비움(빗물받이 수반) 설치
• 바닥은 돌 포장
• 화분장식 |

17 떼 지어 나는 철새나 설경 또는 수면에 투영된 영상 등에서 느껴지는 경관은?

① 초점경관   ② 관개경관
③ 세부경관   ④ 일시경관

정답 13 ① 14 ① 15 ① 16 ① 17 ④

> **해설**

일시경관
- 기상변화에 따른 자연경관의 모습이 달라지는 경우로 자연의 다양함을 경험할 수 있다.
- 설경, 무지개, 노을, 동물의 일시적 출현, 연못에 반사된 투영 등

18 조경계획을 작성할 때 자연환경, 인문환경, 경관분석을 다루는 과정은?

① 목표설명 ② 자료분석
③ 기본계획 ④ 기본설계

> **해설**

자료분석

자연환경분석	지형, 토양, 식생, 토질, 수문, 야생동물, 기후조사분석
인문환경분석	인구조사, 토지이용, 교통조사, 시설물조사분석
경관분석	전 경관, 지형경관, 위요경관, 초점경관, 관개경관, 일시경관, 세부경관

19 일본정원에서 헤이안시대 침전조 양식의 대표적 정원은 무엇인가?

① 서방사 정원 ② 동삼조전
③ 용안사 정원 ④ 대선원

> **해설**

헤이안(평안)시대(794~1191)
- 침전조 정원 양식 : 주택건물 앞에 정원을 배치하는 수법
- 동삼조전 : 침전조 양식의 대표적인 정원으로 연못 안에 3개의 섬 및 홍교와 평교 설치

20 다음 중 일반적으로 홍색 계통의 단풍을 감상하기 위한 수종으로 가장 적합한 것은?

① 붉나무 ② 느티나무
③ 벽오동 ④ 은행나무

> **해설**

구분	주요 수목명
홍색계	단풍나무류(고로쇠나무 제외), 화살나무, 붉나무, 감나무, 당단풍나무, 복자기나무, 산딸나무, 매자나무, 참빗살나무, 남천, 배롱나무, 흰말채나무 등
황색 및 갈색계	은행나무, 벽오동, 버드나무류, 느티나무, 계수나무, 낙우송, 메타세쿼이아, 고로쇠나무, 참느릅나무, 때죽나무, 석류나무, 칠엽수, 갈참나무, 백합, 졸참나무, 모감주나무, 버즘나무 등

21 시공 후 전체적인 모습을 알아보기 쉽도록 그리는 다음 그림 같은 형태의 그림은?

① 평면도 ② 입면도
③ 조감도 ④ 상세도

> **해설**

조감도
설계 대상지 전체를 공중에서 내려다 본 그림

22 골프장 코스를 구성하는 요소 중 페어웨이와 그린 주변에 모래웅덩이를 조성해 놓은 곳은?

① 티 ② 벙커
③ 해저드 ④ 러프

> **해설**

벙커
모래웅덩이로 티에서 바라볼 수 있는 곳에 위치한다.

23 토양단면에 있어 낙엽과 그 분해물질 등 대부분 유기물로 되어 있는 토양 고유의 층으로 L층, F층, H층으로 구성되어 있는 것은?

① 용탈층(A층) ② 유기물층(AO층)
③ 집적층(B층) ④ 모재층(C층)

정답 18 ② 19 ② 20 ① 21 ③ 22 ② 23 ②

● 해설
토양단면

구분	단면 상태
A0층 (유기물층)	• A층 위의 유기물로 되어 있는 토양층 • 고유의 층으로 L층(낙엽층), F층(조부식층), H층(정부식층)으로 세분
A층 (표층, 용탈층)	• 토양의 표면이 되는 층 • 미세한 부식과 점토가 A층에서 내려와 미생물과 식물활동이 왕성
B층 (하층, 집적층)	A층으로부터 용탈되어 쌓인 층
C층 (기층, 모재층)	산화된 토양으로서 여러 가지 색을 보이며 식물뿌리는 없음
D층 (기암, 모암층)	C층 밑의 암석층

24 가을에 단풍이 노란색으로 물드는 수종은?
① 붉나무   ② 고로쇠나무
③ 담쟁이덩굴   ④ 화살나무

● 해설
단풍이 황색 및 갈색계인 나무
은행나무, 벽오동, 버드나무류, 느티나무, 계수나무, 낙우송, 메타세쿼이아, 고로쇠나무, 참느릅나무, 때죽나무, 석류나무, 칠엽수, 갈참나무, 백합, 졸참나무, 모감주나무, 버즘나무 등

25 암석을 구성하는 조암광물의 집합상태에 따라 생기는 눈 모양을 무엇이라고 하는가?
① 석목   ② 석리
③ 층리   ④ 절리

● 해설
석목 : 일정한 방향의 깨지기 쉬운 면 (석재의 채석이나 가공 시 이용된다.)

26 흐트러진 상태의 토량이 220m³, 자연 상태의 토량이 200m³, 다져진 상태의 토량이 160m³일 경우, 자연 상태의 흙이 흐트러진 상태로 변할 때 토량의 변화율(L) 값은?

① 0.7   ② 0.8
③ 1.1   ④ 1.2

● 해설
$$L = \frac{흐트러진\ 상태}{자연\ 상태} = \frac{220}{200} = 1.1$$

27 건물, 산울타리, 담장을 배경으로 폭폭이 좁고 길게 만든 화단은?
① 기식화단
② 경재화단
③ 노단화단
④ 침수화단

● 해설
경재화단(경계화단)
• 건물, 산울타리, 담장을 배경으로 폭이 좁고 길게 만든 것이다.
• 전면 한쪽에서만 관상이 가능하므로 앞쪽에는 키가 작은 것을, 뒤쪽에는 키가 큰 것을 배치한다.

28 우리나라의 목재가 건조된 상태일 때 기건함수율로 가장 적당한 것은?
① 약 5%   ② 약 15%
③ 약 25%   ④ 약 35%

● 해설
• 건조의 목적은 함수율이 15% 정도가 되도록 하는 것이다.
• 목재의 함수율에 가장 큰 영향을 미치는 것은 압축강도이다.
• 함수율 = $\frac{건조\ 전\ 중량 - 건조\ 후\ 중량}{건조\ 후\ 중량} \times 100\%$

29 인공폭포, 인공바위 등의 조경시설에 쓰이는 일반적인 재료는?
① PVC   ② 비닐
③ 합성수지   ④ FRP

정답 24 ② 25 ② 26 ③ 27 ② 28 ② 29 ④

해설
유리섬유강화플라스틱(FRP)
- 가장 많이 사용하는 플라스틱 제품으로 강도가 약한 플라스틱에 유리섬유 강화제를 넣어 강화시킨 제품
- 벤치, 인공폭포, 인공암, 미끄럼대의 슬라이더, 화분대, 인공동굴, 수목보호대, 놀이기구 등에 이용된다.

30 액체상태나 용융상태의 수지에 경화제를 넣어 사용하며 내산성, 내알칼리성이 우수하여 콘크리트, 항공기, 기계 부품 등의 접착에 사용되는 것은?

① 멜라민계 접착제　② 에폭시계 접착제
③ 페놀계 접착제　　④ 실리콘계 접착제

31 다음 중 시멘트벽돌의 할증률은 몇 %인가?

① 10%　　② 8%
③ 5%　　 ④ 3%

해설

3%	• 이형철근 • 합판(일반용) • 붉은벽돌 • 내화벽돌 • 경계블록 • 테라코타 • 타일(도기, 자기)
5%	• 원형철근 • 목재(각재) • 합판(수장용) • 시멘트벽돌 • 호안블록 • 기와 • 타일(아스팔트, 비닐)
10%	• 강판 • 목재(판재) • 조경용 수목 • 잔디, 초화류 • 석재용 붙임용재(정형돌)
30%	• 원석(마름돌) • 석재용 붙임용재(부정형돌)
기타	• 4% : 블록

32 디딤돌 놓기 공사에 대한 설명으로 틀린 것은?

① 정원의 잔디, 나지 위에 놓아 보행자의 편의를 돕는다.
② 넓적하고 평평한 자연석, 판석, 통나무 등이 활용된다.
③ 시작과 끝 부분, 갈라지는 부분은 50cm 정도의 돌을 사용한다.
④ 같은 크기의 돌을 직선으로 배치하여 기능성을 강조한다.

해설
디딤돌 놓기
- 한 면이 넓적하고 평평한 자연석이나, 가공한 화강석 판석, 천연 슬레이트 판석, 점판암 판석, 통나무 등이 사용된다.
- 디딤돌의 크기는 지름 25~30cm 정도가 적당하며, 시작되는 곳과 끝나는 곳 또는 급하게 구부러지는 곳, 길이 갈라지는 곳 등에 50~60cm 정도의 큰 돌을 사용한다.
- 디딤돌은 크고 작은 것을 섞어 직선보다는 어긋나게 배치한다. 돌 사이의 간격은 보행 폭(성인 남자 약 60~70cm, 여자 약 45~60cm)을 고려하여 빠른 동선이 필요한 곳은 보폭과 비슷하게, 정원의 원로(圓顱)와 같이 느린 동선이 필요한 곳은 35~40cm 정도로 배치한다.
- 디딤돌의 높이는 지면보다 3~6cm 높게 한다.
- 윗면이 수평이 되도록 놓아야 하고 돌 가운데가 약간 두툼하여 물이 고이지 않으며, 불안정한 경우 굄돌, 모르타르, 콘크리트를 깔아 안정되게 한다.
- 크기가 다양한 돌을 지그재그로 배치한다.

33 노란색 단풍이 아름다운 수종으로 짝지어진 것은?

① 은행나무, 붉나무
② 백합나무, 고로쇠나무
③ 담쟁이, 감나무
④ 검양옻나무, 매자나무

정답　30 ②　31 ③　32 ④　33 ②

34 수목 생육기 중 깍지벌레의 구제 농약으로 가장 적당한 것은?

① 메치온 유제(수프라사이드)
② 지오람 수화제(호마이)
③ 메타 유제(메타시스톡스)
④ 디프 수화제(디프록스)

> 해설

화학적 방제법
- 수프라사이드 유제를 5월 중·하순에 1주일 간격으로 2~3회 살포한다.
- 메티온(메치온) 유제, 기계유, 메카밤 유제 등을 살포한다.

35 모과나무의 붉은별무늬병의 여름포자·겨울포자 세대(중간기주)의 식물은?

① 잣나무   ② 향나무
③ 배나무   ④ 느티나무

36 어린이를 위한 운동시설로 모래터의 깊이는 어느 정도가 가장 알맞은가?

① 5~10cm   ② 10~20cm
③ 20~30cm   ④ 30cm 이상

> 해설

모래터 규격
- 둘레는 지표보다 15~20cm 가량 높게 하고, 모래 깊이는 놀이의 안전을 고려하여 30~40cm 정도로 유지한다.
- 밑바닥은 배수공을 설치하거나 잡석다짐으로 빗물이 잘 빠지게 한다.

37 다음 중 경사도가 가장 큰 것은?

① 100% 경사
② 45° 경사
③ 1할 경사
④ 1 : 0.7

38 주로 수목을 가해하는 해충으로 우리나라에서 1년에 2회 발생하는 것은?

① 독나방   ② 미국흰불나방
③ 어스렝이나방   ④ 집시나방

> 해설

(미국)흰불나방
㉠ 1년에 2회 발생(5~6월, 7~8월)
㉡ 피해
- 겨울철에 번데기 상태로 월동하며 성충의 수명은 3~4일 정도이다.
- 가로수와 정원수에 피해가 심하다.
- 포플러류, 버즘나무 등 160여 종의 활엽수 잎을 먹으며, 부족하면 초본류도 먹는다.

39 침엽수로만 짝지어진 것이 아닌 것은?

① 향나무, 주목
② 낙우송, 잣나무
③ 가시나무, 구실잣밤나무
④ 편백, 낙엽송

> 해설

종류	주요 수목명
침엽수	소나무, 곰솔(해송), 잣나무, 전나무, 구상나무, 비자나무, 편백, 화백, 측백, 낙우송, 메타세쿼이아 등
활엽수	태산목, 먼나무, 굴거리나무, 호두나무, 서어나무, 상수리나무, 느티나무, 칠엽수, 자작나무, 왕벚나무, 가중나무 등

40 이른 봄에 꽃이 피는 수종끼리 짝지어진 것은?

① 매화나무, 풍년화
② 은목서, 산수유, 백합나무
③ 자귀나무, 태산목, 목련
④ 배롱나무, 무궁화, 동백나무

> 해설

봄꽃
진달래, 동백나무, 명자나무, 목련, 영춘화, 박태기나무, 철쭉, 조팝나무, 산사나무, 매화나무, 개나리, 산수유, 수수꽃다리, 배나무, 등나무, 풍년화 등

정답 34 ① 35 ② 36 ④ 37 ④ 38 ② 39 ③ 40 ①

41 방음용 수목으로 사용하기가 부적합한 것은?

① 은행나무　　② 아왜나무
③ 구실밤나무　④ 녹나무

●해설
방음용으로 적합한 수종
회화나무, 측백나무, 구실잣밤나무, 녹나무, 식나무, 아왜나무, 후피향나무 등

42 수목 규격의 표시는 수고, 수관폭, 흉고직경, 근원직경, 수관길이를 조합하여 표시할 수 있다. 표시법 중 H×W×R로 표시할 수 있는 가장 적합한 수종은?

① 은행나무　② 소나무
③ 주목　　　④ 사철나무

●해설
H×R
소나무, 감나무, 꽃사과나무, 느티나무, 대추나무, 매화나무, 모감주나무, 산딸나무, 이팝나무, 층층나무, 회화나무, 후박나무, 능소화, 참나무류, 모과나무, 배롱나무, 목련, 산수유, 자귀나무, 단풍나무 등 대부분의 교목류(소나무, 곰솔, 무궁화는 H×W×R로 표시하기도 한다.)

43 가루 석탄을 연소시킬 때 굴뚝에서 집진기로 모은 아주 작은 입자의 재이며, 실리카질 혼화재로 입자가 둥글고 매끄럽기 때문에 콘크리트의 워커빌리티를 좋게 하고 수화열이 적으며, 장기 강도를 크게 하는 것은?

① 실리카 퓸　　　② 플라이애시
③ 고로슬래그 미분말　④ 공기연행제

●해설
고로 시멘트(슬래그 시멘트)
• 제철소의 용광로에서 생긴 광재(Slag)를 넣고 만든 혼합 시멘트
• 수화열이 적다.
• 내식성이 크고 균열이 적어 폐수시설, 하수도, 항만에 사용한다.

44 다음 중 임해공업단지에 공장조경을 하려 할 때 가장 적합한 수종은?

① 히말라야시더　② 왕벚나무
③ 감나무　　　　④ 광나무

45 정원수의 아름다움의 3가지 요소(삼재미)에 해당되지 않는 것은?

① 식재미　② 형태미
③ 내용미　④ 색채미

●해설
조경미는 조경부지 내에 모든 조경재료를 배치함에 있어서 시·청각적으로 보이는 점, 선, 면, 형태, 질감, 비례, 균형, 중량 등을 효과적으로 잘 활용했을 때 이루어지는 조화로 내용미, 표현미, 형태미를 말한다.

46 도면을 그릴 때 일반적으로 마지막에 실시해야 할 내용인 것은?

① 도면의 축척을 정한다.
② 표제란의 내용을 기재한다.
③ 테두리 선 및 방위를 그린다.
④ 물체의 표현 위치를 정한다.

●해설
도면의 윤곽선과 표제란
• 도면은 원칙적으로 표제란을 설정하는데, 도면의 오른쪽이나 하단부에 위치한다.
• 도면 왼쪽의 여백은 철할 때 4면 중 왼쪽만은 25mm, 나머지는 10mm 정도의 여백을 준다.
• 표제란에는 공사명, 도면명, 범례, 축척, 설계자명, 도면 번호, 설계 일시 등을 기입한다.
※ 도면을 그릴 때 일반적으로 마지막에 그려주는 것은 테두리 선 및 방위이다.

47 그 해에 자란 가지에 꽃눈이 분화하여 월동 후 봄에 개화하는 형태의 수종으로 맞는 것은?

① 배롱나무　② 능소화
③ 장미　　　④ 개나리

정답　41 ①　42 ②　43 ②　44 ④　45 ①　46 ③　47 ④

해설
여름~가을에 꽃이 피는 수종
- 개화하는 그 해에 자란 가지에서 꽃눈이 분화한다.
- 능소화, 무궁화, 배롱나무, 장미, 찔레나무, 등나무 등

48 해초풀물이나 기타 전·접착제를 사용하는 미장재료는?

① 벽토 ② 아스팔트
③ 회반죽 ④ 시멘트 모르타르

해설
반죽(Plaster)
- 소석회를 반죽한 것으로 흰색의 매끄러운 표면을 만든다.
- 소석회＋모래＋여물＋해초풀＋물 등을 섞어 반죽하여 발라 균열을 방지한다.

49 울타리는 종류나 쓰이는 목적에 따라 높이가 다른데, 일반적으로 사람의 침입을 방지하기 위한 울타리의 경우 높이는 어느 정도가 가장 적당한가?

① 20~30cm ② 50~60cm
③ 80~100cm ④ 180~200cm

해설
- 외부의 침입 방지를 위한 생울타리의 높이 : 1.8~2.0m
- 외부의 침입 방지를 위한 창살울타리의 높이 : 최소 1.5m, 적정 1.8m

50 줄기의 색이 아름다워 관상가치를 가진 대표적인 수종의 연결로 옳지 않은 것은?

① 백색계의 수목 : 자작나무
② 갈색계의 수목 : 편백
③ 적갈색계의 수목 : 소나무
④ 흑갈색계의 수목 : 벽오동

해설
벽오동은 잎이 오동나무의 잎과 같게 생겼으나 나무껍질이 초록색으로 다르다 하여 벽오동이라는 이름이 붙여졌다.

51 반죽질기의 정도에 따라 작업의 쉽고 어려운 정도, 재료의 분리에 저항하는 정도를 나타내는 콘크리트 성질에 관련된 용어는?

① 성형성(Plasticity)
② 마감성(Finishability)
③ 시공성(Workability)
④ 레이턴스(Laitance)

52 자연석 중 눕혀서 사용하는 돌로, 불안감을 주는 돌을 받쳐서 안정감을 갖게 하는 돌의 모양은?

① 입석 ② 평석
③ 환석 ④ 횡석

해설
- 입석 : 사방 어디서나 감상할 수 있고, 키가 커야 효과적인 돌이다.
- 횡석 : 눕혀 쓰는 돌로 안정감이 있다.
- 평석 : 윗부분이 평평한 돌로 주로 앞부분에 배석한다.
- 환석 : 둥근 생김새의 돌이다.
- 각석 : 각이 진 돌로 3각, 4각 등으로 이용한다.
- 사석 : 비스듬히 세워서 이용되는 돌로 해안절벽 표현 또는 풍경을 나타낼 때 사용한다.
- 와석 : 소가 누운 형태의 돌로 횡석보다 안정감이 있다.
- 괴석 : 괴상하게 생긴 돌로 태호석이나 제주도의 현무암이 해당된다.

53 다음 중 건축과 관련된 재료의 강도에 영향을 주는 요인이 아닌 것은?

① 온도와 습도
② 하중속도
③ 하중시간
④ 재료의 색

해설
재료의 색은 재료의 강도와 관련성이 없다.

정답 48 ③ 49 ④ 50 ④ 51 ③ 52 ④ 53 ④

54 조선시대 정자의 평면유형은 유실형(중심형, 편심형, 분리형, 배면형)과 무실형으로 구분할 수 있는데 다음 중 유형이 다른 하나는?

① 광풍각
② 임대정
③ 거연정
④ 세연정

● 해설
- 중심형 : 광풍각, 임대정, 세연정
- 배면형 : 부암정, 거연정

55 시공계획의 4대 목표에 해당하는 요소가 아닌 것은?

① 원가
② 안전
③ 관리
④ 공정

● 해설
시공계획의 4대 목표
품질(좋게), 원가(싸게), 공정(빠르게), 안전(안전하게)

56 다음 [보기]는 수목 외과수술 방법의 순서이다. 작업순서를 바르게 나열한 것은?

[보기]
㉠ 동공 충진   ㉡ 부패부 제거
㉢ 살균 · 방충처리   ㉣ 매트처리
㉤ 방부 · 방수처리   ㉥ 인공 나무껍질 처리
㉦ 수지처리

① ㉠→㉡→㉢→㉣→㉤→㉥→㉦
② ㉢→㉥→㉦→㉣→㉠→㉤→㉡
③ ㉡→㉢→㉤→㉠→㉣→㉥→㉦
④ ㉥→㉡→㉣→㉢→㉠→㉦→㉤

● 해설
부패부 제거 → 살균 · 살충처리 → 방부 · 방수처리 → 동공 충진 → 매트처리 → 인공 나무껍질 처리 → 수지처리

57 수목 생장시기인 봄에 늦게 내린 서리에 의한 피해는?

① 만상
② 춘상
③ 조상
④ 추상

● 해설

조상(早霜)	나무가 휴면기에 접어들기 전 서리로 인한 피해
만상(晚霜)	이른 봄 서리로 인한 수목의 피해

58 벚나무 빗자루병의 병원체는 무엇인가?

① 세균
② 담자균
③ 자낭균
④ Virus

● 해설
벚나무 빗자루병은 자낭균(진균)에 의한 병이다.

59 다음 중 곰솔(해송)에 대한 설명으로 옳지 않은 것은?

① 동아(冬芽)는 붉은색이다.
② 수피는 흑갈색이다.
③ 해안지역의 평지에 많이 분포한다.
④ 줄기는 한 해에 가지를 내는 층이 하나여서 나무의 나이를 짐작할 수 있다.

● 해설
- 동아 : 생장하지 않고 쉬고 있는 눈
- 곰솔의 동아(冬芽)는 흰색이며, 소나무의 동아(冬芽)는 붉은색이다.

60 다음 중 도로 비탈면 녹화복원공법에 사용되는 재료가 아닌 것은?

① 식생자루
② 식생매트
③ 잔디블록
④ 우드칩(Woodchip)

● 해설
생태복원재료
- 비탈면 녹화공법, 자연형 하천 공법, 생태연못 또는 습지조성 등에 사용된다.
- 종류 : 식생매트, 식생자루, 식생호안블록, 잔디블록 등이 있다.

정답 54 ③ 55 ③ 56 ③ 57 ① 58 ③ 59 ① 60 ④

20장 2021년 복원 기출문제 (1)

01 이슬람 세계와 서방(그리스도교) 세계가 절충되어 나타난 정원은?

① 타지마할
② 베르사유
③ 이졸라벨라
④ 알람브라궁

해설
스페인 조경의 배경
- 기독교와 이슬람의 양식이 절충
- 고대 로마의 별장 및 정원유적의 영향을 받아 파티오(Patio)식 정원이 발달

02 자연에 대한 인간의 역할을 다시 믿게 되고, 대칭과 축의 수법이 쓰였던 시대는?

① 근대
② 고대
③ 중세
④ 르네상스

해설
근세 조경
- 르네상스 시대를 시작으로 정원이 주가 되고 건축은 일부가 되었다.
- 고전주의에 대한 반발로 인간의 정체성을 찾고 자연을 있는 그대로 관찰하려는 사조가 생겼으며, 이로 인해 신보다 인간이 중심이 되는 문화, 즉 인본주의가 발달하기 시작하였다.

03 명나라 시대 조경가로 올바르게 짝지어진 것은?

① 왕희지, 미만종
② 계성, 미만종
③ 두보, 문진향
④ 백거이, 계성

해설
- 명나라 : 계성의 『원야』, 미만종의 『작원』
- 당나라 : 백거이, 두보
- 진나라 : 왕희지

04 일본의 다정원에서 볼 수 있는 세 가지 주요 첨경물은?

① 반교, 평교, 수미산
② 관수석, 인공폭포, 오행석조
③ 야박석, 구산팔해석
④ 징검돌, 석등, 물그릇(츠쿠바이)

해설
첨경물 : 징검돌, 자갈, 츠쿠바이(물통), 세수통, 석등, 석탑, 이끼 낀 원로

05 고려시대에 궁궐의 정원을 맡아보던 관서는?

① 내원서
② 상림원
③ 원야
④ 장원서

해설
내원서 : 충렬왕 때 궁궐의 정원을 관리하던 관청

06 우리나라 최초의 프랑스식 정원은?

① 파고다공원
② 장충단공원
③ 보라매공원
④ 덕수궁 석조전의 분수와 연못

해설
덕수궁
- 석조전 : 우리나라 최초의 서양식 건물
- 침상원 : 우리나라 최초의 유럽식 정원, 분수와 연못을 중심으로 한 프랑스식 정원

정답 01 ④ 02 ④ 03 ② 04 ④ 05 ① 06 ④

07 1967년 12월 29일 우리나라 최초로 국립공원으로 지정된 곳은?

① 백두산　　② 한라산
③ 지리산　　④ 설악산

08 조선시대에 네모난 연못 속에 둥근 모양의 섬을 꾸미는 소위 방지원도형이 사용되었는데 이는 어떤 사상의 영향이 가장 크다고 볼 수 있는가?

① 신선사상　　② 풍수지리사상
③ 무속사상　　④ 음양사상

● 해설
음양오행사상 : 조선시대 정원 연못의 형태(방지원도)

09 다음 중 계성의 원야(園冶)에 기술된 차경수법이 아닌 것은?

① 대차　　② 원차
③ 앙차　　④ 부차

● 해설
원야(園冶)

1권	흥조론에서 시공자보다 설계자가 중요함을 강조
2권	난간에 대한 100여 가지 방식
3권	• 차경수법에 대한 설명 • 원차(원경), 인차(근경), 앙차(올려보기), 부차(내려보기)

10 김홍도의 「기로세련계도」는 어디에서 그린 것인가?

① 만월대　　② 경복궁
③ 창덕궁　　④ 순천관

● 해설
김홍도의 「기로세련계도」
조선시대 후기 화가 김홍도가 1804년 고려의 왕궁터인 만월대 아래에서 열렸던 기로세련계회의 장면을 실사한 그림을 말한다.

11 도시 내부와 외부의 접근성이 매우 좋으며 재난 시 시민들의 빠른 대피에 효과를 발휘하는 녹지형태는?

① 방사식　　② 방사환상식
③ 환상식　　④ 분산식

● 해설
녹지형태

분산식	녹지대가 여러 가지 형태로 분산된 형태
환상식	도시를 중심으로 5~10km 폭으로 조성된 것으로 도시가 확대되는 것을 방지 예 오스트리아 빈(Wien)
방사식	• 도시의 중심에서 외부로 방사상 녹지대를 조성 • 도시 내부와 외부의 접근성이 매우 좋으며 재난 시 시민들의 빠른 대피에 효과를 발휘하는 녹지형태 예 독일 하노버(Hanover)
방사환상식	• 환상식, 방사식의 녹지형태를 결합 • 일반도시에서 가장 많이 사용되고 있는 이상적인 녹지형태 예 독일 쾰른(Cologne)

12 경관구성의 우세요소가 아닌 것은?

① 선　　② 색채
③ 형태　　④ 시간

● 해설
가변요소
광선, 기상조건(구름, 안개, 눈, 비, 노을, 서리), 계절, 시간

13 색광의 3원색인 R, G, B를 모두 혼합하면 어떤 색이 되는가?

① 검은색　　② 회색
③ 흰색　　④ 붉은색

● 해설
가법혼색
빛의 혼합으로 빨강(Red), 녹색(Green), 파랑(Blue)이 기본색이다. 혼합하면 더욱 밝아진다(흰색).

정답　07 ③　08 ④　09 ①　10 ①　11 ①　12 ④　13 ③

14 다음 중 KS 분류기호 중 토건부분에 해당하는 것은?

① D ② H
③ K ④ F

● 해설
KS의 분류기호

기호	A	B	C	D	E	F	G	H
부분	기본	기계	전기	금속	광산	토건	일용품	식료품

기호	K	L	M	P	R	V	W	X
부분	섬유	요업	화학	의료	수송기계	조선	항공	정보산업

15 다음 설명의 ( ) 안에 적합한 것은?

색의 맑고 탁함, 색의 순수한 정도 혹은 색의 강약을 나타내는 성질이다. 진한 색과 연한 색, 흐린 색과 맑은 색 등은 모두 ( )의 높고 낮음을 가리키는 용어이다.

① 색상 ② 명도
③ 조도 ④ 채도

● 해설
채도(C)
색의 순수한 정도, 색채의 강약을 나타내는 성질이다 (1~14까지, 14단계).

16 다음 구조재 마감 표시방법 중 보통 벽돌의 도면 표시방법은 어느 것인가?

● 해설
② 테라코타 및 타일
③ 무근 콘크리트
④ 석재

17 다음 설명의 ( ) 안에 들어갈 디자인 요소는?

형태, 색채와 더불어 ( )은(는) 디자인의 필수요소로서 물체의 조성성질을 말하며, 이는 우리의 감각을 통해 형태에 대한 지식을 제공한다.

① 질감 ② 광선
③ 공간 ④ 입체

● 해설
경관의 우세요소에는 선, 형태, 질감, 색채가 있다.

18 다음 중 계획단계에서 자연환경 조사사항과 가장 관계가 없는 것은?

① 식생 ② 주변 교통량
③ 기상조건 ④ 토양조사

● 해설
주변 교통량은 인문환경에 해당한다.

19 조감도는 소점이 몇 개인가?

① 1개 ② 2개
③ 3개 ④ 4개

20 동선 설계 시 고려해야 할 사항으로 틀린 것은?

① 가급적 단순하고 명쾌해야 한다.
② 성격이 다른 동선은 반드시 분리해야 한다.
③ 가급적 동선의 교차를 피하도록 한다.
④ 이용도가 높은 동선은 길게 해야 한다.

● 해설
동선의 교차를 피하는 동시에 이용도가 높은 동선은 짧게 한다.

정답 14 ④ 15 ④ 16 ① 17 ① 18 ② 19 ③ 20 ④

21 다음 중 지형경관(Feature Landscape)을 구성하는 경관요소가 될 수 있는 것은?

① 높은 절벽　　　② 숲속의 호수
③ 계곡 끝에 있는 폭포　④ 고속도로

● 해설

지형경관(천연미적 경관)
- 지형이 특징을 나타내고 관찰자가 강한 인상을 받는 지표경관
- 절벽, 산봉우리 등 주변환경의 지표(Landmark) 역할
- 지형에 따라 신비함, 경외감, 놀라움 등 다양한 감정의 변화를 줌

22 다음 [보기]에서 설명하고 있는 수종은?

- 17세기 체코 선교사를 기념하는 데서 유래되었다.
- 상록활엽소교목으로 수형은 구형이다.
- 꽃은 한 개씩 정생 또는 액생, 꽃받침과 꽃잎은 5~7개이다.
- 열매는 삭과이고, 둥글며 3개로 갈라지고, 지름은 3~4cm 정도이다.
- 짙은 녹색의 잎과 겨울철의 붉은색 꽃이 아름다우며, 음수로서 반음지나 음지에 식재하고, 전정에 잘 견딘다.

① 생강나무　　　② 동백나무
③ 노각나무　　　④ 후박나무

23 메타세쿼이아와 낙우송의 차이점으로 틀린 것은?

① 낙우송은 원산지는 북아메리카이며 천근성이다.
② 메타세쿼이아는 원산지는 중국이며 심근성이다.
③ 메타세쿼이아는 잎이 어긋난다.
④ 낙우송은 습지에서 잘 자란다.

● 해설

메타세쿼이아는 잎이 마주난다.

24 붉은 단풍을 감상하기 위한 수종으로 옳은 것은?

① 벽오동　　　② 은행나무
③ 붉나무　　　④ 미루나무

● 해설

단풍의 색상에 따른 수목의 종류

구분	주요 수목명
홍색계	단풍나무류(고로쇠나무 제외), 화살나무, 붉나무, 감나무, 당단풍나무, 복자기나무, 산딸나무, 매자나무, 참빗살나무, 남천, 배롱나무, 흰말채나무 등
황색 및 갈색계	은행나무, 벽오동, 버드나무류, 느티나무, 계수나무, 낙우송, 메타세쿼이아, 고로쇠나무, 참느릅나무, 때죽나무, 석류나무, 칠엽수, 갈참나무, 백합, 졸참나무, 모감주나무, 버즘나무 등

25 다음 중 질감이 가장 부드러운 수종은?

① 플라타너스　　　② 위성류
③ 칠엽수　　　　　④ 오동나무

● 해설

질감에 따른 수목의 종류

구분	주요 수목명
거친 질감	벽오동, 태산목, 팔손이, 칠엽수, 플라타너스(버즘나무) 등
고운 질감	편백, 화백, 잣나무, 회양목, 철쭉류, 소나무 등

26 봄철에 개화하는 수종은?

① 자귀나무, 개나리　② 미선나무, 백목련
③ 배롱나무, 치자나무　④ 목련, 무궁화

● 해설

자귀나무, 무궁화, 배로나무, 치자나무 – 여름

정답　21 ①　22 ②　23 ③　24 ③　25 ②　26 ②

27 파고라에 이용하는 덩굴성 식물이 아닌 것은?
① 골담초
② 능소화
③ 으아리
④ 송악

• 해설
골담초는 낙엽활엽관목이다.

28 가을에 꽃향기를 풍기는 나무는?
① 매화나무
② 금목서
③ 서향
④ 치자나무

29 다음 중 녹음수로 가장 적합한 것끼리 짝지어진 것은?
① 회화나무, 느릅나무
② 아왜나무, 낙우송
③ 화백, 층층나무
④ 단풍나무, 흰말채나무

• 해설
녹음용 또는 가로수용 수목
• 여름철에 강한 햇빛을 차단하기 위해 식재하는 나무이다.
• 녹음수는 여름에는 그늘을 제공하지만, 겨울에는 낙엽이 져서 햇볕을 가리지 않아야 한다.
• 녹음수는 수관이 크고, 큰 잎이 치밀하며 무성해야 한다.
• 지하고가 높고 병해충이 적은 큰 교목이 좋다.
• 적용 수종 : 느티나무, 은행나무, 버즘나무, 칠엽수, 백합나무, 회화나무, 단풍나무, 벽오동, 왕벚나무 등

30 옥상조경용 식물 선정 시 중요한 고려사항 중 가장 후순위로 고려할 사항은?
① 식물의 수형
② 바람과의 관계
③ 토양층의 깊이나 식물의 크기
④ 구조물의 허용하중과 식물무게

• 해설
옥상조경의 구조적 조건
• 하중 : 아주 중요한 고려사항
• 하중에 영향을 미치는 요소 : 식재층의 중량, 수목 중량, 시설물 중량 등
• 식재층의 경량화를 위해 경량토 사용
※ 식물의 수형과는 관련이 적다.

31 목재는 자연건조와 인공건조로 분류할 수 있다. 다음 중 인공건조법에 해당되지 않는 것은?
① 찌는법
② 증기법
③ 침수법
④ 고주파건조법

• 해설
인공건조법

찌는법	목재 건조 시 건조시간은 단축되나 목재의 크기에 제한을 받고 강도가 약해지며, 광택이 줄어드는 건조방법
증기법	건조실에 고온, 다습한 공기를 주입하여 서서히 건조시키는 방법
열기법	건조실 내의 공기를 가열하여 건조시키는 방법
훈연법	연소가스를 건조실에 주입하여 건조시키는 방법(톱밥 등을 태워 건조시킴)
공기가열 건조법	밀폐된 실내에 가열한 공기를 보내어 건조 촉진시키는 방법
고주파 건조법	고주파의 유전가열에 의하여 원료를 건조하는 방법

32 조경공사에서 가장 많이 사용되며, 간단한 공사의 공정을 단순비교할 때 흔히 사용되는 공정관리기법은?
① 횡선식 공정표
② 네트워크공정표
③ 기성고 공정곡선
④ 간트차트

• 해설
막대공정표(Bar Chart : 횡선식 공정표)
• 공정표가 단순하여 경험이 적은 사람도 이해가 쉬움
• 작업이 간단하고 일목요연하게, 착수일과 완료일을 명확하게 구분
• 세로축에 공사명, 가로축에 날짜를 표기하고, 공사명별 공사일수를 횡선의 길이로 표현

33 다음 중 감수제의 사용효과에 대한 설명으로 옳은 것은?

① 응결을 늦추기 위한 목적으로 사용한다.
② 사용량이 비교적 많아서 배합 계산 시 고려한다.
③ 시멘트 입자를 분산시켜 단위수량을 감소시킨다.
④ 콘크리트의 흡수성과 투수성을 줄일 목적으로 사용한다.

해설
분산제(감수제)
- 시멘트 입자를 균일하게 분산시켜 수화작용을 양호하게 하기 위하여 사용
- 단위수량을 감소시키는 것을 주목적으로 한 재료
- AE제를 첨가한 AE감수제도 있음

34 견치돌 사이에 모르타르를 채우고, 뒤채움으로 고임돌과 콘크리트를 사용하는 석축공법은?

① 골쌓기   ② 메쌓기
③ 찰쌓기   ④ 층지어쌓기

해설
찰쌓기
- 줄눈에 모르타르를 사용하고 뒤채움에 고임돌과 콘크리트를 사용하여 쌓는 방식이다.
- 견고하나 배수가 불량해지면 토압이 증대되어 붕괴 우려가 있다.
- 뒷면의 배수를 위해 2~3m²마다 지름 3~6cm의 배수관을 설치해 준다.
- 표준 기울기는 1 : 0.2이다. (하루에 1.0~1.2m씩 쌓는다)

35 다음 중 측량의 3요소가 아닌 것은?

① 각측량   ② 고저측량
③ 거리측량   ④ 세부측량

해설
측량의 3요소 : 거리측량, 각측량, 높이(고저)측량

36 다음 [보기]와 같은 특징을 갖고 있는 조명등은?

- 등황색의 단일광원으로 고압일 경우 황백색이다.
- 광질의 특색 때문에 도로조명, 터널조명에 적합하다.
- 연색성이 불량하다.

① 할로겐등
② 고출력형광등
③ 형광수은등
④ 나트륨등

해설
나트륨등
- 점등 후 20~30분이 경과하지 않으면 충분한 빛을 낼 수 없으며, 황색광 때문에 일반조명으로는 사용하지 않는다.
- 안개지역의 조명, 도로조명, 터널조명 등에 사용하며 열효율이 가장 좋다.

37 공사관리의 핵심은 시공계획과 시공관리로 구분되는데, 다음 중 시공관리의 4대 목표에 포함되지 않는 것은?

① 노무관리
② 품질관리
③ 원가관리
④ 공정관리

해설
시공계획의 4대 목표
품질(좋게), 원가(싸게), 공정(빠르게), 안전(안전하게)

38 벽돌쌓기 시공에서 하루에 쌓을 수 있는 벽돌벽의 최대높이는 몇 m 이하인가?

① 1.0m   ② 1.2m
③ 1.5m   ④ 2.0m

해설
- 표준 : 1.2m
- 최대높이 : 1.5m

39 벽돌의 크기가 190mm×90mm×57mm이다. 벽돌 줄눈의 두께를 10mm로 할 때, 표준형 시멘트 벽돌벽 1.5B의 두께로 가장 적합한 것은?

① 170mm   ② 270mm
③ 290mm   ④ 330mm

● 해설
벽돌두께 (단위 : mm)

두께 벽돌종류	0.5B	1.0B	1.5B	2.0B
표준형	90	190	290	390

40 다음 중 치장용 줄눈의 모르타르 배합비는?

① 1 : 1   ② 1 : 2
③ 1 : 3   ④ 1 : 5

● 해설
- 방수용 또는 치장용 줄눈 – 1 : 1
- 중요한 곳 – 1 : 2
- 일반적인 곳 – 1 : 3

41 난지형 잔디에 뗏밥을 주는 가장 적당한 시기는?

① 3~4월   ② 6~8월
③ 9~10월   ④ 11~1월

● 해설
뗏밥 주는 시기

난지형 잔디	생육이 왕성한 6~8월에 각 1회씩 총 3회 / 6~7월에 각 1회 실시
한지형 잔디	생육이 왕성한 9월 / 봄에 실시

42 잡초제거를 위한 제초제 중 잔디밭에 사용할 때 각별하게 주의해야 하는 것은?

① 선택성 제초제   ② 비선택성 제초제
③ 접촉형 제초제   ④ 호르몬형 제초제

● 해설
약제가 처리된 전체 식물을 제거하는 약제이다.

43 「도시공원 및 녹지 등에 관한 법률」에서 규정하고 있는 어린이공원의 설치기준은?

① 유치거리 250m 이하, 규모 1,500m² 이상
② 유치거리 500m 이하, 규모 1,000m² 이상
③ 유치거리 250m 이하, 규모 500m² 이상
④ 유치거리 500m 이하, 규모 2,500m² 이상

● 해설
도시공원 및 녹지 등에 관한 법률 시행규칙

구분		유치거리	면적
소공원		제한없음	제한없음
어린이공원		250m 이하	1,500m² 이상
근린공원	근린생활권	500m 이하	10,000m² 이상
	도보권	1,000m 이하	30,000m² 이상
	도시지역권	제한없음	100,000m² 이상
	광역권	제한없음	1,000,000m² 이상
묘지공원		제한없음	100,000m² 이상
체육공원		제한없음	10,000m² 이상

44 다음 중 석재의 가공 시 가장 나중에 하는 작업은?

① 메다듬   ② 도드락다듬
③ 잔다듬   ④ 정다듬

● 해설
가공순서 : 혹두기(메다듬) → 정다듬 → 도드락다듬 → 잔다듬 → 물갈기

45 대표적인 난지형 잔디로 내답압성이 크며, 관리하기가 가장 용이한 것은?

① 버뮤다그래스   ② 금잔디
③ 톨페스큐   ④ 라이그래스

정답   39 ③   40 ①   41 ②   42 ②   43 ①   44 ③   45 ①

해설

버뮤다그래스
- 손상에 의한 회복속도가 빨라 경기장용으로 사용한다.
- 종자번식이 어렵고, 완전 포복경과 지하경에 의해 옆으로 퍼진다.
- 내답압성이 크고, 관리하기가 가장 쉽다.
- 여름형 잔디로 5~9월 동안 푸르고, 포기나누기를 하여 번식한다.

46 다음 중 중간기주의 연결이 잘못된 것은?

① 잣나무털녹병 – 송이풀류
② 포플러잎녹병 – 낙엽송
③ 소나무혹병 – 까치밥나무
④ 배나무붉은별무늬병 – 향나무

해설

수목병과 중간기주
- 잣나무털녹병의 중간기주 : 송이풀과 까치밥나무
- 포플러잎녹병의 중간기주 : 낙엽송
- 배나무 적성병의 중간기주 : 향나무
- 소나무 혹병의 중간기주 : 참나무류

47 진딧물, 깍지벌레 등이 기생하는 나무에서 흔히 관찰되는 병은?

① 벚나무빗자루병   ② 수목흰가루병
③ 수목그을음병   ④ 밤나무줄기마름병

해설

수목그을음병의 병징
- 깍지벌레, 진딧물 등 흡즙성 해충의 배설물에 의해 2차 피해를 입는다.
- 가지, 줄기, 과일 등이 그을음이 덮인 것처럼 보인다.

48 오동나무빗자루병의 병원체를 전파시키는 주요 매개곤충은?

① 응애   ② 진딧물
③ 나무이   ④ 담배장님노린재

49 외국에서 유입된 해충이 아닌 것은?

① 솔나방   ② 밤나무혹벌
③ 미국흰불나방   ④ 버즘나무방패벌레

해설

솔나방 : 1년에 1회 발생

피해	• 송충이와 애벌레가 솔잎을 갉아 먹는 소나무의 대표적 충해이다. • 잠복소를 10월 중에 설치·유인하여 태워 죽인다. • 소나무, 곰솔, 리기다소나무, 잣나무, 낙엽송 등에 피해를 준다.
화학적 방제법	디프제(디프액제, 디프록스, 디프유제), 파라티온을 살포한다.
생물학적 방제법	맵시벌, 고치벌, 뻐꾸기 등

50 이른봄에 수목의 발육이 시작된 후에 갑자기 내린 서리에 의해 어린잎이 받는 피해는?

① 조상   ② 만상
③ 동상   ④ 춘상

해설

상해(霜害 : 서리의 해)

조상(早霜)	나무가 휴면기에 접어들기 전 서리로 인한 피해
만상(晩霜)	이른봄 서리로 인한 수목의 피해
상륜(霜輪)	수목이 만상으로 생장이 일시정지되었다가 다시 자라나 1년에 2개의 나이테가 생기는 현상
동상(凍傷)	겨울 동안 휴면상태에서 생긴 피해

51 다음 중 공원의 주민참가 3단계 발전과정이 옳은 것은?

① 비참가 → 시민권력의 단계 → 형식적 참가
② 형식적 참가 → 비참가 → 시민권력의 단계
③ 비참가 → 형식적 참가 → 시민권력의 단계
④ 시민권력의 단계 → 비참가 → 형식적 참가

정답 46 ③ 47 ③ 48 ④ 49 ① 50 ② 51 ③

52 목적에 알맞은 수형으로 만들기 위해 나무의 일부분을 잘라 주는 관리방법을 무엇이라 하는가?

① 관수　　② 멀칭
③ 시비　　④ 전정

● 해설
전정
조경수목의 꽃, 단풍, 열매, 줄기 등의 아름다움을 감상하기 위해 생장을 조절하고, 모양을 유지하는 등 목적에 맞는 수형으로 만들기 위하여 나무의 일부분을 잘라 주는 것이다.

53 다음 중 방제 대상별 농약 포장지 색깔이 옳은 것은?

① 살충제 – 노란색
② 살균제 – 초록색
③ 제초제 – 분홍색
④ 생장조절제 – 청색

● 해설
방제 대상별 농약 포장지 색깔
• 살충제 – 녹색
• 살균제 – 분홍색
• 제초제 – 노란색

54 일반적인 토양의 표토에 대한 설명으로 틀린 것은?

① 우수(雨水)의 배수능력이 없다.
② 토양오염의 정화가 진행된다.
③ 토양미생물이나 식물의 뿌리 등이 활발히 활동하고 있다.
④ 오랜 기간의 자연작용에 따라 만들어진 중요한 자산이다.

● 해설
일반적으로 토양에는 공극이 있기 때문에 자연배수능력이 있다.

55 다음 중 경관석 놓기에 관한 설명으로 틀린 것은?

① 돌과 돌 사이는 움직이지 않도록 시멘트로 굳힌다.
② 돌 주위는 회양목, 철쭉 등을 돌에 가까이 붙여 식재한다.
③ 시선이 집중되기 쉬운 곳, 시선을 유도해야 할 곳에 앉혀 놓는다.
④ 3, 5, 7 등의 홀수로 만들며, 돌 사이의 거리나 크기 등을 조정하여 배치한다.

● 해설
돌과 돌 사이에 시멘트를 사용할 경우 경관에 이질감을 줄 수 있다.

56 수목의 잎 조직 중 가스교환을 주로 하는 곳은?

① 책상조직　　② 엽록체
③ 표피　　　　④ 기공

● 해설
기공 : 잎의 뒷면에 있는 공기구멍으로 두 개의 공변세포에 의해 열리고 닫힌다.

57 수경시설(연못)의 유지관리에 관한 내용으로 옳지 않은 것은?

① 겨울철에는 물을 2/3 정도만 채워 둔다.
② 녹이 잘 스는 부분에는 녹막이 칠을 수시로 해 준다.
③ 수중식물 및 어류의 상태를 수시로 점검한다.
④ 물이 새는 곳이 있는지 여부를 수시로 점검하여 조치한다.

● 해설
수경시설 관리
• 연못 관리 : 급수구와 배수구가 막히는 일이 없도록 수시로 점검하고, 겨울철에 동파방지를 위해 물을 뺀다. 연못에 가라앉은 이물질을 제거한다.
• 분수 관리 : 고정식 분수는 겨울철에 동파되는 것을 방지하기 위하여 물을 완전히 빼고, 이동식 분수는 이물질 제거 후 보관한다.

정답 52 ④　53 ②　54 ①　55 ①　56 ④　57 ①

58 눈이 트기 전 가지의 여러 곳에 자리잡은 눈 가운데 필요하지 않은 눈을 따 버리는 작업을 무엇이라 하는가?

① 순자르기 ② 열매따기
③ 눈따기   ④ 가지치기

● 해설

적아 (눈따기)	눈이 움직이기 전에 가지의 여러 곳에 자리잡은 불필요한 눈을 제거하기 위한 작업으로 전정이 불가능한 수목에 적용한다.(모란, 벚나무, 자작나무 등)
적심 (순자르기)	지나치게 자라는 가지신장을 억제하기 위해 신초의 끝부분을 따 버리는 작업이다.(소나무)
적엽 (잎따기)	지나치게 우거진 잎이나 묵은 잎을 따 주는 것으로 부적기에 이식 시 수분증발을 막아 준다.(단풍나무, 벚나무류)

59 토공사에서 터파기의 양이 10m³, 되메우기의 양이 7m³일 때 잔토처리량은 얼마인가?

① 2.3m³ ② 3m³
③ 4m³   ④ 17m³

● 해설

잔토처리량 = 터파기 체적 − 되메우기 체적
= 10m³ − 7m³
= 3m³

60 "느티나무 10주에 600,000원, 조경공 1인과 보통공 2인이 하루에 식재한다."라고 가정할 때 느티나무 1주를 식재할 때 소요되는 비용은?(단, 노임은 조경공 60,000원/일, 보통공 40,000원/일이다.)

① 68,000원 ② 70,000원
③ 72,000원 ④ 74,000원

● 해설
- 노무비 : 60,000원 + (2인×40,000원) = 140,000원
- 재료비 : 600,000원
- 총공사비 : 600,000 + 140,000 = 740,000원
- 느티나무 1주 식재비 : 740,000÷10 = 74,000원

정답 58 ③ 59 ② 60 ④

21장 2021년 복원 기출문제 (2)

01 고대 로마정원은 3개의 중정으로 구성되어 있었는데 이 중 사적(私的) 기능을 가진 제2중정에 속하는 것은?

① 아트리움   ② 지스터스
③ 페리스틸리움   ④ 포럼

해설
주택정원은 2개의 중정과 1개의 후원으로 내향적인 구성
고대 로마의 정원 형식

구성	제1중정 (아트리움)	제2중정 (페리스틸리움)	후정 (지스터스)
	무열주(無列柱)중정	주랑(柱廊)식 중정	후원
목적	공적 장소 (손님접대)	사적 공간 (가족공간)	
특징	• 천창(天窓) 채광 • 임플루비움(빗물받이 수반) 설치 • 바닥은 돌로 포장 • 화분 장식	• 바닥은 포장하지 않음(식재 가능) • 분수, 조각, 돌수반, 식재 등을 정형식으로 배치 • 개방된 중정	• 제1, 2중정과 동일한 축선상에 배치 • 5점형 식재 • 관목 군식

02 회교문화의 영향을 받은 독특한 정원양식을 보이는 것은?

① 이탈리아정원   ② 프랑스정원
③ 영국정원   ④ 스페인정원

해설
스페인정원의 특징
• 회교문화의 영향을 받은 독특한 정원양식
• 중정구성이 독특함(Patio식)
• 파티오(Patio)는 웅대함보다는 화려함(다채로운 색)이 극치를 이루는 정원

03 앙드레 르 노르트가 축조한 정원이 아닌 것은?

① 보르비콩트   ② 베르사이유 궁원
③ 버큰헤드   ④ 생 클루

해설
버큰헤드(Birkenhead) 공원(조셉 팩스턴 설계, 1843)
역사상 처음으로 시민자본의 힘으로 공원 조성 →
미국 센트럴 파크(Central Park) 설계에 영향을 줌

04 다음 중 정원에 사용되었던 하하(Ha-Ha)기법을 가장 잘 설명한 것은?

① 정원과 외부 사이에 수로를 파서 경계하는 기법
② 정원과 외부 사이를 생울타리로 경계하는 기법
③ 정원과 외부 사이를 언덕으로 경계하는 기법
④ 정원과 외부 사이를 담벽으로 경계하는 기법

해설
하하(Ha-Ha)기법
담장 대신 정원부지의 경계선에 해당하는 곳에 깊은 도랑을 파서 외부의 침입을 막고 가축을 보호하며, 목장, 삼림, 경지 등을 전원풍경 속에 끌어들일 의도로 만들어졌다.
'하하'란 이 도랑의 존재를 모르고 원로를 따라 걷다가 갑자기 원로가 차단되었음을 발견하고 무의식 중에 감탄사로 생긴 이름이다.

05 르네상스정원에 관한 사항이 아닌 것은?

① 통경선수법   ② 노단
③ 기독교적 요소   ④ 차경수법 사용

해설
기독교적 요소하고는 관련이 없다.

정답 01 ③ 02 ④ 03 ③ 04 ① 05 ③

06 연못의 모양(호안)이 다양하고 못 속에 대(남쪽), 중(북쪽), 소(중앙) 3개의 섬이 타원형을 이루고 있는 정원은?
① 부여의 궁남지 ② 경주의 안압지
③ 비원의 옥류천 ④ 창덕궁의 부용지

● 해설
안압지의 특징
- 못 안에 대(남쪽), 중(북쪽), 소(중앙)의 삼신산을 암시하는 3개의 섬
- 입수는 남쪽, 출수는 북쪽
- 연못의 남쪽과 서쪽은 직선이고 북쪽과 동쪽은 해안선을 연상시키는 곡선
- 중국의 무산 12봉을 본떠 산을 만들고 화초를 심음
- 장대석, 호안석축을 바닷가 돌로 배치하여 바닷가 경관을 조성
- 바닥처리는 강회로 다져 놓고, 바닷가 조약돌을 전면에 깔아 둠. 연못 바닥에 정(井)자형 귀틀집을 설치하여 연꽃 식재
- 궁원과 건물 주위에는 담장으로 둘러치며 직선처리
- 섬의 모양은 거북이형

07 사대부나 양반계급들이 꾸민 별서정원은?
① 전주의 한벽루 ② 수원의 방화수류정
③ 담양의 소쇄원 ④ 의주의 통군정

● 해설
별서정원 중 양산보가 만든 소쇄원
- 전남 담양 소재
- 경사면을 계단으로 처리(자연과 조화), 자연계류를 그대로 활용
- 공간구성 : 대봉대역(진입로), 매대역(계단식 정원), 광풍각역

08 우리나라에서 대중을 위해 만든 최초의 공원은?
① 장충공원 ② 파고다공원
③ 사직공원 ④ 남산공원

09 중국정원의 기원이라 할 수 있는 것은?
① 상림원(上林苑)
② 북해공원(北海公園)
③ 졸정원
④ 승덕이궁(承德離宮)

● 해설
상림원(上林苑)
- 중국정원 중 가장 오래된 정원으로 장안에 위치
- 곤명호를 포함하여 6개의 대호수, 70채의 이궁과 3,000여 종의 꽃나무 식재
- 황제의 수렵원(사냥터)으로 사용(중국정원 중 가장 오래된 수렵원)
- 곤명호 동서 양쪽에 견우직녀 석상을 세워 은하수를 상징하고, 길이 7m의 돌고래 상을 세움

10 일본의 침전식 정원기법에서의 주요 구성요소는?
① 수목과 정원석 ② 화단과 잔디
③ 연못과 섬   ④ 돌과 모래

● 해설
침전조 정원양식 : 주택건물 앞에 정원을 배치하는 방식이다.

11 원로의 기울기가 몇 도 이상일 때 일반적으로 계단을 설치하는가?
① 3°   ② 5°
③ 10° ④ 15°

● 해설
원로의 기울기가 15° 이상일 때 계단을 설치한다.(최대 18°)

정답 06 ② 07 ③ 08 ② 09 ① 10 ③ 11 ④

12 골프장 그린의 면적은?

① 400m²
② 700m²
③ 1,000m²
④ 1,200m²

● 해설
종점지역으로 2~5% 경사가 있으며, 면적은 600~900m² 규모이다.

13 S.Gold(1980)의 레크리에이션 계획에 있어 과거의 일반대중이 여가시간에 언제, 어디에서, 무엇을 하는가를 상세하게 파악하여 그들의 행동패턴에 맞추어 계획하는 방법은?

① 자원접근방법
② 활동접근방법
③ 경제접근방법
④ 행태접근방법

● 해설

자원 접근방법	물리적 자원 혹은 자연자원이 레크리에이션의 유형과 양을 결정하는 방법 예 스키장, 눈썰매장, 골프장 등
경제 접근방법	지역사회의 경제적 기반이나 예산규모가 레크리에이션의 종류, 입지를 결정하는 방법
활동 접근방법	과거 참가사례가 앞으로의 레크리에이션 기회를 결정하도록 계획하는 방법, 즉 공급이 수요를 만들어 내는 방법 예 롯데월드, 에버랜드
행태 접근방법	일반대중이 여가시간에 언제, 어디에서, 무엇을 하는가를 상세히 파악하여 그들의 행동패턴에 맞추어 계획하는 방법, 모니터링, 설문조사를 통해 조사
종합 접근방법	위 네 가지 접근법의 긍정적인 측면만 취하는 접근방법

14 다음 그림처럼 나타내는 투상법은?

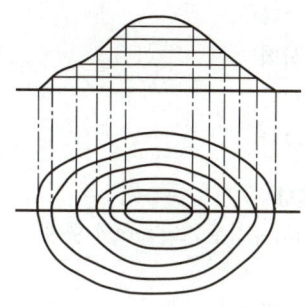

① 정투상법
② 표고투상법
③ 추측투상법
④ 상투상법

● 해설
입체의 높고 낮음을 평면의 형태로 작도한 수직투상으로, 높낮이가 다른 대상물을 정확한 치수의 등고선을 이용하여 높낮이 차이를 표현한 투상도법이다.

15 옥상정원에서 식물을 식재할 자리는 전체면적의 얼마를 넘지 않도록 하는 것이 좋은가?

① 1/2
② 1/3
③ 1/4
④ 1/5

● 해설
옥상정원에서 식재지역은 전체면적의 1/3 이하로 한다.

16 주로 장독대, 쓰레기통, 빨래건조대 등을 설치하는 데 적합한 주택정원의 공간은?

① 안뜰
② 앞뜰
③ 작업뜰
④ 뒤뜰

● 해설
작업뜰
부엌과 장독대, 세탁장소, 창고, 빨래건조대 등에 면하여 위치한 곳

정답 12 ② 13 ④ 14 ② 15 ② 16 ③

17 유리의 주성분이 아닌 것은?

① 소다
② 석회
③ 석탄
④ 규산

● 해설
유리의 주성분 : 소다, 석회, 규산

18 토지이용계획도에 사용되는 색상 중 공업지역에 사용되는 색은?

① 노란색
② 보라색
③ 녹색
④ 빨간색

● 해설
토지이용계획도에 사용하는 색상(국제적 약속)

주거지	노란색	공업	보라색
농경지	갈색	업무, 학교	파란색
상업	빨간색		
공원, 녹지	녹색	개발제한 지역	연녹색

19 설치비용은 비싸지만 열효율이 높고 투시성이 좋으며 관리비도 저렴하여 안개지역, 터널 등의 장소에 설치하기 적합한 조명등은?

① 할로겐등
② 고압수은등
③ 저압나트륨등
④ 형광등

● 해설
광원의 종류

백열등	열효율이 가장 낮고, 수명이 제일 짧다.
형광등	소정원에서 사용하며, 설치비가 저렴하다.
할로겐등	• 수명이 길고, 소형이어서 배광에 효과적이다. • 분수를 외곽에서 조명할 때 사용한다.
수은등	• 차가운 느낌을 주며, 수목과 잔디의 황록색을 살리는 데 효과적이다. • 수명이 제일 길다.
나트륨등	• 점등 후 20~30분이 경과하지 않으면 충분한 빛을 낼 수 없으며, 황색광 때문에 일반 조명으로는 사용하지 않는다. • 안개지역의 조명, 도로조명, 터널조명 등에 사용하며 열효율이 가장 좋다.
메탈할라이드	식물재배용 전구로 화단조명에 가장 좋다.

20 다음 그림은 평면도상에서 지형의 어떠한 상태를 나타내는 것인가?

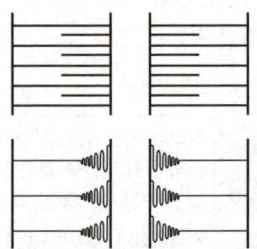

① 절토면
② 성토면
③ 수준면
④ 물매면

21 색료혼합에서 다음 A부분에 해당되는 혼합결과 색명은?

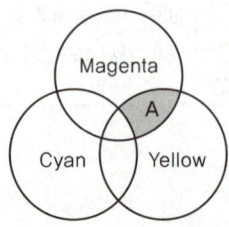

① Blue
② Red
③ Green
④ Cyan

정답 17 ③ 18 ② 19 ③ 20 ② 21 ②

• 해설
감법혼색
- 색료의 혼합으로 시안(Cyan), 마젠타(Magenta), 노랑(Yellow)이 기본색이다.
- 혼합하면 어두워진다.(검정)

22 다른 원리에 비해 생명감이 강하며 활기 있는 표정과 경쾌한 느낌을 주는 것은?

① 율동　　　② 통일
③ 대칭　　　④ 균형

• 해설
율동
강약, 장단이 주기성이나 규칙성을 가지면서 전체적으로 연속적인 운동감을 가지는 것

23 주택정원설계의 일반적인 축척은 어느 것인가?

① 1/50　　　② 1/100
③ 1/500　　　④ 1/1,000

• 해설
- 상세도 : 1/10~1/50
- 주택정원 : 1/100
- 어린이 놀이터 : 1/00
- 일반공원 : 1/200 이상으로 적용

24 수관의 질감(Texture)이 거친 느낌을 주고 서양식 건물에 어울리는 나무는?

① 철쭉
② 팔손이나무
③ 회양목
④ 꽝꽝나무

• 해설
질감 : 물체의 표면이 빛을 받았을 때 거칠고 매끄러운 정도를 시각적으로 느끼는 감각

25 개화기가 가장 빠른 것끼리 나열한 것은?

① 풍년화, 꽃사과, 황매화
② 조팝나무, 미선나무, 배롱나무
③ 진달래, 낙상홍, 수수꽃다리
④ 생강나무, 산수유, 개나리

• 해설

개화기	주요 수목명
2월	매화나무(백색, 붉은색), 풍년화(노란색), 동백나무(붉은색), 영춘화(노란색)
3월	매화나무, 생강나무(노란색), 개나리(노란색), 산수유(노란색), 조팝나무(흰색), 미선나무(흰색)

26 남부지방에서 새가 좋아하는 열매를 맺어 들새들의 유치에 효과적인 나무는?

① 백합나무　　　② 층층나무
③ 감탕나무　　　④ 벽오동

• 해설
- 백합나무 : 단풍을 관상하는 나무
- 층층나무 : 꽃을 관상하는 나무
- 벽오동 : 잎을 관상하는 나무

27 산울타리를 조성하려고 한다. 다음 중 맹아력이 가장 강한 나무는 어느 것인가?

① 녹나무　　　② 이팝나무
③ 소나무　　　④ 개나리

• 해설
산울타리 및 차폐용 수목의 조건
- 상록수로서 가지와 잎이 치밀해야 한다.
- 적당한 높이로서 아래 가지가 오래도록 말라 죽지 않아야 한다.
- 맹아력이 크고 불량한 환경조건에도 잘 견딜 수 있어야 한다.
- 전정에 강하고 유지관리가 용이한 수종이 좋다.
- 외관이 아름다운 것이 좋다.
- 적용 수종 : 측백나무, 쥐똥나무, 사철나무, 개나리, 무궁화, 회양목, 호랑가시나무, 명자나무 등

정답　22 ①　23 ②　24 ②　25 ④　26 ③　27 ④

28 구근초화로서 봄심기를 하는 초화는?

① 맨드라미　② 봉선화
③ 달리아　④ 매리골드

● 해설

알뿌리초화류(구근초화류)

봄심기	달리아, 칸나, 아마릴리스, 글라디올러스 등
가을심기	히아신스, 아네모네, 튤립, 수선화, 백합(나리), 아미리스, 크로커스 등

29 다음 수목 중 당년에 자란 가지에서 꽃이 피는 것은?

① 벚나무　② 철쭉류
③ 배롱나무　④ 명자나무

● 해설

수목의 개화습성

구분	주요 수종
당년생 가지에 개화	장미, 무궁화, 배롱나무, 대추나무, 포도, 감나무, 목서 등
2년생 가지에 개화	매화나무, 개나리, 박태기나무, 벚나무, 수양버들, 목련, 진달래, 철쭉류, 복사나무, 생강나무, 산수유, 앵두나무, 살구나무, 모란 등

30 조경식물의 옛 용어와 현대에 사용하는 식물명의 연결이 잘못된 것은?

① 자미(紫薇) : 장미
② 산다(山茶) : 동백
③ 옥란(玉蘭) : 백목련
④ 부거(芙蕖) : 연(蓮)

● 해설

자미(紫薇) : 배롱나무

31 다음 중 방위각 150°를 방위로 표기하면?

① S30°W　② N30°W
③ S30°E　④ N30°E

● 해설

방위각에 따른 방위의 표시방법

축선의 구역	방위의 표시
1구역	N방위각E
2구역	S(180° - 방위각)E
3구역	S(방위각 - 180°)W
4구역	N(360° - 방위각)W

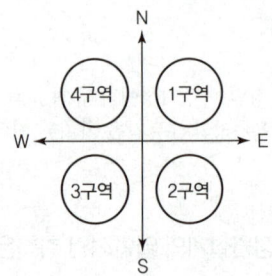

32 화강암의 성질에 대한 설명으로 틀린 것은?

① 절리가 커서 큰 재료를 채취할 수 있다.
② 외관이 아름다워 장식재로 사용할 수 있다.
③ 내화성이 크므로 고열을 받는 곳에 적합하다.
④ 조직이 균일하고 내구성 및 강도가 크다.

● 해설

화강암의 단점으로는 내화성이 작아, 고열을 받는 곳에는 적합하지 않다.

33 무색이고 방부력이 가장 우수하며 석유 등의 용제로 녹여 쓰는 목재 방부제는?

① 콜타르　② 크레오소트유
③ P.C.P　④ 플루오린화나트륨

34 황동은 구리와 무엇을 주성분으로 하는 합금인가?

① 주석
② 아연
③ 알루미늄
④ 납

● 해설
- 황동(놋쇠) : 구리와 아연의 합금
- 청동 : 구리와 주석의 합금

35 다음 중 강의 열처리방법에 속하지 않는 것은?

① 불림
② 단조
③ 담금질
④ 풀림

● 해설
강(鋼)의 열처리방법

담금질	금속을 가열한 후 물이나 기름에 급속히 냉각시키는 방법
뜨임질	담금질한 금속을 재가열한 후 공기 중에서 서서히 냉각시키는 방법
풀림	가공한 금속을 "노" 안에서 서서히 냉각시키는 방법
불림	금속을 가열한 후 공기 중에서 서서히 냉각시키는 방법

36 크롬산아연을 안료로 하고, 알키드수지를 전색료로 한 것으로서 알루미늄녹막이 초벌칠에 적당한 도료는?

① 광명단
② 파커라이징(Parkerizing)
③ 그라파이트(Graphite)
④ 징크로메이트(Zincromate)

● 해설
방청도료(녹막이 도료)
금속제품의 부식방지용 도료이다.
① 광명단 : 보일유와 혼합하여 녹막이 도료를 만드는 주황색 안료이다.

② 파커라이징 : 철 표면에 인산철(燐酸鐵) 피막을 화성(化成)시키는 방법이다.
③ 그라파이트 : 카본을 가공해 만든 재료로 현재 거의 모든 라켓의 샤프트에 사용한다.
④ 징크로메이트 : 알루미늄, 아연철판 등 녹 방지용 도료로 쓰인다.

37 기름을 뺀 대나무로 등나무를 올리기 위한 시렁을 만들면 윤기가 나고 색이 변하지 않는다. 대나무의 기름을 빼는 방법으로 옳은 것은?

① 불에 쬔 후 수세미로 닦아 준다.
② 알코올 등으로 닦아 준다.
③ 물에 오래 담가 놓았다가 수세미로 닦아 준다.
④ 석유, 휘발유 등에 담근 후 닦아 준다.

38 다음 중 분말도료를 스프레이로 뿜어서 칠하는 도장방법으로, 도막 형성 때 주름현상, 흐름현상 등이 없어 점도조절이 필요 없으며 도장작업이 간편한 무정전스프레이법이 대표적인 도장법은?

① 분체도장
② 소부도장
③ 침적도장
④ 합성수지 피막도장

● 해설
분체도장
- 아주 고운 가루입자를 제품에 고르게 뿌려서 색을 입히는 방법이다.
- 스프레이로 뿜어 칠하며, 흐름현상이 없고, 깨끗한 면을 얻을 수 있다.

39 시공계획의 4대 목표를 구성하는 요소가 아닌 것은?

① 원가
② 안전
③ 관리
④ 공정

40 충분한 계획과 자료를 수집하고 넓은 지식과 경험을 바탕으로 시방서 작성과 공사내역서를 작성하는 자는?

① 설계자
② 감리원
③ 수급인
④ 현장감리인

● 해설
조경시공과 관련된 업무 기술자

시공주 (발주자)	공사의 설계, 감독, 관리, 시공을 의뢰하는 주체
감독관	• 발주자를 대신하여 공사현장을 지휘, 감독하는 자 • 재료, 검사, 시험, 현장지휘 등 감독업무에 종사할 것을 발주자가 도급자에게 통고한 자
시공자	시공주와 계약을 하여 공사를 완성하고 그 대가를 받는 자
현장 대리인	공사업자를 대리하여 현장에 상주하는 책임 시공기술자(현장소장)
감리자	시공과정에서 전문기술자의 지식, 기술과 경험을 활용하여 시공주측 자문에 응하고 설계도·시방서와 일치되는지 확인하는 자
설계자	시공주와 설계용역 계약을 체결하며, 충분한 계획과 자료를 수집하고 넓은 지식과 경험을 바탕으로 시방서와 공사내역서를 작성하는 자

41 지형도상에서 2점 간의 수평거리가 200m이고, 높이 차가 5m라 하면 경사도는 얼마인가?

① 2.5%
② 5.0%
③ 10.0%
④ 50.0%

● 해설
$$경사도 = \frac{수직높이}{수평거리} \times 100$$
$$= \frac{5}{200} \times 100 = 2.5\%$$

42 자연상태의 토량 1,000m³를 굴착하면, 흐트러진 상태의 토량은 얼마가 되는가?(단, 토량변화율은 L = 1.25, C = 0.9라고 가정한다.)

① 900m³
② 1,000m³
③ 1,125m³
④ 1,250m³

● 해설
자연상태 × L = 흐트러진 상태
∴ 1,000m³ × 1.25 = 1,250m³

43 횡선식 공정표와 비교한 네트워크공정표의 장점이 아닌 것은?

① 공사계획 전체의 파악이 용이하다.
② 작업의 상호관계가 명확하다.
③ 공정상의 문제점을 명확히 파악할 수 있다.
④ 공정표 작성이 간편하다.

● 해설
네트워크공정표의 특징
• 상호 간의 작업관계가 명확하고 복잡한 공사, 대형 공사, 중요한 공사에 사용된다.
• 최적비용으로 공기단축이 가능하며, 작업의 문제점 예측이 가능하다.
• 공정표 작성이 복잡하다.

44 설계도면에서 특별히 정한 바가 없는 경우에는 옹벽 찰쌓기를 할 때 배수구는 PVC관(경질염화비닐관)을 3m²당 몇 개 설치하는가?

① 1개
② 2개
③ 4개
④ 3개

● 해설
뒷면의 배수를 위해 2~3m²마다 지름 3~6cm의 배수관을 설치한다.

45 건물과 정원을 연결시키는 역할을 하는 시설은?

① 아치
② 트렐리스
③ 퍼걸러
④ 테라스

정답 40 ① 41 ① 42 ④ 43 ④ 44 ① 45 ④

46 다음 포장재료 중 광장 등 넓은 지역에 포장하며, 바닥에 색채 및 자연스런 문양을 다양하게 표현할 수 있는 소재는?

① 벽돌　　　② 우레탄
③ 자기타일　　　④ 고압블록

● 해설
우레탄
충격을 줄여주는 데 효과적인 소재이며 육상트랙, 어린이 놀이터 바닥으로 많이 사용된다.

47 수준측량의 용어 설명 중 높이를 알고 있는 기지점에 세운 표척눈금의 읽은 값을 무엇이라 하는가?

① 후시　　　② 전시
③ 전환점　　　④ 중간점

● 해설
후시 : 지반고를 알고 있는 점에 표척을 세웠을 때 눈금을 읽는 값

48 경관석을 여러 개 무리 지어 놓는 것에 대한 설명 중 틀린 것은?

① 홀수로 조합한다.
② 일직선상으로 놓는다.
③ 크기가 서로 다른 것을 조합한다.
④ 경관석 여러 개를 무리 지어 놓는 것을 경관석 짜임이라 한다.

● 해설
돌의 머리는 경관의 중심을 향해서 놓는다.

49 기초토공사비의 산출을 위한 공정이 아닌 것은?

① 터파기　　　② 되메우기
③ 정원석 놓기　　　④ 잔토처리

● 해설
- 터파기 : 절취 이상의 흙을 파내는 작업
- 되메우기 : 터파기한 장소에 구조물을 설치한 후 파낸 흙을 다시 메우는 작업
  되메우기토량＝터파기체적－구조물체적
- 잔토처리 : 터파기한 양의 일부 흙을 되메우기하고 남은 잔여토량을 버리는 작업
  잔토처리량＝터파기체적－되메우기체적

50 임목(林木) 생장에 가장 좋은 토양구조는?

① 판상구조(Platy)
② 괴상구조(Blocky)
③ 입상구조(Granular)
④ 견과상구조(Nutty)

● 해설
입상구조(떼알구조)
토양구조의 하나로, 구형이나 다면체형의 공극이 적은 토양구조로 식물 생육에 가장 적당하다.

51 조경공사에서 수목 및 잔디의 할증률은 몇 %인가?

① 1%　　　② 5%
③ 10%　　　④ 20%

● 해설
할증률

할증률		
3%	• 이형철근 • 붉은 벽돌 • 경계블록 • 타일(도기, 자기)	• 합판(일반용) • 내화벽돌 • 테라코타
5%	• 원형철근 • 합판(수장용) • 호안블록 • 타일(아스팔트, 비닐)	• 목재(각재) • 시멘트벽돌 • 기와
10%	• 강판 • 조경용 수목	• 목재(판재) • 잔디, 초화류
30%	• 원석(마름돌) • 석재판붙임용재(부정형돌)	
기타	4% : 블록	

정답　46 ②　47 ①　48 ②　49 ③　50 ③　51 ③

52 다음 중 진딧물과 루비깍지벌레의 구제에 가장 효과적인 약제는?
① 만코지수화제   ② 메티온유제
③ 다조메입제   ④ 디코폴유제

● 해설
방제
- 휴면기에 기계유 유제를 살포하고, 발생기에는 마라톤, 메티온유제를 살포하여 흡즙성 해충을 구제한다.
- 질소질거름의 과다 사용도 발생원인이므로 과용하지 않는다.
- 그을음병의 직접 방제 시 만코지, 지오판수화제를 살포한다.

53 솔잎혹파리의 피해가 가장 심한 수종은?
① 소나무   ② 리기다소나무
③ 낙엽송   ④ 잣나무

● 해설
솔잎혹파리
- 1년에 1회 발생한다.
- 1929년 서울의 비원과 전남 목포지방에서 처음 발견되었다.
- 소나무, 곰솔 등에 발생하며, 유충이 솔잎기부에 벌레혹을 만들고 그 속에 수액 및 즙액을 빨아 먹는다.

54 씹거나 핥아먹기에 알맞은 구기를 가진 해충에 유효한 살충제는?
① 소화중독제   ② 접촉제
③ 훈연제   ④ 유인제

● 해설
소화중독제
- 해충의 입을 통해서 소화기관 내에 들어가 중독작용을 일으킨다.
- 식엽성 방제이다.

55 동해(凍害) 발생에 관한 설명 중 틀린 것은?
① 난지산(暖地産)수종, 생육지에서 멀리 떨어져 이식된 수종일수록 동해에 약하다.
② 건조한 토양보다 과습한 토양에서 더 많이 발생한다.
③ 바람이 없고 맑게 개인 밤의 새벽에는 서리가 적어 피해가 드물다.
④ 침엽수류와 낙엽활엽수류는 상록활엽수류보다 내동성이 크다.

● 해설
동해 발생지역
- 오목한 지형, 온도차가 심한 북쪽 경사면, 배수가 불량한 지역에서 발생
- 상목보다 유목에서, 겨울철에 질소질비료 과다 시비 지역에서 발생하며 맑고 바람 없는 날 발생하기 쉽다.

56 우리나라 들잔디(Zoysia Japonica)의 특징으로 옳지 않은 것은?
① 여름에는 무성하지만 겨울에는 잎이 말라 죽어 푸른빛을 잃는다.
② 번식은 지하경(地下莖)에 의한 영양번식을 위주로 한다.
③ 척박한 토양에서 잘 자란다.
④ 더위 및 건조에 약한 편이다.

● 해설
- 들잔디 : 한국에서 가장 많이 식재되는 잔디로, 더위 및 건조에 강하며 공원, 경기장, 묘지 등에 사용한다.
- 영양번식 : 감자나 고구마처럼 모체에서 자연적으로 생성·분리된 영양기관을 번식에 이용하는 것이다.

정답 52 ② 53 ① 54 ① 55 ③ 56 ④

57 농약 사용 시 농약 방제 대상별 포장지의 색깔과 구분이 올바른 것은?

① 살균제 – 청색
② 제초제 – 분홍색
③ 살충제 – 초록색
④ 생장조절제 – 노란색

● 해설
사용목적에 따른 농약분류

구분		포장지색
살충제		초록색
살균제		분홍색
살비제		초록색
생장조절제		청색
보조제		흰색
제초제	선택성	노란색
	비선택성	적색

58 다져진 잔디밭에 공기유통이 잘 되도록 구멍을 뚫는 기계는?

① 소드 바운드
② 론 모어
③ 론 스파이크
④ 레이크

● 해설
스파이킹
- 끝이 뾰족한 못과 같은 장비로 토양에 구멍을 내는 작업이다.
- 다져진 잔디밭에 공기유통이 잘 되도록 돕는다.
- 대표장비 : 론 스파이크(Lawn Spike)

59 오동나무빗자루병의 병원체는?

① 바이러스
② 담자균류
③ 자낭균류
④ 파이토플라스마

● 해설
항생물질계
- 마이코(파이토)플라스마에 의한 수병 치료에 효과적이다.
- 옥시테트라사이클린계 : 오동나무·대추나무 빗자루병, 뽕나무오갈병 등의 방제에 사용한다.
- 사이클로헥시마이드 : 잣나무털녹병

60 다음 중 40m²의 면적에 팬지를 20cm×20cm 규격으로 심고자 한다. 팬지 묘의 필요 본수로 가장 적당한 것은?

① 100
② 250
③ 500
④ 1,000

● 해설
팬지 규격이 0.2m×0.2m=0.04m²이므로
40m²/0.04m²=1,000

정답 57 ③ 58 ③ 59 ④ 60 ④

22장 2022년 복원 기출문제 (1)

01 고대 서부아시아 수렵원(Hunting Park)에 대한 내용과 관계가 맞는 것은?

① 정원은 높은 울담으로 싸여 있다.
② 입구에는 탑문(塔門)을 세웠다.
③ 인공으로 호수와 언덕을 만들고 그 정상에 신전을 세웠다.
④ 대추야자, 시커모어, 무화과 등을 정원식물로 사용하였다.

> **해설**
> ①, ②, ④는 고대 이집트 조경에 대한 내용이다.

02 고대 그리스의 아도니스원에 대한 설명으로 적합한 것은?

① 후일의 시민광장으로 발달
② 물의 가장 중요한 요소로서 등장
③ 식물의 도입은 밀, 보리, 상추 등을 분에 식재
④ 신을 모신 정원으로 열식된 수목에 의해 위요된 공간

> **해설**
> 아도니스원은 주택정원의 형태로 그리스 신화에 바탕을 두었고 이후에 포트가든, 옥상정원에 영향을 주었다.

03 중국 고문헌 설문해자에 기술된 "과일나무를 심는 곳"을 의미하는 용어는?

① 유(囿) ② 원(園)
③ 포(圃) ④ 정(庭)

> **해설**
> - 원(園) : 과수(果樹)를 심는 곳
> - 포(圃) : 채소(菜蔬)를 심는 곳
> - 유(囿) : 금수(禽獸)를 키우는 곳, 왕의 놀이터, 후세의 이궁

04 조선시대 별서정원 양식에 가장 큰 영향을 미친 사상은?

① 풍수지리사상 ② 유교사상
③ 신선사상 ④ 불교사상

> **해설**
> 조선시대 별서정원은 당쟁과 사화로 인해서 관직을 버리고 낙향하는 선비들의 은일과 도피의 풍조에서 시작되었다. 그 배경은 유교와 도교의 발달로 볼 수 있다.

05 동양식 정원에서는 연못을 파고 그 한가운데에 섬을 만드는 것이 공통된 수법인데 이러한 수법은 어떤 사상에 근거한 것인가?

① 신선사상 ② 유교사상
③ 불교사상 ④ 기독교사상

06 송시열의 대표적인 별서정원은?

① 임대정 ② 초간장
③ 암서재 ④ 소쇄원

> **해설**
> 별서정원
> - 송시열의 암서재(충북)
> - 민주현의 임대정(화순)
> - 권문해의 초간장(예천)
> - 양산보의 소쇄원(담양)

정답 01 ③ 02 ③ 03 ② 04 ② 05 ① 06 ③

07 다음 중 사군자(四君子)에 해당되지 않는 것은?

① 매화   ② 난초
③ 국화   ④ 소나무

● 해설
사군자(四君子)
군자의 덕과 학식을 갖춘 사람의 인품에 비유(매화, 난, 국화, 대나무)

08 아래 내용 설명으로 알 수 있는 일본 정원 수법은?

• 9세기 무렵
• 동삼조전
• 침전 앞뜰에 정원 조성

① 침전식 정원
② 축산고산수 정원
③ 평정고산수 정원
④ 다정양식

● 해설
동삼조전 : 침전조 양식의 대표적인 정원으로 연못 안에 3개의 섬 및 홍교와 평교 설치

09 선원과 정토교적 정원이 복합되어 경관을 구성하였으며, 뒤에 축조되는 여러 정원의 원형이 되는 정원은?

① 동삼조전
② 조우이궁
③ 서방사정원
④ 금각사

● 해설
서방사정원 : 나무와 물을 쓰지 않는 고산수지천 회유식 심(心)자형 연못이 있고, 해안풍의 지안선을 갖춘 황금지를 중심으로 한 정원이며, 여러 개의 소지 가장자리에 야박석이 있다.

10 다음 [보기]의 먼셀 기호 표시에 대한 설명으로 틀린 것은?

[보기] 5R 4/10

① 명도는 4이다.
② 색상은 5R이다.
③ 채도는 4/10이다.
④ '5R 4의 10'이라고 읽는다.

● 해설
색상은 5R, 명도는 4, 채도는 10을 나타낸다.

11 다음은 조경미의 설명이다. 틀린 것은?

① 질감이란 물체의 표면을 보거나 만짐으로써 느껴지는 감각을 말한다.
② 통일미란 개체가 특징 있는 것으로 단순한 자태를 균형과 조화 속에 나타내는 미이다.
③ 운율이란 연속적으로 변화되는 색채, 형태, 선, 소리 등에서 찾아볼 수 있는 미이다.
④ 균형미란 가정한 중심선을 기준으로 양쪽의 크기나 무게가 보는 사람에게 안정감을 줄 때를 말한다.

● 해설
통일성
• 전체를 구성하는 부분적인 요소들이 통일성 또는 유사성을 지니고 있고, 각 요소들이 유기적으로 잘 짜여 있어 전체가 시각적으로 통일된 하나로 보이는 것
• 통일미 : 소나무, 향나무 등 한 수종을 60%까지 식재하여 선, 형태, 색채를 통일시켰을 때의 아름다움

12 케빈 린치(K. Lynch)가 주장하는 경관의 이미지 요소 중에서 관찰자의 이동에 따라 연속적으로 경관이 변해가는 과정을 설명할 수 있는 것은?

① Landmark(지표물)   ② Path(통로)
③ Edge(모서리)   ④ District(지역)

정답 07 ④ 08 ① 09 ③ 10 ③ 11 ② 12 ②

● 해설

유형	개념
통로(Path)	연속성과 방향성 제시 : 길, 고속도로
모서리(Edge)	지역과 지역을 갈라놓거나 관찰자의 통행이 단절되는 부분 : 한강 제방, 관악산, 북한산
지역(District)	사대문 안 상업지역, 중심지역
결절점(Node)	광장, 역
랜드마크(Landmark)	눈에 뚜렷한 지표물 : 남산, 롯데타워

13 다음 중 토지이용계획 과정 순서로 맞는 것은?

① 적지분석 → 종합배분 → 토지이용분류
② 토지이용분류 → 적지분석 → 종합배분
③ 종합배분 → 적지분석 → 토지이용분류
④ 기초공사 → 터가르기 → 동선계획 → 식재계획

● 해설

토지이용계획 과정
토지이용분류 → 적지분석 → 종합배분

토지이용분류	• 예상되는 토지이용의 종류를 먼저 구분 • 각 토지별 이용 행태, 기능, 소요면적, 환경 영향 등을 분석 • 어린이공원, 근린공원, 묘지공원, 국립공원
적지분석	계획 구역 내 어느 장소가 가장 적합한지 분석 예 마운딩이 있으면 놀이공간으로 활용
종합배분	중복과 분산이 없도록 각 공간 수요를 고려하여 최종 토지이용계획안을 작성

14 다음 중 순공사 원가에 해당되는 것은?

① 재료비 ② 세금
③ 일반관리비 ④ 이윤

● 해설

공사비 구성
• 순공사원가 : 재료비, 노무비, 경비(전력, 운반, 가설비, 보험료, 안전관리비)
• 일반관리비 : 기업 유지관리비로 순공사원가의 7% 이내(본사경비)
• 이윤 : (노무비 + 경비 + 일반관리비)×10% 이내

15 인출선을 사용할 때 유의사항으로 틀린 것은?

① 가는선으로 명료하게 긋는다.
② 인출선의 기울기와 방향은 통일하는 것이 좋다.
③ 인출선의 교차나 치수선의 교차를 피한다.
④ 인출선의 수평 길이는 기입사항보다 크게 맞춘다.

● 해설

인출선의 수평 길이는 기입사항과 통일하는 것이 좋다.

16 조경에서 이용하고 있으며, 1/25,000의 축척으로 제작된 토양도는?

① 개략토양도
② 정밀토양도
③ 간이 산림토양도
④ 고저토양도

● 해설

토양도의 종류

개략토양도 (1/50,000 축척)	항공기를 이용하여 전 국토에 걸쳐 제작된 지도(항공사진)
정밀토양도 (1/25,000 축척)	• 항공사진을 기초로 현지답사를 통해 전 국토의 일부분만 제작된 지도 • 건축, 조경, 휴양림 개발
간이 산림토양도 (1/25,000 축척)	• 전국의 임지를 1/25,000의 축척으로 제작된 지도 • 농경지, 방목지, 암석지

17 옥외계단 설계 시 고려하여야 할 내용으로 틀린 것은?

① 계단의 물매는 30~35°로 설계
② $2h + b = 60~70$cm로 한다.(h : 발판높이, b : 너비)
③ 계단이 길 때에는 계단참을 없앤다.
④ 계단참은 1인용의 경우 90~110cm 정도로 한다.

정답 13 ② 14 ① 15 ④ 16 ② 17 ③

> **해설**

계단 설계기준
- 원로의 기울기가 15°(18°) 이상일 때 계단을 설치한다.
- $2h + b = 60 \sim 65(70)$cm (h : 발판높이, b : 너비)
- 발판높이는 15~20cm, 발판너비는 30~40cm가 알맞으며, 계단의 경사(기울기)는 30~35°가 가장 적합하다.
- 계단의 높이가 3~4m가 되면 중간에 계단참을 설치한다. (1인용일 때 90~110cm, 2인용일 때 130cm 정도)

18 옥상조경에 사용되는 토양 경량재가 아닌 것은?

① 펄라이트　② 버미큘라이트
③ 피트모스　④ 모래

> **해설**

경량토의 종류
버미큘라이트, 펄라이트, 화산재, 피트모스, 부엽토 등

19 골프장 코스를 구성하는 요소 중 페어웨이와 그린 주변에 모래웅덩이를 조성해 놓은 곳은?

① 티　② 벙커
③ 해저드　④ 러프

> **해설**

벙커
모래웅덩이로 티에서 바라볼 수 있는 곳에 위치

20 다음 중 스스로 서지 못하고 다른 물체에 감아 올라가는 식물은?

① 교목　② 덩굴식물
③ 관목　④ 초화류

> **해설**

덩굴식물
능소화, 등나무, 담쟁이덩굴, 으름덩굴, 포도나무, 인동덩굴, 머루, 송악, 오미자 등

21 지상부의 접목 부위, 삽목의 하단부 등으로 병원균이 침입하고, 고온다습할 때 알칼리성 토양에서 주로 발생하는 것은?

① 탄저병
② 뿌리혹병
③ 불마름병
④ 리지나뿌리썩음병

> **해설**

뿌리혹병의 침입경로
접목 부위, 삽목의 하단부, 뿌리의 절단면 등 상처 부위를 통해 침입한다.

※ 방제법 : 병해충에 강한 건전한 묘목을 식재하고 석회 사용량을 줄인다.

22 다음 중 밤나무혹벌을 방제하는 방법 중 가장 효과적인 것은?

① 내병성 품종을 식재한다.
② 천적을 보호한다.
③ 살충제를 수시 살포한다.
④ 실생묘를 식재한다.

> **해설**

저항성, 내충성, 내병성 등의 품종으로 갱신하는 것이 방제에 효과적이다.

23 덩굴로 자라면서 여름에 아름다운 꽃이 피는 수종은?

① 등나무　② 홍가시나무
③ 능소화　④ 남천

> **해설**

당년생지에 꽃눈이 생기고 그해에 자란 가지에서 꽃이 분화하는 수목에는 배롱나무, 무궁화, 능소화 등이 있다. 능소화 잎은 마주보기를 하고 기수 1회 우상복엽이며, 낙엽성 덩굴식물이다.

정답 18 ④　19 ②　20 ②　21 ②　22 ①　23 ③

24 다음 중 줄기가 아래로 늘어지는 생김새의 수간을 가진 나무의 모양을 무엇이라 하는가?

① 쌍간 ② 다간
③ 직간 ④ 현애

● 해설

직간(直幹)	줄기가 곧게 자란 형태
곡간(曲幹)	줄기가 자연적인 곡선 형태
사간	줄기가 옆으로 비스듬히 자란 형태
쌍간	줄기가 2개로 자란 형태
다간	줄기가 여러 개로 자란 형태
현애	줄기가 아래로 늘어지는 형태

25 생울타리 전정모양으로 올바른 형태는?

① 삼각형 ② 다각형
③ 원형 ④ 육각형

● 해설
수관 다듬기
산울타리는 위는 강하게, 아래는 약하게 다듬어 사다리꼴 모양으로 전정한다.

26 부석으로 사용되는 암석은?

① 화강암 ② 화성암
③ 석회암 ④ 대리석

● 해설
부석이란 화산이 폭발할 때 나오는 분출물 중에서 다공질의 지름이 4mm 이상인 암괴를 말한다. 마그마가 대기 중에 방출될 때 휘발성 성분이 빠져나가면서 기공이 생긴 것이다.

27 다음 중 콘크리트 타설 시 염화칼슘의 사용 목적은?

① 콘크리트의 초기강도 증대
② 콘크리트의 장기강도 증대
③ 고온증기 양생
④ 황산염에 대한 저항성 증대

● 해설
응결ㆍ경화 촉진제
- (겨울철 공사 시) 초기강도를 증가시키며 한중 콘크리트에 사용한다.
- 대표적으로 염화칼슘을 사용하며, 콘크리트의 내구성이 떨어지는 단점이 있다.

28 다음 중 보통 흙의 안식각은 얼마 정도인가?

① 20~25° ② 25~30°
③ 30~35° ④ 35~40°

● 해설

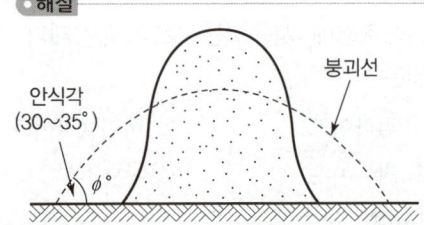

29 보통 더돋기의 높이는 어느 정도인가?

① 계획 높이의 5~10% 정도
② 계획 높이의 10~15% 정도
③ 계획 높이의 15~20% 정도
④ 계획 높이의 20~25% 정도

● 해설
더돋기(여성토) : 성토 시에 압축 및 침하에 의해서 계획 높이보다 줄어드는 것을 방지하기 위하여 계획 높이를 10~15% 정도 더돋기를 한다.

30 다음에서 설명하는 평판측량의 방법은?

- 세부측량에서 가장 많이 이용되는 방법이다.
- 평판을 한 번에 세워 여러 점들을 측정할 수 있는 장점이 있다.
- 시준을 방해하는 장애물이 없고 비교적 좁은 지역에서 대축척으로 세부측량을 할 경우 효율적이다.

① 전진법 ② 방사법
③ 전방교회법 ④ 후방교회법

정답 24 ④ 25 ① 26 ② 27 ① 28 ③ 29 ② 30 ②

● 해설

평판측량방법

방사법	장애물이 없을 때 한 번에 세워 측량
전진법	장애물이 많아 한 지점에서 여러 방향의 시준이 어렵거나 길고 좁은 장소를 측량할 때 사용
교회법	이미 알고 있는 2~3개의 측점에 평판을 세우고 이들 점에서 측정하려는 목표물을 시준하여 방향선을 그을 때 그 교점에서의 위치를 구하는 방법

31 디딤돌 놓기 방법으로 틀린 것은?

① 큰 것과 작은 것을 섞어 독특한 운치를 지니게 한다.
② 교차점에는 보다 큰 것을 사용한다.
③ 디딤돌과의 거리는 느리게 걷는 동선일수록 간격을 넓힌다.
④ 디딤돌은 직선상보다는 어긋나게 배치하는 것이 좋다.

● 해설

디딤돌 놓기
- 정원의 잔디나 나지 위에 놓아 보행자의 편의를 돕고 지피식물을 보호하여, 시각적으로 아름답게 보이기 위해 배치한다.
- 한 면이 넓적하고 평평한 자연석이나, 가공한 화강석 판석, 천연 슬레이트 판석, 점판암 판석, 통나무 등을 사용한다.
- 돌의 머리는 경관의 중심을 향해서 놓는다.
- 디딤돌의 두께는 10~20cm, 크기는 지름 25~30cm 정도가 적당하며, 시작되는 곳과 끝나는 곳 또는 급하게 구부러지는 곳, 길이 갈라지는 곳 등에는 50~55(60)cm 정도의 큰 돌을 사용한다.
- 디딤돌은 크고 작은 것을 섞어 직선보다는 어긋나게 배치한다.
- 돌 사이의 간격은 보행 폭(성인 남자 약 60~70cm, 여자 약 45~60cm)을 고려하여 빠른 동선이 필요한 곳은 보폭과 비슷하게 한다.

32 찰쌓기에 대한 바른 설명은?

① 쌓기 올릴 때 줄눈에 모르타르, 뒤채움에 콘크리트를 사용한다.
② 메쌓기에 비해 견고성이 부족하다.
③ 높이 쌓지 못해 대략 2m 이하인 곳에서 쓰인다.
④ 기울기 1 : 0.3 이하인 곳에서 이용된다.

● 해설

찰쌓기(Wet Masonry)
- 줄눈에 모르타르를 사용하고 뒤채움에 콘크리트를 사용하여 쌓는 방식이다.
- 견고하나 배수가 불량해지면 토압이 증대되어 붕괴 우려가 있다.
- 뒷면의 배수를 위해 2~3m^2마다 지름 3~6cm의 배수관을 설치해 준다.
- 표준 기울기는 1 : 0.2이다. (하루에 1.0~1.2m씩 쌓는다.)

33 식재 구덩이의 크기는 어느 정도가 적당한가?

① 분보다 1.5~3배
② 분보다 2.5~4배
③ 분보다 3.5~5배
④ 분보다 4.5~6배

● 해설

구덩이 파기(식혈)
- 뿌리분의 크기보다 1.5~3배 정도인 구덩이를 판다.
- 유기질이 많은 표토는 따로 모아 두었다가 거름으로 사용한다.
- 이물질을 제거하고, 배수가 불량한 지역은 자갈 등을 넣어 배수층을 만들어준다.

34 다음 중 질소질 속효성 비료로서 주로 덧거름으로 쓰이는 비료는?

① 황산암모늄   ② 두엄
③ 생석회   ④ 깻묵

●해설

구분	방법	효능	퇴비	시기
기비 (기초 비료)	밑거름	지효성	유기질	낙엽 직후 ~이른 봄
추비 (추가 비료)	덧거름	속효성	무기질	봄 이후

35 파이토플라스마(Phytoplasma)에 의한 병이 아닌 것은?

① 벚나무 빗자루병
② 뽕나무 오갈병
③ 오동나무 빗자루병
④ 대추나무 빗자루병

●해설
- 벚나무 빗자루병 : 진균
- 파이토플라스마의 수병 : 오동나무 빗자루병, 대추나무 빗자루병, 뽕나무 오갈병 등

36 소나무 혹병의 중간기주는?

① 낙엽송   ② 송이풀
③ 졸참나무 ④ 까치밥나무

●해설
소나무 혹병의 중간기주 : 졸참나무, 신갈나무

37 다음 중 제초제의 병뚜껑과 포장지 색으로 옳은 것은?

① 녹색   ② 황색
③ 분홍색 ④ 흰색

●해설
- 살균제 : 분홍색
- 살충제 : 초록색
- 제초제 : 노란색(황색)
- 전착제 : 흰색

38 2,4-D의 작용특성에 속하는 것은?

① 호흡 억제
② 동화작용 증진
③ 세포분열의 이상 유발
④ 저온에서 작용력 증진

●해설
쌍떡잎식물의 줄기 꼭대기에 작용하여 비정상인 세포분열을 발생시켜 말려 죽이는 작용을 하며 온도가 높을수록 제초 효과가 현저하다.

39 난지형 잔디에 속하지 않는 것은?

① 들잔디   ② 벤트그래스
③ 금잔디   ④ 비로드잔디

●해설

난지(여름)형 잔디(한국잔디)	버뮤다그래스, 위빙러브그래스, 들잔디, 고려잔디, 금잔디, 비로드잔디, 갯잔디
한지(겨울)형 잔디(서양잔디)	켄터키블루그래스, 벤트그래스, 라이그래스, 페스큐그래스

40 살충제 중 훈증제로 쓰이는 약제는?

① 메틸브로마이드   ② BT제
③ 비산연제   ④ DDVP

●해설
- 약제를 가스상태로 만들어 해충을 죽이는 약제이다.
- 보통 밀폐가 가능한 곳에서 사용한다.
- 종류 : 메틸브로마이드, 클로로피크린 훈증제 등

41 개미와 진딧물의 관계나 식물과 화분매개충의 관계처럼 생물 간에 서로가 이득을 준다는 개념의 용어로 옳은 것은?

① 격리공생   ② 편리공생
③ 의태공생   ④ 상리공생

정답 35 ① 36 ③ 37 ② 38 ③ 39 ② 40 ① 41 ④

●해설
상리공생
다른 종류의 생물들이 서로 이익을 주고받으면서 살아가는 관계

42 비료목으로 적합하지 않은 수종은?
① 소나무 ② 오리나무
③ 자귀나무 ④ 보리수나무

●해설

콩과수목	아까시나무, 자귀나무, 싸리나무류, 칡, 다릅나무 등
비콩과수목	오리나무류, 보리수나무류, 소귀나무

43 아황산가스의 피해가 심할 때 주는 비료는?
① 석회 ② 요소
③ 암모니아 ④ 염화칼륨

●해설
토양에 석회와 결합하여 중화시키며 석회 부족 시 연해가 심해진다.

44 수목의 나비목 해충의 방제약으로 효과가 큰 것은?
① 지네브제 ② 디프제
③ 레디온제 ④ 클로르피크린제

●해설
디프제(디프록스)를 살포하면 쉽게 방제할 수 있다.

45 다음 중 1속에서 잎이 5개 나오는 수종은?
① 백송 ② 소나무
③ 리기다소나무 ④ 잣나무

●해설

구분	주요 수목명
2엽속생	소나무, 곰솔(해송), 흑송, 방크스소나무, 반송
3엽속생	백송, 리기다소나무, 리기테다소나무, 대왕송
5엽속생	섬잣나무, 잣나무, 스트로브잣나무

46 제도용구로 사용되는 삼각자 한 쌍(직각이등변삼각형과 직각삼각형)으로 작도할 수 있는 각도는?
① 65° ② 95°
③ 105° ④ 125°

●해설
기본 각에서 15°씩 더한다.
30°, 45°, 60°, 75°, 90°, 105°, 120°, 135°

47 야생동물이 많이 발견되는 둘 이상의 식생형이 만나는 곳을 무엇이라 하는가?
① 먹이그물 ② 먹이연쇄
③ 에코톤 ④ 생태계

●해설
에코톤(Ecotone)
서로 다른 두 생태계 바탕이 만나 다양한 생물군이나 특이종의 출현이 잦은 전이 지대이다.

48 콘크리트의 배합에서 물-시멘트비와 가장 관계 깊은 것은?
① 강도 ② 내동해성
③ 내화성 ④ 내수성

●해설
물-시멘트비(W/C ratio)
- 콘크리트의 강도는 물과 시멘트의 중량비에 따라 결정된다.
- 콘크리트의 강도와 내구성 및 수밀성을 좌우하는 가장 중요한 사항이다.
- 일반적으로 물-시멘트비는 40~70% 정도이다.

정답 42 ① 43 ① 44 ② 45 ④ 46 ③ 47 ③ 48 ①

49 건축 재료에서 물체에 외력이 작용하면 순간적으로 변형이 생겼다가 외력을 제거하면 원래의 상태로 되돌아가는 성질은?

① 탄성　　　② 소성
③ 점성　　　④ 연성

● 해설

전성	부러지지 않으면서 얇게 판으로 만들 수 있는 성질
연성	• 부러지지 않으면서 가늘게 선으로 늘어나는 성질 • 연성이 높은 순서 : 금＞은＞알루미늄＞철＞니켈＞구리＞아연＞주석＞납
탄성	재료가 외력을 받아서 변형을 일으킨 뒤 외력을 제거하면 다시 돌아오는 성질
소성	외력에 의해 변한 물체가 외력이 없어져도 원래의 형태로 돌아오지 않는 성질　예 찰흙

50 다음 중 사적지에서 수목을 식재하여야 할 곳은?

① 묘담 내
② 후원
③ 묘역 전면
④ 회랑이 있는 사찰 내

● 해설

사적지 설계지침
• 진입부에는 향토수종으로 식재하고, 장승, 문주, 탑 등 상징적 시설물을 설치한다.
• 수목식재 금지구역 : 묘담 내, 묘역 전면, 성의 외곽, 회랑이 있는 사찰 내, 건물 가까운 곳, 석탑 주위, 성곽 주변 등
• 수목식재 가능구역 : 묘담 밖 배후(뒤쪽)지역, 성곽 하층부, 후원 등

51 다음 중 내화도가 가장 큰 석재는?

① 화강암　　　② 대리석
③ 석회암　　　④ 응회암

● 해설

응회암
• 화산재가 응고된 것으로 빈 공간이 많아 흡수량이 크며, 투수가 잘 된다.
• 재질이 부드러워 가공이 쉽고 열에 강하며(내화성이 큼), 가볍다.
• 내화성이 필요한 곳에 사용된다.

52 홍색(紅色) 열매를 맺지 않는 수종은?

① 산수유　　　② 쥐똥나무
③ 주목　　　　④ 사철나무

● 해설

쥐똥나무 열매는 흑색 계통이다.

53 벽 또는 일련의 기둥으로부터의 응력을 띠모양으로 하여 지반 또는 지정에 전달하도록 하는 기초형식으로 연속기초라고도 하는 것은?

① 복합기초　　　② 줄기초
③ 독립기초　　　④ 온통기초

● 해설

독립기초	각 기둥을 한 개씩 받치는 기초로 지반의 지지력이 비교적 강한 경우에 사용
복합기초	2개 이상의 기둥을 합쳐서 한 개의 기초로 받치는 것으로 기둥 간격이 좁을 경우 사용
연속기초 (줄기초)	담장의 기초와 같이 길게 띠 모양으로 받치는 기초
온통기초	구조물 바닥을 전면적으로 한 개의 기초로 받치는 것으로 고층 아파트 및 고층 빌딩에 사용하고, 지반의 지지력이 비교적 약할 때 사용

정답　49 ①　50 ②　51 ④　52 ②　53 ②

54 대부분의 균류, 세균, 파이토플라스마 및 바이러스 등의 병원체가 식물조직에 침입하는 방법은?

① 각피침입
② 화기(花器)침입
③ 상처를 통한 침입
④ 자연개구(開口)를 통한 침입

해설

상처를 통한 침입
- 세균, 진균, 바이러스, 파이토플라스마 등은 상처를 통해서만 침입한다.
- 병의 종류 : 밤나무 줄기마름병, 포플러 줄기마름병, 근두암종병균 등

55 다음 중 담배장님노린재에 의하여 매개, 전염되는 수병은?

① 포플러 모자이크병
② 오동나무 빗자루병
③ 잣나무 털녹병
④ 소나무 잎녹병

해설

오동나무 빗자루병의 매개충 : 담배장님노린재

56 알뿌리로 짝지어진 초화류는?

① 패랭이꽃, 칸나
② 금붕어꽃, 라넌큘러스
③ 튤립, 데이지
④ 달리아, 수선화

해설

알뿌리초화류(구근초화류)

봄심기	달리아, 칸나, 아마릴리스, 글라디올러스 등
가을심기	히아신스, 아네모네, 튤립, 수선화, 백합(나리), 아미리스, 크로커스 등

57 덩굴장미나 능소화 등의 지주목으로 어울리는 것은?

① 외대지주   ② 피라미드형
③ 윤대지주   ④ 당김줄형

해설

말뚝 3개를 위쪽으로 좁혀서 피라미드형으로 박고 가로대를 대어서 거기에 덩굴을 올리는 방법

58 신체 장애인을 위한 경사로(RAMP)를 만들 때 가장 적당한 경사는?

① 8% 이하   ② 10% 이하
③ 12% 이하   ④ 15% 이하

해설

경사로(Ramp)
- 신체 장애인 휠체어를 위한 경사로의 너비는 최소한 1.2m 이상, 적정 너비는 1.8m이다.
- 경사로의 기울기는 가능한 한 8% 이내로 제한하되, 8% 이상의 경사에서는 난간을 병행하며 설치한다.

59 다음 [보기]와 같은 특징을 지닌 해충은?

- 감나무, 벚나무, 사철나무 등에 잘 발생한다.
- 콩 꼬투리 모양의 보호깍지로 싸여 있고, 왁스 물질을 분비하기도 한다.
- 기계유 유제, 메티다티온 유제를 살포한다.

① 바구미   ② 진딧물
③ 깍지벌레   ④ 응애

정답 54 ③ 55 ② 56 ④ 57 ② 58 ① 59 ③

해설
깍지벌레류

피해	• 감나무, 벚나무, 사철나무 등에 많이 발생한다. • 콩 꼬투리 모양의 보호깍지로 싸여 있고 왁스물질을 분비한다.
화학적 방제법	• 수프라사이드 유제를 5월 중·하순에 1주일 간격으로 2~3회 살포한다. • 메티온(메치온)유제, 기계유, 메카밤 유제 등을 살포한다.
생물학적 방제법	무당벌레류, 풀잠자리

60 다음 그림은 수목의 번식방법 중 어떠한 접목법에 해당하는가?

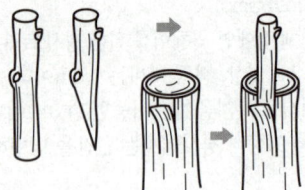

① 깎기접 ② 안장접
③ 쪼개접 ④ 박피접

해설
박피접
나무껍질을 도려내어 접붙이는 방법

정답 60 ④

23장 2022년 복원 기출문제 (2)

01 아도니스원(Adonis Garden)에 대한 설명으로 옳지 않은 것은?

① 포트 가든(Pot Garden)의 발달에 기여하였다.
② 고대 그리스에서 발달된 일종의 옥상정원이다.
③ 고대 이집트에서 발달된 일종의 사자(死者)의 정원이다.
④ 고대 그리스에서 부인들에 의해 가꾸어진 정원으로 초화류를 분(盆)에 심어 장식했다.

●해설
사자(死者)의 정원
이집트인의 내세관에서 기인한 것으로 죽은 자를 위로하기 위해 무덤 앞에 꾸민 소정원

02 인도 무굴제국의 정원에 관한 설명 중 옳은 것은?

① 성림을 조성하여 떡갈나무와 올리브를 심었다.
② 정원과 묘지를 결합한 형태의 것으로 나누어지고 산간지방에는 노단식이, 평지에는 평탄원이 발달했다.
③ 짐나지움(Gymnasium)과 같은 공공적인 정원이 발달하였다.
④ 인공으로 언덕을 쌓고 인공호수를 조성하였다.

●해설
무굴인도의 정원
• 타지마할 : 묘지 + 정원
• 정원 요소 중 가장 큰 영향을 미친 것은 "물"

03 조경계획을 실시할 때 조사해야 할 자연환경 요소에 해당하지 않는 것은?

① 기상   ② 야생동물
③ 인구조사   ④ 경관

●해설
자연환경
지형, 토양, 수문, 식생, 기후, 경관 등

04 버킹엄의 스토우 가든을 설계하고, 담장 대신 정원 부지의 경계선에 도랑을 파서 외부로부터의 침입을 막는 Ha-Ha 수법을 실현하게 한 사람은?

① 애디슨   ② 브리지맨
③ 켄트   ④ 브라운

●해설
찰스 브리지맨(Bridgeman)
스토우 가든(스토우 정원)에 하하(Ha-Ha) 개념을 최초로 도입

05 물에 대한 설명이 틀린 것은?

① 호수, 연못, 풀 등은 정적으로 이용된다.
② 분수, 폭포, 벽천, 계단폭포 등은 동적으로 이용된다.
③ 조경에서 물은 동서양 모두 즐겨 이용했다.
④ 벽천은 다른 수경에 비해 대규모 지역에 어울리는 방법이다.

●해설
벽천은 소규모 지역에 많이 쓰인다.

정답 01 ③ 02 ② 03 ③ 04 ② 05 ④

06 중국 청나라 시대의 정원으로 현존하는 세계 제일의 정원이라 일컫는 것은?

① 원명원
② 만수산이궁
③ 온천궁
④ 작원

● 해설
이화원(만수산이궁)
- 청나라의 대표적 정원이며, 건축물과 자연의 강한 대비
- 대가람인 불향각을 중심으로 한 수원(水苑)
- 호수 중심에 만수산이 있으며 3/4이 수면으로 구성
- 신선사상을 배경으로 조성된, 규모 면에서 현존하는 세계 제일의 정원

07 돌(石)을 이용한 점경물(點景物)이 부가되어 일본정원의 면모를 크게 바꾼 모모야마시대의 조경 기법은?

① 축산 임천식(林泉式) 정원
② 고산수(故山水) 정원
③ 다정(茶精) 정원
④ 침전조(寢殿造) 정원

● 해설
모모야마(도산)시대(1574~1603) 조경의 특징
- 음지식물을 사용, 화목류를 일체 식재하지 않음
- 좁은 공간을 이용하여 필요한 모든 식재·시설물 설치
- 자연스러움을 주기 위해서 윤곽선 처리에 곡선을 많이 사용
- 특정 구조물 : 징검돌, 자갈, 쓰구바이(물통), 세수통, 석등, 석탑, 이끼 낀 원

08 다음 [보기]의 설명은 어느 시대의 정원에 관한 것인가?

- 석가산과 원정, 화원 등이 특징이다.
- 대표적 유적으로 동지(東池), 만월대, 수창궁원, 청평사 문수원 정원 등이 있다.
- 휴식·조망을 위한 정자를 설치하기 시작하였다.
- 송나라의 영향으로 화려한 관상 위주의 이국적 정원을 만들었다.

① 조선
② 백제
③ 고려
④ 통일신라

● 해설
고려시대 정원의 특징
- 송나라의 영향을 받은 시각적 쾌감을 위한 관상 위주의 조경양식
- 격구장, 석가산, 휴식과 조망을 위한 정자가 발달

09 고려시대 궁원의 주요한 구성요소가 아닌 것은?

① 석연지
② 화원
③ 석가산
④ 격구장

● 해설
석연지(石蓮池)
- 백제 말 의자왕 때 정원용 첨경물
- 화강암질의 돌을 둥근 어항과 같은 생김새로 만들어 그 안에 물을 담아 연꽃을 심었음(지름 약 18cm, 높이 1m)
- 궁남지를 바라볼 수 있는 곳에 위치함

10 경복궁의 공간별 영역이 아닌 것은?

① 경회루 지원
② 향원정 지원
③ 부용정 지원
④ 교태전 아미산원

● 해설
부용정 지원은 창덕궁에 있다.

11 별서정원 중 소쇄원에 대한 설명으로 틀린 것은?

① 소쇄원의 풍광에 심취한 하서 김인후가 48영에 달하는 시로 엮어 내었고 이를 한 폭의 그림 속에 담아낸 것이 소쇄원도이다.
② 기묘사화로 양산보가 사사된 이듬해 세상에 뜻을 버리고 낙향하여 조성된 별서이다.
③ 매대, 대봉대, 광풍각, 제월당, 상지와 하지 등의 점경물이 있다.
④ 정원을 남에게 팔거나 어리석은 후손에게 물려주지 말라는 유언이 있다.

정답 06 ② 07 ③ 08 ③ 09 ① 10 ③ 11 ②

🔵 **해설**
소쇄원(瀟灑園)은 양산보가 은사 조광조가 남곤 등의 훈구파에게 몰려 전라남도 화순 능주로 유배되자, 세상에 뜻을 버리고 낙향하여 향리인 지석마을에 숨어 살면서 계곡을 중심으로 조영한 원림이다.

12 조선시대 정자의 평면유형은 유실형(중심형, 편심형, 분리형, 배면형)과 무실형으로 구분할 수 있는데 다음 중 유형이 다른 하나는?

① 광풍각 ② 임대정
③ 거연정 ④ 세연정

🔵 **해설**
- 중심형 : 광풍각, 임대정, 세연정
- 배면형 : 부암정, 거연정

13 색채의 3요소가 아닌 것은?

① 채도 ② 색상
③ 명도 ④ 보색

🔵 **해설**
색채의 3요소
색상(Hue), 명도(Value), 채도(Chroma)

14 다수의 대상이 존재할 때 어느 색이 보다 쉽게 지각되는지 또는 쉽게 눈에 띄는지의 정도를 나타내는 용어는?

① 유목성 ② 시인성
③ 식별성 ④ 가독성

🔵 **해설**
유목성
색과 빛이 자극이 강해서 눈에 잘 띄는 정도

15 하늘(天), 땅(地), 사람(人)이 잘 조화될 때의 아름다움으로 동양에서는 미의 형태로 표현되는 것은?

① 방지원도 ② 삼재미
③ 다양성 ④ 점증미

🔵 **해설**
삼재미(三才美)
하늘(天), 땅(地), 사람(人)이 잘 조화될 때의 아름다움으로 동양에서는 미의 형태로 표현

16 자연환경분석 중 수문에 대한 조사구역으로 틀린 것은?

① 집수구역 ② 식생구역
③ 홍수범람지역 ④ 지하수 유입지역

🔵 **해설**
수문에 대한 조사
집수구역, 홍수범람지역, 지하수 유입지역 등을 조사한다.

17 제도용지 중 A2 사이즈 규격으로 맞는 것은?

① 210×297 ② 594×840
③ 297×420 ④ 420×594

🔵 **해설**
제도용지 사이즈
$1 : \sqrt{}$

18 도면을 그릴 때 일반적으로 마지막에 실시해야 할 내용인 것은?

① 도면의 축척을 정한다.
② 테두리 선 및 방위를 그린다.
③ 표제란의 내용을 기재한다.
④ 물체의 표현 위치를 정한다.

🔵 **해설**
도면의 윤곽선과 표제란
- 도면은 원칙적으로 표제란을 설정하는데, 도면의 오른쪽이나 하단부에 위치한다.
- 도면 왼쪽의 여백은 철할 때 4면 중 왼쪽만은 25mm, 나머지는 10mm 정도의 여백을 준다.
- 표제란에는 공사명, 도면명, 범례, 축척, 설계자명, 도면 번호, 설계 일시 등을 기입한다.
※ 도면을 그릴 때 일반적으로 마지막에 그려주는 것은 테두리 선 및 방위이다.

정답 12 ③ 13 ④ 14 ① 15 ② 16 ② 17 ④ 18 ②

19 식재설계 시 인출선에 포함되어야 할 내용이 아닌 것은?

① 수량　　　　　② 수목명
③ 규격　　　　　④ 수목 성상

● 해설
인출선
- 공간이 좁아 대상 자체에 기입할 수 없을 때 사용하는 선으로 가는 실선을 사용한다.
- 수목의 수량, 수목명, 수목의 규격을 기입한다.

20 일반적으로 계단을 설계할 때 축상(蹴上) 높이가 14cm일 때 답면(踏面)의 너비(cm)로 가장 적합한 것은?

① 32~37　　　　② 26~31
③ 31~36　　　　④ 36~41

● 해설
$2h+b=60~65cm$ (h : 축상 높이, b : 답면 너비)
$h=14cm$이므로 $b=32~37cm$

21 동일 면적에서 가장 많은 주차대수를 설계할 수 있는 주차방식은?

① 직각주차방식　　② 30° 주차방식
③ 45° 주차방식　　④ 60° 주차방식

● 해설
같은 면적에서 가장 많은 주차대수를 설계할 수 있는 주차방식은 직각(90°)주차방식이다.

22 옥상정원의 환경조건에 대한 설명으로 적합하지 않은 것은?

① 토양 수분의 용량이 적다.
② 토양 온도의 변동 폭이 크다.
③ 양분의 유실속도가 느리다.
④ 바람의 피해를 받기 쉽다.

● 해설
양분의 유실속도가 빠르다.

23 학교조경에 식재하는 수종으로 틀린 것은?

① 학교의 얼굴에 해당하는 곳이므로 상징적인 수목을 식재한다.
② 관목과 초본류 위주로 식재한다.
③ 학생들에게 친근감 있고 교과서에 자주 나오는 수목을 식재한다.
④ 학생과 교직원의 휴식을 목적으로 녹음수는 식재하지 않는다.

● 해설
학생과 교직원의 휴식을 위한 공간으로 녹음수를 식재한다.

24 다음 설명에 해당하는 도시공원의 종류는?

- 설치기준의 제한은 없으며, 유치거리 500m 이하, 공원면적 10,000m^2 이상으로 할 수 있다.
- 주로 인근에 거주하는 자의 이용에 제공할 목적으로 설치한다.

① 어린이공원
② 근린생활권근린공원
③ 도보권근린공원
④ 묘지공원

25 대목을 대립종자의 유경이나 유근을 사용하여 접목하는 방법으로, 접목한 뒤에는 관계습도를 높게 유지하며 정식 후 근두암종병의 발병률이 높은 단점을 갖는 접목법은?

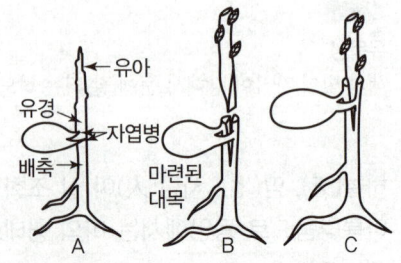

① 아접법　　　　② 유대접
③ 호접법　　　　④ 교접법

정답 19 ④ 20 ① 21 ① 22 ③ 23 ④ 24 ② 25 ②

● 해설

접목방법

설접	대목과 접수의 굵기가 같을 때 쓰는 방법
할접	대목이 비교적 굵고 접수가 가늘 때 사용
아접	접수 대신에 눈을 대목의 껍질을 벗기고 끼워 붙이는 방법
유대접	뿌리부분에 해당되는 대목에 접수하는 방법 예 밤나무

26 다음 중 덩굴식물(Vine)로만 구성되지 않은 것은?

① 등나무, 개노박덩굴, 멀꿀, 으름
② 송악, 등나무, 능소화, 돈나무
③ 담쟁이, 송악, 능소화, 인동덩굴
④ 담쟁이, 칡, 개노박덩굴, 능소화

● 해설

덩굴식물
줄기가 하늘을 향해 곧게 서 있지 않고, 지면을 기어가거나 다른 물체에 붙어서 자라는 식물이다.
※ 돈나무 : 상록활엽교목

27 쾌적한 가로환경과 환경보전, 교통제어, 녹음과 계절성, 시선유도 등으로 활용하고 있는 가로수로 적합하지 않은 수종은?

① 이팝나무　　② 은행나무
③ 메타세쿼이아　④ 송악

● 해설

송악
쌍떡잎식물 산형화목 두릅나무과의 상록 덩굴식물

28 고속도로 중앙분리대 녹지에서 생육이 불량한 수종은?

① 금목서　　② 아왜나무
③ 광나무　　④ 꽝꽝나무

● 해설

금목서
겨울 내내 푸른 잎과 자주색 열매, 섬세하고 풍성한 가지에 황홀한 향기까지 갖추어 정원수로 많이 쓰인다.

29 흰색 계열의 작은 꽃은 5~6월에 피고 가을에 붉은 계통의 단풍잎 또는 관상가치가 있으며 음지사면에 식재하면 좋은 수종은?

① 왕벚나무　　② 모과나무
③ 국수나무　　④ 족제비싸리

● 해설

국수나무
줄기가 무더기로 올라와 높이가 1~2m 정도로 비스듬히 자라며 긴 가지가 국수가락처럼 축축 늘어진다.

30 지형도에서 U자(字) 모양으로 그 바닥이 낮은 높이의 등고선을 향하면 이것은 무엇을 의미하는가?

① 계곡　　② 능선
③ 현애　　④ 동굴

● 해설

능선 (U자형)	바닥의 높이가 점점 낮은 높이의 등고선을 향함(빗물이 흐르는 경계가 됨)
계곡 (∩자형)	바닥의 높이가 점점 높은 높이의 등고선을 향함

31 풍해의 예방을 위한 방풍림 조성에 대한 설명으로 틀린 것은?

① 방풍림은 바람이 불어오는 방향에 대해 직각으로 길게 조성한다.
② 방풍림을 만들기 위한 나무는 천근성으로, 줄기와 가지가 강인하고 잎이 치밀하지 않은 수종이 좋다.
③ 바닷가는 바람에 의하여 염분이나 모래가 날아오기 때문에 방풍림을 조성해야 한다.
④ 방풍림에 알맞은 수종으로 곰솔, 편백, 화백, 버즘나무 등을 식재한다.

● 해설

방풍림은 수고가 높고 심근성이며, 너비를 넓게 해야 효과가 크다.

정답　26 ②　27 ④　28 ①　29 ③　30 ②　31 ②

32 연못가나 습지 등에 가장 잘 견디는 수목은?
① 오리나무 ② 향나무
③ 해송 ④ 가중나무

● 해설
습지에 강한 수종
메타세쿼이아, 수국, 낙우송, 버드나무류, 위성류, 오리나무 등

33 다음 중 분류상 덩굴성 식물은?
① 서향 ② 송악
③ 병아리꽃나무 ④ 피라칸타

● 해설
덩굴성 식물
능소화, 등나무, 으름덩굴, 포도나무, 인동덩굴, 머루, 송악, 담쟁이덩굴

34 빨간색의 열매를 볼 수 없는 수목은?
① 은행나무 ② 남천
③ 피라칸타 ④ 자금우

● 해설
은행나무 열매는 노란색이다.

35 건조 전 질량이 250kg인 목재를 건조시켜서 200kg이 되었다면 함수율은?
① 1.25% ② 0.30%
③ 2.50% ④ 25.00%

● 해설
$$함수율 = \frac{건조 전 중량 - 건조 후 중량}{건조 후 중량} \times 100\%$$
$$\frac{250-200}{200} \times 100 = 25\%$$

36 수간과 줄기 표면의 상처에 침투성 약액을 발라 조직 내로 약효성분이 흡수되게 하는 방법은?
① 관주법 ② 도말법
③ 도포법 ④ 분무법

● 해설

도포법	수간과 줄기 표면의 상처에 침투성 약액을 발라 조직 내로 약효성분이 흡수되게 하는 방법
관주법	약액을 땅속에 주입하는 방법
도말법	종자를 소독하는 방법(분말약제를 도포하는 것)
분무법	분사 노즐을 이용하여 뿌리는 방법

37 다음 중 시멘트가 풍화작용과 탄산화작용을 받은 정도를 나타내는 척도로, 고온으로 가열하여 시멘트 중량의 감소율을 나타내는 것은?
① 경화 ② 위응결
③ 강열감량 ④ 수화반응

● 해설
• 경화 : 시간이 지남에 따라 점차 굳어져서 강도를 가지는 상태
• 위응결 : 수화작용 초기에 가볍게 굳어졌다가 계속 반죽해 가면 굳어진 것이 풀리고 정상 응결이 일어남
• 수화열 : 시멘트가 수화작용을 할 때에 발생하는 열 (균열의 원인)

38 운반거리가 먼 레미콘이나 무더운 여름철 콘크리트의 시공에 사용하는 혼화제는?
① 지연제 ② 감수제
③ 방수제 ④ 경화 촉진제

● 해설
지연제는 조기 경화현상을 보이는 서중 콘크리트나 수송거리가 먼 레디믹스트 콘크리트에 사용된다.

정답 32 ① 33 ② 34 ① 35 ④ 36 ③ 37 ③ 38 ①

39 콘크리트가 경화한 후 떠오른 불순물이 콘크리트 표면에 엷은 회색으로 침전되는 현상을 무엇이라 하는가?

① 성형성(Plasticity)
② 블리딩(Bleeding)
③ 레이턴스(Laitance)
④ 시공성(Workability)

● 해설
레이턴스
블리딩과 같이 떠오른 불순물이 콘크리트 표면에 엷은 회색으로 침전되는 현상

40 재료의 긁기, 절단, 마모 등에 대한 저항성을 나타내는 용어는?

① 경도(硬度)   ② 강도(强度)
③ 전성(展性)   ④ 취성(脆性)

● 해설
• 경도(硬度) : 단단한 정도
• 강도(强度) : 힘

41 우리나라에서 사용되고 있는 점토벽돌은 기존형과 표준형으로 분류되는데 그중 기존형 벽돌의 규격은?

① 20cm × 9cm × 5cm
② 21cm × 10cm × 6cm
③ 22cm × 12cm × 6.5cm
④ 19cm × 9cm × 5.7cm

● 해설
표준형 벽돌의 규격은 19cm × 9cm × 5.7cm이다.

42 타일은 양질의 점토에 장석, 규석, 석회석 등의 가루를 배합하여 성형한 후 유약을 입혀 몇 ℃에서 건조시키는가?

① 1,300～1,900℃
② 1,100～1,400℃
③ 800～1,200℃
④ 500～900℃

● 해설
타일의 특징
• 내수성, 방화성, 내마멸성이 우수하다.
• 흡수성이 적고, 휨과 충격에 강하다.
• 모양과 호칭에 따라 외장타일, 바닥타일, 모자이크타일 등으로 구분한다.
• 조경장식 및 건축의 마무리재로 많이 사용한다.

43 생태복원용으로 이용되는 재료로 거리가 먼 것은?

① 식생매트   ② 식생자루
③ 식생호안블록   ④ 소형고압블록

● 해설
소형고압블록
보도용, 차도용 콘크리트 제품 중 일정한 크기의 골재와 시멘트를 배합하며 높은 압력과 열로 처리한 보도블록이다.

44 물에 대한 설명이 틀린 것은?

① 호수, 연못, 풀 등은 정적으로 이용된다.
② 벽천은 다른 수경에 비해 대규모 지역에 어울리는 방법이다.
③ 분수, 폭포, 벽천, 계단폭포 등은 동적으로 이용된다.
④ 조경에서 물은 동서양 모두 즐겨 이용했다.

● 해설
• 정적 이용 : 호수, 연못, 풀(Pool)은 평온한 느낌으로 긴장을 풀어준다.
• 동적 이용 : 분수, 폭포, 벽천, 계단폭포는 활동적이며, 생동감과 신선함을 준다.
• 물은 심리작용과 함께 마음을 정화하는 효과를 준다.
• 벽천은 소규모 지역에 많이 쓰인다.

정답   39 ③   40 ①   41 ②   42 ②   43 ④   44 ②

45 공사의 설계, 감독, 관리, 시공을 의뢰하는 주체는 누구인가?

① 설계자　　② 발주자
③ 감리자　　④ 감독자

●해설

시공주 (발주자)	공사의 설계, 감독, 관리, 시공을 의뢰하는 주체
감독관	• 발주자를 대신하여 공사현장을 지휘, 감독하는 자 • 재료, 검사, 시험, 현장지휘 등 감독업무에 종사할 것을 발주자가 도급자에게 통고한 자
시공자	시공주와 계약을 하여 공사를 완성하고 그 대가를 받는 자
현장 대리인	공사업자를 대리하여 현장에 상주하는 책임 시공기술자(현장소장)
감리자	시공과정에서 전문기술자의 지식, 기술과 경험을 활용하여 시공주 측 자문에 응하고 설계도·시방서와 일치되는지 확인하는 자
설계자	시공주와 설계용역 계약을 체결하며, 충분한 계획과 자료를 수집하고 넓은 지식과 경험을 바탕으로 시방서와 공사내역서를 작성하는 자

46 시멘트벽돌의 할증률은 몇 %인가?

① 3%　　② 5%
③ 10%　　④ 10%

●해설
건설재료의 할증률

3%	• 이형철근 • 붉은 벽돌 • 경계블록 • 타일(도기, 자기)	• 합판(일반용) • 내화벽돌 • 테라코타
5%	• 원형철근 • 합판(수장용) • 호안블록 • 타일(아스팔트, 비닐)	• 목재(각재) • 시멘트벽돌 • 기와
10%	• 강판 • 조경용 수목 • 석재용 붙임용재(정형돌)	• 목재(판재) • 잔디, 초화류
30%	• 원석(마름돌) • 석재용 붙임용재(부정형돌)	
기타	4% : 블록	

47 토공사(정지) 작업 시 일정한 장소에 흙을 깎아 일정한 높이를 만드는 일을 무엇이라 하는가?

① 객토　　② 절토
③ 성토　　④ 경토

●해설
절토(切土 : 흙깎기)
시공기면(施工基面)을 기준으로 흙을 파거나 깎아내는 일로 굴삭, 굴착이라고 하며, 흙깎기 비탈면 경사를 1 : 1 정도로 한다.

48 흙을 이용하여 3m 높이로 마운딩하려고 할 때, 더돋기를 고려해 실제 쌓아야 하는 높이로 가장 적합한 것은?

① 3m　　② 3m 30cm
③ 4m　　④ 4m 40cm

●해설
더돋기 높이는 10~15%이므로 3m 30cm가 된다.

49 흙은 같은 양이라 하더라도 자연상태(N)와 흐트러진 상태(S), 인공적으로 다져진 상태(H)에 따라 각각 그 부피가 달라진다. 자연상태의 흙의 부피(N)를 1.0으로 할 때 부피가 큰 순서로 적당한 것은?

① N>S>H　　② N>H>S
③ S>N>H　　④ S>H>N

50 토공사용 기계에 대한 설명으로 부적당한 것은?

① 불도저는 일반적으로 60m 이하의 배토작업에 사용한다.
② 드래그라인은 기계 위치보다 낮은 연질 지반의 굴착에 유리하다.

정답　45 ②　46 ②　47 ②　48 ②　49 ③　50 ④

③ 클램셸은 좁은 곳의 수직터파기에 쓰인다.
④ 파워셔블은 기계가 위치한 면보다 낮은 곳의 흙파기에 쓰인다.

● 해설
파워셔블은 기계가 놓인 지면보다 높은 면의 굴착에 사용한다.

51 식물재배용 전구로 화단 조명에 가장 많이 쓰이는 조명등은?

① 할로겐등　　② 고압수은등
③ 저압나트륨등　④ 메탈할라이드

● 해설
광원의 종류

백열등	열효율이 가장 낮고, 수명이 제일 짧다.
형광등	소정원에서 사용하며, 설치비가 저렴하다.
할로겐등	• 수명이 길고, 소형이어서 배광에 효과적이다. • 분수를 외곽에서 조명할 때 사용한다.
수은등	• 차가운 느낌을 주며, 수목과 잔디의 황록색을 살리는 데 효과적이다. • 수명이 제일 길다.
나트륨등	• 점등 후 20~30분이 경과하지 않으면 충분한 빛을 낼 수 없으며, 황색광 때문에 일반 조명으로는 사용하지 않는다. • 안개지역의 조명, 도로 조명, 터널 조명 등에 사용하며 열효율이 가장 좋다.
메탈할라이드	식물재배용 전구로 화단 조명에 가장 좋다.

52 다음 중 40m²의 면적에 팬지를 20cm×20cm 규격으로 심고자 한다. 팬지 묘의 필요 본수로 가장 적당한 것은?

① 100　　② 250
③ 500　　④ 1,000

● 해설
팬지 규격이 $0.2m \times 0.2m = 0.04m^2$이므로
$40m^2 / 0.04m^2 = 1,000$

53 소나무류의 순자르기에 대한 설명으로 옳은 것은?

① 7~9월에 실시한다.
② 남길 순도 1/3~1/2 정도로 자른다.
③ 수세가 좋거나 어린 나무는 5~7일 정도 빨리 실시한다.
④ 나무의 세력이 약하거나 크게 기르고자 할 때 순자르기를 강하게 실시한다.

● 해설
소나무 순자르기(순따기)
• 소나무류, 화백, 주목 등은 가지 끝에 여러 개의 눈이 있어 봄에 그대로 두면 중심의 눈이 길게 자라고, 나머지 눈도 사방으로 뻗어 바큇살 같은 모양을 이루어 운치가 없다.
• 원하는 모양을 만들기 위해 5~6월경 새순이 자랐을 때 2~3개의 순을 남기고, 중심순을 포함한 나머지 순은 손으로 따 버린다.
• 남긴 순도 자라는 힘이 지나치다고 생각될 때 1/2~1/3 정도만 남겨 두고 끝부분을 따 버린다.
• 노목이나 쇠약해 보이는 나무는 다소 빨리 실시하고, 수세가 좋거나 어린 나무는 5~7일 정도 늦게 실시한다.

54 포플러 잎녹병의 중간기주에 해당하는 것은?

① 등골나무　　② 낙엽송
③ 오리나무　　④ 까치밥나무

● 해설
병해충의 중간기주
• 잣나무 털녹병 : 송이풀과 까치밥나무
• 포플러 잎녹병 : 낙엽송
• 배나무 적성병 : 향나무
• 소나무 혹병 : 참나무류

55 파이토플라스마에 의한 수목병이 아닌 것은?

① 벚나무 빗자루병
② 붉나무 빗자루병
③ 오동나무 빗자루병
④ 대추나무 빗자루병

정답　51 ④　52 ④　53 ②　54 ②　55 ①

> 해설
- 마이코(파이토)플라스마 : 대추나무 빗자루병, 오동나무 빗자루병, 뽕나무 오갈병, 붉나무 빗자루병 등
- 진균 : 모잘록병, 벚나무 빗자루병, 흰가루병

56 깍지벌레나 진딧물 등이 수목에 기생한 후 그 분비물 위에 번식하여 나무의 잎, 가지, 줄기가 검게 보이는 병은?

① 그을음병　　② 흰가루병
③ 줄기마름병　④ 잎떨림병

> 해설
그을음병은 깍지벌레, 진딧물 등 흡즙성 해충이 기생하였던 나무에서 흔히 볼 수 있으며, 가지, 잎, 과실, 줄기 등이 그을음을 발라 놓은 것처럼 검게 보인다.

57 수목의 외과수술 순서로 맞는 것은?

① 부패부 제거 → 방부·방수처리 → 살균·살충처리 → 동공 충진 → 매트처리 → 수지처리
② 부패부 제거 → 살균·살충처리 → 방부·방수처리 → 동공 충진 → 매트처리 → 수지처리
③ 부패부 제거 → 살균·살충처리 → 방부·방수처리 → 매트처리 → 동공 충진 → 수지처리
④ 부패부 제거 → 방부·방수처리 → 살균·살충처리 → 동공 충진 → 매트처리 → 수지처리

> 해설
부패부 제거 → 살균·살충처리 → 방부·방수처리 → 동공 충진 → 매트처리 → 인공 나무껍질 처리 → 수지처리

58 다음 그림과 같은 비탈면 녹화공법의 명칭은?

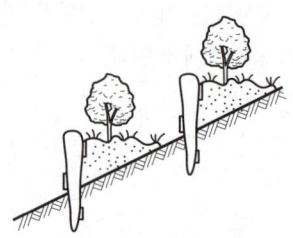

① 편책공　　② 근지공
③ 식생반공　④ 종자 뿜어붙이기

> 해설
편책공
산복비탈면에 나무말뚝을 박고 초두목이나 가지로 바자를 얽어매는 울타리공작물이다.

59 유충과 성충 모두가 나뭇잎을 가해하는 해충은?

① 밤나무어스렝이나방
② 오리나무잎벌레
③ 참나무재주나방
④ 솔나방

> 해설
오리나무잎벌레
- 연 1회 발생하며 성충으로 지피물 밑 또는 흙속에서 월동한다.
- 유충과 성충이 동시에 잎을 식해한다.
- 유충은 잎살만 먹고 잎맥을 남겨 잎이 그물모양이 되며, 성충은 주맥만 남기고 잎을 갉아 먹는 해충이다.
- 방제법 : 5월 하순~7월 하순 유충 가해기에 디프 수화제(80%)를 살포한다.

60 조경재료 중 생물재료의 특성이 아닌 것은?

① 연속성　　② 불변성
③ 조화성　　④ 다양성

> 해설
식물재료의 특성 : 자연성, 조화성, 연속성, 다양성

정답 56 ① 57 ② 58 ① 59 ② 60 ②

24장 2023년 복원 기출문제

01 이집트 주택정원의 구성요소가 아닌 것은?
① 높은 담장   ② 수렵원
③ 키오스크   ④ 탑문

해설
서부아시아 수렵원(Hunting Garden)
- 길가메시 이야기 : 사냥터 경관을 전하는 최고의 문헌
- 수렵, 야영장, 훈련장, 제사장, 향연장 등에 이용
- 인공으로 호수와 언덕을 조성하고 정상에 신전을 세움
- 소나무, 사이프러스 식재, 오늘날 공원(Park)의 시초

02 아도니스원에 위치한 포트에 심은 수종이 아닌 것은?
① 상추   ② 보리
③ 밀   ④ 벼

해설
아도니스원(Adonis Garden)
- 지붕에 아도니스 동상을 세우고 주위를 화분으로 장식
- 화분에 밀, 보리, 상추 등을 분이나 포트(Pot)에 심어 부인들이 가꾸었다.
- 후에 포트가든(Pot Garden) 또는 옥상정원으로 발달하였다.

03 다음 중 Nicholas Fouguet가 소유하였고, 앙드레 르노트르의 출세작으로 알려진 정원은?
① 베르사유 정원
② 보르비콩트 정원
③ 버컨헤드 파크
④ 센트럴 파크

04 버킹엄의 스토우 가든을 설계하고, 담장 대신 정원 부지의 경계선에 도랑을 파서 외부로부터의 침입을 막는 Ha-ha 수법을 실현하게 한 사람은?
① 애디슨   ② 브리지맨
③ 켄트   ④ 브라운

해설
하하(Ha-ha) 수법
담장 대신 정원부지의 경계선에 해당하는 곳에 깊은 도랑을 파서 외부로부터 침입을 막고 가축을 보호하며, 목장, 삼림, 경지 등을 전원풍경 속에 끌어들이는 의도에서 만들어졌다.

05 조경에서 비스타(vista)에 대한 설명으로 틀린 것은?
① 좌우로 시선을 제한하여 일정 지점으로 시선이 모이도록 구성된 경관이다.
② 영국식 자연 풍경식 정원이라고 말한다.
③ 정원을 실제 넓이보다 한층 더 넓어 보이는 효과가 있다.
④ 일명 통경선 강조 수법이라고 말한다.

해설
프랑스 평면기하학식
비스타(Vista : 통경선) 좌우로 시선을 집중, 일정 지점으로 시선이 모이도록 구성된 경관

06 일본 최초의 조경 지침서로 알려진 정원서는?
① 원야   ② 작정기
③ 일본서기   ④ 측산고산수형

정답 01 ② 02 ④ 03 ② 04 ② 05 ② 06 ②

> **해설**

작정기(作定記)
- 일본 최초의 조원지침서이며, 일본 정원 축조에 관한 가장 오래된 비전서
- 귤준망(강)의 저서이며, 침전조 건물에 어울리는 조원법 서술
- 내용 : 돌을 세울 때 마음가짐과 세우는 법, 연못의 형태, 섬의 형태, 폭포 만드는 법 등 지형의 취급방법

07 우리나라 조선시대의 별서들이다. 현재의 지명 및 그 별서의 경영자가 서로 맞게 나열되어 있는 것은?

① 부용동 별서 – 전남 완도 보길도 – 정철
② 소쇄원 – 전담 담양 – 윤선도
③ 옥호정 – 서울 – 김조순
④ 선교장 – 강원도 – 양산보

> **해설**

서울 삼청동 소재의 김조순의 별서이다.

08 정원식물의 특성과 번식법, 괴석의 배치법, 꽃을 화분에 심는 법을 수록한 저서는?

① 화엄수록
② 양화소록
③ 산림경제
④ 임원경제지

> **해설**

조경에 관한 문헌
㉠ 강희안의 양화소록
  - 중국의 문헌과 자신의 경험을 바탕으로 한 조선시대 조경식물에 관한 최초의 문헌
  - 정원식물의 특성과 번식법, 괴석의 배치법, 꽃을 화분에 심는 법을 수록
  - 꽃이 꺼리는 것, 꽃을 취하는 법과 기르는 법 수록
㉡ 유박의 화암소록 : 양화소록의 부록, 45종의 화목을 품격에 따라 9등급으로 분류
㉢ 홍만선의 산림경제 : 농가생활에 필요한 백과사전
㉣ 서유거의 임원경제지(임원십육지) : 정원식물의 종류와 경승지 등 소개

09 읍성(邑城)에 대한 설명으로 틀린 것은?

① 3단1묘
② 조선시대 지방행정 중심지
③ 정의읍성 입구에 석구 한 쌍
④ 군사적 방어목적

> **해설**

순천 낙안읍성 동문쪽에 한 쌍의 석구가 있으며, 오른쪽은 '수캐', 왼쪽은 '암캐'라 부르기도 한다.

10 중국 정원은 풍경식이면서 어디에 중점을 두고 만들었는가?

① 대비 ② 조화
③ 관련 ④ 연관

11 아래 그림은 독도이다. 어떤 경관을 의미하는가?

① 지형경관 ② 위요(圍繞)경관
③ 초점경관 ④ 일시경관

> **해설**

초점경관
- 관찰자의 시선이 어느 한 점으로 유도되도록 구성된 공간
- 폭포, 암석, 수목, 분수, 조각, 기념탑 등의 경관요소가 초점의 역할

정답 07 ③ 08 ② 09 ③ 10 ① 11 ③

12 프로젝트의 수행단계 중 주로 자료의 수집, 분석, 종합에 초점을 맞추는 단계는?

① 조경설계 ② 조경시공
③ 조경계획 ④ 조경관리

●해설
- 조경계획 : 프로젝트의 수행단계 중 주로 자료의 수집, 분석, 종합
- 조경설계 : 기능적이고 미적인 3차원적 공간을 구체적으로 발전시켜 창조하는 데 초점을 둠
- 조경관리 : 조경 프로젝트의 수행단계 중 식생의 이용 및 시설물의 효율적 이용 유지, 보수 등 전체적인 것을 다루는 단계

13 다음 중 순공사원가를 가장 바르게 표시한 것은?

① 재료비+노무비+경비
② 재료비+노무비+일반관리비
③ 재료비+일반관리비+이윤
④ 재료비+노무비+경비+일반관리비+이윤

●해설
공사비 구성
- 순공사원가 : 재료비, 노무비, 경비(전력, 운반, 가설비, 보험료, 안전관리비)
- 일반관리비 : 기업 유지관리비로 순공사원가의 7% 이내에서 계산(본사경비)
- 이윤 : (노무비+경비+일반관리비) × 10% 이내

14 재료가 외력을 받아서 변형을 일으킨 뒤 외력을 제거하면 다시 원형으로 돌아가는 성질은?

① 소성 ② 연성
③ 탄성 ④ 강성

●해설
금속재료의 성질

취성	재료가 외력을 받았을 때 작은 충격에도 파괴되는 성질
인성	재료가 외력을 받았을 때 큰 충격에도 잘 견디는 성질
전성	부러지지 않으면서 얇게 판으로 만들 수 있는 성질
연성	• 부러지지 않으면서 가늘게 선으로 늘어나는 성질 • 연성이 높은 순서 : 금>은>알루미늄>철>니켈>구리>아연>주석>납
탄성	재료가 외력을 받아서 변형을 일으킨 뒤 외력을 제거하면 다시 돌아오는 성질
소성	외력에 의해 변한 물체가 외력이 없어져도 원래의 형태로 돌아오지 않는 성질 예 찰흙

15 배식설계 방법 중 정형식 배식이 아닌 것은?

① 대식 ② 대식
③ 임의식재 ④ 교호식재

●해설
임의식재
부등변 삼각형 식재를 기본단위로 하여 삼각망을 순차적으로 확대하면서 연결시켜 나가는 식재 방법

16 「주차장법 시행규칙」상 주차장의 주차단위 구획 기준은?(단, 평행주차형식 외의 장애인 전용 방식이다.)

① 2.0m 이상 × 4.5m 이상
② 3.0m 이상 × 5.0m 이상
③ 2.3m 이상 × 4.5m 이상
④ 3.3m 이상 × 5.0m 이상

17 좁고 얄팍한 목재를 엮어 1.5m 정도의 높이가 되도록 만들어 놓은 격자형의 시설물로서 덩굴식물을 지탱하기 위한 것은?

① 파고라 ② 아치
③ 트렐리스 ④ 정자

●해설
정원 구조물로 덩굴식물을 지탱하기 위해 목재 및 금속 등을 사용하여 격자 모양으로 만든 격자 틀이다.

정답 12 ③ 13 ① 14 ③ 15 ③ 16 ④ 17 ③

18 옥상정원의 환경조건에 대한 설명이다. 틀린 것은?

① 토양수분의 용량이 적다.
② 토양 온도의 변동폭이 크다.
③ 양분의 유실속도가 늦다.
④ 바람의 피해를 받기 쉽다.

●해설
옥상조경의 구조적 조건
• 하중 : 아주 중요한 고려사항
• 하중에 미치는 영향 요소 : 식재층의 중량, 수목 중량, 시설물 중량 등
• 식재층의 경량화를 위해 경량토 사용
※ 경량토의 종류 : 버미큘라이트, 펄라이트, 화산재, 피트모스, 부엽토 등

19 도시공원 및 녹지 등에 관한 법령에 의한 어린이공원의 설계기준으로 부적합한 것은?

① 유치거리는 250m 이하
② 규모는 1,500m² 이상
③ 공원시설 부지면적은 60% 이하
④ 녹지면적은 60% 이하

●해설
어린이공원
녹지면적 40% 이상, 시설면적 60% 이하

20 다음 [보기]와 같은 특성을 지닌 정원수는?

[보기]
• 형상수로 많이 이용되고, 가을에 열매가 붉게 된다.
• 내음성이 강하며, 비옥지에서 잘 자란다.

① 주목
② 쥐똥나무
③ 화살나무
④ 산수유

21 다음 중 자웅이주인 것은?

① 은행나무　② 측백나무
③ 향나무　　④ 전나무

●해설
암수꽃의 분리여부에 따른 분류

구분	개념 및 수종
자웅동주 (암수한그루)	한 식물에 암수꽃이 같이 존재하는 것을 말한다.(소나무, 해송(곰솔), 밤나무, 자작나무, 상수리나무 등)
자웅이주 (암수딴그루)	서로 다른 식물에 암수꽃이 존재하는 것을 말한다.(은행, 소철, 버드나무 등)

22 오리나무잎벌레의 천적으로 가장 보호되어야 할 곤충은?

① 벼룩좀벌　② 노린재
③ 무당벌레　④ 실잠자리

●해설

생물적 방제	포식성 천적인 무당벌레류, 풀잠자리류, 거미류, 조류 등을 보호한다.
물리적 방제	5~6월에 알 덩어리나 모여 사는 유충이 있는 잎을 채취 소각한다.

23 다음 중 봄에 꽃이 피는 진달래 등의 꽃나무류 전정시기로 가장 적당한 것은?

① 꽃이 진 직후
② 여름에 도장지가 무성할 때
③ 늦가을
④ 장마 이후

●해설
종별 전정시기

낙엽활엽수	3월, 7~8월, 10~12월
상록활엽수	3월, 9~10월
침엽수	3월(이른 봄), 한겨울을 피한 11~12월
화목류	낙화(落花) 무렵
유실수	싹 트기 전, 수액 이동 전
가로수	하기 전정

정답　18 ③　19 ④　20 ①　21 ①　22 ③　23 ①

24 팥배나무 특징에 대한 설명으로 틀린 것은?

① 잎 가장자리에 불규칙한 겹톱니
② 꽃은 5월에 피고 흰색
③ 잎은 어긋나고 달걀 모양
④ 열매는 9~10월 검은색

● 해설
열매는 타원형이며 반점이 뚜렷하고 9~10월에 홍색으로 익는다.

25 흰말채나무의 설명으로 옳지 않은 것은?

① 잎은 대생하며 타원형 또는 난상타원형이다.
② 노란색의 열매가 특징적이다.
③ 수피가 여름에는 녹색이나 가을, 겨울철의 붉은 줄기가 아름답다.
④ 잎 표면에 작은 털, 뒷면은 흰색의 특징을 갖는다.

● 해설
흰말채나무
열매는 타원 모양의 핵과(核果)로서 흰색 또는 파랑빛을 띤 흰색이다.

26 식재에 의한 비탈면 경사 공법으로 틀린 것은?

① 식생자루   ② 콘크리트
③ 잔디블록   ④ 식생매트

● 해설
비탈면 보호
㉠ 식재에 의한 보호
 • 잔디, 잡초, 초본류, 관목류로 비탈면을 피복하여 경관형성 및 붕괴를 예방하는 방법
 • 종자 뿜어붙이기(Seed Spray) : 종자, 비료를 섞어서 분사하여 파종하는 방법으로 짧은 시간에 급경사지나 절토·성토 사면에 적용하는 공법
 • 종류 : 식생자루, 식생매트, 잔디블록, 식생구멍공
㉡ 콘크리트 격자틀 공법
 • 정방형의 콘크리트 틀블록을 격자상으로 조립하며 말뚝이나 철침을 박아 고정시킨다.

 • 틀 안의 식물이 성장하여 주변경관과 조화를 이룬다.
㉢ 콘크리트 블록공법
 • 비탈면 경사가 1 : 0.5 이상인 급경사면에 사용한다.
 • 안정성은 있으나 자연경관과 이질감이 있는 단점이 있다.

27 건조 전 질량이 113kg인 목재를 건조시켜서 100kg이 되었다면 함수율은?

① 0.013%   ② 0.13%
③ 1.3%   ④ 13%

● 해설
$$함수율 = \frac{건조 전 중량 - 건조 후 중량}{건조 후 중량} \times 100\%$$
$$= \frac{113-100}{100} \times 100 = 13\%$$

28 화산이 폭발할 때 나오는 분출물 중에서 다공질의 지름 4mm 이상의 암석을 말하며, 경석이라고도 한다. 비중이 작아 물에 잘 뜨는 암석은?

① 퇴적암   ② 부석
③ 변성암   ④ 화강암

29 석재 중 경석의 겉보기 비중으로 가장 적당한 것은?

① 약 1.0~1.5
② 약 1.6~2.4
③ 약 2.5~2.7
④ 약 3.0~4.6

● 해설
석재의 비중 시험방법은 한국산업규격(KS F 2518)에 규정되어 있으며, 보통 2.5~3.0으로 평균 2.65 정도이지만 암석의 종류에 따라 약간 다르다.

정답 24 ④ 25 ② 26 ② 27 ④ 28 ② 29 ③

30 시료를 가열하여 휘발성 성분과 열분해될 수 있는 성분이 제거되고 불연분만 남아 질량이 일정한 값이 될 때까지의 감량을 시료에 대한 백분율로 나타낸 양은?

① 감량촉진제　　② 강열감량
③ 건조감량　　　④ 습윤감량

● 해설
흙이나 시멘트 등의 시료에 강한 열을 가했을 때 중량의 손실량을 강열감량이라고 한다.

31 일반적으로 추운 지방이나 겨울철에 콘크리트가 빨리 굳어지도록 주로 섞어 주는 것은?

① 석회　　　　② 염화칼슘
③ 붕소　　　　④ 마그네슘

● 해설
염화칼슘은 대표적인 응결경화촉진제이나 콘크리트의 내구성을 떨어뜨리는 단점이 있다.

32 물-시멘트비가 50%, 단위수량 165kg/m³일 때 단위 시멘트양은?

① 82.5kg/m³　　② 165kg/m³
③ 330kg/m³　　　④ 345kg/m³

● 해설
$\dfrac{물\ 무게}{시멘트\ 무게} \times 100 =$ 물-시멘트비

$\dfrac{165}{x} \times 100 = 50\%$

$\therefore x = \dfrac{165}{0.5} = 330 kg/m^3$

33 금속재료 분류 중 철금속이 아닌 것은?

① 시소　　　　② 그네
③ 철봉　　　　④ 수경시설

● 해설
금속재료의 분류

철금속	• 철이 주가 된 합금이다. • 아치, 식수대, 조합놀이대, 그네, 시소, 사다리, 미끄럼틀, 철봉 등의 시설물에 사용한다.
비철금속	• 철 이외의 순수한 금속들과 그런 금속들의 합금이다. • 수경시설, 유희시설, 환경조형 등의 시설물에 사용한다.

34 벤치, 인공폭포, 인공암, 수목 보호판 등으로 이용하기에 가장 적합한 것은?

① 아크릴수지
② 유리섬유강화플라스틱
③ 폴리에틸렌수지
④ 염화비닐수지

● 해설
유리섬유강화플라스틱(FRP)
• 가장 많이 사용하는 플라스틱 제품으로 강도가 약한 플라스틱에 유리섬유 강화제를 넣어 강화시킨 제품
• 벤치, 인공폭포, 인공암, 미끄럼대의 슬라이더, 화분대, 인공동굴, 수목보호대, 놀이기구 등에 이용

35 시공자의 선정에 다른 계약체결 순서로 맞는 것은?

① 입찰공고 → 현장설명 → 입찰 → 낙찰 → 개찰 → 계약
② 현장설명 → 입찰공고 → 입찰 → 개찰 → 낙찰 → 계약
③ 입찰공고 → 입찰 → 현장설명 → 개찰 → 낙찰 → 계약
④ 입찰공고 → 현장설명 → 입찰 → 개찰 → 낙찰 → 계약

정답　30 ②　31 ②　32 ③　33 ④　34 ②　35 ④

36 다음 중 시공관리의 기능이 아닌 것은?

① 공정관리 ② 품질관리
③ 원가관리 ④ 하자관리

> 해설

품질관리	• 최저비용으로 최량품질의 공사를 완성할 수 있도록 숫자에 의해 관리 및 통제 • 품질, 재료관리 및 인원의 수요 · 공급에 대처
공정관리	• 공사 착공부터 완성까지 각 부분의 공사 진행 사항을 미리 제출하는 계획서 • 종류 : 횡선식 공정표, S자 곡선, 네트워크 공정표
원가관리	공사를 계약된 기간 안에 주어진 예산으로 완성시키기 위하여 재료비, 노무비, 경비를 기록하여 통합 및 분석하는 회계 관리

37 재료에 따른 할증률이 맞는 것은?

① 강판 : 3% ② 붉은벽돌 : 5%
③ 잔디, 초화류 : 10% ④ 이형철근 : 30%

> 해설

3%	• 이형철근 • 붉은벽돌 • 경계블록 • 타일(도기, 자기)	• 합판(일반용) • 내화벽돌 • 테라코타
5%	• 원형철근 • 합판(수장용) • 호안블록 • 타일(아스팔트, 비닐)	• 목재(각재) • 시멘트벽돌 • 기와
10%	• 강판 • 조경용 수목	• 목재(판재) • 잔디, 초화류
30%	• 원석(마름돌) • 석재용 붙임용재(부정형돌)	
기타	4% : 블록	

38 조경공사에서 작은 언덕을 조성하는 것을 뜻하는 "흙쌓기" 용어는?

① 전압 ② 성토
③ 마운딩 ④ 정지

> 해설

• 전압 : 포장재료를 롤러로 굳게 다지는 작업
• 마운딩(築山) : 경관의 변화, 방음, 방풍을 목적으로 흙을 쌓아 작은 동산을 만드는 것
• 정지(整地) : 계획 등고선에 따라 절토 · 성토를 하여 부지를 정리하는 것

39 등고선의 성질이 아닌 것은?

① 동일 등고선상에 있는 모든 점은 같은 높이이다.
② 등고선은 도면의 안이나 밖에서 폐합되며, 도중에 없어진다.
③ 산정과 오목지에서는 도면 안에서 폐합된다.
④ 높이가 다른 등고선은 동굴과 절벽을 제외하고 교차하거나 합쳐지지 않는다.

> 해설

등고선은 도면의 안이나 밖에서 폐합되며, 도중에 없어지지 않는다.

40 평판측량방법과 관계가 없는 것은?

① 방사법 ② 전진법
③ 교회법 ④ 좌표법

> 해설

평판측량방법
방사법, 전진법, 교회법

41 벽돌(190×90×57)을 이용하여 경계부의 담장을 쌓으려고 한다. 시공면적 20m²에 1.5B 두께로 시공할 때 약 몇 장의 벽돌이 필요한가?(단, 줄눈은 10mm이고, 할증률은 무시한다.)

① 약 750장 ② 약 1,490장
③ 약 2,980장 ④ 약 4,480장

> 해설

224장 × 20m² = 4,480장

42 바람이 없을 때를 기준으로 살수 작동 최대 간격은 살수직경 몇 %로 제한하는가?

① 30~35%   ② 35~40%
③ 45~50%   ④ 60~65%

43 단기간에 잔디밭을 조성할 때 이용하며 뗏장이 많이 소요되는 방법은?

① 줄떼 붙이기
② 어긋나게 붙이기
③ 전면 붙이기
④ 50% 붙이기

> **해설**
> 떼심기의 종류
> ㉠ 평떼 붙이기(전면 떼 붙이기)
> • 단기간에 잔디밭을 조성할 때 이용하며 뗏장이 많이 소요된다.
> • 잔디 사이를 1~3cm 정도 어긋나게 배열하여 전면에 심는 방법이다.
> • 식재면을 평탄하게 정리한 다음 롤러로 다짐 후 관수한다.
> ㉡ 어긋나게 붙이기 : 뗏장을 20~30cm 간격으로 어긋나게 놓거나 서로 맞물려 어긋나게 배열하는 방법이다.
> ㉢ 줄떼 붙이기 : 뗏장을 5, 10, 15, 20cm 정도로 잘라서 그 간격을 15, 20, 30cm로 하여 심는 방법이다.

44 아바멕틴 유제 1,000배액을 만들려면 물 18L에 몇 mL를 타야 하는가?

① 0.018   ② 1.8
③ 18   ④ 180

> **해설**
> 소요약량 = $\dfrac{\text{단위면적당 사용량}}{\text{소요희석배수}}$
> = $\dfrac{18}{1,000}$ = 0.018L
> (mL로 단위환산하면 18mL)

45 다음 중 농약의 제형이 아닌 것은?

① 유제   ② 액제
③ 수화제   ④ 분산제

> **해설**
> 물리적 형태인 제형에 따라 유제, 액제, 수화제, 수용제, 분제, 입제 등이 있다. 분산제는 보조제이다.

46 녹병균에 의한 수병은 중간기주를 거쳐야 병이 전염된다. 다음 수종 중 소나무잎녹병의 중간기주는?

① 오리나무   ② 포플러
③ 황벽나무   ④ 사과나무

> **해설**
>
> | 수병명 | 기주식물 | |
> |---|---|---|
> | | 녹병포자·녹포자세대(본기주) | 여름포자·겨울포자세대(중간기주) |
> | 소나무잎녹병 | 소나무 | 황벽나무, 참취, 잔대 |
> | 잣나무털녹병 | 잣나무 | 송이풀, 까치밥나무 |
> | 소나무혹병 | 소나무 | 졸참나무, 신갈나무 |

47 다음 중 임해공업단지에 공장조경을 하려 할 때 가장 적합한 수종은?

① 광나무   ② 히말라야시더
③ 감나무   ④ 왕벚나무

48 다음 중 여름에서 가을까지 꽃을 피우는 수종으로 틀린 것은?

① 무궁화   ② 박태기나무
③ 은목서   ④ 협죽도

> **해설**
> • 박태기나무는 봄꽃수종
> • 가을꽃 : 무궁화, 부용 협죽도, 금목서, 은목서 등

정답 42 ④ 43 ③ 44 ③ 45 ④ 46 ③ 47 ① 48 ②

49 콘크리트 용적배합 시 1 : 2 : 4에서 2는 어느 재료의 배합비를 표시한 것인가?

① 물 ② 모래
③ 자갈 ④ 시멘트

●해설
시멘트 : 모래 : 자갈

50 추위에 의해 나무의 줄기 또는 수피가 수선방향으로 갈라지는 현상을 무엇이라 하는가?

① 고사 ② 피소
③ 괴사 ④ 상렬

51 감법혼색에서 Magenta + Cyan 혼합하면 무슨 색이 되는가?

① Yellow ② Blue
③ Green ④ Red

●해설

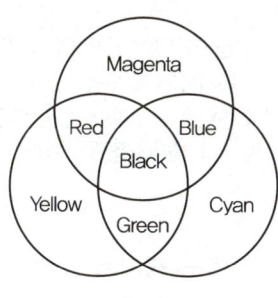

‖ 감법혼색 ‖

52 콘크리트 내부에 독립된 미세한 기포를 발생시켜 시멘트, 골재 주위에서 볼 베어링 작용을 하여 콘크리트의 워커빌리티를 개선하는 혼화제는?

① AE제 ② 촉진제
③ 지연제 ④ 발포제

●해설
AE제
• 워커빌리티가 좋고, 단위수량이 적어지며, 수밀성이 좋아진다.
• 콘크리트 속에 있는 작은 공기 거품을 고르게 하기 위하여 사용하는 혼화제이다.

53 제도를 하는 순서가 올바른 것은?

㉠ 축척을 정한다.
㉡ 도면의 윤곽을 정한다.
㉢ 도면의 위치를 정한다.
㉣ 제도를 한다.

① ㉠-㉡-㉢-㉣ ② ㉡-㉢-㉣-㉠
③ ㉡-㉠-㉢-㉣ ④ ㉢-㉡-㉠-㉣

●해설
제도의 순서
• 도면의 크기와 축척
• 도면의 윤곽선과 표제란
• 도면 내용의 배치 및 용지방향

54 수목의 규격을 수고와 근원직경으로 표시하는 수종은 어느 것인가?

① 목련 ② 은행나무
③ 잣나무 ④ 전나무

●해설
흉고직경(H×B)으로 규격을 표시하는 수종
은행나무, 잣나무, 전나무

55 다음 중 붉은 색의 단풍이 드는 수목들로 구성된 것은?

① 낙우송, 느티나무, 백합나무
② 칠엽수, 참나릅나무, 졸참나무
③ 감나무, 화살나무, 흰말채나무
④ 이깔나무, 메타세쿼이어, 은행나무

정답 49 ② 50 ④ 51 ② 52 ① 53 ① 54 ① 55 ③

해설
단풍이 아름다운 나무

구분	주요 수목명
홍색계	단풍나무류(고로쇠나무 제외), 화살나무, 붉나무, 감나무, 당단풍나무, 복자기나무, 산딸나무, 매자나무, 참빗살나무, 남천, 배롱나무, 흰말채나무 등
황색 및 갈색계	은행나무, 벽오동, 버드나무류, 느티나무, 계수나무, 낙우송, 메타세쿼이아, 고로쇠나무, 참느릅나무, 때죽나무, 석류나무, 칠엽수, 갈참나무, 백합, 졸참나무, 모감주나무, 버즘나무 등

56 모란의 이식시기로 가장 적당한 때는?

① 2월 상순~3월 상순
② 3월 상순~4월 중순
③ 8월 상순~9월 중순
④ 10월 중순~11월 중순

해설
모란의 이식 적기는 8월 하순~9월이다. 배수가 잘 되는 사질양토에서 잘 자라며 내한성이 있다.

57 다음 중 천근성(淺根性)수종으로 짝지어진 것은?

① 독일가문비, 자작나무
② 젓나무, 백합나무
③ 느티나무, 은행나무
④ 백목련, 가시나무

해설

구분	주요 수목명
심근성	소나무, 전나무, 주목, 곰솔, 동백나무, 녹나무, 태산목, 후박나무, 느티나무, 칠엽수, 회화나무, 백합나무, 은행나무, 섬잣나무 등
천근성	독일가문비, 일본잎갈나무, 편백, 자작나무, 미루나무, 버드나무, 매화나무 등

58 다음 수종 중 음수가 아닌 것은?

① 주목
② 독일가문비
③ 팔손이나무
④ 석류나무

해설

음수	주목, 전나무, 독일가문비나무, 호랑가시나무, 팔손이나무, 비자나무, 가시나무, 녹나무, 후박나무, 동백나무, 회양목, 광나무 등
양수	소나무, 곰솔, 일본잎갈나무, 측백나무, 포플러류, 가중나무, 무궁화, 향나무, 은행나무, 철쭉류, 느티나무, 자작나무, 석류나무, 백목련, 개나리 등

59 질소와 칼륨 비료의 효과로 부적합한 것은?

① N : 수목 생장 촉진
② K : 뿌리, 가지 생육촉진
③ N : 개화 촉진
④ K : 각종 저항성 촉진

해설
- N : 영양생장과 광합성작용의 촉진으로 잎이나 줄기 등 수목의 생장에 도움을 준다.
- P : 세포분열을 촉진하여 꽃과 열매의 발육에 관여하며 새 눈과 잔가지를 형성한다.

60 설계도의 종류 중에서 3차원의 느낌이 가장 실제의 모습과 가깝게 나타나는 것은?

① 입면도   ② 평면도
③ 투시도   ④ 상세도

해설
투시도
- 평면도, 단면도 등 설계안대로 실제 완성된 모습을 가상하여 그린 것
- 물체를 눈에 보이는 형상 그대로 그린 것

정답 56 ③ 57 ① 58 ④ 59 ③ 60 ③

25장 2024년 복원 기출문제

01 미국조경가협회(ASLA, 1974)가 채택한 조경의 정의에 속하는 내용은?

① 경관의 조성과 관리
② 문화적·과학적 지식의 활용
③ 자원활용을 위한 토지의 개발
④ 단지의 효율적 계획과 설계

◉ 해설
미국조경가협회에서는 조경에 대해 실용성과 즐거움을 줄 수 있는 환경조성에 목적을 두고 자원의 보전과 효율적 관리를 도모하며, 문화적·과학적 지식의 응용을 통하여 설계·계획하고, 토지를 관리하며 자연 및 인공요소를 구성하는 기술이라 정의하였다.

02 스페인 알함브라 궁전의 중정 중 부인실에 예속되어 있는 것은?

① 천인화의 중정
② 사자의 중정
③ 레하의 중정
④ 다하라의 중정

◉ 해설
알함브라 궁전(4개의 중정)

알베르카의 중정	사자의 중정	다하라의 중정	창격자의 중정
도금양, 천인화	12마리의 사자	여성적인 분위기	사이프러스 바닥은 색자갈 연출

03 명나라 시대에 유명한 정원은 어디에 많이 위치해 있는가?

① 북경
② 소주
③ 남경
④ 항주

◉ 해설
- 중국의 4대 명원 : 북경 – 이화원, 피서산장
  소주 – 졸정원, 유원
- 소주의 4대 명원 : 창랑정(송), 사자림(원), 졸정원(명), 유원(명)

04 다음은 침전조 정원 어느 곳에 대한 설명인가?

> 여름의 시원한 바람과 가을의 밝은 달, 겨울의 흰 눈을 감상하며 낚시와 뱃놀이를 할 수 있는 곳

① 야리미즈
② 동대
③ 조전
④ 차사

◉ 해설
조전
여름에 시원한 바람과 가을에 밝은 달, 겨울에 흰 눈을 감상하며 낚시와 뱃놀이를 할 수 있는 건물

05 인도정원 요소 중 가장 큰 영향을 미친 것은?

① 수목
② 물
③ 원로
④ 정자

◉ 해설
무굴제국의 인도정원
- 타지마할 : 묘지 + 정원
- 무굴제국의 최고의 왕인 샤 쟈한이 자신의 왕비를 위하여 조성한 묘원으로 모든 건물과 정원이 가운데 축을 중심으로 좌우 대칭적 균형을 이룬다.
- 정원 요소 중 가장 큰 영향을 미친 것은 '물'이다.

06 다음 중 자연공원의 유형이 아닌 것은?

① 국립공원
② 도립공원
③ 시립공원
④ 지질공원

정답 01 ② 02 ④ 03 ② 04 ③ 05 ② 06 ③

해설
자연공원의 지정 및 관리권자

국립공원	환경부장관
도립공원	특별시장 · 광역시장 또는 특별자치도지사
군립공원	시장 · 군수 또는 구청장
지질공원	환경부장관 인증

07 동양정원에서 연못을 파고 그 가운데 섬을 만드는 수법에 가장 큰 영향을 주는 것은?
① 자연지형 ② 기상요인
③ 신선사상 ④ 생활양식

해설
궁남지는 우리나라 최초의 신선사상을 배경으로 한 연못이며, 버드나무를 식재하였다. (정원식재의 최초 기록)

08 상류주택에 모란(牡丹)이 대규모로 심겨졌던 국가는?
① 발해 ② 신라
③ 고구려 ④ 백제

09 조선시대 후원양식이라는 우리나라의 특수한 양식이 나타났는데 그 직접적인 원인이 된 것은?
① 유교의 도덕관
② 주역의 인성관
③ 불교의 극락정토 신앙
④ 풍수지리설에 따른 양택의 위치 결정

해설
후원양식의 특징
- 풍수지리설의 영향을 받아 후원양식이 생겼다.
- 건물 뒤에 자리잡은 언덕배기를 계단 모양으로 다듬어 만들었다.
- 경복궁 교태전 후원인 아미산, 창덕궁 낙선재의 후원 등이 그 예이다.

10 형광등 아래서 물건을 고를 때 외부로 나가면 어떤 색으로 보일까 망설이게 된다. 이처럼 조명 광이 물체의 색을 결정하는 광원의 성질은?
① 직진성 ② 연색성
③ 발광성 ④ 색순응

해설
연색성
형광등 아래서 물건을 고를 때의 색이 외부로 나가면 달리 보이는 현상

11 골프 코스 중 출발지점을 무엇이라 하는가?
① 티 ② 그린
③ 페어웨이 ④ 러프

해설

티 (Tee)	출발지역으로 1~2% 경사가 있으며, 면적은 400~500m² 정도
그린 (Green)	종점지역으로 2~5% 경사가 있으며, 면적은 600~900m² 정도
해저드 (Hazard)	연못, 하천, 냇가, 계곡 등의 장애구역
벙커 (Bunker)	모래웅덩이로 티에서 바라볼 수 있는 곳에 배치
러프 (Rough)	페어웨이와 그린 주변의 풀을 깎지 않은 초지로 이루어진 지역
페어웨이 (Fair Way)	티와 그린 사이에 짧게 깎은 잔디로 이루어진 지역으로 2~10% 경사를 유지
에이프런 (Apron)	그린 주위에 일정한 폭으로 풀을 깎지 않고 그대로 둔 지역
방위	• 코스는 남북방향으로 길게 배치하는 것이 좋음 • 잔디 식재는 남사면 또는 남동사면에 위치
잔디	• 들잔디 : 티, 러프, 페어웨이에 사용 • 벤트 그래스 : 골프장의 그린에 사용

정답 07 ③ 08 ① 09 ④ 10 ② 11 ①

12 다음 중 창덕궁 후원 내 옥류천 일원에 위치하고 있는 궁궐 내 유일한 초정은?

① 애련정　　② 부용정
③ 관람정　　④ 청의정

● 해설
옥류천역
- 후원의 가장 안쪽에 위치한 곳으로 계류를 중심으로 5개의 정자가 있음
- 청의정(유일한 초가지붕 정자), 태극정, 소요정, 농산정, 취한정
- 인공폭포(소요암)와 곡수거를 만들어 위락공간 장소로 이용

13 기본계획안 작성 시 포함되지 않는 것은?

① 집행계획　　② 시설물 상세계획
③ 하부구조계획　　④ 시설물 배치계획

● 해설
기본계획안 작성 시 토지이용계획, 교통·동선계획, 시설물 배치계획, 하부구조계획, 식재계획, 집행계획이 포함되어야 한다.

14 다음 그림 중 식재를 통한 비대칭적 균형에 의한 공간감을 조성한 것이 아닌 것은?

①

②

③

④

● 해설

대칭	축을 중심으로 좌우 또는 상하로 균등하게 배치하는 것(정형식)
비대칭	모양은 다르지만 시각적으로 느껴지는 무게가 비슷하며 시선을 끄는 정도가 비슷하게 분배되어 균형을 이루는 것(자연풍경식)

15 다음 그림과 같이 투상하는 방법은?

```
                저면도
우측면도     정면도     좌측면도
                평면도
```

① 제1각법　　② 제2각법
③ 제3각법　　④ 제4각법

● 해설
제1각법(KS규격에 규정됨)

투상순서	눈 → 물체 → 투상면
투상도의 위치	• 평면도 : 정면도의 아래에 위치 • 좌측면도 : 정면도의 우측에 위치 • 우측면도 : 정면도의 좌측에 위치 • 저면도 : 정면도의 위에 위치

16 어두운 곳에서 빛의 파장이 긴 적색이나 황색은 희미하게, 파장이 짧은 청색이나 녹색은 밝게 보이는 현상은?

① 잔상　　② 색순응
③ 밝기의 항상성　　④ 푸르키니에 현상

● 해설
푸르키니에 현상
밝은 곳에서는 같은 밝기로 보이는 적색과 청색이 어두운 곳에서는 적색은 어둡게, 청색은 밝게 보이는 현상

17 조경을 영역별로 구분할 때, 기능적으로 다른 분류에 해당하는 곳은?

① 전통민가 ② 휴양지
③ 유원지 ④ 골프장

● 해설

문화재	궁궐, 전통민가, 사찰, 성곽, 고분, 사적지, 목조와 석조 건축물, 서원 등
레크리에이션 시설 (위락관광시설)	골프장, 야영장, 경마장, 스키장, 유원지, 휴양지, 삼림욕장, 낚시터, 해수욕장, 수상 스키장 등

18 등고선 간격이 20m인 1/25,000 지도의 지도상 인접한 등고선에 직각인 평면 거리가 2cm인 두 지점의 경사도는?

① 2% ② 4%
③ 5% ④ 10%

● 해설

경사도 = $\dfrac{수직거리}{수평거리} \times 100$

수평거리를 m로 환산해서 $0.02 \times 25,000 = 500m$
$\dfrac{20}{500} \times 100 = 4\%$

19 옥상조경 토양경량재가 아닌 것은?

① 펄라이트 ② 버미큘라이트
③ 피트모스 ④ 마사토

● 해설

경량토의 종류
버미큘라이트, 펄라이트, 화산재, 피트모스, 부엽토 등

20 녹음용(綠陰用) 수목으로 적합한 것은?

① 은행나무, 흰말채나무
② 멀구슬나무, 붉나무
③ 호랑가시나무, 벽오동
④ 피나무, 팽나무

● 해설

녹음용 또는 가로수용 수목
- 여름철에 강한 햇빛을 차단하기 위해 식재하는 나무이다.
- 녹음수는 여름에는 그늘을 제공하지만, 겨울에는 낙엽이 져서 햇볕을 가리지 않아야 한다.
- 녹음수는 수관이 크고, 큰 잎이 치밀하고 무성하다.
- 지하고가 높고 병해충이 적은 큰 교목이 좋다.
- 적용 수종 : 느티나무, 은행나무, 버즘나무, 칠엽수, 백합나무, 회화나무, 단풍나무, 벽오동, 왕벚나무, 피나무, 팽나무 등

21 나무의 모양과 크기, 식재간격이 같지 않고, 또한 일직선을 이루지 않도록 손에 잡히는 대로 심어 가는 식재수법은?

① 배경식재 ② 임의식재
③ 교호식재 ④ 사실적 식재

● 해설

부등변 삼각형 식재	• 크고 작은 세 그루의 나무를 서로 간격을 달리 하고, 한 줄에 서지 않도록 한다. • 부등변 삼각형의 3개 꼭짓점에 해당하는 위치에 식재하는 방법
임의식재	부등변 삼각형 식재를 기본단위로 하여 삼각망을 순차적으로 확대하면서 연결시켜 나가는 식재 방법
군식 (무리심기)	자연상태의 식생 구성을 모방하여 수종, 크기, 수형이 다른 두 가지 이상의 수목을 모아 무더기로 한 자리에 식재하는 방법
배경식재	의도하는 경관을 두드러지게 보이도록 하기 위해서 경관의 후방에 식재군을 조성하여 배경식재를 구성하는 방법

22 다음 중 식재비탈면에 교목을 식재할 경우 가장 안정적인 기울기 조건은?

① 1 : 1.5 ② 1 : 2
③ 1 : 3 ④ 1 : 4

23 다음 중 자작나무과(科)의 물오리나무 잎으로 가장 적합한 것은?

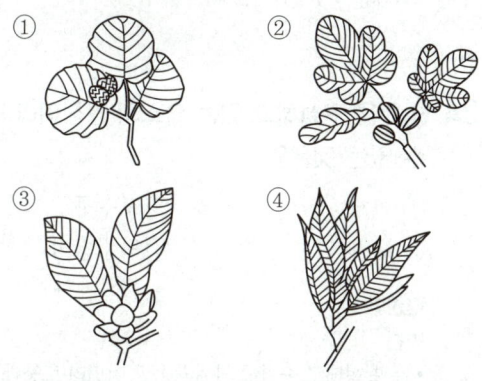

● 해설
잎 가장자리는 5~8개로 얕게 갈라지고 톱니가 있으며, 잎의 표면은 짙은 녹색이고 맥 위에 잔털이 있다.

24 다음 중 피자식물에 속하는 종이 아닌 것은?
① 은행나무　　② 뽕나무
③ 신갈나무　　④ 단풍나무

● 해설
- 은행나무는 잎이 넓으나 침엽수로 쓰이고, 위성류는 잎이 좁으나 활엽수로 쓰인다.
- 조경설계 시 은행나무는 침엽수이지만 활엽수로 표현하고, 위성류는 활엽수이지만 침엽수로 표현한다.

25 다음 교목에 해당하는 수종은?
① 꼬리조팝나무　　② 꽝꽝나무
③ 녹나무　　④ 명자나무

26 봄에 가장 일찍 꽃을 볼 수 있는 초화는?
① 팬지　　② 백일홍
③ 칸나　　④ 메리골드

● 해설
봄에 심어서 여름에 피는 꽃에는 백일홍, 칸나, 메리골드 등이 있다.

27 그해에 자란 가지에서 꽃눈이 분화하여 그해에 개화하기 때문에 2~3년 된 가지 등을 깊게 전정해도 좋은 수종은?
① 배롱나무
② 매화나무
③ 명자나무
④ 개나리

28 다음과 같은 특성을 지닌 정원수는?

- 형상수로 많이 이용되고, 가을에 열매가 붉게 된다.
- 내음성이 강하며, 비옥지에서 잘 자란다.

① 주목
② 쥐똥나무
③ 산수유
④ 화살나무

29 다음에서 설명하는 잡초로 옳은 것은?

- 일년생 광엽잡초
- 눈잡초로 많이 발생할 경우는 기계 수확이 곤란
- 줄기 기부가 비스듬히 땅을 기며 뿌리가 내리는 잡초

① 메꽃
② 한련초
③ 가막사리
④ 사마귀풀

30 목재의 심재에 대한 설명으로 틀린 것은?
① 변재보다 비중이 크다.
② 변재보다 신축이 크다.
③ 변재보다 내구성이 크다.
④ 변재보다 강도가 크다.

정답　23 ①　24 ①　25 ③　26 ①　27 ①　28 ①　29 ④　30 ②

심재	• 목재의 수심 가까이에 위치하고 있는 적갈색 부분이다. • 세포들은 거의 죽어서 원형질이 파괴되고, 함수율도 낮다. • 강도와 내구성이 크다.
변재	• 목재의 표면에 위치한 흰색 부분이다. • 함수율이 높아 건조가 느리며, 강도나 내구성이 심재보다 작다. • 심재보다 흡수성, 수축변형이 크다. • 수액의 이동과 양분의 저장 역할을 한다.

31 건설재료단면의 표시방법 중 모래를 나타낸 것은?

① 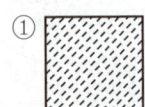   ②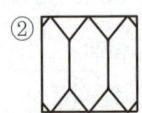

③ 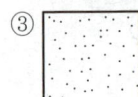   ④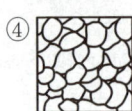

32 레미콘 24-200-13에서 24는 무엇을 의미하는가?

① 압축강도(MPa)
② 슬럼프(cm)
③ 굵은 골재 크기(mm)
④ 인장강도(MPa)

● 해설

골재최대치수(굵은 골재 크기) - 압축강도 - 슬럼프

33 자연상태의 토량 1,000m³를 굴착하면, 그 흐트러진 상태의 토량은 얼마가 되는가?(단, 토량변화율을 L=1.25, C=0.9라고 가정한다.)

① 900m³   ② 1,000m³
③ 1,125m³   ④ 1,250m³

● 해설

자연상태 × L = 흐트러진 상태
1,000m³ × 1.25 = 1,250m³

34 벽천을 구성하고 있는 요소의 명칭이라고 할 수 없는 것은?

① 벽체   ② 토수구
③ 수반   ④ 낙수받이

● 해설

벽천
• 폭포 형태로 중력에 의해 물을 떨어뜨려 모양과 소리를 즐길 수 있도록 한다.
• 좁은 공간의 경사지나 벽면 또는 소규모 공간에 적합하다.
• 벽천의 3요소 : 토수구, 벽면(벽체), 수반(물받이)

35 사고석 담장의 줄눈 중 가장 일반적인 것은?

① 내민줄눈   ② 평줄눈
③ 민줄눈   ④ 오목줄눈

● 해설

내민줄눈
우리나라 전통 담장의 사괴석(사고석) 시공에서 흔히 볼 수 있는 줄눈

36 콘크리트의 워커빌리티(Workability)와 관련된 설명으로 틀린 것은?

① 타설할 때 공기연행제(AE제)를 첨가하면 워커빌리티가 크게 개선된다.
② 타설할 때 콘크리트에 단위수량이 많으면 워커빌리티가 좋아진다.
③ 타설할 때 충분히 잘 비비면 워커빌리티가 좋아진다.
④ 적정한 배합을 갖지 못하면 워커빌리티가 좋지 않다.

정답 31 ③ 32 ③ 33 ④ 34 ④ 35 ① 36 ②

● 해설
워커빌리티
콘크리트를 혼합한 다음 운반해서 다져 넣을 때까지 시공성의 좋고 나쁨을 나타내는 성질, 즉 콘크리트의 시공을 나타낸 것이며, 단위수량이 많으면 워커빌리티가 불량해진다.

37 수성페인트칠의 공정에 관한 순서가 바르게 된 것은?

ㄱ. 바탕만들기	ㄴ. 퍼티먹임
ㄷ. 초벌칠하기	ㄹ. 재벌칠하기
ㅁ. 정벌칠하기	ㅂ. 연마작업

① ㄱ-ㄷ-ㄴ-ㅁ-ㅂ-ㄹ
② ㄱ-ㄷ-ㄴ-ㅂ-ㄹ-ㅁ
③ ㄱ-ㄴ-ㄷ-ㅂ-ㄹ-ㅁ
④ ㄱ-ㄴ-ㄷ-ㅁ-ㅂ-ㄹ

● 해설
수성공정 페인트칠
바탕만들기 → 초벌칠하기 → 퍼티먹임 → 연마작업 → 재벌칠하기 → 정벌칠하기

38 단위시멘트량이 300kg, 단위수량(水量)이 180kg일 때 물시멘트비(W/C)는 몇 %인가?

① 30% ② 60%
③ 80% ④ 160%

● 해설
$$물시멘트비(W/C) = \frac{물\ 무게}{시멘트\ 무게} \times 100$$
$$= \frac{180}{300} \times 100 = 60\%$$

39 철의 부식을 막기 위해 제일 먼저 칠하는 페인트는?

① 카세인 ② 광명단
③ 바니시 ④ 징크로메이트

40 벤치, 인공폭포, 인공암, 수목 보호판 등으로 이용하기 가장 적합한 것은?

① 경질염화비닐관
② 유리섬유강화플라스틱
③ 폴리스티렌수지
④ 염화비닐수지

● 해설
유리섬유강화플라스틱
• 가장 많이 사용하는 플라스틱 제품으로 강도가 약한 플라스틱에 유리섬유 강화제를 넣어 강화시킨 제품
• 벤치, 인공폭포, 인공암, 미끄럼대의 슬라이더, 화분대, 인공동굴, 수목 보호대, 놀이기구 등에 이용

41 표면수를 배수시키기 위해 부지의 둘레나 원로가에 설치하는 데 적합한 토관은?

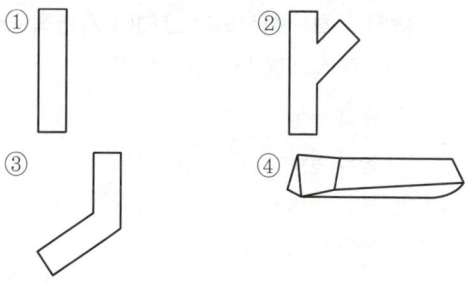

● 해설
토관
• 저급 점토를 이용하여 그대로 구운 제품이다. (유약 사용 안 함)
• 표면이 거칠고 투수율이 크므로 연기나 공기 등의 환기관으로 사용한다.

42 복합비료의 표시가 21-17-18일 때 설명으로 옳은 것은?

① 인산 21%, 칼륨 17%, 질소 18%
② 칼륨 21%, 인산 17%, 질소 18%
③ 질소 21%, 인산 17%, 칼륨 18%
④ 인산 21%, 질소 17%, 칼륨 18%

정답 37 ② 38 ② 39 ② 40 ② 41 ④ 42 ③

▶ 해설
복합비료의 표시 : N, P, K 등

43 소나무나 오엽송 등의 높은 위치에 가지를 전정하거나 열매를 채취할 경우 사용하는 전정가위는?

① 고지가위(갈고리 가위)
② 조형 전정가위
③ 대형 전정가위
④ 순치기 가위

▶ 해설
고지가위(갈고리 가위)
높은 부분의 가지를 자르거나 열매를 채취할 때 사용

44 돌이 풍화·침식되어 표면이 자연적으로 거칠어진 상태를 뜻하는 것은?

① 돌의 뜰녹
② 돌의 절리
③ 돌의 조면
④ 돌의 이끼바탕

▶ 해설
- 조면 : 비, 바람 등에 의해 풍화·침식되어 표면이 거칠어진 상태
- 절리 : 암석의 표면에 자연적으로 외력이 가해져서 생긴 괴상, 판상, 주상 등의 무늬
- 뜰녹 : 풍화작용을 받아 석회 성분 중의 철이 산화하여 조면에 흔히 생기는 것

45 원로의 기울기가 몇 도 이상일 때 일반적으로 계단을 설치하는가?

① 3°
② 5°
③ 10°
④ 15°

▶ 해설
계단 설치기준
$2h+b=60\sim65(70)$cm(h : 발판높이, b : 너비)
- 원로의 기울기가 15°(18°) 이상일 때 계단을 설치
- 경사(기울기)는 30~35°가 가장 적합

46 화성암의 일종으로 돌 색깔은 흰색 또는 담회색으로 단단하고 내구성이 있어, 주로 경관석, 바닥 포장용, 석탑, 석등, 묘석 등에 사용되는 것은?

① 석회암
② 점판암
③ 응회암
④ 화강암

▶ 해설
화강암
- 마그마가 지하 10km 아래의 깊이에서 서서히 굳어진 암석이다.
- 우리나라 돌의 70%를 차지하며, 조경에서 많이 사용한다.
- 조직이 균질하며 압축강도, 내구성이 크다.
- 색깔은 흰색 또는 담회색이다.
- 외관이 아름답고 바닥 포장용 석재로 우수하다.
- 균열이 적어 큰 석재를 얻을 수 있다.
- 자연석은 디딤돌, 경관석 등에 사용된다.

47 시멘트 공장에서 포틀랜드 시멘트를 제조할 때 석고를 첨가하는 주요 이유는?

① 시멘트의 강도 및 내구성 증진을 위하여
② 시멘트의 장기강도 발현성을 높이기 위하여
③ 시멘트의 급격한 응결을 조정하기 위하여
④ 시멘트의 건조수축을 작게 하기 위하여

▶ 해설
포틀랜드 시멘트를 제조할 때 시멘트의 급격한 응결을 막기 위해 지연제로 석고를 사용한다.

정답 43 ① 44 ③ 45 ④ 46 ④ 47 ③

48 콘크리트 측압은 콘크리트 타설 전에 검토해야 할 매우 중요한 시공요인이다. 다음 중 콘크리트 측압에 영향을 미치는 요인이 아닌 것은?

① 콘크리트의 타설 높이가 높으면 측압은 커지게 된다.
② 콘크리트의 타설 속도가 빠르면 측압은 커지게 된다.
③ 콘크리트의 슬럼프가 커질수록 측압은 커지게 된다.
④ 콘크리트의 온도가 높을수록 측압은 커지게 된다.

● 해설
콘크리트 측압에 영향을 미치는 요인
- 콘크리트의 타설 높이가 높으면 측압은 크다.
- 콘크리트의 타설 속도가 빠르면 측압은 크다.
- 콘크리트의 슬럼프가 커질수록 측압은 크다.
- 시공연도가 좋을수록 측압은 크다.
- 붓기 속도가 빠를수록 측압은 크다.
- 다짐이 많을수록 측압은 크다.
- 철근량이 많을수록 측압은 작다.
- 수평부재가 수직부재보다 측압이 작다.
- 콘크리트의 온도가 높을수록 측압은 작아진다.
- 경화속도가 빠를수록 측압은 작아진다.

49 다음 중 표징이 나타나지 않는 병은?

① 잣나무 털녹병
② 대추나무 빗자루병
③ 단풍나무 타르점무늬병
④ 소나무류 피목가지마름병

● 해설
대추나무 빗자루병은 병징에 해당된다.
- 표징 : 병원체가 병든 식물체상의 환부에 나타나 병의 발생을 알림(진균의 경우)

50 토양개량제 중 유기물 재료(Organic Matter)로 쓰이지 않는 것은?

① 왕모래   ② 피트(Peat)
③ 짚   ④ 퇴비

51 30% 메프(MEP)유제 1,000cc로 0.05%의 살포액을 만들려고 한다. 이때 소요되는 물의 양은?

① 59,900cc   ② 69,900cc
③ 79,900cc   ④ 89,900cc

● 해설
희석할 물의 양
$= 원액의 용량 \times \left(\dfrac{원액의 농도}{희석할 농도} - 1 \right) \times 원액의 비중$
$= 100 \times \left(\dfrac{30}{0.05} - 1 \right) \times 1.0 = 59,900cc$

52 벚나무 빗자루병의 병원체는 무엇인가?

① 세균   ② 담자균
③ 자낭균   ④ virus

● 해설
벚나무 빗자루병은 자낭균(진균)에 의한 병이다.

빗자루병

피해	대추나무, 오동나무, 벚나무 등에서 발생한다.
병징	마이코플라스마라는 병원균이 원인이며, 잔가지가 빗자루 모양처럼 발생한다.
방제	옥시테트라사이클린을 수간 주입하고 파라티온 수화제, 메타유제를 1,000배액으로 살포한다.

53 식물의 생육에 필요한 필수 원소 중 다량 원소가 아닌 것은?

① Mg   ② H
③ Ca   ④ Fe

해설

다량 원소	C(탄소), H(수소), O(산소), N(질소), P(인), K(칼륨), Ca(칼슘), Mg(마그네슘), S(황)
미량 원소	Fe(철), Cl(염소), Mn(망간), Zn(아연), B(붕소), Cu(구리), Mo(몰리브덴)
비료의 3요소	질소(N), 인(P), 칼륨(K)이며 칼슘(Ca)을 추가하면 비료의 4요소가 됨

54 조경공사 재료의 할증률이 바르게 짝지어진 것은?

① 초화류 : 5%
② 잔디 : 10%
③ 조경용 수목 : 5%
④ 원석(마름돌용) : 10%

해설

조경공사 재료의 할증률

3%	• 이형철근 • 붉은 벽돌 • 경계블록 • 타일(도기, 자기)	• 합판(일반용) • 내화벽돌 • 테라코타
5%	• 원형철근 • 합판(수장용) • 호안블록 • 타일(아스팔트, 비닐)	• 목재(각재) • 시멘트벽돌 • 기와
10%	• 강판 • 조경용 수목 • 석재용 붙임용재(정형용)	• 목재(판재) • 잔디, 초화류
30%	• 원석(마름돌) • 석재판붙임용재(부정형돌)	
기타	4% : 블록	

55 다음에서 설명하는 것은?

- 자연 건조방법에 의한 상온(常溫)에서 경화된다.
- 도막의 건조시간이 빨라 백화를 일으키기 쉽다.
- 도막은 단단하고 불점착성이다.
- 내마모성·내수성·내유성 등이 우수하다.
- 셀룰로오스 도료라고도 한다.

① 래커
② 에폭시 수지
③ 페놀 수지
④ 아미노알키드 수지

해설

래커(Lacquer)
- 번쩍이지 않게 표면 마감을 한다.
- 외부에 사용하며 바니시보다 고가이다.
- 도료 중 건조가 가장 빠르다.
- 스프레이건을 쓰는 것이 가장 적합하다.

56 다음 중 보통분으로 뿌리분을 뜨고자 할 때 A부분의 적당한 크기는?

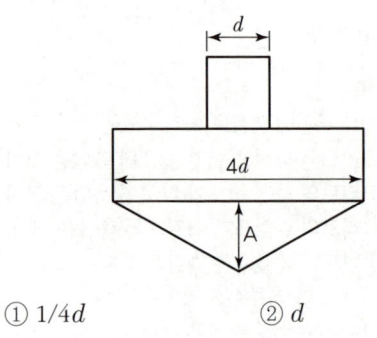

① 1/4d
② d
③ 2d
④ 1/2d

해설

뿌리분의 모양

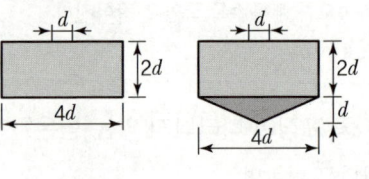

접시분   보통분

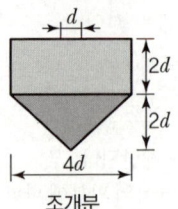

조개분

정답 54 ② 55 ① 56 ②

57 다음 다듬어야 할 가지들 중 얽힌 가지는?

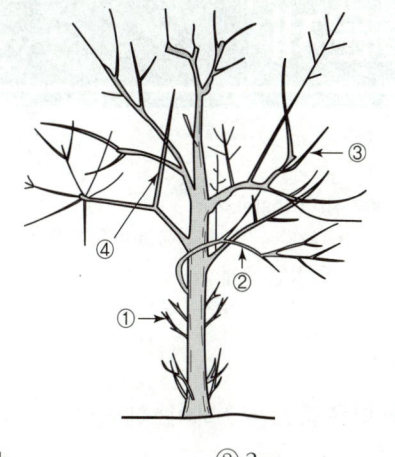

① 1
② 2
③ 3
④ 4

●해설
잘라 주어야 할 가지

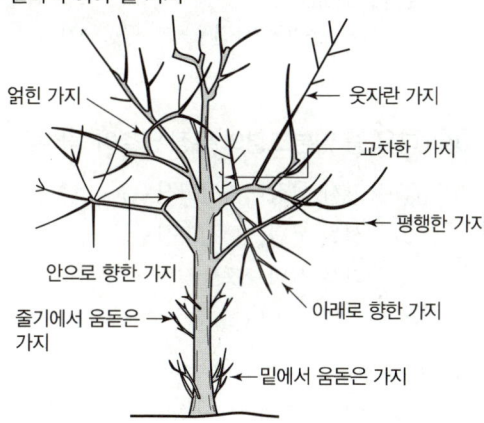

58 다음 중 미국흰불나방 구제에 가장 효과가 좋은 것은?

① 메탈락실수화제(리도밀)
② 디코폴수화제(켈센)
③ 패러쾃디클로라이드액제(그라목손)
④ 트리클로르폰소화제(디프록스)

●해설
(미국)흰불나방

피해	• 겨울철에 번데기 상태로 월동하며 성충의 수명은 3~4일 정도이다. • 가로수와 정원수에 피해가 심하다. • 포플러류, 버즘나무 등 160여 종의 활엽수 잎을 먹으며, 부족하면 초본류도 먹는다.
화학적 방제법	수관에 디프제(디프유제, 디프테렉스 1,000배액), 스미치온, 그로프수화제를 살포한다.
생물학적 방제법	긴등기생파리, 송충알벌

59 종자 비료 그리고 흙을 혼합하여 망(Net)에 놓고 비탈면의 수평으로 판 골(滑) 속에 넣어 붙이는 공법으로 유실이 적으며, 유연성이 있기 때문에 지반에 밀착하기 쉬운 것은?

① 식생띠(帶)공
② 식생판(板)공
③ 식생자루(袋)공
④ 식생구멍(穴)공

60 오동나무 탄저병에 대한 설명으로 옳은 것은?

① 주로 뿌리에 발생하여 뿌리를 썩게 한다.
② 주로 열매에 많이 발생한다.
③ 담자균이 균사 상태로 줄기에서 월동한다.
④ 주로 묘목의 줄기와 잎에 발생한다.

●해설
오동나무 탄저병
• 온난하고 다습한 지방에서 발생하며, 5, 6월에 급속히 발생한다.
• 잎맥과 잎자루에 심하게 발생한다.

정답 57 ② 58 ④ 59 ③ 60 ④

26장 2025년 복원 기출문제

01 다음과 같은 특징이 반영된 정원은?

- 지역마다 재료를 달리한 정원양식이 생겼다.
- 건물과 정원이 한덩어리가 되는 형태로 발달했다.
- 기하학적인 무늬가 그려져 있는 원로가 있다.
- 조경수법이 대비에 중점을 두고 있다.

① 중국정원
② 인도정원
③ 영국정원
④ 독일풍경식정원

해설

중국정원의 특징
- 경관의 조화보다는 대비에 중점
- 자연경관 속에 인위적으로 암석, 동굴, 수목을 배치
- 태호석을 사용한 석가산 수법 사용
- 직선과 곡선을 사용
- 차경수법 도입(앙차 : 올려보기, 부차 : 내려보기)

02 '자연은 직선을 싫어한다.'라고 주장한 영국의 낭만주의 조경가는?

① 브리지맨
② 캔트
③ 챔버
④ 렙톤

해설

㉠ 찰스 브리지맨(Charles Bridgeman)
- 스토우 가든(스토우 정원)에 하하(Ha-Ha) 개념 최초로 도입
- 하하 Wall : 담을 설치할 때 능선을 피하고 도랑이나 계곡에 설치하여 물리적 경계 없이 경관을 감상할 수 있게 한 것

㉡ 험프리 랩턴(Hamphry Repton)
- 사실주의 자연풍경식 정원을 완성
- 레드북(Red Book) : 정원의 자연풍경식으로 개조 전의 모습과 개조 후의 모습을 비교할 수 있는 스케치로 설명

㉢ 챔버(Chamber)
- 큐가든(중국식 건물과 탑을 세움)을 설계하여 중국정원 소개
- 브라운의 자연풍경식을 비판

03 다음 중 오픈 스페이스에 해당되지 않는 것은?

① 건폐지
② 공원묘지
③ 광장
④ 학교운동장

해설

오픈 스페이스
공공녹지, 자연녹지, 전용녹지, 공용녹지

04 다음 중 일본조경의 특징 연결이 올바른 것은?

① 용안사 석정 – 축산고산수
② 대선원 서원 – 평정고산수
③ 금각사 정원 – 정토정원
④ 삼보원 – 다정(茶庭)

해설

- 축산고산수 : 대덕사 대선원
- 평정고산수 : 용안사 방장정원
- 서원조정원 : 금각사(녹원사) 정원

05 일본의 정원양식이 아닌 것은?

① 다정식 정원
② 회화풍경식 정원
③ 고산수식 정원
④ 침전식 정원

해설

일본조경의 특징
- 중국의 영향을 받아 사의주의 자연풍경식 조원 발달
- 자연풍경을 이상화하여 독특한 축경법으로 상징화된 모습을 표현하였다(자연 재현 → 추상화 → 축경화로 발달).

정답 01 ① 02 ② 03 ① 04 ④ 05 ②

- 기교와 관상적 가치에 치중하여 세부적 수법 발달 (실용적·기능적인 면 무시)
- 조화에 비중을 둠(중국은 대비)
- 차경수법이 가장 활발하게 발달

06 조선시대 정원과 관계가 없는 것은?

① 자연을 존중
② 자연을 인공적으로 처리
③ 신선사상
④ 계단식으로 처리한 후원 양식

● 해설
조선시대 정원
- 중국 조경양식의 모방에서 벗어나 한국적 색채가 농후하게(짙게) 발달 → 정원기법 확립
- 자연환경과 조화
- 신선사상

07 조선시대 주례고공기(周禮考工記)의 적용에 관한 설명 중 옳지 않은 것은?

① 조선 궁궐을 만드는 원칙 가운데 하나이다.
② 삼조삼문의 치조는 정전과 편전이 있는 곳을 의미한다.
③ 우리나라에서는 전조후시 원칙을 적용하여 궁궐을 조성했다.
④ 삼조삼문의 외조는 신하들이 활동하는 관청이 있는 곳이다.

● 해설
전조후시의 원칙을 적용하면 궁궐의 앞에는 관청이 있고 뒤에는 시장을 배치해야 하나 우리나라의 풍수사상에 의해 시장이 없어지고 진산(鎭山)을 두었다.

08 다음 미기후(Micro–climate)에 대한 설명 중 적합하지 않은 것은?

① 지형은 미기후의 주요 결정 요소가 된다.
② 그 지역 주민에 의해 지난 수년 동안의 자료를 얻을 수 있다.
③ 일반적으로 지역적인 기후 자료보다 미기후 자료를 얻기가 쉽다.
④ 미기후는 세부적인 토지 이용에 커다란 영향을 미치게 된다.

● 해설
미기후
- 지형이나 풍향 등에 따른 부분적 장소의 독특한 기상 상태
- 도시 내부와 도시 외부의 기온차
- 지형이 낮고 배수불량 지역의 서리, 안개
- 야간에는 언덕보다 골짜기의 온도가 낮고 습도가 높다.
- 그 지역 주민에 의해 지난 수년 동안의 자료를 얻을 수 있다.
- 미기후는 세부적인 토지 이용에 커다란 영향을 미치게 된다.

09 다음과 같은 조건을 갖춘 공원으로 가장 적당한 것은?

- 한 초등학교 구역에 1개소 설치
- 유치거리 500m 이하
- 면적은 10,000m² 이상

① 어린이 공원 ② 근린공원
③ 체육공원 ④ 도시자연공원

● 해설
근린공원 설계기준
- 도시공원법에서 유치거리는 500m 이하, 공원면적은 10,000m² 이상
- 주차장은 배수를 위해 4% 이하의 경사(물매)를 둔다.
- 공원시설의 면적은 40% 이하(녹지면적 60% 이상)

10 다음 중 일위대가표 작성의 기초가 되는 것으로 가장 적당한 것은?

① 시방서 ② 내역서
③ 견적서 ④ 품셈

● 해설

품셈
- 품이 드는 수효와 값을 계산하는 일
- 인간이나 기계가 공사 목적물을 달성하기 위해 단위 물량당 소요로 하는 노력과 물질을 수량으로 표현한 것
- 일위대가표 : 어떤 특정 공정의 일을 하기 위해 드는 단위당 재료비, 노무비, 경비를 나타낸 표로 일위대가표 금액란의 금액 단위 표준은 0.1원으로 한다.

11 홀(Hall)이 구분한 '개인거리(Personal Distance)'에 해당되는 것은?

① 30cm ② 1m
③ 3m ④ 5m

● 해설

치밀한 거리	0~0.45m	아이를 안아주거나 이성 간의 가까운 거리
개인적 거리	0.45~1.2m	친한 사람 간의 일상적 대화 유지거리
사회적 거리	1.2~3.6m	업무상 대화에서 유지되는 거리
공적 거리	3.6m 이상	연사, 배수 등의 개인과 청중 사이에 유지되는 거리

12 S. Gold의 레크리에이션의 접근방법 5가지 분류에 해당되지 않는 것은?

① 자원접근방법 ② 활동접근방법
③ 토지이용접근방법 ④ 경제접근방법

● 해설

S. Gold(1980)의 레크리에이션 계획 접근방법
- 자원접근방법 : 물리적 자원 혹은 자연자원이 레크리에이션의 유형과 양을 결정하는 방법
- 경제접근방법 : 지역사회의 경제적 기반이나 예산 규모가 레크리에이션의 종류·입지를 결정하는 방법
- 활동접근방법 : 과거 참가사례가 앞으로의 레크리에이션 기회를 결정하도록 계획하는 방법, 즉 공급이 수요를 만들어내는 방법
- 행태접근방법 : 일반 대중이 여가시간에 언제, 어디에서, 무엇을 하는가를 상세히 파악하여 그들의 행동 패턴에 맞추어 계획하는 방법
- 종합접근방법 : 위 네 가지 접근법의 긍정적인 측면만 취하는 접근방법

13 건축설계를 함에 있어서 인체의 황금비례에 근거한 모듈의 원칙을 이용함이 바람직하다고 주장한 사람은?

① 르꼬르뷔지에(Le Corbusier)
② 페흐너(Fechner)
③ 케빈 린치(K. Lynch)
④ 가렛 에크보(G. Eckbo)

● 해설

르꼬르뷔지에의 모듈러
인체에서의 황금분할점을 찾음(황금비례 1 : 1.618)

14 일반적인 제도 용지의 규격(mm)이 틀린 것은?

① A1 : 594×841 ② A4 : 210×297
③ B2 : 515×728 ④ B5 : 257×364

● 해설

제도용지의 규격
흰색의 얇은 연습용 트레싱 페이퍼를 주로 활용한다 (기능사 A3, 기사 A2 사이즈).

제도용지 크기	용지규격	제도용지 크기	용지규격
A0	841×1,189	B2	515×728
A1	594×841	B3	364×515
A2	420×594	B4	257×364
A3	297×420	B5	182×257
A4	210×297	B6	128×182
B0	1,030×1,456	B7	91×128
B1	728×1,030	B8	64×91

정답 11 ② 12 ③ 13 ① 14 ④

15 제도의 치수 기입에 관한 설명으로 옳은 것은?

① 치수는 특별히 명시하지 않는 한, 마무리 치수로 표시한다.
② 치수 기입은 치수선을 중단하고 선의 중앙에 기입하는 것이 원칙이다.
③ 치수의 단위는 밀리미터(mm)를 원칙으로 하며, 반드시 단위 기호를 명시하여야 한다.
④ 치수 기입은 치수선에 평행하게 도면의 오른쪽에서 왼쪽으로 읽을 수 있도록 기입한다.

●해설
제도의 치수 기입
- 치수의 단위는 밀리미터(mm)를 원칙으로 하며, 표시하지 않는다.
- 치수는 특별히 명시하지 않는 한, 마무리 치수로 표시한다.
- 도면의 좌에서 우로, 아래에서 위로 읽을 수 있도록 기입한다.
- 제도용지 : 트레싱 페이퍼(기능사 시험에서는 A3 일반용지)를 사용한다.

16 린치(Lynch)의 도시 이미지 형성요소에 포함되지 않는 것은?

① 통로(Path) ② 결절점(Node)
③ 모서리(Edge) ④ 비스타(Vista)

●해설
도시공간을 이루는 물리적인 다섯 가지 인자

유형	개념
통로(Path)	연속성과 방향성 제시 : 길, 고속도로, 철도, 산책로
모서리(Edge)	지역과 지역을 갈라놓거나 관찰자의 통행이 단절되는 부분 : 한강 제방, 관악산, 북한산, 해안선
지역(District)	사대문 안 상업지역, 중심지역
결절점(Node)	광화문광장, 서울역
랜드마크(Landmark)	눈에 뚜렷한 지표물 : 남산타워, 롯데타워, 63빌딩

17 모든 종류의 설계도, 상세도, 그리고 수량 산출서, 일위대가표, 공사비, 시방서, 공정표 등의 서류가 작성되는 계획 설계의 단계는?

① 실시설계 ② 기본계획
③ 종합 및 평가 ④ 조사분석

●해설
실시설계
기본계획에 의거하여 실제 시공이 가능하도록 평면상세도, 단면상세도, 배식설계도, 시설물상세도, 시방서, 공사비내역서 등을 작성하는 것이다.

18 항공사진이 기초가 되어 현장조사를 통해 토양 분석을 목적으로 만들어진 정밀토양도(精密土壤圖)의 축적은?

① 1 : 5,000 ② 1 : 10,000
③ 1 : 25,000 ④ 1 : 50,000

●해설
토양도의 종류

개략토양도 (1/50,000 축척)	항공기를 이용하여 전 국토에 걸쳐 제작된 지도(항공사진)
정밀토양도 (1/25,000 축척)	• 항공사진을 기초로 현지답사를 통해 전 국토의 일부분만 제작된 지도 • 건축, 조경, 휴양림 개발
간이 산림토양도 (1/25,000 축척)	• 전국의 임지를 1/25,000의 축척으로 제작된 지도 • 농경지, 방목지, 암석지

19 다음 중 기본계획안에 포함될 수 없는 것은?

① 토지이용계획 ② 동선계획
③ 정확한 시공비 산출 ④ 유지관리계획

●해설
기본계획
최종적으로 선택한 대안을 기본계획(Master Plan)으로 확정한다.
- 현황도 : 기본계획을 수립하는 데 가장 기초가 되는 도면이다.

정답 15 ① 16 ④ 17 ① 18 ③ 19 ③

• 기본계획은 토지이용계획, 교통동선계획, 하부구조계획, 시설물배치계획, 식재계획, 집행계획 등의 부분별 계획으로 분류한다.

20 다음 중 보색관계로 옳은 것은?

① 빨간색 – 청록색   ② 노랑색 – 보라색
③ 녹색 – 주황색   ④ 파랑색 – 연두색

> 해설

보색대비
- 보색이 되는 색들끼리 서로 인접시키면 색상이 더욱 선명하게 보이는 현상
- 빨간색(R) ↔ 청록색(BG)

21 플라스틱 제품의 일반적 특성으로 틀린 것은?

① 내산성이 크다.
② 접착력이 작고 내열성이 크다.
③ 가벼우며 경도와 탄력성이 크다.
④ 내알칼리성이 크다.

> 해설

플라스틱 재료의 장단점

장점	단점
• 성형이 자유롭고 가볍다. • 강도와 탄력이 크다. • 착색이 자유롭고 광택이 좋다. • 내산성과 내알칼리성이 크다. • 투광성, 접착성, 절연성이 있다. • 마모가 적어 바닥 재료 등에 적합하다.	• 열전도율이 높아 불에 타기 쉽다. • 내열성, 내광성, 내화성이 부족하다. • 저온에서 잘 파괴된다. • 온도 변화에 약하다.

22 음지에서 견디는 힘이 강한 수목으로만 짝지어진 것은?

① 소나무, 향나무
② 회양목, 눈주목
③ 태산목, 가중나무
④ 자작나무, 느티나무

> 해설

구분	주요 수목명
음수	주목, 전나무, 독일가문비나무, 호랑가시나무, 팔손이나무, 비자나무, 가시나무, 녹나무, 후박나무, 동백나무, 회양목, 광나무 등
양수	소나무, 곰솔, 일본잎갈나무, 측백나무, 포플러류, 가중나무, 무궁화, 향나무, 은행나무, 철쭉류, 느티나무, 자작나무, 백목련, 개나리 등
중간수	잣나무, 삼나무, 목서, 칠엽수, 회화나무, 벚나무류, 쪽동백, 섬잣나무, 화백, 단풍나무, 수국, 담쟁이덩굴 등

23 해초풀, 여물, 물이나 기타 접착제를 사용하는 미장재료는?

① 벽토   ② 회반죽
③ 시멘트 모르타르 ④ 아스팔트

> 해설

회반죽(Plaster)
- 소석회를 반죽한 것으로, 흰색의 매끄러운 표면을 만든다.
- 소석회+모래+여물+해초풀+물 등을 섞어 반죽하여 발라 균열을 방지한다.

24 운반거리가 먼 레미콘이나 무더운 여름철 콘크리트의 시공에 사용하는 혼화제는 어느 것인가?

① 지연제   ② 감수제
③ 방수제   ④ 경화촉진제

> 해설

지연제
수화반응을 지연시켜 응결시간을 늦추며, 뜨거운 여름철, 장시간 시공 시, 운반시간이 길 경우에 사용한다 (콜드 조인트 방지효과).

25 목재의 특징 중 단점에 해당하는 것은?

① 가볍고 운반이 용이하다.
② 무게에 비해 강도가 높다.
③ 가공성과 시공성이 용이하다.
④ 가연성이므로 불에 타기 쉽다.

정답 20 ① 21 ② 22 ② 23 ② 24 ① 25 ④

● 해설
목재의 장단점

장점	단점
• 색깔 및 무늬 등 외관이 아름답다. • 재질이 부드럽고 촉감이 좋다. • 무게가 가볍고 운반이 용이하다. • 무게에 비하여 강도가 크다. • 단열성이 크다. • 가공하기 쉽고 열전도율이 낮다. • 인장강도가 압축강도보다 크다. • 가격이 저렴하고 크기에 대한 제한이 없다.	• 자연소재이므로 부패성이 매우 크다. • 목재의 함수율에 따라 팽창·수축하여 변형이 잘 된다. • 목재의 부위에 따라 재질이 고르지 못하다. • 구부러지고 옹이가 있다. • 내화성이 약하다.

※ 단열성 : 열이 서로 통하지 않도록 막는 성질

26 염분의 해에 가장 적은 수종은?
① 곰솔
② 소나무
③ 목련
④ 단풍나무

● 해설

구분	주요 수목명
내염성에 강한 수종	비자나무, 주목, 곰솔, 측백나무, 쥐똥나무, 가이즈카향나무, 굴거리나무, 녹나무, 태산목, 후박나무, 아왜나무, 먼나무, 후피향나무, 동백나무, 호랑가시나무, 팔손이나무, 모감주나무, 사철나무, 진달래 등
내염성에 약한 수종	독일가문비, 삼나무, 소나무, 히말라야시더, 목련, 피나무, 일본목련, 단풍나무, 개나리, 버드나무 등

27 다음 중 우리나라에서 가장 많이 이용되는 잔디는?
① 들잔디
② 고려잔디
③ 비로드잔디
④ 갯잔디

● 해설
들잔디
• 한국에서 가장 많이 식재되는 잔디로, 공원, 경기장, 묘지 등에 사용한다.
• 골프장 페어웨이 및 러프 등에 가장 많이 사용한다.

28 자연석은 돌 모양에 따라 8가지의 형태로 분류하는데, 그중 '입석'을 나타낸 것은?

①
②
③
④

● 해설
입석은 사방 어디서나 감상할 수 있고, 키가 커야 효과적인 돌이다.

29 조경용 수목의 선정조건이 아닌 것은?
① 가격이 비싼 수목
② 환경에 잘 적응하는 수목
③ 관상적 가치가 높은 수목
④ 이식이 잘되는 수목

● 해설
가격이 저렴해야 한다.

30 다음 중 덩굴성식물로 가장 바른 것은?
① 서향
② 송악
③ 병아리꽃나무
④ 피라칸사스

● 해설
• 덩굴성식물 : 능소화, 등나무, 담쟁이덩굴, 으름덩굴, 포도나무, 인동덩굴, 머루, 송악, 오미자 등
• 관목 : 서향, 병아리꽃나무, 피라칸사스 등

정답 26 ① 27 ① 28 ① 29 ① 30 ②

31 다음 중 경관 구성의 미적 원리 중 통일성과 관련해 성격이 다른 것은?

① 균형과 대칭 ② 강조
③ 조화   ④ 율동

> 해설

경관 구성의 미적 원리	통일성(단조롭다.)	조화, 균형, 대칭, 강조
	다양성(산만하다.)	비례, 율동, 대비

32 미장용 정벌바르기 또는 벽돌쌓기 줄눈 용도로 많이 사용되는 모르타르의 적합한 용적 배합비는?

① 1 : 1   ② 1 : 2
③ 1 : 3   ④ 1 : 4

> 해설

1 : 1은 방수용·치장용 줄눈, 1 : 2는 중요한 곳, 1 : 3은 일반적인 곳에 사용된다.

33 변재(邊材)와 심재(心材)에 대한 설명으로 틀린 것은?

① 수심에 가까운 부위가 변재이다.
② 심재보다 변재가 내구성이 작다.
③ 일반적으로 심재는 변재에 비해 강도가 강하다.
④ 변재는 심재보다 비중이 적으나 건조하면 변하지 않는다.

> 해설

심재와 변재

심재	· 목재의 수심 가까이에 위치하고 있는 적갈색 부분이다. · 세포들은 거의 죽어서 원형질이 파괴되고, 함수율도 작다. · 강도와 내구성이 크다.
변재	· 목재의 표면에 위치한 흰색 부분이다. · 함수율이 높아 건조가 느리며, 강도나 내구성이 심재보다 작다. · 심재보다 흡수성, 수축변형이 크다. · 수액의 이동과 양분의 저장 역할을 한다.

34 다음 중 횡선식 공정표(Bar Chart)의 특징으로 틀린 것은?

① 복잡한 공사에 사용된다.
② 주공정선의 파악이 힘들어 관리통제가 어렵다.
③ 각 공종별 공사와 전체의 공사시기 등을 알기 쉽다.
④ 각 공종별의 상호관계, 순서 등이 시간과 관련성이 없다.

> 해설

㉠ 공정표 : 공사의 진행순서와 작업방법 및 작업일정을 종합한 공사의 진도표이다.
㉡ 막대 공정표(Bar Chart : 횡선식 공정표)
  • 공정표가 단순하여 경험이 적은 사람도 이해가 쉽다.
  • 작업이 간단하고 일목요연하게, 착수일과 완료일을 명확하게 구분
  • 세로축에 공사명, 가로축에 날짜를 표기하고, 공사명별 공사일수를 횡선의 길이로 표현
  • 장점 : 소규모의 간단한 공사, 시급한 공사에 많이 적용된다.
  • 단점 : 작업의 선후관계와 세부사항을 표기하기 어렵고, 대형 공사에 적용하기 어렵다.

35 운전을 하는 운전자에게 현재의 위치, 시설지의 위치 및 풍향, 풍속 등을 알려주기 위해 사용되는 식재 방법은?

① 시선유도식재   ② 지표식재
③ 차폐식재   ④ 경관식재

36 일반적으로 수목을 식재할 경우 식재 구덩이의 최소 크기 기준은?

① 뿌리분 지름의 1배 이상 크기
② 뿌리분 지름의 1.5배 이상 크기
③ 뿌리분 지름의 2배 이상 크기
④ 뿌리분 지름의 2.5배 이상 크기

정답 31 ④ 32 ③ 33 ① 34 ① 35 ② 36 ②

> **해설**
>
> 구덩이 파기(식혈)
> - 뿌리분 지름 크기의 1.5~3배 정도인 구덩이를 판다.
> - 유기질이 많은 표토는 따로 모아 두었다가 거름으로 사용한다.
> - 이물질을 제거하고, 배수가 불량한 지역은 자갈 등을 넣어 배수층을 만들어준다.

37 추이대(Ecotone)에 대한 설명으로 틀린 것은?

① 생태적 중요성이 높다.
② 둘 이상의 유사한 군집이 모여 있는 곳이다.
③ 갯벌은 대표적인 추이대이다.
④ 생물종 다양성이 높은 경향이 있다.

> **해설**
>
> 추이대는 둘 이상의 서로 다른 군집이 모여 있는 곳이다.

38 다음 식물 중 봄철에 가장 일찍 꽃이 피는 것은?

① 꽃양배추 ② 팬지
③ 양귀비   ④ 페튜니아

> **해설**
>
> | 구분 | 1, 2년생 초화 | 다년생 초화 | 구근 초화 |
> |---|---|---|---|
> | 봄 화단용 | 팬지, 금어초, 금잔화, 안개초, 패랭이꽃 등 | 데이지, 베고니아 | 튤립, 수선화 |
> | 여름, 가을 화단용 | 채송화, 봉숭아, 과꽃, 마리골드, 피튜니아, 샐비어, 코스모스 맨드라미, 백일홍 등 | 국화, 꽃창포, 부용 | 달리아, 칸나 |
> | 겨울 화단용 | 꽃양배추 | | |

39 열경화성 수지(熱硬化性樹脂)가 아닌 것은?

① 페놀수지   ② 푸란수지
③ 폴리스틸렌 ④ 알키드수지

> **해설**
>
> 열경화성 수지
>
> | 특징 | 한번 열을 가하여 성형하면 다시 열을 가해도 변하지 않는 수지 |
> |---|---|
> | 종류 | 페놀수지(PF), 요소수지(UF), 멜라민수지(MF), 에폭시수지(EF), 폴리우레탄(PUR), 실리콘수지, 푸란수지, 알키드수지 등 |

40 다음 중 댐 등과 같은 대량 콘크리트, 대형 단면을 가진 구조물 등에 사용할 수 있는 시멘트로 가장 적당한 것은?

① 보통 포틀랜드 시멘트
② 조강 포틀랜드 시멘트
③ 중용열 포틀랜드 시멘트
④ 알루미나 시멘트

> **해설**
>
> 포틀랜드 시멘트(Portland Cement)
>
> | | |
> |---|---|
> | 보통 포틀랜드 시멘트 | • 우리나라에서 생산하는 시멘트의 90%를 차지한다.
• 제조공정이 간단하고 가격이 저렴하여 가장 많이 사용한다.
• 재령 28일(양생기간) |
> | 조강 포틀랜드 시멘트 | • 조기강도가 크며, 재령 7일 강도로 28일(4주) 강도를 발휘한다.
• 급한 공사, 겨울철 공사, 수중 공사, 해중 공사 등에 사용한다.
• 한중 콘크리트 공사에 사용한다. |
> | 중용열 포틀랜드 시멘트 | • 수화열이 낮고, 장기강도가 크다.
• 댐이나 큰 구조물, 방사선 차단 공사 등에 사용한다.
• 서중 콘크리트 공사에 사용한다. |
> | 저열 포틀랜드 시멘트 | • 중용열 시멘트보다 수화열이 5~10% 정도 적다.
• 중력 콘크리트 댐, LNG 탱크 공사에 사용한다. |
> | 백색 포틀랜드 시멘트 | 건축물의 도장 및 치장용 등 건축미장용으로 사용한다. |

정답 37 ② 38 ② 39 ③ 40 ③

41 지형도에서 등고선 간격(수직거리)이 20m이고, 등고선에 직각인 두 등고선의 면거리(수평거리)가 100m인 경우 경사도(%)는?

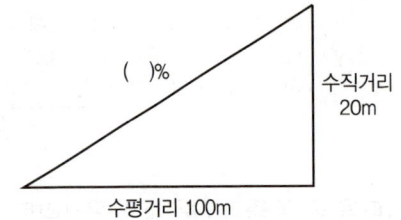

① 10%   ② 20%
③ 50%   ④ 80%

● 해설

경사도 = $\dfrac{수직거리}{수평거리} \times 100$

= $\dfrac{20}{100} \times 100 = 20\%$

42 45m²에 전면 붙이기로 잔디 조경을 하려고 한다. 필요한 평떼량은 얼마인가?(단, 잔디 1매의 규격은 30cm×30cm×3cm이다.)

① 약 200매   ② 약 300매
③ 약 500매   ④ 약 700매

● 해설

1m² = 11매
45×11 = 495매

43 토공사에서 흐트러진 상태의 토량변화율이 1.1일때 터파기량이 10m³, 되메우기량이 7m³라면 잔토처리량은?

① 3m³   ② 3.3m³
③ 7m³   ④ 17m³

● 해설

잔토처리량 = 터파기량 − 되메우기량
10−7 = 3m³
토량변화율 1.1을 곱하면, 3×1.1 = 3.3m³

44 일반적으로 계단 설계 시 계단의 축장(蹴上) 높이가 12cm일 때 답면(踏面)의 너비(cm)로 가장 적합한 것은?

① 20~25   ② 26~31
③ 31~36   ④ 36~41

● 해설

2×h+b = 60~65
2×12+b = 60~65
∴ b = 36~41

45 다음 중 잎이나 가지에 붙어 즙액을 빨아먹어 잎이 황색으로 변하게 되고 2차적으로 그을음병을 유발시키며, 감나무, 동백나무, 호랑가시나무, 사철나무, 치자나무 등에 공통적으로 발생하기 쉬운 충해는?

① 흰불나방
② 측백나무 하늘소
③ 깍지벌레
④ 솔수염하늘소

● 해설

그을음병(매병)

피해	• 소나무류, 주목, 대나무, 배롱나무, 감나무, 감귤 등에 피해를 입힌다. • 나무가 말라 죽는 일은 없으나 동화작용 부족으로 수세가 약해진다.
병징	• 깍지벌레, 진딧물 등 흡즙성 해충의 배설물에 의한 2차 피해를 준다. • 가지, 줄기, 과일 등에 그을음이 덮인 것처럼 보인다.
방제	• 휴면기에 기계유 유제를 살포하고, 발생기에는 마라톤, 메티온 유제를 살포하여 흡즙성 해충을 구제한다. • 질소질 거름의 과다 사용도 발생원인이므로 과용하지 않는다. • 그을음병의 직접 방제 시 만코지, 티오판 수화제를 살포한다.

정답 41 ② 42 ③ 43 ② 44 ④ 45 ③

46 계약된 기간 내에 모든 공사를 가장 합리적이고 경제적으로 마칠 수 있도록 공사의 순서를 정하고 단위공사에 대한 일정을 계획하는 것은?

① 현장인원 편성 ② 공정계획
③ 자재계획 ④ 노무계획

◉해설
공정계획
- 공사의 순서를 정하여 각 단위 공정별로 일정을 계획하는 것
- 계획된 기간 내에 공사를 우수하게, 값싸게, 빨리, 안전하게 완공할 수 있도록 한다.

47 우리나라 들잔디에 가장 많이 발생하는 병으로 엽맥에 불규칙한 적갈색의 반점이 보이기 시작할 때, 즉 5~6월, 9월 중순~10월 하순에 발견할 수 있는 것은?

① 붉은 녹병 ② 푸사리움 패치
③ 브라운 패치 ④ 스노우 몰드

◉해설

병명	발병시기	특징 및 병징
녹병 (붉은 녹병)	5~6월, 9~10월 고온다습 시 (17~22℃)	• 한국잔디가 걸리는 대표적인 병으로 기온이 떨어지면 소멸된다. • 엽초에 황갈색 반점이 나타난다. • 질소 결핍 및 과용 시, 배수 불량, 답압이 많을 때 발생한다. • 테부코나졸(유), 헥사코나졸수화제(5%) 등을 살포하여 방제한다.
브라운 패치	6~7월, 9월 고온다습 시	• 서양잔디에만 발생하며, 태치 축적이 문제가 된다. • 토양 전염·전파속도가 매우 빠르다. • 산성토양, 질소질 비료 과용 시 발생한다.

48 우리나라 골프장 그린에 가장 많이 이용되는 잔디는?

① 블루 그래스
② 벤티 그래스
③ 라이 그래스
④ 버뮤다 그래스

◉해설
벤티 그래스는 한지형 잔디로, 골프장 그린에 많이 사용된다.

49 다음 중 전등의 평균수명이 가장 긴 것은?

① 백열전구 ② 할로겐등
③ 수은등 ④ 형광등

◉해설
수명은 백열등이 가장 짧고, 수은등이 가장 길다.

50 다음 중 조경 시공 순서로 가장 알맞은 것은?

① 터닦기 → 급·배수 및 호안공 → 콘크리트 공사 → 정원시설물 설치 → 식재공사
② 식재공사 → 터닦기 → 정원시설물 설치 → 콘크리트 공사 → 급·배수 및 호안공
③ 급·배수 및 호안공 → 정원시설물 설치 → 콘크리트 공사 → 식재공사 → 터닦기
④ 정원시설물 설치 → 급·배수 및 호안공 → 식재공사 → 터닦기 → 콘크리트공사

51 조경 시공관리의 3대 기능에 해당되지 않는 것은?

① 공정관리 ② 자원관리
③ 품질관리 ④ 원가관리

● 해설
시공관리의 기능

품질관리	• 최저비용으로 최량품질의 공사를 완성할 수 있도록 숫자에 의해 관리 및 통제 • 품질, 재료관리 및 인원의 수요·공급에 대처
공정관리	• 공사 착공부터 완성까지 각 부분의 공사 진행 상황을 미리 제출하는 계획서 • 종류 : 횡선식 공정표, S자 곡선, 네트워크 공정표
원가관리	공사를 계약된 기간 안에 주어진 예산으로 완성시키기 위하여 재료비, 노무비, 경비를 기록하여 통합·분석하는 회계관리

52 파이토플라스마(Phytoplasma)에 의해서 발생되는 병해는?

① 탄저병
② 오동나무 빗자루병
③ 세균성 천공병
④ 근두암종병

● 해설
마이코(파이토)플라스마
대추나무 빗자루병, 오동나무 빗자루병, 뽕나무 오갈병, 붉나무 빗자루병 등

53 그 자체만으로는 약효가 없으나 농약제품에 첨가할 경우 농약의 약효에 대해 상승작용을 나타내는 보조제는?

① 협력제   ② 유화제
③ 유기용제   ④ 증량제

● 해설
단독으로는 살균·살충 효과는 없지만, 다른 약제와 혼용하면 효능을 상승시키는 약제이다.

54 다음 중 흰가루병이 잘 발생하지 않는 수종은?

① 배롱나무   ② 장미
③ 향나무   ④ 벚나무

● 해설
향나무는 녹병이 발생한다.

55 수심이 깊은 연못 등의 위험한 장소에 접근방지용 펜스(Fence)를 설치하지 않아 발생하는 사고의 경우 해당되는 하자는?

① 설치하자
② 관리하자
③ 이용자 부주의
④ 주최자 부주의

● 해설
안전관리내용

설치하자	시설구조 자체의 결함, 시설배치 또는 시설 설치의 미비로 인한 사고
관리하자	시설의 노후·파손, 위험 장소 안전대책 미비, 시설물의 전도·추락 및 위험물 방치로 인한 사고

56 수목의 측아(側芽) 발달을 억제하여 정아 우세를 유지시켜주는 호르몬은?

① 옥신   ② 지베렐린
③ 사이토키닌   ④ 아브시스산

● 해설
옥신
세포 신장에 관여하는 식물의 생장을 촉진시키는 호르몬이다.

57 진딧물의 천적에 속하지 않는 것은?

① 기생벌류   ② 나방류
③ 무당벌레류   ④ 풀잠자리류

● 해설
생물학적 방제법
무당벌레류, 풀잠자리류, 꽃등애류, 기생벌류

정답 52 ② 53 ① 54 ③ 55 ② 56 ① 57 ②

58 적심(摘芯)에 관한 설명으로 가장 적합한 것은?

① 해마다 반복 실시하면 가지의 신장을 촉진시키는 효과가 있다.
② 가급적 목질화 이후에 실시한다.
③ 소나무의 경우 새 잎의 보호를 위해 전정가위보다 손톱으로 순지르기를 한다.
④ 대부분의 조경수는 반드시 적심을 실시해야 한다.

●해설
적심은 지나치게 자라는 가지 신장을 억제하기 위해 신초의 끝부분을 따버리는 작업이다(소나무).

59 다음 수경시설 설계 시 수조의 크기는 분사되는 분수 높이의 최소 몇 배 정도 크기이어야 하는가?

① 1배　② 2배
③ 3배　④ 4배

●해설
분수(Fountain)
• 시각이 한 군데 모이는 곳, 광장의 중심이 되는 곳에 설치한다.
• 일반적으로 수직높이보다 2배 이상인 수반을 만들어야 한다(분출 높이가 1m 정도이면 지름 2m 이상의 수반이 필요함).

60 목재 유희시설물을 보수할 때 방부·방충효과를 알아보고자 함수율을 계산하면 얼마인가?

• 목재의 건조 전의 중량 : 120kg
• 건조 후의 중량 : 80kg

① 60%　② 50%
③ 30%　④ 20%

●해설
$$함수율 = \frac{건조\ 전\ 중량 - 건조\ 후\ 중량}{건조\ 후\ 중량} \times 100$$
$$= \frac{120-80}{80} \times 100 = 50\%$$

정답　58 ③　59 ②　60 ②

MEMO

MEMO

MEMO

조경기능사 필기

발행일	2019. 2. 20	초판발행
	2020. 1. 20	개정 1판1쇄
	2020. 5. 20	개정 2판1쇄
	2021. 1. 20	개정 2판2쇄
	2021. 4. 20	개정 2판3쇄
	2022. 1. 10	개정 3판1쇄
	2022. 4. 20	개정 3판2쇄
	2023. 1. 20	개정 4판1쇄
	2023. 6. 20	개정 4판2쇄
	2024. 1. 10	개정 5판1쇄
	2024. 2. 10	개정 6판1쇄
	2025. 1. 10	개정 7판1쇄
	2025. 5. 30	개정 7판2쇄
	2026. 1. 20	개정 8판1쇄

저 자 | 정용민·오도정
발행인 | 정용수
발행처 | 예문사

주 소 | 경기도 파주시 직지길 460(출판도시) 도서출판 예문사
T E L | 031) 955-0550
F A X | 031) 955-0660
등록번호 | 11-76호

- 이 책의 어느 부분도 저작권자나 발행인의 승인 없이 무단 복제하여 이용할 수 없습니다.
- 파본 및 낙장은 구입하신 서점에서 교환하여 드립니다.
- 예문사 홈페이지 http://www.yeamoonsa.com

정가 : 29,000원
ISBN 978-89-274-5875-3 13520